U0213947

謹以此书献给我的夫人——郭锡娟，感谢她在我体弱多病时对我无微不至的照顾，使此书得以完成.

——沈世镒

感谢胡刚，王奎，吴忠华，高建召四位弟子，在沈老师去世后帮助修改和校对本书，使本书能顺利出版与大家见面.

——郭锡娟

人工智能在发展与应用中的理论和方法

沈世镒 著

科学出版社

北京

内 容 简 介

本书讨论人工智能的理论和方法,我们从它的基本原理出发,由此构建它的理论和方法体系.本书由四部分组成,第一部分概论和算法,介绍并讨论了它们的类型、特征、运算和应用,重点讨论它们的定位问题.第二部分是学科,这就是人工智能和其他学科的关系问题.这些学科是生命科学、信息科学等六大学科.第三部分是系统和应用,其中典型的有图像、数据的处理问题、智能化、高级智能化的问题等.我们把对高级智能的研究看作是人工智能的发展方向,也是本书的研究重点.第四部分是附录,对本书常用的数学公式、符号、名称及所涉及的一些学科的基础知识作简单介绍和说明.

本书可作为数学、统计、计算机专业的本科生、研究生的参考书.

图书在版编目(CIP)数据

人工智能在发展与应用中的理论和方法 / 沈世镒著. –– 北京 : 科学出版社, 2024. 11. –– ISBN 978-7-03-080472-3

Ⅰ. TP18

中国国家版本馆 CIP 数据核字第 2024HS0252 号

责任编辑:李 欣 李香叶 / 责任校对:彭珍珍
责任印制:张 伟 / 封面设计:陈 敬

科学出版社 出版
北京东黄城根北街 16 号
邮政编码:100717
http://www.sciencep.com
北京九州迅驰传媒文化有限公司印刷
科学出版社发行 各地新华书店经销
*
2024 年 11 月第 一 版 开本:720×1000 1/16
2024 年 11 月第一次印刷 印张:44
字数:885 000
定价:268.00 元
(如有印装质量问题,我社负责调换)

前　　言

在文献 [6] 中, 我们对 AI 中的算法及其原理和应用作了系统的讨论和研究. 本书在此基础上继续做讨论.

因此, 本书是文献 [6] 的姐妹篇, 在文献 [6] 中已经讨论过的内容, 我们不再重复或只作概要说明. 在此, 我们对有关问题说明如下.

1. 基本原理

我们对人工智能的发展和应用, 提出以下基本原理.

(1) 四位一体原理. 这是指在人类的思维、语言、逻辑和神经系统之间存在相互等价的运算关系.

(2) 三个数据和它们的关系原理. 三个数据是指基数、指数和指数的指数, 它们的形成过程、意义和作用不同.

(3) 数学的理论和应用原理. 数学是介于哲学与自然科学之间的科学, 因此具有普遍性、广泛性和抽象性的特征.

数学不仅具有这三大特征, 而且数学的方法是利用组合、分解和变换的方法, 来寻找和确定各种复杂事物中变化的基本特征和规律. 我们把这种方法看作科学研究中的方法论.

因此在 AI 理论中, 我们不仅要采用数学中的各种理论和工具, 也要把这种科学观和方法论贯穿在 AI 理论和应用研究的始终.

(4) 和其他学科相结合的综合发展原理. 其他学科是指生命科学和神经科学、信息科学和系统科学、计算机科学和量子科学. 在 AI 理论的研究中, AI 和这六大学科的结合是重要组成部分.

(5) 联想记忆和系统结构原理. 或是关于神经元和神经胶质细胞关系、NNS 中的结构、运动和功能的原理.

因此, 第 (5) 原理是研究神经元和神经胶质细胞关系的原理, 因此也是关于 NNS 中的结构、关系和功能的基本原理.

本书第 1 章中, 对这些原理的含义有详细的讨论和说明.

2. 本书的内容结构

本书内容由四部分组成, 即概论和算法、学科、系统和应用、附录, 对此我们说明如下.

1) 第一部分: 概论和算法

概论和算法, 就是对其中算法的类型、特征、发展状况、功能和意义作总体说明. 我们把这些算法分成三大系列, 即感知器系列、HNNS 系列和第一类智能计算算法系列. 其中第一类智能计算算法系列是指利用数据结构特征而形成具体智能计算特征的算法, 如计算数学、统计计算和机器学习中的算法.

对这些算法给出了它们的计算步骤、可计算性、计算复杂度及容量等一系列理论问题的讨论.

对这些算法讨论的重点是它们的定位问题, 就是各种算法在整个 AI 理论中的作用和地位问题. 我们的四位一体原理就是在这些算法定位的讨论中产生的.

2) 第二部分: 学科

这就是智能计算和其他学科关系问题的讨论.

我们把这些学科分为生命科学、神经科学、信息科学、系统科学、计算机科学和量子科学六大学科, 详细内容在第 1 章中有详细说明和讨论.

3) 第三部分: 系统和应用

NNS 的构造是由许多系统和子系统组成的. 这些系统和子系统除了生物学背景外, 还有一系列的数学描述和表达.

在数学描述和表达中, 我们采用了张量、张量分析、集合论、NNS 的时空结构等理论和工具.

对其中的应用问题, 我们把它们分解成图像和数据的处理、逻辑系统、智能化的工程理论等多种典型问题.

智能化工程系统是人工智能、大数据、网络通信和其他学科中信息系统的组合, 因此也可看作是区块链中的内容.

另外, 在此智能化工程系统中, 关于人类的高级智能问题是我们讨论、研究的重点.

人类的高级智能包括高级思维、高级逻辑、个体或群体的一系列特殊能力等功能. 对这些功能特征和它们在 AI 理论中的实现过程, 在正文中有详细讨论, 这也是本书讨论、研究的重点.

4) 第四部分: 附录

这是在本书中所涉及的一些数学基本知识, 在附录中给出. 其中部分内容和第二部分中的学科内容是相互交叉的, 读者需把这两部分内容作交叉阅读.

3. 对有关文献的说明、结束语

1) 对有关文献的说明

我们已经说明, 人工智能已是一个巨大的学科, 其中涉及多个学科领域, 因此参考文献也按这些学科的次序排列. 对此不作详细说明.

2) 结束语

由于作者的水平所限, 许多内容又涉及多学科的领域中的问题, 因此不当之处在所难免. 有的论述或结论可能与他人重复, 在此也未能全部进行说明, 对此务请原谅. 也请有关作者或读者给以批评、指正, 并希望能作进一步的讨论.

感谢我的妻子郭锡娟, 对我的支持和照顾, 使本书能得以完成.

本书由南开大学统计学院赞助出版, 特此表示感谢.

沈世镒

2018 年 10 月于南开园

目　　录

第二部分　学　　科

第三部分　系统和应用

第四部分　附　　录

和本书有关的理论、模型和缩写记号

1　神经网络系统: neural network system, NNS.

2　随机 NNS: random NNS, RNNS.

3　生物 NNS: biology NNS, BNNS.

4　人体 NNS: human NNS, HNNS.

5　人工 NNS: artificial NNS, ANNS.

6　人工智能: artificial intelligence, AI.

7　联想记忆: associative memory, AM.

8　机器学习: machine learning, ML.

9　hopfield NNS: HNNS.

10　具有时空结构的 NNS: times-space NNS, T-SNNS.

11　expectation-maximization 算法 (EM 算法).

12　通信、控制和计算机科学: communication, control, computer, 3C 理论.

13　密码学: cryptology. 3C + 密码学 = 4C 理论.

14　系统论: systems theory, ST 理论.

15　4C + ST = 5CS 理论.

16　人工智能 + 5CS = AI-5CS 理论.

17　4Q 理论: 这就是量子物理学中的

量子力学 (quantum mechanics, QM),

量子化学 (quantum chemistry, QC),

量子统计学 (quantum statistics, QS),

量子场论 (quantum field theory, QF).

它们合称为量子 4 论 (4Q 理论).

18　4C 理论的量子化 (quantization) 形成量子 4C 理论 (4QC 理论), 或新 4Q 理论 (N4Q 理论).

19　我们把人工智能和量子物理结合的理论称为量子 AI 理论.

20　量子生物学 (quantum biology, QB) 是利用量子理论来研究生命科学的学科.

21　4 QC + 量子 AI + 量子生物学合称新量子 6Q 理论 (简称 N6Q 理论).

第 一 部 分

概论和算法

本部分我们先介绍和讨论人工智能的基本情况和算法的问题.

在本书的前言中, 我们已经说明, 在人工智能的理论体系中, 提出了它的五个基本原理, 是研究和发展人工智能的理论基础, 所以首先对这些原理作进一步的讨论和说明, 其次对人工智能的理论和内容的结构体系进行讨论和说明. 我们把它看成是一个复杂的大系统, 它是一个由大量数据、算法和规则组成的系统, 因此其中的内容十分丰富. 这种系统由许多子系统组成. 这些子系统承担了多种不同的功能, 而且又通过网络进行连接, 所以能够相互协调、形成一个统一的整体.

我们所要研究的人工智能就是使它形成一个复杂的、网络化的智能系统, 因此, 我们又把它称为人工脑系统. 这种系统或人工脑应具有以下类型和特征.

(1) 基本人工脑, 就是具有智能计算和人脑基本特征的人工脑.

(2) 智慧型的人工脑, 就是基本人工脑和五大学科相结合, 它们具有这些学科可能实现的功能.

(3) 对这种智慧型的人工脑又有普通型和高级智能型及个体、群体型的区别.

在这部分内容中, 我们还对人工智能中的算法进行讨论和说明. 关于这些算法的理论在文献 [6] 中有详细讨论, 在此概述其中的结果.

我们把这些内容看成人工智能系统的组成部分.

第 1 章 基 本 原 理

为讨论人工智能的发展和应用问题, 我们首先要确定基本原理和系统结构. 基本原理是指人工智能在发展和应用中所必须遵照的规则和要求, 而系统结构是指由人工智能所形成的理论体系及此体系内的内容和特征. 我们通过人工脑的四个不同层次来对其进行描述. 该系统分析中也包括算法和相关学科的分析.

1.1 五个基本原理

本节我们对人工智能给出五大基本原理, 它们是构建 AI 理论的理论基础. 我们首先对这些原理作进一步的讨论和说明.

1.1.1 第一原理和第二原理

为讨论 AI 在发展和应用中的理论和方法, 我们先提出其中的几个基本原理, 它们分别是四位一体、三个数据、数学应用原理、多科学综合发展及联想记忆和系统结构的原理. 我们把它们分别称为第一原理、⋯⋯、第五原理. 第一原理和第二原理在文献 [6] 中已给出. 在此, 我们对这些原理的含义和意义作进一步说明和讨论.

1. 第一原理: 四位一体的原理

这是人类的思维、逻辑、语言和神经系统之间存在相互等价运算关系的原理. 该原理的产生过程已在文献 [6] 中说明, 在此不再重复.

我们把该原理看成 AI 中的第一基本原理, 它对 AI 的研究和发展起着重要作用.

首先, 该原理确定 AI 的发展方向和途径. AI 的基本特征是模拟和实现人体、生物体 NNS 的结构、运动等功能特征. 这个原理使这种研究成为可能.

该原理除了确定 AI 发展的可能性外, 对其他原理的形成起关键性的作用. 我们在下文中还会对这些问题陆续展开讨论.

关于人、机关系的讨论. 自从 AI 产生以来, 人、机关系问题是一个绕不开的话题. 一种观点是 AI 不可能超越或取代人脑的智能. 我们认为这是对智能计算的一种幻想.

我们认为, 由于四位一体原理的存在, 这种具有高级智能的算法迟早会出现, 而且一定会不断强化和壮大, 它们的智商指标一定会超过人类的智商指标.

因此, 我们必须**丢掉幻想、迎接挑战**.

利用四位一体的原理还可以讨论并确定发展 AI 理论的途径问题, 这就是由此确定人体、生物体和 AI 系统之间的相互关系. 例如, 在讨论人的高级思维、高级逻辑中的特殊功能时, 可以通过一系列的 NNS 对这种高级智能进行表达. 我们在文献 [6] 中对这些高级智能的特征作了说明. 在本书中, 我们要对这些高级智能的 NNS 的表达进行讨论. 四位一体原理是实现这种目标的理论基础.

2. 第二原理: 三个数据的关系原理

这三个数据分别是基数、指数和指数的指数. 它们的含义如下.

我们在文献 [6] 中提出并讨论了三个数据的定义和它们之间关系的问题. 本书中我们继续讨论这些问题, 并把它们作为发展 AI 理论中的基本原理来看待.

(1) 基数. 这就是字母表 $X = Z_q = \{1, 2, \cdots, q\}$ 中的字母数 q 和向量的长度数 n, 我们称它们为基数. 基数的变化是很有限的.

(2) 指数. 这就是向量空间中的向量数, 如果记向量空间中的向量为 $x^n = (x_1, x_2, \cdots, x_n), x_i \in X$, 那么该空间中的向量数为 q^n, 它们的变化是随 n 或指数增长的.

(3) 指数的指数. 这就是向量空间中不同的映射数. 如向量空间中的映射为 $f: X^n \to X$, 那么由此形成不同映射的数目随 n 呈指数增长. 例如, 当 $q = 2$ 时, 由 X^n 空间产生的布尔函数的数目有 2^{2^n} 个.

3. 对这三个数据变化规模的分析

我们分别对这些数据在基数 $q = 2, 4, n = 5, 10, 20$ 时的其他数据的变化情形列表说明, 如表 1.1.1 所示.

表 1.1.1　三个数据大小的变换情形表

基数 n	5	10	20	5	10	20
指数 q^n	2^5	$2^{10} = 1024$	$2^{20} = 1024^2$	$4^5 = 1024$	1024^2	1024^4
数量级	32	1 K	1 M	1 K	1 M	1 T
指数的指数 q^{q^n}	2^{32}	2^{1000}	$2^{1000\,000}$	$4^5 = 2^{10}$	$2^{E(6)}$	$2^{E(12)}$
数量级	1 G	$E(300)$	$E(300\,000)$	1 K	$E(300000)$	$E(300\ 亿)$

其中 $E(k) = 10^k$, 由此 $E(300\ 亿) = 10^{300 \times 10^8}$. 对此表说明如下.

(1) 该表由两部分组成, 它们分别是在基数 $q = 2, 4$ 条件下形成的数据.

(2) 在 $q = 2, n = 5, 10, 20$ 时, 它们的指数值分别是 $2^5 = 32, 2^{10} = 1024(1K)$, $2^{20} \sim 10^6(1M)$.

(3) 但经过指数的指数倍放大后, 产生的变化是翻天覆地的.

同样在 $q = 2, n = 5, 10, 20$ 时, 它们的指数的指数值分别是

$$
\begin{cases}
2^{2^5} = 2^{32} \sim 4 \times 10^9 (4\text{G}), \\
2^{2^{10}} \sim 2^{1000} \sim 10^{300}(\text{已成为超天文数字}), \\
2^{2^{20}} \sim 2^{10^6} = (2^{1000})^{1000} \sim (10^{300})^{1000}(\text{这是一种超超天文数字}).
\end{cases}
$$

(4) 估计宇宙半径约 1800 亿光年, 一光年的距离约 94605 亿千米, 因此宇宙半径约为 $E(24)$m 的数量级.

如果我们把 $E(24)$ 看成一个天文数字, 那么这时的 $2^{2^{10}} \sim 10^{300}$ 就已是超天文数字了. 但这时的基数 $q = 2, n = 10, 20$ 并不太大, 只要数十个神经元所产生的运算算法的数量就可达到这种超超天文数字的数量.

在人脑中神经元的数量达到 10^9 个, 神经细胞的数量有 10^{13} 个. 20 个神经元就产生超超天文数字 $2^{2^{20}} \sim E(300\,000)$ 种算法. 因此, 很难设想, 10^9 个神经元经指数的指数倍放大后会产生什么样的规模效应的算法.

我们很难想象在这种数量级的规模下, 这么大规模的运算算法是如何组织、协调和运行的? 这是生命科学、神经科学也是 AI 中需要研究的课题.

4. 由这三个数据产生的效应和意义的分析

由这三个数据和它们的相互关系, 我们可以作以下讨论和分析.

(1) 关于蝴蝶效应的分析.

蝴蝶效应就是指在一些情况的变化不明显时, 在它们的影响下, 对其他的一些情况, 有可能产生翻天覆地的变化.

在这三个数据中就有可能产生这种效应, 就是在基数的变化不起眼或微不足道的情况下, 它们在经过指数的指数倍放大后, 有可能产生天翻地覆的或未知的、不可控或灾难性的变化.

例如, 关于基数 q 从 2 变成 3, 4, 或向量长度 n 从 5 变成 10, 再变成 20, 这种变化是不起眼的或微不足道的, 但经指数的指数倍放大后, 产生的效应可能是天翻地覆的.

表 1.1.1 已经说明, 在 $q = 2, n = 10, 20$ 时, 经指数的指数放大后,

$$
2^{2^{10}} \sim 10^{300}, \quad 2^{2^{20}} \sim 10^{300000}.
$$

它们就是超超天文数字.

(2) 关于第四次科技和产业革命的特征.

人们普遍认为, 第三次科技和产业革命的特征是信息革命或信息爆炸的革命, 它的主要特点是数据或信息呈指数型规模增长. 而第四次科技和产业革命的核心

问题是对信息的变化和运动规律的研究, 这些规律的规模特征是指数的指数型的特征, 因此这种规模特征是第四次科技和产业革命的特征.

(3) 对第四次科技和产业革命的考虑方向.

我们已经说明, 这种指数的指数型的规模特征是第四次科技和产业革命的特征, 因此也是第四次科技和产业革命的考虑方向, 其中的核心问题是对信息的变化和运动规律的研究.

由于这些运动的规律或规模具有指数的指数型的特征, 这正是第四次科技和产业革命给我们带来的困难、机遇和挑战.

5. 第二原理在 AI 发展和应用中的特征和意义.

我们已经说明了第二原理的基本内容和特征, 现在讨论它在 AI 发展和应用中的意义.

(1) 我们已经说明, 第二原理的基本特征是在离散系统中变换运算的规模是以指数的指数的数量级在增长. 这种增长规模除了会引发蝴蝶效应和第四次科技和产业革命外, 还对 AI 的发展、应用和研究产生直接影响.

(2) 对 AI 的发展和应用的直接影响主要是体现在这种离散系统中的变换运算可以通过 NNS 运算实现, 因此这种指数的指数数量级的变化规模虽然巨大, 但它们能在 NNS 的运算系统的意义下得到统一的表达和实现.

(3) 这种指数的指数数量级的变化规模是巨大的, 但是它们的运算系统是简单的, 而且这种运算系统又具有学习、训练和自我优化的功能. 这正是我们发展 AI 的意义所在.

(4) 由此可见, 第二原理告诉我们, 这种指数的指数的变化规模可以把大量的、复杂的计算或逻辑问题归纳其中. 它们又可以在比较简单的 NNS 的运算意义下得到统一的表达和实现.

(5) 因此, 智能计算中的核心问题是把这些复杂的计算或逻辑问题归纳成 NNS 中的运算问题, 在这种系统的理论体系下得到统一的解决.

第二原理为实现这种运算过程提供了可能性, 同时为这种实现过程提供了考虑或思考的途径.

1.1.2 第三原理和对该原理的讨论

在本书的前言中我们已经说明, 人工智能在发展和应用中的第三个原理是数学的应用原理. 我们现在继续讨论这个原理.

1. 关于数学的定位

这就是对数学在智能计算中的作用和意义的定位.

(1) 在哲学、自然科学和数学科学中, 对数学已经给出了定位, 这种定位在 AI 的发展和应用中同样适用.

(2) 在哲学、自然科学和数学科学中, 把数学定位成一种研究量和形的科学, 因此它是介于哲学和自然科学之间的科学, 该学科具有普遍性、广泛性和抽象性.

(3) 世界万物的结构、运动和表现是复杂的, 用数学的方法可以对它们进行组合、分解和变换, 由此就可以寻找和确定其中变化的基本特征和规律.

(4) 这些特征和规律在物理学、化学和生物学中有不同的表现, 由此形成并推动当今的科学理论体系的建立.

数学和自然科学的这种关系也是它和 AI 之间的关系. 用这种关系来指导如何智能地研究和发展就是人工智能理论研究和发展的第三原理.

2. 对第一原理和第三原理关系的讨论

这就是对第三原理在 AI 理论中的发展、应用及处理方法的讨论.

(1) 在 AI 的发展和研究中, 我们已经给出了它的四位一体的第一原理. 我们首先讨论数学与第一原理之间的关系和意义.

(2) 在四位一体的第一原理中, 其中的核心问题是神经系统和逻辑系统的运算之间存在等价性的关系原理. 从这个原理出发, 我们必须重新考虑人体和生物体神经系统的结构和功能的特征.

(3) 人体和生物体神经系统的结构和功能是十分复杂的, 在人脑中大约包含 10^{13} 数量级的神经细胞, 这些神经细胞形成复杂的网络系统. 这种系统具有逻辑运算和自动机运算的功能特征, 其中的核心问题是这些系统是如何协调运行、如何实现各种生物功能的? 我们必须从这些系统的结构、运动方式和生物功能的实现过程三方面同时考虑这些问题.

(4) 回答这些问题不仅是生命科学的问题, 而且是数学和生命科学相结合的综合性问题. 在如此复杂的生物 NNS 中, 它们的结构、运动和功能必须通过特定的数学模型的模式和分析研究才能实现.

在生命科学和数学理论的研究中存在大量未解和难解的问题, 对这些问题的研究也是对生命科学和数学理论研究的推动.

3. 对第二原理和第三原理关系的讨论

第二原理是三个数据的原理, 现在讨论它和第三原理的关系问题.

(1) 在三个数据的关系原理中, 我们说明了信息爆炸的特征是数据和信息呈指数规模增长, 由此产生了信息革命或第三次科技和产业的规模.

(2) 在对信息爆炸的研究和讨论中, 伴随发生的问题是关于信息的运动和方式的变化的讨论. 它的主要特征是其中研究对象的规模是一种指数的指数变化的规模, 这种特征正是第四次科技和产业革命的特征. 它必将给第四次科技和产业革命带来困难、机遇和挑战.

(3) 其中的核心问题是在指数的指数规模的变化中, 如何了解、描述和发现其中的规律.

(4) 我们已经说明, 数学的一个特点是把复杂的万物世界进行组合、分解和变换, 从而把这些复杂的现象又回归到基本特征和规律中去, 对这些基本结构或运动进行组合, 由此达到对这些复杂的世界万物进行组合, 从而了解它们的组合过程和相互关系.

(5) 我们已经说明, 这是我们的科学观和方法论, 也是我们在发展和研究 AI 中的基本原理.

这就是我们要利用指数的指数这种巨大规模的数据量, 把复杂的计算问题、逻辑关系问题归纳其中, 利用 NNS 中的统一运算模式作统一处理, 并发挥 NNS 中的智能化的运算特征, 以实现对它们作智能化的讨论和运算.

在此过程中, 情况是复杂的, 其中几乎涉及所有的数学理论和工具.

1.1.3　第四原理和第五原理

第四原理是关于多学科综合研究和发展的原理. 这里的多学科是指生命科学和神经科学、信息科学和系统科学、计算机科学和量子科学, 简称六大学科理论. AI 理论和这些学科的结合, 形成综合发展的理论体系. 对这些学科的内容, 在下文中有详细讨论.

对于第五原理 (联想记忆[①]和系统结构原理), 我们重点介绍并讨论如下.

1. 原理的来源、要点和背景

该原理由两部分内容组成, 即联想记忆和系统结构. 对此我们分别讨论和说明如下.

(1) 联想记忆是一种研究神经元和神经胶质细胞关系的理论, 我们的观点如下: 一个 NNS 是由许多神经元和神经胶质细胞组成的. 其中神经胶质细胞是连接神经元并传递它们之间信息的神经细胞. 这种信息传递关系式通过权矩阵 $W = (w_{i,j})_{i,j=1,2,\cdots,n}$ 来体现. 这个观点是大家知道的, 而且是现在 NNS 的基本结构模式.

(2) 我们的观点是, 在 NNS 中, 不仅是神经胶质细胞可以和多个神经元进行连接, 而且在不同的神经元之间, 可以有多种不同类型的神经胶质细胞将它们连接起来. 这时的权矩阵应是一个权矩阵组

$$\bar{W} = (W_\tau)_{\tau=1,2,\cdots,\tau_0} = (w_{\tau,i,j})_{\tau=1,2,\cdots,\tau_0, i,j=1,2,\cdots,n}$$

---

① 联想记忆的英文名称是 Associative Memory, 因此简记为 AM.

因此, 在 NNS 中, 神经元和神经胶质细胞是复杂的网络结构关系.

(3) 在 NNS 中, 神经元和神经胶质细胞不仅是复杂的网络结构关系, 而且在它们之间还存在相互影响的互动关系. 这就是神经胶质细胞对神经元之间信息传递的效率会产生影响. 反之, 神经元的状态向量的发生和存在也会对神经胶质细胞的权矩阵 W 的取值和变化产生影响. 这种相互影响的关系就是 NNS 中的 AM 关系.

(4) 神经胶质细胞不仅具有记忆性的功能, 而且还有其他的信息处理的功能, 如特征提取、子系统之间的管理和控制等. 这时, 在 NNS 中, 它们的 AM 关系的类型有多种, 而且信息处理的功能也有多种. 如文献 [23] 中给出了几种不同的类型, 在文献 [6] 中, 我们给出了三种不同的类型, 即自动机模型的联想或运动、简单联想、复合或随机联想等. 对这些不同的模型和功能, 我们试图在 NNS 中用编码和运算的方法来实现, 由此形成系统的结构理论, 这也是第五原理中的组成部分.

(5) 因此, 我们把第五原理又称为 AT-AM 原理或 AT-AM 理论. AT 是指和 AM 有关的编码和运算算法, 如 NNS, HNNS 有关的一系列运算算法, 对这些算法, 本书中有详细讨论和研究.

2. 关于第五原理或 AT-AM 理论意义的讨论

(1) 第五原理是关于神经元和神经胶质细胞之间结构和相互关系的理论, 因此在生物学、生命科学、神经科学和 AI 理论中都是根本性和关键性的理论核心问题. 但是, 其中的关系十分复杂, 因为其中涉及分子、生物分子、生物大分子的一系列结构、性质和功能的问题, 而且在生物、医学中, 对其中的关系和性质, 尤其是关于定量化的关系和性质了解很少.

(2) 即使在 AI 领域, 20 世纪八九十年代关于 HNNS 模型和理论所遇到的困难和问题也正在于此. 该问题不仅造成了 HNNS 理论的大起大落, 也影响了 AI 理论的发展过程.

(3) 直到 21 世纪初, 由于大数据、深度学习理论的产生, AI 理论达到一个新的高潮, 但这些理论并没有涉及 (或只是部分涉及) 关于神经元和神经胶质细胞之间结构和功能的关系问题, 因此它不是 AI 或 NNS 模型和理论的全部 (甚至可以说, 不是 AI-NNS 模型和理论的核心部分).

本书的第五原理试图对这些核心问题进行讨论, 把这个原理看成是 AI-NNS 中的基本原理, 并进行了系统的讨论.

3. 对系统结构原理的要点说明

我们已经说明, 第五原理由两部分内容组成, 即 AM 原理和系统结构原理, 对 AM 原理我们已有说明, 现在对系统结构原理说明如下.

(1) 我们已经说明, 一个 NNS 是由许多子系统组成的, 每个子系统又由许多神经细胞组成. 它们分别以固定的神经元为单位, 形成各自的运动体系.

(2) 在这些不同的子系统中, 运动包括子系统内部的状态运动和不同子系统相互作用所产生的运动.

在文献 [6] 中, 我们已把 HNNS 的运动定位成子系统内部的状态运动. 在本书中, 对其还有进一步的说明.

(3) 关于 HNNS 的运动存在两种不同类型的作用和运动, 它们分别是子系统内部的相互作用和状态运动与不同子系统之间的相互作用和状态运动. 本书中我们把这两种类型的作用和运动分别称为自联想和互联想的作用和运动, 并采用不同类型的 HNNS 来进行表述.

(4) 对于这种不同的运动模式和不同的 HNNS 模型和理论, 我们采用不同的编码方式给以区别, 其中的运动规则就是系统的结构原理. 由此产生的运动存在两种不同类型的作用和运动, 它们分别是子系统内部的相互作用和状态运动与不同子系统之间的相互作用和状态运动.

4. 对代数逻辑学和代数逻辑码的说明

代数几何学和代数几何码是近代数学的最新发展, 其基本思想是把不同学科中的元素建立对应关系. 在不同学科中, 它们的元素具有不同的运算规则, 由此形成这些元素之间的不同结构特征.

代数学和逻辑学也是不同的学科, 它们的运算规则不同. 代数学是讨论群、环域和它们的函数空间的理论, 其中的运算是四则运算, 对这种理论有较多的研究, 因此是一种比较成熟的数学理论. 在逻辑学中, 同样具有并、交、余运算. 我们的四位一体原理建立了这些运算和 NNS 中的运算的等价关系, 因此也具有同等的意义.

代数逻辑学就是讨论这两大学科的关系问题, 如布尔代数、布尔逻辑、布尔格就是这两大学科结合所产生的学科理论分支. 代数逻辑码是这两大学科进一步结合所要讨论的问题. 利用代数码可以得到许多关于码结构的理论, 而代数逻辑码是进一步把代数码的结果和理论用逻辑学中的运算表现出来. 这些逻辑学中的运算就可在 NNS 的运算下实现. 这就是我们建立代数逻辑码的目的和意义所在.

利用代数逻辑码的理论可以在图像处理、数值计算等不同领域得到应用. 对这些问题, 下文中有详细讨论和说明.

5. 原理的结构和应用

我们已经说明, 我们的目标是试图建立第五原理, 或构造联想记忆和系统的结构原理, 或构造复合型的 HNNS 模型和理论. 但是这个目标能否实现或是否有意义取决于以下三个条件.

(1) 该模型和理论是否符合数学与生物学的条件要求, 就是数学中的逻辑、计算、模型结构是否合理, 在生物学中有关神经元、神经胶质细胞、NNS 的论述是否符合生物学的背景结构和要求.

(2) 在 AI 理论中的应用, 就是这些原理、模型和理论最终能否解决在 AI 理论中有关应用问题. 我们最关心的是在高级智能计算问题中的应用问题.

(3) 在生物、医学中的应用. 在生物、医学中, 对 NNS 的神经胶质细胞的了解很少, 尤其是关于它们的数字化、定量化的内容很少. 对这种原理和模型的讨论, 有可能会对这些学科的研究提供帮助. 例如, 各种不同类型的精神性疾病 (如神经过敏、精神分裂症和痴呆等疾病) 和 NNS 中的各种参数状态密切相关.

这种参数状态直接决定人们的精神状态, 这种精神状态又和身体健康、多种疾病有关. 如神经的平静、愉悦可以导致健康和长寿; 相反, 长期的忧郁、强烈的刺激会导致癌变等. 这是人们所共知的常识.

从 AI 理论、联想记忆等原理来讨论这些问题是个非常有趣的话题, 但这些问题还涉及生物、生理、医学中的许多问题. 本书中对此不再展开讨论.

第五原理所讨论的问题是神经元和神经胶质细胞的关系问题和 NNS 中的结构、运动和功能问题, 这些问题已经涉及人脑、人工脑和 AI 理论的核心问题, 但在生物、医学、数学分析研究中, 对这方面的情况了解得还是很少, 因此必将成为这些学科未来发展中的重大理论核心问题.

我们所给出的这五个基本原理是 AI 理论中的原理, 也是我们认识世界的原理. 本书中我们给出几个应用问题的讨论, 它们是人工脑、智能化的工程系统、区块链理论中的基本原理. 由此可知, 这五个原理的相互结合和综合应用是我们发展和研究 AI 的理论基础和关键, 也为我们的智能发展、认识世界提供了无比强大的原动力.

但我们的这些研究和讨论还十分初步, 对其中一些问题的研究只是刚刚开始.

1.2 系统分析

1.2.1 人工脑的四个层次

关于人工脑的结构特征, 我们用四个层次来进行描述, 它们分别是基本人工脑、智慧人工脑、高级智慧人工脑和群体高级智慧人工脑.

我们先对这些类型和结构进行讨论和说明.

1. 基本人工脑

这就是具有智能计算的三个基本特征和生物神经系统的两个基本特征, 它们分别是复杂网络的系统和子系统的特征及数字化的特征. 智能计算算法的三个基本特征分别是: ① 学习、训练特征; ② 大规模平行计算特征; ③ 可在计算机系统下实现. 对这些特征在下文中有详细说明.

2. 智慧人工脑

这就是基本人工脑和六大学科领域结合的 AI 理论. 上文中我们已经说明这六大学科领域的名称. 人工脑和它们结合的程度就是智慧型人工脑的智商.

3. 高级智慧人工脑

(1) 高级智慧人工脑是指具有高级智能的智慧人工脑, 而高级智能是指具有高级思维、复杂逻辑推理和各种工具 (尤其是计算机) 的制造和使用.

(2) 高级智慧人工脑不仅可以和六大学科结合, 而且还可以进入这些学科的逻辑推理的过程.

(3) 高级智慧人工脑有个体和群体的两大类型的区别.

个体高级智慧人工脑可以形成许多不同类型的专门人才, 如社会活动家、科学家、哲学家、文学艺术家、运动员、能工巧匠等, 可通过不同类型的智商、情商来体现他们的智能.

4. 群体高级智慧人工脑

群体高级智慧人工脑又有大小规模不同的区别.

(1) 小规模群体如班组、车间、家庭等, 中规模群体如工厂、企业、社团等, 而大规模群体如国家、民族和社会等. 这些群体脑还要体现它们的协同和合作关系.

(2) 在群体高级智慧人工脑中, 还包括学科、分支行业中的知识信息和技术, 也包括法律法规、制度、条约、道德规范和标准等. 这些都是人类长期积累的经验和知识.

这种高级、智慧 (或智能) 的个体或群体的人工脑是我们研究的重点, 也是我们发展和应用 AI 的核心内容和主要方向, 也是其中的关键问题和制高点.

我们所要研究的人工智能是一个复杂的、网络化的智能系统, 因此, 我们又把它称为人工脑系统. 这种系统或人工脑应具有以下类型和特征.

(1) 基本人工脑, 就是具有智能计算和人脑基本特征的人工脑.

所谓智能计算的基本特征是指具有学习、训练的计算特征, 而人脑的基本特征就是具有系统和子系统的区分, 这些子系统具有不同的结构和功能, 它们相互协调形成一个统一的整体. 只有满足这些条件的系统才能称为人工脑. 我们又把人工脑看成人工智能在发展和应用中的基本单元.

(2) 智慧型的人工脑, 就是基本人工脑和五大学科相结合, 它们具有这些学科中可能实现的功能.

对这种智慧型的人工脑, 可以作智商的定义, 它们的智商就是和这五大学科所结合的程度, 因此还有类型和水平高低指标的区别. 这是个很有趣的话题.

这里的五大学科是指生命科学、信息科学、系统科学、计算机科学和量子科学. 对这些学科, 在序言中已有初步说明, 正文中还有一系列详细的讨论.

(3) 对这种智慧型的人工脑又有普通型和高级智慧型与个体型和群体型的区别. 所谓普通智慧型的人工脑就是对五大学科中的内容具有一般记忆、表述、简单运算的功能, 而高级智慧型的人工脑就是除存在普通智能人工脑的功能外, 还具有高级智能的功能和特征, 而高级智能就是人脑所具有的高级思维、高级逻辑、判定和复杂的运算功能. 这些功能和特征是人脑的甚至是超过人脑的功能和特征.

而个体和群体的关系是我们对人工脑不仅要求它们具有智慧型的特征, 而且要求它们以不同的群体出现. 这就是人工脑的要求, 不仅具有智能化的个体, 而且要形成智能化的群体. 这种群体的结构类型有多种, 如班组、工种、车间、企业等不同的数量和规模, 也可以形成团体、组织、社会或城市等不同的类型, 由此形成各种不同的集体记忆、智慧和经验, 它们都可积累成各种规范和规则, 如道德、规章、制度、法律和法规等, 也可形成各种不同类型的科学、文化、艺术门类, 并且实现长期积累. 这种积累将通过各种文字、图书和文库的形式保留, 由此形成不同的系统、子系统给予表达和区分.

在这部分内容中, 我们对本书的系统和算法作概要说明, 其中的算法理论在文献 [6] 中有详细讨论, 在此概述其中的结果, 而把人工智能中的这些内容看成是一个统一的系统, 进行讨论.

1.2.2 算法的状况分析

我们已经说明, 关于智能计算的算法仍然是人工智能中的理论核心和关键. 这些算法已形成一个庞大的理论体系, 因此需要对它们进行总结和讨论.

关于智能计算算法的情况, 我们已在文献 [134] 中作了详细的讨论和说明, 现在概述其中的一些结论, 并对有关问题进行讨论.

1. 智能算法的发展状况

我们已经说明, 智能计算中的算法理论形成了一个巨大的理论体系, 因此国内外的许多学者都在讨论、总结它们的发展情况.

(1) 最近, 智能计算的三位大师 Yann LeCun, Yoshua Bengio, Geoffrey Hinton 在 *Nature* 上发表了纪念人工智能发展 60 年[①]的综述性论文: *Deep learning* (见文献 [1]), 就是对这些问题讨论的综述.

---

① https://www.cs.toronto.edu/ hinton/absps/NatureDeepReview.pdf.

(2) 对智能计算算法的讨论, 在国内外也有多种著作出版, 如文献 [2,4,9] 等. 在这些著作中, 对有关智能计算中的算法进行了比较具体而又深入的介绍和讨论. 如文献 [2], 给出多种深度学习算法, 并对这些算法进行了深入的讨论; 文献 [9] 对其中的一些算法作了深入浅出的说明和讨论.

(3) 国内钟义信、张文修等、徐宗本等在文献 [11-13,27,83] 等中, 对智能化的问题、智能计算中的算法有许多讨论和结果. 他们在对信息、知识、智能等一系列关系问题上作了许多讨论.

2. 关于算法的特征和类型的分析

这就是对智能计算中算法的类型和特征进行总结. 在文献 [6] 中, 我们对什么是智能、高级智能进行了说明.

对智能计算算法用两大类型、三个层次、五个特征这样的一句话来概括和总结. 对它们的含义在文献 [6] 中已有详细说明和讨论, 在此不再重复.

(1) 在此算法分类中, 第二类型、第三层次的算法 (由神经元产生的算法)、第五层次的算法是一种由神经元产生的具有高级智能、估计逻辑功能的算法.

(2) 在现有的智能计算理论中, 第五层次的算法还没有产生. 但在文献 [6] 中, 我们预言, 由于四位一体原理的存在, 这种类型的算法迟早会出现.

(3) 探讨第五层次的算法的产生和形成过程是本书的重点内容之一, 在下文中还有详细讨论.

3. 算法的定位问题

这种定位问题实际上也是对这些算法的总结, 是一种深层次的小结.

1) 什么是算法的定位

智能计算算法的定位问题就是其中的一些算法在整个智能计算中的作用和地位.

从狭义上讲, 对算法的定位是确定它们的基本特征、应用范围的问题, 这是我们对智能计算算法所必须了解的.

关于智能计算的发展和意义问题, 离不开算法和其他学科的关系问题的讨论, 因此要确定这些算法在整个智能计算中的作用和意义, 就离不开这些算法和其他学科的关系问题.

因此, 从广义上讲, 这种定位问题就是讨论它们和其他学科的关系, 最终确定它们在整个智能计算中的作用和意义.

2) 关于感知器系列算法的定位

在文献 [6] 中, 我们把 NNS 中的算法分为感知器系列和 HNNS 系列算法, 它们都存在定位问题.

在感知器系列中, 存在多种不同类型的算法, 它们的主要特点是讨论分类问题. 我们称这是感知器系列的第一定位.

这里需要强调的一点是, 关于感知器系列的第二定位, 就是在感知器系列中, 除了它们可以实现各种分类、优化计算外, 还有实现逻辑运算中的多项基本运算.

在文献 [6] 中, 我们得到有关感知器的基本定理, 就是多层感知器的运算算法和逻辑学中的运算算法可以相互表达、相互等价, 因此该基本运算是四位一体原理中的重要组成部分.

4. 关于 HNNS 系列算法的发展情况

需要强调的一点是, 关于 HNNS 系列的定位问题, 在文献 [6] 中, 我们作了系列讨论, 对此说明如下.

(1) 在文献 [6] 中, 我们首先介绍了 HNNS 的产生和发展过程, 也说明了该模型和理论在 20 世纪 90 年代经历了一个大起大落的过程.

(2) 在文献 [6] 中, 我们还讨论了当时 HNNS 产生问题的原因和仍然存在的一些争论. 我们不同意对这种理论持全面否定的观点.

(3) 在文献 [6] 中, 我们把 HNNS 看成是一种多神经元的 NNS 理论, 因此不可作全面否定, 而且它在 NNS 理论研究中是一个绕不开的课题.

(4) 在文献 [6] 中, 我们把 HNNS 所出现的问题归结为关于它的应用方向上所出现的问题, 就是把该理论的应用方向定位在图像处理和解决 NP-完全问题是不对的.

5. 关于 HNNS 系列的定位问题

因此, 关于 HNNS 的模型和理论需作新的定位, 为此我们给出了一系列的讨论.

(1) 首先, 它是一种 NNS 内部状态运动的理论. 我们把 NNS 看成是一个复杂系统, 它由大量子系统组成, 在这些子系统中存在相互作用和内部神经元之间的作用和运动.

(2) 在这种内部神经元之间的作用和运动中可以形成多种不同的模式, 本书中的第五原理正是对该理论的讨论.

(3) 由第五原理可以产生联想记忆、自动机的理论和模式. 这种理论和模式在人体、生物体、NNS 中大量存在, 而且相互交叉, 产生多种不同类型的功能. 只有这样才可能使 NNS 的模型、理论和背景问题得到说明. 本书中我们又通过一系列的编码运算, 将 NNS 和第五原理结合, 并由此实现第五原理中的各种功能.

(4) 这样的定位和讨论是复杂、有趣, 而又出人意料的, 它们必将成为生命科学、人体或生物体的 NNS 研究中的重要组成部分, 也会和其他学科发生密切关系, 影响这些学科的研究和发展.

6. 关于模糊感知器的算法和它的定位问题

在文献 [6] 中, 我们给出了模糊感知器的定义、算法和算法的收敛定理. 在本书中, 我们继续对该理论进行讨论.

(1) 模糊感知器, 是指在感知器法分类计算时, 可以存在一定比例的误差, 文献 [6] 中给出了它的学习、训练算法和该算法的收敛定理, 在本书中继续对它进行讨论.

(2) 文献 [6] 中给出的学习、训练算法和该算法是在一定条件下的收敛性定理. 本书中我们给出了它的最优分类算法, 就是使分类误差为最小的算法.

(3) 在文献 [6] 中, 我们还给出一个关于多层感知器的基本定理, 就是任何布尔函数的运算都可通过多层感知器的运算实现. 在本书中, 我们利用模糊感知器的优化算法, 给出了实现该基本定理的运算算法.

(4) 由于该基本定理确定了模糊感知器的运算算法, 因此得到该四位一体原理中的等价运算关系的运算算法, 使四位一体原理成为一个完整的理论体系.

1.2.3 关于高级智能算法的讨论

在人工脑的层次中, 我们给出了高级智能的定义. 在本书中, 我们把在 AI 理论中实现这种高级智能确定为 AI 理论发展的一个基本目标. 对此我们作详细说明.

1. 为实现这种高级智能算法, 有几个关键性的理论问题需要解决

(1) 智能逻辑的基本原理和结构关系, 是指智能逻辑的结构原理和关系的表达, 如 17 世纪, 莱布尼茨[①] 的从语言学过渡到逻辑学的理论; 18 世纪, 布尔[②] 和希尔伯特[③]的逻辑学的数学化的系列讨论. 关于他们的思路和贡献, 本书中有详细说明.

(2) 至 19—20 世纪, 出现了有多种高级智能系统的理论, 如专家系统、信息系统、符号逻辑系统、吴方法等, 但都还没有形成比较公认的统一理论. 其中的吴方法是讨论几何定理的机器证明, 因此是比较完整的高级智能系统的理论, 有关理论见文献 [70] 等.

(3) 智能逻辑结构关系在 NNS 中的表达. 在实现了逻辑学的数学化, 及进一步和计算机结合产生数理逻辑学或符号逻辑学理论之后, 由四位一体原理建立了逻辑学和 NNS 的等价关系. 这就是逻辑学的 NNS 的表达, 由此实现语言学 → 逻辑学 → 符号逻辑系统 → NNS 的转变过程.

---

① 莱布尼茨 (G. W. Leibniz), 德国哲学家、数学家, 1646—1716.
② 乔治·布尔 (G. Boole), 1815—1864, 1815 生于英格兰的林肯, 数学家、逻辑学家.
③ 希尔伯特 (D. Hilbert), 德国数学家, 1862—1943.

(4) 在实现这三个转换的过程之后, 智能逻辑运算在 NNS 中进行. 实现其中的智能运算过程还需要有一定的动力学因素的支撑, 我们对此作专门讨论如下.

2. 关于高级智能运算的动力学因素的讨论

当智能逻辑运算在 NNS 中进行时, 实现智能运算过程中的动力学因素是指驱动 NNS 的动力学条件, 对此我们举例说明如下.

(1) 例如在数值计算中, 这时的计算机是一种自动机, 它通过脉冲信号来进行驱动, 因此数值计算是一种比较容易实现的高级智能运算.

(2) 又如在吴方法中, 几何定理的机器证明是通过几何代数的方法来进行驱动的, 对此理论本书中有详细讨论.

(3) 对于其他学科和领域系统就比较复杂, 在不同的系统之间有不同的动力学问题, 这就是在不同的学科、领域中, 它们的动力学因素是不同的, 如在科学、文学、美术、音乐的不同领域, 它们的前提是不同的, 因此它们的动力学驱动方式及由此形成的算法是不同的.

如在科学研究中, 它是由自然现象产生科学规律、规则的过程, 而文学作品是把各种现象进行文字的描述, 为人们所喜闻乐见. 而在美术、音乐、体育中通过线条、色彩、音符肢体动作来反映各种现象, 在这些现象又反映了人们的感受、情感和动作.

由此可见, 在这些不同的领域中, 它们的动力学驱动模式是不同的. 我们不追求它们的统一驱动模式和计算算法. 这种高级智能算法将依据不同的学科、领域, 针对其中的问题, 给出它们的智能计算算法体系.

3. 关于高级智能研究意义的讨论

关于这些问题的讨论使数学变成一门非常有趣的学科. 讨论的问题有:

(1) 关于 灵感、天才、大家、名曲、名画、名作、各种学说、发明创造的产生和形成过程. 这是一个无限、有趣的话题.

(2) 还可以对涉及各种群体之间有关社会、人文的各种问题作定量化和智能化的分析, 这都是十分有意义的.

(3) 这种分析和讨论与区块链密切相关, 就是对每一种区块链如何建立它们的优化指标和相应的评价体系, 在此基础上, 对这种区块链还可构建它们的自我优化、错误修正的运算, 产生智能化的区块链, 由此形成对社会决策、决策系统的讨论和优化.

在本书中, 我们还没有得到这种统一的高级智能逻辑算法, 因为对不同的学科和领域, 这些高级智能算法是不同的. 对这些特殊问题, 在其他章有详细讨论.

1.3 学　　科

我们已经说明，人工智能的发展和应用与多种学科密切相关.

这里所涉及的学科主要是生命科学、神经科学、信息科学、系统科学、计算机科学和量子科学等六大学科. 本节中我们进一步讨论和说明"人工智能"与这些学科领域的关系.

1.3.1　生命科学

在这六大学科领域中，首先是"人工智能"与生命科学和神经科学的结合问题. 生命科学的内容很多，这里主要讨论"人工智能"与生物信息学和神经系统的关系问题.

我们已经说明，智能计算是一种模拟人脑或事物 NNS 的科学，因此和生命科学、神经科学的关系密切.

1. 内容要点

对智能计算和生命科学、生物信息学和神经科学中的内容要点说明如下.

系统和子系统. 在生命科学、神经科学的讨论中，首先是它们的系统、子系统的关系、特征和理论. 这是关于人体或其他生物体的神经系统中的结构和组织形式的讨论. 在一个生物体的 NNS 中存在大量的系统和子系统的结构，它们形成一个复杂的网络结构. 这种网络结构关系如图 1.3.1 所示.

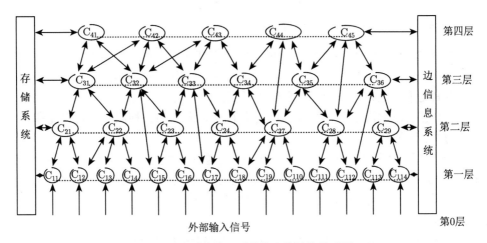

图 1.3.1　系统和子系统的网络结构关系图

对图 1.3.1 说明如下:

(1) 该图是一个生物体的 NNS 结构图, 它由许多子系统组成. 对这些子系统我们分别用 $C_{i,j}$ 表示.

(2) 这些子系统有多种不同类型, 如输入、输出子系统, 它们分别承担 NNS 中内、外信号的转换过程. 其中外部输入信号的类型很多, 如光、声、电、化等信号. 在人体中, 它们通过不同类型的感觉器官 (如眼、耳、鼻、舌、皮肤等器官) 来实现.

(3) 这些子系统有低、中、高的层次之分, 其中较高的子系统对它们所属的较低的子系统有信息管理和控制的功能.

在这些管理和控制系统中, 同样存在这些子系统之间的输入、输出信号. 其中的中枢神经系统是多种不同类型信息作汇总和统一处理的器官, 我们把它看成唯一的对多种不同类型信息的统一处理中心.

(4) 在这些子系统中还存在一些特殊的子系统, 如存储子系统和边信息子系统等, 它们都是人脑的重要组成部分. 关于它们的特殊含义在下文中有详细说明.

(5) 在这些子系统中, 它们的不同类型可以通过不同的物理指标加以区分, 如它们的空间位置、频谱结构、编码方式和时间划分及其他物化特征等.

2. 智能计算算法的理论体系

我们把这个系统看成是一个 NNS 中的信号处理系统.

(1) 该系统中的载体是神经细胞 (神经元或神经胶质细胞).

(2) 信号就是这些神经细胞的状态信号, 这时神经元或神经胶质细胞的信号是不同的. 对此我们在下文中有详细说明.

(3) 除了神经元或神经胶质细胞的信号外, 还有不同子系统之间的信号. 它们有输入、输出信号的区别.

3. 关于群体系统的讨论

在和生命科学、神经科学的结合的讨论中形成群体系统是其重要特征. 我们继续讨论如下.

(1) 这个群体系统是一个多层次的由大量子系统组成的复杂网络系统.

(2) 这种多层次系统可以用不同的参数表示. 例如, 我们用参数 τ 表示不同的总体层次中的参数, 如 $\tau = 0, 1, 2$ 分别表示国家、地区和企业三个不同层次的参数.

(3) 在总体层次结构参数 τ 固定的条件下又可产生多种不同的子系统, 它们的结构参数可用 $\tau - \gamma$ 表示. 例如, 在 $\tau = 2$ 时, 这个子系统就是关于企业层次中的子系统, 而 $2 - \gamma$ 又表示在同一企业中不同部门的子系统.

(4) 因此, 我们用 $\tau - \gamma - \theta$ 表示同一国家、地区或企业, 同一部门中的不同个体的子系统.

(5) 在同一国家、地区或企业、部门和个体子系统的条件下, 这些个体中的数据系统用 $\tau - \gamma - \theta - (ijk)$ 表示, 因此 $\tau - \gamma - \theta - (ijk)$ 才是这些个体脑中的数据系统. 这些子系统中的数据形成各种运算、识别、控制、逻辑推理等功能.

4. 关于数字化的特征和规则的讨论

在生命科学、神经科学中, 除了系统和子系统的结构和模型特征外, 还有一系列数字化特征和规则. 这就是在 NNS 中, 神经元、神经胶质细胞是基本单元, 它们都可通过数字化的特征来进行表达. 这就是每个神经细胞的状态、电荷、电势、它们之间的相互关系等都可通过一定的数据、参数来进行描述和表达. 这种数字化的结构特征如图 1.3.2 所示.

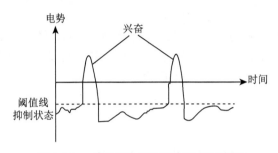

图 1.3.2　神经元内部电势变化的示意图

对图 1.3.2 我们说明如下.

(1) 在神经细胞中, 在细胞膜的内外可产生一个膜电势或电势差, 在生物学中已经测量确定了这个电势差为 20—100 mV.

(2) 这时神经元的抑制与兴奋状态可通过一个电位阈值来区分. 经测量, 阈值电势的大小为 −40—−80 mV.

(3) 神经元的电势由外部电荷输出与电流输出来确定. 当神经元处在抑制状态时, 外部电荷不断输入, 因此累计电势升高. 当胞内电势升高到一定程度 (超过阈值) 时, 神经元进入兴奋状态.

(4) 当神经元进入兴奋状态后, 它的内部电位明显高于胞外电位, 这时神经元就会向外输出电流, 该神经元电势下降后又恢复到抑制状态, 因此神经元的状态和输出的电流呈脉冲状态.

图 1.3.2 是神经元的数字化的一个简单表示, 更复杂的情况如图 1.3.3 和图 1.3.4 所示.

对图 1.3.3 和图 1.3.4 的说明如下.

(1) 每个神经元的细胞膜的表面都存在大量的跨膜蛋白 (有 10^3—10^5 个之多), 它们向神经元输入或输出电荷, 因此神经元内部的电势累积过程是一个泊松流[1], 当它的电势累积到一定程度时 (超过某个固定的阈值时), 该神经元就呈兴奋状态, 并向其他神经元输出电荷.

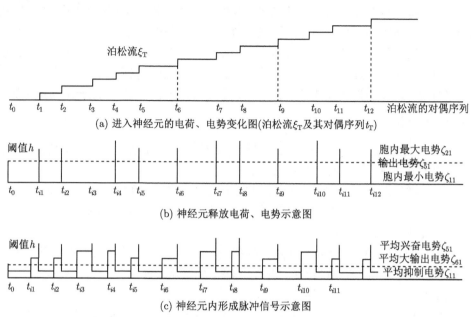

(a) 进入神经元的电荷、电势变化图(泊松流ξ_T及其对偶序列t_T)

(b) 神经元释放电荷、电势示意图

(c) 神经元内形成脉冲信号示意图

图 1.3.3　单个神经元的状态、电势和阈值的变化关系图

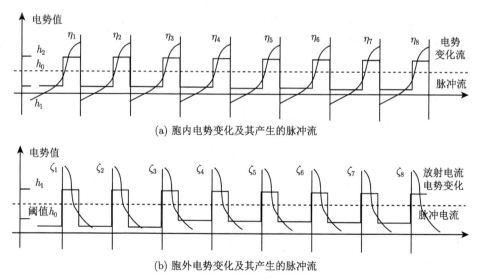

(a) 胞内电势变化及其产生的脉冲流

(b) 胞外电势变化及其产生的脉冲流

图 1.3.4　由神经元的电势、状态产生的脉冲电流结构图

---

[1] 泊松流是一种随机过程, 它们的产生过程、随机运动、性能特征等在本书的附录 C 中有详细说明.

当神经元向其他神经元输出电荷时就形成电流, 该神经元的电势下降而进入抑制状态.

(2) 这时, 每个神经元内部的电势变化的累积值、输出电荷的时间、强度都是随机的, 所形成的脉冲信号的时间、强度也都是随机的.

(3) 这时, 每个神经元的状态值空间是 $X = \{0,1\}$ 或 $X = \{-1,1\}$, 是固定的, 但发生的时间是随机的, 我们同样可以把它们看成一些泊松流.

(4) 因此, 多个神经元的状态是一个向量 $x^n = x^n(t) \in X^n$, 是一个向量函数.

5. 关于神经胶质细胞的数字化特征

在生命科学、神经科学中, 我们已经说明神经胶质细胞是一种生物细胞, 也是 BBS 中的基本单元. 它们的数字化特征和神经元不同.

(1) 神经胶质细胞是神经元之间的连接细胞, 它们的数字化特征是通过某种连接强度来表达的. 这种连接强度是一种电荷、电势和电流转移强度的参数. 在 NNS 理论中, 称之为权系数.

(2) 它们的数字化特征不仅是一种电荷、电势和电流转移强度的参数, 而且这些参数的取值和它们的细胞结构特征有关, 如细胞表面跨膜蛋白的类型和数量、细胞内部细胞器的类型和数量.

(3) 神经胶质细胞的数字化特征除了具有这种细胞结构特征和数字化表现特征外, 在它们的使用过程中还具有可塑性、记忆性、时效性和遗传性等一系列特征. 在神经胶质细胞使用过程中, 它的分子结构可以发生改变, 就是在神经元之间多次反复使用或有强信号出现的使用, 可以增加跨膜蛋白的数量或提高这些跨膜蛋白 (或相应的离子通道) 的容量; 相反, 如果在神经元之间长期停止使用, 那么相应的跨膜蛋白的数量就会减少, 或相应的离子通道的容量就会降低, 由此使神经胶质细胞的分子结构特征参数发生变化. 这就是神经胶质细胞的可塑性、记忆性和时效性.

(4) 在神经胶质细胞等参数的变化过程中, 这种时效性有多种不同的类型, 如突变型或逐步衰变型. 我们称神经胶质细胞的参数变化规则是它们的激发或衰变规则.

(5) 无论是细胞结构特征、细胞的参数表达, 还是它们的可塑性、记忆性和时效性等一系列特性, 最后都可归结为由生物基因组的遗传学规则所确定.

基因组及其遗传学是生命科学中的基本理论, 它们的分子结构特征、基因组的复制和分解、它们对细胞结构的形成和功能的影响等一系列问题是生命科学中的理论核心问题, 情况十分复杂, 在关于生命科学的许多著作中都有论述, 如文献 [6] 等.

6. 系统和子系统的数字化特征

由于神经元、神经胶质细胞的数字化, 整个 NNS、子系统都具有数字化的特征. 这就是它们的结构、表达、运动和相互作用都可形成数字化的表达和运算, 由此形成 NNS 中各种不同类型的模型和理论.

(1) 在 NNS 中, 这种子系统的相互作用最后归结为感知器系列和 HNNS 系列模型的相互作用. 它们分别是不同子系统之间的相互作用和各种子系统内部的作用、运动.

(2) 不同子系统之间的相互作用可以通过多输出、多层次感知器模型和理论进行描述, 各种子系统内部的作用和运动比较复杂, HNNS 试图讨论这种模型.

(3) 正是由于这种系统的数字化特征理论, 才有可能形成 NNS 中的模型、运算和理论. 在文献 [6] 中, 我们把 NNS 中的模型、算法和理论分为两大类, 即感知器系列和 HNNS 系列类. 它们分别是不同子系统之间相互作用和子系统在内部细胞之间相互作用所形成的运动理论.

对这些模型和理论, 文献 [6] 中给出了它们的一系列定位. 序言中对此也已有说明.

(4) 在各种系统和子系统的数字化分析中, 它们也有多种原理和规则, 如激发或衰变规则、知识和经验积累的规则、集体记忆和协同的规则 (其中包括逻辑、语言、文字记录、理论体系的形成等), 由此促进人类文明、高级智能、社会的组织机构等一系列问题的产生和进展.

1.3.2　和其他学科的关系问题的讨论

我们已经说明, 这六大学科包括生命科学、神经科学、信息科学、系统科学、计算机科学和量子科学. 我们已经对智能计算和生命科学、神经科学的有关问题作了讨论. 现在讨论其中四大学科的关系问题.

1. 其他四大学科领域

我们已经说明, 可把当今科学、技术的发展可归结为六大学科领域. 除了生物学和生命科学外, 其他四大学科领域分别是:

(1) 信息论和信息科学, 包括信息的度量问题、各种不同类型的编码、密码理论、编码、密码算法和由此形成的通信和信息安全的理论和算法.

(2) 系统论和系统科学, 包括识别、控制、博弈、规划、决策和优化中的各种问题.

(3) 计算机和计算机科学, 在一些文献中把它归结为信息科学的组成部分. 这里把它独立出来, 是因为该学科不仅包括计算机的构造原理中的一系列理论, 我们把计算方法的理论也归结在该学科的组成部分中, 其中包括数值计算 (计算数学的核心内容)、可计算性和计算复杂度理论、生物技术、量子计算等新型计算机理论.

(4) 量子物理学和量子科学, 包括经典的量子物理学和量子理论在其他学科中的最新发展等.

2. 对这些学科内容的说明

信息科学、系统科学、计算机科学是三个不同的学科领域, 它们相互交叉而又具有各自独立的理论基础、内容、特征和应用范围. 因为它们关系密切、内容交叉, 所以这里将对它们放在一起讨论. 对这种 4C 和 4C+S (**系统论**) **理论**, 我们通过图 1.3.5 进行讨论和说明.

(1) 4C 理论是信息论 (information theory)、控制论 (cybernetics) 和计算机科学 (computer science) 和密码学 (cryptography) 的简称, 它们是信息科学、计算机科学的重要组成部分, 也是我们构造、发展智能计算的理论基础, 因此需作重点讨论.

有关 4C 理论的一些基本知识, 我们在文献 [6] 中有说明和介绍. 在此我们先介绍其中的一些内容要点, 在下文中还有详细讨论.

(2) 为了方便起见, 在本书中我们把这种 4C 理论又称为经典 4C 理论, 在此基础上又产生新 4C 理论和量子 4C 理论.

经典 4C 理论就是现在人们所了解的 4C 理论, 而新 4C 理论和量子 4C 理论则分别是和现在的生命科学、大数据、网络、智能计算、量子物理学相结合而产生的 4C 理论. 它们都是信息科学未来的发展方向.

在新 (或量子) 4C 理论中, 除了包含生命科学、大数据、网络、智能计算、量子物理学等内容外, 还应增加系统科学 (systems science) 理论中的内容,

系统科学或系统论中的内容包括博弈、运筹、规划、控制、决策和优化等.

因此, 系统科学或系统论也应是 AI 的重要组成部分. 例如, 其中的控制论应是发展机器人、无人化理论和技术中的重要组成部分.

(3) 我们把这些学科合称为 5CS 理论, 就是 4C + S 的理论.

(4) 量子物理学或量子科学也是近代科学发展中的重要组成部分, 它和生命科学、5CS 理论结合形成量子生物学、量子 5CS 理论.

但在本书中, 我们对这方面的问题不展开讨论.

(5) 在研究和发展 AI 时, 我们首先要考虑的是和 5CS 理论的结合问题. 如 5G 的理论和技术问题中, 其中的核心问题就是网络通信和移动通信. 它们都是信息科学的重要组成部分.

3. 关于基本原理之四的讨论

我们已经说明, 在发展智能计算的理论和技术时, 和多学科理论的结合是其中的基本原理. 我们对此作进一步的讨论如下.

(1) 多学科理论的内容主要包括生物科学和新 5CS 理论.

(2) 新 5CS 理论包括经典 4C 理论 + 大数据、复杂网络、移动通信 + 系统科学. 关于系统科学中所涉及的问题和内容我们已经说明, 它在 AI 的发展和应用中必将发挥作用.

(3) 信息科学、系统科学和计算机科学等内容是相互交叉的, 其中又有多种不同的学科分支. 它们和 AI 的研究和发展都有密切关系. 对这些关系我们作图 (图 1.3.5) 说明如下.

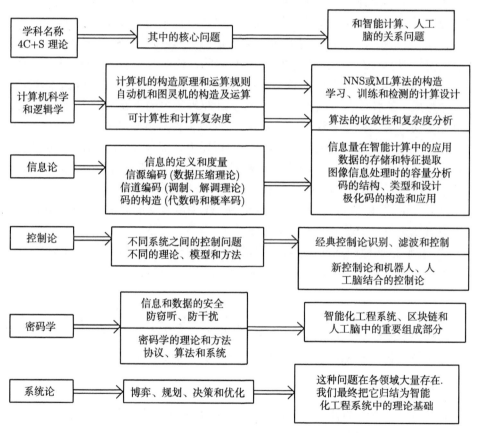

图 1.3.5　5CS 理论和人工智能理论的关系示意图

该图是不同学科中的不同分支理论和 AI 中有关内容的关系图. 对其中的有关名称补充说明如下.

(1) 关于 4C 理论我们已经说明, 它们是信息论、控制论、计算机科学和密码学的简称, 而 S 是系统论的简称. 这些学科又由多个学科分支组成, 因此该图是这些学科分支和智能计算中有关理论的关系图. 在 4C 理论中, 我们又把它们分为经典 4C 理论和新 4C 理论, 其中新 4C 理论是经典 4C 理论和量子物理、AI 理论结合的 4C 理论.

(2) 该图由 3 部分组成, 分别是学科名称、其中的核心内容、这些内容和智能计算、人工脑的关系问题.

(3) 在这些学科和内容中, 我们把 4C 理论和系统科学理论简写为 4C+S 理论或 5CS 理论.

(4) 系统论中的内容包括博弈、规划、决策、优化中的一系列问题, 其中每个问题又有多个子问题. 这些也是我们在日常生活、工作和研究中经常遇到的问题, 因此也应是 AI 理论中的重要组成部分. 本书将对这些问题陆续展开讨论.

(5) 控制论是经典 4C 理论中的重要组成部分, 我们把它分成经典控制论和新控制论, 其中经典控制论在卫星通信、航天器的理论研究中发挥了重要作用. 而新控制论将在机器人、无人化的理论和技术中发挥重要作用, 但它的理论体系还没有完全形成. 在本书中, 我们把它作为智能计算理论中的重要部分, 但因为其中涉及机械运动、运动动力学等一系列问题, 对此我们没有展开讨论.

(6) 计算机科学也是经典 4C 理论中的重要组成部分, 其中包括计算机的构造原理、计算机的语言学和可计算、计算复杂度理论等, 其中的逻辑学也是该理论中的重要组成部分. 在 NNS 的算法理论中, 我们得到 NNS 计算法和逻辑运算的一系列等价性关系, 因此对于这种逻辑学在 AI 中应有新的理解和讨论. 我们把这些内容看成是新 4C 理论中的重要部分.

(7) 我们把这种和 NNS 结合的逻辑学称为智能化的逻辑学, 并用此来讨论人类的高级思维、高级逻辑的构造及它们的形成和实现的过程, 是本书研究的重要部分.

(8) 在系统科学的应用中, 包括工农业、经济、军事、科技、日常生活等各种领域, 这些问题大量存在, 是我们构造智能化工程系统的理论基础.

关于智能化工程系统的内容和含义, 在下文中有详细说明和讨论.

4. 和移动通信、5G 技术的结合问题

在图 1.3.5 所示的信息论的通信理论中, 我们这里特别要强调的是人工智能和移动通信的结合问题.

(1) 移动通信是信息论的通信理论的一个组成部分, 所以信息论中的通信理论中的一些基本原理在移动通信中同样适用.

(2) 但是, 在移动通信中有许多特殊的要求. 首先是信号来源的要求, 在移动通信中信号的来源是无线通信网络, 这就涉及频道、带宽、功率等一系列的问题; 其次是用户不同需求的要求, 这就涉及不同类型用户关于信息的流量、时延、用户量等不同的要求.

(3) 这些指标在 5G 标准中分别是 20 Gpbs, 1 ms, 1000 亿的用户量级等. 另外, 就不同的用户要求而言, 对这些指标的要求也是不同的, 如关于听觉、视觉、动作反应的时延要求分别是 100 ms、10 ms 和 1 ms, 因此 5G 技术可以在自动驾驶技术上得到应用.

(4) 在 5G 技术中, 还要求系统能量的消耗尽可能小.

在 HNNS 的讨论中, 给出了该系统能量的计算公式. 这种能量问题在 NNS 理论中普遍存在. 在文献 [6] 及本书的第 5 章中, 我们还给出人、机指标的比较关系, 其中能量关系也是重要的指标. 因此, 在 AI 的理论中还存在这种能量问题的讨论.

(5) 智能计算应该是图 1.3.5 中的理论和技术的综合应用, 在和移动通信、5G 技术的结合上必然是大有可为的.

(6) 图中的极化码是一种无记忆信道的编码理论, 它通过信号的变换可以将无记忆信道变成有记忆信道, 它的码率已接近信道容量, 而且它的编码误差可接近于零.

因此, 极化码在移动通信中得到应用. 在华为 5G 系统中, 极化码已是该系统的国际技术标准, 因此也是 AI 理论中的重要组成部分.

5. 关于区块链的讨论

极化码和区块链是信息科学在 AI 领域中重要应用的两个典型实例. 我们对区块链的概念说明如下.

(1) 区块链是一种分布式的数据共享体制, 这就是有大量用户实现数据共享. 因此实现区块链的条件是:

(i) 必须和移动网络通信 (如 5G 系统) 结合, 实现人、物之间的互联、互通.

(ii) 必须和编码、密码结合, 确保数据的合理分配和使用, 并确保数据的安全.

(iii) 还必须和某种信息系统的结合, 使区块链成为一种通信 + 编码、密码 + 信息系统相结合的网络数据平台.

(2) 实现区块链的意义是实现数据共享, 使这些数据具有公开、透明、去中心化的特点, 对这些共享数据的任何差错、篡改都能够随时发现, 因此, 所有的数据、信息、知识都可以转化成财富.

(3) 关于区块链的应用, 我们以医疗数据共享和数字货币为例, 说明它的意义.

医疗数据共享是指不同医院的检查、诊断和治疗数据实现共享. 对这种医疗数据共享的意义有:

(i) 存在巨大的经济价值. 有人估计, 全世界的医疗数据的价值达数万亿美元.

(ii) 可以极大地方便患者和提高医疗水平.

6. 对数字货币的说明

(1) 数字货币的产生过程.

(i) 最早提出的数字货币是比特币, 由中本聪提出.

(ii) 由脸书 (Fecebook) 开发的是天秤币 (Libra).

(iii) 最近中央银行设计了 3.0 版人民币, 或 DCEP[①].

(2) 对数字货币的特点和意义讨论如下.

(i) 1.0 版 (纸币版) 和 3.0 版人民币的异同点比较如下. 共同点: 都是客观存在、不会消失、有专门的属性, 能够流通、交换; 不同点: 产生过程和流通方式不同, 如 1.0 版纸币是由造币厂 (印币厂、铸造厂) 制造产生的, 而 3.0 版人民币是由计算机通过一系列的软件、协议或规则产生的.

(ii) 2.0 版 (纸币版) 和 3.0 版人民币的共同点都是移动支付, 不同点是有无中介中心存在, 在 DCEP 中, 不要求有中介中心存在.

(iii) 存在的主要问题是: 密码学中的安全性问题和美元的地位问题.

(3) 区块链的应用和技术已经延伸到数字金融、物联网、智能制造、供应链管理、数字资产交易等领域, 因此全球都在加快布局.

1.4　关于人工智能的理论体系

在前言中已经说明, 本书所讨论的目标是人工智能的发展和应用问题, 因此, 我们首先把它看成是一个复杂的大系统.

该大系统是由大量数据、算法、规则组成的, 因此内容十分丰富, 可谓包罗万象. 因此, 这种系统由许多子系统组成. 这些子系统承担多种不同的功能, 而且又通过网络进行连接, 所以这些子系统能够相互协调, 形成一个统一的整体.

1.4.1　系统的要素和运算

我们已经说明, 系统的概念是十分广泛的, 它有许多运算和应用, 如识别、控制、博弈、规划、决策和优化. 我们也已说明, 系统是由大量个体或群体组合而成的, 因此我们首先要对这种结构状况进行描述.

为对这些个体进行描述, 我们把它归结为由要素和运算组合而成的结构体系.

关于群体的描述, 我们把它归结为一个多层次的、复杂网络系统结构的模型.

在系统科学中, 有关识别、控制、博弈、规划、决策和优化等运算, 我们在以后的章节中再详细讨论, 在此我们只介绍系统论中的一般概念和观点.

---

① 关于 DCEP 的全称是: Digital Currency Electronic Payment. 这种货币虽还没有正式上市使用, 但央行有可能成为第一个官方推行数字货币的银行.

这里把人工智能看成是由大数据、网络技术和智能计算算法三种内容结合而形成的理论体系, 因此我们称这三种内容是人工智能的三要素. 它们也是人工脑中的三要素.

1. 形成系统的基本要素

首先, 我们把系统看成是一种信息处理的系统, 因此, 它的基本要素是信息、数据、信号和变量. 为了方便起见, 我们把它们统称为要素, 并把它们作等价考虑.

(1) 信号和变量的基本类型分输入、输出、中间过渡等不同的类型, 因此一个系统是由这些不同类型信号组成的混合体.

(2) 对信号的描述, 除了这些物理意义上的差别外, 还有数学表达式的差别. 我们把它们分为一般函数变量、随机变量、随机向量、随机过程 (或序列) 等不同类型.

$$
\begin{cases}
\text{一般函数型,} & \text{如 } x(t), y(t), u(t), t \in T \text{ 等,} \\
\text{随机函数型,} & \text{如 } \xi(t), \eta(t), \zeta(t), t \in T \text{ 等,} \\
\text{随机向量型,} & \text{如 } \xi^n(t), \eta^n(t), \zeta^n(t), t \in T \text{ 等,} \\
\text{数据阵列型,} & \text{如 } X_{m,n} = (x_{i,j})_{i=1,2,\cdots,m,\ j=1,2,\cdots,n} \text{ 等,}
\end{cases}
\tag{1.4.1}
$$

其中, $\xi^n(t) = [\xi_1(t), \xi_2(t), \cdots, \xi_n(t)]$ 是随机向量函数.

(1.1.1) 式中的函数可简写为 $z_T = \{z(t), t \in T\}$, 其中 $z = x, y, u, \xi, \eta, \zeta, \xi^n, \eta^n$ 等. 我们有时也用 x^*, y^*, u^* 等表示 r.v. ξ, η, ζ.

(3) 在这些变量 x_T, ξ_T 的表示中, T 是它们的定义域, 它们的取值空间 $\mathcal{X}$ 是相空间.

无论是定义域还是相空间, 它们都有连续型、离散型、有限型、确定型的区分, 由此产生不同类型的系统变量.

2. 系统的运算

一个系统一般是由多个不同的变化函数所组成, 而且在这些函数之间存在一定的运算关系. 因此, 形成一个系统还要由若干运算组成, 这就是在不同变量之间存在某种因素关系.

对这种运算关系的类型可以有多种. 例如,

(1) 微分或积分运算, 它们通过相应的微分方程或积分方程来表达. 这些方程在本书的以后章节中或附录中都有说明.

(2) 函数变换关系的类型有

$$
\begin{cases}
\text{函数变换关系}, y(t) &= \displaystyle\int_a^b K(\tau,t)u(\tau)d\tau, \\[2mm]
\text{随机函数变换}, \eta(t) &= \displaystyle\int_a^b K(\tau,t)\xi(\tau)d\tau, \\[2mm]
\text{可加随机变换}, \eta(t) &= \displaystyle\int_a^b K(\tau,t)\xi(\tau)d\tau + \zeta(t),
\end{cases}
\tag{1.4.2}
$$

其中的 $K(\tau,t)$ 是变换的核函数, 它是系统信号的转换函数.

(3) 对数据阵列 $X_{m,n}$ 也有它们的变换形式, 这种变换通过矩阵运算或张量运算来实现. 关于张量、张量运算的理论和记号, 在下文中有详细说明和讨论.

(4) 在这些函数关系的变量或自变量中, 还有多种不同的参数在发生作用. 这些参数影响这些信号的变化过程.

3. 系统的类型

(1) 由此可见, 一个系统由若干输入和输出组成, 它们分别记为

$$
\begin{cases}
x_T^m = (x_{1,T}, x_{2,T}, \cdots, x_{m,T}) = \{(x_1(t), x_2(t), \cdots, x_m(t)), t \in T\}, \\
y_T^n = (y_{1,T}, y_{2,T}, \cdots, y_{n,T}) = \{(y_1(t), y_2(t), \cdots, y_n(t)), t \in T\}.
\end{cases}
\tag{1.4.3}
$$

我们分别称它们是系统的输入和输出函数向量 (简称输入和输出向量).

(2) 在系统中的输入和输出向量之间存在函数的运算关系, 记 $y_T^n = F(x_T^m)$, 其中 F 是系统的运算子.

(3) 若干输入和输出变量也可形成复杂的网络结构, 这种网络结构模型如图 6.1.1 和图 6.1.2 等所示.

(4) 系统中的类型有并行、串行、线性、非线性等区分, 其中并行和串行可以按分量和时间来区分. 这就是关于向量的分量是并行的, 关于函数中的时间一般是串行的. 这就是关于函数中的时间 t, 在输入、输出中一般是同步的, 否则该系统就是具有边信息系统或具有反馈信号的系统.

具有边信息系统和具有反馈信号的系统模型在本书的后文图形中还会讨论.

在这些图中, 我们把信道看成是一个系统, 由此形成的多输入、输出、边信息、反馈信号、网络结构在系统中央类似表示.

(5) 系统的线性、非线性的区分主要是它的运算子 Σ, 该运算子的线性、非线性特性决定该系统的特性.

4. 系统的表达

由此可见, 一个系统是由若干变量 (或要素) 和一定的运算关系所组成的, 因此它的表达记号为

$$\mathcal{E} = \mathcal{E}\{x_T, y_T, z_T = f(x_T, y_T)\}. \tag{1.4.4}$$

这个系统有两个输入函数 x_T, y_T 和一个输出函数 $z_T = f(x_T, y_T)$, 其中 f (或 F) 是一种函数的函数 (在数学中称为泛函). 它是系统中的运算函数.

如果其中函数 x_T, y_T, z_T 是随机过程 ξ_T, η_T, ζ_T, 那么这个系统就是一个随机系统, 这时 f 也可以是一种随机映射 f^*.

(1) 这些函数变换关系 (D.1.2), (D.2.3) 给出, 当 $K(\tau, t)$ 函数取不同类型的函数时产生不同类型的系统.

(2) 当 $K(\tau, t)$ 函数取不同类型的函数时产生不同类型的变换, 在附录的 (D.2.3) 式中, 我们已经给出了这些变换的不同类型, 如拉氏变换、傅氏变换、梅林变换、汉克尔变换、勒氏变换等. 对这些变换在 (D.2.3) 式中有详细说明.

(3) 另外, 在系统的运算中, 一种常见的运算是卷积运算, 这就是

$$\begin{cases} Y_T = C_T * S_T, \\ y(t) = \displaystyle\int_{-\infty}^{\infty} c(\tau)u(t-\tau)d\tau, \end{cases} \tag{1.4.5}$$

其中 $Z_T = \{z(t), t \in T\}$, $\quad Z = Y, C, U, z = y, c, u$.

这时称 $C_T = \{c(t), t \in T\}$ 函数是系统的脉冲响应函数 (或激励函数).

(4) 对 (1.4.5) 式定义的这种卷积运算具有一系列的性质, 如时、频的转换性质、卷积运算的变换性质和相关函数的性质等. 关于这些性质, 在附录 C 中有详细说明和讨论.

(5) 对 (1.4.5) 式定义的这种卷积运算和性质, 同样也可在随机过程 (或序列) 中定义, 由此产生随机过程 (或序列) 的一系列模型和理论.

如随机过程的滑动理论和运算, $\mathrm{ARMA}(p, q)$ 等不同类型的随机过程 (或序列) 中也包括平稳序列的谱密度分解理论等. 对这些模型和理论, 在附录 C 中有详细说明和讨论, 在此不再重复,

1.4.2 复杂系统的网络结构

我们已经给出, 一个系统是由变量 (或要素) 和运算所组成的. 我们把这种系统看成系统个体. 系统也可以是由大量个体或群体组合而成的复杂网络系统. 在前言中我们已经说明, 这种群体系统可以归结为一个由多层次的复杂网络系统结构的模型. 对此我们作进一步的描述和说明如下.

1. 关于大系统的结构参数

我们已经说明, 一个群体系统可以归结为一个多层次的由大量子系统组成的复杂网络系统, 它具有以下特征.

(1) 该群体系统是一个多层次的由大量子系统组成的复杂网络系统. 这种多层次系统可以用不同的参数表示. 我们用参数 τ 表示不同的总体层次中的参数, 如 $\tau = 0, 1, 2$ 分别表示国家、地区和企业三个不同层次的参数.

(2) 在总体层次结构参数 τ 固定的条件下, 又可产生多种不同的子系统, 它们的结构参数可用 $\tau - \gamma$ 表示. 例如在 $\tau = 2$ 时, 这个子系统就是关于企业层次中的子系统, 而 $2 - \gamma$ 又表示在同一企业中不同部门的子系统.

(3) 我们用 $\tau - \gamma - \theta$ 表示同一国家、地区或企业, 同一部门中的不同个体的子系统.

(4) 在同一国家、地区或企业、部门和个体子系统的条件下, 这些个体中的数据系统用 $\tau - \gamma - \theta - (ijk)$ 表示. 因此, $\tau - \gamma - \theta - (ijk)$ 才是这些个体脑中的数据系统. 这些子系统中的数据形成各种运算、识别、控制、逻辑推理等功能.

2. 结构参数的网络关系图

我们已经用参数 $\tau - \gamma - \theta$ 表示系统中不同群体的类型, 为了简单起见, 我们用参数 τ 表示系统中不同类型的群体.

在系统中, 不同类型的群体之间存在相互关系. 这种相互关系可以通过它们的网络结构图来表达.

在网络结构图中, 最简单的是点线图, 对它的记号和含义说明如下.

(1) 一个点线图记为 $G = \{E, V\}$, 其中 E, V 分别是图中的点和弧, 点集合 E 中的元就是子系统的参数 τ, 而图中的弧 $v \in V$ 就是不同子系统的相互关系的表示.

(2) 我们称这样的点线图是一个复合系统的网络结构图. 对这种点线图的进一步描述需采用点线着色图来表示. 一个点线着色图记为 $G = \{E, V, (f, g)\}$, 其中 (f, g) 分别是关于点和弧 E, V 的着色函数.

(3) 关于点线图、点线着色图的理论和记号, 在本书的附录 D 中有详细说明, 在此不再重复. 这时点线图中的点和弧分别表示不同的子系统及这些子系统之间的相互关系.

3. 大系统的网络结构图

由此我们得到一个关于大系统的网络结构图的表示法, 其中要点如下.

(1) 在此大系统中, 不同的子系统、个体可以通过它们的参数系 $\tau - \gamma - \theta$ 来表示.

(2) 不同的子系统、个体之间的相互关系可以通过它们复合系统的网络结构着色图 $G = \{E, V, (f, g)\}$ 来表示, 其中的点和弧分别是不同子系统和它们相互关系的结构表示.

(3) 在每个个体中, 它们的结构特征通过变量 (或要素) 和运算来确定.

(4) 对这种个体、变量 (或要素) 和运算以及群体、系统、子系统等可以确定个体脑、群体脑的结构特征.

对它们的运算、表达、功能等一系列理论, 在下文中有详细讨论, 并在不同的章节中陆续展开.

1.5 智能计算中的算法

关于智能计算中算法的讨论, 我们把它分成总体情况、发展历史和算法定位三部分内容. 其中总体情况可以用 "两大类型、三个层次、五个特征" 这样一句话来概括、总结. 它的发展情况可分为早期阶段、HNNS 阶段、后 HNNS 阶段、脑科学阶段和大数据、智能计算五个阶段.

1.5.1 智能计算算法的总体情况

智能计算中的算法已形成了一个庞大的理论体系, 其中包含多种不同类型的算法, 它们的来源、特征、应用都不相同, 因此我们必须对它的情况也要有一个总体的了解. 我们用不同的类型、层次和特征来进行说明.

1. 智能计算的基本特征

在智能计算的讨论中, 关于它们的特征类型有多种, 如算法的特征、生物学的特征等, 其中算法的特征就是回答什么是智能计算的问题. 我们先讨论它们的算法的特征, 并把它们归纳为五个基本特征, 对此说明如下.

(1) 智能计算算法的前三大特征是:

算法特征之一 是具有大规模的平行计算能力的算法.

算法特征之二 在实现它的运算目标时采用通过学习、训练的计算算法. 这种学习、训练的方法是人类和生物所共有的, 它们通过学习、训练的经验积累来实现各种运算目标.

算法特征之三 这种算法能和自动机、计算机 (硬件和软件) 结合, 由此实现所要完成的运算目标. 我们称这三个特征是智能计算算法的基本特征或三大特征, 这三大特征是形成智能计算的必要条件.

(2) 除了这三大特征外, 在智能计算算法中还有两个和 NNS 有关的特征, 它们分别是:

算法特征之四 一般生物 NNS 的特征. 这就是神经元 (或一般生物神经系统) 都具有的智能计算的特征.

算法特征之五 人的高级 NNS (简称为人的高级智能) 的特征. 这就是人所具有的和神经元 (或神经系统) 有关的智能计算的特征.

2. 对人的高级智能的说明

人类和其他生物的主要区别是具有高级智能的能力, 这种高级智能有以下特征.

(1) 所谓高级智能就是指高级逻辑 (或高级思维) 的能力, 如复杂的逻辑、思维、推理、分析的能力.

(2) 在此高级逻辑、思维的能力中, 最神奇的是对命题的搜索、发现、判定、应用和推广, 对工具 (尤其是计算机的工具) 的创造和使用. 在此基础上, 又可促进新理论体系的产生和发展.

(3) 这种高级智能的表现形式很多, 如有个人智慧和集体智慧的存在和区别. 其中个人智慧 使人的个体在科学、技术、文化、艺术、各种体能的表现上达到登峰、极致水平, 使各种专门人才出现.

集体智慧包括知识的积累、群体的协同、合作和竞争, 由此还形成价值观、思想理论体系、各种门类的科学、文化、艺术, 还有政治制度、法律体系、意识形态, 最终形成社会的分工合作系统.

这种观念、体系还在不断优化、修正和改进中, 形成物质、能量和信息的相互作用、推动和发展, 由此产生各种规则和规律, 最终造成生产力、意识形态、社会制度、经济体系的进步和发展. 这种进步和发展也是优胜劣汰的组成部分, 这种优胜劣汰是物质、能量和信息的组合优化, 它们的标准应是生产力进步和发展的水平.

3. 智能计算的第四、五特征

在智能计算中, 除了以上三个基本特征外, 还有第四、五特征.

(1) 有些算法除了具有这三大特征外, 还具有生物体 NNS 的运算特征, 即具有生物体 NNS 所有的特征算法.

(2) 在这种具有生物体 NNS 所有的特征算法中, 我们又把它们分为一般生物体 NNS 的算法和具有人类高级 NNS 的算法. 为了区别起见, 我们把它们分别称为具有特征之四、特征之五的算法.

(3) 现在所流行的一些 NNS 型的算法都是特征之四中的算法, 如感知器系列、HNNS 系列中的系列算法, 它们都是以神经元、神经细胞为特征和背景所形成的算法.

(4) 关于特征之五, 也就是具有人类高级智能的 NNS 算法的一些基本特征, 在前言中已经说明.

4. 智能计算中的层次和类型

由此五大特征就可把智能计算分为两种类型和三个层次.

(1) 这就是以数据结构关系为特征和以 NNS 为特征所形成的两大类型的算法.

(2) 在以 NS 为特征所形成的算法中, 我们又把它们分成具有一般生物 NNS 的算法和具有人类高级智能的 NNS 算法 (特征五大算法) 的不同类型.

真正的第三层次 (具有第五特征) 的算法还没有出现, 也正是本书要讨论的重点.

在前言中我们已经说明, 有一种观点是这种类型的算法不可能出现. 我们认为这是对智能计算的一种幻想.

我们认为这种层次的算法迟早会出现, 而且一定会不断强化和壮大, 它们的智商指标一定会超过人类智商的指标. 关于智能计算发展方向的预测, 其中的理由在下文中还有详细的讨论说明.

我们将智能计算中的算法归纳为两大类型、三个层次和五个特征, 对此可列表 (表 1.5.1) 说明.

表 1.5.1 智能计算中的算法类型和特征关系表

类型	特征	包含算法的来源	主要特征	所属层次和特征
I	利用数据结构所形成的算法	计算数学、统计计算和 LM 中的有关算法	利用数据结构的结构关系而形成的算法	第一层次, 前三特征
II	NNS 类的算法	感知器系列和 HNNS 系列中的算法	和神经元有关的算法	第二层次, 第四特征 第三层次, 第五特征

(1) 关于智能计算算法中的两大类型、三个层次、五个特征, 我们已在 1.1 节的总体情况中进行了说明.

(2) 在计算数学、统计计算、机器学习的理论中, 有的算法符合智能计算的前三大特征, 因此它们都是智能计算的组成部分. 我们把它归为第一类型和第一层次中的算法, 它们的算法和神经元无关. 例如, 在计算数学中, 存在大量近似、逼近、递推的算法, 如样条理论、数值解理论等, 它们也是智能计算中的算法, 但和神经元无关.

(3) 在这些算法中, 有一些算法的类型是交叉的, 如矩阵特征根和特征向量的求解问题, 它是计算数学中的基本算法, 也可在 HNNS 系列中求解. 又如在遗传算法中, 这种算法是模拟生物基因的操作规律而形成的算法, 因此也是 AI 中的算法.

在统计计算算法中, 一些可直接归结成 AI 中的算法, 如聚类分析法. 这种算法不仅可以直接归结成感知器模型下的算法, 而且是一种在零知识条件下的算法, 它们具有自我优化、自我分类的特征, 因此是感知器理论的发展.

(4) 在这些算法中, 如何寻找统一的算法也是智能计算算法所需要考虑的. 如

优化问题的统一模型可记为

$$\begin{cases} \text{优化目标：} & \text{求函数 } f(x_1, x_2, \cdots, x_n) \text{ 的最大值,} \\ \text{约束条件 I：} & g_i(x_1, x_2, \cdots, x_n) \geqslant 0, i = 1, 2, \cdots, s, \\ \text{约束条件 II：} & q_j(x_1, x_2, \cdots, x_n) = 0, j = 1, 2, \cdots, t. \end{cases} \tag{1.5.1}$$

在计算数学中经常采用拉格朗日乘子算法来求解, 但在此求解的过程中会经常出现超越方程. 但是它们在智能计算中可以转化成多种计算方法, 如遗传算法等.

其他的算法类型还有多种, 就是在智能计算法中, 许多算法是可以相互转化、相互引用的.

在本书中我们将引进 NNS 中的算法. 希望用这种算法来取代逻辑学中的算法, 由此产生 NNS 型的计算机等一系列问题, 这是本书要讨论的重点问题之一.

对这些智能算法的类型、特征、应用范围我们列表 (表 1.5.2) 说明如下.

我们把其中的理论问题归结为和生命科学的结合问题以及和 3 C 理论的结合问题这两大重要主题. 对表 1.5.2 中算法的进一步说明如下.

表 1.5.2　智能计算中的算法类型、名称、特征和应用范围的关系结构表

算法类型	名称	功能特征	应用范围	补充说明
NNS 类	感知器	状态分类	识别、分类	和逻辑学中布尔函数可以相互表达
ML 类	支持向量机	状态精确分类		由此产生最优切割距离的运算理论
NNS 类	多层次感知器	多目标分类		由此产生深度学习、卷积等运算
NNS 类	模糊感知器	允许误差存在	模糊识别、分类	由此 "产生" 模糊学习算法、误差分析等
NNS 类	多层次模糊感知器	多目标模糊分类	大规模图像识别	多重理论相结合的综合研究理论
NNS 类	零知识感知器理论	无先验知识分类	零知识的识别、分类	聚类分析和感知器理论的结合
HNNS 类	原始 HNNS 模型	试图作图像识别	识别、分类	但没有成功, 它的模型有意义
		我们把它定位成	系统的运动模型	实现自动机的有关功能
	前馈 HNNS 模型	一些特殊计算	矩阵计算	对原始 HNNS 模型的改变
	玻尔兹曼机	HNNS 特殊运动	图像拟合	由 HNNS 产生的随机 NNS 运动
ML 类	统计中的 EM 算法	超越方程求解	统计估计理论的计算	对不同参数指标的比较、优化计算
ML 类	最优投资决策算法	投资决策优化	金融分析计算理论	和 EM 算法相似
ML 类	YYB 算法	统计估计计算	统计分析计算方法	EM 算法的推广
ML 类	遗传算法			基因操作的模拟算法
ML 类	蚁群算法			
DNA 计算		生物计算算法	对平行计算法的研究	生物计算机研究中的理论问题
数学类	递推、迭代算法	求解、优化计算	多种拟合、逼近计算	大量数学问题的综合计算算法
ML 类	YYB 算法	最优统计估计计算	统计计算法	EM 算法的推广
ML 类	遗传算法			基因操作的模拟算法
ML 类	蚁群算法			

(1) NNS 算法. 模拟生物或人体神经网络系统的算法, 其中包括感知器、多重感知器、HNNS 等模型, 以及它们在实现分类、计算中的许多功能研究的理论和算法.

(2) 遗传算法. 遗传算法是仿照遗传学中选择机理的算法. 在生物的进化、演变过程中, 生物种群按照一定的优化准则 (如达尔文进化准则, 即适应环境、优胜劣汰等准则) 进行. 这种进化过程和结果反映在基因组的结构上, 它们通过基因组的结构关系来反映其中的相互关系.

(3) 模拟退火算法 (simulated annealing algorithm). 这是仿照工程中固体退火原理而命名的算法, 就是当高温固体突然冷却后, 使固体内部的分子得到一次重新排列的机会, 从而使其内部能量得到在局部意义上的最优解. 这种思路与数学优化问题中考虑是极大和最大的概念并不相同, 这就是局部最优解 (极大解) 未必是总体最优 (最大解). 模拟退火算法就是在获得极大解之后作一次随机扰动, 使系统离开局部最优状态, 再继续优化, 这时得到的优化解未必和上一次的优化解相同. 如此反复多次就有可能得到总体最优解.

(4) 有关计算数学 (或计算科学) 中的算法. 在计算数学中有许多问题的计算都是采用递推、修正和最后收敛来获得问题的解, 因此部分智能计算可以归结为计算数学中的一些特殊方法.

(5) 其中 DNA 计算和计算数学类中的算法不是指一些单一的算法, 它们都可形成一组算法类, 其中 DNA 计算可实现大规模平行计算, 是设计生物计算机而研究的理论. 计算数学是数学学科中的一个巨大分支, 在许多基础计算、工程计算中已经积累了大量的算法和理论分析方法, 它的算法特点是通过递推、迭代计算, 实现数值代数、数值计算中的用序列求解、优化、拟合、逼近计算.

表 1.5.2 中的这些算法都具有智能计算的特征, 我们将介绍其中的一些典型算法及理论和原理问题.

1.5.2　智能计算的发展历史

我们把智能计算的发展过程分为早期阶段、Hopfield NNS (简称 HNNS) 阶段、后 HNNS 阶段 (其中包括对 ML 的研究)、脑科学阶段和大数据、智能计算阶段这五个阶段. 我们还讨论了智能计算的发展方向、存在问题等.

关于智能化的含义, 在前言中已有初步说明, 在此还有进一步的说明和讨论.

对智能计算的发展的五个阶段说明如下.

1. 早期阶段

在对神经元研究的早期, 已出现感知器和 BP 模型, 有:

(1) 1943 年由心理学家 McCulloch 和数学家 Pitts 提出的 MP-模型, 开始了 ANNS 研究的早期阶段.

(2) 在早期阶段出现的 ANNS 模型有: 1944 年由 Hebb 提出的 Hibb 学习规则, 该规则在 NNS 中有一定的普遍意义; 1957 年由 Rosenblatt 提出的感知机 (perceptron) 模型; 1962 年由 Widrow 提出的自适应 (adaptive) 线性元件模型. 这些模型丰富了 NNS 的早期研究内容.

(3) 但 20 世纪 60 年代至 70 年代 NNS 处于一个研究的低潮期, 这种现象的发生主要是在硬件实现上出现了困难. 所谓硬件实现上的困难主要是电子线路的交叉困难. 如果有 n 个神经元, 那么由它们相互连接所产生的电子线路有 n^2 条, 这些线路在有限的空间内连接就会产生线路的交叉、重叠. 这种线路的大量交叉在当时的条件下 (线路是由绝缘导线组成的) 是无法实现, 因此关于 ANNS 的研究也就停滞下来.

2. HNNS 阶段

1982 年, Hopfield 在美国计算机期刊上发表了有关 ANNS 的论文 (见文献 [3]), 引发了 20 世纪 80—90 年代关于 ANNS 的研究热潮, 我们将该模型简称为 HNNS 模型, 这是 HNNS 阶段.

(1) 该模型试图模拟人脑的 NNS 模型, 讨论它们的运动规则, 并得到了一系列性质.

(2) 一个 HNNS 包含 n 个神经元, 它们的状态可用向量 $x^n = (x_1, x_2, \cdots, x_n)$, $x_i = \pm 1$ 来表示.

(3) 在 HNNS 中, n 个神经元 $x_1, x_2, \cdots, x_n$ 通过神经胶质细胞连接, 这些神经胶质细胞通过权矩阵 $W = (w_{i,j})_{i,j=1,2,\cdots,n}$ 来实现连接.

(4) 这时 HNNS 的 n 个神经元在权矩阵 W 的驱动下产生运动, 由此产生 HBNNS 的一个运动模型, Hopfield 给出了该运动过程所需的能量、关于图像目标的拟合过程、相应的学习算法和拟合的收敛计算.

(5) Hopfield 试图利用该模型研究 TSP (售货员路线问题), 并给出它的一个解决方案. TSP 问题是一个 NP-完全问题 (数学中的非易计算问题). HNNS 为解决这种数学难题提供了一种方案.

因此, 在 20 世纪 80—90 年代, 由于 HNNS 的研究结果, 引发了关于 ANNS 研究的热潮.

HNNS 出现的问题如下.

但是到 20 世纪 90 年代, 由于 HNNS 中出现的问题对该理论出现了一些负面的评价, 这个研究热潮很快消退, 形成了一个大起大落的局面.

分析 HNNS 理论所出现的问题, 主要有两个. 其一是交叉线路问题仍然没有解决, 一个具有 1000 个神经元的 HNNS (这是个规模不大的 NNS), 所形成的交叉线路数目是 10^6 条, 这个数量级在当时的集成电路条件下形成芯片仍然是困难的. 其二是在理论上出现了大量伪吸引点. 当时人们试图用 HNNS 理论来作图像识别问题, 把需要识别的图像作为 HNNS 的吸引点, 在此吸引点的设计中出现了大量伪吸引点, 使这种图像识别无法实现. 这个困难是理论性的也是致命性的.

分析 HNNS 理论所出现的问题, 其根本原因还是没有充分反映 BNNS 中的基本特征, 究竟在哪里出现了问题, 在下文中还有详细讨论.

本书的一个基本观点是 HNNS 模型是有意义的, 不能彻底否定. 但是需要找到出现问题的原因, 对该理论重新进行定位. 在下文中我们会进一步讨论这些问题.

3. 后 HNNS 阶段

20 世纪 90 年代, 在 HNNS 理论处于高潮时出现了一批 ANNS 的研究和应用工作者, 后来, HNNS 出现问题, 之后, 大部分 ANNS 的研究者继续寻找人工智能 (AI) 的其他算法, 由此形成后 HNNS 阶段.

(1) 在后 HNNS 阶段出现了多种符合以上智能计算特征的算法 (智能计算的前三大特征), 为了和 ANNS 区别, 有人称其中的这些算法为机器学习 (ML) 算法.

(2) 这时出现的主要算法类型有对 HNNS 的改进的算法, 如前馈网络理论、玻尔兹曼机理论等, 它们仍然以 HNNS 为基础, 但不以人脑为模拟对象, 是一种单纯的数学算法.

(3) 在统计理论中也出现了多种不同类型的智能算法, 如 EM 算法、最优投资决策算法、YYB 算法等. 这些统计算法的主要特点是解决了一些超越方程的求解问题, 许多统计分布函数都是超越函数 (指数、对数、高幂次函数), 因此需要一些特殊的计算方法 (智能计算) 才能求解.

(4) 除了 ANNS 和统计中的智能算法外, 在 ML 理论中还出现了其他智能算法, 如遗传算法、蚁群算法、细胞 NNS 理论等. 对这些算法我们将在下文中作详细介绍.

(5) 在此期间, 日本的一些学者, 如 hun-Ichi Amari 等, 就已开始脑科学方面的研究, 它们在 ANNS 方面也有系列工作, 如文献 [42] 等.

4. 脑科学阶段

后 HNNS 阶段的一个重要发展是脑科学发展.

(1) 2013 年 4 月 2 日美国正式公布脑科研计划项目, 它的全称是推进创新神经技术脑研究计划, 简称脑计划.

(2) 该计划由美国国家卫生研究院、国防部高级研究项目局、国家科学基金会等单位负责. 美国白宫公布了这个计划, 奥巴马总统在 2013 年初的国情咨文中称这个计划是 "未来新兴旗舰技术项目".

(3) 业内专家普遍认为: 它的意义可与 "人类基因组计划" 媲美, 是美国的第四个重大科技计划. 该计划的主要特点是模拟生物系统的运算规则而形成的智能计算.

(4) 在此之后, 欧盟委员会也推出了人脑工程计划等.

(5) 在脑科学的发展阶段出现了一批智能计算的科学家, 如 2015 年 5 月 28 日 LeCun、Bengio 和 Hinton 在 *Nature* 上发表了一篇题为深度学习 (deep learning) 的综述性论文, 开创了智能计算的新篇章.

现在看来, 此项计划不仅和军事技术有密切关系, 而且和大数据、云计算、无人智能化技术、产业密切相关. 脑计划是该阶段发展的前期准备项目.

但是, 从理论上看, 深度学习的理论只是将感知器的模型和理论推广成多输出、多层次感知器. 这种推广在应用上是迈出了一大步, 它可以和大数据、计算机科学结合, 得到极大的应用. 但是在生命科学、神经科学方面, 这种推广在这些学科中还只是一小步.

对这些问题的讨论, 实际上是关于这种算法的定位问题. 对此问题, 我们在下文中还有专门讨论.

5. 大数据、智能计算阶段

这是智能计算发展的第五个阶段.

1) 第五个阶段的基本特征

这是美国、欧盟委员会推行脑科学阶段的发展, 它的基本特征有:

(1) 在理论上出现了深度学习、零知识学习等算法理论, 这是感知器理论的发展和应用.

(2) 这种理论发展和大数据、云计结合, 产生了大量应用问题, 形成智能计算发展的第五阶段.

(3) 在此阶段, 最近发生的一些重大事件, 使这种应用为大家认可并继续发展.

2) Alpha-Go 事件

Alpha-Go 事件是人、机的围棋比赛, 因此是人、机之间的一种智能较量测试.

(1) Alpha-Go 是利用深度学习原理, 把大量棋局、棋谱及最后的胜负结果输入超级计算机, 由此确定棋手的每一步下法.

(2) 2016 年 Alpha-Go 和围棋高手进行比赛, 结果是 Alpha-Go 取得完胜, 因此围棋的比赛已进入机器之间的竞赛阶段. 最近, 一种叫 Alpha-Go-Zero 的算法在机器的竞争中取得胜利. 这实际上已进入了智能计算中算法的竞争.

(3) 由此可见, 智能计算的发展结果是向大数据 + 智能计算算法方向发展, 继而又向大数据 + 智能计算算法 + 其他理论相结合方向发展.

关于多层感知器和深度学习理论, 我们在下文中有详细讨论.

3) Image-Net 竞赛

为适应这种智能化的发展要求, 对算法的研究进入激烈的国际竞争状态, 由此出现 Image-Net 的国际图像识别竞赛. 对此简介如下.

(1) 这是一个大规模图像识别的竞赛的名称. Image-Net 图像数据库由美国斯坦福大学计算机科学系教授李飞飞 (华裔) 建立, 并由此形成国际图像识别竞赛.

(2) Image-Net 竞赛每年举行一次, 每年的比赛规模、规则略有不同. 信息发布网站是：http://image-net.org/...

(3) 2016 年度竞赛的学习样本是带标记的 500 万幅图像, 它们分别具有 2000 个不同类型的图像名称 (词汇量). 对此样本的学习、训练时间是三个月.

竞赛规模：对无标记的 14000 万幅图像进行识别, 每幅图像作 5 个标记, 并要求在一个月内提交.

5 个标记的得分分别是 5,4,3,2,1, 如果全部不对为 0 分, 最后以得分的多少确定竞赛名次.

(4) 由此可见, Image-Net 竞赛是智能计算中的制高点, 不仅是算法的竞赛, 也是对大数据、云计算掌控能力的测试. 因此参加竞赛有相当大的难度, 学习、训练、比赛时间短 (这是对算法和运算能力的考验). 参加单位都有各自专门的团队, 集中了多方面的人才.

这是大数据、云计算、智能计算综合能力的竞赛, 也是一种具有指标性标准化的国际竞赛.

(5) 凡参加竞赛者, 百度提供大数据量和云计算的技术及资源的支持 (需要申请).

(6) 2018 年是 Image-Net 竞赛的最后一次, 由此说明, 智能计算在图像识别的比赛已发生变化, 图像识别向更实用的方向发展 (如医学图像诊断多方向).

这个智能计算也有许多发展, 如向无人化的技术、产业和应用方向发展, 并且进展迅速.

4) Image-Net 后的动向

美国斯坦福大学在组织多届 Image-Net 竞赛之后, 至 2017 年停止比赛, 将重点转向医学图像的识别问题中.

(1) 医学图像的识别的基本思路是通过大量的医学影像图像作病变的识别和判定, 如通过肿瘤图像来判定是否发生病变、病变的类型和状况.

(2) 医学图像的识别的基本原理仍然是通过 NNS 理论作深度学习、分析, 并且把这种识别、判定和医生的诊断结果进行比较.

(3) 医学图像的识别是一种 AI 辅助诊断, 它可以发现早期病变, 进行辅助、医导等工作, 因此有十分明显的应用价值.

1.6　关于智能计算算法的分析和定位

智能计算虽已取得许多进展, 但是在理论研究和应用中仍然存在许多问题, 其中包括对这些算法的分析和定位问题.

我们已有说明, 算法的定位的含义, 从狭义上讲是确定这些算法的基本特征和性质, 从广义上讲就是确定它们在整个智能计算、NNS 中的作用和地位问题.

本节中我们讨论了 NNS, 尤其是 HNNS 算法的定位问题. 在此过程中, 引发了关于智能计算一系列问题的讨论, 因此产生的一些观点是有趣而又出人意料的.

这就是这种定位涉及整个智能计算和其他多种学科的一系列结构和关系问题. 这些问题使我们对其中的理论问题有了更进一步的认识.

我们已经说明, 智能计算中的算法有两大类型, 其中的第二类型算法是和 NNS 有关的算法, 是最近智能计算发展的主要内容和方向. 因此, 关于智能计算算法的定位问题主要是这类算法的定位.

1.6.1　关于感知器系列的分析和定位问题

感知器系列中的算法包括感知器、非线性、模糊、多输出、多层感知器、支持向量机和零知识感知器等多种模型和理论. 我们先讨论它们的分析和定位问题.

我们已有说明, 感知器在 NNS 研究中是一种最典型 AI 算法理论. 无论是从生物角度还是数学的角度来分析, 它都是严格、完美的. 因此在感知器的模型、算法和理论上 NNS 中最基本、最基础的一种算法.

由感知器出发, 在此系列中还有多种不同算法, 这些不同类型的算法具有不同的模型结构和应用方向. 感知器系列的定位问题就是对这些不同类型的算法的定位.

关于感知器系列的定位, 我们把它分成两大类型: 其一是一般应用方向的定位, 其二是向逻辑学方向的定位, 这就是把感知器系列中的算法和逻辑学中的算法建立等价关系.

在本小节中, 我们先初步说明这些算法的定位问题, 在以后章节中有详细论证.

1. 关于感知器的定位

感知器的生物学背景是神经元, 它是神经系统中最基本的单元.

(1) 感知器和神经元, 它们的生物学背景、模型结构和运算特征完全一致.

(2) 感知器的分类目标、算法和收敛性在数学上是严格、可靠, 因此, 这种模型和理论在生物学和数学中是一种完美的结合.

(3) 感知器的模型和理论是 NNS 理论中最基本的模型和理论, 因此由它的推广而产生的感知器系列的模型、算法和理论在数学的意义下也是严格、可靠、完美的.

但是, 在应用方向上还存在多种模型和理论, 因此对这些模型和算法还要进行定位.

2. 感知器系列的定位

我们已经说明, 感知器系列包含多种模型和算法, 我们主要讨论支持向量机、模糊感知器、多输出、多层次感知器和零知识感知器, 它们分别代表感知器模型和理论的不同发展方向. 我们分别讨论它们的定位问题.

1) 对支持向量机的定位

首先, 支持向量机的理论最后可以归结成一种感知器, 它仍然是一种分类器. 但是它的分类计算有更多的要求, 这就是支持向量机在分类过程中对切割平面要实现切割距离的最大化. 因此支持向量机的这种分类、学习、训练有更多的要求, 就是切割距离的最大化, 因此它的算法较感知器更复杂些.

2) 模糊感知器及其定位问题

(i) 模糊感知器是指感知器在分类过程中可以有一定的误差存在, 我们称之为模糊度.

(ii) 这种具有模糊度的分类要求普遍存在, 即在人的各种识别过程中都存在这种模糊度的指标, 在其他生物体中也同样存在.

(iii) 由于模糊度的存在, 可以大大提高分类识别的实际效果, 而且可以和信息论中的一系列数据压缩、特征提取等理论结合.

(iv) 在 Yann LeCun, Yoshua Bengio, Geoffrey Hinton 三人的论文 [1] 中, 把建立随机 NNS (RNNS) 作为智能计算的发展方向. 实际上, 它就是一种模糊感知器, 我们在 20 世纪 90 年代在文献 [136] 中就给出了它们的学习算法和收敛性定理.

该理论在图像识别等中有进一步的应用. 用概率、统计中的大数定理和中心极限定理可以进一步得到它们的一系列的性质.

3) 多输出、多层次感知器的定位. 这是实现多目标的分类模型, 因此是感知器的直接推广

(i) 该模型的算法被称为深度学习算法, 它实际上也是感知器算法的直接推广.

(ii) 该模型和理论的主要特点可以和大数据结合, 由此产生了大量的应用, 尤其是 2016 年 Alpha-Go 和围棋高手进行比赛取得完胜之后, 使人们了解到这种模型和算法的力量.

(iii) 由此形成了目前智能计算的新的热潮, 但这种推广只是感知器理论的一种直接推广, 因此我们称这种发展是理论上的一小步、应用上的一大步.

(iv) 这种多输出、多层次感知器的发展方向是和模糊感知器理论的结合, 由此形成的多输出、多层次模糊感知器理论, 可以实现大规模的图像分类、识别计算.

4) 关于零知识感知器的定位, 零知识的概念来自密码学, 这就是在没有任何先验信息条件下的密码分析

(i) 在感知器的分类理论中, 零知识就是在没有任何目标信息条件下的分类、识别、计算.

(ii) 因此, 这是一种系统的自我优化、自我分类的理论.

(iii) 这种系统的自我优化、自我分类在生物学中是一种常见的现象, 人体中的许多系统也具有这种自我优化、自我修复、自我分类的功能.

(iv) 统计中的一些算法, 如聚类分析算法、EM、最优投资决策算法、YYB 算法等, 也是具有这种特征的算法.

由此可见, 感知器系列有多种重要的应用和发展方向, 它们都有各自的重要意义.

3. 感知器系列的第二定位

我们对感知器系列中的算法给出了一系列的定位, 包括模型、算法和应用, 我们称之为定位方向之一.

(1) 所谓定位方向之二是对它们应用方向的另一种考虑, 就是向逻辑学运算方向的考虑, 或是和逻辑学关系的定位.

(2) 这就是感知器系列中的算法和逻辑学中的运算算法存在多种等价关系.

(3) 我们已经说明, 感知器系列是一种分类器, 而逻辑运算在本质上也是一种分类问题, 因此在它们之间存在内在的连通关系.

在本书中, 我们在理论上证明了任何布尔函数都可在多层次感知器中进行表达的基本定理. 这就是感知器系列和逻辑学运算之间存在的等价关系.

(4) 逻辑学是感知器系列的定位方向之二. 由此可以看到, 感知器系列应用发展的另一个方向是和逻辑学的结合.

(5) 这种发展方向有更加深远的意义. 逻辑学是人类逻辑、思维和各种学科的建立和发展的根本, 因此它们的结合具有更大、更深远的意义. 对此我们在下文中还有进一步的讨论.

1.6.2 对 HNNS 系列模型和理论的定位问题

和感知器系列相似, HNNS 系列也是由多种模型和理论组成的算法系统.

1. HNNS 系列中的算法

HNNS 系列中的算法、模型和理论包括 HNNS 、玻尔兹曼机和前馈 HNNS 理论等, 它们都是以 HNNS 模型为基础形成的算法、模型和理论.

(1) 在 1.3.1 节中我们已经说明, HNNS 是 1982 年由 Hopfield [3] 的论文而产生的理论.

(2) 我们也已说明了 HNNS 理论的发展过程和大起大落的经历及一些极端的评价, 这些评价的内容和影响至今仍然存在, 并且影响了 NNS 理论的研究和发展.

2. 对 HNNS 定位的意义

我们不同意对该理论全盘否定的评价和观点, 主要理由如下.

(1) HNNS 是研究多神经元的运动问题. 这种模型和结构在人体、生物体中大量存在.

(2) HNNS 的理论基础是神经元的理论, 我们已经说明这种理论在数学和生物学中都是严格和可靠的.

(3) 如果没有 HNNS, 那么必须有其他的模型和理论来研究这种网络系统, 但是我们还没有看到这种模型.

(4) 由此可见, 关于 HNNS 的定位问题在智能计算中是一个绕不开的话题, 而HNNS 理论所出现的问题不在于它的模型本身, 而在于它的应用方向上的定位.

3. 我们的观点

我们的基本观点是:

(1) HNNS 的模型和运算过程是合理的, 它的生物背景是存在的明确的.

(2) 但把它的应用方向定位在图像识别和 NP-问题的研究上是不完全的.

(3) HNNS 的理论和模型是一种系统自我运动的理论和模型.

因此, 它可以有多种模式存在, 如联想记忆的学习模式、自动机的运动特征等. 对这些模式和理论我们在下文中还有详细讨论.

(4) 我们对 HNNS 理论给出的定位由以下观点和结果形成, 这就是:

(i) HNNS 的模型和理论是 NNS 中由多神经元组成的子系统的运动模型.

(ii) 这种模型在人体或生物体的 NNS 中大量存在, 具有复杂性和多样性.

(iii) 这种复杂性和多样性就是指结构和功能的多样性. 如我们给出的自动机和多种联想记忆的模型和理论, 它们具有不同的结构和功能的特征. 复杂性是指由多种不同结构和功能所组成的多重、复合网络的结构和功能的模型和理论.

这种定位是有趣而又出人意料, 但只有如此才能充分反映人体或生物体 NNS中的这种复杂关系.

4. 对这种定位的理由说明

由于 HNNS 定位的重要性, 我们必须对这种定位的合理性作进一步论证和说明.

(1) 首先, HNNS 既然是一种多神经元的模型和理论, 那么它是对整个人体或生物体的 NNS 的模拟, 因此它的研究目标就不应该把着眼点放在这些特殊问题上 (图像识别、NP-问题).

(2) 在多神经元的运动理论中, 状态的位移运动是一种重要运动, 但在 NNS 的模型中就没有反映这种运动的模型和理论.

(3) 如果我们对 HNNS 的模型和理论作进一步的讨论和分析, 就可发现 HNNS 的模型和理论可以实现这种运动理论. 在本书中, 我们给出了相应的表达计算.

(4) 由此可见, HNNS 理论是一种多神经元的模型和理论, 它又是整个人体或生物体 NNS 中的模型和理论, 可实现状态的位移运算, 因此我们把 HNNS 的模型和理论定位成一种自动机的模型和理论是完全合理的.

1.7 由 NNS 的定位对各学科产生的影响

由于 HNNS 模型和理论的这种定位, 以及我们已经对感知器系列算法的定位, 所以就可确定对整个 NNS 理论的定位. 这种定位必然会引发关于整个智能计算的内容、发展方向的一系列讨论, 也会产生对其他多种学科的影响. 我们这里重点讨论对生命科学、神经科学的意义和影响, 并讨论对逻辑学、计算机科学、第四次科技和产业革命的意义和影响. 对第四次科技和产业革命, 我们对其中的主要内容、发展方向等问题进行预测.

1.7.1 对生命科学和神经科学的意义及影响

我们先讨论对神经科学的影响. 这就是我们应该从什么样的角度来理解和研究神经系统.

1. 神经系统的功能和特征

这就是我们用计算机的语言来说明神经科学的功能和特征.

(1) 如果我们把 HNNS 定位成一种自动机, 那么整个人体或生物体的 NNS 就是一个由大量自动机和分类器组成的复杂网络系统.

例如, 在人的 NNS 中, 包含有 10^9—10^{11} 个数量级的神经元, 还有 10^{14}—10^{17} 个数量级的神经胶质细胞. 对此复杂网络系统, 我们应从什么样的角度去理解、描述和分析.

(2) 在前言中我们已经说明, 这种系统是由许多系统和子系统组合而成的复杂网络系统, 它们的组合如图 1.3.1 所示.

(3) 在前言中我们也已经说明, 这种复杂系统具有四大基本特征, 即系统和子系统的组合特征、数字化的特征、知识和经验积累的规则和投资、演化和进化中的优化规则和特征.

我们已在前言中解释并说明了这些基本特征, 在此不再重复.

2. 对这些功能和特征的理论探讨

由于这些系统和特征的存在, 必然引发更多学科的介入和讨论.

(1) 如在数学中, 就存在对这些系统的描述和分析问题. 如描述的工具和理论分析的体系有张量分析、逻辑代数等. 对这些问题, 我们在第三部分第 10 章做详细讨论.

(2) 在这些系统和子系统之间存在一系列信息处理的问题, 因此必然涉及信息论和信息科学中的一系列问题. 例如信源、信道编码中的一系列问题, 如数据压缩、特征提取、信号处理、多用户通信、编码和密码中的一系列问题.

(3) 在计算机科学中, 涉及自动机的构造、工作的原理和实现问题及它们和生物神经系统的一系列关系问题.

(4) 在医学中, 涉及 NNS 中的各种参数和医学、卫生、健康的一系列关系问题. 这种影响是全面而有意义的.

有关这些问题在第 1 章中有详细讨论.

1.7.2 对逻辑学、计算机科学的意义和影响

我们已经讨论并建立了逻辑学和 NNS 算法之间的等价关系. 这种关系必然会对逻辑学、计算机科学的研究和发展产生意义和影响.

1. 四位一体原理

这就是人类思维、逻辑学、语言学和 NNS 之间形成的四位一体的等价关系. 我们称之为四位一体原理. 这种四位一体原理不仅神秘又有趣, 而且可以看到它在理论和应用中的意义.

2. 四位一体原理的理论意义

我们可以确定它的理论意义.

(1) 首先可以理解和确定四位一体的形成过程和其中的物质基础. 这就是不同人群的语言、文字虽然有很大的差别, 但其中的思维方式、逻辑关系基本相同. 其中的原因就在于不同人群的神经系统、神经细胞的结构和功能基本相同, 这就是四位一体原理的物质基础. 它是我们研究语言学、心理学、逻辑学的理论基础和基本出发点.

(2) 这种四位一体的理论和观点也是我们研究和发展未来智能计算的理论基础和基本出发点. 未来智能计算的研究和理论体系的建立将围绕这种四位一体的特点而展开.

3. 智能计算在研究和发展中的几个基本规律

(1) 第一规律 (逻辑运算在 NNS 的实现规律). 这就是任何布尔函数或布尔代数中的逻辑运算都可通过多层次感知器的运算算法实现.

(2) 第二规律 (自动机运算在 HNNS 的实现规律). 这就是自动机或移位寄存器的运算可在 HNNS 的运算算法下实现.

(3) 第三规律 (人类思维、逻辑学、语言学和 NNS 的四位一体的等价规律). 由第一、第二规律可以推导出这四种不同的表现模式存在四位一体的等价关系, 其中包括逻辑学中的运算关系和 NNS 中的运算算法存在相互表达的等价关系.

(4) 第四规律 (可认知和可实现的规律). 这就是客观世界中所有的结构、运动和变化规则都是可认知的, 因此都可以在 NNS 下实现的规律. 这种认知和实现的过程是由已知向无知逐步推进的过程.

(5) 第五规律 (和大数据结合的规律). 这就是智能计算在研究和发展的过程中可以实现和大数据结合. 这种结合必将大大加快智能计算在研究、发展和应用中的进程.

在本书中, 我们会详细讨论并论证这些规律.

这些规律是指导我们开展和实现第四次科技和产业革命的理论基础和研究、发展中的基本原则. 如最近讨论十分热烈的深度学习理论, 就是在此五项基本规律下实现第一类和第二类计算算法的汇合. 预测汇合可以产生一系列的智能化工程系统. 对此系统的内容、特征、意义, 我们在前言中已有说明讨论.

4. 四位一体的另一理论意义是我们关于人类高级智能的三个预言一定会实现

(1) 这种具有人类高级智能的计算算法一定会出现.

(2) 这种算法一定会不断强大.

(3) 它们的智商指标一定会远远超过人类智商的指标.

因此, 我们必须丢掉幻想、迎接挑战, 把主要精力放在如何理解、发展、应用和管理这种超智能上.

这将涉及哲学、伦理学、人类学、社会学、政治经济学中的一系列问题.

由于任何科学、技术的进步都是双刃剑, 智能计算也不会例外, 所以这种发展必然会带来许多新的问题和争论, 如人、机的关系问题、新的社会分工和分配问题、公平和均衡问题、社会发展的趋势问题等. 因此, 一些奇奇怪怪的问题一定会不断出现.

1.7.3 对第四次科技和产业革命的讨论

1. 关于主要内容的预测

第四次科技和产业革命将围绕大数据、网络化、智能化内容展开, 对其中的一些重要方向预测如下.

(1) 实现 NNS 型计算机. NNS 型计算机是指用 NNS 的计算算法来取代现有计算机中逻辑学的算法. 它的主要特点和优点是具有 NNS 中的学习、训练的特点和生物体 NNS 的组织、结构和运行特征等. 其中的一些特点和优点在现有计算机构造中是没有的 (如自动挡学习、训练和高效率的自动挡组织、规律和运行的能力等).

(2) 发展这种计算机的最终目标是实现第三层次的智能计算, 也就是实现人类高级智能的目标.

(3) 对这种智能计算的研究和设计可以从软、硬件的不同方向考虑. 其中硬件的方向就是直接设计、构造具有 NNS 运算特征的芯片和系统, 而软件的方向就是现有的计算机不变, 在语言、算法、程序上实现这种计算机的功能目标.

2. 关于智能化工程系统的实现

对此系统的内容特点、研究历史、发展方向、需要注意的问题, 在前言中有详细说明, 在此不再重复.

第 2 章　感知器和感知器系列

感知器是 NNS 中最基本的模型和理论. 由此可以产生多种模型和理论, 在 [6] 文中, 我们已有系统的讨论. 在本章, 我们继续这些讨论, 并对有关问题作补充说明.

2.1　感　知　器

感知器是 NNS 中**最典型、最完整的智能计算算法**, 它不仅十分符合 BNNS 中的工作原理和特征, 而且具有非常完整、严格的数学推导过程, 也是其他 NNS 中的理论基础, 因此也是本书的理论基础. 我们先讨论它的有关基本概念, 如它的生物背景、实现的基本目标 (分类的目标)、学习、训练算法、收敛性定理等.

2.1.1　神经细胞

神经细胞包括神经元和神经胶质细胞, 它们都是生物细胞, 因此具有生物细胞的一些基本特征. 因为它们都是神经系统中的细胞, 所以称为神经细胞.

1. 生物细胞、神经细胞的一些基本特征

在生物学中, 对生物细胞有一系列的研究, 它们的主要特征如下所示.

(1) 所有的生物细胞都由多种细胞器组成, 重要的细胞器由细胞核、细胞膜 (或壁)、细胞质等组成.

在细胞核中, 有染色体、基因、基因组等生物大分子等结构. 而在细胞膜中, 有脂分子、跨膜蛋白等结构.

(2) 神经细胞又有神经元和神经胶质细胞的区别, 它们都是神经细胞, 但它们的结构和特征不同.

(3) 神经细胞是一种生物细胞, 因此它具有生物细胞的基本特征, 如结构特征和运动变化特征. 其中运动变化特征是指细胞的自我分裂、复制的功能特征, 这种自我复制的功能是由细胞核中的基因组, 按照中心法则①进行和完成的.

(4) 在神经细胞中, 除了具有细胞的这些结构和运动、变化特征外, 还有一些特殊的结构特征. 例如, 在细胞膜表面有大量跨膜蛋白存在, 这些跨膜蛋白形成离子通道, 它们是细胞内、外信号传递的通道. 实际上是电荷的输入、输出通道.

---

① 基因组在自我分裂、复制中的中心法则在许多生物学、生物信息学的著作中都有论述. 如见 [45, 47, 53, 56, 60, 138] 等文的说明.

神经元和神经胶质细胞的区别就在于神经元具有抑制或兴奋状态标志, 当神经元处于抑制或者兴奋的不同状态时, 就会产生细胞内、外电荷的运动.

神经胶质细胞没有神经元的这种特征, 它只是起到电荷信号的传递作用, 这种传递作用是有不同的强弱影响的, 这种强弱影响作用通过权矩阵的数字化指标来进行表达.

(5) 离子通道的类型有多种. 就离子而言, 它们的类型有多种, 例如, 按元素的类型来区分, 有如钠 (Na$^+$)、钾 (K$^+$)、钙 (Ca^{2+})、氯 (Cl$^-$) 等. 还有其他按分子、生物分子来区分的.

由于离子、离子通道 (或跨膜蛋白) 的不同, 电荷在这些通道中的输入、输出效果并不相同. 由此形成 NNS 不同的信息传递效果.

2. 神经元的结构

神经元是一种神经细胞. 它具有神经细胞的基本特征, 如有细胞核、细胞壁、细胞器的构造. 图 2.1.1 是神经元结构的不同类型的表示图.

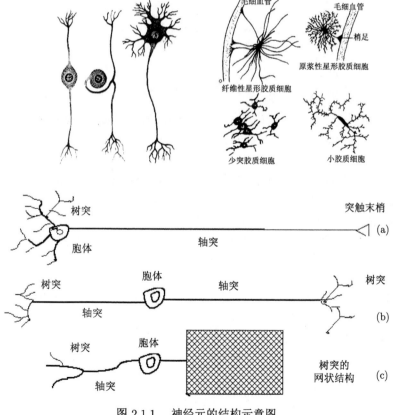

图 2.1.1　神经元的结构示意图

在神经元的这种细胞结构中, 它的细胞器包含许多树突、轴突等结构, 它们就是神经系统中的神经、神经末梢的结构.

3. 感知器的运算模型

一个神经元可以看作一个感知器, 对它的运算模型和特征说明如下.

(1) 称 $x^n = (x_1, x_2, \cdots, x_n)$ 是感知器的**输入向量**, 其中 $x^n \in R^n$ 或 $x^n \in X^n$, 这时 $R, X = \{-1, 1\}$, 它们分别是实数空间和二进制的状态空间.

因此感知器的输入向量可能是连续型 (取值是任意实数) 或离散型 (取值是二进制整数) 的数据.

(2) 感知器的生物学背景是神经元, 该神经元将输入向量 x^n 中的数据进行整合, 由此产生**该神经元的整合电位值** $u(x^n|w^n) = \sum_{i=1}^n w_i x_i$, 其中 $w^n = (w_1, w_2, \cdots, w_n)$ 是该神经元和输入向量连接的**权向量**.

(3) 该感知器具有一个**固定的阈值** h, 这就是该神经元的整合电位值, 当 $u(x^n|w^n) \geqslant h$ 时就进入**兴奋状态**, 否则就是**抑制状态**.

(4) 由此得到该神经元的**状态函数** (或输出函数):

$$y = g[x^n|(w^n, h)] = \mathrm{Sgn}\left(\sum_{i=1}^n w_i x_i - h\right), \tag{2.1.1}$$

其中, $\mathrm{Sgn}(u) = \begin{cases} 1, & u \geqslant 0, \\ -1, & \text{否则} \end{cases}$ **是符号函数**.

(5) 这时称由 (2.1.1) 给出的函数为**感知器的运算函数** (简称**感知器**). 其中 $w^{n+1} = (w^n, h)$ **合称为该感知器的参数向量**. 称 $u = \langle w^n, x^n \rangle = \sum_{i=1}^n w_i x_i$ 是该感知器的**整合电位函数**.

由此可见, 感知器的输出状态 $y = \pm 1$, 它们分别表示**该神经元处在兴奋或抑制的状态**. 这种状态是由它的整合电位 u 和阈值 h 确定的.

(6) 感知器和二层感知器的数学模型结构如图 2.1.2 所示.

图 2.1.2 中的 (a), (b) 子图分别是感知器和二层感知器的数学模型结构图.

4. 感知器的学习目标

感知器的学习目标是实现输入状态集合的分类, 对它们的详细讨论见 [138], [139] 等文, 对此概述如下.

(1) 记 A, B 分别为 R^n 空间中两个互不相交的集合, 感知器的学习目标就是要将它们实现分类.

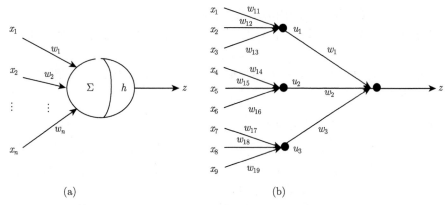

图 2.1.2 感知器和二层感知器的数学模型结构示意图

(2) 感知器的方法是寻找适当的参数向量 (w^n, h), 使

$$g[x^n|(w^n, h)] = \text{Sgn}\left(\sum_{i=1}^{n} w_i x_i - h\right) = \begin{cases} +1, & x^n \in A, \\ -1, & x^n \in B \end{cases} \tag{2.1.2}$$

成立. 因此 NNS 实现对 A, B 集合的分类问题就转化为对方程组 (2.1.2) 的求解问题.

(3) 方程组 (2.1.2) 的等价方程组是

$$\sum_{i=1}^{n} w_i x_i - h \begin{cases} > 0, & x^n \in A, \\ < 0, & x^n \in B, \end{cases} \quad \text{或} \quad \sum_{i=1}^{n+1} w_i x_i > 0, \text{如果} x^{n+1} \in D, \tag{2.1.3}$$

其中, $x_{n+1} = -1, w_{n+1} = h$, 而集合 $D = \{(x^n, -1), x^n \in A\} \cup \{(-x^n, 1), x^n \in B\}$.

5. 感知器的学习算法

为求方程组 (2.1.3) 的解, 它的学习迭代算法步骤如下.

算法步骤 2.1.1 取 w^{n+1} 的初始值 $w^{n+1}(0) = \lambda x_0^{n+1}$, 其中 $\lambda > 0$ 为适当常数, 而 x_0^{n+1} 是集合 D 中任意一向量.

算法步骤 2.1.2 如果 $w^{n+1}(t) = (w(t)_1, w(t)_2, \cdots, w(t)_{n+1})$ 已知, 那么计算向量 $w^{n+1}(t)$ 和 x^{n+1} 的内积 $\langle w^{n+1}(t), x^{n+1} \rangle$.

如果所有的 $\langle w^{n+1}(t), x^{n+1} \rangle$ 都大于零, 那么 $w^{n+1}(t)$ 就为所求的解. 否则进行算法步骤 2.1.1.

算法步骤 2.1.3 如果存在 $x^{n+1}(t) \in D$, 使 $\langle w^{n+1}(t), x^{n+1}(t) \rangle < 0$ 成立, 那么由此构造

$$w^{n+1}(t+1) = w^{n+1}(t) + \lambda_t \cdot x^{n+1}(t), \tag{2.1.4}$$

其中, λ_t 是一个随 t 增加而减少的函数, 如 $\lambda_t = 1/t$.

算法步骤 2.1.4 (学习算法的停止要求)　　如此继续, 直到有一个 t 使所有的 $x^{n+1} \in D$ 都有 $\langle w^{n+1}(t), x^{n+1} \rangle > 0$ 为止, $w^{n+1}(t)$ 就为所求的解.

算法步骤 2.1.1—2.1.4 是一种递推算法. 因此被称为感知器的学习算法 (或简称学习算法).

6. 感知器的学习的补充算法

算法步骤 2.1.1—2.1.4 给出了感知器的学习算法步骤, 在下文中将会证明, 只要集合 A, B 是线性可分的, 那么这个算法一定是收敛的. 为了加快这种学习算法的收敛速度, 在此提出感知器的学习的补充算法.

算法步骤 2.1.5 (感知器的集体学习算法)　　(1) 在算法步骤 2.1.3 中, 定义集合

$$D'(t) = \{x^{n+1}(t) \in D, \langle w^{n+1}(t), x^{n+1}(t) \rangle < 0\}. \tag{2.1.5}$$

(2) 由此构造向量

$$w^{n+1}(t+1) = w^{n+1}(t) + \lambda_t \cdot \bar{x}^{n+1}(t), \tag{2.1.6}$$

其中, λ_t 的定义和算法步骤 2.1.3 相同, 而 $\bar{x}^{n+1}(t) = \dfrac{1}{\| D'(t) \|} \sum_{x^{n+1}(t) \in D'(t)} x^{n+1}(t)$.

称这种计算方法为**感知器的集体学习算法**, 采用这种算法可以大大加快感知器的学习、收敛速度.

在算法步骤 2.1.5 的条件下, 同样可以产生学习算法的停止条件, 这和算法步骤 2.1.4 相同.

7. 感知器学习算法的收敛性定理

感知器理论的基本定理是它的**学习算法的收敛性定理**.

定理 2.1.1　　如果感知器的学习目标 (2.1.1) 或 (2.1.2) 的解是存在的, 那么由算法步骤 2.1.1—2.1.4 是收敛的, 或这些运算一定可求得它的解, 这时必有一个正整数 t_0 使 $w_{t_0}^n$ 是方程组 (2.1.2) 的解.

该定理的证明在 [6] 文的**定理** 3.1.1 中给出.

在 [6] 文的**定理** 3.1.2 中, 对此学习算法的收敛性给出更多的结果, 这就是对它的计算复杂度的估计, 或对该算法的计算步骤数的估计.

在 [6] 文中, 对这两个定理给出了详细的论述和证明, 在此不再重复.

2.1.2　感知器模型的推广

感知器模型的推广沿以下三个方向进行, 即多输出、多层感知器, 非线性感知器与模糊感知器. 我们对此概述如下.

1. 多输出、多层感知器

多输出、多层感知器是感知器理论的重要推广, 其中多输出感知器可以实现对多目标的分类. 而多层感知器是在多输出感知器的基础上进行分类的, 因此可以实现更复杂目标的分类.

(1) 如在 R^n 空间中有 A, B, C, D 四个集合, 要建立它们的分类判别函数. 这时我们可把 A, B, C, D 这四个集合组合成两个集合 $E = \{A, B\}, F = \{C, D\}$ (或 $E = A \cup B, F = C \cup D$).

(2) 这样就可由感知器模型对学习目标 E, F 进行学习、分类, 得到相应感知器的权向量 w_0^n 与阈值 h_0.

(3) 然后再分别在 E, F 集合中, 对学习目标 A, B 与 C, D 进行学习与训练, 分别得到它们的权向量与阈值, 记为 (w_1^n, h_1) 与 (w_2^n, h_2). 由此得到三个感知器

$$g_\tau(x^{n+1}) = g_\tau[x^{n+1}|(w^n, h)_\tau], \quad \tau = 0, 1, 2. \tag{2.1.7}$$

(4) 由此得到相应的分类集合

$$\begin{cases} D_0 = \{(x^n, -1), x^n \in E\} \cup \{(-x^n, 1), x^n \in F\}, \\ D_1 = \{(x^n, -1), x^n \in A\} \cup \{(-x^n, 1), x^n \in B\}, \\ D_2 = \{(x^n, -1), x^n \in C\} \cup \{(-x^n, 1), x^n \in D\} \end{cases} \tag{2.1.8}$$

及相应的分类方程

$$\begin{cases} g_\tau(x^{n+1}) = g[x^{n+1}|(w^n, h)_\tau] = 1, & \text{对任何 } x^{n+1} \in D_\tau, \tau = 0, 1, 2 \text{ 成立}, \\ \sum_{i=1}^{n+1} x_i w_{\tau,i} > 0, & \text{对任何 } x^{n+1} \in D_\tau, \tau = 0, 1, 2 \text{ 成立}. \end{cases}$$
$$\tag{2.1.9}$$

其中第二组方程是第一组方程的等价方程

$$w_\tau^{n+1} = (w_\tau^n, h_\tau) = (w_{\tau,1}, w_{\tau,2}, \cdots, w_{\tau,n}, h_\tau).$$

称此向量为感知器 g_τ 的参数向量, 由此向量确定感知器的函数性质.

由此可见, 这种二输出感知器是一个对四目标 $A, B, C, D \in R^n$ 的分类, 这时对集合对 $(E, F), (A, B), (C, D)$ 或 $D_\tau, \tau = 0, 1, 2$, 构造它们的感知器 $g_\tau(x^{n+1}) = g_\tau[x^{n+1}|(w^n, h)_\tau]$.

2. 非线性感知器

在感知器的学习训练运算中我们注意到, 在 R^n 空间中我们构造一空间超平面 $L: \sum_{i=1}^n w_i x_i - h = 0$, 由超平面 L 将 A, B 集合切割在它的两侧. 称这样的感

知器为线性感知器, 如果我们用曲面来代替切割平面, 那么相应的感知器就变成非线性感知器. 非线性感知器的结构模型在图 2.1.3(b) 中给出.

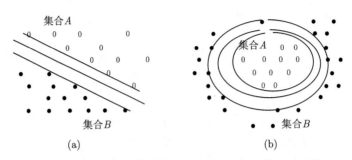

图 2.1.3　线性和非线性感知器的学习目标、算法示意图

典型的非线性感知器如用多项式函数来取代线性函数: $u(w^n, h; x^n) = \sum_{i=1}^{n} w_i x_i - h$, 如在该函数中增加若干非线性项: 取

$$u(w^n, w_{11}, w_{12}, h; x^n) = \sum_{i=1}^{n} w_i x_i w_{11} x_1^2 + w_{12} x_1 x_2 - h, \qquad (2.1.10)$$

其中, $x_1^2, x_1 x_2$ 就是非线性项, 如果我们把 (2.1.10) 中的二非线性项设成两个新项, 记 $x_{n+1} = x_1^2, x_{n+2} = x_1 x_2$, 并把学习目标 A, B 改变成

$$\begin{cases} C = \{x^{n+2} = (x^n, x_1^2, x_1 x_2) : x^n \in A\}, \\ B' = \{x^{n+2} = (x^n, x_1^2, x_1 x_2) : x^n \in B\}, \end{cases} \qquad (2.1.11)$$

这时非线性感知器的识别问题就转化为线性感知器的识别问题.

对一些特殊的数据集合, 如集合 A 是一球内数据, 而集合 B 是一球外数据, 这时采用非线性感知器的学习训练与识别就会有效.

3. 模糊感知器

在感知器的分类学习与识别中, 要求空间超平面 Π 将 A, B 集合完全切割在它的两侧, 但在图像分析中很难做到, 许多数据往往是相互交叉的. 所以我们的学习目标不是要将 A, B 集合完全分割开, 而是在一定的比例条件下分开.

我们以下记 $m_a = \| A \|, m_b = \| B \|$ 分别为集合 A, B 中所含的向量个数.

定义 2.1.1　在感知器的学习目标方程组 (2.1.3) 中, 如果我们要求所求的 (w^n, h) 满足以下条件:

(1) 集合 A 中有 $m_a(1 - \delta_a)$ 个向量, 使 $\sum_{i=1}^{n} w_i x_i - h > 0$ 成立.

(2) 集合 B 中有 $m_b(1 - \delta_b)$ 个向量, 使 $\sum_{i=1}^{n} w_i x_i - h < 0$ 成立.

那么称该感知器为模糊感知器, 其中 (δ_a, δ_b) 是两个非负数, 我们称之为感知器学习目标的**模糊度**, 相应的 (2.1.3) 方程的求解问题称为在模糊度 (δ_a, δ_b) 下的求解问题.

(3) 对集合 A, B 同样可以构建集合 D (见 (2.1.3) 式中的定义). 这时要求 w^n 对集合 D 中有 $m(1 - \delta)$ 个向量, 使 $\sum_{i=1}^{n+1} w_i x_i > 0$ 成立, 其中 $m = \parallel D \parallel = m_a + m_b$.

这时称所求的 w^n 为方程组 (2.1.3) 的 δ-解 (或在模糊度 δ 下的模糊解).

对模糊感知器求方程组 (2.1.3) 的 δ-解时, 我们同样可建立它的学习算法, 相应的算法步骤如下.

算法步骤 2.1.6 (模糊感知器的学习算法)   取 w^n 的初始值 $w_0^n = \lambda x_0^n$, 其中 $\lambda > 0$ 为适当常数, 而 x_0^n 是集合 D 中一非零向量.

算法步骤 2.1.7 (模糊感知器的学习算法)   如果 $w^n(t) = (w_{t,1}, w_{t,2}, \cdots, w_{t,n})$ 已知, 那么计算向量 $w^n(t)$ 与 $x^n \in D$ 的内积: $\langle w^n(t), x^n \rangle$, 并定义

$$\begin{cases} D_+ = \{x^n \in D : \langle w^n(t), x^n \rangle > 0\}, \\ D_- = \{x^n \in D : \langle w^n(t), x^n \rangle < 0\}, \end{cases} \tag{2.1.12}$$

如果 $\parallel D_+ \parallel > m(1 - \delta)$, 那么 $w^n(t)$ 就为所求的解. 否则进行算法步骤 2.1.8.

算法步骤 2.1.8 (模糊感知器的学习算法)   如果 $\parallel D_+ \parallel \leqslant m(1 - \delta)$, 那么取

$$w^n(t+1) = w^n(t) + \frac{\lambda}{\parallel D(t) \parallel} \sum_{x^n \in D(t)} x^n. \tag{2.1.13}$$

如此继续, 直到有一个 t_0 使 $\parallel D_+ \parallel > m(1 - \delta)$ 成立为止, 这时 $w_{t_0}^n$ 就为所求的解.

定义 2.1.2 (δ-模糊可分的定义)   在感知器的学习目标方程组 (2.1.3) 中, 如果存在一个 w^{n+1} 和一个 $\theta > 0$, 在集合 D 中有 $(1 - \delta)\|D\|$ 个 $x^n \in D$, 使方程组

$$\sum_{i=1}^{n+1} w_i x_i \geqslant \theta > 0 \tag{2.1.14}$$

成立, 那么称该感知器是 δ-**模糊可分的**.

定理 2.1.2   如果感知器的学习目标 (2.1.3) 是 δ-模糊可分的, 那么由算法步骤 2.1.6—2.1.8 的运算一定可求得它的解. 这时必有一个正整数 t_0, 使 $w_{t_0}^n$ 为方程组 (2.1.3) 的 δ-解.

该定理的证明在 [6] 文的定理 3.1.2 给出. 在此不再重复.

图 2.1.4(a)—(c) 这 3 个图分别是线性、非线性和模糊感知器关于目标分类类型特征的示意图.

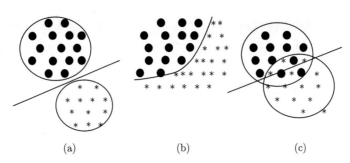

图 2.1.4   线性、非线性和模糊感知器关于目标分类类型特征的示意图

2.1.3   有关感知器的理论分析问题

感知器的理论分析主要是它的可计算性、计算复杂度、解的规模和类型及容量问题等. 对这些理论分析问题, 我们在 [6] 文中已有详细讨论 (见该文 §3.3 的讨论), 在此我们给出有关的性质和记号.

1. 感知器的可计算性问题

可计算问题就是学习目标能否实现的问题, 即对两个固定的集合 $A, B \subset R^n$, 能否实现它们的分割问题.

对集合 $A, B \subset R^n$, 是否存在一个超平面 (或超曲面) $L = L(w^n, h)$, 将这两个集合进行分割, 称这种分割为线性可分性.

实现这种分割的意义在于对不同类型的目标进行识别, 这种识别正是智能计算的核心问题.

(1) 我们已经说明, 这种线性可分性可归结为方程组 (2.1.2) 或 (2.1.3) 是否有解的问题.

在对方程组 (2.1.2) 或 (2.1.3) 的求解过程中, 可产生多种等价方程组. 如 (2.1.3) 中的第二组方程等. 这时该方程组的解有以下性质.

定义 2.1.3   对集合 $A, B \subset R^n$, 如果存在一个超平面 $L = L(w^n, h)$, 将这两个集合进行分割 (使方程组 (2.1.2) 或 (2.1.3) 成立), 这时称集合 $A, B \subset R^n$ 是线性可分的.

(2) 在 (2.1.3) 的方程组中, 对集合 A, B 的线性可分性问题可转化为对集合 $D = (A, -1) \cup (-B, 1)$ 的求解问题, 如果方程组 (2.1.3) 中的第二个方程组有解, 那么称集合 D 是线性可分的.

因此集合 D 的线性可分是指存在一个 R^{n+1} 空间中的超平面, 将集合 D 和原点 0^{n+1} 分割.

(3) [6] 文的定理 3.1.1 给出了集合 A, B (或集合 D) 在线性可分条件下学习算法的收敛性 (利用这个学习算法可以得到这些方程组的解).

2. 感知器可计算性的一些性质

这些性质就是集合 A, B 或集合 D 的空间结构性质, 有如.

性质 2.1.1 对 R^n 空间中的集合 D, 一些性质成立.

(1) 如果集合 D 中有一列的取值同号 (或是零), 那么集合 D 一定是线性可分的.

(2) 如果集合 D 是线性可分的, 那么同时改变某一列的正负号, 或交换一些列的排列次序, 那么所形成的新集合 D' 也一定是线性可分的.

(3) 集合 D 是线性可分的充要条件是它的凸闭包 Conv(D) 是**线性可分的**.

这些性质的证明在 [6] 文的性质 3.3.4 中给出. 在此不再重复.

定理 2.1.3 (感知器线性可分的基本定理) (1) 关于集合 A, B 是线性可分的充分和必要条件是在它们的凸闭包 Conv(A), Conv(B) 中无公共点.

(2) 关于集合 D 线性可分的充分和必要条件是零向量 ϕ^{n+1} 不在集合 D 的凸闭包 Conv(D) 中.

该定理的证明过程如图 2.1.5 (a), (b) 所示.

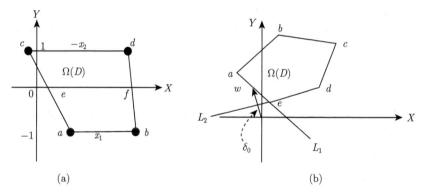

(a) (b)

图 2.1.5 关于集合 D 线性可分性的示意图

对该图说明如下.

(i) 该图由 (a), (b) 两图组成, 其中的 D 集合分别由四或五个顶点组成.

(ii) 在图 2.1.5 (b) 中, 集合 $D = \{a, b, c, d, e\}$, 它的凸闭包是个五边形 Ω, 其中零向量不在该凸闭包之中.

(iii) 在凸闭包中可能有多个边界面 (如图中的 L_1, L_2) 将零向量与集合 D 分割在该边界面的两侧.

(iv) 图中的 w 是边界面 L_2 的法向量, 集合 D 在该法向量的一侧, 而零向量在该平面的另一侧. 因此定理的命题成立.

(4) 如果 $D = \{a, b, c, d\} = \{(1, 1, -1), (-1, -1, -1), (1, -1, 1), (-1, 1, 1)\}$, 那么有 $\frac{1}{4}(a + b + c + d) = (0, 0, 0)$ 成立. 因此零向量在集合 D 的凸闭包中. 因此集

合 D 是线性不可分的.

性质 2.1.2 (感知器线性可分的补充性质)　在感知器理论中, 以下命题等价.

(1) 在 R^n 空间中, 集合 A, B 是线性可分的.

(2) 在 R^n 空间中, 集合 A, B 的凸闭包 $\text{Conv}(A), \text{Conv}(B)$ 是线性可分的.

(3) 在 R^{n+1} 空间中, 集合 D 是线性可分的.

(4) 在 R^{n+1} 空间中, 集合 D 的凸闭包 $\text{Conv}(D)$ 中不包含零向量.

其中, 集合 D 的定义在式 (2.1.3) 中给出.

性质 2.1.3　对应任何正整数 $0 < m < n$, 如果 R^{n-m} 是 R^n 中的线性子空间, 集合 D_m 在 R^m 中是线性可分的, 那么 $D_m \oplus R^{n-m}$ 一定是线性可分的.

该性质的证明是显然的.

(5) 当 $n = 1$ 时, 由集合 D 的定义可得 $D = \{(x_1, -1), (-x_2, 1), a \leqslant x_1 \leqslant b, c \leqslant -x_2 \leqslant d\}$, 如果记 e, f 分别是线段 ac, bd 的中点. 如果 $x_e > 0$, 或 $x_f < 0$, 那么集合 D 运动是线性可分的.

该结论的证明见图 2.1.5(a), 对此不再详细说明.

在 [6] 文中, 关于感知器还有其他一系列问题的讨论, 如关于感知器解的变化范围 (解的集合区域)、感知器求解计算的复杂度问题、容量问题的讨论, 在此不再重复.

其中的容量是指目标空间 R^n 的维数 n 和集合 A, B 中的向量数 $m = \|A\| + \|B\|$ 关系的讨论. 容量的定义如 [6] 文的定义 3.4.1 所给, 对此不再重复说明.

2.2　多输出和多层次感知器及其深度学习算法

这是感知器模型和理论的推广, 它可实现**多目标的分类**, 它们的学习目标和算法在 AI 理论中得到大量应用, 被称为**深度学习和卷积分类计算算法**.

2.2.1　多输出感知器

感知器的主要特征是实现二目标的分类、学习. 我们现在讨论多目标的分类计算问题, 这就是多输出的感知器理论.

2.2.2　二输出的感知器模型

1. 二输出、四目标的感知器模型

为了简单起见, 我们先考虑二输出、四目标的感知器的模型. 图 2.2.1 由 (a), (b) 两图组成, 它们都是二神经元、四目标的分类, 其中图 (b) 是四目标的模糊分类示意图.

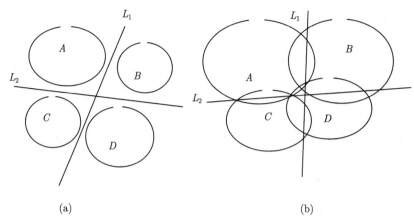

图 2.2.1 二神经元、四目标的分类结构示意图

对此模型的数学表达如下.

(1) 二输出感知器就是有两神经元的感知器模型. 它们的整合、分类平面可用

$$L_\tau = L(w_\tau^n, h_\tau), \quad \tau = 1, 2 \tag{2.2.1}$$

表达, 其中 $w_\tau^n = (w_{\tau,1}, w_{\tau,2}, \cdots, w_{\tau,n}), \tau = 1, 2$.

(2) 四目标的分类模型是在 R^n 空间中有四个不同的集合 A, B, C, D, 其中的向量分别为

$$x_\theta^n = (x_{\theta,1}, x_{\theta,2}, \cdots, x_{\theta,n}), \quad \theta = a, b, c, d. \tag{2.2.2}$$

(3) 二输出、四目标的感知器的分类问题就是用 L_1, L_2 平面, 将这四个目标进行分割. 它们的数学模型是

$$
\begin{cases}
\mathrm{Sgn}\left(\sum_{i=1}^n w_{1,i}x_{a,i} - h_1\right) = 1, \\
\mathrm{Sgn}\left(\sum_{i=1}^n w_{2,i}x_{a,i} - h_2\right) = 1,
\end{cases}
\quad
\begin{cases}
\mathrm{Sgn}\left(\sum_{i=1}^n w_{1,i}x_{b,i} - h_1\right) = 1, \\
\mathrm{Sgn}\left(\sum_{i=1}^n w_{2,i}x_{b,i} - h_2\right) = -1,
\end{cases}
$$

$$
\begin{cases}
\mathrm{Sgn}\left(\sum_{i=1}^n w_{1,i}x_{c,i} - h_1\right) = -1, \\
\mathrm{Sgn}\left(\sum_{i=1}^n w_{2,i}x_{c,i} - h_2\right) = 1,
\end{cases}
\quad
\begin{cases}
\mathrm{Sgn}\left(\sum_{i=1}^n w_{1,i}x_{d,i} - h_1\right) = -1, \\
\mathrm{Sgn}\left(\sum_{i=1}^n w_{2,i}x_{d,i} - h_2\right) = -1.
\end{cases}
\tag{2.2.3}
$$

这就是二输出、四目标的感知器分类方程.

2. 二输出、四目标感知器的等价方程

由 (2.2.3) 的分类方程, 它的一系列等价方程如下.

(1) 等价方程之一是不等式方程组, 如下所示:

$$
\begin{cases}
\sum\limits_{i=1}^{n} w_{1,i}x_{a,i} - h_1 > 0, \\
\sum\limits_{i=1}^{n} w_{2,i}x_{a,i} - h_2 > 0,
\end{cases}
\quad
\begin{cases}
\sum\limits_{i=1}^{n} w_{1,i}x_{b,i} - h_1 > 0, \\
\sum\limits_{i=1}^{n} w_{2,i}x_{b,i} - h_2 < 0,
\end{cases}
$$

$$
\begin{cases}
\sum\limits_{i=1}^{n} w_{1,i}x_{c,i} - h_1 < 0, \\
\sum\limits_{i=1}^{n} w_{2,i}x_{c,i} - h_2 > 0,
\end{cases}
\quad
\begin{cases}
\sum\limits_{i=1}^{n} w_{1,i}x_{d,i} - h_1 < 0, \\
\sum\limits_{i=1}^{n} w_{2,i}x_{d,i} - h_2 < 0.
\end{cases}
\tag{2.2.4}
$$

(2) 我们继续简化方程组 (2.2.4), 这时取

$$
w_{\tau}^{n+1} = (w_{\tau}^{n}, h_{\tau}), \quad \tau = 1,2. \quad x_{\theta}^{n+1} = (x_{\theta}^{n}, -1), \quad \theta = a,b,c,d. \tag{2.2.5}
$$

那么方程组 (2.2.4) 就可简化为

$$
\langle w_{\tau}^{n+1}, x_{\theta}^{n+1} \rangle = \sum_{i=1}^{n+1} w_{\tau,i}x_{\theta,i}
\begin{cases}
> 0, & (\tau,\theta) = (1,a),(2,a),(1,b),(2,c), \\
< 0, & (\tau,\theta) = (2,b),(1,c),(1,d),(2,d).
\end{cases}
\tag{2.2.6}
$$

(3) 如果我们建立函数 $\delta(\tau,\theta) = \begin{cases} 1, & (\tau,\theta) = (1,a),(2,a),(1,b),(2,c), \\ -1, & (\tau,\theta) = (2,b),(1,c),(1,d),(2,d), \end{cases}$

那么有

$$
\begin{cases}
\delta(\tau,\theta)\langle w_{\tau}^{n+1}, x_{\theta}^{n+1} \rangle = \delta(\tau,\theta)\left(\sum_{i=1}^{n+1} w_{\tau,i}x_{\theta,i}\right) = \sum_{i=1}^{n+1} \delta(\tau,\theta)w_{\tau,i}x_{\theta,i} > 0, \\
\qquad\qquad 对任何 \quad \tau = 1,2, \theta = a,b,c,d \ 成立.
\end{cases}
\tag{2.2.7}
$$

(4) 由此引进数据阵列 $\bar{\delta} = [\delta(\tau,\theta)]_{\tau=1,2,\theta=a,b,c,d}$

$$
\bar{\delta} = \begin{pmatrix}
\theta = & a & b & c & d \\
\tau = 1 & 1 & 1 & -1 & -1 \\
\tau = 2 & 1 & -1 & 1 & -1
\end{pmatrix}
= \begin{pmatrix}
a & b & c & d \\
(1,1) & (1,-1) & (-1,1) & (-1,-1) \\
0 & 1 & 2 & 3
\end{pmatrix},
\tag{2.2.8}
$$

其中右边矩阵中的第 2 行是左边矩阵列向量的转置, 而右边矩阵中的第 3 行是第 2 行向量的四进制表示.

这时称数据阵列 $\bar{\delta} = [\delta(\tau,\theta)]_{\tau=1,2,\theta=a,b,c,d}$ 是二输出、四目标感知器状态编号的数据阵列.

3. 二输出、四目标感知器的学习算法

这样我们就可得到二输出、四目标感知器的学习、训练算法, 有关计算算法步骤如下.

算法步骤 2.2.1 对一个具有二输出、四目标的感知器, 首先确定它们的输出编号和分类目标编号 (τ, θ).

算法步骤 2.2.2 对这个二输出、四目标感知器, 在确定它们的输出和分类目标编号 (τ, θ) 后, 按关系式 (2.2.6) 确定它们的数据阵列 $\bar{\delta} = [\delta(\tau, \theta)]_{\tau=1,2, \theta=a,b,c,d}$.

算法步骤 2.2.3 按算法步骤 2.1.1, 2.1.2, 2.1.3 的学习、训练过程作学习、训练计算,

$$\delta(\tau, \theta) w^{n+1}(t+1) = \delta(\tau, \theta) w^{n+1}(t) + \lambda_t \cdot x^{n+1}(t) \tag{2.2.9}$$

的计算式, 其中 τ, θ 是使 $\langle w^{n+1}(t), x^{n+1} \rangle < 0$ 的值, 而 $w^{n+1}(t)$ 是第 τ 个感知器的权向量, x^{n+1} 是第 θ 个学习目标中的向量.

算法步骤 2.2.4 按算法步骤 2.2.3 的学习过程, 对向量 $w^{n+1}(t)$ 不断修正, 直到方程组 (2.2.6) 全部成立为止.

仿照感知器学习算法的收敛性定理, 我们同样可以证明, 如果这个二输出、四目标感知器是可解的 (方程组 (2.1.7) 的解是存在的), 那么这个学习算法一定是收敛的 (在有限步的计算条件下, 方程组 (2.1.7) 中的关系式全部成立).

2.2.3 一般多输出感知器系统

我们已经给出了二输出、四目标的感知器模型和它的学习、训练算法, 这些结果即可推广到一般多输出感知器的情形. 如果具有 k 个输出, 它就可实现 $m = 2^k$ 个学习目标的分类计算. 对这种模型同样可以用求解一个不等式方程组来表示, 并存在相应的学习、训练算法.

1. 多输出感知器系统是由多个输入和输出神经元所组成的系统

该系统结构如图 2.2.2 所示.

(1) 模型和记号说明如下.

$$\left\{ \begin{array}{ll} \text{层次记号} & \tau = 1, 2, \cdots, \tau_0, \\ \text{神经元的记号} & c_{\tau,i}, i = 1, 2, \cdots, n_\tau, \\ & \text{这是在第 } \tau \text{ 层次中的第 } i \text{ 个神经元的记号}, \\ \text{神经元的参数记号} & u_{\tau,i}, x_{\tau,i}, h_{\tau,i}, \end{array} \right. \tag{2.2.10}$$

其中的参数分别是电位、状态和阈值, 它们的变量 $u_{\tau,i}, x_{\tau,i}, h_{\tau,i}$ 分别在 R (实数空间)、$X = \{-1, 1\}$ (二进制集合)、R_0 (非负实数空间) 集合中取值.

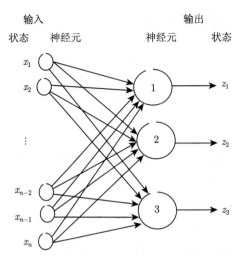

图 2.2.2　一般多输入、多输出 (多神经元) 的结构示意图

(2) 神经元 $c_{\tau,i}$ 对神经元 $c_{\tau',j}$ 产生作用的权函数张量

$$W_\tau^{\tau'} = [w_{\tau,i}^{\tau',j}] : \begin{cases} \tau',\tau \in \{1,2,\cdots,\tau_0\}, \text{层次数}, \\ i \in \{1,2,\cdots,n_{n_\tau}\}, \text{神经元编号}, \\ j \in \{1,2,\cdots,n_{n_{\tau'}}\}, \text{神经元编号}, \end{cases} \quad (2.2.11)$$

这时 $W_{tau}^{\tau'}$ 是一个 $(2,2)$ 阶张量. 关于张量的概念和有关记号等理论在 [6] 文或本书的第 3 章中, 我们有详细说明.

(3) 在一个多输出、多层次的感知器模型中, 如果它们的权函数满足条件, 就可产生一些不同的感知器模型, 例如

定义 2.2.1 (多输出感知器模型条件)　如果 $\tau_0 = 2$ (二层次), 那么这是一个**多输出感知器**.

在多输出感知器中, 如果其中的神经元数 $(n_1, n_2) = (n, k)$, 那么该感知器记为 $N(n, k)$.

定义 2.2.2 (多输出、多层次的感知器的权函数)　它们的权张量满足关系式

$$w_{\tau,i}^{\tau',j} = 0, \quad \text{如果} \tau' \neq \tau+1, \text{对任何神经元} i,j. \quad (2.2.12)$$

(4) 对多输出、多层次感知器, 它的模型记号为 $N(\bar{W}, \bar{H})$, 其中

$$\begin{cases} \overline{W} = (W_1^2, W_2^3, \cdots, W_{\tau_0-2}^{\tau_0-1}, W_{\tau_0-1}^{\tau_0}), \\ \overline{H} = (H_1, H_2, \cdots, H_{\tau_0}), \end{cases} \quad (2.2.13)$$

其中 $W_\tau^{\tau'}$ 如 (2.2.13) 式所示, $H_\tau = (h_{\tau,1}, h_{\tau,2}, \cdots, h_{\tau,n_\tau})$.

(5) 关于变量 $u_{\tau,i}, x_{\tau,i}, h_{\tau,i}$ 之间满足关系式

$$\begin{cases} u_{\tau',j} = \sum_{i=1}^{n_\tau} w_{\tau',j}^{\tau,i} x_{\tau,i}, & \tau' \in \{1,2,\cdots,\tau_0\}, j \in \{1,2,\cdots,n_{n_{\tau'}}\}. \\ x_{\tau',j} = \text{Sgn}(u_{\tau',j} - h_{\tau',j}), & \end{cases}$$

$$(2.2.14)$$

(6) (2.2.14) 式是一个多输出、多层次感知器的状态变化运算式, 对该式又可记为

$$\bar{x}_\tau = \bar{g}_\tau \left[\bar{x}_{\tau-1} | (W_{\tau-1}^\tau, H_\tau) \right], \quad \tau = 2, 3, \cdots, \tau_0. \tag{2.2.15}$$

其中 $\begin{cases} \bar{x}_\tau = (x_{\tau,1}, x_{\tau,2}, \cdots, x_{\tau,n_\tau}), \\ \bar{g}_\tau = (g_{\tau,1}, g_{\tau,2}, \cdots, g_{\tau,n_\tau}). \end{cases}$ 而 $g_{\tau,1} = g_{\tau,1} \left[\bar{x}_{\tau-1} | (W_{\tau-1}^\tau, H_\tau) \right]$ 是单个神经元的运算函数.

$$\begin{cases} \text{神经元记号} c_{\tau,i}, & \text{第 } \tau \text{ 层次中, 第 } i \text{ 个神经元的记号}, i=1,2,\cdots,n_\tau, \\ \text{神经元的状态记号} x_{\tau,i}, & \in X\{-1,1\}, \text{神经元 } c_{\tau,i} \text{的状态}, \\ \text{神经元的电位值记号} u_{\tau,i}, & \in R, \text{神经元 } c_{\tau,i} \text{ 的电位值}, \end{cases}$$

$$(2.2.16)$$

2. 对多输出感知器状态向量

一个多输出感知器的模型记为 $N(n,k)$, 对它的有关记号和性质讨论如下.

(1) 它的第一、二层的状态向量分别记为

$$\begin{cases} x^n = (x_1, x_2, \cdots, x_n), & x_i \in R, \\ y^k = (y_1, y_2, \cdots, y_k), & y_j \in X = \{-1, 1\}. \end{cases} \tag{2.2.17}$$

这时, 第二层中的神经元是对第一层数据的一种分类 (关于多目标的分类).

(2) 第二层中的神经元记为 $c_2^k = (c_{2,1}, c_{2,2}, \cdots, c_{2,k})$, 它们都是神经元的表示.

(3) 对神经元 (或感知器) c_j, 它的运算式记为 $g_j[x^n|(w_j^n m h_j)]$, 其中

$$(w_j^n, h_j) = [(w_{j,1}, w_{j,2}, \cdots, w_{j,n}), h_j]$$

分别是感知器 c_j 的连接权向量和阈值, 这时称 (w_j^n, h_j) 是感知器 c_j 的参数向量.

因此 (2.2.17) 式中的向量 x^n, y^k 是不同层次中的状态向量, 或第二层次感知器的输入、输出状态向量.

2.2.4 多输出感知器的学习、分类问题

一个多输出的感知器 NNS (n,k), 它的学习、分类目标有多种不同的类型.

1. 多输出感知器的类型

$$\begin{cases} \textbf{简单分类如 } \text{[6]文定义 6.2.2 所述. 这是关于集合组 } A^k, B^k \text{ 的分类,} \\ \textbf{简单分类如 } \text{[6] 文定义 6.2.3 所述. 这是对每个集合 } A_j \text{ 作它的二进制编号、分类,} \\ \textbf{简单分类如 } \text{[6]文定义 6.2.3 所述. 这是在编码分类的基础上, 作卷积分类计算.} \end{cases}$$

$$(2.2.18)$$

(1) 其中关于集合 A_j 的二进制编号计算如 [6] 文的 (6.2.7) 式和表 6.2.1 所示.

(2) 有关卷积分类的过程如 [6] 文的 (6.2.10), (6.2.11) 等式所示.

2. 关于多输出、多层感知器的学习算法

我们已经给出多目标集合的三种不同类型的分类目标, 因此它们的学习、训练算法和它们的收敛性问题也不同.

(1) 无论是哪种分类方法, 它们的基础仍然是二目标, 关于集合 $A, B \subset X^n$ 的分类问题. 它们都可化为若干次二目标的分类计算问题.

(2) 关于二目标的分类问题, 我们已经建立它们的等价方程、算法步骤和收敛性定理. 这些运算和结果都是相同的, 我们不再一一说明.

(3) 同样在多感知器中, 当它们的分类目标不同时, 同样存在它们的线性可分性理论和计算复杂度的问题

这些问题也都是感知器理论的推广, 对其中的这些问题、记号和性质我们不再一一说明.

多输出感知器理论是感知器理论的简单推广, 它们在学习目标上虽然可以产生多种不同的类型, 但是在它们的等价性方程、学习算法、收敛性定理、线性可分性理论方面都是感知器理论的简单推广. 因此我们不再作一一的详细说明和讨论. 读者只要已经知道这些分类目标的具体规定, 就可得到相应的记号、性质和结果.

2.3   感知器系列中的其他模型

在感知器系列模型和理论的研究中, 除了模糊感知器、多输出感知器外, 其他模型还有支持向量机和零知识感知器. 在本节中, 我们讨论这两种模型中的有关理论问题.

2.3.1   支持向量机的学习目标和它的分类问题

支持向量机是对感知器理论研究的继续和深化, 对此讨论如下.

1. 支持向量机的数学模型

同样记 A, B 分别为 R^n 空间中两个互不相交的集合, 支持向量机的分类目标也是要寻找适当的空间超平面 $L = L(w^n, o^n)$, 使集合 A, B 分别在空间超平面 $L = L(w^n, o^n)$ 的两侧. 但在支持向量机中, 对它们的分类有更多的要求.

对图 2.3.1 我们说明如下.

(1) 该图仍然是集合 A, B 的分类, 图中黑白圈分别表示 A, B 集合中的点.

(2) 图中的 L, L_1, L_2 是三个相互平行的空间超平面 (或超曲面), 这时在 L_1, L_2 平面之间不存在集合 A, B 中的点, 而且集合 A, B 中的点分别在 L_1, L_2 的不同侧.

(3) 在支持向量机的分类要求中, 所求的超平面 $L = L(w^n, o^n)$, 要使 L_1, L_2 平面的距离尽可能大.

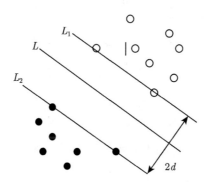

图 2.3.1　　支持向量机的优化计算模型示意图

在分类过程中, 如果取 $L = L(w^n, o^n)$ 是 R^n 空间中的平面或曲面, 由此产生的支持向量机分别是线性或非线性支持向量机.

2. 支持向量机的计算要求

为了简单起见, 我们只讨论线性的支持向量机. 这时要求 L_1, L_2 是两个空间超平面, 它们分别在 L 平面的两侧, L, L_1, L_2 三平面保持平行. 而且要求 A, B 中的点分别在 L_1, L_2 平面的两侧.

为了讨论支持向量机的计算问题, 我们先讨论 R^n 空间中的超平面.

(1) 记 $L = L(w^n, o^n)$ 是 R^n 空间中的超平面, 其中 $w^n = (w_1, w_2, \cdots, w_n)$ 是该平面的法向量, $o^n = (o_1, o_2, \cdots, o_n)$ 是该平面上的一个固定点.

这时向量 $w^n \perp L$ (w^n 和平面 L 垂直).

(2) 记 $x^n = (x_1, x_2, \cdots, x_n)$ 是 R^n 空间中的任意点, 那么 $x^n \in L$ 的充分必要条件是

$$\langle w^n, x^n - o^n \rangle = \sum_{i=1}^{n} w_i(x_i - o_i) = 0. \tag{2.3.1}$$

也就是有 $w^n \perp (x^n - o^n)$ (或 w^n 和 $x^n - o^n$ 垂直).

(3) 记 $y^n = (y_1, y_2, \cdots, y_n)$ 是 R^n 空间中的任意点, 称 $z^n \in L$ 是 y^n 在 L 中的投影点, 如果 $z^n \in L$, 而且 $y^n - z^n = \lambda w^n$. 这时有关系式 $z^n = y^n - \lambda w^n$ 成立.

(4) 在关系式 $y^n - z^n = \lambda w^n$ 中, 称 λw^n 为 y^n 关于 L 平面的投影向量.

其中 λ 是向量 y^n 和平面 L 的距离, 而 λ 的取值可正、可负, 当 λ 取正值时, y^n 在 w^n 的指向这一侧, 否则在另一侧.

3. 学习目标

如果 A, B 是 R^n 空间中的任意两个集合, 那么支持向量机的要求是寻找平面 $L = L(w^n, o^n)$, 该平面满足以下条件.

(1) 集合 A, B 分别在平面 $L = L(w^n, o^n)$ 的两侧.

(2) 如果记 $A \cup B$ 中所有的点为 $\{x_1^n, x_2^n, \cdots, x_m^n\}$. 这时记 λ_i 是 x_i^n 点到 L 平面的距离.

(3) 这时关于距离函数 λ_i 的取值为 > 0, 分别在 $x_i^n \in A$ 或 B 时.

因此支持向量机的学习目标是对固定的集合 $A, A \subset R^n$, 寻找平面 $L = L(w^n)$, 满足条件 $(1), (2), (3)$, 而且使距离 $\lambda_L = \text{Min}\{\lambda_i, i = 1, 2, \cdots, m\}$ 达到最大.

4. 算法分析

为实现支持向量机的这个学习目标, 对它的算法构造分析如下.

(1) R^n 空间中的平面 L 由它的 o^n 和法向量 w^n 确定, 因此我们把它们的坐标

$$(o^n, w^n) = (o_1, o_2, \cdots, o_n, w_1, w_2, \cdots, w_n)$$

看作一组待定的参数. 这时 $L = L(o^n, w^n)$ 是一个待定平面.

(2) 在 $A \cup B$ 集合中的每个点 x^n 在待定平面 L 中可以产生它的投影点 $z^n = (z_1, z_2, \cdots, z_n)$, 这时 z^n 应满足方程式

$$\begin{cases} \langle w^n, z^n - o^n \rangle = \sum_{i=1}^{n} w_i(z_i - o_i) = 0, \\ x_i - z_i = \lambda w_i, \quad \text{对任何 } i = 1, 2, \cdots, n \text{ 成立}, \end{cases} \tag{2.3.2}$$

其中 λ 是一个固定的参数.

(3) 方程组 (2.3.2) 具有 $n+1$ 个未知数 $(z_1, z_2, \cdots, z_n, \lambda)$ 及 $n+1$ 个方程, 因此可以解出这些未知数.

(4) 在求出 z^n, λ 这些未知数时可以变动 o^n, w^n 的值, 使它们满足条件 (1), (2), (3), 而且使距离 λ_L 达到最大.

在此计算过程中涉及超平面 L 的选择及多重线性方程组的求解问题. 因此存在许多问题需要做进一步的讨论.

5. 支持向量机和感知器理论的关系问题

由此可见, 支持向量机的模型和感知器理论十分相似.

(1) 这就是, 支持向量机的学习目标实际上也是感知器的学习目标. 因此支持向量机有解的充分和必要条件是: 相应的感知器模型 (包括学习目标) 是线性可分的.

(2) 但支持向量机的理论是感知器理论的深化. 这就是在支持向量机的学习目标中, 不仅要寻找支持向量机对固定的集合 $A, B \subset R^n$ 的分割平面 $L = L(w^n, o^n)$, 而且要求参数 λ_L 达到最大.

(3) 在感知器理论中, 将给出学习算法步骤 2.3.1, 2.3.2, 2.3.3, 并且在定理 2.3.1 中证明, 如果集合 $A, B \subset R^n$ 是线性可分的, 那么由这个学习算法一定可以搜索找到这个分割平面 $L = L(w^n, o^n)$.

(4) 在感知器理论中, 虽然已经给出它的学习算法, 但并未保证这个参数 λ_L 一定达到最大.

6. 利用感知器理论来讨论支持向量机

为了寻找支持向量机的解, 可以有多种不同的方法, 如变分法的理论、凸闭包理论、感知器理论等, 我们对它们作综合分析、讨论.

如果集合 $A, B \subset R^n$, 记它们的凸闭包分别是 $\mathrm{Conv}(A), \mathrm{Conv}(B)$, 它们仍然是 R^n 空间中的集合, 对此有以下定理成立.

定理 2.3.1 集合 $A, B \subset R^n$ 是线性可分的充分和必要条件是: 在它们的凸闭包 $\mathrm{Conv}(A), \mathrm{Conv}(B)$ 中无公共点.

7. 支持向量机的解

利用定理 2.3.1 就可得到支持向量机的解, 有关运算算法步骤如下.

(1) 首先利用感知器的学习算法, 可以判定集合 A, B 是否可分. 这就是用学习算法步骤 2.1.1, 2.1.2, 2.1.3, 如果能够收敛就可判定集合 A, B 是可分的, 否则就是不可分的.

(2) 如果判定集合 A, B 是可分的, 那么集合 $\mathrm{Conv}(A), \mathrm{Conv}(B)$ 是不相交的. 这时定义

$$d[\mathrm{Conv}(A), \mathrm{Conv}(B)] = \min\{d(x^n, y^n), x^n \in \mathrm{Conv}(A), y^n \in \mathrm{Conv}(B)\}$$
$$= d(A, B) = \min\{d(x^n, y^n), x^n \in A, y^n \in B\}. \quad (2.3.3)$$

(3) 因为 A, B 都是有限集合, 所以存在两个点 $x^n \in A, y^n \in B$, 使 $d(x^n, y^n) = d(A, B)$ 成立.

(4) 由此得到支持向量机的解. $L = L(w^n, o^n)$, 其中 $\begin{cases} w^n = y^n - x^n, \\ o^n = \dfrac{x^n + y^n}{2}. \end{cases}$

2.3.2　支持向量机的求解问题

我们已经说明, 支持向量机是对感知器理论的进一步讨论, 在支持向量机中, 不仅具有目标分类的要求, 而且还有对参数取值的最大的要求. 因此对支持向量机的研究由三部分组成: 优化模型、关于由约束条件所产生的空间结构分析、支持向量机中最优解的求解计算.

这种最优化的问题和感知器理论结合的问题有普遍意义, 因此我们对它作重点讨论.

1. 关于感知器解的讨论

我们已经给出感知器求解的一系列讨论, 现在继续讨论如下.

对固定的集合 A, B, 如果它是可分的, 那么它的分割平面一定存在, 但不唯一. 现在讨论可能存在的所有解的问题.

定义 2.3.1　　对固定集合 $A, B \subset R^n$, 引进一些定义.

(1) 称 $L = L(w^n, h)$ 是它们的一个分割平面, 如果它满足关系式

$$\begin{cases} \displaystyle\sum_{i=1}^{n} w_i x_i - h > 0, & x^n \in A, \\ \displaystyle\sum_{i=1}^{n} w_i x_i - h = 0, & x^n \in L, \\ \displaystyle\sum_{i=1}^{n} w_i x_i - h < 0, & x^n \in B, \end{cases} \quad (2.3.4)$$

其中第二个关系式可以看作 L 平面的定义式.

(2) 称 $\mathcal{L} = \mathcal{L}_{A,B}$ 是集合 A, B 的全体分割平面, 如果 $L \in \mathcal{L}$ 的充分和必要条件是 (2.3.4) 式成立.

(3) 由此可见, 集合 A, B 的全体分割平面 $\mathcal{L}_{A,B}$ 是一个关于向量 $w^{n+1} = (w^n, h)$ 的集合, 它们的定义条件是 (2.3.4) 式成立.

2. 关于集合 $\mathcal{L} = \mathcal{L}_{A,B}$ 的性质

由集合 $\mathcal{L} = \mathcal{L}_{A,B}$ 的定义, 可以得到它的有关性质如下.

性质 2.3.1 如果 $L \in \mathcal{L}$ 是集合 A, B 的分割平面, 那么 $L \in \mathcal{L}$ 也是集合 $\mathrm{Conv}(A), \mathrm{Conv}(B)$ 的分割平面.

该性质已在 [6] 文中给出证明, 对此不再重复.

在定义 (2.3.1) 式中, 在 R^n 空间中的一个平面,

$$L = L(w^n, h) : \quad \sum_{i=1}^{n} w_i x_i - h = 0, \quad 对任何 \quad x^n \in R^n. \tag{2.3.5}$$

对此平面的含义说明如下.

(1) 在 R^n 空间中, 关于平面的表示方法有多种, 如点法式 $L = L(o^n, w^n)$, 其中 L 中点 z^n 满足 (2.3.1) 式中的方程式.

(2) (2.3.5) 式中的方程式是 $\langle w^n, x^n - o^n \rangle = \sum_{i=1}^{n} w_i(x_i - o_i) = \sum_{i=1}^{n} w_i x_i - h = 0$, 其中 $h = \sum_{i=1}^{n} w_i o_i$.

(3) 因此 (2.3.5) 的平面方程式可以由 (2.3.1) 的点法式 $L = L(o^n, w^n)$ 导出, 这时称 (2.3.5) 的平面方程式为法截式.

3. 任意点在平面上的投影

现在讨论任意点 $x^n \in R^n$ 在平面 L 上的投影计算.

(1) 记 x^n 在平面 L 上的投影点为 $z^n \in L \subset R^n$, 它的计算过程见 (3).

(2) 平面 L 的点法式表示为 $L = L(o^n, w^n)$, 这时 x^n 在平面 L 上的投影点为 $z^n \in L \subset R^n$, 它的计算过程见 (3).

(3) 点 $z^n \in L$ 满足方程式 (2.3.5). 由该方程组可以得到

$$z_i = x_i - \lambda w_i, \quad i = 1, 2, \cdots, n,$$

将此关系代入 (2.3.6) 的第一式, 由此得到

$$\sum_{i=1}^{n} w_i(x_i - \lambda w_i - o_i) = A - \lambda |w^n|^2 - h = 0 \tag{2.3.6}$$

其中

$$A = \sum_{i=1}^{n} w_i x_i, \quad h = \sum_{i=1}^{n} w_i o_i, \quad |w^n|^2 = \sum_{i=1}^{n} w_i^2.$$

在 $L = L(o^n, w^n)$ 平面、x^n 点给定时, 它们都是确定的数.

(4) 由此解得支持向量机的求解问题是参数

$$\lambda = \lambda(o^n, w^n) = \frac{A-h}{|w|^2} = \frac{\sum\limits_{i=1}^{n} w_i(x_i - o_i)}{\sum\limits_{i=1}^{n} w_i^2} \tag{2.3.7}$$

在一定约束条件下的最大化问题.

4. 支持向量机的优化模型表示如下

(1) 支持向量机的求解问题的一般优化表示式为

$$\begin{cases} 最小、最大值, \quad \lambda = \lambda(w^n, h|A, B) = \sum\limits_{i=1}^{n} w_i x_i - h, x^n \in A, B, \\[2mm] 约束条件\ \mathrm{I}, \qquad |w^n|^2 = \sum\limits_{i=1}^{n} w_i^2 = 1, \\[2mm] 约束条件\ \mathrm{II}, \qquad \sum\limits_{i=1}^{n} w_i x_i - h > 0, \quad 对任何\ x^n \in A, \\[2mm] 约束条件\ \mathrm{III}, \qquad \sum\limits_{i=1}^{n} w_i x_i - h < 0, \quad 对任何\ x^n \in B. \end{cases} \tag{2.3.8}$$

(2) 对 (2.3.8) 的简化等价表示式有

$$\begin{cases} 最小、最大值, \quad \lambda = \lambda(w^n, h|D) = \sum\limits_{i=1}^{n+1} w_i x_i, x^{n+1} \in D, \\[2mm] 约束条件\ \mathrm{I}, \qquad |w^n|^2 = \sum\limits_{i=1}^{n} w_i^2 = 1, \\[2mm] 约束条件\ \mathrm{II}, \qquad \sum\limits_{i=1}^{n+1} w_i x_i > 0, \quad 对任何 x^{n+1} \in D, \end{cases} \tag{2.3.9}$$

其中 $w^{n+1} = (w^n, h), D = \{(x^n, -1), x^n \in A\} \cup \{(-x^n, 1), x^n \in B\}$.

(3) 对 (2.3.9) 式可继续简化, 相应的等价表示式有

$$\lambda_0 = \mathrm{Sup}\left\{\min\left[\lambda(w^n, h|D) = \sum\limits_{i=1}^{n+1} w_i x_i, \quad x^{n+1} \in D\right],\right.$$
$$\left. 在\ (2.3.9)\ 的约束条件下 \right\}. \tag{2.3.10}$$

5. 支持向量机的求解问题是一个规划优化问题

(1) 当分割平面 $L = L(o^n, w^n)$ 固定, x^n 在 D 中变化时, 求 λ 的最小值 $\lambda(o^n, w^n | D)$.

(2) 当分割平面 $L = L(o^n, w^n)$ 在区域 $\mathcal{L}_{A,B}$ 中变化时, 求 $\lambda(o^n, w^n | D)$ 的最大值的问题.

因此, 支持向量机的求解问题是一个在 (2.3.9) 或 (2.3.10) 的约束条件下, 求参数 λ 的最小、最大值问题. **这是一个非线性规划问题**.

这是一个典型的、和支持向量机结合的优化问题, 因此在此优化问题中, 除了采用经典的拉格朗日理论外, 还要采用对约束条件的感知器方法.

支持向量机的求解问题是一个和支持向量机结合的优化问题, 这正是我们对支持向量机作重点讨论的原因.

2.3.3 支持向量机的智能化计算算法

我们已经说明, 支持向量机是感知器理论的继续和发展, 因此它的计算算法也可在感知器的理论基础上进行. 在本节中我们将构造它的计算算法, 对这种算法要求具有智能化的特征, 要求这种算法通过学习、训练和它们的收敛性来实现. 为此, 我们还需要对它的结构原理和优化特征作进一步的分析、讨论.

1. 集合 $\mathcal{L} = \mathcal{L}(D)$ 的表示

(1) 由以上讨论可以知道, 集合 $\mathcal{L} = \mathcal{L}(D)$ 是 R^{n+1} 空间中的区域, 它的向量是 $w^{n+1} = (w^n, h) \in \mathcal{L} \subset R^{n+1}$.

(2) 因为 R^{n+1} 是一个度量空间, 因此可以建立 $\mathcal{L}$ 区域的拓扑结构.

2. 集合 $\mathcal{L} = \mathcal{L}_{A,B}$ 的类型

依据集合 $\mathcal{L} = \mathcal{L}_{A,B}$ 的定义, 它的构造可以分别从关系式 (2.3.8), (2.3.9) 出发.

(1) 我们可以分别从关系式 (2.3.8) 中的约束条件 II、III 出发, 或 (2.3.9) 中的约束条件 II 出发来构造集合 $\mathcal{L}$.

(2) 在构造平面 $L = L(w^n, h)$ 时, 它可以分别满足关系式 (2.3.8) 中的约束条件 II、III, 或 (2.3.9) 中的约束条件 II. 依据集合 A, B, D 的定义, 这两种要求是等价的.

(3) 这样我们就可构造平面集合 $\mathcal{L}$, 使它的每个 $L = L(w^n, h) \in \mathcal{L}$ 满足关系式 (2.3.8) 中的约束条件 II.

(4) 构造平面 $L = L(w^n, h)$ 使 $\sum_{i=1}^n w_i x_i - h > 0$ 对任何 $x^n \in D$ 成立.

(5) 可以证明, (4) 中的这个条件等价于: 构造平面 $L = L(w^n, h)$ 使 $\sum_{i=1}^n w_i x_i - h > 0$ 对任何 $x^n \in \mathrm{Conv}(D)$ 成立.

3. 集合 $\mathcal{L} = \mathcal{L}_{A,B}$ 的构造性质

定理 2.3.2　在构造平面 $L = L(w^n, h)$ 的过程中, 以下条件相互等价.

(1) (2.3.9) 式中的约束条件 II 成立.

(2) 构造平面 $L = L(w^n, h)$, 使 $\sum_{i=1}^n w_i x_i - h > 0$ 对任何 $x^n \in \text{Conv}\,(D)$ 成立.

(3) 存在 $\text{Conv}\,(D)$ 的边界面 δ 将集合 D 和零向量 ϕ^{n+1} 分割在该边界面两侧.

在该定理中, 性质 (2), (3) 的等价性可参考定理 2.1.3 的证明.

4. 集合 $\mathcal{L} = \mathcal{L}_{A,B}$ 的构造

由此讨论即可得到集合 $\mathcal{L} = \mathcal{L}_{A,B}$ 的构造如下.

(1) 对固定的集合 A, B 或 D, 可以构造它们的凸闭包 $\text{Conv}\,(A)$, $\text{Conv}\,(B)$, $\text{Conv}(D)$.

(2) 感知器是线性可分的充分和必要条件是零向量 ϕ^{n+1} 不在集合 $\text{Conv}\,(D)$ 中, 这时至少有一个 $\text{Conv}(D)$ 的边界面 δ, 把向量 ϕ^{n+1} 和集合 $\text{Conv}\,(D)$ 分割. 记这个边界面为 $\delta(D)$.

(3) 这种边界面可能不止一个, 这时记 $\mathcal{L}(D)$ 是所有把零向量 ϕ^{n+1} 和集合 $\text{Conv}(D)$ 分割的边界面.

(4) 在集合 $\mathcal{L}(D)$ 中, 每个边界面 $\delta \in \mathcal{L}(D)$ 和零向量 ϕ^{n+1} 的距离记为 $\lambda(\delta)$, 其中的最大值和它所对应的边界面分别记为 $\lambda_0 = \lambda(\delta_0)$.

(5) 记零向量 ϕ^{n+1} 在边界面 δ_0 上的投影点为 a^{n+1}.

由此构造平面 δ^*, 它和 δ_0 平面平行, 而且过线段 (a^{n+1}, ϕ^{n+1}) 的中点.

这时的平面 δ^* 就是支持向量机的解.

5. 关于支持向量机解的讨论

由此讨论可以看到, 支持向量机的求解问题可以化作感知器求解问题继续讨论. 它也可以化作一个极大值的求解问题, 对此在 [6] 文中还有讨论, 在此不再重复.

2.3.4　零知识 ① 条件下的优化和分类算法

零知识的概念最早来自密码学, 它是指在没有任何先验信息条件下的密码分析. 在智能计算理论中, 它是一种利用系统内部数据的结构特征来实现**系统的自**

---

① 零知识又称**零知识证明** (zero-knowledge proof), 由 Goldwasser 等在 20 世纪 80 年代初提出. 它指的是证明者能够在不向验证者提供任何有用信息的情况下, 使验证者相信某个论断是正确的. 因此是密码学中的研究内容. 在感知器的学习、分类中, 如果不存在对学习目标的任何信息, 那么这种学习、分类就是在零知识条件下的学习、分类问题.

我优化、分类的算法. 在智能计算的算法中, 有一些算法就具有这种特征. 如**统计中的聚类分析算法**就是这种类型的算法.

在本小节, 我们介绍这些算法

1. 混合的学习目标

我们在此讨论聚类分析及其算法.

(1) 这时的学习目标记为 $\mathcal{A}_m = \{A_1, A_2, \cdots, A_m\}$. 我们称它们不存在先验知识 (或信息) 是指我们并不知道有关学习目标 $\mathcal{A}_m$ 中的分类情况. 这时 $A = \bigcup_{j=1}^{m} A_j$ 是一个由多目标混合的目标.

(2) 在零知识条件下的学习、识别问题就是对该混合目标进行学习、分类. 这种学习、分类的要求是使 $\mathcal{A}_m$ 的分类结果满足一定的优化条件. 这就是统计中的聚类分析.

2. 聚类分析

聚类分析理论是信息和统计中最常见的信息或数据的处理理论, 对它的基本思想说明如下.

(1) 记 A 是 R^n 空间中的一组向量, 这些向量可以看作不同类型向量混合的集合, 聚类问题就是要依据这些信号的特征来进行分类.

(2) 信号特征的类型有多种, 为了简单起见, 我们用 R^n 空间中的距离关系进行聚类.

(3) 有关距离的定义:

$$\begin{cases} d(x^n, y^n) = \left[\sum_{i=1}^{n}(y_i - x_i)^2\right]^{1/2}, & \text{向量 } x^n, y^n \in R^n \text{ 之间的欧几里得距离,} \\ d(y^n, A) = \dfrac{1}{\|A\|}\sum_{x^n \in A} d(y^n, x^n), & \text{向量 } y^n \text{ 和集合 } A \text{ 之间的平均欧几里得距离.} \end{cases}$$

$$(2.3.11)$$

定义 2.3.2 (多重聚类的有关定义) 对集合 $A \subset R^n$ 作 m 重聚类的有关定义如下.

(1) 把集合 A 作 m **重聚类** (或分割). 这就是要寻找一组 $\mathcal{A}_m = \{A_1, A_2, \cdots, A_m\}$, 使它们互不相交, 而且有 $A = \bigcup_{j=1}^{m} A_j$ 成立. 这时称 $\mathcal{A}_m$ 是 A 的一组 m 重聚类.

(2) 称 $y_j^n \in A_j$ 是该集合的**聚类中心**, 如果对任何 $x^n \in A_j$ 总有关系式 $d(y_j^n, A) \leqslant d(x^n, A)$ 成立.

(3) 对固定的集合 A 和正整数 m, 称

$$\mathcal{B}_m = \{\bar{y}^n, \mathcal{A}_m\} = \{(y_j^n, A_j), j = 1, 2, \cdots, m\} \qquad (2.3.12)$$

是集合 A 的一个 m 重聚类 (简称 A-m 聚类), 如果 $\mathcal{A}_m$ 是集合 A 的一个 m 重分割, 在 $\bar{y}^n$ 中, 每个 y_j^n 是集合 A_j 的聚类中心.

(4) 如 $\mathcal{B}_m$ 是集合 A 的一个 m 重聚类, 那么定义

$$E(\mathcal{B}_m) = \sum_{j=1}^{m} d(y_j^n, A_j) = \sum_{j=1}^{m} \sum_{x^n \in A_j} d(y_j^n, x^n) \qquad (2.3.13)$$

是该聚类的平均聚类距离.

定义 2.3.3   对固定的集合 A 和正整数 m, 称 $\mathcal{B}_m^o$ 是它的一个**最优 m 重聚类**, 如果它是一个 A-m 聚类, 而且对任何其他的 A-m 聚类 $\mathcal{B}_m$, 总有 $E(\mathcal{B}_m^o) \leqslant E(\mathcal{B}_m)$ 成立.

因此, 聚类分析的主要目的是对固定的 A 和 m, 寻找它的最小距离的 A-m 聚类 $\mathcal{B}_m^o$, 使它的聚类距离 $E(\mathcal{B}_m)$ 达到最小.

2.3.5 聚类分析中的计算算法

我们已经给出了以距离为基础的聚类问题, 由此即可给出它的计算算法. 这个算法的核心思想是不断调整聚类中心和聚类集合的取值, 使这种聚类过程中的相互距离不断减少, 最终使各聚类集合中的距离达到最小, 在本节中, 我们给出了它们的聚类算法.

1. 算法步骤

对于固定的集合 $A \subset R^n$ 和 $m > 1$, 构造它的聚类计算算法步骤如下.

算法步骤 2.3.1 (初始计算)   任取 $y_j^n(1) \in A, j = 1, 2, \cdots, m$ 为初始 m 聚类的中心点.

对固定的聚类中心点 $y_j^n(1) \in A, j = 1, 2, \cdots, m$, 构造聚类集合

$A_j(1)$ 是集合 A 中的点 $\{x^n,$ 它和 $y_j^n(1)$ 点的距离最近$\}$.   (2.3.14)

由此得到第一次聚类的中心点和集合

$$\mathcal{B}_m(1) = \{(y_j^n(1), A_j(1)), j = 1, 2, \cdots, m\}. \qquad (2.3.15)$$

算法步骤 2.3.2 (中心点的修正)   (1) 如果 $\mathcal{A}_m(t) = \{(y^n(t), A_j(t)), j = 1, 2, \cdots, m\}$ 是第 t 次聚类的中心点和聚类集合, 那么继续它们的运算, 首先修改它们的中心点.

(2) 取 $y_j^n(t+1)$ 是 $A_j(t)$ 中的新中心点, 这就是取 $y_j^n(t+1) \in A_j(t)$, 而且满足关系式

$$d(y_j^n(t+1), A_j(t)) \leqslant d(y^n, A_j(t)), \quad \text{对其他任何 } y^n \in A_j(t), \qquad (2.3.16)$$

其中 $d(y_j^n, A_j(t))$ 的定义已在 (2.3.11) 式中给出.

(3) 称这种由 $\{A_j, j = 1, 2, \cdots, m\}$ 确定 $\{y_j^n, j = 1, 2, \cdots, m\}$ 的过程为聚类的中心点过程.

算法步骤 2.3.3 (聚类集合的修正) (1) 如果对 $\mathcal{A}_m(t)$, 按 (2.3.11) 它的一组新的聚类中心为 $y_j^n(t+1), j = 1, 2, \cdots, m$. 由这组聚类中心点得到它的新聚类集合 $A_j(t+1)$, 它们的定义式和 (2.3.14) 式相似

$$A_j(t+1) = \{x^n \in A, d(x^n, y_j^n(t+1)) \leqslant d(x^n, y_{j'}^n(t+1)), \text{对其他任何} j' \neq j\}. \tag{2.3.17}$$

(2) 由此得到第 $t+1$ 次聚类的中心点和集合

$$\mathcal{B}_m(t+1) = \{(y_j^n(t+1), A_j(t+1)), j = 1, 2, \cdots, m\}. \tag{2.3.18}$$

(3) 称这种由 $\{y_j^n, j = 1, 2, \cdots, m\}$ 确定 $\{A_j, j = 1, 2, \cdots, m\}$ 的过程为聚类的集合确定过程.

算法步骤 2.3.4 (聚类运算的结果) 依次类推, 在 $t = 1, 2, \cdots$, 直到聚类中心和聚类集合 $\mathcal{A}_m(t)$ 保持不变为止. 这就是存在一个 t_0 使

$$E[\mathcal{B}_m(t_0)] = E[\mathcal{B}_m(t_0 + 1)] = E[\mathcal{B}_m(t_0 + 2)] = \cdots \tag{2.3.19}$$

成立为止.

2. 聚类计算算法的收敛性

现在讨论按以上聚类计算的算法步骤 2.3.1—2.3.4, 可以得到它们的聚类计算一定是收敛的, 这就是 (2.3.4) 式最后一定能够成立. 证明过程如下.

(1) 算法步骤 2.3.1—2.3.4 的计算过程

在算法步骤 2.3.1—2.3.4 的计算过程中, 实际上是一种 $\bar{y}^n(t) = \{y_j^n(t), j = 1, 2, \cdots, m\}$ 和 $\mathcal{A}_m = \{A_j(t), j = 1, 2, \cdots, m\}$ 的交替计算过程, 为此我们把 (2.3.18), (2.3.19) 中的 $\mathcal{B}_m(t), E[\mathcal{B}_m(t)]$ 改写为

$$\begin{cases} \mathcal{B}_m(s, t) = \{(y_j^n(s), A_j(t)), j = 1, 2, \cdots, m\}, \\ E[\mathcal{B}_m(s, t)] = \sum_{j=1}^{m} d(y_j^n(s), A_j(t)) = \sum_{j=1}^{m} \sum_{x^n \in A_j(t)} d(y_j^n(s), x^n). \end{cases} \tag{2.3.20}$$

现在讨论它们的变化.

(2) 在 (2.3.20) 式中, 如果取 $s = t + 1$, 这时有

$$E[\mathcal{B}_m(t+1, t)] = \sum_{j=1}^{m} d(y_j^n(t+1), A_j(t)) \leqslant \sum_{j=1}^{m} d(y_j^n(t), A_j(t)) = E[\mathcal{B}_m(t, t)]. \tag{2.3.21}$$

这是因为在算法步骤 2.3.3 中, $\bar{y}^n(t+1)$ 是聚类中心点的修正点, 因此 (2.3.21) 式中的不等式必成立.

(3) 在 (2.3.21) 式产生了新的聚类中心点 $\bar{y}^n(t+1)$, 并由此产生新的聚类集合 $\mathcal{A}_m(t+1)$, 这时必有

$$
\begin{aligned}
E[\mathcal{B}_m(t+1, t+1)] &= \sum_{j=1}^{m} d(y_j^n(t+1), A_j(t+1)) \\
&\leqslant \sum_{j=1}^{m} d(y_j^n(t+1), A_j(t)) = E[\mathcal{B}_m(t+1, t)].
\end{aligned} \tag{2.3.22}
$$

(4) 由此我们得到

$$
\begin{aligned}
E[\mathcal{B}_m(1,1)] &\geqslant E[\mathcal{B}_m(2,1)] \geqslant E[\mathcal{B}_m(2,2)] \geqslant \cdots \geqslant E[\mathcal{B}_m(t,t)] \\
&\geqslant E[\mathcal{B}_m(t+1, t)] \geqslant E[\mathcal{B}_m(t+1, t+1)] \geqslant \cdots .
\end{aligned} \tag{2.3.23}
$$

因为 $E[\mathcal{B}_m(1,1)] > 0$, 所以 (2.3.23) 式中只能有有限多个严格不等号. 因此存在一个充分大的 t_0, 在 $t \geqslant t_0$ 时必有

$$
E[\mathcal{B}_m(t,t)] = E[\mathcal{B}_m(t+1, t)] = E[\mathcal{B}_m(t+1, t+1)] = \cdots
$$

成立. 这就是聚类计算算法的收敛性.

2.3.6　图像距离的选择

我们已经给出聚类分析的定义和算法, 该算法可以实现系统的自我优化、自我分类的计算, 因此是统计中的重要算法, 也是一种重要的智能计算算法, 它是一种在零知识条件的优化计算.

但在聚类分析中还有一系列问题需要讨论, 如优化的标准问题, 这就是聚类中的度量函数的选择问题. 又如最优解的计算问题, 在我们给出的算法步骤的计算中, 只能得到它的局部最优解. 如何得到它们的最优解, 在计算方法中有多种方法, 我们介绍并讨论这些方法.

在本节中, 我们进一步讨论这些问题和方法.

在 (2.3.11) 式中给出的欧几里得距离, 这种距离的优点是定义概念清楚、计算简单, 缺点是这种距离有时不能反映图像关系的性质. 例如, 两幅图像十分相似, 但因为发生错位, 就会产生很大的距离. 因此在作聚类分析时首先要选择所采用的图像距离 (图像差异度).

除了 (2.3.11) 式中给出的欧几里得距离外, 还有其他几种距离的定义公式如下.

1. Alignment 距离 (简称 A-距离)

为了克服这种简单距离所存在的缺点, 在生物信息的处理中经常采用 A-距离的度量.

(1) A-距离的概念是同时考虑存在**删除、插入**误差时的距离, 它们在基因序列的相似度分析中有重要意义.

(2) 关于 A-距离的定义和计算我们在下文中有详细讨论, 这时记 $d_A(\bar{\xi}_i, \bar{\eta}_j)$ 是图像 $\bar{\xi}_i, \bar{\eta}_j$ 之间的 A-距离.

(3) A-距离在图像处理时对 1 维数据 (如声音数据、基因序列的数据等) 处理比较合适, 但对 2 维数据 (平面图像)、3 维数据 (空间图像) 和其他高维数据处理比较困难.

2. KL-互熵

这就是信息论中的 Kullback-Leibler 互熵 (以下简称 KL-互熵), 它的度量定义关系如下.

(1) 记 $x^n = (x_1, x_2, \cdots, x_n), y^n = (y_1, y_2, \cdots, y_n)$ 是两幅不同的图像, $x_i, y_i \in F_q$ 是每个像素上的灰度.

(2) 定义 $x_0 = \sum_{i=1}^n x_i, y_0 = \sum_{i=1}^n y_i$, 由此定义

$$p_i = x_i/x_0, \quad q_i = y_i/y_0, \quad i, j = 1, 2, \cdots, n. \tag{2.3.24}$$

这时称 $P = p^n = (p_1, p_2, \cdots, p_n), Q = q^n = (q_1, q_2, \cdots, q_n)$ 是由图像 x^n, y^n 产生的归一化的图像.

(3) 归一化的图像 p^n, q^n 的特征和概率分布相似, 因此它的 KL-互熵定义为

$$\mathrm{KL}(P, Q) = \sum_{i=1} p_i \log \frac{p_i}{q_i}. \tag{2.3.25}$$

(4) KL-互熵具有性质 $\mathrm{KL}(P, Q) \geqslant 0$, 而且等号成立的充分和必要条件是 $p^n = q^n$. 因此 KL-互熵可作为概率分布 P, Q 或图 x^n, y^n 的差异度的一种度量指标.

KL-距离是不同概率分布之间差异度的一种定义, 它也可作图像差异度的定义.

(5) KL-距离可以反映不同图像之间的差异度, 缺点是 $\mathrm{KL}(x^n, y^n)$ 不满足距离关系的基本条件 (如对称性条件).

如果把 A-距离、$\mathrm{KL}(x^n, y^n)$ 度量作为图像处理中的距离指标, 那么在图像群中都可作相应的聚类分析. 但这时要注意不同距离的含义和它们所存在的问题.

2.3.7 聚类分析和感知器理论

现在讨论聚类分析和感知器理论的关系, 对此说明如下.

1. 聚类分析是感知器的分割

为了简单起见, 我们以 $m = 2$ 的情形进行说明, 对其他一般情形可作类似推广.

(1) 记 $\mathcal{B}_2 = \{(y_1^n, A_1), (y_2^n, A_2)\}$ 是集合 A 的一个 A-2 聚类. 这时 A_1, A_2 互不相交, 而且 $A_1 + A_2 = A$.

(2) 其中 y_1^n, y_2^n 是 A 的两个聚类中心, 按聚类中心的定义, 它们满足关系式

$$d(y_1^n, x^n) \begin{cases} \leqslant d(y_2^n, x^n), x^n \in A_1, \\ \geqslant d(y_2^n, x^n), x^n \in A_2, \end{cases}$$

$$d(y_2^n, x^n) \begin{cases} \leqslant d(y_1^n, x^n), x^n \in A_2, \\ \geqslant d(y_1^n, x^n), x^n \in A_1. \end{cases} \tag{2.3.26}$$

(3) (2.3.26) 表示存在一个平面 $L = L(w^n, o^n)$, 该平面的法向量 $w^n = y_1^n - y_2^n$, 它经过的点是 $o^n = \dfrac{y_1^n + y_2^n}{2}$, 它是 $y_1^n y_2^n$ 的中点.

这时集合 A_1, A_2 分别在平面 $L = L(w^n, o^n)$ 的两侧, 它们分别和聚类中心 y_1^n, y_2^n 在同一侧.

这时称集合 A_1, A_2 分别是聚类中心 y_1^n, y_2^n 的聚合区域.

(4) 聚类分析就是一种感知器的优化分类. 但是在聚类分析中, 聚类中心 y_1^n, y_2^n 和它们的聚合区域 A_1, A_2 都在不断变化, 最终目的是实现聚类集合的总体距离 (2.3.13) 为最小.

2. 聚类分析是感知器的理论的深化

由此可知, 聚类分析和感知器理论有以下关系.

(1) 在聚类分析中, 关于集合 $A_1, A_2 \subset A$, 没有其他任何信息, 因此对它们的分解是一种零知识条件下的分解.

(2) 在此分解过程中, 聚类中心 y_1^n, y_2^n 和它们的聚合区域 A_1, A_2 (也包括它们的切割平面 $L = L(w^n, o^n)$) 都在不断变化中, 每次变化都会使聚类集合的总体距离 (2.3.13) 减小, 因此是一个不断优化的过程.

(3) 在此距离过程中, 我们只能证明每次聚类的计算都会使聚类集合的总体距离减少, 因此最后收敛的结果是一个局部优化的结果.

我们还没有证明, 这种局部优化的结果一定是总体优化的结果 (是所有聚类结果的最小值). 在统计或计算数学中存在一些理论 (如模拟退火法等), 我们在此不再详细讨论.

2.4 感知器系列的应用和定位问题

在 [6] 文中我们已经说明, 算法的定位从狭义上讲, 对它们的定位是确定它们的特征和应用范围, 从广义上讲, 这种定位就是要确定这些算法在整个智能计算、其他学科中的关系、地位和作用. 因此这种定位是整个智能计算发展方向问题的讨论.

感知器系列理论虽已形成多种不同的算法模型和理论, 但在本质上, 它们都是分类问题中的算法, 而它们的应用方向有两种, 分别是向图像识别或逻辑学方向的应用. 这两种应用问题都是人工脑中的重要组成部分.

在本节中, 我们讨论、确定它们这两种定位的产生和意义.

2.4.1 对感知器、模糊感知器的定位

这就是它们在图像分析、处理中的定位, 对此讨论如下.

1. 对感知器的定位

在对感知器系列的定位问题中, 首先是对感知器模型和理论的定位, 对此说明如下.

(1) 感知器的生物学背景是神经元, 它是神经系统中最基本的单元之一. 它们的模型结构和运算特征完全一致.

(2) 感知器的分类目标、算法和收敛性理论在数学上是严格、可靠的. 因此这种理论是生物学和数学的完美结合.

(3) 感知器的模型和理论也是 AINNS 理论中最基本的模型和理论.

(4) 由感知器理论的推广产生感知器系列的模型、算法和理论在数学的意义下也是严格、可靠、完美的.

在生物学中也是明确存在的, 因此它们是有意义的, 在生物学中有许多作用和表现.

但是, 它们在应用方向上还存在不同的定位问题. 这需要对其中的每一种算法进行具体的讨论.

2. 对模糊感知器的定位

模糊感知器的结构、学习目标、学习算法、收敛性定理已在 2.1 节中给出, 我们现在以图像识别问题为背景讨论其中的有关理论问题.

模糊感知器在图像识别中的应用问题包括: 图像识别系统的模型建立, 模糊分析中的有关问题, 如图像分析的随机模型、模糊度 δ 的选择、误差估计问题等.

关于模糊感知器的定位问题, 它不仅在图像识别中得到应用, 而且在逻辑运算中得到应用. 即一般布尔函数在 NNS 计算实现时, 可通过多层次、多输出的模糊感知器的运算算法来实现.

(1) 图像系统.

一个图像系统是指有大批图像的系统, 对这种系统有许多不同的考虑和要求, 我们主要讨论它们在感知器理论中的识别问题.

为了简单起见, 我们记一幅黑白图像为 $X^n = \{-1, 1\}^n$ (或 $X^n = \{0, 1\}^n$) 空间中的向量. 这两种空间之间存在 1-1 对应关系, 在本书中我们把它们作等价处理.

对图像的概念可以做广义的理解, 它可有多种不同的类型. 有关图形的指标表达如下.

(i) **像素**. 向量 X^n 的长度 N 为图像的像素. 对像素可做广义理解, 它的类型有线状、平面 (平面图像中的 $n = n_1 \times n_2$ 是二维图像)、立体 (立体图像中的 $n = n_1 \times n_2 \times n_3$ 是三维图像).

另外, 还有动态图像等不同类型, 在数学上可以通过矩阵、张量等不同形式表示, 其中的像素关系可以相互转化.

(ii) **灰度**, 这就是每个像素的取值范围. 如黑白图像的灰度是 2, 在多灰度型的图像中, 常取 $q = 256$, 或 $q = 3 \times 256$, 这是彩色图像的三色组合灰度.

记 $X = X_q$ 是像素的相空间 (灰度的取值空间), q 是灰度的层次指标.

(iii) 图像中的信号可以有多种不同的类型, 如视觉图像、语音信号、分子反应信号等, 它们在 NNS 中, 最终都是以数字信号, 即 X^n 空间中的向量给以表达.

这种表达方式可以是标量、向量、矩阵、张量等不同类型. 最终都可在向量的意义下进行表达和计算.

(2) 图像系统的表示.

一个图像系统是指有一批不同类型的图像, 我们把它们记为

$$\begin{cases} \mathcal{Y} = \{\mathcal{Y}_\tau, \tau = 1, 2, \cdots, \tau_0\}, & \text{具有 } \tau_0 \text{ 个类别的图像系统,} \\ \mathcal{Y}_\tau = \{y_{\tau,j}^{n_{\tau,j}}, j = 1, 2, \cdots, m_\tau\}, & \text{同一类别中的不同图像,} \\ y_{\tau,j}^{n_{\tau,j}} = (y_{\tau,j,1}, y_{\tau,j,2}, \cdots, y_{\tau,j,n_{tau}}), & \text{同一图像的向量表示.} \end{cases} \quad (2.4.1)$$

(3) 由此可知, $\mathcal{Y}, \mathcal{Y}_\tau, y_{\tau,j}^{n_{\tau,j}}$ 分别是一个图像系统、图像系统中的一个子系统 (或图像类)、不同的图像.

(4) 其中的 $\tau_0, m_\tau, n_{\tau,j}$ 分别是该系统中的图像类别数、同一类型中的图像数和图像的像素数.

这里的一般要求是在同一类型的图像中, 所有图像的像素数相同, 因此有 $n_{\tau,j} = n_\tau$ 与 j 无关.

3. 图像的识别问题

图像的识别问题是指对不同类型的图像进行区别.

(1) 图像识别的类型分二值识别 (或黑白图像的识别) 和多值识别 (或多灰度图像、彩色图的识别), 它们所对应的识别模型和算法是感知器和多输出感知器的模型和理论.

(2) 在图像识别的类型中还有精确识别和模糊识别的不同类型, 它们所对应的识别模型和算法是感知器、多输出感知器、模糊感知器、多输出模糊感知器等不同的模型和理论.

(3) 模糊识别问题中, 还存在模糊度 δ 的选择问题、识别误差的估计、模糊识别中的容量等, 它们都可归结为模糊感知器的随机模型理论等.

对这些问题在 [6] 文中有一系列讨论, 并由此归结为一系列的模型和参数的讨论, 并利用随机分析中的大数定律、中心极限定理等一系列理论进行讨论. 在此不再重复.

2.4.2 感知器理论和逻辑学关系问题的讨论

对感知器序列的模型和理论我们已经讨论了它们在图像识别中的应用, 现在再讨论它们与逻辑学的关系问题. 分别把这种应用方向称为定位问题之一和定位问题之二.

1. 多层次感知器的模型和理论

如果 $X = \{-1, 1\}$ 是一个集合, 那么 $X^n \to X$ 的映射是一个布尔映射 (或布尔函数). 现在讨论它和**多层次感知器** 的关系.

(1) 关于多输出、多层次感知器的模型我们已在图 2.1.2, 图 2.2.2 中给出, 其中 2.2.2 是一个多层次 (3 层次) 感知器.

(2) 在多输出、多层次感知器中, 有关层次、神经元、神经元中的参数、运算函数等记号已分别在 (2.2.10)—(2.2.17) 等式中给出.

(3) 其中一般的多输出、多层次感知器模型记号是 $N(\bar{W}, \bar{H})$, 这些记号的含义在 (2.2.13) 式中说明, 在此不再重复.

(4) 在一个多层的感知器中, 如果 $\tau_0 > 2, m_1 > 1, m_{\tau_0} = 1$, 那么称这个感知器是一个单输出的多层次感知器.

一个单输出多层次感知器的运算结果是一个 $X^{n_1} \to X$ 的映射.

(5) 对这样的多层的感知器记为 $y = G[x^n | (\bar{W}, \bar{N})]$, 其中 $y \in X$ 是一个二进制的函数, 其他变量如 (2.2.10)—(2.2.17) 等式所记.

因此这个多层次感知器的运算是一个 $X^{n_1} \to X$ 的映射. 因此, 它是一个布尔函数的运算.

2. 布尔函数的运算在 NNS 中的表达问题

我们已经知道, 一个单输出的、多层次感知器可以表示一个布尔函数. 现在讨论它的反问题, 任意一个布尔函数用单输出、多层次感知器的表达问题 (简称**布尔函数的 NNS 的表达问题**).

如果这个 NNS 是一个感知器, 那么这个问题就是**布尔函数的感知器的表达问题**.

定义 2.4.1 (布尔函数 NNS 表达的有关定义)   记 $X = \{-1, 1\}$, X^n 是一个二进制的向量空间, $A \subset X^n$, 由此产生定义如下.

(1) 称集合 $A \subset X^n$ 是一个**二进制的集合** (或布尔集合).

(2) 如果 $f_A(x^n)$ 是一个 $X^n \to X$ 的映射, 那么称 f 是一个布尔映射 (或布尔函数),

如果 $f_A(x^n) = \begin{cases} 1, & x^n \in A, \\ -1, & \text{否则}, \end{cases}$ 那么称 $f_A(x^n)$ 是一个 $X^n \to X$ 的映射, 称 f 是一个由布尔集合 A 确定的布尔映射 (或布尔函数).

(3) 如果 $G[x^n | (\overline{W}, \overline{H})]$ 是一个单输出多层次感知器的运算, 而且存在一个布尔函数 $f_A(x^n)$, 使结果是一个 $X^{n_1} \to X$ 的映射.

$$f_A(x^n) = G[x^n | (\overline{W}, \overline{H})], \quad \text{对任何} x^n \in X^n \text{成立}, \tag{2.4.2}$$

那么称该多层感知器是该布尔函数的 NNS 的表达. 其中参数张量 $(\overline{W}, \overline{H})$ 是相应的表达参数变量.

对这种表达问题, 我们在下文中简称**布尔函数的 NNS 中的表达问题**.

3. 表达问题中的有关理论问题

对此布尔函数的 NNS 中的表达问题存在以下理论问题需要讨论.

(1) 首先是可能性的问题, 这就是任何一个布尔函数是否一定可以在 NNS 中进行表达的问题.

(2) 如果任何一个布尔函数可以在 NNS 中进行表达, 那么它们的表达式 (或感知器的参数) 应如何确定.

(3) 对表达式中的这些参数, 除了确定之外, 还存在如何简化、寻找和计算等问题.

2.4.3 布尔函数在感知器运算下的表达问题

布尔函数在感知器运算下的表达问题中有多个问题需要讨论.

1. 关于表达的可能性问题

这就是任意一个布尔函数, 是否一定可以在感知器的运算下进行表达的问题. 对这个问题的回答是否定的, 我们可以通过以下例子来说明.

例 2.4.1 我们现在举例说明, 有的布尔函数是不可以通过感知器的运算来进行表达的.

现在讨论 X^2 空间中的布尔集合, 如果取 $A = \{a = (1,1), b(-1,-1)\}$, 那么该集合和它的补集合 $B = A^c = \{c = (1,-1), d = (-1,1)\}$ 是线性不可分的.

因为它们的凸闭包 $\mathrm{Conv}(A) = \overline{a,b}$, $\mathrm{Conv}(A) = \overline{c,d}$ 是两线段, 它们之间存在交点 $(0,0)$. 因此集合 A, B 是线性不可分的. 这就是该布尔集合 (或函数) 不可能用感知器进行表达.

2. 一些特殊的布尔函数在感知器下的表达

例 2.4.1 告诉我们, 有一些布尔函数是不可能在感知器的模型运算下进行表达的, 但在 [6] 文给出用一些特殊的布尔函数可以在感知器下进行表达, 而且它们的表达十分简单. 有关结论在 [6] 文中有许多讨论, 我们列举如下.

(1) 布尔函数可以通过感知器的**等价方程组**来表达, 见 [6] 文的 (4.3.3), (4.3.4) 式.

(2) 在 $n = 1$ 时, 布尔函数可以通过感知器进行表达, 效应的表达参数见 [6] 文的 (4.3.5) 式, 它们的计算结果如 [6] 文中的表 4.3.1 所示.

(3) 对任何正整数 n, 全集合 X^n 和空集合 ϕ 的布尔函数总可以通过感知器进行表达, 表达参数在 [6] 文的 4.3.3 节中给出.

(4) 在 X^n 空间中, 向量 x^n 的权函数在 [6] 文的 (4.3.8) 式中定义, 其中具有固定权值集合的定义在 [6] 文的 4.3.3 节中给出.

(5) 在布尔函数的感知器表达中, 还有一些其他的性质, 如递推性质等, 在 [6] 文中都有讨论. 在此不再重复.

3. 布尔函数在 NNS 下表达的基本定理

我们已经说明, 一般布尔函数不能全部在感知器模型的运算下进行表达. 但任何布尔函数的运算一定可以在多输出、多层次感知器的运算下进行表达. 这就是**布尔函数在 NNS 下表达的基本定理**.

定理 2.4.1 (布尔函数和多层感知器关系的基本定理) 在二进制的向量空间 X^n 中, 对任何布尔集合 $A \subset X^b$, 及它所对应的布尔函数 $f_A(x^n)$, 总是存在一个适当的多层感知器 $G[x^n|(\overline{W_A}, \overline{H_A})]$, 使

$$f_A(x^n) = G[x^n|(\overline{W_A}, \overline{H_A})], \quad \text{对任何} \quad x^n \in X^n \quad \text{成立}.$$

其中的多层感知器 $G[x^n|(\overline{W}, \overline{H})]$ 模型和运算已在 2.2.3 节中给出.

该定理的详细证明在 [6] 文中的定理 8.2.1 中给出, 在此不再重复.

4. 布尔函数在 NNS 下的表达运算

定理 2.4.1 给出了一般布尔函数的运算都可以用多层感知器表达, 因此它们之间存在等价关系.

在 [6] 文的 8.3.2 节还给出了这种等价关系的表达问题.

(1) 这就是任何布尔函数 (或布尔集合 $A \subset X^n$), 都可以在一个多层次感知器的运算下表达.

(2) 该多层次感知器的参数向量为 $(\bar{W}_A, \bar{H}_A)$, 使关系式

$$f_A(x^n) = G[x^n | (\bar{W}_A, \bar{H}_A)], \quad 对任何 \quad x^n \in X^n \quad 成立. \tag{2.4.3}$$

(3) 为构造这种多层次感知器, [6] 文中给出了它的算法步骤: **算法步骤 2.4.1—2.4.4**, 由此得到一个**三层次感知器**的参数向量 $(\bar{W}, \bar{h})$, 使 (2.4.3) 式成立.

(4) 我们称 [6] 文中的**算法步骤 2.4.1—2.4.4 为布尔函数的三层次感知器算法步骤** (简称**三层次感知器算法**). 对这些算法步骤在此不再重复.

5. 算法步骤的改进和讨论

在一般布尔函数在多感知器表达的算法步骤 2.4.1—2.4.4 中, 它们实现了**布尔函数在多感知器模型下的表达问题**, 现在讨论的问题是这些算法步骤的改进问题.

(1) 关于算法步骤中的复杂度问题的讨论. 其中包括计算复杂度和存储复杂度的讨论.

(2) 这种复杂度主要体现在第二感知器的数量 $m = \| A \|$ 上. 这个 m 会随 n 呈指数增长. 因此该算法步骤的复杂度会随 n 呈指数增长. 算法步骤的改进就是要改变这种指数增长的情形.

(3) 这种算法步骤改进的主要方法是增加多层次感知器的层次数 τ_0.

(4) 当这种多层次感知器的层次数 τ_0 增加时, 这种布尔函数在多感知器模型下的表达的复杂度 (计算复杂度和存储复杂度) 就会随 τ_0 的增加而呈指数下降. 对此问题的分析在 [6] 文中已经说明, 在此不再重复.

2.5   模糊感知器的优化问题

我们已经给出模糊感知器的定义, 并给出了它的学习算法和收敛性定理. 现在继续对这种模型进行讨论. 模糊感知器的概念就是在分类时可允许有一定的误差发生, 而它的优化问题就是要求在作这种模糊分类时, 出现的误差尽可能小.

在本节中, 我们讨论这种模型和它的算法.

2.5.1 模糊感知器的优化问题 (I)

在定义 2.1.1 中, 我们已经给出模糊感知器和模糊度的定义, 现在继续讨论这个模糊度的问题.

(1) 我们已经给出, 感知器的学习目标是集合 A, B, 这时记 $m = |A| + |B|$ 是学习目标的数量.

(2) 在感知器的分类学习与识别中, 要求构造空间超平面 $L = L_{\boldsymbol{w}, h}$, 将 A, B 集合完全切割在它的两侧.

这里 $\boldsymbol{w} = (w_1, w_2, \cdots, w_n)$ 是平面 L 的法向量. h 是感知器的分类阈值.

(3) 这时, 感知器的分类目标是寻找适当的参数 (w^n, h) 满足以下条件:

$$\sum_{i=1}^{n} w_i x_i - h \begin{cases} \geqslant 0, & x^n \in A, \\ < 0, & x^n \in B. \end{cases} \tag{2.5.1}$$

(4) 模糊感知器的概念就是如果 (2.5.1) 式的分类目标不能全部实现, 那么定义:

$$\begin{cases} A' = \left\{ x^n \in A, \ \sum_{i=1}^{n} w_i x_i - h < 0 \right\}, \\ B' = \left\{ x^n \in B, \ \sum_{i=1}^{n} w_i x_i - h > 0 \right\}, \end{cases} \tag{2.5.2}$$

这时称集合 A', B' 是感知器分类目标 (A, B) 在平面 $L = L_{\boldsymbol{w}, h}$ 下的分类误差集合.

(5) 由集合 A', B' 定义 $m_a' = |A'|, m_b' = |B'|, m' = m_a' + m_b'$.

这时称参数 m_a', m_b', m' 是感知器分类目标 (A, B) 在平面 $L = L_{\boldsymbol{w}, h}$ 下的分类误差值.

称参数 $\delta_a = m_a'/m_a, \delta_b = m_b'/m_b, \delta = m'/m$ 是感知器分类目标 (A, B) 在平面 $L = L_{\mathbf{w}, h}$ 下的分类误差率.

定义 2.5.1 在感知器的学习目标 A, B 固定的条件下, 如果 L, L' 是两个不同的分类平面, 那么它们所对应的分类误差率分别是 $\delta = \delta(L), \delta' = \delta(L')$.

如果 $\delta < \delta'$, 那么就称模糊感知器 L 优于模糊感知器 L'.

如果模糊感知器 L 的分类误差率 δ 小于或等于所有其他模糊感知器 L' 的分类误差率 δ', 那么就称模糊感知器 L 是关于分类目标 A, B 的最优模糊感知器.

由此我们给出了关于模糊感知器优化的一个定义, 并称之为**模糊感知器的优化问题** (I).

2.5.2   模糊感知器的优化问题 (II)

我们已经给出关于**模糊感知器的优化问题 (I) 的定义**, 现在再给出它们的另一种定义.

(1) 我们已经说明, 在感知器理论中, 关于感知器的学习分类目标 A, B 及其分类方程组 (2.1.2) 存在多种等价方程组.

(2) 其中的等价方程组之一是

$$\sum_{i=1}^{n+1} w_i x_i > 0, \quad \text{如果} x^{n+1} \in D, \tag{2.5.3}$$

$x^{n+1} = (x^n, -1), w^{n+1} = (w^n, h)$, 而集合

$$D = \{(x^n, -1), x^n \in A\} \cup \{(-x^n, 1), x^n \in B\}.$$

(3) 由模糊感知器的切割平面 $L = L_{w^{n+1}}$ 产生集合

$$D' = D'(w^{n+1}) = \left\{ x^{n+1} \in D, \langle w^{n+1}, x^{n+1} \rangle = \sum_{i=1}^{n+1} w_i x_i < 0 \right\}, \tag{2.5.4}$$

这时称集合 D' 是感知器分类目标 D 在平面 L 下的分类误差集合.

这时的 $\delta = m'/m = |D'|/|D|$ 就是模糊度. 使这种模糊度 δ 为最小的优化目标就是模糊感知器的优化问题 (I) 的目标. 我们现在给出另外一种优化目标.

(4) 关系式 (2.5.4) 给出了分类误差集合 D' 的定义. 由此得到

$$E(D, w^{n+1}) = - \sum_{x^{n+1} \in D'} \langle w^{n+1}, x^{n+1} \rangle = - \sum_{x^{n+1} \in D'} \sum_{i=1}^{n+1} w_i x_i. \tag{2.5.5}$$

这时总有 $E(D, w^{n+1}) \geqslant 0$ 成立. 我们称之为感知器分类目标 D 在平面 L 下的分类误差值. 其中 D' 由 (2.1.5) 式定义.

(5) 因此, 模糊感知器的优化问题 (II) 就是在固定的分类目标 D 的条件下, 求平面 L, 使它的分类误差值 $E_t = E(D_t, w_t^{n+1})$ 尽可能小.

2.5.3   对模糊感知器优化问题 (I) 的讨论

1. 关于优化问题 (I) 的说明

关于感知器的分类问题我们已在 (2.1.15) 式中说明, 其中 $L = L_{w^n, h}$ 是分类目标集合 $A, B \subset X^n$ 的切割平面.

(1) 模糊感知器的分类问题就是允许有一定的分类误差存在. (2.1.16) 式中的 A', B' 就是切割平面 $L = L_{w^n, h}$ 在对分类目标集合 A, B 进行分类时, 可能产生的误差.

(2) 模糊感知器优化问题 (I) 的要求就是使分类误差集合 A', B' 中的元素尽可能少.

(3) 为了讨论这个模糊感知器优化问题 (I), 我们记 $m'_a = |A'|, m'_b = |B'|, m' = m'_a + m'_b$. 这时的优化问题 (I) 就是要求 m' 的取值尽可能小.

2. 关于学习目标的讨论

我们已经说明, 感知器的学习目标是集合 A, B, 它们的凸闭包分别是 $\text{Conv}(A)$, $\text{Conv}(B)$.

(1) 由定理 2.1.3 可知, 学习目标集合 A, B 是线性可分的充要条件是在凸闭包 $\text{Conv}(A)$, $\text{Conv}(B)$ 之间无公共点.

因此模糊感知器的分类问题是在凸闭包 $\text{Conv}(A)$, $\text{Conv}(B)$ 之间有公共点情况下的分类.

这时记 $C(A, B) = \text{Conv}(A) \bigcap \text{Conv}(B)$.

容易证明, 集合 $C(A, B)$ 是一个凸集合.

(2) 记凸闭包 $\text{Conv}(A)$, $\text{Conv}(B)$. 边界面的集合分别是 Π_a, Π_b, 它们可以分别写为

$$\begin{cases} \Pi_a = \{\pi_{a,1}, \pi_{a,2}, \cdots, \pi_{a,m_a}\}, \\ \Pi_b = \{\pi_{b,1}, \pi_{b,2}, \cdots, \pi_{b,m_b}\}, \\ \Pi = \Pi_a \cup \Pi_b = \{\pi_1, \pi_2, \cdots, \pi_m\}, \end{cases} \tag{2.5.6}$$

其中 m_a, m_b 分别是凸闭包 $\text{Conv}(A)$, $\text{Conv}(B)$ 的边界面的数目. $m = m_a + m_b$, 而

$$\begin{cases} \pi_i = \pi_{a,i}, & i \leqslant m_a, \\ \pi m_a + j = \pi_{b,j}, & j = 1, 2, \cdots, m_b. \end{cases}$$

(3) 在 Π 中, 每个平面 π_i 将集合 A, B 分成 C_1, C_2, C_3 这三块, 它们分别是

$$\begin{cases} (C_1, C_2, C_3) = (A, B_1, B_2), & \pi \in \Pi_a, \\ (C_1, C_2, C_3) = (B, A_1, A_2), & \pi \in \Pi_b, \end{cases} \tag{2.5.7}$$

其中 B_1, B_2 或 A_1, A_2 互不相交, 而且 $A_1 \cup A_2 = A, B_1 \cup B_2 = B$.

$C_1 \cup C_3$, 与 C_2 分别在 π_i 平面不同的两侧.

(4) 因为 $C_1 \cup C_2 \cup C_3 = A \cup B = X^n$, 所以 $|C_1 \cup C_2 \cup C_3| = 2^n$, 对任何 $\pi_i \in \Pi$ 都成立.

(5) 我们要选择的 π_i 就是要使 $|C_2|$ 为最大的平面.

我们把它看作**模糊感知器优化问题** (I) **的解**.

3. 优化问题 (I) 的计算算法

我们已经给出**模糊感知器优化问题** (I) 的解的定义, 现在讨论它的计算问题.

(1) 在讨论该优化问题的计算时, 涉及凸闭包 $\mathrm{Conv}(A)$ 和 $\mathrm{Conv}(B)$ 的全体边界面的集合 Π 与这些边界面对 A, B 产生的分解集合 C_1, C_2, C_3 及它们的计数问题. 因此是一个非易计算的问题.

(2) 为了使 $|C_2|$ 尽量大, 我们必须选择 C_2 所在的集合 A 或 B 尽量大. 不失一般性, 我们取 $|A| \geqslant |B|$, 这时选择 $C_2 \subset A$. 因此选择 $\pi_i \in \Pi_b$.

2.5.4　对模糊感知器优化问题 (II) 的讨论

对模糊感知器, 我们已经给出它的优化问题 (I), (II). 现在先对问题 (II) 进行讨论.

1. 模糊感知器的算法步骤

关于模糊感知器, 我们已经给出算法步骤 2.1.6, 2.1.7, 2.1.8, 这些步骤仍然有效. 我们就在此基础上继续讨论.

(1) 在这些算法步骤中, 我们给出了权向量的一系列表示

$$w_t^{n+1} = (w_{t,1}, w_{t,2}, \cdots, w_{t,n+1}), \quad t = 1, 2, \cdots \tag{2.5.8}$$

其中 w_t^{n+1}, w_{t+1}^{n+1} 的关系公式在算法步骤 2.1.8 的 (2.1.13) 式中给出.

(2) 对不同的 w_t^{n+1}, 得到不同的 $D_t' = D(w_t^{n+1})$, 如 (2.1.5) 式定义. 其中相应的分类误差值 $E_t = E(D, w^{n+1})$, 如 (2.5.5) 式定义.

(3) 如果在算法步骤 2.1.8 中, 我们采用的学习算法是

$$w_{t+1}^{n+1} = w_t^{n+1} - \frac{\lambda}{\| D_t' \|} \sum_{x^{n+1} \in D_t'} x^{n+1}. \tag{2.5.9}$$

那么

$$
\begin{aligned}
E(D, w_{t+1}^{n+1}) &= \sum_{x^{n+1} \in D_t'} \sum_{i=1}^{n+1} w_{t+1,i} x_i = \sum_{x^{n+1} \in D_t'} \langle w_{t+1}^{n+1}, x^{n+1} \rangle \\
&= \sum_{x^{n+1} \in D_t'} \left\langle w_t^{n+1} - \frac{\lambda}{\| D_t' \|} \sum_{x^{n+1} \in D_t'} x^{n+1}, x^{n+1} \right\rangle \\
&= E(D, w_t^{n+1}) - \frac{\lambda}{\| D_t' \|} \left\langle \sum_{x^{n+1} \in D_t'} x^{n+1}, \sum_{x^{n+1} \in D_t'} x^{n+1} \right\rangle \\
&\leqslant E(D, w_t^{n+1}),
\end{aligned}
\tag{2.5.10}
$$

其中

$$\left\langle \sum_{x^{n+1}\in D'_t} x^{n+1}, \sum_{x^{n+1}\in D'_t} x^{n+1} \right\rangle = \left| \sum_{x^{n+1}\in D'_t} x^{n+1} \right|^2 \geqslant 0.$$

因此 $E(D, w_t^{n+1}) \geqslant E(D, w_{t+1}^{n+1}) \geqslant 0$. 这时 $E(D, w_t^{n+1}), t = 1, 2, \cdots$ 是一个无穷、非负序列, 它一定可以收敛到一个最小值. 这就是该模糊感知器关于学习目标 D (或 A, B) 的一个局部最优解.

2. 模糊感知器优化问题 (II) 的结果

由此得到, $E(D, w_t^{n+1}), t = 1, 2, \cdots$ 是一个无穷、非负序列, 它一定可以收敛到一个最小值. 这就是该模糊感知器关于学习目标 D (或 A, B) 的一个局部最优解.

第 3 章　Hopfield NNS[①]

我们已经说明, 对 HNNS 的研究经历了大起大落的变化过程. 我们在本章中重新讨论这个模型和与它有关的理论.

3.1　HNNS 的模型和理论

在本节中, 我们先介绍 HNNS 理论的基本内容, 其中包括它的基本模型和运算、它的运动和能量问题等.

3.1.1　有关 HNNS 的模型和记号

我们已经说明, HNNS 由美国加利福尼亚州物理学家 J. Hopfield (1982) 提出 (见文献 [3]), 该模型是由 n 个神经元组成的 NNS, 关于它的模型和记号说明如下.

1. HNNS 的模型结构

HNNS 的模型结构由以下多种要素组成.

(1) **神经网络的状态向量**. 该系统由大量的神经元组成, 因此它们的状态可用一个向量 $x^n = (x_1, x_2, \cdots, x_n)$ 来表示, 其中 $x_i = 1, -1$ 是第 i 个神经元的状态 (**兴奋或抑制**), 因此 x^n 是神经元系统的状态向量. 神经元 x_i 的取值范围 $X = \{-1, 1\}$, 也可在更广泛的空间中取值.

(2) **权矩阵与阈值向量**. 不同神经元的相互连接关系可用一个 n 阶矩阵 $W^{n \times n} = (w_{i,j})_{i,j=1,2,\cdots,n}$ 表示, 其中 $w_{i,j} \in R$ 是第 i 个神经元对第 j 个神经元发生影响的权系数.

阈值向量 $h^n = (h_1, h_2, \cdots, h_n)$ 是各神经元兴奋或抑制的阈值参数.

(3) **整合函数向量**. 每个神经元对电势都有整合功能, 因此得到整合向量

$$u^n = (u_1, u_2, \cdots, u_n), \tag{3.1.1}$$

其中,

$$u_j = \sum_{i=1}^{n} w_{i,j} x_i - h_j, \quad j = 1, 2, \cdots, n.$$

---

① Hopfield HNNS 是 Hopfield 在 1982 年提出的一种 ANNS, 以下简记为 HNNS.

(4) HNNS **运算子**. 当每个神经元经内部单位整合后, 它的状态就会按固定的规则发生改变, 改变后的神经元状态可写为

$$x_i' = T_W(x^n) = T_W\left(\sum_{j=1}^n w_{i,j}x_j - h_i\right), \quad i = 1, 2, \cdots, n, \tag{3.1.2}$$

其中, T_W 为该神经元系统的运动规则, 因此被称为 HNNS 的运算子. 因此 (3.1.2) 式可写为 $(x^n)' = T(x^n)$.

这时 T_W 可取为符号函数 $T_W(u) = \mathrm{Sgn}(u) = \begin{cases} 1, & u \geqslant 0, \\ -1, & u < 0, \end{cases}$ 其中, T 也可取其他单增函数 $f(u)$, 该函数以 $y = \pm 1$ 为渐近线. 这时称函数 T 为 HNNS 的状态驱动函数.

(5) 由此可见, HNNS 的状态运动受以下 3 个因素的影响, 即权矩阵 W^n、阈值向量 h^n 与状态驱动函数 T, 这时记该 HNNS 为 HNNS(T, W^n, h^n).

2. HNNS 的状态运动图 G_H^n

在 HNNS 中, (3.1.2) 式给出了一个 $\{-1,1\}^n$ 空间中状态运动的变换算子, 因此 (3.1.2) 式又可写为

$$\begin{cases} x^n(t+1) = T_W[x^n(t)], \\ x_i(t+1) = \mathrm{Sgn}\left(\sum_{j=1}^n w_{i,j}x_j(t) - h_i\right), \quad i = 1, 2, \cdots, n, \end{cases} \tag{3.1.3}$$

其中, $t = 0, 1, 2, \cdots$. 这时称该式是 HNNS 的运动方程, $x^n(0)$ 为 HNNS 的初始状态.

称 (3.1.2) 式中的 T_W 是 HNNS 的运算子.

HNNS 的运动模式可用一个有向图 $G_H^n = \{X^n, V^n\}$ 来描述, 其中, $X^n = \{-1,1\}^n$ 是该图中的全体点, 而 $V^n = \{(x^n, y^n), x^n \in X^n, y^n = T_W(x^n)\}$ 是该图中的全体弧.

这时称图 G_H^n 为 HNNS 的运动关系图.

3.1.2 HNNS 运动关系图的性质

对 HNNS 运动关系图 G_H^n 的结构性质讨论如下.

有关图论、有向图的一般定义、记号和名词在许多图论的著作中都有说明, 本书的附录 I.2 将介绍这些定义和性质.

1. 图 G_H^n 的结构特征

对图 G_H^n 的结构特征说明如下.

(1) 对每个 $x^n \in X^n$ 有唯一的出弧 (x^n, y^n), 其中 $y^n = T(x^n) \in V^n$. 因此图 G_H^n 是一个具有一阶出弧, 可能有多阶入弧的顶图.

(2) 若干首尾连接的弧是图中的路, 记 L 是该图中的路, 如果 L 由 k 条弧组成, 那么称路 L 的长度为 k.

(3) 在 G_H^n 图中, 每条路 L 都有它的起点和终点, 我们把它记为

$$L: \quad x^n(t_0) \to x^n(t_0 + 1) \to \cdots \to x^n(t_1 - 1) \to x^n(t_1), \tag{3.1.4}$$

其中, $t_0 < t_1$, 而 $x^n(t + 1) = T[x^n(t)]$. 这时称 $t_1 - t_0 + 1$ 是该路的路长.

(4) 在路 L 中称 $x^n(t), t = t_0, t_0 + 1, \cdots, t_1 - 1, t_1$ 是该路中段节点.

(5) 在 (3.1.4) 式的路中, 如果其中的节点 $x^n(t), t = t_0, t_0 + 1, \cdots, t_1 - 1, t_1$ 都不相同, 那么称该路是一直路, 否则是一回路.

2. 有关回路的性质如下

(1) 任何直路的长度不超过 2^n, 因为 $\{-1, 1\}^n$ 中的点只有 2^n 个.

(2) 在 (3.1.4) 式的路中, 如果 $x^n(t_0) = x^n(t_1)$, 那么称该回路是一个长度为 $t_1 - t_0$ 的回路.

(3) 对固定的权阵列 $W^{n \times n}$, 相应的 HNNS 结构图 G_H^n 确定, 记其中的

$$C_j = \{x_{j,1}^n, x_{j,2}^n, \cdots, x_{j,\ell_j}^n\}, \quad j = 1, 2, \cdots, m \tag{3.1.5}$$

是图 G_H^n 中的 m 个圈, 这时有

$$x_{j,t+1}^n = T_W(x_{j,t}^n), \quad t = 1, 2, \cdots, \ell_j \tag{3.1.6}$$

成立. 而且有 $x_{j,1}^n = x_{j,\ell_j+1}^n$ 成立, 并与 (3.1.5) 式的 C_j 中无相同的点.

那么这时称 C_j 是图 G_H^n 中的一个长度为 ℓ_j 的回路.

(4) 对固定的权阵列 $W^{n \times n}$, 在图 G_H^n 中可能产生的回路记为 $C_1, C_2, \cdots, C_m$, 在这些不同的回路中, 它们之间不存在公共点.

(5) 由此定义

$$D_j = \{x^n \in R^n, \ 存在一个正整数 \ s, \ 使 \ T^s(x^n) \in C_j\}, \tag{3.1.7}$$

这时称集合 D_j 是集合 F_2^n 中在 T_W 作用的运动下, 最后进入 (或到达) C_j 回路的向量.

3. 有关 HNNS 结构图性质的基本定理如下

定理 3.1.1 在 (3.1.5) 式和 (3.1.7) 式定义的 $C_j, D_j, j = 1, 2, \cdots, m$ 中, 以下性质成立.

(1) 在 $C_j, j = 1, 2, \cdots, m$ 中无公共点 (如果在 $C_j, C_{j'}$ 之间存在公共点, 那么它们一定重合).

(2) 同样在 $D_j, j = 1, 2, \cdots, m$ 中无公共点 (如果在 $D_j, D_{j'}$ 之间存在公共点, 那么它们一定重合).

(3) 因此集合 $D_j, j = 1, 2, \cdots, m$ 是 $\{-1, 1\}^n$ 空间的一个分割 (它们之间无公共点, 而且它们的并是 $\{-1, 1\}^n$ 空间).

(4) 由此得到, 图 G_H^n 是一个树丛图. 这就是说, 每个集合 D_j 是图 G_H^n 中的一个枝, 在 D_j 中的每个点 $x^n \in D_j$ 一定可以到达该枝的根 C_j.

定理 3.1.2 对任何 HNNS, 一定存在一组 (3.1.5) 式的圈 $C_j, j = 1, 2, \cdots, m$, 以及 (3.1.7) 式中的集合 $D_j, j = 1, 2, \cdots, m$, 它们满足定理 3.1.1 中的性质.

定义 3.1.1 (1) 称 (3.1.5) 式中的 C_j 集合为 HNNS 中的循环运动集合 (回路).

(2) 称 HNNS 是稳定的, 如果它的循环收敛集合 $C_j = \{x_j^n\}$ 都是单点集合 (圈).

3.1.3 HNNS 的能量函数

Hopfield 的一个重要贡献是为该系统引进了能量函数.

1. 能量函数定义

一个状态为 x^n 的向量, 它在 HNNS (W^n, h^n) 中的能量函数定义为

$$E(x^n) = -\frac{1}{2} \sum_{i,j=1}^n x_i w_{i,j} x_j + \sum_{i=1}^n x_i h_i. \tag{3.1.8}$$

2. 能量函数的性质定理

该能量函数具有以下性质.

定理 3.1.3 在 HNNS 中, 如果 W^n 是一个对称、正定的矩阵, 那么有以下性质成立.

(1) x^n 是一个非稳定的状态 (或非吸引点), 那么在 HNNS 运算子的作用下, 能量一定严格下降, 也就是有关系式

$$E[T(x^n)] \leqslant E(x^n) - \delta, \tag{3.1.9}$$

其中, δ 是一个与 x^n 无关的正数.

(2) 该 HNNS 一定是一个稳定系统 (它的稳定循环点都是非吸引点).

证明　(1) 记 $(x^n)' = T_W(x^n) = (x'_1, x'_2, \cdots, x'_n)$. 如果 $(x^n)' \neq x^n$ 不是吸引点, 那么我们计算 $\Delta E(x^n) = E(x^n) - E[T_W(x^n)]$ 的值.

因为 $W = W^{n \times n}$ 是一个对称、正定的矩阵, 所以对任何 $z^n \in \{-2, 0, 2\}^n$, 总有 $\sum_{i,j=1}^n w_{i,j} z_i z_j > 0$ 成立. 又因为 $\{-2, 0, 2\}^n$ 是一个有限集合, 所以必有

$$\frac{1}{2} \sum_{i,j=1}^n w_{i,j} z_i z_j \geqslant \min\left\{\frac{1}{2} \sum_{i,j=1}^n w_{i,j} y_i y_j, y^n \in \{-2, 0, 2\}^n\right\} = \delta_0 > 0 \quad (3.1.10)$$

成立. 这时有

$$\begin{aligned}
\Delta E(x^n) &= E(x^n) - E[T_W(x^n)] \\
&= \frac{1}{2}\left\{\sum_{i,j=1}^n w_{i,j} x'_i x'_j - \sum_{i,j=1}^n w_{i,j} x_i x_j\right\} + \sum_{i=1}^n h_i(x_i - x'_i) \\
&= \frac{1}{2} \sum_{i,j=1}^n w_{i,j}(x'_i x'_j - x_i x_j) + \sum_{i=1}^n h_i(x_i - x'_i) \\
&= \frac{1}{2} \sum_{i,j=1}^n w_{i,j}(x'_i x'_j - x'_i x_j + x'_i x_j - x_i x_j) + \sum_{i=1}^n h_i(x_i - x'_i) \\
&= \frac{1}{2} \sum_{i,j=1}^n w_{i,j}[x'_i \delta(x_j) + x_j \delta(x_i)] + \sum_{i=1}^n h_i(x_i - x'_i) \\
&= \frac{1}{2} \sum_{i,j=1}^n w_{i,j}[\delta(x_i)\delta(x_j) + x_i \delta(x_j) + x_j \delta(x_i)] - \sum_{i=1}^n h_i \delta(x_i) \\
&= \frac{1}{2} \sum_{i,j=1}^n w_{i,j} \delta(x_i)\delta(x_j) + \sum_{i,j=1}^n w_{i,j} x_i \delta(x_j) - \sum_{i=1}^n h_i \delta(x_i)
\end{aligned}$$

成立. 其中, $\delta(x_i) = x_i - x'_i$. 而最后一个等号是由 W 阵列的对称性得到的, 由此得到

$$\Delta E(x^n) = \frac{1}{2} \sum_{i,j=1}^n w_{i,j} \delta(x_i)\delta(x_j) + \sum_i^n \delta(x_i) z_i \geqslant \delta_0 + \sum_{i=1}^n \delta(x_i) z_i \geqslant \delta_0 > 0,$$

$$(3.1.11)$$

其中, $z_i = \sum_{j=1}^n w_{i,j} x_j - h_i, i = 1, 2, \cdots, n$.

这时在 (3.1.11) 的不等式中, 对任何 $i = 1, 2, \cdots, n$, 总有 $\delta(x_i) z_i \geqslant 0$ 成立, 这是因为:

(i) 如果 $z_i = \sum_{j=1}^n w_{i,j} x_j - h_i \geqslant 0$ 成立, 必有 $x'_i = \text{Sgn}(z_i) = 1$ 成立, 那么 $\delta(x_i) = x'_i - x_i \geqslant 0$ 成立, 因此 $\delta(x_i) z_i \geqslant 0$ 成立;

(ii) 如果 $z_i = \sum_{j=1}^n w_{i,j}x_j - h_i < 0$ 成立, $x'_i = \mathrm{Sgn}(z_i) = -1$ 成立, 那么 $\delta(x_i) = x'_i - x_i \leqslant 0, \delta(x_i)z_i \geqslant 0$ 成立.

由此得到 (3.1.10) 式成立, 因此该定理的第一个命题一定成立.

(iii) 定理的命题 (2) 即可由命题 (1) 得到, 即如果 C_j 不是一个单点集合, 那么 HNNS 的状态就会在 C_j 的各点上做无限的循环运动, 按照状态的能量单调下降的性质, 这是不可能的. 该 HNNS 一定是一个稳定系统. 定理得证.

3.2 玻尔兹曼机

玻尔兹曼机是在 HNNS 原理基础上发展起来的 ANNS 理论, 该理论有确切的运动模型、学习目标、算法与算法的收敛性定理, 因此是 ANNS 理论中的一种典型模型. 但玻尔兹曼机运算规则是否与 HBNNS 一致值得讨论. 因此我们在此介绍玻尔兹曼机的目的是要说明, 在 ANNS 中存在这种理论与算法. 它能否成为 ANNS 中的主流算法还值得讨论.

为对 HNNS 作进一步的研究, 玻尔兹曼机是其中重要的组成部分, 它的随机模型描述如下.

3.2.1 玻尔兹曼机的运动模型

对玻尔兹曼机 (以下简记 B-机) 的基本模型、运动过程、学习与训练算法描述如下.

1. B-机的运动特征

B-机是讨论多神经元的随机系统, 对它的模型描述如下.

现在讨论有 n 个神经元的 NNS, 记这些神经元的集合为 $F_n = \{1, 2, \cdots, n\}$. 这些神经元处在不停的运动中, 它们的状态函数记为 $x_i(t) \in \{-1, 1\}$, $i \in F_n, t \in F_0$.

B-机的运动特征是随机、串行运动, 它的运动方程可作如下表达.

$$x_i(t+1) = \begin{cases} \mathrm{Sgn}\left[\sum_{j=1}^n w_{i,j}x_j(t)\right], & i = \zeta(t), \\ x_i(t), & \text{否则}, \end{cases} \quad i \in F_n, t \in F_0, \quad (3.2.1)$$

这里, $w_{i,j}$ 是 HNNS 中的权矩阵, $\zeta(t) \in F_n$ 是神经元的选择函数.

由此可见, B-机是一个 NNS 具有多神经元、每个神经元在 $\{-1, 1\}$ 中取值的运动过程. 这时记 $u_i(t) = \sum_{j=1}^n w_{i,j}x_j(t)$ 是 B-机**电势整合函数**.

2. 运动模型的随机化

关于 B-机运动的随机化通过以下关系来确定.

(1) 对选择函数 $\zeta(t)$ 作随机化的处理, 即取 $\zeta^*(t), t = 0, 1, 2, \cdots$ 是独立分布 (i.i.d.) 的随机序列 (s.s.), 而且在 $\in F_n$ 上取均匀分布.

(2) $\eta_i(t) = \pm 1$ 的选择也是随机的, 它通过**状态选择函数** $f^*(u)$ 来实现. 取 $f^*(u) = \pm 1$ 是一个随机函数, 它的 p.d. 取为

$$P_r\{f^*(u) = x\} = \begin{cases} \dfrac{1}{1 + e^u}, & x = 1, \\ \dfrac{e^u}{1 + e^u}, & x = -1. \end{cases} \tag{3.2.2}$$

(3) 为了简单起见, 对神经元的状态 -1 取为 0, 这时 (3.2.2) 式的 p.d. 变为

$$P_r\{f^*(u) = a\} = \frac{e^u(1 - a)}{1 + e^u}, \quad a = 1 \text{ 或 } 0. \tag{3.2.3}$$

(4) 在不同时刻的状态选择函数记为 $f_t^*(u), t = 0, 1, 2, \cdots$, 这是一个 i.i.d. 的 s.s., 它们的分布由 (3.2.3) 式给定.

3. 运动状态的随机模型

由此得到, B-机的状态运动是一个随机运动, 它由多个随机过程组合而成.

(1) 记 $\eta_i(t)$, $i \in F_n$, $t \in F_0$ 是该 NNS 运动的状态函数, 它们由一系列的 r.v. 组成.

(2) B-机的状态运动方程确定如下:

$$\eta_i(t + 1) = \begin{cases} f_{t,i}^*[u_i^*(t)], & i = \zeta^*(t), \\ \eta_i(t), & \text{否则}, \end{cases} \quad i \in F_n, t \in F_0, \tag{3.2.4}$$

其中, $u_i^*(t) = \sum_{j=1}^n w_{i,j}\eta_j(t)$. 而 $f_{t,i}^*(u)$ 的 p.d. 如 (3.2.3) 式所示.

(3) 由此得到, B-机的状态运动过程为

$$\eta^{(n)}(t) = (\eta_1(t), \eta_2(t), \cdots, \eta_n(t)), \quad t \in F_0. \tag{3.2.5}$$

4. B-机的运动因素

B-机的运动由以下因素确定.

$$\begin{cases} \text{状态函数 } \eta^{(n)}(t) = (\eta_1(t), \eta_2(t), \cdots, \eta_n(t)), \text{不断运动的多维 s.s.,} \\ \text{权矩阵 } W(t) = [w_{i,j}(t)]_{i,j=1,2,\cdots,n}, \text{矩阵函数,} \\ \text{电势整合函数 } \theta_i(t) = \sum_{j=1}^n w_{i,j}\eta_j(t), \text{ 也是不断运动的 s.s.,} \\ \text{指标选择函数 } \zeta^*(t): \text{i.i.d. 的 s.s. 在 } F_n \text{ 上取均匀分布,} \\ \text{状态选择分布 } f_{t,i}^*(u): \text{在 } \{0, 1\} \text{ 上取值的, 关于 } t, i \text{ 是 i.i.d. 的 r.v. p.d..} \\ \qquad \text{由 (3.2.3) 式确定其中 } u = \theta_i(t) \text{ 是在不同神经元、不同时间的电势,} \end{cases}$$

$$\tag{3.2.6}$$

其中, $t = 0, 1, 2, \cdots$.

因此 B-机的运动过程是一个复合 s.p.. 它的随机复合运动如图 3.2.1 所示.

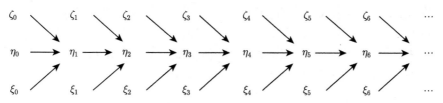

图 3.2.1 B-机的随机复合运动示意图

其中, s.s. $\xi_k(t) = f_k^*[u_k(t)] = f_k^*[\sum_{j=1}^n w_{i,j}\eta_k(t)]$. 图 3.2.1 说明 B-机是一个复合 s.p., 它的状态序列 η_T 受 ζ_T 和 ξ_T 的控制, 而 ξ_T 的产生又受 η_T 的电势整合所形成的随机序列控制.

5. B-机的运动性质

定理 3.2.1 由 (3.2.4) 式确定的状态运动过程 η_{F_0}, 是一个齐次马氏链, 它的转移 p.d. 是

$$P_r\{\xi^{(n)}(t+1) = y^{(n)}|\xi^{(n)}(t) = x^{(n)}\}$$
$$= \begin{cases} \sum_{j=1}^n \dfrac{\exp[(1-x_j)u_j(x^{(n)})]}{n\{1+\exp[u_j(x^{(n)})]\}}, & y^{(n)} = x^{(n)}, \\ \dfrac{\exp[(1-y_j)u_j(x^{(n)})]}{n\{1+\exp[u_j(x^{(n)})]\}}, & d_H(x^{(n)}, y^{(n)}) \leqslant 1, \\ 0, & \text{否则} \end{cases} \tag{3.2.7}$$

与 t 无关. 可简记为 $Q(y^{(n)}|x^{(n)})$.

推论 3.2.1 该马氏链的转移概率有

$$Q(y^{(n)}|x^{(n)}) \begin{cases} > 0, & d_H(x^{(n)}, y^{(n)}) \leqslant 1, \\ 0, & \text{否则.} \end{cases}$$

定理 3.2.2 B-机的运动过程 η_{F_0}, 是一个齐次、不可分的马氏链. 因此关于齐次、不可分的马氏链的性质 (如定理 3.2.1 中的一个性质) 都能成立.

如果权矩阵 $W = (w_{i,j})_{n\times n}$ 是对称的, 而且 $w_{i,i} = 0$, 那么方程组 (3.2.7) 的解是

$$p_W(x^{(n)}) = C\exp[-E_W(x^{(n)})] \tag{3.2.8}$$

对任何 $x^{(n)} \in \{0,1\}^n$ 成立, 其中, C 是归一化系数, 而

$$E_W(x^{(n)}) = \frac{1}{2}\sum_{i,j=1}^{n} x_i w_{i,j} x_j.$$

这时称 $p_W(x^{(n)})$ 为由权矩阵 W 确定的 B-型分布 (简称 B-型分布).

定理 3.2.1 与定理 3.2.2 的详细证明在文献 [173] 中给出.

注意　在 B-机中, 它的权矩阵 $W = (w_{i,j})_{n\times n}$ 和能量函数 $E_W(x^{(n)})$ 的定义和 HNNS 中的定义并不完全一致.

3.2.2　B-机的学习理论

该理论包括 B-机的学习目标、构建 B-机的意义、B-机的学习算法与对 B-机的补充说明.

1. B-机的学习目标

定义 3.2.1　称 $p(x^{(n)})$ 是一个 B-型分布, 如果存在一个对称的权矩阵 W, 而且对角线上的取值为零, 使 (3.2.8) 式成立. 这时记 $B^{(n)}$ 是全体 B-型分布的集合.

定义 3.2.2(B-机的学习目标)　对任何一个 $\{0,1\}^{(n)}$ 空间上的 p.d. $p(x^{(n)})$, 求一个 B-型分布 $q(x^{(n)}) \in B^{(n)}$, 使它们的 KL-互熵 KL$(p|q)$ 为最小.

K-L 互熵 KL$(p|q)$ 的定义已在 (2.3.25) 式中给出.

2. 构建 B-机的意义

我们以黑、白图像处理为例, 来说明 B-机学习理论的意义.

(1) 如果把每个 i 看作一个像素, 记 p_i' 是图像在 i 点的灰度. 取 $p_i = \dfrac{p_i'}{p_0}$ 是该图像的一个 p.d., 其中 $p_0 = \sum_{i=1}^{n} p_i'$.

(2) 每个 i 又是一个神经元, 由此形成一个 NNS, $\eta_i \in \{0,1\}^n$ 是该 NNS 的一个状态运动向量, 而 $w_{i,j}$ 是该 NNS 中的一个权矩阵, 这时 η_{F_0} 是该 NNS 的运动过程, 满足 (3.2.6) 式的运动条件. 当权矩阵 $w_{i,j}$ 固定时, 它的能量函数 E_W 由 (3.1.8) 式定义, 并由此产生 $B^{(n)}$ 集合中的 p.d. $q \in B^{(n)}$. 那么构建 B-机的学习目标就是用 $q \in B^{(n)}$ 逼近图像 p.

(3) 用 $q \in B^{(n)}$ 逼近图像 p 的基本途径是不断修改权矩阵 W 的值, 使它们的 K-L 互熵 KL$(p|q)$ 为最小. 由此产生 B-机的学习算法.

3. B-机的学习算法

算法步骤 3.2.1　在时间 $t = 0$ 时, 取 $W(0)$ 为任意对称矩阵, 取 $w_{ij}(0) =$
$$\begin{cases} 0, & i = j, \\ \neq 0, & \text{否则}. \end{cases}$$

算法步骤 3.2.2 如果权矩阵 $W(t)$ 已经确定, 相应的 $E_{W(t)}$ 与 $q_{W(t)}$ 由 (3.2.8) 式确定.

算法步骤 3.2.3 当权矩阵 $W(t)$ 确定时, 由此产生对权矩阵 $W(t+1)$ 与 $q_{W(t+1)}$ 为

$$
w_{ij}(t+1) = \begin{cases} 0, & i = j, \\ w_{i,j}(t) - \lambda_t \dfrac{\partial \mathrm{KL}(p|q_{W(t)})}{\partial w_{i,j}(t)}, & \text{否则}, \end{cases} \tag{3.2.9}
$$

其中, λ_t 为适当常数.

由此得到权矩阵 $W(t+1)$, 其仍然保留对称性、对角线上的值为零而非对角线上的值大于零.

定理 3.2.3 当 $t \to \infty$ 时, 有 $\mathrm{KL}(p|q_{W(t)}) \to \mathrm{KL}(p|q_0)$ 成立, 其中 $\mathrm{KL}(p|q_0) = \min\{\mathrm{KL}(p|q), q \in B^{(n)}\}$.

证明 在 (3.2.8) 式中, 有

$$
\frac{\partial \mathrm{KL}(p|q_{W(t)})}{\partial w_{i,j}(t)} = \frac{\partial}{\partial w_{i,j}(t)} \sum_{i,j=1}^{n} p(x^{(n)}) \log \left[\frac{p(x^{(n)})}{C \exp\left(-\dfrac{1}{2} x_i w_{i,j}(t) x_j\right)} \right] = \frac{1}{2} \sum_{i,j=1}^{n} x_i x_j \tag{3.2.10}
$$

成立. 将 (3.2.10) 式代入 (3.2.8) 式得到

$$
\mathrm{KL}(p|q_{W(t+1)}) = \sum_{x^{(n)} \in F_2^n} p(x^{(n)}) \log \left[\frac{p(x^{(n)})}{C_{t+1} \exp\left(-\dfrac{1}{2} x_i w_{i,j}(t+1) x_j\right)} \right],
$$

其中, C_t 是与 $W(t)$ 有关的归一化系数, 因此有

$$
\begin{aligned}
&\mathrm{KL}(p|q_{W(t+1)}) - \mathrm{KL}(p|q_{W(t)}) \\
&= \sum_{x^{(n)} \in F_2^n} p(x^{(n)}) \log \left[\frac{C_t \exp\left(-\dfrac{1}{2} x_i w_{i,j}(t) x_j\right)}{C_{t+1} \exp\left(-\dfrac{1}{2} x_i w_{i,j}(t+1) x_j\right)} \right] \\
&= \sum_{x^{(n)} \in F_2^n} p(x^{(n)}) \log \left\{ \frac{C_t}{C_{t+1}} \exp[x_i (w_{i,j}(t+1) - w_{i,j}(t)) x_j] \right\} \\
&= \log \frac{C_t}{C_{t+1}} + \frac{\lambda_t}{2} \sum_{x^{(n)} \in F_2^n} p(x^{(n)}) x_i x_j. \tag{3.2.11}
\end{aligned}
$$

如果适当地选取常数 λ_t, 就可使 $\mathrm{KL}(p|q_{W(t)})$ 的取值单调下降, 从而收敛. 定理得证.

4. 对 B-机的补充说明

由算法步骤 3.2.1 ~ 步骤 3.2.3 与定理 3.2.3, 可以从 $B^{(n)}$ 中找到一个 $q_0 \in B^{(n)}$ 与权矩阵 W_0, 使 $\mathrm{KL}(p|q_0)$ 达到最小. 这意味着由权矩阵 W_0 及 (3.2.11) 式确定的 p.d. q_{W_0} 被确定.

而 p.d. q_{W_0} 又是 B-机的状态函数 $\eta^{(n)}(t)$ 在 $t \to \infty$ 的 p.d..

由此可见, 对图像分布 p 的最优逼近, 可以通过 B-机的状态函数 $\eta^{(n)}(t)$ 的 p.d. 与学习算法得到. 这就是构造 B-机理论的意义.

3.2.3 对 B-机的讨论和分析

B-机和 HNNS 模型是两种不同类型的 NNS 理论, 它们除了运动的方式不同 (随机和非随机运动) 外, 它们在图像识别的方法上也不相同.

1. B-机的图像识别模式

B-机的图像识别模式通过以下关系来表现.

(1) 如果记 F_2^n 上的全体概率分布为

$$\mathcal{P}_0^n = \left\{ P = [p(x^n), x^n \in F_2^n], p(x^n) \geqslant 0, \sum_{x^n \in F_2^n} p(x^n) = 1 \right\}. \quad (3.2.12)$$

如果对每一个概率分布作比例放大, 就可看作一幅具有不同灰度的图像. 因此我们把 $\mathcal{P}_0^n$ 中的每一个概率分布作比例放大后, 就可看作一幅具有不同灰度的图像.

(2) $W = W^{n \times n} = (w_{i,j})_{i,j=1,2,\cdots,n}$ 在 R 上的全体 $n \times n$ 对称矩阵记为 $\mathcal{W}_n$, 这些矩阵对角线上的值为零.

称这些矩阵为 HNNS 中的权矩阵阵列的集合. 记所有这些权矩阵的集合为 $\mathcal{W}_n$.

(3) 由 $\mathcal{W}_n$ 中的每一个矩阵 $W \in \mathcal{W}_n$, 按 (3.2.8) 式中定义, 可以产生 F_2^n 上的一个概率分布 p_W. 由此产生全体玻尔兹曼分布为

$$\mathcal{P}_W^n = \{P_W = [p_W(x^n), x^n \in F_2^n], p_W(x^n) \text{ 在 } (3.2.8) \text{ 式中定义}, W \in \mathcal{W}_n\}. \quad (3.2.13)$$

(4) B-机的图像识别问题就是对每一个 $p \in \mathcal{P}_0$, 寻找一个权矩阵 $W_p \in \mathcal{W}_n$, 使

$$\mathrm{KL}(p|p_{W_p}) = \min\{\mathrm{KL}(p|p_W), W \in \mathcal{W}_n\} \quad (3.2.14)$$

成立.

这就是在 $\mathcal{W}^n$ 和 $\mathcal{P}_0^n$ 之间建立一种对应关系, $p \to W_p$, 使 (3.2.14) 式成立.

我们称此为 B-机的**图像识别模式**.

2. 对 B-机图像识别模式的讨论

B-机的图像识别模式建立了图像 $p \in \mathcal{P}_0^n$ 和权矩阵集合 $\mathcal{W}_n^n$ 之间的一种对应关系, $p \to W_p$, 使关系式 (3.2.14) 成立. 由此就产生了对这种 B-机图像识别模式是否合理的一系列讨论.

(1) 在这种合理性的讨论中, 首先是数学逻辑合理性的讨论.

如识别模式的唯一性问题的讨论, 这就是当 $p \neq p' \in \mathcal{P}_0^n$ 时, 是否有 $W_p \neq W_{p'}$ 成立.

又如识别模式误差的讨论, 这就是在 $d(p, p') \neq 0$ 时, $d(W_p, W_{p'})$ 的估计问题. 关于 $d(p, p')$ 和 $d(W_p, W_{p'})$ 可以有多种不同的定义和计算法.

这种数学计算的讨论涉及一般概率分布 (或图像) 和 B-分布的一系列关系问题.

(2) 另外就是这种图像识别模式在生理实现过程中的合理性问题. 该问题涉及和 HNNS 图像识别模式的关系比较问题.

对这些问题涉及 B-机和 HNNS 中许多更深层次的问题, 我们在下文中还会陆续展开讨论.

3.2.4 正向和反向的 HNNS

在后 HNNS 理论的研究中, 除了 B-机外, 与 HNNS 相似的模型和理论以及具有反馈的 HNNS 理论 (F-HNNS), 它们又可分为正向和反向的 HNNS 理论. 在本节中我们介绍这种模型和它们的有关理论及功能的分析.

这是在 HNNS 基础上作局部修改, 记此为 F-HNNS.

1. F-HNNS 的定义

(1) F-HNNS 中的状态向量、权矩阵、阈值向量和能量函数仍与 HNNS 中的状态向量 x^n、权矩阵 W^n、阈值向量 h^n 和能量函数 $E(x^n)$ 的定义相同.

(2) F-HNNS 的运动方程采用 $(x^n)' = t(x^n)$ 的定义, 其中

$$x_i' = x_i + f(u_i) = x_i + f\left(\sum_{j=1}^n w_{i,j} x_j - h_i\right), \tag{3.2.15}$$

f 是一个奇函数 (因此必有 $f(0) = 0$ 成立), 称 f 是该系统的**激励函数**.

(3) F-HNNS 的吸引点和 HNNS 的定义相同 $(t(x^n) = x^n)$. 它们的状态运动方程定义和 HNNS 相同.

2. 一些特殊记号

在 (3.2.15) 式的 F-HNNS 定义中, 如果状态空间 E^n 是一个离散集合, 那么该系统是一个离散系统, 否则是一个连续系统.

(1) 如果对任何初始状态 $x^n(0)$, 该系统的状态运动方程 $x^n(t), t = 0, 1, 2, \cdots$ 总是收敛的, 那么称该系统是稳定的.

(2) 在 (3.2.15) 式的 F-HNNS 定义中, 如果对任何 $x^n \in E^n$ 总有 $E(t(x^n)) \geqslant$ (或 $\leqslant$) $E(x^n)$, 那么称该系统是正向的 (或反向的).

(3) 称 F-HNNS 是有界的, 如果对任何一个有界的初始状态 $x^n(0)$, 该系统的状态运动方程 $x^n(t), t = 0, 1, 2, \cdots$ 总是有界的.

3. 反向 F-HNNS 的性质

和 F-HNNS 模型有关的性质如下.

(1) 如果激励函数 f 是一个连续型函数, 那么 F-HNNS 的运算子一定是连续型的.

(2) 一个稳定、连续型的 F-HNNS, 任何状态最后必收敛于一个吸引点.

(3) 如果 $u = 0$ 是 $f(u) = 0$ 的解, 而且是唯一解, 那么 x^n 为吸引点的充分和必要条件是方程组

$$\sum_{j=1}^{n} w_{i,j} x_j - h_i = 0, \quad i = 1, 2, \cdots, n \tag{3.2.16}$$

成立. 如果矩阵 W^n 是一个满秩矩阵, 那么方程组存在唯一的解, 因此这时 F-HNNS 存在唯一的吸引点.

定理 3.2.4　如果权矩阵 W^n 是对称、正定的, 而且激励函数 $f(u)$ 的正负取值和自变量 u 的取值相同, 那么该 F-HNNS 一定是反向的, 也就是能量函数一定满足关系式 $E[t(x^n)] \leqslant E(x^n)$, 而且等号成立的充分和必要条件是 x^n 是吸引点.

定理 3.2.5　在定理 3.2.4 的条件下, 如果 F-HNNS 的运算子 t 是有界的, 它的激励函数是连续的, 而且 $f(0) = 0$ 是唯一解, 那么该 F-HNNS 一定是稳定的, 有而且只有一个吸引点, 该吸引点的能量函数是其他所有状态能量函数的最小值.

4. 正向 F-HNNS 的性质

定理 3.2.4 和定理 3.2.5 给出了反向 F-HNNS 的基本性质, 为讨论正向 F-HNNS 的性质, 先定义以下记号和条件.

(1) 记 $\lambda = (\lambda_1, \lambda_2, \cdots, \lambda_n)$ 是权矩阵 W^n 的全体特征根向量, λ_m 是这些特征根中的最大值.

(2) 激励函数 $f(u)$ 是一个连续、反向奇函数, 这就是对任何 $u > 0$, 总有 $f(u) = -f(-u) < 0$ 成立.

(3) $f(u)$ 的下界受一个线性函数控制, 这就是对任何 $u > 0$, 总有 $f(u) \geqslant -\dfrac{u}{1 + \lambda_m} - f(-u) < 0$ 成立.

定理 3.2.6 如果权矩阵 W^n 是对称的, 而且激励函数 $f(u)$ 满足条件 (2), (3), 那么该 F-HNNS 一定是正向的, 也就是能量函数一定满足关系式 $E[t(x^n)] \geqslant E(x^n)$, 而且等号成立的充分和必要条件是 x^n 是吸引点.

定理 3.2.7 在定理 3.2.6 的条件下, 如果权矩阵 W^n 是正定的, 那么该 F-HNNS 一定是稳定的, 有且只有一个吸引点, 该吸引点的能量函数是其他所有状态能量函数的最大值.

5. 有关 ANNS 的讨论和说明

(1) 感知器在 ANNS 中是一个奠基性的基本模型, 因此在 ANNS 中有重要意义, 感知器又是 ANNS 和 BNNS 联系的一个纽带, 所以在 BNNS 中也有重要意义.

(2) 感知器的功能是实现对观察目标的分类, 它在模型的构建、为实现目标分类而进行的学习算法及最优化达到的结果既符合神经元的结构特征, 又具有完全严格的数学表达, 因此是一个逻辑清楚、系统完整、生物和数学密切结合的模型结构.

(3) 感知器模型中的一个重要特点是, 它不仅说明了在实现对观察目标的分类过程中神经元的作用, 也强调了在此过程中神经胶质 (或神经纤维) 的作用. 在实现目标分类的学习算法中, 神经元之间相互联系的神经胶质细胞特征在不断变化修正, 是不同神经元之间的连接和相互作用有强弱及记忆的特征, 这些结论符合 BNNS 的基本要求.

(4) 感知器模型中的另一个重要特点是说明电荷、电势和脉冲信号在 NNS 中的重要作用, 它说明了电荷和电势的整合、脉冲信号的产生过程. 不同神经元在网络中通过脉冲信号的相互作用过程, 这些结论也符合 BNNS 的基本要求, 使我们看到 NNS 中信息存储、交换和处理的本质.

由此可见, 感知器是 NNS 中的一个基本单元, 也可说明它在 NNS 中的工作特征. 当然, 在 BNNS 中有更复杂的结构和类型, 在后面内容还有讨论.

(5) 利用 F-HNNS 的稳定性和吸引点的性质, 可在一系列优化计算中应用. 如凸分析中的优化解、多元回归问题的最优解、矩阵特征根和投资矩阵的计算及最优投资决策的确定等. 因此, 是一个十分有用的智能计算算法, 它的计算过程也不复杂.

(6) 除了 F-HNNS 计算外, 其他智能计算方法还有很多, 如 EM 算法、遗传算法、蚁群算法和 YYB (Yin-Yang Bies) 算法等. 这些算法的讨论涉及一系列对数学的记号和公式的描述, 我们不再详细说明.

(7) 对 HNNS 的讨论. HNNS 首次给出了多神经元相互连接和运动变化的动态模型结构, 还给出了该模型的能量计算公式和它在运动过程中的收敛性等一系列问题. 因此, HNNS 不失为对 NNS 研究的一个重要模型.

但 HNNS 最终没有成为 NNS 研究中的一个有力工具, 究其原因是该模型本身在理论上存在严重缺陷, 但从本质而言, 该模型没能反映 NNS 中的复杂关系, 即神经元和神经胶质之间的复杂关系. 在 NNS 中, 大量信息在神经元和神经胶质中出现, 这些信息需通过一系列汇合、成像、存储、提取、识别和判断、指令的产生和执行等过程, 这些过程必定是在神经元和神经胶质之间反复交替的过程, HNNS 的运算过程没有能充分反映这些过程. 因此, 它在信息处理过程中不能实现 NNS 如此强大的功能目标.

HNNS 的继续发展是必然的, 但如何体现 BNNS 中的这些特点仍然是个非常困难的问题.

3.3 HNNS 的定位问题

我们已经说明, HNNS 是一种研究多神经元内部运动的网络系统, 这种模型在生物体和人体中大量存在 (在人体中有 10^{16} 个数量级的神经细胞), 因此, 在人体或生物体中, NNS 的结构、功能和理论一定十分复杂. 它们不仅有多种不同的子系统结构, 而且这些子系统实现多种不同类型的功能目标. HNNS 是这种多神经细胞的模型和理论. 它们必须同时或分别实现这种多功能的目标. 因此, HNNS 理论的定位问题也一定十分复杂. 它们具有多结构、多功能的特征.

在本节中我们首先讨论这种定位问题的方式和发展. 其次是说明我们的一些基本观点. 我们不同意对该理论作全面否定的意见. 最后给出和讨论几种可能形成的定位问题. 并讨论由这些定位而产生模型、结构、功能特征、意义和影响等一系列问题.

3.3.1 关于 HNNS 定位问题的讨论

我们已经给出感知器系列中有关算法的定位. 现在讨论 HNNS 的定位问题.

1. 定位问题的提出

我们已经说明, HNNS 是 1982 年由 Hopfield 提出的 NNS, 但它的发展过程并不一帆风顺, 20 世纪 80 年代到 90 年代经历了大起大落的过程.

(1) HNNS 的论文, 最早是试图解决 TSP (售货员路线问题), Hopfield 用 HNNS 理论给出 TSP 的一个解决方案.

(2) TSP 问题是一个数学中的 NP-完全问题, 因此受到人们的重视.

后来又有人用它来解决图像识别问题, 提出联想记忆学习等理论, 使对 HNNS 的研究出现了一个发展热潮.

(3) 但是该理论在理论和技术上出现了问题, 使这个热潮很快消退, 形成了大起大落的局面, 还出现一些极端的评价.

这种评价的观点和影响至今仍然存在, 由此影响对整个 NNS 理论的研究.

2. 我们的观点

我们不同意对该理论全盘否定的评价和观点, 理由如下.

HNNS 是一种研究多神经元内部运动的网络系统, 这种模型在人体、生物体中大量存在. 对它们的研究是必要的, 对于整个 NNS 理论的研究是必须的.

HNNS 的理论基础是神经元. 我们已经说明, 这种模型和理论在数学和生物学中都是正确、可靠而且基本的.

如果没有 HNNS, 那么必须有其他适当的模型和理论来研究这种网络系统, 但我们还没有发现这种模型.

因此, 我们的观点是: HNNS 的模型和理论是合理的、生物背景是存在的.

我们已经说明, HNNS 是一种研究多神经元内部运动的网络系统, 在生物体和人体中这种系统大量存在, 因此可以实现多种不同类型的功能.

图像识别问题和自动机理论是其中的两种重要功能, 它们分别承担人或其他生物中有关识别、判定、逻辑决策的功能, 而且可以进行特征提取、自动协调、快速决策. 这些功能都可以在人工脑或 HNNS 中自动实现.

3. 我们对 HNNS 模型和理论的定位以及这种定位的意义

由此可见, 我们对 HNNS 模型和理论的定位是一种多样化、多结构、多功能的定位. 在 HBNNS 中, 其中所包含的、有 10^{14}—10^{17} 个数量级的神经细胞 (神经元和神经胶质细胞), 它们可以形成多种不同类型的子系统或具有结构和类型的 HNNS, 由这些子系统组成复合系统.

(1) 在这种复合系统中, 可能存在多种具有不同功能的子系统, 如图像识别系统、逻辑系统、控制系统等. 我们称这些复合系统为按应用功能特征区分的复合子系统.

(2) 这些子系统相互作用、相互协调做综合运动. 它们的 NNS 可以分成两大类, 即感知器系列类和 HNNS 类. 它们分别是不同子系统之间的相互作用与子系统内部的相互作用和运动的模型及理论.

(3) 在这两大类复合系统中, 在每一种复合系统中又有多种不同类型的子系统, 它们具有更特殊的结构, 并承担更具体的功能.

例如, 在感知器系列类中, 我们已给出多种不同类型的模型、结构和算法, 由此形成不同的应用目标.

同样在 HNNS 系列类中, 它们也有多种不同类型的子系统, 这些子系统同样具有不同的模型、结构、运算和功能.

在对 HNNS 系列类的讨论中, 除了 B-机、前馈神经网络模型外, 在本书中, 我们重点讨论具有联想记忆的 HNNS 和具有自动机结构的 HNNS.

(4) 我们称这些复合系统为按结构特征区分的复合子系统. 一般的复合系统都是同时具有结构特征和应用功能特征的子系统.

(5) 在人工脑的理论中, 对这些复合系统还应考虑其中的学习、训练功能, 使系统可以不断得到丰富和优化. 这种丰富和优化还包括对系统本身的协调的效率的优化.

3.3.2   自动机模型在 HNNS 模型和理论中的表达问题

自动机、移位寄存器等模型和理论是计算机科学中的理论基础, 计算机的形成和构造都是由此产生的. 如果它们能和 NNS 理论发生联系, 那么这也是我们构造人工脑的理论基础.

在本节中我们介绍这种联系.

1. 移位寄存器

移位寄存器是一种自动机. 它在计算机中是一种实现数据位移 (如数的进位、退位) 的运算, 因此是自动机中的一种基本运算.

一个 n 阶的线性或非线性移位寄存器模型如图 3.3.1 所示.

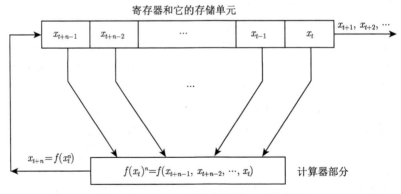

图 3.3.1   移位寄存器的结构和运算意图

对图 3.3.1 中的有关记号说明如下.

(1) 该计算器由两部分组成, 即寄存器部分和计算器部分, 如果寄存器部分有 n 个存储单元, 那么称该寄存器是一个 n 阶寄存器.

(2) 该计算器的运算结果是一个 $X^n \to X^{n+1}$ 的映射, 它们的变换方程是

$$x^n = (x_1, x_2, \cdots, x_n) \to x^{n+1} = (x_2, \cdots, x_n, x_{n+1} = f(x^n)), \tag{3.3.1}$$

其中, $f(x^n)$ 是 $X^n \to X$ 的映射.

(3) 函数 f 可以是线性的, 也可以是非线性的, 如果 $f \equiv 0$, 那么称 (3.3.1) 的运算式是一个纯位移运算.

由此形成的运算子分别记为 W_f, W_0, 这时 $W_f(x^n) = x^{n+1} = (x^n, f(x^n))$.

2. HNNS 的运算子和位移算子

(1) HNNS 的运算式已给定, 我们记该函数运算子为

$$\begin{cases} y^n = (y_1, y_2, \cdots, y_n) = T(x^n|w^n, h), \\ y_i = T_i(x^n|w^n, h) = T_W\left(\sum_{j=1}^n w_{i,j}x_j - h_i\right), \quad i = 1, 2, \cdots, n, \end{cases} \tag{3.3.2}$$

其中, $W = (w_{i,j})_{i,j=1,2,\cdots,n}$ 是固定的权矩阵, h^n 是阈值向量.

当 (W, h^n) 取不同值时, 会产生不同类型的效果.

这时称由 (3.3.2) 式产生的运算子是一个 HNNS 运算子.

(2) **位移算子**的定义. 在自动机理论中, 移位寄存器是其中的重要组成部分, 它的位移算子的定义是

$$y^n = D(x^n) = (x_2, x_3, \cdots, x_n, x_{n+1}), \tag{3.3.3}$$

其中, $X^n = (x_1, x_2, \cdots, x_n)$ 是一个固定向量, x_{n+1} 是一个待定变量.

(3) 在 HNNS 中, 当它的权矩阵和阈值向量取适当值时, 该 NNS 的运算就是一种位移运算, 如取

$$W = \begin{pmatrix} 0 & 0 & 0 & \cdots & 0 & 0 & 0 \\ 1 & 0 & 0 & \cdots & 0 & 0 & 0 \\ 0 & 1 & 0 & \cdots & 0 & 0 & 0 \\ \vdots & \vdots & \vdots & & \vdots & \vdots & \vdots \\ 0 & 0 & 0 & \cdots & 1 & 0 & 0 \\ 0 & 0 & 0 & \cdots & 0 & 1 & 0 \end{pmatrix}, \quad W_a = \begin{pmatrix} 0 & 0 & 0 & \cdots & 0 & 0 & a_1 \\ 1 & 0 & 0 & \cdots & 0 & 0 & a_2 \\ 0 & 1 & 0 & \cdots & 0 & 0 & a_3 \\ \vdots & \vdots & \vdots & & \vdots & \vdots & \vdots \\ 0 & 0 & 0 & \cdots & 1 & 0 & a_{n-1} \\ 0 & 0 & 0 & \cdots & 0 & 1 & a_n \end{pmatrix}. \tag{3.3.4}$$

这样就可产生不同的运动模型. 这时相应的运算是

$$\begin{cases} \text{纯移位运算 } y^n = T(x^n) = (x_2, x_3, \cdots, x_n, 0), \quad a^n = \phi^n \text{ 是零向量时}, \\ \text{循环式的移位运算 } y^n = T(x^n) = (x_2, x_3, \cdots, x_n, x_{n+1}), \quad a^n = (1, 0, 0, \cdots, 0) \text{ 时} \\ \text{线性移位寄存器 } y^n = T(x^n) = (x_2, x_3, \cdots, x_n, x_{n+1}), \\ \qquad \text{其中 } x_{n+1} = f(x^n|a^n) = \langle x^n, a^n \rangle = \sum_{i=1}^n a_i x_i. \end{cases} \tag{3.3.5}$$

如果 $x_{t+n+1} = f(x_t^n) = f(x_{t+1}, x_{t+2}, \cdots, x_{t+n})$ 是一般非线性函数, 那么由此形成的自动机是非线性移位寄存器.

(4) 在自动机理论中已说明, 由移位寄存器可以产生一无穷序列

$$x^* = \{x_0, x_1, \cdots, x_n, x_{n+1}, \cdots\}, \tag{3.3.6}$$

这时称该系列为移位寄存器序列, 其中, $x_{t+n+1} = f(x_t^n)$ 是一个 $F_q^n \to F_q$ 的映射 (或函数), 称该函数是该系列移位寄存器的运算函数.

由此可知, 当 HNNS 的权矩阵是 (3.3.4) 式的形式时, 该 HNNS 就是一个移位寄存器的运算子.

3. 移位寄存器的序列和运算子的性质

(1) 在 (3.3.6) 式给出的序列中, 有以下定义和名称

$$\begin{cases} 局部序列\ x_t^{n'} = T(x^n) = (x_t, x_{t+1}, \cdots, x_{t+n'-2}, x_{t+n'-1}) \\ \qquad 是起点为\ t, 长度为\ n'\ 的\ x^*\ 中的局部序列, \\ 状态向量\ s_t = x_t^n = (x_t, x_{t+1}, \cdots, x_{t+n-2}, x_{t+n-1}) \\ \qquad 是该移位寄存器在时刻\ t\ 时的状态向量, \end{cases} \tag{3.3.7}$$

其中, n 是该移位寄存器的阶数, n' 是任意正整数, 称 s_0 是该移位寄存器的初始状态.

(2) 在序列 x^* 中如果存在正整数 p, 它对任何 $t = 0, 1, 2, \cdots$ 都有 $x_t = x_{t+p}$ 成立, 那么称 x^* 是一周期序列, 称使这样的关系成立的最小 p 的值是该序列的周期.

4. 移位寄存器的性质

移位寄存器序列 x^* (如 (3.3.6) 式定义) 由它的初始状态向量 s_0 和它的运算函数 f 完全确定.

移位寄存器序列一定是周期序列, 它的周期数 p 不超过 q^n. 这时它的状态序列也是周期变化, 这时有 $s_t = s_{t+p}$ 对任何 $t = 0, 1, 2, \cdots$ 成立.

如果 x^* 在 F_q 取值的周期序列, 那么有以下定义

$$\begin{cases} 全周期序列, & 如果它是一个具有\ q^n\ 的序列, \\ \text{m 序列}, & 由线性移位寄存器产生的全周期序列, \\ \text{M 序列}, & 由非线性移位寄存器产生的全周期序列. \end{cases} \tag{3.3.8}$$

移位寄存器和移位寄存器序列在密码学中有一系列的讨论, 如它们的复杂度理论、m 序列、M 序列的性质、它们在密码学中的意义、它们的生成函数等, 我们在此不一一说明, 详见文献 [108, 109].

在 (3.3.4) 左边的 W 矩阵中, 如果取 $h^n = \phi^n$ 是零向量, 而且取 $f \equiv 0$, 那么该 HNNS 的状态变化是

$$(x_t, x_{t+1}, \cdots, x_{t+n-1}) \to (x_{t+1}, x_{t+2}, \cdots, x_{t+n-1}, x_{t+n} = 0), \qquad (3.3.9)$$

而 $x_{t+n} = 0$ 是该系统的输出数据.

对 (3.3.4) 右边的矩阵 W_w, 如果取 $f(x^n) = \mathrm{Sgn}\left(\sum_{i=1}^{n} w_i x_i - h\right)$, 那么该 HNNS 的状态变化是

$$(x_t, x_{t+1}, \cdots, x_{t+n-1}) \to (x_{t+1}, x_{t+2}, \cdots, x_{t+n-1}, f), \qquad (3.3.10)$$

同样 x_t 是该系统的输出数据.

这时的 f 是一个感知器的运算函数, 它可以实现布尔函数 f_A 的运算结果.

5. 位移算子和移位寄存器序列

由 (3.3.10) 式形成的算子类型和它们的名称记号如下.

(1) 如果 (3.3.10) 式中的 $f \equiv 0$, 那么称该运算子 T 是一个 n 阶的位移算子, 这时 $T(x^n) = (x^n, -1)$.

这时称 1 阶的位移算子为基本数值运算子, 而称 n 阶的位移算子为数值运算子.

(2) 在 (3.3.10) 式中, 如果 f 是个线性函数, 那么称由此产生的序列 $\tilde{x} = (x_1, x_2, \cdots)$ 是个 n 阶线性移位寄存器序列, 其中 $x^n = (x_1, x_2, \cdots, x_n)$ 是初始状态向量, 而

$$x_t = f(x_{t-n}, x_{t-n+1}, \cdots, x_{t-1}), \quad t = n+1, n+2, \cdots.$$

(3) 在 (3.3.10) 式中, 如果 f 是个非线性函数, 那么称由此产生的序列 $\tilde{x}$ 是个 n 阶非线性移位寄存器序列.

6. 位移算子的表示

这样我们就可把 (3.3.9) 式的运算子作一般定义和表示如下.

定义 3.3.1 (1) 称 T^τ 是一个 τ-前移算子, 如果 $\tau > 0$, 而且对任何 $x^n \in X^n$, 有

$$y^{n+\tau} = T^\tau(x^n) = (x^n, \phi^\tau) \qquad (3.3.11)$$

成立. 其中, $\phi^\tau = (0, 0, \cdots, 0)$ 是一个 τ 阶零向量.

(2) 称 $T^{-\tau}$ 是一个 τ 阶的后移算子, 如果 $\tau > 0$, 而且对任何 $x^n \in X^n$, 有

$$y^{\tau+n} = T^{-\tau}(x^n) = (\phi^\tau, x^n) \qquad (3.3.12)$$

成立. 其中, $\phi^\tau = (0, 0, \cdots, 0)$ 是一个 τ 阶零向量.

(3) 任何前移算子或后移算子都称为位移算子, 位移算子的一般表示是 T^τ.

位移算子可以对任何 $x^n \in X^n$ 形成位移运算. 位移算子 T^τ 在对 $x^n \in X^n$ 作用时, 自动把 n 维向量空间变成 $n + \tau$ 空间, 它们的运算式可统一表示为

$$T^\tau(x^n) = \begin{cases} (x^n, \phi^\tau), & \tau \text{ 是正整数}, \\ (\phi^{-\tau}, x^n), & \tau \text{ 是负整数}. \end{cases} \tag{3.3.13}$$

(4) 对后移算子 T^{-1} 同样可以用 HNNS 的计算公式来进行表达, 这时 T^{-1} 是一个 $X^n \to X^{n+1}$ 的映射, 这时

$$y_j = T_j(x^n | w^n, h) = T_W\left(\sum_{i=1}^n w_{i,j} x_i - h_j\right), \quad j = 1, 2, \cdots, n, n+1, \tag{3.3.14}$$

其中, $W = (w_{i,j})_{i=1,2,\cdots,n,j=1,2,\cdots,n,n+1}$ 是 $n \times (n+1)$ 矩阵, $h^{n+1} = \phi^{n+1}$ 是阈值向量. 这时的权矩阵 W 的取值是

$$W = \begin{bmatrix} 0 & 1 & 0 & 0 & 0 & \cdots & 0 & 0 \\ 0 & 0 & 1 & 0 & 0 & \cdots & 0 & 0 \\ 0 & 0 & 0 & 1 & 0 & \cdots & 0 & 0 \\ \vdots & \vdots & \vdots & \vdots & \vdots & & \vdots & \vdots \\ 0 & 0 & 0 & 0 & 0 & \cdots & 1 & 0 \\ 0 & 0 & 0 & 0 & 0 & \cdots & 0 & 1 \end{bmatrix}. \tag{3.3.15}$$

由此产生后移运动的位移算子.

3.3.3　移位寄存器理论的推广

移位寄存器的模型和理论是一种最简单的自动机, 因此它在自动机的理论中有许多推广.

1. 作为状态转移运动模式的推广

HNNS 系统理论的提出, 本身就是为一种能量转移的运动模式而提出. 如果我们把 (3.3.15) 式权矩阵 W 的取值写成

$$W = \begin{bmatrix} 0 & 1/2 & 1/2 & 0 & 0 & 0 & \cdots & 0 & 0 & 0 \\ 0 & 0 & 1/2 & 1/2 & 0 & 0 & \cdots & 0 & 0 & 0 \\ 0 & 0 & 0 & 1/2 & 1/2 & 0 & \cdots & 0 & 0 & 0 \\ \vdots & \vdots & \vdots & \vdots & \vdots & \vdots & & \vdots & \vdots & \vdots \\ 0 & 0 & 0 & 0 & 0 & 0 & \cdots & 0 & 1/2 & 1/2 \\ 1/2 & 0 & 0 & 0 & 0 & 0 & \cdots & 0 & 0 & 1/2 \\ 1/2 & 1/2 & 0 & 0 & 0 & 0 & \cdots & 0 & 0 & 0 \end{bmatrix}. \tag{3.3.16}$$

对这种系统我们说明如下.

(1) 这种系统中的每个神经元向其他多个神经元输出电荷, 在 (3.3.16) 式的系统中, 每个神经元 i 向第 $i+1, i+2$ 个神经元输出电荷.

(2) 这种电荷的输出是一种循环关系, 这就是第 $n-1$ 个神经元向第 $n, 1$ 个神经元输出电荷, 第 n 个神经元向第 $1, 2$ 个神经元输出电荷.

(3) 这种电荷的输出的分配比例关系是均匀的, 这就是第 i 个神经元向第 $i+1, i+2$ 个神经元作电荷输出的比例关系是各占 $1/2$ 的, 因此分配比例关系是均匀的.

(4) 我们现在就 (3.3.4) 式中有关循环式的移位运算的 HNNS 模型, 讨论它的能量变化问题. 这时的权矩阵

$$W_1 = \begin{bmatrix} 0 & 0 & 0 & \cdots & 0 & 0 & 1 \\ 1 & 0 & 0 & \cdots & 0 & 0 & 0 \\ 0 & 1 & 0 & \cdots & 0 & 0 & 0 \\ \vdots & \vdots & \vdots & & \vdots & \vdots & \vdots \\ 0 & 0 & 0 & \cdots & 1 & 0 & 0 \\ 0 & 0 & 0 & \cdots & 0 & 1 & 0 \end{bmatrix}. \tag{3.3.17}$$

由此产生的循环式的移位运算是

$$y^n = T(x^n) = (x_2, x_3, \cdots, x_n, x_1), \tag{3.3.18}$$

其中, $x^n = (x_1, x_2, \cdots, x_n)$.

2. 在自动机的运动模式下, 对相应的能量函数的讨论

在 (3.3.18) 式的循环平移运动模式中, 对相应的能量函数变化讨论如下.

(1) 这时的能量函数表示式如下:

$$\begin{cases} E(x^n) = -\dfrac{1}{2} \displaystyle\sum_{i,j=1}^{n} w_{ij} x_i x_i + \sum_{i=1}^{n} h_i x_i = -\dfrac{1}{2} \left[\sum_{i=1}^{n-1} x_i x_{i+1} + x_1 x_n \right] + \sum_{i=1}^{n} h_i x_i, \\[4mm] E(y^n) = -\dfrac{1}{2} \displaystyle\sum_{i,j=1}^{n} w_{ij} y_i y_i + \sum_{i=1}^{n} h_i y_i = -\dfrac{1}{2} \left[\sum_{i=1}^{n-1} y_i y_{i+1} + y_1 y_n \right] + \sum_{i=1}^{n} h_i y_i \\[4mm] \qquad = -\dfrac{1}{2} \left[\displaystyle\sum_{i=1}^{n-2} x_{i+1} x_{i+2} + x_{n-1} x_1 + x_2 x_1 \right] + \sum_{i=1}^{n-1} h_i x_{i+1} + h_n x_1. \end{cases}$$
$$\tag{3.3.19}$$

(2) 如果 $h_1 = h_2 = \cdots = h_n = h > 0$ 是个固定的常数, 那么 (3.3.19) 式右边的第二项是 $H(x^n) = h \sum_{i=1}^{n} x_i = H(y^n) = H$.

(3) 如果记 $\begin{cases} x_2^{n-2} = (x_2, x_3, \cdots, x_{n-2}), \\ A(x_2^{n-2}) = \sum_{i=2}^{n-2} x_i x_{i+1}, \end{cases}$ 那么 (3.3.19) 式就是

$$\begin{cases} E(x^n) = -\dfrac{1}{2} \left[A(x^{n-2}) + x_1 x_2 + x_{n-1} x_n \right] + H, \\ E(y^n) = -\dfrac{1}{2} \left[A(x^{n-2}) + x_{n-1} x_n + x_n x_1 \right] + H. \end{cases} \tag{3.3.20}$$

(4) 当在 $x^n \in \{-1, 1\}^n$ 空间时, 此循环平移运动中, 相应的能量函数变化取决于 x_2, x_n 和 x_1 的符号关系, 这时有

$$\begin{cases} E(x^n) = E(y^n), & x_2 \text{ 和 } x_n \text{ 同号}, \\ E(x^n) > E(y^n), & x_2 \text{ 和 } x_1 \text{ 同号}, x_n \text{ 和 } x_1 \text{ 异号}, \\ E(x^n) < E(y^n), & x_2 \text{ 和 } x_1 \text{ 异号}, x_n \text{ 和 } x_1 \text{ 同号}, \end{cases} \tag{3.3.21}$$

而能量大小的变化是 $E(x^n) - E(y^n) = \pm 1$, 其中正负号由 (3.3.21) 式确定.

(5) 对于其他类型的自动机模型, 它们的能量计算和变化问题, 也可作类似讨论, 我们不一一列举.

由对 HNNS 定位的讨论, 说明了多神经元状态运动的复杂性和多样性, 但是, 它们的运动情况仍然扑朔迷离.

在本书的前言中, 我们对 AI 理论给出了一个第五原理. 该原理是讨论神经元和神经胶质细胞的相互作用关系 AM 的关系, 一种复杂网络的关系, 对这种关系的研究是发展 AI 理论的重要组成部分, 在后面章节中, 我们还会有一系列的讨论.

3.4　编码理论概述

编码理论是信息论中的重要组成部分, 在后面章节中我们还有详细讨论. 在本节中, 我们主要讨论和 NNS 的结合问题. 在本书的前言中, 在我们给出的第五原理中, 除了讨论神经元和神经胶质细胞的 AM 关系外, 还涉及 NNS 中的时空结构和代数逻辑码的概念, 这些问题都和编码理论有关.

在本节中, 我们先讨论其中和编码理论有关的问题.

3.4.1　几种简单的码

有关线性码和卷积码的有关记号说明如下.

1. 码的类型和构造

(1) 记 $X = \{0, 1\} = \{-1, 1\}$ 是二进制集合, 这时 $X = F_2$ 是有限域.

记 X^k, X^n 是与二进制向量集合相应的向量, 记为 $x^k = (x_1, x_2, \cdots, x_k), x^n = (x_1, x_2, \cdots, x_n)$. 这时记

$$G_k^n = (g_{i,j})_{i=1,2,\cdots,k, j=1,2,\cdots,n}, \quad g_{i,j} \in F_2, k < n \tag{3.4.1}$$

是 F_2 域中的 $k \times n$ 矩阵, 在 (3.4.1) 式中, 它的行向量记为

$$g_i^n = (g_{i,1}, g_{i,2}, \cdots, g_{i,n}), \quad i = 1, 2, \cdots, k.$$

(2) 这时 F_2 域上的线性码记为

$$L(n, k) = \{v^n = u^k G_k^n, u^k \in F_2^k\}, \tag{3.4.2}$$

这时称 $L(n, k)$ 是 F_2 域上的 (n, k) 阶的线性码. G_k^n 是它的生成矩阵.

(3) 对于 (3.4.1) 式中的生成矩阵. G_k^n 又可写为 $G_k^n = [I_k, G_k^{n-k}]$, 其中 I_k 是 k 阶幺矩阵, 而 G_k^{n-k} 是 F_2 域中的 $k \times (n - k)$ 矩阵.

这时称 $L(n, k)$ 中的向量

$$v^n = u^k G_k^n = (u^k, u^k G^{n-k})$$

是线性码中的码元, 其中的向量 $u^k, u^k G^{n-k}$ 分别是该码元的信息位和校验位.

2. 卷积码

卷积码是一种特殊的线性码, 其有关记号如下.

同样在二进制向量空间 X^n 中, 记

$$g = (g_1, g_2, \cdots, g_\tau) \tag{3.4.3}$$

是卷积码的生成元, 其中, 每个 g_i 是 F_2 域上的 $k_0 \times n_0$ 矩阵, 这时取 $k_0 < n_0$, 并称 $r_0 = k_0/n_0$ 为卷积码的码率.

3. 系统树 (或系统码)

系统树是卷积码的一种推广, 它的构造和定义如下.

记一个 q 进制向量的集合 $A \subset F_q^n$, 对集合 A 构造它的系统树如下.

(1) 记 $n_1, n_2, \cdots, n_k$ 是一组正整数, 它们满足条件 $n_1 + n_2 + \cdots + n_k = n$.

(2) 对集合 A 中的每个向量 $Y = y^n \in A$, 可以写为

$$\begin{cases} Y = (Y_1, Y_2, \cdots, Y_k), \\ Y_i = (y_{n_i'+1}, y_{n_i'+2}, \cdots, y_{n_{i+1}'-1}), \\ Y_i^j = (Y_i, Y_{i+1}, \cdots, Y_{j-1}), \quad i < j, \end{cases} \tag{3.4.4}$$

其中, $n_i' = n_1 + n_2 + \cdots + n_i$. 因此, Y_i^j 是一个长度为 $n_j' - n_i'$ 的向量.

(3) 这时记向量的集合

$$
\begin{cases}
A[Y_1] = \{Y_1,\ 存在向量\ Y_2^k\ 使向量\ (Y_1, Y_2^k) \in A\}, \\
A[Y_1^2] = \{Y_1^2,\ 存在向量\ Y_3^k\ 使向量\ (Y_1^2, Y_3^k) \in A\}, \\
A[Y_1^3] = \{Y_1^3,\ 存在向量\ Y_4^k\ 使向量\ (Y_1^3, Y_4^k) \in A\}, \\
\cdots\cdots
\end{cases}
\tag{3.4.5}
$$

这里 $A[Y_1^j]$ 是一个长度为 n_j' 的向量集合. 而且关系式

$$
A \supset A[Y_1] \supset A[Y_1^2] \supset A[Y_1^3] \supset \cdots
\tag{3.4.6}
$$

也成立.

这时称 (3.4.5) 式是对集合 A 的 **系统树分解** (或 **系统码结构**).

4. 一般 AT 码

定义 3.4.1(一般 AT 码的定义)　我们称符号偶 (A, T) 是一个一般 AT 码, 如果以下条件成立:

(1) 集合 $A \subset X^n$ 是一个向量的集合. T 是一个 $X^n \to X^n$ 的单值映射.

(2) 映射 T 关于集合 A 闭合. 这就是对任何 $a^n \in A$, 总有 $T(x^n) \in A$ 成立.

显然, 线性码、卷积码都是 AT 码.

3.4.2　代数码和代数逻辑码

我们已经给出线性码、卷积码和 AT 码的定义, 它们的运算都是在域 $X = F_2$ 中进行, 现在讨论代数逻辑码的概念.

1. 代数逻辑码的定义和二进制数据关系的转换

我们已经给出两种不同类型的二进制数据集合 $F_2 = \{0, 1\}$ 域和 $X = \{-1, 1\}$, 为了区别起见, 我们分别把它们记为 $F_2 = X', X = \{-1, 1\}$. 它们的元分别记为 $x' \in X', x \in X$.

(1) 关于 x', x 之间的运算关系式 $\begin{cases} x = 2(x' - 1/2), \\ x' = (x+1)/2. \end{cases}$ 它们是 1-1 对应的.

(2) 线性码的运算是在 $X' = F_2$ 域中进行的. 线性码的构造记号是 $L'(n, k)$, 它是向量空间 F_2^n 中的子空间.

定义 3.4.2(代数逻辑码的定义)　如果集合 $L'(n, k)$ 是向量空间 F_2^n 中的集合或子空间. 如果把向量集合 $L'(n, k)$ 中所有的元 $x' \in F_2$ 转换成 X 集合中的元, 那么所得到的集合 $L(n, k)$ 是向量空间 X^n 中的集合.

这时称集合 $L(n, k)$ 是 $L'(n, k)$ 码所对应的代数逻辑码.

2. 对代数逻辑码的说明

在此讨论的 $X = \{-1, 1\}$, X^n 中, 它们不存在域的四则运算, 而存在环的逻辑运算.

在集合 $L(n, k)$ 和 $L'(n, k)$ 之间存在 1-1 对应关系. 集合 $L'(n, k)$ 是 F_2^n 中的线性子空间. 而 $L(n, k)$ 在 X^n 中只是子集合的关系.

集合 $L(n, k)$ 中的向量可以看作多神经元的状态向量, 它们之间存在逻辑运算关系.

这就是对逻辑运算 $\vee, \wedge, x^c$ 闭合, 而且满足交换律、结合律和分配律的性质.

由此得到, 线性码和 AT 码都是代数码, 即它们是由代数码的运算产生的, 又可通过状态的转换变为代数逻辑码.

3. 关于纠错码的构造和类型

我们已经给出纠错码 $L'(n, k)$ 的定义, 这是 F_2^n 空间中的子空间, 具有码元 2^k 个.

(1) 对纠错码 $L'(n, k)$, 记它的码元集合为

$$L'(n, k) = \{A_i = a_i^n = (a_{i,1}, a_{i,2}, \cdots, a_{i,n}), i = 1, 2, \cdots\}, \tag{3.4.7}$$

这时 $L'(n, k)$ 是 F_2^n 空间中的子空间, 其中, $a_{i,j} \in X' = F_2$ 是个二元域.

(2) 对固定的纠错码 $L'(n, k)$, 由此定义它的对偶代数逻辑码为

$$L(n, k) = \{B_i = b_i^n = (b_{i,1}, b_{i,2}, \cdots, b_{i,n}), i = 1, 2, \cdots\}, \tag{3.4.8}$$

其中,

$$b_{i,j} = \begin{cases} -1, & b_{i,j} = 0, \\ 1, & \text{否则}. \end{cases}$$

这时 $L(n, k)$ 是 X^n 空间中一个二元集合. 其中, $b_{i,j} \in X = \{-1, 1\}$.

(3) 对纠错码 $L' = L'(n, k)$, 定义它的码距离是

$$d_H(L') = \min\{d_H(A_i, A_j), A_i \neq A_j \in L'\}. \tag{3.4.9}$$

其中, $d_H(A_i, A_j)$ 是码元向量之间的 Hamming (汉明) 距离.

这时的纠错码 L', 记为 $L'(n, k, d)$, 其中 d 是它的码距离.

(4) 如果 $L(n, k)$ 码是纠错码, $L(n, k, d)$ 的对偶代数逻辑码为 $L'(n, k, d)$.

这就是关于码 $L'(n, k, d)$, $L(n, k, d)$ 之间的基本参数相同. 其中参数 n, k, d 分别是码在的向量长度、码元的数量级 (这时码元有 $m = 2^k$ 个) 和码距离.

(5) 根据码距离的意义是可以确定它的纠错能力. 这时, 如果 $d \geqslant 2t + 1$, 那么该纠错码具有纠错能力 t.

4. 纠错码的类型 (续)

在纠错码的类型中, 除了它们的参数 n, k, d 外, 还有一些特殊的类型.

(1) 卷积码. 这是一种特殊的代数码, 对它的定义和记号我们前面已经给出.

(2) 完全码. 在关于码 $L'(n, k, d)$ 的定义记号中, 记

$$O(x^n, d) = \{y^n \in F_2^n, d_H(x^n, y^n) \leqslant d\} \tag{3.4.10}$$

是 F_2^n 空间中的一个以 x^n 为中心、d 为半径的球.

(3) 在 $L'(n, k, d = 2t + 1)$ 中, 它的码元集合是 $A_i = x_i^n, i = 1, 2, \cdots, m$.

如果存在适当的参数 t, 使集合 $O(x_i^n, t), i = 1, 2, \cdots, m$ 互不相交, 而且它们的并是整个空间 F_2^n, 那么称这个纠错码 $L'(n, k, d = 2t + 1)$ 是一个完全码.

(4) 完全码是一种重要而又特殊的纠错码, 它们只有在一些特殊的条件下才能存在. 对它们的构造我们在下文中还有讨论.

3.4.3 关于 AT 码的讨论和分析

我们已经给出 AT 码的定义, 并且已经说明, 这是一种定义很广泛的代数码和代数逻辑码, 我们现在继续讨论它的性质.

1. AT 码的类型

我们已经说明, AT 码是一种定义很广泛的码, 线性码、卷积码都是 AT 码, 因此, 我们可以从更广泛的意义上来讨论这种码, 而且有多种不同的类型.

(1) 关于集合 A 的类型, 如果 $A = X^n$, 那么称这个 AT 码是满的, 否则是局部 AT 码.

(2) 如果 $A = X^n$, 那么对任何 X^n 中的单值映射 $T(A, T)$ 都是满的 AT 码.

(3) 关于映射 T 的类型, 有线性、非线性、1-1、多-1 等类型.

如果 T 是线性的, 那么这个 AT 码就是线性码.

2. AT 码的结构和它们的分类

一个 AT 码 (A, T), 如果记 $y^n = T(x^n)$, 那么

$$y_i(x^n) = [T(x^n)]_i, \quad i = 1, 2, \cdots, n \tag{3.4.11}$$

是一个 $A \to X$ 的映射. 对这个映射可以构造它的分解式为

$$\begin{cases} A_{i,+} = \{x^n \in A, y_i(x^n) = 1\}, \\ A_{i,-} = \{x^n \in A, y_i(x^n) = -1\}, \end{cases} \tag{3.4.12}$$

这时 $A_{i,+}, A_{i,-} \subset A \subset X^n$ 是两个互不相交的集合, 而且 $A_{i,+} + A_{i,-} = A$ 成立.

定义 3.4.3 一个 AT 码 (A, T), 它在 (3.4.12) 式的分解中得到集合偶序列 $A_{i,+}, A_{i,-} \subset A \subset X^n$, 由此定义如下.

(1) 如果对每个 $i = 1, 2, \cdots, n$, 集合偶 $(A_{i,+}, A_{i,-})$ 是线性可分的, 那么称这个 AT 码 (A, T) 是**线性可分的**.

(2) 如果对每个 $i = 1, 2, \cdots, n$, 集合偶 $(A_{i,+}, A_{i,-})$ 是 δ-模糊可分的, 那么称这个 AT 码 (A, T) 是 δ-**模糊可分的**.

关于集合偶 (A, B) 线性可分和 δ-模糊可分的定义, 分别在 (2.1.3) 式和定义 2.1.4 中给出.

3. AT 码的性质

关于 AT 码, 除了定义 3.4.3 的类型外, 它的图表示理论和性质如下.

(1) **AT 码的图表示**. 一个 AT 码的图记为 $G = \{A, V\}$, 称 $v = (a, b)$ 是图中的弧, 如果 $a, b \in A$, 而且 $b = T(a)$, 集合 V 是该图中的全体弧的集合.

(2) 对 AT 码的图 G 可作如下分解, 即 $A = A_1 + A_2 + \cdots + A_m$, 其中 $A_1, A_2, \cdots, A_m$ 互不相交, 而且关于映射 T 是闭合的.

在集合 $A_1, A_2, \cdots, A_m$ 中, 存在一组 $C_1, C_2, \cdots, C_m$, 其中 $C_i \subset A_i$, $i = 1, 2, \cdots, m$, 而且每个 C_i 是个关于 T 映射的循环集合. 这时 A_i 中的向量 $x^n \in A_i$, 经 T 的若干次运算后, 最后一点进入集合 C_i.

(3) 当 AT 码 (A, t) 固定时, 它的点、线图 $G = \{A, V\}$ 和集合组

$$\bar{A} = \{A_1, A_2, \cdots, A_m\}, \quad \bar{C} = \{C_1, C_2, \cdots, C_m\},$$

这时 $\bar{A}$ 是集合 A 的一个分割分解. 而 $C_i \subset A_i$ 是 AT 码的运动终点的集合.

定义 3.4.4 在一个 AT 码 (A, T) 的点、线图 $G = \{A, V\}$ 和集合组 $\bar{A}, \bar{C}$ 的定义中, 对 AT 码的类型有以下定义.

(1) 如果每个 C_i 是一个单点集合, 那么称 AT 码是稳定的, 这时图 $G = \{A, V\}$ 是一个树丛图.

(2) 这时称集合 C_i, A_i 分别是该树丛图中的根和枝.

(3) 记 $C_i = \{x_i^n\}$ 是一个单点集合. 如果存在参数 $t > 0$, 对任何 $d_H(x^n, y^n) \leqslant t$, 那么必有 $y^n \in A_i$, 这时称 AT 码 (A, T) 是一个具有纠错能力 t 的 AT 码.

(4) 如果 (A, T) 是一个具有纠错能力 t 的 AT 码, 而且 $O(x_i^n t) = A_i$, 那么称 AT 码 (A, T) 是一个具有纠错能力 t 的完全 AT 码.

3.4.4 AT 码的设计问题

1. 关于 AT 码的设计问题

设 X^n 是一个固定的二进制向量空间. $A \subset X^n$ 是一个固定的集合, $B = A^c \subset X^n$ 是 A 的补集合.

关于 AT 码的设计问题是指对固定的集合 $A \subset X^n$, 构造它的单值映射, $T :$
$X^n \to X^n$, 满足条件

$$
\begin{cases}
T(x^n) = x^n, & x^n \in A, \\
T(x^n) \neq x^n, & \text{否则,}
\end{cases}
\tag{3.4.13}
$$

这时称该单值映射 T 是一个以集合 A 中的向量为吸引点的稳定系统的算子 (简
称为 A-稳定算子).

AT 码的设计问题就是对任何集合 $A \subset X^n$, 构造它的稳定算子 T_A.

2. 稳定算子 T_A 的构造问题

这个构造问题就是对任何固定的集合 $A \subset X^n$, 构造它的单值映射 $T : X^n \to$
X^n, 满足方程组 (3.4.13) 式.

为讨论方程组 (3.4.13) 式的求解问题, 可以有多种不同类型的算法. 该方程
组实际上由两部分组成, 即 $x^n \in A$ 和 $x^n \in B = A^c$ 的方程组.

对此方程组的求解问题的算法如下.

算法步骤 3.4.1   关于 $x^n \in A$ 时的求解问题.

(1) 这时记 $A = \{x_1^n, x_2^n, \cdots, x_m^n\}$, 其中

$$
x_k^n = (x_{k,1}, x_{k,2}, \cdots, x_{k,n}), \quad k = 1, 2, \cdots, m.
\tag{3.4.14}
$$

(2) 对任何 $x_k^n \in A$ 有 $T(x_k^n) = x_k^n$ 成立, 我们采用 NNS 的算法, 这时建立方
程组

$$
\begin{cases}
x_k^n = \mathrm{HNNS}[x_k^n | W_n^{n+1}], & k = 1, 2, \cdots, m, \\
x_{k,i} = \mathrm{Sgn}\left[\displaystyle\sum_{j=1}^{n+1} w_{i,j} x_{k,j}\right], & i = 1, 2, \cdots, n,
\end{cases}
\tag{3.4.15}
$$

其中, $W_n^{n+1} = [W_n^n, h^n]$ 是 $n \times (n+1)$ 矩阵.

(3) 方程组 (3.4.15) 的等价方程组是

$$
x_{k,i}\left[\sum_{j=1}^{n+1} w_{i,j} x_{k,j}\right] \geqslant 0, \quad k = 1, 2, \cdots, m, \quad i = 1, 2, \cdots, n
\tag{3.4.16}
$$

或方程组

$$
\sum_{j=1}^{n+1} w_{i,j} x_{k,j} \geqslant 0, \quad k = 1, 2, \cdots, m, \quad i = 1, 2, \cdots, n,
\tag{3.4.17}
$$

其中, $x_k^n, k = 1, 2, \cdots, m$ 是已知参数, 方程组 (3.4.17) 是求矩阵

$$
W_n^{n+1} = [w_{i,j}]_{i=1,2,\cdots,n, j=1,2,\cdots,n+1}
$$

中各参数的解.

(4) 方程组 (3.4.17) 是个感知器的模型, 它的求解问题由感知器的算法理论得到.

算法步骤 3.4.2 关于 $x^n \in B = A^c$ 时的求解问题.

对一个固定的集合 $A \subset X^n$, 由算法步骤 3.4.1, 得到权矩阵 $W_n^{n+1} = [w_{i,j}]_{i=1,2,\cdots,n,j=1,2,\cdots,n+1}$, 现在继续这个运算.

(1) 由权矩阵 W_n^{n+1} 产生 HNNS 算子 $T_W(x^n)$, 该算子形成一个 AT 码.

(2) 对于该 HNNS 算子 $T_W(x^n)$, 任何 $x^n \in A$, 都是该算子的吸引点, 即对任何 $x^n \in A$, 有 $T_W(x^n) = x^n$ 成立.

(3) 另一方面, 对该 HNNS 算子 $T_W(x^n)$, 还有可能存在 $y^n \in B = A^c$, 它也可能是该算子的吸引点, 即有关系式 $T_W(y^n) = y^n$ 成立. 这时称这样的向量 $y^n \in B = A^c$, 是算子 T_w 的假吸引点.

(4) 如果向量 $y^n \in B = A^c$ 是算子 T_w 的假吸引点, 那么作一随机扰动运算, 它的运算算法如下.

算法步骤 3.4.3 随机扰动运算的运算算法.

(1) 记 $\xi^n = (\xi_1, \xi_2, \cdots, \xi_n)$ 是一个随机向量, 其中 $\xi_1, \xi_2, \cdots, \xi_n$ 是一组独立、同分布的随机变量, 每个 ξ_i 在 $X = \{-1, 1\}$ 中取值, 而且是均匀分布的随机变量.

(2) 对一个 $x^n \in X^n$ 向量的随机扰动运算是指运算

$$x^n + \xi^n = (x_1 + \xi_1, x_2 + \xi_2, \cdots, x_n + \xi_n), \tag{3.4.18}$$

其中,

$$x_i + \xi_i = \begin{cases} 1, & (x_i, \xi_i) = (-1, 1) \text{ 或 } (1, -1), \\ -1, & (x_i, \xi_i) = (-1, -1) \text{ 或 } (1, 1), \end{cases}$$

算法步骤 3.4.4 关于算法步骤 3.4.1—步骤 3.4.3 的综合运算如下.

(1) 对一个固定的集合 $A \subset X^n$, 由算法步骤 3.4.1, 得到权矩阵 W_n^{n+1}, 以及相应的 HNNS 算子 $T_W(x^n)$.

(2) 算子 $T_W(x^n)$ 是一个 $X^n \to X^n$ 的映射. 这时记 $[x^n, T_W(x^n)]$ 是一个向量偶.

(3) 对向量偶 $[x^n, T_W(x^n)]$, 作运算 $S[x^n, T_W(x^n)]$, 它的定义如下:

$$S[x^n, T_W(x^n)] = \begin{cases} x^n, & x^n = T_W(x^n) \in A \text{ 或 } x^n \neq T_W(x^n), x^n \in B = A^c, \\ x^n + \xi^n, & x^n = T_W(x^n) \in B = A^c, \end{cases}$$

$$\tag{3.4.19}$$

其中, $x^n + \xi^n$ 是随机扰动运算, 在算法步骤 3.4.3 中定义.

(4) 由此得到算法 $T(x^n)$ 的定义是

$$T(x^n) = S[T_W(x^n)] = S[x^n, T_W(x^n)], \tag{3.4.20}$$

其中, $S[x^n, T_W(x^n)]$ 的运算在 (3.4.19) 式中定义.

由这些运算步骤得到 AT 码的运算子 T, 这时 (X^n, T) 都是所求的 AT 码.

3.5　关于 AT 码的讨论

在定义 3.4.1 中, 我们已经给出了多种不同类型 AT 码的定义, 另外, 还给出了关于卷积码、系统树、系统码的定义. 因此, 我们首先要讨论这些码的关系问题.

另一方面, 在本书的前言中, 我们已经给出 AI 理论中的 AM 原理和第五原理, 该原理是讨论神经元和神经胶质细胞的关系问题和 HNNS 的结构问题. 对这些问题的讨论, 实际上就是对这第五原理的实现问题的讨论.

因此, 关于 AT 码的讨论就是要通过它与系统码和 AM 码的关系来进行.

在本节中我们不仅给出 AT 码的构造模型, 而且还得到关于这种码和 AM 关系的几个基本定理. 由此可以实现 AM-AT 码的一系列构造问题.

3.5.1　关于系统树和 AT 码的讨论

在 (3.4.4) 式, (3.4.5) 式中, 我们已经给出系统树或系统码的定义. 现在讨论它和 AT 码的关系问题.

1. 系统树的定义

系统树的表达在 (3.4.4) 式、(3.4.5) 式中给出, 对其中的有关记号说明如下.

(1) 一个系统树是指由集合 $A \subset F_2^n$ 产生的系统树, 它的参数向量是

$$\begin{cases} n^{k+1} = (n_0, n_1, \cdots, n_k), \\ (n')^{k+1} = (n'_0, n'_1, \cdots, n'_k), \end{cases} \tag{3.5.1}$$

其中, $n_0 = 0$, $n_1, \cdots, n_k$ 是正整数, 而 $n'_j = \sum_{i=0}^{j} n_i$.

(2) 任何向量 $Y \in A \subset F_2^n$ 产生的分段、分解向量 $Y = (Y_1, Y_2, \cdots, Y_k)$ 如 (3.4.4) 式所示.

由集合 A 产生的分解式 $A[Y_1^j], j = 1, 2, \cdots, k$, 如 (3.4.5) 式所示.

由此产生关于集合 A 的系统树的分解式, 这些集合满足关系式 (3.4.6).

(3) 为了简单起见, 取 $n_i = in_1$, 其中 n_1 是一个固定的正整数, 这时称该系统树是一个关于集合 A 的、(n_1, k)-系统树, 其中, (n_1, k) 分别是该系统树的节长度和层次数. 该系统树记为

$$\tilde{A} = \{A[Y_1], A[Y_1^2], \cdots, A[Y_1^k]\}. \tag{3.5.2}$$

2. 系统树的 AT 码表达

定义 3.5.1(具有系统树结构的 AT 码的定义) 对一个固定的 (n_1, k)-阶系统树 $\tilde{A}$, 它的 AT 码的编码构造定义如下.

(1) 该码的编码由多个映射

$$T_\tau(x^{n'_\tau}), \quad \tau = 1, 2, \cdots, k - 1 \tag{3.5.3}$$

组成. 其中每个 T_τ 是 $X^{n'_\tau} \to X^{n_1}$ 的多值映射.

(2) 这时 $y_\tau^{n_1} = T_\tau(x^{n'_\tau})$ 的充要条件是 $A[x^{n'_\tau}, y_\tau^{n_1}]$ 集合不是一个空集合.

这时称 (3.5.3) 式是一个关于 (n_1, k)-阶系统树 $\tilde{A}$ 的 AT 码的编码构造.

这时对任何 $Y = x^n \in A$, 由 (3.5.3) 式的运算, 形成一个 $Y = (Y_1, Y_2, \cdots, Y_k)$ 的系统树的结构分解或编码运算.

3. 系统树 AT 码的 NNS 运算表达

(1) 在 (3.5.3) 式中, 记 $y_\tau^{n_1} = (y_{\tau,1}, y_{\tau,2}, \cdots, y_{\tau,n_1})$, 因此有

$$y_{\tau,j}(x^{n'_\tau}) = T_\tau(x^{n'_\tau}), \quad \tau = 1, 2, \cdots, k - 1, \quad j = 1, 2, \cdots, n_1 \tag{3.5.4}$$

成立.

(2) 因为在 (3.5.4) 式中, $y_\tau^{n_1}, x^{n'_\tau}$ 都是二进制的向量, 所以, (3.5.4) 式是一个多输出的感知器模型.

(3) 在感知器理论中, 我们已经得到, 存在参数张量

$$(w_{\tau,j}^{n'_\tau}, h_{\tau,j}), \quad \tau = 1, 2, \cdots, k - 1, \quad j = 1, 2, \cdots, n_1$$

和相应的感知器运算函数 $g_{w_{\tau,j}^{n'_\tau}, h_{\tau,j}}(x^{n'_\tau})$, 使

$$y_{\tau,j}(x^{n'_\tau}) = g_{w_{\tau,j}^{n'_\tau}, h_{\tau,j}}(x^{n'_\tau}) = T_\tau(x^{n'_\tau}), \quad \tau = 1, 2, \cdots, k - 1, \quad j = 1, 2, \cdots, n_1 \tag{3.5.5}$$

成立.

这就是系统树的 AT 码和 NNS 的表示理论.

3.5.2 AM-AT 码的定义

在定义 3.4.1 中, 我们已经给出了 AT 码的定义, 对 HNNS 模型和理论也已说明, 现在讨论它们的关系.

1. 对 HNNS 的模型和理论的说明

(1) HNNS 是一个具有 n 个神经元的系统, 神经元的状态向量记为 $x^n = (x_1, x_2, \cdots, x_n) \in X^n$, 其中 $X = \{-1, 1\}$ 是一个二进制的集合.

(2) 在 HNNS 中, 状态向量的运动、变换方程在 (3.1.2) 式中给定, 其中 W, h^n, T_W 分别是该 HNNS 的权矩阵、阈值向量和变换算子.

(3) 为了区别起见, 记 HNNS 中的状态向量的运动、变换算子为 T_{W,h^n} 算子. 这时 T_{W,h^n} 是一个 $X^n \to X^n$ 的单值算子, 因此 (X^b, T_{W,h^n}).

定义 3.5.2 (AM-AT 码的定义)   (1) 记 (A, T) 是一个 AT 码, 如果存在一组 HNNS 的参数 (W, h^n) 使关系式

$$T(x^n) = T_{W,h^n}(x^n), \quad \text{对任何 } x^n \in A \tag{3.5.6}$$

成立, 那么称这个 AT 码是一个 AM-AT 码, 其中 T, T_{W,h^n} 分别是 AT 码和 HNNS 中的运算子.

(2) 这时的 AM-AT 码记为 (A, T, W, h^n)-型的 AM-AT 码, 这些运算子和参数使关系式 (3.5.6) 成立.

(3) 如果 (A, T) 是一个 δ-模糊 AT 码, 而且又是一个 (A, T, W, h^n)-型的 AM-AT 码, 那么称 (A, T) 是一个 δ-模糊可分的 AM-AT 码, 或称 (A, T) 是一个 (A, T, δ, W, h^n)-型的 δ-模糊可分的 AM-AT 码.

2. 关于 AM-AT 码的基本定理

我们已经说明, 一个由 HNNS 的运算子所产生的 (X^n, T_W) 一定是一个 (A, T) 码. 现在我们讨论它的反命题, 即一个 (A, T) 码, 在什么样的条件下可以成为 AM-AT 码.

定理 3.5.1 (关于 AM-AT 码的基本定理 I)   (1) 如果 (A, T) 是一个线性可分的 AT 码, 那么一定存在参数张量 (W, h^n), 使 (A, T) 是一个 (A, T, W, h^n)-型的 AM-AT 码.

(2) 如果 (A, T) 是一个 δ-模糊可分的 AT 码, 那么一定存在参数张量 (W, h^n), 使 (A, T) 是一个 (A, T, δ, W, h^n)-型的 AM-AT 码. 该定理的证明利用感知器、模糊感知器学习算法定理即得, 有关证明步骤如下.

(1) 一个 $A \subset X^n$ 中的 AT 码可以看作 n 个感知器 $G_1, G_2, \cdots, G_n$, 每个 G_i 是一个 $A \to X$ 的映射. 这时 G_i 可以写成

$$z_i = z_i(x^n) = [T(x^n)]_i \in X.$$

(2) 每个 G_i 是对 A 的一个分类: $A = A_{i,+} + A_{i,-}$.

(3) 如果集合偶: $(A_{i,+}, A_{i,-})$ 是线性可分的, 那么存在参数向量 $w_i^{n+1} = (w_i^n, h_i)$, 使关系式

$$z_i(x^n) = \text{Sgn}\left[\sum_{j=1}^{n+1} w_{i,j}x_j\right] = \text{Sgn}\left[\sum_{j=1}^{n} w_{i,j}x_j - h_i\right] \tag{3.5.7}$$

对任何 $i = 1, 2, \cdots, n$ 成立.

(4) (3.5.2) 式这就是一个 HNNS 的运算子, 因此定理 3.5.1 中的第一个命题得证.

(5) 关于定理 3.5.1 中的第二个命题类似证明. 如果 (A, T) 码是一个 δ-模糊可分, 那么由模糊感知器的学习算法和收敛性定理可以得到, 存在参数向量 $w_i^{n+1} = (w_i^n, h_i)$, 使关系式 (3.5.2) 对任何 $i = 1, 2, \cdots, n$ 成立.

定理 3.5.1 中的第二个命题得证. 定理得证.

3.5.3 多重 HNNS 和多重模糊 AM-AT 码

我们已经给出了 AM-AT 码和 δ-模糊 AM-AT 码的定义, 还给出了产生这些码的学习、训练算法. 但这些理论还是没有解决一般 AT 码在 NNS 中的表达问题.

为了讨论这个问题, 在本节中, 我们提出多重 HNNS 和多重模糊 AM-AT 码的模型、构造和其中的理论问题.

对该理论研究的出发点我们说明如下.

其一是在多层次、多输出的感知器理论中, 我们给出了它的基本定理, 即任何布尔函数的运算都可在这种感知器模型的运算下实现.

其二是该基本定理的证明, 我们通过多重模糊感知器的优化过程才能证明. 我们已经说明, 我们的目标是解决一般 AT 码在 NNS 中的表达问题. 为达到此目的, 我们采用的方法如下.

(1) 对一个固定的 AT 码, 我们可以把它看作由 n 个布尔函数组成的运算系统.

(2) 在这种运算系统中, 每个运算都可看作一个感知器的分类运算.

(3) 在这种感知器的分类运算中都可采用多层次模糊感知器的算法实现.

(4) 对这种多层次的、多重感知器的综合就是一种多重 HNNS 模型, 它们的编码算法就是多重模糊 AM-AT 码的算法.

这种多重模糊 AM-AT 码的算法的最终目标是对一般 AT 码实现在 NNS 意义下的运算、表达.

由此我们可以看到, 关于多重 HNNS 和多重模糊 AM-AT 码构造的基本思路和方法, 对这些思路和方法将通过以下算法来体现.

3.5.4 多重 HNNS 和多重模糊 AM-AT 码的构造算法

对这种码的构造算法步骤如下.

算法步骤 3.5.1(一般步骤) 记 (A, T) 是一个固定的 AT 码, 其中, $A \subset X^n$ 是一个固定的二进制向量的集合, T 是 $X^n \to X^n$ 的映射, 对该 AT 码的分析如下.

(1) 记 $y^n(x^n) = T(x^n) = (y_1, y_2, \cdots, y_n)$ 是 T 映射的取值向量. 由 $z^n(x^n)$ 对集合 A 产生分解式

$$(A_{i,+}, A_{i,-}), \quad i = 1, 2, \cdots, n \tag{3.5.8}$$

在 (3.4.6) 式中定义.

(2) 定义 3.4.1 给出了 AT 码的 δ-模糊可分的定义. 因为 A 是一个固定的二进制向量的集合, 所以, 总是存在一个适当的 $\delta > 0$, 使 AT 码 (A, T) 是 δ-模糊可分的.

(3) 由 AT 码 (A, T) 的 δ-模糊可分性可以得到参数张量 $[W(\delta), h^n(\delta)]$, 使在集合 A 中, 有 $(1 - \delta)\|A\|$ 个向量, 使关系式 (3.5.2) 成立.

(4) 由此构造集合

$$A_{i,*} = \{x^n \in A, \text{ 关系式 (3.5.2) 不成立}\}, \quad i = 1, 2, \cdots, n \tag{3.5.9}$$

这时记 $A_* = \bigcup_{i=1}^{n} A_{i,*}$, 这时 $\|A_*\| \leqslant \delta \|A\|$.

算法步骤 3.5.2(递推算法步骤)

同样记 (A, T) 是一个固定的 AT 码, 它的递推算法步骤如下.

(1) 对此固定的 AT 码, 它的分解式 $(A_{i,+}, A_{i,-}), i = 1, 2, \cdots, n$ 如 (3.4.12) 式所给.

(2) 取 $1 > \delta_1 > \delta_2 > \cdots > \delta_{\tau_0} > 0$ 是一组适当的正数. 这时取 δ_1 使该 AT 码是 δ_1-模糊可分的.

(3) 在步骤 3.5.1(3), (4) 中, 可以得到参数张量 $[W_1 = W(\delta_1), h_1^n = h^n(\delta_1)]$ 和集合 $A_1 = \bigcup_{i=1}^{n} A_{i,1}$, 这时 $\|A_1\| \leqslant \delta_1 \|A\|$ 成立.

(4) 我们称参数张量 W_1, h_1^n 是第一层 HNNS, 它实现了对 AT 码的 δ_1-模糊分类.

这就是对任何 $x^n \in A - A_1$, 关系式 (3.5.2) 成立. 而且 $\|A_1\| \leqslant \delta \|A\|$ 成立.

算法步骤 3.5.3 递推算法步骤 (续).

对 AT 码我们已经实现它的第一层 $HNNS(HNNS_1)$ 的 δ_1-模糊分类, 现在继续这个运算如下.

(1) 我们已经得到对集合 A 的一个分类 $A_1 \subset A, A - A_1$. 这时在集合 $A - A_1$ 中, 第一层 HNNS(HNNS$_1$) 已经实现了关于 AI 码的分类. 而且 $||A_1|| \leqslant \delta_1 ||A||$ 成立.

(2) 这时 (A_1, T) 同样是一个固定的 AT 码, 那么重复步骤 3.5.3 中的运算步骤, 得到 AT 码第二层 HNNS(HNNS$_2$) 的 δ_2-模糊分类, 并且得到对集合 A_1 的一个分类 $A_2 \subset A_1, A_1 - A_2$. 这时在集合 $A_1 - A_2$ 中, 第二层 HNNS(HNNS$_2$) 已经实现了关于 AI 码的分类. 而且 $||A_2|| \leqslant \delta_2 ||A_1||$ 成立.

(3) 以此类推, 我们得到一系列的 AT 码

$$
\begin{cases}
(A_\tau, T) = \tau = 0, 1, \cdots, \tau_0, \\
A_{\tau_0} \subset A_{\tau_0 - 1} \subset \cdots \subset A_1 \subset A_0 = A, \\
||A_\tau|| \leqslant \delta_\tau ||A_{\tau-1}||,
\end{cases}
\tag{3.5.10}
$$

因此有

$$
||A_{\tau_0}|| \leqslant \delta_{\tau_0} ||A_{\tau_0 - 1}|| \leqslant \left(\prod_{\tau=1}^{\tau_0} \delta_\tau \right) ||A||
\tag{3.5.11}
$$

成立.

(4) 因为 $1 > \delta_1 > \delta_2 > \cdots > \delta_{\tau_0} > 0$, 所以 $\prod_{\tau=1}^{\tau_0} \delta_\tau \sim 0$, 当 τ_0 较大时, A_{τ_0} 是空集.

这表示在第 $\tau_0 - 1$ 的 HNNS(HNNS$_{\tau_0 - 1}$) 的 AI 码的分类中, 不再是一个模糊分类.

由此得到, 对一个 AT 码 (A, T), 可以通过多重 HNNS 的 $\bar{\delta}$-模糊分类, 最终实现这个 AT 码的运算, 由此我们可以归纳成以下定理成立.

定理 3.5.2(关于 AM-AT 码和多重 HNNS 的基本定理 I) 如果 (A, T) 是一个一般 AT 码, 那么以下关系成立.

(1) 一定存在一个多重 HNNS 序列 HNNS$_\tau$, $\tau = 0, 1, \cdots, \tau_0$. 每个 HNNS$_\tau$, 具有参数张量 W_τ, h_τ^n.

(2) 每个 HNNS 的运算 HNNS$_\tau$, 产生一个集合 A_τ. HNNS$_\tau$ 实现了在 $A_{\tau-1}$ 上的 δ_τ-模糊分类.

这就是 HNNS$_\tau$ 运算对集合 $A_{\tau-1}$ 产生一个分类集合 $A_{\tau-1} A_\tau \subset A_{\tau-1}, A_{\tau-1} - A_\tau$.

这时 HNNS$_\tau$ 在集合 $A_{\tau-1} - A_\tau$ 上实现了关于 AI 码 $(A_{\tau-1}, T)$ 的分类运算.

(3) $||A_\tau|| \leqslant \delta_\tau ||A_{\tau-1}||$. 其中 $1 > \delta_\tau > 0$, 因此在 τ 比较大时, A_τ 成为空集.

因此, 一个 AT 码的运算一定可以通过多重 HNNS 的运算实现.

我们已经得到关于 AT 码和多重 HNNS 关系的基本定理. 该定理说明了任何 AT 码的运算都可在多重 HNNS 的运算中实现.

该基本定理的意义是建立了 AT 码和 HNNS 运算之间的等价关系. 利用这种等价关系可以实现 NNS 或 AI 理论中的许多应用问题.

对这些应用问题和它们在 NNS 中的实现问题, 我们在以后的章节中还有详细讨论.

3.6　正交编码和 AM-AT 码的理论

我们已经给出纠错码、卷积码、AT 码和多重 HNNS 的系列理论, 现在继续讨论这些码的理论, 且重点讨论正交编码和 AM-AT 码关系的理论.

正交变换理论是函数变换理论中的重要组成部分, 它们有多种不同的类型, 如傅氏变换、沃尔什变换和哈希变换等不同类型, 用阿达马矩阵理论来讨论这个问题, 它们的一般性质在附录 F 中有详细说明和讨论.

3.6.1　正交函数和变换理论概述

正交函数和变换的类型有多种, 如傅氏变换、沃尔什变换和哈希变换等不同类型, 这些理论已在附录 F 中有详细说明, 现在概述其中的有关讨论.

　1. 沃尔什函数和变换

沃尔什函数是二进制向量空间中的函数系, 由多种不同的函数系组成.

(1) 如**拉德马赫 (Rademacher) 函数系**, 它的定义和性质在附录 F.3 中给出.

这时的拉德马赫函数系的定义域是全体实数空间 R, 而相空间 $X = \{-1, 1\}$ 是二进制的取值.

因为拉德马赫函数系是由基本函数产生的周期函数, 所以它的定义域可以写成 $\Delta = [0, 1]$.

(2) 由此产生拉德马赫函数系 (简称拉氏函数系) $\Phi = \{\phi_n, n = 1, 2, \cdots\}$ 的定义在 (F.3.1) 式给出, 在此不再重复.

(3) 当 $n = a_0 + a_1 2 + a_2 2^2 + \cdots + a_k 2^k$, $a^{(k+1)} = (a_0, a_1, a_2, \cdots, a_k) \in \{0, 1\}^k$ 是它的二进制向量表示时, 在相应的沃尔什函数系可以用拉德马赫函数系表示.

(4) 在沃尔什函数和变换理论中, 除了拉氏函数系外, 还有由佩利 (Paley) 排列所产生的佩利函数系, 按列率排列的函数系及 Gray 码系等.

　2. 阿达马矩阵

一个 n 阶阿达马矩阵记为 $H_h(1)$, 这是一个 $N \times N$ 矩阵, 其中 $N = 2^n$.

(1) 阿达马矩阵 $H_h(1)$ 通过以下递推关系构造, 这时取

$$H_h(1) = \begin{bmatrix} 1 & 1 \\ 1 & -1 \end{bmatrix}, \quad H_h(n+1) = \begin{bmatrix} H_h(n) & H_h(n) \\ H_h(n) & -H_h(n) \end{bmatrix}. \tag{3.6.1}$$

(2) 关于 $H_h(n)$ 矩阵, 我们容易证明, 它是**对称矩阵**, 而且有

$$H_h(n)H_h(n) = NI(n) \tag{3.6.2}$$

成立, 其中 $I(n)$ 是 $N = 2^n$ 阶幺矩阵.

(3) 记 R_f^N, f^N 是 N 维向量, 如果 $R_f^N = \frac{1}{N}H_h(n)f^N$, 那么称 R_f^N 是 f^N 的**有限沃尔什变换**, 并简记为 $(\text{WHT})_h$.

3. 哈尔 (Haar) 变换 (或函数) 系统

在正交变换理论中, 除了沃尔什函数和变换外, 其他的类型还有多种.

哈尔变换系统是 1920 年由荷兰数学家哈尔提出的一种正交变换理论, 在通信、图像处理、滤波等领域有重要应用.

哈尔函数系的公式定义为 $\text{Har}(n,t) = \text{har}(r,m,t), t \in \Delta$, 其中

$$\text{Har}(0,t) = \text{har}(0,0,t) = 1, \quad t \in \Delta,$$

$$\text{Har}(1,t) = \text{har}(0,1,t) = \begin{cases} 1, & 0 \leqslant t < 1/2, \\ -1, & 1/2 \leqslant t < 1, \end{cases}$$

$$\text{Har}(2,t) = \text{har}(1,0,t) = \begin{cases} \sqrt{2}, & 0 \leqslant t < 1/4, \\ -\sqrt{2}, & 1/4 \leqslant t < 1/2, \\ 0, & 1/2 \leqslant t < 1, \end{cases}$$

$$\text{Har}(3,t) = \text{har}(1,1,t) = \begin{cases} 0, & 0 < t < 1/2, \\ \sqrt{2}, & 1/2 < t < 3/4, \\ -\sqrt{2}, & 3/4 \leqslant t < 1. \end{cases}$$

由此得到它们的一般表示式是

$$\text{har}(r,m,t) = \begin{cases} 2^{r/2}, & \dfrac{m}{2^r} \leqslant t < \dfrac{m+1/2}{2^r}, \\ -2^{r/2}, & \dfrac{m+1/2}{2^r} \leqslant t < \dfrac{m+1}{2^r}, \\ 0, & \text{否则}, \end{cases} \tag{3.6.3}$$

其中, $r \geqslant 0, 0 \leqslant m \leqslant 2^r$ 是非负整数.

在这些不同的哈尔函数记号中, 有关系式

$$\begin{cases} \mathrm{har}(r,0,t) = \mathrm{Har}(2^r,t), \\ \mathrm{har}(r,1,t) = \mathrm{Har}(2^r+1,t), \\ \quad\quad \cdots\cdots \\ \mathrm{har}(r,2^r-1,t) = \mathrm{Har}(2^{r+1}-1,t). \end{cases} \tag{3.6.4}$$

4. 哈尔函数的性质

对这些不同的**哈尔函数**, 它们有如下性质.

(1) **正交性**.

$$\int_0^1 \mathrm{Har}(n_1,t)\mathrm{Har}(n_2,t)dt = \begin{cases} 1, & n_1 = n_2, \\ 0, & 否则. \end{cases}$$

(2) **展开式**. 如果 $f(t), t \in \Delta$ 是连续函数, 那么它的展开式是

$$f(t) = \sum_{n=0}^{\infty} C_n \mathrm{Har}(2^r,t), \quad t \in \Delta, \tag{3.6.5}$$

其中, $C_n = \displaystyle\int_0^1 f(t)\mathrm{Har}(n,t)dt$.

(3) Parseval 等式 $\displaystyle\int_0^1 f^2(t)dt = \sum_{n=0}^{\infty} C_n^2$ 成立.

5. 有限哈尔函数. 如果记

$$A_f^N = \begin{bmatrix} A_f(0) \\ A_f(1) \\ \vdots \\ A_f(N-1) \end{bmatrix}, \quad f^N = \begin{bmatrix} f(0) \\ f(1) \\ \vdots \\ f(N-1) \end{bmatrix}, \tag{3.6.6}$$

这时记 $A_f^n = \dfrac{1}{N}H^*(n)f^N$, 其中

$$H^*(2) = \begin{bmatrix} 1 & 1 \\ 1 & -1 \end{bmatrix}, \quad H^*(3) = \begin{bmatrix} 1 & 1 & 1 & 1 \\ 1 & 1 & -1 & -1 \\ \sqrt{2} & -\sqrt{2} & 0 & 0 \\ 0 & 0 & \sqrt{2} & -\sqrt{2} \end{bmatrix}. \tag{3.6.7}$$

关于 $H^*(n)$ 的一般表示式是

$$H^*(n) = [h_{k,\ell}], \quad k, \ell = 0, 1, \cdots, N-1,$$

其中,

$$h_{k,\ell} = \mathrm{Har}\left(k, \frac{1}{2^n}\right), \quad k, \ell = 0, 1, \cdots, N-1, \tag{3.6.8}$$

3.6.2   正交变换和 AT 码关系的讨论

记 R_f^N, f^N 是 N 维向量, 如果 $R_f^N = \dfrac{1}{N} H_h(n) f^N$, 那么称 R_f^N 是 f^N 的**有限沃尔什变换**, 并简记为 $(\mathrm{WHT})_h$.

第 4 章　第一类智能计算算法

我们已经知道, 智能计算中的第一类算法是利用数据内部的结构特征所形成的算法. 这类算法具有智能计算的前三大特征, 其中包括计算数学、统计计算和机器学习等方面. 它们也是人工脑理论中的重要组成部分.

4.1　第一类智能计算算法概述

第一类智能计算算法是指利用数据结构的特征而产生的具有智能计算的前三大特征的算法. 这三大特征就是具有大规模平行计算、学习、训练和收敛性及在计算机中的可计算的特征. 在计算数学、统计计算、机器学习理论中存在多种符合这类型的算法.

4.1.1　对第一类智能计算算法的讨论

关于智能计算算法的类型、特征和应用范围我们已在表 1.1.1 和表 1.1.2 中说明, 现在对其中的第一类型算法作进一步的讨论.

1. 第一类智能计算算法的情况表

第一类智能计算算法是指利用数据结构的特征而产生的、具有智能计算的前三大特征而形成的算法. 它们的情况说明表见表 4.1.1.

表 4.1.1　第一类智能计算算法的情况说明表

算法类型	名称	功能特征	应用范围	算法的基本原理	章节[6]
统计计算	EM 算法	最优估计算法	统计估计计算	凸分析优化和平均计算	9.1
统计计算	最优组合计算	优化计算	投资决策计算	凸分析优化和平均计算	9.2
统计计算	YYB 算法	参数估计计算	统计估计计算	凸分析中的交替计算	9.3
机器学习	遗传算法	大规模平行计算	NP-问题的计算	基因的运算、操作原理	10.4
生物计算	DNA 计算	大规模平行计算	NP-问题的计算	基因的运算、操作原理	10.2
计算数学	线性方程组的计算	矩阵的多种计算	方程组和矩阵的计算	有关矩阵的结构性质	12.3
计算数学	迭代计算算法	方程组的计算	方程组和矩阵的计算	有多种不同的类型和原理	12.3
计算数学	矩阵、行列式算法	结构和参数的计算	矩阵、行列式的计算	有多种不同的类型和原理	12.3
计算数学	误差估计计算	对运算中的误差估计	数据的结构分析	微积分原理	12.4
计算数学	插入和拟合	近似计算算法	不规则函数的计算	函数逼近原理	12.5
计算数学	正交逼近算法	近似计算算法	各种函数的近似计算	正交函数展开理论	12.6

2. 对表 4.1.1 的说明

在表 4.1.1 的算法中, 除了算法外, 还涉及它们的来源、功能和应用的问题, 对此讨论如下.

表中这些算法的主要来源是计算数学、统计计算和机器学习. 它们都是数学科学中的组成部分, 但产生的时间和规模不同.

其中计算数学是数学科学中的一个重要分支, 内容很多. 其中的这些算法几乎涉及数学、物理学中的许多分支理论, 它们在不同程度上都存在计算问题. 其中许多算法都具有智能计算中的前三特征.

统计计算是随机数学中的一部分, 计算算法很多, 但只有几种算法具有智能计算中的前三特征.

机器学习中的算法是最近在 NNS 计算算法之后发展中的算法. 这些算法的来源存在相互交叉的情况.

表中各算法的特征、功能、原理和应用范围在 [6] 文中有详细说明, 其中第 6 列给出这些内容在 [6] 文中的章节. 对此我们不再重复说明.

4.1.2 第一类智能计算算法在人工脑中的意义

第一类智能计算算法的形成过程和 NNS 无关, 它们和人工脑中的关系和意义说明如下.

在人工脑的各子系统中, 仍然存在大量的计算问题. 其中许多计算算法都和这种第一类算法有关. 因此它们是人工脑中不可缺少的组成部分.

在智能计算中, 我们已经建立了逻辑运算和 NNS 计算算法的等价关系. 因此把这种第一类智能计算算法通过 NNS 中的计算方法来进行表达, 是我们建立人工脑的一个重要目标. 这也是本书的一个重要内容.

4.2 统计计算算法

在统计计算中算法类型很多, 如我们已经介绍过的聚类分析法, 我们已把它归纳在感知器的零知识计算中. 另外统计中的主成分分析法, 我们在本书附录的随机分析中进行讨论. 在本节中, 我们主要介绍 EM 算法、最优组合投资决策的统计计算与递推计算算法、YYB 算法, 它们都具有智能计算中的前三大特征, 但它们的应用方向不同.

4.2.1 EM 算法

EM 算法是统计计算算法中重要组成部分, 它的主要特点是利用函数的凸结构性质来寻找它们的最优化的计算, 因此特别适用于超越函数的优化计算. EM 算法同时也具有自我优化、收敛等特征.

本小节我们主要介绍它的算法步骤、收敛性分析和应用范围.

1. EM 算法的产生和特征

智能计算由多种不同的算法类型组成, NNS 和统计计算是其中的重要组成部分.

EM (expectation maximization) 算法最早由 Dempster 等在 1977 年提出. 该算法的基本思想是通过求期望值和最大值的交替迭代计算来逼近优化问题的最优解.

因此 EM 算法的思路和聚类分析相似, 是一种典型的、通过系统内部结构 (或参数) 关系的调整来实现系统的最优化. 由此形成一类新的智能计算的算法.

神经网络理论和 EM 算法是两种最典型的智能计算算法, 它们的共同特点都是通过递推逼近来实现优化问题的计算. 但前者适用于大规模方程组的求解, 而后者适用于对数超越方程组的求解.

2. EM 算法的计算目标和计算算法步骤

EM 算法产生于统计计算理论, 它们的计算目标是实现对统计参数的最优估计. 在统计理论中, 存在一个普遍问题是由观察数据 y 来估计统计分布的特征或参数 θ 的取值问题.

存在一个核心的问题是确定研究对象的总体分布问题. 统计的总体分布是指其中数据取值的概率分布问题.

对统计的总体分布的描述是通过条件概率分布 $(x|\theta)$ 来确定, 其中 x 是统计数据的取值, θ 是确定该分布的参数.

因此统计的估计问题是通过观察数据 y 来确定 $p(x|\theta)$ 分别关于参数 θ 的情况或特征取值.

在统计中, 观察数据 y 和参数 θ 的关系由条件概率分布 $p(x|\theta)$ 分布确定, 如果参数 $\theta \in \Theta$ 由参数空间 Ω 上的概率分布 $\pi(\theta)$ 确定, 那么由此可以确定它们的联合概率分布和后验概率分布分别为 $p(\theta, x), q(\theta|x) = \dfrac{p(\theta, x)}{p(x)}$, 其中 $p(x) = \displaystyle\int_{\Theta} p(\theta, x) d\pi(\theta)$ 是关于数据 x 变化的概率分布.

统计估计问题就是在观察数据 y 已知的条件下, 估计参数 θ 的值. 常用的统计估计方法有多种, 如极大似然估计、矩估计、区间估计、贝叶斯估计等. 其中极大似然估计 (maximum likelihood estimation) 和贝叶斯估计 (Bayesian estimation) 分别是在观察数据 y 已知的条件下, 对条件概率 $p(y|\theta)$ 和后验概率 $q(\theta|y)$ 中的参数 θ 求最大值.

在对函数 $p(y|\theta), q(\theta|y)$ 中的参数 θ 求最大值的常用方法是拉格朗日乘子算法, 这是一种微分极大值的计算方法.

无论是极大似然估计还是贝叶斯估计, 它们都是在 y 已知的统计下, 对 $p(y|\theta)$ 或 $q(\theta|y)$ 中的参数 θ 求最大值, 即找 $\theta_M(y)$, 或 $\theta_B(y)$ 的值, 使

$$\begin{cases} p(y|\theta_M(y)), & \max\{p(y|\theta), \theta \in \Theta\} \text{ 在 } y \text{ 固定的条件下}, \\ q(\theta_B(y)|y), & \max\{q(\theta|y), \theta \in \Theta\} \text{ 在 } y \text{ 固定的条件下}, \end{cases} \quad (4.2.1)$$

这时分别称 $\theta_M(y)$ 和 $\theta_B(y)$ 分别是极大似然估计和贝叶斯估计中的最优解.

3. EM 算法的算法步骤

我们前面已经说明, 在极大似然估计或贝叶斯估计中, 计算 $\theta_M(y)$ 或 $\theta_B(y)$ 的值, 常用的方法是拉格朗日乘子算法, 这是一种微分极大值的计算方法, 这时需要分别求方程 $\dfrac{\partial}{\partial \theta} p(y|\theta) = 0$, 或 $\dfrac{\partial}{\partial \theta} q(\theta|y) = 0$.

但在实际计算中, 对这两种方程的求解都是十分困难的, 这就需要采用 EM 算法来解决计算问题.

EM 算法的算法步骤如下.

算法步骤 4.2.1 适当选取 r.v.z^*, 它在集合 Z 中取值, 且可以产生条件 p.d. $p(z|\theta,y), z \in Z$, 由此产生条件 p.d. :

$$q(\theta|y,z) = \frac{p(\theta,z|y)}{p(z|y)} = \frac{p(\theta|y)p(z|y,\theta)}{p(z|y)}, \quad (4.2.2)$$

其中 $p(z|y) = \displaystyle\int_\theta p(\theta|y)p(z|y,\theta)d\theta$, 该函数是由 r.v. z^* 确定的 r.v.

算法步骤 4.2.2(E-步) 在 (θ_i, y) 固定的条件下, 计算函数 $\log q(\theta|y,z)$ 关于 z^* 的期望值:

$$Q(\theta|\theta_i, y) = \int_Z p(z|\theta_i, y) \log q(\theta|y,z) dz. \quad (4.2.3)$$

算法步骤 4.2.3(M-步) 对函数 $Q(\theta|\theta_i, y)$ 中的变量 θ 求最大值, 为

$$Q(\theta_{i+1}|\theta_i, y) = \max\{Q(\theta|\theta_i, y) : \theta \in \theta\}. \quad (4.2.4)$$

算法步骤 4.2.4(递推计算) 取 θ_0 是一个初始值, 由 (4.2.1), (4.2.2) 得到一系列 $\theta_i, i = 0, 1, 2, \cdots$, 它的一个极限值就是所求的解.

4. EM 算法的收敛性定理

定理 4.2.1 如果 $\theta_i(i = 0, 1, 2, \cdots)$ 是由 EM 算法得到的参数序列, 那么必有 $p(\theta_{i+1}|y) \geqslant p(\theta_i|y)$ 成立.

该定理的证明见 [104] 文. 由定理 4.2.1 可以得到以下性质成立.

定理 4.2.2　如果 $p(\theta|y)$ 是 θ 的有界函数, 那么有

数列 $\tilde{p} = \{p(\theta_i|y), i = 0, 1, 2, \cdots\}$ 当 $i \to \infty$ 时一定收敛. 记这个极限值为 p^*, 就是所求的极大似然解.

如果 $p(\theta|y)$ 是 θ 的严格上凸函数, 那么 q^* 一定是 $q(\theta|y)(\theta \in \Theta)$ 的最大值.

如果 $p(\theta|y)$ 是 θ 的严格上凸函数, 且 θ 是一个有界区域, 那么 θ_i 一定是收敛于一个点 θ^*, 使 $p(\theta^*|y)$ 是 $p(\theta|y)(\theta \in \Theta)$ 的最大值.

该定理的证明利用微积分的性质即可证明, 请读者自证.

关于 EM 算法的进一步性质参见 [104] 等文献.

5. EM 算法的实例计算

例 4.2.1　一个可能有四个结果 (A, B, C, D) 的随机试验, 它们的概率分别为

$$\frac{1}{2} + \frac{\theta}{4}, \quad \frac{1}{4}(1-\theta), \quad \frac{1}{4}(1-\theta), \quad \frac{\theta}{4},$$

其中 $\theta \in (0, 1)$. 如作 197 次观察, 这四个结果发生的次数分别是 125, 18, 20, 34, 对 θ 进行估计.

解的讨论　对照 EM 算法的模型, 对该问题的求解过程讨论如下.

已知试验的观察结果是 $y = (y_1, y_2, y_3, y_4) = (125, 18, 20, 34)$.

θ 是待求参数, 它关于 y 的条件概率为

$$q(y|\theta) = \left(\frac{1}{2} + \frac{\theta}{4}\right)^{y_1} \left[\frac{1}{4}(1-\theta)\right]^{y_2} \left[\frac{1}{4}(1-\theta)\right]^{y_3} \left(\frac{\theta}{4}\right)^{y_4}.$$

由 y 求 θ 的计算是统计中的贝叶斯解 (求 $q(y|\theta)$ 中关于 θ 的最大值), 但它的计算是很困难的, 因此需要用 EM 算法来求解.

解的计算　在此贝叶斯解的求解过程中一个算法步骤如下:

(1) 首先将这个求贝叶斯解的过程转化为求极大似然估计问题. 这时取 $\pi(\theta)$ 为在 $(0, 1)$ 区间上取的均匀分布, 那么

$$
\begin{aligned}
p(\theta|y) &= \frac{\pi(\theta)q(y|\theta)}{q(y)} = \frac{1}{q(y)} \left(\frac{1}{2} + \frac{\theta}{4}\right)^{y_1} \left[\frac{1}{4}(1-\theta)\right]^{y_2} \left[\frac{1}{4}(1-\theta)\right]^{y_3} \left(\frac{\theta}{4}\right)^{y_4} \\
&= \frac{1}{q(y)4^{y_1+y_2+y_3+y_4}} [(2+\theta)^{y_1}(1-\theta)^{y_2+y_3}\theta^{y_4}] \\
&= \frac{1}{q(y)4^{197}} [(2+\theta)^{125}(1-\theta)^{38}\theta^{34}].
\end{aligned}
\tag{4.2.5}
$$

因 (4.2.6) 的分母和 θ 无关, 为求 $q(\theta|y)$ 关于 θ 的最大值只要求 (4.2.6) 的分子关于 θ 的最大值即可. 但它仍然是超越方程求解问题.

(2) 取 r.v. z^* 是一个在 y_1 发生条件下的二项分布, 这就是取

$$p(z|y,\theta) = C_z^{y_1} \left(\frac{2}{2+\theta}\right)^z \left(\frac{\theta}{2+\theta}\right)^{y_1-z},$$

其中 $C_z^{y_1} = \dfrac{y_1!}{z!(y_1-z)!}$. 由此得到

$$p(\theta|y,z) = \frac{q(\theta|y)p(z|y,\theta)}{p(z|y)} = \gamma(y,z)[(\theta)^{y_1+y_4-z}(1-\theta)^{y_2+y_3}], \tag{4.2.6}$$

其中 $\gamma(y,z)$ 是一个和 θ 无关的函数.

(3) 因为 z^* 是一个在 y_1,θ 发生条件下的二项分布, 所以它的条件均值为 $E\{z^*|y,\theta_i\} = \dfrac{2y_1}{2+\theta_i}$. 故

$$Q(\theta|\theta_i,y) = E\{\log p(\theta|y,z)|y,\theta_i\}$$
$$= \log\gamma(y,z) + (y_2+y_3)\log(1-\theta) + E(y_1+y_4-z)\log\theta$$
$$= \log\gamma(y,z) + (y_2+y_3)\log(1-\theta) + \left(y_1+y_4-\frac{2y_1}{2+\theta_i}\right)\log\theta$$

为求 $Q(\theta|\theta_i,y)$ 关于 θ 的最大值, 计算

$$\frac{\partial Q}{\partial\theta} = -\frac{y_2+y_3}{1-\theta} + \frac{y_1+y_4-\dfrac{2y_1}{2+\theta_i}}{\theta},$$

那么为使 $\dfrac{\partial Q}{\partial\theta} = 0$, θ 为方程

$$-(y_2+y_3)\theta + \left(y_1+y_4-\frac{2y_1}{2+\theta_i}\right)(1-\theta) = 0 \tag{4.2.7}$$

的解. 由 (4.2.8) 解出

$$\theta_{i+1} = \frac{y_1+y_4-\dfrac{2y_1}{2+\theta_i}}{y_1+y_2+y_3+y_4-\dfrac{2}{2+\theta_i}} = \frac{159-\dfrac{250}{2+\theta_i}}{197-\dfrac{250}{2+\theta_i}} = \frac{68+159\theta_i}{144+197\theta_i}. \tag{4.2.8}$$

(4) 取 $\theta_0 = 1/2$ 代入 (4.2.8) 计算就可得到 θ_i $(i=1,2,\cdots)$ 的一系列值, 这时

$$\theta_1 = 0.60835, \quad \theta_2 = 0.62432, \quad \theta_3 = 0.62649, \quad \theta_4 = 0.62678, \quad \theta_5 = 0.62682,$$

并且当 $i > 5$ 时, θ_i 的值一直稳定在 $\theta_5 = 0.62682$ 上.

容易验证, 这个 θ_5 就是 (4.2.6) 式中 $p(\theta|y)$ 函数的最大值, 由此得到参数 θ 的贝叶斯估计. 由此可见, 利用 EM 算法收敛速度是很快的.

4.2.2　最优组合投资决策的统计计算

最优组合投资决策的计算算法是继聚类分析、EM 算法之后的一种重要统计计算算法. 它的思路和聚类分析算法、EM 算法相似, 它们都是利用数据结构中的一些特性而形成的算法.

但它们的应用目标不同. 该算法既是对一个投资系统的优化计算的问题, 也是一个关于投资决策 (资金分配的比例) 的优化问题. 在此算法中, 均采用学习、训练、收敛的计算过程, 使相应的平均投资收益不断增加, 由此达到决策最优化的目的.

因此, 这种算法在算法步骤上和 EM 算法十分相似. 它们都是统计计算, 也是智能计算中的重要算法. 利用该算法可以实现对投资系统作优化的理论分析和操作计算.

1. 投资决策问题

一个投资决策系统包括: 投资项目、项目的收益情况、投资决策, 其中投资决策问题是指资金在不同项目中的投资比例分配, 使投资的收益为最大.

在此投资决策系统 (或投资决策问题) 中, 项目的收益情况是随机的, 因此一个投资策略的好坏并不取决于一次投资的收益效果. 而是该策略在多次使用时的平均效果.

由此记 $\bar{\xi} = (\xi_1, \xi_2, \cdots, \xi_m)$ 是一非负随机向量, 我们称之为**投资收益向量**, 其中 x_i 表示对第 i 个项目的投资回报率.

投资收益向量 $\bar{\xi}$ 是一个随机向量, 它们具有联合 p.d. 为

$$F(x_1, x_2, \cdots, x_m) = P_r\{\xi_1 \leqslant x_1, \xi_2 \leqslant x_2, \cdots, \xi_m \leqslant x_m\},$$
$$x^m = (x_1, x_2, \cdots, x_m) \in R^{(m)}. \tag{4.2.9}$$

记 $\bar{b} = (b_1, b_2, \cdots, b_m)$ 是一个投资决策, 这时 $b_1, b_2, \cdots, b_m \geqslant 0$, 且 $\sum_{i=1}^m b_i = 1$, 其中 b_i 表示对第 i 个项目的投资比例.

全体可能的投资策略记为 B_m, 最优投资决策问题就是求投资决策 $\bar{b}^* \in B_m$, 使 $E\{\log(\langle \bar{b}^*, \bar{\xi} \rangle)\}$ 为 $E\{\log(\langle \bar{b}, \bar{\xi} \rangle)\}$ 的最大值.

定义 4.2.1　记 $W(\bar{b}, F) = E\{\log(\bar{b}, \bar{\xi})\} = \int_{\mathscr{X}^m} \log(\bar{b}, \boldsymbol{x}) dF(\boldsymbol{x})$ 为收益向量 $\bar{\xi}$ (或它的分布函数 F) 和投资策略 $\bar{b}$ 的倍率 (doubling rate). 称 $W^* = \max\{W(\bar{b}, F) : \bar{b} \in B_m\}$ 为收益向量 $\bar{\xi}$ 的最高倍率, 如果 $\bar{b}^* \in B_m$, 且 $W(\bar{b}^*) = W^*$, 那么就称 $\bar{b}^*$ 为收益向量 $\boldsymbol{x}$ 的最优投资策略.

因此, 组合投资决策问题就是对固定的收益随机向量 $\bar{\xi}$, 最高倍率 W^* 求最优投资策略 $\bar{b}^*$ 的问题.

2. 最优投资决策的意义

在定义 4.2.1 中, 我们已经给出了最优投资决策的定义, 对此定义的意义讨论如下.

首先是对投资收益向量 $\bar{\xi}$, 它是处在不断变化中, 如果这个投资系统是稳定的, 那么这个投资收益向量在不同的时刻有不同的表现记为

$$\bar{\xi}_t = (\xi_{t,1}, \xi_{t,2}, \cdots, \xi_{t,m}), \quad t = 1, 2, \cdots, \tag{4.2.10}$$

其中 $\bar{\xi}_t (t = 1, 2, \cdots)$ 是一组独立同分布的随机序列, 其中每个 $\bar{\xi}_t$ 具有 (4.2.10) 式的概率分布 $F(x^m)$. 称随机序列 $\bar{\xi}_t$ $(t = 1, 2, \cdots)$ 是一个具有固定概率分布 $F(x^m)$ 的投资系统 (或稳定的投资系统).

对这个具有固定概率分布 $F(x^m)$ 的投资系统 $\bar{\xi}_t$ $(t = 1, 2, \cdots)$ 和一个固定的投资策略 $\bar{b}$. 如果把这个投资策略反复使用, 那么经过 n 次投资后, 资本的总收益率是

$$\prod_{t=1}^{n} \langle \bar{b}, \bar{\xi}_t \rangle = \exp \left\{ \sum_{t=1}^{n} \ln \langle \bar{b}, \bar{\xi}_t \rangle \right\}. \tag{4.2.11}$$

由大数定律可以得到, 当 n 比较大时 (多次投资后), 有关系式

$$\sum_{t=1}^{n} \ln \langle \bar{b}, \bar{\xi}_t \rangle \sim nE\{\langle \bar{b}, \bar{\xi}_t \rangle\} = nW(\bar{b}, F)$$

成立. 这时投资资本的总收益率是

$$\prod_{t=1}^{n} \langle \bar{b}, \bar{\xi}_t \rangle \sim \exp \left\{ nW(\bar{b}, F) \right\}. \tag{4.2.12}$$

因此倍率 $W(\bar{b}, F)$ 的意义是指在一个稳定的投资系统 (具有固定概率分布 $F(x^m)$) 中, 如果投资策略 $\bar{b}$ 被多次使用, 那么投资资本的总收益率就是这个倍率 $W(\bar{b}, F)$ 的取值.

4.2.3 最优组合投资决策的递推计算算法

为在概率分布 F 固定条件下, 求倍率 $W(\bar{b}, F)$ 的最大值, 这就是最优组合投资决策的计算, 它的递推计算算法如下.

算法步骤 4.2.5 构造向量 $\bar{\alpha}(\bar{b}) = E \left\{ \dfrac{\bar{\xi}}{(\bar{b}^*, \bar{\xi})} \right\} = \displaystyle\int_{\mathcal{X}^m} \dfrac{\bar{x}}{(\bar{b}^*, \bar{x})} dF(\bar{x})$, 其中 $\bar{\alpha}(\bar{b}) = (\alpha_1(\bar{b}), \alpha_2(\bar{b}), \cdots, \alpha_m(\bar{b}))$, 而取 $\bar{b}_i = (b_{i,1}, b_{i,2}, \cdots, b_{i,m})(i = 0, 1, 2, \cdots)$ 是一系列 m 维向量.

算法步骤 4.2.6 当 $\bar{b}_i$ 已知时, 构造向量 $b_{i+1,j} = \alpha_j(\bar{b}_i)b_{i,j}, j = 1, 2, \cdots, m$.

由此产生一系列的投资策略 $\bar{b}_i, i = 1, 2, \cdots$. 这时有以下定理成立.

定理 4.2.3　如记 $W_i = W(\bar{b}_i, F)$, 那么 $W_i(i = 0, 1, 2, \cdots)$ 是一个单调上升序列.

该定理的证明见 [142] 文.

定理 4.2.4　对定理 4.2.1 的 W_n, 有 $W_n \uparrow W^*$, 其中 W^* 为 $\bar{\xi}$ 的最高倍率, 如果 $\bar{\xi}$ 是非退化的, 那么 $\bar{b}_i \to \bar{b}^*$ 成立.

$\bar{\xi}$ 是非退化的就是 ξ 中的任何一个分量不能由其他分量确定, 这就是对任何 $i = 1, 2, \cdots, m$ 总有 $I[\xi_i; (\xi_1, \cdots, \xi_{j-1}, \xi_{j+1}, \cdots, \xi_m)] > 0$ 成立.

该定理的证明见 [143] 文.

4.2.4　YYB 算法

Y-Y-B(YYB) 算法是由徐雷教授提出的智能计算算法, 它是 EM 算法、最优投资决策算法的推广. 徐雷教授发表了大量学术论文 (详见 [34] 等文献), 对该算法的基本思路和要点概要说明如下.

1. 有关概率分布的记号

在 EM 算法的讨论中, 我们已经给出有关随机变量 ξ 及和它有关的概率分布函数、边际分布等记号, 对它们归纳如表 4.2.1 所示.

表 4.2.1　和随机变量 ξ 有关的概率分布函数记号表

名称	变量和参数	条件分布	参数分布	联合分布	边际分布	后验分布
记号	x, θ	$p(x\|\theta)$	$\pi(\theta)$	$p(x, \theta)$	$p(x)$	$q(\theta\|x)$

对这些记号说明如下.

(1) 这里的变量是指随机变量 ξ 的相空间和它的取值 $x \in X$.

(2) 带参数的条件概率分布 $p(x|\theta)$ 是指随机变量 ξ 取值 $x \in X$ 的概率分布, 如果这种分布和参数 θ 有关, 那么它就是带参数的条件概率分布.

(3) 联合分布 $p(x, \theta) = \pi(\theta)p(x|\theta)$. 它是随机变量 ξ 和参数 θ 的联合概率分布, 其中 $\pi(\theta)$ 是参数 $\theta \in \Theta$ 的概率分布.

(4) 边际分布 $p(x) = \displaystyle\int_{\Theta} p(x, \theta)d\theta$, 其中 Θ 是参数 θ 的取值空间.

(5) 后验概率分布 $q(\theta|x) = \dfrac{p(x, \theta)}{p(x)}$.

2. 有关统计估计的记号

我们已经给出有关统计估计的记号, 在观察数据 y 已知的条件下, 求参数 θ 的估计, 有

$$\begin{cases} \text{极大似然估计}: \text{在条件概率分布 } p(y/\theta) \text{ 中, 求关于参数 } \theta \text{ 的最大值的解,} \\ \text{贝叶斯估计}: \text{在后验概率分布 } q(\theta|y) \text{ 中, 求关于参数 } \theta \text{ 的最大值的解,} \end{cases}$$

$$(4.2.13)$$

相应的解分别记为 θ_M, θ_B, 这时分别称为统计估计中的极大似然估计解和贝叶斯估计解.

4.3 数值计算中的算法

我们已经说明, 计算数学是数学科学中的一个重要领域, 其中许多算法具有智能计算的特征. 本章主要讨论其中有关的典型算法, 如线性方程组、矩阵及和矩阵有关递推计算算法, 有关数值计算的插入、逼近、收敛计算. 这些算法都具有智能计算的特征. 由此可以了解这些算法的意义和特征.

由于这些算法的特征, 我们后面将在深度学习中可以进一步了解这些理论的发展.

4.3.1 线性方程组及其计算法

线性方程组的一般表述是 $Ax = b, b = (b_1, b_2, \cdots, b_n)$ 是 n 维向量. 由此该线性方程组可写为

$$\begin{bmatrix} a_{1,1} & a_{1,2} & \cdots & a_{1,n-1} & a_{1,n} \\ a_{2,1} & a_{2,2} & \cdots & a_{2,n-1} & a_{2,n} \\ \vdots & \vdots & & \vdots & \vdots \\ a_{n-1,1} & a_{n-1,2} & \cdots & a_{n-1,n-1} & a_{n-1,n} \\ a_{n,1} & a_{n,2} & \cdots & a_{n,n-1} & a_{n,n} \end{bmatrix} \begin{bmatrix} x_1 \\ x_2 \\ \vdots \\ x_{n-1} \\ x_n \end{bmatrix} = \begin{bmatrix} b_1 \\ b_2 \\ \vdots \\ b_{n-1} \\ b_n \end{bmatrix}. \quad (4.3.1)$$

这时称矩阵 A 是该方程组的系数矩阵, 向量 x 为待求变量. 该方程在矩阵 A 和向量 b 已知的条件下, 求 $b_i = \sum_{j=1}^{n} a_{i,j} x_j$ 中关于向量 $x = (x_1, x_2, \cdots, x_n)$ 的解.

1. 方程组的类型的解的存在性和唯一性

对方程组 (4.3.1) 的类型和解的存在性、唯一性说明如下.

首先, 如果向量 $b = 0 = (0, 0, \cdots, 0)$ 是 n 维零向量, 那么该方程组是齐次方程组, 否则是非齐次方程组.

关于矩阵 A, 如果它的行向量是线性无关的, 那么称该矩阵是满秩的. 矩阵满秩的充分必要条件是它的行列式不等于零, 即 $|A| \neq 0$.

如果 (4.3.1) 是非齐次方程组, 那么它的解存在的充分必要条件为它是满秩的, 这时解是唯一确定的.

如果 (4.3.1) 是齐次方程组, 而且矩阵 A 是满秩的, 那么该方程组的解是唯一确定为零向量的解.

如果 (4.3.1) 是齐次方程组, 而且矩阵 A 是非满秩的, 那么该方程组的解是不唯一的, 这些解是系数矩阵各行向量的正交向量.

2. 方程组的等价变换

方程组的等价变换概念是在这些方程经一些运算变换后, 它们的解保持不变, 这时称方程组变换为等价变换. 方程组的等价变换有:

在 (4.3.1) 式的方程组中, 对有关的行或列的排列次序进行交换后得到的方程组.

一个 (或几个) 方程同时乘一个 (或几个) 非零常数后得到的方程组.

一个方程和另一个方程相加后得到的方程组.

这三种运算都是方程组等价的基本运算. 通过这三种运算可以把 (4.3.1) 式的方程组变成一个三角形的方程组.

在 (4.3.1) 式的方程组中, 如果 $i < j$, 那么 $a_{i,j} = 0, a_{i,i} = 1$. 对这种三角形的方程组, 利用递推法即可直接得到它们的解.

3. 方程组求解的 LU 算法

称这种利用等价变换, 把方程组的系数矩阵变成三角矩阵的求解方法为**高斯消去法**, 这种运算将矩阵 A 变成一个上三角矩阵 U.

这个运算过程是对矩阵 A 的运算, 这时矩阵 $A = LU$, 其中 L 是一个下三角矩阵. 称这种分解式是矩阵 A 的 LU 分解.

正定矩阵的楚列斯基分解. 如果 A 是一个正定矩阵, 那么它一定可以写成 $A = LDL^{-1}$, 其中 L 是一个三角矩阵, L^{-1} 是它的逆矩阵, D 是一个对角矩阵, 这就是

$$
d_{i,j} = \begin{cases} d_i > 0, & i = j, \\ 0, & 否则. \end{cases}
$$

这时记 $d_1, d_2, \cdots, d_n > 0$ 是该矩阵在对角线上的取值.

如果 D 是正定、对角矩阵, 那么 $D = D^{1/2}D^{1/2}$, 其中 $D^{1/2}$ 是一个对角矩阵, 它在对角上的取值为 $d_1^{1/2}, d_2^{1/2}, \cdots, d_n^{1/2} > 0$.

因此有 $A = (LD^{1/2})(LD^{1/2})^{\mathrm{T}} = L'(L')^{\mathrm{T}}$ 成立, 其中 $L' = LD^{1/2}$ 是三角矩阵.

由此得到 $L'\boldsymbol{y} = \boldsymbol{b}, (L')^{\mathrm{T}}\boldsymbol{x} = \boldsymbol{y}$ 就是方程组 (4.3.1) 的解.

这就是方程组的**楚列斯基分解**和**楚列斯基算法**.

4. 主元素的高斯消去法

我们已经给出方程组系数矩阵的高斯消去法, 在此基础上可以给出主元素的高斯消去法.

这就是在作每一步消去计算时, 取 $a_{1,1}$ 的绝对值是这一行中其他元素绝对值中的最大值 (否则只要交换各列的位置即可), 这时必有 $a_{1,1} \neq 0$, 否则第 1 行的元素全为零.

因为 $a_{1,1} \neq 0$, 就可用高斯消去法使第 1 列的元素全为零. 由此得到矩阵 $A^{(1)} = (a_{i,j}^{(1)})$.

在 $A^{(1)} = (a_{i,j}^{(1)})$ 矩阵中, 除了 $a_{1,1}^{(1)} \neq 0$ 外, 其他的 $a_{1,j}^{(1)} = 0, j > 1$.

这时取 $a_{2,2}^{(1)}$ 的绝对值是该矩阵中是这一行其他元素绝对值的最大值 (否则只需交换 $j \geqslant 2$ 中各列的位置即可), 这时必有 $a_{2,2}^{(1)} \neq 0$, 否则在 $A^{(1)}$ 矩阵中这一行的元素全为零.

因为 $a_{2,2}^{(1)} \neq 0$, 就可用它消去 $A^{(1)}$ 矩阵中第 2 列的元素, 使 $a_{i,2}^{(1)}, i > 2$ 变为零.

如此继续直到矩阵 A 成为 $A^{(n)}$ 是一个三角矩阵为止.

在此高斯消去法中, 每一步运算都伴随一个置换运算, 因此相应的 LU 分解应写为 $PA = LU$, 其中 P 是行、列的置换运算.

5. 方程组求解的 QR 算法

以上的 LU 算法适用于正定方程组, 对一般的方程组有 QR 算法.

如果一个矩阵 $A = QR$, 其中 Q, R 分别是正交矩阵和三角矩阵, 那么关系式 $A = QR$ 称为矩阵的 QR 分解.

一般矩阵的 QR 分解有多种算法, 如豪斯霍尔德 (Householder) 算法.

(i) 豪斯霍尔德算法是构造一系列 n 阶矩阵 $P = I - 2\boldsymbol{w}\boldsymbol{w}^{\mathrm{T}}$, 其中 I 是 n 阶幺矩阵, $\boldsymbol{w}$ 是 n 维单位长度向量 ($|\boldsymbol{w}| = (w_1^2 + w_2^2 + \cdots + w_n^2)^{1/2} = 1$).

(ii) 矩阵 A 的列向量记为 a_j^n, 这时取

$$\boldsymbol{w}_1 = \mu_1(a_{1,1} - s_1, a_{2,1}, a_{3,1}, \cdots, a_{n,1})^{\mathrm{T}}, \tag{4.3.2}$$

其中

$$\begin{cases} s_1 = |a_1^n| = (a_{1,1}^2 + a_{2,1}^2 + \cdots + a_{n,1}^2)^{1/2}, \\ \mu_1 = \dfrac{1}{\sqrt{2s_1(s_1 - a_{1,1})}}. \end{cases}$$

(iii) 由此得到矩阵 $P^{(1)} = I - \boldsymbol{w}_1\boldsymbol{w}_1^{\mathrm{T}}$,

$$A^{(1)} = P^{(1)}A = (I - 2\boldsymbol{w}_1\boldsymbol{w}_1^{\mathrm{T}})A = (a_{i,j}^{(1)})_{i,j=1,2,\cdots,n}, \tag{4.3.3}$$

其中第一列向量是 $(s_1, 0, 0, \cdots, 0)^{\mathrm{T}}$.

(iv) 由矩阵 $A^{(1)}$ 构造向量

$$\boldsymbol{w}_2 = \mu_2 \left(0, a_{2,2}^{(1)} - s_2, a_{3,2}^{(1)}, a_{4,2}^{(1)}, \cdots, a_{n,2}^{(1)} \right)^{\mathrm{T}}, \tag{4.3.4}$$

其中

$$\begin{cases} s_2 = |(a^{(1)})_2^n| = \left[(a_{1,1}^{(1)})^2 + (a_{2,1}^{(1)})^2 + \cdots + (a_{n,1}^{(1)})^2 \right]^{1/2}, \\ \mu_2 = \dfrac{1}{\sqrt{2s_2(s_2 - a_{2,2}^{(1)})}}. \end{cases}$$

(v) 由此得到矩阵 $P^{(2)} = I - \boldsymbol{w}_2 \boldsymbol{w}_2^{\mathrm{T}}$,

$$A^{(2)} = P^{(2)} A^{(1)} = P^{(2)} P^{(1)} A = (a_{i,j}^{(2)})_{i,j=1,2,\cdots,n}, \tag{4.3.5}$$

其中第一、二列向量分别是 $\begin{cases} (a^{(2)})_1^n = (s_1, 0, 0, \cdots, 0)^{\mathrm{T}}, \\ (a^{(2)})_2^n = (a_{1,2}^{(2)}, s_2, 0, 0, \cdots, 0)^{\mathrm{T}}. \end{cases}$

(vi) 以此类推, 可以得到一系列的 $P^{(1)}, P^{(2)}, \cdots, P^{(n-1)}$, 由此得到

$$R = P^{(n-1)} P^{(n-2)} \cdots P^{(2)} P^{(1)} A = QA \tag{4.3.6}$$

是三角矩阵, 其中 $Q = P^{(n-1)} P^{(n-2)} \cdots P^{(2)} P^{(1)}$, 因为 $P^{(n-1)}, P^{(n-2)}, \cdots, P^{(2)},$ $P^{(1)}$ 都是正交矩阵, 所以 Q 也是正交矩阵.

4.3.2　线性方程组的迭代算法

我们已经给出了线性方程组的高斯消去法、UL 算法和 QR 算法, 现在讨论它们的迭代算法.

1. 迭代算法及其收敛性

在 (4.3.1) 的方程组 $A\boldsymbol{x} = \boldsymbol{b}, \boldsymbol{x}, \boldsymbol{b} \in R^n$ 中, 讨论它们的迭代算法.

记迭代运算 $\boldsymbol{x} = B\boldsymbol{x} + \boldsymbol{f}, \boldsymbol{x}, \boldsymbol{f} \in R^n$, 称该运算子为**基本迭代运算子**.

任取 $\boldsymbol{x}^{(0)} \in R^n$ 是初始向量, 对固定的 $B, \boldsymbol{f}$ 取

$$\boldsymbol{x}^{(k+1)} = B\boldsymbol{x}^{(k)} + \boldsymbol{f}, \quad k = 0, 1, 2, \cdots \tag{4.3.7}$$

是由迭代计算所产生的序列.

如果当 $k \to \infty$ 时, 序列 $\boldsymbol{x}^{(k)}$ 的极限存在, 那么记 $\lim_{k \to \infty} \boldsymbol{x}^{(k)} = \boldsymbol{x}^{(*)}$. 这时称该迭代算法收敛.

该迭代算法收敛的条件是矩阵 B 的谱半径 $\rho(B) < 1$.

矩阵 B 的谱半径的定义是 $\rho(B) = \max_{i=1,2,\cdots,n} |\lambda_i|$, 其中 $\lambda_1, \lambda_2, \cdots, \lambda_n$ 是矩阵 B 的全部特征根.

2. 迭代算法的收敛速度

(4.3.5) 式给出由迭代计算产生的序列, 当 $\rho(B) < 1$ 时, 该迭代序列是收敛的, 现在讨论它的收敛速度问题.

(1) 向量 $\boldsymbol{x}$ 的模定义为 $\| \boldsymbol{x} \| = (x_1^2 + x_2^2 + \cdots + x_n^2)^{1/2}$.

(2) n 阶矩阵 $A = (a_{i,j})_{i,j=1,2,\cdots,n}$ 的模定义为

$$\| A \| = \max\{\| A\boldsymbol{x} \|, \| \boldsymbol{x} \| = 1\} = \max\left\{\frac{\| A\boldsymbol{x} \|}{\| \boldsymbol{x} \|}, x^n \in R^n \right\}. \tag{4.3.8}$$

(3) 如果 $\lambda_1, \lambda_2, \cdots, \lambda_n$ 是 n 阶矩阵 B 的特征根, 如果 $\boldsymbol{x}$ 是 A 的特征向量, 那么有 $A\boldsymbol{x} = \lambda_i \boldsymbol{x}$. 因此有 $\rho(A) \leqslant \| A \|$ 成立.

所以如果有 $\| B \| < 1$, 那么该迭代算法收敛. 这时有关系式

$$\begin{cases} \| \boldsymbol{x}^{(k)} - \boldsymbol{x}^{(*)} \| \leqslant \dfrac{\| B \|^k}{1 - \| B \|} \| \boldsymbol{x}^{(1)} - \boldsymbol{x}^{(0)} \|, \\ \| \boldsymbol{x}^{(k)} - \boldsymbol{x}^{(*)} \| \leqslant \dfrac{\| B \|}{1 - \| B \|} \| \boldsymbol{x}^{(k)} - \boldsymbol{x}^{(k-1)} \|, \end{cases} \tag{4.3.9}$$

这就是该迭代算法的收敛速度的估计式.

3. 四种迭代算法

在此基本迭代运算子中, 对 $B, \boldsymbol{f}$ 取不同函数时所产生的算法, 有如下算法.

(1) **雅可比** (Jacobi) **迭代法**.

这时取 $B = I - D^{-1}, \boldsymbol{f} = D^{-1}\boldsymbol{b}$, 其中 A 是方程组 (4.3.9) 的系数矩阵, 而 $D = (d_{i,j})_{i,j=1,2,\cdots,n}$ 是一个对角矩阵, $\begin{cases} a_{i,j} & i = j, \\ 0, & \text{否则}. \end{cases}$

由此得到 (4.3.5) 式中向量的各分量为

$$x_i^{(k+1)} = \frac{1}{a_{i,i}} \left(b_i - \sum_{j=1, j \neq i}^{n} a_{i,j} x_j^{(k)} \right), \quad i = 1, 2, \cdots, n. \tag{4.3.10}$$

雅可比 (Jacobi) 迭代法收敛的充要条件是 $\rho(I - D^{-1}) < 1$.

(2) **高斯-赛德尔** (Gauss-Seidel) **法**. 这是对雅可比迭代法的改进, 这时取

$$x_i^{(k+1)} = \frac{1}{a_{i,i}} \left(b_i - \sum_{j=1}^{j-1} a_{i,j} x_j^{(k+1)} \sum_{j=i+1}^{n} a_{i,j} x_j^{(k)} \right). \tag{4.3.11}$$

该迭代式可写为

$$\boldsymbol{x}^{(k+1)} = (D - L)^{-1} U (\boldsymbol{x}^{(k)} + (D - L)^{-1} \boldsymbol{b}), \tag{4.3.12}$$

其中 $-L = (l_{i,j})_{i,j=1,2,\cdots,n}$, $-U = (u_{i,j})_{i,j=1,2,\cdots,n}$ 都是三角矩阵.

$$l_{i,j} = \begin{cases} a_{i,j}, & i > j, \\ 0, & \text{否则}, \end{cases} \qquad u_{i,j} = \begin{cases} u_{i,j}, & j > i, \\ 0, & \text{否则}. \end{cases} \qquad (4.3.13)$$

(3) **超松弛法**. 这是对高斯-赛德尔法的改进, 这时记 (4.3.9) 的计算结果为 $\tilde{\boldsymbol{x}}^{(k+1)}$, 这时取

$$\boldsymbol{x}^{(k+1)} = \omega \tilde{\boldsymbol{x}}^{(k+1)} + (1 - \omega)\boldsymbol{x}^{(k)}, \qquad (4.3.14)$$

其中 ω 是松弛系数, 当 $\omega = 1$ 时就是高斯-赛德尔法.

在一般的超松弛法中, 收敛的条件是 $0 < \omega < 2$, 因此存在对松弛系数 ω 的选择问题, 使收敛速度更快.

(4) **分块迭代法**. 这是对把系数矩阵 A 写成分块矩阵, 这时取 $A = (A_{ij})_{i,j=1,2,\cdots,m}$, 其中 $A_{i,i}$ 是一 $n_i \times n_i$ 矩阵.

因此 A 是 $n \times n$ 矩阵, 其中 $n = n_1 + n_2 + \cdots + n_m$, 而 $A_{i,j}$ 是 $n_i \times n_j$ 矩阵. 这时记

$$A = D_B - L_B - U_B, \qquad (4.3.15)$$

其中 $D = \mathrm{diag}(A_{1,1}, A_{2,2}, \cdots, A_{m,m})$ 是对角矩阵, 而 $L_B = (L_{i,j})_{i,j=1,2,\cdots,m}$, $U_B = (U_{i,j})_{i,j=1,2,\cdots,m}$ 也是分块矩阵, 其中

$$L_B = \begin{cases} A_{i,j} & i > j, \\ 0, & \text{否则}, \end{cases} \qquad U_B = \begin{cases} A_{i,j} & i < j, \\ 0, & \text{否则}. \end{cases} \qquad (4.3.16)$$

这时分别称 L_B, U_B 是**上与下三角矩阵**.

而记 $\boldsymbol{x}_k, \boldsymbol{b}_k \in R^{n_k}$ 是 n_k 维向量, 而

$$\boldsymbol{x} = (\boldsymbol{x}_1, \boldsymbol{x}_2, \cdots, \boldsymbol{x}_m), \quad \boldsymbol{b} = (\boldsymbol{b}_1, \boldsymbol{b}_2, \cdots, \boldsymbol{b}_m).$$

这时方程组 $A\boldsymbol{x} = \boldsymbol{b}$ 的分块雅可比迭代法是

$$A_{i,i}\boldsymbol{x}_i^{(k+1)} = \boldsymbol{b}_i - \sum_{j=1,j\neq i}^{n} A_{i,j}\boldsymbol{x}_j^{(k)}, \quad i = 1, 2, \cdots, n. \qquad (4.3.17)$$

(5) 相应的**高斯-赛德尔迭代**是

$$A_{i,i}\boldsymbol{x}_i^{(k+1)} = \boldsymbol{b}_i - \sum_{j=1}^{} \sum_{j=i+1}^{m} A_{i,j}\boldsymbol{x}_j^{(k)}, \quad i = 1, 2, \cdots, n. \qquad (4.3.18)$$

由此还可得到类似的**分块超松弛迭代算法**, 对此不再详细说明.

4.3.3 有关矩阵、行列式的计算法

现在讨论的矩阵是方程 (4.3.1) 中的系数矩阵 A, 先讨论它是满秩的.

1. 逆矩阵和行列式的计算

如果矩阵 A 是满秩的, 那么它是可逆的, 记它的逆矩阵为 $A^{-1} = (\boldsymbol{q}_1, \boldsymbol{q}_2, \cdots, \boldsymbol{q}_n)$, 其中 $\boldsymbol{q}_i$ 是它的列向量.

(1) 由于 $AA^{-1} = I$ (幺矩阵), 因此 $A\boldsymbol{q}_i = \boldsymbol{e}_i = (e_{i,1}, e_{i,2}, \cdots, e_{i,n})$, 其中

$$e_{i,j} = \begin{cases} 1, & i = j, \\ 0, & \text{否则}. \end{cases}$$

(2) 如果记 $A = LU$ 是矩阵 A 的上、下三角的分解, 它们的行列式分别记为 $\det(A), \det(L), \det(U)$, 那么有 $\det(A) = \det(L)\det(U)$ 成立.

(3) 如果采用主元素的高斯消去法, 那么有分解式 $PA = LU$, 其中 P 是个行、列的置换矩阵, 可以得到相应行列式的计算值.

2. 矩阵特征根的计算——幂法和反幂法

矩阵 A 的特征根和特征向量分别记为 $A\boldsymbol{x} = \lambda\boldsymbol{x}$, 其中常数 λ 和向量 $\boldsymbol{x}$ 分别是矩阵 A 的特征根和特征向量.

关于特征根的计算一般采用特征多项式法计算, 这时特征多项式是

$$
f_A(\lambda) = |\lambda I - A|
$$
$$
= \begin{vmatrix}
\lambda - a_{11} & -a_{12} & -a_{13} & \cdots & -a_{1,n-1} & -a_{1,n} \\
-a_{2,1} & \lambda - a_{2,2} & -a_{2,3} & \cdots & -a_{2,n-1} & -a_{2,n} \\
\vdots & \vdots & \vdots & & \vdots & \vdots \\
-a_{n-1,1} & a_{n-1,2} & -a_{n-1,3} & \cdots & \lambda - a_{n-1,n-1} & -a_{n-1,n} \\
-a_{n,1} & a_{n,2} & -a_{n,3} & \cdots & -a_{n,n-1} & \lambda - a_{n-1,n}
\end{vmatrix}.
$$

$$(4.3.19)$$

特征根就是 $f_A(\lambda) = 0$ 方程的解. 这是一个 n 阶多项式方程.

对固定的矩阵 A, 它的特征根和特征向量有许多计算法, 我们这里先介绍幂法和反幂法.

记 $V^{(k)}(k = 0, 1, 2, \cdots)$ 是在 R 空间中取值的 n 阶矩阵, 取 $V^{(0)}$ 是任意非零矩阵, 而取 $V^{(k+1)} = AV^{(k)}, k = 0, 1, 2, \cdots$ 是一列幂矩阵.

称矩阵 A 是完备矩阵, 如果它的特征向量 $\boldsymbol{x}_i(i = 1, 2, \cdots, n)$ 是线性无关的. 记它的特征根满足关系式

$$|\lambda_1| > |\lambda_2| \geqslant |\lambda_3| \geqslant \cdots \geqslant |\lambda_n|. \tag{4.3.20}$$

定理 4.3.1　　如果矩阵 A 是完备的, 而且 (4.3.17) 式的条件成立, 那么选择适当的 $V^{(0)}$ 矩阵, 就有关系式 $\lim\limits_{k\to\infty} \dfrac{V^{(k+1)}}{V^{(k)}} = \lambda_1$ 成立.

该定理表示当 k 充分大时, $V^{(k+1)}$ 和 $V^{(k)}$ 只差一个常数比例.

证明　　选择矩阵 $V^{(0)}$ 是特征向量 (作为列向量) $\boldsymbol{x}_i$ ($i = 1, 2, \cdots, n$) 的线性组合, 这时取

$$V^{(0)} = \sum_{i=1}^{n} \alpha_i \boldsymbol{x}_i. \tag{4.3.21}$$

这样就有

$$V^{(k)} = \sum_{i=1}^{n} \alpha_i \lambda_i^k \boldsymbol{x}_i = \lambda_1^k \left\{ \sum_{i=1}^{n} \alpha_i \left[\frac{\lambda_i}{\lambda_1} \right]^k \boldsymbol{x}_i \right\}, \tag{4.3.22}$$

其中取 $\alpha_1 \neq 0$. 因此当 $k \to \infty$ 时, 有

$$\frac{V^{(k+1)}}{V^{(k)}} = \lambda_1 \frac{\left\{ \sum\limits_{i=1}^{n} \alpha_i \left[\dfrac{\lambda_i}{\lambda_1} \right]^{k+1} \boldsymbol{x}_i \right\}}{\left\{ \sum\limits_{i=1}^{n} \alpha_i \left[\dfrac{\lambda_i}{\lambda_1} \right]^{k} \boldsymbol{x}_i \right\}} \to \lambda_1 \tag{4.3.23}$$

成立. 因为该式中的分子、分母的极限都是 $\alpha_1 (\neq 0)$, 它们的比值为 1, 定理得证.

由 (4.3.23) 式即可得到 λ_1 的值. 这就是幂法的基本思路.

在此特征值的计算中, 只给出最大的 λ_1 的递推计算, 对一般情形可以采用**原点平移法**来计算其他特征值.

这时用 $B = A - qI$ 来取代 A 来进行迭代, 这时 B 的特征值是 $\lambda_i - q$, 其中 λ_i 是矩阵 A 的特征值.

由此产生其他的幂法, 如归一幂法、反幂法等, 这时取

$$归一幂法: \begin{cases} U^{(k)} = \dfrac{V^{(k)}}{\max(V^{(k)})}, \\ V^{(k+1)} = AU^{(k)}, \end{cases} \quad k \geqslant 1. \tag{4.3.24}$$

$$反幂法: \begin{cases} U^{(k)} = V^{(k)}/\max(V^{(k)}), \\ V^{(k+1)} = (A - qI)^{-1} U^{(k)}, \end{cases} \quad k = 0, 1, 2, \cdots, \tag{4.3.25}$$

其中 $\max(V^{(k)})$ 是 $V^{(k)}$ 矩阵中的最大值.

在归一幂法中, (4.3.23) 的极限值仍然是 λ_1(最大特征值). 在反幂法的计算中, (4.3.23) 的极限值是和 q 最接近的值.

3. 对称矩阵特征根的计算——雅可比法

雅可比法的基本思路是构造一系列的正交矩阵 P_k, 并取 $\begin{cases} A_0 = A, \\ A_{k+1} = P_k A_k P_k^{\mathrm{T}}. \end{cases}$

当 n 取不同值时, $P = P_k$ 是不同类型的正交矩阵.

当 $n = 2$ 时, 取 $P = \begin{bmatrix} c & s \\ -s & c \end{bmatrix}$, $c^2 + s^2 = 1$.

这时 $A = \begin{bmatrix} a_{11} & a_{12} \\ a_{21} & a_{22} \end{bmatrix}$, $a_{12} = a_{21}$.

如果取 $c = \cos\theta, s = \sin\theta$, 那么 $c^2 + s^2 = 1$, 而且有

$$C = PAP^{\mathrm{T}} = \begin{bmatrix} c_{11} & c_{12} \\ c_{21} & c_{22} \end{bmatrix}, \tag{4.3.26}$$

其中

$$
\begin{aligned}
& PAP^{\mathrm{T}} \\
={} & \begin{bmatrix} c & s \\ -s & c \end{bmatrix} \cdot \begin{bmatrix} a_{11} & a_{12} \\ a_{21} & a_{22} \end{bmatrix} \cdot \begin{bmatrix} c & -s \\ s & c \end{bmatrix} \\
={} & \begin{bmatrix} ca_{11} + sa_{21} & ca_{12} + sa_{22} \\ -sa_{11} + ca_{21} & -sa_{12} + ca_{22} \end{bmatrix} \cdot \begin{bmatrix} c & -s \\ s & c \end{bmatrix} \\
={} & \begin{bmatrix} c(ca_{11} + sa_{21}) + s(ca_{12} + sa_{22}) & c(-sa_{11} + ca_{21}) + s(-sa_{12} + ca_{22}) \\ -s(ca_{11} + sa_{21}) + c(ca_{12} + sa_{22}) & -s(-sa_{11} + ca_{21}) + c(-sa_{12} + ca_{22}) \end{bmatrix} \\
={} & \begin{bmatrix} c^2 a_{11} + cs(a_{21} + a_{12}) + s^2 a_{22} & -cs(a_{11} - a_{22}) + c^2 a_{21} - s^2 a_{12} \\ -cs(a_{11} - a_{22}) - s^2 a_{21} + c^2 a_{12} & s^2 a_{11} - cs(a_{21} + a_{12}) + c^2 a_{22} \end{bmatrix}.
\end{aligned}
\tag{4.3.27}
$$

如果取 θ 满足条件

$$\cot(2\theta) = \frac{a_{11} - a_{22}}{2a_{21}}, \quad \theta \in \left(-\frac{\pi}{4}, 0\right) \cup \left(0, \frac{\pi}{4}\right),$$

那么有 $c_{21} = c_{12} = 0$. 因为 P 是正交矩阵, 所以有 $c_{11}^2 + c_{22}^2 = a_{11}^2 + a_{22}^2 + 2a_{12}^2$. 这时 C 是一个对角矩阵.

在一般情形下, 如果 $a_{i_0 j_0} = a_{j_0 i_0} \neq 0, 1 \leqslant i_0 < j_0 \leqslant n$, 那么取矩阵 $P = (p_{ij})_{i,j=1,2,\cdots,n}$ 为

$$p_{ij}(i_0, j_0) = \begin{cases} c, & i = j = i_0 \text{ 或 } i = j = j_0, \\ s, & i = i_0, j = j_0, \\ -s, & i = j_0, j = i_0, \\ 1, & i = i \neq i_0, j_0, \\ 0, & \text{否则}, \end{cases} \tag{4.3.28}$$

其中 $c = \cos\theta, s = \sin\theta$, 那么 $c^2 + s^2 = 1$. 这时矩阵 P 是一个行 (或列) 位置的转置矩阵.

由此构造矩阵 $C = PAP^{\mathrm{T}} = (c_{ij})_{i,j=1,2,\cdots,n}$. 这时有关系式 $c_{i_0,j_0} = c_{j_0,i_0} = 0$ 成立. 而且有关系式 $\sum_{i,j=1}^{n} a_{ij} = \sum_{i,j=1}^{n} c_{ij}$ 成立.

如果 $M = (m_{ij})_{i,j=1,2,\cdots,n}$ 是任意的 n 阶矩阵, 那么定义

$$DS(M) = \sum_{i=1}^{n} m_{i,i}^2, \quad OS(M) = \sum_{i \neq j=1}^{n} m_{i,j}^2, \tag{4.3.29}$$

它们分别是 M 矩阵中对角线和非对角线中元素的平方和. 在矩阵 A, C 之间满足关系式

$$\begin{cases} DS(C) = DS(A) + 2a_{i_0,j_0}^2, \\ OS(C) = OS(A) - 2a_{i_0,j_0}^2 < OS(A). \end{cases} \tag{4.3.30}$$

称这种迭代计算为雅可比迭代. 每次迭代运算使 $OS(C)$ 的取值严格下降, 最终使 $OS(C) \to 0$ 成立.

4. 矩阵特征根计算的 QR 算法

在方程组求解时我们已经介绍了 QR 算法, 利用这个算法可以得到矩阵特征根计算的 QR 算法.

(1) 我们已经给出矩阵 A 的 QR 的定义, 其中 Q, R 分别是正交矩阵和三角矩阵.

(2) 一般矩阵的 QR 分解有多种算法, 我们已经介绍了豪斯霍尔德算法.

该算法是构造一系列 n 阶矩阵 $P = I - 2\boldsymbol{ww}^{\mathrm{T}}$, 其中 $\boldsymbol{w}$ 是 n 维单位长度向量, 它的计算式在 (4.3.2) 式中给出.

由此得到一系列的矩阵 $P^{(k)}$ 和 $A^{(k)}$, 它们分别在 (4.3.3)—(4.3.6) 式中给出.

4.3.4　矩阵的其他计算算法

在方程组、矩阵、特征根的计算中, 除了已给出的递推、迭代算法外还有一些其他的计算算法.

1. 豪斯霍尔德矩阵和豪斯霍尔德变换

这是在作矩阵分解时常用的运算, 有关定义和记号如下.

如果 $u \in R^n$ 是一 n 维向量, $\| u \| = (u_1^2 + u_2^2 + \cdots + u_n^2)^{1/2} = 1$. 这时称矩阵

$$H = I - 2uu^{\mathrm{T}} \tag{4.3.31}$$

为由向量 u 产生的豪斯霍尔德矩阵或豪斯霍尔德变换.

定理 4.3.2 (豪斯霍尔德矩阵的性质) 该矩阵有如下性质.

(1) 该矩阵是对称的, 即有 $H^{\mathrm{T}} = H$ 成立.

(2) 该矩阵是正交矩阵, 即有 $H^{\mathrm{T}} H = I$ 或 $H^{\mathrm{T}} = H^{-1}$ 成立.

(3) 该矩阵是保范的, 就是对任何 $v \in R^n$, 有 $\| Hv \| = \| v \|$ 成立.

(4) 记 S 是以 u 为法向量的超平面, 那么对任何非零向量 $v \in R^n$, 向量 Hv 和 v 之间关于超平面 S 是对称的.

向量关于超平面 S 对称的概念是指它们在该超平面的投影向量大小、方向相同, 但指向相反.

定理 4.3.3 对任何非零向量 $v \in R^n$, 总是存在适当的向量 $u \in R^n$, 使 $\| u \| = 1$, 那么由向量 u 产生的豪斯霍尔德矩阵 $H = H_u$ 有关系式 $Hv = ce_1$ 成立, 其中 c 是适当常数, $e_1 = (1, 0, 0, \cdots, 0)$.

由定理 4.3.3 可以推出, 对任何非零向量 $v \in R^n$, 总是存在适当的向量 $u \in R^n$, 使 $\| u \| = 1$, 而且使向量 Hv 中有若干分量连续且为 0.

2. 吉布斯矩阵和吉布斯变换

(1) 如果矩阵 $A = (a_{i,j})_{i,j=1,2,\cdots,n}$ 满足条件

$$a_{i,j} = \begin{cases} \cos \theta, & i = j = i_0 \text{ 或 } i = j = j_0, \\ \sin \theta, & i = i_0, j = j_0, \\ 1, & i = j, i, j \neq i_0, j_0, \\ 0, & \text{否则}, \end{cases} \tag{4.3.32}$$

其中 $1 \leqslant i_0 < j_0 \leqslant n$.

这时记由 (4.3.28) 式定义的矩阵为 $J(i_0, j_0, \theta)$.

(2) 这时的吉布斯矩阵显然是个正交矩阵, 而且由此产生的吉布斯变换只对 i_0, j_0 两行中的元素进行变换, 而对其余行中的元素不变.

3. *海森伯 (Heisenberg) 矩阵和变换*

一个矩阵 $A = (a_{i,j})_{i,j=1,2,\cdots,n}$, 如果满足条件: 如果 $i > j + 1$, 那么 $a_{i,j} = 0$, 这时称矩阵 A 是一个拟上三角矩阵.

如果对任何 $j > i + 1$, 总有 $a_{i,j} = 0$ 成立, 那么称矩阵 A 是一个拟下三角矩阵, 它们都是海森伯型矩阵.

定理 4.3.4　　对任何 n 阶矩阵 A, 总是存在正交矩阵 Q, 使 QAQ^{T} 是上海森伯型矩阵.

定理 4.3.5　　对任何 n 阶矩阵 A, 总是存在正交矩阵 Q 和上三角矩阵 R, 使 $A = QR$ 成立.

4.4　数值分析中的有关理论和算法

数值分析所讨论的问题是有关数据的理论和分析的问题, 其中的核心问题是误差、逼近、拟合中的问题. 在绝大多数情形下, 要获得完全精确的值是不可能的, 因此只能得到在一定误差条件下的近似值. 而在实际生活和各种工程的数据处理问题中, 都可以允许有一定误差存在.

本节我们介绍数值分析中的一些基本思想、理论和方法, 它是在数学理论基础上建立的一个重要领域, 而且其他学科以及各种工程问题 (也包括智能计算中的问题) 都有密切关系.

4.4.1　误差和对误差的分析

在实际的计算问题中, 误差是不可缺少的因素, 它有多种产生原因和产生过程.

1. 误差的产生和类型

在实际的计算问题中, 由于测量、观察、记录中的原因, 可以产生多种不同类型的误差.

(1) 由测量、观察所产生的误差. 这就是由观察、测量的仪表所产生的误差, 其中包括时间、位置及其他物理参数的误差.

(2) 在测量记录中所产生的误差, 这就是截位数的误差. 在这种误差中, 存在不能或不需要完全精确的记录. 后者是为了减少测量记录复杂度而产生的记录误差, 前者是有的数据不可能被完全精确记录 (如无理数是不可能被精确记录的).

(3) 在误差的产生和类型中, 除了对它们产生的原因进行分析外, 还有对误差特征的分析, 如常见的**累计误差**、**随机误差**、**随机误差的分布类型**等类型, 它们都是对误差数据的结构类型的分析.

2. 误差的表示

为了对误差进行分析, 首先就要确定它们的表示法.

(1) 误差的最常用表示是**确定数据 + 波动数据**的表示式 $a \pm \delta$, 其中 a 是确定数据, $\pm \delta$ 是波动数据的误差范围.

(2) 误差的另一种表示是**有效数据**, 这就是通过一定的数据位确定数据的有效位, 如 8 位有效数据是指数据前 8 位是有效数据. 这和数据的大小无关.

(3) 误差的**小数位**, 是通过小数位来确定它的误差大小, 如 5 位小数位误差是指第 6 位的小数可以通过四舍五入删除. 这时 5 位小数位误差的误差大小控制在 0.000005 范围.

(4) **相对误差和绝对误差**. 在确定数据和波动数据的表示式 $a \pm \delta$ 中, 称 $\pm \delta$ 是绝对误差, 而称 $\pm \delta/a$ 是相对误差.

3. 误差的估计

如果用 x^*, y^* 分别表示数据 x, y 的近似值 (或带误差的数据), 那么有**误差的微分表示**. 误差的微分表示也有多种不同的表示形式.

如误差的绝对值微分形式是通过 $\delta x = |x^* - x|, \delta y = |y^* - y|$ 表示它们的误差, 称这种误差的表示为微分表示.

利用微分的运算是可以产生运算中的误差, 如

$$\begin{cases} \delta(x + y) = \delta x + \delta y, \\ \delta(x \cdot y) = |x|\delta y + |y|\delta x, \\ \delta\left(\dfrac{x}{y}\right) = \dfrac{|x|\delta y + |y|\delta x}{|y|^2}. \end{cases} \tag{4.4.1}$$

差的相对值微分形式是 $\delta_r x = \dfrac{\delta x}{x} = \delta \ln x, \delta_r y = \dfrac{\delta y}{y} = \delta \ln y$. 这时 (4.4.1) 式中误差估计的微分形式是

$$\begin{cases} \delta_r(x + y) = \max\{\delta_r x, \delta_r y\}, & x, \ y \text{ 同号时} \\ \delta_r(x - y) = \dfrac{|x|\delta y + |y|\delta x}{|x - y|}, & x, \ y \text{ 同号时} \\ \delta_r(x \cdot y) \sim \delta_r x + \delta_r y, & \\ \delta_r\left(\dfrac{x}{y}\right) = \delta_r x + \delta_r y, & y \neq 0. \end{cases} \tag{4.4.2}$$

函数计算中的误差估计.

在函数 $y = f(x)$ 中, 如果自变量的近似值是 x^*, 那么该函数误差的微分形式可以用泰勒 (Taylor) 展开式表示, 这时

$$\delta f(x) = f(x^*) - f(x) = f'(x^*)(x^* - x) + \frac{f''(\xi)}{2!}(x^* - x)^2, \tag{4.4.3}$$

其中 ξ 是 x, x^* 之间的一个数.

多元函数误差估计的泰勒展开式

$$\delta f(x_1, x_2, \cdots, x_n) \sim \sum_{i=1}^{n} \left| \frac{\partial f(x_1, x_2, \cdots, x_n)}{\partial x_i} \right| \delta x_i \tag{4.4.4}$$

关于泰勒展开式在一些不同的情况下有多种不同的表示, 在此我们不再一一说明.

4. 函数表示的记号

在误差估计的微分表示或泰勒展开式中, 涉及函数的类型和记号, 对此我们统一说明如下.

(1) 一个函数 $f(x)$, 它的自变量的取值范围用区域 Δ 表示, Δ 可以是开区域, 也可以是闭区域或半开区域, 它们分别记为 $(a, b), [a, b], (a, b], [a, b)$, 其中 $a < b$, a, b 可以是有限数, 也可以是无限数.

(2) 函数 $f(x)$ 在区域 Δ 中取值的类型可以是连续函数或导数连续, 这时记 $C(\Delta)$ 是在 Δ 中取值的全体连续函数, 而记 $C^{(k)}(\Delta)$ 是指所有在 Δ 中取值、k 阶导数存在, 而且连续的函数.

4.4.2　插值和拟合

插值和拟合是近似计算、数值分析中的基本方法.

1. 多项式拟合和插值

一个函数的插值法是指在一些对应的自变量和因变量已知的条件下, 求其他的函数值.

这时记 $y = f(x)(x \in \Delta)$ 是固定区间 $\Delta = [a, b]$ 上的函数. 如果自变量 $x_1, x_2, \cdots, x_m \in \Delta$ 和它们所对应的函数值 $y_i = f(x_i)(i = 1, 2, \cdots, m)$ 确定.

利用这些数据确定该函数 $y = f(x)(x \in \Delta)$ 的一般取值, 这就是插值法. 这时称 $x_1, x_2, \cdots, x_m \in \Delta$ 为节点.

记 $\varphi(x) = \sum_{i=0}^{n} a_i x^i$ 是一 n 次多项式函数, 其中 $a_0, a_1, \cdots, a_n$ 是待定系数.

多项式拟合和插值是指用多项式函数 $\varphi(x)$ 来拟合函数 $f(x)$, 使 $\varphi(x_i) = f(x_i), i = 1, 2, \cdots, m$ 成立.

这种拟合实际上就是一个多元、高次多项式方程组的求解问题, 这时有方程组

$$\sum_{j=0}^{n} a_j x_i^j = y_i, \quad i = 1, 2, \cdots, m, \tag{4.4.5}$$

其中 $(x_i, y_i), i = 1, 2, \cdots, m$ 是对应的已知数据, 而 $a_0, a_1, \cdots, a_n$ 是待定系数.

定义 4.4.1(多项式拟合和插值的定义)　　在以上记号和关系条件下, 有以下定义.

(1) 如果 $\varphi(x), f(x)$ 分别是多项式函数和一般函数, 如果它们满足关系式 (4.4.5), 那么就称 $\varphi(x)$ 是 $f(x)$ 的 n 阶多项式拟合函数.

(2) 在关系式 (4.4.5) 中, 称 $(x_i, y_i)(i = 1, 2, \cdots, m)$ 的对应点是 $f(x)$ 和 $\varphi(x)$ 的拟合 (或插值) 点, Δ 是它们的拟合 (或插值) 区域.

因此, 多项式拟合的概念就是用多项式函数来拟合一般函数. 其中的关键是多元、高次多项式方程组 (4.4.5) 的求解问题, 即该方程组解的存在性、唯一性 (或多重解) 及解答计算等一系列的问题.

2. 拉格朗日插值法

方程组 (4.4.5) 是一个多元、高次多项式方程组, 对它的求解问题是比较困难的, 因此在计算数学中有许多特殊的计算算法.

δ 函数定义为 $\delta_{i,j} = \begin{cases} 1, & i = j, \\ 0, & \text{否则}. \end{cases}$　由此定义基函数

$$\ell_{n,k}(x_j) = \delta_{x_j, x_k}, \quad k, j = 1, 2, \cdots, n. \tag{4.4.6}$$

如取

$$\ell_{n,k}(x) = \frac{(x - x_0) \cdots (x - x_{k-1})(x - x_{k+1}) \cdots (x - x_n)}{(x_k - x_0) \cdots (x_k - x_{k-1})(x_k - x_{k+1}) \cdots (x_k - x_n)} = \prod_{i \neq k, i = 0}^{n} \frac{x - x_i}{x_k - x_i}, \tag{4.4.7}$$

那么 $\ell_{n,k}(x_j)$ 满足 (4.4.6) 式的基函数条件.

称 (4.4.7) 式的 $\ell_{n,k}(x)$ 函数是在 $x_0, x_1, \cdots, x_n$ 点上的 n 次插值的基函数.

由此定义

$$L_n(x) = \sum_{k=0}^{n} y_k \ell_{n,k}(x) \tag{4.4.8}$$

为 n 次插值的拉格朗日多项式插值函数.

如果定义

$$\begin{cases} \omega_{n+1}(x) = (x - x_0)(x - x_2) \cdots (x - x_n), \\ \omega'_{n+1}(x) = (x - x_0) \cdots (x - x_{k-1})(x - x_{k+1}) \cdots (x - x_n), \end{cases} \tag{4.4.9}$$

那么

$$\ell_{n,k}(x) = \frac{\omega_{n+1}(x)}{(x - x_k)\omega'_{n+1}(x_k)}, \quad k = 0, 1, \cdots, n. \tag{4.4.10}$$

这时 n 次插值的拉格朗日多项式插值函数为

$$L_n(x) = \sum_{k=0}^{n} y_k \left(\prod_{i \neq k, i=1}^{n} \frac{x - x_i}{x_k - x_i} \right) = \sum_{k=0}^{n} \frac{\omega_{n+1}(x)}{(x - x_k)\omega'_{n+1}(x_k)}. \tag{4.4.11}$$

3. 拉格朗日插值法的性质

(1) 当 $y = f(x) = x^m$ 时, 相应的拉格朗日插值函数存在且唯一确定, 它们满足关系式

$$L_n(x) = \sum_{k=0}^{n} y_k \ell_{n,k}(x) = \sum_{k=0}^{n} x_k^n \ell_{n,k}(x) = x^m, \quad m = 0, 1, 2, \cdots, m \tag{4.4.12}$$

成立. 特别当 $m = 0$ 时, 有 $\sum_{k=0}^{n} \ell_{n,k}(x) = 1$ 成立.

(2) 拉格朗日插值的余项公式.

记 $f(x)$ 是区间 $[a, b]$ 上的函数, $L_n(x)$ 是它的拉格朗日多项式插值函数, 如 (4.4.12) 式定义.

定理 4.4.1 (拉格朗日插值法的插值余项公式)　　如果 $f(x)$ 在区间 $[a, b]$ 上的 n 阶导数 $f^{(n)}(x)$ 存在而且连续, 它在区间 (a, b) 上的 $n + 1$ 阶导数 $f^{(n+1)}(x)$ 存在, 那么它的余项计算式为

$$R_n(x) = f(x) - L_n(x) = \frac{f^{(n+1)}(\xi)}{(n+1)!}\omega_{n+1}(x), \quad \xi \in (a, b), \tag{4.4.13}$$

其中 $\omega_{n+1}(x)$ 在 (4.4.9) 式中已定义.

(3) 利用拉格朗日插值的余项公式, 可以得到不同类型插值的余项和误差的估计.

(i) 当 $n = 1$ 时, 对 $f(x)$ 作线性插值, 那么它的余项公式为

$$R_1(x) = \frac{1}{2} f''(\xi)\omega_2(x) = \frac{1}{2} f''(\xi)(x - x_0)(x - x_1), \tag{4.4.14}$$

其中 $\xi \in (x_0, x_1)$.

(ii) 当 $n = 2$ 时, 对 $f(x)$ 作抛物型的插值, 那么

$$R_2(x) = \frac{1}{6} f'''(\xi)(x - x_0)(x - x_1)(x - x_2), \tag{4.4.15}$$

其中 $x_0 < x_1 < x_2, \xi \in (x_0, x_2)$.

(iii) 在一般情形下, 如果 $\max\{f^{(n+1)}(x), x \in (a, b)\} \leqslant M_{n+1}$, 那么有

$$|R_n(x)| \leqslant \frac{M_{n+1}}{(n+1)!} |\omega_{n+1}(x)| \tag{4.4.16}$$

成立.

4.4.3 牛顿插值法

利用拉格朗日插值法给出的多项式比较直观、对称, 但当节点变化 (如增加) 时, 相应的基函数都要随着变化, 整个运算过程都要改变. 牛顿 (Newton) 插值法可以避免这个缺点.

1. 牛顿插值法

牛顿插值法是构造一系列多项式函数 $N_0(x), N_1(x), \cdots, N_n(x)$, 它们的构造方式如下.

当 $n = 0$ 时, 构造函数 $N_0(x) = y_0 = f(x_0)$, 这时满足插值条件 $N_0(x_0) = a_0 = f(x_0)$.

当 $n = 1$ 时, 构造一次插值函数 $N_1(x) = N_0(x) + a_1(x - x_0)$. 这时满足插值条件 $N_1(x_0) = N_0(x_0) = f(x_0) = y_0$ 外, 还满足条件

$$N_1(x_1) = N_0(x_1) + a_1(x_1 - x_0) = y_0 + a_1(x_1 - x_0) = y_1,$$

这里取 $a_1 = \dfrac{y_1 - y_0}{x_1 - x_0}$.

当 $n = 2$ 时, 构造二次插值函数 $N_2(x) = N_1(x) + a_2(x - x_0)(x - x_1)$, 这时除满足插值条件 $\begin{cases} N_2(x_0) = y_0 = f(x_0), \\ N_2(x_1) = y_1 = f(x_1) \end{cases}$ 外, 还满足条件 $N_2(x_2) = y_2 = f(x_2)$, 这里只需取

$$a_1 = \frac{\dfrac{f(x_2) - f(x_0)}{x_2 - x_0} - \dfrac{f(x_1) - f(x_0)}{x_1 - x_0}}{x_2 - x_1}. \tag{4.4.17}$$

以此类推, 可以构造其他牛顿插值多项式函数 $N_3(x), N_4(x), \cdots$.

2. 差商函数的定义

为建立牛顿插值法的一般构造公式, 需建立它的差商函数定义如下:

$$\begin{cases} \textbf{0 阶差商函数} \quad f[x_i] = f(x_i), \\ \textbf{一阶差商函数} \quad f[x_i, x_j] = \dfrac{f(x_2) - f(x_i)}{x_j - x_i}, \\ \textbf{二阶差商函数} \quad f[x_i, x_j, x_k] = \dfrac{f[x_j, x_k] - f[x_i, x_j]}{x_k - x_i}. \end{cases}$$

由此得到一般的 n 阶差商函数的定义为

$$f[x_0, x_1, \cdots, x_k] = \frac{f[x_1, x_2, \cdots, x_k] - f[x_0, x_1, \cdots, x_{k-1}]}{x_k - x_0}. \tag{4.4.18}$$

这些差商函数最后都可归结为普通函数, 如

$$f[x_0, x_1] = \frac{f(x_1) - f(x_0)}{x_1 - x_0} = \frac{f(x_0)}{x_0 - x_1} + \frac{f(x_1)}{x_1 - x_0}, \tag{4.4.19}$$

$$\begin{aligned} f[x_0, x_1, x_2] &= \frac{f[x_1, x_2] - f[x_0, x_1]}{x_2 - x_0} \\ &= \frac{1}{x_2 - x_0} \left[\left(\frac{f(x_1)}{x_1 - x_2} + \frac{f(x_2)}{x_2 - x_1} \right) - \left(\frac{f(x_0)}{x_0 - x_1} + \frac{f(x_1)}{x_1 - x_0} \right) \right] \\ &= \frac{f(x_0)}{(x_0 - x_1)(x_0 - x_2)} + \frac{f(x_1)}{(x_1 - x_0)(x_1 - x_2)} + \frac{f(x_2)}{(x_2 - x_0)(x_2 - x_1)}. \end{aligned} \tag{4.4.20}$$

3. 差商函数的性质

利用归纳法, 得到差商函数的性质如下.

(1) k 阶差商函数可以表示成相应节点的线性函数, 即

$$f[x_0, x_1, \cdots, x_k] = \sum_{j=0}^{k} \frac{f(x_j)}{(x_j - x_0) \cdots (x_j - x_{j-1})(x_j - x_{j+1}) \cdots (x_j - x_k)} \tag{4.4.21}$$

成立.

(2) 在 k 阶差商函数中, 关于变量 $x_0, x_1, \cdots, x_k$ 是对称的, 这就是有关系式

$$f[x_0, \cdots, x_i, \cdots, x_j, \cdots, x_k] = f[x_0, \cdots, x_j, \cdots, x_i, \cdots, x_k] \tag{4.4.22}$$

对任何 $0 \leqslant i < j \leqslant k$ 成立.

(3) 如果 $f(x)$ 在 $[a, b]$ 上存在 n 阶导数, 而且 $x_0, x_1, \cdots, x_k \in [a, b]$, 那么有关系式

$$f[x_0, x_1, \cdots, x_n] = \frac{f^{(n)}(\xi)}{n!} \tag{4.4.23}$$

成立, 其中 ξ 在 $x_0, x_1, \cdots, x_k$ 之间.

4. 由牛顿插值法产生的拟合多项式和它的插值余项

由差商函数的定义, 可以得到递推关系式

$$\begin{cases} f(x) = f(x_0) + f[x, x_0](x - x_0), \\ f[x, x_0] = f[x_0, x_1] + f[x, x_0, x_1](x - x_1), \\ \qquad \cdots\cdots \\ f[x, x_0, \cdots, x_{n-2}] = f[x_0, x_1, \cdots, x_{n-1}] + f[x, x_0, x_1, \cdots, x_{n-1}](x - x_{n-1}), \\ f[x, x_0, \cdots, x_{n-1}] = f[x_0, x_1, \cdots, x_n] + f[x, x_0, x_1, \cdots, x_n](x - x_n), \end{cases} \tag{4.4.24}$$

由 (4.4.24) 式可以得到关系式

$$
\begin{aligned}
f(x) &= f(x_0) + f[x_0, x_1](x - x_0) + f[x_0, x_1, x_2](x - x_0)(x - x_1) + \cdots \\
&\quad + f[x_0, x_1, \cdots, x_n]\omega_{n+1}(x) \\
&= N_n(x) + R_n(x),
\end{aligned} \tag{4.4.25}
$$

其中 $\omega_{n+1}(x)$ 在 (4.4.9) 式中已定义, 而 $N_n(x), R_n(x)$ 分别是牛顿插值法的拟合多项式和插值余项.

而牛顿插值余项的值在 (4.4.23) 式中得到估计.

4.4.4　插值法中的样条理论

在插值法的算法中, 除了拉格朗日插值法、牛顿插值法外, 还有其他多种插值法, 如**埃尔米特 (Hermite) 插值法**等. 在拉格朗日插值法、牛顿插值法中还有多种不同类型的插值法, 如差分、等距牛顿插值法, 分段、低次 (如线性) 插值法等. 对此我们不一一列举讨论, 在本小节中我们介绍插值法中的样条理论.

1. 三次样条理论

在插值法的理论中, 如果把插值区间细分, 这就是分段插值的概念. 当插值区域细分到一定程度后, 就可采用低次 (如线性、二次、三次) 插值多项式来进行拟合.

因为三次多项式具有较好的光滑性和连接性, 所以有较大的适用范围, 且被大量使用.

定义 4.4.2(样条函数的定义)　如果 $a = x_0 < x_1 < \cdots < x_n = b$ 是节点, $f(x)$ 是定义在 $[a, b]$ 区间上的函数, 记 $y_i = f(x_i), i = 1, 2, \cdots, n$. 称 $S(x)$ 是 $f(x)$ 上的三次样条函数, 如果它满足以下条件:

(1) $S(x)$ 是 $[a, b]$ 上的二次连续可微函数.

(2) $S(x_i) = y_i, i = 1, 2, \cdots, n$.

(3) 在每个小区间 (x_{i-1}, x_i) 中, $S(x) = S_i(x) = a_i + b_i x + c_i x^2 + d_i x^3$ 是一个三阶多项式, 其中 $a_i, b_i, c_i, d_i\ (i = 1, 2, \cdots, n)$ 是待定参数.

2. 三次样条的求解的边界条件

三次样条的求解问题中, 存在不同的边界条件, 如

$$
\left\{
\begin{aligned}
&\text{第一类 (固支边界条件):} \quad S'(x_0) = f_0', \quad S'(x_n) = f_n', \\
&\text{第二类 (自然边界条件):} \quad S''(x_0) = f_0'', \quad S''(x_n) = f_n'', \\
&\text{第三类 (周期边界条件):} \quad S(x_0 + 0) = S(x_n - 0), \\
&\quad S'(x_0 + 0) = S'(x_n - 0), \quad S''(x_0 + 0) = S''(x_n - 0).
\end{aligned}
\right. \tag{4.4.26}
$$

3. 三次样条求解函数

在三次样条求解的边界条件下, 可以得到它们的函数解如下.

定理 4.4.2　设 $f(x) \in C^4[a, b]$, $S(x)$ 满足第一或第二边界条件, 记

$$h = \max\{h_i = x_{i+1} - x_i, i = 0, 1, \cdots, n - 1\},$$

那么有估计式

$$\max\{|f^{(k)}(x) - S^{(k)}(x)|, a \leqslant x \leqslant b\} \leqslant C_k |f^{(4)}(x)| h^{4-h}, \quad k = 0, 1, 2, \cdots. \tag{4.4.27}$$

该定理给出了样条插值函数的误差估计, 而且可以确定, 当 $h \to 0, k < 4$ 时, 相应的函数和它的样条函数的一阶、二阶、三阶导数关于 $h \to 0$ 时的值一致收敛.

4. 多维曲面

利用三次样条求解的类型还有多种, 如多元函数的三次样条理论, 这时对曲面或多维曲面的近似插值计算, 或其他方法的求解, 这里对这些问题不再一一讨论说明.

4.5　函数逼近和数据拟合

在作近似计算的研究过程中, 除了插值、样条等理论外, 函数逼近和其他的数据拟合的理论与方法还有多种. 其中正交函数系和傅里叶 (Fourier) 变换理论是大家所熟悉的, 在计算数学中还存在多种不同类型的正交函数系, 其中包括多种不同类型的正交多项式.

4.5.1　正交多项式

正交函数系和傅里叶变换理论是大家所熟悉的, 在数学理论中还存在多种不同类型的正交函数系, 其中包括多种不同类型的正交多项式.

1. 概论

为介绍正交多项式理论, 我们先介绍和正交函数系有关的一些定义和记号.

定义 4.5.1 (权函数的定义)　如果 $\rho(x)$ 是 $[a, b]$ 区间上的非负函数, 而且满足条件:

(1) 对任何 $n = 0, 1, 2, \cdots$, 积分 $\int_a^b x^n \rho(x) dx$ 存在.

(2) 如果 $g(x)$ 是 $[a, b]$ 区间上的非负函数, 而且有 $\int_a^b g(x) \rho(x) dx = 0$ 成立, 那么必有 $g(x) \equiv 0$ 成立.

2. 其他的一些定义和记号

(1) 典型的权函数 $\rho(x)$ 有以下几种类型:

$$
\begin{pmatrix}
\text{权函数类型} & \text{权函数形式} & \Delta_x & \text{权函数类型} & \text{权函数形式} & \Delta_x \\
\text{常数型} & \rho(x) = 1 & -1 \leqslant x \leqslant 1 & \text{指数型} & \rho(x) = e^{-x} & 0 \leqslant x < \infty \\
\text{无理函数型} & \rho(x) = \dfrac{1}{\sqrt{1-x^2}} & -1 \leqslant x \leqslant 1 & \text{双指数型} & \rho(x) = e^{-x^2} & -\infty < x < \infty
\end{pmatrix},
$$

$$(4.5.1)$$

其中 Δ_x 是自变量的取值范围.

(2) 带权的内积和范数.

定义 4.5.2 (带权的内积和范数的定义)　如果 $f(x), g(x)$ 分别是 $C[a,b]$ 空间中的函数, $\rho(x)$ 是 $C[a,b]$ 空间上的权函数, 那么有此定义.

在 $C[a,b]$ 空间中, 对它的函数可以定义它们的和运算与数乘运算, 因此 $C[a,b]$ 是一个线性空间.

在此空间中, 称

$$
\langle f(x), g(x) \rangle = \int_a^b f(x)g(x)\rho(x)dx \tag{4.5.2}
$$

是 $f(x), g(x)$ 在 $C[a,b]$ 空间中在权函数 $\rho(x)$ 下的内积.

由此内积的定义, 称

$$
\| f(x) \| = \langle f(x), f(x) \rangle^{1/2} = \left(\int_a^b f^2(x)\rho(x)dx \right)^{1/2} \tag{4.5.3}
$$

是 $f(x)$ 函数在 $C[a,b]$ 空间中在权函数 $\rho(x)$ 下的范数.

此内积和范数的是定义在二阶矩意义下的内积和范数, 因此对它们的记号用

$$
\langle f(x), g(x) \rangle = \langle f(x), g(x) \rangle_2, \quad \| f(x) \| = \| f(x) \|_2
$$

来表示.

如果在 $C[a,b]$ 空间中, 在权函数 $\rho(x)$ 意义下, 定义了它们的内积和范数, 那么 $C[a,b]$ 构成一个线性内积空间或线性赋范空间.

在线性内积空间、线性赋范空间中, 对它们的内积或范数都有一定的条件要求, 对此不再一一说明.

在线性内积空间 $C[a,b]$ 空间中, 如果 $f(x), g(x) \in C[a,b]$, 而且有 $\langle f(x), g(x) \rangle = 0$, 那么称 $f(x), g(x)$ 是 $C[a,b]$ 空间中的正交函数.

定义 4.5.3(正交函数系的定义)　　如果 $\varphi_{F_+}(x) = \{\varphi_i(x), i \in F_+\}$ 是 $C[a,b]$ 中的一函数系, 如果它们满足条件 $\langle \varphi_i, \varphi_j \rangle = \begin{cases} a_i, & i = j, \\ 0, & \text{否则,} \end{cases}$ 那么称 $\varphi_{F_+}(x)$ 是一正交函数系, 或称为带权函数 $\rho(x)$ 的正交函数系.

在此正交函数系的定义中, 如果 $a_i \equiv 1$, 那么称 $\varphi_{F_+}(x)$ 是一标准正交函数系.

3. 正交多项式系

重要的正交函数系如三角函数系, 如

$$1, \cos x, \sin x, \cos 2x, \sin 2x, \cdots, \tag{4.5.4}$$

我们重点讨论正交多项式系.

定义 4.5.4(正交多项式系)　　如果 $\varphi_n(x)(n \in F_0)$ 是 $C[a,b]$ 空间中的 n 次多项式函数, 它们的首项系数 $a_n \neq 0$, 如果它们满足定义 4.5.3 中的正交函数系的条件, 那么它们就是 $C[a,b]$ 空间上的正交多项式系, 或称为带权函数 $\rho(x)$ 的正交多项式系.

如果 $\varphi_n(x), n \in F_0$ 是 $C[a,b]$ 空间中的正交多项式函数系 (带权函数 $\rho(x)$), 那么它满足以下性质:

(1) $\varphi_i(x)(i = 0, 1, \cdots, n)$ 线性无关, 而且对任何 n 次多项式 $P_n(x)$ 都是它们的线性组合.

(2) $\varphi_n(x)$ 与任何次数小于 n 的多项式正交.

存在递推关系式

$$\varphi_{n+1} = (\alpha_n - \beta_n)\varphi_n(x) - \gamma_n \varphi_{n-1}(x), \quad n = 0, 1, 2, \cdots, \tag{4.5.5}$$

其中 $\varphi_{-1}(x) = 0$, 而 $\alpha_n, \beta_n, \gamma_n$ 是常数, 满足关系式

$$\begin{cases} \alpha_n = \dfrac{a_{n+1}}{a_n}, \\ \beta_n = \dfrac{a_{n+1}}{a_n} \cdot \dfrac{\langle x\varphi_n, \varphi_n \rangle}{\langle \varphi_n, \varphi_n \rangle}, \quad n = 1, 2, \cdots, \\ \gamma_n = \dfrac{a_{n+1}a_{n-1}}{a_n^2} \cdot \dfrac{\langle \varphi_n, \varphi_n \rangle}{\langle \varphi_{n-1}, \varphi_{n-1} \rangle}, \end{cases} \tag{4.5.6}$$

这里 a_n 是 $\varphi_n(x)$ 多项式中最高次项的系数. $\varphi_n(x)$ 的 n 个根都是区间 (a, b) 中的单实根.

由此得到 $\varphi_n(x)$ 的递推计算式是 $\varphi_0(x) = 1$, 而

$$\varphi_n(x) = x^n - \sum_{j=0}^{n-1} \frac{\langle x^n, \varphi_j(x) \rangle}{\langle \varphi_j(x), \varphi_j(x) \rangle} \varphi_j(x), \quad n = 1, 2, \cdots. \tag{4.5.7}$$

4.5.2 重要的正交多项式函数系

重要的正交多项式函数系有多种, 我们重点绍介**勒让德** (Legendre) **多项式系**或**切比雪夫 (Chebyshev) 多项式系**.

1. 勒让德多项式系

在区间 $[-1, 1]$ 上, 权函数 $\rho(x) \equiv 1$ 的勒让德正交多项式系定义为 $P_0(x) = 1$,

$$P_n(x) = \frac{1}{2^n n!} \frac{d^n}{dx^n} \left| (x^2 - 1)^n \right|, \quad n = 1, 2, \cdots. \tag{4.5.8}$$

在此定义中, $(x^2 - 1)^n$ 是 $2n$ 次多项式. 对它求 n 次导数后得到

$$P_n(x) = \frac{1}{2^n n!} (2n)(2n-1) \cdots (n+1) x^n + a_{n-1} x^{n-1} + \cdots + a_0. \tag{4.5.9}$$

由此得到它的最高次是 n, 它的首项系数为 $a_n = \dfrac{(2n)!}{2^n (n!)^2}$. 如果把首项系数作归一化的处理, 就得到勒让德多项式系的函数表示为

$$\tilde{P}_n(x) = \frac{n!}{(2n)!} \frac{d^n}{dx^n} \left[(x^2 - 1)^n \right], \quad n = 1, 2, \cdots. \tag{4.5.10}$$

勒让德多项式系的性质

(1) 正交性:

$$\langle P_m(x), P_n(x) \rangle = \int_{-1}^{1} P_m(x) P_n(x) dx = \begin{cases} 0, & n \neq m, \\ \dfrac{2}{2n+1}, & n = m. \end{cases} \tag{4.5.11}$$

(2) 奇偶性: $P_n(-x) = (-1)^n P_n(x)$.

(3) 递推关系

$$P_{n+1}(x) = \frac{2n+1}{n+1} x P_n(x) - \frac{n}{n+1} P_{n-1}(x), \quad n = 1, 2, \cdots. \tag{4.5.12}$$

因为 $P_0(x) = 1, P_1(x) = x$, 由 (4.5.12) 得到

$$\begin{cases} P_2(x) = (3x^2 - 1)/2, \\ P_3(x) = (5x^3 - 3x)/2, \\ P_4(x) = (35x^4 - 30x^2 + 3)/8, \\ P_5(x) = (63x^5 - 70x^3 + 15x)/8, \\ P_6(x) = (231x^6 - 315x^4 + 105x^2 - 5)/16, \\ \cdots\cdots \end{cases} \tag{4.5.13}$$

(4) 零点的性质. 每个 $P_n(x)$ 在 $(-1,1)$ 中有 n 个不同的零点.

2. 切比雪夫多项式系

切比雪夫多项式系是定义在 $[-1,1]$ 区间上、关于权函数 $\rho(x) = \dfrac{1}{\sqrt{1-x^2}}$ 的正交函数系, 它的定义式为

$$T_n(x) = \cos[n \arccos x], \quad |x| \leqslant 1, \ n = 0, 1, 2, \cdots. \tag{4.5.14}$$

切比雪夫多项式系的性质

(1) 内积关系是

$$\langle T_m(x), T_n(x) \rangle = \int_{-1}^{1} \frac{T_m(x)T_n(x)dx}{\sqrt{1-x^2}} = \begin{cases} 0, & n \neq m, \\ \dfrac{\pi}{2}, & n = m = 0, \\ \pi, & n = m \neq 0. \end{cases}$$

(2) 如果取 $x = \cos\theta$, 那么 $dx = -\sin\theta d\theta$, 利用积分变换, 得到它们的内积关系是

$$\langle T_m(x), T_n(x) \rangle = \int_{-1}^{1} \frac{T_m(x)T_n(x)}{\sqrt{1-x^2}} dx = \int_{\pi}^{0} \cos(m\theta)\cos(n\theta) \frac{-\sin\theta}{\sin\theta} d\theta,$$

$$\int_{0}^{\pi} \cos(m\theta)\cos(n\theta)d\theta = \begin{cases} 0, & n \neq m, \\ \dfrac{\pi}{2}, & n = m = 0, \\ \pi, & n = m \neq 0. \end{cases} \tag{4.5.15}$$

(3) 递推关系是

$$T_{n+1}(x) = 2xT_n(x) - T_{n-1}(x), \quad n = 1, 2, \cdots. \tag{4.5.16}$$

因为 $T_0(x) = 1, P_1(x) = x$, 由 (4.5.16) 得到

$$\begin{cases} T_2(x) = 2x^2 - 1, \\ T_3(x) = 4x^3 - 3x, \\ T_4(x) = 8x^4 - 8x^2 + 1, \end{cases} \qquad \begin{cases} T_5(x) = 16x^5 - 20x^3 + 5x, \\ T_6(x) = 32x^6 - 48x^4 + 18x^2 - 1, \\ \cdots\cdots \end{cases} \tag{4.5.17}$$

(4) 奇偶性. $P_{2n}(x)$ 只含偶次项, $P_{2n+1}(x)$ 只含奇次项.

(5) 零点的性质. 每个 $T_n(x)$ 在 $[-1, 1]$ 中有 n 个不同的零点, 它们分别是

$$x_k = \cos\left(\frac{2k-1}{2n}\right), \quad k = 1, 2, \cdots, n. \tag{4.5.18}$$

(6) 极值点的性质. 每个 $T_n(x)$ 在 $[-1, 1]$ 中有 $n+1$ 个不同的极值点, 它们分别是

$$x'_k = \cos\left(\frac{k\pi}{n}\right), \quad k = 0, 1, 2, \cdots, n. \tag{4.5.19}$$

在这些点上 $T_n(x)$ 取极大值 1 和极小值 -1.

3. 其他类型的正交多项式系

其他类型的正交多项式系还有多种, 如

(1) **拉盖尔 (Laguerre) 多项式系** 在区间 $[0, \infty)$ 上, 权函数 $\rho(x) = e^{-x}$ 的正交多项式

$$L_n(x) = e^x \frac{d^n}{dx^n}(x^n e^{-x}). \tag{4.5.20}$$

该多项式系具有正交性

$$\int_0^\infty e^{-x} L_m(x) L_n(x) dx = \begin{cases} 0, & n \neq m, \\ (n!)^2, & n = m. \end{cases} \tag{4.5.21}$$

递推性: $L_0(x) = 1, L_1(x) = 1 - x,$

$$L_{n+1}(x) = (1 + 2n - x)L_n(x) - n^2 L_{n-1}(x), \quad n = 1, 2, \cdots. \tag{4.5.22}$$

(2) **埃尔米特多项式系** 在区间 $[-\infty, \infty)$ 上, 权函数 $\rho(x) = e^{-x^2}$ 的正交多项式

$$H_n(x) = (-1)^n e^{x^2} \frac{d^n}{dx^n}(e^{-x^2}). \tag{4.5.23}$$

该多项式系具有正交性

$$\int_{-\infty}^\infty e^{-x^2} H_m(x) H_n(x) dx = \begin{cases} 0, & n \neq m, \\ 2^n n! \sqrt{\pi}, & n = m. \end{cases} \tag{4.5.24}$$

递推关系: $H_0(x) = 1, H_1(x) = 2x,$

$$H_{n+1}(x) = 2x H_n(x) - 2n H_{n-1}(x), \quad n = 1, 2, \cdots. \tag{4.5.25}$$

(3) **第二类切比雪夫多项式系** 在区间 $[-1, 1]$ 上, 权函数 $\rho(x) = \sqrt{1 - x^2}$ 的正交多项式

$$U_n(x) = \frac{\sin[(n+1)\arccos x]}{\sqrt{1 - x^2}}. \tag{4.5.26}$$

该多项式系具有正交性

$$\int_{-1}^{1} \sqrt{1-x^2} U_m(x) U_n(x) dx = \int_0^{\pi} \sin[(m+1)\theta] \sin[(n+1)\theta] d\theta = \begin{cases} 0, & n \neq m, \\ \dfrac{\pi}{2}, & n = m, \end{cases}$$
$$(4.5.27)$$

其中 $x = \cos\theta$. 相应的递推关系: $U_0(x) = 1, U_1(x) = 2x$,

$$U_{n+1}(x) = 2x U_n(x) - U_{n-1}(x), \quad n = 1, 2, \cdots. \tag{4.5.28}$$

4.5.3　最优逼近理论

最优逼近理论是讨论不同函数之间的关系问题, 对此问题的数学模型和计算过程如下.

1. 一个最优逼近问题由以下基本要素组成

(1) 目标函数. $f(x) \in C[a, b]$, 这是在作逼近计算时的目标函数.

(2) 支撑函数. 这是指 $C[a, b]$ 空间中的一组函数集合 $\Phi = \{\phi_1, \phi_2, \cdots, \phi_n\}$.

如果函数集合 Φ 中的函数 $\phi_1, \phi_2, \cdots, \phi_n$ 是线性无关的, 那么可以产生线性支撑空间

$$D(\Phi) = \left\{ \phi = \sum_{i=1}^{n} c_i \phi_i, c^n = (c_1, c_2, \cdots, c_n) \in R^n \right\}. \tag{4.5.29}$$

(3) 最优逼近问题就是支撑函数空间 $R(\Phi)$ 和 $f(x)$ 的最近距离, 它们可以用均方距离来表示

$$d[f, D(\Phi)] = \min \left\{ d(f, \phi), \phi = \sum_{i=1}^{n} c_i \phi_i \right\}, \tag{4.5.30}$$

其中

$$d(f, \phi) = \int_a^b \rho(x)[f(x) - \phi(x)]^2 dx, \tag{4.5.31}$$

其中 $\rho(x)$ 是函数空间中的权函数.

(4) 支撑函数空间 $R(\Phi)$ 对 $f(x)$ 的最优逼近是指有理函数 $\phi^* \in R(\Phi)$, 使 $d(\phi^*, f) = d(f, D(\Phi))$ 成立, 这时 ϕ^* 就是支撑函数空间 $R(\Phi)$ 对 $f(x)$ 函数的最优 (或最佳) 逼近.

(4.5.31) 式中的距离计算公式是均方距离公式, 因此这里的最优逼近是在均方距离最近意义下的.

2. 最优逼近的计算

(1) 当支撑函数集合 $\Phi = \{\phi_1, \phi_2, \cdots, \phi_n\}$ 固定时, 每个 $\phi = \phi(c^n) \in D(\Phi)$ 由它的系数向量 $c^n = (c_1, c_2, \cdots, c_n)$ 确定. 因此 (4.5.31) 式可以写为

$$\Delta_f(c^n) = \int_a^b \rho(x) \left[f(x) - \sum_{i=1}^n c_i \phi_i(x) \right]^2 dx, \qquad (4.5.32)$$

其中 c^n 是未定参数.

(2) 为求 (4.5.32) 式中的最小值, 用拉格朗日的极值方程来求解, 这就是求方程组

$$\frac{\partial \Delta_f(c^n)}{\partial c_i} = 2 \int_a^b \rho(x) \left[f(x) - \sum_{i=1}^n c_i \phi_i(x) \right] \phi_i(x) dx = 0, \quad i = 1, 2, \cdots, n.$$
$$\qquad (4.5.33)$$

该方程组可以写为

$$\langle f - \phi^*, \phi_i \rangle = 0, \quad i = 1, 2, \cdots, n \qquad (4.5.34)$$

或

$$\sum_{j=1} \langle \phi_j, \phi_i \rangle c_j = \langle f, \phi_i \rangle, \quad i = 1, 2, \cdots, n. \qquad (4.5.35)$$

这是关于未定参数 c^n 的线性方程组, 称该方程组为**函数逼近的法方程组**或**正规方程组**.

(3) 线性方程组 (4.5.35) 可写为 $Gc^n = h_f^n$, 其中

$$\begin{cases} G = G(\phi^n) = (\langle \phi_i, \phi_j \rangle)_{i,j=1,2,\cdots,n}, \\ h_f^n = \langle f, \phi^n \rangle = (\langle f, \phi_1 \rangle, \langle f, \phi_2 \rangle, \cdots, \langle f, \phi_n \rangle), \end{cases} \qquad (4.5.36)$$

其中 $\phi^n = \Phi$ 是支撑集合中的函数.

(4) 因为 $\phi^n = \Phi$ 集合中的函数是线性无关的, 所以矩阵 $G = G(\phi^n)$ 的行列式 $\det[G(\phi^n)] \neq 0$.

这时方程组 (4.5.35) 中的变量 c^n 有唯一解, 记为 $(c^n)^* = (c_1^*, c_2^*, \cdots, c_n^*)$. 由此得到

$$\phi^* = \sum_{i=1}^n c^* i \phi_i \in D(\Phi) \qquad (4.5.37)$$

是支撑空间 $D(\Phi)$ 关于函数 f 在均方距离意义下的最优逼近.

4.5.4 一些特殊的最优逼近问题

现在讨论在一些特殊条件下的最优逼近问题.

1. 幂函数的最优逼近

如果在支撑函数集合中取

$$\Phi_{n+1} = \{\phi_1, \phi_2, \cdots, \phi_{n+1}\} = \{1, x, x^2, \cdots, x^n\}, \tag{4.5.38}$$

那么由此产生的逼近问题就是幂函数的最优逼近问题.

(1) 这时记相应的支撑函数空间 $D(\Phi_{n+1})$ 是一个 n 次幂多项式的函数空间.

(2) 如取权函数 $\rho(x) = 1$, 那么相应的内积函数为

$$\begin{cases} g_{i,j} = \langle \phi_i, \phi_j \rangle = \displaystyle\int_a^b \rho(x) x^i x^j dx = \int_a^b x^{i+j} dx = \dfrac{b^{i+j+1} - a^{i+j+1}}{i+j+1}, \\ h_{f,i} = \langle f, \phi_i \rangle = \displaystyle\int_a^b \rho(x) f(x) x^i dx. \end{cases} \tag{4.5.39}$$

由此得到线性方程组 $Gc^n = h_f^n$ 的解向量 $(c^n)^*$ 及相应的最优逼近函数

$$\phi^*(x) = \sum_{i=0}^n c^*i \phi_i(x) = \sum_{i=0}^n c^*i x^i. \tag{4.5.40}$$

2. 由正交函数产生的最优逼近

如果在支撑函数集合中取 $\Phi_n = \{\phi_1, \phi_2, \cdots, \phi_n\}$ 中的函数满足定义 4.5.3 中的正交性条件, 这时在方程组 $Gc^n = h_f^n$ 中的 $g_{i,j} = \begin{cases} a_i, & i = j, \\ 0, & \text{否则,} \end{cases}$ 那么由此得到线性方程组 $Gc^n = h_f^n$ 的解向量 $c_i^* = h_{f,i}/a_i$ 及相应的最优逼近函数为

$$\phi^*(x) = \sum_{i=1}^n c^*i \phi_i(x) = \sum_{i=1}^n \frac{h_{f,i}}{a_i} \phi_i(x). \tag{4.5.41}$$

4.6　数 值 计 算

在 4.1 节中我们已经给出了数值代数的一系列计算算法, 它们是关于线性方程组、矩阵及和矩阵有关的计算算法. 在数学中还有许多计算算法, 如有关微积分、微分方程组的计算算法, 在计算数学中把它们归结到数值计算的范围. 在本节中我们讨论其中的这些计算问题.

4.6.1　非线性函数的数值计算

如果 $f(x)$ 是一个非线性函数, 它的数值计算有如非线性方程的求解问题、不动点的计算问题等.

1. 非线性方程的根 (或零点)

如果 $f(x)$ 是 (a,b) 区间上的非线性函数, $p \in (a,b)$, 而且 $f(p) = 0$, 那么 p 就是它的非线性方程的一个根 (或零点).

p 是 $f(x)$ 函数的零点的充要条件是有分解式 $f(x) = (x-p)h(x)$.

如果 $f(x)$ 有分解式 $f(x) = (x-p)^m h(x)$, 那么称 p 是 $f(x)$ 函数的 m 重根 (或 m 重零点).

定理 4.6.1 如果 $f(x) \in C^m[a,b]$, 那么 p 是 $f(x)$ 函数的 m 重根 (或 m 重零点) 的充要条件是有关系式

$$f(p) = f'(p) = f''(p) = \cdots = f^{(m-1)}(p) = 0, \quad f^{(m)}(p) \neq 0. \tag{4.6.1}$$

2. 非线性方程的求解的牛顿迭代算法

对固定的非线性 $f(x)$ 求它在定义区间 (a,b) 上的根就是非线性方程的求解问题.

关于非线性方程 $f(x) = 0$ 的求解计算一般采用图解＋二分法来计算, 这就是把非线性函数 $y = f(x)(x \in [a,b])$ 作成一平面图形, 再观察它的零点 (和 $y = 0$ 轴的交点) 位置和数量.

二分法就是把区间 $[a,b]$ 进行二等分, 这时 $[a,b] = [a,c] + [c,b]$, 其中 $c = \dfrac{a+bn}{2}$. 由此形成区间 $\Delta = [a,b], \Delta_1 = [a,c], \Delta_2 = [c,b]$, 这时 $\Delta = \Delta_1 + \Delta_2$.

由此观察零点在 Δ_1, Δ_2 中的位置和数量. 如果在 Δ_1 中, $f(x) > 0$ (或 $f(x) < 0$), 那么可把 Δ_1 这个区间删除.

这个二分法可以不断继续, 产生一系列的分割点 $c_1, c_2, \cdots$, 这些分割点收敛于这些零点, 由此得到零点的近似解.

3. 不动点的迭代算法

如果 $g(x)$ 是 (a,b) 区间上的非线性函数, $p = g(p)$ 成立, 那么称 p 是 $g(x)$ 函数的一个不动点.

定义 4.6.1 (不动点的迭代计算) 取 $p_{n+1} = g(p_n), n = 0, 1, \cdots$, 其中 p_0 是任意初始值. 如果对任何 $p_0 \in [a,b]$, 都要 $p_n \to p$ 成立, 那么称这个迭代过程收敛.

定理 4.6.2 如果 $g \in C[a,b]$, 而且这个迭代过程收敛 $(p_n \to p)$, 那么这个极限点一定是不动点.

证明 在该定理的条件下, 有关系式

$$p = \lim_{n \to \infty} p_{n+1} = \lim_{n \to \infty} g(p_n) = g(\lim_{n \to \infty} p_n) = g(p), \tag{4.6.2}$$

因此这个极限点一定是不动点.

定理 4.6.3 (不动点的存在性定理)   如果 $g(x) \in C[a,b]$, 而且满足条件

(1) 对任何 $x \in [a,b]$, 有 $a \leqslant g(x) \leqslant b$ 成立.

(2) $g(x)$ 在 (a,b) 中可导, 而且存在常数 $0 < L < 1$, 使 $|g'(x)| \leqslant L$ 成立.

那么 $g(x)$ 在 (a,b) 中存在而且唯一存在一个不动点.

定理 4.6.4   如果 $g(x)$ 在 $C[a,b]$ 中可导, 而且满足定理 4.6.1 中的条件. 那么定义 4.6.1 中的这个迭代计算一定是收敛的, 而且有误差估计式

$$|p_n - p| \leqslant \frac{L}{1-L}|p_n - p_{n-1}| \quad \text{或} \quad |p_n - p| \leqslant \frac{L^n}{1-L}|p_1 - p_0|. \tag{4.6.3}$$

4. 非线性方程的求解的牛顿迭代算法

利用不动点算法可以得到非线性方程求解的迭代算法.

(1) 如果 p_n 是非线性方程 $f(x) = 0$ 的根的一个近似值, 那么它的泰勒展开式是

$$f(x) = f(p_n) + f'(p_n)(x - p_n) + \frac{f''(\xi_n)}{2!}(x - p_n)^2. \tag{4.6.4}$$

(2) 如果把 (4.6.2) 式线性化, 那么非线性方程 $f(x) = 0$ 的线性近似解是 $f(x) = f(p_n) + f'(p_n)(x - p_n) = 0$. 如果 $f'(p_n) \neq 0$, 那么得到

$$p_{n+1} = p_n - \frac{f(p_n)}{f'(p_n)}, \quad n = 0, 1, 2, \cdots \tag{4.6.5}$$

就是非线性方程的求解的牛顿迭代算法.

(3) 牛顿迭代算法是一种局部线性化 (或切线法) 的迭代算法, 也是一种不动点的迭代算法, 这时取迭代函数为

$$g(x) = x - \frac{f(x)}{f'(x)}, \quad f'(x) \neq 0. \tag{4.6.6}$$

这时不动点 $g(x) = x$ 的计算和非线性方程 $f(x) = 0$ 的求解问题等价.

定理 4.6.5   设 p 是非线性方程 $f(x) = 0$ 的根, 如果 $f(x)$ 在 p 点附近二次连续可微 $f'(p) \neq 0$, 那么牛顿迭代算法局部收敛 (这就是当局部算法的起始点 p_0 和 p 比较接近时, 该算法收敛).

关于非线性方程还有多种不同的迭代算法和它们的收敛速度的估计, 对此我们不再一一介绍.

4.6.2 数值积分和微分中的计算算法

在许多计算问题中, 经常存在积分和微分的计算, 对其中的一些积分和微分计算可以通过它们的计算公式进行解析表达, 但在许多情况下是无法表达的, 这时可以通过数值来得到它们的结果.

1. 数值积分的计算算法

一个在 $\Delta = (a,b)$ 区间上的连续函数 $f(x)$, 它的原函数记为 $F(x)$, 这时有 $F'(x) = f(x)$ 成立. $f(x)$ 的定积分原函数记为 $F(x)$, 这时有 $F'(x) = f(x)$ 成立.

这时函数 $f(x)$ 的定积分 $I(f) = \int_a^b f(x)dx = F(b) - F(a)$.

(1) 函数 $f(x)$ 的定积分的定义是

$$I(f) = \lim_{\Delta \to 0} I_n(f) = \lim_{\Delta \to 0} \sum_{i=1}^n f(x_i)\Delta_i, \tag{4.6.7}$$

其中 $\Delta_i = x_i - x_{i-1}$, 而 $a = x_0 < x_1 < x_2 < \cdots < x_{n-1} < x_n = b$, 这时取 $\Delta = \max\{\Delta_i, i = 1, 2, \cdots, n\}$.

(2) 在 (4.6.6) 式中的 $I_n(f)$ 是定积分 $I(f)$ 的渐近式. 如果把 $I_n(f)$ 写成一般组合式, 那么记

$$I_n(f) = \sum_{i=1}^n A_i f(x_i), \tag{4.6.8}$$

这时称 $a = x_0 < x_1 < x_2 < \cdots < x_{n-1} < x_n = b$ 是积分区域中的节点, A_i 是节点的权系数.

因此 (4.6.7) 中的 $I_n(f)$ 是关于结的函数的线性组合, 对不同类型的积分有不同的渐近不动式.

2. 插入型求积公式

在 (4.6.7) 的 $I_n(f)$ 计算公式中, 对不同类型的权系数 A_i, 产生不同类型的插入求积计算算法, 重要的插入求积计算算法如下.

(1) **拉格朗日插值法** 这时取相应的拉格朗日插值基函数为

$$\begin{cases} A_i = \int_a^b \ell_{n,i}(x)dx, \\ \ell_{n,i}(x) = \prod_{j \neq 0, i \neq j} \dfrac{x - x_j}{x_i - x_j}, \end{cases} \quad n = 1, 2, \cdots, \ i = 0, 1, \cdots, n. \tag{4.6.9}$$

这时有关系式

$$I_n(f) = \int_a^b L_n(x)dx = \int_a^b \sum_{i=0}^n f(x_i)\ell_{n,i}(x)dx, \tag{4.6.10}$$

因此 $L_n(x) = \sum_{i=0}^n f(x_i)\ell_{n,i}(x)$ 是拉格朗日插值函数.

(2) **牛顿-科茨 (Newton-Cotes) 插值法** 这时取 n 个节点是区间 $[a, b]$ 的等分

点, 因此 $\Delta_i = \dfrac{b-a}{n} = h$. 相应的牛顿-科茨积分系数取为 $A_i = (b-a)C_n^{(i)}$, 其中

$$C_n^{(i)} = \frac{1}{n}\int_a^b \prod_{j \neq 0, i \neq j}\frac{t - x_j}{x_i - x_j}dt, \quad n = 1, 2, \cdots, i = 0, 1, \cdots, n. \tag{4.6.11}$$

这时

$$A_i = \int_a^b \prod_{j \neq 0, i \neq j}\frac{x - x_j}{x_i - x_j}dx = h\int_0^n \prod_{j \neq 0, i \neq j}\frac{t - j}{i - j}dt, \tag{4.6.12}$$

其中最后一个等式是在作积分变量变换 $x = a + ih$ 下的计算结果.

(3) 牛顿-科茨的低阶 $n = 1, 2, 3, 4$ 积分公式, 它们是

$$I(f) = \int_a^b f(x)dx$$

$$= \begin{cases} T(x) = \dfrac{b-a}{2}[f(a) + f(b)], & n = 1 \text{ 时的梯形积分公式}, \\[3mm] S(x) = \dfrac{b-a}{6}\left[f(a) + 4f\left(\dfrac{a+b}{2}\right) + f(b)\right], & n = 2 \text{ 时的抛物线积分公式}, \end{cases}$$

$$\tag{4.6.13}$$

其中抛物线积分公式又称**辛普森 (Simpson) 积分公式**. 而当 $n = 3, 4$ 时的积分公式分别是 3/8 **辛普森积分公式**和**科茨积分公式**, 它们分别为

$$\begin{cases} I(f) = \dfrac{b-a}{8}\left[f(a) + 3\left(\dfrac{2a+b}{3}\right) + 3f\left(\dfrac{a+2b}{3}\right) + f(b)\right], \\[3mm] C(x) = \dfrac{b-a}{90}\left[7f(a) + 32\left(\dfrac{3a+b}{4}\right) + 12f\left(\dfrac{a+b}{2}\right) + 32\left(\dfrac{a+3b}{4}\right) + f(b)\right]. \end{cases}$$

$$\tag{4.6.14}$$

3. 数值积分中的近似指标

在数值积分中, 为了评价不同插值算法的好坏, 有多种指标的定义.

(1) **积分余项**. 如果把插值积分 $I_n(f)$ 看作积分 $I(f)$ 的近似值, 那么 $R_n = I(f) - I_n(f)$ 就是插值积分中的积分余项, 该积分余项就是插值积分 $I_n(f)$ 和积分 $I(f)$ 值之间的近似度.

(2) **代数精度**. 在插值计算的 $I_n(f)$ (见 (4.6.8) 的表示式) 中, 如果对任何次数不高于 m 的多项式函数 f, 都有 $I(f) = I_n(f)$ 成立, 而对于次数高于 $m + 1$ 的多项式函数 f, 有 $I(f) \neq I_n(f)$ 成立, 那么称这种插值的代数精度为 m.

(3) **收敛阶数**. 如果 $\lim_{h \to 0}\dfrac{I - I_n}{h^m} = c$, c 是一个非零常数, 那么称该插值积

分的收敛阶数是 m.

这些指标都是反映插值算法在数值积分中的计算效果, 对这些插值计算法都有它们的指标分析, 对此我们不再详细讨论.

4.6.3 常微分方程的数值解

在科学和技术的许多问题中, 经常出现各种不同类型的微分方程问题, 其中有许多方程的求解计算是十分困难的, 其中困难问题之一是这些解的函数表达问题, 在许多情况下是不能表达或很难计算的.

因此在计算数学中存在大量的数值计算问题, 这就是对这些微分方程的求解问题作近似计算.

1. 常微分方程的数值解问题

为了简单起见, 在本小节中我们先讨论常微分方程的数值解问题.

(1) 常微分方程一般由方程的结构和初始条件两部分组成, 可以把它写成

$$\begin{cases} y' = f(x, y), \\ y(a) = y_0, \end{cases} \tag{4.6.15}$$

其中 $f(x, y)$ 是同时包含自变量和因变量的函数, $y(a) = y_0$ 是初始条件.

(2) 常微分方程的求解问题一般是指: 当 $(x, y) \in G = (a, b) \times (c, d)$ 变化时, 这些变量满足 (4.6.14) 中的关系式.

(3) 常微分方程求解问题的**利普希茨 (Lipschitz) 条件**是指: 当 $(x, y) \in G$ 时, 存在常数 L, 函数 f 满足关系式 $|f(x, y_1) - f(x, y_2)| \leqslant L|y_1 - y_2|$.

在实际计算中, 利普希茨条件很难验证, 但可用偏导数 $\dfrac{\partial}{\partial y} f(x, y)$ 取代, 这就是说, 存在常数 L, 使 $\dfrac{\partial f}{\partial y} \leqslant L$ 成立, 那么有

$$|f(x, y_1) - f(x, y_2)| \leqslant \left| \frac{\partial f(x, y_2) + \theta(y_1 - y_2)}{\partial y} \right| \cdot |y_1 - y_2| \leqslant L|y_1 - y_2| \tag{4.6.16}$$

成立, 其中 $(x, y_1), (x, y_2) \in G, 0 < \theta < 1$.

(4) 常微分方程的数值解就是对一系列的节点 $a = x_0 < x_1 < \cdots < x_n = b$ 时, 构造 $y_i = f(x_i)(i = 0, 1, \cdots, n)$ 的近似计算.

为此目的, 常微分方程的求解过程存在单步和多步的计算算法.

其中单步算法是指在对节点 $a = x_{n+1}$ 的递推计算时只采用 $a = x_n, y_n = f(x_n)$ 时的计算结果, 而多步算法是指在对节点 $a = x_{n+1}$ 的递推计算时, 用 $a = x_k, y_k = f(x_k), k = n, n-1, b-2, \cdots$ 时的计算结果.

2. 单步计算时的欧拉方法. 该方法的要点如下

把区间 $[a, b]$ 分成 n 等份, 称 $h = \dfrac{b-a}{n}$ 为步长, 这时的节点为 $x_k = a + kh, k = 0, 1, \cdots, n$. 为此求 $y = f(x)$ 在这些节点上的近似解.

该方法从定点 (x_0, x_1) 开始, 将它代入方程 (4.6.14), 得到它的斜率 $y_0' = f(x_0, y_0)$.

由此得到 $y_1 = y_0 + hy_0' = y_0 + hf(x_0, y_0) = y(x_1)$.

再从 (x_1, y_1) 点出发, 得到斜率 $y_1' = f(x_1, y_1)$ 和 $y_2 = y_1 + hy_1' = y_1 + hf(x_1, y_1) = y(x_2)$.

以此类推, 由此得到

$$\begin{cases} y_{k+1} = y_k + hf(x_k, y_k), \\ y(x_0) = y_0, \end{cases} \quad \text{或} \quad \begin{cases} \dfrac{y_{k+1} - y_k}{h} = f(x_k, y_k), \\ y(x_0) = y_0. \end{cases} \tag{4.6.17}$$

这就是差分格式的欧拉计算算法.

3. 单步计算时的其他方法

(1) 泰勒展开法. 这就是利用泰勒展开式

$$y(x_{n+1}) = y(x_n + h) = y(x_n) + hy'(x_n) + \frac{h^2}{2} y''(x_n) + \cdots, \tag{4.6.18}$$

如果只考虑线性的部分, 那么 (4.6.16) 式就可简化成 (4.6.15) 式的结果.

(2) 数值积分表达式. 这时方程的积分表达式是

$$y(x_{n+1}) = y(x_n) + \int_{x_n}^{x_{n+1}} f(x, y(x))dx, \tag{4.6.19}$$

其中右边第二项的取值用 $y_n \sim f(x, y(x)), x \in (x_n, x_{n+1})$ 时, (4.6.17) 式的值就简化成 (4.6.15) 式的结果.

对欧拉计算法还有多种改进算法, 如高阶方程的欧拉计算算法、多步算法的计算方法. 对这些算法还有它们的收敛性、计算速度等问题的讨论. 对这些问题我们不作一一详细说明.

第 二 部 分

学科

在智能计算和人工脑的形成和发展中，必然会涉及其他多种学科的一系列关系问题，如算法的形成过程、由算法的定位而对这些学科所产生的影响问题等.

在人工脑的理论中，这些学科的意义更加重要. 如在信息科学中，其中一些学科分支就是人工脑的组成部分. 因此它们之间存在密切联系.

在 1.3 节中，我们已经讨论了人工智能和生命科学、神经科学、信息科学理论的一些关系问题，现在继续这些讨论.

关于生命科学、神经科学，在本书的 1.3 节中，我们已经说明了它们的系统化和数字化的特征. 但我们对 HNNS 定位问题的讨论，使这个问题的研究变得十分复杂. 因此需要继续讨论.

这时，在人体的神经系统中，包含的神经细胞有 $10^{13} - 10^{15}$ 个之多，由此形成多种不同类型的系统和子系统，在这些系统和子系统的内部或相互之间，存在相互作用. 因此需要作进一步的讨论. 这时，在人脑的神经系统中的这些神经细胞可以形成许多系统或子系统，对这些系统或子系统就存在一系列的结构、运动、功能和规则问题的讨论.

这是人工智能和生命科学、神经科学关系问题的讨论.

因此，关于这种和生命科学、神经科学学科的讨论，需要有更多的数学工具. 在本书中，我们采用张量、张量分析、具有时空结构的 NNS 等理论来进行讨论. 但这些内容我们放在本书的第三部分中详细展开.

同样，我们在本书的 1.3 节中，还给出了与信息科学、系统科学等有关学科的内容及它们和人工智能的一些关系问题的讨论. 我们现在继续这些讨论.

在这部分内容中，我们将对这些学科内容作进一步的展开．这些学科的内容十分丰富，在每个学科中又有多个分支学科．它们都是智慧型人工脑的组成部分．

关于这些学科中的内容还很多，我们把其中的一些内容放在"第三部分 应用部分"中、作为人工智能理论研究的最新发展内容进行讨论．

另一方面，由这些智能计算算法的定位可以产生对生命科学、神经科学的影响，这就是，由此影响我们对这些学科的理解和应用分析．并由此确定我们对人工脑的构建目标．神经细胞结构特征已在前文中说明．不同的神经元相互连接，由此形成一个复杂的网络系统．

第 5 章 信息科学

人工智能和信息科学的关系问题, 我们已在本书的 1.3 节中作了说明和讨论. 我们已经说明, 信息科学也是一个庞大的学科理论体系. 因此需要对其中的内容作进一步的展开和讨论.

在本章中, 我们对其中的一些基本或典型的问题开展这些研究和讨论.

5.1 信息科学概述和信息的度量

信息论是一门研究信息和信息处理的科学, 它的内容十分广泛. 尤其是在当今的信息社会中, 有着十分重要的意义与丰富的含义. 哲学家把信息与物质、能量相并列, 作为构成世界万物的三大基本要素之一, 也是当今社会文明与发展的主要内容, 是信息技术的产业发展的理论基础.

香农[①]信息论的基本内容, 首先是信息的度量问题, 其次是通信系统. 在此通信系统理论中包含信源、信道的编码理论等.

在本节中, 我们先介绍这些基本内容.

5.1.1 信息科学 (或 4C 理论) 概述

1. 4C 理论的产生

1948 年是个不寻常的年份. 由香农、维纳[②]、冯·诺依曼[③]分别开创了信息论、控制论和计算机科学. 另外密码学也在这个时期产生, 它们的形成和发展形成相互交叉、促进的过程.

这些理论都是总结第二次世界大战时代实际操作经验而产生的, 它们分别和通信、雷达、密码分析有关. 计算机的产生和发展也正是为了解决这种应用的需要所产生的理论和工具.

密码学的概念是一个古典的概念, 早在古希腊时期就有加密的文字或语言出现. 由于近代通信和数字技术的出现, 数据加密和安全问题已成为其中的重要内容. 因此密码学已成为信息科学中的重要组成部分.

---

① 克劳德·艾尔伍德·香农 (Claude Elwood Shannon, 1916 — 2001), 美国数学家、电子工程师、信息论的创始人.

② 诺伯特·维纳 (Norbert Wiener, 1894 — 1964), 美国应用数学家, 电子工程师、控制论的创始人.

③ 冯·诺依曼 (John von Neumann, 1903—1957), 匈牙利籍、美国科学家, 是现代计算机的创始人, 在博弈论、核武器和生化武器等领域都有重要贡献.

2. 4C 理论的发展过程

4C 理论发展至今已有七十多年的时间, 它们的经历过程十分相似. 在这七十多年的时间里, 它们都经历了理论的消化期、发展期和应用爆发期.

(1) 所谓消化期是指在前二十多年的许多学者要是搞清楚这些理论的内容、目的和含义. 至 20 世纪七八十年代的一系列论文和著作的出现标志着这个阶段的完成.

(2) 在以后的二十年的理论发展期主要体现在理论的完善和发展, 一系列应用问题. 新模型的产生和解决体现了这个阶段的发展.

在此期间一系列微电子 (半导体、集成电路、计算机的小型化) 的一系列发展使各种应用问题得以实现, 使理论和应用相互促进、相互推动、迅速发展.

(3) 最近三十多年的发展是爆发期, 一系列 IT 的产业、市场、应用, 形成了当今的信息社会和信息大爆炸的结果.

3. 由 4C 理论产生的启示

由 4C 理论的发展可以得到以下启示.

(1) 理论的发展是它们发展的基础. 一旦理论问题得到解决, 便会产生爆发性的效果.

(2) 高新技术发展的周期非常短. 近百年的进程超过以往数千年, 而且这种加速度还在提高.

因此智能计算的发展和爆发过程会继续快速、规模更大.

(3) 实现多学科的综合研究是实现这种发展的原动力. 在 4C 理论的发展过程中, 一大批从事电子计算机的理论与应用的工程师和从事数学研究的学者密切合作, 由此实现一系列理论和应用问题的解决和发展.

在此过程中, 在理论和应用领域都产生了一系列新的概念、技术、产品和市场, 并由此产生了大量的专利和标准.

4. 4C 理论和智能计算、人工脑的关系

对 4C 理论中的核心问题及它们和智能计算的关系问题如图 5.1.1 所示.

图 5.1.1 由 3 列组成, 它们分别是学科名称、其中的核心问题、和智能计算的关系问题, 它们也是人工脑中的核心内容. 关于这些学科的内容和它们在人工脑中的意义, 我们在下文还有详细讨论和说明.

关于信息论的形成和发展过程, 在 [30, 65] 等文中有详细说明, 在此不再重复.

信息论中讨论的主要问题有信息的度量问题, 信源、信道的编码问题和码的构造理论等, 我们分别介绍如下. 对它们的详细讨论见 [30, 65] 等著作. 读者可作详细参考.

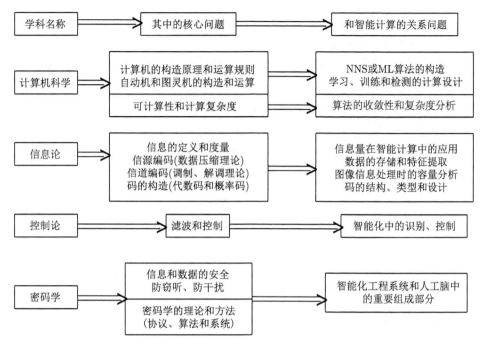

图 5.1.1 4C 理论和智能计算中核心问题的关系示意图

5.1.2 通信系统的基本模型

一个通信系统由以下基本要素组成: 信源、信道、编码、译码以及用户和噪声、干扰的因素. 我们把它们看作该系统中的基本要素.

在本节中, 我们先说明这些基本要素的含义.

1. 通信系统中的基本要素

通信系统中的基本要素是**信源、信道、编码、译码、信宿和噪声**. 我们先说明它们的含义.

(1) **信源**, 即产生信息的来源. 信源产生的信息一般称为 "消息". 信源的记号用 $\mathcal{S} = [X, p(x)]$ 来表示, 其中 $X, p(x)$ 分别表示消息的字母表和字母的使用概率分布.

(2) **信道**, 即传递信息的通道. 信道的记号用 $\mathcal{C} = [U, p(v|u), V]$ 来表示, 其中 $U, V, p(v|u)$ 分别表示发送和接收的信号字母表, 发送和接收信号的字母的转移概率分布.

(3) **信宿**, 信息的最终接收方. 即信源中的信息所要传送的对象方. 这时用 Y 表示接收消息字母表.

(4) **编码**, 由消息变为信号的运算. 编码的记号用 $f(x)$ 来表示, 这是一个 $X \to U$ 的映射 (或变换).

(5) **译码**, 由接收信号变为消息的运算. 译码的记号用 $g(v)$ 来表示, 这是一个 $V \to Y$ 的映射 (或变换).

(6) 通信系统的基本要素与过程如图 5.1.2 所示.

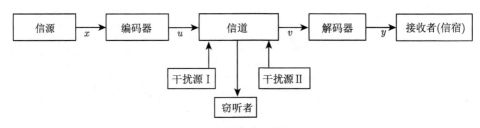

图 5.1.2 通信系统 (基本通信系统、存在安全问题的通信系统)

2. 对图 5.1.2 说明如下

(1) 图中的干扰源 I 和干扰源 II 分别是自然干扰和人为干扰.

(2) 图中如果不存在干扰源 II 和窃听者, 那么这个通信系统是一个基本通信系统, 否则就是一个存在安全问题的通信系统.

(3) 在一个存在安全问题的通信系统中, 它的安全问题有两种类型, 即防窃听和防干扰的类型, 它们的目标和要求是不同的.

(4) 为了简单起见, 我们先讨论基本通信系统中的有关问题. 这个通信系统由信源、信道、编码、译码、用户和噪声组成, 其中

(5) **信源、信道** 分别指信息的来源和信号的传递过程.

为了区别起见, 我们用 "消息" 和 "信号" 对它们进行区分.

(6) 这时的信源的记号用 $\mathcal{S} = [X, p(x)]$, 其中 $X, p(x)$ 分别表示消息的字母表和字母的使用概率分布.

而信道记为 $\mathcal{C} = [U, p(v|u), V]$, 其中 $U, V, p(v|u)$ 分别表示发送和接收的信号字母表, 发送和接收信号的字母的转移概率分布.

(7) 由此形成一个通信系统记为

$$\mathcal{E} = \{\mathcal{S}, \mathcal{C}, (f,g)\} = \{[X, p(x)], [U, p(v|u), V], Y, (f,g)\}, \tag{5.1.1}$$

其中的记号、名称、含义如下:

$$\begin{cases} x, u, v, y \text{ 分别是发送消息、发送信号、接收的信号和接收的信息,} \\ X, U, V, Y \text{ 分别是产生 } x, u, v, y \text{ 的字母表,} \\ p(x) \text{ 是发送消息字母 } x \text{ 的发生概率,} \\ p(v|u) \text{ 是从发送信号字母 } u \text{ 到接收信号字母 } v \text{ 的转移概率,} \\ (f, g) \text{ 编码和译码, 它们分别是 } X \to U, V \to Y \text{ 的映射.} \end{cases}$$

3. 通信系统中的随机模型

在此通信系统中, 各要素 (分消息和信号) 都是随机的, 由此产生**通信系统的随机模型**.

(1) 这些消息和信号可分别用随机变量 $(\tilde{\xi}, \xi, \eta, \tilde{\eta})$ 来表示. 它们的编、译码函数是 $\xi = f(\tilde{\xi}), \tilde{\eta} = g(\eta)$, 而 $\xi \to \eta$ 的转移概率是

$$p_{\eta|\xi}(v|u) = P_r\{\eta = v | \xi = x\} = \frac{P_{\xi,\eta}(u, v)}{p_\xi(x)}. \tag{5.1.2}$$

其中 $\begin{cases} P_{\xi,\eta}(u, v) = P_r\{\xi = u, \eta = v\}, \\ P_\xi(u) = P_r\{\xi = u\} = \sum_{v \in V} P_{\xi,\eta}(u, v). \end{cases}$

(2) 由此得到, $\tilde{\xi} \to \xi \to \eta \to \tilde{\eta}$ 是一个马氏链 (Markov 链).

4. 通信系统的序列模型

在实际通信问题中, 这些消息、信号都是成串地出现, 因此需要用序列模型来进行表述. 因此 (5.1.1) 的通信系统模型应是

$$\begin{aligned} \mathcal{E}^n &= \{\mathcal{S}^n, \mathcal{C}^n, (f^n, g^n)\} \\ &= \{[X^n, p(x^n)], [U^n, p(v^n|u^n), V^n], (f^n, g^n)\}, \quad n = 1, 2, \cdots, \end{aligned} \tag{5.1.3}$$

其中 $U^n, V^n, p(v^n|u^n)$ 分别表示这些消息、信号的字母向量表 (或空间).

由此得到, 它们的随机向量是 $\tilde{\xi}^n \to \xi^n \to \eta^n \to \tilde{\eta}^n$ 是一个马氏链.

5.1.3 编码和译码问题或调制解调问题

我们已经说明, 编码和译码是把普通的消息变为通信信号或它们的相反过程. 在信息论中又把它们称为编码和解码 (统称为编码问题).

1. 通信系统中的编码问题

通信系统中, 普通的消息就是指普通的语言、文字或其他信号. 而通信信号一般采用数字脉冲信号, 称这些数字脉冲信号为通信码.

因此编码和译码就是这种信号的相互转换过程, 也就是消息信号和通信码的转换过程. 对这种转换过程存在一些基本要求.

(1) **唯一可译性的要求**. 这些通信信号序列能够唯一确定相应的消息信号序列.

(2) **对误差的发现和纠正的要求**. 由于种种原因, 在此通信过程中存在对信号的干扰和误差. 这就要求此通信系统能够对误差具有发现和纠正的功能.

这种对误差的发现和纠正的功能是通过码的结构、编码、译码的算法来实现的, 因此存在码的结构构造和编码、译码的算法的问题.

这种码的结构构造和算法需要通过数学中的代数或概率中的方法来实现. 这就形成了通信系统中的代数码或概率码的一系列理论.

(3) **计算复杂度的问题**. 这就是在对这些误差的发现和纠正过程中, 对所设计的代数码或概率码, 它们的编码和译码的算法的计算复杂度是易计算的. 易计算的概念是计算机科学中的概念, 我们在下文中还有讨论.

2. 调制解调理论

在通信系统中, 通过编码和译码把普通的消息信号变成数字脉冲信号, 但这种数字脉冲信号并不能在通信系统中进行传递.

(1) 为了实现这种数字脉冲信号在通信系统中的传递, 还必须把它们变成电磁振动信号, 这就是调制解调的问题.

(2) 这时, 这些数字脉冲信号将是这些电磁振动信号的包络, 这些电磁振动信号就可在一定的介质中进行发送. 这个过程就是调制过程.

(3) 电磁振动信号具有一定的频率、强度等特征, 由此产生长波、短波、微波及最新产生的量子通信等理论.

(4) 当这些电磁振动信号在固定的介质中进行传递时, 通信系统的接收方须把这种电磁振动信号恢复成数字脉冲信号. 这就是解调过程.

在此解调过程中, 干扰、误差的存在, 使这些数字脉冲信号发生变化. 把这种误差进行检测和纠正, 就是纠错码的理论.

(5) 对误差的检测和纠正, 接收恢复相应的数字信号, 最后确定相应的发送消息, 由此实现整个通信系统的通信过程.

通信系统中的纠错码理论、调制、解调理论是信息论中的核心内容. 我们在下文中还有讨论.

5.2　信源编码理论

我们已经说明, 一个通信系统包含信源、信道等要素. 信源编码理论就是研究有关信源结构的特征问题.

如果我们把一个通信系统比作一个运输问题 (关于信息的运输问题), 那么信源就是货源 (信息的货源), 而这个货源就存在规模的大小和对货源包装的整理问题. 这就是信源编码问题. 在对该问题的讨论中, 需要采用一系列的信息处理的理论和方法.

5.2.1 信源的无失真编码问题

在图 5.1.2 的通信系统 $\mathcal{E}$ 中, 我们已经说明, 信源的编码问题是一个消息接收后信号之间的变换运算. 这种变换运算是一种字符串之间的运算. 对它们的定义如下.

1. 信源编码的几种类型

定义 5.2.1 设 f 是一个关于消息接收后信号之间的变换运算, 对此有以下定义.

(1) 如果 m, n 是两个固定的正整数, f 是 $X^m \to U^n$ 的映射, 那么称 f 是一个定长编码.

(2) 如果 f 是 $X^m \to \mathcal{U}^*$ 的映射, 那么称 f 是一个变长码, 其中 $U^* = \bigcup_{n=1}^{\infty} U^n$ 是一个 U 中所有不等长向量的集合.

(3) 如果 f 是一个 $1-1$ 映射, 那么称 f 是一个 $1-1$ 码.

(4) 如果 f 是一个 $X \to U^*$ 的变长码, 那么任何正整数 n 与字母串 $x^n = (x_1, x_2, \cdots, x_n)$ 的编码为

$$f(x^n) = (f(x_1), f(x_2), \cdots, f(x_n)).$$

这时称 f 是一个**唯一可译码**, 如果 $x^n \neq y^n$, 则必有 $f(x^n) \neq f(y^n)$ 成立.

(5) 唯一可译码是一种无失真码, 这就是通过运算可以完全恢复原来消息的信息 (原来消息中的数据序列).

说明 $1-1$ 码与唯一可译码的关系是:

(1) 无论是定长编码还是变长编码, 唯一可译码必须是一个 $1-1$ 码;

(2) 如果 f 是一个 $1-1$ 定长码, 那么 f 是一个唯一可译码;

(3) 唯一可译的变长码 f 一定是一个 $1-1$ 码, 反之不然.

以下例子说明 $1-1$ 变长码不一定是唯一可译码. 如取 $X = \{a, b, c\}, U = \{0, 1\}$.

如果取 $f(a) = 0, f(b) = 01, f(c) = 001$, 那么 f 是一个 $1-1$ 变长码, 但 f 不唯一可译. 因为

$$f(c) = (0, 0, 1), \quad f(a, b) = (f(a), f(b)) = (0, 0, 1),$$

显然 $(a, b) \neq c$, 但 $f(a, b) = f(c)$.

2. 定长码和变长码

我们已经给出定长码和变长码的定义, 其中定长码比较简单, 我们只要按照字母串的长度就可确定它们的区别. 而变长码的情况就比较复杂.

(1) 变长码的第一个问题是什么样的变长码是唯一可译码, 它有哪些特征.

(2) 变长码的第二个问题是什么样的变长码是最经济的, 变长码的编码效率应如何定义.

为讨论这些问题, 我们必须对变长码作进一步的讨论, 这就是对它们的结构和算法的讨论.

3. 变长码的类型和记号

我们仍然记 $X = \{x_1, x_2, \cdots, x_a\}, U = \{u_1, u_2, \cdots, u_b\}$ 分别是消息和信号的字母表.

为了方便起见, 我们以下记

$$\begin{cases} \mathbf{C} = \{C_1, C_2, \cdots, C_a\}, \\ C_i = (u_{i1}, u_{i2}, \cdots, u_{ik_i}), \quad u_{ij} \in U \end{cases} \tag{5.2.1}$$

是一个变长码, 其中 C_i 是码元, k_i 是它的长度. 这时记 $C_x = f(x), x \in X$ 是一个单消息字母的编码, 由此产生多字符串的编码为

$$C(x^n) = f(x^n) = (C_{x_1}, C_{x_2}, \cdots, C_{x_n}) \in U^*, \tag{5.2.2}$$

我们称之为由消息向量 x^n 在编码规则 $C_x = f(x), x \in X$ 下所形成的信号字符串.

变长码的类型有多种, 变长码的码元 $\mathbf{C}$ 和由变长码产生的信号序列 $C = C(x^n)$ 如 (5.2.1) 和 (5.2.2) 所记, 那么产生的变长码如下定义

定义 5.2.2 (变长码的定义)　在 (5.2.1) 和 (5.2.2) 式的记号下, 对于码元 $\mathbf{C}$ 和由码产生的信号序列 C, 如果它们满足以下关系, 就产生不同类型的变长码.

(1) **即时码**　如果把信号字母串 C 从左到右来读, 如果码元一出现, 就可确定该码元所对应的消息字符, 那么称这个码为**即时码**.

(2) **前缀码**　二个字符串 $a^k = (a_1, a_2, \cdots, a_k)$ 与 $b^{k'} = (b_1, b_2, \cdots, b_{k'})$, 称 a^k 是 $b^{k'}$ 的前缀, 如果 $k \leqslant k'$, 且有关系式 $(a_1, a_2, \cdots, a_k) = (b_1, b_2, \cdots, b_k)$ 成立.

称一个码是前缀码, 如果它的任何一个码元都不能是另一个码元的前缀, 也就是在码元集 $\mathbf{C}$ 中, 任何一个码元 C_i 都不能是另一个码元 $C_j, j \neq i$ 的前缀.

(3) **最优变长码**　使平均码长为最小的唯一可译码为最优变长码.

平均码长　如 $\mathcal{S} = [\mathcal{X}, p(x)]$ 是一个信源, f 是一个变长码, 那么对任何 $x \in \mathcal{X}, f(x) \in \mathbf{C}$ 是一个长度为 $\ell_f(x)$ 的向量. 则定义

$$L(\mathcal{S}, f) = \sum_{x \in \mathcal{X}} p(x)\ell_f(x)$$

是变长码 f 的平均码长.

(4) Kraft **不等式**和 Kraft **码**. 如果 $\mathbf{C} = \{C_1, C_2, \cdots, C_a\}$ 是一个变长码, 它的码字长度分别是 $\{\ell_1, \ell_2, \cdots, \ell_a\}$, 关于这些长度的不等式

$$\sum_{k=1}^{a} \frac{1}{r^{\ell_k}} \leqslant 1 \tag{5.2.3}$$

就是 Kraft 不等式. 满足该不等式的唯一可译码就是 Kraft 码.

(5) **变长信源编码问题**. 对一个给定的信源, $\mathcal{S} = [\mathcal{X}, p(x)]$, 它的**无失真、变长码的编码问题**就是求它的唯一可译的变长码 f, 使它的平均码长 $L(\mathcal{S}, f)$ 为最小.

4. 变长码编码的有关定理

定理 5.2.1 (变长码的编码定理) 在定义 5.2.2 的定义与记号下, 有以下性质成立.

(1) 前缀码一定是唯一可译码, 也一定是即时码.

(2) 如果 $\mathbf{C}$ 是一个即时码, 那么它必满足 Kraft 不等式.

(3) 反之, 如果有一组数 $\ell^a = \{\ell_1, \ell_2, \cdots, \ell_a\}$ 满足 Kraft 不等式, 那么必存在一个码长为 ℓ^n 即时码 $\mathbf{C}$.

该定理的证明及相应的 Kraft 码的构造和分析在各信息论 (如 [30, 65] 等) 的论著中都有证明. 对此不再重复.

5. 变长码平均码长的估计

我们已经给出信源 $\mathcal{S} = [X, p(x)]$、变长码 $(\mathbf{C}_f)$, 平均码长 $L(\mathcal{S}, f)$ 和信源熵 $H_r(\bar{p}) = -\sum_{i=1}^{n} p_i \log_r p_i$ 的定义, 其中的对数以 r 为底. 由此得到

定理 5.2.2 (变长码平均码长的下、上界估计) 如果 $\mathcal{S} = [X, p(x)]$ 是给定信源, f 是即时码. 那么

(1) 它的下界估计式是

$$H_r(p_1, \cdots, p_a) \leqslant L(\mathcal{S}, f), \tag{5.2.4}$$

其中等号成立的充要条件是 $\ell_i = -\log_r p_i$.

(2) 它的上界估计式是

$$H_r(\bar{p}) \leqslant L(\mathcal{S}, f) < H_r(\bar{p}) + 1. \tag{5.2.5}$$

该定理的证明也在 [30, 65] 等中给出, 在此不再重复.

5.2.2　重要的无失真码

1. 一些重要的无失真码

在信源编码理论中, 重要的无失真码有霍夫曼 (Huffman) 码、算术码、LZW (Lampel-Ziv-Welch) 码与 KY(Kieffer-Yang) 码.

这些码的构造等理论在 [30, 65] 等中给出, 并且都已形成标准化的算法. 它们的性质如下:

(1) 霍夫曼码是最优的前缀码.

(2) 算术码是一种前缀码. 它的平均长度满足关系式 $L(\mathcal{S}, f) \leqslant H(X) + 2$.

这些性质在 [30, 65] 等都有证明. 在此不再重复.

2. 通用码和自适应码简介

(1) 通用码的一般概念　我们已经说明, 在重要的无失真码构造中, 有霍夫曼码、算术码、LZW 码和 KY 码等, 它们都是唯一可译码, 而且是最优码或接近最优的不等长码.

(2) 但其中的一些码在构造时必须确定知道信源的概率分布, 但这在许多情况下是不可能的.

(3) 因此这些码的构造一般对无记忆信源较为合适, 但在实际采用的信源中一般都具有记忆性, 因此如何利用信源的记忆性提高它的压缩率是信源编码所必须考虑的问题.

(4) 所谓通用码就是针对以上问题, 在不知道信源概率分布的情况下, 对随时出现一数据序列直接进行编码. 实现通用码的一个前提条件是出现的数据序列前后具有相关性, 因此信源的无失真通用码就是利用这些数据出现前后的相关性进行压缩.

(5) 常用的通用码有 LZW 码与 KY 码. 这两种码是信源编码理论中的重要码, 有许多重要应用.

(6) 自适应码是一种信道编码, 它是在信道的转移概率 $p(v|u), u \in U, v \in V$ 不稳定或发生变化时的编码.

它们的结构、原理和算法在 [30, 65] 等中都已给出, 在此不再重复.

5.2.3　信源的定长码的编码理论

信源的定长码的定义已在定义 5.2.1 给出, 现在进一步讨论其中的问题.

1. 信源的随机序列模型

现在讨论的信源是一个随机序列 $\mathcal{S} = \xi_T = \{\xi_1, \xi_2, \cdots, \xi_n, \cdots\}$, 它的信源空间 $X = F_a$ 是个有限集合.

(1) 它的随机向量记为 $\xi^n = (\xi_1, \xi_2, \cdots, \xi_n)$, 该随机向量具有联合概率分布

$$
\begin{cases}
p_\xi(x^n) = P_r\{\xi^n = x^n\}, & x^n \in X^n, \\
p_\xi(A_n) = P_r\{\xi^n \in A_n\}, & A_n \subset X^n,
\end{cases}
\tag{5.2.6}
$$

(2) 由此联合概率分布可以确定该随机序列的熵函数和熵率.

$$
\begin{cases}
\text{随机序列的熵函数 } H(\xi^n) = -\sum_{x^n \in X^n} p(x^n) \log p(x^n), \\
\text{随机序列的熵率 } H_0 = H(\xi_T) = \lim_{n \to \infty} \dfrac{1}{n} H(\xi^n).
\end{cases}
\tag{5.2.7}
$$

2. 有关随机序列熵率的计算

对不同类型的随机序列, 它们的熵率是可计算的, 一些重要随机序列熵率的计算公式是

$$
\begin{cases}
\text{独立同分布随机序列的熵率 } H_0 = H_0(\xi_T) = H(\xi_1), \\
\text{严格平稳随机序列的熵率 } H_0 = H_0(\xi_T) = H(\xi_1 | \xi_{-\infty}^0), \\
\text{平稳马氏随机序列的熵率 } H_0 = H_0(\xi_T) = H(\xi_1 | \xi_0),
\end{cases}
\tag{5.2.8}
$$

其中的记号说明如下.

(1) $\xi_{-\infty}^0 = (\cdots, \xi_{-n}, \xi_{-n+1}, \cdots, \xi_{-1}, \xi_0)$ 是一个半无穷随机序列.

(2) $H(\xi_1 | \xi_{-\infty}^0)$ 的定义是 $H(\xi_1 | \xi_{-\infty}^0) = \lim_{n \to \infty} H(\xi_1 | \xi_{-n}^0)$, 其中 $H(\xi_1 | \xi_{-n}^0)$ 是 ξ_1 关于随机向量 $\xi_{-n}^0 = (\xi_{-n}, \xi_{-n+1}, \cdots, \xi_{-1}, \xi_0)$ 的条件熵.

(3) 平稳马氏随机序列的熵率就是

$$
H(\xi_1 | \xi_0) = -\sum_{x_1, x_0 \in X} p(x_0, x_1) \log q(x_1 | x_0),
\tag{5.2.9}
$$

其中
$$
\begin{cases}
p(x_0, x_1) = P_r\{\xi_0 = x_0, \xi_1 = x_1\}, \\
q(x_1 | x_0) = P_r\{\xi_1 = x_1 | \xi_0 = x_0\}.
\end{cases}
$$

(4) 关于独立同分布随机序列、严格平稳随机序列和平稳马氏随机序列的定义在本书的附录中有说明介绍.

3. 有关定长码的编码问题及其中的一些定义和记号

如果 $\xi_T = \{\xi_1, \xi_2, \cdots, \xi_n, \cdots\}$ 是一个随机序列, $\xi^n = (\xi_1, \xi_2, \cdots, \xi_n)$ 是该随机序列的一个局部向量, 它的联合概率分布如 (5.2.7) 式所给.

定义 5.2.3 (关于随机序列的一些定义)   如果 ξ_T 是一个随机序列, ξ^n 是该随机序列的一个局部向量, $p_\xi(x^n)$ 是该局部向量的联合概率分布. 由此定义如下.

(1) 如果 $A_n \subset X^n$ 是一个 n 维向量的集合, $\epsilon > 0$ 是个很小的正数, $p_\xi(A_n) > 1 - \epsilon$, 那么称集合 A_n 是 ξ^n 的主要取值部分.

(2) 对固定的随机序列 ξ_T, 它的主要取值部分可以通过它们的遍历定理确定.

遍历定理是大数定理、中心极限定理的推广, 因此是一般随机过程中的极限定理. 对多种随机过程都有它们的遍历定理, 在许多随机过程和信息论的著作中都有论述 (如见 [30, 65]), 对此不再重复.

定义 5.2.4(随机信源的可达码率的定义)   对一个固定的随机序列 ξ_T, 称 R 是该随机序列的一个**可达码率**, 如果 $\epsilon > 0$ 是一个任意小的数, 这时必有一个适当大的 n 存在, 使它们满足以下条件:

(1) 在 X^n 空间中, 存在一个 $A_n \subset X^n$ 的集合, 使关系式 $p_\xi(A_n) > 1 - \epsilon$ 成立;

(2) 集合 A_n 中的向量数目满足关系式 $\| A_n \| \leqslant 2^{nR(1+\epsilon)}$;

(这时称集合 A_n 为信源序列 $\mathcal{S}^n$ 的数据压缩空间.)

(3) **随机信源** ξ_T 的定长码编码问题就是确定它的**最小可达码率** R_0.
这时 R_0 是 ξ_T 的定长码的可达码率, 而且对任何 ξ_T 的定长码的可达码率 R, 必有 $R \geqslant R_0$ 成立.

(4) 对此信源编码问题, 可以形象地称 2^{nR_0} 是随机信源 ξ_T 的信号体积, 其中 R_0 是随机信源 ξ_T 的定长码的最小可达码率.

定理 5.2.3(定长码的信源编码定理)   对不同类型的随机信源 ξ_T, 可以确定它们的最小可达码率 R_0.

(1) 如果 ξ_T 是一个无记忆信源 (ξ_T 中的 $\xi_t, t \in T$ 是独立同分布的随机变量), 那么有 $R_0 = H(\xi_1)$ 成立.

(2) 对于严格平稳随机序列、平稳马氏随机序列, 也有相应的定长码的信源编码定理成立. 这时有 $R_0 = H_0$ 成立, 其中 H_0 是这些随机序列的熵率, 如 (5.2.8) 所定义.

该定理的证明在 [30, 65] 等中给出. 对此不再重复.

5.3 信道编码理论

我们已经给出了通信系统中的信源编码理论, 现在讨论信道编码理论.

信道编码理论的核心问题是信息或信号在一定的介质条件中存在干扰和误差. 该理论就是要用编码的方法来消除这种干扰和误差, 它由两部分组成, 其中的第一部分内容是关于可行性的讨论, 也就是在什么样的条件下可以消除这种干扰和误差. 第二部分是关于编码的构造和算法问题. 也就是用适当的数学方法来构造这种具有纠错能力的码. 在本节中, 我们先讨论第一部分中的内容.

5.3.1 信道的模型和记号

5.1 节中已经给出了有关信道的模型和定义. 在本节中, 我们先不考虑数据或信息的安全问题, 因此该模型就是一个单纯的通信问题.

1. 信道的结构和要素

前面已经给出的信道模型是 $\mathcal{C} = [U, p(v|u), V]$, 我们先对此说明如下:

(1) U, V 分别是输入、输出信号字母表, 它们的元 $u \in U, v \in V$ 分别是输入、输出信号.

(2) $p(v|u), u \in U, v \in V$ 是该信道的转移概率分布, 也就是当输入信号字母是 u 时, 输出信号字母为 v 的概率, 因此有

$$p(v|u) \geqslant 0, \quad \sum_{v \in V} p(v|u) = 1,$$

对任何 $u \in U, v \in V$ 成立.

2. 信道的编码与译码函数

在通信系统中, 我们已经给出信源的模型和记号是 $\mathcal{S} = [X, p(x)]$, 其中 $X, p(x)$ 分别是发送的消息字母表和它的概率分布. 因此, 该通信系统的编码和译码函数分别是 $X \to U, V \to Y$ 的运算, 其中 Y 是发送的消息字母表. 在通信系统中, 一般取 $V = U, Y = X$, 但也可以不同.

我们已经说明, 一个通信系统的模型和记号是

$$\mathcal{E} = \{\mathcal{S}, \mathcal{C}\} = \{[X, p(x)], [U, p(v|u), V]\}. \tag{5.3.1}$$

在该系统中, 如果编码 (f, g) 给定, 那么称这个通信系统是一个具有编码的通信系统, 并记之为 $\mathcal{E}(f, g)$.

3. 由通信系统决定的随机变量

(1) 如果 $\mathcal{E}(f, g)$ 是一个具有编码的通信系统, 那么由此可以确定一系列的随机变量或概率分布, 它们是

$$\begin{cases} \tilde{\xi} & \text{由信源 } \mathcal{S} = [X, p(x)] \text{ 决定的随机变量,} \\ \xi & \text{由信道输入信号决定的随机变量,} \\ \eta & \text{由信道输出信号决定的随机变量,} \\ \tilde{\eta} & \text{由还原消息决定的随机变量.} \end{cases} \tag{5.3.2}$$

(2) 这个通信系统的各随机变量 $(\tilde{\xi}, \xi, \eta, \tilde{\eta})$ 的联合概率分布是

$$p(x, u, v, y) = p(x)f(u|x)p(v|u)g(y|v), \tag{5.3.3}$$

其中 $p(x), p(v|u)$ 分别由信源 $\mathcal{S}$ 和信道 $\mathcal{C}$ 给定, 而

$$f(u|x) = \begin{cases} 1, & \text{如果 } u = f(x), \\ 0, & \text{如果 } u \neq f(x), \end{cases} \qquad g(y|v) = \begin{cases} 1, & \text{如果 } y = g(v), \\ 0, & \text{如果 } y \neq g(v). \end{cases} \tag{5.3.4}$$

这时 $(\tilde{\xi}, \xi, \eta, \tilde{\eta})$ 构成一个马氏链.

4. 通信系统的序列模型

在 (5.3.1) 中, 通信系统同样可以构成序列模型, 这时

$$\mathcal{E}^n = \{\mathcal{S}^n, \mathcal{C}^n\} = \{[X^m, p(x^m)], [U^n, p(v^n|u^n), V^n], Y^m\}, \quad n = 1, 2, \cdots, \tag{5.3.5}$$

其中 $m = m(n)$ 是由 n 确定的函数, Y^m 是一个接收消息向量的集合. 这时的 $\mathcal{E}^n$ 可以看作这个通信系统的外部 (或硬件) 条件.

该系统的编码 $(f, g) = (f^n, g^n)$ 也是一个序列函数, 它们分别是 $X^m \to U^n$, $V^n \to Y^m$ 的映射.

由此得到, 相应的通信系统为 $\mathcal{E}^n(f^n, g^n), n = 1, 2, \cdots$. 这就是一个具有编码的序列通信系统. 由此 $\mathcal{E}^n(f^n, g^n)$ 可以确定一个随机序列:

$$(\tilde{\xi}^n, \xi^n, \eta^n, \tilde{\eta}^n), \quad n = 1, 2, \cdots, \tag{5.3.6}$$

该序列在 n 固定时构成一个马氏链.

5.3.2　无记忆信道的信道容量

为了简单起见, 我们先考虑信道序列 $\mathcal{C}^n = [U^n, p(v^n|u^n), V^n], n = 1, 2, \cdots$ 是一个无记忆信道的情形.

1. 无记忆信源、信道序列的定义

定义 5.3.1 (无记忆信源序列的定义)　　在信源序列 $\mathcal{S}^n = [X^n, p(x^n)], n = 1, 2, \cdots$ 的记号中, 如果对任何 $n = 1, 2, \cdots$, 满足条件:

(1) 集合 X^n 是集合 X 的 n 维乘积空间, 这就是 $X^n = \prod_{i=1}^n X_i, X_i = X, i = 1, 2, \cdots, n$;

(2) 对任何 $x^n = (x_1, x_2, \cdots, x_n) \in X^n$, 有 $p(x^n) = \prod_{i=1}^n p(x_i)$ 成立.
那么称序列 $\mathcal{S}^n$ 是一个由 $\mathcal{S} = [X, p(x)]$ 确定的无记忆信源序列.

定义 5.3.2(无记忆信道的定义) 在信道序列 $\mathcal{C}^n, n = 1, 2, \cdots$ 的记号中, 如果对任何 $n = 1, 2, \cdots$, 满足条件:

(1) 集合 U^n, V^n 分别是集合 U, V 的 n 维乘积空间, 即

$$\begin{cases} U^n = \prod_{i=1}^{n} U_i, & U_i = U, i = 1, 2, \cdots, n, \\ V^n = \prod_{i=1}^{n} V_i, & V_i = V, i = 1, 2, \cdots, n; \end{cases}$$

(2) 若 $\begin{cases} u^n = (u_1, u_2, \cdots, u_n) \in U^n, \\ v^n = (v_1, v_2, \cdots, v_n) \in V^n, \end{cases}$ 则有

$$p(v^n|u^b) = \prod_{i=1}^{n} p(v_i|u_i). \tag{5.3.7}$$

那么称序列 $\mathcal{C}^n$ 是一个由 $\mathcal{C} = [U, p(v|u), V]$ 确定的无记忆信道序列.

2. 无记忆信源、信道序列的性质

(1) 如果 $\mathcal{S}^n, n = 1, 2, \cdots$ 是一个信源序列, 那么记 $\tilde{\xi}^n = (\tilde{\xi}_1, \tilde{\xi}_2, \cdots, \tilde{\xi}_n)$ 是由该信源序列确定的随机向量序列,

$$P_r\{\tilde{\xi}^n = x^n\} = p(x^n), \quad \text{对任何 } x^n \in X^n \tag{5.3.8}$$

成立. 其中 $p(x^n)$ 是信源 $\mathcal{S}^n$ 确定的概率分布.

(2) 如果 $\mathcal{S}^n$ 是一个无记忆的信源序列, 那么相应的 $\tilde{\xi}^n$ 是一个独立、同分布的随机向量序列.

(3) 在信源序列 $\mathcal{S}_X^n = [X^n, p_X(x^n)]$ 中, X 是消息的字母表.

如果把消息的字母表 X 换成输入信号的字母表 U, 那么得到 $\mathcal{S}_U^n = [U^n, p_U(u^n)]$, 我们把它称为输入信号的随机源.

(4) 如果信道序列 $\mathcal{C}^n = [U^n, p(v^n|u^n), V^n]$ 和输入信号的随机源 $\mathcal{S}_U^n$ 给定, 那么信道序列的输入、输出信号的随机序列就确定, 我们记之为

$$\{\mathcal{S}_U^n, \mathcal{C}^n\} = \{[U^n, p(u^n)], [U^n, p(v^n|u^n), V^n]\}. \tag{5.3.9}$$

(5) 确定输入、输出信号的随机序列, 记为

$$(\xi^n, \eta^n) = [(\xi_1, \eta_1), (\xi_2, \eta_2), \cdots, (\xi_n, \eta_n)]. \tag{5.3.10}$$

它的概率分布是

$$P_r\{(\xi^n, \eta^n) = (u^n, v^n)\} = p_{\xi,\eta}(u^n, v^n) = p(u^n)p(v^n|u^n), \tag{5.3.11}$$

其中 $p(u^n), p(v^n|u^n)$ 分别是由输入信号的随机源 $\mathcal{S}_U^n$ 和信道序列 $\mathcal{C}^n$ 确定的概率分布.

(6) 如果 $\mathcal{S}_U^n$ 和 $\mathcal{C}^n$ 都是无记忆的, 那么 (5.3.10) 式右边的随机向量是独立、同分布的, 这时

$$P_r\{(\xi^n, \eta^n) = (u^n, v^n)\} = \prod_{i=1}^{n} p_{\xi_i, \eta_i}(u_i, v_i) = \prod_{i=1}^{n} p(u_i)p(v_i|u_i), \qquad (5.3.12)$$

其中 $p(u), p(v|u)$ 分别是由输入信号的随机源 $\mathcal{S}_U$ 和信道 $\mathcal{C}$ 确定的概率分布.

3. 关于信道容量的定义

对一个固定的信道 $\mathcal{C} = [U, p(v|u), V]$, 我们引进以下记号.

(1) 对固定的集合 U, 记 $\mathcal{P}_U$ 为在集合 U 上的全体概率分布.

如果 $\bar{p} \in \mathcal{P}_U$, 则 $\bar{p}$ 是集合 U 上的概率分布. 因此可以写成

$$\bar{p} = \{p(u), u \in U\}, \quad \text{其中} \quad p(u) \geqslant 0, \quad \sum_{u \in U} p(u) = 1.$$

(2) 当 $\bar{p} \in \mathcal{P}_U$ 时, 它可以和 $\mathcal{C}$ 结合, 产生联合概率分布

$$P_{U,V} = \{p(u,v) = p(u)p(v|u), u \in U, v \in V\} \qquad (5.3.13)$$

和相应的随机变量 (ξ, η), 这时

$$P_r\{\xi = u, \eta = v\} = p(u,v) = p(u)p(v|u), u \in U, v \in V. \qquad (5.3.14)$$

(3) 由随机变量 (ξ, η) 产生它们的熵、联合熵、条件熵 $H(\xi), H(\xi, \eta), H(\eta|\xi), H(\xi|\eta)$ 等.

(4) 由随机变量 (ξ, η) 产生的互信息是

$$I(\xi, \eta) = H(\xi) + H(\eta) - H(\xi, \eta) = \sum_{u \in U, v \in V} p(u,v) \log \frac{p(u,v)}{p_\xi(u)p_\eta(v)}, \qquad (5.3.15)$$

其中 $p_\xi(u) = \sum_{v \in V} p(u,v), p_\eta(v) = \sum_{u \in U} p(u,v)$.

(5) 当 $\bar{p}$ 在 $\mathcal{P}_U$ 中变化时, 相应的互信息 $I_{\bar{p}}(\xi, \eta)$ 也会随 $\bar{p} \in \mathcal{P}_U$ 的变化而变化. 由此定义

$$C(\mathcal{C}) = \max\{I_{\bar{p}}(\xi, \eta), \bar{p} \in \mathcal{P}_U\} \qquad (5.3.16)$$

是信道 $\mathcal{C}$ 的信道容量.

如果有一个 $\bar{p}_0 \in \mathcal{P}_U$, 使 $I_{\bar{p}_0}(\xi, \eta) = C(\mathcal{C})$ 成立, 那么称 $\bar{p}_0$ 是信道 $\mathcal{C}$ 的最大人口分布.

4. 信道容量的计算问题

对一个固定的信道 $\mathcal{C}$, 它的信道容量和它的最大人口分布都是可计算的.
在 [30, 65] 等中给出了相应的计算方法和结果. 对此我们不再重复讨论.
关于信道容量计算的一个基本定理是.

定理 5.3.1 (信道容量计算的基本定理) 如果 $\mathcal{C}^n$ 是一个由 $\mathcal{C}^n$ 确定的无记忆信道 (如定义 5.3.2 所给), 那么它的容量计算公式是 $C(\mathcal{C}^n) = nC(\mathcal{C})$.

该定理的证明在 [30, 65] 等中给出, 我们不再重复.

5.3.3 信道序列的正、反编码定理

信道序列的编码定理也是通信系统编码理论中的核心问题, 对它的叙述有多种不同的方式和版本. 我们只说明其中的基本思路和结论. 对其中的一些具体论述参考 [36, 74] 等著作. 我们不一一说明.

一个通信系统如 (5.3.5) 式所给. 这时的 $\mathcal{E}^n$ 是一个不带编码的通信系统.

(1) 如果该系统选择适当的编码函数 (f^n, g^n), 它们分别是 $X^m \to U^n, V^n \to Y^m$ 的映射, 那么该系统的输入消息、信号和输出信号、消息的随机向量组

$$(\tilde{\xi}^n, \xi^n, \eta^n, \tilde{\eta}^n), \quad n = 1, 2, \cdots$$

也就确定, 而且具有概率分布

$$\begin{aligned} p(x^m, u^n, v^n, y^m) &= P_r\{\tilde{\xi}^m = x^m, \xi^n = u^n, \eta^n = v^n, \tilde{\eta}^m = y^m\} \\ &= p(x^m) f(u^n|x^m) p(v^n|u^n) g(y^m|v^n), \end{aligned} \tag{5.3.17}$$

其中 $p(x^m), p(v^n|u^n)$ 分别是由信源 $\mathcal{S}^m$ 和信道 $\mathcal{C}^n$ 给定的概率分布, 而

$$f(u^n|x^m) = \begin{cases} 1, & \text{如果 } u^n = f(x^m), \\ 0, & \text{否则}, \end{cases} \qquad g(y^m|v^n) = \begin{cases} 1, & \text{如果 } y^m = g(v^n), \\ 0, & \text{否则}. \end{cases} \tag{5.3.18}$$

这时 $(\tilde{\xi}^m, \xi^n, \eta^n, \tilde{\eta}^m)$ 构成一个马氏链.

(2) 一个通信系统的目标是要把不同的消息准确地进行传递. 由此定义如下.

定义 5.3.3 (通信系统的可实现问题) 对一个固定的通信系统 $\mathcal{E}^n, n = 1, 2, 3, \cdots$, 称它是可实现的, 如果存在一非负序列 $\epsilon_n \to 0$ (当 $n \to \infty$ 时) 以及一编码序列 $(f^n, g^n), n = 1, 2, \cdots$, 它们满足以下条件.

(1) (f^n, g^n) 分别是 $X^m \to U^n, V^n \to Y^m$ 的映射. 由此确定该系统的输入消息、信号和输出信号、消息的随机向量组 $(\tilde{\xi}^n, \xi^n, \eta^n, \tilde{\eta}^n), \quad n = 1, 2, \cdots$. 它们的概率分布 $p(x^m, u^n, v^n, y^m)$ 由 (5.3.17) 确定.

(2) 由此确定, 该通信系统产生的通信误差为

$$p_e^n = p_e(\mathcal{E}_n) = P_r\{\tilde{\xi}^m \neq \tilde{\eta}^m = y^m\}. \tag{5.3.19}$$

(3) 对此通信系统的通信误差满足条件 $p_e^n \leqslant \epsilon_n \to 0$.

(4) 如果对任何编码序列 $(f^n, g^n), n = 1, 2, \cdots$, 关系式 $p_e^n \leqslant \epsilon_n \to 0$ 不能成立, 那么称该通信系统是不可实现问题.

由此, 通信系统的可实现问题就是在此通信系统中, 它所产生的误差可通过编码、在一定的精确意义下实现纠正和消除.

定理 5.3.2(通信系统的正、反编码定理)   对一个固定的通信系统 $\mathcal{E}^n, n = 1, 2, 3, \cdots$, 如果它满足以下条件.

(1) 信道序列 $\mathcal{C}^n$ 是由 $\mathcal{C}$ 生成的无记忆信道序列. $\mathcal{C}$ 的信道容量是 $C = C(\mathcal{C})$.

(2) 信源序列 $\mathcal{S}^m$ 的最小可达码率是 R_0.

(3) C 和 R_0 之间满足关系式 $R_0 < \dfrac{n}{m}C$, 那么该通信系统一定是可实现的.

(4) 如果 $R_0 > \dfrac{n}{m}C$, 那么该通信系统一定是不可实现的.

该定理给出了通信系统中的一个基本原理. 这就是对它所产生的误差可实现纠正和消除的基本要求和解决途径 (编码的途径).

在信息论中, 对该定理还有一系列的推广, 如记忆信道中的编码定理等, 对此我们在本书中不再说明讨论.

5.4 信源的有失真编码理论

在信源的编码理论中, 我们已经给出了多种无失真的编码算法. 这是一种要求很高的算法. 这就是它必须确保数据的完全的真实性. 如计算机中的算法程序, 一般不能出现任何差错, 因为一个字符的差错, 可能会导致整个计算的失败.

但在信息处理的许多问题中, 经常有一些可允许的误差存在, 这种误差的存在不影响我们对整个系统功能的理解.

这种可允许误差的存在, 就可大大减少我们对数据的数量要求. 由此讨论因这种允许误差的存在而减少对数据量的要求. 这就是有失真的信源编码理论.

5.4.1 有失真信源编码问题的数学模型

对有失真信源编码问题的讨论是一个与概率、统计和信息有关的问题. 我们先讨论它的数学模型.

1. 有失真的信源

对一个有失真信源的描述定义为

$$\mathcal{S} = [\mathcal{X}, p(x), d(x,y), \mathcal{Y}], \tag{5.4.1}$$

其中 $[\mathcal{X}, p(x)]$ 为无失真信源, $d(x,y)$ 是 $\mathcal{X} \otimes \mathcal{Y}$ 上的损失函数或费用函数, 它表示将消息 x 错认为 y 后的损失, 一般取 $\mathcal{X} = \mathcal{Y}$ 且 $d(x,y) \geqslant 0$, 而 $d(x,x) = 0$. 我们称 (5.4.1) 是一个带损失函数的信源. 在本章中, 我们讨论这种类型的信源. 我们同样记 $\mathcal{X} = \{x_1, x_2, \cdots, x_a\}$, 而 $\bar{p} = (p(x), x \in \mathcal{X})$ 为概率分布.

如果 $\mathcal{X} = \mathcal{Y}$ 是度量空间, 取 $d(x,y)$ 是 $\mathcal{X}$ 上的度量函数, 这时它满足条件:

(1) **非负性** 对任何 $x, y \in \mathcal{X}, d(x,y) \geqslant 0$, 且等号成立的充分必要条件是 $x = y$.

(2) **对称性** 对任何 $x, y \in \mathcal{X}, d(x,y) = d(y,x)$.

(3) **三角不等式成立** 对任何 $x, y, z \in \mathcal{X}$, 总有

$$d(x,y) + d(y,z) \geqslant d(x,z).$$

对 (5.4.1) 的信源 $\mathcal{S}$, 我们记

$$Q_{\mathcal{X} \otimes \mathcal{Y}} = \{q(y|x) : (x,y) \in \mathcal{X} \otimes \mathcal{Y}\} \tag{5.4.2}$$

是一个从 $\mathcal{X}$ 到 $\mathcal{Y}$ 的转移概率矩阵, 如果 $q(y|x)$ 给定, 那么 $\mathcal{X} \otimes \mathcal{Y}$ 上的联合概率分布 $p(x,y) = p(x)q(y|x)$ 确定. 以下记 $Q_{\mathcal{X} \otimes \mathcal{Y}}$ 是 $\mathcal{X} \otimes \mathcal{Y}$ 上的全体转移概率矩阵. 因此

$$\mathcal{Q} = \left\{ Q = [q(y|x)] : p(y|x) \geqslant 0, \sum_{y \in \mathcal{Y}} p(y|x) = 1, \text{对任何} (x,y) \in \mathcal{X} \otimes \mathcal{Y} \right\}, \tag{5.4.3}$$

这里 $Q = [q(y|x)] = [q(y|x)]_{(x,y) \in \mathcal{X} \times \mathcal{Y}}$ 是矩阵 (5.4.2) 的不同记号, 我们在下文中同时使用.

定义 5.4.1 如果信源 $\mathcal{S}$ 给定, 那么转移概率矩阵族 $\mathcal{Q}$ 也确定, 对此有以下定义.

(1) 称 (X,Y) 是由 $\bar{p}, Q$ 确定的随机变量, 如果

$$P_r\{(X,Y) = (x,y)\} = p(x)q(y|x)$$

对任何 $(x,y) \in \mathcal{X} \otimes \mathcal{Y}$ 成立.

(2) 如果 $Q \in \mathcal{Q}$, 那么称

$$d(\bar{p}, Q) = \sum_{(x,y) \in \mathcal{X} \otimes \mathcal{Y}} d(x,y) p(x) q(y|x) = E\{d(X,Y)\}$$

为 $\mathcal{S}$ 关于 Q 的平均损失函数, 其中 $E\{Z\}$ 为随机变量 Z 的数学期望.

(3) 如果 d 是一个固定的常数, 那么记

$$\mathcal{Q}(d) = \{Q \in \mathcal{Q} : d(\bar{p}, Q) \leqslant d\} \tag{5.4.4}$$

为 $\mathcal{S}$ 关于平均损失不超过 d 的全体转移概率矩阵的集合.

(4) 对固定常数 d, 定义

$$R(d) = \inf\{I(\bar{p}; Q) : Q \in \mathcal{Q}(d)\} \tag{5.4.5}$$

为 $\mathcal{S}$ 的率失真函数, 其中

$$I(\bar{p}; Q) = \sum_{(x,y) \in \mathcal{X} \otimes \mathcal{Y}} p(x) q(y|x) \log \frac{q(y|x)}{q(y)} \tag{5.4.6}$$

是由 $\bar{p}, Q$ 确定的互信息, 这里 $q(y) = \sum_{x \in \mathcal{X}} p(x) q(y|x)$.

(5) 在 (5.4.5) 式中, 如果 $Q_0 \in \mathcal{Q}(d)$, 且有 $I(\bar{p}; Q_0) = R(d)$ 成立, 那么我们称 Q_0 为信源 $\mathcal{S}$ 的率失真转移概率分布, 简称率失真分布.

我们注意到, 在 $R(d)$ 函数的定义式 (5.4.5) 中, 采用下确界的定义, 因此信源 $\mathcal{S}$ 的率失真分布不一定存在. 但如果 $\mathcal{Q}(d)$ 是一个闭集, 因为 $I(\bar{p}; Q)$ 是 Q 的连续函数, 所以 $\mathcal{S}$ 的率失真分布一定存在. 我们还可以证明, 如果 $\mathcal{X}$ 是一个有限集合, 那么 $\mathcal{Q}(d)$ 是一个闭集. 因此, 我们在下文的讨论中, 总是假定 $\mathcal{S}$ 的率失真分布一定存在.

2. 率失真函数的性质

为讨论率失真函数的性质, 我们定义:

$$d_m = \min \left\{ \sum_{x \in \mathcal{X}} p(x) d(x,y) : y \in \mathcal{Y} \right\} \tag{5.4.7}$$

为信源 $\mathcal{S}$ 的一个参数, 当信源 $\mathcal{S}$ 给定时, d_m 确定.

定理 5.4.1   如果 $R(d)$ 是信源 $\mathcal{S}$ 的率失真函数, 那么以下性质成立.

(1) $0 \leqslant R(d) \leqslant H(X)$, 而且有

(i) $R(d) = 0$ 的充分必要条件是 $d \geqslant d_m$;

(ii) 如果 $d(x, y)$ 是 $\mathcal{X}$ 上的度量函数, 那么 $R(d) = H(X)$ 的充分必要条件是 $d = 0$.

(2) $R(d)$ 是 $0 \leqslant d \leqslant d_m$ 上的单减、连续且下凸函数. 这时对任何 $0 \leqslant d_1, d_2 \leqslant d_m$ 及任何 $0 \leqslant \lambda \leqslant 1$ 总有

$$R(\lambda d_1 + (1 - \lambda)d_2) \leqslant \lambda R(d_1) + (1 - \lambda)R(d_2) \tag{5.4.8}$$

成立.

该定理的证明见 [30, 65] 等.

推论 5.4.1 如果 $R(d)$ 是信源 $\mathcal{S}$ 的率失真函数, 那么它的率失真分布必在

$$\mathcal{Q}'_d = \left\{ Q = [q(y|x)] : \sum_{(x,y) \in \mathcal{X} \otimes \mathcal{Y}} p(x)q(y|x)d(x, y) = d \right\}$$

区域上到达.

该推论由定理 5.4.1 的 (2) 得到, 我们不作详细证明.

5.4.2 有失真信源的编码问题

与信道编码问题相同, 有失真信源的编码问题也是在信源序列模型上实现的. 对它的编码问题我们进一步描述如下.

1. 有失真信源的序列模型

仿 (5.4.1) 的记号, 同样定义信源序列

$$\mathcal{S}^n = [\mathcal{X}^n, \bar{p}^n, d(x^n, y^n), \mathcal{Y}^n], \quad n = 1, 2, 3, \cdots, \tag{5.4.9}$$

这里的 $\mathcal{X}^n, x^n, y^n, \mathcal{Y}^n$ 的定义与前文的记号定义相同. 而记

$$\tilde{\mathcal{S}} = \{\mathcal{S}^n, n = 1, 2, 3, \cdots\} \tag{5.4.10}$$

为有失真信源的序列, 简称信源的序列. 仿 (5.4.2)—(5.4.5) 的记号, 同样定义转移概率矩阵序列

$$Q^n = [q(y^n|x^n)]_{(x^n, y^n) \in \mathcal{X}^n \otimes \mathcal{Y}^n}, \tag{5.4.11}$$

而记 Q^n 为全体从 $\mathcal{X}^n$ 到 $\mathcal{Y}^n$ 的转移概率矩阵.

如果 $\mathcal{S}^n$ 与 Q^n 给定, 那么它们的联合概率分布 $p(x^n, y^n) = p(x^n)q(y^n|x^n)$ 给定. 它们相应的随机变量与互信息分别为 (X^n, Y^n) 与

$$I(X^n; Y^n) = I(\bar{p}^n; Q^n) = \sum_{(x^n, y^n) \in \mathcal{X}^n \otimes \mathcal{Y}^n} p(x^n)q(y^n|x^n) \log \frac{q(y^n|x^n)}{q(y^n)}, \tag{5.4.12}$$

其中 $q(y^n) = \sum_{x^n \in \mathcal{X}^n} p(x^n) q(y^n|x^n)$. 我们记相应的互信息密度函数为

$$i(x^n; y^n) = \log \frac{q(y^n|x^n)}{q(y^n)}, \quad (x^n, y^n) \in \mathcal{X}^n \otimes \mathcal{Y}^n. \tag{5.4.13}$$

定义 5.4.2　称信源的序列 $\tilde{\mathcal{S}}$ 为无记忆序列, 如果 $[\mathcal{X}^n, \bar{p}^n]$ 是无记忆的 (这时 $p(x^n) = \prod_{j=1}^n p(x_j)$), 且有

$$d(x^n, y^n) = \frac{1}{n} \sum_{i=1}^n d(x_i, y_i), \tag{5.4.14}$$

对任何 $(x^n, y^n) \in \mathcal{X}^n \otimes \mathcal{Y}^n$ 成立.

2. 有失真信源序列的编码问题

我们在前文中已对有失真的信源编码问题作了形象化的说明, 现在给出它们严格的数学描述.

定义 5.4.3　称 R 为固定的信源序列 $\tilde{\mathcal{S}}$ 的 d 可达速率, 如果存在一列正数 $\epsilon_n \to 0$ 与一组:

$$\{(B_1^n, y_1^n), (B_2^n, y_2^n), \cdots, (B_{M_n}^n, y_{M_n}^n)\}, \tag{5.4.15}$$

其中 $B_j^n \subset \mathcal{X}^n, y^n \in \mathcal{Y}$, 它们满足以下条件:

(1) 对任何 $j = 1, 2, \cdots, M_n$, 与 $x^n \in B_j^n$, 总有 $d(x^n, y_j^n) \leqslant d(1 + \epsilon_n)$ 成立, 其中 d 是固定的正数;

(2) 对任何 $n = 1, 2, 3, \cdots$, 有 $M_n \leqslant 2^{nR(1+\epsilon_n)}$ 成立;

(3) 对不同的 j, 集合 $B_j^n, j = 1, 2, \cdots, M_n$ 互不相交, 且有

$$p\left(\sum_{j=1}^{M_n} B_j^n\right) = P_r\left\{X^n \in \sum_{j=1}^{M_n} B_j^n\right\} > 1 - \epsilon_n, \tag{5.4.16}$$

对任何 $n = 1, 2, 3, \cdots$, 成立, 其中 X^n 是由信源 $\mathcal{S}^n$ 所确定的随机变量.

定义 5.4.4　称 R_0 为信源序列 $\tilde{\mathcal{S}}$ 的 d 最小可达速率, 如果 R_0 是 $\tilde{\mathcal{S}}$ 的 d 可达速率, 且对任何 $\mathcal{S}^n$ 的可达速率 R 总有 $R_0 \leqslant R$ 成立.

有失真信源的编码问题就是要求它的最小可达速率问题.

3. 一般信源序列的正编码定理

与信道编码定理相同, 对有失真信源编码同样有它们的正、反编码定理.

信源的有失真、正反信源编码定理的证明方法有多种, 如典型序列法、随机码方法和一般序列模型法, 我们对此不一一列举, 详见 [30, 65] 等.

定理 5.4.2(有失真信源的正、反编码定理)   (1) **有失真信源的正编码定理** 对固定的信源序列 $\tilde{\mathcal{S}}$, 如果存在一转移概率分布矩阵序列 $Q^n = [q(y^n|x^n)]$ 及一数列 $\epsilon_n \to 0$, 使得以下关系式成立:

$$P_r\{i(X^n; Y^n) < nR(1 + \epsilon_n)\} > 1 - \epsilon_n \tag{5.4.17}$$

及

$$P_r\{d(X^n; Y^n) < d(1 + \epsilon_n)\} > 1 - \epsilon_n, \tag{5.4.18}$$

其中 $d, R > 0$ 是固定的常数, (X^n, Y^n) 是由 $\mathcal{S}^n$ 与 Q^n 确定的随机变量, 那么 R 是信源序列 $\tilde{\mathcal{S}}$ 的一个可达速率.

(2) **有失真信源的反编码定理**   如果 R 是信源序列 $\tilde{\mathcal{S}}$ 的一个 d 可达速率, 那么必存在一转移概率分布矩阵序列 $Q^n = [q(y^n|x^n)]$ 与一数列 $\epsilon_n \to 0$, 使关系式 (5.4.17) 与 (5.4.18) 成立.

该定理的证明见 [30, 65] 所给.

4. 无记忆信源序列的正、反编码定理

由一般信源序列的正、反编码定理即可得到无记忆信源的正、反编码定理.

带失真的无记忆信源序列与不带失真的无记忆信源序列相似, 记 $\tilde{\mathcal{S}}$ 为带失真的信源序列, 如 (5.4.9), (5.4.10) 所给.

定义 5.4.5   称信源序列 $\tilde{\mathcal{S}}$ 是一个无记忆的信源序列, 如果以下条件满足:

(1) $\mathcal{X}^n = \mathcal{Y}^n$ 是 $\mathcal{X}$ 的 n 维乘积空间, 这时

$$\mathcal{X}^n = \prod_{i=1}^n \mathcal{X}_j, \quad \mathcal{X}_i \in \mathcal{X}, \quad i = 1, 2, \cdots, n,$$

那么 $\mathcal{X}^n$ 中的元是 $\mathcal{X}$ 中的向量, 我们记为 $x^n = (x_1, x_2, \cdots, x_n)$.

(2) $\bar{p}^n = (p(x^n), x^n \in \mathcal{X}^n)$ 是 $\mathcal{S} = [\mathcal{X}, \bar{p}]$ 的乘积分布, 这里 $\bar{p} = (p(x), x \in \mathcal{X})$, 而

$$p(x^n) = \prod_{i=1}^n p(x_i),$$

对任何 $x^n = (x_1, x_2, \cdots, x_n) \in \mathcal{X}^n$ 成立.

(3) $\mathcal{S}^n$ 中的度量函数

$$d(x^n, y^n) = \frac{1}{n} \sum_{i=1}^n d(x_i, y_i)$$

对任何 $x^n, y^n = (y_1, y_2, \cdots, y_n) \in \mathcal{Y}^n$ 成立.

这时我们又称 $\tilde{\mathcal{S}}$ 是一个由 $\mathcal{S}$ 确定的无记忆的信源序列.

对无记忆信源序列 $\mathcal{S}^n$, 如转移概率分布矩阵 $Q^n = [q(y^n|x^n)]$ 给定, 那么它们的 n 维联合概率分布 $p(x^n, y^n) = p(x^n)q(y^n|x^n)$、边际概率分布 $q(y^n) = \sum_{x^n \in \mathcal{X}^n} p(x^n)q(y^n|x^n)$、平均损失函数

$$d(\bar{p}^n, Q^n) = \sum_{(x^n, y^n) \in \mathcal{X}^n \otimes \mathcal{Y}^n} p(x^n)q(y^n|x^n)d(x^n, y^n)$$

与互信息密度函数

$$i(x^n; y^n) = \log \frac{p(x^n; y^n)}{p(x^n)q(y^n)}$$

确定. 我们同样定义:

(1) $\mathcal{Q}^n$ 为 $\mathcal{X}^n$ 到 $\mathcal{Y}^n$ 的全体转移概率矩阵.

(2) 如果 d 是一个固定的常数, 那么记

$$\mathcal{Q}^n(d) = \{Q^n \in \mathcal{Q}^n : d(\bar{p}^n, Q^n) \leqslant d\} \tag{5.4.19}$$

为 $\mathcal{S}^n$ 关于平均损失不超过 d 的全体转移概率矩阵的集合.

(3) 对固定常数 d, 定义

$$R_n(d) = \min\{I(\bar{p}^n; Q^n) : Q^n \in \mathcal{Q}^n(d)\} \tag{5.4.20}$$

为 $\mathcal{S}^n$ 的率失真函数, 其中

$$I(\bar{p}^n; Q^n) = \sum_{(x^n, y^n) \in \mathcal{X}^n \otimes \mathcal{Y}^n} p(x^n)q(y^n|x^n) \log \frac{q(y^n|x^n)}{q(y^n)} \tag{5.4.21}$$

是由 $\bar{p}^n, Q^n$ 确定的互信息.

定理 5.4.3　如果 $\tilde{\mathcal{S}}$ 是一个由 $\mathcal{S}$ 确定的无记忆的信源序列, $R_n(d)$ 与 $R(d)$ 分别是 $\mathcal{S}^n$ 与 $\mathcal{S}$ 的率失真函数, 那么有 $R_n(d) = nR(d)$ 成立.

该定理的证明见 [30, 65] 等.

5. 无记忆信源的有失真正、反编码定理

定理 5.4.4　如果 $\tilde{\mathcal{S}}$ 是一个由 $\mathcal{S}$ 确定的离散无记忆的信源序列, $R(d)$ 是 $\mathcal{S}$ 的率失真函数, 那么有 $R(d)$ 是 $\tilde{\mathcal{S}}$ 的最小 d 可达速率.

该定理的证明见 [30, 65] 等.

5.4.3　率失真函数的计算问题

率失真函数 $R(d)$ 的定义在 (5.4.5) 式中已经给出, 定理 5.4.4 给出了它关于无记忆信源的正、反编码定理, 由此可以看到, 它在有失真信源编码理论中有重要作用. 我们现在讨论它的计算问题.

率失真函数的计算的是一个在约束条件下的求极值问题. 当 $\mathcal{S}$ 给定时, $\bar{p} = (p(x), x \in \mathcal{X})$ 与 $d(x, y)$ 给定, 这时 $Q = [q(y|x)], (x, y) \in \mathcal{X} \otimes \mathcal{Y}$ 是一组变量, 相应的约束条件是

$$
\begin{cases}
q(y|x) \geqslant 0, \\
\displaystyle\sum_{y \in \mathcal{Y}} q(y|x) = 1, \\
\displaystyle\sum_{(x,y) \in \mathcal{X} \otimes \mathcal{Y}} p(x)q(y|x)d(x,y) = d.
\end{cases}
\tag{5.4.22}
$$

因此, 率失真函数的计算是一个在约束条件 (5.4.1) 下, 求

$$
I(Q) = \sum_{(x,y) \in \mathcal{X} \otimes \mathcal{Y}} p(x)q(y|x) \log \frac{q(y|x)}{\displaystyle\sum_{x \in \mathcal{X}} p(x)q(y|x)}
\tag{5.4.23}
$$

的极小值问题. 它的一般计算方法是拉格朗日乘子法, 这时记

$$
L(Q) = I(Q) + \sum_{x \in \mathcal{X}} \alpha(x) \sum_{y \in \mathcal{Y}} q(y|x) + \lambda \sum_{(x,y) \in \mathcal{X} \otimes \mathcal{Y}} p(x)q(y|x)d(x,y),
\tag{5.4.24}
$$

其中 $\lambda, \alpha(x)$ 是待定参数, 因为 $L(Q)$ 是 Q 的凸函数, 所以由拉格朗日乘子法得到, Q 为极值点的条件是

$$
\frac{\partial L(Q)}{\partial q(y|x)} \begin{cases} = 0, & q(y|x) > 0, \\ \geqslant 0, & q(y|x) = 0. \end{cases}
\tag{5.4.25}
$$

而由 (5.4.25) 得到

$$
\frac{\partial L(Q)}{\partial q(y|x)} = p(x) \left[\log \frac{q(y|x)}{q(y)} + \lambda d(x,y) \right] + \alpha(x),
\tag{5.4.26}
$$

为解方程 (5.4.26), 如记 $\log \beta(x) = \dfrac{\alpha(x)}{p(x)}$, 那么得到在 $q(y|x) > 0$ 的情形有

$$
p(x) \left[\log \frac{q(y|x)}{q(y)} + \lambda d(x,y) \log \beta(x) \right] = 0
\tag{5.4.27}
$$

成立, 因此

$$
q(y|x) = \frac{q(y)e^{-\lambda d(x,y)}}{\beta(x)},
\tag{5.4.28}
$$

由此得到

$$
\begin{cases}
\beta(x) = \displaystyle\sum_{y \in \mathcal{Y}} q(y)e^{-\lambda d(x,y)}, \\
q(y|x) = \dfrac{q(y)e^{-\lambda d(x,y)}}{\displaystyle\sum_{y \in \mathcal{Y}} q(y)e^{-\lambda d(x,y)}},
\end{cases}
\tag{5.4.29}
$$

如果把 (5.4.29) 的第二个方程两边乘 $p(x)$ 再对 $x \in \mathcal{X}$ 求和, 就可得到

$$\sum_{x \in \mathcal{X}} \frac{p(x)e^{-\lambda d(x,y)}}{\displaystyle\sum_{y \in \mathcal{Y}} q(y)e^{-\lambda d(x,y)}} = 1. \tag{5.4.30}$$

如果 $q(y|x) = 0$, 那么相应的 (5.4.30) 方程变为

$$\sum_{x \in \mathcal{X}} \frac{p(x)e^{-\lambda d(x,y)}}{\displaystyle\sum_{y \in \mathcal{Y}} q(y)e^{-\lambda d(x,y)}} \leqslant 1. \tag{5.4.31}$$

因此, 一般情形下的 $R(d)$ 函数及它的率失真分布的求解问题可化为对方程 (5.4.30) 与 (5.4.31) 的求解问题.

5.4.4　几种特殊信源的率失真函数计算

利用率失真函数的定义与方程 (5.4.30) 和 (5.4.31) 就可对率失真函数进行计算, 对此我们只讨论几种特殊信源的率失真函数的计算问题.

1. 二进信源的率失真函数

二进信源的 $\mathcal{S} = [\mathcal{X}, p(x), d(x,y), \mathcal{Y}]$ 的定义为

$$\mathcal{X} = \mathcal{Y} = \{0,1\}, \quad p(1) = p, \quad p(0) = 1 - p, \quad d(x,y) = \begin{cases} 0, & x = y, \\ 1, & x \neq y, \end{cases} \tag{5.4.32}$$

其中 $0 < p < 1/2$. 对此我们计算如下.

(1) 记 $r(y) = p(0)d(0,y) + p(1)d(1,y)$, 那么 $r(0) = 1 - p, r(1) = p$, 所以 $d_m = p$. 由率失真函数的性质得到, 如果 $d \geqslant d_m = p$, 就有 $R(d) = 0$. 因此我们只讨论 $0 < d < p$ 的情形.

(2) 如记 $Q = \begin{pmatrix} q & 1-q \\ q' & 1-q' \end{pmatrix}$ 为 $\mathcal{X} \to \mathcal{Y}$ 的转移概率矩阵, 那么有以下结论.

(i) 由 (p_x, Q) 确定的 $\mathcal{X} \otimes \mathcal{Y}$ 上的二维随机变量 (X, Y) 的联合概率分布为

$$P = [p(x,y)]_{x,y=0,1} = \begin{pmatrix} (1-p)q & (1-p)(1-q) \\ pq' & p(1-q') \end{pmatrix}. \tag{5.4.33}$$

(ii) 由 (p_x, Q) 确定的 (X, Y) 的平均距离为

$$E\{d(X,Y)\} = P_r\{X \oplus Y = 1\} = (1-p)(1-q) + pq',$$

其中 $X \oplus Y$ 是在模 2 意义下求和. 如果取 $E\{d(X,Y)\} = d$ 为固定数, 那么

$$X \oplus Y \sim \begin{pmatrix} 0, & 1 \\ 1-d, & d \end{pmatrix}.$$

(iii) 由 (p_x, Q) 确定 (X,Y) 的互信息为

$$I(X;Y) = H(X) - H(X|Y) = H(X) - H(X \oplus Y|Y)$$

$$\geqslant H(X) - H(X \oplus Y) = H(p) - H(d), \tag{5.4.34}$$

其中不等式由条件熵的性质得到, 而第二个等号由映射 $X \to X \oplus Y$ 在 Y 给定条件下是 $1-1$ 映射而得. 另外, $H(p), H(d)$ 都是熵函数. 由此得到 $R(d) \geqslant H(p) - H(d)$ 成立.

(3) 如果取

$$q = \left(1 - \frac{p-d}{1-2d}\right)\frac{1-d}{1-p}, \quad q' = \frac{p-d}{1-2d}\frac{d}{p}, \tag{5.4.35}$$

那么可解得 $\mathcal{Y} \to \mathcal{X}$ 的转移概率矩阵为

$$P = [p(x|y)]_{x,y=0,1} = \begin{pmatrix} 1-d & d \\ d & 1-d \end{pmatrix}. \tag{5.4.36}$$

因为这时有

$$p(0|0) = \frac{(1-p)q}{(1-p)q + pq'} = \frac{(1-p)\left(1 - \dfrac{p-d}{1-2d}\right)\dfrac{1-d}{1-p}}{(1-p)\left(1 - \dfrac{p-d}{1-2d}\right)\dfrac{1-d}{1-p} + p\dfrac{p-d}{1-2d}\dfrac{d}{p}} = 1-d,$$

所以我们同样可以得到 $p(1|1) = 1-d, p(0|1) = p(1|0) = d$. 这就使 (5.4.34) 的等号成立.

定理 5.4.5 二进信源 $\mathcal{S}$ 如 (5.4.32) 所给, 那么它的率失真函数为

$$R(d) = \begin{cases} H(p) - H(d), & 0 \leqslant d \leqslant p, \\ 0, & \text{否则}, \end{cases}$$

其中 $H(p) = -p\log p - (1-p)\log(1-p)$ 为熵函数.

2. 高斯信源的率失真函数

在上文中, 对有失真信源的编码问题与率失真函数的讨论都在离散的信源上讨论, 该理论对连续情形可做相应的推广, 这时把概率分布用相应的概率分布密度来取代, 相应的求和计算换成积分计算, 对此我们不一一说明.

连续情形下的重要率失真函数就是高斯信源的率失真函数. 我们给出它的计算如下.

(1) 高斯信源 $\mathcal{S} = [\mathcal{X}, p(x), d(x, y), \mathcal{Y}]$ 的定义: 取 $\mathcal{X} = \mathcal{Y} = R$ 为全体实数, $p(x) \sim N(0, \sigma^2)$ 为正态分布, 具有均值为零, 方差为 σ^2, 而取 $d(x, y) = (x - y)^2$ 为均方误差. 对此我们求它的率失真函数.

(2) 我们首先计算 $d_m = \min \int_{-\infty}^{\infty} p(x) d(x, y) dx$ 的值. 利用高斯信源的函数 $p(x), d(x, y)$ 与它的积分性质进行计算可得 $d_m = \sigma^2$. 因此, 当 $d > d_m = \sigma^2$ 时, $R(d) = 0$. 我们只要计算 $0 \leqslant d \leqslant d_m$ 的情形就可.

(3) 仿二进信源的计算过程, 我们取 $Q = [q(y|x)]_{x, y \in R}$ 为 $\mathcal{X} \to \mathcal{Y}$ 的转移概率, 由此得到它的联合概率分布密度函数 $p(x, y) = p(x) q(y|x)$, 边际分布密度函数 $q(y) = \int_R p(x) q(y|x) dx$, 随机变量 (X, Y) 及平均误差与互信息:

$$
\begin{cases}
E\{d(X, Y)\} = \int_{\mathbf{R}^2} p(x) q(y|x) d(x, y) dx dy, \\
I(X; Y) = \int_{\mathbf{R}^2} p(x) q(y|x) i(x, y) dx dy,
\end{cases}
$$

其中 $i(x, y) = \log \dfrac{q(y|x)}{q(y)}$. 它的率失真函数就是

$$
R(d) = \min\{I(X; Y) : E\{d(X, Y)\} = d\}. \tag{5.4.37}
$$

(4) 对互信息 $I(X; Y)$ 的计算有

$$
I(X; Y) = H(X) - H(X|Y) = \frac{1}{2} \log(2\pi e \sigma^2) - H(X - Y|Y)
$$

$$
\geqslant \frac{1}{2} \log(2\pi e \sigma^2) - H(X - Y), \tag{5.4.38}
$$

其中第二个等式由微分熵的性质: $H(X + c) = H(X)$ 对任何常数 c 成立, 不等号由条件熵 $H(X|Z) \leqslant H(X)$ 的性质得到.

因为 $E\{(X - Y)^2\} = d$, 由最大熵原理得到 $H(X - Y) \leqslant \dfrac{1}{2} \log(2\pi e d)$. 所以有

$$
I(X; Y) \geqslant \frac{1}{2} [\log(2\pi e \sigma^2) - \log(2\pi e d)] = \frac{1}{2} \log \frac{\sigma^2}{d} \tag{5.4.39}
$$

成立. 因为 Q 是任取的连续转移概率分布密度, 所以有 (5.4.18) 式得到

$$
R(d) \geqslant \frac{1}{2} \log \frac{\sigma^2}{d} \tag{5.4.40}
$$

成立.

(5) 如果我们选取

$$X = Y + Z, \quad Y \sim N(0, \sigma^2 - d), \quad Z \sim N(0, d),$$

且取 Y, Z 是两个相互独立的随机变量, 那么 $X - Y = Z$ 是一个与 Y 独立的正态随机变量. 所以在 (5.4.38) 式中有

$$H(X - Y|Y) = H(Z|Y) = H(Z) = \frac{1}{2} \log(2\pi ed)$$

成立. 这就是在 (5.4.38) 和 (5.4.39) 式中的各等号成立. 因此 (5.4.40) 式中的各等号成立. 由此得到以下定理.

定理 5.4.6 如果 $\mathcal{S}$ 是高斯信源, 其中 $\mathcal{X}, p(x), d(x, y), \mathcal{Y}$ 如前文所给, 那么它的率失真函数为

$$R(d) = \begin{cases} \dfrac{1}{2} \log \dfrac{\sigma^2}{d}, & 0 \leqslant d \leqslant \sigma^2, \\ 0, & \text{否则}. \end{cases}$$

利用方程式 (5.4.30) 和 (5.4.31) 以及递推算法, 我们可得到更一般信源的率失真函数的计算. 利用方程式 (5.4.30) 和 (5.4.31) 对率失真函数的计算在 [6] 中有详细讨论, 利用递推算法对率失真函数的计算见 [30, 65] 等所给.

第 6 章 网络信息论

网络信息理论又被称为多用户信息论, 其中的模型和概念最早是香农在 1961 年提出的 [30,65], 之后, 随着移动通信、卫星通信的发展, 它的应用背景日趋明确, 并成为信息论研究的一个主流方向, 但仍然有许多问题需要进一步解决.

它必将成为 5G 技术和理论中的重要组成部分.

6.1 模型和分类

多用户信息论的基本概念是信源、信道、信宿不是单一情形下的通信问题. 它们不仅具有多重性, 而且还存在相关性和网络结构, 并由此产生了一系列的通信问题.

在本节中, 我们先讨论它们的类型和模型问题, 由此可以对这种网络通信问题有一个基本的了解.

6.1.1 概述和数学模型的分类

1. 研究和发展历史

(1) 多用户信息论的概念最早是香农是提出的 [30,65], 至 20 世纪七八十年代, 由于卫星通信技术的发展, 人们对该理论的研究进入高潮.

(2) 20 世纪六七十年代, 人们对信息论的研究还是集中在对它的基本模型、问题、理论的研究上. 随着这些基本问题的解决, 人们的注意力才转向这种多用户的问题, 但最早的注意力还是在模型和理论的层面, 这时有多种多用户的模型和理论出现.

后来随着卫星通信和移动通信的发展, 人们发现这种理论的背景和意义, 这种研究才进入实用化的阶段.

(3) 我们已经说明, 5G 系统是一种超级网络通信系统, 它又是智能计算、大数据、超级网络相结合的产物.

因此这种多用户信息论必然是 5G 理论中的重要组成部分, 也为这些理论提出许多新的课题. 本书就是试图在人工脑的模型下来统一考虑这些问题.

2. 按通信系统的结构特征的分类

既然多用户信息论的背景和应用是网络信息论, 它们的模型和类型必然十分复杂, 而且类型有多种.

在结构特征中, 最基本的是信源、信道和信宿的数量. 也就是在图 5.1.2 中的信源、信道和信宿的数量都可能不是单一的.

定义 6.1.1(一般多用户通信系统的定义) 在一个通信系统中, 如果信源、信道和信宿的数量不是单一的, 那么这个通信系统被称为多用户网络通信系统 (简称为多用户系统).

研究多用户通信系统中的信息处理问题的理论就称为多用户信息论.

一个三信源、二信道和四信宿的多用户通信系统如图 6.1.1 所示.

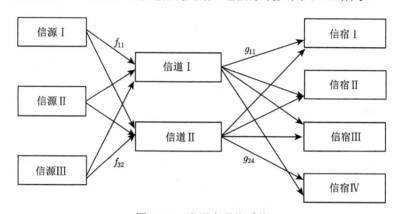

图 6.1.1 多用户通信系统

图 6.1.1 是由 3 个信源、2 个信道和 4 个信宿组成的多用户通信系统, 因此被称为具有 (3-2-4) 结构的多用户通信系统.

3. 多用户网络系统的基本结构

由此可见, 一个网络通信系统首先就是信源、信道和信宿的数量问题.

我们分别记 τ_1, τ_2, τ_3 为该多用户通信系统中信源、信道和信宿的数量.

由 τ_1, τ_2, τ_3 的数量可以对多用户通信系统进行分类如下.

定义 6.1.2(按信源、信道和信宿数量的分类) 在这个通信系统中,

(1) 如果在 τ_1, τ_2, τ_3 中, 存在大于 1 的数, 那么这个系统就是一个多用户通信网络系统.

(2) 在此系统中, 当 τ_1, τ_2, τ_3 取不同值时的编码理论类型分别如下:

$$\begin{cases} \textbf{多重信源} & \tau_1 > 1, \tau_2 = 0, \\ \textbf{多址信道} & \tau_1 > 1, \tau_2 = \tau_3 = 1; \end{cases} \qquad \begin{cases} \textbf{广播信道} & \tau_1 = \tau_2 = 1, \tau_3 > 1, \\ \textbf{一般多端信道} & \tau_1, \tau_3 > 1, \tau_2 = 1. \end{cases}$$

$$(6.1.1)$$

由这些信源、信道的模型产生它们的编码理论. 这些编码理论都是网络信息论或多用户信息论的组成部分.

关于信道的情形比较复杂, 由此可以产生多种不同的模型, 因为其中涉及编码和译码的运算问题, 我们在下文中有详细说明.

6.1.2   关于复杂网络的讨论

在多用户通信系统中, 不仅存在信源、信道和信宿的数量关系, 而且还存在它们之间的组合关系.

图 6.1.2 给出了几种不同类型的网络结构图.

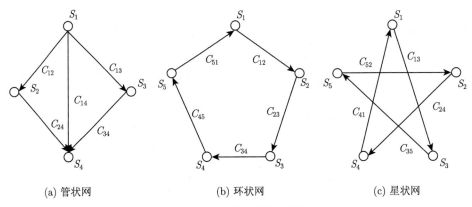

(a) 管状网   (b) 环状网   (c) 星状网

图 6.1.2   多用户网络结构图

对图 6.1.2 补充说明如下.

(1) 该图由 3 个子图 (a), (b), (c) 组成, 它们的形状分别是管状、环状和星状的网络结构.

(2) 图中的圈表示信源, 并用 S_i 进行标记. 图中的线表示信道, 其中 C_{ij} 是表示连接信源 S_i, S_j 之间的信道.

(3) 这种图的特点是信源和信宿没有严格的区分, 每个信源又可能是另外一个信道中的信宿.

这种信源、信宿合一的系统又称为中继, 即这种系统接收信息, 并且还要把这些信息转发出去.

(4) 这些网络结构还可进行组合或分解. 如其中图 (b), (c) 的组合可以产生同时具有环状和星状的网络结构.

(5) 在网络结构中, 最常见的网络还有树状、丛树状网络等, 如 (6.1.1) 式所定义的多址信道、广播信道就是一种反树状或树状的网络结构.

(6) 这种网络结构的组合或分解需要采用图论等工具进行描述. 因此网络信息论是图论、网络通信系统相结合的理论, 对这些模型我们在下文中还会涉及.

1. 双向信道模型的网络结构图

我们已经给出了多种不同类型的多用户通信模型. 在这些模型中, 编码只是从发送消息到发送信号的映射, 而译码只是从接收信号到接收消息的映射.

除此之外, 还会出现更复杂的编码和译码的情形. 如双向信道模型以及具有边信息的通信系统、具有反馈信号的通信系统的模型. 图 6.1.3 为双向通信系统.

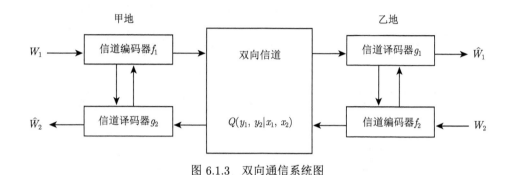

图 6.1.3　双向通信系统图

对图 6.1.3 的说明如下.

(1) 该通信系统是甲、乙两地 (的两个人) 同时使用同一信道, 这样的信道称为双向信道.

(2) 这时在甲、乙两地同时具有信源 (发信者) 和信宿 (收信者). 他们可以同时进行或形成对讲的状态.

这时在甲地的两个人同时发信和收信, 他们发出和收到的信息分别记为 W_1, W_2, $\hat{W}_1$, $\hat{W}_2$.

他们分别在甲、乙两地所出现的信息分别是 $\begin{cases} \text{甲地出现的信息} & W_1, \hat{W}_2, \\ \text{乙地出现的信息} & W_2, \hat{W}_1, \end{cases}$

这些信息处在交换的过程中, 因此有 $\begin{cases} \text{甲地} & \text{乙地} \\ W_1 & \to \hat{W}_2, \\ W_2 & \leftarrow \hat{W}_1 \end{cases}$ 的信息传递过程.

(3) 双向信道可以同时把甲、乙两地的信号传送给对方, 它们可在同一信道 (或介质) 中完成. 在此过程中, 因为甲、乙在同一地点, 他们可以存在内部的信息交换和处理的功能.

这就是在甲、乙两地处同时存在编码和译码的更复杂的运算问题, 对它们的描述我们在下文中还有讨论.

2. 具有边信息或反馈信号的网络通信结构图

边信息和反馈信号是指有信源和信宿中的部分信息可以通过信道之外的其他途径进行传送, 并且影响编码和译的运算 (图 6.1.4).

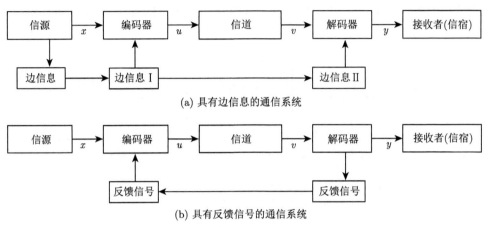

(a) 具有边信息的通信系统

(b) 具有反馈信号的通信系统

图 6.1.4   具有边信息或反馈信号的通信系统

这种边信息可以通过对编码或译码的运算过程来影响信道中的信息传送过程.

对图 6.1.4 说明如下.

(1) 该图由两个子图 (a) 和 (b) 组成, 它们分别是具有边信息或反馈信号的通信系统.

(2) 其中的边信息是指信源中的部分信息, 不经过信道, 通过其他的途径传递给信宿.

(3) 其中的反馈信号是指信宿在收到信源的信息时, 可将部分信息不经过信道, 通过其他的途径传递给信源.

(4) 这种边信息或反馈信号的基本特征是不经过信道, 通过其他的途径传递信息. 这些信息可以在编码和译码中发挥作用. 可以达到提高通信效率的目的.

6.2   信息论和通信系统

信息论和通信系统是信息科学在发展和应用中的两个不同的方向. 其中信息论是其中的理论基础, 而通信工程是其中的应用部分. 因此, 它们的内容不同, 而且使用的语言也不同. 图 5.1.1 和图 5.1.2 给出了 4C 理论中的不同的分支方向和它们的相互关系.

通信系统又称通信工程, 它的语言体系和信息论不同. 这时信道中的信号就不再是简单的脉冲信号, 而是由一系列电磁波信号和脉冲信号所组成的混合信号. 这种情形在网络信息论中同样存在, 而且更加突出, 即关于 5.1 节中的各种网络通信模型同时存在. 这时的信号结构更加复杂, 在此结构中, 存在时分、频分、码分、调制编码等一系列理论. 这些理论的特点不仅是以信息论作为它们的理论基础, 而且更注重它们的工程实现的问题.

6.2.1 有关工程和物理学中的一些概念和名词

我们已经说明, 网络通信系统的背景是移动通信和卫星通信, 它是一个通信工程问题. 因此必然会涉及工程和物理中的一系列问题. 在本书中我们不打算全面讨论这些问题, 而是对其中的一些基本概念和特性进行介绍和说明.

1. 通信信道的类型和特征

我们已经说明, 在通信过程中, 脉冲信号是不能直接发送的, 它必须通过电磁波信号才能发送, 由此形成多种不同类型的信道.

(1) **有线信道** 这是通过导线 (电缆) 发送的信号. 有线电话的通信系统就是这种信号, 其中同轴电缆线传送信号的带宽是几兆赫 (MHz), 见图 6.2.1(a).

(2) **光纤信道** 这是通过光缆传送的信道. 它们传送信号的带宽较有线信道的带宽大几个数量级, 因此这种信道主要用于跨洋通信, 最近二三十年中有很大发展和应用.

(3) **无线电磁信道** 这是通过无线电磁波传送的信号, 它们通过大气介质来发送信号, 其中的信道类型有地波、天波的区别, 不同的波长有不同的使用范围, 见图 6.2.1(b).

(4) **水声信道** 这是通过声波进行水下探测、通信用的信道.

(5) **存储信道** 这是通过磁带、磁盘、光盘进行信息存储的通信信道, 它们都有各自的读写模式 (通信过程).

2. 通信信道中的物理特征指标和器件

在通信信道和系统中, 存在许多物理概念、特征指标和器件等问题, 和网络通信关系密切的是这些信道的形成过程、信息传递时的特征性质、它们在网络通信中都有重要意义和作用等问题. 这些都是物理学、电子工程、通信工程中的基本问题.

(1) **电磁振荡和电磁波** 在电路中, 电流的变化, 产生电场和磁场的周期性变化, 其中的能量也在电路和电磁场中不断转换, 由此产生电磁振荡.

电磁波是由相同且互相垂直的电场与磁场在空间中衍生发射的振荡粒子波, 是以波动的形式传播的电磁场, 具有波粒二象性. 由同相振荡且互相垂直的电场与磁场在空间以波的形式移动, 其传播方向垂直于电场与磁场构成的平面.

电磁波的电场方向、磁场方向和传播方向三者互相垂直, 是一种横波. 它在真空中速率固定, 速度为光速. 它们的运动方程就是麦克斯韦方程组.

有关频道、频率的使用情况如图 6.2.1 所示.

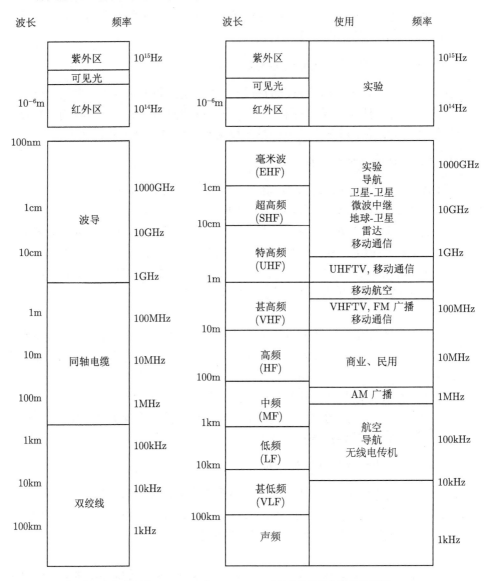

图 6.2.1　不同通信系统的频道使用图

(2) 信道的介质是指传播电磁波的物质, 导线、光纤、大气、水或外太空等.

由此产生有线、光纤、无线、水下等一系列通信问题. 无线又有地波、天波、太空中的通信问题. 它们所涉及的电磁波、介质、传播方式都不相同, 而且在这些电磁信号的传播过程中还存在衰变、干扰、折射、反射等问题.

(3) 例如在无线通信中的地波、天波、太空通信问题中, 使用电磁波、中转条件都不相同. 对它们的区别情况说明如下.

地波 使用的是中频 (MF) 电磁波, 频率在 0.3—3 MHz, 适用于地表和海岸的无线电通信, 传播距离在 150 km 左右, 更远距离需通过中继站进行转播. 主要干扰来自大气、人为和设备的热噪声.

天波 是通过电离层实现反射的电磁波, 由此涉及电离层的一系列讨论.

3. 关于电离层的讨论

通过火箭的测量可以知道电离层的类型和有关温度、密度和电子、离子密度分布的分布情形.

(1) 珠穆朗玛峰海拔约 8.84 km, 海拔 0.0—10.0 km 是对流层.

(2) 在海拔 10.0 km 以上分别是对流顶层、平流层、中层、D 层、E 区、F^1 层、F^2 层、F 区等不同层次.

在这些不同的层次中, 相应的空气密度、温度等指标随高度的增加而降低. 而离子密度 (单位体积中的数量) 随高度的增加而增加.

这种物理指标还和白天或黑夜、季节、经纬度、所在时间等因素有关.

(3) 在 D 层、E 区、F^1 层、F^2 层、F 区对不同频率的电磁波存在反射效果. 这种反射效果和电磁波的频率、仰角有关, 因此产生不同的反射的距离.

电离层的结构情形, 以及在通信系统中所形成的对电磁波的反射效果是通信过程中的重要问题, 对它们的结构状况、反射的形成机制、产生的效果等一系列问题有许多专门的讨论, 在此不再详细说明.

6.2.2 不同通信系统的频道使用情况

我们已经说明, 不同类型的信道使用不同频率的信号, 这些情况如图 6.2.1 所示.

6.3 对若干具体问题的讨论和处理

我们已经对信息论和通信工程的异同点进行了说明. 通信工程也是一门重要学科, 涉及许多数学和工程中的问题. 如信号的变换问题等, 我们将在本书的附录中给出介绍和讨论. 但在网络信息论中, 还有多个其他的问题需要作进一步的讨论. 如调制理论、多路通信问题等. 在本节中, 我们介绍这些问题中的一些基本概念和内容.

6.3.1　调制理论

关于调制的概念可以从两个不同的角度来理解. 其一是信息信号 (如音频信号、数字脉冲信号等), 它们是不能直接发送的. 它们的发送需通过电磁波 (有线或无线) 信号才能发送. 因此, 调制的概念就是对发射的电磁波加载信号信息.

因此, 一个调制系统由三个基本要素组成, 即信息信号、载波信号和发射信号. 其中的发射信号是由前两种信号的合成而形成的信号. 这种信号通过信道的传递变成接收信号.

调制理论包括调制和解调这两部分内容, 后者是把接收信号恢复成原来的信息信号. 在此恢复过程中, 存在信号的识别及识别的误差的问题. 这需要通过纠错码的理论才能解决. 因此调制理论是通信工程中的一个重要组成部分. 该理论在通信工程中已成为一个内容独立而丰富的理论体系.

在本节中我们先介绍调幅运算, 有关调频、调相等理论在后文中还有介绍.

1. 调制的通信系统

通信系统的基本模型已在图 5.1.2 中给出, 现在讨论**带调制的通信系统**. 该模型的构造如图 6.3.1 所示.

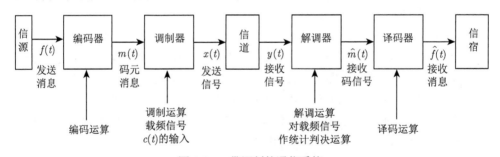

图 6.3.1　带调制的通信系统

对图 6.3.1 的说明如下.

(1) 该图和图 5.1.2 的共同点是它们都是通信系统中的基本模型. 其中图 5.1.2 是考虑信息安全的通信系统. 图 6.3.1 不考虑信息安全的问题, 而考虑具有调制、解调的通信系统.

(2) 在图 6.3.1 中涉及多种消息和信号, 它们的含义并不完全相同, 对此我们列表说明, 如表 6.3.1 所示.

(3) 该系统中的信息有消息和信号的区别, 其中消息就是我们日常所能了解到的信息, 而信号是经处理后的信息.

表 6.3.1 带调制通信系统中有关名称、记号和含义说明表

名称	记号	含义	基本特征	来源或位置
发送消息	$f(t)$	通信系统中最原始的消息	有多种不同的形式和来源	由信源产生
码元消息	$m(t)$	原始消息编码后所形成消息	具有数字结构形式	由调制器产生
发送信号	$x(t)$	码元消息经调制后的信号	带载波的结构形式	信道的输入信号
接收信号	$y(t)$	经信道传递后的信号	有干扰的载波信号	信道的输出信号
接收码元	$\hat{m}$	经解调后的码元信号	有干扰的码元信号	由解调器产生的信号
接收消息	$\hat{f}$	经译码后的码元信号	被恢复的码元信号	通信对方得到的信号

在这些消息和信号中, 它们又有发送和接收的区别. 其中前者是未经干扰的信息, 而后者是存在干扰后的信息,

2. 调制的类型和运算

一个调制系统是一个对输入信号和载波信号的综合处理系统. 所谓载波信号就是一种具有高频振荡的信号.

(1) 如果我们记 M 是一个调制系统, $m(t), c(t)$ 分别是输入信号和载波信号. 那么该调制系统是对输入信号和载波信号的运算、处理系统. 这时记

$$s(t) = M[m(t), c(t)], \quad t \in T, \tag{6.3.1}$$

其中 $m(t), c(t), s(t)$ 分别是该系统中的输入、载波、输出信号.

(2) 该载波信号可记为 $c(t) = \cos[\omega_c t + \theta_c(t)]$. 其中 $\omega_c, \theta_c t$ 分别是该载波信号中的频率和相位.

调制理论就是对这些信号中的参数进行调整和控制, 由此产生调制理论中的调幅、调频和调相的不同理论和方法.

(3) **标准调幅** (AM) 的运算记为

$$s_{AM}(t) = m(t)c(t) = [A_0 + f(t)] \cos[\omega_c t + \theta_c], \tag{6.3.2}$$

其中有关参数的含义是 $\begin{cases} A_0, & \text{输入调制信号的直流分量,} \\ f(t), & \text{输入调制信号的交流分量.} \end{cases}$ 我们已经说明, 其中的 ω_c, θ_c 分别是载波信号的角频率和相位.

(4) 例如, 在单音的语音信号中, (6.3.2) 式变为

$$s_{AM}(t) = [A_0 + A_m \cos(\omega_m t + \theta_m)] \cos(\omega_c t + \theta_c), \tag{6.3.3}$$

其中 $\begin{cases} A_m, & \text{调制信号幅度, 满足条件 } |A_m| \leqslant A_0, \\ \omega_m, \theta_m, & \text{分别是调制信号的角频率和相位.} \end{cases}$

在 (6.3.3) 式中, 称 $\beta_{AM} = A_m/A_0$ 是该系统的调制系数. 一般要求 $\beta_{AM} < 1$, 通常取 $\beta_{AM} = 0.3, 0.8$.

3. 调幅 (AM) 系统的傅氏表示

我们在本书的附录中已经说明了一般信号的傅氏变换的定义和性质. 在调制理论中同样也需要这种表示.

(1) 对一般傅氏变换中的函数对应关系我们采用记号 $f(t) \Leftrightarrow F(\omega)$, 它们分别是信号函数和它的傅氏变换函数.

(2) 在本书的附录中, 我们已经给出一些信号函数和它们的傅氏变换表示式, 如

$$\begin{cases} A_0 e^{\pm j\omega_c t} \Leftrightarrow 2\pi A_0 \delta(\omega \mp \omega_c), \\ f(t) e^{\pm j\omega_c t} \Leftrightarrow F(\omega \mp \omega_c). \end{cases}$$

(3) (6.3.2) 式可以用指数函数表示为

$$s_{AM}(t) = [A_0 + f(t)] \left[\frac{e^{j(\omega_c t + \theta_c)} + e^{j(\omega_c t + \theta_c)}}{2} \right]. \tag{6.3.4}$$

因此 $s_{AM}(t)$ 的傅氏变换函数是

$$\begin{aligned} S_{AM}(\omega) = &[2\pi A_0 \delta(\omega - \omega_c) + F(\omega - \omega_c)] e^{j\theta_c}/2 \\ &+ [2\pi A_0 \delta(\omega + \omega_c) + F(\omega + \omega_c)] e^{-j\theta_c}/2, \end{aligned} \tag{6.3.5}$$

即为调幅信号函数的频谱表达式.

4. 调幅 (AM) 系统的功率分配

(1) 记信号 $f(t), t \in T$ 的平均值为 $\bar{f} = \frac{1}{T} \int_T f(t) dt$. 那么它的平均功率是

$$P_{AM} = \overline{s_{AM}^2(t)} = \frac{1}{T} \int_T [s_{AM}(t) - \bar{s}]^2 dt. \tag{6.3.6}$$

(2) 如果将 (6.3.4) 式代入 (6.3.6) 就可得到关系式

$$P_{AM} = \frac{A_0^2}{2} + \frac{\overline{f^2(t)}}{2}. \tag{6.3.7}$$

(3) 记 (6.3.7) 式右边的两项分别是 P_0, P_f, 它们分别是该调制的载波功率和边带功率.

(4) 这时称 $\eta_{AM} = \dfrac{P_f}{P_{AM}} = \dfrac{P_f}{P_0 + P_f}$ 是该系统的调制效率.

在通信工程中, 对该系统的调制效率有一系列的讨论. 为提高这种调制效率, 还有一系列的调制方法, 如角调制理论、带宽信号的处理问题、数字信号的调制问题等. 对此我们在下文中还有介绍讨论.

5. 调频、调相系统

我们已经给出标准调幅系统中的信号函数 $s_{AM}(t)$, 如 (6.3.3) 所示. 在通信中还有频率调制和相位调制等方式, 它们分别简记为 FM, PM. 它们的信号函数可分别写为

$$\begin{cases} s_{FM}(t) = A\cos\left[\omega_0 t + \theta_0 + \dfrac{K_1 A_m}{\omega_m}\sin(\omega_m t)\right], \\ s_{PM}(t) = A\cos[\omega_0 t + \theta_0 + K_p f(t)], \end{cases} \tag{6.3.8}$$

其中 $f(t)$ 是调制信号, 如在单音调制中, $f(t) = A_m\cos(\omega_m t)$.

(1) 在此调频系统中, 频率的变化函数记为 $\omega(t) = \omega_0 + K_f f(t)$, 其中 ω_0, K_f 分别是固定频率和调频常数.

(2) 该调频常数反映调频的灵敏度. 由此产生的 FM 理论中的一系列问题.

(3) 对调相系统也有类似的情形. 有许多论著对这些问题有详细讨论 (如文献 [65] 等).

我们已经说明, 多路通信的含义和网络信息论的概念不同, 它是指在同一信道中, 采用信号的调制理论, 实现大量用户在同一信道中进行通信.

这种系统的形成可以通过编码和调制理论来实现. 这就是在此信息处理的过程中, 采用频分、时分、码分的方法来解决.

在本节中, 我们简单介绍其中的基本概念和内容.

6.3.2 多路通信问题

在通信系统中 (如图 6.3.1 或表 6.3.1), 我们已经介绍了其中的基本影响要素, 如码元消息、载频信号、发送信号 $m(t), c(t), x(t)$ 等, 它们都是时间 t 的函数.

1. 有关多路通信的一些基本概念

多路通信的基本模型如图 6.1.1 所示, 它的基本特征是在少量信道的条件下, 实现大量用户的通信要求.

(1) 所谓少量信道是指只有一个或少数几个的信道, 如在卫星通信系统中, 用以转播信号的卫星, 数量很少, 但使用的用户量很大, 可以有数亿的规模.

(2) 在少量的信道和大量用户量的条件下, 对不同的用户都有各自独立的信道.

(3) 独立性是指不同的用户在使用时间上是独立且随机的, 而且每个用户的信息也是独立的. 这种独立性主要体现在这些信息有专门的流向和各种的存储区域, 它们不存在相互干扰、混合的情形.

(4) 用户在使用时间上的分配问题是个随机过程问题.

大量用户的发生、使用是个随机过程. 在随机过程理论中存在泊松流、排队过程、等待时间等一系列问题. 关于这些随机过程中的问题, 在本书的附录中有讨论说明.

2. 有关多路通信中用户的区分问题

在面对有大量用户的多路通信中, 如何保持这些用户的独立性和区分性是该多用户系统中的关键问题. 这需要通过一定的协议来得到实现. 在本书中, 我们不讨论在通信工程中如何建立这种协议的问题, 而是介绍实现这种多用户通信中的一些原理问题.

这就是在多用户的通信系统中, 实现频分、时分和码分的原理问题.

(1) 在图 6.3.1 或表 6.3.1 中, 我们已经给出了这种系统中的基本要素. 这些基本要素是由多种参数构成的.

如各种信号都是时间 t 的函数、在载频信号中存在频率和相位的参数、在码元的结构中存在码元的构造问题. 利用这些参数的区别, 通过频分、时分、码分的方法, 使不同用户的使用信号给以区别.

(2) 频分的方法就是在载波信号中, 把频道进一步细分为不同的子频道, 不同的用户群使用独立的子频道的通信系统.

(3) 时分的方法就是对信号的时间进行分配, 即不同的用户群提供不同时间位置上的信号, 并由此对它们进行区分.

(4) 码分的方法就是通过对信号的编码结构进行区别和分配, 即是通过不同码的构造方法, 实现对不同用户的区分.

码分的方法是通过码的数学结构理论来进行区别和分配. 因此, 这种不同类型的码可以大量形成, 由此实现对大量用户的区分.

由此可见, 这种频分、时分、码分的方法, 可以对大量用户的使用信号加以区别. 由此实现多路、多用户的目标.

这种频分、时分、码分的方法, 需通过一定的协议来实现, 这是通信工程中的问题. 对此我们不再详细讨论.

6.3.3   高斯信道

在网络信息论和多路通信的模型中, 我们已经给出有关多用户网络的一系列模型和理论, 在这些模型和理论中, 频分、时分或码分等不同的方法所涉及的一个共同点问题是信号的密度问题, 这就是在单位时间内, 采用信号的数量问题. 这个问题最后归结为信道的容量问题. 高斯信道给出了确定的容量计算公式, 而且确定了这种容量和信号采集数量的关系问题. 因此这种信道是通信系统中的一种基本模型.

1. 模型和记号

我们用随机变量 (r.v.) 的记号来说明这种信道的模型.

(1) 一个信道记为 $\mathcal{C} = [U, p(v|u), V]$, 其中 $U, V, p(v|u)$ 分别是该信道的输入、输出字母表和它们的转移概率.

(2) 如果用 ξ, η 分别表示该信道的输入、输出信号的 r.v., 那么

$$p(v|u) = P_r\{\eta = v | \xi = u\}, \quad u \in U, v \in V. \tag{6.3.9}$$

(3) 如果取 $U = V = R$, 是全体实数的集合, 那么该信道是一个连续型的信道, 这里的 $p(v|u)$ 就是该信道的输入、输出字母的转移概率分布密度函数.

(4) 记 ζ 是该信道的噪声信号的 r.v. 如果有关系式 $\eta = \xi + \zeta$ 成立, 而且 ξ, ζ 是相互独立的 r.v., 那么称该信道是一个可加噪声信道.

(5) 如果 $\mathcal{C}$ 是一个可加噪声信道, 而且 $\zeta \sim N(0, \sigma^2)$, 那么称该信道是一个高斯信道.

2. 高斯信道的信道容量

关于信道容量的定义已在 (5.3.16) 式给出, 现在讨论高斯信道的容量问题.

如果记 ξ 是该信道的输入信号的 r.v., 具有概率分布密度函数 $p(u)$, 那么 ξ, η 的联合概率分布密度函数是

$$p(u, v) = p(u)p(v|u), \quad u \in U, v \in V, \tag{6.3.10}$$

得到 ξ, η 的互信息是

$$\begin{aligned}
I(\xi, \eta) &= H(\xi) + H(\eta) - H(\xi, \eta) = H(\xi) - H(\xi|\eta) = H(\eta) - H(\eta|\xi) \\
&= \int_{R^2} p(u, v) \log_2 \frac{p(u, v)}{p(u)p(v)} du dv, \tag{6.3.11}
\end{aligned}$$

其中 $p(v) = \int_R p(u, v) du$.

如果 $\mathcal{C}$ 是一个高斯信道, 那么在 $\xi = u$ 的条件下, r.v. $\eta \sim N(x, \sigma^2)$ 是一个正态分布的 r.v., 它具有的均值和方差分别是 (x, σ^2). 那么

$$H(\eta|\xi) = \int_{R^2} p(u, v) \log_2 p(v|u) du dv = \frac{1}{2} \log_2(2e\pi\sigma^2) \tag{6.3.12}$$

是一个和 ξ 的概率分布无关的常数.

如果记 r.v. ξ 的方差值为 $\sigma^2(\xi) = E\{(\xi - \mu_\xi)^2\}$, 那么 $\sigma^2(\xi)$ 就是该 r.v. 的功率.

如果 C 是一个高斯信道, 那么在 $\eta = \xi + \zeta$ 时有

$$I(\xi, \eta) = H(\eta) - H(\eta|\xi) = H(\eta) - \frac{1}{2}\log_2(2e\pi\sigma^2), \qquad (6.3.13)$$

其中 $\sigma^2 = \sigma^2(\zeta) = E\{\zeta^2\}$ 是噪声的平均功率. 由此得到, 该信道 C 的容量是

$$C = \text{Max}\{I(\xi, \eta), \sigma^2(\xi) \leqslant P\}, \qquad (6.3.14)$$

这就是, 该信道 C 的容量就是在输入信号 ξ 的平均功率不超过 P 的约束条件下的最大互信息.

3. 高斯信道的容量计算

由以上讨论可对高斯信道的容量进行计算. 这时记 $P = \sigma^2(\xi), N = \sigma^2(\zeta)$ 分别是输入信号和噪声的平均功率. 由此得到 $C \leqslant \frac{1}{2}\log_2\left(1 + \dfrac{P}{N}\right)$ 成立. 这是因为在 (6.3.14) 式中, 有

$$I(\xi, \eta) = H(\eta) - \frac{1}{2}\log_2(2e\pi N) = H(\xi) + H(\zeta) - \frac{1}{2}\log_2(2e\pi N)$$

$$\leqslant \frac{1}{2}\log_2[2e\pi(P + N)] - \frac{1}{2}\log_2(2e\pi N) = \frac{1}{2}\log_2\left(1 + \frac{P}{N}\right), \qquad (6.3.15)$$

其中的这些关系式是由 r.v. ξ, ζ, η 之间的相互关系得到的.

另一方面, 如果取 $\xi \sim N(0, P)$ 是一个正态分布, 那么 (6.3.15) 式中的等式成立.

因此, 高斯信道容量的计算公式是 $C = \dfrac{1}{2}\log_2\left(1 + \dfrac{P}{N}\right)$.

4. 高斯信道的其他类型

对高斯信道还有其他多种类型, 如串联 (又称为级联)、并联等不同类型, 它们都有各自的容量计算公式. 详细见 [30, 65] 等的讨论. 对此不再重复.

6.3.4　信号 (或数据) 的采样理论

信号 (或数据) 的采样理论是把时间连续的信号作离散化的处理. 这种处理的基本要求是不丢失原来信号中所携带的信息. 采样定理给出了这种信息处理的方法. 在通信系统中, 这种理论又和系统的带宽、容量等问题发生联系.

1. 信号的带宽

在通信系统中, 信号的带宽是一个十分重要的概念. 它的定义由信号的傅氏变换产生.

如果记 $f(t), t \in T = R$, 它的傅氏变换在本书的附录中给出. 这时记 $f(t) \Leftrightarrow F(\omega)$ 是它的傅氏变换表达式. 在此傅氏变换的表达式中, 如果存在常数 $W > 0$, 使关系式 $F(\omega) = 0$ 在 $\omega > W$ 时成立. 那么称 W 是该信号函数 $f(t)$ 的**带宽**.

2. 信号的采样定理

如果信号函数 $f(t)$ 的**带宽** 是 W, 那么存在一个常数 $\tau = 1/W$, 在该信号函数提取数据

$$\bar{f} = \{\cdots, f, t_{-n}, t_{-n+1}, \cdots, t_{-1}, t_0, t_1, t_2, \cdots\}, \tag{6.3.16}$$

其中 $t_{i+1} - t_i = \tau = 1/W$. 那么由 $\bar{f}$ 中的数据就能全部恢复 $f(t), t \in T$ 中的数据.

这就是著名的**采样定理**.

3. 信道的容量公式

在高斯信道容量的计算公式 $C = \dfrac{1}{2} \log_2 \left(1 + \dfrac{P}{N}\right)$ 中, 只考虑信号和噪声的平均功率. 如果考虑信道中, 带宽为 W 的载频调制信号, 那么该信道容量的计算公式是

$$C = \frac{W}{2} \log_2 \left(1 + \frac{P}{N}\right). \tag{6.3.17}$$

考虑此容量公式、并利用信号的采样定理, 可以得到相应的信道编码定理成立. 这个定理是**通信工程中的基本定理**. 它们的实施需通过频分、时分、码分等一系列的调制和编码的过程, 形成相应的通信协议. 对此不再进行说明讨论.

6.3.5 多重信源的等长码的可达速率问题

在网络信息论中, 我们已经给出了多种网络通信模型. 对其中的一些模型, 如多重信源的编码问题、多址信道的编码问题等, 在本书中我们不再详细讨论. 可见 [30, 65] 等的讨论.

第 7 章 编码和密码

在信息论的理论中, 我们已经给出了其中的一系列编码定理. 这些定理确定了通信系统中的一系列可行性问题. 但它们还要通过相应的编码构造理论来实现. 这种码的构造理论有多种, 我们仅介绍其中的一些基本概念和内容. 另外, 密码学是一种特殊的理论, 它承担着数据和信息安全的任务, 我们也将在本章中进行介绍.

7.1 信道编码理论

我们已经说明, 信息论中的编码理论由两部分内容组成, 即构造性的原理和方法. 在这些原理和方法中, 又同时存在信源和信道的编码问题. 在第 5 章中, 我们已经讨论了其中的原理性问题. 现在就可集中讨论其中的构造方法问题.

为此, 我们先讨论信道的编码问题, 即纠错码的构造问题. 纠错码的构造方法也有多种. 本节我们先讨论代数码的理论, 即采用代数的方法来构造纠错码. 在该方法的研究中还涉及代数结构和纠错码的一些基本概念和内容. 这些概念和内容都是数学理论中的组成部分. 我们对这些数学内容仅作简单的说明.

7.1.1 纠错码概论

在通信工程中, 信号的传递可能出现差错. 码的概念是向量空间中的一种代数结构. 纠错的概念是通过这种运算使信号的差错得到自动纠正. 因此我们需要先对这种代数结构进行讨论.

1. 有限域上的线性空间

码的代数结构是通过有限域上的线性空间来表达的.

(1) 一个有限集合记为 $U = F_q = \{0, 1, \cdots, q-1\}$. 其中 q 是该集合中的元素数, 该集合中的元素记为 $a, b, c, \cdots$.

(2) 称有限集合 U 是一个域, 这就是在集合 U 中定义加、乘运算 " $+, \cdot$ ", 对这两种运算闭合, 它们的零元、幺元分别存在, 而且相应的负元、逆元也存在.

(3) 这两种运算分别满足它们的结合律和交换律, 而且它们之间的分配律也成立.

(4) 如果 $U = F_q = \{0, 1, \cdots, q-1\}$ 是一个有限、非负整数集合, 那么当 $q = p$, 是素数时, 关于该集合的整数加、乘模 p 运算构成一个域.

当 $U = F_q = \{0, 1, \cdots, q-1\}$, 而 $q = p^n$, p 是素数时, 可以定义适当的运算, 使 U 构成一个域.

(5) 如果 U 是一个有限域, 那么在 U 中取值的全体 n 维向量的集合记为 U^n, 它的元就是向量

$$u^n = (u_1, u_2, \cdots, u_n), \quad v^n = (v_1, v_2, \cdots, v_n), \quad u_i, v_j \in U.$$

(6) 可定义集合 U^n 中向量的加法运算和数乘运算为

$$u^n + v^n = (u_1 + v_1, u_2 + v_2, \cdots, u_n + v_n), \quad \alpha u^n = (\alpha u_1, \alpha u_2, \cdots, \alpha u_n).$$

这时在集合 U^n 中对上述加法运算和数乘运算闭合, 而且有相应的结合律、交换律和分配律成立.

这时向量集合 U^n 对加法运算和数乘运算构成一个线性空间.

2. 码与码距

我们已经给出在有限域中产生的线性空间 U^n 的定义, 由此即可构造它的码和线性码.

定义 7.1.1 (1) 如果 **C** 是 U^n 中的任一非空的子集, 那么称 **C** 是一个 q 元的分组码, 称 n 为它的分组长度, **C** 中的每一个向量 (或字串) 为一个**码元**. 我们有时记 **C** 中的码元为 $C = u^n$.

(2) 如果 $\parallel \mathbf{C} \parallel = M$, 那么称 **C** 为一个 (q, n, M) 码或 q 元的 (n, M) 码. 该码的**码率**定义为 $R = \dfrac{\log_q M}{n}$.

(3) 向量 $u^n, v^n \in U^n$ 的汉明 (Hamming) 距离定义为 u^n 和 v^n 中不同的位置个数, 这时 $d(u^n, v^n) = \sum_{j=1}^{n} d(u_j, v_j)$, 其中 $d(u, v) = \begin{cases} 0, & \text{如果 } u = v, \\ 1, & \text{否则.} \end{cases}$

易证, 汉明距离 $d(u^n, v^n)$ 是 U^n 空间中的一个度量函数, 它们满足度量函数的非负性、对称性与三角不等式成立的性质要求.

定义 7.1.2 (1) 如果 **C** 是 U^n 中的一个码子, 那么定义

$$d(\mathbf{C}) = \min\{d(C, C') : C \neq C' \in \mathbf{C}\} \tag{7.1.1}$$

为 **C** 码的距离.

(2) 称映射 $\begin{cases} f: & X^k \to \mathbf{C} \text{ 为编码运算}, \\ g: & U^n \to \mathbf{C} \text{ 为译码运算}. \end{cases}$ 在此运算中, 如取 $g(v^n) = C \in \mathbf{C}$ 满足条件:

$$d(v^n, g(v^n)) = \min\{d(v^n, C') : C' \in \mathbf{C}\}, \tag{7.1.2}$$

则称 $g(v^n)$ 是 **C** 码的**最小距离译码**.

说明   对最小距离译码我们有以下几点说明:

(1) 译码的概念实际上是一个判决问题. 即当我们得到一个接收信号 v^n 时, 就要判定它来自哪一个发送信号串. 因此它是映射 $g : U^n \to \mathbf{C}$.

(2) 最小距离译码的概念与统计中的最大似然判决概念相似.

(3) 最小距离译码算法是非易计算的. 因为最小距离译码需要计算与比较所有 $d(C, v^n) : C \in \mathbf{C}$ 的值, 如果 $\| \mathbf{C} \| = 2^{Rn}$, 那么最小距离译码的计算与存储量都是 $O(2^n)$, 因此是非易计算的.

(4) 关于向量距离可以用多种定义, 汉明距离是最简单的一种.

由此可见, 最小距离译码是我们分析码结构性质的重要方法, 但它还不能在通信工程中使用.

3. 码的检错与纠错能力

码的检错与纠错能力是指一个码在通信过程中能够发现或纠正差错的能力.

定义 7.1.3   如果 $\mathbf{C}$ 是 U^n 中的一个码子, 那么有以下定义:

(1) 对 $\mathbf{C}$ 中的任何一个码元 C, 如果它的接收字符串 v^n 出现的差错不超过 t 个分量, 就一定可以确定 v^n 不是原始发送的信号序列, 那么称这个码子 $\mathbf{C}$ 具有 t 检错能力.

(2) 对 $\mathbf{C}$ 中的任何一个码元 C, 如果它的接收字符串 v^n 出现的差错不超过 t 个分量, 利用最小距离译码就一定可以将 v^n 恢复成原始发送信号序列 C, 那么称这个码子 $\mathbf{C}$ 具有 t 纠错能力.

定理 7.1.1   如果 $\mathbf{C}$ 是 U^n 中一个距离为 $d(\mathbf{C})$ 的码子, 那么以下性质成立.

(1) 码 $\mathbf{C}$ 具有 t 检错能力的充分与必要条件是 $t = d(\mathbf{C})$.

(2) 码 $\mathbf{C}$ 具有 t 检错能力的充分与必要条件是 $d(\mathbf{C}) = 2t + 1$.

该命题的证明是显然的, 我们不再详细说明. 由这个定理可以加深对检错码与纠错码的理解.

因此, 代数码理论的要点是构造 U^n 中的一个码子 $\mathbf{C}$, 具有以下特点.

(1) 具有一定的检错与纠错能力. 在保证检错与纠错的能力条件下, 码元数目应尽可能多.

(2) 具有快速的编、译码的计算方法.

这时码元数目、纠 (检) 错能力与编码 (尤其是译码) 速度是构造纠错码的基本要素, 需要借助代数学的工具. 由此所形成的理论就是代数码理论.

4. 码的一般结构性质

由以上讨论可以看到, 码距 $d(\mathbf{C})$ 是构造纠错码的关键. 如果码长 n 与码元数 M 给定, 那么我们首先要问, 码的纠错能力最多有多少, 它们如何构造. 对此问题讨论的要点如下.

(1) 对任何 $u^n \in U^n$, 我们定义:

$$S_q(u^n, r) = \{v^n \in Z_q^n : d(u^n, v^n) \leqslant r\}, \tag{7.1.3}$$

并称 $S_q(u^n, r)$ 是一个以 u^n 为中心, r 为半径的超球.

(2) 记 $V_q(u^n, r) = \| S_q(u^n, r) \|$ 为球 $S_q(u^n, r)$ 中的元素个数, 那么排列组合可以得到

$$W_q(u^n, r) = C_0^n + C_1^n(q-1) + C_2^n(q-1)^2 + \cdots + C_r^n(q-1)^r, \tag{7.1.4}$$

其中 $C_k^n = \dfrac{n!}{k!(n-k)!}$. 该公式可由以下关系得到. 如记

$$s_q(u^n, k) = \{v^n \in Z_q^n : d(u, v) = k\}$$

是一个以 u^n 为中心, r 为半径的超球面, 记 $w_q(u^n, r) = \|s_q(u^n, r)\|$ 为球面 $s_q(u^n, r)$ 中的元素个数, 这时显然有 $W_q(u^n, r) = \sum_{k=0}^{r} w_q(u^n, r)$. 而 $v_q(u^n, k)$ 可在 n 个坐标中选出 k 个坐标作为与 u 不同的分量, 而在 k 个坐标中与 u^n 不同的分量的选择有 $(q-1)^k$ 种, 而在 n 个坐标中选取 k 个坐标的选择有 C_k^n 种. 因此 $w_q(u^n, k) = C_k^n(q-1)^k$. 由此式 (7.1.4) 成立.

(3) 如果记 $\mathbf{C} = \{C_1, C_2, \cdots, C_M\}$ 是一个码子, $S_q(C_i, r)$ 则是以 C_i 为球心, r 为半径的球, 这些球互不相交的充分与必要条件是 $2r + 1 \leqslant d(\mathbf{C})$. 因此 t 是码 $\mathbf{C}$ 的纠错能力的一个必要条件是

$$M \cdot W_q(C_1, t) = \sum_{k=0}^{t} C_k^n(q-1)^k \leqslant q^n.$$

由此得到

$$M \leqslant \frac{q^n}{\displaystyle\sum_{k=0}^{t} C_k^n(q-1)^k} \tag{7.1.5}$$

定义 7.1.4 (1) 一个 U^n 中的码 $\mathbf{C}$, 如果它的码元个数为 M, 且具有 t 纠错能力, 那么我们记这个码为 q 元的 (n, M, t) 码.

(2) 一个 q 元的 (n, M, t) 码, 如果 (7.1.5) 中的等号成立, 那么我们称这个码为**完全码**.

最简单的完全码是当 $q = 2, M = 2, n = 2t + 1$ 时, 取 $\mathbf{C} = \{C_1, C_2\}$, 这时

$$C_1 = (\overbrace{0, 0, \cdots, 0}^{n}), \quad C_2 = (\overbrace{1, 1, \cdots, 1}^{n}),$$

为完全码, 取

$$S_\tau = S_2(C_\tau, t) = \{u^n \in Z_2^n : d(C_\tau, u^n) \leqslant t\}, \quad \tau = 1, 2,$$

它们分别是以 $C_\tau, \tau = 1, 2$ 为中心, t 为半径的超球. 由 C_1, C_2 的定义可以得到

$$\begin{cases} S_1 = \{u^n \in F_2^n : d(u^n) \leqslant t\}, \\ S_2 = \{u^n \in F_2^n : d(u^n) > t\}. \end{cases}$$

这时 S_1 与 S_2 互不相交, $S_1 \cup S_2 = Z_2^n$, 而且

$$\| S_1 \| = \| S_2 \| = \sum_{k=0}^{t} C_k^n = 2^{n-1}.$$

所以 $\mathbf{C} = \{C_1, C_2\}$ 是完全码.

　　在编码理论中称这种完全码为平凡的完全码. 在编码理论中寻找非平凡的完全码的构造问题是一个有趣而又困难的问题, 非平凡完全码在统计的实验设计中也很有用, 许多正交实验设计表也是完全码. 在下文中我们可以看到汉明码是一种非平凡的完全码.

　　图 7.1.1 (a) 表示当 $d(u, u') < 2t + 1$ 时, u 的接收信号 v 与 u 之间的距离虽未超过 t, 但对 v 仍有可能错判为 u'.

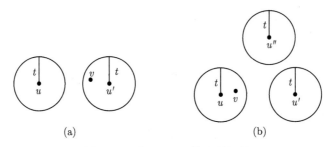

(a)　　　　　　　　　　　　　　(b)

图 7.1.1　定理 7.1.1 的直观解释

　　图 7.1.1 (b) 表示一个码 $\mathbf{C} = \{u, u', u''\}$ 由三个码元组成, 而且它们之间的相互距离都超过 $2t + 1$, 那么对每一个 u (或 u', u''), 如果它们的接收信号 v 与原发送信号 u (或 u', u'') 之间的距离不超过 t, 那么总可判定 v 为 u (或 u', u'') 的接收信号.

7.1.2　线性码

　　为构造纠错码, 首先需要借助的代数工具是有限域上的线性空间理论, 在这一节中, 我们介绍线性码的基本内容.

1. 线性空间和线性码的定义

实数空间上的线性空间理论是人们所熟悉的, 如果把实数域用有限域来取代, 同样可以构造有限域上的线性空间. 那么关于由实数域产生的线性空间的理论和性质都可以推广到由有限域产生的线性空间的情形. 对其中的这些定义和性质, 我们不再一一介绍和说明.

定义 7.1.5　(1) 如果 L 是线性空间 U^n 中的一个 $k(k < n)$ 维线性子空间, 那么记 $L = L(n, k)$.

如果 $L = \mathbf{C}$ 是线性空间 U^n 中的一个码子, 那么称 L 是 U^n 中的一个 (n, k) 型的线性码.

(2) 如果 L 是 U^n 的一个线性子空间, 而且 $L = \mathbf{C}$ 是一个码子, 那么称 $L = \mathbf{C}$ 是一个 q 元线性码.

2. 线性码的性质

有关实数域上线性空间的一系列性质都可推广到有限域上线性空间的情形, 我们对此不一一说明.

我们已经说明, 线性码的定义就是 U^n 空间中的线性子空间, 因此关于线性子空间的有关性质和理论对线性码同样适用. 对其中的有关性质说明如下.

(1) 如果 G_k 是 $L = L(n, k)$ 空间中的一组基, 那么 G_k 一定可以表示成

$$G_k = \{g_i^n = (g_{i1}, g_{i2}, \cdots, g_{in}), i = 1, 2, \cdots, k\} \tag{7.1.6}$$

的形式, 其中的 $g_i^n, i = 1, 2, \cdots, k$ 是 U^n 空间中的一线性无关组.

(2) 对向量组 G_k 可以采用矩阵的表示形式, 我们可以把它写成

$$G_k = \begin{pmatrix} g_{11} & g_{12} & \cdots & g_{1n} \\ g_{21} & g_{22} & \cdots & g_{2n} \\ \vdots & \vdots & & \vdots \\ g_{k1} & g_{k2} & \cdots & g_{kn} \end{pmatrix} \tag{7.1.7}$$

的形式. 这时的 L 空间为

$$L = \left\{ u^n = \alpha^k G_k = \sum_{i=1}^{k} \alpha_i g_i^n : \alpha^k \in Z_q^k \right\}. \tag{7.1.8}$$

称矩阵 G_k 是 L 的一个**生成矩阵**, 这时记 $L = L(G_k)$.

3. 矩阵的等价运算

在矩阵的运算中, 对矩阵 G_k 中的行、列向量作以下运算:

(1) 把矩阵 G_k 中的行对非零数作数乘.

(2) 把矩阵 G_k 中的某一行加到另一行上.

(3) 对矩阵 G_k 中的列作置换运算.

由 G_k 经这三种运算产生的新的矩阵记为 G'_n, 由 G'_n 产生的新线性子空间记为 L'_k, 这时由 (1), (2) 运算产生的 L'_n 与 L_n 完全相同, 而由 (3) 运算产生的 L'_n 与 L_n 的区别只在于各向量的坐标位置同时作置换, 因此我们称 L'_n 与 L_n 是等价 (或同构) 空间. 我们称 (1), (2), (3) 的这三种运算为线性子空间 (或线性码) 的**等价运算**.

(4) 因为向量组 G_k 中的向量是线性无关的, 所以可以对矩阵 G_k 中的行、列向量作等价运算, 使 (7.1.7) 式中的矩阵写为

$$G_k = \begin{bmatrix} 1 & 0 & 0 & \cdots & 0 & a_{11} & a_{12} & \cdots & a_{1,n-k} \\ 0 & 1 & 0 & \cdots & 0 & a_{21} & a_{22} & \cdots & a_{2,n-k} \\ \vdots & \vdots & \vdots & & \vdots & \vdots & \vdots & & \vdots \\ 0 & 0 & 0 & \cdots & 1 & a_{k1} & a_{k2} & \cdots & a_{k,n-k} \end{bmatrix}, \tag{7.1.9}$$

是一个 $k \times n$ 的矩阵. 这时的 G_k 变成 $G_k = [I_k, A_k]$, 其中 I_k 是一个 k 阶幺矩阵, 而

$$A_k = \begin{bmatrix} a_{11} & a_{12} & \cdots & a_{1,n-k} \\ a_{21} & a_{22} & \cdots & a_{2,n-k} \\ \vdots & \vdots & & \vdots \\ a_{k1} & a_{k2} & \cdots & a_{k,n-k} \end{bmatrix} \tag{7.1.10}$$

是一个 $k \times (n-k)$ 的矩阵.

4. 生成矩阵的表达

称具有 (7.1.10) 形式的矩阵是生成矩阵的标准式.

定理 7.1.2　(1) 如果 G_k 是 L_k 的基, 那么经这三种等价运算, 该矩阵必可化为一个标准式.

(2) 由生成矩阵的标准式 G'_k 所产生的线性子空间记为 $L' = L(G'_k)$. 这时的线性子空间 L, L' 相互同构.

这就是在线性子空间 L, L' 中的向量存在 1-1 对应关系. 在这种对应关系中, 向量之间的距离保持不变.

(3) 在此同构的线性子空间 L, L' 中, 如果它们形成线性码, 那么它们的纠错能力、检错能力保持不变.

(4) 如果生成矩阵具有标准式 $G_k = (I_k, A_{k,n-k})$, 那么 $L = L(G_k)$ 中的向量 $u^n \in L$ 可以表示成

$$u^n = (u_1^k, u_2^{n-k}) = [(u_{11}, u_{12}, \cdots, u_{1k}), (u_{21}, u_{22}, \cdots, u_{2,n-k})] \tag{7.1.11}$$

的形式, 其中 u_1^k 是 u^k 空间中的任意向量, 而 $u_2^{n-k} = u^k A_{k,n-k}$.

这时称 $u^n = (u_1^k, u_2^{n-k})$ 是码元的一个分解式, 其中的 u_1^k, u_2^{n-k} 分别是该分解式中的信息位和监督位. 其中的信息位是和输入的消息向量相同的, 而监督位中的 $n-k$ 维向量对编码起检验与纠错的作用.

5. 线性码的对偶码

我们已经给出线性码的定义和性质, 它的一个重要性质是它的对偶码的理论和性质.

记 u^n, v^n 是线性空间 U^n 中的两个向量, 称它们相互正交, 如果它们的内积为零, 这时

$$\langle u^n, v^n \rangle = \sum_{i=1}^{n} u_i v_i = 0, \tag{7.1.12}$$

其中 $\langle u^n, v^n \rangle$ 为向量 u^n, v^n 的内积. 如果 u^n 与 v^n 相互正交, 那么我们记为 $u^n \perp v^n$.

定义 7.1.6 如果 $\mathbf{C} = L_k$ 是 U^n 的线性子空间, 那么记

$$L^\perp = \{v^n \in U : 对任何 u^n \in L_k 总有 v^n \perp u^n 成立\} \tag{7.1.13}$$

为 L_k 的正交空间.

定理 7.1.3 如果 $L^\perp$ 是 L_k 的正交空间, 那么 $L^\perp$ 是 U^n 的 $n-k$ 维线性子空间.

证明 我们先证 $L^\perp$ 是 U^n 的线性子空间, 为此只要证明 $L^\perp$ 对线性运算闭合即可. 如记 u^n, v^n 是 $L^\perp$ 中的任意两个向量, α, β 是 F_q 中的任意两数, w^n 是 L_k 中的任意向量, 由

$$\langle \alpha u^n + \beta v^n, w^n \rangle = \alpha \langle u^n, w^n \rangle + \beta \langle v^n, w^n \rangle = 0$$

得到 $\alpha u^n + \beta v^n \in L^\perp$. 因此 $L^\perp$ 对线性运算闭合, 所以构成线性空间.

另一方面, (7.1.13) 式等价于

$$L^\perp = \{v^n \in U : 对任何 i = 1, 2, \cdots, k, v^n \perp g_i^n\}, \tag{7.1.14}$$

其中 $G_k = \{g_i^n : i = 1, 2, \cdots, k\}$. 因为如果 (7.1.14) 式成立, 那么对任何 $u^n \in L_k$, 必有 (7.1.10) 式成立, 因此

$$\langle u^n, v^n \rangle = \left\langle \sum_{i=1}^{k} \alpha_i g_i^n, v^n \right\rangle = \sum_{i=1}^{k} \alpha_i \langle g_i^n, v^n \rangle = 0$$

成立, (7.1.13) 与 (7.1.14) 式等价. $L^\perp$ 中的元即为方程组

$$
\begin{cases}
v_1 g_{11} + v_2 g_{12} + \cdots + v_n g_{1n} = 0, \\
v_1 g_{21} + v_2 g_{22} + \cdots + v_n g_{2n} = 0, \\
\qquad\qquad \cdots\cdots \\
v_1 g_{k1} + v_2 g_{k2} + \cdots + v_n g_{k,n} = 0
\end{cases}
\tag{7.1.15}
$$

之解. 因为该方程组的系数矩阵 G_k 的阶为 k, 因此方程组 (7.1.15) 的全体解有 q^{n-k} 个. 为证此结论, 我们先不失一般性地假定矩阵

$$
\begin{bmatrix}
g_{11} & g_{12} & \cdots & g_{1k} \\
g_{21} & g_{22} & \cdots & g_{2k} \\
\vdots & \vdots & & \vdots \\
g_{k1} & g_{k2} & \cdots & g_{kk}
\end{bmatrix}
$$

的行列式不为零, 那么在方程组 (7.1.15) 中, 向量 $(v_1, v_2, \cdots, v_k)$ 由向量 $(v_{k+1}, v_{k+2}, \cdots, v_n)$ 唯一确定, 而 $(v_{k+1}, v_{k+2}, \cdots, v_n)$ 可在 Z_q^n 中任意变化. 因此方程组 (7.1.15) 的全体解有 q^{n-k} 个, 这时 $L^\perp$ 是一个 $n-k$ 阶的线性空间. 定理得证.

定义 7.1.7   如果 $L^\perp$ 由 (7.1.14) 给定, 那么 $L^\perp = L_{n-k}^\perp$ 是一个 $n-k$ 维的线性空间, 我们称之为 L_k 的正交空间, 或对偶空间. 如果 L_k 是线性码, 那么又称 $L_{n-k}^\perp$ 是 L_k 对偶码.

6. 线性码的校验矩阵

(1) 如果 $L^\perp = L_{n-k}^\perp$ 是 L_k 的正交空间, 那么记

$$
H_{n-k} =
\begin{bmatrix}
h_{11} & h_{12} & \cdots & h_{1n} \\
h_{21} & h_{22} & \cdots & h_{2n} \\
\vdots & \vdots & & \vdots \\
h_{n-k,1} & h_{n-k,2} & \cdots & h_{n-k,n}
\end{bmatrix}.
\tag{7.1.16}
$$

这时称 H_{n-k} 是 L_k 的校验矩阵, 在矩阵 H_{n-k} 中, 它的全部行向量是线性空间 $L_{n-k}^\perp$ 的基.

(2) 对矩阵 H_{n-k} 同样可作它的等价运算, 这时矩阵 H_{n-k} 可化作标准式:

$$
H_{n-k} = (B_{n-k,k}, I_{n-k}),
\tag{7.1.17}
$$

其中 I_{n-k} 是 $n-k$ 阶幺矩阵, 而 $B_{n-k,k} = (b_{ij})_{i=1,\cdots,n-k, j=1,\cdots,k}$ 是一个 $(n-k) \times k$ 阶矩阵.

定理 7.1.4 以下条件相互等价:

(i) L_k 与 $L_{n-k}^\perp$ 是 U^n 的两个相互正交的子空间.

(ii) 如记 G_k 与 H_{n-k} 分别是 L_k 与 $L_{n-k}^\perp$ 空间的生成矩阵, 那么 G_k 与 H_{n-k} 相互正交, 这就是对任何 $u^n \in G_k, v^n \in H_{n-k}$, 总有 $u^n \perp v^n$ 成立.

(iii) 在 (7.1.10) 与 (7.1.17) 的表达式中, 有 $B_{n-k,k} = -A_{k,n-k}^{\mathrm{T}}$ 成立, 其中 $A_{k,n-k}^{\mathrm{T}}$ 是 $A_{k,n-k}$ 的转置矩阵.

该定理利用向量正交性的定义即可证明.

注意 在以上性质的讨论中我们可以看到, 有限域上的线性空间与实数域上的线性空间的许多性质是相同的. 有一个不同点是: 在有限域的线性空间中, 相互正交的子空间, 有可能存在公共的非零向量, 这在实数域上所定义的线性空间中是不可能的.

例 7.1.1 如取 $q = 2, n = 6$,

$$L_k = \{(1,1,1,1,1,1),(0,0,0,0,0,0)\},$$

那么 $L^\perp$ 空间中含非零向量 $v^n = (1,1,1,1,1,1)$, 这在实数域上所定义的线性空间中是不可能的.

(3) 由校验矩阵确定线性码的最小距离.

定理 7.1.5 如果 $L_k = \mathbf{C}$ 是线性码, H 是它的校验矩阵, 那么 $d(\mathbf{C}) = d$ 的充分与必要条件是 H 的任何 $d-1$ 列线性无关, 但有 d 个列线性相关.

证明 为证定理, 我们只要证 $d(\mathbf{C}) \geqslant d$ 的充分与必要条件是 H 的任何 $d-1$ 列线性无关.

如果 H 的任何 $d-1$ 列线性无关, 那么由 (7.1.14) 可得, 对任何 $d(u^n) \leqslant d-1$ 的非零向量, 一定不在 L_k 中, 否则就有一非零的 $u^n \in L_k$ 使 $d(u^n) \leqslant d-1$, 且

$$u_1 H_1 + u_2 H_2 + \cdots + u_n H_n = (\phi^{n-k})^{\mathrm{T}} \tag{7.1.18}$$

成立, 其中 H_i 是 H 的第 i 列列向量, 而 $(\phi^{n-k})^{\mathrm{T}}$ 是 $n-k$ 维零向量的转置向量. 这时在 (7.1.18) 中的左边只有 $d-1$ 项是非零的, 在 H 中有 $d-1$ 个列线性相关. 这与定理的假定矛盾, 此时就有 $d(\mathbf{C}) \geqslant d$ 成立.

反之, 如果 $d(\mathbf{C}) \geqslant d$, 那么必有 H 的任何 $d-1$ 列线性无关. 否则, 如果 H 中有 $d-1$ 列线性相关, 那么就有一组 H_{j_i} 使

$$a_1 H_{j_1} + a_2 H_{j_2} + \cdots + a_s H_{j_s} = (\phi^{n-k})^{\mathrm{T}}$$

成立, 其中 $s \leqslant d-1$, 那么这时取

$$v_j = \begin{cases} a_i, & \text{如果 } j = j_i, \quad i = 1,2,\cdots,s, \\ 0, & \text{否则}, \end{cases} \quad j = 1,2,\cdots,n,$$

那么 $v^n \perp H$, 因此 $v^n \in L_k$ 及

$$d(\mathbf{C}) \leqslant d(v^n) \leqslant s \leqslant d - 1.$$

这与 $d(\mathbf{C}) \geqslant d$ 的定义矛盾. 定理得证.

7.1.3　线性码的译码问题

我们已经说明线性码的最小距离译码原则. 现在讨论的问题是如何**利用线性码的结构原理减少译码算法的复杂度**.

1. 线性码的伴随式

对线性空间 U^n 中的线性码 L_k 定义它的伴随式为

$$S(u^n) = \begin{cases} \phi^{n-k}, & \text{如果 } u^n = \phi^n \text{ 是零向量,} \\ (u^n h_1, u^n h_2, \cdots, u^n h_{n-k}), & \text{其他,} \end{cases} \tag{7.1.19}$$

其中 $h_i \in Z_q^n$ 是 H 矩阵的行向量, $u^n h_i = \langle u^n, h_i \rangle$ 是 u^n 与 h_i 的内积.

如果 $L_k = \mathbf{C}$ 是 U^n 的线性码, 对任何 $u^n \in U^n$ 我们定义集合:

$$L(u^n) = u^n + L_k = \{u^n + v^n : v^n \in L_k\}, \tag{7.1.20}$$

我们称 $L(u^n)$ 为 u^n 关于 L_k 的陪集.

引理 7.1.1　线性空间 U^n 中所有的陪集不是重合就是互不相交.

证明　记 $L(a^n), L(b^n)$ 是 U^n 的两个陪集, a^n, b^n 是 U^n 中的两个向量. 我们只要证明, 如果它们相交, 那么它们必定重合.

首先由 $L(a^n), L(b^n)$ 的定义可得, 如果 $a^n \in L(b^n)$, 那么必有 $L(a^n) \subset L(b^n)$. 反之亦然.

如果在 $L(a^n), L(b^n)$ 中有一个公共向量 w^n, 那么必有两个 $u^n, v^n \in L_k$, 使 $w^n = a^n + u^n = b^n + v^n$ 成立, 这时有 $a^n - b^n = v^n - u^n \in L_k$ 成立. 此即 $a^n = b^n + (a^n - b^n) \in L_k$, 因此 $L(a^n) \subset L(b^n)$. 同理可证 $L(b^n) \subset L(a^n)$, 因此有 $L(a^n) = L(b^n)$ 成立. 引理得证.

引理 7.1.2　U^n 中的两个向量 u^n, v^n 属于同一陪集的充分与必要条件是它们的伴随式相同, 这时 $S(u^n) = S(v^n)$.

该引理由伴随式的定义证明.

2. 线性码的编码与译码问题

如果记 $L(a^n)$ 为向量 a^n 的陪集, 不失一般性, 我们取 a^n 为集合 $L(a^n)$ 中汉明势为最小的向量, 这时称向量 a^n 为陪集 $L(a^n)$ 的首元.

由引理 7.1.1 可得, 如果 L_k 是 U^n 的 k 维线性子空间, 那么不同的陪集数有 q^{n-k} 个. 因此, 不在同一陪集中的首元个数也是 q^{n-k} 个, 我们记之为

$$A = \{a_1^n, a_2^n, \cdots, a_s^n\}, \quad s = q^{n-k}. \tag{7.1.21}$$

由此我们给出线性码的编码与译码计算, 为简单起见, 这时取 $\mathcal{X} = \mathcal{U} = \mathcal{V} = \mathcal{Y} = F_q$, 记 $L_k = \mathbf{C}$ 为线性码, 它的生成矩阵 G_k 与校验矩阵 H 都是由 (7.1.10) 与 (7.1.20) 所给的标准式. 那么线性码的编码与译码计算如下.

(1) 如果 $x^k \in Z_q^k$ 是输入消息字符串, 那么它的编码运算由 (7.1.12) 与 (7.1.13) 给定. 得到输入信号字符串 $u^n = x^k G_k = f(x^k) \in L_k$.

(2) 如果 $v^n \in U$ 是输出消息字符串, 那么它的译码运算如下:

(i) 对固定的 $v^n \in U$, 计算伴随式 $S(v^n - a^n), a^n \in A$.

(ii) 在计算过程中, 有且只有一个 $a_0^n \in A$, 使 $S(v^n - a_0^n) = \phi^{n-k}$ 成立, 这时 $v^n - a^n = w^n \in L_k$.

(iii) 取 $g(v^n) = (w_1, w_2, \cdots, w_k)$ 为译码结果, 其中 w^n 由 (ii) 中得到.

3. 线性码的编码与译码计算问题的性能讨论

以上所给出的 (f, g) 就是线性码的编码与译码计算, 有以下几点性能需要分析讨论.

(1) 如果 $t \leqslant d(\mathbf{C})$, 那么以上所给出的 (f, g) 的编码与译码计算必可纠正 t 个差错.

为证这个结论, 我们只要注意到在译码的算法中, 实际上我们构造的译码运算 g 为对任何 $u^n \in L_k, a^n \in A$, 必有 $g(u^n + a^n) = u^n$ 成立. 另外, 我们证明以下引理即可.

引理 7.1.3 在线性码 L_k 陪集的首元 A 的定义中, 必有 $S_t(u^n) \subset L(u^n)$ 成立, 其中 $S_t(u^n)$ 是以 u^n 为中心, t 为半径的球.

证明 我们用反证法. 如果引理的结论不成立, 那么就有一个 b^n 不在 A 中, 且 $d(b^n) \leqslant t$, 这时必有一个 $a^n \in A$, 使 $b^n \in L(a^n)$. 那么由 A 的定义可得 $d(a^n) \leqslant d(b^n) \leqslant t$, 而且有一个 $u^n \in L_k$, 使 $b^n = a^n + u^n$, 这时就有

$$d(\mathbf{C}) \leqslant d(u^n) = d(a^n - b^n) = d(a^n, b^n) \leqslant d(a^n) + d(b^n) \leqslant 2t$$

成立. 这与 $\mathbf{C}$ 码的定义要求矛盾. 因此必有 $S_t(u^n) \subset L(u^n)$ 成立, 定理得证.

(2) 编码计算是向量 x^k 与矩阵 G_k 的积, 因此计算复杂度是 $k = O(n)$ 的线性函数.

(3) 译码计算要求比较全体 $S(v^n - a^n), a^n \in A$, 因为 $\| A \| = q^{n-k}$, 所以译码的计算复杂度仍是 n 的指数函数. 因此以上所给的译码算法仍未解决一般线性码的译码问题. 因此线性码的译码问题还只在特殊情形下得到解决.

7.1.4　汉明码

汉明码是代数码理论研究的起点, 它是通过校验矩阵来定义的线性码.

1. 汉明码的定义

我们仍讨论 U^n 空间中的线性码. 记 r 是一个大于 1 的正整数, 汉明码的校验矩阵 H 是一个 q 元的 $r \times n$ 的矩阵, 它满足以下条件:

(1) H 矩阵中任何两列线性无关.

(2) 对 $V(r, q)$ 中的任何一向量 v^r, 在 H 矩阵中总有一列向量 h^r 与 $\alpha \in F_q$, 使 $v^r = \alpha h^r$ 成立.

定义 7.1.8　一个 U^n 空间中的线性码 L_k, 如果它的校验矩阵 H 是一个 q 元的 $r \times n$ 的矩阵, 满足条件 (1), (2), 那么称这个码为汉明码.

记 $\mathrm{Ham}(r, q)$ 为汉明码, 其中 r 为校验矩阵的行数, q 为有限域的字符数.

例 7.1.2　典型的汉明码是 $\mathrm{Ham}(3,2)$ 码. 它的校验矩阵为

$$H = \begin{bmatrix} 0 & 1 & 1 & 1 & 1 & 0 & 0 \\ 1 & 0 & 1 & 1 & 0 & 1 & 0 \\ 1 & 1 & 0 & 1 & 0 & 0 & 1 \end{bmatrix}.$$

由此得到它的生成矩阵为

$$G = \begin{bmatrix} 1 & 0 & 0 & 0 & 0 & 1 & 1 \\ 0 & 1 & 0 & 0 & 1 & 0 & 1 \\ 0 & 0 & 1 & 0 & 1 & 1 & 0 \\ 0 & 0 & 0 & 1 & 1 & 1 & 1 \end{bmatrix}.$$

这时 H 的列向量由 $V(3, 2)$ 的全体非零向量所组成.

2. 汉明码的构造

汉明码可按以下步骤进行构造:

(1) 记 $Y_1 = V(r, q)$, 并任取非零的 $y_1 \in Y_1$.

(2) 作 $Y_2 = Y_1 - \{\alpha y_1 : \alpha \neq 0 \in F_q\}$, 并任取非零的 $y_2 \in Y_2$.

(3) 作 $Y_3 = Y_2 - \{\alpha y_2 : \alpha \neq 0 \in F_q\}$, 并任取非零的 $y_3 \in Y_3$.

如此继续, 直到 $Y_{n+1} = Y_n - \{\alpha y_n : \alpha \neq 0 \in F_q\}$ 是空集为止.

(4) 把每一个 $y_i, i = 1, 2, \cdots, n$ 作为 H 矩阵的列向量, H 的正交空间 **C** 就为所求的汉明码.

由以上定义可见, 所得 H 矩阵的任何两列线性无关, 而 L 是以 H 为校验矩阵的线性码, $d(\mathbf{C}) = 3$, 因此具有纠正一个错的能力.

3. 汉明码的性质

汉明码除了具有纠正一个错的能力之外, 还要有以下性质.

定理 7.1.6 汉明码 $\mathrm{Ham}(r,q)$ 的码长为 $n = \dfrac{q^r-1}{q-1}$, 而维数 $k = n - r$.

证明 $V(r,q)$ 的全体非零向量有 q^r-1 个, 而与每个非零向量线性相关的非零向量有 $q-1$ 个, 它们在 H 矩阵的列向量中只出现一次. 因此 H 矩阵的列向量数为 $\dfrac{q^r-1}{q-1}$, 这就是汉明码的码长. 而汉明码的维数 $k = n - r$ 由 H 矩阵的阶为 r 即得.

定理 7.1.7 汉明码 $\mathrm{Ham}\,(r,q)$ 是完全码.

证明 记 $M = \| \mathbf{C} \| = q^{n-r}$ 是汉明码的码元数, 因为汉明码具有纠正 $t = 1$ 个错的能力, 这时我们计算 (7.1.5) 式中的各因子得到

$$M\left(\sum_{k=0}^{t} C_k^n (q-1)^k\right) = M[1 + n(q-1)] = q^{n-r} \cdot q^r = q^n,$$

其中 $n = \dfrac{q^r-1}{q-1}$ 为汉明码的码长. 由此得到 (7.1.5) 式的等号成立. 汉明码 $\mathrm{Ham}(r,q)$ 是完全码的命题得证.

4. 汉明码的译码算法

汉明码的译码算法与线性码的一般译码算法相同. 这时记

$$A = \{a^n \in U : d(a^n) \leqslant 1\} \tag{7.1.22}$$

为全体陪集的首元向量集合. 如果 v^n 是一个接收信号向量, 那么计算全体: $S(v^n - a^n), a^n \in A$, 这时必有一个 $a_0^n \in A$, 使 $S(v^n - a_0^n) = \phi^r$ 成立. 因此, $u^n = v^n - a_0^n$ 就是发送信号向量, 由 7.1.3 节线性码的译码步骤 (3) 就可得到消息向量.

在代数码的理论中, 除了汉明码外, 还有 BCH 码[①]、Golay 码、R - S 码[②]、循环码等, 我们不一一介绍.

7.2 卷 积 码

卷积码是在代数码基础上发展起来的一类编码, 它的特点是编码的前后数据相关, 因此对码元的信息有更充分的利用, 并且采用序贯译码的算法, 可以大大减少译码算法的计算复杂度. 因此, 卷积码的理论和构造除了早期在卫星通信中

[①] 由 Bose Chaudhuri (1960 年) 和 Hochquenghem (1959 年) 构建的码.

[②] 由 Reed - Solomon (1960 年) 构建的码.

被采用外, 在通信工程中也得到了大量的应用. 近期在移动通信、深空通信、视频广播通信中都有直接应用. 尤其是将卷积码与多位相信号技术结合起来, 在通信工程中被称为一项专门的技术, 即格子编码调制或网格编码调制 (trellis coded modulation, TCM), 在近代通信技术中占有统治地位, 并得到大量应用. 由此还可产生一系列重要的编码理论和算法.

7.2.1   卷积码的构造

关于卷积码, 存在多种构造法, 我们这里采用无限生成元的构造法.

为了说明卷积码的构造思路, 我们讨论 $q = 2$ 的情形, 通过以下步骤构造.

1. 信号字母表

取输入、输出消息、信号字母表都为二元域, 这时记 $Z = F_q = \{0, 1\}$. 有关的运算都在这二元域中.

2. 卷积码的生成元

记

$$g = (g_1, g_2, \cdots, g_\tau) \tag{7.2.1}$$

为卷积码的生成元, 其中每个 g_i 是一个 $k_0 \times n_0$ 矩阵.

由此生成元产生的生成矩阵为

$$G = \begin{bmatrix} g_1 & g_2 & g_3 & \cdots & g_{\tau-1} & g_\tau & \phi & \phi & \phi & \cdots & \phi & \phi & \phi & \cdots \\ \phi & g_1 & g_2 & \cdots & g_{\tau-2} & g_{\tau-1} & g_\tau & \phi & \phi & \cdots & \phi & \phi & \phi & \cdots \\ \vdots & \vdots & \vdots & & \vdots & \vdots & \vdots & \vdots & \vdots & & \vdots & \vdots & \vdots \\ \phi & \phi & \phi & \cdots & \phi & \phi & g_1 & g_2 & g_3 & \cdots & g_\tau & \phi & \phi & \cdots \\ \phi & \phi & \phi & \cdots & \phi & \phi & \phi & g_1 & g_2 & \cdots & g_{\tau-1} & g_\tau & \phi & \cdots \\ \vdots & \vdots & \vdots & & \vdots & \vdots & \vdots & \vdots & \vdots & & \vdots & \vdots & \vdots \end{bmatrix}, \tag{7.2.2}$$

3. 分块矩阵

矩阵 G 的前 $m \times m$ 个分块矩阵记为 G^m, 它由 $m \times m$ 个 $k_0 \times n_0$ 子矩阵组成, 我们一般取 $m > \tau$.

如果取 $m = \tau + 1$, 那么矩阵 G^m 可写为

$$G^m = \begin{bmatrix} g_1 & g_2 & g_3 & \cdots & g_{\tau-1} & g_\tau & \phi \\ \phi & g_1 & g_2 & \cdots & g_{\tau-2} & g_{\tau-1} & g_\tau \\ \vdots & \vdots & \vdots & & \vdots & \vdots & \vdots \\ \phi & \phi & \phi & \cdots & \phi & g_1 & g_2 \\ \phi & \phi & \phi & \cdots & \phi & \phi & g_1 \end{bmatrix}, \tag{7.2.3}$$

这时 G^m 是一个在 F_2 域上取值的 $mk_0 \times mn_0$ 矩阵.

4. 卷积码的编码算法

为了简单起见, 我们取 $k_0 = 1$, 由此形成编码算法如下.

(1) 如记输入信号为: $u^m = (u_1, \cdots, u_m), u_i \in F_q$, 那么它所对应的码元是

$$C(u^m) = u^m G^m = [c(u_1), c(u_2), \cdots, c(u_m)], \tag{7.2.4}$$

其中每一个 $c(u_i)$ 是一个长度为 n_0 的向量, 由 G 矩阵的结构和 (7.2.4) 式可得到

$$\begin{cases} c(u_1) = u_1 g_1, \\ c(u_2) = u_1 g_2 + u_2 g_1, \\ c(u_3) = u_1 g_3 + u_2 g_2 + u_3 g_1, \\ \quad \cdots\cdots \\ c(u_\tau) = u_1 g_\tau + u_2 g_{\tau-1} + \cdots + u_\tau g_1, \\ c(u_{\tau+1}) = u_2 g_\tau + u_3 g_{\tau-1} + \cdots + u_{\tau+1} g_1, \\ c(u_{\tau+2}) = u_3 g_\tau + u_4 g_{\tau-1} + \cdots + u_{\tau+2} g_1, \\ \quad \cdots\cdots \end{cases} \tag{7.2.5}$$

(2) 这时码元 $C(u^m)$ 是一个长度为 $n = mn_0$ 的向量. 当 u^m 在 F_q^m 中变化时, 得到的卷积码的码元集合为

$$\mathcal{C}^m = \mathcal{C}(Z_q^m) = \{C(u^m), u^m \in Z_q^m\}. \tag{7.2.6}$$

这时称 $\mathcal{C}^m$ 是一个 (q, k_0, n_0, m) 型的**卷积码**.

(3) 如记输入消息为 $x^m = (x_1, x_2, \cdots, x_m) \in Z_q^m$, 那么它的编码算法是

$$f(x^m) = C(x^m) \in \mathcal{C}(x^m). \tag{7.2.7}$$

这时 f 是一个 $F_q^m \to \mathcal{C}^m$ 的映射, 由此称 $\mathcal{C}^m$ 是一个**卷积码的编码算法**.

例 7.2.1 讨论一个 $q = 2, (k_0, n_0, \tau) = (1, 2, 3)$ 型卷积码, 它的生成元为

$$g = (g_0, g_1, g_2) = (11, 01, 10).$$

由此得到它的码率为 $R = \dfrac{k_0}{n_0} = 1/2$. 它的其他结构特性如下.

(1) 它的生成矩阵为

$$G = \begin{bmatrix} 11 & 01 & 10 & 00 & 00 & 00 & 00 & 00 & 00 & 00 & 00 & \cdots \\ 00 & 11 & 01 & 10 & 00 & 00 & 00 & 00 & 00 & 00 & 00 & \cdots \\ \cdot & & \cdot & \cdot & & & \cdot & & & & \cdots \\ 00 & \cdot & \cdot & \cdot & 00 & 11 & 01 & 10 & 00 & 00 & 00 & \cdots \end{bmatrix}.$$

(2) 那么对不同的 m, 矩阵 G^m、由它产生的 C^m 码和相应的编码算法分别由 (7.2.2), (7.2.5), (7.2.6) 式得到.

该卷积码的结构如图 7.2.1 所示.

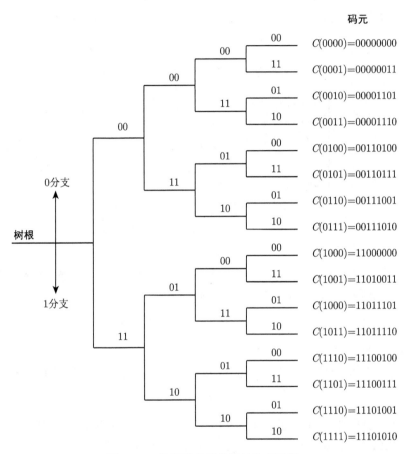

图 7.2.1　卷积码的系统树结构表示图

5. 对图 7.2.1 的说明

该图是卷积码的系统树结构表示图, 我们对此说明如下.

(1) 该图是例 7.2.1 的卷积码, 它的生成元和生成矩阵在该例子中给出. 生成元的参数 $(q, k_0, n_8, \tau) = (2, 1, 2, 3)$.

(2) 该图是 $m = 4$ 的卷积码的码元结构图, 该图是一个系统树的树图.

(3) 在此 $m = 4$ 的码元图中, 输入信号是 F_2^4 中的向量, 这时码元是 $u^4 G^4$ 的向量. 这些码元关系在图右边的数据阵列中表示.

(4) 在此图右边的数据阵列中, 输入信号 $u^4 \in F_2^4$ 和码元 $C(u^4) = u^4 G^4$ 的关系可以通过一个系统树进行表示.

(5) 在此系统树中, 每个节点 (横竖线的交叉点) 有两个分叉, 其中上、下分支是 0 分支和 1 分支. 由此形成系统树的结构.

6. 卷积码的结构分析

在码元 $C(u^m)$ 中, 讨论 u^m 在 F_q^m 中变化时的结构性质.

(1) 记 m_1, m_2 是两个正整数, $m = m_1 + m_2$, 记向量 $u^m = (u_1^{m_1}, u_2^{m_2})$. 因此得到卷积码

$$\mathcal{C}_\tau^{m_\tau} = \mathcal{C}(Z^{m_\tau}) = \{C(u^{m_\tau}), u^{m_\tau} \in F_q^{m_\tau}\}, \quad \tau = 0, 1, 2, \tag{7.2.8}$$

其中 $m_0 = m$, 码元 $C(u^m)$ 如 (7.2.4) 式定义.

(2) 在此 $\mathcal{C}_\tau^{m_\tau}, \tau = 0, 1, 2$ 的结构中, 有关系式

$$\begin{cases} \mathcal{C}_\tau^m = \{u_1^{m_1} \otimes \mathcal{C}^{m_2}, u_1^{m_1} \in F_q^{m_1}\}, \\ C(u_1^{m_1}) \otimes \mathcal{C}^{m_2} = \{(u_1^{m_1}, u_2^{m_2}), u_2^{m_2} \in F_q^{m_2}\}. \end{cases} \tag{7.2.9}$$

这时称 $C(u_1^{m_1}) \otimes \mathcal{C}^{m_2}$ 是一个带**前缀** $u_1^{m_1}$ 的**卷积码**.

这时记 $\mathcal{C}^m = \mathcal{C}_1^{m_1} * \mathcal{C}_2^{m_2}$ 是 $\mathcal{C}_1^{m_1}, \mathcal{C}_2^{m_2}$ 中码元的卷积.

(3) 由此即可产生**卷积码的序贯编码算法**如下:

(i) 对输入消息 x^m 同样可写为 $x^m = (x_1^{m_1}, x_2^{m_2})$, 其中 m_1, m_2 是两个正整数, 而且有 $m = m_1 + m_2$.

(ii) 这时的编码算法 f_m 就是 (7.2.7) 的映射. 如果 $x^m = (x_1^{m_1}, x_2^{m_2})$, 那么这个映射 f_m 可分两步进行. 这就是取

$$f(x^m) = [f(x_1^{m_1}), f(x_2^{m_2})f(x_1^{m_1})], \tag{7.2.10}$$

其中 $f(x_1^{m_1})$ 就是 (7.2.7) 式的运算.

(iii) 而 (7.2.10) 式中的 $f(x_2^{m_2})f(x_1^{m_1})$ 就是在 $f(x_1^{m_1})$ 基础上的运算.

如果记 $u_1^{m_1} = f(x_1^{m_1})$, 那么 $f(x_2^{m_2})f(x_1^{m_1})$ 就是一个 $F_q^{m_2} \to u_1^{m_1} \otimes \mathcal{C}^{m_2}$ 的映射. 其中 $u_1^{m_1} \otimes \mathcal{C}^{m_2}$ 是一个带前缀 $u_1^{m_1}$ 的前缀码.

(iv) 这时的编码算法 f_m 就是先对 $x_1^{m_1}$ 进行编码, 并在此基础上对 $x_2^{m_2}$ 进行编码, 这时的映射是在 $f(x_1^{m_1})$ 计算结果的基础上进行的.

我们称这种编码方式为序贯编码.

7.2.2 随机卷积码的构造和性质

我们已经给出卷积码的定义和构造, 如果其中的生成元变为随机生成元, 那么相应的卷积码就变成随机卷积码.

1. 随机卷积码的定义和记号

(1) 随机生成元为 $g^* = (g_1^*, g_2^*, \cdots, g_\tau^*)$, 其中每个 g_i^* 是一个 $k_0 \times n_0$ 的随机矩阵. 这时记

$$
g_i^* = \begin{bmatrix}
g_{i,1,1}^* & g_{i,1,2}^* & \cdots & g_{i,1,n_0}^* \\
g_{i,2,1}^* & g_{i,2,2}^* & \cdots & g_{i,2,n_0}^* \\
\vdots & \vdots & & \vdots \\
g_{i,k_0,1}^* & g_{i,k_0,2}^* & \cdots & g_{i,k_0,n_0}^*
\end{bmatrix}, \tag{7.2.11}
$$

该矩阵中所有的分量

$$
g_{i,j,j'}^*, \quad i = 1, 2, \cdots, \tau, \quad j = 1, 2, \cdots, k_0, \quad j' = 1, 2, \cdots, n_0
$$

是一组独立同分布、在 F_q 中取均匀分布的 r.v.

为了简单起见, 取 $q = 2, k_0 = 1$, 这时的随机生成元

$$
g^* = (\bar{g}_1^*, \bar{g}_2^*, \cdots, \bar{g}_\tau^*) = (g_1^*, g_2^*, \cdots, g_n^*) \tag{7.2.12}
$$

是个 n 阶的完全随机向量, 其中 $n = n_0 \tau$.

(2) 由此随机矩阵产生的随机卷积码记为 $(\mathcal{C}^m)^*$, 它的定义如 (7.2.4)—(7.2.6) 所记, 其中的生成矩阵 G^m 改为随机生成矩阵 $(G^m)^*$.

(3) 这时的码元 $C(u^m)$ 变成随机码元

$$
C^*(u^m) = [c^*(u_1), c^*(u_2), \cdots, c^*(u_m)], \quad u^m = (u_1, u_2, \cdots, u_m). \tag{7.2.13}
$$

其中每个 $c^*(u_1)$ 的表示式和 (7.2.5) 式相同, 其中的向量 g_i 变成随机向量 g_i^*.

2. 随机向量的定义和性质

为讨论随机卷积码的性质, 我们先讨论关于随机向量的定义和性质.

定义 7.2.1　如果 (7.2.12) 式中的 r.v. 满足以下条件:

(1) $g_1^*, g_2^*, \cdots, g_{n_0\tau}^*$ 是一组独立、同分布、长度是 $n = n_0\tau$ 的随机向量, 那么称该随机向量 g^* 是一组独立、同分布的随机向量.

(2) 如果 g^* 是一组独立、同分布的随机向量, 而且每个 q_i^* 在 F_q 中取均匀分布, 那么称该随机向量 g^* 是一组完全随机的向量.

定理 7.2.1　在 (7.2.10) 的随机向量中, 以下条件相互等价:

(1) g^* 是一个完全随机的向量.

(2) 对任何 $k = 1, 2, \cdots, n$, 向量 $(g^*)^k = (g_1^*, g_2^*, \cdots, g_k^*)$ 是完全随机的向量.

(3) 对任何 $u^n \in Z_q^n$, 总有 $P_r\{g^* = u^n\} = \dfrac{1}{q^n}$ 成立.

(4) 在 (7.2.10) 式的随机向量中, $\bar{g}_1^*, \bar{g}_2^*, \cdots, \bar{g}_r^*$ 是一组相互独立、同分布的随机向量, 而且每个 $\bar{q}_i^*$ 在 $Z_q^{n_0}$ 中取均匀分布.

定理 7.2.2 如果 $\xi^n = (\xi_1, \xi_2, \cdots, \xi_n), \eta^n = (\eta_1, \eta_2, \cdots, \eta_n)$ 是两个不同的随机向量, ξ^n 是一完全随机向量, ξ^n 和 η^n 是两个相互独立的 r.v., 那么以下性质成立.

(1) 对任何 $\alpha \in F_q, \alpha \neq 0$, $\alpha \xi^n$ 是一完全随机向量.

(2) 对任何向量 $\eta^n \in F_q^n$, $\xi^n + \eta^n$ 是一完全随机向量.

(3) 在 $q = 2$ 时, 记 $d(\xi^n, \eta^n) = \sum_{i=1}^n d(\xi_i, \eta_i)$, 那么以下关系式成立:

$$\begin{cases} \mu_n = E\{d(\xi^n, \eta^n)\} = \dfrac{n}{2}, \\ \sigma_n^2 = \sigma^2 E\{d(\xi^n, \eta^n)\} = E\{[d(\xi^n, \eta^n) - \mu_n]^2\} = \dfrac{n}{4}. \end{cases} \tag{7.2.14}$$

(4) 按大数定律和中心极限定理,

$$\frac{2}{\sqrt{n}} \left| d(\xi^n, \eta^n) - \frac{n}{2} \right| \sim N(0, 1), \tag{7.2.15}$$

其中 $N(\mu, \sigma^2)$ 是一个均值为 μ, 方差为 σ^2 的正态分布, 而 $\sim$ 表示在 n 充分大时, 它们的概率分布很接近.

(5) 由 (7.2.15) 还可以得到以下关系式成立:

$$P_r \left\{ \frac{2}{\sqrt{n}} \left(d(\xi^n, \eta^n) - \frac{n}{2} \right) \geqslant x \right\} \sim \Phi(x) = \int_x^\infty \phi(z) dz, \tag{7.2.16}$$

其中 $\phi(z) = \dfrac{1}{\sqrt{2\pi}} e^{-z^2/2}$ 是标准正态分布的分布密度函数.

关于定理 7.2.2 的一些性质还可推广成定理 7.2.3.

定理 7.2.3 在定理 7.2.2 的条件中, 如果对任何 $0 < k \leqslant n$, 记

$$\zeta^n = (\eta_1, \eta_2, \cdots, \eta_k, \xi_1, \xi_2, \cdots, \xi_{n-k})$$

那么关于**定理** 7.2.2 中的性质 (如关系式 (7.2.12), (7.2.13) 等) 对随机向量 ξ^n, ζ^n 同样成立.

该定理说明了两个随机向量 ξ^n, ζ^n 在不完全独立的条件下, 定理 7.2.2 中的一些性质仍然成立.

有关这些定理的证明利用随机分析中的性质就可得到, 我们不一一说明. 部分性质在 [110] 等文献中已有证明.

注意 (1) 在这些定理中, 如果 $\eta^n \in F_q^n$ 是常数向量, 那么它和其他任何随机向量 ξ^n 总是相互独立的.

(2) 有关这些定义和性质都可推广到一般有限域 F_q 的情形, 我们不详细讨论.

3. 对函数 $\Phi(z)$ 取值的估计

函数 $\Phi(z) = \dfrac{1}{\sqrt{2\pi}} \displaystyle\int_x^\infty e^{-x^2/2} dx$ 是标准正态分布的分布函数, 对它取值的估计如下.

(1) 当 $x > 0$ 时, 对任何 $\delta > 0$ 都有

$$\Phi(z) < \alpha \sum_{n=0}^\infty e^{-(z+n\delta)^2/2} < \alpha \sum_{n=0}^\infty e^{-(z^2+2zn\delta)/2}$$

$$= \alpha e^{-z^2} \sum_{n=0}^\infty e^{-(zn\delta)} = \alpha e^{-z^2}[1 - e^{-(z\delta)}]^{-1}, \tag{7.2.17}$$

其中 $\alpha = \dfrac{1}{\sqrt{2\pi}}$.

(2) 因为 $\delta > 0$ 是任意值, 所以有 $0 < \Phi(z) < \alpha e^{-z^2}$ 成立.

4. 随机卷积码的结构

关于随机卷积码的定义和构造如下.

(1) 随机生成元如 (7.2.12) 式所给, 其中 $g^* = (g_1^*, g_2^*, \cdots, g_\tau^*)$ 是一个在 F_2 中取值、长度为 $n = \tau n_0$ 的完全随机向量.

(2) 由该随机生成元, 按 (7.2.2), (7.2.3) 式的结构关系, 得到随机生成矩阵 G^* 和有限阶的随机生成矩阵 $(G^m)^*$. 其中的 g_i 变成 g_i^*, 是随机生成元 g^* 中的子向量.

(3) 由该随机生成矩阵 $(G^m)^*$ 和 (7.2.4), (7.2.5) 式的结构关系, 得到随机卷积码 $(\mathcal{C}^m)^*$. 其中的码元是

$$(\mathcal{C}^m)^* = \mathcal{C}^*(Z_q^m) = \{C^*(u^m) = u^m(G^m)^*, u^m \in Z_2^m\}. \tag{7.2.18}$$

其中

$$C^*(u^m) = u^m(G^m)^* = [c^*(u_1), c^*(u_2), \cdots, c^*(u_m)], \tag{7.2.19}$$

其中每一个 $c^*(u_i), i = 1, 2, \cdots, m$ 是一个长度为 n_0 的随机向量.

(4) 仿 (7.2.9) 式的定义, 同样可以得到**带前缀 $u_1^{m_1}$ 的随机卷积子码**.

这时同样取正整数 $m_1, m_2, m_0 = m = m_1 + m_2$ 和向量 $u^m = (u_1^{m_1}, u_2^{m_2})$. 因此得到随机卷积子码

$$\mathcal{C}_\tau^{m_\tau} = \mathcal{C}^*(Z^{m_\tau}) = \{C^*(u^{m_\tau}), u^{m_\tau} \in F_q^{m_\tau}\}, \quad \tau = 0, 1, 2. \tag{7.2.20}$$

由此得到随机卷积码和带卷积随机卷积子码的关系式是

$$\begin{cases} (\mathcal{C}^m)^* = \{C^*(u_1^{m_1}) \otimes (\mathcal{C}^{m_2})^*, u_1^{m_1} \in F_q^{m_1}\}, \\ C^*(u_1^{m_1}) \otimes \mathcal{C}^{m_2} = \{[C^*(u_1^{m_1}), C^*(u_2^{m_2})], u_2^{m_2} \in F_q^{m_2}\}. \end{cases} \tag{7.2.21}$$

这时称 $C^*(u_1^{m_1}) \otimes (\mathcal{C}^{m_2})^*$ 是一个**带前缀 $C^*(u_1^{m_1})$ 的卷积码**.

5. 关于随机卷积码的性质

按 (7.2.5) 式关于卷积码 (或随机向量) 的构造公式, 在此带卷积随机卷积子码 $C^*(u_1^{m_1}) \otimes (C^{m_2})^*$ 中, 如果 (7.2.14) 的随机向量的构造中, 有关性质如下.

(1) 这些随机向量的构造类似 (7.2.5) 式, 其中的 $g_i, i = 1, 2, \cdots, \tau$ 变成随机向量 g_i^*.

(2) 因此, 只要 $m \leqslant \tau$, 任何 $1 \leqslant i < j \leqslant m$, 相应的 $c^*(u_i), c^*(u_j)$ 总体独立同分布而且在 $F_2^{n_0}$ 中取均匀分布.

(3) 因此, 只要 $m \leqslant \tau$, 这时由 (7.2.14) 得到的 $C^*(u^m)$ 是一个在 F_2^n 空间中的完全随机向量.

6. 关于随机卷积码性质的进一步讨论

定理 7.2.4 如果 $u^m = (u_1, u_2, \cdots, u_m), v^m = (v_1, v_2, \cdots, v_m) \in F_q^m$ 是两个向量, 它们所对应的随机码码元分别是

$$\begin{cases} \xi^n = C^*(u^m) = (\xi_1, \xi_2, \cdots, \xi_n), \\ \eta^n = C^*(v^m) = (\eta_1, \eta_2, \cdots, \eta_n), \end{cases} \tag{7.2.22}$$

其中 $n = mn_0, C^*(u^m), C^*(v^m)$ 如 (7.2.19) 式定义. 那么有性质如下.

(1) 如果 $u_1 \neq v_1$, 而且 $m \leqslant \tau$, 那么

$$d_H(\xi_1, \eta_1), d_H(\xi_2, \eta_2), \cdots, d_H(\xi_n, \eta_n), \tag{7.2.23}$$

是一组独立、同分布, 而且在 $\{0, 1\}$ 上取均匀分布的随机向量. 其中 $d_H(\xi_i, \eta_i)$ 是汉明距离.

(2) 同样在 $u_1 \neq v_1, m \leqslant \tau$ 条件下, $d_H(\xi^n, \eta^n) = \sum_{i=1}^n d_H(\xi_i, \eta_i)$ 满足大数定律和中心极限定理的性质.

该定理的证明由随机码的定义性质得到.

定理 7.2.5 定理 7.2.4 中的性质对带前缀的随机码同样成立. 在前缀卷积码 $C^*(u_1^{m_1}) \otimes (C^{m_2})^*$ 中, 对任何 u^{m_2}, v^{m_2}, 如果

$$C^*(u^{m_2}), C^*(v^{m_2}) \in (C^{m_2})^*,$$

那么关于定理 7.2.4 中的性质对这两个码元同样成立.

7.2.3 卷积码的译码算法

卷积码的译码算法有多种, 我们主要介绍 Viterbi 译码算法.

1. 卷积码的编码算法

为了简单起见, 我们讨论的卷积码的参数是 $(q, k_0) = (2, 1)$, 而 n_0 取正整数, 参数 τ 足够大, $m \leqslant \tau$.

(1) 记 $x^m \in F_q^m$ 是消息向量, $u^n, v^n \in F_q^n$ 分别是发送和接收的信号向量, 其中 $n = mn_0$.

(2) 记 G^m 是一个 m 阶的生成矩阵, 如 (7.2.3) 式所示, 这时 G^m 是一个 $m \times m$ 阶的分块矩阵.

(3) 这时的编码运算是 $f(x^m) = C(x^m) = x^m \otimes G^m = u^n$, 其中 $n = mn_0$.

2. 卷积码的译码算法

现在主要讨论卷积码的译码运算问题. 有关算法步骤如下.

算法步骤 7.2.1 (有关消息、信号字的记号):

(1) 取 $x^m, u^m \in F_q^m$ 分别是消息、信号的向量, 在 x^m, u^m 之间存在 1-1 对应关系, 而且 m 可以不断延长.

(2) 取 $u^n, v^n \in F_q^n$ 分别是输入和输出信号向量, 其中 $n = mn_0$. 因此 n 可以随 m 不断延长.

算法步骤 7.2.2 (第一个消息字符的译码)　有关计算步骤如下.

(1) 对固定的 $m \leqslant \tau$, 参数 τ 足够大. 这时记 $v^n \in F_q^n$ 是一个接收的信号向量, 其中 $n = mn_0, m \leqslant \tau$.

(2) 由此得到相应的卷积码为 $\mathcal{C}^m = \{C(u^m) = u^m \otimes G^m, u^m \in Z_q^m\}$.

(3) 计算 $d_H[v^n, C(u^m)]$, 并取 $u^m(v^n) \in F_q^m$, 使关系式

$$d_H\{v^n, C[u^m(v^n)]\} = \text{Min}\{d_H[v^n, C(u^m)], u^m \in F_q^m\} \tag{7.2.24}$$

成立. 这时记 $u^m(v^n) = [u_1(v^n), u_2(v^n), \cdots, u_m(v^n)]$.

(4) 由此得到 $g_1(v^n) = u_1(v^n)$. 这就是卷积码的第一个消息字符的译码结果.

算法步骤 7.2.3 (后续消息字符的译码)　这就是在信号 $u^m = (u_1^{m_1}, u_2^{m_2})$ 中, 如果已经得到译码 $g_{m_1}(v^n) = u_1^{m_1}(v^n)$, 那么考虑继续对 $u_2^{m_2}$ 的译码问题.

(1) 这里 $m_1 + m_2 = m, n = mn_0, v^n$ 是接收信号向量, 我们讨论的问题是构造译码运算 $g_m(v^n) = u^m$ 的问题. 这时已经得到 $g_{m_1}(v^n) = u_1^{m_1}(v^n)$, 那么考虑继续对 $u_2^{m_2}$ 的译码问题.

(2) 适当增加 m_2 的取值, 但仍然保持 $m_2 \leqslant \tau$. 因为 $u^{m_1} = u_1^{m_1}(v^n)$ 是已知向量, 那么可以得到前缀码 $C(u^{m_1}) \otimes \mathcal{C}^{m_2}$ 的译码问题.

这时 $v^n = (v_1^{n_1}, v_2^{n_2})$, 其中 $n_1 = m_1, n_2 = m_2 n_0, n = n_1 + n_2 = (m_1 + m_2) n_0$.

(3) 因为 $g_{m_1}(v_1^{n_1}) = u_1^{m_1}$ 是已经得到的译码, 因此只要继续对 $v_2^{n_2}$ 进行译码即可.

(4) 仿照步骤 7.2.2(第一个消息字符的译码) 的译码过程, 在 $v_2^{n_2}$ 中, 由 $\mathcal{C}^{n_2}$ 码译出 $u_{2,1}$ 即可. 这里

$$u^m = (u_1^{m_1}, u_2^{m_2}) = ((u_{1,1}, u_{1,2}, \cdots, u_{1,m_1}), (u_{2,1}, u_{2,2}, \cdots, u_{2,m_2})),$$

其中 $u_{2,1} = u_{m_1+1}$.

这就是**卷积码的递推 (或序贯) 译码算法**.

3. 译码的性能分析

对此译码算法的分析包括它的计算复杂度的分析和译码的误差分析.

关于计算复杂度的分析, 在**步骤 7.2.2** 中, 计算 $d_{\mathrm{H}}[v^n, C(u^m)], u^m \in F_q^m$ 时, 它的计算复杂度是 q^m, 这就是在卷积的每一步骤的运算中, 它的计算量是 q^m.

这里取 m_0 是一个固定的正整数, 如果信号长度 m 不断增加, 卷积码译码算法的计算复杂度是 mq^{m_0}, 它随 m 线性增长.

对卷积码的译码误差分析如下:

(1) 取卷积码的生成元 $g^* = (g_1^*, g_2^*, \cdots, g_\tau^*)$ 是 F_q^τ 集合中的完全随机向量, 而且使 τ 足够大.

(2) 如果信道的转移概率 $p(1|0), p(0|1) < 1/2$, 那么可以确保第一个消息字符 x_1 被错判的概率很小. 详细计算过程可以利用定理 7.2.2 和 7.2.3 及大数定律、中心极限定理中的有关性质得到.

详见 [74] 等文献的讨论. 对此我们不再详细讨论.

7.2.4 对信道编码理论研究的综合分析

关于信道编码理论, 我们已经给出了一系列的讨论, 其中包括分组、卷积码的理论和算法, 也包括调制编码、多路通信和网络编码. 但其中的核心问题仍然是单信道的编码理论问题.

这种单信道的编码理论所涉及的问题有容量和码率的关系问题, 编、译码的误差理论和算法的复杂度理论. 因此对这些问题的研究是多种不同内容的综合研究. 在本小节中, 我们首先对这些问题进行讨论.

在信道编码理论的研究中, 算法理论已成为一个独立的系列. 其中除了这些经典的分组码、卷积码之外, 还有许多新发展. 如其中的 Turbo[1] 码和 LDPC [2] 码等. 在本小节中, 我们还将介绍这些码的形成过程、构造原理和算法.

1. 编码理论中的基本原理和思想

关于信道编码的编码算法已形成两大系列. 即分组码和卷积码的系列, 为对

---

[1] Turbo 码是 1993 年由 C. Berrou 提出的并行级联码.

[2] 低密度校验码 (low density parity check) 的简称.

它们作综合分析, 我们先讨论构造这种码的基本思想.

(1) 无论是信道编码理论的编码原理, 或分组码和卷积码的构造和算法, 它们的基本思想是对信息有效性和可靠性之间的关系问题的讨论.

(2) 所谓信息有效性是对获取信息的充分利用的问题. 如果我们得到 n 比特的信息, 如果其中的有效信息只有 $k < n$ 比特. 那么信息的利用率 (或信息有效性) 是 $R = k/n$.

(3) 信息的可靠性是指获取信息的正确性. 在通信理论中, 由于误差、干扰的存在, 接收信号和原来的发送信号发生差异. 因此在通信理论中, 要对这些差异进行检测和纠正.

(4) 因此通信理论的基本目标是在保证信息可靠性的条件下, 尽可能提高获得信息的有效性.

(5) 通信理论中的一个基本原理是在信息的有效性和可靠性之间存在可以相互转换的可能. 这就是在通信中可以通过牺牲有效性而提高可靠性.

2. 信道编码理论的综合分析

我们已经说明, 信道编码理论包含容量和码率的关系问题, 编、译码的误差理论和编、译码算法的复杂度理论. 因此该理论是对这些问题的综合研究. 我们先对这些问题作综合说明.

(1) 关于通信系统的基本模型如图 5.1.2 所示. 其中信道的模型用 $\mathcal{C} = [U, p(v/u), V]$ 表示, 有关记号在 (5.1.1) 式中说明.

(2) 关于通信系统的通信误差如 (5.3.19) 式定义. 通信系统的编码理论要求存在适当的编码运算 (f^n, g^n), 使 $p_e^n \to 0$ 成立.

(3) 为使通信系统的通信误差 $p_e^n \sim 0$ 成立, 除了要求码率和信道容量满足关系式 $R < C$ 外, 还要求信号的长度 n 充分大. 只有在信号长度 n 充分大的条件下, 才能保证信号由有效性向可靠性转化.

(4) 但是, 在信号长度 n 充分大时, 码元集合的数量是 q^{Rn}, 这样就会产生译码算法的复杂度的问题.

这就是, 无论是分组码, 还是卷积码, 它们的译码算法都是采用最大似然译码或最小距离译码算法, 这就是要把接收信号向量和所有的码元进行比较. 因此这种译码的算法的计算或存储复杂度都是 $O(q^{Rn})$.

这就是, 这种计算或存储复杂度都是随码长 n 指数增长的, 因此是非易计算的.

由此可见, 信道编码理论涉及以下这些指标的综合分析的理论, 即

(1) 信道的容量 C 的问题, 在信号的转移概率分布确定的条件下, 这种容量是可计算的.

(2) 信道编码的码率 R 的问题, 这时 $R < C$, 但要求它们尽可能接近.

(3) 编码的误差问题. 这就是在码长 n 充分大的条件下, 使信号的有效性向可靠性转移, 最终达到编码误差 $p_e^n \sim 0$ 的目标.

(4) 译码算法的复杂度理论, 即在码长 n 充分大的条件下, 算法的复杂度都是易计算的.

因此, 无论是分组码还是卷积码, 都存在降低译码算法的复杂度的问题. 在编码理论中, 围绕这些问题还有许多研究. 例如, 在分组码中, 利用校检矩阵的运算来进行译码, 在卷积码中, 采用序贯译码算法等, 它们都是为减少译码算法复杂度的研究. 我们介绍的 Turbo 码和 LDPC 码, 也是编码理论的新发展.

3. 级联码的编码器

我们已经通过生成元、生成矩阵等概念给出了卷积码的定义. 现在推广这种码的构造定义.

(1) 移位寄存器的概念和理论是自动机的一种模型和理论, 它们的运算过程我们在本书的附录 C 中有详细说明.

(2) 若干移位寄存器的联合运行构成一个级联系统, 由此级联系统产生级联卷积码.

因此我们用参数 $K - k$ 表示级联系统规模. 其中 K 表示移位寄存器的数目, 而 k 表示单个移位寄存器的阶数.

(3) 因此一个 $K - k$ 级联系统的结构如图 7.2.2 所示.

4. 该图说明

对该图我们说明如下:

(1) 该图是一个参数为 (K, k, n) 的级联卷积码的编码器. 这表示它有 K 个移位寄存器, 每个移位寄存器有 k 个存储单元.

(2) 在该图中每个移位寄存器中的存储单元含有 n 个加法运算器输入数据. 因为这些移位寄存器之间的数据只有加法运算, 因此这种移位寄存器是线性移位寄存器, 这种级联系统是一种线性级联系统.

(3) 如果记该系统的输入数据为 $x^\infty = (x_1, x_2, \cdots)$, 那么这些移位寄存器的状态分别为

$$x_t^{Kk} = [(x_{t+1}, \cdots, x_{t+k}), (x_{t+k+1}, \cdots, x_{t+2k}), \cdots, (x_{t+(k-1)k+1}, \cdots, x_{t+Kk})].$$

$$(7.2.25)$$

其中 $t = 1, 2, \cdots$, 而且这个向量在图 7.2.2 的移位寄存器存储单元中, 从右到左排列.

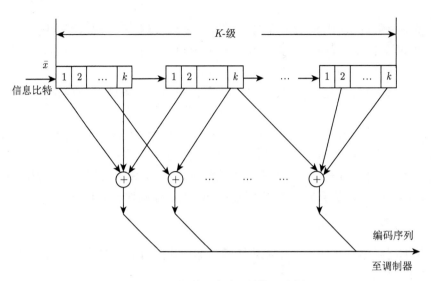

图 7.2.2   级联码编码器结构示意图

(4) 该级联编码器有 n 个加法运算器, 我们可把它们记为 $f^n = (f_1, f_2, \cdots, f_n)$. 其中每个 f_i 是 F_2^{Kk} 空间中关于向量 x^{Kk} 中分量的加法运算.

我们可把它们记为

$$y_{t,i} = f_i(x_t^{Kk}), \quad i = 1, 2, \cdots, n, \quad t = 1, 2, \cdots, \tag{7.2.26}$$

这个序列就是该级联编码器的输出序列. 这种序列具有卷积码的结构特征.

5. 级联码编码器的简化

对图 7.2.2 的级联码编码器的结构进行简化. 这就是对移位寄存器中的存储单元可以进行统一表达. 而对 n 个加法运算可以分别表示. 这种级联码编码器构造如图 7.2.3 所示.

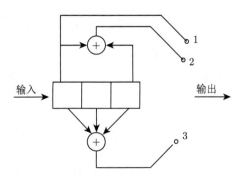

图 7.2.3   级联卷积码编码器结构示意图

6. 图 7.2.3 的说明

(1) 该图是一个参数为 $(K, k, n) = (3, 3, 3)$ 的级联卷积码的编码器. 它的 3 个移位寄存器, 每个都有 3 个存储单元.

(2) 在这 3 个移位寄存器的存储单元中, 它们的状态可记为 $x^3 = (x_1, x_2, x_3)$ (从右到左的次序排列).

(3) 这时它们的加法运算函数分别记为 $f^3 = (f_1, f_2, f_3)$. 如果记

$$y_{t,i} = f_i(x_t^{Kk}), \quad i = 1, 2, \cdots, n, \quad t = 1, 2, \cdots,$$

其中每个 f_i 是 F_2^{Kk} 空间中关于向量 x^{Kk} 中分量的加法运算.

我们可把它们记为

$$y_{t,i} = f_i(x_t^{Kk}), \quad i = 1, 2, \cdots, n, \quad t = 1, 2, \cdots, \tag{7.2.27}$$

这个序列就是该级联编码器的输出序列. 这种序列具有卷积码的结构特征.

因此图 7.2.3 是图 7.2.2 这种类型图的简化表示. 这就是把移位寄存器中的存储单元作统一表示. 其中不同的移位寄存器通过对存储单元中的数据作不同的运算.

7. 图 7.2.4 说明

(1) 图中的 RSC-1, RSC-2 分别是两个卷积码编码器的简写, 它们可以相同, 也可以不同. 它们的输出分别是 Y_{1k}, Y_{2k}.

(2) 图中的交织器是对输入信号作置换运算. 这种运算使进入 RSC-1, RSC-2 中的数据发生变化, 如使码的权重发生变化等.

(3) 因此, 这两个编码器的输出不同, 但它们都是原始数据的信息. 由此产生不同类型的数据分别是 X_k, Y_{1k}, Y_{2k}.

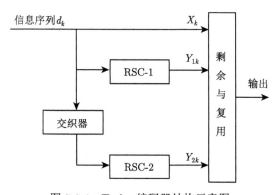

图 7.2.4 Turbo 编码器结构示意图

这种编码方式使输入信号得到分解, 由此形成不同类型的卷积码的结构. 因此可以得到复杂度更低的译码运算.

这就是 Turbo 码结构的思路, 其中涉及交织器、编码器的许多具体运算在此不再重复.

7.2.5　LDPC 码简介

在分组码中, 利用码的校检矩阵中列向量的关系可以得到码元距离的关系, 我们已经说明, LDPC 码是一种低密度校验码. 它就是利用这种关系而构造的码.

这种码的主要特点是它的码率可以接近信道容量. 在本小节中, 我们简单介绍这种码的构造和性能.

1. LDPC 码的构造

LDPC 码可以在分组码或卷积码的基础上构造, 它的构造如下.

(1) 我们在分组码的基础上构造这种 LDPC 码. 一个 (n, k) 分组码由它的生成矩阵 G_k^n 确定, 该生成矩阵如 (7.1.9), (7.1.10) 式确定.

(2) 分组码的另一种表达方式是通过它的校验矩阵来表达的. 一个 (n, k) 分组码由它的校验矩阵 H_{n-k}^n (7.1.16), (7.1.17) 式所示.

定义 7.2.2 ($((n, k, w_c, w_r)$ 码的定义)　　如果 $\mathcal{C}$ 是一个 (n, k) 分组码, 它的校验矩阵 $H = H_{n-k}^n$ 是一个 $(n-k) \times n$ 阶矩阵. 这时称 $\mathcal{C}$ 是一个 (n, k, w_c, w_r) 码, 如果 H 矩阵的列和行向量的权值分别是 w_c, w_r.

w_c, w_r 是正整数, 向量的权值是指向量中非零分量的数目. 这时在校验矩阵 H 中, 所有列向量的权值是 w_c, 而所有行向量的权值是 w_r. w_c, w_r 应满足关系式 $w_r(n-k) = w_c n$, 它们都是 H 矩阵中所有非零分量的数目.

例 7.2.2 (一个 $(10, 5, 3, 6)$ 码的构造)　　这时相应的校验矩阵 H 是

$$\begin{bmatrix} 1 & 1 & 1 & 0 & 1 & 0 & 1 & 0 & 1 & 1 & 0 & 0 & 0 \\ 0 & 0 & 1 & 1 & 1 & 1 & 1 & 1 & 1 & 1 & 0 & 0 \\ 0 & 1 & 0 & 0 & 1 & 0 & 1 & 0 & 1 & 0 & 1 & 1 & 1 \\ 1 & 0 & 1 & 1 & 0 & 1 & 0 & 0 & 1 & 1 & 1 \\ 1 & 1 & 0 & 1 & 0 & 1 & 0 & 1 & 0 & 1 & 1 \end{bmatrix}. \tag{7.2.28}$$

该矩阵中的元记为 $h_{i,j}, i = 1, 2, \cdots, n-k, j = 1, 2, \cdots, n$.

2. LDPC 码的 Tanner 图

Michael Tanner 对 LDPC 码给出图表示如下.

(1) 在 Tanner 图中, 分别用 x_i, y_j 表示行和列的点. 因此 Tanner 图中所有的点记为

$$E = \{X, Y\} = \{x_1, x_2, \cdots, x_{n-k}, y_1, y_2, \cdots, y_n\}. \tag{7.2.29}$$

(2) 一个 Tanner 图记为 $G = \{E, V\}$, 其中点的集合 E 如 (7.2.26) 式所示, 而弧的集合为

$$V = \{(x_i, y_j), \text{如果} h_{i,j} = 1\}. \tag{7.2.30}$$

(3) 因此, Tanner 图 G 是一个无向图.

定义 7.2.3 (有关 LDPC 码的一些定义和名称)   (1) 在此 LDPC 码中, 称校验矩阵 H 中行的编号 x_i 为节点, 称 H 中列的编号 y_j 为校验点.

(2) 在此 LDPC 码的 Tanner 图中, 和这些节点或校验点连接的弧的数目就是这些点的阶.

关于 LDPC 码有多种不同的构造算法, 在此不再重复.

7.3 信源编码的算法理论

信源编码理论又称数据压缩理论, 它又有无失真和有失真的区别. 在本书的 5.2 和 5.4 节中, 已给出了无失真信源编码和率失真函数的讨论. 现在继续对这些问题进行讨论. 这就是关于有失真的数据压缩理论和算法问题的讨论.

对这些问题的讨论是图像处理和多媒体技术的理论基础, 它们又有静态和动态的区分. 其中的算法已成为国际标准[1][2][3].

在本节中, 我们介绍这些算法的原理、运算步骤和主要特征.

我们在序言中已经说明, 4C 学科是指信息论 (Communication)、控制论 (Control)、计算机科学 (Computer) 和密码学 (Cryptology).

7.3.1 数据压缩问题概述

数据压缩理论和技术是信息处理中的重要问题, 有大量的应用. 在本书的 5.2 和 5.4 节中, 我们已讨论了其中的一些问题. 现在继续对该问题进行讨论.

1. 关于无失真的信源编码的基本概念

这些基本概念已在 5.2 节中给出, 在此说明如下.

(1) 1-1 码和唯一可译码. 它们都是无失真的信源编码理论中的基本码, 它们的含义在本书的定义 5.2.1 中给出.

(2) 定长码和变长码. 它们的含义在本书的定义 5.2.1 中给出.

(3) 即时码、前缀码和最优变长码它们都是不同类型的变长码. 它们的含义在本书的定义 5.2.2 中给出.

---

[1] 静态图像数据压缩的国际标准是由国际标准化组织 (ISO) 于 1986 年确定的数据压缩标准. 它的全称和简称分别是 Jion Photographie Experts Group 和 JPEG.

[2] 动态图像数据压缩的国际标准, 它的全称和简称分别是 Moving Picture Experts Group 和 MPEG.

[3] 这些图像数据压缩的国际标准都已形成系列标准, 而且都已形成专用芯片.

在这些码的定义中, 还包括

(4) 平均码长、码的关系问题、码长的估计公式和 Kraft 不等式、Kraft 码的定义和性质. 它们都已在本书的 5.2 节中给出. 在此不再重复.

2. 重要的无失真的信源码

重要的无失真码有如霍夫曼 Huffman 码、算术码、LZW (Lampel-Ziv-Welch) 码与 KY(Kieffer-Yang) 码.

这些码的构造等理论在 [30,65,133] 等文献中给出, 并且都已形成标准化的算法. 在 5.2.2 节中给出了它们的一系列性质. 其中包括通用码、自适应码等概念. 它们的结构、原理和算法在 [30,65,133] 等文献中都已给出, 在此不再重复.

信源的定长码定义和它的编码理论也在本书的 5.2 节中给出. 对多种不同类型的随机过程或随机序列都有它们的联合概率分布和相应的熵函数或熵率函数. 它们的计算公式如 (5.2.7) 所示.

相应的定长码的信源编码定理如定理 5.2.3 所示. 对此不再重复.

3. 有失真的信源编码理论

有失真的信源编码理论在本书的 5.4 节中已有详细讨论. 对其中的一些基本概念说明如下.

(1) 在信源的编码理论中, 我们已经说明了无失真的编码理论和算法. 这是一种要求很高的算法, 它必须确保数据的完全真实性. 如计算机中的算法程序, 一般不能出现任何差错.

(2) 但在信息处理的许多问题中, 经常有一些可允许的误差存在, 这种误差的存在不影响我们对整个系统功能的理解.

这种可允许误差可大大减少我们对数据的数量要求. 由此讨论因这种允许误差的存在而减少的对数据量的要求. 这就是有失真的信源编码理论.

(3) 在有失真信源编码理论中, 对信源的信息不要求它的全部内容, 只要它的部分信息就可, 这些部分信息在可允许误差的范围内可以覆盖或恢复原信源的全部信息.

4. 有失真的信源编码理论可对不同类型的信源给出它们的度量指标, 即率失真函数指标

(1) 率失真函数指标用 $R(d)$ 表示, 它的定义如公式 (5.4.5) 所示.

(2) 对此函数, 它的计算公式和性质在本书的定理 5.4.1 中已有详细的讨论和说明, 对此不再重复.

(3) 对多种不同类型的信源, 它们都有各自的率失真函数. 有关的计算公式在 [30,65,133] 文献中已有详细的讨论和说明, 对此不再重复.

7.3.2 数据压缩的标准算法

数据压缩所涉及的问题很多, 一般分图、音两大类, 在图、音的数据压缩中又分静态与动态情形. 另外, 针对特殊的问题, 它们又有许多特殊的处理方式, 如文字印刷、地理、指纹与医学图像等领域中的数据压缩问题, 它们都是针对一些特殊的图像问题讨论它们的数据压缩的. 在本节中我们只介绍一般的数据压缩处理问题, 对特殊图像的处理一般都有它们特殊的内容与方法.

1. 图像压缩的一些背景

率失真理论是数据压缩问题考虑的理论基础, 但率失真理论给出了一种理想状态下 (如无记忆信源) 的数据压缩标准与各参数的相互关系, 但在处理实际问题时情况要复杂得多. 在多媒体技术中, 最常遇到的是语音与图像数据压缩问题, 它们的共同特点有:

(1) 前后出现的数据一般是不独立的, 利用这种相关性可以大大增加压缩率.

(2) 它们的数据量一般都很大, 如一幅 640×640 点阵, 256 灰度的黑白图像的数据量约为: $640 \times 640 = 400$ 千字节, 或 3.2 兆比特 (1 字节为 8 比特). 因此数据压缩算法必须是快速的, 能对数据完成实时处理. 如光盘中的影视图像、压缩数据必须实时播放.

(3) 实用中的数据压缩问题一般是多种理论与技术综合应用的结果. 一般的语音与图像的数据压缩技术综合应用了: 无失真信源数据压缩编码、信号分析中的正交变换理论 (如快速傅里叶变换理论等)、率失真理论等.

(4) 对重要的数据压缩技术, 在工程上都已实现标准化, 这样就可在不同的设备, 如计算机、VCD、DVD、TV 上使用. 对技术内容也有规范化的要求, 工程标准的制定是知识产权的一个重要方面.

2. 静态图像数据压缩的基本运算

本节我们以静态图像数据压缩为例, 介绍它们运算的基本步骤. 这些运算步骤有:

(1) 数据的预处理. 这是指图像压缩之前的数据处理. 其中包括图像的格式、线素标准、边界要求与图像数据采样格式等的处理.

(2) 一幅图像一般通过一个点阵, 每个点又由不同的色素 (如常用的红、蓝、黄三色素)、灰度与光度组成. 其中图像的格式是指像素纵横比; 线素标准是指图像点阵行、列的数目.

图像的边界是指不同的图像数据都有它固定的边界, 边界上的数据有其特有的规定; 数据采样格式是以何种方式把点阵数据变成向量数据? 这些格式在不同的图像类型中有各自的统一标准, 但又是各不相同的, 如 TV 图像、彩色胶卷、

HDTV 的像素纵横比分别是 3:2, 2:3, 9:16, 另外, 如 NTSC 视频标准规定, 每幅图像 (在图像处理中称为帧) 由 525 行扫描数据构成, 每帧分上下两部分 (在图像处理中称为场), 在两场之间有 42 行消隐区, 因此真正带图像数据信息的行是 480 行. 这些规定在作图像处理之前都必须了解, 并在文件设置中确定.

(3) 如果我们不考虑一幅图像数据的边界数据 (起始与终止的行与列数据), 那么一幅静态图像数据就是阵列数据, 我们以 640×640 点阵数据为例, 那么这个点阵就可用矩阵:

$$\mathbf{X} = \mathbf{X}^{(640 \times 640)} = (x_{ij})_{i,j=1,\cdots,640} \tag{7.3.1}$$

表示, 其中 x_{ij} 表示在 i 行、j 列的图像灰度数据.

(4) 在图像处理中, 一般不直接对阵列数据 $\mathbf{X}$ 进行处理, 而是把这个阵列数据变成一个长度为 640×640 的向量数据来进行处理. 阵列数据变向量数据的方式很多, 最常见的是 TV 中的按行或隔行扫描, 与多媒体中的分块处理. 一般涉及的数据压缩都采用分块处理. 它的处理步骤如下:

(i) 把 $\mathbf{X}$ 矩阵作分块处理, 将其分解成一个 80×80 的子块矩阵:

$$\mathbf{X} = \left(X_{s,t}^{(8 \times 8)} \right)_{s,t=1,\cdots,80}, \tag{7.3.2}$$

其中每个子块是一个 8×8 的矩阵, 第 (s,t) 个子块为

$$X_{s,t} = X_{s,t}^{8 \times 8} = \left(x_{(s,t);(k,h)} \right)_{k,h=1,\cdots,8},$$

这里 $x_{(s,t);(k,h)}$ 相应于 $\mathbf{X}$ 矩阵中的数据为 $x_{8(s-1)+k,8(t-1)+h}$.

(ii) 把 $\mathbf{X}$ 矩阵按斜对角线规则排成一个矩阵向量, 得到的矩阵向量为

$$\mathbf{X} = (X_1, X_2, \cdots, X_M), \quad M = 80 \times 80 = 6400. \tag{7.3.3}$$

关于斜对角线排列规则见下文定义.

(iii) 对 $\mathbf{X}$ 的每个子矩阵 $\mathbf{X}_i$ 同样按斜对角线规则排成一个数列, 得到的数列记为

$$X_i = (x_{i1}, x_{i2}, \cdots, x_{im}), \quad m = 64. \tag{7.3.4}$$

通过以上预处理, 把矩阵数据变成向量数据, $\mathbf{X}$ 变成一个长度为 640×640 的向量:

$$\mathbf{X} = ((x_{11}, x_{12}, \cdots, x_{1m}), (x_{21}, x_{22}, \cdots, x_{2m}) \cdots, (x_{M1}, x_{M2}, \cdots, x_{Mm})), \tag{7.3.5}$$

我们称 (7.3.2) 中的 $X_{s,t}$ 或 (7.3.5) 中的 X_i 为图像 $\mathbf{X}$ 的信息处理单元.

定义 7.3.1　如 $Z = (z_{ij})_{i,j=1,a}$ 是一方阵, 为把它排列成一个向量, 将 Z 矩阵中的元按以下次序排列:

$$Z = (z_{11}, z_{12}, z_{21}, z_{31}, z_{22}, z_{13}, z_{14}, z_{23}, z_{32}, \cdots, z_{aa}), \tag{7.3.6}$$

那么称这种排列法为斜对角线排列规则. 它的排列方式如图 7.3.1 所示.

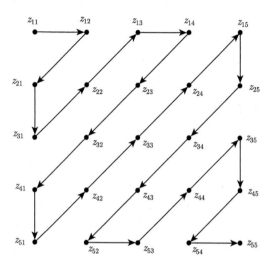

图 7.3.1 斜对角线排列规则示意图

在斜对角线排列规则中, 每个 z_{ij} 可以是数据, 也可以是矩阵, 在预处理的 (7.3.3) 与 (7.3.4) 式中, 分别把 $\mathbf{X}$ 与 X_i 矩阵变为向量.

3. 数据的频谱处理

数据的频谱处理就是把信息处理单元 X_i 作离散傅里叶变换 (IDFT). 把时域中的数据变为频域中的数据. IDFT 的一般计算公式为

$$w_{it} = \sum_{s=0}^{m-1} x_{is} \exp\left(-j2\pi ts/m\right). \tag{7.3.7}$$

其中 x_{is} 为原始数据, w_{it} 为频谱数据, 而 j 是虚数记号. x_{is} 与 w_{it} 相互唯一确定, 相应的逆变换为

$$x_{is} = \frac{1}{m} \sum_{t=0}^{m-1} w_{is} \exp\left(j2\pi ts/m\right). \tag{7.3.8}$$

数据的频谱处理的目的是要消除图像观察数据的相关性, 频谱数据的相关性变小, 而单组数据的不肯定性也就变大. 在工程中, 频谱处理计算的 IDFT 公式一般采用余弦函数, 而且由它的快速计算法 (逆快速傅里叶变换, IFFT) 实现公式

(7.3.7) 与 (7.3.8) 的快速计算. 经 IDFT 变换后, X 的数据变为频谱数据:

$$\mathbf{W} = (W_1, W_2, \cdots, W_M)$$
$$= ((w_{11}, w_{12}, \cdots, w_{1m}), (w_{21}, w_{22}, \cdots, w_{2m}), \cdots, (w_{M1}, w_{M2}, \cdots, w_{Mm})), \tag{7.3.9}$$

其中每个 $W_i = (w_{i1}, w_{i2}, \cdots, w_{im})$ 是 $X_i = (x_{i1}, x_{i2}, \cdots, x_{im})$ 的 IDFT. 由于 IDFT 的可逆性, 就可由 $\mathbf{W}$ 还原成 $\mathbf{X}$.

4. 数据的量化处理

无论是 $\mathbf{X}$ 还是 $\mathbf{W}$, 它们的原始取值都是在实数域 (或实数区域中的等分点) 中取的, 数据的量化问题就是把这些数据离散化或作有失真压缩.

(1) 这时把 w_{ij} 的取值固定在若干个离散点, 如 $\{w_1, w_2, \cdots, w_a\}$ 上, 我们称这些点为量化点. 量化点的选取原则是依据有失真信源编码理论与图像数据的统计分布来确定的. 一般来说, 统计分布密度高的区域量化点应多而密, 反之, 少而稀. 在特定的图像处理模式中, 通过大量的统计计算, 对 w_{ij} 的统计分布可以确定, 因此可以依据它的分布给出相应的数据压缩表. 在 JPEG(静态图像数据压缩标准) 中, 量化点的选取已制成量化表, 实现了标准化. 因为在实际图像压缩中, 不仅要考虑数据压缩的优化问题, 计算的快速方便, 还要考虑芯片电路制作中的问题, 因此它有一些特殊的处理方式, 对此详见 [133] 文献.

$\mathbf{W}$ 经量化后变为 $\mathbf{W}_o$, 这时每个 w_{ij} 只在一个有限字母表 $\mathcal{W}$ 中取值.

(2) 无失真数据压缩.

经量化后的数据 $\mathbf{W}_o$ 还要作无失真数据压缩运算. 无失真数据压缩运算一般采用 Huffman 码、算术码、Lambe-Ziv 码等. 对这几种码的编码与解码算法我们已有详细介绍, $\mathbf{W}_o$ 经无失真压缩运算后的数据如用二进码表示, 那么它可记为

$$\mathbf{C} = \{C_1, C_2, \cdots, C_M\} \tag{7.3.10}$$

上的不等长向量. 其中

$$C_i = (c_{i1}, c_{i2}, \cdots, c_{in_i}), \quad c_{ij} \in \{0, 1\},$$

$\mathbf{C}$ 是数据压缩的最后结果.

以上运算步骤是图像数据压缩运算的概要, 在实际多媒体工程问题中还要进一步展开, 如预处理问题中的数据整理、IFFT 运算、量化标准的使用与无失真数据压缩码的选择等. 对此我们不作详细介绍.

5. 压缩数据的还原计算

压缩数据 **C** 经多媒体光盘或其他方式存储, 或经通信传递到达用户. 用户对这些压缩数据需进行解码才能使用. 解码运算就是以上编码的逆运算, 它的步骤如下.

(1) 因为 **C** 是 **W**$_o$ 的无失真数据压缩编码, 因此由 **C** 通过无失真信源编码可唯一确定 **W**$_o$.

(2) 由 **W**$_o$ 经 IFFT (逆快速傅里叶变换) 还原成 **Y** 数据, **Y** 是 **X** 的再现, 但是有一定程度的失真, 因为 **W**$_o$ 与 **W** 有失真存在.

(3) 依据斜对角线规则, 可将向量型的 **Y** 数据还原成矩阵型的数据, 即可为用户直接阅读使用. 最后得到的数据是

$$\mathbf{Y} = \mathbf{Y}^{(640 \times 640)} = (y_{i,j})_{i,j=1,\cdots,640}. \tag{7.3.11}$$

7.3.3 数据压缩技术分析的主要指标

数据压缩中的主要结果是由原始数据 **X** 产生压缩数据 **C** 与还原数据 **Y**, 因此数据压缩技术的性能分析指标就是这三组数据的相互关系指标. 我们对此再作进一步说明如下.

1. 在数据压缩的技术分析中, 存在多种指标的分析

(1) 原始数据的数据量. 如 (7.3.1) 所记, 如 **X** = (x_{ij}) 是一个 $m \times n$ 矩阵的图像原始数据, 其中每个 $x_{i,j}$ 在消息字母表 $\mathcal{X}$ 中取值, 那么原始图像数据的总量为

$$N_0 = m \times n \times \log(\| \mathcal{X} \|) \quad (单位: 比特). \tag{7.3.12}$$

如一幅具有 640×640 点阵, 218 灰度的黑白图像的数据量为

$$N_0 = 640 \times 640 \times \log 218 \approx 3.2 \quad (单位: 兆比特).$$

如一幅具有 640×640 点阵, 三色, 每色具有 218 灰度的彩色图像的数据量为

$$N_0 = 640 \times 640 \times 3 \times \log 218 \approx 10 \quad (单位: 兆比特).$$

(2) 压缩数据指标. 这是指经数据压缩处理后的指标, 是由 (7.3.10) 所得到的 **C** 数据. 这些数据是最终进行存储或通信传递的数据, 因此它的数据总量有重要意义, 我们把它记为

$$N_1 = \left(\sum_{i=1}^{M} n_i\right) \times \log(\| \mathcal{C} \|) \quad (单位: 比特), \tag{7.3.13}$$

其中 M 是 (7.3.10) 中所给 $\mathbf{C}$ 向量的长度, n_i 是码元 C_i 的长度, 而 $\| \mathcal{C} \|$ 为信号字母表 $\mathcal{C}$ 的元素个数, 对二进制编码 $\| \mathcal{C} \| = 2$, 因此 $\log(\| \mathcal{C} \|) = 1$.

(3) 还原数据指标. 如 (7.3.11) 所得到的 $\mathbf{Y}$ 是图像还原后的数据, 也是用户最终观察到的数据, 因此一般取它们的字母表相同, $\mathcal{Y} = \mathcal{X}$, 因此, 每个 y_{ij} 在 $\mathcal{X}$ 中取值. 有了这些说明后我们就可对数据压缩的性能指标进行定义.

(4) 数据压缩率. 数据压缩率就是原始数据的数据量与压缩数据量的比. 这就是 $R = \dfrac{N_0}{N_1}$, 其中 N_0, N_1 分别由 (7.3.12), (7.3.13) 式所定义.

(5) 信噪比. 这是指原始信号的强度与噪声强度的比, 因此在工程中采用

$$\text{数据压缩信噪比} = 10 \cdot \log\left(1 + \frac{S^2}{N^2}\right) \quad (\text{单位：分贝}) \tag{7.3.14}$$

的定义, 其中 S^2 与 N^2 分别是信号功率与噪声功率, 它们的定义为

$$\begin{cases} S^2 = \displaystyle\sum_{i=1}^{m}\sum_{j=1}^{n} x_{i,j}^2, \\ N^2 = \displaystyle\sum_{i=1}^{m}\sum_{j=1}^{n} (x_{i,j} - y_{i,j})^2. \end{cases}$$

(6) 编码与解码速度.

这就是数据压缩与还原计算中的计算复杂度 (计算量), 其中解码速度是关键. 尤其在动态图像处理中解码速度关系到信号的实时同步处理问题. 因此如何提高解码速度是工程中必须考虑的问题.

在图像处理中, 两个图像的信噪比如超过 40dB, 一般视觉就看不出它们的区别. 一个黑白图像的数据压缩水平一般可达到 38dB 与 8 倍的压缩率, 而彩色动态图像的数据压缩率就可到达 50—60 倍. 因此, 一张 1.2G 的光盘, 如果不经过数据压缩处理的电视播放时间不到一分钟, 而经压缩处理的电视播放就可达到数十分钟. 因此数据压缩技术使多媒体技术达到了实用化的要求.

在信息技术的图像与文本的数据压缩中, 有许多预先设置的图像与文本数据供各种不同类型的数据压缩方案使用, 最终以数据压缩率与信噪比作判定该算法好坏的指标标准, 解码速度是参考性的指标.

2. 数据压缩中的其他问题

(1) 数据压缩中的其他问题很多, 它的问题可以归纳成两大类, 即基础与方法的研究与应用领域的扩展研究. 其中基础与方法的研究包括新的数学工具的应用与新的快速算法的研究. 新的数学工具内容很多, 如小波分析与分形理论的应用,

快速算法是提高数据压缩技术的关键, 由于 FFT 算法的实现, 大大加快了编译码的速度, 因此 FFT 也是数据压缩中的关键技术.

(2) 数据压缩的应用领域很多, 除了静态图像压缩之外, 还有动态图像、音频信号的数据压缩问题. 有关特殊信号的压缩处理问题, 内容更加丰富, 无论在文字印刷、指纹的存储与识别、医学图像的构建等问题中, 都有它们的特殊应用与处理方式. 它们的一个共同点是寻找这些图像的特征点, 如文字字形的特征、指纹图像的特殊拐点特征等. 另外, 对它们的技术评价指标: 压缩比、信噪比与解码复杂度都是一致的. 对这些问题都有专门的学科进行研究讨论.

7.4 密码学概述

我们这里的密码学是信息和数据安全的简称. 因此它在近代通信、网络技术和应用中有重要意义, 是其中不可缺少的组成部分.

密码学同样由几部分内容组成, 如古典密码学、近代密码学、理论分析和密码协议等不同的内容.

古典密码学的发展历史很久, 古代就有许多原始的加密方法. 在二战时期, 还出现过机械加密等技术. 同时, 还在密码的破译技术中发挥过重要作用, 由此还带动了计算机科学的发展.

近代密码学主要是和计算机、通信、网络的理论和技术相结合, 成为现代信息处理中不可缺少的组成部分. 由此还产生了许多新的理论、方法和观点.

在本节中, 我们简单介绍它的发展历史、基本概念、结构内容、理论和应用的意义.

7.4.1 密码学的发展概况

密码学是一门既古老又年轻的学科, 古代的行帮暗语实际上就是对信息的加密. 这种加密方法通过原始的约定, 把需要表达的信息限定在一定的范围内流通. 古典密码主要应用于政治和军事以及外交等领域. 自从有了有线与无线通信以来, 密码学开始发展, 一些简单的加密算法与密码分析计算开始形成, 至第二次世界大战期间, 加密算法与密码分析的发展达到了较为复杂的程度, 转轮加密机的出现及同盟军对转轮加密机的破译为取得第二次世界大战胜利发挥了重大作用, 并由此推动了计算机科学的发展, 计算机科学的奠基人如冯·诺依曼等当时都是从事密码学的工作者. 但 1949 年之前的密码技术还只是停留在机械与普通电路的水平, 也没有较系统的理论分析. 因此, 人们把 1949 年之前的密码学称为密码学的早期阶段.

1949 年后, 密码学的发展分两个阶段, C. E. Shannon 发表的《保密系统的通信理论》(*Communication Theory of Secrecy Systems*) 一文为密码学奠定了理论基础.

20 世纪 70 年代密码学发展的两件大事是:1977 年, 美国国家标准局 (National Bureau of Standards) 正式公布实施数据加密标准 DES(Data Encryption Standard), 将 DES 算法公开, 把密码的设备、算法公开, 而把密钥的设置作为加密的唯一手段, 从而使密码学进入一个广泛应用的时代.

另外, 1976 年, W. Diffie 和 M. E. Hellman 发表了《密码学中的新方向》(*New Directions in Cryptography*) 一文, 提出了一种崭新的密码设计思想, 促使了密码学上的一场革命. 他们首次对加密密钥与解密密钥给以区分, 并给出了加密密钥公开而解密密钥保密的密码体制, 从而开创了公钥密码学的新纪元.

近代密码学数据加密标准与公钥体制的出现与应用使近代密码学所涉及的范围有了极大的发展, 尤其是在网络认证方面得到了广泛应用, 但其中的安全性原理与测量标准仍未脱离香农保密系统所规定的要求, 多种加密函数的构造, 如相关免疫函数的构造仍以香农的完善保密性为基础研究. 在本节中, 我们将介绍密码学的发展概况、内容要点及它与信息论的关系.

目前, 由于计算机与网络通信的普遍使用, 密码学的使用已不仅仅局限于政治、军事、外交等领域, 它已成为商业及人们日常生活中不可缺少的一个组成部分, 随着网络通信的发展与普及, 密码学必将发挥更大的作用.

信息论与密码学的关系十分密切, 1949 年香农发表的《保密系统的信息理论》是他在 1948 年所发表的《通信的数字理论》的姐妹作, 在香农的《保密系统的信息理论》一文中, 对密码系统、完善保密性、消息与密钥源、理论保密性与实际保密性的问题作了论述, 从而奠定了密码学的理论基础.

7.4.2　密码体制的基本要素与模型

与通信系统的模型十分相似, 密码体制也有它所特有的基本要素与模型.

1. 密码体制的基本要素

(1) 明文 (plaintext). 没有加密的信息称为明文, 它能被一般人所读懂.

明文所可能使用的符号为明文字母表 (如汉字、英文字母等), 我们记为 $\mathcal{X}$. 带有概率分布的明文为明文源, 我们同样记为 $\mathcal{S} = [\mathcal{X}, p(x)]$.

(2) 密文 (ciphertext). 加密后的信息称为密文, 非授权人不能读懂.

从明文到密文的变换称为加密运算, 从密文到明文的变换称为解密运算. 密文所可能使用的符号为密文字母表, 我们记为 $\mathcal{Y}$, 那么加密运算与解密运算为

$$f : \mathcal{X} \to \mathcal{Y}, \quad g : \mathcal{Y} \to \mathcal{X},$$

为了保证加密、解密运算的可还原性, 要求 f, g 都是 1-1 映射.

(3) 密钥 (key). 加密和解密都是在密钥的控制下进行的, 因此密钥就是加密和解密运算的参数.

所有可能使用的密钥为密钥空间, 我们记 $\mathbf{E}$ 为加密密钥空间, 记 $\mathbf{D}$ 为解密密钥空间, 它们的元分别记为 e, d 或 k, 当 e, d 给定后, 相应的加密和解密运算 (f_e, g_d) 便确定了.

(4) 由明文、密文、密钥和加密、解密运算组成的加密体制 (或加密系统), 我们记为

$$\mathcal{E} = \{\mathcal{X}, \mathcal{Y}, f_e, g_d, e \in \mathbf{E}, d \in \mathbf{D}\}. \tag{7.4.1}$$

如果 $\mathcal{E} = \mathcal{D} = \mathcal{K}$, 且当 $e = d = k$ 时, g_τ 是 f_τ 的逆运算, 这时称 (7.4.1) 的加密体制为对称加密体制 (或单密钥密码体制), 否则为不对称加密体制 (或双密钥密码体制). 对称加密体制可简记为

$$\mathcal{E} = \{\mathcal{X}, \mathcal{Y}, f_\tau, g_\tau, k \in \mathcal{K}\}. \tag{7.4.2}$$

在双密钥密码体制中, 如果由加密密钥 e 计算解密密钥 d 是困难的, 那么公开 e 不会损害 d 的安全性, 则称这样的加密函数为单向函数, 相应的密码体制称为公钥密码体制 (public-key cryptosystem).

(5) 对手. 密码体制的攻击者为对手, 对手有两种类型, 即窃听型与干扰型, 窃听型是从密码体制中截取信息, 而干扰型则是篡改密码体制中的信息, 如病毒入侵、假数据的制造等.

图 7.4.1 是一个密码系统的模型.

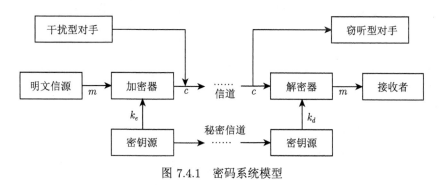

图 7.4.1 密码系统模型

密码体制的对手和密码体制的设计者都称为密码体制的分析者, 他们都需要对密码体制进行分析.

例 7.4.1 考虑一个加性加密体制 $\mathcal{E}$, 如取

$$\mathcal{X} = \mathcal{Y} = \mathcal{K} = F_q = \{0, 1, \cdots, q - 1\},$$

分别为明文、密文字母表与密钥空间, 而取加、解密算法分别为

$$y = f_\tau(x) = x + k \pmod{q}, \quad x = g_\tau(y) = y - k \pmod{q}.$$

这时密钥量为 $\| \mathcal{K} \| = q$.

2. 密码体制的设计原则

一个好的密码体制必须遵循以下设计原则.

(1) 密码体制是不可破的, 不可破的概念分理论不可破与实际不可破. 理论不可破是在理论上已得到证明的不可破性. 实际不可破是指攻击密码体制所需的计算时间、费用等方面超过信息的时限或价值.

(2) 密码体制中部分信息的泄漏不会危及密码体制的安全性. 部分信息, 如密码体制的设备、算法、全部密文等, 它们的泄漏不会危及明文的安全. 另外, 以前明文的公开也不会危及以后明文的安全.

任何一种密码体制的设计都是假定对手能知道所使用的密码体制, 并能获得全部密文与以前的明文. 这一点称为 Kerckhoff 假设, 在设计密码体制时, 应当记住永远不要低估对手的能力.

(3) 其他原则, 如与计算机匹配、费用低廉、设备轻便、操作简便等要求.

7.4.3　对密码体制的随机分析

密码体制的随机分析首先由香农提出, 以后有一系列的发展, 我们概述其中有关的要点.

在 (7.4.2) 的密码体制 $\mathcal{E}$ 中, 如果明文 $x \in \mathcal{X}$ 与密钥 $k \in \mathcal{K}$ 随机选取, 那么输入明文 X 与使用密钥 K 都是随机变量, 它们的概率分布分别记为

$$p_X(x) = P_r\{X = x\}, \quad p_K(k) = P_r\{K = k\}, \tag{7.4.3}$$

在密码体制中一般取 X, K 是两个相互独立的随机变量, 因此它们的联合概率分布是乘积分布, 而密文随机变量 Y 由它们的联合概率分布与加密运算 f_e 确定, 这时

$$\begin{cases} p(x, k) = P_r\{X = x, K = k\} = p_X(x)p_K(k), \\ p_Y(y) = P_r\{Y = y\} = \displaystyle\sum_{(x,k):f_\tau(x)=y} p(x, k). \end{cases} \tag{7.4.4}$$

以下记

$$\mathcal{E}^* = \{\mathcal{X}, p_X(x), \mathcal{Y}, f_\tau, g_\tau, k \in \mathcal{K}, p_K(k)\} \tag{7.4.5}$$

为具有概率分布的密码体制, 这时 (X, K, Y) 的联合概率分布为

$$p(x, k, y) = p(x, k)f_\tau(y|x) = p_X(x)p_K(k)f_\tau(y|x), \tag{7.4.6}$$

其中 $f_\tau(y|x) = \begin{cases} 1, & y = f_\tau(x), \\ 0, & \text{否则.} \end{cases}$ 为了使密码体制具有不可破性与安全性, 还必须作进一步的规定与要求.

1. 密钥量必须足够大

所谓密钥量就是指密钥空间的元素量, 它必须足够大, 否则就可用穷举法破译明文. 所谓穷举法就是对每个密钥进行实验来解出明文.

常见的号码锁、密钥由四个十进位数组成, 因此它的密钥量是 $10^4 = 10000$, 用手工穷举法来开锁, 如一秒钟实验一次, 那么打开这密码锁的时间不超过三个小时. 如用计算方法快速实验, 密钥量必须足够大才能确保密码体制的安全. 美国 20 世纪 70 年代提出的 DES (美国数据加密标准, Data Encryption Standard) 体制采用 56 比特的加密密钥, 因此密钥量为 $2^{56} \approx 7.2 \times 10^{16}$. 这样的密钥量在当时是足够的, 但到计算机发展如此强大的今天, 密码体制的安全性已不能存在, 因此在 20 世纪 90 年代 DES 体制已被废除.

2. 密码体制必须是完善的

密码体制完善性的概念是指: 对手从密文中得不到有关明文的任何信息. 如果 $\mathcal{E}^*$ 是由 (7.4.5) 所给的具有概率分布的密码体制, 那么 $\mathcal{E}^*$ 的完善性就是明文 X 与密文 Y 相互独立, 这就使它们的互信息 $I(X;Y) = 0$ 成立.

密码体制完善性的概念还要加强为: 如记 X_s, Y_s 分别为在时刻 s 的明文与密文, 那么记

$$(X^t, Y^t) = (X_s, Y_s), \quad s < t$$

分别为在时刻 t 前的全部明文与密文, 那么密码体制强完善性的定义就是对任何 $t = 1, 2, \cdots$, 总有

$$I[(X^t, Y^t, Y_t); X_t] = 0 \tag{7.4.7}$$

成立.

密码体制强完善性的概念就是对手从现在的密文与过去的全部明文与密文中得不到关于现在明文的任何信息.

定理 7.4.1 在密码体制 $\mathcal{E}^*$ 中, 如果取 $p_X(x) = \dfrac{1}{\parallel \mathcal{X} \parallel}$ 为均匀分布, 那么密码体制具有完善性的必要条件是 $\parallel \mathcal{K} \parallel \geqslant \parallel \mathcal{X} \parallel$.

证明 我们用反证法证明. 如果 $\parallel \mathcal{K} \parallel < \parallel \mathcal{X} \parallel$, 那么密码体制的完善性一定不成立. 因为

$$I(X;Y) = H(X) - H(X|Y) \geqslant \log \parallel \mathcal{X} \parallel - \log \parallel \mathcal{K} \parallel > 0, \tag{7.4.8}$$

其中第一个不等式由以下讨论得到.

因为 f_τ 是 $\mathcal{X} \to \mathcal{Y}$ 的 1-1 映射, 所以当 (k, y) 给定时, $x = f_\tau^{-1}(y)$ 唯一确定, 因此当 y 给定时, $x = f_\tau^{-1}(y)$ 的取值范围不超过 $\parallel \mathcal{K} \parallel$ 个, 因此 (7.4.8) 式成立. 这时 $\mathcal{E}^*$ 不具有完善性, 定理得证.

由定理 7.4.1 可以得到, 如果在序列密码体制中, 在不同时刻如采用同一密钥, 那么密码体制的强完善性一定不成立. 为使密码体制具有强完善性, 在序列密码体制中, 对不同时刻的密钥必须及时更改. 密码学中最常见的是所谓的一次一密体制, 这就是对每个时刻的明文字母采用不同的密钥进行加密.

例 7.4.2　对例 7.4.1 的加性密钥体制, 如取 X, K 分别为明文与密钥随机变量, 它们相互独立, 而且在 $\mathcal{X}, \mathcal{K}$ 上取均匀分布, 那么该密码体制是完善的.

因为这时密文为 $Y = X + K(\mathrm{mod}q)$, 为此我们只要证明 X 与 Y 是两个相互独立的随机变量即可. 这时有

$$
\begin{cases}
p(x) = P_r\{X = x\} = 1/q, \\
p_K(x) = P_r\{K = k\} = 1/q, \\
p_{X,K}(x, k) = p_X(x)p_K(k) = 1/(q^2),
\end{cases}
$$

对任何 $x, k \in F_q$ 成立. 对任何 $x, y, k \in F_q$, 我们记

$$
p(x, y) = P_r\{X = x, Y = y\}, \quad p(x, k, y) = P_r\{X = x, K = k, Y = y\},
$$

$$
q(y) = P_r\{Y = y\}.
$$

那么有

$$
p(x, y) = \sum_{k=0}^{q-1} p(x, k, y) = \sum_{k=0}^{q-1} p_{X,K}(x, k) f_\tau(y|x),
$$

其中 $f_\tau(y|x) = \begin{cases} 1, & y = x + k(\mathrm{mod}q), \\ 0, & \text{否则}. \end{cases}$　这时对固定的 (x, y) 有且只有一个 $k = k(x, y)$, 使 $y = x + k(\mathrm{mod}q)$ 成立. 因此

$$
p(x, y) = p_{X,K}[x, k(x, y)] = 1/q^2.
$$

由此得到

$$
q(y) = \sum_{x=0}^{q-1} p(x, y) = \sum_{x=0}^{q-1} \frac{1}{q^2} = 1/q.
$$

因此

$$
p(x, y) = p(x)q(y) = \frac{1}{q^2}
$$

对任何 $x, y \in F_q$ 成立. 这就是 X 与 Y 相互独立, 因此该密码体制是完善的.

3. 相关免疫性

对密码体制完善性的概念的推广就是相关免疫性, 如果 $X^m = (X_1, X_2, \cdots, X_m)$ 是 m 个相互独立的随机变量, 在 $\mathcal{X}^m$ 中取值, 记 $\mathcal{Y}$ 是一个有限集合, f 是 $\mathcal{X}^m \to \mathcal{Y}$ 的映射.

定义 7.4.1　称 f 是 $\mathcal{X}^m \to \mathcal{Y}$ 的 k 阶相关免疫函数, 如果对 X^m 的任何一 k 阶子向量 $X_{\alpha_\tau} = (X_{j_1}, X_{j_2}, \cdots, X_{j_\tau})$ 总有 $I(X_{\alpha_\tau}; Y) = 0$ 成立, 其中 $\alpha_\tau = \{j_1, j_2, \cdots, j_\tau\}$ 是 $M = \{1, 2, \cdots, m\}$ 的 k 元子集.

显然完善性是相关免疫性的特例. 关于相关免疫函数在近代密码学中有一系列构造与性质需要讨论.

7.4.4　几种典型的密码体制

密码学中常见的几种典型的密码体制有: 古典密码体制、DES 体制与公钥体制. 我们对此作概要介绍.

1. 古典密码体制

古典密码体制, 是指 20 世纪 50 年代前所使用过的密码体制, 它们的特点是密钥量小, 加密算法较为简单. 如早期使用的 Caesar 体制就是对 26 个英文字母作置换运算. 以后的发展体制则是把单字母的置换改成多字母置换运算.

到二战时期所形成的转轮加密体制是把机械运动与简单电子线路组合起来的加密装置. 它的每个转轮由绝缘板构成, 板的两面分别安装 26 个金属字母块, 并用电路连接, 构成一个置换. 不同的转轮安装在同一同心轴上并以不同的速度独立地旋转, 从而形成一个较为复杂的且在不同时刻有不同置换的加密运算. 转轮加密体制虽加大了密钥量, 且密钥随时间变化, 但它的规律还是比较简单的, 因此使用不久就被破译.

2. DES 体制

DES 体制是 1977 年美国国家标准局正式公布实施的数据加密标准, 其主要特点是将密码的设备、算法作标准化的规定, 并公开宣布, 把密钥的设置作为加密的唯一手段, 从而使密码学进入一个广泛应用的时代.

DES 的主要特点是采用 64 比特的消息数据, 56 比特加密密钥的对称加密体制. 所给的加密与解密运算为: $(f_\tau(x), g_\tau(y))$ 都是 $Z_2^{64} \to Z_2^{64}$ 的运算, 而 $k \in Z_2^{56}$. 这时 $f_\tau(x)$ 由一系列置换运算组合而成. 这些运算在一般密码学的著作中都可找到, 我们不再重复.

DES 体制的密钥量在 $2^{56} \approx 7.2 \times 10^{16}$, 在 20 世纪 70 年代, 其安全性是没有问题的, 但到 20 世纪末 21 世纪初, 计算机的运算速度已向数十万亿次 (10^{13}) 迈进, DES 体制的安全性已不能再保证, 再加上其他的原因, 所以在 20 世纪 90 年代, DES 体制已被废除. 因为分组式加密体制具有速度快、密钥运算简单等优点, 因此是无法取代的. 新的数据加密标准, 如 IDEA 体制等, 正在设计制定中. 另外, 出于商业成本的考虑, DES 体制已被废除, 但双 DES、三 DES 算法还在一些地方使用.

3. 公钥体制的构造原理

公钥体制是 1976 年由 W. Diffie 和 M. E. Hellman 提出的, 其要点如下:

(1) 记 f 是 $\mathcal{X}^n$ 空间上的一个函数, 记 ARG 是实现 $f(x^n)$ 计算的一个算法, 那么记 $ARG(f, x^n)$ 为由算法 ARG 实现 $f(x^n)$ 计算所需要的时间. 记 $R(f, x^n)$ 为算法 ARG 中实现 $f(x^n)$ 计算所需要的最少时间, 那么定义

$$R(f, n) = \min\{R(f, x^n) : x^n \in \mathcal{X}^n\}, \quad n = 1, 2, 3, \cdots \tag{7.4.9}$$

为函数 f 的计算复杂度函数.

称函数 f 是易计算的, 如果存在一个多项式函数 $P(n)$, 使 $R(f, n) \leqslant P(n)$ 成立, 那么称 f 是易计算的, 否则为非易计算的.

(2) 一个函数 f 称为单向函数, 如果 f 是易计算的, 则它的逆函数 f^{-1} 是非易计算的.

例 7.4.3 指数函数 $f(m) = a^m$ 的计算复杂度是 $n = \log m$ 的线性函数, 因此是易计算的. 如在作 3^{27} 运算时, 我们不必作 27 次乘法运算, 而是把 27 分解为

$$27 = 1 + 2 + 2^3 + 2^4 = 1 + 2 + 8 + 16,$$

这样就有

$$3^1 = 3, 3^2 = 9, 3^4 = 81, 3^8 = 6561, 3^{16} = 43046721,$$

而

$$3^{27} = 3^1 \cdot 3^2 \cdot 3^8 \cdot 3^{16} = 7652597484987.$$

实际上只作了 7 次乘法就可完成. 计算复杂度控制在 $2n = 2\log m$ 范围是易计算的. 由计算复杂度理论可知, 它的逆函数 $m = \log_a b^n$ 是非易计算的, 其中 b^n 表示 n 为十进数.

(3) 称一个函数 f 为单向陷门函数, 如果 f 是一个单向函数, 而且存在一个参数 d, 如果 d 已知, f 的逆函数 f_d^{-1} 在 d 已知的条件下是易计算的. 这时称 d 为单向函数 f 的陷门参数.

单向陷门函数就是构造公钥体制的基本原理. 如果 x 是一个明文, 经加密运算得到密文 $y = f(x)$, 单向陷门函数的意义在于: 如果对手知道了密文 y 与加密运算 f 仍然无法解出明文 x, 但是授权者如果掌握了陷门参数 d, 那么就可由密文 y 与加密运算的逆运算 f^{-1} 解出明文 x.

4. 公钥体制的构造与应用

利用单向陷门函数就可构造公钥体制如下.

(1) 记 $(e,d) \in \mathbf{E} \times \mathbf{D}$ 为一组参数, 对每个 $e \in \mathbf{E}$, f_e 是单向陷门函数, 而 d 是它的陷门参数.

(2) 公钥体制由一组

$$(e_i, d_i), \quad i = 1, 2, \cdots, m \qquad (7.4.10)$$

组成, 其中 $(e_i, d_i) \in \mathbf{E} \times \mathbf{D}$, 对每个 i, f_{e_i} 是单向陷门函数, 而 d_i 是它的陷门参数.

(3) 在公钥体制 (7.4.10) 中, 每个 i 代表一个用户, 它同时有两个密钥参数 e_i 与 d_i. 这时 e_i 公开, 而 d_i 保密. 因此任何人都可用 e_i 加密, 把信息 x 用密文 $y = f_{e_i}(x)$ 告诉用户 i. 对密文 y 其他人虽知道加密密钥 e_i, 但仍然无法解出明文 x, 而只有用户 i 因掌握解密密钥 d_i 就可解出明文 x.

(4) 公钥体制在网络认证上有大量应用, 我们以电子签名为例说明它的应用过程.

如果某厂长到外地出差, 有一文件需要他签名确认, 可利用公钥体制实现电子签名, 步骤如下.

① 厂方把文件附上一个数据 x, 发给厂长.

② 厂长在收到文件与数据 y 之后, 如果同意这个文件, 那么就用解密密钥 d_i 进行签名, 这时计算数据 $y = f_{d_i}^{-1}(x)$ 并通知厂方.

③ 厂方在收到数据 y 后就用厂长的公开密钥 e_i 进行核对, 计算 $x' = f_{e_i}(y)$, 如果 $x' = x$ 就确认这个签名, 否则就否认.

重要的公钥体制是 RSA 体制, 它们的设计涉及数论中的许多问题.

7.5 几种实用的编码问题

我们现在介绍几种实用的编码问题. 它们是汉字编码问题、图形码的编码问题.

7.5.1 汉字编码问题

汉字编码问题涉及大量汉字的信息处理问题, 因此有十分广泛的应用意义. 汉字编码内容涉及规范化与非规范化的编码两大部分, 其中规范化编码是指已形成的固定的编码方式, 被广泛引用, 有的已成为国家标准, 有的已成为习惯使用, 如《康熙字典》、电报电码等. 而非规范化编码是指在局部域内所形成的编码方式, 它一般只适用于一种或几种较为专业的汉字信息处理系统, 它们具有任意开发性, 最典型的汉字非规范化编码有汉字输入法编码与汉字图像编码等, 它们只能在局部范围内规范使用. 在本书中我们重点介绍汉字规范化编码的特征, 它涉及的问题如下.

1. 汉字的分类问题

汉字的分类问题有多种, 在 [133,143] 文献中收集的 11254 个汉字中分正体、繁体、异体、别体四种, 其中正体为 7758 个, 其余为 3469 个.

正体字指现行规范汉字, 即国家标准 (GB 2321—1980) 所公布的汉字及其他在使用的规范汉字.

汉字的另一种分类方法是按它们的频率分类的. 所谓频率就是在一定范围内, 统计每个汉字出现的次数的比例, 由频率的大小所排列的次序为频序. 由频序给出的分类有:

(1) 字级. 由国标 (GB 2312—1980) 所规定的汉字分为三级, 其中一级汉字 3775 个, 二级有 2969 个, 未收入国标 (GB 2312—1980) 的字为三级.

(2) 频级. 按 [133,143] 文献所给, 频序分为五级, 它们由表 7.5.1 所给.

表 7.5.1   汉字频级表

频级	1 级	2 级	3 级	4 级	5 级
名称	最常用字	常用字	次常用字	不常用字	偶用字
频序	0001—0560	0561—1367	1368—2400	2401—4170	4171以后

2. 汉字的编码类型

每个汉字的编码都是一个四位十进制数字, 它们有三种类型.

(1) 国标码, 又称区位码, 由国标 (GB 2312—1980) 所规定.

它是汉字计算机信息处理的标准编码. 在四位十进制数字中前两位为区码, 后两位为位码. 区码的含义是:

区码数   1 − 9   10 − 15   16 − 55   56 − 87   88 − 94
含义   字符区   扩展区   一级汉字区   二级汉字区   扩展区

(2) 电报码, 由 1983 年公布的《标准电码本》修订本所给.

(3) 四角号码, 由《四角号码查字法》修订本所给.

在汉字的编码中, 除了以上三种类型外, 还有汉字编号数, 它按汉字拼音规则次序排列, 由五位十进数组成.

(4) 汉字的形、音结构.

汉字的图形结构由部件与笔画组成. 部件结构分部首与余部之分, 在笔画中又分横、竖、撇、点、折等, 另外, 还有笔画数及笔画顺序等区别, 它们都有各自的编码规则. 部首与笔画数在汉字字典中普遍使用.

汉字的拼音结构是由不等长拼音码所组成的, 拼音码字母由英文字母组成, 汉字的字序由拼音码字按汉字拼音规则次序进行排列, 同音字按笔画数多少由少到多的次序排列, 同音、同笔画数的字再按横、竖、撇、点、折次序排列, 由此确定全体汉字的序号.

3. 汉字编码的应用

以上汉字信息编码规则在汉字信息处理中得到了大量的应用.

(1) 在汉字输入法中的应用.

汉字输入法的类型有多种, 如键盘输入法、语音输入法、图形识别输入法等. 现有的键盘输入法有上百种之多, 它们通过汉字的形、音结构, 通过计算机键盘转化成区位码, 再通过汉字图形数据库进行文本与屏幕显示处理.

汉字的语音与图形输入法通过对汉字的语音和图形的识别, 确定它的字别, 这里输入法的关键是语音和图形、图像的识别技术, 提高它们的识别率涉及信息处理的许多方法, 常用的方法有特征点识别技术与神经网络识别技术等.

(2) 在汉字图形、图像中的处理技术.

在汉字图形、图像的处理技术中, 除了它的识别技术之外, 还有汉字图形、图像的显示技术、数据压缩技术等.

汉字图形、图像除了各种不同类型的字体之外, 还有点阵的大小之分. 常用的汉字点阵有 $24 \times 24, 48 \times 48$ 点阵, 但要涉及高质量的印刷要求时, 就要采用 $128 \times 128, 256 \times 256$ 或 512×512 点阵, 甚至是 1024×1024 点阵的图形. 如果一个印刷系统需要储存 7000 多个汉字再加上各种不同类型的字体与点阵, 那么这个数据量将是巨大的, 如何存储这些数据并实现快速提取是汉字图形、图像处理的基本目标. 因此在汉字信息处理中, 必须采用数据压缩技术, 特别是对大点阵的字形, 采用矢量函数的压缩等方法.

7.5.2 图形码概述

图形码包括条码、块码等, 用图形来记录、表达信息. 它们的主要优点是可以通过扫描仪实现快速、非接触扫描阅读. 另外, 它还具有制作成本低廉、识别操作简单等优点. 因此, 特别适用于物流管理行业, 以及运输、仓储、超市等领域中.

典型图形码为条码, 是由一组黑白相间的条纹组成的, 黑白条纹的不同宽度代表不同的信息, 有些已标准化, 成为国际通用的信息处理技术. 以下我们用 128 条码来说明图形码的结构特征.

1. 条码的一般结构术语说明

对条码的一般结构术语说明如下.

(1) 条与空.

条与空即黑与白, 是组成条码的两个基本要素. 它们相间排列, 且有不同的宽度, 不同的宽度存储不同的信息. 在同一条码中, 所有的条与空一般都有相同的长度.

(2) 条码符号.

由若干个条与空组成的符号单元, 这些单元分起始符、终止符与数字符, 以及不同符之间的间隔符. 不同类型的条码符号有各自固定的条与空的数目, 它们被称为条码符号的长度.

(3) 条码.

条码由两部分结构组成, 即由条码若干符号组成图形部分与数字、字母记号, 数字、字母记号一般写在图形符号的附近, 如正下方等. 数字、字母记号一般表示图形部分的信息内容, 但也可以是图形部分信息内容的补充说明.

2. 128 条码的结构

128 条码的结构有以下规定:

(1) 128 条码的每个条码符号由 3 个条与 3 个空组成. 每个条与空的宽度按等比例分 4 个等级. 因此, 每个条码符号由 6 位 4 进制数组成.

(2) 128 条码结构由以下部分内容组成:

$$起始白边 + 起始符 + 数字符 + 校验符 + 终止符 + 终止白边$$

其中数字符可表达全体 ASCfI 码, 每个 ASCI 码的 6 位 4 进制数由专门的 128 条码表所规定. 而校验符一般为奇偶校验.

在图形码中, 除了条码之外, 还有二维码, 二维码的构造方式也有多种, 如直接用方阵构造以及多重条码构造. 二维码的数据存储量大, 且有很强的纠错能力. 常用的二维码, 如 PDF417 是 1998 年实行的 ISO 国际标准二维码.

第 8 章 系统论和系统科学

我们把系统论和系统科学看作是当今四大学科领域之一, 其内容十分丰富. 在第 1 章中, 我们已经对系统的模型和理论给出了说明, 现在对它作更多的讨论.

系统科学的内容包含识别和控制、博弈和决策、规划和优化等内容.

在本章中, 我们对这些问题作进一步讨论和介绍.

8.1 识别和控制

识别和控制是系统论的重要组成部分. 其中识别问题是人类 (也包括其他生物) 活动中最基本的内容. 从原始的生存要求到近代各种科技, 其中都包含大量的识别问题.

识别问题的基本内容是依据事物的特征给以区别和分类. 因此对该问题的研究有多种不同方法, 如统计分析法、神经网络计算法和优化规划法等.

其中统计分析法包括参数估计、区间估计、假设检验等理论和方法, 这些内容都是统计学中的典型方法, 我们在此不再讨论.

关于神经网络的计算法, 我们在本书的第一部分中已有详细讨论. 其中的许多算法都具有分类、识别的功能. 在本小节中, 我们对其中的有关问题作重点讨论和介绍.

8.1.1 系统的识别问题

我们已经说明, 关于系统识别的方法有多种. 我们主要讨论统计识别和人工智能的识别中有关理论的方法.

1. 系统和对系统的描述

我们记一个系统为 $\mathcal{E}$, 对它的描述采用随机向量、随机过程 (或序列)ξ^n 或 ξ_T 来进行描述. 对它们的观察数据记为 $X_{m,n} = (x_{i,j})_{i=1,2,\cdots,m,j=1,2,\cdots,n}$.

因此这个系统记为 $\mathcal{E} = \mathcal{E}(\xi^n)$ 或 $\mathcal{E}(\xi_T)$ 或 $\mathcal{E}(X_{m,n})$. 因此关于系统、系统的分析是一个随机模型和随机分析的问题.

2. 关于系统的特征分析

(1) 为对系统的特征进行描述, 经常采用特征数的方法. 关于随机向量的特征数的类型、定义和计算公式如表 D.1.1 所示. 其中包括**平均值、方差、标准差和**

协方差矩阵或相关矩阵等. 它们的记号分别是

$$\mu, \quad \sigma^2, \quad \sigma, \quad \sum = (\sigma_{i,j})_{i,j=1,\cdots,n}, \quad \bar{\rho} = (\rho_{i,j})_{i,j=1,\cdots,d}. \tag{8.1.1}$$

这些特征数可采用统一的记号 θ 来表示. 因此, 不同系统的特征数可记为 $\theta = \theta(\mathcal{E})$.

(2) 在对随机向量的这些特征数进行描述外, 还要介绍它们的**概率分布、联合概率分布、随机过程中的参数系统、信息的度量函数**等, 对它们的定义在本书附录中已有说明. 对此不再重复.

(3) 随机过程中的参数系统有它们的**结构、类型表示、谱函数**等, 由此产生随机过程、随机分析中的一系列问题. 对这些问题我们在附录中已有说明, 对此不再重复.

3. 数据空间的特征分析

无论是随机向量、随机过程或统计数据阵列, 它们都在一定的数据空间中取值, 这些数据空间的特征或类型也可能不同. 因此存在数据空间的特征类型问题.

在这些空间中, 首先是关于数据空间的特征类型的问题. 这种类型具有多样性, 如距离型、广义距离型、分布型等. 其中距离型是最常见的类型, 但它们的定义又有所不同.

(1) 二重向量之间的距离.

如果记 $x^n = (x_1, x_2, \cdots, x_n), y^n = (y_1, y_2, \cdots, y_n), z^n = (z_1, z_2, \cdots, z_n)$ 是数据空间中不同的向量, 那么它们的距离定义有多种不同的类型, 如

$$\begin{cases} \text{欧氏距离 (Euclidean) } d_{\mathrm{E}}(x^n, y^n) = \left[\sum_{i=1}^{n} (x_i - y_i)^2 \right]^{1/2}, \\[2mm] \text{曼哈顿距离 (Manhattan)} d_{\mathrm{L1}}(x^n, y^n) = \left[\sum_{i=1}^{n} |x_i - y_i| \right], \\[2mm] \text{切氏距离 (Chebyshev)} d_{\mathrm{C}}(x^n, y^n) = \mathrm{Max}\left\{ |x_i - y_i| \,|\, i = 1, 2, \cdots, n \right\}, \\[2mm] \text{闵氏距离 (Minkowsk) } d_{\mathrm{M}}(x^n, y^n) = \left[\sum_{i=1}^{n} |x_i - y_i|^m \right]^{1/m}, \end{cases}$$

$$\tag{8.1.2}$$

(2) 二重向量之间的广义距离. 如 Alignment **距离 (简称 A-距离)** 是关于不等长向量、具有广义差错的距离. 我们把它记为 $d_A(x^n, y^n)$.

(3) 二重向量之间的相似度.

二重向量之间的相似度可以理解成它们在某种意义下的接近程度, 有关定义

如下:

$$\begin{cases} \text{余弦相似度}\, r(x^n, y^n) = \dfrac{\langle x^n, y^n \rangle}{\parallel x^n \parallel \cdot \parallel y^n \parallel}, \\[3mm] \text{相关系数}\, \rho(x^n, y^n) = \dfrac{\langle (x^n - \bar{x}), (y^n - \bar{y}) \rangle}{\parallel x^n - \bar{x} \parallel \cdot \parallel y^n - \bar{y} \parallel}, \\[3mm] \text{指数相似度}\, e(x^n, y^n) = \dfrac{1}{n} \sum\limits_{i=1}^{n} \exp\left[-\dfrac{3}{4} \dfrac{(x_i - y_i)^2}{\sigma_i^2} \right]. \end{cases} \tag{8.1.3}$$

(4) 二重分布向量之间的 K-L 熵. 如果 p^n, q^n 是两个非负的、归一化的向量, 那么它们的 K-L 互熵如 (B.2.13) 式定义.

这些向量之间的距离、相似度、K-L 熵都是数据之间差异度的度量函数. 系统的识别就是利用这种差异度进行识别和分类的.

4. 类和类的距离

系统识别的基本目的是对数据空间 X^n 中的数据进行分类, 这就是把其中的向量划分成不同的类别. 这时记 A, B, C, S 是该向量空间中的集合或类别.

现在讨论向量空间 X^n, 其中的向量为 x^n, y^n, z^n, 或 $x_i^n, i = 1, 2, \cdots, m$, 它们之间存在距离、相似度的定义. 记 A, B, C, S 是该向量空间中的集合.

(1) 如果记集合 S 中的向量数为 m, 由此产生集合类的定义如下:

$$\begin{cases} \text{具有阈值}\, h \,\text{的类} S, & d(x^n, y^n) \leqslant h, \text{对任何}\ x^n, y^n \in S, \\[3mm] \text{具有平均阈值}\, h \,\text{的类} S, & \dfrac{1}{m-1} \sum\limits_{y^n \in S, y^n \neq x^n} d(x^n, y^n) \leqslant h, \text{对任何}\ x^n \in S, \\[3mm] \text{总平均阈值为}\, h \,\text{的类} S, & \dfrac{1}{m(m-1)} \sum\limits_{y^n \neq x^n} d(x^n, y^n) \leqslant h. \end{cases}$$

$$\tag{8.1.4}$$

(2) 集合 S 中的最大、最小距离的定义是

$$\begin{cases} d_{\max}(S) = \max\{d(x^n, y^n), x^n, y^n \in S\}, \\[2mm] d_{\min}(S) = \min\{d(x^n, y^n), x^n, y^n \in S\}, \end{cases} \tag{8.1.5}$$

8.1.2 系统识别中的方法

我们已经说明, 系统识别就是把数据空间 X^n 中的数据进行区分, 把其中的向量划分成不同的类别, 如 A, B, C, S 等.

1. 系统识别中的统计分析法

这就是利用统计分析来进行系统识别的. 统计分析的内容很多, 如**统计估计**、**区间估计**、**假设检验**、**方差分析**、**主成分分析等**. 它们都是通过数据中参数特征来对这些数据进行识别、分类的.

2. 智能计算方法

在本书的第一部分中, 我们已给出了一系列的**智能计算算法**. 其中许多算法就是一种直接的识别、分类算法. 如感知器系列理论中的算法, 都是对数据的直接分类计算.

另外还有一些算法虽不是直接的识别、分类计算, 如计算数学、统计计算、机器学习中的算法, 但都可以在识别、分类计算中得到应用. 对此我们不再一一说明.

3. 聚类分析

这是一种统计计算和智能计算相结合的算法. 我们已经说明, 这种算法有特殊意义. 这就是可实现系统的自我分类、自我优化的特征.

在本节的数据空间特征分析中, 给出了数据结构的一系列特征关系的定义. 这些特征关系都可在聚类分析中得到应用. 对此不再一一说明.

8.2　控制系统概述

在一个系统中, 如果一些数据 (或变量) 对其他的一些数据 (或变量) 产生影响, 这就是控制. 但是, 控制的类型很多, 如完全或不完全控制、线性或非线性控制、最优或次优控制等.

控制论最早是对雷达信号的处理, 以后发展成导弹、卫星及其他航天器的轨道、姿态的控制. 现代控制论还包括对人口、种群、生态系统的控制, 对经济、金融、股票、市场、物流的控制. 在智能计算中还有机器人、无人器、无人系统中的各种控制问题.

在本小节中, 我们先讨论它们的模型、理论和方法.

1. 控制系统的类型

由此可见, 控制系统的类型很多, 它们大体可以分为以下几种类型. 首先是按应用范围来进行分类.

(1) 经典控制论在当时的主要研究对象是从雷达信号处理开始的, 对导弹、卫星的运动进行控制由此形成对卫星、航天器运动的控制. 因此这种控制问题的目标和背景比较简单.

(2) 这种经典控制论的发展进入到人口、种群、生态系统的控制领域, 还涉及经济、金融、股票、市场、物流的控制. 这些应用大大丰富了控制论的应用范围和理论发展. 其中的学科内容较偏重于微分方程组、微分方程组数值解等领域.

(3) 控制论的下一步发展必将进入机器人与无人化的控制. 我们把由此产生的控制论称为新控制论.

2. 新控制论和经典控制论的比较

这种新控制论内容要比经典控制论复杂得多, 它们的差别我们已在本书的序言中说明, 对此不再重复.

此智能计算算法涉及系统中关于群体的管理和控制问题, 并说明这种算法和机器学习中的蚁群算法有关. 对此我们再补充说明如下.

由此可见, 这种新控制论的理论、观点和方法十分复杂, 这正是未来控制论, 也是我们人工脑的研究和发展的方向.

3. 控制系统的数学模型类型

在控制系统中, 除了应用类型不同外, 对它们的研究也有方法论上的区别.

(1) 微分方程的方法. 其中包括低高阶, 常、偏微分方程的方法. 有关机械运动中的问题都采用这种方法.

(2) 随机分析的方法. 通过随机过程、统计数据阵列等方法来讨论其中的运动和控制问题. 其中有关信息处理中的问题大多采用这种方法.

在微分方程和随机分析的方法中, 它们所采用的数学基础有的是相同的 (如函数的变换理论), 但一般是不同的. 它们都有各自的理论和方法体系.

4. 有关系统结构特征的类型

在这种控制系统中, 除了应用类型、研究方法不同外, 还有模型结构的不同.

(1) 前馈网络. 系统中的信号按时间的先后次序出现.

(2) 反馈网络. 系统中前面出现的信号还会在后面出现.

(3) 有边信息的网络系统. 这就是系统中部分信号可以提前出现, 这种提前可以在信号序列的排列次序中提前, 也可以在系统的部件排列次序中提前.

(4) 有无噪声的系统、线性和非线性系统等.

在网络信息论中我们已经给出了多种不同类型的通信模型. 这些通信模型也可以看作控制模型, 如图 6.1.4 中的模型也是有反馈网络的, 或是有边信息的网络控制模型.

图 C.2.1 的移位寄存器模型和图 7.2.2 中的多重移位寄存器的级联模型也都可看作是控制系统中的网络模型.

8.2.1 控制系统中的部件类型

一个控制系统是一个复杂系统, 它由多种不同类型的子系统组成.

1. 子系统的类型

子系统有两大类型, 即信息处理系统和控制系统.

(1) 其中信息处理系统包括信号的通信、存储记忆、图像的识别、特征提取中的一系列问题.

(2) 控制系统主要是指机、电一体化的控制系统, 其中包括对电子信号的生成、传递和控制的电子系统.

机械的运动系统包括各种机械动力学的运动系统, 如刚体动力学中的一系列运动问题, 以及它们的平动、转动和在摩擦、弹性条件下的运动等, 这些机械运动都有各自的运动方程和动力学方程.

(3) 机、电一体化的控制系统就是要对这些电子信号、机械运动信号作统一的协调处理, 最终达到它们之间信息的相互转换和控制.

2. 子系统中的部件

在这些电子、机械的子系统中, 它们的功能主要通过各种部件来实现.

(1) 控制系统中的部件是指能实现一种或固定几种功能的电子或机械的专门设置.

(2) 控制系统中最常见的部件有滤波器、观察测量器和转换器. 其中滤波器就是一种对信号的处理器, 如信号的发生、终止、放大、缩小、变频等处理.

(3) 系统中的观察测量器是对系统中各种部件状态的观察和测量, 由此形成它们的状态数据流. 这些数据流是形成系统控制的基础.

(4) 系统中的转换器是实现系统控制的必要条件. 这种转换是电子信号、动力学信号和机械运动信号的相互转换. 通过这些转换才能实现对各种运动的控制.

(5) 机械运动的控制是一种最基本的控制, 可以通过一系列运动方程实现这种滤波、观察测量和信号转换的过程, 由此实现机器人、无人驾驶等技术中的控制问题.

除了这些机械运动的控制外, 还存在关于生态、经济、金融、物流、医学、医疗、卫生健康等各种问题的控制. 对这些问题我们不再详细讨论.

8.2.2　控制系统的数学模型

我们已经说明, 对控制系统有多种不同的描述方法.

1. 微分方程的方法

我们已经说明, 一个控制系统实际上就是系统中的一些变量受另一些变量的影响. 这种影响可以有多种不同的表达方式.

(1) 微分方程的表达法. 如常微分方程的表达. 一个 n 阶常微分方程记为

$$y^{(n)}(t) + a_1 y^{(n-1)}(t) + a_2 y^{(n-2)}(t) + \cdots + a_1 y'(t) + a_0 y(t)$$

$$= u^{(m)}(t) + b_{m-1} u^{(m-1)}(t) + \cdots + b_1 u'(t) + b_0 u(t). \tag{8.2.1}$$

其中 $u(t), y(t)$ 分别是普通的连续、可导函数, $u^{(k)}(t), y^{(k)}(t)$ 分别是它们的 k 阶导数. 而 $a^n = (a_1, a_2, \cdots, a_n), b^m = (b_1, b_2, \cdots, b_m)$ 是两个常数向量.

(2) 当 $t = 0$ 时, 系统为初始状态. 这时记

$$y^{(n)}(0) = y^{(n-1)}(0) = \cdots = y(0) = u^{(m)}(0) = u^{(m-1)}(0) = \cdots = u(0) = 0.$$
$$(8.2.2)$$

(3) 除了这种常微分方程表达外, 还有偏微分方程模型、差分方程模型、随机系统的运动控制模型等. 对这些模型我们还会陆续展开讨论.

2. 随机分析的方法

随机分析的方法包含随机过程的分析法和统计的数据分析法.

(1) 其中随机过程的分析法是通过随机过程 (或序列) 的一系列分析来形成一个控制系统的.

这时的随机过程 (或序列) 可表示为 $\xi_T = \{\xi_t, t \in T\}, \zeta_T = \{\zeta_t, t \in T\}$.

(2) 这时 ζ_T 是一种基本过程或白噪声, 而 ξ_T 可以是平稳过程, 它们之间可形成多种关系, 如滑动和的关系、ARMA(p, q) 模型等. 由此形成 ζ_T, ξ_T 之间的控制关系.

对这种随机过程 (或序列) 的表示关系在本书的附录 B 中有详细讨论和说明.

3. 随机分析中的统计分析法

在随机分析的统计分析法中也有多种方法, 如质量控制系统、主成分分析法等.

(1) 关于主成分分析法, 本书的附录 B 中有详细讨论和说明. 这是一个 $n \times d$ 的数据阵列的分析, 其中 n, d 分别是该数据阵列的行、列的数目.

(2) 其中的数据阵列记为 $\Theta = (\theta_{i,j})_{i=1,2,\cdots,n, j=1,2,\cdots,d}$.

(3) 其中的统计分析法就是通过数据阵列的矩阵运算把一个比较复杂的数据阵列 Θ 用一个比较简单的数据阵列 $\mathcal{V}$ 来取代, 其中的变换关系、运算过程、由 $\mathcal{V}$ 实现对 Θ 的控制过程在本书的附录 B 中有详细讨论和说明.

8.2.3 关于控制方法的讨论

我们已经给出, 在控制系统中有多种不同类型的数学模型. 因此, 对它们的处理方法也是不同的.

1. 关于拉普拉斯变换的理论和方法

如果这个控制系统是由 (8.2.1) 式所给的高阶、常微分方程的控制系统, 那么对它研究的理论和方法有拉普拉斯变换理论法.

函数的拉普拉斯变换的定义在本书的附录 A 的 (A.2.3) 式中给出. 为讨论这种变换在常微分方程模型的控制系统中的应用, 需对这种变换的性质进行讨论和说明.

这个拉氏算子记为 L, 这时记 $U(s) = L[u(t)], Y(s) = L[y(t)], F(s) = L[f(t)]$ 分别是函数 $u(t), y(t), f(t)$ 在经拉氏变换后所得的函数.

(1) 这种拉氏变换有基本性质如下:

$$
\left\{
\begin{array}{ll}
\textbf{线性性质} & \text{对任何常数 } \alpha, \beta \text{ 和函数 } x(t), y(t) \text{ 有关系式} \\
& L[\alpha x(t) + \beta y(t)] = \alpha L[x(t)] + \beta L[y(t)] \text{ 成立;} \\
\textbf{微分性质} & \text{对任何函数的微分有 } L[x'(t)] = sL[x(t)]; \\
\textbf{积分性质} & L[\int_T f(t)dt] = \dfrac{1}{s}F(s); \\
\textbf{位移性质} & L[e^{ja}f(t)] = F(s - a); \\
\textbf{迟延性质} & L[f(t - \tau)] = e^{-j\tau}F(s); \\
\textbf{初值性质} & L[f(t)]_{t=0} = \lim_{s\to\infty} sF(s); \\
\textbf{终值性质} & L[f(t)]_{t=\infty} = \lim_{s\to 0} sF(s).
\end{array}
\right.
\tag{8.2.3}
$$

(2) 几种重要函数的拉氏变换函数见表 8.2.1.

表 8.2.1　不同函数的拉氏变换表

函数名称	单位跃迁	单位脉冲	线性函数	平方函数	正弦函数	指数函数
$f(t)$	$I(t)$	$\delta(t)$	t	t^2	$\sin(\alpha t)$	e^{-at}
$F(s)$	$1/s$	$I(s)$	$1/s^2$	$2/s^3$	$a/(s^2 + a^2)$	$1/(s + a)$

(3) 由此得到, 关于拉氏算子的变换函数

$$
\left\{
\begin{array}{l}
L[y^{(k)}(t)] = s^k L[y(t)]^{(k)}(t) = s^k Y^{(k)}(s), \\
L[u^{(k)}(t)] = s^k L[u(t)]^{(k)}(t) = s^k U^{(k)}(s)
\end{array}
\right.
\tag{8.2.4}
$$

成立. 因此 (8.2.4) 的方程式在拉氏算子变换的运算下有关系式 $A(s)Y(s) = B(s)U(s)$ 成立. 其中

$$
\left\{
\begin{array}{l}
A(s) = s^n + a_1 s^{n-1} + \cdots + a_{n-1}s + a_0, \\
B(s) = s^m + b_1 s^{m-1} + \cdots + b_{m-1}s + b_0.
\end{array}
\right.
\tag{8.2.5}
$$

(4) 因此有关系式 $Y(s) = G(s)U(s) = \dfrac{B(s)}{A(s)}U(s)$ 成立, 这时称 $G(s)$ 是该控制系统的传递函数.

该传递函数是一个有理函数. 对于这种有理函数有多种描述方法, 如零点、极点描述法, 对此我们在下文中再详细讨论、说明.

2. 控制系统的环理论

一个控制系统是由若干元件组成的. 这些元件可以由机械的、电子的或算法程序构成. 从数学上来看, 它们都是实现某种运算的部件. 我们把这些运算都称为控制系统中的环.

这些环可以通过它们的运动方程、传递函数、增益系数等形式来表示. 一些典型的环如下:

(1) 比例环, $y(t) = K_p u(t)$, $W(s) = \dfrac{Y(s)}{U(s)} = K_p$;

(2) 微分环, $\dot{y}(t) = K_i u(t)$, $W(s) = \dfrac{Y(s)}{U(s)} = \dfrac{K_i}{s}$;

(3) 积分环, $y(t) = K_d \dot{u}(t)$, $W(s) = \dfrac{Y(s)}{U(s)} = K_d s$.

这时称 K_p、K_i、K_d 分别是比例、微分、积分比例增益系数. 对于不同类型的方程, 可以产生更复杂的环. 如

(4) 一阶线性微分环 $T\dfrac{dy(t)}{dt} + y(t) = u(t)$, 它的传递函数是 $W(s) = \dfrac{Y(s)}{U(s)} = \dfrac{1}{1+sT}$. 由此解得它的运动方程是 $\begin{cases} y(t) = 1 - e^{-t/T}, t \geqslant 0, \\ \dfrac{dy(t)}{dt} = \dfrac{1}{T} e^{-t/T}. \end{cases}$

3. 关于二阶方程的讨论

一个二阶微分方程如

$$\frac{d^2 y(t)}{dt^2} + 2\xi\omega_n \frac{dy(t)}{dt} + \omega_n^2 y(t) = \omega_n u(t). \tag{8.2.6}$$

该方程是一个振动方程. 其中涉及的参数 ξ, ω_n 分别是阻尼系数和振动频率.

因此, 它的传递函数是

$$W(s) = \frac{Y(s)}{U(s)} = \frac{\omega_n^2}{s^2 + 2\xi sT}.$$

由此可以得到该方程在不同情况下的解. 对此讨论如下.

(1) 欠阻尼 $(0 < \xi < 1)$ 条件下的运动方程是

$$y(t) = 1 - \frac{e^{-\xi\omega_n t}}{\sqrt{1-\xi^2}} \sin\left(\omega_d t - \arctan\frac{\sqrt{1-\xi^2}}{\xi}\right), \quad t \geqslant 0, \tag{8.2.7}$$

其中 $\omega_d = \omega_n\sqrt{1-\xi^2}$, 称之为自然阻尼频率.

(2) 当 $\xi = 0$ 时, 是无阻尼状态, 这时 $\omega_d = \omega_n$, 该系统的解是 $y(t) = 1 - \cos\omega_n t, t \geqslant 0$.

(3) 当 $\xi = 1$ 时, 是临界阻尼状态, 这时

$$y(t) = 1 - e^{-\xi\omega_n t}(1 + \omega_n t), \quad t \geqslant 0, \tag{8.2.8}$$

(4) 当 $\xi > 1$ 时, 是过阻尼状态, 这时

$$y(t) = 1 + \frac{\omega_n}{2\sqrt{\xi^2 - 1}} \sin\left(\frac{e^{s_1 t}}{s_1} - \frac{e^{s_2 t}}{s_2}\right), \quad t \geqslant 0, \tag{8.2.9}$$

其中 $s_1 = \xi + \sqrt{\xi^2 - 1}\,\omega_n, s_2 = \xi - \sqrt{\xi^2 - 1}\,\omega_n$.

4. 关于控制过程的讨论

(1) 由此可见, 在此二阶微分方程的运动过程中, 它的振动幅度和频率都和阻尼系数有关, 由此形成不同的振动模式. 因此可以通过这些参数的变化来控制这个运动过程.

(2) 在此运动过程中, 还可通过运动环的变换形式改变系统中的运动状态.

(3) 由此可知, 这种运动的控制理论是一种通过微分方程表达的控制. 这种微分方程的类型还有高阶微分方程、偏微分方程组的不同类型.

在微分方程的求解理论中涉及解的存在性、唯一性、稳定性, 解的表达和数值解的计算等一系列问题. 因此是整个微分方程理论的组成部分, 我们在此不作一一讨论.

8.3　最优控制理论

我们已经说明, 一个控制问题是系统中一些变量对另一些变量产生影响的研究. 因此, 这种控制有多种不同的类型, 其中的核心问题是控制系统的优化问题.

在本节中, 我们讨论其中的控制方法和它们的优化问题. 其中的控制方法主要讨论变分法、因子控制法和滤波法这三种.

8.3.1　最优控制中的变分法原理

函数空间的变分理论是数学学科中的一个专门分支. 在本书的附录 E 中已有介绍说明. 我们现在讨论它和控制论的关系问题.

1. 泛函空间中的运算子

记 $T = (a, b)$ 是实数空间 R 中的一个区间, x_T, y_T, u_T 是 $T \to R$ 的映射. 这时称 T 是定义域、R 为值域.

(1) 分别记 $C(T), C^{(k)}(T)$ 是定义域为 T、值域为 R 的全体连续、有界函数或全体连续、有界, 且 k 阶导数连续的函数.

(2) 这时, $C(T), C^{(k)}(T)$ 是线性空间, 对它们的运算为算子, 如它们的微分、积分算子记为 $D(x_T), I(x_T)$ 如 (E.1.1) 式定义.

(3) 记 $[C(T)]^m \to R$ 的映射是多重复合函数, 其中 $[C(T)]^m$ 中的元是 $x_T^m = (x_{1,T}, x_{2,T}, \cdots, x_{m,T})$, 是一个多重向量函数.

(4) 一个多重向量函数的函数记为

$$f(x_T^m) = f[x_1(t), x_2(t), \cdots, x_m(t)], \quad t \in T. \tag{8.3.1}$$

它就是一个多重泛函, 它的微分算子通过偏微分运算来定义.

2. 泛函数的变分问题

在泛函空间中, 我们已经给出一般线性空间、希氏空间等定义, 其中连续函数空间 $C(T), C^{(2)}(T)$ 是一个在区间 (a, b) 上定义的二阶可微的函数集合, 记为 $C^{(2)}(a, b)$.

(1) 为了简单起见, 我们有时把**函数空间**限制为 $C^{(2)}(a, b)$.

(2) 一个控制问题可以记为 $\mathcal{D} \to R$ 或 $\mathcal{D} \to R^n$ 的映射, 如

$$\begin{cases} y_T = f(x_T^m), \\ y(t) = f[x_1(t), x_2(t), \cdots, x_m(t)], \quad t \in T, \end{cases} \tag{8.3.2}$$

其中 f 是一个多元、二阶可微函数.

(3) 在**泛函数** f 的定义中还要求满足边界条件: $L: y(a) = y_a, y(b) = y_b$, 其中 y_a, y_b 是两个固定的值.

(4) 由此产生一个 $C^{(2)}(a, b) \to R$ 的映射集合, 它们满足边界条件: L, 而且是二阶可微的映射集合. 这个集合记为 $\mathcal{D} = \mathcal{D}_f[C^{(2)}(a, b)]$.

3. 集合 $\mathcal{D}$ 的拓扑结构

在变分法理论中, 可以确定集合 $\mathcal{D}$ 的拓扑结构.

(1) 如关于集合 $\mathcal{D}$ 中的距离函数. 这时对任何 $y_1, y_2 \in \mathcal{D}$ 定义它们之间的距离为

$$\rho(y_1, y_2) = \max\{|y_1^{(k)}(x) - y_2^{(k)}(x)|, k = 0, 1, 2, a \leqslant x \leqslant b\}, \tag{8.3.3}$$

其中 $y^{(k)}(x)$ 是该函数的 k 阶导数.

(2) 由此得到关于集合 $\mathcal{D}$ 中, 有关函数邻域的定义. 如果 $y^* \in \mathcal{D}, \epsilon > 0$, 那么定义

$$B(y^*, \epsilon) = \{y \in \mathcal{D}, \rho(y^*, y)\epsilon\} \tag{8.3.4}$$

是关于函数 $y^* \in \mathcal{D}$ 的 ϵ 邻域.

(3) 关于函数极值的定义. 如果 $y^* \in \mathcal{D}$, 以及存在 $\epsilon > 0$, 使关系式

$$J(y^*) \leqslant J(y), \quad \text{对任何} y \in B(y^*, \epsilon) \text{成立.} \tag{8.3.5}$$

那么称函数 $y^* \in \mathcal{D}$ 是一个**极大值点** (或函数). 关于**极小值点** (**或函数**) 有类似的定义.

极小、极大值点合称为**极值点** (**或函数**).

(4) 对集合 $\mathcal{D}$, 除了它的拓扑、距离关系外, 还有指标函数的定义.

这时记映射 $\mathcal{D} \to R$ 是该集合 $\mathcal{D}$ 的指标函数, 记这个函数为 $J(y), y \in \mathcal{D}$.

4. $\mathcal{D}$ 空间中的变分

(1) 这时对任何 $y, y_2 \in \mathcal{D}$ 定义它们之间的变分为 $\delta = y - y_1$.

(2) 由此变分的定义, 可以产生**泛函数广义增量的定义**. 这就是, 如果 $y = f(x) \in \mathcal{D}$, 那么记

$$\Delta f = f'(x) \Delta x = \frac{\partial}{\partial \alpha} f(x + al \Delta x)|_{\alpha=0} \tag{8.3.6}$$

是函数 y 的增量.

(3) 这个函数的增量可以推广到泛函 $J(y)$ 的广义增量, 它的定义为

$$\Delta J = \frac{\partial}{\partial \alpha} J(y + \alpha \delta y)|_{\alpha=0}, \tag{8.3.7}$$

如果该式右边的微分存在, 那么它就是关于**泛函 J 的变分**.

5. 集合 $\mathcal{D}$ 中的变分原理

在集合 $\mathcal{D}$ 中, 我们已经给出它的拓扑距离、邻域、极值、变分等一系列的定义, 由此就可得到它的变分原理.

这个变分原理就是它的**变分基本定理**.

定理 8.3.1 (关于极值点的一个必要条件)　　如果泛函 $J \in \mathcal{D}$ 的变分存在, 以及 y^* 是一个极值点, 那么必有

$$\delta J = \frac{\partial}{\partial \alpha} J(y^* + \alpha \delta y)|_{\alpha=0} = 0 \tag{8.3.8}$$

成立.

该定理一般在含有变分法理论的著作中都有证明.

利用这种变分原理可以得到一些控制问题的最优解.

8.3.2　最优控制中的统计分析法

在随机分析中, 存在多种统计分析的控制问题, 如质量控制系统、主成分分析法等.

1. 主成分分析中的控制问题

主成分分析的控制分析的目的是对数据阵列进行简化计算. 这就是用少量的数据来控制较多数据的变化.

(1) 如果 $\Theta = (\theta_{i,j})_{i=1,2,\cdots,n,j=1,2,\cdots,m}$ 是一个 $n \times m$ 的数据阵列, 我们希望通过一个规模较小的数据阵列 $\mathcal{V}$ 来表达 (或确定) 这个 Θ 阵列.

(2) $\mathcal{V}$ 是一个 $n \times k, k < m$ 的数据阵列, 用 $\mathcal{V}$ 表达 Θ 是指存在一个函数变换

$$\Theta' = \mathcal{V} \otimes A = (\theta'_{i,j})_{i=1,2,\cdots,n,j=1,2,\cdots,m}, \tag{8.3.9}$$

使 $\sigma^2 = \dfrac{1}{nm} \sum_{i,j} |\theta_{i,j} - \theta'_{ij}|^2 \leqslant \epsilon \sim 0$ 成立.

这就是数据阵列 Θ' 和 Θ 十分接近, 因此我们可以用数据阵列 Θ' 来取代 Θ, 而不会产生较大的误差.

(3) 另一方面, 数据阵列 Θ' 被数据阵列 $\mathcal{V}$ 确定, 其中 (8.3.9) 式是一个矩阵运算, 而数据阵列 $\mathcal{V}$ 的规模要比 Θ 小.

2. 统计控制中的主成分分析法

由此可见, 统计控制中的主成分分析法是用较少的数据 $\mathcal{V}$ 来控制较多数据 Θ 的变化, 而这种控制使产生的新数据不会产生较大的误差.

(1) 如果记 $\mathcal{V}, \Theta$ 分别是两个 $k \times n, m \times n$ 的数据阵列, 其中 $k < m$, 因此称 $R = \dfrac{k}{m} < 1$ 为控制数据的压缩率. 而称 (8.3.9) 式中的 $\sigma^2 \leqslant \epsilon$ 是控制数据的平均控制误差.

(2) 这时称数据阵列 $\mathcal{V}$ 是 Θ 的一个 (R, ϵ) 控制. 该统计控制问题的要求就是在 ϵ 固定的条件下, 使数据压缩率 R 尽可能小.

(3) 统计中采用主成分分析法就是寻找 (8.3.9) 式的这种变换理论, 实现这种 (R, ϵ) 控制的目标.

8.3.3 随机系统、随机控制及其滤波理论

如果我们所讨论的系统中的变量是随机变量, 那么相应的系统就是随机系统, 相应的控制就是一个随机控制.

我们已经给出控制理论中的变分方法和统计中的因子分析法. 这些方法都是通过函数或向量的变换运算实现优化控制的.

如果参与控制系统中的变量是随机的, 那么这种控制系统就是随机控制系统.

在随机控制系统中, 同样存在变量的变换问题. 在控制论中, 称这种变换为滤波, 在随机控制系统中, 滤波的类型有多种. 重要的滤波算法有线性滤波、卡尔曼滤波等.

1. 随机系统

随机系统中的函数就是随机过程, 它们的记号为

$$\xi_T = \{\xi_t, t \in T\}, \quad \eta_T = \{\eta_t, t \in T\}, \quad \zeta_T = \{\zeta_t, t \in T\}, \tag{8.3.10}$$

其中的 $T = R$ 或 Z. 为了简单起见, 我们取 $T = Z = \{\cdots, -2, -1, 0, 1, 2, \cdots\}$. 因此相应的随机过程就是一个随机序列.

(1) 随机序列中, 我们经常讨论的随机模型是**弱平稳序列**.

(2) 在弱平稳序列的理论中, 我们已经给出的随机模型有**基本序列**、**滑动和序列**、**正则序列**、**ARMA(p, q) 模型** 等, 它们的定义和表示在本书的附录 B 中给出. 其中的 **ARMA(p, q)** 模型的定义公式是

$$\xi_t = \alpha_1 \xi_{t-1} + \alpha_2 \xi_{t-2} + \cdots + \alpha_p \xi_{t-p} - \beta_1 \zeta_{t-1} - \beta_2 \zeta_{t-2} + \cdots + \beta_q \zeta_{t-q}. \tag{8.3.11}$$

这时称 (α^p, β^q) 是 ARMA(p, p) 模型中的回归系数. 其中的 ζ_T 是一个基本序列.

(3) 在 (8.3.1), (8.3.2) 的 r.v. 的记号中, 这些 ξ, η, ζ 的变量也可以是向量 ξ^m, η^m, ζ^m, 那么由 (8.3.2) 所产生的模型是**向量型的 ARMA(p, q) 模型**.

在此向量型的 **ARMA(p, q)** 模型中, 称随机过程 ξ_T 是一个多重 (或向量型) 的 ARMA(p, q) 过程.

2. ARMA(p, p) 模型中的谱函数

为了简单起见, 在 (8.3.1), (8.3.2) 式中, 我们取 $m = 1$.

(1) 定义函数 $\begin{cases} \varphi(u) = 1 - \alpha_1 u - \alpha_2 u^2 - \cdots - \alpha_p u^p, \\ \theta(u) = 1 - \beta_1 u - \beta_2 u^2 - \cdots - \beta_q u^q. \end{cases}$

(2) 那么 (8.3.11) 式的 ARMA(p, p) 模型可简写为

$$\varphi(B)\xi_t = \theta(B)\zeta_t, \tag{8.3.12}$$

其中 B 是推移算子 $B(\xi_t) = \xi_{t-1}, B(\zeta_t) = \zeta_{t-1}$.

(3) 如果 ξ_T 是一个由 (8.3.11) 式 (或在 ARMA(p, p) 模型下) 产生的平稳序列. 那么 ξ_T 的谱密度函数是

$$f_\xi(\lambda) = \frac{\sigma^2 |\theta(e^{j\lambda})|^2}{2\pi |\varphi(e^{j\lambda})|^2}. \tag{8.3.13}$$

其中 σ^2 是一个适当的常数. 这时 (8.3.13) 中的谱密度函数是一个有理谱密度函数.

3. 有关 ARMA(p,p) 模型中的记号

在 (8.3.11) 式的 ARMA(p,p) 模型中, 定义有关记号如下.

(1) 在 (8.3.11) 式的 ARMA(p,p) 模型中, 如果 ζ_T 是一个基本序列, 那么称其中的 ξ_T 是一个受控的自回归的滑动平均模型 (CARMA).

(2) 在随机过程理论中, 关于 ARMA, CARMA 模型有一系列的讨论, 其中包括

随机过程 (或序列) 的谱理论, 以及它们的逆运算表示问题.

有关随机过程 (或序列) 的参数估计及相应的算法理论, 不同类型的滤波器和滤波算法的讨论等, 我们不再详细讨论.

第 9 章　　计算机科学和逻辑学

计算机科学是信息科学中的重要组成部分, 因为它有许多特殊的内容, 因此我们对它作单独研究. 而逻辑学不仅是计算机科学中的理论基础, 而且还是我们思维过程、语言学的理论基础. 因此在人工脑理论中有特殊的意义.

9.1　　计算机的构造理论

感知器是 NNS 中**最典型、最完整的智能计算算法**, 它不仅十分符合 BNNS 中的工作原理和特征, 而且具有非常完整、严格的数学推导过程, 也是其他 NNS 中的理论基础. 因此也是本书的理论基础, 我们先讨论它的有关基本概念, 如它的生物背景、实现的基本目标 (分类的目标)、学习、训练算法、收敛性定理等.

9.1.1　　和计算机科学的关系问题

1. 计算机的构造

计算机构造 (或硬件结构) 从电子元器件开始, 到半导体、集成电路, 由此产生或形成自动机、图灵机和计算机, 其中包括它们构造的物理、电子的结构, 运行中的**原理和运行规则**. 最后是自动机、图灵机和计算机的实现过程与一些不同的类型.

(1) 计算机构造 (或硬件结构) 从一开始就是电子器件和数学密切结合的产物. 其中二进制、逻辑运算就是交、并、非运算, 而最早的电子器件就是开关电路, 由于开关电路可以实现这种逻辑运算, 才有计算机的产生.

(2) 最早的开关电路是由普通的电子元件组成, 后来发现电子管、半导体可以实现这种运算, 这时自动机、图灵机和计算机也就产生, 它们的运行规则仍然满足逻辑学中的这些运算规则.

(3) 集成电路、大规模集成电路是这些电子元件的微型化和集成化, 这时在很小的空间内可以集成大量的这种元器件. 这时的自动机、图灵机和计算机最后也可形成功能强大的超级计算机.

2. 自动机和图灵机中的一些基本概念

计算机的构造模型很多, 它们的名称也不相同, 将来和智能计算都有密切关系, 我们先介绍其中的一些基本概念.

(1) 无论是自动机、逻辑网络, 还是图灵机, 我们都可以把它们看作一个系统. 所谓系统就是具有输入、输出的数据 (或信号) 及这些数据之间的相互运算的规则.

(2) 在由这些自动机所组成的系统中, 可以产生一些统一的名称和记号, 如

$$
\left(
\begin{array}{llll}
\textbf{名称} & \text{名称的含义} & \text{记号} & \text{等价名称} \\
\textbf{字母} & \text{在信号中可能使用的符号或数字} & a, b, c, x, y \text{ 等} & \text{符号或数字} \\
\textbf{字母表} & \text{可能使用的所有字母的集合} & A, B, C, X, Y \text{ 等} & \text{符号或数字的集合} \\
\textbf{字母串} & \text{若干相连的字母} & a^n = (a_1, a_2, \cdots, a_n) & \text{符号或数字的向量} \\
\textbf{字母序列} & \text{可以不断延长的字母串} & a^\infty = (a_1, a_2, \cdots) & \text{符号或数字的序列}
\end{array}
\right). \tag{9.1.1}
$$

(3) 在系统中, 除了输入、输出字母外, 还包括系统的状态 s 及状态的集合 S.

我们可以把系统的状态 s 看作系统内部的数据结构, 而状态的集合 S 是各种不同状态组合的集合.

(4) 系统中的状态处在不断的运动和变化中, 对它们的运行规则通过映射, 如 δ, λ 来表示, 其中

$$
\delta: \quad S \times X \to S, \quad \lambda: \quad S \times X \to Y \tag{9.1.2}
$$

分别是关于系统的状态和输入、输出字母表的映射.

这时称 $M = \{X, Y, S, \delta, \lambda\}$ 是一个**有限自动机**, 而称 δ, λ 分别是该自动机的**状态运动函数和输出变量的变化函数**.

3. 自动机的运动模型

在自动机的模型 M 确定之后, 就可构造它们的运动模型.

(1) 关于运动模型可以用一个序列变量 $i = 0, 1, 2, \cdots$ 来表示, 由此确定一个时间序列 $t_0 < t_1 < t_2 < \cdots$.

(2) 这时自动机中的输入、输出和状态变量都是该时间序列的函数

$$
[x(i), y(i), s(i)] = [x(t_i), y(t_i), s(t_i)], \quad i = 0, 1, 2, \cdots. \tag{9.1.3}
$$

(3) 由此产生自动机中的输入、输出和状态的序列函数

$$
(x^*, y^*, s^*) = \{[x(i), y(i), s(i)] = [x(t_i), y(t_i), s(t_i)], i = 0, 1, 2, \cdots\}. \tag{9.1.4}
$$

(4) 它们的取值空间分别记为 (X^*, Y^*, S^*), 一个运动的自动机记为

$$
M^* = \{X^*, Y^*, S^*, \delta, \lambda\}, \quad \text{其中} \quad
\begin{cases}
Z^* = Z(0) \times Z(1) \times Z(2) \times \cdots, \\
Z = X, Y, S.
\end{cases} \tag{9.1.5}
$$

而 δ, λ 是固定的映射 $\begin{cases} \delta: & S(i) \times X(i) \to S(i+1), \\ \lambda: & S(i) \times X(i) \to Y(i). \end{cases}$

4. 自动机的运动过程

由此可知, 当自动机 M 确定之后, 它的运动过程也就确定. 这就是, 当自动机的初始状态 $s(0)$ 和输入序列 $x^* = (x(0), x(1), \cdots)$ 确定后, 它的状态序列和输出序列也就确定.

$$\begin{cases} s(i+1) = \delta[x(i), s(i)], & i = 0, 1, 2, \cdots, \\ y(i) = \lambda[x(i), s(i)], & i = 0, 1, 2, \cdots, \end{cases} \tag{9.1.6}$$

其中 δ, λ 是固定的映射.

9.1.2　自动机的其他类型

1. 对图 9.1.1 有关记号的说明

(1) 移位寄存器的构造由存储单元、运算函数、输出变量三部分组成, 其中存储单元是可以保存数据的单元, 在 NNS 中每个神经元的状态就是一个存储单元.

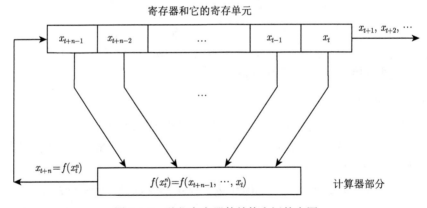

图 9.1.1　移位寄存器的结构和运算意图

如果该寄存器有 n 个存储单元, 那么称该寄存器是一个 n 阶寄存器.

(2) 这时该移位寄存器的存储数据是一个 n 阶向量 $X^n = (x_1, x_2, \cdots, x_n)$, 其中 $x_i \in F_q$ 是有限域 F_q 中的数据.

(3) 移位寄存器的运算函数部分是对存储数据 X^n 的计算, 这时 $f(x^n)$ 是 $X^n \to X$ 的映射.

函数 f 可以是线性的, 也可以是非线性的, 由此形成的移位寄存器就是线性的或非线性的移位寄存器. 如果 $f \equiv 0$, 那么称 (8.3.1) 的运算式是一个纯位移运算.

(4) 如果把移位寄存器中存储的数据 X^n 看作是它的状态空间, 那么移位寄存器状态的变换过程是

$$x^n = (x_1, x_2, \cdots, x_n) \to x^{n+1} = (x_2, \cdots, x_n, x_{n+1} = f(x^n)), \tag{9.1.7}$$

其中 $x_{n+1} = f(x^n)$ 是该移位寄存器的反馈输入变量.

2. 移位寄存器的运动过程

移位寄存器是一种重要的自动机, 它在密码分析、数值计算中有重要应用, 我们先说明它的运动过程.

(1) **初始状态** $s_0 = (x_{-n+1}, x_{-n+2}, \cdots, x_{-1}, x_0)$, 这表示移位寄存器在时刻 $t = 0$ 和在此之前所存储的数据.

(2) **运动状态** $s_t \to s_{t+1}$, 这表示在时刻 t 转移成 s_{t+1} 的状态, 这时

$$\begin{cases} s_t = (x_{t-n+1}, x_{t-n+2}, \cdots, x_{t-1}, x_t), \\ s_{t+1} = (x_{t-n+2}, x_{t-n+3}, \cdots, x_t, x_{t+1}). \end{cases} \tag{9.1.8}$$

(3) 在 (9.1.8) 式中, 寄存器中的状态向量 s_t 在不断发生变化, 而 s_t 中的分量 x_{t-n+1} 在 s_{t+1} 中不再存在, 成为该移位寄存器的输出变量.

(4) 由此得到移位寄存器的输出序列是 $x^* = (x_0, x_1, x_2, \cdots)$, 这是一个无穷序列, 其中

$$\begin{cases} \text{序列中的变量关系} x_t = f(x_{t-n}^n) = f(x_{t-n-1}, x_{t-n}, \cdots, x_{t-1}), \\ \text{寄存器的状态向量} s_t = x_{t-n}^n = (x_{t-n-1}, x_{t-n}, \cdots, x_{t-1}). \end{cases} \tag{9.1.9}$$

由此得到, 移位寄存器的输出序列是由初始状态 s_0 和运算函数 $f(x_{t-n}^n)$ 按 (9.1.9) 的运算关系确定的序列.

关于自动机、移位寄存器的功能、应用及和 NNS 的关系问题, 我们在下文中还有详细讨论.

9.1.3 图灵机和逻辑网络

现在计算机的构造图灵机 (Turing Machine) 也是一种自动机. 它的构造和工作原理如下.

1. 图灵机的构造和工作原理

图灵机是 1936 年由图灵 (Alan Turing) 首次提出, 它的构造和工作特征如下.

(1) 图灵机的构造是通过一条 (或多条) 无限长的格子带, 可以在该带子上存储信息. 这时还有个控制读、写的头, 在此带子上移动, 并在带上读、写信息.

(2) 此控制头可左、右移动, 并称为读写头.

(3) 图灵机处在不停的工作状态 (读写头在不停地读写和移动) 中, 只有当它进入预先设计好的状态 (输入和输出状态) 时, 才会停机.

(4) 图灵机的这种构造过程可用记号 $M = \{Q, \Sigma, \Gamma, \delta, q_0, q_a, q_r\}$ 来进行表达.

(5) 这时 M 中包含 7 个要素 (或运动规则), 对这 7 要素的含义说明如下.

$$\begin{cases} Q, \Sigma & \text{分别是有限状态和输入字母表 (或集合), } \Sigma \text{ 不包括空格 } \sqcup \text{ 符号,} \\ \Gamma & \text{是带字母表 } \{\sqcup, \Sigma\} \subset \Gamma, \\ \delta & \text{是 } Q \times \Gamma \to Q \times \Gamma \times \{R, L\} \text{ 映射,} \\ q_0, q_a, q_r \in Q & \text{分别是起始、拒绝、接受状态, 且 } q_a \neq q_r. \end{cases}$$
$$(9.1.10)$$

其中 L, R 分别是读头向左、右移动的记号.

2. 图灵机的工作过程

图灵机的工作过程通过以下算法步骤实现.

(1) **初始状态**. 用输入向量 $\omega = \{\omega_1, \omega_2, \cdots\}$ 表示. 其中

$$\begin{cases} \omega_i \in \Sigma, & i = 1, 2, \cdots, n, \\ \omega_i = \sqcup, & i > n, \end{cases} \quad \text{其中} n \text{ 是一个固定的正整数.} \quad (9.1.11)$$

因为 Σ 不包含空格 $\sqcup$, 所以当空格出现时表示输入结束.

(2) 当图灵机开始运行时就按 M 中的规则进行.

3. 逻辑网络的定义

逻辑网络是以图论为基础的逻辑结构. 有关图论的一些基本知识在附录中给出, 这里只讨论其中的逻辑关系.

以下记 $F_q = \{1, 2, \cdots, q\}$ 是一个有限集合, 其中 $q \geqslant 2$ 是正整数. 记 $G_q = \{E, V\}, E = F_q$ 是一个有向点线图,

定义 9.1.1 (逻辑网络的定义)　一个图 G_q 如果满足以下条件, 那么称该图是一个 q-值逻辑网络图.

(1) 对图中每个节点 $b \in E$, 如果有 $k \geqslant 0$ 条入弧, 这时 $a_1, a_2, \cdots, a_\tau \in E, (a_1, b), (a_2, b), \cdots, (a_\tau, b) \in V$, 当 $k > 0$ 时存在赋值, 否则可有可无.

(2) 当 b 点同时具有入弧和出弧时, 称 b 是集合 E 中的节点. 称只有入弧、没有出弧的点是该图的根点. 称只有出弧、没有入弧的点是该图的梢点.

(3) 在一般情况下, 如果点 $e \in E$ 在图 $G = \{E, V\}$ 中有 p 条入弧、q 条出弧, 那么称该点是图 G 中的一个 (p, q) 阶的点.

(4) 在逻辑网络的定义中, 除了输入、输出字母外, 还包括系统的状态 s 及状态的集合 S. 它们分别表示系统的输入、输出数据, 以及这些数据之间的相互运算的规则.

9.2 计算机语言学

集合论和逻辑学的基本内容和理论是计算机科学的理论基础. 集合论和逻辑学在计算机科学中向两个不同的方向展开, 这就是硬件和软件的方向. 在硬件方向, 包括基本元件、集成电路、自动机的构造和理论. 在软件方向, 包括它的基础语言、基本语言、算法高级语言 (程序设计) 等.

在基础语言的基础上, 还产生算法语言, 这是在基本语言基础上产生的高级语言, 这种语言除了基本语言的结构外, 还要和多种不同类型的算法结合, 由此形成这些算法的通用语言. 因为这种语言要和多种算法结合, 所以它们除了算法结构外, 还存在可计性和计算复杂度等问题, 它们都是计算机科学的组成部分.

在本节中我们先介绍其中的语言问题, 包括这些语言的构造、来源和内容.

9.2.1 计算机语言学概论

我们已经说明, 计算机语言就是一种能为计算机读懂并执行的语言.

另外, 我们在序言中也已说明人类智能的基本特征、产生和形成过程, 人的高级智能的一些基本特征, 以及智能化的基本特征是通过计算机来实现人的这种智能. 因此智能计算理论必然会与计算机科学发生密切关系.

计算机科学的内容很多, 但主要由两部分组成, 即硬件和软件部分, 对此我们简单说明如下.

计算机的硬件部分是从集成电路开始, 最后形成自动机、计算机. 因为智能计算算法的三大特征之一就是这些算法要通过计算机来实现, 所以要研究智能计算算法及其发展方向, 就必须了解自动机、计算机的工作原理.

计算机的软件部分是它的**算法语言**. 语言的概念是大家熟悉的. 算法语言是一种人工语言或能为自动机读懂并执行的语言.

如果把计算机、语言、算法三者结合起来考虑, 还有可计算性和复杂度等问题. 这些理论都是**计算机科学中的基本理论**, 它们和智能计算中的算法融为一体, 是不可分割的.

9.2.2 对语言学和逻辑学的概要说明

语言学和逻辑学可以归纳为信息科学中的内容, 但它们又和哲学、人文科学有关. 因此我们把它们进行单独研究.

对语言学和逻辑学的研究有两个发展方向. 其一是我们在对算法的定位研究中得到了逻辑运算和 NNS 中的运算具有等价关系的结果, 这个结果已不仅是个算法问题中的结果了, 而是涉及**更深层次的理论问题**.

在文献 [6] 中, 我们得到了**人的思维、语言、逻辑和 NNS** 之间的**四位一体的原理**. 这个原理神秘而又有趣, 而且对我们的智能计算、人工脑的研究具有根本性和方向性的意义, 值得我们注意.

在语言学和逻辑学的研究中, 另一个发展方向是**智能的智能化研究**.

在人的高级智能中, 我们已经说明, 在人的思维过程中, 存在高级逻辑推理的功能. 因此智能的智能化就是要把这种高级思维、高级逻辑推理在计算机中实现. 这也是我们构造人工脑的一个基本目标.

语言学和逻辑学是接近哲学和人文科学的学科, 而且都是其中的重要分支. 我们现在从智能计算的角度来理解其中的结构和观点, 并作如下概要讨论和说明.

1. 语言学的结构特征

对语言学和逻辑学的结构特征在附录 C、附录 D 中讨论, 那里是作为自动机、计算机中的理论提出. 在此基础上, 我们继续讨论如下.

(1) 语言结构中的基本要素是**字母、字母表和字母串**. 计算机中所使用的字母表是 ASCII 码表, 该码表包含 128 个字母, 可以通过 8 比特 (一字节) 的二进制数字表达.

(2) 当字母串有了确切含义时, 就成为词. 词法分析的内容包括: 词的类型和它们的变化分析, 不同类型的词有不同的变化方式.

词的类型分名词、动词、形容词、副词、代词、冠词、连词, 它们的变化类型如附录中的 (C.4.5) 式所示.

词典是对这些词的类型和它们的变化情况的说明, 因此也是词法分析的组成部分.

(3) 句和句法分析. 不同类型词的组合形成句, 句法分析的内容包括句的类型和它们的变化模式.

句的类型分基本结构、结构扩张、复合句等. 其中基本结构的成分: 主语、谓语. 扩张句的成分: 主语、谓语、宾语. 扩张句的组合形成复合句, 它们通过联结词连接.

(4) 句法分析和词法分析的结合. 这就是在不同类型词的组合中, 这些词有不同的类型和变化, 这些词的变化也是句法的组成部分.

如主语由名词、代词组成, 它们有数的变化, 还有形容词、副词、冠词的修饰.

谓语由动词、直接宾语组成, 它们有时态 (正在进行、过去、将来式) 的变化.

(5) 在句法分析和词法分析的结合中, 所涉及的词都是一个词的集合, 如 (C.4.6) 式所示, 我们不再重复说明.

各种语言由大量的词和句组成, 由此形成这些语言中的词典、文库等概念.

2. 逻辑学的结构特征

逻辑学的主要内容有形式逻辑和辩证逻辑之分.

(1) 形式逻辑的创始人 (被称为逻辑学之父) 是古希腊哲学家亚里士多德 (Aristotle, 公元前 384—前 322), 他为逻辑学提出**逻辑学三段论**.

(2) 三段论由**大前提**、**小前提**、**结论**这三个部分组成, 它们是演绎、推理中的一种简单推理判断.

(3) 在以后的两千多年的发展历史中, 中外哲学家对逻辑学有许多发展. 如中世纪的著名逻辑学家罗杰·培根 (Roger Bacon, 约 1214—1293, 英国哲学家和自然科学家), 在逻辑学中进一步发展了归纳法. 该理论发展和丰富了形式逻辑理论.

一些逻辑学家认为归纳法是科学研究中的唯一方法. 这种说法是否正确暂且不论, 但由此可见归纳法的重要性. 因此我们对它作专门研究和讨论.

德国古典哲学家伊曼努尔·康德 (Immanuel Kant, 1726—1804) 和格奥尔格·威廉·弗里德里希·黑格尔 (Georg Wilhelm Friedrich Hegel, 1770—1831) 是辩证法的奠基人和创造者.

对逻辑学中的这些基本概念和发展过程, 我们在附录 D 进行简单介绍和说明.

3. 语言学和逻辑学的关系问题

自从出现了人工语言之后, 语言学和逻辑学发生了密切关系. 这时的人工语言学就和数理逻辑形成了等价关系.

(1) 这时在数理逻辑和语言学中出现的一些基本概念或名词, 我们在表 D.1.1 中说明.

这时句有如陈述句、命令句、疑问句、惊叹句等不同类型. 它们在逻辑学中就形成多种不同的逻辑关系. 表 D.1.1 说明了这种关系.

(2) 词、句、文的产生和形成及它们的结构特征都是人的思维反映, 这就是各种外部信息在人的思维 (神经系统结构) 中的反映. 即使是不同的民族, 他们的语言形式不同, 但是语言的结构相同.

(3) 这种相同的逻辑结构关系是人类神经系统中神经细胞运动规律的反映.

在不同的生物体中, 它们的神经系统会有很大的差别, 但也有许多共同点. 智能计算是用电子器件的运动和工作来模拟人或其他生物神经系统的运动和功能的这种特征. 了解这种细胞功能、逻辑学和语言学的关系对我们发展智能计算有重要意义.

9.2.3 关于四位一体的讨论

本小节是关于人的思维过程、语言学、逻辑学和 NNS 形成四位一体的等价关系的讨论.

1. 理论依据

在算法定位的研究中, 我们已经建立了逻辑运算和 NNS 计算之间存在等价关系的一系列讨论. 它们就是形成四位一体的理论依据.

(1) 本书的定理 2.4.1 给出了布尔函数和多层感知器关系的基本定理. 该定理给出, 在二进制的向量空间 X^n 中, 对任何布尔集合 $A \subset X^b$ 及它所对应的布尔函数 $f_A(x^n)$, 总是存在一个适当的多层感知器 $G[x^n|(\overline{W_A}, \overline{H_A})]$, 使

$$f_A(x^n) = G[x^n|(\overline{W_A}, \overline{H_A})], \quad 对任何 \quad x^n \in X^n \quad 成立.$$

(2) 本书的 3.3 节给出了 HNNS 的定位, 确定了 HNNS 的模型和理论是一种自动机的模型和理论. 如果对 HNNS 中的权矩阵进行适当的设计就可产生移位寄存器或其他更复杂的自动机的模型和理论.

(3) 在文献 [6] 的第 13 章中, 给出了在逻辑运算中的基本逻辑运算是并、交、补 (或余) 和位移这 4 种运算, 它们的记号分别是 $\vee, \wedge, \bar{a}(或 \ a^c)$ 和 $T^{\pm 1}$, 其中并、交、补是集合 $X = \{-1, 1\}$ 中的运算. 它们的运算式在 (13.2.1) 式中给出.

而 **移位运算** $T^{\pm 1}$ 的定义是 $\begin{cases} T, & (0,1) \to (1,0), \\ T^{-1}, & (1,0) \to (0,1) \end{cases}$ 的运算.

由这些基本逻辑运算可以产生二进制向量空间中的 **一般逻辑运算**. 这些运算在文献 [6] 的第 13 章中的 (13.2.3), (13.2.4) 等式中给出, 在此不再重复.

(4) 由本书的 2.4 节和 3.3 节可以确定, 这些逻辑运算都可在 NNS 的计算算法中得到表达.

2. 四位一体原理和意义

(1) 四位一体原理的叙述.

这就是: 人类的思维、逻辑、语言和 NNS 形成四位一体的等价关系.

(2) 这种四位一体的等价关系神秘而又有趣, 而且可以看到它在理论和应用中的意义.

它的理论意义, 首先就是我们可以理解和确定这种四位一体的形成过程和其中的物质基础.

不同人群的神经细胞结构和功能基本相同, 这就是它的物质基础. 这也是我们研究语言学、心理学、逻辑学的理论基础和基本出发点.

(3) 这种四位一体的理论和观点也是我们研究和发展未来智能计算的理论基础和基本出发点.

未来智能计算的研究和理论体系的建立将围绕这种四位一体的特点而展开.

(4) 如我们所讨论过的高级智能计算算法的产生等, 又如关于最近发展的深度学习理论的定位问题.

我们对它的定位是智能计算算法中的第一类算法在第二类算法中的实现问题.

(5) 由此四位一体原理可以对人类高级智能给出这样三个预言, 即这种具有人类高级智能的计算算法一定会出现、这种算法一定会不断强大、它们的智商指标一定会超过人类智商的指标.

关于这些理论问题的讨论也是我们构造人工脑的理论基础和基本原理.

3. 关于逻辑学的基本模型、规则和算法的说明

在**人类思维规则**讨论中, 我们虽然给出了人的思维过程、语言学、逻辑学和 NNS 具有四位一体的等价关系, 但对这种思维的形成过程和运行规则并未给出描述和讨论, 尤其是没有涉及人的高级思维、高级逻辑的形成过程和运行规则. 这个问题实际上是智能计算研究和发展中的一个根本和关键性问题, 也是人们所关注的问题. 有许多理论和著作在讨论这些问题, 它们从多种不同的角度来研究这些问题.

在本书中, 我们先不从如此一般而又复杂的角度来讨论这些问题, 而是从逻辑学中一些基本原理和规则入手来考虑这些问题. 对这些理论我们在 9.3 节中作详细讨论.

有关命题、知识、学科、系统在逻辑学中的表达我们在第 10 章中再详细讨论.

9.3 可计算理论和计算复杂度问题

1. 可计算性问题

计算机科学中的核心问题由两部分组成, 即有关的算法原理和计算机结构中的有关原理.

(1) 有关算法中的原理主要是指其中的**可计算性和复杂度理论**.

(2) 所谓可计算性理论就是指对某种固定函数 $f(x)$, 当 $x \in \mathcal{D}$ 在固定的定义域中时, 讨论能否计算该函数值的问题.

(3) 一般来讲, 可计算性问题是个典型的数学问题, 在许多情形下是不可计算的, 如无理数、超越方程 (包含指数或对数的方程) 都是不可计算 (或难计算) 的.

(4) 在可计算性理论中, 另一类问题是指解的存在性和唯一性的问题. 这一般是指方程 (或方程组) 的问题. 如果解根本不存在或不唯一, 就无法得到它们的解.

因此可计算性问题是一切计算问题中的前提, 讨论一个计算问题, 首先就要讨论它们的可计算性.

(5) 在计算数学中经常采用**易计算和难计算**来取代**可计算和不可计算**. 前者可在计算复杂度理论中得到进一步的说明.

2. 复杂度问题

复杂度问题是讨论在实现某种计算问题时, 实际存在的复杂度的问题.

(1) 复杂度的类型是指在作近似计算或空间拓展分析时的复杂度.

所谓近似计算是在实现某种计算问题时要求的精确度. 这种精确度一般都可采用小数点后面的位数 n 来表示.

而空间拓展是指一个多元函数 $f(x^n)$, 其中 $x^n = (x_1, x_2, \cdots, x_n) \in R^n$, 当 n 扩大时, 产生的计算量显然是不同的.

(2) 无论是近似计算还是空间的拓展, 复杂度都和这个指标 n 有关, 因此复杂度的概念和指标 n 相联系.

(3) **复杂度的类型** (或概念) 有多种. 经常使用的有三种, 即**计算** (或**时间**) **复杂度**、**存储** (或**空间**) **复杂度**和**程序** (或**内存**) **复杂度**.

其中计算复杂度是指浮点运算的计算量, 在固定 CPU 芯片的条件下, 这种计算复杂度和占用 CPU 的时间成正比, 因此又称为时间复杂度.

存储复杂度是指在计算过程中, 数据的空间占有量或空间的存储量, 因此又称为空间复杂度.

程序复杂度是指在实现这种计算过程中编写程序的工作量. 在计算机执行该程序时, 一般通过内存来实现, 因此又称为内存复杂度.

3. 复杂度的指标

复杂度的指标是指这些复杂度和变量 n 之间的关系指标. 它们用与 n 有关的数量级来表示, 有以下几种类型.

(1) **线性复杂度**. 这就是, 复杂度可用 $O(n)$ 的关系来表示, 它们和 n 呈固定的比例关系.

(2) **多项式** (或**幂**) **复杂度**. 这就是, 复杂度可用 $O(n^k)$ 的关系来表示, 其中 k 是一个固定的正整数.

(3) **指数复杂度**. 这时的复杂度需用 $O(2^n)$ 的关系或更大的数量级来表示.

4. 关于复杂度指标的补充讨论

(1) 这三种 (即计算、存储和程序) 复杂度指标是可以流通、交换的. 经常可以采用**空间换取时间**或**时间换取空间**. 这就是增加某种复杂度可以减少其他复杂度的指标值.

(2) 如果把复杂度控制在多项式 (或幂) 复杂度以下, 那么称该计算过程是易计算的, 否则就是难计算的.

(3) 在计算数学中, 人们把具有不同类型的计算复杂度的计算问题归结为 P、NP、NP 完全类等, 因为这些分类过程涉及数理逻辑中的许多概念和名词, 我们在以后的章节中再作详细介绍.

NP 问题是指存在多项式算法能够解决的非决定性问题, 而其中 NP 完全问题又是最有可能不是 P 问题的问题类型. 所有的 NP 问题都可以用多项式时间划归到它们中的一个. 所以显然 NP 完全问题具有如下性质: 它可以在多项式时间内求解, 当且仅当所有的其他 NP 完全问题也可以在多项式时间内求解.

复杂度的类型是指在作近似计算或空间拓展分析时的复杂度.

当今时代, 在纯粹科学研究中, 在通信、交通运输、工业设计和企事业管理部门, 在社会军事、政治和商业的竞争中涌现出大量的 NP 问题. 若按经典的纯粹数学家所熟悉的穷举方法求解, 则计算时间动辄达到天文数字, 根本没有实用价值 [3]. 数学界许多有经验的人认为, 对于这些问题根本上就不存在完整、精确而又不太慢的求解算法. NP=P? 可能是 21 世纪最重要的数学问题了 [4].

其中复杂度理论包含计算时间、存储空间和编写程序的复杂度. 通信理论: 通信的可行性 (信道容量、信号体积)、编码方式和信息的度量.

智能计算是新兴的信息科学领域, 它和 4C 理论必然会发生密切的关系, 对此讨论如下.

1) 对智能计算核心问题的讨论

最近, 也是在 *Nature* 有论文发表, 讨论 Alpha-Go 的未来发展, 提出了 Alpha-Go-Zero 方案. 这实际上是对智能计算未来发展方向的探讨, 即由原来的大数据 + 智能计算向大数据 + 智能计算 + 其他理论相结合的方向发展.

智能计算的核心问题是生物神经系统和电子系统的结合.

有关的核心内容有如计算机科学: 可计算性和复杂度理论.

2) 和生命科学有关的理论问题

人工智能的本质就是用计算机来模拟人脑 (或其他生物的神经系统) 的运动和产生各种不同功能的特征, 因此研究生命科学中的有关理论是发展 AI 理论的关键.

(1) 在生物学的研究中已经确定, 神经系统的运动特征可以通过电势、电流来表达. 因此人体等生物体是一个复杂的电磁场系统. 了解这一点十分重要.

(2) 重要性之一是: 神经系统的结构、运行可以通过数字化的方式进行表达, 这是智能化未来发展的基础和依据.

(3) 2017 年世界机器人大赛在北京举行, 其中有一组是 BCI(脑控机器人). 清华大学脑机接口组参加了比赛, 实现了脑控打印. 这正是利用脑的电磁场系统, 实现这种人机结合的技术.

这种生物电磁场系统还可以产生许多新的应用. 如由昆虫、鸟类、鱼类等各种电磁场可以产生各种生物仿生系统, 人体电磁场是人体科学的组成部分. 不同生物的神经细胞、神经系统都有各自的由电荷、电势、电流产生的电磁场系统.

(4) 最近, 在 *Nature* 有论文发表, 脑电刺激可以治疗多种疾病. 人们在日常生活中都知道, 快乐使人健康, 长期抑郁可能引发癌症. 其实中医中的针灸、艾灸都是通过对神经系统的刺激来进行治疗. 对针灸、艾灸、经络和穴位等的研究应该从这个角度切入.

在 HBNNS 中, 除了神经细胞的结构和运行特征外, 还有其他特征. 其中最重要的特征是系统和子系统的特征, 在 HBNNS 中, 我们把子系统分为初、中、高级等不同层次的系统, 其中初级系统包括初级感知系统和初级感受系统. 初、中、高级系统是相对的.

初级感知系统是将人体的各种外部信号转化成 HBNNS 所特有的电信号. 不同电信号的组合形成各种不同类型的图像. 初级感受系统是把这些不同类型的图像形成不同类型的模式结构, 并在中枢神经系统进行存储. 不同类型图像的模式结构通过电磁信号的类型和组合状态的不同进行区别. 中枢神经系统也有多种不同类型的区域, 对不同类型的信号进行存储.

在 HBNNS 中, 除了初级系统外, 还有一系列的中、高级系统, 不同系统之间存在隶属关系. 这就是, 较高级系统对它所属的较低级系统的信息存在存储、管理和控制的功能, 其中包括特征提取、信息提取、不同系统之间的相互控制、特征的修正等一系列信息处理的功能.

人体 NNS 分中枢 NNS、周围 NNS 及多种子系统. 中枢 NNS 包括脑与脊髓两部分. 脑是各种不同类型信息的汇合处, 也是各种不同类型指令的发源处. 现在对这些信息的处理 (传递、汇合、分类整理、成形、存储、判定、反应与控制) 过程了解还很少, 因此存在无穷无尽的研究课题.

脑是人体 NNS 的主要部分, 几乎所有的复杂活动, 如学习、思维、记忆与知觉等, 都与脑有关. 脑又分前、后、中三部分. 其中前脑包含大脑、丘脑、丘脑下部等组织, 中脑分上丘、下丘组织, 后脑分延髓、脑桥、小脑. 它们分别承担各自的信号处理功能.

脊髓位于人体的脊柱之内, 上接脑部, 外联周围的神经系统, 是脑与周围神经系统连接的通道, 负责它们之间的信息传递. 在 HBNNS 中又有几种不同的类型, 如一般感知、感受系统, 一般中、高级系统, 周围 NNS(或体干 NNS).

HBNNS 和肌肉、骨干存在特殊的信息输入、输出关系. 它们可以驱动肌肉的收缩和放松, 由此产生骨干 (关节) 的运动, 最终实现对人体运动的控制. 这种控制信息来自识别的结果, 因此是 HBNNS 中的特殊子系统.

体干 NNS 是一种自主的 NNS, 这是指它的活动有一定的独立自主性, 不受人体意志指挥, 而是按照这些器官的生理功能进行协调活动. 由此可知, 人体 NNS

由许多不同的系统组成, 这些系统有各自的特征与功能, 它们又相互协调, 具有信息交换与处理的功能.

我们已经说明, HBNNS 有初、中、高级系统的区分, 它们之间存在隶属关系. 较高级系统对它所属的较低级系统的信息存在一系列信息处理的功能. 各种不同类型的信息在 HBNNS 得到合理、协调的安排, 并能够快速、有效地提取. 这里存在的多种信息处理内容就是智能计算的组成部分.

在 NNS 的各系统中, 各种不同类型的信息以固定模式存在, 形成各种信息处理功能. 例如: ① 由初级感受可以上升到喜、怒、哀、乐的中级系统, 还可上升到感情、情感、特殊爱好等高级系统. ② NNS 对肌肉、骨干的控制可以产生人体的运动、平衡、各种技巧动作, 它们是高级 HBNNS 的组成部分. ③ 通过学习、训练可以产生科技、文化、音乐、体育等各种专门、特殊的技能, 还可上升到逻辑推理、思维、思考等高级运动系统. ④ 对这些特殊的技能都可发挥到极致水平, 这就是专门人才. ⑤ 这些特殊的技能在 NNS 中都可以以特定的数据模式进行表达, 这是发展智能计算的基础和根本.

我们的结论是: 各种低、中、高级系统都以特定的信号结构模式存在, 它们的区别只是数据结构和存在方式的不同. 发展智能计算的内容和目标之一就是: 了解 HNNS 中的这些数据的结构、相互关系和相互作用的运动过程. 这样人机竞争就可在这种数字化的基础上进行.

虽然 HNNS 没有成功, 但 HNNS 是客观存在的, 因此需要我们作进一步的探索, 寻找 NNS 中的运行模型结构和规则. 这是神经科学 + 智能计算综合发展的结果.

和生命科学的结合. 在神经科学的研究中, 涉及神经元、神经胶质、突触 (细胞和细胞器) 的一系列结构和功能问题, 其中的核心问题是它们对各种信号的处理过程, 这是生命科学中的核心内容. 这是神经科学 + 智能计算综合发展的结果.

人的神经系统有许多特殊的智能化特征, 因此对 HBNNS 的研究有特殊意义. 对 HBNNS 的研究首先是要了解 HBNNS 的主要特征结构和它们的运行规则.

计算数学中的算法. 在发展 AI 算法理论的研究过程中, 被人们忽略的一类方法是数值计算方法. 在计算数学中存在大量这种和智能计算类似的方法.

例如, 许多代数方程的求解 (如行列式、特征根等) 在计算数学中早已成为成熟、经典的算法, 它们都是通过迭代、收敛来进行计算. 因此这些算法符合智能计算的特征.

在计算数学中还存在大量的智能化算法理论, 如有限元法、样条理论、微分方程的数值解等. 其中许多算法符合智能计算特征.

在计算数学中的这些算法, 有些和 AI 中的一些算法是交叉的. 如行列式特征根的求解法在计算数学和前馈网络中同时存在, 确定它们的异同点是很有意义的.

3) 对 AI 算法研究的目标

AI 算法类型有数十种之多, 对它们研究的目标如下.

(1) 首先要确定每一种算法的运算步骤、适用范围 (能解决什么问题) 和运算效果, 如运算过程中所产生的各种参数 (如运算速度、计算复杂性等).

(2) 对 AI 算法研究的根本目标是要产生新的、更有效、更统一的算法.

在围绕感知器、HNNS 模型、优化理论的统一表达中还有许多发展的空间.

9.3.1　智能计算研究中的理论问题

和信息科学的结合问题. 信息科学的核心内容由三部分组成, 即计算机科学、通信理论 (信息论) 和控制论, 在此我们无法进行详细讨论. 智能计算和它们都有密切关系.

1948 年是个不寻常的年份. 由香农、维纳、冯·诺依曼开创的信息论 (communication)、控制论 (control)、计算机科学 (computer) 都在这一年诞生. 后人把它们与密码学 (crypcology) 一起并称为 4C 理论, 形成信息科学的理论基础.

4C 理论的建立是二战实践经验的总结, 至今只有 70 多年的时间. 其中经历了 20 多年的消化期, 搞清楚其中的内容和目的; 20 多年的理论发展期, 一系列著作、论文发表, 新模型产生; 近 20 年的爆发期, 一系列 IT 的产业、市场、应用, 形成当今的信息社会.

从信息科学的发展史可以得到以下启示: ① 理论发展是基础. 一旦理论问题得到解决, 就会爆发. ② 高新技术发展的周期非常短. 近百年的文明进程超过以往数千年, 这种加速度还在发展, 智能计算的爆发过程会继续缩短、规模更大. ③ 实现多学科的综合研究是实现这种发展的原动力.

由此产生生命过程、智能计算 (神经系统) 中的一系列问题.

量子生物学智能计算的核心问题是生物神经系统和电子系统的结合, 量子生物学将主导这个结合过程的研究, 是未来科技发展的制高点.

9.3.2　和计算机科学关系的讨论

在附录中我们介绍了有关 4C 理论中的一些基本知识, 在此我们概述其中的一些结论和观点, 重点说明它们在智能计算中的作用.

1. 基本情况

计算机科学的基本内容由三部分组成, 即**硬件**、**软件和算法**, 我们对此说明如下.

(1) 在计算机科学中, 关于硬件方面的内容从电子元器件开始到半导体集成电路, 由此产生或形成自动机、图灵机和计算机, 其中包括它们构造的物理、电子的结构, 运行中的**原理和运行规则**. 最后是自动机、图灵机和计算机的实现过程与一些不同的类型.

(2) 计算机科学的软件部分, 我们这里主要是指它们的**算法语言部分**. 这就是指能够为计算机读懂并且执行的语言.

计算机语言的类型很多, 其中最基础的是**汇编语言**, 适合多种不同应用需要所设计的是各种**高级语言**. 对它们的情况我们在下文中还有讨论.

(3) 计算机科学中的算法部分实际上也是软件的组成部分, 但它们的实施对象不同. 这就是针对不同的数学、物理、工程问题所形成的算法.

2. 算法的可计算性问题

在算法理论研究中的核心问题是**可计算性和复杂度**问题.

(1) 所谓可计算性是指某种计算目标, 在计算机的编程条件下能够完成、实现的计算.

(2) 这种可计算性问题一般包含对数学和计算机的不同要求, 如数学中的无理数, 对它们虽有确切的定义, 但在计算机中要实现对它们的正确计算是不可能的.

同样在解方程中, 有的方程解根本不存在, 那么它们的求解问题一定是不可计算的. 而一些方程的解虽存在, 但它们的求解在计算机的编程条件下是不能实现的.

3. 计算复杂度的问题

所谓复杂度的问题是指在可计算性的条件下, 实现该计算目标的复杂度问题, 因此这种复杂度是一种定量化的指标.

(1) 复杂度的类型有**计算复杂度 (又称时间复杂度)**、**空间复杂度**、**语言复杂度**, 它们分别针对某个计算问题在计算量 (或时间)、存储空间、程序规模上的复杂度指标.

(2) 复杂度指标和数据量的规模相联系, 而数据量的规模是通过它们的位数 n 来表示的.

一个具有 n 位的系统 X^n 的数据量规模是 a^n, 其中 $a = ||X||$ 是该集合中的元素个数.

(3) 如果 $f(x^n), x^n \in X^n$ 是系统 X^n 中的一个函数, 完成这个函数的计算过程 $A_\tau = A_\tau[f(x^n)]$, 其中 $\tau = 0, 1, 2$ 分别是完成这个计算所需要的计算量 (或时间)、存储空间或程序规模.

(4) 显然 $A_\tau = A_\tau(n)$ 是一个与 n 有关的函数, 依据它们之间的关系可以确定

函数 (或算法) f 的复杂度, 不同类型的复杂度定义如下.

$$
\text{算法} f \text{的复杂度类型}
\begin{cases}
A(n) \sim \alpha n, & \text{线性复杂度}, \\
A(n) \sim n^{\alpha}, & \text{多项式复杂度}, \\
A(n) \sim \alpha^{n\beta}, & \text{指数复杂度},
\end{cases}
\tag{9.3.1}
$$

其中 $\alpha, \beta > 0$ 是适当正数.

(5) 在计算机科学中, 称线性复杂度、多项式复杂度的计算问题为易计算问题, 而指数复杂度的计算问题为非易计算问题.

系统和应用

在本书的前两部分内容中, 我们已经给出智能计算算法及其和其他学科理论的关系问题的讨论. 在此基础上, 就可进入应用问题的研究. 这是人工智能发展中的核心和关键性问题. 对此我们分以下两部分内容来讨论.

首先是它的理论体系的基础和工具问题. 为此我们采用数学中的有关理论和方法, 如有关张量和张量分析的理论和方法, 由此产生复杂网络、复杂神经网络系统等一系列模型和理论. 它们是对该系统模型进行描述和表述的工具和方法. 通过对它们的讨论使这种复杂的网络系统得到统一、明确而又简单的说明和表达.

在确定这些理论基础和工具的表述之后, 就可进入应用问题的研究, 对这些应用问题, 我们集中讨论以下几个重点的问题.

(1) 人工智能的通信问题. 这是人工智能和网络通信的结合问题. 我们重点介绍信息论中的极化码理论, 极化码是信息编码理论中的一种特殊的码, 它的码率已经接近通信理论中香农容量的最优解, 因此是移动通信、5G 网络的理论基础.

(2) 除了极化码理论之外, 在人工智能的应用部分, 我们重点讨论图像处理、智能计算、智能逻辑等内容, 我们把它们归纳成若干专门的应用系统中的内容.

关于图像处理系统, 在信息处理系统和智能计算理论中, 都有多种不同的理论和方法. 因此, 这部分内容是对这些不同的理论和方法的综合讨论. 比较它们的异同点、各自的优缺点和适用范围. 我们希望通过这些讨论, 能使读者对图像处理在理论和应用方面有一个比较全面而又综合的了解.

(3) 除了通信系统和图像系统外, 在人工智能的应用中, 还有智能计算和智能逻辑系统. 这种系统的核心思想就是 NNS 中实现计算和逻辑学的系列算法. 我们已经说明, 计算数学是数学科学中的重要组成部分, 在逻辑学中也有系列的运算规则. 它们的 NNS 就存在一系列的理论和应用问题需要解决.

其中的理论问题, 我们已经得到了关于人的思维、逻辑、语言和 NNS 算法关系的四位一体的等价性原理. 关于智能计算和智能逻辑系统的实现就是这个四位一体原理的实现. 但是, 它们的实现还要通过一系列的运算关系才能完成, 为此我们试图通过自动机理论和正交函数系的结合来完成.

(4) 对于这些应用系统的实现, 我们最后把它们归结为 NNS 计算机和智能化工程系统的实现问题. 对这两部分的内容和思路我们已作了讨论和说明.

第 10 章　张量和张量系统

在本书中, 我们已经介绍了系统这个名词的概念. 在生命科学中, 我们还说明了, 一个 NNS 是由许多系统、子系统组成的复杂网络系统. 对这种复合系统, 我们首先要给出对它们的描述和表达的理论与方法.

为此我们将采用张量、张量系统的理论和方法来进行这些讨论. 张量的概念和理论是一种典型的数学理论. 在本章中, 我们介绍它的理论、方法和记号, 重点讨论对它们的一系列简化处理的方法.

10.1　张量和张量的分析

张量的概念是向量和矩阵概念的推广, 它具有多个变化指标的数据结构. 我们利用张量和张量分析这个工具来描述这些复杂的 NNS.

在本节中我们介绍有关张量、张量分析中的概念、名称、记号、性质等基本知识.

10.1.1　张量定义、记号和类型

张量的概念和函数的概念相同, 它的自变量在正整数集合中取值, 由此产生它们的一系列概念、定义、名称、记号、类型和运算. 在本小节中我们先介绍这些基本内容和它们的简单表示法. 通过这些表示法可以大大简化对系统中有关数据结构的表达.

1. 指标

我们已经说明, 张量的概念和函数的概念相同, 它的自变量就是**指标**.

(1) 指标是一种在正整数中取值的自变量, 如向量的指标 i 是在正整数集合 $\{1, 2, \cdots, i_0\}$ 中取值, 其中 i_0 是它可能的最大值.

(2) 在 NNS 中, 我们把张量的指标分成两大类, 即

$$\begin{cases} \text{物理特征的指标,} & \text{如 } \tau, \gamma, t, \text{ 等, 它们分别代表张量的物理属性,} \\ \text{神经元的指标,} & \text{如 } i, j, k, i', j', k' \text{ 等, 它们分别代表不同神经元的标记.} \end{cases}$$

$$(10.1.1)$$

(3) 称指标的指标为复合指标, 如 i_k 表示指标 i 随指标 k 的变化而变化.

为了区别起见, 我们把指标分成具有上、中、下标的不同类型, 如 $i^k, i(t), i_0$. 这些不同类型的指标只是记号不同, 它们的意义相同.

2. 指标表示的简化

为了简单起见, 在本书中, 我们对指标的表示采用以下简化的表示. 如

(1) 张量中的每一种指标都在一个正整数集合中取值, 如向量的指标 i 是在正整数集合 $I = \{1, 2, \cdots, i_0\}$ 中取值, 其中 i_0 是它可能取的最大值.

在本书中, 我们对指标 i 的取值范围集合 I 和最大值 i_0 都省略不写.

如对指标 τ, 它的取值范围集合是 $\bar{\tau} = \{1, 2, \cdots, \tau_0\}$, 其中 τ_0 是它的最大值, 这些都自然成立, 但都省略不写.

同样, 对指标 i', 它的取值范围集合是 $I' = \{1, 2, \cdots, i'_0\}$, 其中 i'_0 是它的最大值, 它们都自然成立, 但都省略不写.

(2) 我们经常把 τ, γ, t 这些功能性的指标用一个 τ 来表示, 它也是不同子系统的标记.

(3) 在张量的指标之间, 一般采用联写 (不加逗号) 方式表示. 有时为了强调它们的区别, 采用逗号将它们分隔.

3. 张量

我们已经说明, 张量的概念就是一种关于指标的函数, 如 x_i^j 就是一个关于指标 i, j 的函数, 而 i, j 是在整数集合 I, J 中取值的变量.

(1) 一个张量可以有多个指标, 每个张量的指标数称为张量的阶. 因此向量是一阶张量, 矩阵是二阶张量. 不带指标的数称为标量.

(2) 张量的指标有上标和下标的区别, 它们在概念上无本质的差别, 它们在表达和运算中有一定的方便.

(3) 张量的记号有多种表示法, 一般用英文大、小写混合表示.

如 $X_2^1 = (x_{ij}^k)$ 表示一个 3 阶张量 (1 个上标、2 个下标). 其中大写 X 表示张量, 右边的数字表示该张量的阶数. 等号右边的 (x_{ij}^k) 也是一个张量的表示, 其中小写 x 表示张量的取值, 右边的 i, j, k 表示该张量的指标 (i, j 是下标, k 是上标).

4. 相空间

张量的相空间是指它们的取值范围. 如在 x_{ijk} 中, 指标 i, j, k 是它的指标 (自变量), 而 x_{ijk} 可以在不同的空间 (如实数空间、复数空间、整数空间等) 中取值, 称这些空间是张量的相空间.

(1) 相空间的类型. 相空间有多种不同的类型, 我们可以按照其中的运算规则来进行区分, 这就是在相空间 X 中定义若干运算, 这些运算闭合, 而且满足一定的运算规则. 例如, 其中的运算类型及由此产生的相空间有

$$\left\{\begin{array}{ll} \textbf{逻辑运算} & \text{基本逻辑运算是与、或、非、位移运算, 由此产生逻辑运算系统,} \\ \textbf{四则运算} & \text{加、乘运算和它们的逆运算 (四则运算), 由此产生群、环、域等} \\ & \text{不同类型的数、量空间,} \\ \textbf{代数运算} & \text{关于符号的四则运算, 由此产生由符号组成的群、环、域、逻辑} \\ & \text{代数等不同类型的运算空间,} \\ \textbf{线性运算} & \text{数和符号的混合运算, 由数乘和加法混合组成的空间.} \end{array}\right.$$

(10.1.2)

(2) 不同相空间的类型同样可以通过指标 θ 来进行表达, 如 $\theta = 0, q$ 分别表示相空间是实数域 R、整数域 $F_q = \{0, 1, 2, \cdots, q-1\}$ 等.

(3) 相空间的类型是复杂的, 对它的指标可采用复合指标来进行描述, 如

$$(0, \theta) = \left\{\begin{array}{ll} \text{在有理数域中取值,} & \theta = 0, \\ \text{在实数域中取值,} & \theta = 1, \\ \text{在复数域中取值,} & \theta = 2. \end{array}\right. \tag{10.1.3}$$

而 $(2, \theta)$ 表示相空间是个整数集合 F_q, 其中 θ 是 q 在二进制表示时的位数.

(4) 在 NNS 中, 无限的运算 (如无限大、无限小) 是不存在的, 因此只能在一定条件下近似.

(5) 不同的相空间可以相互转换, 如二进制的逻辑空间 $X = \{-1, 1\}$ 可以直接变成二进制的数字空间 $X = F_2 = \{0, 1\}$, 并由此产生二进制的数字运算.

在本书的 NNS 中, 我们把 $X = \{-1, 1\} \Longleftrightarrow \{0, 1\}$ 这种转换看作是可以自动进行的 (因此是等价的).

(6) 在代数运算中, 我们可以把它们看作代码的运算, 如在 $a + b = c$ 的代数式中, 我们可以把 $a, +, b, =, c$ 定义成固定的代码, 由此形成固定的代码空间. 张量的运算就在这些代码空间中进行.

对此问题, 我们在下文中还有详细讨论.

5. 张量的阶和维

我们已经说明, 张量的阶数就是它的指标数, 这时每个指标在一个整数集合中取值, 由此产生张量的维数.

(1) 张量的维数是指所有指标可能取值的数目.

例如, 张量 x_{ijk} 的阶是 3(3 阶张量), 这 3 个指标可能取值的数目分别是 i_0, j_0, k_0. 因此这个张量的维数是 $n = i_0 \times j_0 \times k_0$.

(2) 如果考虑相空间中的指标, 那么它应表示为 $x_{\theta' ijk}$, 这时 $\theta' = (0, \theta)$ 分别表示在有理数域、实数域、复数域中取值. 当 $\theta' = (2, \theta)$ 时, 它表示在整数域 (或环) 中取值, 其中 θ 是 q 在二进制表示时的位数.

(3) 因此, $x_{2,\theta ijk}$ 是一个**张量中的张量**, 这就是, $x_{2,\theta ijk} = (x_{2,\theta})_{ijk}$, 它表示在指标 i, j, k 下的、具有指标 $(2, \theta)$ 的张量 (具有 θ 位的二进制向量).

(4) 在 $x_{2,\theta ijk}$ 的张量表示中, $\theta = 2, 4, 8, 16, \cdots$, 它们分别表示张量在二、四、八、十六、$\cdots$ 进制下的表示式.

6. 张量的表示

我们对张量的表示法已有初步说明, 如果考虑它们的相空间, 它们的统一表示式如下.

(1) 可以用英文大写字母表示, 由多种不同的指标构成, 这些指标可以在该字母的右上、下角用数字标记, 也可以单独标记, 如 $R_2^1(2) = [r_{ij}^k(\tau, \gamma)]$ 是一个 5 阶张量, 其中 i, j, k, τ, γ 都是它的指标.

这里英文大写 (加上、下、中标)、小写 (用中括号表示), 都是张量的表示.

(2) 为了区别起见, 我们把这些指标的类型分为上、中、下不同类型, 在 $[r_{ij}^k(\tau, \gamma)]$ 阶张量中, i, j 是下标, k 是上标, τ, γ 是中标.

因此 $r_{ij}^k(\tau, \gamma)$ 是一个 5 阶张量 (1 个上标、2 个下标、2 个中标).

这些不同类型指标都有相同的运算表示, 没有本质的区别, 主要是为了书写和阅读的方便, 把具有相似特征的指标分写成上、下、中标.

(3) 我们总是把相空间指标 $(0, \theta)$ 或 $(2, \theta)$ 写在上、下标的最前面, 如 $x_{2,\theta ijk}$ 等.

(4) 如果再出现其他类型的指标, 如空间区域指标 τ、功能指标 γ, 我们把它们作为中标, 如 $r_{0,3,ij}^k(\tau, \gamma)$ 阶张量中, i, j 是下标, k 是上标, τ, γ 是中标 (表示区域和功能的指标), 而 $(0, 3)$ 表示在实数空间取值的 3 维向量.

10.1.2　张量分析-张量的运算

利用同构张量的理论, 我们也可把张量的运算归结为向量、矩阵中的运算, 但在张量运算中有些特殊的意义, 因此我们单独说明如下.

1. 同阶张量的线性运算

张量的线性运算有两种, 即数乘和加法运算, 它们只能在同阶张量中进行.

(1) **数乘运算**. 任何张量都可和数 (标量) 相乘, 如果 α 是数, $U = (u_{ij}^k)$ 是张量, 那么 $\alpha U = (\alpha u_{ij}^k)$.

因此张量的数乘运算结果是原张量的同阶张量.

(2) **加法运算**. 如果 $A = [a_i], B = [b_i]$ 是同阶张量, 那么它们的加法运算定义为 $C = A + B = [c_i = a_i + b_i]$.

(3) **线性运算**. 如果 $A = [a_i], B = [b_i]$ 是同阶张量, α, β 是数, 那么它们的线性运算是 $C = \alpha A + \beta B = [c_i = \alpha a_i + \beta b_i]$.

这种加法运算可以推广到一般高阶张量的情形, 但必须在同阶张量中进行.

2. 半线性运算

这就是, 参与运算的张量的总体关系是非线性的, 但对单个张量是线性的.

(1) **乘法 (积) 运算**. 这和多元函数相乘的概念相同. 如果 $A = [a_i^{i'}], B = [b_j^{j'}]$ 是两个具有不同指标的张量, 那么它们的积运算定义为

$$C = A \cdot B = [c_{ij}^{i'j'} = a_i^{i'} \cdot b_i^{j'}]. \tag{10.1.4}$$

因此张量的乘法运算是在具有不同指标的张量上进行, 乘法运算产生张量的阶是原张量阶的和.

在乘法运算中称 A, B 为**乘子 (或因子) 张量**, 这时对每个乘子张量的运算是线性的, 而且服从**分配律**. 这就是如果 $A = (a_i^{i'}), B = (b_j^{j'}), C = (c_k^{k'})$

$$\begin{cases} U = A \cdot B = [u_{ij}^{i'j'} = a_i^{i'} \cdot b_i^{j'}], \\ V = A \cdot C = [v_{ij}^{i'j'} = a_i^{i'} \cdot c_i^{j'}], \end{cases} \tag{10.1.5}$$

那么 $\alpha U + \beta V = A \cdot (\alpha B + \beta C) = \left[a_i^{i'} \cdot (\alpha b_i^{j'} + \beta c_i^{j'}) \right]$, 对于这个乘子张量的运算是线性的, 而且服从分配律.

(2) **商运算**. 如果 $C = A \cdot B = [c_{ij}^{i'j'} = a_i^{i'} \cdot b_i^{j'}]$ 是两个张量的积, 那么记 $A = C/B$, 或 $B = C/A$. 这时

$$\begin{cases} A = [a_i^{i'}] = \left[c_{ij}^{i'j'} / b_j^{j'} \right], \\ B = [b_j^{j'}] = \left[c_{ij}^{i'j'} / a_i^{i'} \right], \end{cases} \tag{10.1.6}$$

在 $A = C/B$ (或 $B = C/A$) 中, 称张量 A 是 C 关于 B 的商 (张量 B 是 C 关于 A 的商).

在张量的商运算中, 不仅是积张量 C 的取值被因子张量 A(或 B) 的取值相除, 而且因子张量的指标消失.

在一般的 $[c_{ij}^{i'j'} / a_i^{i'}]$ 中, 指标 i, i', j, j' 一般不会消失, 如果 $c_{ij}^{i'j'} / a_i^{i'}$ 和指标 i, i' 无关, 才能成为商.

(3) **扩张运算**. 这就是张量指标的增加运算. 这种指标的增加有几种不同的途径, 如:

(i) 对指标 i, 如果它的最大值 i_0 变大, 这是指标 i 的取值范围增加 (**指标取值范围增加的扩张**).

(ii) 单指标 i 变成双指标 $i = (i_1, i_2)$, 这是指标数量的增加 (**指标数量增加的扩张**).

(iii) 相空间的取值变成张量的集合中的张量. 如张量 $B = (b_{i,j})$ 的相空间是个张量空间 $b = (a^{i'j'})$, 这时 $B = [(a^{i'j'})_{ij}]$, 这就是一个矩阵变成矩阵中的矩阵, 这时 2 阶张量就变成一个 4 阶张量.

张量相空间的扩张产生张量中的张量, 这时称它们为**复合张量**.

称 (iii) 中的张量扩张运算为**相空间指标增加的扩张**. 它的扩张结果是张量阶的增加 (扩张后张量的阶 = 原来的阶 + 相空间张量的阶).

(4) **张量组合的运算**. 这和向量组合运算的概念相同. 如果 $A = (a_{ij}^k), B = (b_{k'}^{i'j'})$ 是两个具有不同指标的张量, 它们的组合积运算定义是

$$C = A \oplus B = (A, B) = \left[c_{ijk'}^{ki'j'} = (a_{ij}^k, b_{k'}^{i'j'}) \right].$$

这种组合的结果是张量 C 的阶 = 张量 A 的阶 + 张量 B 的阶.

(5) **缩并运算**. 如果一个张量中有两个指标相同, 则这表示该张量对这两个指标求和.

如 $A = (a_{ki}^{ij})$, 这表示该张量是一个求和运算, 即 $A = [\sum_{i=1}^{i_0} a_{ki}^{ij}] = [b_k^j]$.

这就是在张量 A 中, 对指标 i 进行缩并运算. 由此可见, 对一个指标的缩并运算所产生的张量阶比原来张量的阶减少 2.

这种缩并运算也可在多个指标上进行, 对 τ 指标的缩并运算所产生张量的阶比原来张量的阶减少 2τ.

(6) 乘法和缩并的**混合运算**. 如果两个张量相乘, 存在相同的指标, 这表示它们的运算是先作乘法运算再作缩并运算.

如果 $A = [a_{ij}^{i'j'}], B = [b_{i'j'}^k]$, 在这两个张量中存在相同的指标 $i'j'$, 那么它们的**混合运算**是**积运算** + **缩并运算**, 如

$$C = A \cdot B = [c_{ij}^k = a_{ij}^{i'j'} \cdot b_{i'j'}^k] = \left[\sum_{i'=1}^{i_0'} \sum_{j'=1}^{j_0'} a_{ij}^{i'j'} \cdot b_{i'j'}^k \right], \tag{10.1.7}$$

这时 $C = C_2^1$ 是一个 3 阶张量.

向量 $\vec{x} = [x_i], \vec{y} = [y_i]$ 的内积是它们的混合积, 即

$$\langle \vec{x}, \vec{y} \rangle = x_i y_i = \sum_{i=1}^{i_0} x_i y_i.$$

(7) 这种内积的定义可以推广到一般情形, 如张量 $X_2^1 = [x_{ij}^k], Y_2^1 = [y_{ij}^k]$, 那么它们的内积是

$$\langle A, B \rangle = x_{ij}^k y_{ij}^k = \sum_{i=1}^{i_0} \sum_{j=1}^{j_0} \sum_{k=1}^{k_0} x_{ij}^k y_{ij}^k. \tag{10.1.8}$$

这种内积的定义也可以不要求张量上下标的一致性, 如张量 $X_1^2 = [x_k^{ij}], Y_2^1 = [y_{ij}^k]$, 那么它们的内积是

$$\langle A, B \rangle = x_k^{ij} y_{ij}^k = \sum_{i=1}^{i_0} \sum_{j=1}^{j_0} \sum_{k=1}^{k_0} x_k^{ij} y_{ij}^k. \tag{10.1.9}$$

因此张量的内积是个标量.

(8) 由张量的内积产生张量的**赋范**, 即

$$||A|| = A \cdot A = (a_{ijk}) a^{ijk} = \left(\sum_{i=1}^{i_0} \sum_{j=1}^{j_0} \sum_{k=1}^{k_0} a_{ijk}^2 \right). \tag{10.1.10}$$

因此张量的赋范是个标量, 而且 $||A|| \geqslant 0$, 其中等号成立的充分必要条件是 A 是个零张量 $(a_{ijk} \equiv 0)$.

(9) 在张量的混合运算中, 经常使用的是张量的变换运算.

如 $W = [w_{i,j,k,t}^{i'j'k'}], A = [a_{i'j'k'}]$, 那么它们的混合运算为

$$B = (b_{ijk}) = W \cdot A = \left[w_{i,j,k,t}^{i'j'k'} \cdot a_{i'j'k'} \right] = \left[\sum_{i'=1}^{i_0'} \sum_{j'=1}^{j_0'} \sum_{k'=1}^{k_0'} w_{i,j,k,t}^{i'j'k'} \cdot a_{i'j'k'} \right]. \tag{10.1.11}$$

因此在张量的变换运算中还包括指标集合的变换.

张量的变换运算可以有多种不同的表达方式, 如

$$b_{i_1 i_2 \cdots i_k} = c_{i_1}^{i_1'} c_{i_2}^{i_2'} \cdots c_{i_k}^{i_k'} b_{i_1' i_2' \cdots i_k'}. \tag{10.1.12}$$

这是多个张量的混合运算. 该式可以简写为 $B_k = C_1^1(1) C_1^1(2) \cdots C_1^1(k) A_k$, 其中 $C_1^1(1), C_1^1(2), \cdots, C_1^1(k)$ 是不同的 2 阶张量 (具有 1 个上标、1 个下标).

10.1.3 张量分析-同构张量

对于张量结构的研究包括它们的运算、结构分析等.

1. 同构张量的定义

张量的同构理论是讨论不同张量之间的等价关系.

定义 10.1.1 (同构张量的定义) 如果 $A = [a_{ijk}], B = [b_{i'j'k'}]$ 是两个不同的张量, 它们的指标分别是 $(ijk), (i'j'k')$, 这些指标的数量和记号都可以不同. 这时称 A, B 是两个**同构张量**, 如果它们满足以下条件:

(1) 在指标集合 $(ijk), (i'j'k')$ 之间存在 1-1 对应关系 (存在这种对应关系的充分必要条件是这两个张量的维数相等).

(2) 如果 $(ijk), (i'j'k')$ 是两个对应的指标, 那么必有 $a_{ijk} = b_{i'j'k'}$ 成立.

2. 重要的同构张量

例 10.1.1 重要的同构张量有如一个 3 阶张量 $A = [a_{ijk}]$ 和一个向量 (1 阶张量) $B = [b_{i'}]$ 同构, 这时它们满足条件:

(1) 它们的维数相同, 这时有 $n = i_0 \times j_0 \times k_0 = i_0'$.

(2) 在指标集合 $(ijk), (i')$ 之间存在 1-1 对应关系, 如取

$$i' = (i-1) \times j_0 \times k_0 k + (j-1) \times k_0 + k \qquad (10.1.13)$$

(3) 在 (10.1.13) 的这种对应关系下, 必有 $a_{ijk} = b_{i'}$ 成立.

例 10.1.2 又如一个 5 阶张量 $A_3^2 = [a_{ijk}^{i'j'}]$ 和一个矩阵 (2 阶张量) $B = [b_s^t]$ 同构, 这时它们满足条件:

(1) 它们的维数相同, 这时有 $n = i_0 \times j_0 \times k_0 = s_0, n' = i_0' \times j_0' = t_0$.

(2) 在指标集合 $(ijk), (s); (i'j'), (t)$ 之间存在 1-1 对应关系, 如取

$$\begin{cases} s = (i-1) \times j_0 \times k_0 k + (j-1) \times k_0 + k, \\ t = (i'-1) \times j_0' + j. \end{cases} \qquad (10.1.14)$$

(3) 在 (10.1.14) 的这种对应关系下, 必有 $a_{ijk}^{i'j'} = b_s^t$ 成立.

10.1.4 同构张量和等效系统

我们已经给出张量和张量系统的定义与结构, 现在讨论它们的简化问题. 这就是它们的同构问题.

1. 同构张量的定义

定义 10.1.2 (同构张量的定义) 如果 $A = [a_{ijk}], B = [b_{i'j'k'}]$ 是两个不同的张量, 称它们是同构张量, 如果它们满足以下条件:

(1) 在 A, B 的元 $a_{ijk}, b_{i'j'k'}$ 之间存在一个 1-1 对应关系.

(2) 在此对应关系中, 关于张量 A, B 的运算在它们的 1-1 对应关系中保持一致.

2. 同构张量的运用

利用同构张量的定义, 可以简化关于张量的表述. 这就是任何高阶张量都可通过一定的低阶张量进行表述.

(1) 例如, (10.1.2) 式中的神经元张量 $C = [c_{ijk}]$ 是一个 3 阶张量, 我们可以用一个 1 阶张量 $C = [c_\ell]$ 简化, 其中

$$\ell = \ell(i, j, k) = [(i-1)j_0 - 1]k_0 + k, \quad i \in I, j \in J, k \in K,$$

其中 $Z = \{1, 2, \cdots, z_0\}, (Z, z) = (I, i), (J, j), (K, k)$.

(2) 因此, ℓ 的变化范围是 $\{1, 2, \cdots, \ell_0\}$, 其中 $\ell_0 = i_0 j_0 k_0$.

(3) 因此, 在 c_ℓ 和 f_{ijk} 之间存在 1-1 对应关系.

(4) 它们运算的对应关系是指关于神经元 c_{ijk} 的运算都可用对应的 c_ℓ 取代.

(5) 对 (10.1.2) 式中的权张量 $W = [w_{ijk}^{i'j'k'}]$, 我们同样可以用一个张量 $W = [w_\ell^{\ell'}]$ 简化, 其中

$$\begin{cases} \ell = \ell(i, j, k) = [(i-1)j_0 - 1]k_0 + k, & i \in I, j \in J, k \in K, \\ \ell' = \ell'(i', j', k') = [(i'-1)j_0' - 1]k_0' + k', & i' \in I', j' \in J', k' \in K'. \end{cases}$$

因此 (10.1.2) 式中的张量都可以用一些一、二阶张量来取代.

3. 等效系统的定义

我们已经给出同构张量的定义, 由此即可讨论等效系统的问题.

定义 10.1.3 (系统和等效系统的定义) (1) 称 $\mathcal{E}$ 是一个系统, 如果它由若干张量组成, 而且在这些张量之间存在固定的运算关系.

(2) $\mathcal{E}, \mathcal{E}'$ 是两个固定的系统, 如果它们之间的张量都是同构张量, 而且在这些同构张量之间的运算关系保持一致.

在下文中, 我们会讨论到具有时空结构的 NNS (简记为 T-SNNS), 这些 T-SNNS 可以产生多种等效系统.

4. 建立同构张量的理论意义

(1) 建立同构张量的理论意义, 首先在于任何高阶张量都可简化成 1 阶张量 (向量) 或 2 阶张量 (矩阵) 来讨论.

(2) 建立同构张量的另一理论意义是关于向量和矩阵的理论都可推广到张量的情形, 如关于矩阵的**对称和反对称矩阵、对角线矩阵、幺矩阵、转置矩阵、逆矩阵、正交矩阵、非负矩阵、正定矩阵**等一系列概念、定义和名称, 都可变成张量. 由其中的一系列特殊矩阵变成相应的特殊张量.

所有这些**矩阵、矩阵运算的性质**都可变成**张量、张量运算的性质**.

因此, 关于向量、向量空间中的理论都可推广到张量的情形, 由此形成张量空间的理论和记号.

(3) 有关智能计算中的模型、结构和性质 (如算法) 也都可推广到张量的情形.

因此有关张量的语言都可在向量和矩阵的语言下叙述, 在下文中不再一一重复说明.

5. 复合系统

一个复合系统是由若干子系统组成的系统, 对它的表达如下.

(1) 对这个复合系统记为 $\mathcal{E} = \{\mathcal{E}_\tau, \tau = 1, 2, \cdots, \tau_0\}$. 其中 $\mathcal{E}_\tau$ 是该系统中的子系统.

(2) 对固定的子系统 $\mathcal{E}_\tau$, 它可以记为

$$\mathcal{E}_\tau = \{C_\tau, X_\tau, U_\tau, H_\tau, W_\tau\}, \tag{10.1.15}$$

其中 C, X, U, H, W 分别是该子系统中的神经元、神经元状态、神经元电势、神经元阈值和神经元之间的权张量.

(3) 利用张量的同构性和系统的等效性, 对固定的 τ, 我们取 C, X, U, H 都是 1 阶张量 (向量), 而取 W 是 2 阶张量 (矩阵). 它们的记号分别是

$$\begin{cases} Z_\tau = [z_{\tau,i}] = \{z_{\tau,i}, i = 1, 2, \cdots, i_\tau\}, Z = C, X, U, H, \\ W_\tau = [w_{\tau,i}^{\tau',i'}] = \{w_{\tau,i}^{\tau',i'}, \tau, \tau' = 1, \cdots, \tau_0, i = 1, \cdots, i_\tau, i' = 1, \cdots, i_{\tau'}\}. \end{cases} \tag{10.1.16}$$

其中 $i_\tau, i_{\tau'}$ 是固定的正整数, 表示不同子系统中神经元的数目.

(4) 在此复合系统中, 不同的子系统存在相互作用. 对这种相互作用的描述, 我们在下文中还有讨论.

10.2　神经网络系统中的张量结构

我们已经给出张量和张量分析的一般定义和记号, 现在讨论它们在神经网络系统中的表现和表达问题.

我们已经说明, 人脑和生物神经系统由许多系统和子系统组成, 而每个子系统又由许多神经细胞所组成, 这些神经元和神经细胞正是我们构造神经网络系统的理论基础, 而对系统和子系统的描述正是我们采用张量系统的模型和理论.

为此, 我们采用具有时空结构的神经网络的张量系统 (简记为 T-SNNS) 的模型和理论来进行描述和讨论.

10.2.1　T-SNNS 结构中的指标体系

我们已经说明, 这种 T-SNNS 的模型和理论是一种张量的模型和理论, 因此它们仍然需要通过张量的模型和记号来进行描述, 为此需先建立它们的指标体系. 这种指标的类型有多种, 如系统和子系统的指标, 神经元、神经细胞和它们的状态参数的指标等. 由这些指标产生它们的张量系统.

在本小节中, 我们首先要对这种指标体系进行描述和讨论.

在 T-SNNS 中, 对它们的指标体系的类型、含义和记号说明如下.

1. 空间区域和空间阵列指标

记 R^3 是一个 3 维欧氏空间, $\Omega \subset R^3$ 是它的一个空间区域, 如人脑所占有的空间区域.

(1) 记 Ω 空间中的点为 $\vec{r} = (x, y, z) = (r_1, r_2, r_3) \in \Omega$, 它是一个 3 维向量, 对向量的这两种表示我们等价使用.

(2) 当这些空间点按一定的规则排列时, 形成一个空间阵列, 空间阵列的一般表示是

$$\Omega\text{-阵列} = \{(i, j, k) : \vec{r}_{i,j,k} = (x_i, y_j, z_k) \in \Omega\}, \tag{10.2.1}$$

因此 Ω-阵列是一个关于指标 (i, j, k) 的集合.

为了对 Ω-阵列有更确切的表示, 需对点阵 $\vec{r}_{i,j,k} = (x_i, y_j, z_k)$ 有更具体的描述, 如取

$$(x_i, y_j, z_k) = (x_0 + i\delta, y_0 + j\delta, z_0 + k\delta), \quad i \in I, j \in J, k \in K,$$

其中 $x_0, y_0, z_0, \delta > 0$ 是固定的常数, I, J, K 是指标的集合.

因此 Ω 可以通过一个固定的空间数据阵列进行表达. 这时 $\vec{r}_{ijk} = (x_i, y_j, z_k)$ 是一个关于指标 (i, j, k) 的张量 (它的相空间是个向量).

2. 其他指标

在 NNS 中, 除了空间位置指标外, 还有其他多种指标. 如:

(1) **基本指标**. 这就是以神经元、神经胶质细胞为主体的指标, 它们以空间排列或相互作用的关系出现, 如 i, j, k 等指标.

(2) **区域和功能指标**. 我们用 τ, γ 等指标表示, 它们分别代表空间区域排列的指标、功能指标或子系统编号的指标.

(3) **时间指标**. 我们用 s, t 等指标表示, 它们代表系统在此时间的取值或发生次数的指标.

(4) **取值的类型指标**. 这就是相空间类型的指标. 我们用 θ 等指标表示.

(5) **子系统的指标**. 我们把各种不同的物理指标, 如 τ, γ, θ 等都归结成子系统的指标, 并统一用 τ 指标来表示.

在张量系统中, 一些常用的指标记号如表 10.2.1 所示.

表 10.2.1 张量系统中常用的指标记号表

指标类型	指标记号	指标名称
空间指标	i, j, k	维和维数
时间指标	t, s	时间范围
相空间指标	x, y, z	取值空间指标
子系统指标	τ, γ	子系统、子子系统
功能指标	θ	也是一种子系统

由此可见, 一个 5 阶张量有如 $X_4(1) = [x_{\tau,ijk}(t)]$, 其中 $\tau,(i,j,k)$ 分别是子系统、自变量的空间指标, t 是时间指标.

(1) 如果 $X = R^3$, 那么它的相空间指标可以用 (x,y,z) 来表示. 这时 $X_4(1)$ 是一个复合指标, 由此得到的张量是一个 $5 + 3 = 8$ 阶的张量.

(2) 由此可见, 在张量系统中, 每一种指标都可复合化. 这就是, 每一个指标都可被其他几个指标所取代, 由此产生复合指标和复合张量.

表 10.2.1 中的指标 τ,γ,θ 可以看作是子系统、子子系统和功能指标, 由此产生复合的复合系统.

(3) 按张量的等价性原理, 对表 10.2.1 中的指标 τ,γ,θ, 我们用一个子系统的指标 τ 来表示, 而对 i,j,k 指标, 我们用一个指标 i 来表示. 这样就可大大简化张量系统的表示.

10.2.2　T-SNNS 中的张量记号

现在就要利用张量系统来构造 T-SNNS, 它们的有关记号如下.

1. 和神经元阵列有关的其他张量

我们已经说明, 张量系统的基本指标是 τ,i, 它们分别是子系统和神经元的指标.

因此不同的子系统和神经元的指标是 (τ,i) 和 (τ',i').

由这些子系统和神经元可以产生其他类型的张量. 如

$$\left\{\begin{array}{l} \text{空间位置阵列张量 } [r_{\tau,i}], \text{ 是子系统和空间位置的张量,} \\ \text{神经元张量 } C = [c_{\tau,i}], \text{ 是神经元的张量,} \\ \text{电势张量 } U = [u_{\tau,i}], \text{ 是神经元 } c_{ijk} \text{ 所携带的电势值的张量,} \\ \text{状态张量 } X = [x_{\tau,i}], \text{ 是神经元的状态张量,} \\ \text{阈值张量 } H = [h_{\tau,i}], \text{ 是神经元的阈值张量,} \\ \text{权张量 } W = [w_{\tau,i}^{\tau',i'}], \text{ 是神经元相互连接的权张量, 其中 } w_{\tau,i}^{\tau',i'} \\ \qquad \text{也是连接神经元的神经胶质细胞.} \end{array}\right. \tag{10.2.2}$$

2. 张量之间的关系问题

这就是在 (10.2.2) 的这些张量之间存在关系式, 如

$$u_i = w_i^{i'} x_{i'}, \quad x_i' = \text{Sgn}(u_i - h_i). \tag{10.2.3}$$

它们分别是 T-SNNS 中神经元的电势整合张量和状态张量的运动方程. 其中 $\text{Sgn}(u)$ 是 u 的符号函数. 该运动方程又可写为 $[X(t+1)] = T\{[X(t)]\}$, 其中 $t = 0,1,2,\cdots,t_0$ 是时间的指标, T 是关于状态张量 $[X] = \{x_i, i \in I\}$ 的运算子, 我们称之为 T-SNNS 中的**状态张量运算子**.

因此神经元的状态由它的电势确定, 当电势大于或等于一定的阈值时就处于兴奋状态, 否则就处于抑制状态.

3. T-SNNS 的定义

定义 10.2.1 (T-SNNS 的定义)   (1) 如果 $\Omega \subset R^3$ 是一个空间区域, $\vec{r}_{i,j,k,t} \in \Omega$ 是一个时空结构阵列, 由 (10.2.2) 定义的这些张量满足 (10.2.3) 式中的关系, 那么称这个系统是一个 T-SNNS, 或记为

$$\text{T-SNNS}\left(\Omega, \vec{R}, C, W, H, \vec{X}\right) = \left\{\Omega, \vec{r}_{ijk}, c_{ijk}, w^{i'j'k't'}_{ijk,t}, h_{ijkt}, x_{ijkt}\right\}, \qquad (10.2.4)$$

是一个在空间区域 Ω 的 T-SNNS, 其中 $\Omega, \vec{R}, C, W, H$ 张量是构成该 T-SNNS 的**基本要素**.

这里的区域 Ω , 张量 $\vec{R}, C$ 是神经细胞排列的位置, 因此是稳定的 (与时间指标 t 无关).

它们的指标 $ijk, i'j'k'$ 又可分别简化为 i, i' 指标, 在下文中我们都采用这种简化指标.

权张量 W 和阈值张量 H 通过学习、训练是不稳定的, 但它们是相对稳定的, 也就是在学习、训练完成后是稳定的.

T-SNNS 中的电势张量、状态张量 U, X 是时间的函数, 因此是不稳定的. 对状态张量 X 的运动过程有一系列描述方式, 我们在以后还会讨论.

4. 神经胶质和权张量的特性分析

我们已经说明, 神经胶质也是一种特定的神经细胞, 它们由多种细胞器 (不同类型的突触和触突) 组成, 因此没有固定的空间位置表示, 但它们分布在这些神经元阵列之间.

为了区别, 我们把神经胶质细胞张量记为 $W(0) = [w^{i',j',k'}_{i,j,k}(0)]$, 而把权张量记为 $W = (w^{i',j',k'}_{i,j,k})$.

这时的神经胶质细胞张量 W 是不同神经元之间的连接细胞, 因此是相对固定、不变的. 这时的 W 也是神经胶质细胞内在属性参数的张量, 是体现 NNS 特征的主要依据, 对它的功能特征说明如下.

(1) 神经胶质细胞具有可塑性, 这就是权张量 W 中的数据可以通过学习、训练发生改变.

(2) 这种可塑性具有相对稳定性, 这就是权张量 W 在未进行新的学习、训练之前, 其中的参数保持不变.

这种相对稳定性说明这种神经胶质细胞张量承担 NNS 中的记忆功能, 但这种记忆特征会发生突变和衰减.

这种记忆功能和神经元的状态不同, 神经元的状态可随时发生改变, 而权张量 W 中的数据必须通过学习、训练 (重复若干次后) 才能发生改变.

(3) 权张量中的这种记忆特征还体现在 W 中数据的变化是同步的, 这就是 W 中的数据同时按比例减弱或增长. 因此记忆的特征可以衰减, 也可以在一定的刺激条件下恢复.

(4) 记忆衰减的重要因素是时间的推移, 随着时间的推移, $W = (w_{i,j,k}^{i',j',k'})$ 中的数据同时按比例减弱.

这就是一个 NNS 子系统, 在它的权张量 $W \sim 0$ 时, 它的作用容易被其他子系统的作用所取代.

(5) 记忆的恢复是 $W = (w_{i,j,k}^{i',j',k'})$ 中的数据在受刺激的条件下同时按比例增长, 因此使该子系统的特殊功能 (或运动模式) 重新得到恢复.

(6) 这种记忆的消失、衰减和恢复与系统的能量有关, 在 NNS 内部存在能量的分配和转移的问题, 对这些问题我们在下文中再继续讨论.

5. 时间指标

我们已经说明, 在这些张量和指标的集合中, 还有时间的指标.

有些张量或张量参数与时间无关, 那么称这些张量是稳定的张量. 一般情形, NNS 中的张量都和时间有关, 因此在这些张量中都应包含时间指标. 时间指标有不同的表示法, 如:

(1) 函数表示法, 如在神经元的状态张量 X_3 中, 用 $X_3(t)$ 表示神经元在时刻 t 时的状态张量.

(2) 上下标的表示法, 如在神经元相互作用的张量 $W = [w_{ijk}^{i'j'k'}]$ 中, 用带上下标的张量 $W_t^{t'} = [w_{ijkt}^{i'j'k't'}]$ 表示神经元 i, j, k 在时刻 t 时对神经元 i', j', k' 在时刻 $t'(t \leqslant t')$ 时作用的权张量.

(3) 权张量 $W_t^{t'} = [w_{ijkt}^{i'j'k't'}]$ 表示时间 t, t' 对权系数的影响情况. 在 NNS 中, 这种影响有多种不同的类型, 如:

(i) 突变型. 这时 $W_t^{t'} = Wf_\lambda(t' - t)$, 其中 $\lambda > 0$, W 是个固定的权张量, 而

$$f_\lambda(t' - t) = \begin{cases} 1, & 0 \leqslant t' - t \leqslant \lambda, \\ 0, & \text{否则}. \end{cases}$$

(ii) 衰减型. 这时 $W_t^{t'} = We^{-\lambda(t'-t)}, t < t'$, 其中 $\lambda > 0$, W 是个固定的权张量.

10.3 复合系统

我们已经说明, 一个系统如果由多个子系统组成, 那么这个系统就是一个**复合系统**. 如果这个复合系统由神经元或神经细胞组成, 那么它就是一个**复合神经系统**. 复合神经系统又称为具有时空结构的 NNS (简称 T-SNNS). 这种系统的相互作用又有多种不同的类型, 如子系统内部神经元的相互作用和不同子系统之间的作用等.

在本节中, 我们先讨论这种复合系统的结构和模型、它们的相互作用和运动表达, 我们将通过 NNS 的模型和理论来进行讨论.

为描述这种复合网络系统, 在作张量分析的同时, 我们采用复合图论来对它的结构进行描述. 复合图论的概念是**图中图**的概念. 如在点线图中, 如果其中的点和弧由不同的子图所组成, 由此形成的图就是复合图.

在本书的附录中, 我们给出了这种图和复合图的定义与描述. 现在利用这种复合图来讨论这种复合系统的模型和理论.

10.3.1 复合图论

本书的附录中给出了有关图论的一系列概念和定义, 如子图、倍图、超图、树图等定义, 还给出了有关子图的定义和运算、图的着色函数等概念. 在此基础上, 就可讨论有关复合图论的描述和运算的理论. 对这些概念和定义在此不再重复说明.

1. 复合图中的指标集合

我们已经说明, 复合图的概念就是图中图的概念. 这就是, 在一个图中, 它的点 (或点着色函数) 是一个图, 而相应的弧 (或弧着色函数) 是一种关联的图. 对此定义如下.

(1) 关于指标 τ 的点线图.

我们已经说明, 在 T-SNNS 中, 指标 τ 分别是 NNS 中的子系统. 复合图的概念就是由这些子系统再构成的图. 这时记 $A = \{1, 2, \cdots, \tau_0\}$ 是一个关于指标 τ 的集合.

(2) 这时在指标 τ 之间存在关联关系, 这种关系可以用点线图 $G_1 = \{A, V\}$ 来进行表达, 称点线图 $G_1 = \{A, V\}$ 是关于指标集合 A 的**点线图**.

2. 复合图的概念和定义

我们已经说明, 复合图的概念是图中图的概念, 因此它有两种表示法.

(1) 第一种表示法是着色函数的表示法. 这就是在指标集合的点线图 G_1 中, 它的点和弧的着色函数都是图的函数, 如我们定义这些着色函数分别是

$$\begin{cases} 点着色函数 f(a) = (\tau_a, \gamma_a, G_a), & a \in A, \\ 弧着色函数 f(v) = [(\tau_a, \gamma_a, \tau_a, \gamma_a), G_{a,b}], & v = (a,b) \in V, \end{cases} \tag{10.3.1}$$

其中 $G_a, G_{a,b}$ 是和指标 a, b 有关的图, 如

$$G_\tau = \{A_\tau, V_\tau\}, \quad \tau = a, b \in A, (a, b) \in V. \tag{10.3.2}$$

由此产生的带着色函数的图记为

$$\mathcal{G} = \{[A, V, (f(a), g(v))] \text{ 如 } (10.3.2) \text{ 式所示}\}. \tag{10.3.3}$$

(2) 第二种表示法是直接表示法. 这就是在图 G_1 中, 把其中的点和弧直接看作不同类型的图, 这时

$$\mathcal{G}' = \{[G_a, a \in A], [G_v, v \in V]\}, \tag{10.3.4}$$

其中 $[G_a, a \in A], [G_v, v \in V]$ 都是和集合 A, V 有关的图的集合.

关于点和弧所对应的图, 它们的关系和区别在下文中还有讨论说明.

3. 多重复合图

关于复合图的概念还可推广到多重复合图的情形, 对此我们说明如下.

(1) 如果所研究的网络系统由多重指标组成, 如 $\tau, \gamma, \theta, \cdots$, 那么这些指标构成一个**多重网络复合图**.

(2) 关于指标 τ 构成一个由该指标所形成的图 $G = \{A, V\}$, 其中 $A = \{1, 2, \cdots, \tau_0\}$, V 分别是由指标 τ 构成的点线图, $a = \tau \in A$ 是图中的点, $v = (\tau, \tau) \in V$ 是图中的弧.

(3) 在指标 τ 的点线图 G 的基础上产生关于指标 γ 的复合图, 这时记

$$GG = \{G_\tau, \tau \in A\} = \{G_\tau = [A_\tau, V_\tau], \tau \in A\}, \tag{10.3.5}$$

其中 $A_\tau = \{1, 2, \cdots, \gamma_\tau\}$ 是关于指标 γ 的取值范围, 而 V_τ 是点集合 A_τ 中的点偶集合.

因此 GG 中的点集合为

$$AA = \{A_\tau, \tau \in A\} = \{(\tau, \gamma), \gamma = 1, 2, \cdots, \gamma_\tau, \tau = 1, 2, \cdots, \tau_0\}. \tag{10.3.6}$$

(4) 以此类推, 在指标 (τ, γ) 的点线图 GG 的基础上产生关于指标 θ 的复合图, 这时记

$$GGG = \{G_{\tau,\gamma}, (\tau, \gamma) \in AA\} = \{G_\tau = [A_{\tau,\gamma}, V_{\tau,\gamma}], (\tau, \gamma) \in AA\}, \tag{10.3.7}$$

其中 $A_{\tau,\gamma} = \{1, 2, \cdots, \gamma_{\tau,\gamma}\}$ 是关于指标 θ 的取值范围, 而 $V_{\tau,\gamma}$ 是点集合 $A_{\tau,\gamma}$ 中的点偶集合, $v = (\theta, \theta') \in V_{\tau,\gamma}$.

这时称 GGG 是由 τ, γ, θ 指标组成的三重复合网络图. 由此可知, 在多重复合网络图的构造中, 它们是由多次复合过程所形成的, 每次复合都是图中套图的过程.

性质 10.3.1　在多重复合图 GGG 的构造中, 最终产生的 $GGG = \{AAA, VVV\}$ 仍然是一个点线图, 其中点和弧顶集合是

$$
\begin{cases}
AAA = \{A_{\tau,\gamma}, (\tau, \gamma) \in AA\} \\
\quad = \{(\tau, \gamma, \theta), \tau = 1, 2, \cdots, \tau_0, \gamma = 1, 2, \cdots, \gamma_\tau, \theta = 1, 2, \cdots, \theta_{\tau,\gamma}\}, \\
VVV = \{v_{\tau,\gamma} = (\theta_{\tau,\gamma}, \theta'_{\tau,\gamma}), (\tau, \gamma) \in AA\}.
\end{cases}
$$

$$(10.3.8)$$

10.3.2　复合图的一些实例分析

复合网络图实际上是一种关于图的组合和分解. 我们举例说明如下.

1. 复合树图的定义和构造

在复合图中, 最简单、最典型的图是**复合网络树图** (简称**复合树图**). 我们以三重复合图 GGG 为例说明复合树图的定义和构造.

在一个三重复合图 GGG 的构造过程中, 是由 $G \to GG \to GGG$ 所形成的, 其中的 G, GG, GGG 都是由一系列的图所构成的.

定义 10.3.1　在多重复合图 GGG 的构造中, 如果 G, GG, GGG 这些图都是树图, 那么称 GGG 是一个多重复合的树图.

性质 10.3.2　在多重复合树图 GGG 中, 最终产生的 $GGG = \{AAA, VVV\}$ 仍然是一个树图.

这时我们可以把多重复合树图 GGG 看作树图的一个分解, 其中树图 GG 可以看作由树图 G 所引申出来的一些枝所形成的树, 而树图 GGG 可以看作由树图 GG 所引申出来的一些枝所形成的树.

例 10.3.1　我们以附录中图 I.1.3 中的图说明它是一个复合树图.

对图 10.3.1 的结构关系说明如下.

(1) 该图是一个由 4 个子图 T_0, T_1, T_2, T_3 所产生的树图, 它们所包含的点和弧如图 I.1.3 所示. 这些图所包含的点分别是

$$
\begin{cases}
T_0 = \{1, 2, \cdots, 18\}, \\
T_1 = \{5, 18, 19, \cdots, 28\},
\end{cases}
\qquad
\begin{cases}
T_2 = \{24, 29, 30, \cdots, 42\}, \\
T_3 = \{8, 43, 44, \cdots, 54\}.
\end{cases}
$$

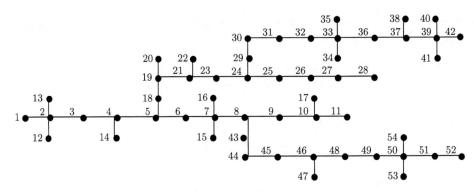

图 10.3.1　复合树图的示意图

(2) 关于 T_0, T_1, T_2, T_3 4 个子图的下标 $\tau = 0, 1, 2, 3$ 产生一个子图 $G = \{A, V\}$,
其中 $\left\{ \begin{array}{l} A = \{0, 1, 2, 3\}, \\ V = \{(0,1), (0,2), (1,3)\}. \end{array} \right.$ 这时图 G 是一个树图 $T_0 \to \left\{ \begin{array}{l} \to T_1 \to T_3, \\ \to T_2. \end{array} \right.$

(3) 由图 G 产生一个复合图 $GG = \{[T_\tau, \tau \in A], (T_\tau, T_{\tau'}), (\tau, \tau') \in V\}$. 其中 A, V 在图 G 中确定.

(4) 因为图 T_0, T_1, T_2, T_3 都是干枝树图 (见附录 C 的定义), 所以由此产生的 GG 图是一个复合树图 (二层复合).

2. 由图的组合所产生的复合图

在附录 I 中给出了图的组合运算的定义, 这种组合运算实际上是一种复合图, 对此说明如下.

(1) 如果图 $G_1, G_2, \cdots, G_n$ 是一组不交的图, 这时 $G_\tau = \{A_\tau, V_\tau\}, \tau = 1, 2, \cdots, n$.

(2) 它们的不交性是指 $A_\tau \cap A_{\tau'} = \varnothing$(是空集合), 对任何 $\tau \neq \tau' \in \{1, 2, \cdots, n\}$ 成立.

(3) 由此产生第一层的子图 $G = \{A, V\}$, 其中 $A = \{1, 2, \cdots, n\}$, 而 V 是任何 A 中的点偶集合.

(4) 同样由图 G 产生一个复合图 $GG = \{[G_\tau, \tau \in A], (G_\tau, G_{\tau'}), (\tau, \tau') \in V\}$. 其中 A, V 在图 G 中确定, 而 $(G_\tau, G_{\tau'}) = G_\tau \vee G_{\tau'}, (\tau, \tau') \in V$ 是复合图中的弧, 其中 $(\tau, \tau') \in V$, 而 $G_\tau \vee G_{\tau'}$ 是图的联, 它的定义在附录 I 中给出.

由此可见, 在 (10.2.3) 式的各张量表示中还应增加 τ, γ, t, θ, 由此形成 C_7, $W_5^5(4)$ 等高阶张量, 其中 θ 可以是相空间的指标, 也可以是其他功能的指标, 我们在 (10.2.3) 等式中有说明.

这时的权张量为 $W_5^5(4) = \left(w_{\theta, i, j, k, t}^{\theta', i', j', k', t'}(\tau, \gamma, \tau'\gamma') \right)$, 我们把它看作体现系统功能的主要因素.

这个权张量是一个 14 阶的张量, 为了简单起见, 我们把它记为 $W_7^7 = (w_\Theta^{\Theta'})$, 其中 $\Theta = \{\tau, \gamma, \theta, i, j, k, t\}$, $\quad \Theta' = \{\tau', \gamma', \theta', i', j', k', t'\}$ 是复合型的指标集合.

我们把权张量 W_7^7 看作体现 NNS 功能的主要参数.

3. 张量的类型和时间指标关系的讨论

我们已经说明, 张量和时间关系有多种不同的类型.

(1) 张量和时间关系分稳定、不稳定和局部稳定三种不同的类型.

(2) 稳定张量就是和时间无关的张量, 如神经元张量、神经元的空间位置张量、神经胶质细胞张量 C, R_3, W_3^3.

(3) 不稳定张量就是随时间变化的张量, 如神经元的状态张量 (x_{ijkt}) 等.

(4) 局部稳定 (或半稳定) 张量就是对权张量 W_7^7 具有以下性质, 从而权张量有多种不同的类型.

(i) 时控权张量. 如

$$
w_\Theta^{\Theta'} = \begin{cases} w_\Theta^{\Theta'}(0), & |t' - t| \leqslant \beta, \\ 0, & \text{否则}. \end{cases} \tag{10.3.9}
$$

其中 β 是一个固定的正数, 而 $w_\Theta^{\Theta'}(0) = w_\Theta^{\Theta'}$ 是在 $t' - t = 0$ 的张量值.

这时称 (10.3.9) 式中的 β 为**权张量记忆消失的时间系数**.

(ii) 时衰权张量. 这时的权张量为

$$
w_\Theta^{\Theta'} = w_\Theta^{\Theta'}(0) e^{-\alpha|t' - t|}. \tag{10.3.10}
$$

其中 α 是一个适当固定的正数, 而 $w_\Theta^{\Theta'}(0)$ 的定义和 (10.3.9) 式相同.

这时称 (10.3.10) 中的 α 为**权张量记忆的时间衰变系数**.

(iii) 不对称的时控、时衰权张量. 在 (10.3.9), (10.3.10) 的张量中, 关于时间前后的关系是对称的, 我们也可以定义不对称的张量.

(iv) 混合时控、时衰权张量. 这就是在 (10.3.9), (10.3.10) 的张量计算公式中, 它们也可作混合计算.

局部稳定的权张量的功能特征分析:

(1) 如果 $w_\Theta^{\Theta'} \equiv 0$, 那么该系统中的神经元没有任何联系和功能发生, 该 NNS 处于静息状态 (不发生任何关系和作用).

(2) 如果 $w_\Theta^{\Theta'}(0) \sim 0$, 那么该 NNS 处于暂息状态, 即不发生关系和作用, 但在一定的条件下可随时恢复作用.

(3) $w_\Theta^{\Theta'} \equiv 0$ 或 $w_\Theta^{\Theta'} \sim 0$ 的这些关系可以在某些特定的指标上发生, 如在 $\gamma' = \gamma$ 时, 那么该 NNS 的静息状态或暂息状态在 $\gamma' = \gamma$ 时不发生.

(4) 最典型的功能是数据存储功能和处理功能, 我们分别记 $\gamma = 0, 1$, 这时

$$w_{\Theta}^{\Theta'}|_{\gamma = \gamma' = 0, \text{or} 1} \equiv 0 \ (\text{或} \sim 0). \tag{10.3.11}$$

这时称该 NNS 处于局部静息状态或局部暂息状态.

(5) 对于以上的时控权张量, 关于时间前后的变化是对称的, 我们也可给出不对称的定义. 这就是在 (10.3.9), (10.3.10) 式的定义中, 关于权张量记忆的时间消失和衰变系数 β, α 可以分别在 $t' > t, t' < t$ 的情形下有不同的取值.

(6) 按这种时间关系, 可以产生不同类型的 T-SNNS, 如

$$\begin{cases} \text{前馈网络在 } t' < t \text{ 时}, w_{\tau, 2, i, j, k, t}^{\tau', 1, i', j', k', t'} = 0, \\ \text{反馈网络在 } t < t' \text{ 时}, w_{\tau, 2, i, j, k, t}^{\tau', 1, i', j', k', t'} = 0, \\ \text{时效网络在 } |t' - t| > \beta \text{ 时}, w_{\tau, 2, i, j, k, t}^{\tau', 1, i', j', k', t'} = 0, \end{cases} \tag{10.3.12}$$

其中 β 是一个固定的正整数.

我们已经分别给出复杂网络系统和复合图的定义. 这样就可对复杂网络系统作复合图的表示. 有关的模型和记号如下.

10.3.3　复合系统中的复合图

1. 复合系统的表达

我们已经说明, 一个复合系统是由若干子系统组成的系统, 这时记 $\mathcal{E} = \{\mathcal{E}_\tau, \tau = 1, 2, \cdots, \tau_0\}$, 其中 $\mathcal{E}_\tau$ 是该系统中的子系统, 它的结构已在 (10.1.15), (10.1.16) 等式中给出. 现在继续对这种复合系统进行讨论.

在这种复合系统中, 存在两种不同类型的相互作用, 这就是在子系统内部神经元之间的相互作用和子系统之间的相互作用, 它们的作用效果是不同的.

这就是子系统内部神经元之间的相互作用会造成子系统内部状态的运动, 而子系统之间的相互作用会造成不同子系统之间的相互推动作用.

无论是哪种相互作用, 它们都需要进行统一的描述和说明.

2. 子系统的结构和相互作用的特征

为了对子系统的结构和相互作用进行描述和讨论, 我们作以下说明.

(1) 系统 $\mathcal{E}$ 是由若干子系统 $\mathcal{E}_\tau, \tau = 1, 2, \cdots, \tau_0$ 组成的, 其中

$$\mathcal{E}_\tau = \{C_\tau, X_\tau, U_\tau, H_\tau, W_\tau\}.$$

$C_\tau, X_\tau, U_\tau, H_\tau, W_\tau$ 的定义如 (10.1.15), (10.1.16) 式所给.

(2) 在系统 $\mathcal{E}$ 中, 不同的子系统 $\mathcal{E}_\tau$ 之间形成一个关系图 $G_1 = \{A_1, V_1\}$. 其中 $A_1 = \{1, 2, \cdots, \tau_0\}$ 是不同的子系统的集合.

而取 V_1 中的弧 $v = (\tau, \tau')$ 是不同子系统的关系图. 我们把它记为 $\mathcal{G} = \{\mathcal{A}, \mathcal{V}\}$.

3. 关于复合图 $\mathcal{G}$ 的描述

复合图 $\mathcal{G} = \{\mathcal{A}, \mathcal{V}\}$ 是对 $\mathcal{E}$ 中各子系统关系的描述, 因此比较复杂.

(1) 首先集合 $\mathcal{A} = \{\mathcal{E}_\tau, \tau = 1, 2, \cdots, \tau_0\}$ 是一个由若干子系统组成的集合, 其中 $\mathcal{E}_\tau$ 的定义如 (10.1.15), (10.1.16) 式所给.

(2) 记集合 $\mathcal{V}$ 中的元也是一种图的集合, 我们把它记为 G_v, 其中 $v = (\tau, \tau')$ 是关于子系统偶的集合.

其中图 G_v 是关于子系统偶的关系图. 我们用 $G_v = \{C_v, X_v, U_v, H_v, W_v\}$ 表示, 并对此说明如下.

记 $C_v = \{(C_\tau^\gamma, C_{\tau'}^{\gamma'}), \gamma, \gamma' = 1, 2\}$ 是一个关于神经元集合偶的集合, 它们满足:

(1) $C_\tau^\gamma \subset C_\tau$ 是子系统 $\mathcal{E}_\tau$ 中关于神经元集合 C_τ 的子集. 其中 C_τ^1, C_τ^2 分别是 $\mathcal{E}_\tau$ 系统向 $\mathcal{E}_{\tau'}$ 系统中神经元输出和输入信号的神经元.

(2) 当 C_v 固定后, 就有 X_v, U_v, H_v 等张量产生, 它们分别是神经元集合 C_v 上的状态、电势和阈值张量.

(3) 而 W_v 表示不同子系统之间神经元相互作用的权系数. 在 $\tau = \tau'$ 时, $W_v = [w_{\tau,i}^{\tau',i'}, i \in C_\tau, i' \in C_{\tau'}]$ 是神经元集合 C_τ 之间的权矩阵.

(4) $\tau \neq \tau'$ 时, 相应的权矩阵为

$$W_v = [w_{\tau,i}^{\tau',i'}, i \in C_\tau^1, i' \in C_{\tau'}^2]. \tag{10.3.13}$$

这就是子系统 $\mathcal{E}_\tau$ 中的部分神经元 C_τ^1 向子系统 $\mathcal{E}_{\tau'}$ 中的部分神经元 $C_{\tau'}^2$ 输出电势, 它们通过 (10.3.13) 式的权系数发生相互作用.

这些相互作用都是通过 NNS 的运算关系实现的.

10.3.4 对复合 NNS 系统的模型描述和表达

由此我们得到关于复合 NNS 系统的总体结构和运动模型的表述如下.

1. 关于神经元的集合

一个复合 NNS 系统记为 $\mathcal{E} = \{\mathcal{E}_\tau, \tau = 1, 2, \cdots, \tau_0\}$.

(1) 它的神经元的集合记为

$$\mathcal{C} = \bigcup_{\tau=1}^{\tau_0} C_\tau = \bigcup_{\tau=1}^{\tau_0} \{c_{\tau,i}, i = 1, 2, \cdots, \tau_0\}, \tag{10.3.14}$$

其中 $C_\tau = [c_\tau] = \{c_{\tau,i}, i = 1, 2, \cdots, \tau_0\}$ 是子系统 $\mathcal{E}_\tau$ 中的神经元的集合.

这些集合可能是相交的, 这时记 $C_{\tau,\tau'}^0 = C_\tau \cap C_{\tau'}$ 是它们的交集.

(2) 神经元的状态集合记为

$$\mathcal{X} = \{x_{\tau,i}, i = 1, 2, \cdots, i_\tau, \tau = 1, 2, \cdots, \tau_0\}, \tag{10.3.15}$$

其中 $X_\tau = [x_\tau] = \{x_{\tau,i}, i = 1, 2, \cdots, \tau_0\}$ 是子系统 $\mathcal{E}_\tau$ 中的神经元的状态集合, 而 $x_{\tau,i} \in \{-1, 1\}$ 是个二进制的分量.

因此 $X_\tau = [x_\tau] = x_\tau^{i_\tau}$ 是一个 i_τ 维的二进制向量.

在向量 $X_\tau = x_\tau^{i_\tau}, \tau = 1, 2, \cdots, \tau_0$ 中, 有的分量可能是交叉重合的, 因为其中的神经元 C_τ 是交叉重合的.

(3) 由此产生的电势、阈值集合 (或张量) 同样可记为 $\mathcal{U}, \mathcal{H}$, 它们的定义和 (10.2.2) 中的 X 类似.

2. 复合系统的复合结构图

一个复合 NNS 系统 $\mathcal{E}$ 的复合结构图记为 $\mathcal{D}(\mathcal{E}) = \{\mathcal{C}(\mathcal{E}), \mathcal{V}(\mathcal{E})\}$, 其中 $\mathcal{C}(\mathcal{E})$ 是该系统中所有神经元的集合, 如 (10.3.14) 式所定义, 而 $\mathcal{V}(\mathcal{E})$ 是该系统中所有弧 (神经胶质细胞) 的集合.

我们已经分别给出复杂网络系统和复合图的定义, 这样就可对复杂网络系统作复合图的表示. 有关的模型和记号如下.

关于多层次感知器的一般记号如 (2.2.14) 式或图 2.1.2 (b) 所示, 它们的神经元构造如下.

(1) 该多层次感知器中的神经元由 3 层次组成, 它们的数量分别是 $(n, k, 1)$. 相应的神经元分别记为

$$
\begin{cases}
第一层的神经元集合 = \{c_{1,1}, c_{1,2}, \cdots, c_{1,n}\}, \\
第二层的神经元集合 = \{c_{2,1}, c_{2,2}, \cdots, c_{2,k}\}, \\
第三层的神经元集合 = \{c_{3,1}\}.
\end{cases} \tag{10.3.16}
$$

(2) 它们的状态向量分别是

$$
\begin{cases}
第一层的神经元的状态向量是 \ x^n = x_1^n = (x_{1,1}, x_{1,2}, \cdots, x_{1,n}), \\
第二层的神经元的状态向量是 \ y^k = x_2^n = (x_{2,1}, x_{2,2}, \cdots, x_{2,k}), \\
第三层的神经元的状态向量是 \ z = x_{3,1}.
\end{cases} \tag{10.3.17}
$$

它们的结构关系如 (10.3.3)—(10.3.6) 所示.

10.3.5　一般多层次感知器的复合网络图

由此我们得到一般多层次感知器的复合网络图的结构关系如下.

1. 系统和子系统的关系图

一个系统由若干子系统组成, 这些子系统之间的相互关系为系统关系图.

(1) 记 τ 是该网络中子系统的状态值, $A = \{1, 2, \cdots, m\}$ 是该网络系统中所有子系统的指标值, 这时由 $a \in A$ 产生该系统中的一个子系统.

(2) 在该系统中, 每个子系统形成一个子图 $G_\tau = \{A_\tau, V_\tau\}$, 其中 A_τ, V_τ 是该子图中点和弧的集合, 它们分别记为

$$
\begin{cases}
A_\tau = \{a_{\tau,1}, a_{\tau,2}, \cdots, a_{\tau,n_\tau}\}, \\
V_\tau \ \text{是} \ A_\tau \ \text{中点偶} \ v = (a,b), \quad a, b \in A_\tau \ \text{集合},
\end{cases}
\tag{10.3.18}
$$

其中 n_τ 是子图 G_τ 中不同点的数目, 对不同类型的子系统, 弧集合 V_τ 有不同的定义.

(3) 不同子系统之间的相互关系可以用图 $G = \{A, V\}$ 来表示, 其中 A 是子系统的编号集合, V 是 A 中的点偶集合, 它表示不同子系统之间的相互关系.

(4) 不同子系统之间的相互关系可以有多种表达方式, 我们可以通过它们之间的点和弧的关系进行表达, 这就是在集合 $A_\tau, A_{\tau'}, \tau, \tau' \in A$ 之间可以产生

$$
A_\tau \cup A_{\tau'}, A_\tau \cap A_{\tau'}, A_\tau \Delta A_{\tau'}, A_\tau - A_{\tau'}, A_{\tau'} - A_\tau
\tag{10.3.19}
$$

这些集合, 它们分别是集合 $A_\tau, A_{\tau'}$ 之间的并、交、对称差和余.

(5) 当子系统 $G_\tau, G_{\tau'}$ 在它们的集合 $A_\tau, A_{\tau'}$ 具有 (10.3.19) 的不同关系时, 在这些子系统之间存在连接关系.

这种连接关系用图 $G = \{A, V\}$ 来表示, 其中 A 是子系统的编号集合, V 是 A 中的点偶集合, 它表示不同子系统之间的相互关系.

2. 树图中的结构关系图

在一般情形下, 当子系统 $G_\tau, G_{\tau'}$ 具有 (10.3.19) 的不同关系时, 对这些子系统之间存在连接关系的描述是复杂的. 我们现在讨论树图的结构关系.

树图是一种最典型、最简单的复合图的结构关系. 这就是, 如果 G 是一个树图 (或树丛图), 它们的结构在附录 I (树图和树丛图的定义) 中给出.

定义 10.3.2 (树图中有关点的层次函数的定义) 树图 G 中的点 $a \in A$ 的层次函数 $\tau(a)$ 的定义如下.

(1) 树图的根 a_0 是该图的第 0 层的点.

(2) 任意点 $a \in A$ 的层次函数 $\tau(a)$ 是 a 点到根的路长度数 (组成路的弧的数目).

(3) 对固定的树, 在确定各点的层次函数 τ 外, 对同一层次的点进行编号排列, 因此在第 τ 层中的点是

$$
A_\tau = \{a_{\tau,1}, a_{\tau,2}, \cdots, a_{\tau,n_\tau}\}, \quad \tau = 1, 2, \cdots, \tau_0.
\tag{10.3.20}
$$

其中 τ_0 是该树图的最大层次数, n_τ 是该树图在第 τ 层次中的点个数.

(4) 这时它的复合树图结构构造如下.

(i) 在网络的层次关系图 (或初始图) $G = \{A, V\}$ 中, 点的集合是层次的集合 $A = \{0, 1, \cdots, \tau_0\}$.

(ii) 弧的集合是不同层次之间关系的集合, 如 $V = \{(\tau, \tau+1), \tau = 0, 1, \cdots, \tau_0-1\}$(也可以有其他更一般的定义).

(iii) 由此产生复合树图为

$$GG = \{AA, VV\} = \{[G_\tau, \tau \in A], [V_{\tau, \tau'}, (\tau, \tau') \in V]\}, \qquad (10.3.21)$$

其中 A, V 是初始图 $G = \{A, V\}$ 中的点和弧顶集合.

(iv) 当 $(\tau, \tau') \in V$ 时, 在 $A_\tau, A_{\tau'}$(见 (10.3.20) 式的定义) 的各点之间存在连接的弧, 因此

$$VV = \{[V_{\tau, \tau'}, (\tau, \tau') \in V]\} = \{(a_{\tau, i}, a_{\tau, i}), i \in A_\tau, j \in A_{\tau'}\}. \qquad (10.3.22)$$

(5) 这时 GG 就是一个多层次的复合树图. 在此多层次的复合树图中, 如果满足以下条件:

条件 10.3.1 (关于点的条件)   每个点 $a_{\tau, i}$ 就是神经元和它们的阈值函数 $c_{\tau, i}$.

每个点的状态函数可以通过 $u_{\tau, i}, k_{\tau, i}, x_{\tau, i}$ 的取值来确定, 它们分别为神经元 $c_{\tau, i}$ 的电荷整合函数、阈值函数和状态函数.

条件 10.3.2 (关于弧的条件)   如果点 $a_{\tau, i} \in A_\tau, a_{\tau', j} \in A_{\tau'}, (\tau, \tau') \in V$, 那么它们之间存在连接的权系数

$$W_\tau^{\tau'} = (w_{\tau' j, i}^{\tau, i})_{i=1, 2, \cdots, n_{\tau'}, j=1, 2, \cdots, n_\tau}, \quad (\tau, \tau') \in X. \qquad (10.3.23)$$

条件 10.3.3 (神经元的状态关系条件)   这时神经元之间的状态关系条件是

$$x_{\tau' j} = \text{Sgn} \left\{ \sum_{(\tau, \tau') \in v} \sum_{i=1}^{n_\tau} w_{\tau', j}^{\tau, i} x_{\tau, i} - h_{\tau', j} \right\}. \qquad (10.3.24)$$

由此产生的状态阵列

$$\mathcal{X} = \{x_{\tau, j} \in X = \{-1, 1\}, \quad \tau = 0, 1, \cdots, \tau_0, j = 1, 2, \cdots, n_\tau\} \qquad (10.3.25)$$

就是一个多层次感知器状态的数据阵列.

由此可知, 一个多层次的感知器可以通过一个复合树图来进行表达, 这时图中的点就是该感知器中的神经元, 图中的弧就是该感知器中的权连接张量, 在同一层次和不同层次之间神经元存在相互连接的网络结构. 因此我们可把这种组合网络结构和复合图、NNS 的关系作综合研究.

第 11 章　集合论和逻辑学

集合论和逻辑学是现代逻辑学的基础, 也是计算机科学的基础. 它们之间存在等价的表达关系. 在本章中我们介绍其中的一些基本概念、名称、定义、性质和记号. 它们也是本书所要讨论问题的理论基础.

11.1　集合论和数理逻辑概述

集合论和逻辑学是数学和哲学中的基础和经典问题, 在计算机科学的发展中, 尤其是在智能计算中有重要意义. 我们简单介绍其中的一些基本概念和基本内容.

11.1.1　集合论

1. 集合、元素和子集合

集合、元素和子集合是集合论中的基本要素, 它们的含义如下.

(1) 我们可以把集合看作**研究的对象**. 因此集合是由**总体**、**局部**和**个体**组成.

(2) 关于总体、局部和个体在集合论中可分别用集合 (X)、子集合 ($A, B, C, D, \cdots$) 和元素 ($x, y, z, a, b, c, d, \cdots$) 表示.

因此, 集合中的这些基本关系是**属于和包含**的关系, 这些关系的记号如表 11.1.1 所示.

表 11.1.1　集合论中的关系结构表

关系名称	记号	关系的含义或说明	关系的对象	关系类型
包含关系	$A \subset B$	集合 A 中的元素都在 B 中	子集合之间的相互关系	包含关系
被包含关系	$A \supset B$	集合 B 中的元素都在 A 中	子集合之间的相互关系	包含关系
相等关系	$A = B$	A, B 中包含的元素完全相同	子集合之间的相互关系	等价关系
属于关系	$a \in A$	元素 a 在集合 A 中	元素和子集合之间的相互关系	属于关系

2. 集合系统中的关系公理

由集合、元素、子集合概念组成的系统为集合系统, 它们满足以下公理体系. 在集合系统中, 不同子集合的关系通过关系公理来说明.

公理 11.1.1 (关系公理)　　在集合系统中, 关系公理由以下公理确定.

(1°) 有关总体集合和空集合的公理　　总体集合和空集合是集合系统中是两个特殊的子集合, 其中空集合 $\varnothing$ 不包含任何元素, 而总体集合 X 包含系统中所有的元素. 因此它们和其他子集总有关系式 $\varnothing \subset A \subset X$ 成立.

(2°) **包含和被包含的关系公理**　如果 $A \subset B$, 那么 $B \supset A$ (是同一关系的不同表示).

(3°) **自反公理**　该公理由两个命题组成, 即

(1) 如果 $A \subset X$ 是一个子集合, 那么必有 $A \subset A, A \supset A$.

(2) 如果 $A, B \subset X$ 是两个子集合, 如果 $A \subset B, B \supset A$, 那么必有 $A = B$ 成立.

公理 11.1.2 (集合系统中的运算公理)

(4°) **递推公理**　在集合系统中, 如果 $A \subset B, B \subset C$, 那么 $A \subset C$.

定义 11.1.1 (集合系统中的运算关系)　在集合论中除了属于和包含关系外, 在不同子集合之间还有运算关系, 这就是余 (或补)、并、交、差等运算. 这些运算的记号和含义如表 11.1.2 所示.

表 11.1.2　集合论中的运算关系表

运算名称	交运算	并运算	余运算	差运算	积运算
记号	$A \cap B$	$A \cup B$	A^c	$A - B$	$A \times B$
运算含义	同时是 A, B 中的元素	是 A 或 B 中的元素	非 A 中的元素	是 A、非 B 的元素	有序偶 (a, b) 的运算
逻辑学中的含义	与运算	或运算	非运算	是 A 非 B 运算	对偶运算

其中 $A, B, C, D, \cdots$ 是集合空间 X 中的子集合. 该表中的积运算又称为笛卡儿积 [1][2].

公理 11.1.3 (运算关系中的结构关系公理 (或定律))　在子集合 $A, B, C, D, \cdots$ 之间的运算关系中有以下关系成立.

(5°) **交、并运算中的基本定律**

$$\begin{cases} \text{交运算的结合律} & (A \cap B) \cap C = A \cap (B \cap C), \\ \text{并运算的结合律} & (A \cup B) \cup C = A \cup (B \cup C), \\ \text{交、并运算的分配律} & A \cap (B \cup C) = (A \cap B) \cup (A \cap C), \\ \text{并、交运算的分配律} & A \cup (B \cap C) = (A \cup B) \cap (A \cup C). \end{cases}$$

(6°) **余、差运算中的基本定律** $\begin{cases} \text{余运算的等价运算} & A^c = X - A, \\ \text{差运算的等价运算} & A - B = A \cap B^c. \end{cases}$

由此可见, 一个集合系统由元素和子集合组成, 它们具有以上关系和运算的定义、满足关系公理、运算公理 (或定律).

---

① 勒内·笛卡儿 (Rene Descartes, 1596—1650), 法国著名哲学家、物理学家、数学家、神学家.

② 关于积的概念有多种, 如数积、向量的内积 (又称向量的数积)、向量积等. 显然, 笛卡儿积和它们不同.

3. 集合运算定义的扩张

称表 11.1.2 中关于交、并、余、积的运算是集合系统的基本运算, 由这些运算的组合可以产生许多新的运算.

(1) 表 11.1.2 中的差运算是交和余的组合运算, 因此它不是基本运算.

(2) 重要的组合运算有如**对称差**的运算 $A \triangle B = (A - B) \cup (B - A)$. 它表示 "是 A 非 B 或是 B 非 A" 的元素.

(3) 上、下极限运算. 如果 $A_1, A_2, \cdots$ 是一列子集合, 那么定义它们的上、下极限运算为

$$
\begin{cases}
\overline{\lim_{n \to \infty}} A_n = \bigcap_{n=1}^{\infty} \bigcup_{m=n}^{\infty} A_m, \\
\underline{\lim_{n \to \infty}} A_n = \bigcup_{n=1}^{\infty} \bigcap_{m=n}^{\infty} A_m.
\end{cases}
\tag{11.1.1}
$$

4. 有关运算关系中的一些性质

(1) 有关对称差运算的性质如下式所示.

$$
\begin{cases}
\text{交换律} \quad A \triangle B = B \triangle A, \\
\text{结合律} \quad A \triangle (B \triangle C) = (A \triangle B) \triangle C, \\
\text{分配律} \quad A \cap (B \triangle C) = (A \cap B) \triangle (A \cap C),
\end{cases}
\quad
\begin{cases}
A \triangle \varnothing = \varnothing, \\
A \triangle A = \varnothing.
\end{cases}
\tag{11.1.2}
$$

(2) 有关极限式的性质.

$$
\begin{cases}
\underline{\lim_{n \to \infty}} A_n \subset \overline{\lim_{n \to \infty}} A_n, \\
B - \overline{\lim_{n \to \infty}} A_n = \underline{\lim_{n \to \infty}} (B - A_n), \\
B - \underline{\lim_{n \to \infty}} A_n = \overline{\lim_{n \to \infty}} (B - A_n).
\end{cases}
\tag{11.1.3}
$$

(3) 极限的定义和性质.

如果集合序列 $A_1, A_2, \cdots$ 的上、下极限相等, 那么就称它们的极限存在, 而且定义

$$
\overline{\lim_{n \to \infty}} A_n = \underline{\lim_{n \to \infty}} A_n = \lim_{n \to \infty} A_n
$$

就是该序列的极限.

对集合序列 $A_1, A_2, \cdots$, 有以下性质成立.

(1) 如果 $A_n \subset A_{n+1}$, $n = 1, 2, \cdots$, 那么 $\lim_{n \to \infty} A_n = \bigcup_{n=1}^{\infty} A_n$.

(2) 如果 $A_n \supset A_{n+1}, n = 1, 2, \cdots$, 那么

$$
\begin{cases}
\lim\limits_{n \to \infty} A_n = \bigcap\limits_{n=1}^{\infty} A_n, \\
\overline{\lim\limits_{n \to \infty}} A_n = \lim\limits_{n \to \infty} \bigcup\limits_{i=n}^{\infty} A_i, \\
\underline{\lim\limits_{n \to \infty}} A_n = \lim\limits_{n \to \infty} \bigcap\limits_{i=n}^{\infty} A_i.
\end{cases}
$$

11.1.2   集合系统的对等关系和规模表示

在不同集合系统之间存在对等关系和规模大小的表示问题.

1. 对等关系的定义和表示

不同集合之间存在对等关系, 它们的定义和表示如下.

(1) 两个集合 X, Y, 它们的元素分别是 $x \in X, y \in Y$, 如果 f 是 $X \to Y$ 的映射, 那么对任何 $x \in X$, 都有 $y = f(x) \in Y$ 成立.

(2) 称 f 是 $X \to Y$ 的 1-1 映射, 如果 f 是个单值映射, 而且对任何 $x \neq x' \in X$, 必有 $f(x) \neq f(x') \in Y$ 成立.

(3) 称集合 A, B 是两个对等集合, 如果存在一个 $A \to B$ 的 1-1 映射, 而且 $f(A) = \{f(a), a \in A\} = B$.

2. 对等集合的表示和性质

如果 A, B 是两个对等集合, 那么记为 $A \sim B$. 它们有性质如下.

(1) 自反性, $A \sim A$.

(2) 递推性, 如果 $A \sim B, B \sim C$, 那么必有 $A \sim C$.

(3) 可加性, 如果 $A_1, A_2, \cdots$ 是一集合序列, 其中的集合互不相交, $B_1, B_2, \cdots$ 也是一互不相交的集合序列, 如果 $A_i \sim B_i, i = 1, 2, \cdots$, 那么必有 $\bigcup_{i=1}^{\infty} A_i \sim \bigcup_{i=1}^{\infty} B_i$ 成立.

3. 集合的基数 (或势)

通过对等关系和基数的定义可以建立集合大小关系.

(1) 记 $N = \{1, 2, \cdots, n\}$, 如果 $A \sim N$, 那么称 A 是个有限集合, 它的势为 n.

(2) 记 $Z = \{1, 2, \cdots, n, \cdots\}$ 是全体正整数的集合, 如果 $A \sim Z$, 那么称 A 是一个可列集合, 它的势为 a.

(3) 记 $U = [0, 1]$ 是全体在 0, 1 之间实数的集合, 如果 $A \sim U$, 那么称 A 是一个连续型的集合, 它的势为 c.

(4) 势 a 有以下性质

$$a + n = a, \quad a - n = a, \quad na = a, \quad an = a, \quad aa = a. \tag{11.1.4}$$

其他有理数的势为 a.

(5) 势 c 有以下性质

$$c + n = c, \quad c + a = c, \quad nc = c, \quad ac = c, \quad cc = c. \tag{11.1.5}$$

n 维空间中的全体向量的势为 c.

集合的对等和基数的概念是集合论中的重要概念, 它们是衡量集合大小的指标.

11.2　布尔代数和逻辑代数

在集合论和逻辑学之间存在密切关系, 它们通过布尔代数和逻辑代数实现这种等价关系, 而布尔代数和逻辑代数都有各自的数学结构, 它们在本质上是等价的, 但在语言、记号的表达上不同. 在本节中我们介绍它们的基本概念、理论和记号.

11.2.1　布尔代数的定义和性质

布尔代数由乔治・布尔提出的一种代数理论, 和逻辑学有密切关系.

1. 布尔代数的定义

定义 11.2.1　一个非空集合 X, 它的元素记为 $a, b, c, d, \cdots$, 它们之间定义三种运算 (并 "$+$"、交 "$\cdot$"、补 "$\bar{a}$"), 并满足以下条件.

(1) 对并、交、补这三种运算闭合 (运算之后仍在集合 X 中).

(2) 存在零元 (0) 和幺元 (e), 对任何 $a \in X, 0 + a = a, e \cdot a = a$ 成立.

(3) 逆元存在, 而且唯一.

这就是对任何 $a \in X$, 总有 $b, c \in X$, 使 $a + b = 0, a \cdot c = e$ 成立.

这时称 b 是 a 的负元, 并记为 $b = -a$, 称 c 是 a 的逆元, 并记为 $c = a^{-1}$.

这些运算的交换律、结合律和分配律成立, 它们的表达记号和公理 11.1.3 中的记号相同.

布尔代数中的这三种运算 (并 "$+$"、交 "$\cdot$"、补 "$\bar{a}$") 和集合论中的三种运算名称相同, 但记号不同 (集合论中的记号分别是 $\cup, \cap, a^c$ 或 $\vee, \wedge, a^c$, 在本书中我们等价使用).

我们称本定义中的这三种运算为布尔代数中的基本运算, 这些基本运算的组合产生它的运算体系.

在布尔代数中形成的运算类型很多, 和集合论相似, 其中的对称差运算是 $a \Delta b = (a \wedge b^c) \vee (a^c \wedge b)$.

定义 11.2.2 (同态布尔代数的定义)　　如果 X, X' 是两个布尔代数, 在它们的元素之间存在一个 1-1 对应关系, 而且它们的运算关系一致, 那么称这两个布尔代数**同态**.

只包含两个元素 (如 $X = \{0, 1\}$) 的布尔代数为**最小布尔代数**.

如果 X 是一个具有并、交运算 $\vee, \wedge$ 的布尔代数, 那么把它记为 $\{X, \vee, \wedge\}$.

2. 布尔格和布尔代数的表示

定义 11.2.3 (布尔格的定义)　　(1) 如果 a, b 是布尔代数 X 中的两个元素, 称 a 覆盖 b, 如果有 $a = a \Delta b$ 成立.

(2) 如果 a 覆盖 b, 那么记为 $a \geqslant b$ 或 $b \leqslant a$.

(3) 如果在布尔代数 X 的两个元素之间定义这种覆盖关系, 且它们满足以下性质.

(i) 自反性. $a \leqslant a, a \geqslant a$. 如果 $a \leqslant b, a \geqslant b$, 那么 $a = b$.

(ii) 递推性. 如果 $a \geqslant b, b \geqslant c$, 那么 $a \geqslant c$.

那么称这种布尔代数是**布尔格**.

3. 布尔代数的基本特征

如果 X 是一个布尔代数, 那么对任何 $a, b \in X$, 总有 $a, b \leqslant a \vee b, a, b \geqslant a \wedge b$ 成立, 因此分别称 $a \vee b$ 是 a, b 的最小上界, 而 $a \wedge b$ 是 a, b 的最大下界.

这种大小比较关系又称格中的**半序关系**.

定义 11.2.4 (布尔代数中原子的定义)　　如果 X 是一个布尔代数, $a \in X$, $a \neq 0$, 而且对任何 $x \in X$ 总有 $x \cdot a = a$, 或 $x \cdot a = 0$ 成立, 那么称 a 是该布尔代数中的**原子**.

定理 11.2.1 (布尔代数的同构定理)　　如果 $\{X, +, \cdot\}$ 是一个布尔代数, B 是该布尔代数中所有原子的集合, 那么 $\{X, +, \cdot\}$ 同构于 $\{B^2, \vee, \wedge\}$.

其中 B^2 表示集合 B 中所有子集合的集合, 同构的关系是指在 X, B^2 之间存在 1-1 对应关系, 而且它们的运算关系保持一致.

11.2.2　布尔函数

布尔函数又叫开关函数. 它们的定义如下.

1. 布尔函数的定义

记 $\{B_0, \vee, \cdot\}$ 是一个二值布尔代数 ($B_0 = \{0, 1\}$ 的布尔代数).

定义 11.2.5 (布尔函数的定义)　　(1) 如果 f 是一个 $B_0^n \to B_0$ 的映射, 那么称 f 是一个具有 n 个变量的布尔函数. 其中

$$B_0^n = B_0 \times B_0 \times \cdots \times B_0 = \{(x_1, x_2, \cdots, x_n), x_i \in B_0\}.$$

(2) 记 F_n 是一个具有 n 个变量的布尔函数的集合, 对任何 $f, g \in F$, 可定义它们的运算

$$\begin{cases} f \vee g(x^n) = f(x^n) \vee g(x^n), \\ f \wedge g(x^n) = f(x^n) \wedge g(x^n), \\ (\bar{f})(x^n) = \overline{f(x^n)}. \end{cases} \tag{11.2.1}$$

定理 11.2.2 (由所有布尔函数形成的布尔代数) 如果 F_n 是一个所有的、具有 n 个变量的布尔函数的集合, 它的并、交、补运算如 (11.2.1) 式定义, 那么以下性质成立.

(1) $\{F_n, \vee, \wedge\}$ 是一个布尔代数.

(2) 在布尔代数 $\{F_n, \vee, \wedge\}$ 中, 如果 $f_0 \equiv 0, f_1 \equiv 1$, 那么 f_0, f_1 分别是该布尔代数中的零元和幺元.

2. 布尔函数的展开理论

记 $e_i \in \{0, 1\}, i = 1, 2, \cdots, n$. 定义 $x_i^{e_i} = \begin{cases} x_i, & e_i = 1, \\ \bar{x}_i, & e_i = 0. \end{cases}$

定义 11.2.6 (布尔函数展开式的定义) (1) 称 $x_1^{e_1} \cdot x_2^{e_2} \cdot \cdots \cdot x_n^{e_n}$ 是布尔函数的基本积.

(2) 布尔函数的展开式是

$$f(x^n) = \bigvee_{e_1=0}^{1} \cdots \bigvee_{e_n=0}^{1} f(e^n) x_1^{e_1} \cdot x_2^{e_2} \cdot \cdots \cdot x_n^{e_n}. \tag{11.2.2}$$

定理 11.2.3 (布尔函数的展开式定理) 任何一个布尔函数 $f(x^n)$, 总可展开成 (11.2.2) 的展开式, 而且是唯一的.

11.2.3 逻辑代数

1. 逻辑代数的定义

定义 11.2.7 (1) 一个最小布尔代数集合又称**逻辑代数**, 或**逻辑代数集**. 称逻辑代数集中的元素为**逻辑变量**.

(2) 确定事物的基本属性是肯定和否定的过程称为**判断** (或**判定**). 表达判断的语言为**命题**.

(3) 命题有**真**、**伪** (或假) 的区别. 它们分别用 1, 0 记号表示.

(4) 一个集合 Ω, 如果定义它的加、乘和反运算 (逻辑加、逻辑乘和逻辑反运算), 而且对这些因素闭合, 那么称这些运算为**代数运算**, 称这个系统为**逻辑代数系统**. 称这个集合中的元素为**逻辑变量**.

2. 逻辑函数

(1) 如果 A, B 是两个集合, a, b 分别是其中的元素, 一个 $A \to B$ 的映射 f 为函数. 集合 A, B 中的元素是该函数的变量 (自变量和因变量).

(2) 映射 (或函数) 的类型有多种, 如我们已经定义过的 1-1 映射. 还有其他映射, 如多值映射等.

(3) 如果映射 f 的变量是逻辑变量, 那么称这个函数是**逻辑函数**.

如果 f 是个 1-1 映射, 那么对于任何 $b \in B$, 有且只有一个 $a \in A$, 使 $b = f(a)$, 这时记 $a = f^{-1}(b)$ 是 f 的逆映射.

(4) **逻辑函数的等价性**　两个逻辑函数 f_1, f_2, 如果它们的逻辑自变量 a_1, $a_2, \cdots, a_n$ 相同, 而且在 $a_1, a_2, \cdots, a_n$ 的任何不同取值时, f_1, f_2 的取值总相同, 那么称这两个函数等价.

3. 基本逻辑运算

我们已经给出逻辑运算的名称, 它们有基本运算和组合运算的区别, 有关基本运算的类型、记号如下.

(1) 逻辑加法. 它的定义和并、或的概念等价, 因此有记号 $+, \vee, \cup$, 我们把它们等价使用.

(2) 逻辑乘法. 它的定义和交、与的概念等价, 因此有记号 $\cdot, \wedge, \cap$, 我们把它们等价使用.

(3) 逻辑反运算. 它的定义和非、补运算的概念等价, 因此有非、补等记号, 如 $\bar{A}, A^c$, 我们把它们等价使用.

4. 逻辑组合运算

若干基本运算的组合为组合运算, 一些重要的类型、记号如下.

(1) **反与、反和运算**　这就是在与、和运算后作反 (或非) 运算. 这种反运算可推广到在一般运算之后的反运算.

(2) **反规则运算**　任何加、乘运算 $(\cdot, +)$ 互换, 或变量 1, 0 互换所产生的运算为反规则运算.

(3) **对偶运算**　任何原运算和它的反运算形成对偶运算, 它们的表示式互为**对偶式**.

(4) **对偶规则**　所有的逻辑规则都有它们的反规则和反运算, 通过这些对偶式的表示, 使逻辑学中的规则减少一半.

(5) **代入规则**　如果 A 是逻辑函数中的一个变量, F 逻辑规则, 如果将 F 代入 A, 那么原来的关系式仍然成立, 称该规则为代入规则.

11.2.4 基本逻辑关系 (逻辑恒等式)

在逻辑关系中, 存在多种恒等式, 对此说明如下.

1. 和、积、非运算中的恒等式

(1) 和运算中的等式.

$$A+0 = A, \quad A+1 = 1, \quad A+\bar{A} = 1, \quad A+A \cdot B = A, \quad A+\bar{A} \cdot B = A+B. \quad (11.2.3)$$

(2) 积运算中的等式.

$$A \cdot 0 = 0, \quad A \cdot 1 = A, \quad A \cdot \bar{A} = 0, \quad A \cdot A = A. \quad (11.2.4)$$

(3) 非运算中的等式.

$$\overline{A + B} = \bar{A} \cdot \bar{B}, \quad \overline{\bar{A}} = A, \quad \overline{A \cdot B} = \bar{A} + \bar{B}. \quad (11.2.5)$$

(4) 混合运算中的等式.

$$A \cdot B + \bar{A} \cdot C + B \cdot \bar{C} = A \cdot B + \bar{A} \cdot C, \quad A \cdot (A + B) = A, \quad A \cdot (\bar{A} + B) = A \cdot B,$$
$$(A+B) \cdot (\bar{A}+C) \cdot (B+C) = (A+B) \cdot (\bar{A}+C), \quad \overline{A \cdot B + \bar{A} \cdot C} = A \cdot \bar{B} + (\bar{A} + \bar{B}) \cdot \bar{C}.$$
$$(11.2.6)$$

2. 线路开关中的逻辑运算

线路开关中的信号是 1,0 (开、关), 线路的并联、串联的记号是和 (+)、积 (·) 运算, 由此产生的逻辑运算是

$$1+1=1, \quad 1+0=1, \quad 0+1=1, \quad 0+0=0, \quad 1 \cdot 1=1, \quad 1 \cdot 0=0, \quad 0 \cdot 1=0, \quad 0 \cdot 0=0.$$
$$(11.2.7)$$

在 (11.2.7) 式中, 如果用 $a = 1,0$, 那么 (11.2.7) 式可以简化为

$$1 + a = 1, \quad 0 + a = a, \quad 1 \cdot a = a, \quad 0 \cdot a = 0, \quad a + \bar{a} = 1, \quad a \cdot \bar{a} = 0. \quad (11.2.8)$$

由这些讨论我们可以大体了解集合论、逻辑学、布尔代数、布尔函数之间的基本关系、基本概念和记号, 它们在一定条件下具有等价性, 但在语言、记号的表达上不同.

第 12 章 极化码^① 理论概述

极化码是一种对信道进行变换和分解所形的码. 它的主要特点是它的码率接近香农信道容量. 因此在 5G 中得到广泛使用. 该理论已在 5G 的工程技术中已形成系列标准.

在本章中, 我们把这种理论看作通信编码中的一种特殊的信息处理方法, 为此介绍它的形成过程和构造中的基本原理和方法.

12.1 信　　道

在本书的第 5, 6 章中, 我们已介绍了通信系统、网络通信系统的基本模型和理论, 在本书的第 8 章中, 我们已讨论和介绍了有关代数码、卷积码的理论和它们的构造方法. 极化码是在这些理论基础上产生的一种特殊的码.

本章的目的是讨论极化码的理论, 为此我们需先讨论有关信道的性质, 这就是在第 5, 6 章的基础上, 继续讨论信道的性质, 在此我们先讨论有关二进信道的性质, 其中包括二进信道的类型、性质和它们在通信过程中的作用点性质.

12.1.1 信道的模型和记号

在图 5.1.2 中, 我们已经给出通信系统的基本构造和模型, 在本书的第 6 章中, 我们已经给出网络信息论的有关模型和理论. 在这些模型和理论中, 存在的一个关键因素, 是信息传递的通道问题.

因此, 无论是通信系统、还是网络信息论, 都存在信道和信道网络的模型和理论的问题.

我们已经说明, 信道的概念是信息传递的通道, 它在信息传递的过程中, 同样存在对信号的组织问题. 这是极化码构造的一个基本出发点. 为此, 为研究极化码, 还要从信道的极化理论开始.

1. 信道的记号和表示

有关信道的定义和记号已在 5.3 节中进行过讨论, 现在对其中的一个定义和记号归纳说明如下.

(1) 一个信道记为 $\mathcal{C} = [X, W(y|x), Y]$, 其中

---

① 极化码的英语名称是 Polar code, 它的概念和理论是 2009 年由 Arikan 在 [73] 中提出的编码理论.

$$\begin{cases} X, Y \ \text{分别是信道的输入、输出字母表,} \\ W(y|x) \ \text{是信道的输入字母和输出字母的转移概率,} \end{cases} \tag{12.1.1}$$

当 X, Y 是有限集合时, 称 $\mathcal{C}$ 是个离散信道. 按照张量的记号, 它们的元素分别是 x, y, 因素的个数分别是 x_0, y_0. 其中的 W 是一个 $X \to Y$ 的、$x_0 \times y_0$ 的转移概率矩阵. 它满足条件

$$W(y|x) \geqslant 0, \quad \text{对任何} \ x \in X, y \in Y, \tag{12.1.2}$$

而且 $\sum_{y \in Y} W(y|x) = 1$, 对任何 $x \in X$.

以后的转移概率矩阵都满足这样的条件, 并称之为 **W-条件**.

(2) 在信道 $\mathcal{C}$ 中, 记集合 X 中的概率分布为 $p(x), x \in X$. 这时称 $p(x, y) = p(x)W(y|x)$ 为信道 $\mathcal{C}$ 的输入、输出信号的联合概率分布.

由此联合概率分布 $p(x, y)$ 确定信道 $\mathcal{C}$ 的输入、输出信号的 r.v. ξ, η, 这时

$$p(x, y) = p_{\xi, \eta}(x, y) = P_r\{(\xi, \eta) = (x, y)\} = p(x)W(y|x). \tag{12.1.3}$$

在这些记号中, 转移概率分布 $W(y|x), p(x), p(y), p(x, y)$ 的含义是不同的, 我们需通过它们的自变量记号 $y|x, x, y, (x, y)$ 来确定它们的区别.

2. 信道容量

现在讨论一个固定的信道 $\mathcal{C} = [X, W(y|x), Y]$, 它的容量的定义已在 (5.3.16) 式中给出, 有关定义和记号如下.

我们已经给出信道的转移概率分布 $W(y|x), x \in X, y \in Y$, 输入信号的概率分布 $p(x)$, 以及由它们确定联合概率分布 $p(x, y)$. 由此产生随机变量 (ξ, η) 的交互信息

$$I(\xi, \eta) = H(\xi) + H(\eta) - H(\xi, \eta) = \sum_{x \in X, y \in Y} p(x, y) \log \frac{p(x, y)}{p(x)p(y)}, \tag{12.1.4}$$

其中 $p(x) = \sum_{y \in Y} p(x, y), p(y) = \sum_{x \in X} p(x, y)$.

而 $H(\xi), H(\eta), H(\xi, \eta), H(\xi|\eta), H(\eta|\xi)$ 分别是 ξ, η 的熵、联合熵、条件熵, 它们的定义分别是

$$\begin{cases} H(\xi) = -\sum_x p(x) \log_2 p(x), \\ H(\eta) = -\sum_y p(y) \log_2 p(y), \\ H(\xi, \eta) = -\sum_{x,y} p(x, y) \log_2 p(x, y). \end{cases} \qquad \begin{cases} H(\xi|\eta) = \sum_{x,y} -p(x, y) \log_2 \frac{p(x, y)}{p(y)}, \\ H(\eta|\xi) = \sum_{x,y} -p(x, y) \log_2 \frac{p(x, y)}{p(x)}. \end{cases}$$

$$\tag{12.1.5}$$

在这些求和式中, $\sum_x$ 是 $\sum_{x \in X}$ 的简写.

记 $\bar{p}_X = \{p(x), x \in X\}$ 是集合 X 上的一个概率分布, 它满足条件: 对任何 $x \in X$, 有 $p(x) \geqslant 0$, 而且 $\sum_{x \in X} p(x) = 1$ 成立.

这时记 $\mathcal{P}_X$ 是全体 $\bar{p}_X$ 的集合.

由此定义信道 $\mathcal{C}$ 的信道容量是

$$C(\mathcal{C}) = \max\{I_{\bar{p}}(\xi, \eta), \bar{p}_X \in \mathcal{P}_X\}. \tag{12.1.6}$$

当 $\bar{p}$ 在 $\mathcal{P}_X$ 中变化时, 相应的互信息 $I_{\bar{p}}(\xi, \eta)$ 也随 $\bar{p} \in \mathcal{P}_X$ 的变化而变化.

如果 $\bar{p}^* \in \mathcal{P}_X$, 而且使 $I_{\bar{p}^*}(\xi, \eta) = C(\mathcal{C})$ 成立, 那么称 $\bar{p}^*$ 是信道 $\mathcal{C}$ 的最佳人口分布.

因为 $I_{\bar{p}}(\xi, \eta)$ 是 $\bar{p}$ 的一个连续函数, 而且 $\mathcal{P}_X$ 是一个闭集合, 所以 (12.1.6) 式中 $C(\mathcal{C})$ 的最大值和最佳人口分布 $\bar{p}^* \in \mathcal{P}_X$ 一定存在.

3. 二进信道

最典型的离散信道是二进信道, 它的类型如

$$\mathcal{C}_\tau = [X_\tau, p_\tau(y_\tau | x_\tau), Y_\tau], \quad \tau = 1, 2, \tag{12.1.7}$$

其中 $X_1 = X_2 = Y_1 = \{0, 1\} = F_2 = X, Y_2 = \{0, 1, 2\}$. 而

$$p_1(y|x) = \begin{cases} 1 - \epsilon, & x = y \in X = F_2, \\ \epsilon, & \text{否则.} \end{cases}$$

$$p_2(y|x) = \begin{cases} 1 - \epsilon, & x = y = 0, 1, \\ \epsilon, & y = 2, x = 0, 1. \end{cases}$$

$$p_3(y|x) = \begin{cases} 1 - \delta, & x = y = 0, 1, \\ \epsilon_1, & x \neq y \in \{0, 1\}, \\ \epsilon_2, & y = 2, \end{cases} \tag{12.1.8}$$

其中 $\delta = \epsilon_1 + \epsilon_2$.

这时称 $\mathcal{C}_1$ 是**二进对称信道**, $\mathcal{C}_2$ 是 M-**信道**, 而 $\mathcal{C}_3$ 是**渐进 M-信道**.

关于 M-信道, 如果接收信号 $y = 0, 1$, 那么一定可以判定发送信号 $x = y$. 只有在接收信号 $y = 2$ 时, 无法判定发送信号 x 是什么.

因此, 在 M-信道中, 接收信号的结果是对、错、不能确定. 在有的文献把 M-信道称为**删除信道**.

而**渐进 M-信道**是 M-信道的一种近似.

在二进信道中, 输入信号 r.v. ξ 在 $X = \{0, 1\}$ 集合中取值, 因此它是一个伯努利试验, 它的概率分布是 $\begin{pmatrix} 1 & 0 \\ p & q = 1-p \end{pmatrix}$.

这时记该输入信号 r.v. ξ 为 ξ_p. 并称之为 p-伯努利试验.

容易证明 (见 [134] 等文献中证明), (12.1.7) 式中的信道容量 C_τ 分别是

$$C_1 = 1 - H(\epsilon), \quad C_2 = 1 - \epsilon, \tag{12.1.9}$$

其中 $H(\epsilon) = -\epsilon \log_2 \epsilon - (1-\epsilon) \log_2(1-\epsilon)$ 是参数 ϵ 的熵.

这时 (12.1.9) 式中的容量在输入 r.v. ξ_p 中的 $p = 1/2$ 时达到. 因此

$$C_1 = \frac{1}{2} \sum_{x,y=0,1} p_1(y|x) \log_2 \frac{2p_1(y|x)}{p_1(y|0) + p_1(y|1)}. \tag{12.1.10}$$

另外, 在二进信道 C_1, C_2 中, 有关系式 $p_\tau(y|0) = p_\tau(y^c|1), \tau = 1, 2$ 成立. 这时, 称这样的信道为对称信道.

4. 离散叠加信道

在二进信道 C_1, C_2 的定义中, 它们的字母集合 X, Y 是 $F_2 = \{0, 1\}$ 或 $F_3 = \{0, 1, 2\}$, 它们都是有限域, 因此可以引进其中的四则运算 (加、减、乘、除), 它们的运算记号分别是 $\oplus, \ominus, \otimes, \oslash$.

在二进信道 C_1, C_2 中, 输入、输出 r.v. 分别记为 $(\xi, \eta_1), (\xi, \eta_2)$, 它们都是在有限域 X, Y 中取值的 r.v..

引进 r.v. $\zeta_1, \zeta_2, \zeta_3$, 它们的取值空间和概率分布分别是

$$\zeta_1 : \begin{pmatrix} 0 & 1 \\ 1-\epsilon & \epsilon \end{pmatrix}, \quad \zeta_2 : \begin{pmatrix} 0 & 1 & 2 \\ 1-\epsilon & 0 & \epsilon \end{pmatrix}, \quad \zeta_3 : \begin{pmatrix} 0 & 1 & 2 \\ 1-\delta & \epsilon_1 & \epsilon_2 \end{pmatrix}, \tag{12.1.11}$$

其中 $\delta = \epsilon_1 + \epsilon_2$.

我们称 r.v. $\zeta_1, \zeta_2, \zeta_3$ 分别是二进信道 C_1, C_2, C_3 中的噪声变量.

由此得到, 在这些二进信道中, 它们的输入、输出信号 r.v. 分别可以用叠加函数进行表示. 这时

$$\begin{cases} \eta_1 = \xi \oplus \zeta_1, & F_2 \text{ 域上的可加噪声信道,} \\ \eta_\tau = \xi \oplus_3 \zeta_\tau = \begin{cases} \xi \oplus \zeta_\tau, & \zeta_\tau \in F_2, \\ 2, & \zeta_\tau = 2, \end{cases} \end{cases} \tag{12.1.12}$$

其中 $\tau = 2, 3$, 而 $\oplus$ 是二元域 F_2 中的加法, $\oplus_3$ 是 F_2 和 F_3 集合中的运算, 如 (12.1.12) 式定义.

这种运算使 F_3 不成为域. 这时 $y = 2$ 是一种不能判定的结果. 因此称 M-信道是一种具有不能判定结果的信道. 相应的噪声就是一种带不能判定结果的噪声.

这种 M-信道和二进对称信道的概念不同. 在 M-信道中, 如果接收信号 $y = 0, 1$, 就能判定发送信号 $x = y = 0, 1$, 只有在 $y = 2$ 时不能确定发送信号 x 是什么.

二进对称信道和 M-信道的混合是渐进 M-信道, 它们的关系如图 12.1.1 所示. 其中 $\delta = \epsilon_1 + \epsilon_2$.

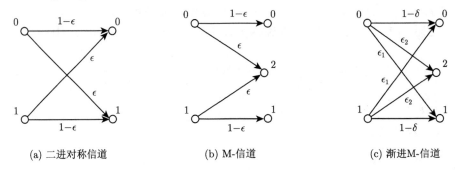

(a) 二进对称信道   (b) M-信道   (c) 渐进M-信道

图 12.1.1 几种不同类型的二进信道图

12.1.2 有关信道性质的讨论

针对图 12.1.1 中几种不同类型的信道图, 对它们的性质讨论如下.

1. 信道的转移概率矩阵

由图 12.1.1 可以看到, 信道 C_1, C_2, C_3 的转移概率矩阵分别是

$$W_1 = \begin{pmatrix} & 0 & 1 \\ 0 & 1-\epsilon & \epsilon \\ 1 & \epsilon & 1-\epsilon \end{pmatrix}, \quad W_2 = \begin{pmatrix} & 0 & 1 & 2 \\ 0 & 1-\epsilon & 0 & \epsilon \\ 1 & 0 & 1-\epsilon & \epsilon \end{pmatrix},$$

$$W_3 = \begin{pmatrix} & 0 & 1 & 2 \\ 0 & 1-\delta & \epsilon_1 & \epsilon_2 \\ 1 & \epsilon_1 & 1-\delta & \epsilon_2 \end{pmatrix}. \tag{12.1.13}$$

其中 $\epsilon_1 + \epsilon_2 = \delta > 0$. 这些信道转移概率矩阵的意义分别是

$$W_\tau(y|x) = P_r\{\eta_\tau = y | \xi = x\}, \quad \tau = 1, 2, 3. \tag{12.1.14}$$

2. 信道容量的计算

我们已经得到关于 C_1, C_2 的信道容量分别是

$$C_1 = C(C_1) = 1 - H(\epsilon), \quad C_2 = C(C_2) = 1 - \epsilon.$$

现在对 $\mathcal{C}_3$ 容量的计算过程如下.

由 (12.1.13) 得到 r.v. (ξ, η_3) 的联合概率分布是

$$
p(x, y^2) = P_r\{\xi = x, \eta_3 = y\} = \begin{pmatrix} & 0 & 1 & 2 \\ 0 & (1-\delta)/2 & \epsilon_1/2 & \epsilon_2/2 \\ 1 & \epsilon_1/2 & (1-\delta)/2 & \epsilon_2/2 \\ p(y) & (1-\epsilon_2)/2 & (1-\epsilon_2)/2 & \epsilon_2 \end{pmatrix}.
$$

$$(12.1.15)$$

该矩阵中的第 3 行是 $p(y) = P_r\{\eta_3 = y\}$ 的取值.

由此得到 r.v. (ξ, η_3) 的熵函数分别是

$$
\begin{cases}
H(\eta_3) & = -\epsilon_2 \log \epsilon_2 + 2 - (1-\epsilon_2) \log(1-\epsilon_2) = 2 - H(\epsilon_2), \\
H(\eta_3|\xi) & = (1-\delta)[1 - \log(1-\delta)] - \epsilon_1(1 - \log \epsilon_1) - \epsilon_2(1 - \log \epsilon_2) \\
& = (1-\delta)[1 - \log(1-\delta)] - \delta + \epsilon_1 \log \epsilon_1 + \epsilon_2 \log \epsilon_2 \\
& = 1 - 2\delta - (1-\delta) \log(1-\delta) + \epsilon_1 \log \epsilon_1 + \epsilon_2 \log \epsilon_2.
\end{cases}
$$

因此

$$
I(\xi, \eta_3) = H(\eta_3) - H(\eta_3|\xi) = 1 + 2\delta + (1-\delta) \log(1-\delta) - \epsilon_1 \log \epsilon_1 - \epsilon_2 \log \epsilon_2 - H(\epsilon_2).
$$

$$(12.1.16)$$

3. 巴塔恰里亚 (Bhattacharyya) 参数

在信道的参数中, 除了互信息、信道容量 $C = C(\mathcal{C})$ 外, 还有一种重要参数是巴塔恰里亚参数.

在二进信道 $\mathcal{C}$ 中, 它的巴塔恰里亚参数 (以后简称为巴氏参数) 定义为

$$
Z(\mathcal{C}) = \sum_{y \in Y} \sqrt{p(y|0) p(y|1)}. \tag{12.1.17}
$$

由此可以得到不同信道的巴氏参数, 如二进对称信道 $\mathcal{C}_1$ 的巴氏参数是

$$
Z_1 = Z(\mathcal{C}_1) = 2\sqrt{\epsilon(1-\epsilon)} = 2\sigma(\zeta_1) = 2\sigma[d(\xi, \eta)],
$$

其中 $d(\xi, \eta)$ 是 r.v. ξ, η 之间的汉明距离, ζ_1 是个噪声变量, 它的均值、方差、标准差分别是

$$
\mu = \epsilon, \quad \sigma^2 = \epsilon(1-\epsilon), \quad \sigma = \sqrt{\epsilon(1-\epsilon)}.
$$

因此, 巴氏参数就是噪声变量 ζ_1 或信号距离 $d(\xi, \eta)$ 的标准差.

M-信道 $\mathcal{C}_2$ 的巴氏参数是 $Z_2 = Z(\mathcal{C}_2) = \epsilon$.

渐进 M-信道 $\mathcal{C}_3$ 的巴氏参数是 $Z_3 = Z(\mathcal{C}_3) = 2\sqrt{\epsilon_1(1-\delta)} + \epsilon_2$.

12.1.3　关于二进信道的分析

我们已经给出 3 种不同类型的**二进信道**, 现在继续对它们进行分析. 其中包括关系分析、参数分析和通信的效果分析等.

1. 关系分析

在这 3 种信道中, 它们满足关系式如下.

在信道 $\mathcal{C}_3$ 中, 如果 $\epsilon_1 = 0$, 那么信道 $\mathcal{C}_3$ 就变成 $\mathcal{C}_2$ (M-信道).

如果 $\epsilon_2 = 0$, 那么信道 $\mathcal{C}_3$ 就变成 $\mathcal{C}_1$ (二进对称信道).

因此信道 $\mathcal{C}_3$ 可以看作信道 $\mathcal{C}_1, \mathcal{C}_2$ 的混合信道. 而且在 $\epsilon_1, \epsilon_2 \to 0$ 时, 信道 $\mathcal{C}_3$ 就近似地变成 $\mathcal{C}_1, \mathcal{C}_2$ 信道.

2. 函数分析

信道 $\mathcal{C}_\tau, \tau = 1, 2, 3$ 涉及的函数有互信息 $I(\xi, \eta_\tau)$, 条件熵 $H(\eta_\tau | \xi)$ 和巴氏参数 $Z(\mathcal{C}_\tau)$ 等, 对它们的分析如下.

对这三种函数的定义式, 分别在 (12.1.4), (12.1.5), (12.1.17) 等式中给出.

这三种函数分别是参数 $\epsilon, \delta, \epsilon_1, \epsilon_2$ 的函数, 而且是它们的连续函数.

由此得到, 在 $\epsilon_1 \to 0$ 时, $I(\xi, \eta_3) \to I(\xi, \eta_2)$, 而且 $Z(\mathcal{C}_3) \to Z(\mathcal{C}_2)$.

在 $\epsilon_2 \to 0$ 时, $I(\xi, \eta_3) \to I(\xi, \eta_1)$, 而且 $Z(\mathcal{C}_3) \to Z(\mathcal{C}_1)$.

对 $H(\eta_3 | \xi)$ 的变化分析如下.

$$H(\eta_3 | \xi) = \begin{cases} H(\eta_2 | \xi) = 1 - 2\epsilon_2 + H(\epsilon_2), & \epsilon_1 = 0, \\ H(\eta_1 | \xi) = 1 - 2\epsilon_1 + H(\epsilon_1), & \epsilon_2 = 0, \end{cases} \tag{12.1.18}$$

3. 二进信道的参数公式表

三种二进信道, 以及它们的信道容量和巴氏参数的技术公式列表如表 12.1.1 所示.

表 12.1.1　二进信道的参数公式表

信道	$\mathcal{C}_1$	$\mathcal{C}_2$	$\mathcal{C}_3$
I	$1 - H(\epsilon)$	$1 - \epsilon$	(12.1.16) 式所示
Z	$2\sqrt{\epsilon(1-\epsilon)}$	ϵ	$2\sqrt{\epsilon_1(1-\delta)} + \epsilon_2$

表中 $I = I(\xi, \eta)$ 是 ξ 在 $X = F_2$ 上取均匀分布时的互信息. 而 Z 是不同信道的巴氏参数.

由表 12.1.1 可以看到, 在这些信道中, 交互信息 I 和巴氏参数 Z 成反向变化关系.

这就是当 $Z \to 0$ 时, $I \to 1$, 但它们的收敛的速度并不相同.

4. 通信效果的直接分析

关于信道的通信效果一般是通过它的容量、巴氏参数等参数关系来进行分析. 我们现在通过它们的概率分布直接进行分析.

渐进 M-信道是二进对称信道和 M-信道混合后的近似, 在 $\epsilon_1, \epsilon_2 \ll 1$ 时, 如果它们的数量级不同, 那么可以把渐进 M-信道看作一个二进对称信道或 M-信道.

因此我们直接分析二进对称信道和 M-信道的通信效果问题.

它们的主要区别是在接收信号 $y = 0, 1$ 时, 在 M-信道中就可直接判定: 它的发送信号 $x = y \in \{0, 1\}$ 成立.

而在二进对称信道中, 只能以很大的概率 $(1 - \epsilon)$ 判定: 它的发送信号 $x = y \in \{0, 1\}$ 成立.

但在 M-信道中, 它的发送信号还可能是 $y = 2$ 的信号, 这时不能判定, 它的发送信号 $x = 0$ 或 1, 这在二进对称信道中是不存在的.

因此, 二进对称信道和 M-信道的通信效果是不同的.

12.2 二阶信道的极化理论

我们已经说明, 信道极化的概念和理论, 在本质上是对信道中有关变量的变换运算和重新组合. 为了简单起见, 我们先讨论二重、二进、对称信道和它的极化问题.

12.2.1 若干预备知识

为研究信道的极化理论, 我们先介绍有关信息、信道中的一些预备知识.

1. 信道网络

信道网络的概念是指由大量信道组成的系统, 这些信道不仅在数量上形成一定的规模, 而且在不同的信道之间, 还按一定的规则进行组合和运算.

信道网络的一般记号是

$$\mathcal{C}(\tilde{\tau}) = \{\mathcal{C}_\tau = [X_\tau, W_\tau(y_\tau | x_\tau), Y_\tau], \tau \in \tilde{\tau}\}, \tag{12.2.1}$$

其中 $\tilde{\tau} = \{1, 2, \cdots, \tau_0\}$ 表示不同的信道的集合, τ_0 是该信道网络中信道的数量.

在信道网络中, 最典型的是无记忆信道序列, 这时 $\tilde{\tau} = N = \{1, 2, \cdots, n\}$, $\tau_0 = n$. 这时由 (5.3.7) 式给出的信道网络记为

$$\mathcal{C}^n = \mathcal{C}(\tilde{\tau}) = \{\mathcal{C}_i = [X_i, W_i(y_i | x_i), Y_i], i = 1, 2, \cdots, n\}. \tag{12.2.2}$$

如果这些信道按 (12.2.1) 式的方式进行组合, 那么所形成的信道网络系统为一个无记忆信道序列系统.

2. 无记忆信道系统

由信道网络产生的信道系统是无记忆信道系统.

如果 $\mathcal{C} = [X, W(y|x), Y]$ 是一个固定的信道, 那么定义

$$\tilde{\mathcal{C}} = \{\mathcal{C}^n = [X^n, W(y^n|x^n), Y^n], n = 1, 2, 3, \cdots\} \tag{12.2.3}$$

是一个信道序列, 如果它们满足以下关系式

$$\begin{cases} x^n = (x_1, x_2, \cdots, x_n), \\ y^n = (y_1, y_2, \cdots, y_n), \\ W(y^n|x^n) = \prod_{i=1}^{n} W(y_i|x_i), \\ \mathcal{C}^n = (\mathcal{C}_1, \mathcal{C}_2, \cdots, \mathcal{C}_n). \end{cases} \tag{12.2.4}$$

这时称 $\mathcal{C}^n$ 是一个由 $\mathcal{C}$ 产生的、n 维的无记忆信道.

称 $\tilde{\mathcal{C}}$ 是一个由 $\mathcal{C}$ 产生的无记忆信道序列.

对无记忆信道 $\mathcal{C}^n$, $\mathcal{C}$ 产生的、n 维的无记忆信道. 它的输入、输出信号 r.v. 同样可记为

$$\begin{cases} \xi^n = (\xi_1, \xi_2, \cdots, \xi_n), & \text{在 } X^n \text{ 中取值}, \\ \eta_\tau^n = (\eta_{\tau,1}, \eta_{\tau,2}, \cdots, \eta_{\tau,n}), & \text{在 } Y^n \text{ 中取值}, \\ \zeta_\tau^n = (\zeta_{\tau,1}, \zeta_{\tau,2}, \cdots, \zeta_{\tau,n}), & \text{在 } X^n, Y^n \text{ 中取值}, \end{cases} \tag{12.2.5}$$

其中 $\tau = 1, 2, 3$ 分别表示不同类型的二进信道, 而 $\zeta_{\tau,i}, i = 1, 2, \cdots, n$ 是 i.i.d. 的 r.v., 它们的概率分布如 (12.1.11) 式定义.

这时无记忆信道 $\mathcal{C}^n$ 中的输入、输出信号 r.v. $\xi^n, \eta_\tau^n, \tau = 1, 2, 3$ 可表示为

$$\eta_\tau^n = \xi^n \oplus \zeta_\tau^n = (\xi_1 \oplus \zeta_{\tau,1}, \xi_2 \oplus \zeta_{\tau,2}, \cdots, \xi_n \oplus \zeta_{\tau,n}), \tag{12.2.6}$$

其中 $\tau = 1, 2, 3$. 我们称 (12.2.6) 式的运算是二进、无记忆信道 $\tilde{\mathcal{C}}_\tau$ 中的输入、输出信号和噪声信号的变量运算关系.

对此无记忆信道 $\mathcal{C}^n$, 它的互信息、信道容量、巴氏参数分别是

$$\begin{cases} I(\xi^n, \eta_1^n) = \sum_{i=1}^{n} I(\xi_i, \eta_i) = nI(\xi_1, \eta_1), \\ C(\mathcal{C}^n) = \sum_{i=1}^{n} C(\mathcal{C}_i) = nC(\mathcal{C}_1), \\ Z(\mathcal{C}^n) = \sum_{i=1}^{n} Z(\mathcal{C}_i) = nZ(\mathcal{C}_1), \end{cases} \tag{12.2.7}$$

其中当 ξ_i 在 X 中取均匀分布时, $I(\xi_i, \eta_{\tau,i}) = C(\mathcal{C}_\tau)$ 成立, 而信道容量的取值如表 12.1.1 所示.

3. 局部向量

现在推广这种无记忆信道序列系统的定义, 为此先引进局部向量的定义.

记 $N = \{1, 2, \cdots, n\}$ 是一个整数的集合, 记 $A \subset N$ 是一个子集合.

如果 $a^n = (a_1, a_2, \cdots, a_n)$ 是一个向量, 那么定义 $a_A = (a_i, i \in A)$ 是一个向量 a^n 的局部向量.

当 A 在 N 中取不同类型的集合时, a_A 就可形成不同类型的局部向量.

如 $A = \{i, i+1, \cdots, j\}, i \leqslant j$, 那么 $a_A = (a_i, a_{i+1}, \cdots, a_j) = a_i^j$ 是 z^n 中的一个片段.

由此可知, 关于局部向量的定义可以适用于 (12.2.5) 式中的各随机向量, 也可以适用于 (12.2.3) 式中的信道序列.

4. 信道的运算

如果 $\mathcal{C}_\tau = [X_\tau, W_\tau(y_\tau | x_\tau), Y_\tau], \tau = 1, 2$ 是两个不同的信道. 那么 W_τ 是一个关于指标 x_τ, y_τ 的张量. 那么关于张量的各种运算的定义就是信道的运算. 如信道的笛卡儿积. 这时信道 $\mathcal{C}_1, \mathcal{C}_2$ 的笛卡儿积记为

$$\mathcal{C}_\xi^2 = (\mathcal{C}_1, \mathcal{C}_2) = [X_1 \otimes X_2, (W_1, W_2), Y_1 \otimes Y_2], \tag{12.2.8}$$

其中 (W_1, W_2) 是矩阵 W_1, W_2 的笛卡儿积, 关于矩阵的笛卡儿积就是张量的笛卡儿积, 对此我们已在张量的运算中定义.

关于 W_1, W_2 的运算就是矩阵的运算, 其中 Kronecker 积的定义是

$$\begin{cases} A \otimes B = [a_{ij} B]_{i=1,\cdots,m, j=1,\cdots,n}, \\ a_{ij} B = [a_{ij} b_{i'j'}]_{i'=1,\cdots,r, j'=1,\cdots,s}, \end{cases} \tag{12.2.9}$$

其中 $A = [a_{ij}]_{i=1,\cdots,m, j=1,\cdots,n}, B = [b_{ij}]_{i=1,\cdots,r, j=1,\cdots,s}$ 是两个不同的矩阵. 它们的阶分别是 $m \times n, r \times s$.

因此 $A \otimes B$ 是一个 $m \times n, r \times s$ 的矩阵.

由此产生矩阵 A 的幂 $A^{(k)}, k = 0, 1, 2, \cdots$, 其中 $A^{(0)} = [1]$ 是个 1×1 的矩阵. 而对任何矩阵 $A = A^{(1)}$, 这时 $A^{(k)} = A \otimes A^{(k-1)}$ 是矩阵 A 的 k 阶幂.

5. 关于交互信息的性质

如果 ξ, η, ζ, θ 是不同的 r.v., 它们可以形成不同类型的互信息, 如

$$I(\xi, \eta), \quad I[\xi, (\eta, \zeta)], \quad I(\xi, \eta | \zeta)$$

等, 它们分别是互信息、联合互信息、条件互信息. 我们不一一详细说明.

对不同的 r.v., 它们的互信息有以下基本性质.

(1) **对称性**　这就是, 对任何 r.v. ξ, η, 总有 $I(\xi, \eta) = I(\eta, \xi)$ 成立.

(2) **非负性**　这就是, 对任何 r.v. ξ, η, 总有 $I(\xi, \eta) \geqslant 0$ 成立, 而且等号成立的充要条件是 ξ, η 是相互独立的 r.v..

(3) **函数变换的递减性**　如果 $f(\xi)$ 是一个关于 r.v. ξ 的函数运算, 那么总有 $I[f(\xi), \eta] \leqslant I(\xi, \eta)$ 成立.

(4) **分解变换的计算公式**　如果 ξ, η, ζ 是不同的 r.v., 关于它们的互信息有以下计算公式.

$$I[\xi, (\eta, \zeta)] = I(\xi, \eta) + I(\xi, \zeta | \eta). \tag{12.2.10}$$

6. Fano 不等式

这是一个关于条件熵和误差概率关系的不等式, 它的表达如下.

记 ξ, η 是两个不同的 r.v., 分别在离散集合 X, Y 中取值, 现在要讨论由 η 估计 ξ 的问题.

这时构造 $Y \to X$ 的一个映射 f, 并由此产生 r.v. $\hat{\xi} = f(\eta)$, 这时记

$$p_e = P_r\{\xi \neq \hat{\xi}\} \tag{12.2.11}$$

是由 η 估计 ξ 所产生的误差概率.

由 η 估计 ξ 所产生的误差概率的 Fano 不等式是

$$H(p_e) + p_e \log_2(|X| - 1) \geqslant H(\xi | \eta), \tag{12.2.12}$$

其中 $H(\xi | \eta)$ 是 ξ 关于 η 的条件熵.

7. Fano 不等式的变化

在 (12.2.12) 的 Fano 不等式中可以产生其他的不等式, 如

(1) 在 $|X| = 2$ 的情形, 这时 (12.2.12) 式变成

$$H(p_e) \geqslant H(\xi | \eta) \quad \text{或} \quad H(\xi) - H(p_e) \leqslant I(\xi, \eta). \tag{12.2.13}$$

(2) 如果 $|X| = 2$, 而且 ξ 在 X 中取均匀分布, 那么这时 (12.2.13) 式变成 $1 - H(p_e) \leqslant I(\xi, \eta)$.

(3) 弱 Fano 不等式, 如

$$1 + p_e \log_2(|X| - 1) \geqslant H(\xi | \eta) \quad \text{或} \quad p_e \geqslant \frac{H(\xi | \eta) - 1}{\log_2(|X|)}. \tag{12.2.14}$$

关于这些性质的详细表示、证明和其他更多的性质在 [64, 65, 143] 中有详细讨论, 对此不再重复.

12.2.2 信道变量和它们的变换

信道的极化理论由两部分内容组成, 即信道变量的变换运算和信道的分解, 我们先讨论变换问题.

1. 信道变量的记号

一个二重、二进、对称信道记为

$$\mathcal{C}_{\xi}^2 = [X^2, W_{\xi}(y^2|x^2), Y^2] = \{\xi^2, \zeta^2, \eta^2\}, \tag{12.2.15}$$

现在对它进行讨论.

信道 $\mathcal{C}_{\xi}^2$ 中所涉及的变量有如

$$\begin{cases} \xi^2 & \text{信道输入 r.v., 它在 } X^2 = F_2^2 \text{ 中取值, 具有均匀分布,} \\ \zeta^2 & \text{噪声变量, 对信道信号产生干扰的 r.v., 我们把它取为和 } \xi^2 \\ & \text{相互独立的、具有 2 重 } \epsilon\text{-伯努利试验的 r.v.,} \\ \eta^2 & \text{信道的输出 r.v., 在 } Y^2 \text{ 中取值.} \end{cases} \tag{12.2.16}$$

信道变量概率分布, 即信道 $\mathcal{C}_{\xi}^2$ 中所涉及的变量的概率分布, 除了信道输入 r.v. ξ 概率分布外, 还有信道的转移概率分布. 它们是

$$W_{\xi}(y^2|x^2) = P_r\{\eta^2 = y^2|\xi^2 = x^2\}. \tag{12.2.17}$$

如果有 $\eta^2 = \xi^2 \oplus \zeta^2$, 那么该信道 $\mathcal{C}_{\xi}^2$ 就是一个二重 (或二阶)、二元的加性信道.

2. 信道变量和变量变换

这就是对信道 $\mathcal{C}_{\xi}^2$ 中的变量作变换运算. 在 (12.2.15) 式的信道中, 对有关记号定义、说明如下.

取 $U = X = F_2$ 是一个二元域, 其中的元存在域中的运算. 这时记 $z^m = (z_1, z_2 \cdots, z_m)$ 是一个在 F_2 中取值的向量.

取 X^2, U^2 之间的变换运算为

$$\begin{cases} u_1 = x_1 \oplus x_2, \\ u_2 = x_2. \end{cases} \quad \begin{cases} x_1 = u_1 \oplus u_2, \\ x_2 = u_2, \end{cases} \tag{12.2.18}$$

其中 $\oplus$ 是 F_2 域的加法运算.

这两个运算分别记为 $u^2 = \mathbf{U}(x^2), x^2 = \mathbf{X}(u^2)$, 它们是在 U^2, X^2 之间的 1-1 变换, 而 $\mathbf{X}$ 和 $\mathbf{U}$ 互为逆运算.

这种运算也可用矩阵表示, 这时记 $G = \begin{pmatrix} 1 & 0 \\ 1 & 1 \end{pmatrix}$. 这时有 $u^2 = x^2 G, x^2 = u^2 G$, 且 $G^2 = I$(幺矩阵). 因此称 G 是一个**幂幺矩阵**.

在变换运算 (12.2.18) 式中, 如果取 $\theta^2 = \mathbf{U}(\xi^2)$ 或 $\xi^2 = \mathbf{X}(\theta^2)$, 那么 $\theta^2 = (\theta_1, \theta_2)$ 也是 r.v., 它们的构造关系式是

$$\begin{cases} \theta_1 = \xi_1 \oplus \xi_2, \\ \theta_2 = \xi_2, \end{cases} \quad \begin{cases} \xi_1 = \theta_1 \oplus \theta_2, \\ \xi_2 = \theta_2. \end{cases} \tag{12.2.19}$$

这时称 $\theta^2 = \mathbf{U}(\xi^2) = \xi^2 G$ 是信道的极化变换运算. $\xi^2 = \mathbf{X}(\theta^2) = \theta^2 G$ 是它的逆变换运算. 这时称

$$\mathcal{C}_\theta^2 = [U^2, W_\theta(y^2|u^2)Y^2] = \{\theta^2, \zeta^2(1), \eta^2\} \tag{12.2.20}$$

是一个由 $\mathcal{C}_\xi^2$ 确定的极化变换信道.

3. 信道变量的概率分布计算

这就是对这些 r.v. $\xi^2, \zeta^2, \eta^2, \theta^2, \zeta^2(1)$ 作它们的概率分布计算, 对此有如下计算.

首先在 (12.2.19) 的变换式中, ξ^2 是一个在 X^2 中取均匀分布的 r.v., 因为 $\mathbf{U}$ 是一个 1-1 变换, 那么 $\theta^2 = \mathbf{U}(\xi^2)$ 在 U^2 中也取均匀分布. 这时把它们记为

$$p_\xi(x^2) = P_r\{\xi^2 = x^2\} = 1/4, \quad p_\theta(u^2) = P_r\{\theta^2 = u^2\} = 1/4, \tag{12.2.21}$$

该关系式对任何 $x^2 \in X^2, u^2 \in U^2$ 成立.

因此, θ^2 也是在 U^2 中取均匀分布的 r.v..

联合概率分布的计算. 这时有

$$p_\xi(x^2, y^2) = W_\xi(y^2|x^2), \quad p_\theta(u^2, y^2) = W_\theta(y^2|x^2), \tag{12.2.22}$$

它们分别是 $(\xi^2, \eta^2), (\theta^2, \eta^2)$ 的联合概率分布, 它们的取值是

$$p_\xi(x^2, y^2) = P_r\{\xi^2 = x^2, \eta^2 = y^2\} = \frac{1}{4} W_\xi(y^2|x^2)$$
$$= \frac{1}{4}\epsilon^{d(x^2,y^2)}(1-\epsilon)^{2-d(x^2,y^2)} = \frac{1}{4}\epsilon^{d(z^2)}(1-\epsilon)^{2-d(z^2)}, \tag{12.2.23}$$

其中 $d(x^2, y^2), d(z^2)$ 分别是向量 x^2, y^2 之间的汉明距离和向量 z^2 的汉明势.

由此得到 (θ^2, η^2) 的联合概率分布是

$$p_\theta(u^2, y^2) = P_r\{\theta^2 = u^2, \eta^2 = y^2\} = P_r\{\xi^2 = u^2 G, \eta^2 = y^2\} = p_\xi(u^2 G, y^2). \tag{12.2.24}$$

由此得到它们的值如表 12.2.1 所示.

表 12.2.1 $W_\xi(y^2|x^2), W_\theta(y^2|u^2)$ 的取值表

u^2	x^2	00	01	10	11
00	00	$(1-\epsilon)^2$	$\epsilon(1-\epsilon)$	$\epsilon(1-\epsilon)$	ϵ^2
11	01	$\epsilon(1-\epsilon)$	$(1-\epsilon)^2$	ϵ^2	$\epsilon(1-\epsilon)$
10	10	$\epsilon(1-\epsilon)$	ϵ^2	$(1-\epsilon)^2$	$\epsilon(1-\epsilon)$
01	11	ϵ^2	$\epsilon(1-\epsilon)$	$\epsilon(1-\epsilon)$	$(1-\epsilon)^2$

对该表中的数据说明如下.

表中第 1, 2 列的数据分别是向量 u^2, x^2 的取值, 其中 $u_1 = x_1 \oplus x_2, u_2 = x_2$. 表中第 1 行的数据分别是向量 y^2 的取值. 其他数据则是 W_ξ, W_θ 矩阵的值. 由此得到联合概率分布的取值分别是

$$p_\theta(u^2, y^2) = W_\theta(y^2|u^2)/4, \quad p_\xi(x^2, y^2) = W_\xi(y^2|x^2)/4$$

中的值.

因此表 12.2.1 中的值也是联合概率分布中的值, 它们之间只差一个系数 $1/4$.

4. 极化变换的性质

这就是关于信道 C_ξ^2, C_θ^2 中有关变量的概率分布的性质.

首先在 (12.2.19) 的变换式中, ξ^2 是一个在 X^2 中取均匀分布的 r.v., 因为 $\mathbf{U}$ 是一个 1-1 变换, 那么 $\theta^2 = \mathbf{U}(\xi^2)$ 在 U^2 中也取均匀分布. 这时把它们记为

$$p_\xi(x^2) = P_r\{\xi^2 = x^2\} = 1/4, \quad p_\theta(u^2) = P_r\{\theta^2 = u^2\} = 1/4, \quad (12.2.25)$$

该关系式对任何 $x^2 \in X^2, u^2 \in U^2$ 成立.

因此, θ^2 也在 U^2 中取均匀分布的 r.v..

对 $p_\xi(x^2, y^2), p_\theta(u^2, y^2)$ 的计算结果我们已在 (12.2.23) 中给出, 对此不再重复.

因为 $\mathbf{U}, \mathbf{X}$ 都是 $X = U = F_2$ 中的 1-1 变换, 所以有

$$I(\xi^2, \eta^2) = I(\theta^2, \eta^2) = 2[1 - H(\epsilon)] \quad (12.2.26)$$

成立.

12.2.3 信道的极化分解

我们已经把信道 C_ξ^2 变成 C_θ^2, 现在继续对信道 C_θ^2 进行运算.

1. 信道的分解

为对信道 C_θ^2 进行分解, 我们讨论如下.

在信道 C_θ^2 中, 它的信号变量是 ξ^2, η^2, 因此产生的互信息是 $I(\xi^2, \eta^2)$.

信道的极化分解就是关于互信息 $I(\xi^2, \eta^2)$ 的分解. 这时由互信息的性质, 可以得到分解式

$$I(\xi^2, \eta^2) = I[(\xi_1, \xi_2), \eta^2] = I(\xi_2, \eta^2) + I(\xi_1, \eta^2|\theta_2). \tag{12.2.27}$$

对信道 C_θ^2 的分解就是利用关系式 (12.2.27) 的分解.

这就是在 $\xi^2 \to \eta^2$ 的信息传递中, 可以分解成两部分的信息传递, 我们把它记为

$$\begin{cases} C_{\mathrm{I}}^2 : \theta_2 \to \eta^2, \text{我们称它为 I 信道的传递}, \\ C_{\mathrm{II}}^2 : \theta_1 \to \eta^2|\theta_2, \text{我们称它为 II 信道的传递}, \end{cases} \tag{12.2.28}$$

其中 $\theta_1 \to \eta^2|\theta_2$ 表示在信号 θ_2 确定条件下, 信号 θ_1 到 η^2 的信息传递.

我们把 $C_{\mathrm{I}}^2, C_{\mathrm{II}}^2$ 看作两个不同的信道, 并把它们称为信道 C^2 的两个极化分解信道.

2. 分解信道的性质

因为 $W_\theta(y^2|u^2) = W_\xi[y^2|\mathbf{X}(u^2)]$, 所以

$$W_\theta(y^2|u^2) = W_\xi(y^2|x^2) = W_\xi(y_1|x_1)W_\xi(y_2|x_2). \tag{12.2.29}$$

现在对信道 $W_\theta(y^2|u^2)$ 进行分解, 由此构造

$$\begin{cases} W_{\mathrm{I}}(y^2|u_2) = \sum_{u_1 \in U} \dfrac{1}{2} W_\theta(y^2|u^2) = \sum_{u_1 \in U} p(u_1)W_\theta(y^2|u^2), \\ W_{\mathrm{II}}(y^2, u_1|u_2) = \dfrac{1}{2} W_\theta(y^2|u^2) = \dfrac{1}{2} W_\xi(y_1|u_1 \oplus u_2)W_\xi(y_2|u_2). \end{cases} \tag{12.2.30}$$

由 (12.2.30) 式得到信道 C_{I}^2 中 $W_{\mathrm{I}}(y^2|u_1)$ 的取值如表 12.2.2 所示.

表 12.2.2　$W_\xi(y^2|x^2), W_\theta(y^2|u^2)$ 的取值表

u^2	x^2	00	01	10	11
00	00	$(1-\epsilon)^2$	$\epsilon(1-\epsilon)$	$\epsilon(1-\epsilon)$	ϵ^2
01	11	ϵ^2	$\epsilon(1-\epsilon)$	$\epsilon(1-\epsilon)$	$(1-\epsilon)^2$
10	10	$\epsilon(1-\epsilon)$	ϵ^2	$(1-\epsilon)^2$	$\epsilon(1-\epsilon)$
11	01	$\epsilon(1-\epsilon)$	$(1-\epsilon)^2$	ϵ^2	$\epsilon(1-\epsilon)$

由表 12.2.2 得到表 12.2.3.

表 12.2.3 $W_{\mathrm{I}}(y^2|u_2)$ 的取值表

u_2	00	01	10	11
0	$\epsilon(1-\epsilon)$	$[\epsilon^2+(1-\epsilon)^2]/2$	$[\epsilon^2+(1-\epsilon)^2]/2$	$\epsilon(1-\epsilon)$
1	$[\epsilon^2+(1-\epsilon)^2]/2$	$\epsilon(1-\epsilon)$	$\epsilon(1-\epsilon)$	$[\epsilon^2+(1-\epsilon)^2]/2$

3. 关于信道 C_{I}^2 的讨论

我们现在讨论信道 C_{I}^2, 对信道 C_{I}^2 的讨论如下.

对 C_{I}^2 信道中的变量, 有关系式

$$
\begin{aligned}
W_{\mathrm{I}}(y^2|u_1) &= P_r\{\eta^2=y^2|\theta_1=u_1\} = \sum_{u_2\in U} P_r\{\eta^2=y^2,\theta_2=u_2|\theta_1=u_1\} \\
&= \sum_{u_2\in U} P_r\{\theta_2=u_2|\theta_1=u_1\}P_r\{\eta^2=y^2|\theta^2=u^2\} \\
&= \frac{1}{2}\sum_{u_2\in U} P_r\{\eta^2=y^2|\theta^2=u^2\} = \frac{1}{2}\sum_{u_2\in U} W_\theta(y^2|u^2).
\end{aligned}
$$

因此 $W_{\mathrm{I}}(y^2|u_2)$ 是 $\theta_2\to\eta^2$ 的转移概率. 这时有

$$
\begin{cases}
\eta_1 = \xi_1\oplus\zeta_1 = \theta_1\oplus\theta_2\oplus\zeta_1, \\
\eta_2 = \xi_2\oplus\zeta_2 = \theta_2\oplus\zeta_1,
\end{cases}
$$

$$
\begin{aligned}
W_{\mathrm{II}}(y^2,u_1|u_2) &= P_r\{\eta^2=y^2,\theta_1=u_1|\theta_2=u_2\} \\
&= P_r\{\theta_2=u_1|\theta_2=u_2\}P_r\{\eta^2=y^2|\theta^2=u^2\} \quad (12.2.31)
\end{aligned}
$$

成立. 因此 $W_{\mathrm{II}}(y^2,u_1|u_2)$ 是在 $\theta_2=u_2$ 条件下, $\theta_1\to\eta^2$ 的转移概率.

这时, 信道 C_{I}^2 构成一个二进对称信道, 其中 $\epsilon_{\mathrm{I}}=\epsilon(1-\epsilon)<\epsilon$, 因此, 它的容量是 $C(C_{\mathrm{I}}^2)=1-H(\epsilon_{\mathrm{I}})>1-H(\epsilon)=C(C_\xi)$.

4. 关于信道 C_{II}^2 的讨论

我们已经给出信道 C_{I}^2 的讨论, 这是一个二进对称信道, 它的转移概率 $\epsilon_{\mathrm{I}}<\epsilon$, 因此它的容量 $C(C_{\mathrm{I}}^2)$ 略大于 C_ξ^2 的容量 $C=1-H(p)$.

在此基础上, 就可讨论信道 C_{II}^2 的情形, 该信道是在 $\theta_2=u_2$ 条件下, $\theta_1\to\eta^2$ 的信息传递问题.

这时有关系式

$$
\begin{aligned}
I(\theta_1,\eta^2|\theta_2) &= I(\theta^2,\eta^2) - I(\theta_2,\eta^2) \\
&= 2[1-H(\epsilon)] - [1-H(\epsilon_{\mathrm{I}})] = 1-2H(\epsilon_{\mathrm{I}})+H(\epsilon_{\mathrm{I}}) < 1-H(\epsilon)
\end{aligned}
$$

$$(12.2.32)$$

成立.

现在就可讨论它们的概率分布的情形. 这时取

$$p(u_1, y^2|u_2) = P_r\{\theta_1 = u_1, \eta^2 = y^2|\theta_2 = u_2\} = \frac{P_r\{\theta^2 = u^2, \eta^2 = y^2\}}{P_r\{\theta_2 = u_2\}}$$

$$= 2P_r\{\theta^2 = u^2, \eta^2 = y^2\} = 2p_\theta(u^2, y^2) = \frac{1}{2}W_\theta(y^2|u^2), \qquad (12.2.33)$$

其中 $W_\theta(y^2|u^2)$ 的取值已在表 12.2.2 中给出.

对表 12.2.2, 我们又可写为表 12.2.4.

表 12.2.4 $W_\xi(y^2|x^2), W_\theta(y^2|u^2)$ 的取值表

u_1	u_2	x^2	00	01	10	11
0	0	00	$(1-\epsilon)^2$	$\epsilon(1-\epsilon)$	$\epsilon(1-\epsilon)$	ϵ^2
1	0	10	$\epsilon(1-\epsilon)$	ϵ^2	$(1-\epsilon)^2$	$\epsilon(1-\epsilon)$
0	1	11	ϵ^2	$\epsilon(1-\epsilon)$	$\epsilon(1-\epsilon)$	$(1-\epsilon)^2$
1	1	01	$\epsilon(1-\epsilon)$	$(1-\epsilon)^2$	ϵ^2	$\epsilon(1-\epsilon)$

由表 12.2.4, 我们可以得到, 关于 $\theta_1 \to \eta^2$ 在 $\theta_2 = u_2$ 固定条件下的信息传递是一个符合渐进 M-信道的通信问题.

如在 $\theta_2 = u_2 = 0$ 的条件下 $\theta_1 \to \eta^2$ 的转移概率为

$$W_0(z|0)\begin{cases} 1-\delta, & z = 00, \\ \epsilon_1, & z = 01 \text{ 或 } 10, \\ \epsilon_2, & z = 11, \end{cases} \qquad W_0(z|1)\begin{cases} 1-\delta, & z = 11, \\ \epsilon_1, & z = 01 \text{ 或 } 10, \\ \epsilon_2, & z = 00, \end{cases}$$

$$\qquad\qquad (12.2.34)$$

其中 $\delta = (1-\epsilon)^2, \epsilon_1 = \epsilon^2, \epsilon_2 = \epsilon(1-\epsilon)$.

在 $\theta_2 = u_2 = 1$ 的情形也有类似的转移概率分布.

由此得到, 一个 $\mathcal{C}_\xi^2$ 信道的通信问题可以分解为信道是 $\mathcal{C}_I^2, \mathcal{C}_{II}^2$ 的通信问题. 其中 $\mathcal{C}_I^2, \mathcal{C}_{II}^2$ 分别是二进对称信道和渐进 M-信道的通信问题.

这就是信道极化的基本思路和基本构造, 这种思路和构造可以推广到多重信道的情形, 由此形成多重信道的多次极化理论, 对此我们在下文中再作讨论.

第 13 章　图像处理系统

图像处理是信息处理的重要问题, 它不仅内容十分丰富, 而且方法多样. 图像的形式不仅有线性、平面、立体、动态等区别, 而且还可把语音信号、计算公式、逻辑关系都可看作图像. 对它的处理方法也有多种, 如信息论中的数据压缩理论和方法、信号处理中的抽样和分层的理论和方法、NNS 中的模糊分类理论、统计学中的系列方法 (如聚类分析法) 等, 它们都是图像的处理中的问题.

在本章中, 我们试图对这些不同的模型、理论和方法进行统一的考虑和描述, 并进一步讨论它们的关系、特征和应用范围. 该系统的内容是人工智能中的重要组成部分.

13.1　概　　论

我们已经说明, 在图像处理问题中, 已形成多种不同的类型、理论和方法. 因此, 我们的首要任务是对这些类型和内容进行归纳和整理, 其中的要点如下.

关于图像系统, 我们首先用张量的方法进行统一的描述. 一个图像就是一个张量, 由此产生不同的类型和结构.

一个图像系统是一种随机系统的模型. 这就是, 每个图像都可看作是随机的, 因此就可采用随机分析的理论和方法来进行研究和讨论.

在这些图像系统中, 我们重点讨论模糊分类的方法, 这是一种 NNS 中的理论和方法, 我们已经给出它的算法步骤和收敛性等问题的讨论. 现在继续对这种理论的讨论.

在这些图像系统中, 除了 NNS 中的模糊分类法外, 重要的方法还有信息论中的数据压缩理论. 该理论在信息论中已形成一个理论体系. 这种数据压缩理论和模糊分类之间还存在密切关系.

除了数据压缩理论和模糊分类法外, 在统计学和信号处理理论中还存在多种有关图像处理的理论和方法, 如统计学中的聚类分析法、主成分分析法等, 信号处理中的抽样和分层理论, 它们都是图像处理的组成部分.

在本节中, 我们要对这些不同的类型、理论和方法进行归纳整理, 确定它们的理论特征、相互关系和应用范围.

13.1.1　图像系统

在本书的第 2 章中, 我们已经对图像系统进行了描述和讨论. 现在继续这些讨论.

1. 图像系统的描述

一个图像系统是指有大批不同类型图像的系统, 我们使用张量的方式进行描述, 把它们记为

$$
\begin{cases}
\mathcal{Y} = \{\mathcal{Y}_\tau, \tau = 1, 2, \cdots, \tau_0\}, \text{ 具有 } \tau_0 \text{ 个不同类别的图像系统,} \\
\mathcal{Y}_\tau = \{\mathbf{y}_{\tau,\theta}, \theta = 1, 2 \cdots, \theta_\tau\}, \text{ 固定系统中的不同图像,} \\
\mathbf{y}_{\tau,\theta} = \{y_{\tau,\theta,i}, i = 1, 2, \cdots, n\}, \text{ 图像的向量表示.}
\end{cases}
\tag{13.1.1}
$$

因此, 在此图像系统中存在类别、子系统、图像和像素等指标. 它们在 (13.1.1) 式中分别用指标 τ, θ, i 进行区别.

我们称 τ, θ, i 这些指标为像素, 当这些像素固定时, $y_{\tau,\theta,i}$ 是该图像在此固定像素时的灰度.

记 $\mathbf{Y}$ 是 $y_{\tau,\theta,i}$ 的取值空间, 这时称 $\mathbf{Y}$ 是该图像系统的灰度空间.

常见的灰度空间有如 $Y = \{0, 1\}$, 这时的图像系统就是一个黑白图像系统.

如取 $Y = F_{256} = \{0, 1, \cdots, 255\}$, 那么这时的图像系统就是一个具有标准灰度的图像系统.

如取 $Y = F_{256}^3$, 那么该图像系统就是一个彩色图像系统, 它的彩色就是通过红、绿、蓝三色组合而成的系统.

2. 关于指标的说明

在此图像系统中, 对这些指标的补充说明如下.

对同一字母 y, 对它的记号有花体 ($\mathcal{Y}$)、大写黑体 ($\mathbf{Y}$)、大写 (Y) 和小写 (y) 的区别. 它们代表不同的图像类型.

其中 $\mathbf{y}_{\tau,\theta} = (y_{\tau,\theta,j,1}, y_{\tau,\theta,j,2}, \cdots, y_{\tau,\theta,j,n})$ 又记为 $y_{\tau,\theta,j}^n$, 是个 n 维向量, 因此又记为 $\mathbf{y}_{\tau,\theta} = y_{\tau,\theta}^n$.

在这些指标中, 它们都可进行分解, 由此形成更复杂的图像系统.

如指标 τ 可分解成 (τ, τ') 或 (τ, θ), 它表示系统 τ 由若干子系统组成.

对指标 i 可分解成 (i, j) 或 (i, j, k) 或 $(i_1, i_2, \cdots, i_d)$, 这表示图像中的像素的平面、空间或更高维的图像.

在这些指标集合中, 还有时间的指标, 我们用 $y_{\tau,\theta}^n(t)$ 表示 t 时刻的图像, 这时 $y_{\tau,\theta}^n(t)$ 是一个动态的图像系统.

3. 随机图像系统

在图像系统 $\mathbf{y}_{\tau,\theta} = y_{\tau,\theta}^n$ 中, 它们的灰度的取值经常是随机的, 因此

$$
\begin{cases}
\mathbf{y}_{\tau,\theta}^* = (y_{\tau,\theta,1}^*, y_{\tau,\theta,2}^*, \cdots, y_{\tau,\theta,n}^*), \\
\xi_{\tau,\theta}^n = (\xi_{\tau,\theta,1}, \xi_{\tau,\theta,2}, \cdots, \xi_{\tau,\theta,n}), \\
\eta_{\tau,\theta}^n = (\eta_{\tau,\theta,1}, \eta_{\tau,\theta,2}, \cdots, \eta_{\tau,\theta,n}), \\
\zeta_{\tau,\theta}^n = (\zeta_{\tau,\theta,1}, \zeta_{\tau,\theta,2}, \cdots, \zeta_{\tau,\theta,n})
\end{cases}
\tag{13.1.2}
$$

就是随机图像的表示, 在这些随机图像中, 如果 τ, θ 取不同的值, 那么所形成的系统就是随机图像系统.

在这些随机图像系统中, 不同像素中的灰度, 如 $\xi_{\tau,\theta,i}$ 的取值是随机的, 因此 $\xi_{\tau,\theta,i}$ 是一个随机变量.

在这些随机变量中, 对不同的指标 τ, θ, i, r.v. $\xi_{\tau,\theta,i}$ 一般是相关的. 由此形成不同类型的随机过程.

如果对不同的指标 τ, θ, i, r.v. $\xi_{\tau,\theta,i}$ 是相互独立、同分布的, 那么 (13.1.2) 中的随机变量就可用随机变量 y^*, ξ, η, ζ 来表示, 这样就可简化对这些随机图像系统的描述.

13.1.2　图像系统的信息处理

在 (13.1.1), (13.1.2) 式中, 我们已经给出了图像系统、随机图像系统的表达模型, 现在讨论它们的信息处理问题.

1. 数据压缩问题

在信息论中, 关于图像信息处理的一个重要问题是数据压缩问题. 对此我们已经在第 5 章中作了讨论和说明. 其中要点如下.

在 (13.1.1), (13.1.2) 式中, 一个图像系统中的图像记为 $\mathbf{y}_{\tau,\theta}$ 或 $y_{\tau,\theta}^n$, 如果它的灰度空间 $\mathbf{Y}$ 可以表示成一个 y_0 维的二进制的向量空间. 那么图像 $y_{\tau,\theta}^n$ 或图像系统 $\mathcal{Y}$ 的数据量分别是 $ny_0, \tau_0\theta_0 ny_0$ 比特的数据.

数据压缩问题就是要构造一个 $\mathcal{Y}$ 的数据系统 $\hat{\mathcal{Y}}$, 如果把该系统的数据量记为 m, 那么称 $R = m/(\tau_0\theta_0 ny_0)$ 就是系统 $\hat{\mathcal{Y}}$ 的数据压缩率.

关于系统 $\hat{\mathcal{Y}}$ 的构造有多种类型, 如无失真的数据压缩系统. 这时可以通过对 $\hat{\mathcal{Y}}$ 的运算, 恢复原来图像系统 $\mathcal{Y}$ 中的所有图像.

在数据压缩问题中, 如果能够通过对 $\hat{\mathcal{Y}}$ 的运算, 完全恢复原来图像系统 $\mathcal{Y}$ 中的图像. 那么称这种数据压缩是无失真的数据压缩.

另外一种有失真的数据压缩系统就是通过对 $\hat{\mathcal{Y}}$ 的运算, 恢复原来图像系统 $\mathcal{Y}$ 中的每个图像, 我们记这些恢复后的图像为 $\hat{\mathbf{y}}_{\tau,\theta}$.

这时, 可以与许这种恢复后的图像 $\hat{\mathbf{y}}_{\tau,\theta}$ 和原来图像 $\mathbf{y}_{\tau,\theta}$ 之间存在一定的误差, 如

$$d(\hat{\mathbf{y}}_{\tau,\theta}, \mathbf{y}_{\tau,\theta}) \leqslant d_0, \tag{13.1.3}$$

其中 $d(), d_0$ 分别是图像之间的距离函数和固定正数, 这时称 d_0 是有失真的数据压缩中的允许误差.

在本书的第 5 章中, 我们已给出这种数据压缩问题的一系列理论, 其中包括无失真的数据压缩中的多种算法、有失真的数据压缩中的有关理论, 如数据压缩率的计算、压缩编码算法等, 对此不再重复讨论和说明.

2. 模糊分类问题

在感知器理论中, 我们已经给出模糊分类的算法和它们的收敛性定理, 现在讨论图像处理中的模糊分类问题.

记 ξ^n, η^n 是两个不同的图像, 它们具有的概率分布是

$$F_{\xi,\eta}(x^n, y^n) = P_r\{\xi^n \leqslant x^n, \eta^n \leqslant y^n\}, \tag{13.1.4}$$

其中 $\begin{cases} \xi^n \leqslant x^n \text{ 表示 } \xi_1 \leqslant x_1, \xi_2 \leqslant x_2, \cdots, \xi_n \leqslant x_n, \\ \eta^n \leqslant y^n \text{ 表示 } \eta_1 \leqslant y_1, \eta_2 \leqslant y_2, \cdots, \eta_n \leqslant y_n. \end{cases}$

感知器的模糊分类是寻找权向量 $w^{n+1} = (w^n, h) = (w_1, w_2, \cdots, w_n, h)$, 估计

$$p_{\xi,\eta}(w^{n+1}) = P_r\{\langle\xi^n, w^n\rangle > h, \langle\eta^n, w^n\rangle < h\} \tag{13.1.5}$$

的值, 其中 $\langle\xi^n, w^n\rangle = \sum_{i=1}^n w_i\xi_i$ 是向量 ξ^n, w^n 的内积.

我们称这个 $p_{\xi,\eta}(w^{n+1})$ 为感知器分类概率, 或称 $1 - p_{\xi,\eta}(w^{n+1})$ 为感知器分类的模糊度.

感知器的模糊就是对固定的随机图像 ξ^n, η^n, 它们具有联合概率分布 $F_{\xi,\eta}(w^{n+1}(x^n, y^n))$, 寻找适当的权向量 $w^{n+1} = (w^n, h)$, 使 (13.1.5) 式中的感知器分类概率为最大, 或模糊度为最小.

3. 数据分析的因子分析法

在图像的信息处理中, 除处理信息论中的数据压缩法、感知器理论中的模糊分类法外, 还有统计学中的因子分析法和聚类分析法, 我们对此说明如下.

统计学中的因子分析法实际上也是一种有失真的数据压缩, 它的计算过程在本书的附录 B 中给出.

记 $\mathcal{Y} = \{\mathcal{Y}_\tau, \tau = 1, 2, \cdots, \tau_0\}$ 是一个具有 τ_0 个图像的图像类.

记 $\mathcal{Y}_\tau$ 中的图像是 $y_\tau^n = (y_{\tau,1}, y_{\tau,2}, \cdots, y_{\tau,n})$. 因此 $\mathcal{Y}$ 是一个 $n \times \tau_0$ 的数据阵列.

在此数据阵列 $\mathcal{Y}$ 中, 计算它的列平均值 $\bar{\mu}$ 和列相关矩阵 Σ, 分别是

$$
\begin{cases}
\bar{\mu} = (\mu_1, \mu_2, \cdots, \mu_{\tau_0}), \\
\Sigma = (\sigma\tau, \tau')_{\tau, \tau' = 1, 2, \cdots, \tau_0},
\end{cases}
\tag{13.1.6}
$$

其中

$$
\begin{cases}
\mu_\tau = \dfrac{1}{n} \displaystyle\sum_{i=1}^{n} y_{\tau, i}, \\
\sigma_{\tau, \tau'} = \dfrac{1}{n} \displaystyle\sum_{i=1}^{n} (y_{\tau, i} - \mu_\tau)(y_{\tau', i} - \mu_{\tau'}).
\end{cases}
$$

依据数据阵列 $\mathcal{Y}$ 的列平均值 $\bar{\mu}$ 和列相关矩阵 Σ, 按本书的附录 B 中的主因子分析法, 对该数据阵列 $\mathcal{Y}$ 进行变换运算, 得到一个新的数据阵列 $\mathcal{V}$.

数据阵列 $\mathcal{V}$ 的数据量小于 $\mathcal{Y}$ 的数据量, 而且通过主因子分析法理论可以由 $\mathcal{V}$ 确定一个新的数据阵列 $\hat{y}$. 这时使 $\hat{y}$ 和 y 的平均误差控制在一个较小的 d_0 范围内.

因此这种的因子分析法理论也是一种有失真的数据压缩的理论.

在统计计算方法中还有聚类分析法, 对此我们已在本书的第 2 章中给出讨论, 在此不再重复.

13.2 图像的模糊分类法

在 13.1 节中, 我们已经说明, 在图像的信息处理中, 存在感知器的模糊分类法, 我们现继续这个问题进行讨论.

13.2.1 随机图像的模糊分类

记 ξ^n, η^n 是两个不同的随机图像, 现在对它们作感知器的模糊分类.

1. 模糊分类的定义

在 13.1 节中, 我们已经给出感知器的模糊分类的定义, 现在继续进行讨论.

(1) 对随机图像 ξ^n, η^n, 它们具有的概率分布 $F_{\xi, \eta}(x^n, y^n)$ 已经在 (13.1.4) 式中定义.

(2) 对随机图像 ξ^n, η^n 的感知器模糊分类是寻找权向量 $w^{n+1} = (w^n, h) = (w_1, w_2, \cdots, w_n, h)$, 估计 $p_{\xi, \eta}(w^{n+1})$ 的值, 该概率的含义在 (13.1.5) 式中定义.

(3) 感知器的模糊分类的问题就是对固定的随机图像 ξ^n, η^n, 寻找适当的权向量 $w^{n+1} = (w^n, h)$, 使 (13.1.5) 式中的分类概率 $p_{\xi, \eta}(w^{n+1})$ 为最大, 或它的模糊度 $\delta_{\xi, \eta}(w^{n+1}) = 1 - p_{\xi, \eta}(w^{n+1})$ 为最小.

2. 模糊度的计算问题

对固定的随机图像 ξ^n, η^n 和权向量 $w^{n+1} = (w^n, h)$, 它的模糊度定义为

$$\delta_{\xi,\eta}(w^{n+1}) = 1 - P_r\{\langle \xi^n, w^n \rangle > h, \langle \eta^n, w^n \rangle < h\}, \tag{13.2.1}$$

现在讨论它的计算问题.

该计算问题包含以下要点.

随机图像 ξ^n, η^n 具有固定的概率分布, 如 (13.1.4) 式所记.

我们取权向量 $w^{n+1} = (w^n, h)$ 是 R^{n+1} 空间中的向量, 在 ξ^n, η^n 及其概率分布 $F_{\xi,\eta}(x^n, y^n)$ 固定的条件下 $\delta_{\xi,\eta}(w^{n+1})$ 是向量 w^{n+1} 的函数.

因此可以定义

$$\delta(\xi, \eta) = \min\{\delta_{\xi,\eta}(w^{n+1}), w^{n+1} \in R^{n+1}\}. \tag{13.2.2}$$

如果 $\delta(\xi, \eta) = 0$, 那么称图像 ξ^n, η^n 是可以用感知器进行分割的. 否则就是不可以用感知器进行分割的. 这时定义 $w_\delta^{n+1} \in R^{n+1}$, 使关系式

$$\delta(\xi, \eta)(w_\delta^{n+1}) = \delta_{\xi,\eta} = \delta > 0 \tag{13.2.3}$$

成立. 这时称 w_δ^{n+1} 是一个关于图像 ξ^n, η^n 的最优感知器的模糊分类.

因此随机图像的模糊分类就是对固定的随机图像 ξ^n, η^n, 求它们的最优感知器的模糊分类的问题.

13.2.2　模糊分类的计算

我们已经给出关于随机图像 ξ^n, η^n 的最优感知器的模糊分类问题, 现在讨论它们的计算问题.

1. 简单情形下的随机图像

为了讨论这种模糊分类的基本特征, 我们只讨论最简单的情形.

这就是随机图像

$$\xi^n = (\xi_1, \xi_2, \cdots, \xi_n), \quad \eta^n = (\eta_1, \eta_2, \cdots, \eta_n)$$

满足以下条件.

(i) 随机向量 ξ^n, η^n 中, 它们相互独立.

(ii) 随机变量 $\xi_1, \xi_2, \cdots, \xi_n, \eta_1, \eta_2, \cdots, \eta_n$ 分别是两组 i.i.d. 的 r.v..

(iii) 每个 ξ_i, η_j 都是在二进集合 $X = \{0, 1\}$ 中取值, 而且具有的概率分布是

$$\xi : \begin{pmatrix} 0 & 1 \\ q_1 = 1 - p_1 & p_1 \end{pmatrix}, \quad \eta : \begin{pmatrix} 0 & 1 \\ q_1 = 1 - p_2 & p_2 \end{pmatrix}. \tag{13.2.4}$$

不失一般性, 这里取 $0 < p_1 \leqslant p_2 \leqslant 1/2$.

2. 关于模糊度的计算问题

模糊度的定义在 (13.2.1) 中给出, 现在讨论它的计算问题.

在定义 (13.2.1) 式中, $w^{n+1} = (w^n, h) \in R^{n+1}$ 是一固定向量, 这时取

$$
\begin{cases}
\langle w^{n+1}, \xi^{n+1} \rangle = w_1 \xi_1 + w_2 \xi_2 + \cdots + w_n \xi_n - h, \\
\langle w^{n+1}, \eta^{n+1} \rangle = w_1 \eta_1 + w_2 \eta_2 + \cdots + w_n \eta_n - h,
\end{cases}
$$

其中 $\xi_{n+1} = \eta_{n+1} = -1$. 这时

$$
\delta = \delta(\xi, \eta)(w_\delta^{n+1}) = 1 - P_r\{\langle w^{n+1}, \xi^{n+1} \rangle > 0, \langle w^{n+1}, \eta^{n+1} \rangle < 0\}
$$
$$
\leqslant 1 - P_r\{\langle w^{n+1}, \xi^{n+1} \rangle - \langle w^{n+1}, \eta^{n+1} \rangle > 0\} = 1 - P_r\{\langle w^{n+1}, \zeta^{n+1} \rangle > 0\} = \delta',
$$
$$
\tag{13.2.5}
$$

其中

$$
\zeta^{n+1} = \xi^{n+1} - \eta^{n+1} = (\zeta_1, \zeta_2, \cdots, \zeta_n, 0),
$$

而 $\zeta_i = \xi_i - \eta_i, i = 1, 2, \cdots, n$.

这时 $\zeta_1, \zeta_2, \cdots, \zeta_n$ 是一组 i.i.d. 的 r.v., 它们的概率分布是

$$
\zeta : \begin{pmatrix} -1 & 0 & 1 \\ q_1 p_2 & p_1 p_2 + q_1 q_2 & p_1 q_2 \end{pmatrix}.
\tag{13.2.6}
$$

这时

$$
\delta'(w^{n+1}) = 1 - P_r\{\langle w^{n+1}, \zeta^{n+1} \rangle \geqslant 0\}
$$
$$
= P_r\{\langle w^n, \zeta^n \rangle \leqslant 0\}.
\tag{13.2.7}
$$

为求模糊分类中的模糊度的问题, 我们只要估计 (13.2.7) 式中 $\delta'(w^{n+1})$ 的计算问题.

3. 关于模糊度的计算问题

估计 (13.2.7) 式中 $\delta'(w^{n+1})$ 的取值问题是个随机分析的问题.

这就是, 利用 ξ^{n+1}, η^{n+1} 的分布情况, 可以得到对 $\delta'(w^{n+1})$ 值的估计计算.

关于 $\delta'(w^{n+1})$ 的计算, 一般是比较复杂的, 但是在 [6] 中, 我们利用随机分析中的大数定律和中心极限定理, 可以使这种计算和估计大大简化. 这种计算同样可以在图像的模糊分类中使用, 对此讨论如下.

对随机图像 $\xi^{n+1}, \eta^{n+1}, \zeta^{n+1}$, 我们已经定义了它们和向量 w^{n+1} 的内积

$$
\langle w^{n+1}, \theta^{n+1} \rangle = \sum_{i=1}^{n} w_i \theta_i, \quad \theta = \xi, \eta, \zeta.
\tag{13.2.8}
$$

这时的 $\langle w^{n+1}, \theta^{n+1} \rangle$ 是独立随机变量的和 (它们不一定同分布). 因此仍然有相应的大数定律和中心极限定理.

为讨论 $\langle w^{n+1}, \theta^{n+1} \rangle$ 的大数定律和中心极限定理, 计算它们的均值和方差是

$$
\begin{cases}
\mu_\theta(w^{n+1}) = E\{\langle w^{n+1}, \theta^{n+1} \rangle\} = \mu_\theta \displaystyle\sum_{i=1}^{n+1} w_i, \\
\sigma_\theta^2(w^{n+1}) = E\{[\langle w^{n+1}, \theta^{n+1} \rangle - \mu_\theta(w^{n+1})]^2\} \\
\qquad\quad = \sigma_\theta^2 \displaystyle\sum_{i=1}^{n+1} w_i,
\end{cases}
\tag{13.2.9}
$$

其中 $\theta = \xi, \eta, \zeta$, 它们的概率分布已在 (13.2.4), (13.2.6) 式中给出, 因此有

$$
\mu_\theta = \begin{cases} p_1, & \theta = \xi, \\ p_2, & \theta = \eta, \\ 0, & \theta = \zeta, \end{cases}
\qquad
\sigma_\theta^2 = \begin{cases} p_1 q_1, & \theta = \xi, \\ p_2 q_2, & \theta = \eta, \\ p_1 q_2 + p_2 q_1, & \theta = \zeta. \end{cases}
\tag{13.2.10}
$$

那么关于 $\delta'(w^{n+1})$ 的大数定律和中心极限定理同样成立, 并利用 (13.2.9) 式中的 $\mu_\theta(w^{n+1}), \sigma_\theta^2(w^{n+1})$ 取值, 仿 [6] 中的讨论, 就可得到这些图像在模糊分类的模糊度.

对这些计算公式我们不再详细说明和讨论.

13.3   对图像处理系统的讨论

对图像处理系统, 我们已经给出了它们的不同类型、理论和方法, 并对其中的模糊分类法作了较详细的讨论. 因为这些方法分散在信号和信息处理的有关内容中, 所以我们不再一一说明. 对其中的这些内容我们统一列表, 作概要说明 (表 13.3.1).

表 13.3.1   图像处理系统中的类型、理论和方法关系结构表

类型	学科	功能特征	应用范围	主要算法
无失真压缩	信源编码	无失真、全概率压缩	无差错的信息处理	信源编码算法
无失真压缩	信源编码和统计	无失真、小概率误差	信息通信	遍历性定理和主因子分析
有失真压缩	信源编码	有失真数据压缩	有失真信息处理	数据压缩中的标准算法
无误差识别	智能计算	无误差分类和识别	分类、识别和控制	NNS 中的系列算法
有误差识别	智能计算	有误差分类和识别	图像和系统理论中的应用	模糊感知器理论和算法
有误差识别	统计计算	有误差分类和识别	图像和系统理论中的应用	聚类分析理论和计算
有误差信息处理	信号处理	有误差的信息处理	信号处理	分层、采样理论

由此可知, 图像系统的信息处理所涉及的学科有: "信源编码理论"、"统计学"、"智能计算" 和 "信号处理".

第 14 章　数值计算系统

我们已经说明, 计算数学的许多算法是第一类智能计算算法, 它们具有学习、训练、逼近和收敛的特征, 但并不由 NNS 的运算理论确定.

在本章中, 我们将介绍并讨论这些特征, 其中部分算法可能和 NNS (或二进制理论中的算法) 有关.

14.1　数值计算中的一些特殊性质

我们已经说明, 在数值计算中, 有些算法具有智能计算算法的特征, 有些算法可以通过 NNS 的运算表达. 我们现在对这些情况进行说明、讨论.

另外, 在本书的第 4 章和附录 G、附录 H 中, 我们已经对数值计算中的基本理论和方法进行了讨论. 现在继续对这些问题进行说明、介绍和讨论.

总之, 在数值计算中, 许多算法具有拟合、逼近的特征, 它的基本方法是正交函数系和插入样条函数的理论, 其中部分运算算法和 NNS 中的计算算法有关.

14.1.1　数和函数的表达

为实现数值计算和分析, 我们首先要对数或函数进行表达和运算.

1. 数的表达记号

这里的数包括正整数 (又称自然数)、整数 (带正负的整数)、有理数 (包括分数或小数)、无理数、实数和复数等. 现在先讨论它们的表示问题.

(1) 首先是整数集合的表示. 类型有全体整数集合、非负整数集合、正整数集合、有限整数集合, 记号分别是

$$\begin{cases} F = \{\cdots, 2, 1, 0, -1, -2, \cdots\}, & \text{全体整数集合, 由大到小排列,} \\ F_+ = \{1, 2, 3, \cdots\}, & \text{正整数集合,} \\ F_0 = \{0, 1, 2, 3, \cdots\}, & \text{非负整数集合,} \\ F_q = \{0, 1, 2, \cdots, q-1\}, & q \text{ 进制有限整数集合.} \end{cases} \tag{14.1.1}$$

这时记为 $F_2' = \{0, 1\}$ 或 $F_2 = \{-1, 1\}$, 我们经常把它们等价使用.

另外, 全体整数集合 F, 我们有时也把它记为 Z, 它们也是等价使用的.

(2) 数 x 在不同进制下的表达就是把该数写成序列

$$x = x_Z = \{x_i, i \in Z\} = (\cdots, x_{-2}, x_{-1}, x_0, x_1, x_2, \cdots), \tag{14.1.2}$$

其中 Z 是全体整数的集合, 而 $x_i \in X$ 是 (14.1.1) 式中不同类型的集合, 对任何 $i \in X$.

(3) 在表达式 (14.1.2) 中, 如果 $x_i \in X = F_q = \{0, 1, \cdots, q - 1\}$, 那么

$$x = \sum_{i=-\infty}^{\infty} x_i q^i \tag{14.1.3}$$

是数 x 的 q-进制的表达; 如果 $q = 2$, 那么它就是二进制的表达.

2. 对 (14.1.2) 式、(14.1.3) 式的表达记号的说明

(1) 在 (14.1.2) 式的表达记号中, 数 x 是一个序列, 该序列中的分量是该数的一个分解.

(2) 在此序列的分量 x_i 中, 称它的下标 i 是该分量的位. 在 $i \geqslant 0$ 和 $i < 0$ 时, 该分量的位分别是整数位和小数位.

(3) 数 x 的取值可能有正、有负, 我们用记号 $\theta \in \{+, -, \pm\}$ 给予区别. 如果 $\theta = +$, 那么可以省略不写; 如果 $\theta = \pm$, 表示 x 可能是正, 也可能是负的不定数.

(4) 在 (14.1.2) 式的表达式中, 我们称 m_x 是数 x 的最大整数位, 如果 $x_{m_x} \neq 0$, 且对任何 $i > m_x$, 必有 $x_i = 0$ 成立.

同样可以定义 m_x' 是数 x 的最大小数位, 如果 $x_{-m_x'} \neq 0$, 而且对任何 $i > m_x'$, 必有 $x_{-i} = 0$ 成立. 这时 (14.1.3) 式中数 x 可以写成

$$x = \sum_{i=-m_x'}^{m_x} a_i q^i. \tag{14.1.4}$$

因此, 数 x 可以表示成 θ, x_+, x_-, 它们分别是数 x 的符号、整数和小数部分.

(5) 在数的表示中, 除了有整数、有理数等类型的区别外, 还有**确定数据**、**波动数据**、**有效数据**、**相对数据**、**绝对数据**等区别, 它们分别表示在数据测量时出现的不同情况.

3. 数的误差分析

在实际的计算问题中, 由于测量、观察、记录等原因, 可以产生多种不同类型的误差.

在数的误差分析中, 一般把数分成已经确定的数据、可能发生的波动数据, 对此作进一步的说明如下.

(1) 在这些数的类型中, 最常见的是**截位数和截位误差**, 这就是把确定的数固定在某个小数位上, 在此小数位后可能产生的数就是截位数的误差.

这种截位数的误差一般通过小数位的四舍五入法确定, 如 5 小数位误差是指第 6 位的小数可以通过四舍五入删除或进位后删除. 这时 5 小数位误差的误差大小控制在 0.000005 之内.

(2) **波动误差**, 就是误差的变化范围. 如 5 小数位的误差控制在 ± 0.000005 范围内.

这时一个数据通常用**确定数据** + **波动数据** $a + (\pm\delta)$ 进行表示, 其中 a 是确定数据, $\pm\delta$ 是波动数据的误差范围.

(3) 在数据和误差的产生与类型中, 除了对它们产生的原因进行分析外, 还有对误差特征的分析. 如常见的**累计误差**、**随机误差**、**随机误差的分布**等类型, 它们都是对误差数据的结构类型的分析.

4. 误差的估计

如果用 x^*, y^* 分别表示数据 x, y 的近似值 (或带误差的数据), 那么有以下几种表示.

(1) **误差的微分表示**. 对误差的微分表示也有多种不同的表示形式.

(2) 如误差的绝对值微分形式是通过 $\delta x = |x^* - x|, \delta y = |y^* - y|$ 表示它们的误差, 称这种误差的表示为微分表示.

利用微分的运算产生运算中的误差. 如

$$
\begin{cases}
\delta(x + y) = \delta x + \delta y, \\
\delta(x \cdot y) = |x|\delta y + |y|\delta x, \\
\delta\left(\dfrac{x}{y}\right) = \dfrac{|x|\delta y + |y|\delta x}{|y|^2}.
\end{cases}
\tag{14.1.5}
$$

(3) 差的相对值微分形式是 $\delta_r x = \dfrac{\delta x}{x} = \delta\ln x, \delta_r y = \dfrac{\delta y}{y} = \delta\ln y$. 这时 (14.1.5) 式中误差估计的微分形式是

$$
\begin{cases}
\delta_r(x + y) = \max\{\delta_r x, \delta_r y\}, & x, y \text{ 同号}, \\
\delta_r(x - y) = \dfrac{|x|\delta y + |y|\delta x}{|x - y|}, & x, y \text{ 同号}, \\
\delta_r(x \cdot y) \sim \delta_r x + \delta_r y, \\
\delta_r\left(\dfrac{x}{y}\right) = \delta_r x + \delta_r y, & y \neq 0.
\end{cases}
\tag{14.1.6}
$$

(4) 函数计算中的误差估计.

在函数 $y = f(x)$ 的关系中, 如果自变量的近似值是 x^*, 那么该函数误差的微分形式可以用泰勒 (Taylor) 展开式表示, 这时

$$\delta f(x) = f(x^*) - f(x) = f'(x^*)(x^* - x) + \frac{f''(\xi)}{2!}(x^* - x)^2. \qquad (14.1.7)$$

其中 ξ 是在 x, x^* 之间的一个数.

(5) 多元函数误差估计的泰勒展开式:

$$\delta f(x_1, x_2, \cdots, x_n) \sim \sum_{i=1}^{n} \left| \frac{\partial f(x_1, x_2, \cdots, x_n)}{\partial x_i} \right| \delta x_i. \qquad (14.1.8)$$

关于泰勒展开式在一些不同的情况下有多种不同的表示, 对此我们不再一一说明.

5. 函数表示的记号

在误差估计的微分表示或泰勒展开式中, 涉及函数的类型和记号, 对此我们统一说明如下.

(1) 一个函数 $f(x)$, 它的自变量的取值范围用区域 Δ 表示, Δ 可以是开区域、也可以是闭区域或半开区域, 它们分别记为 $(a, b), [a, b], (a, b], [a, b)$, 其中 $a < b$, a, b 可以是有限数, 也可以是无限数.

(2) 函数 $f(x)$ 在区域 Δ 中取值的类型可以是连续函数或导数连续, 这时记 $C(\Delta)$ 是在 Δ 中取值的全体连续函数, 而记 $C^{(k)}(\Delta)$ 是指所有在 Δ 中取值、k 阶导数存在且连续的函数.

14.1.2　数的表达类型和运算

为了简单起见, 这里只讨论二进制的四则运算, 其他进制的运算可做类似推广. 这时记 x, y, z 是不同的数, 它们的二进制表示式如式 (14.1.9).

关于数的表达我们采用 (14.1.2) 式的记号, 这时数

$$x = \theta_x x_Z = \theta_x(\cdots, x_2, x_1, x_0, x_{-1}, x_{-2}, \cdots) = \theta_x \sum_{i \in Z} x_i 2^i, \quad x_i \in X. \qquad (14.1.9)$$

其中 $\theta_x \in \{+, -, \pm\}$. 由此得到以下名称和记号.

1. 数的表达类型

在 (14.1.9) 式中已经给出数的表达序列 $x = x_Z$, 其中 Z 是全体整数的集合, 而 $x_i \in X$ 可以取不同类型的集合, 由此产生不同类型的序列.

(1) 在 (14.1.9) 式中，一般取 $\theta_x = +$, 而且省略不写.

(2) 因为 (14.1.9) 式是一个按二进制级数的展开序列, 其中的 x_i 是在 2^i 处的项展开系数. 这时称 $x = x_Z$ 是一个二进制展开序列 (简称为二进制序列).

(3) 但是在 (14.1.9) 式中, 每个 $x_i \in X$ 是不同类型的集合, 因此在 X 取不同类型的集合时, 产生不同类型的序列. 如:

最常见的是 $X = F_2$ 是一个二元集合, 那么 x_Z 是一个二元序列, 因此称这样的 $x = x_Z$ 是一个二元、二进制展开式表示, 简称二元、二进制序列.

如果 $X = F_q$ 是一个 q 元的集合, 那么 $x = x_Z$ 是一个 q 元、二进制展开式序列, 简称 q 元、二进制序列.

(4) 如果 $X = Z$ 是一个整数集合, 那么称这样的 $x = x_Z$ 是一个广义二进制展开式表示, 简称广义序列.

在数的这些不同的表达类型中, 它们可以相互换算. 为了区别起见, 记 $x(F_q) = x_Z(F_q), x(F) = x_Z(F)$ 分别是 q 元序列和广义序列.

2. 整数的表示和运算

为了简单起见, 首先讨论整数的表示和它们的加、减、乘法运算.

(1) 显然, $x(F_q) = x_Z(F), x(F) = x_Z(F)$ 都是整数; 反之, 任何整数 x 都可表示成 $x = x_Z(F)$ 等形式.

(2) 显然, 在 $x = x_Z(F_q)$ 等形式中, 我们称 $x_Z(F)$ 是 x 的二进制展开式. 显然, 这种展开式一定存在、但不唯一.

(3) 如果 x, y 是不同的整数, 它们的四则运算 (加、减、乘、除) 分别记为 $+, -, \times, /$.

如果 $x = x_Z(F), y = y_Z(F)$ 分别是这些整数的广义序列, 那么它们的加、减、乘运算可以写为 $x o y = \{z_k, k \in Z\}$, 其中

$$
z_k = \begin{cases} x_k o y_k, & o = +, - \text{ 是加法运算}, \\ \displaystyle\sum_{i+j=k} x_i y_j, & o = \times \text{ 是乘法运算}. \end{cases} \tag{14.1.10}
$$

(14.1.10) 式给出了整数的加、减、乘运算, 这种运算是在广义序列的意义下进行的, 因此存在它们的表达和简化问题. 对于除法的计算我们在下文中有详细讨论.

3. 整数的等价表示

现在讨论整数在广义序列意义下进行表达的简化问题. 这就是对一个固定的正整数 x 在广义序列表达时的简化问题, 为此首先要定义它们的等价表示问题.

(1) 一个固定的正整数 x, 它的广义序列的表达是 $x_Z(F)$ 或 $x'_Z(F)$, 如果有

$$
x = \sum_{i \in Z} x_i 2^i = \sum_{i \in Z} x'_i 2^i
$$

成立, 那么称 x_Z 和 x'_Z 是两个等价序列.

(2) 如果 x, y 是两个固定的正整数, 它们的广义序列分别是 $x_Z(F), y'_Z(F)$, 记 $\bar{x}_i = (x_i, x_{i+1}), \bar{y}_i = (y_i, y_{i+1})$ 分别是这两个序列中的两个分量, 称这两个分量是对偶等价偶, 如果它们的下标 $i, i+1$ 相同, 有关系式 $2x_i + x_{i+1} = 2y_i + y_{i+1}$ 成立.

(3) 如果 $\bar{x}_i, \bar{y}_i$ 是两个对偶等价偶, 记 $y_i = x_i + \tau$, 那么必有 $y_{i+1} = x_{i+1} - 2\tau$ 成立.

在 $y_i = x_i + \tau, y_{i+1} = x_{i+1} - 2\tau$ 的关系式中, 如果 $\tau > 0$, 那么称 $\bar{y}_i$ 是 $\bar{x}_i$ 的前向 (或左向) 等价偶; 如果 $\tau < 0$, 那么称 $\bar{y}_i$ 是 $\bar{x}_i$ 的后向 (或右向) 等价偶.

4. 整数的二进制 (或标准化) 表示

一个固定的正整数 x 和它的广义序列 $x_Z(F)$ 可以进行简化表示如下.

(1) 一个固定的正整数 x, 它的广义序列 $x_Z(F) = \{x_i(F), i \in F\}$, 如果每个 $x_i \in F_2 = \{0, 1\}$, 那么称这个序列是一个二进制序列或标准化序列.

(2) 对一个固定的正整数 x, 它的二进制序列 $x_Z(F_2) = \{x_i(F), i \in F_2\}$ 是唯一确定的.

(3) 一个固定的正整数 x 和它的广义序列 $x_Z(F) = \{x_i(F), i \in F\}$, 如果对其进行对偶等价偶运算, 那么这个广义序列最后一定可以成为一个二进制序列.

(4) 这个对偶等价运算是, 如果 $x_{i+1} \neq 0, 1$, 那么对 $\bar{x}_i = (x_i, x_{i+1})$ 作对偶等价运算, 这时取:

当 $x_{i+1} \geqslant 2$ 时, 那么对 $\bar{x}_i = (x_i, x_{i+1})$ 作前向 (或左向) 对偶等价运算.

当 $x_{i+1} < 0$ 时, 那么对 $\bar{x}_i = (x_i, x_{i+1})$ 作后向 (或右向) 对偶等价运算.

这些运算可以反复进行, 运算的次序和 i 的选择无关. 它们最后一定可以成为一个二进制序列, 而且这个二进制序列唯一确定.

5. 对偶等价运算的表达

我们已经给出前向、后向对偶等价运算子的定义, 现在讨论它们的表达问题.

(1) 一个二维序列记为 $\bar{x}_i = (x_i, x_{i+1})$, 它的 τ 步对偶等价子记为

$$\bar{x}_i(\tau) = (x_i + \tau, x_{i+1} - 2\tau), \quad \tau \in F.$$

其中 τ 是一个整数, 在 $\tau > 0, < 0$ 时, 该对偶子分别是前向或后向对偶子.

(2) 从 $\bar{x}_i \to \bar{x}_i(\tau)$ 的运算过程是一个 HNNS 算子, 它们分别是

$$T^\tau(x^2) = g(x^2 | (W_\tau^2)) = x^2 \otimes W_\tau^2, \tag{14.1.11}$$

其中 $x^2 \otimes W_\tau^2$ 是矩阵的积, 而

$$W_\tau^2 = \begin{pmatrix} 1 & -2\tau x_i / x_i^2 \\ \tau x_{i+1} / x_{i+1}^2 & 1 \end{pmatrix}. \tag{14.1.12}$$

由此得到

$$T^\tau(\bar{x}_i) = \bar{x}_i \otimes W_\tau^2 = \begin{cases} (x_i + \tau, x_{i+1} - 2\tau), & \text{当 } x_{i+1} \geqslant 2 \text{ 时,} \\ (x_i - \tau, x_{i+1} + 2\tau), & \text{当 } x_{i+1} < 0 \text{ 时.} \end{cases} \tag{14.1.13}$$

因此 $T^\tau(\bar{x}_i) = \bar{x}_i \otimes W_\tau^2$ 的运算是对偶等价子之间的运算, 而且运算的结果可能是前向或后向的运算, 这种前向、后向的运算结果是由 x_{i+1} 的取值决定的.

14.1.3 函数的计算

(14.1.7) 式, (14.1.8) 式给出了函数的近似计算和误差的估计公式, 现在讨论它们在二进制下的表达问题.

1. 函数的表达

一个多元函数 $y = f(x^m) = f(x_1, x_2, \cdots, x_m)$, 其中 $y, x_1, x_2, \cdots, x_m \in R$ 是一个 m 维的实函数, 现在讨论它们的表达和运算问题.

(1) x_i, y 的序列表示记为

$$\begin{cases} y(F) = y_Z(F) = \{y_i, i \in Z\}, \\ x_j(F) = y_{j,Z}(F) = \{x_{j,i}, i \in Z\}, \end{cases} \tag{14.1.14}$$

其中 $y_i, x_{j,i} \in F$. 当 F 取不同的集合时, $y(F), x_j(F)$ 形成不同类型的序列.

(2) x_i, y 的二进制序列表示. 在 x_i, y 的序列表示中, 如果

$$y(F) = \sum_{i \in Z} y_i \cdot 2^i, \tag{14.1.15}$$

那么在 $y(F) = y_Z(F)$ 的序列表示是一个二进制的序列表示.

如果 $F = f_2$ 是一个二元域, 那么 $y(F) = y_Z(F)$ 的序列表示是一个二元、二进制的序列表示.

(3) 我们已经说明, 对任何固定的有理数 x_i, y, 它的二元、二进制序列是唯一确定的.

在 $y = y_Z(F_2)$ 的序列表示中, 如果存在正整数 n_y, n'_y, 使 $y_{n_y} \neq 0, y_{n'_y} \neq 0$, 而对于任何 $n > n_y, n' > n'_y$, 都有 $y_n = y_{-n'} = 0$ 成立, 那么称 $n_y, -n'_y$ 分别是数 y 的最大、最小位. 同样在 $x_i = x_{i,Z}(F_2)$ 有它们的最大、最小位, 我们分别把它们记为

$$(n_{x_i}, -n'_{x_i})(n_i, -n'_i), \quad i = 1, 2, \cdots, m.$$

(4) 在函数 $y = f(x^m)$ 中, 有它们的序列关系表达为 $y_Z(F_2) = f[x_Z^m(F_2)]$.

2. 函数的近似表达

在函数 $y = f(x^m)$ 的表达式中, 讨论 $x^m \in R^m$ 的变化区域是 $x^m \in \Omega \subset R^m$.

(1) 我们已经给出它们的序列表达式是 $y_Z(F_2) = f[x_Z^m(F_2)]$. 因此有

$$y_i = f_i(x_i^m) = f_i(x_{i,1}, x_{i,2}, \cdots, x_{i,m}), \quad i \in Z. \tag{14.1.16}$$

这就是函数 $y = f(x^m)$ 关系的张量表达式.

(2) 这时的张量表达式是:

$$X_Z^2 = \{x_{ij}, i \in Z, j = 1, 2, \cdots, m\}. \tag{14.1.17}$$

(3) 在 (14.1.16) 式的张量中, 如果在每个 $x_i = x_{i,Z}$ 的二元、二进制序列的表示中, 它们具有最大、最小值

$$n_1 = n_2 = \cdots = n_m, \quad n_1' = n_2' = \cdots = n_m',$$

那么 (14.1.16) 式的张量可以写为

$$X_Z^2 = (x_{i,j}')_{i=1,2,\cdots,n_x, j=1,2,\cdots,n_x},$$

其中 $n_x = n_1 + n_1' + 1$. 而

$$x_{i,j}' = x_{i,n_1-j+1}, \quad i - 1, 2, \cdots, j = 1, 2, \cdots, n_x.$$

因此 $(x_{i,j}')$ 是一个 2 阶、$m \cdot n_x$ 维的张量.

(4) 如果 $y = y_Z = \{y_i, i \in Z\}$ 是一个二元、二进制的序列, 那么 $y_i \in F_2 = \{-1, 1\}$.

如果 (14.1.15) 式中的 f_i 函数是一个布尔函数, 我们同样可记为 $y = y_Z$ 的二元、二进制序列的表示, 它们具有最大、最小值为 $n_y, -n_y'$, 这时记 $n = n_y + n_y' + 1$.

如果 (14.1.15) 式是一个布尔函数组, 该函数是一个 $X^{mn} \to X^n$ 的布尔映射 (二元、二进制张量之间的映射). 这就有关系式

$$y^n = f^n = f^n(X^{mn}) = f^n(x_{ij}, \quad i = 1, 2, \cdots, n, j = 1, 2, \cdots, m), \tag{14.1.18}$$

其中 $y^n = (y_1, y_2, \cdots, y_n), f^n = (f_1, f_2, \cdots, f_n)$, 而

$$f_i = f_i(x_{1,i}, x_{2,i}, \cdots, x_{m,i}), \quad i = 1, 2, \cdots, n.$$

这时, 每个 f_i 是一个 F_2^m 空间中的一个布尔函数.

(5) 按多层感知器理论, 可以得到关系式

$$f_i = f_i(x_i^m) = G_i(x_{1,i}, x_{2,i}, \cdots, x_{m,i}), \quad i = 1, 2, \cdots, n \tag{14.1.19}$$

成立, 其中 $G_i(x_i^m)$ 是 $X^m = F_2^m$ 空间中多层感知器的运算子.

由此可以看到, 任何函数运算都可在一定近似误差的条件下化成一个二元、二进制向量的运算, 而这种二元、二进制向量的运算就是布尔函数的运算.

因此, 任何函数运算在一定的近似误差的条件下, 都可化成一个多层感知器的运算. 由于函数的类型不同, 相应的二元、二进制序列、布尔函数的结构也就不同. 而在数值计算中, 对函数逼近的近似计算方法有多种. 这些算法和 NNS 理论的结合, 形成了数值计算和 NNS 相结合的理论.

在本书的第 15、16 章中, 我们试图建立这种运算关系的理论体系. 而在本章中, 我们先讨论与这个理论体系有关的一些基础性的问题.

14.2 数的四则运算

我们已经给出正整数的几种不同表示和它们的加、减、乘法的运算, 现在继续对这些问题进行讨论.

在正整数的表示中, 我们给出了广义序列和二元、二进制序列的定义, 并且说明了它们在四则运算中的不同作用. 这就是利用广义序列可以对它们的分量直接进行运算, 而对任何正整数, 它的二元、二进制序列是唯一确定的, 且可以通过对偶等价序列的运算将这种广义序列变成唯一确定的二元、二进制序列, 由此实现一般正整数的加、减、乘法的直接运算.

在本节中, 我们继续讨论这些问题. 其中包括除法运算步骤的讨论和其他分数、有理数、实数的四则运算问题, 由此形成一个四则运算的理论体系.

14.2.1 有关四则运算的讨论

我们已经给出了正整数的加、减、乘法运算, 现在继续讨论它们的其他运算.

1. 四则运算中的基本规则

在讨论数的四则运算前, 先讨论它们的基本运算规则.

基本规则 14.2.1 (数的表达规则) 任何有理数 x, y, z 等的二进制表达规则是这些数用 (14.1.2) 式、(14.1.5) 式、(14.1.10) 式中的这些序列表示的, 它们的有关记号、名称、换算关系在这些表示式中已有说明.

基本规则 14.2.2 (下标对应规则) 任何有理数 x, y, z 等在运算时, 所有的下标必须全部对应, 这时它们的四则运算是在确定对应下标的关系中进行的.

基本规则 14.2.3 (不同运算的等价规则)　　如果 $z = f(x,y), z' = g(x',y')$ 是两个不同的运算, 它们分别是 $X \times Y \to Z, X' \times Y' \to Z'$ 的映射, 称 f, g 是等价映射, 如果它们满足条件:

(1) $X = X', Y = Y', Z = Z'$, 这种相等关系也可用同构关系取代;

(2) 在 f, g 的映射关系中, 如果 $(x,y) = (x',y')$, 那么必有 $f(x,y) = g(x',y')$ 成立.

不同运算的等价规则是指**任何等价的运算, 它们总可以等价使用**.

现在建立这些不同类型运算之间的等价运算关系.

2. 四则运算中的对应运算

在数的运算中, 包含的运算有四则运算、整数运算、域中的运算、逻辑运算和 NNS 运算, 对这些不同的运算我们用不同的记号表示, 对这些运算的名称、记号、运算对象列表 14.2.1 说明.

表 14.2.1　　不同类型的运算子的名称、记号和运算对象说明表

类型	名称	记号	对象
四则运算	加、减、乘、除	$+, -, \times, /$	整数、分数、小数
基本逻辑运算	并、交、补、位移、对称差	$\vee, \wedge, \bar{a}, T^{\pm}, \delta$	二进制整数
一般逻辑运算	并、交、补、位移、对称差	$\vee, \wedge, \bar{A}, T^{\gamma}, \Delta$	二进制序列或子集合
NNS 运算	NNS 中的等价运算子	$g_1, g_2, g_3, g_4, g_{2,\gamma}$	二进制序列

对表 14.2.1 中有关记号的说明如下.

(1) 对称差的定义是: $x\delta y = \begin{cases} 1, & x \neq y \in X, \\ -1, & \text{否则}. \end{cases}$

(2) 表中第 2 行中并、交、补 (余) 和对称差运算是 $\vee, \wedge, \bar{a}, \delta$, 这些运算分别记为 $f_\tau(x^2), \tau = 1, 2, 3, 4$.

(3) 由 $f_\tau(x^2), \tau = 1, 2, 3, 4$ 运算所对应的 NNS 中的感知器的说法分别是 g_1, g_2, g_3, g_4.

(4) 关于感知器运算子函数 2.1 节中给出了它们的表达式. 这时有

$$f_\tau(x^2) = g_\tau(x^2) = g_\tau[x^2|(w_\tau^2, h_\tau)], \quad \tau = 1, 2, 3$$

成立, 其中 (w_τ^2, h_τ) 是感知器 g_τ 所对应的参数.

(5) 参数 $(w_\tau^2, h_\tau), \tau = 1, 2, 3$ 分别是

$$(w_1^2, h_1) = (1, 1, 1/2), \quad (w_2^2, h_2) = (1, 1, -3/2), \quad (w_3^2, h_3) = (-1, 0, 0). \quad (14.2.1)$$

(6) $g_4 = (g_{1,1}, g_{1,2}, g_2)$ 是一个二层感知器的运算子, 其中

$$(w_\tau^2, h_\tau) = \begin{cases} (1, 1, 1/2), & \text{当 } \tau = (1,1) \text{ 时}, \\ (-1, -1, 1/2), & \text{当 } \tau = (1,2) \text{ 时}, \\ (1, 1, -1/2), & \text{当 } \tau = 2 \text{ 时}. \end{cases} \tag{14.2.2}$$

(7) 它们的计算结果如表 14.2.2 所示.

表 **14.2.2** 对称差的运算结果说明表

输入变量	对称差	感知器 1	感知器 2	感知器 3
x_1, x_2	$x_1 \delta x_2$	$y_1 = g_{1,1}(x_1, x_2)$	$y_2 = g_{1,2}(x_1, x_2)$	$z = g_2(y_1, y_2)$
$-1, -1$	-1	-1	1	-1
$-1, 1$	1	-1	-1	-1
$1, -1$	1	-1	-1	-1
$1, 1$	-1	1	-1	1

由此可知, 对称差运算 $x\delta y$ 是一个二层感知器 g_1, g_2, g_3 的运算, 其中 g_1, g_2, g_3 的计算过程如 (14.2.1) 式、(14.2.2) 式和表 14.2.2 所示, 这时

$$x\delta y = g_3^c(y_1, y_2) = g_3^c[g_1(x,y), g_2(x,y)]$$

是一个二层感知器的运算.

(8) 表 14.2.1 中, 关于二进制序列的并、交、补 (余)、位移、对称差运算, $\vee, \wedge, \bar{A}, \Delta$ 的运算分别是它们各分量的运算, 如

$$\begin{cases} x^n O y^n = (x_1 o_1 y_1, x_2 o_2 y_2, \cdots, x_n o_n y_n), \\ (x^n)^C = (x_1^c, x_2^c, \cdots, x_n^c), \end{cases} \tag{14.2.3}$$

其中 $\begin{cases} O = o^n = (o_1, o_2, \cdots, o_n), \\ C = c^n = (c_1, c_2, \cdots, c_n), \end{cases}$ 是运算子序列, 其中 $\begin{cases} o_i \in \{\vee, \wedge, \delta\}, \\ c_i \in \{1, c\}, \end{cases} i = 1, 2,$ $\cdots, n$, 它们分别是由这些逻辑运算所组成的向量, 其中 $x^1 = x, x^c = -1 \cdot x$.

(9) 由此产生向量 (x^n, y^n) 的混合运算

$$OC(x^n, y^n) = (x^n O y^n)^C = [(x_1 o_1 y_1)^{c_1}, (x_2 o_2 y_2)^{c_2}, \cdots, (x_n o_n y_n)^{c_n}]. \tag{14.2.4}$$

这时称 (14.2.4) 式中的 OC 运算子是向量空间 X^n 中的混合逻辑运算子.

(10) T^τ 是位移算子, 其中 $\tau \in Z$ 是任何整数, 这时 $T^{\pm 1}$

$$T^\tau(x_1, x_2, \cdots, x_n) = \begin{cases} (x_1, x_2, \cdots, x_n, -1), & \tau = 1, \\ (-1, x_1, x_2, \cdots, x_n), & \tau = -1, \end{cases} \tag{14.2.5}$$

如果 τ 是个正整数时, $T^{\pm\tau} = (T^{\pm 1})^{\tau}$.

因此, $T^{\tau}, \tau \in Z$ 是一个关于向量 x^n, 作前后移动的运算子. 这时 $T^{\tau}(x^n)$ 是一个 $n + |\tau|$ 维的向量.

(11) 位移运算子 $T^{\pm\tau}$ 的 NNS 表达式是 $g_{2,\tau}$, 它的运算式在 (14.2.5) 式中给定.

(12) δ, Δ 分别是基本对称差和一般对称差的运算, 对 $x, y \in X = \{-1, 1\}$ 在一定文献中把它定义为 $\delta(x, y) = x \vee y - x \wedge y$, 因为其中带有一个减法运算, 所以不能看作一个纯逻辑运算.

在表 14.2.1 中, 我们把对称差定义为 $\delta(x, y) = \begin{cases} -1, & \text{如果 } x = y, \\ 1, & \text{如果 } x \neq y. \end{cases}$ 这样就可把对称差 δ 看作是一个基本逻辑运算.

(13) 关于对称差 δ 所对应的 NNS 的表达, 已经在文献 [6] 中的例 4.3.1 和例 8.2.1 中说明, 这种分类运算不能用单一的感知器的运算子来进行表达, 而由文献 [6] 中例 8.2.1 说明, 它的计算需要采用一个多层次、多输出的感知器运算子来进行表达, 这里采用 g_4 函数进行表达.

(14) 位移运算子 $T^{\pm\tau}$ 的 NNS 表达式是 $g_{2,\gamma}$, 它的运算关系是一个 HNNS 中的运算子, 它的权矩阵是

$$W = \begin{bmatrix} 0 & 0 & 0 & \cdots & 0 & 0 & 0 \\ 1 & 0 & 0 & \cdots & 0 & 0 & 0 \\ 0 & 1 & 0 & \cdots & 0 & 0 & 0 \\ \vdots & \vdots & \vdots & & \vdots & \vdots & \vdots \\ 0 & 0 & 0 & \cdots & 1 & 0 & 0 \\ 0 & 0 & 0 & \cdots & 0 & 1 & 0 \end{bmatrix}, \quad W_h = \begin{bmatrix} 0 & 0 & 0 & \cdots & 0 & 0 & a_1 \\ 1 & 0 & 0 & \cdots & 0 & 0 & a_2 \\ 0 & 1 & 0 & \cdots & 0 & 0 & a_3 \\ \vdots & \vdots & \vdots & & \vdots & \vdots & \vdots \\ 0 & 0 & 0 & \cdots & 1 & 0 & a_{n-1} \\ 0 & 0 & 0 & \cdots & 0 & 1 & a_n \end{bmatrix},$$

$$(14.2.6)$$

这样就可产生不同的运动模型, 此时相应的运算是

$$\begin{cases} \text{纯位移运算 } y^n = T(x^n) = (x_2, x_3, \cdots, x_n, 0), h^n = \phi^n \text{ 是零序列时}, \\ \text{线性移位寄存器 } y^n = T(x^n) = (x_2, x_3, \cdots, x_n, x_{n+1}), \text{ 其中 } x_{n+1} = f(x^n | a^n) \\ \qquad\qquad = \langle x^n, a^n \rangle = \sum_{i=1}^{n} a_i x_i. \end{cases}$$

$$(14.2.7)$$

如果其中 $x_{t+n+1} = f(x_t^n) = f(x_{t+1}, x_{t+2}, \cdots, x_{t+n})$ 是一般非线性函数, 那么由此形成的自动机是非线性移位寄存器.

3. 关于对偶等价运算的讨论

我们已经给出了等价对偶子的运算过程, 它们可以通过 (14.1.13) 式的运算函数实现. 为此记这种运算函数为 $g_5(x^2)$, 现在对该函数的讨论如下.

(1) 我们已经说明, 任何正整数一定可以表示成一个二元、二进制的序列, 而且这种表示是唯一确定的.

(2) 对任何不同的正整数, 它们都可在广义序列的意义下实现加、减、乘法的运算, 这种运算结果仍然是一个广义序列. 这个广义序列经过等价变换, 最后变成唯一确定的二元、二进制的序列, 由此形成正整数的加、减、乘法的运算.

14.2.2 四则运算

我们已经给出了数的广义序列、二元二进制序列表示, 这样就可讨论它们的运算问题.

1. 加、减、乘法运算

数的加、减、乘法运算已在 (14.1.10) 式中给出, 对此补充说明如下.

(1) (14.1.10) 式的运算是在广义序列的意义下实现的, 因此计算的结果也是一个广义序列.

(2) 对任何广义序列都可进行等价运算, 通过这种等价运算, 一个广义序列一定可以简化成一个二元、二进制序列. 对于一个固定的正整数 x, 它的二元、二进制序列 $x = x_Z(F_2)$ 是唯一确定的.

因此, 对任何正整数, 通过它的广义序列变换, 就可实现它们的加、减、乘法运算; 再通过它们的等价运算, 可以简化成一个二元、二进制序列, 这时二元、二进制序列唯一确定. 由此实现正整数的加、减、乘法运算及对它们的二元、二进制序列表示.

(3) 利用这种广义序列的定义和等价运算的关系, 即可把正整数的加、减、乘法运算推广到全体整数、全体有理数, 它们都可用二元、二进制序列表示, 这种运算和表示关系是唯一确定的.

(4) 利用误差关系的定义, 这种有理数的加、减、乘法运算即可推广到全体实数、复数的情形, 由此实现整数、有理数、实数的加、减、乘法运算, 对它们的意思过程, 我们不再详细说明.

2. 除法运算

现在讨论正整数的除法运算, 这里的 $x, y, a = x/y, r$ 都是正整, 它们分别是除法运算中的被除数、除数、商和余数. 其中 $x = a \cdot y + r$.

记 x, y 的二进制序列分别是 x_Z, y_Z, 现在讨论它们的除法运算算法, 它们的二进制序列和四则运算中的加法、减法、乘法分别是 "+", "−", "·". 那么它们的除法运算步骤如下.

(1) 如果 $x < y$, 那么 $a = x/y = 0, r = x$ 是除法运算中的商和余数.

(2) 如果 $x \geqslant y$, 那么存在一个非负整数 k_1, 使 $y \cdot 2^{k_1} \leqslant x < y \cdot 2^{k_1+1}$, 那么取 $r_1 = x - y \cdot 2^{k_1}$.

(3) 如果 $r_1 < y$, 那么取 $a_1 = 2^{k_1}$, 这时 $x = a_1 \cdot y + r_1$ 就是 x/y 这一除法运算中的商和余数的表示式.

(4) 如果 $r_1 \geqslant y$, 那么存在一个非负整数 k_2, 使 $y \cdot 2^{k_2} \leqslant r_1 < y \cdot 2^{k_2+1}$, 取 $a_2 = 2^{k_1} + 2^{k_2}$, 这时 $x = a_2 \cdot y + r_2$ 就是 x/y 这一除法运算中的商.

以此类推, 由此得到 $k_\tau, r_{(\tau)}, \tau = 1, 2, \cdots$, 它们满足关系式

$$
\begin{cases}
k_1 > k_2 > \cdots > k_\tau, \\
a_\tau = 2^{k_1} + 2^{k_2} + \cdots + 2^{k_\tau}, \\
r_\tau = x - y \cdot a_\tau.
\end{cases}
$$

该运算一直到 $r_{(\tau)} < y$ 为止. 由此得到

$$
x = a \cdot y + r_\tau = y \cdot \left(\sum_{i=1}^{\tau-1} 2^{k_i} \right) + r_\tau. \tag{14.2.8}
$$

这时 (14.2.8) 式右边的两项分别是 x 除以 y 所得到的商和余数.

这就是除法运算在二进制数据序列中的表达.

我们已经给出, 对任何不同的正整数的四则运算, 这些运算通过广义序列的运算, 并通过它们等价变换运算和二元、二进制序列理论, 最终实现正整数的四则运算.

这种运算过程同样可以推广到全体整数、全体有理数的四则运算和在一定误差意义下实现全体实数、复数的四则运算, 对这些推广在此不作详细讨论.

14.2.3 数的表达和运算 (续)

在第 13 章中, 我们已经说明, 计算数学是数学学科中的一个重要分支, 其中许多算法具有智能计算的特征.

在本章中, 我们要讨论的问题是计算数学中的这些算法在 NNS 中的实现问题, 其中所涉及的问题有数的表达和误差估计、数值计算中的算法理论、计算中的逼近理论等, 这些理论在计算数学中已形成一个完整的理论体系.

本节我们要讨论的问题是这些运算在 HNNS 计算机中的实现, 即这些数的表示、计算和规则用 NNS 中的计算法的实现问题. 其中的基本定理就是讨论这种表示和实现的可能性, 本节论述这个基本定理.

14.2.4 数的四则运算

1. 对表示式 (14.1.2) 的说明

在数的表示式 (14.1.2) 中, 把不同类型的数写成序列, 对其中的有关记号说明如下.

(1) 在 (14.1.2) 式中, 数 x 所对应序列中各分量的下标是它们的位, 其中的分量值和它们的位数表示如下:

$$\begin{pmatrix} \text{分量值} & x_{m_1+1} & x_{m_1} & x_{m_1-1} & \cdots & x_1 & x_0 & x_{-1} & x_{-2} & \cdots & x_{-m_2} \\ \text{分量位数} & m_1+1 & m_1 & m_1-1 & \cdots & 1 & 0 & -1 & -2 & \cdots & -m_2 \end{pmatrix}. \tag{14.2.9}$$

(2) 对这些不同类型的数, 除了它们的二进制数字外, 还要增加一些类型符合, 如:

(i) **正负数的类型符号**. $x_{m_1+1} = 1, -1$(或 $1, 0$), 它们分别表示数 x 的正负取值.

(ii) **整数和分数的类型符号下标 (或分量位数)**. $i > 0, = 0, < 0$, 它们分别表示所处位置的分量是: 正数、小数点的位置和分数.

(iii) m_1, m_2 是非负整数, 它们分别表示最大整数位和最小分数位.

(3) 因此, 正、负数, 整数和分数的类型在 (14.1.2) 式中得到统一的表示.

(i) 这时在 (14.2.9) 式中, $x_0 = x_0'$ 是个固定的小数点的位置.

(ii) 因此 (14.2.9) 式中的数 x 是一个 $m_1 + m_2 + 1$ 维的二进制序列, 其中

$$\begin{cases} \text{小数点记号} x_0, \\ \text{整数部分} x. = (x_{m_1}, x_{m_1-1}, \cdots, x_1), \\ \text{小数部分} .x = (x_{-1}, x_{-2}, \cdots, x_{-m_2}), \end{cases} \tag{14.2.10}$$

这时 $x = (x., x_0, .x)$ 由三部分组成.

(iii) 在 (14.2.10) 式中, 数 $x, x., .x$ 的取值分别是

$$x = \sum_{i=m_1}^{-m_2} x_i' 2^i, \quad x. = \sum_{i=m_1}^{1} x_i' 2^i, \quad .x = \sum_{i=-1}^{-m_2} x_i' 2^i. \tag{14.2.11}$$

2. 误差分析 (续)

在实际的计算中, 关于误差的来源、类型、表示和计算已在 14.1 节中详细说明, 在此补充讨论如下.

有理数在表达和分析中的基本定理如下.

定理 14.2.1 (关于数的表示和分析中的基本定理) 任何有理数、实数、复数在一定的误差要求下, 总可以通过不同进制的序列进行表达, 而且不同进制的序列可以进行转换.

由于该基本定理的存在, 所以有关的数值计算可以在不同进制的序列中进行, 而且这种运算可以在自动机、计算机中实现.

因为所有的逻辑运算都可通过 NNS 的运算子表达, 所以可以设计和构造 NNS 型的计算机, 使现有计算机中的各种功能都能在这种 NNS 型的计算机中实现.

因为 NNS 中的运算算法可以通过学习、训练的方式得到, 所以这种 NNS 型的计算机有可能产生比现有计算机更高级的功能, 如关于命题或知识的搜索和发现、关于命题或知识的判定、检验和证明. 这些都是更高级的、智能化的功能, 在本书中不详细讨论.

14.2.5 四则运算中的二进制数据的表示和运算

我们已经给出, 四则运算在二进制数据下的表达和运算, 而二进制数据的运算又可在 NNS 的运算下实现, 因此四则运算也可在 NNS 运算下的实现.

在本节中我们将讨论并给出这些运算算法的相互关系和它们的表达理论.

1. 若干基本关系

这就是四则运算、逻辑运算和 NNS 中的运算的关系, 我们已在表 14.2.1 中说明. 在表 14.2.1 中还进一步给出了这些运算之间的运算关系, 对此归纳如下.

(1) 逻辑运算中的并、交、补 (余) 和对称差运算 $(\vee, \wedge, \bar{a}, \delta)$ 在 NNS 中的运算用 $g_\tau(x^2), \tau = 1, 2, 3, 4$ 来表达.

(2) 每个 $g_\tau[x^2|(w_\tau^2, h_\tau)], \tau = 1, 2, 3$ 是感知器模型, 它们由参数 (w_τ^2, h_τ) 确定, 这时的参数 $(w_\tau^2, h_\tau), \tau = 1, 2, 3$ 由 (14.2.1) 式确定. 而 $g_4 = (g_{1,1}, g_{1,2}, g_2)$ 是一个二层感知器的运算子, 它们的参数由 (14.2.2) 式确定.

(3) 其中 T^τ 是位移算子, 它的运算关系由 (14.2.5) 式确定. 它的 NNS 表达式由 (14.2.6) 式确定. 由此得到表 14.2.1 中的逻辑运算关系都可在 NNS 的运算关系中进行表达.

2. 四则运算关系

在四则运算中, 我们给出了它们的运算步骤, 现在讨论它们和 NNS 中的运算关系问题.

首先是二元域中的加、减法和 NNS 中的运算法的等价问题. 如果 $X = F_2$ 是个二元域, $x, y \in X$, 那么它们的加、减法和对称差的运算分别是

$$x \oplus y = x \ominus y = x\delta y = \begin{cases} 0, & x = y, \\ 1, & \text{否则}, \end{cases} \tag{14.2.12}$$

它们的运算关系是等价 (或相同) 的.

我们已经说明, 对称差的运算可以通过一个二层感知器的运算来实现. 因此, 二元域中的加法、减法运算也可以通过一个二层感知器的运算来实现.

3. 整数中的加法运算

关于整数中的加、减法比较复杂, 在它们的运算和二进制中存在进、退位的问题.

(1) 如果 $x(0) = x, y(0) = y \in X = F_2$, 那么在加法运算的算法步骤中, 它的运算过程是 $[x(0), y(0)] \to u(0)x(1)$, 运算过程可以直接用一个感知器模型下的运算实现, 这时取

$$
\begin{aligned}
x_i(1) &= x_{i+1}(0) \vee y_{i+1}(0) = g[x_{i+1}(0), y_{i+1}(0)|(w^2, h)] \\
&= \begin{cases} 1, & x_{i+1}(0) = y_{i+1}(0) = 1, \\ -1, & \text{否则}, \end{cases} \quad i \in Z,
\end{aligned} \tag{14.2.13}
$$

其中 $(w^2, h) = (1, 1, 3/2)$, 而 $g[(x, y)|(w^2, h)] = \text{sgn}(w_1 x + w_2 y - h)$ 是一个感知器的运算子.

(2) $[x(0), y(0)] \to [u(0), y(1)] \to [x(1), y(1)]$ 的运算过程可以递推进行, 由此形成

$$[x(\tau), y(\tau)] \to [u(\tau), y(\tau+1)] \to [x(\tau+1), y(\tau+1)], \quad \tau = 0, 1, 2, \cdots, \tag{14.2.14}$$

的运算过程, 该运算直到在 $u(\tau)$ 中不含取值为 $\geqslant 2$ 的分量为止. 其中 $T_i(z_Z) = \{z_k(1), k \in Z\}$, 而

$$z_k(1) = \begin{cases} z_i + 1, & \text{当 } k = i \text{ 时}, \\ z_{i+1} - 2, & \text{当 } k = i+1 \text{ 时}, \\ z_j & \text{当 } k = j, \neq i, i+1 \text{ 时}. \end{cases}$$

同样有 $\begin{cases} T_{i,j}(z_Z) = T_i[T_j(z_Z)], \\ T_{k,i,j}(z_Z) = T_k[T_{i,j}(z_Z)]. \end{cases}$ 这时有 $x = 14, y = 31, z = x + y = 45$, 由 (14.2.14) 式的计算过程得到.

4. 二进制数据中的等价模式和减法运算

在讨论数的减法运算之前, 我们先给出二进制数据表示中的一种等价模式.

(1) 在讨论整数中的加法运算时, 出现了一种二进制数据和非二进制数据之间存在一种等价模式. 如 10 和 02 之间存在等价关系, 它们分别是二进制和非二进制数据.

(2) 这种等价模式可以推广如下. 如果 a_1, a_2 是一个二进制数据, 那么它和 $a_1 - 1, a_2 + 2$ 等价.

这种等价关系的更一般的表示式是: 如果 $a^n = (a_1, a_2, \cdots, a_n)$ 是一个二进制数据序列, 那么对任何一个 $1 \leqslant i \leqslant n - 1$, 存在它和数据序列

$$a_{i,i+1}^n = (a_1, a_2, \cdots, a_{i-1}, a_i - 1, a_{i+1} + 2, a_{i+2}, \cdots, a_n)$$

等价. 其中 $a_{i,i+1}^n$ 表示序列 a^n 在下标 $i, i + 1$ 处发生非二进制的变化和运算.

(3) 在减法运算步骤中, 由一个带负数的 (i, j) 模式 u_i^j 变成它退位模式 v_i^j, 这时 v_i^j 就是 u_i^j 的减法运算的结果, 它们是二进制和非二进制表示中的等价模式.

5. 乘法运算

利用这种二进制和非二进制表示中的等价模式讨论乘法运算如下.

(1) 在算法步骤 (乘法运算步骤) 中, 数 x, y 的积是 $u = x \cdot y = \{u_k, k \in Z\}$, 其中 $u_k = u_k(0)$ 的取值如 (14.1.10) 式确定.

(2) 因此 $u(0) = x \cdot y = \{u_k(0), k \in Z\}$ 是一个非二进制的序列.

(3) 由此就可利用二进制和非二进制表示中的等价模式对序列 $u(0)$ 进行运算. 这就是在 $u(0)$ 序列中, 如果有一个 $u_{k+1}(0) \geqslant 2$, 那么就可产生它的等价模式 $u_k(0) + 1, u_{k+1}(0) - 2$, 而 $u(0)$ 序列中其他数据不变.

(4) 如此反复使用这个二进制和非二进制表示中的等价模式, 得到一系列序列 $u(0), u(1), u(2), \cdots$ 直到有一个正整数 τ, 使得在 $u(\tau)$ 序列中不存在有 $u_k(\tau) \geqslant 2$ 的数据出现. 这时 $u_k(\tau) \geqslant 2$ 就是 $u(0) = u = x \cdot y = \{u_k, k \in Z\}$ 的计算结果, $u_k(\tau)$ 就是 $u = x \cdot y$ 的二进制表示, 而且该计算结果与非二进制表示中的等价模式选择次序无关.

6. 除法运算

除法运算的运算步骤已在前文给出, 我们现在进一步讨论它们的二进制表示运算的问题.

(1) 如果 x, y 是两个正整数, 它们可分别记为

$$x = \sum_{i=0}^{n} x_i 2^{n-i}, \quad y = \sum_{j=0}^{m} y_j 2^{m-j}. \tag{14.2.15}$$

其中 $x_0, y_0 \neq 0$. 现在讨论 x/y 的问题.

(2) 在 (14.2.15) 式中, 如果 $x < y$, 那么 $x/y = 0$ 且 $x = 0 \cdot y + x$.

(3) 如果 $x \geqslant y$, 那么必有非负整数 k_1, 使 $2^{k_1}y \leqslant x < 2^{k_1+1}y$ 成立, 这时记 $r_1 = x - 2^{k_1}y \geqslant 0$; 如果 $r_1 = 0$, 那么 $x = 2^{k_1}y$, 其中 $x/y = 2^{k_1}$ 就是它们的商; 如果 $0 < r_1 < y$, 那么 $x = y2^{k_1} + r$, 这时 $z = 2^{k_1}$ 就是它们的商, 而 $r < y$ 是余数. 这时 $x, y, z, r = x_1$ 分别是除法中的被除数、除数、商和余数.

(4) 如果 $r_1 \geqslant y$, 那么必有非负整数 k_2, 使 $2^{k_2}y \leqslant r_1 < 2^{k_1+1}y$ 成立, 这时记 $r_2 = r_2 - 2^{k_1}y \geqslant 0$. 因此得到 $x = y(2^{k_1}+2^{k_2})+r_2$. 这时的 $z = 2^{k_1}+2^{k_2}, r_2 = x-yz$ 分别是除法中的商和余数.

(5) 同样在 $x = y(2^{k_1} + 2^{k_2}) + r_2$ 中, 如果 $r_2 < y$, 那么 $z = 2^{k_1} + 2^{k_2}, r_2$ 分别是该除法中的商和余数.

如果 $r_2 \geqslant y$, 那么这个运算可以继续进行, 最后得到

$$x = y \left(\sum_{i=1}^{\tau} 6\tau 2^{k_i} \right) + r_\tau,$$

其中 τ 是一个适当的正整数, 而 $k_1 > k_2 > \cdots > k_\tau > 0$ 是一组正整数, $r_\tau < y$ 是余数.

这就是整数除法的二进制运算规则.

14.3 布尔函数的 NNS 的表达

在本书定理 2.4.1 中, 我们给出了一个关于布尔函数和多层感知器关系的基本定理. 这就是在二进制的向量空间中, 任何布尔函数的运算都可通过一个适当的多层感知器的运算进行表达.

在本节中, 我们继续对这个问题进行讨论, 即任何布尔函数, 讨论它的多层感知器的表达式的构造问题. 我们给出了它的一般递推算法和一些特殊条件下的构造公式.

14.3.1 若干预备知识

1. 关于基本定理的表达和记号

定理 2.4.1 给出了有关布尔函数和多层感知器关系的基本定理, 我们把它简称基本定理, 对其中的记号说明如下.

(1) 二进制的向量空间 X^n, 其中 $X = \{0, 1\}$ 或 $\{-1, 1\}$, 对这两种集合我们等价使用.

(2) 布尔集合 $A \subset X^n$, 相应的布尔函数 $f_A(x^n) = \begin{cases} 1, & \text{如果 } x^n \in A, \\ 0, & \text{否则}. \end{cases}$

(3) 关于基本定理的说明. 对任何布尔集合 $A \subset X^n$, 或它的布尔函数 $f_A(x^n)$, 总有关系式

$$f_A(x^n) = G[x^n|(\overline{W}_A, \overline{H}_A)], \tag{14.3.1}$$

对任何 $x^n \in X^n$ 成立.

2. 关于多层感知器的表述

在 (14.3.1) 式中, 出现了多层感知器 $G[x^n|(\overline{W}_A, \overline{H}_A)]$, 它的有关记号如下.

(1) 多层感知器记为 $G(\tau_0, n^{(\tau_0)})$, 其中 $\tau_0, n^{(\tau_0)} = (n_1, n_2, \cdots, n_{\tau_0})$ 分别是该多层感知器的层次数和不同层次中的神经元数.

(2) 这时

$$G(\tau_0, n^{(\tau_0)}) = \begin{cases} \text{层次记号}, & \tau = 1, 2, \cdots, \tau_0, \\ \text{神经元的记号}, & c_{\tau,i}, i = 1, 2, \cdots, n_\tau, \\ & \text{第 } \tau \text{ 层次中的神经元的记号}, \\ \text{神经元的参数记号}, & u_{\tau,i}, x_{\tau,i}, h_{\tau,i}, \end{cases} \tag{14.3.2}$$

其中最后一行的参数分别是该感知器的电势、状态向量和阈值向量的参数变量.

(3) 不同神经元之间产生的权函数张量是

$$W_\tau^{\tau'} = [w_{\tau,i}^{\tau',j}] : \begin{cases} \tau', \tau \in \{1, 2, \cdots, \tau_0\}, & \text{层次数}, \\ i \in \{1, 2, \cdots, n_{n_\tau}\}, & \text{神经元编号}, \\ i' \in \{1, 2, \cdots, n_{n_{\tau'}}\}, & \text{神经元编号}, \end{cases} \tag{14.3.3}$$

这时记 $\mathbf{W}_{\tau_0}^{\tau_0'} = [W_\tau^{\tau'}]_{\tau=1,2,\cdots,\tau_0, \tau'=1,2,\cdots,\tau_0'}$. 这就是一个**多层次、多输出感知器的权张量**.

(4) 它们之间满足关系式

$$\begin{cases} u_{\tau',j} = \sum_{i=1}^{n_\tau} w_{\tau',j}^{\tau,i} x_{\tau',j}, \\ x_{\tau',j} = \text{Sgn}(u_{\tau',j} - h_{\tau',j}), \quad j = 1, 2, \cdots, n_{\tau'}, \tau' = 1, 2, \cdots, \tau_0', \end{cases} \tag{14.3.4}$$

或

$$\bar{x}_\tau = \bar{g}_\tau \left[\bar{x}_{\tau-1}|(W_{\tau-1}^\tau, H_\tau) \right], \quad \tau = 2, 3, \cdots, \tau_0. \tag{14.3.5}$$

其中 $\bar{x}_\tau = (x_{\tau,1}, x_{\tau,2}, \cdots, x_{\tau,n_\tau}), \bar{g}_\tau = (g_{\tau,1}, g_{\tau,2}, \cdots, g_{\tau,n_\tau}), x_{\tau,i} = g_{\tau,i} = g_{\tau,i}\,[\bar{x}_{\tau-1}|$ $(W_{\tau-1}^\tau, H_\tau)]$. 这里 $x_{\tau,i}$ 是第 τ 层中、第 i 个神经元的状态值和它的运算函数. 这就是多层次、多输出感知器参数张量的运动方程.

3. 关于权张量的分析

我们已经给出权张量 $\mathbf{W}_{\tau_0}^{\tau_0'}$ 的定义, 现在对它进行分析如下.

(1) 由权张量产生的点线图记为

$$G_W = G(\mathbf{W}_{\tau_0}^{\tau_0'}) = \{E_W, V_W, (f,g)\}, \tag{14.3.6}$$

其中 $E_W, V_W, (f,g)$ 分别是该点线图中全体点、弧的集合和它们的着色函数, 其中 $E_W = \{c_{\tau,i}, i = 1, 2, \cdots, n_\tau, \tau = 1, 2, \cdots, \tau_0\}$ 是全体神经元的集合; $V_W = \{v = (c, c'), c, c' \in E_W, w_c^{c'} \neq 0\}$ 是神经元偶的集合, 其中 $w_c^{c'}$ 是 (14.3.3) 式中的权函数; (f, g) 是点和弧的色函数, 它们的取值分别是神经元的标号和神经元偶的权值.

注意　在 (14.3.2) 式和 (14.3.6) 式中, 都出现了 G 的记号, 但它们的含义不同, 前者是多层感知器的运算子, 后者是由多层感知器产生的点线图, 在下文中, 对这些符号的出现我们会有专门的说明, 应注意它们的区别.

(2) 由多层感知器网络结构图 G_W 确定了该多层次、多输出感知器的网络结构特征, 由此可以产生多种不同类型的多层次、多输出感知器网络.

如 G_W 是一个简单的多层次、多输出感知器网络, 当 $\tau' \neq \tau$ 时, 对任何 i, j 都有 $[w_{\tau,i}^{\tau',j}] = 0$ 成立; 否则就是一种混合型的多层次、多输出感知器网络.

(3) 在点、线图 G_W 中, 可以形成多种树或环的结构, 那么, 相应的多层次、多输出感知器就成为树或环的网络结构系统.

(4) 对简单的多输出、多层次感知器, 它的模型记号为 $N(\overline{W}, \overline{H})$, 其中

$$\begin{cases} \overline{W} = (W_1^2, W_2^3, \cdots, W_{\tau_0-2}^{\tau_0-1}, W_{\tau_0-1}^{\tau_0}), \\ \overline{H} = (H_1, H_2, \cdots, H_{\tau_0}), \end{cases} \tag{14.3.7}$$

其中 $W_\tau^{\tau'}$ 如 (14.3.3) 式所示, $H_\tau = (h_{\tau,1}, h_{\tau,2}, \cdots, h_{\tau,n_\tau})$.

(5) 关于变量 $u_{\tau,i}, X_{\tau,i}, h_{\tau,i}$ 之间满足关系式:

$$\begin{cases} u_{\tau',j} = \sum_{i=1}^{n_\tau} w_{\tau',j}^{\tau,i} x_{\tau,i}, \\ x_{\tau',j} = \mathrm{Sgn}(u_{\tau',j} - h_{\tau',j}), \end{cases} \qquad \tau' \in \{1, 2, \cdots, \tau_0\}, j \in \{1, 2, \cdots, n_{n_{\tau'}}\}. \tag{14.3.8}$$

(6) (14.3.8) 式是一个多输出、多层次感知器的状态变化运算式, 对该式又可记为

$$\bar{x}_\tau = \bar{g}_\tau \left[\bar{x}_{\tau-1} | (W_{\tau-1}^\tau, H_\tau) \right], \quad \tau = 2, 3, \cdots, \tau_0, \tag{14.3.9}$$

其中 $\begin{cases} \bar{x}_\tau = (x_{\tau,1}, x_{\tau,2}, \cdots, x_{\tau,n_\tau}), \\ \bar{g}_\tau = (g_{\tau,1}, g_{\tau,2}, \cdots, g_{\tau,n_\tau}). \end{cases}$ 而 $g_{\tau,1} = g_{\tau,1} \left[\bar{x}_{\tau-1} | (W_{\tau-1}^\tau, H_\tau) \right]$ 是单个神经元的运算函数.

$$\begin{cases} \text{神经元记号 } c_{\tau,i}, & \text{第 } \tau \text{ 层次中, 第 } i \text{ 个神经元的记号}, i=1,2,\cdots,n_\tau, \\ \text{神经元的状态记号 } x_{\tau,i}, & \in X\{-1,1\}, \text{神经元 } c_{\tau,i} \text{ 的状态}, \\ \text{神经元的电位值记号 } u_{\tau,i}, & \in R, \text{神经元 } c_{\tau,i} \text{ 的电位值}. \end{cases} \tag{14.3.10}$$

4. 多输出感知器状态向量

一个多输出感知器的模型记为 $N(n,k)$, 对它的有关记号和性质讨论如下.

(1) 它的第一、二层的状态向量分别记为

$$\begin{cases} x^n = (x_i, x_2, \cdots, x_n), & x_i \in R, \\ y^k = (y_i, y_2, \cdots, y_k), & y_j \in X = \{-1, 1\}. \end{cases} \tag{14.3.11}$$

这时, 第二层中的神经元是对第一层数据的一种分类 (关于多目标的分类).

(2) 第二层中的神经元记为 $c_2^k = (c_{2,1}, c_{2,2}, \cdots, c_{2,k})$, 它们都是神经元的表示.

(3) 对神经元 (或感知器) c_j, 它的运算式记为 $g_j[x^n|(w_j^n m h_j)]$, 其中

$$(w_j^n, h_j) = [(w_{j,1}, w_{j,2}, \cdots, w_{j,n}), h_j]$$

分别是感知器 c_j 的连接权向量和阈值, 这时称 (w_j^n, h_j) 是感知器 c_j 的参数向量.

因此 (14.3.11) 式中的 x^n, y^k 分别是第一、二层次感知器的状态向量, 因此也是感知器的输入、输出向量. 其中 $G[x^n|(\overline{W}, \overline{H})]$ 是多层感知器模型和运算, 对它们的结构描述已在 2.2.3 节中给出.

14.3.2　有关布尔函数的表达

在二进制的向量空间 X^n 中, 关于布尔函数 $f_A(x^n)$ 的 NNS 的表达介绍如下.

1. 在 $n = 2$ 情形的讨论

在文献 [8] 中, 我们对 X^2 空间中的布尔集合的 NNS 的表达与一系列的讨论如下.

(1) 当 $n = 2$ 时, 如果

$$A = \{a = (1,1), b = (-1,-1)\}, \quad B = A^c = \{c = (1,-1), d = (-1,1)\},$$

它们是不相交的, 但它们是线性不可分的. 因此对集合 A 是不能用感知器的运算来进行表达的.

(2) 这就是对该布尔集合 A 所对应的布尔函数 $f_A(x^2)$ 是不能用感知器的运算来进行表达的. 但在文献 [8] 中的例 8.2.1 说明, 对这种布尔函数是可以用多层感知器进行表达的.

(3) 这时构造的第一层感知器模型是具有 2 个输入、2 个输出的感知器, 这就是 $X^2 \to Y^2$ 的映射, 其中 $X = Y = \{-1, 1\}$. 它的两个感知器运算分别是

$$g_\tau[x^2|(w_\tau^2, h_\tau)], \quad \tau = 1, 2, \tag{14.3.12}$$

其中 $(w_\tau^2, h_\tau) = \begin{cases} (1, 1, 1/2), & \text{当 } \tau = 1 \text{ 时}, \\ (-1, -1, 1/2), & \text{当 } \tau = 2 \text{ 时}. \end{cases}$

(4) 如果记 $X^2 = \{(1,1), (1,-1), (-1,1), (-1,-1)\} = \{a, b, c, d\}$ 是第一层感知器中的 4 个输入点, 它们的输出结果分别是

$$y_1 = g_1[x^2|(w_1^2, h_1)] = \begin{cases} 1, & \text{如果 } x^2 = (1,1), \\ -1, & \text{否则}, \end{cases}$$

$$y_2 = g_2[x^2|(w_2^2, h_2)] = \begin{cases} 1, & \text{如果 } x^2 = (-1,-1), \\ -1, & \text{否则}. \end{cases} \tag{14.3.13}$$

(5) 这时第二层感知器的输出 $y^2 = (y_1, y_2) \in X^2$, 我们由此构造第 3 层次的感知器是 $z = g_3[y^2|(w_3^2, h_3)]$, 其中 $(w_3^2, h_3) = (1, 1, -1/2)$. 由此得到

$$\begin{aligned} z = g_3[y^2|(w_3^3, h_3)] &= \begin{cases} 1, & \text{如果 } y^2 = \{(1,-1), (-1,1)\}, \\ -1, & \text{否则} \end{cases} \\ &= \begin{cases} 1, & \text{如果 } x^2 \in \{(1,1), (-1,-1)\}, \\ -1, & \text{否则}. \end{cases} \end{aligned} \tag{14.3.14}$$

因此这个 3 层次感知器模型实现了对布尔集合 $A = \{(1,1), (-1,-1)\}$ 所对应的布尔函数 $f_A(x^2)$ 的等价运算.

由此说明, 在对此布尔集合 A 所对应的布尔函数 $f_A(x^2)$ 不能用感知器模型来进行表达, 但如果采用多层 (3 层) 感知器模型就可进行表达. 这时有

$$f_A(x^2) = g_3\left[y^2|(w_3^3, h_3)\right] = g_3\left\{g_1[x^2|(w_1^3, h_1)], g_2[x^2|(w_2^3, h_2)]|(w_3^3, h_3)\right\}$$

(14.3.15)

对任何 $x^2 \in X^2$ 成立.

(6) 这时的多层感知器的数据变换关系是

$$
\begin{array}{ccccc}
x_1 & x_2 & y_1 & y_2 & z \\
1 & 1 & 1 & -1 & 1 \\
1 & -1 & -1 & -1 & -1 \\
-1 & 1 & -1 & -1 & -1 \\
-1 & -1 & -1 & 1 & 1
\end{array}
$$

(14.3.16)

其中 $y_1 = g_1(x^2), y_2 = g_2(x^2), z = g_3(y^2)$. 相应的参数 $(w_\tau^2, h_\tau) = (w_{\tau,1}, w_{\tau,2}, h_\tau)$, $\tau = 1, 2, 3$ 分别是

$$(1, 1, 1/2), \quad (-1, -1, 1/2), \quad (1, 1, -1/2). \tag{14.3.17}$$

这时 (14.3.15) 式的右边是一个多层感知器的运算, 它实现了在 $n = 2$ 时, 对布尔函数 f_A 的等价运算的表达.

2. 基本定理的证明

我们已经说明, 基本定理就是文献 [8] 中的定理 8.2.1, 已经给出了它的表达. 在文献 [8] 中, 我们用归纳法证明该基本定理, 现在介绍此证明.

(1) 在 $n = 2$ 时, 我们已经给出了该基本定理的命题成立. 由此形成的多层感知器如 (14.3.15) 式, (14.3.16) 式所示.

(2) 现在假定在 $n = m$ 时定理的命题成立, 这就是对任何集合 $A, B \subset X^m$ 都有

$$f_Z(x^n) = G_m[x^m|(\bar{W}_Z, \bar{H}_Z)], \quad \text{对任何 } Z = A, B, x^m \in X^m \text{ 成立}. \tag{14.3.18}$$

其中 $(\bar{W}, \bar{H})_Z = (\bar{W}_Z, \bar{H}_Z), Z = A, B$.

(3) 现在对任何集合 $C \subset X^{m+1}$, 证明该定理的命题成立.

这时集合 C 可写为 $C = (A, 1) \cup (B, -1)$. 那么它的补集合是

$$
\begin{aligned}
C^c &= [(A, 1) \cup (B, -1)]^c = (A, 1)^c \cap (B, -1)^c \\
&= [(A^c, 1) \cup (X^m, -1)] \cap [(B^c, -1) \cup (X^m, 1)] = (A^c, 1) \cap [(B^c, -1)
\end{aligned}
$$

(14.3.19)

由此得到 4 种不同的集合, 它们分别是

$$C = (A, 1) \cup (B, -1), \quad C^c = (A^c, 1) \cap (B^c, -1). \tag{14.3.20}$$

(4) 其中所涉及的集合分别是

$$C_{1,1} = (A, 1), \quad C_{1,-1} = (A, -1), \quad C_{-1,1} = (B, 1), \quad C_{-1,-1} = (A^c, -1). \tag{14.3.21}$$

(5) 由此构造的多层感知器的可仿 (14.3.16) 式、(14.3.17) 式进行, 这时取

$$
\begin{array}{cccccccc}
x^m & x_{m+1} & u_1 = G_m & u_2 = x_{m+1} & y_1 & y_2 & z & \\
A & 1 & 1 & 1 & 1 & -1 & 1 & \\
A^c & -1 & -1 & -1 & -1 & -1 & -1 & (14.3.22) \\
B & 1 & 1 & 1 & -1 & -1 & -1 & \\
B^c & -1 & -1 & -1 & -1 & 1 & 1 &
\end{array}
$$

其中 $u_1 = G_m(x^m)$, 如 (14.3.18) 式所示, 而 $y_1 = g_1(x^2), y_2 = g_2(x^2), z = g_3(y^2)$, 及相应的参数 $(w_r^2, h_\tau) = (w_{\tau,1}, w_{\tau,2}, h_\tau), \tau = 1, 2, 3$ 和 (14.3.12) 式, (14.3.14) 式相同.

(6) 这时 $x^{m+1} \to u^2$ 是一个多层感知器的运算, 而 $u^2 \to yu^2 z$ 是新增加的一个感知器的层次, 最终实现布尔集合 $C \in X^{m+1}$ 及其布尔函数 f_C 的多层次感知器运算的表达.

这就是基本定理的证明过程.

14.4 布尔函数的 NNS 的运算表达

布尔函数的基本定理告诉我们, 任何布尔函数的运算都可通过多层感知器的运算进行表达. 在本节中, 我们将进一步讨论、并给出它们之间的表达关系.

14.4.1 布尔集合的结构类型

我们已经说明, 本节的目的是讨论布尔函数的 NNS 的运算表达. 为此, 我们先讨论布尔集合的结构类型.

1. 布尔集合的计数问题

(1) 记 X^n 是二进制向量空间, 它的向量是 $x^n = (x_1, x_2, \cdots, x_n)$.

(2) 记 $\mathcal{A}_n$ 是 X^n 中的全体布尔集合, 我们称之为布尔集合系, 这时 $A \in \mathcal{A}_n$ 就是 $A \subset X^n$.

(3) 记 $|\mathcal{A}_n|$ 是集合 $\mathcal{A}_n$ 中的元素个数, 讨论 $|\mathcal{A}_n|$ 的个数问题就是它的计数问题.

2. 一般子集系的计数公式

(1) 如果 $M = \{1, 2, \cdots, m\}$ 是一个有限集合, 它的全体子集所构成的集合记为 $\mathcal{A}_M$, $\mathcal{A}_M$ 中的元素个数记为 $N(\mathcal{A}_M)$.

定理 14.4.1 (子集系的计数公式)　有限集合 M 的全体子集的计数公式是 $|\mathcal{A}_M| = 2^m$.

该定理的证明由二项式公式证得.

(2) **并集合的子集系构造和计数**. 记 $M + N = M \vee N = \{1, 2, \cdots, m, m+1, m+2, \cdots, m+n\}$ 是 M, N 集合的并, 它的子集系及计数关系如定理 14.4.1 所述.

定理 14.4.2 (子集系的构造定理)　如果 $M + N$ 是集合 M, N 的并, 那么以下性质成立.

(1) $M + N$ 的子集系 $\mathcal{A}_{M+N}$ 构造如下:

$$\mathcal{A}_{M+N} = \{C = A + B, A \subset M, B \subset N\}. \tag{14.4.1}$$

(2) 当 $A \in \mathcal{A}_M, B \in \mathcal{A}_N$ 取不同子集时, 由此产生 $M + N$ 中不同的子集合 $C = A + B$. 因此 $\mathcal{A}_{M+N}$ 的计数关系是 $|\mathcal{A}_{M+N}| = 2^{m+n}$.

(3) 由此得到, 在二进制向量空间 X^n 中, 它的向量数目是 $|X^n| = 2^n$. 那么由子集系的计数公式得到 $|\mathcal{A}_n| = 2^{2^n}$. 这是因为在向量空间 X^{n+1} 中, 它的分解式是 $X^{n+1} = X^n_{-1} + X^n_1$, 其中

$$\begin{cases} X^n_{-1} = \{(x^n, -1), x^n \in X^n\}, \\ X^n_1 = \{(x^n, 1), x^n \in X^n\}. \end{cases} \tag{14.4.2}$$

如果它们的布尔子集系的元素个数分别是 $|\mathcal{A}^n_1| = |\mathcal{A}^n_{-1}| = 2^{2^n}$, 那么就可以得到 X^{n+1} 集合中的子集合数目是

$$|\mathcal{A}_{n+1}| = 2^{(2^n)} \cdot 2^{(2^n)} = 2^{2^n + 2^n} = 2^{2(2^n)} = 2^{2^{n+1}}. \tag{14.4.3}$$

14.4.2　向量空间中的布尔集合的构造

现在讨论二进制向量空间 X^n 中的布尔集合的构造问题.

1. 向量空间的分解和布尔集合的构造过程

(1) 在二进制向量空间 X^n 中, 它的向量是 $x^n = (x_1, x_2, \cdots, x_n)$, 这时记

$$x^j_i = (x_i, x_{i+1}, \cdots, x_j), \quad 1 \leqslant i < j \leqslant n$$

是 x^n 中的一个局部向量.

(2) 同样记 $X_i^j = X_i \oplus X_{i+1} \oplus \cdots \oplus X_j$ 是 X^n 中的一个局部向量空间, 而记 $\mathcal{A}_i^j$ 是 X_i^j 中的布尔集合, 这时 $|\mathcal{A}_i^j| = 2^{2^{j-i}}$.

(3) 如果 $1 \leqslant i < j \leqslant n$, 那么 $X^j = X^i \oplus X_{i+1}^j$, 这时

$$
\begin{aligned}
|\mathcal{A}_j| &= |\mathcal{A}_i|^{|\mathcal{A}_{i+1}^j|} = [2^{2^i}]^{2^{2^{j-i}}} \\
&= 2^{2^i \cdot 2^{j-i}} = 2^{2^{i+j-i}} = 2^{2^j}.
\end{aligned} \tag{14.4.4}
$$

由 (14.4.3) 式、(14.4.4) 式可以看到 $\mathcal{A}_n$ 中布尔集合的构造过程.

2. 布尔集合的构造

关于布尔集合的构造的方式有多种, 如:

(1) 按集合 A 中元素的数量来区分, 有单点集、多点集的区分, 它们分别是 $|A| = 1$ 或 $|A| > 1$ 等不同情形;

(2) 按集合 A 中元素的势函数的取值来区分, 如果 $x^n \in A$, 它的势函数 $U(x^n)$ 表示在向量 x^n 中取值为 1 的分量的数目, 这时记 $A - u = \{U(x^n) = u, x^n \in X^n\}$ 是一个势函数值固定为 u 的集合;

(3) 按码结构来构造, 这时集合 A 是 X^n 空间中的一个码, 如线性码等, 它们都有固定的结构模式.

3. 布尔集合的码结构构造

布尔集合的码结构构造的类型有多种, 如线性码、卷积码和树码等.

(1) 关于线性码的构造我们已经在第 7 章中有详细说明. 由定义 7.1.5 给出, 如果 $A = \mathbf{C} = L_k$ 是 X^n 的线性子空间, 那么这个布尔集合就是由线性子空间形成的集合, 我们称之为线性布尔集合.

(2) 关于线性布尔集合有许多性质, 如它的生成矩阵 G_k、校验矩阵 H 等, 它们都有各自的性质, 对此我们不再重复.

(3) 在线性布尔集合中, 如果它的生成矩阵 G_k 满足一定的条件, 那么该线性布尔集合就是一个卷积码.

关于卷积码同样也有它的构造理论, 如生成元的构造法. 由生成元构造的卷积码如图 7.2.1 所示.

(4) 由卷积码的结构可以形成系统树这种树结构也可对布尔集合 A 进行表达, 这种表达如图 14.4.1 所示.

4. 对图 14.4.1 的说明

(1) 图 14.4.1 的结构是一种树图, 又称系统树 (或系统树图).

(2) 其中 $A(x^i) = \{x^n = (x^i, x_{i+1}^n) \in A\}$.

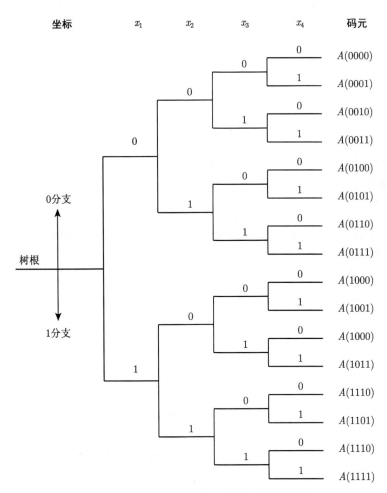

图 14.4.1   布尔集合 A 的系统树结构分解图

14.4.3   布尔函数的 NNS 算法

布尔函数和多层感知器的基本定理告诉我们, 任何布尔函数的运算都可通过多层感知器的运算实现. 在本小节中, 我们讨论并确定它们之间的相互关系, 给出实现这种基本定理的算法或运算的构造.

1. 模糊感知器的优化算法

关于模糊感知器的优化问题已在 2.5 节中进行了讨论, 利用这种算法可以实现一般布尔函数的 NNS 计算算法.

(1) 如果我们取 $A \in X^n, B = A^c$, 那么布尔函数的 NNS 算法就是要构造多层感知器 $G(x^n)$, 使 $f_A(x^n)$ 成立.

(2) 模糊感知器的运算就是对集合 A, B 进行分类, 这时的模糊分类就是要构造空间超平面 $L = L_{\mathbf{w},h}$ 将 A, B 集合切割在该平面的二侧. 而模糊分类就是允许在 A, B 集合切割分类中有一定的误差存在. 这时的分类误差在 (2.5.2) 式中定义. 由此产生的集合 A', B' 就是感知器分类目标 (A, B) 在平面 $L = L_{\mathbf{w},h}$ 下产生的分类误差集合.

(3) 由集合 A', B' 定义 $m'_a = |A'|, m'_b = |B'|, m' = m'_a + m'_b$. 这时称参数 m'_a, m'_b, m' 是感知器分类目标 (A, B) 在平面 $L = L_{\mathbf{w},h}$ 下的分类误差值; 而称参数 $\delta_a = m'_a/m_a, \delta_b = m'_b/m_b, \delta = m'/m$ 是感知器分类目标 (A, B) 在平面 $L = L_{\mathbf{w},h}$ 下的分类误差率.

(4) 由此定义模糊感知器的优化问题就是对切割平面 L' 的选择问题, 这就要求它们的分类误差率 $\delta = \delta(L)$ 尽可能小.

2. 模糊感知器的优化算法在布尔函数计算时的应用

现在要利用这种模糊感知器的优化算法实现对布尔函数的计算.

我们已经说明, 模糊感知器的运算目标是要对集合 $A \in X^n, B = A^c$ 进行模糊分类. 为此, 我们继续以下运算.

(1) 对集合 A, B, 记它们的凸闭包分别是 $\mathrm{Conv}(A), \mathrm{Conv}(B)$. 由定理 2.3.1 可知, 学习目标集合 A, B 是线性可分的充要条件是在凸闭包 $\mathrm{Conv}(A), \mathrm{Conv}(B)$ 之间无公共点.

因此, 模糊感知器的分类问题是在凸闭包 $\mathrm{Conv}(A), \mathrm{Conv}(B)$ 之间有公共点情况下的分类.

(2) 记凸闭包 $\mathrm{Conv}(A), \mathrm{Conv}(B)$ 边界面的集合分别是 Π_a, Π_b, 它们所包含的边界面已在 (2.5.6) 式中定义. 这时记 $\Pi = \Pi_a \cup \Pi_b$, 它们所包含的边界面的数目分别是 $m_a, m_b, m = m_a + m_b$.

(3) 在 Π 中, 每个平面 π_i 将集合 A, B 分成 C_1, C_2, C_3 三块, 它们分别是

$$\begin{cases} (C_1, C_2, C_3) = (A, B_1, B_2), & \text{如果 } \pi \in \Pi_a, \\ (C_1, C_2, C_3) = (B, A_1, A_2), & \text{如果 } \pi \in \Pi_b, \end{cases} \tag{14.4.5}$$

其中 B_1, B_2 或 A_1, A_2 互不相交, 且 $A_1 \cup A_2 = A, B_1 \cup B_2 = B, C_1 \cup C_3$ 与 C_2 分别在 π_i 平面不同的两侧.

(4) 因为 $C_1 \cup C_2 \cup C_3 = A \cup B = X^n$, 所以 $|C_1 \cup C_2 \cup C_3| = 2^n$, 对任何 $\pi_i \in \Pi$ 都成立.

(5) 为此我们要选择的 π_i 平面就是要使 $|C_2|$ 的取值为最大的平面, 这时必有 $|C_2| \geqslant 1$ 成立.

由此我们实现了对集合 A, B 的第一次模糊分类.

3. 对集合 A, B 的第二次模糊分类

我们已经实现了对集合 A, B 的第一次模糊分类, 现在继续对它作第二次模糊分类.

(1) 在第一次模糊分类中, 我们得到了切割平面 $L_1 = \pi_i$, 集合 (C_1, C_2, C_3) 和集合 $C_1 \cup C_3$ 与 C_2, 它们分别在 $L_1 = \pi_i$ 平面不同的两侧.

(2) 这时的 $C_2 \subset A$ (或 B), 因此我们可以对任何 $x^n \in C_2$ 取 $G(x^n) = f_A(x^n)$.

(3) 这时的集合 C_1, C_3 分别是 A, B 中的集合, 可以把它们记为 A_1, B_1, 这时必有 $|A_1| + |B_1| < |A| + |B|$ 成立.

(4) 仿照对集合 A, B 的第一次模糊分类的运算, 对集合 A_1, B_1 作第二次模糊分类, 得到集合 A_2, B_2, 这时必有 $|A_2| + |B_2| < |A_1| + |B_1| < |A| + |B|$ 成立.

4. 如此继续

可以得到一系列的集合 $A_k, B_k, k = 1, 2, \cdots$, 它们满足关系式

$$|A| + |B| > |A_1| + |B_1| > |A_2| + |B_2| > \cdots,$$

这时, $A_{k+1} \cup B_{k+1} \subset A_k \cup B_k$, 而且对任何 $C_k = A_k \cup B_k - A_{k+1} \cup B_{k+1}$ 中的任何向量 $x^n \in C_2$, 有 $G(x^n) = f_A(x^n)$ 成立.

由此得到, 对任何布尔集合 A, 通过这种**多层模糊感知器的算法**, 最终一定可以使 $G(x^n) = f_A(x^n)$ 对任何 $x^n \in X^n$ 成立.

5. 关于布尔函数的 NNS 算法的讨论

关于布尔函数和多层感知器, 已经给出了它们之间的基本定理, 即任何布尔函数总可用多层感知器的算法实现它们的运算.

另一方面, 还利用模糊感知器的算法, 确定了这种多层感知器的构造. 现在要讨论的问题是这种多层感知器的构造的简化问题.

采用这种模糊感知器的算法不是一种理想的算法, 它的计算复杂度是比较高的, 由此存在关于算法的简化问题的讨论.

(1) 讨论的问题之一是对**一些特殊集合的计算**. 在布尔集合是一些特殊类型的情况下, 需要的感知器构造会变得十分简单.

(2) 讨论的问题之二是利用集合 A 的**树结构**进行递推计算.

集合 A 的树结构如图 14.4.1 所示. 它的递推计算过程已在 14.3.2 节说明. 对此不再重复.

第 15 章 函数的逼近和拟合

函数的逼近和拟合是计算数学中的核心内容和重要组成部分. 它们的目的都是实现近似计算中的理论和方法, 这些基本概念和内容在本书的附录 G 中有更详细的说明和讨论.

在本章中, 我们更关心的问题是这些理论和 NNS 计算理论的关系.

15.1 概   论

函数逼近和拟合的方法有多种, 在本书的附录中, 我们把它归纳成距离法和插入法两大类, 其中距离法又有多项式逼近和正交函数逼近的区别. 而插入法是将函数分解成许多小段后的拟合.

由此可见, 无论是距离法还是插入法, 正交函数理论是它们的理论基础.

正交函数和正交变换理论是数学理论的重要组成部分, 它们又有连续和离散的区分, 在算法上又有普通算法和快速算法的区别, 其中的快速算法是在普通算法的基础上采用了递推运算的算法.

我们已经说明, 我们更关心的问题是这些理论和 NNS 计算理论的关系. 因此, 其中的离散正交变换理论和我们的这个目标更加接近.

在本节中, 我们先介绍有关正交变换的系统理论, 再进一步讨论其他的问题.

15.1.1 正交变换 (或正交函数) 理论概述

我们已经说明, 正交变换理论是函数拟合和逼近的理论基础, 它们的类型分连续和离散两大类型, 在本书的附录 F 已有详细说明. 现在对它们的基本情况归纳、小结如下.

正交变换理论是数学理论的重要组成部分, 它们的类型有多种, 它们的类型和结构情况我们可以通过图 15.1.1 给予说明.

(1) 对图中的非多项式变换的计算公式、英文名称在本书的附录 A 的 (A.2.3) 式中给出.

(2) 对图中的几种重要的正交多项式函数系, 如**拉氏、切氏、拉盖氏、埃氏和雅氏多项式**, 及它们的中、英文名称也已在本书的附录 F 的 (F.1.6) 给出说明, 在此不再重复.

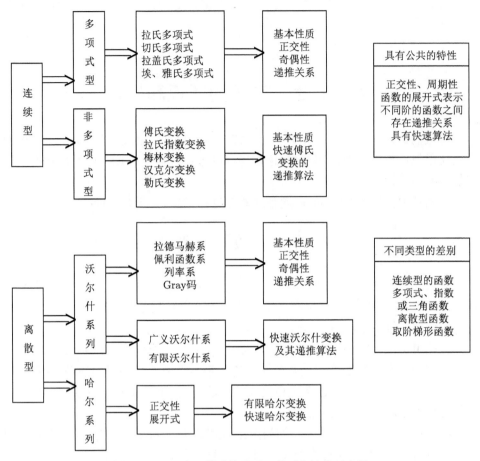

图 15.1.1　正交函数系的类型、关系和性能示意图

对图 15.1.1 中涉及的函数名称、记号及性质继续讨论和说明如下.

15.1.2　关于正交多项式函数系的讨论

图 15.1.1 中有关函数的类型分连续型和离散型两大类, 其中每个类型又由几个子类型组成. 对这些函数, 我们已在本书的附录 F 中有详细的讨论, 在此给出其中的有关结论, 我们先对其中的多项式型函数系进行讨论.

1. 拉氏多项式

在多项式型的函数系中, 我们以拉氏多项式为例, 说明该理论的有关内容.

拉氏多项式是由 Lagenddre 于 1785 年提出的, 该函数系的定义是

$$1, x, x^2, \cdots, x^n, \cdots, \quad x \in [-1, 1]. \tag{15.1.1}$$

对该函数系采用希氏空间的 Gram-Schmidt 正交化的运算步骤得到多项式

$$P_0(x) = 1, \quad P_n(x) = \frac{1}{2^n n!}\frac{d^n}{dx^n}(x^2-1)^n, \quad n = 1, 2, \cdots, \tag{15.1.2}$$

其中 $\dfrac{d^n}{dx^n}$ 是 n 阶导数的运算. 因此有

$$P_n(x) = \frac{1}{2^n n!}[(2n)(2n-1)\cdots(n+1)]x^n + Q_{n-1}(x), \tag{15.1.3}$$

其中 $Q_{n-1}(x)$ 是一个 $n-1$ 次多项式.

由此得到, 拉氏多项式的函数系为

$$\begin{cases} P_2(x) = \dfrac{1}{2}(3x^2 - 1), \\ P_3(x) = \dfrac{1}{2}(5x^3 - 3x), \\ P_4(x) = \dfrac{1}{8}(35x^4 - 30x^2 + 3), \end{cases} \qquad \begin{cases} P_5(x) = \dfrac{1}{8}(63x^5 - 70x^3 + 15x), \\ P_6(x) = \dfrac{1}{16}(231x^6 - 315x^4 + 105x^2 - 5), \\ \cdots \end{cases}$$
$$\tag{15.1.4}$$

函数系的正交关系为

$$\langle P_n(x), P_m(x)\rangle = \begin{cases} 0, & n \neq m, \\ \dfrac{2}{2n+1}, & n = m. \end{cases} \tag{15.1.5}$$

奇偶性和递推关系中, 奇偶性是

$$P_n(-x) = (-1)^n P_n(x), \quad n = 0, 1, 2, \cdots. \tag{15.1.6}$$

递推关系是 $p_0(x) = 1, P_1(x) = x$, 而

$$(k+1)P_{k+1}(x) = (2k+1)xP_k(x) - kP_{k-1}(x), \quad n = 1, 2, \cdots. \tag{15.1.7}$$

2. 这时, 对其他的函数系也有类似的变换和性质, 有关的性质在附录中的表述如下式所示

(1) 第一类切比雪夫多项式的表达式和性质见附录 F (F.1.14)—(F.1.21).

(2) 第二类切比雪夫多项式的表达式和性质见附录 F (F.1.22)—(F.1.24).

(3) 拉盖尔多项式的表达式和性质见附录 F (F.1.25)—(F.1.27).

(4) 埃氏、雅氏多项式的表达式和性质见附录 F (F.1.28)—(F.1.31).

3. 傅氏变换的性质说明

(1) 关于函数变换的一般表示式在本书的附录 A 的 (A.2.2) 式给出, 这时

$$F(\tau) = T[f(x)] = \int_a^b f(x)K(x, \tau)dx. \tag{15.1.8}$$

(2) 其中的 $K(x, \tau)$ 是该变换的**核函数**. (15.1.8) 式中, 不同变换的核函数在本书附录 A 的 (A.2.3) 式中给出.

(3) 有关**傅氏变换的逆变换**和其中的系数展开式. 分别在本书附录 A 的 (A.2.10), (A.2.11) 式中给出.

(4) 有关**傅氏变换**的一系列性质, 分别在本书附录 A 的 A.2 中给出. 其中包括各种运算公式、规律和函数. 在此不再重复.

(5) **傅氏变换的离散化就是傅氏级数**. 关于傅氏级数的一系列计算公式、逆变换公式和系数公式分别在本书附录 F 的有关公式中给出.

(6) 有关**有限和快速傅氏变换理论**是傅氏变换理论中的重要组成部分, 在本书附录 F 的 F.2 中给出它们的计算公式.

15.1.3 离散型正交函数系列

在图 15.1.1 中, 我们已经给出几种不同类型的离散型正交变换函数, 在本书的附录 F 中, 我们已对它们作了许多讨论, 现在概述其中的有关性质结论, 并继续这些讨论.

(1) 拉德马赫函数系 (简称拉氏函数系).

相空间 $X = \{-1, 1\}$ 的函数, 它的形成过程是

$$\begin{cases} \textbf{基本函数} & \phi_0(x) = 1, -1, \text{分别当 } x \in \Delta_1, \Delta_2 \text{ 时}, \\ \textbf{函数的扩张} & \phi(x) \text{ 由 } \phi_0(x) \text{ 确定的、} R \text{ 上的周期函数}, \\ \textbf{函数系列} & \phi_n(x) = \phi(2^n x), \quad n = 1, 2, 3, \cdots. \end{cases} \tag{15.1.9}$$

其中 $\Delta_1 = (0, 1/2), \Delta_2 = (1/2, 1)$.

这时 $\phi_n(x)$ 在整个 $R = (-\infty, \infty)$ 上有定义, 而且具有周期 $p = 1/2^n$. 称

$$\Phi = \{\phi_n(x), \ n = 1, 2, 3, \cdots\} \tag{15.1.10}$$

是**沃尔什函数的拉氏系列或拉氏函数系**.

(2) 拉氏函数系的性质. 对任何 $n = 1, 2, 3, \cdots$, 有以下关系式.

$$
\begin{cases}
\textbf{一致有界性} & |\phi_n(x)| \leqslant 1, \\
\textbf{周期性} & \phi_n(x + 2^{-n}) = \phi_n(x), \\
\textbf{可积性} & \displaystyle\int_0^1 \phi_n(x)dx < \infty, \\
\textbf{正交性} & \displaystyle\int_0^1 \phi_m(x)\phi_n(x)dx = 1 \text{ 或 } 0, \text{ 分别在 } m = n, m \neq n \text{ 时.}
\end{cases}
$$

$$(15.1.11)$$

其中的 **一致有界性** 是指 $\phi_n(x) = \pm 1$. 而 **可积性** 是 $\begin{cases} \displaystyle\int_0^1 \phi_n(x)dx = 0, \\ \displaystyle\int_0^1 \phi_n^2(x)dx = 1, \end{cases}$ 对任何

$n = 1, 2, 3, \cdots$ 成立.

因此, $\phi_n(x)$ 是一个在区间 $[0,1]$ 内, 发生上下振荡的函数, 振荡的周期是 2^{-n}, 或振荡的频率是 2^n 次, 或在单位区间中, 发生振荡的次数是 2^n 次.

容易验证, 拉德马赫函数系是不完备的, 如果把 $f(x) \equiv 1$ 这个函数补充进去, 那么产生的新函数系是完备系的.

这时, 有关系式 $\phi_{n+1}(x) = \phi_n(2x), x \in R$. 因此称 $\phi_{n+1}(x)$ 是 $\phi_n(x)$ 按比例缩紧的函数.

拉德马赫函数系是不完备的, 如 $f(x) \equiv 1, 0 \leqslant x < 1$, 这时 $\displaystyle\int_0^1 \phi_n(x)dx = 0$ 对任何 $n = 1, 2, 3, \cdots$ 成立. 但 $f(x)$ 不是一个零值函数.

(3) 如果 $\displaystyle\int_0^1 \phi_n(x)dx = 0$ 对任何 $n = 1, 2, 3, \cdots$ 成立. 但 $f(x)$ 不是一个零值函数. 那么把 $f(x) \equiv 1$ 这个函数补充进去, 产生一组新的函数系. 如果它们形成一完备系, 那么这就是沃尔什函数系.

15.1.4　沃尔什函数系的佩利排列

为了把沃尔什函数系按一定的规则排列出来, 可以将拉德马赫函数系重新组合运算、排列, 如佩利排列.

1. 佩利函数系的表示如下

基本函数为 $\begin{cases} \psi_0(x) = \phi_0^2(x) \equiv 1, \\ \psi_\tau(x) = \phi_\tau(x), \quad \tau = 0, 1, \\ \psi_3(x) = \phi_0(x)\phi_1(x), \text{ 其中 } 0 \leqslant x < 1. \end{cases}$

为讨论一般函数的**佩利表示**, 这时对任何正整数和它的二进制表示式为

$$n = a_0 + a_1 2 + a_2 2^2 + \cdots + a_k 2^k, \quad a^{(k)} = (a_1, a_2, \cdots, a_k) \in \{0, 1\}^k. \quad (15.1.12)$$

这时, 一般函数的**佩利表示**为

$$\psi_n(x) = [\phi_0(x)]^{a_0} [\phi_1(x)]^{a_1} \cdots [\phi_k(x)]^{a_k}. \quad (15.1.13)$$

在此一般函数的佩利表示式中, 有的 a_i 可能是零, 这时记

$$\begin{cases} n = 2^{n_1} + 2^{n_2} + \cdots + 2^{n_\ell}, \\ n_1 < n_2 < n_3 < \cdots < n_\ell. \end{cases} \quad (15.1.14)$$

那么 (15.1.13) 式中的 $\psi_n(x)$ 可以表示成

$$\psi_n(x) = \phi_{n_1}(x)\phi_{n_2}(x)\cdots\phi_{n_\ell}(x), \quad n = 1, 2, 3, \cdots. \quad (15.1.15)$$

这时记 $\Psi(x) = \{\psi_n(x), n = 1, 2, 3, \cdots\}$ 是一个佩利函数系.

2. 佩利函数系的性质

对任何 $n = 1, 2, 3, \cdots$, 有以下关系式成立.

$$\begin{cases} \textbf{一致有界性} & |\psi_n(x)| \leqslant 1, \psi_n(x) = \pm 1, \\ \textbf{周期性} & \psi_n(x+1) = \psi_n(x), \\ \textbf{按位加法的性质} & \psi_n(x)\psi_n(y) = \psi_n(x \oplus y). \end{cases} \quad (15.1.16)$$

其中, $+, \oplus$ 分别是数加和二元、二进制序列的模加运算.

可积性 是指有关系式 $\begin{cases} \displaystyle\int_0^1 \psi_0(x)dx = 1, \\ \displaystyle\int_0^1 \psi_n(x)dx = 0, n \geqslant 1, \quad \text{成立.} \\ \displaystyle\int_0^1 \psi_n^2(x)dx = 1 \end{cases}$

正交性 是指有关系式 $\displaystyle\int_0^1 \psi_m(x)\psi_n(x)dx = 1$ 或 0, 分别在 $m = n, m \neq n$ 时成立.

完备性. 这就是对任何 $f \in L[0, 1]$(可积函数), 如果对任何 $n = 1, 2, 3, \cdots$, 有关系式 $\displaystyle\int_0^1 f(x)\psi_n(x)dx = 0$ 成立, 那么必有 $f(x) \equiv 0$ 成立.

利用这个完备性, 就可对任何可积函数作沃尔什函数系的分解运算.

15.1.5　沃尔什函数系的列率排列和 Gray 码的表示

沃尔什函数系除了采用拉氏系列、佩利系列外, 还有其他的排列方式. 如按**列率** 的方式排列.

1. 列率排列中的有关记号

(1) 在 (15.1.12) 中已经给出正整数 n 的二进制或二进码是

$$\begin{cases} n = a_{n,0} + a_{n,1}2 + a_{n,2}2^2 + \cdots + a_{n,k}2^k, \\ a_n^{(k+1)} = (a_{n,0}, a_{n,1}, a_{n,2}, \cdots, a_{n,k}), \\ \bar{n} = (n_1, n_2, \cdots, n_r), \end{cases} \tag{15.1.17}$$

其中 $0 \leqslant n_1 < n_2 < \cdots < n_r$ 是 $(a_{n,0}, a_{n,1}, a_{n,2}, \cdots, a_{n,k})$ 中全体非零的点, 这就是

$$a_{n,i} = \begin{cases} 1, & i \in \{n_1, n_2, \cdots, n_r\}, \\ 0, & 否则. \end{cases}$$

(2) **列率**的概念是指信号函数在单位时间, 符号发生改变的数量的一半.

例如, 正弦函数, 列率的概念就是函数的频率.

(3) 我们已经给出 ϕ_n 和 ψ_n 的定义, 它们分别是拉氏函数和它的佩利排列函数.

2. 沃尔什函数系的按列率排列

沃尔什函数系按列率排列的记号为 $W_n(x)$, 对此定义如下.

(1) 取 $W_{-1}(x) \equiv W_0(x) \equiv 1$.

(2) 对一般 n 的二进制表示如 (15.1.13) 式所示. 这时取

$$W_n(x) = \prod_{i=0}^{k} [\phi_i(x)\phi_{i-1}(x)]^{a_{n,i}} \quad 或 \quad W_n(x) = \prod_{j=1}^{r} [\phi_{n_j}(x)\phi_{n_j-1}(x)]. \tag{15.1.18}$$

其中 $\bar{n} = (n_1, n_2, \cdots, n_r)$ 如 (15.1.17) 式定义.

3. 沃尔什函数系的 Gray 码表示

我们已经给出沃尔什函数系的按列率排列表示, 相应的函数 $W_n(x)$ 如 (15.1.18) 式所示.

由 (15.1.16) 式构造 n 的 $G(n) = g_0 + g_1 2 + g_2 2^2 + \cdots + g_k 2^k$ 是 n 的二进制向量展开式, 它的构造如下.

$$\begin{cases} g_k = a_k, & k \text{ 是展开式的最大位}, \\ g_r = a_r \oplus a_{r+1}, & 0 \geqslant r < k, \\ g^{(k+1)} = (g_0, g_1, g_2, \cdots, g_k), \end{cases} \tag{15.1.19}$$

其中, $\oplus$ 是 F_2 域中的模 2 加法.

称 $g^{(k+1)}$ 是 $a^{(k+1)}$ 的 Gray 码, 称 $G(n)$ 是 $a^{(k+1)}$ 的 Gray 函数.

由 Gray 函数的定义可知, Gray 函数 $G(n)$ 是在整数中取值, 而且在正整数集合 Z 中, 形成一个 1-1 映射的变换.

如果记 $m = G(n)$, 那么记 $n = G^{-1}(m)$ 是个逆 Gray 函数.

由 Gray 函数、逆 Gray 函数的定义, 由 (15.1.17) 式即可得到, 有关系式

$$G_n(x) = \prod_{r=0}^{k} [\phi_r(x)]^{g_r}. \tag{15.1.20}$$

这就是沃尔什函数的 Gray 码表示式. 它们的关系式是

$$\psi_{G(n)}(x) = G_n(x), \quad \psi_n(x) = G_{G^{-1}(n)}(x).$$

15.1.6　关于沃尔什函数系表达的小结

1. 对沃尔什函数系, 我们对其多种表达方式小结如下

对表 15.1.1 中的有关记号说明如下.

(1) 表中 $\phi(x)$ 是由 $\phi_0(x)$ 确定的在 R 上定义的周期函数. $\phi_0(x)$ 函数的定义在 (15.1.9) 给定.

(2) 由此可知, 沃尔什函数系包含 4 种不同的函数类型, 它们分别是拉氏系列、佩利系列、列率系列和 Gray 码系列.

表 15.1.1　沃尔什函数系中不同函数系列的名称、记号和运算说明表

系列名称	系列记号	定义公式	书中位置
拉氏系列	$\Phi = \{\phi_n\}$	$\phi_n(x) = \phi(2^n x)$	(15.1.9) 式
佩利系列	$\Psi = \{\psi_n\}$	$\psi_n(x) = \prod_{j=0}^{k} [\phi_j(x)]^{a_j}$	(15.1.13) 式
列率系列	$\boldsymbol{W} = \{W_n\}$	$W_n(x) = \prod_{j=1}^{k} [\phi_j(x)\phi_{j-1}(x)]^{a_{n,j}}$	(15.1.18) 式
Gray 码系列	$\boldsymbol{G} = \{G_n\}$	$G_n(x) = \prod_{r=0}^{k} [\phi_r(x)]^{g_r}$	(15.1.20) 式

2. 关于沃尔什函数系性质的讨论

(1) 我们已经说明, 沃尔什函数系包含 4 种不同的函数类型, 它们产生的基础都通过 $\phi_n(x)$ 的运算产生.

(2) 因此, 沃尔什函数系的这 4 种不同系列的函数系所具有的共同特点是: 在 R 上定义的周期函数, 它们取值的相空间都是 $X = \{-1, 1\}$.

(3) 沃尔什函数系的这 4 种不同系列的函数系, 除了所具有的这些共同特点外, 还有正交性、可积性、展开的完备性等.

3. 沃尔什函数系的关系性质

这就是在沃尔什函数系的这 4 种不同类型的函数之间存在多种相互关系, 对此说明如下.

(1) **佩利函数系的按位加法的性质.** $\psi_n(x)\psi_n(y) = \psi_n(x \oplus y)$. 其中的 $\oplus$ 是二元、二进制序列的模加运算.

(2) 由 Gray 函数、逆 Gray 函数的定义, 由 (15.1.17) 式即可得到, 有关系式

$$G_n(x) = \prod_{r=0}^{k} [\phi_r(x)]^{g_r}. \tag{15.1.21}$$

这就是沃尔什函数的 Gray 码表示式. 它们的关系式是

$$\psi_{G(n)}(x) = W_n(x), \quad \psi_n(x) = W_{G^{-1}(n)}(x).$$

(3) 沃尔什函数中的佩利系列和 Gray 码表示式关系如下

$$\psi_{G(n)}(x) = G_n(x), \quad \psi_n(x) = G_{G^{-1}(n)}(x). \tag{15.1.22}$$

(4) 由此得到, 其中前 8 个 Gray 码的表示式, 如表 15.1.2 所示.

表 15.1.2　有关 Gray 码、Gray 函数的关系表

n	二进制表示 (a_2, a_1, a_0)	Gray 码的表示 (g_2, g_1, g_0)	Gray 函数 $G(n)$	沃尔什函数 (W) $W \to \psi$	佩利函数 (ψ) $\psi \to W$
0	(0, 0, 0)	(0, 0, 0)	0	$\psi_0(x) = W_0(x)$	$W_0(x) = \psi_0(x)$
1	(0, 0, 1)	(0, 0, 1)	1	$\psi_1(x) = W_1(x)$	$W_1(x) = \psi_1(x)$
2	(0, 1, 0)	(0, 1, 1)	3	$\psi_2(x) = W_3(x)$	$W_2(x) = \psi_3(x)$
3	(0, 1, 1)	(0, 1, 0)	2	$\psi_3(x) = W_2(x)$	$W_3(x) = \psi_2(x)$
4	(1, 0, 0)	(1, 1, 0)	6	$\psi_4(x) = W_6(x)$	$W_4(x) = \psi_6(x)$
5	(1, 0, 1)	(1, 1, 1)	7	$\psi_5(x) = W_7(x)$	$W_5(x) = \psi_7(x)$
6	(1, 1, 0)	(1, 0, 1)	5	$\psi_6(x) = W_5(x)$	$W_6(x) = \psi_5(x)$
7	(1, 1, 1)	(1, 0, 0)	4	$\psi_7(x) = W_4(x)$	$W_7(x) = \psi_4(x)$

4. 沃尔什函数系的另外一种表示

这时的**沃尔什函数系还可以通过符号函数进行表示.**

(1) 我们已经给出符号函数的定义是 $\mathrm{Sgn}(u) = \begin{cases} 1, & u \geqslant 0, \\ -1, & u < 0. \end{cases}$

(2) 这样 ϕ_n, ψ_n, W_n 函数都可通过符号函数来表达, 这时有

$$\begin{cases} \phi_n(x) = \mathrm{Sgn}[\sin(2^{n+1}\pi x)], \\ \psi_n(x) = \prod_{r=0}^{k}\{\mathrm{Sgn}[\sin(2^{r+1}\pi x)]^{a_r}\}, \\ W_n(x) = \mathrm{Sgn}[\sin(2\pi x)]^{a_0}\prod_{r=1}^{k}\{\mathrm{Sgn}[\cos(2^r\pi x)]^{a_r}\} \\ \qquad\quad = \mathrm{Sgn}[\sin(2\pi x)]^{a_0}\prod_{r=1}^{k}\{\mathrm{Sgn}[\cos(a_r 2^r\pi x)]\}, \end{cases} \tag{15.1.23}$$

其中, $n = a_0 + a_1 2 + a_2 2^2 + \cdots + a_k 2^k$, 是它的二进制表示.

(3) 这样对 W_n 函数还可以简化为

$$W_n(x) = \prod_{r=0}^{k}\{\mathrm{Sgn}[\cos(a_r 2^r\pi x)]\}, \quad W_{2^r}(x) = \mathrm{Sgn}[\cos(2^r\pi x)]. \tag{15.1.24}$$

(4) 我们已经得到多个函数系列, 如拉氏函数、佩利函数和沃尔什函数 (ϕ_n, ψ_n, W_n), 它们可分别写为

$$\mathrm{Wal}_\phi(n,x), \quad \mathrm{Wal}_\psi(n,x), \quad \mathrm{Wal}_W(n,x), \quad n = 0,1,2,\cdots, x \in R. \tag{15.1.25}$$

由 $\mathrm{Wal}_w(n,x)$ 函数可以产生沃尔什正弦函数、沃尔什余弦函数, 它们的定义分别是

$$\begin{cases} \mathrm{Sal}(k,t) = \mathrm{Wal}_w(2k-1,t), & k = 1,2,3,\cdots, \\ \mathrm{Cal}(k,t) = \mathrm{Wal}_w(2k,t), & k = 0,1,2,\cdots. \end{cases} \tag{15.1.26}$$

(5) 其中沃尔什正弦函数是奇函数, 而沃尔什余弦函数是偶函数, 指标 k 是它们的列率.

5. 沃尔什函数系的列率表示的性质

我们已经得到沃尔什正弦函数、沃尔什余弦函数的表示式, 现在讨论它们的性质.

(1) 关于指标的按位加的定义, 有关系式

$$\begin{cases} 2k_1 \oplus 2k_2 = 2(k_1 \oplus k_2), \\ (2k_1 - 1) \oplus (2k_2 - 1) = 2[(k_1 - 1) \oplus (k_2 - 1)], \\ (2k_1 - 1) \oplus 2k_2 = 2[k_2 \oplus (k_1 - 1) + 1] - 1 \end{cases} \tag{15.1.27}$$

成立.

(2) 由此得到

$$\begin{cases} \mathrm{Cal}(k_1,t)\mathrm{Cal}(k_2,t) = \mathrm{Cal}(k_1 \oplus k_2, t), \\ \mathrm{Sal}(k_1,t)\mathrm{Sal}(k_2,t) = \mathrm{Cal}[(k_1-1) \oplus (k_2-1), t], \\ \mathrm{Sal}(k_1,t)\mathrm{Cal}(k_2,t) = \mathrm{Sal}[k_2 \oplus (k_1-1)+1, t]. \end{cases} \tag{15.1.28}$$

这些公式和三角形恒等式的关系相似.

(3) 关于沃尔什函数系的基本性质有

$$W_{2^k+m}(x) = \phi_k(x)W_{2^k-1-m}(x), \quad 0 \leqslant m \leqslant 2^k - 1. \tag{15.1.29}$$

(4) 由关系式 (15.1.28) 即可得到关系式

$$\begin{cases} [\psi_0(x),\psi_1(x),\cdots,\psi_{2^k-1}(x)] = [W_0(x),W_1(x),\cdots,W_{2^k-1}(x)], \\ [\psi_{2^k}(x),\psi_{2^k+1}(x),\cdots,\psi_{2^{k+1}-1}(x)] = [W_{2^k}(x),W_{2^k+1}(x),\cdots,W_{2^{k+1}-1}(x)] \end{cases} \tag{15.1.30}$$

成立.

15.2 广义沃尔什函数系和沃尔什变换

我们已经给出沃尔什函数系的一系列类型、定义和性质, 它们都是周期函数的情形. 现在推广这种理论, 讨论非周期函数的情形.

15.2.1 沃尔什函数系的级数展开理论

记 $L[0,1)$ 是区间 $[0,1)$ 上全体勒贝格绝对可积函数, 现在讨论其中的函数关于沃尔什函数系的级数展开问题.

1. 展开式和它们的收敛性

如果 $f \in L[0,1)$, 取 $\begin{cases} \alpha_n = \displaystyle\int_0^1 f(x)\psi_n(x)dx, \\ \beta_n = \displaystyle\int_0^1 f(x)W_n(x)dx \end{cases}$ 为函数 f 的展开系数. 由此

定义函数级数

$$\sum_{n=0}^{\infty} \alpha_n \psi_n(x), \quad \sum_{n=0}^{\infty} \beta_n W_n(x). \tag{15.2.1}$$

由关系式 (15.1.29), (15.2.1) 可以得到

$$\sum_{n=2^k}^{2^{k+1}-1} \alpha_n \psi_n(x) = \sum_{n=2^k}^{2^{k+1}-1} \beta_n W_n(x) = A_k(x) \tag{15.2.2}$$

成立.

由此讨论 $a_0 + \sum_{k=0}^{\infty} A_k(x)$ 的值, 它是否收敛, 算法收敛到函数 $f(x)$.

2. 关于函数级数的性质

关于沃尔什函数系的有关性质如下.

(1) 关于 ϕ_n, ψ_n, W_n 函数的级数性质. 这时

$$\sum_{m=0}^{2^n-1} W_m(x) = \sum_{m=0}^{2^n-1} \psi_m(x) = \prod_{\ell=1}^{n-1} [1 + \phi_\ell(x)] = \begin{cases} 2^n, & 0 \leqslant x < 2^{-n}, \\ 0, & 2^{-n} \leqslant x < 1. \end{cases} \tag{15.2.3}$$

对任何 $n = 1, 2, 3, \cdots$ 成立.

(2) 如果 $f \in L[0,1)$, 而 t 是 $[0,1)$ 中的任何固定点, 那么有关系式

$$\int_0^1 f(x \oplus t) dx = \int_0^1 f(x) dx \tag{15.2.4}$$

成立.

(3) 如果 t 是 $[0, 2^n)$ 中的任何固定点,

$$f_1(x) f_2(x \oplus t) \in L[0, 2^n), \quad f_1(x \oplus t) f_2(x) \in L[0, 2^n),$$

那么有关系式

$$\int_0^{2^n} f_1(x) f_2(x \oplus t) dx = \int_0^{2^n} f_1(x \oplus t) f_2(x) dx \tag{15.2.5}$$

成立.

3. 关于沃尔什函数级数的展开定理

定理 15.2.1 (黎曼–勒贝格定理)　如果 $f \in L[0,1)$, 那么有

$$\lim_{n \to \infty} \int_0^1 f(x) \psi_n(x) = 0 \tag{15.2.6}$$

成立.

定理 15.2.2　如果 $f \in L[0,1), f(x+1) = f(x)$, 定义

$$\begin{cases} a_n = \int_0^1 f(x) \psi_n(x) dx, & n = 0, 1, 2, \cdots, \\ A_k(x) = \sum_{n=2^k}^{2^{k+1}-1} a_n \psi_n(x), & k = 0, 1, 2, \cdots, \end{cases}$$

那么有以下关系式成立.

(1) 在 $f(x)$ 的连续点处, 有

$$a_0 + \sum_{k=0}^{\infty} A_k(x) = f(x) \tag{15.2.7}$$

成立.

(2) 在 $[0,1)$ 区间中, 除去一个零测集合 (勒贝格测度) 外, 关系式 (15.2.7) 成立.

定理 15.1.2 给出了关于函数 $f \in L[0,1)$ 的沃尔什函数级数的展开式, 对于这种展开式还有其他多种表达方式.

定理 15.2.3 (1) 如果 $f \in L_2[0,1)$ (勒贝格平方可积函数), 而且 $f(x+1) = f(x)$, 那么除了一个零测集合外, 对所有的 $x \in [0,1)$ 都有

$$f(x) = \sum_{k=0}^{\infty} a_n \psi_n(x) \tag{15.2.8}$$

成立.

(2) 如果 $f \in L_2[0, 2^{m_0})$, 而且 $f(x + 2^{m_0}) = f(x)$, 那么取

$$u = \frac{x}{2^{m_0}}, \quad F(u) = f(x) = f(u2^{m_0}) \in L_2[0,1),$$

这时取

$$a_n = \int_0^1 F(u)\psi_n(u)du = \frac{1}{2^{m_0}} \int_0^{2^{m_0}} f(x)\phi_n\left(\frac{x}{2^{m_0}}\right) dx, \tag{15.2.9}$$

由 $F(u) = \sum_{k=0}^{\infty} a_n \psi_n(x)$ 得到

$$f(x) = \sum_{k=0}^{\infty} a_n \psi_n\left(\frac{x}{2^{m_0}}\right), \tag{15.2.10}$$

除了一个零测集合外, 对所有的 $x \in [0,1)$ 都成立.

15.2.2 二进群的沃尔什函数系

我们已讨论的沃尔什函数系是一种连续区间上的函数理论, 现在讨论它们的离散序列的情形.

1. 二进群中的无穷序列

记 $X = F_2 = \{0,1\}$ 是一个二元域, $T = F_+ = \{1,2,\cdots\}$ 是一个全体正整数的集合.

(1) 记 $x_T = (x_1, x_2, \cdots), x_i \in X$ 是一个二进制的无穷序列, $G = X_T$ 是全体 x_T 的集合.

(2) 如果 $x_T, y_T \in G$, 那么可以定义它们的位模运算 $z_T = x_T \oplus y_T$, 其中 $z_i = x_i + y_i (\bmod 2)$.

(3) 这时 G 是一个关于运算 $\oplus$ 的群 (交换群, 称之为序列群), 而且满足交换律、结合律、零元存在 (零序列).

(4) 记 $R_0 = (0, \infty)$ 是一个全体正数 (正实数) 的集合. 记 θ 是一个 $G \to R_0$ 的映射.

例 15.2.1 (序列群的特征的例子)　对任何 $x_T = (x_1, x_2, \cdots) \in G$, 如果定义 $\theta_n(x_T) = (-1)^{x_{n+1}}$, 那么 θ_n 是 G 的一个特征.

定义 15.2.1 (序列群的特征的定义)　(1) 称 θ 是一个关于序列群 G 的特征, 如果对任何 $x_T, y_T \in G$, 有关系式 $\theta(x_T \oplus y_T) = \theta(x_T)\theta(y_T)$ 成立.

(2) 关于映射 $\theta : G \to R_0$, 如果满足关系式 $\theta(x_T \oplus y_T) = \theta(x_T)\theta(y_T)$, 那么称这个映射是一个同态映射.

定义 15.2.2 (特征群的定义)　全体 $G \to R_0$ 的同态映射的集合记为 K, 如果 $\theta, \theta' \in K$, 那么定义 $\theta\theta'(x_T) = \theta(x_t)\theta'(x_T)$, 这时 K 是一个交换群.

2. 有关二进群的性质

如果 θ 是 G 的一个特征, 那么有以下性质成立.

(1) 如果记 $0_T = (0, 0, 0, \cdots)$ 是个零序列, 那么对任何 $x_T \in G$, 都有

$$\theta(x_T \oplus 0_T) = \theta(x_T) = \theta(x_T)\theta(0_T)$$

成立. 因此必须有 $\theta(0_T) = 1$ 成立.

(2) 由特征的定义可以得到

$$\theta(x_T)\theta(x_T) = \theta(x_T \oplus x_T) = \theta(0_T) = 1$$

成立. 因此对任何 $x_T \in G$, 必有 $\theta(x_T) = \pm 1$ 成立.

(3) 在例 15.2.1 中, 我们已经给出了 $\theta_n, n = 1, 2, \cdots$ 的定义, 它们都是 G 的特征. 记 K' 是由这些特征生成的群, 显然 K' 是 K 的一个子群.

15.2.3　广义沃尔什函数系

1. 关于非负实数的两种运算

为实现对沃尔什函数系的推广, 我们先定义非负实数的两种运算, 即伪加和伪乘.

(1) 对任何一个非负实数 z, 它的二进制表示为

$$z = \sum_{n=-N}^{\infty} z_n 2^{-n}, \quad z \in X = \{0, 1\}. \tag{15.2.11}$$

这时 $z = x, y, u, v$ 表示不同的数.

(2) 记 $y = x \oplus u$ 是 x, u 的伪加数, 如果 $y_n = \begin{cases} 0, & x_n + u_n \text{ 是偶数,} \\ 1, & x_n + u_n \text{ 是奇数.} \end{cases}$

(3) 记 $v = x \otimes u$ 是 x, u 的伪乘数, 如果 $v_n = \begin{cases} 0, & \sum_{l+m=n} x_l u_m \text{ 是偶数,} \\ 1, & \sum_{l+m=n} x_l u_m \text{ 是奇数.} \end{cases}$

定义 15.2.3 (广义沃尔什函数的定义)   如果 $x, u \geqslant 0$, 取

$$\Psi_u(x) = \psi_1(x \otimes u) = \phi_0(x \otimes u). \tag{15.2.12}$$

这时称 $\Psi_u(x)$ 是一个广义沃尔什函数.

2. 广义沃尔什函数的性质

对 $u, x \geqslant 0$ 的非负数.

(1) 有关系式

$$\Psi_u(x) = (-1)^{v_1} = \exp_{-1}\left(\sum_{l+m=1} x_l u_m \right). \tag{15.2.13}$$

其中 $\exp_{-1}()$ 是以 -1 为底的指数函数. 而 $l + m = \ell$ 表示集合

$$\{l + m = 1\} = \{(l, m), l, m \geqslant 0, l + m = \ell\}, \quad \ell = 1, 2, \cdots.$$

(2) 有关系式 $\Psi_u(x) = \psi_{[u]}(x) \times \Psi_{[x]}(u)$ 成立. 其中 $[u], [x]$ 分别是 u, x 的整数部分.

(3) 由此得到, 对任何 $u, x \geqslant 0$, 有 $\Psi_u(x) = \Psi_x(u)$ 成立.

对任何正整数 n 和 $x \geqslant 0$, 有 $\Psi_n(x) = \psi_n(u)$ 成立.

(4) 对广义沃尔什函数系和任何 $n = 1, 2, 3, \cdots$, 有以下关系式成立.

$$\begin{cases} \text{一致有界性} & |\Psi_u(x)| \leqslant 1, \\ \text{按位加法的性质} & \Psi_{v_1}(x)\psi_{v_2}(x) = \psi_{v_1 \oplus v_2}(x), \\ & \Psi_x(y_1)\psi_x(y_2) = \psi_x(y_1 \oplus y_2). \end{cases} \tag{15.2.14}$$

(5) 积分性质为

$$\int_0^{2^m} \Psi_u(x)dx = \int_0^{2^m} \Psi_x(u)dx = \begin{cases} 2^m, & 0 \leqslant u < 2^{-m}, \\ 0, & 2^{-m} \leqslant u < \infty. \end{cases} \tag{15.2.15}$$

(6) 如果定义 $\Delta_{m_0}(n,x) = \int_0^{2^{m_0}} \Psi_{\theta(n,x)}(u)du$, $\theta(n,x) = \dfrac{n}{2^{m_0}} \oplus x$, 那么

$$\delta_{m_0}(n,x) = \begin{cases} 1, & \dfrac{n}{2^{m_0}} \leqslant x < \dfrac{n+1}{2^{m_0}}, \\ 0, & \text{否则}. \end{cases} \tag{15.2.16}$$

(7) 如果 m 是正整数, $0 \leqslant k, n \leqslant 2^m - 1$, 那么有

$$\psi_k\left(\frac{n}{2^m}\right) = \psi_n\left(\frac{k}{2^m}\right) \tag{15.2.17}$$

成立.

如果 $0 \leqslant x < 2^m$, 那么有

$$\Psi_{\theta(m,n)}(x) = \psi_n\left(\frac{x}{2^m}\right), \quad \text{其中} \quad \theta(m,n) = \frac{n}{2^m} \tag{15.2.18}$$

成立. 这就是**广义沃尔什函数系的定义**.

15.2.4 广义沃尔什变换

我们已经给出广义沃尔什函数系的定义 $\Psi_u(x)$, 其中 $0 \leqslant u, x < \infty$, 因此定义**广义沃尔什变换** 为

$$P_f(u) = \int_0^\infty f(x)\Psi_u(x)dx. \tag{15.2.19}$$

这时称 $P_f(u)$ 是 $f(x)$ 的**沃尔什–傅里叶变换** (WFT). 现在讨论 WFT 的性质.

1. 一般性质

(1) **有界性**. $|P_f(u)| \leqslant M = \displaystyle\int_0^\infty |f(x)dx$.
(2) **黎曼–勒贝格定理**. $\lim_{u \to \infty} P_f(u) = 0$.
(3) **沃尔什积分定理**. 关系式

$$\lim_{n \to \infty} \int_0^{2^n} P_f(u)\Psi_x(u)du = f(x).$$

关于 L 测度几乎处处成立.

2. 几个重要定理

关于 WFT 理论, 存在多个重要定理如下.

定理 15.2.4 (Parseval 等式)   如果 $f, g \in L[0, \infty)$, 它们的 WFT 分别是 $P_f(u), P_g(u)$, 那么有关系式

$$\int_0^\infty f(x)g(x)dx = \int_0^\infty P_f(u)P_g(u)du. \tag{15.2.20}$$

定理 15.2.5 (平移定理)   如果 $f(x) \in L[0, \infty) g_a(x) = f(x \oplus a)$, 那么有关系式

$$P_g(u) = \Psi_u(a)P_f(u). \tag{15.2.21}$$

定理 15.2.6 (卷积定理)   如果 $h(x) = f * g = \int_0^\infty f(t)g(x \oplus t)$, 那么有关系式

$$P_h(u) = P_f(u)P_g(u). \tag{15.2.22}$$

这时称 h 是 f, g 的卷积.

3. 采样定理

和傅氏变换相似, 对 WFT 变换同样存在采样定理.

定义 15.2.4 (阶梯函数的定义)   (1) 称函数 $f \in L[0, \infty)$ 是一个阶梯函数, 如果只存在有限 (或可数) 个点

$$0 < x_1 < x_2 < \cdots < x_n < \cdots < \infty$$

使 $f(x_i+) \neq f(x_i-)$, 而且它的 $x \in [0, \infty)$, 都有 $f(x_i+) = f(x_i-)$ 成立. 其中, $f(x+), f(x-)$ 分别是函数 f 在 x 点的左、右极限.

(2) 如果 $f \in L[0, \infty)$ 是一个阶梯函数, 称满足 $f(x+) \neq f(x-)$ 的 x 点为该函数的跳跃点.

(3) 如果 n 是正整数, k 是整数, 那么称 $\dfrac{k}{2^n}$ 的取值为二分点的取值.

(4) 如果 f 是一个阶梯函数, 它的跳跃点的取值 $f(x-) - f(x+)$ 是二分点的取值, 那么称该函数是一个具有 n 型的二分点取值的阶梯函数.

定理 15.2.7 (采样定理)   如果 $f \in L[0, \infty)$, 那么使 $P_f(u) = 0, u \geqslant 2^{n_0}$ 成立的充要条件是: f 是一个 n_0 型的二分点取值的阶梯函数, 其中 n_0 是一个正整数.

15.2.5   有限沃尔什变换

和傅氏变换相似, 在沃尔什变换理论中, 同样存在有限变换的内容, 由这种变换理论, 使沃尔什变换理论能在应用中得到实现.

1. 采样定理

在定理 15.2.7 中, 我们已经给出采样定理, 这是关于时间连续的离散化处理. 对周期函数有更简单的表示.

(1) 讨论 $f \in L[0,1)$, 而且 $f(x+1) = f(x)$. 这时记

$$a_j = \int_0^1 f(x)\psi_j(x)dx, \quad j = 0, 1, 2, \cdots. \tag{15.2.23}$$

(2) 那么由定理 15.2.7 得到, 如果使 $a_j = 0, j \geqslant 2^{n_0}$ 成立的充要条件是 f 是一个 n_0 型的二分点取值的阶梯函数.

(3) 这时有

$$\begin{cases} a_j = \dfrac{1}{2^{n_0}} \displaystyle\sum_{k=0}^{2^{n_0}-1} f\left(\dfrac{k}{2^{n_0}}\right) \psi_j\left(\dfrac{k}{2^{n_0}}\right), \\ f\left(\dfrac{k}{2^{n_0}}\right) = \displaystyle\sum_{j=0}^{2^{n_0}-1} a_j \psi_j\left(\dfrac{k}{2^{n_0}}\right) \end{cases} \tag{15.2.24}$$

成立. 其中 $j, k = 0, 1, \cdots, 2^{n_0} - 1$.

2. 采样定理 (续)

(15.2.11) 式给出了一个周期、阶梯函数的时间离散化的表示, 对此表示式还可简化.

(1) 如果 $f_0(t) \in L[0, 2^n]$, 那么记 $f(t) \in L(0, \infty)$ 是以 $f_0(t)$ 为周期的周期函数.

(2) 关系式 (15.2.10), (15.2.11) 可以推广到一般周期函数的情形. 这时只要将 (15.2.10) 中的积分上界改为 2^n 即可. 这时

$$\begin{cases} a_j = \dfrac{1}{2^n} \displaystyle\sum_{k=0}^{2^n-1} f(k)\psi_j\left(\dfrac{k}{2^n}\right), \\ f(k) = \displaystyle\sum_{j=0}^{2^n-1} a_j \psi_j\left(\dfrac{k}{2^n}\right) \end{cases} \tag{15.2.25}$$

成立. 其中 $j, k = 0, 1, \cdots, 2^{n_0} - 1$.

定义 15.2.5 (有限沃尔什变换的定义)　记 $N = 2^n$, 记长度为 N 的函数序列为 $\bar{f} = [f(0), f(1), \cdots, f(N-1)]$. 这时称

$$P_f(j) = \sum_{k=0}^{N-1} f(k) \psi_j\left(\dfrac{k}{N}\right), \quad j = 0, 1, 2, \cdots, N-1. \tag{15.2.26}$$

是 $\bar{f}$ 序列的有限沃尔什变换（简记为（WHT）$_P$）. 并记 $\bar{P} = [P(0), P(1), \cdots,$
$P(N-1)]$.

(3) 由关系式 (15.2.25) 可以得到

$$f(k) = \sum_{j=0}^{N-1} P_f(j)\psi_j\left(\frac{k}{N}\right), \quad k = 0, 1, 2, \cdots, N-1. \tag{15.2.27}$$

这就是序列 $\bar{f}$ 关于有限沃尔什变换 $\bar{P}$ 的逆有限沃尔什变换.

3. 有限沃尔什变换的阿达马矩阵

我们已经给出一般周期函数的采样定理和有限沃尔什变换的运算关系式
(15.2.25), 这种关系式是一种向量和矩阵的乘积关系.

(1) 由此定义 $N = 2^n$, 而且记

$$P_f^N = \begin{bmatrix} P_f(0) \\ P_f(1) \\ \vdots \\ P_f(N-1) \end{bmatrix}, \quad f^N = \begin{bmatrix} f(0) \\ f(1) \\ \vdots \\ f(N-1) \end{bmatrix},$$

$$H_P(n) = \begin{bmatrix} h_{0,0} & h_{0,1} & \cdots & h_{0,N-1} \\ h_{1,0} & h_{1,1} & \cdots & h_{1,N-1} \\ \vdots & \vdots & & \vdots \\ h_{N-1,0} & h_{N-1,1} & \cdots & h_{N-1,N-1} \end{bmatrix}. \tag{15.2.28}$$

其中

$$h_{j,k} = \psi_j\left(\frac{k}{N}\right) = \psi_k\left(\frac{j}{N}\right) = h_{k,j}. \tag{15.2.29}$$

由此 $H_P(n)$ 是一个 $N \times N$ 的对称矩阵.

(2) 因此得到关系式

$$P_f^N = \frac{1}{N}H_P(n)f^N, \quad f^N = \frac{1}{N}H_P(n)P^N. \tag{15.2.30}$$

这就是**有限沃尔什变换** (简记为 (WHT)$_P$) 的矩阵运算表示式.

(3) 关于矩阵 $H_P(n)$ 满足关系式

$$H_P(1) = \begin{bmatrix} 1 & 1 \\ 1 & -1 \end{bmatrix}, \quad H_P(n+1) = \begin{bmatrix} H_P(n) & H_P(n) \\ H_P(n) & -H_P(n) \end{bmatrix}. \tag{15.2.31}$$

(4) 关于 $H_P(n)$ 矩阵, 我们容易证明, 它是**对称矩阵**, 而且

$$H_h(n)H_h(n) = NI(n). \tag{15.2.32}$$

因此, 矩阵 $H_P(n)$ 也是一个**阿达马矩阵**.

称相应的变换式 $P_f^N = \dfrac{1}{N}H_P(n)f^N$ 为**有限沃尔什变换 (WHT)**$_P$.

15.2.6　有限沃尔什变换的快速算法

和傅氏变换相似, 在沃尔什变换理论中, 同样存在它的快速算法. 这种快速算法可大大减少这种变换的计算复杂度.

在 15.2.5 节中, 我们已经给出了有限沃尔什变换的阿达马矩阵, 在此基础上就可讨论有限沃尔什变换的快速算法的问题.

(1) 记 $N = 2^n$, 而 $P_f^N, f^N, H_P(n)$ 如 (15.2.28) 式所给. 其中 $H_P(n) = [h_{j,k}]_{j,k=0,1,\cdots,N-1}$ 如 (15.2.28) 式所给.

(2) 现在取 $n = 3, N = 8$, 得到 $(\text{FWHT})_P$ 如 (15.2.29) 式所给. 这时的

$$P_f^N = \frac{1}{N}H_P(n)f^N, \quad f^N = \frac{1}{N}H_P(n)P^N. \tag{15.2.33}$$

这就是**有限沃尔什变换和它的逆变换** (简记为 $(\text{WHT})_P$).

(3) 这时 (15.2.31) 式可以分解为

$$\begin{bmatrix} P_f(\tau) \\ P_f(\tau+1) \\ P_f(\tau+2) \\ P_f(\tau+3) \end{bmatrix} = \frac{1}{8}H_P(2)\begin{bmatrix} f_1(\tau) \\ f_1(\tau+1) \\ f_1(\tau+2) \\ f_1(\tau+3) \end{bmatrix}, \quad \tau = 0, 4. \tag{15.2.34}$$

其中 $f_1(\ell) = \begin{cases} f(\ell) + f(\ell+4), & \ell = 0,1,2,3, \\ f(\ell-4) - f(\ell), & \ell = 4,5,6,7. \end{cases}$

(4) 这时 (15.2.32) 式可以写为

$$\begin{bmatrix} P_f(\tau) \\ P_f(\tau+1) \\ P_f(\tau+2) \\ P_f(\tau+3) \end{bmatrix} = \frac{1}{8}\begin{bmatrix} H_P(1) & H_P(1) \\ H_P(1) & -H_P(1) \end{bmatrix}\begin{bmatrix} f_1(\tau) \\ f_1(\tau+1) \\ f_1(\tau+2) \\ f_1(\tau+3) \end{bmatrix}, \quad \tau = 0, 4. \tag{15.2.35}$$

(5) 我们对 (15.2.33) 式可继续分解, 得到

$$\begin{bmatrix} P_f(\tau) \\ P_f(\tau+1) \end{bmatrix} = \frac{1}{8}H_P(1)\begin{bmatrix} f_1(\tau) \\ f_2(\tau+1) \end{bmatrix}, \quad \tau = 0, 2, 4, 6. \tag{15.2.36}$$

其中
$$
\begin{cases}
f_2(0) = f_1(0) + f_1(2), \\
f_2(1) = f_1(1) + f_1(3), \\
f_2(2) = f_1(0) - f_1(2), \\
f_2(3) = f_1(1) - f_1(3),
\end{cases}
\qquad
\begin{cases}
f_2(4) = f_1(4) + f_1(6), \\
f_2(5) = f_1(5) + f_1(7), \\
f_2(6) = f_1(4) - f_1(6), \\
f_2(7) = f_1(5) - f_1(7).
\end{cases}
$$

(6) 最后我们得到关系式

$$
\begin{cases}
8P_f(0) = f_2(0) + f_2(1) = f_3(0), \\
8P_f(1) = f_2(0) - f_2(1) = f_3(1), \\
8P_f(2) = f_2(2) + f_2(3) = f_3(2), \\
8P_f(3) = f_2(2) - f_2(3) = f_3(3),
\end{cases}
\qquad
\begin{cases}
8P_f(4) = f_2(4) + f_2(5) = f_3(4), \\
8P_f(5) = f_2(4) - f_2(5) = f_3(5), \\
8P_f(6) = f_2(6) + f_2(7) = f_3(6), \\
8P_f(7) = f_2(6) - f_2(7) = f_3(7).
\end{cases}
$$

$$(15.2.37)$$

这就是沃尔什变换的快速算法. 对这种算法还可推广到 $n > 3$ 的情形, 并且有多种矩阵运算的表示法. 我们不再详细讨论说明.

第 16 章　智能化的逻辑系统

在人工智能的应用问题中, 我们已经讨论了图像处理和数字计算的问题, 现在讨论智能化的逻辑学中的问题. 这就是具有高级智能的逻辑学的问题.

这个问题是逻辑学和 AI 理论中的热点问题. 人们一直在关心和讨论这个问题. 在本章中, 我们试图利用这四位一体的原理来讨论这个问题.

16.1　命题和命题系统

前面我们已对智能、智能化、智能化工程等问题作了简单说明, 现在继续对这些问题进行讨论.

我们也已说明, 本书的目的之一是讨论人类的高级思维和高级逻辑问题. 在此问题的讨论中, 除了涉及符号逻辑学中的一系列关系问题外, 还涉及命题、命题系统中的一系列问题. 因此, 我们把命题和命题系统看作智能化逻辑系统的出发点.

在本节中, 我们首先要回答什么是命题、知识和认知系统, 说明它们的特征和关系. 我们将采用符号逻辑学中的语言、符号来进行表达.

在这些问题的讨论中, 也和语言学、逻辑学的理论有关, 凡涉及这些问题的讨论, 在本节中, 我们也会同时进行说明和讨论.

在附录 C.4 节中, 我们将给出字母、字母表、词、词类、联结词、句和句的结构等一系列定义.

16.1.1　命题和命题系统的概念

命题的概念是对某些事物或现象的说明. 因此, 命题的概念也是一种语言学的概念.

1. 命题和句的关系问题

(1) **命题是句**.

这就是说, 我们可以把**命题**看作是一种特殊的句 (**陈述句**). 这样有关**字母、字母表、词、词类、词法、句、句法**中的一系列概念和记号都可在有关命题的论述中适用.

这样, 任何命题都可序列化 (X^* 空间中的序列)、数字化 (F_2^* 空间中的序列).

(2) **句不一定是命题**.

但是, 句或 X^* 空间、F_2^* 空间中的向量或序列不一定能成为命题, 对句成为命题还有一些特殊要求.

2. 句成为命题的条件

句要成为命题的条件必须是满足系统化、逻辑化和赋值表示的条件. 我们对此说明如下.

我们记命题的集合为 $\mathcal{P}$, 这时 $\mathcal{P} \subset X^*$.

这时, 关于命题的集合 $\mathcal{P}$ 还必须满足一定的条件, 如逻辑关系、赋值关系等. 对此我们进一步说明如下.

3. 命题系统中的逻辑结构

我们记 $P, Q, R \in \mathcal{P}$ 是命题系统中的命题, 对它们的逻辑关系定义如下.

(1) 命题之间的基本逻辑运算的关系. 就是并、交、余 (或补) 运算, 我们用的记号是 $\vee, \wedge, P^c$. 它们的含义如下

$$\begin{cases} \textbf{并运算} P \vee Q & \text{命题 } P, Q \text{ 中, 有一个成立,} \\ \textbf{交运算} P \wedge Q & \text{命题 } P, Q \text{ 同时成立,} \\ \textbf{余运算} P^c \text{ 或 } \bar{P} & \text{命题 } P \text{ 不成立, 或非 } P. \end{cases} \tag{16.1.1}$$

对其中的**交运算** $P \wedge Q$ 有时又称为**积运算**. 这时又可记为 $P \odot Q$.

(2) 命题之间的基本逻辑运算的关系和集合论中的并、交、余 (或补) 运算相对应, 对集合论中的这些运算记为 $\cup, \cap, \bar{P}$. 它们的含义我们已经在集合论中说明.

我们对这两套符号体系等价使用.

(3) 命题之间的这些逻辑运算的关系 (或集合论中的这些运算关系) 满足交换律、结合律、分配律的这些运算关系. 这些关系我们已经在集合论中说明, 命题之间的这些逻辑运算的关系和集合论中的这些运算关系相对应, 我们不再一一说明.

16.1.2 命题的赋值系统

我们已经给出命题系统中的逻辑关系, 现在讨论其中的赋值关系问题. 关于命题的赋值, 我们用以下特点来进行说明.

(1) 一个命题, 首先考虑它是否成立, 或命题是否正确的问题. 我们把它称为命题的赋值问题.

(2) 关于命题的赋值不应只是是否成立、是否正确那么简单, 它可以用多种不同类型的取法. 我们称之为命题赋值的相空间.

(3) 关于命题的赋值, 除了存在相空间问题, 还存在主观和客观的不同情况. 这就是说, 关于命题的类型, 还有客观的存在和主观的认识等不同的情况.

在本小节中, 我们对这些问题进行讨论、说明.

1. 命题的赋值的定义和表述

我们已说明, 命题的概念是一种语句, 这种语句是对某种事物的描述陈述句. 因此这种陈述的类型有多种,

(1) 首先是命题的内容和外部世界的关系问题. 我们称为**命题的状态特征**. 这种状态特征可以有多种不同的表达方式. 如命题的正确与否、能否确定、命题成立的可能性大小等.

(2) 我们把命题的这种状态特征称为命题的赋值, 这种赋值可以作数字化的表达. 关于命题 $p \in \mathcal{P}$ 的**赋值**就是它的映射 $f(p) \to U$, 其中 U 就是**赋值的取值范围** (相空间).

我们可以把命题的这种赋值看作是关于命题的一种**表现或判定的结果**. 其中表现结果有**成立**或**不成立**.

(3) 由若干命题组成的系统是命题系统, 我们把它记为 $\mathcal{P}$.

一个命题系统的赋值就是一个 $\mathcal{P} \to U$ 的映射, 记之为

$$F(\mathcal{P}) = \{f(p), p \in \mathcal{P}\} \tag{16.1.2}$$

(4) 在**命题赋值**的定义中, 涉及**赋值的取值范围** (相空间) U 的类型问题. 这时 U 可以有多种不同类型的取法, 如

$$\begin{cases} U = Z_q, & \text{这时的命题可以产生多种不同的结果,} \\ U = [0,1], & \text{对命题是一种可能性大小 (概率大小),} \\ U^* = \{U, *\} & \text{具有不能确定的判定, 其中 } * \text{ 是一个不能确定的判定.} \end{cases}$$
$$\tag{16.1.3}$$

在 (16.1.3) 式中, 如果取 $f(p) = *$, 这表示 p 是一个不确定的命题.

如果 $f(p) \in [0,1]$, 这表示命题 p 成立的可能性的大小 (或成立概率的大小).

(5) 如果 $\mathcal{P}$ 是一个命题系统, 那么称 $[\mathcal{P}, F(\mathcal{P})]$ 是一个**命题的赋值系统**.

2. 命题的属性问题

由以上的讨论可知, 关于命题的赋值问题存在主、客观赋值的区别, 对此讨论如下. 关于命题的主、客观赋值的记号如下.

$$\begin{cases} \textbf{客观赋值系统 } F(\mathcal{P}) = \{f(P), P \in \mathcal{P}\}, \\ \textbf{主观赋值系统 } G(\mathcal{P}) = \{g(P), P \in \mathcal{P}\}, \end{cases} \tag{16.1.4}$$

其中 $f(P), g(P)$ 的相空间相同, 它们的类型和记号如 (16.1.3) 式所示.

关于命题的客观赋值是指这些赋值与人们的认识状况无关. 它们的赋值是客观确定的.

命题的主观赋值是指不同的群体对命题赋值的认识.

如果记 $\mathcal{M}$ 是不同类型的群体, 那么 $M \in \mathcal{M}$ 是一个确定类型的群体 (也可以是一个专门的学科或著作), 由此形成不同群体对命题系统 $\mathcal{P}$ 的认知过程 (或主观赋值结果), 把它记为

$$G(\mathcal{P}|\mathcal{M}) = \{g(P|M), P \in \mathcal{P}, M \in \mathcal{M}\}, \tag{16.1.5}$$

其中 $g(P|M)$ 是群体 $M \in \mathcal{M}$ 对命题 $P \in \mathcal{P}$ 的认知结果或赋值.

记群体 $M = \{m_1, m_2, \cdots, m_k\} \in \mathcal{M}$, 其中 m_i 是群体 M 中的个体, 这时记

$$G(\mathcal{P}|M) = \{g(P|m_i), P \in \mathcal{P}, m_i \in M, i = 1, 2, \cdots, k\}. \tag{16.1.6}$$

这时的 $G(\mathcal{P}|M)$ 较 (16.2.4) 式中的 $g(P|M)$ 有更深刻的含义. 它是群体 M 中, 每个个体 m_i. 对命题系统 $\mathcal{P}$ 的认知结果.

这时, 对命题系统 $\mathcal{P}$ 可以作十分广泛的理解. 如各学科中的命题, 其中包括这些学科中的公理、定理、引理和推论, 也可包括日常生活中的各种知识和信息.

16.1.3 关于命题主、客观赋值的讨论

关系式 (16.1.4) 给出了**命题主、客观赋值的定义**, 现在对它们作进一步的讨论如下.

1. 关于命题的客观赋值系统的讨论

我们已经说明, 命题的客观赋值是指这些命题的赋值与人们的认识状况无关, 是客观确定的. 我们对此讨论如下.

(1) 关系式 (16.1.4) 给出了**命题的主、客观赋值定义**, 这时的 $F(\mathcal{P}) = \{f(P), P \in \mathcal{P}\}$ 就是**命题的赋值系统**.

(2) 在此系统中, 函数 $f(P)$ 的相空间 U 在 (16.3.2) 式中给出. 因此对该系统可以进行分解

$$\mathcal{P}_u = \{P \in \mathcal{P}, f(P) = u\}, \quad u \in U. \tag{16.1.7}$$

我们称 $\mathcal{P}_u$ 为赋值是 u 的客观命题系统. 这时 $\mathcal{P}_u$ 是 $\mathcal{P}$ 的一个子系统.

(3) 特别是在 $Z_q = \{0, 1\}$ 时, 子系统 $\mathcal{P}_0, \mathcal{P}_1$ 分别是否定或肯定的命题子系统.

2. 对客观肯定命题子系统的讨论

在**客观肯定命题子系统** $\mathcal{P}_1$ 中, 所有的命题 $f(P) = 1, p \in \mathcal{P}_1$ 都是肯定的.

(1) 在此命题系统中, 如果 $P, Q, R \in \mathcal{P}_1$, 可以产生复合命题 $P \vee Q, P \wedge Q, P^c$, 它们分别是命题 P 或 Q 成立、命题 P 和 Q 成立、非 P 命题的否命题成立. 这些都是命题系统 $\mathcal{P}_1$ 中的**扩张命题**.

(2) 记 $\mathcal{P}_1^*$ 是由命题系统 $\mathcal{P}_1$ 及其所有**扩张命题**所产生的**命题系统**.

(3) 如果 $\mathcal{P}_1^*$ 关于并、交、余运算 $\vee, \wedge, P^c$ 闭合, 并且满足相应的结合律、交换律和分配律, 那么命题系统 $\mathcal{P}_1^*$ 构成一个**布尔逻辑代数**.

(4) 该布尔逻辑代数 $\mathcal{P}_1^*$ 又满足格的结构条件, 因此构成一个**布尔格**.

16.1.4 关于智商和逻辑推理的讨论

我们已经对命题的客观赋值系统作了讨论, 现在讨论命题的主观赋值系统.

1. 主观赋值系统中的智商

在主观赋值系统中, 它们的赋值是和固定的群体相关联. 在 (16.1.5) 式中, 给出了不同群体 $M \in \mathcal{M}$, 它们对命题 $P \in \mathcal{P}$ 的赋值是该群体对客观世界的认知过程, 因此存在该群体的智商和它们的推理过程的讨论.

为此先要**确定智商的要素**. 对一个固定的群体 $M \in \mathcal{M}$, 确定它们智商的指标有两个确定认知过程中命题的范围. 这就是

$$\mathcal{P}_0(M) = \{g(P|M) \neq *, P \in \mathcal{P}\}, \tag{16.1.8}$$

这时, 对 $\mathcal{P}_0(M)$ 中的命题有确定的赋值.

主、客观认知相一致的命题范围. 这就是

$$\mathcal{P}_1(M) = \{g(P|M) = f(P), P \in \mathcal{P}_9(M)\}, \tag{16.1.9}$$

其中 $f(P)$ 是命题 P 的客观赋值, 因此 $\mathcal{P}_1(M)$ 是主、客观赋值相一致的命题系统.

因此我们称 $\mathcal{P}_1(M)$ 是群体 M 关于命题系统 $\mathcal{P}$ 的认知范围. 该范围越大, 群体 M 的智商就越高.

群体 M 的推理过程就是认知范围. $\mathcal{P}_1(M)$ 的扩大过程.

这时 $g(P|M)$ 函数的相空间如 (D.1.3) 式所示, 它们的赋值状况包括确定和不确定 U, U^* 的取值情况, 这时, 对一个固定的群体 M, 它的**智商** 可以通过以下两个指标来反映, 这就是

$$\begin{cases} \mathcal{P}_M = \{P \in \mathcal{P}, g(P|M) \in U\}, \\ PF_M = \{P \in \mathcal{P}, g(P|M) = f(P)\}, \end{cases} \tag{16.1.10}$$

其中 U 是具有确定赋值的取值的集合, 而 $f(P)$ 是命题 P 的客观赋值.

这就是对群体 M, 它对命题系统 $\mathcal{P}$, 能够确定的范围要尽可能大, 而且其中的主、客观的赋值也要尽可能一致, 如果这两个集合的范围越大, 那么这表示群体 M 的智商程度越高.

关于 $\mathcal{P}_M, PF_M$ 的取值范围, 还可以进一步表示群体 M 的智商类型. 这就是 $\mathcal{P}_M, PF_M$ 的取值范围可以偏向不同的领域, 如文学、艺术、科学等不同领域. 这时可以确定群体 M 的智商类型.

2. 关于主观赋值系统的讨论 (I-关于个体智能的讨论)

现在对 (16.1.5), (16.1.6) 式所定义的**主观赋值系统**讨论如下.

对不同群体类型 $\mathcal{M}$ 中的群体 $M \in \mathcal{M}$, 可以具体到每个个人, 甚至可以具体到每个个人的不同年龄阶段.

这时他的主观赋值系统如 (16.1.4) 式所给, 其中的 $G(\mathcal{P}|M) = \{g(\mathcal{P}|M), P \in \mathcal{P}\}$ 是每个个人或不同年龄阶段的每个个人.

$g(P|M)$ 函数的相空间 (D.1.3) 式所示, 这种赋值状况反映了个人 M 的智商情况, 甚至是每个个人在不同年龄阶段时的智商发展、变化状况.

这就是说, 对每个个人的 $\mathcal{P}_M$ 的取值范围, 不仅可以确定 M 的智商状况, 而且还可以确定 M 的智商类型 (如文学、艺术、科学的类型), 而且还可以确定 M 智商发展、变化的情况和趋势.

如它们的特征是具有记忆型或是好奇、探索型等不同类型的特征.

3. 关于主观赋值系统的讨论 (II-关于群体智能的讨论)

如果在主观赋值系统 $M \in M$ 不是个体, 那么它就是个群体. 对这种系统讨论如下.

(1) 群体 $M \in M$ 的类型也有多种, 较小的范围是班组, 这时的 M 只有几个成员, 因此他们只对小范围 (如一个小组、车间) 中的命题系统进行赋值 (如识别和控制). 所以, 这种赋值只在很小的局部范围内进行.

(2) 群体 $M \in M$ 的范围也可扩大, 成为一个团体、组织, 这时它的命题赋值系统就可能成为这个群体的意识形态、政治观点或主张的一种倾向.

(3) 群体 $M \in M$ 的范围还可扩大, 成为一个民族、国家或地区中的群体, 那么它的命题赋值系统就可成为这个民族、国家或地区群体中的意识形态、政治观点或主张, 它们还可能转化成群体的一种集体利益.

(4) 群体 $M \in M$ 的范围最后可扩大到整个人类, 这时它的赋值系统就是人类公共的道德和法规, 它们最后会转化成社会组织和公约.

对于这种不同类型的群体, 它们所形成的赋值系统的内容、作用和意义都不相同.

4. 关于主观赋值系统的讨论 (III-关于学科体系的讨论)

如果在主观赋值系统 $M \in M$ 不是个体, 也不是群体, 它们也可能是不同的学科体系. 对这种系统我们把它归纳为**知识、知识系统和认知系统**, 我们将在下一小节中作专门讨论.

5. 有关内容的关系分析

对命题系统有关内容的关系, 如图 16.1.1 所示.
对图中涉及的一个理论和内容, 我们在下文中将陆续讨论.

6. 对布尔代数和布尔格的说明

在本书的附录 D 中, 我们已介绍了这些理论的基本概念、内容和记号. 我们现在结合命题系统的构造来建立命题系统的逻辑结构关系.

(1) 我们从布尔格出发进行讨论, 这时在命题系统 $\mathcal{P}$ 中, 我们已经定义交 $P \wedge Q$, 如果 $P = P \wedge Q$, 那么就是 $Q \leqslant P$, 这就是序的定义.

这时 $Q \leqslant P$ 表示命题 P 成立, 必有 Q 同时成立. 因此 $Q \leqslant P$ 又可写为 $Q \to P$.

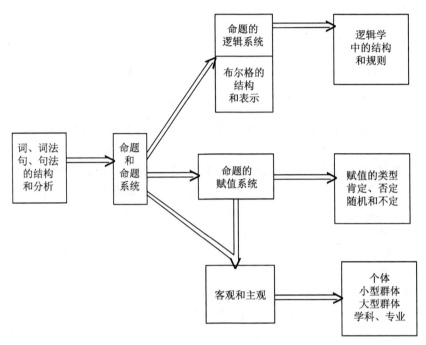

图 16.1.1 与命题系统相关的理论和内容的关系示意图

(2) 如果 $Q \leqslant P$, 而且 $Q \neq P$, 那么称 $Q < P$. 这时, $Q \neq P, Q < P$ 都是命题系统 $\mathcal{P}$ 中的序关系.

(3) 这种序关系, 显然满足自反性、递推性. 它的最大、最小元定义如下.

称 $E \in \mathcal{P}$ 是 $\mathcal{P}$ 中的最大 (或最小) 元, 如果在 EP 中, 不存在 $E' \in \mathcal{P}$, 使 $E' > E$ 成立 (或 $E' < E$ 成立).

(4) 这时称 $\mathcal{P}$ 是一个**命题系统的逻辑布尔格**.

如果 E 是 $\mathcal{P}$ 中的最小 (最大) 元, 那么称 E 是 $\mathcal{P}$ 中的**原子 (或帽子)**.

因此, 最小元的概念就是命题 E 不能被其他命题推出, 这就是说, 不存在 $E' \neq E \in \mathcal{P}$, 使 $E' \to E$ (或 $E' \leqslant E$) 成立.

而最大元的概念正好相反. 这就是不存在 $E' \neq E \in \mathcal{P}$, 使 $E \to E'$ (或 $E' \geqslant E$) 成立.

在由不同学科所组成的命题系统中, 原子的概念相当于该学科中的公理, 而帽子的概念相当于该学科中的一些终极性的命题 (不再有其他被推出的命题).

(5) 如果 $\mathcal{P}$ 是一个**命题系统的逻辑布尔格**, 而且它只有有限多个最小元 (或最大元), 那么称 $\mathcal{P}$ 是一个**有限最小 (或最大) 的逻辑布尔格** (简称为**有限布尔格**).

7. 命题系统的图表示理论

一般由学科形成的命题系统都可看作是一个具有有限布尔格的系统. 对这种系统的结构, 我们采用点、线图的模型来进行表达.

对一个具有布尔格结构的命题系统 $\mathcal{P}$, 它所对应的点、线图记为 $\mathcal{G}(\mathcal{P}) = \{\mathcal{P}, \mathcal{V}, (f, g)\}$, 其中 $\mathcal{P}$ 就是所有点的集合.

其中 $\mathcal{V}$ 是弧的集合, 其中 $V = (P, P') \in \mathcal{V}$ 是 $P < P'$ 是两个严格不等的命题. 而且不存在这样的 P'', 使 $P < P'' < P'$ 成立.

其中 $f(P), g(V)$ 分别是 $P, V = (P, P')$ 这些命题名称, 它们又可用 X^* 或 F_2^* 表示.

因此得到 $\mathcal{G}(\mathcal{P})$ 图的构造如下.

8. 对图 16.1.2 的说明

(1) 该图由 (a), (b) 两图组成, 其中 (a) 图是命题格系统的逻辑关系图. 图 (b) 是相似命题格系统的逻辑关系图.

(2) 在图 (a) 中, $P_{i,j}$ 是不同的命题.

而在图 (b) 中, $\mathbf{P}_{i,j}$ 是和命题 $P_{i,j}$ 相似的命题集合.

(3) 命题集合 $\mathbf{P}' \to \mathbf{P}$ 的定义是: 在集合 $\mathbf{P}', \mathbf{P}$ 中, 存在命题 $P' \in \mathbf{P}', P \in \mathbf{P}$ 使 $P' \to P$ 成立.

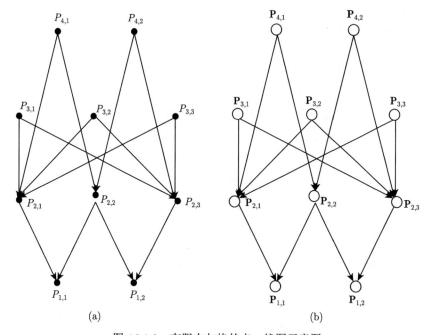

(a)   (b)

图 16.1.2 有限布尔格的点、线图示意图

16.1.5　有关命题逻辑系统的关系性质理论

我们已经给出, 命题系统 $\mathcal{P}$ 具有半序空间的结构特征. 这种特征关系可以用点、线图 $\mathcal{G}(\mathcal{P})$ 来表示. 因此, 关于点、线图的性质和理论都能适用.

1. 图 $\mathcal{G}(\mathcal{P})$ 的弧和路

首先, $\mathcal{G}(\mathcal{P})$ 是一个有向点、线图. 关于有向点、线图的一些名称和记号, 在这里都能适用.

(1) 如关于弧的名称和记号, 如 $V = (P', P) \in \mathcal{V}$, 这时称 P' 是 P 的先导 (或前端), 而 P 是 P' 的后继 (或后端). 它们之间存在以下等价关系式

$$P' \to P, \quad P' > P, \quad P = P \wedge Q, \quad P \neq P'.$$

(2) 关于路的定义和性质, 这时记

$$L = (P_0 \to P_1 \to \cdots \to P_n)$$

是一条长度为 $n+1$ 的路, 其中

$$\begin{cases} P_i \in \mathcal{P}, & i = 0, 1, \cdots, n, \\ V_i = (P_i, P_{i+1}) \in \mathcal{V}, & i = 0, 1, \cdots, n-1, \end{cases}$$

其中 $(P_i, P_{i+1}) \in \mathcal{V}$ 就是 $P_i > P_{i+1}$.

这时分别称 P_0, P_n 是该路的起点和终点.

(3) 关于路的特征还有直路、回路等区别, 这时分别称

$$\begin{cases} L \text{ 是一直路}, & \text{在 } P_0, P_1, \cdots, P_n \text{ 中无公共点}, \\ L \text{ 是一回路}, & P_0 = P_n, \\ L \text{ 是一混合回路}, & \text{存在 } 0 < i < j < n, \text{ 使 } P_i = P_j. \end{cases} \quad (16.1.11)$$

2. 点、线图的子图理论

关于点、线图的子图理论, 在图论中已有定义, 它对逻辑命题系统同样适用.

记 $\mathcal{G}(\mathcal{P}), \mathcal{G}'(\mathcal{P}')$ 分别是两个点、线图, 如果 $\mathcal{P} \subset \mathcal{P}'$, 而且, $\mathcal{G}(\mathcal{P})$ 中的任何弧 $V \in \mathcal{V}$ 都是 $\mathcal{G}(\mathcal{P}')$ 中的弧, 那么称点、线图 $\mathcal{G}(\mathcal{P})$ 是 $\mathcal{G}'(\mathcal{P}')$ 的子图.

子图的类型有多种, 如树图、回路图等.

在树图和回路图的定义中, 它们的类型又各有多种, 如在树图中, 它们又有反树图、干树图、干枝树图、树丛图等不同的类型.

在子图的构造理论中, 还存在它们的组合与分解、切割和添加等运算理论. 这些理论在图论的一个著作及本书的附录中都有说明.

有关子图的这些构造理论, 在命题的逻辑系统中同样适用, 如有关树图的理论可以形成逻辑树的一系列理论.

又如关于图的组合与分解、切割和添加的运算理论, 同样可以形成逻辑命题的这些运算. 对此我们不再详细讨论、说明.

16.2 关于命题系统的综合讨论

我们对命题系统已经给出它们的逻辑关系模型和赋值系统, 现在对它们作综合性的讨论. 这就是具有赋值的逻辑系统. 对这种系统又可产生多种不同的模型, 如定值和不定值的多种不同类型的模型.

在本节中, 我们要对这些不同的模型进行分析、讨论和说明.

16.2.1 命题逻辑系统的不同类型

对一个固定的命题系统 $\mathcal{P}$, 我们已经给出了它的赋值系统 $F(\mathcal{P})$ 或 $G(\mathcal{P})$. 在此赋值系统中, 不仅有主、客观赋值的区别, 而且, 这些赋值的取值类型也不同.

1. 不同赋值条件下的逻辑系统

为了简单起见, 我们先讨论客观赋值系统 $F(\mathcal{P})$, 而且在相空间中, 取 $U = \{-1, 1\}$ 是二进制的相空间. 这时的命题逻辑系统在不同赋值条件下会产生不同类型的逻辑系统.

这些系统的名称和记号分别是**正值系统、负值系统、不定系统**和**随机系统**, 记号分别是

$$\begin{cases} F_+(\mathcal{P}) = \{P \in \mathcal{P}, f(P) = 1\}, \\ F_-(\mathcal{P}) = \{P \in \mathcal{P}, f(P) = -1\}, \end{cases} \quad \begin{cases} F_*(\mathcal{P}) = \{P \in \mathcal{P}, f(P) = *\}, \\ F_r(\mathcal{P}) = \{P \in \mathcal{P}, f(P) \in \Delta = [0, 1]\}. \end{cases}$$

$$(16.2.1)$$

2. 这些系统的说明

(1) $F_+(\mathcal{P}) = F(\mathcal{P}_+) = \{P \in \mathcal{P}, f(P) = 1\}$, 其中所有的命题都是肯定性的命题.

(2) $F_-(\mathcal{P}) = F(\mathcal{P}_-) = \{P \in \mathcal{P}, f(P) = -1\}$, 其中所有的命题都是否定性的命题.

(3) $F_*(\mathcal{P}) = F(\mathcal{P}_*) = \{P \in \mathcal{P}, f(P) = *\}$, 其中所有的命题都是不定否定性的命题.

对 $F_*(\mathcal{P})$ 系统, 又可定义为 $f(P) \in U$ 或 $*$, 这就是它可能有确定的或不确定的取值, 我们把它称为一种肯定或不定的命题系统.

(4) $F_r(\mathcal{P}) = F(\mathcal{P}_r) = \{P \in \mathcal{P}, f(P) \in \Delta = [0, 1]\}$. 其中所有的命题都是随机性的命题, 命题 P 成立的概率是 $0 \leqslant f(P) \leqslant 1$.

(1) 图 16.1.2 中的图 (a), (b) 都是 $F_+(\mathcal{P})$ 中命题的逻辑关系图.

(2) $F_-(\mathcal{P})$ 系统, 同样可以构造它们的逻辑关系, 并用点、线图进行表示, 但它的结构关系和 $F_+(\mathcal{P})$ 不同.

3. 对 $F_*(\mathcal{P})$ 系统的讨论

$F_*(\mathcal{P})$ 系统是一种肯定或不定的命题系统. 对这种系统, 我们用一种叫命题关系的模型来进行讨论.

定义 16.2.1 (命题系统中的关联单元)　如果 $P^k = (P_1, P_2, \cdots, P_k), Q$ 是命题系统 $\mathcal{P}$ 中的一组命题, 那么称 (P^k, Q) 是 $\mathcal{P}$ 中的一组关联命题单元, 如果它们满足以下条件.

(1) 如果对每个 $f(P_i) \in U$, 那么必有 $f(Q) \in U$, 而且存在一个 $U^k \to U$ 的单值映射 F, 使关系式

$$f(Q) = F[f(P_1), f(P_2), \cdots, f(P_k)] \tag{16.2.2}$$

成立.

(2) 如果有一个 $f(P_i) = *$, 那么必有 $f(Q) = *$ 成立.

定义 16.2.2 (命题关联单元的左右方)　如果 (P^k, Q) 是一个命题系统中的关联单元, 那么记这个命题单元为 $\mathbf{Q} = \{P^k, Q\}$, 并称这个 P^k, Q 是该命题单元的**左右方** (或前后端).

4. 二元的命题单元

在命题单元 $\mathbf{Q}$ 中, 如果 $k = 1$, 那么 $P^k = P$, 这时的命题单元 $\mathbf{Q} = (P, Q)$ 是一个二元单元.

(1) 在二元单元中, 除了有左右方 (或前后端) 的定义外, 还有其他一系列现在还运算的定义. 如

$$\begin{cases} \text{正正关联命题} & \text{如果 } f(P) = 1, \text{那么必有 } f(Q) = 1 \text{ 成立, 记号 } p \to q, \\ \text{正否关联命题} & \text{如果 } f(P) = 1, \text{那么必有 } f(Q) = -1 \text{ 成立, 记号 } p \to q^c, \\ \text{否正关联命题} & \text{如果 } f(P) = -1, \text{那么必有 } f(Q) = 1 \text{ 成立, 记号 } p \to q, \\ \text{否否关联命题} & \text{如果 } f(P) = -1, \text{那么必有 } f(Q) = -1 \text{ 成立, 记号 } p \to q^c, \\ \text{逆正正关联命题} & \text{如果 } f(Q) = 1, \text{那么必有 } f(P) = 1 \text{ 成立, 记号 } p \leftarrow q, \\ \text{逆正否关联命题} & \text{如果 } f(Q) = 1, \text{那么必有 } f(P) = -1 \text{ 成立, 记号 } p \leftarrow q^c, \\ \text{逆否正关联命题} & \text{如果 } f(Q) = -1, \text{那么必有 } f(P) = 1 \text{ 成立, 记号 } p \leftarrow q, \\ \text{逆否否关联命题} & \text{如果 } f(Q) = -1, \text{那么必有 } f(P) = -1 \text{ 成立, 记号 } p \leftarrow q^c. \end{cases} \tag{16.2.3}$$

我们称命题 $P, Q \in \mathcal{P}$ 之间存在的这几种不同的关联关系为简单关联关系.

(2) 除了这 8 种简单关联关系外, 其他的**简单关联关系**还有

$$\begin{cases} \text{等价命题} & f(P) = f(Q) = \pm 1 \text{ 成立, 记号 } p \Longleftrightarrow q, \\ \text{异或命题}^① & P \triangle Q = P \vee Q - P \wedge Q = \pm 1, \text{分别在 } p, q \text{ 不同或相同时.} \end{cases} \tag{16.2.4}$$

异或的名称又为对称差 (exclusive or), 或简写为 XOP.

因此, 这种二元单元的关联命题的类型有 8 种, 它们的类型如 (16.2.4) 式所示.

(3) (16.2.3) 式中的这 8 种**关联性的命题** 之间存在如等价性的关系是

$$正 (左) 关联命题 \Longleftrightarrow 逆 (右) 否关联命题,$$

$$逆 (右) 正关联命题 \Longleftrightarrow 否 (左) 关联命题. \tag{16.2.5}$$

5. 关于命题系统结构关系的讨论

对命题系统 $\mathcal{P}$, 我们已经给出了多种不同的结构关系, 结构的类型有

$$\left\{ \begin{array}{ll} \textbf{布尔代数结构} & 在 \mathcal{P} 的命题之间存在布尔代数的运算和规则, \\ \textbf{点、线图结构} & 由布尔运算使命题之间存在逻辑关系的图表示, \\ \textbf{由赋值产生的结构} & 对 \mathcal{P} 中的命题进行赋值, 由此产生赋值之间的结构关系. \end{array} \right.$$

$$\tag{16.2.6}$$

定义 16.2.3 (关于公理、公理系统的定义) 在命题的赋值系统 $\mathcal{P}$ 中, 一组被称为公理的命题定义如下.

$\mathcal{P}_0 \subset \mathcal{P}$ 是一组命题, 它需满足以下条件:

(1) 该命题的赋值必须是肯定的赋值, 这就是必须有 $f(p) = 1, p \in \mathcal{P}_0$ 成立.

(2) 该命题的赋值 $f(p) = 1$ 是一个恒等式, 这就是其他命题的赋值无关.

(3) 如果 $p \neq q \in \mathcal{P}_0$, 那么在 p, q 之间不存在逻辑运算关系.

(4) 对任何 $q \in \mathcal{P}$, 总存在一组 $p^m = (p_1, p_2, \cdots, p_m) \subset \mathcal{P}_0$ 和一个逻辑算子 O_m, 使 $q = O_m(p^m)$ (见定义 15.1.1 所示) 成立.

这时, 该命题系统 $\mathcal{P}$ 中的元 p 总可由 $\mathcal{P}_0$ 中的若干公理组合而成.

16.2.2 关于命题赋值的关联单元的讨论

在定义 16.2.1 中, 我们已经给出了命题赋值的关联单元的定义. 这种关联单元结构在定义 16.2.1 中给出. 这种关联单元同样可以确定不同命题之间的逻辑关系. 这种关系同样可以用点、线图的理论进行表达. 但这种图结构理论要比图 16.1.2 中逻辑结构要复杂得多. 这时需要通过图的扩张和运算等理论来分析、解决.

在本节中, 我们继续对这些问题进行讨论和分析说明.

1. 由命题关联单元产生的点、线图

记 $\mathcal{P}$ 是一个命题系统, 在定义 16.2.1 中, 给出了命题的关联单元的定义, 我们现在进行讨论.

(1) 在客观命题赋值系统 $F(\mathcal{P})$ 中, 命题的关联单元的定义是 $\mathbf{Q} = (P^k, Q)$, 其中

$$(P^k, Q) = (P_1, P_2, \cdots, P_k, Q), \quad P_1, P_2, \cdots, P_k, Q \in \mathcal{P}, \tag{16.2.7}$$

这时有关系式 $f(Q) = F[f(P_1), f(P_2), \cdots, f(P_k)]$ 成立. 其中 F 是 $U^k \to U$ 的多元函数.

而且在 (16.2.7) 式中, 如果有一 $f(P_i) = *$, 那么必有 $F(Q) = *$ 成立.

(2) 如果在命题系统 $\mathcal{P}$ 中存在若干命题的关联单元, 它们是

$$\mathcal{Q} = \{\mathbf{Q}_i = (P_i^{k_i}, Q_i), i = 1, 2, \cdots, m\}, \tag{16.2.8}$$

其中每个 $\mathbf{Q}_i$ 都是命题的关联单元, 而 $k_1, k_2, \cdots, k_m$ 是一组正整数.

我们称 $\mathcal{Q}$ 是命题系统 $\mathcal{P}$ 的命题逻辑关联系统.

(3) 如果命题系统 $\mathcal{P}$, 它的命题逻辑关联系统 $\mathcal{Q}$ 给定, 那么由此可以产生命题的广义逻辑系统图

$$\mathcal{G}(\mathcal{P}, \mathcal{Q}) = \{\mathcal{P}, \mathcal{V}(\mathcal{Q}), (f, g)\}. \tag{16.2.9}$$

(4) 在 (16.2.9) 式的 $\mathcal{G}(\mathcal{P})$ 图中, $\mathcal{P}$ 是图中全体点的集合.

(5) 关于弧 $V = (P, Q) \in \mathcal{V}$ 的定义是: 在命题的广义逻辑系统图 $\mathcal{G}(\mathcal{P})$, 存在一个 $\mathbf{Q}_i \in \mathcal{Q}$.

该 $\mathbf{Q}_i = (P_i^{k_i}, Q_i)$, 使 $P \in P_i^{k_i}, Q = Q_i$ 成立.

2. 关于 $\mathcal{G}(\mathcal{P}, \mathcal{Q})$ 的讨论

我们已经说明, $\mathcal{G}(\mathcal{P}, \mathcal{Q})$ 图要比 $\mathcal{G}(\mathcal{P}, \mathcal{Q})$ 图 $+\mathcal{G}(\mathcal{P})$ 图复杂.

复杂的原因是在 $\mathcal{G}(\mathcal{P}, \mathcal{Q})$ 中, $\mathcal{Q}$ 中的命题关联单元 $\mathbf{Q} = (P^k, Q)$ 是由多个命题组成的. 它们可能产生重叠现象.

这就是可能有两组 (或多组) 命题关联单元 $\mathbf{Q}_\tau = (P_\tau^k, Q_\tau), \tau = 1, 2$, 可能相重. 如 $Q_1 = Q_2$ 或 $P_{1,i} = P_{2,i'}$.

如果有两组 (或多组) 命题关联单元发生相重, 如 $Q_1 = Q_2$, 那么对图 $\mathcal{G}(\mathcal{P}, \mathcal{Q})$ 进行扩张. 这时把命题 $Q_1 = Q_2$ 看作两个点, 这时 $\mathbf{Q}_\tau, \tau = 1, 2$ 产生两组弧. 由此形成 $\mathcal{G}(\mathcal{P}, \mathcal{Q})$ 的扩张图.

对 $P_{1,i} = P_{2,i'}$ 相重的情形, 也可对 $\mathcal{G}(\mathcal{P}, \mathcal{Q})$ 图进行扩张.

因此, 最后得到的 $\mathcal{G}(\mathcal{P}, \mathcal{Q})$ 图 (进行多次扩张后的图) 是不同的. 命题关联单元中, 左、右方的命题可能相同, 但不相重.

3. 命题系统中的代数结构

我们用**布尔代数或布尔逻辑**来描述命题系统中的代数结构. 有关布尔代数或布尔逻辑的定义和结构性质我们已在第 14 章中给出讨论.

(1) 如果 $\mathcal{P} \subset Z_q^*$ 是一个命题系统, 它的元 $p, q \in \mathcal{P}$ 就是该系统中的命题.

(2) 这时的命题系统 $\mathcal{P}$ 就是一个布尔代数. 这就是在它的元 $p, q, r \in \mathcal{P}$ 之间存在并、交、余 $(\vee, \wedge, P^c)$ 运算, 而且它们满足布尔代数中的运算规则.

在逻辑语言中的并、交和余运算就是命题之间的或、且和非的运算. 我们把它们作等价处理.

(3) 因此, 命题系统中的语言规则和布尔代数中的代数运算规则、逻辑学中的逻辑规则形成等价关系, 它们之间的语言、记号和运算性质可以相互表达. 对此我们不一一列举.

4. 命题系统中的数字化表达

命题系统的数字化就是把命题用数字向量进行表达.

任何一个命题都可用字符串 $p = a^n \in Z_q^n$ 进行表达. 因此命题系统 $\mathcal{P} \subset Z_q^*$ 是一个不等长向量的集合.

如果取 $q = 2$, 那么 $Z_2 = \{-1, 1\}$ 或 $Z_2' = \{-1, 1\}$ 是一个二进制的集合, 我们把这两种集合等价使用.

因此命题系统 $\mathcal{P} \subset Z_2^*$ 是一个不等长、二进制的向量的集合. 在二进制集合 Z_2, Z^n 中存在并、交、余运算, 为了区别, 我们把这些并、交、余运算分别记为 $\vee, \wedge, a^c$ 和 $\vee, \wedge, P^c$. 它们之间的运算关系我们已在 (10.3.4) 式中给出.

在命题系统中, 因为在该系统内部存在布尔代数、逻辑代数结构, 对这种结构关系, 我们试图用点、线图的关系来进行说明.

为此目的, 我们引进命题的结构单元和命题的系统结构关系图等概念. 这些概念的形成, 使命题系统的结构不仅具有布尔代数、逻辑代数结构特征, 而且还具有点、线图的关系特征. 在本小节中我们讨论这些概念和关系.

16.2.3 命题系统

1. 不同命题的混合运算

记 $p_1, p_2, \cdots, p_m \in \mathcal{P}$ 是命题系统中的一组命题, 这时称 $p^m = (p_1, p_2, \cdots, p_m)$ 是命题系统中的一个多命题向量 (简称多命题).

定义 16.2.4 (多命题的混合运算) 对一多命题向量 p^m, 定义它的混合运算子 O_m, 该运算子的定义和运算我们已在 (14.3.3), (14.3.2) 中给出. 那里是作为一般逻辑运算定义, 在此是命题系统中的运算定义.

由此可见, 对任何 $m = 1, 2$ 和多命题向量 p^m, 混合运算的运算结果 $O_m(p^m)$ 仍然是命题系统 $\mathcal{P}$ 中的一个命题.

2. 命题和运算的数字化表示

我们已经给出**多命题混合运算**的定义, 它的数字化表示要点如下.

我们已经说明, 一个命题系统 $\mathcal{P} \subset Z_q^*$ 是一个不等长的向量的集合, 这是命题系统的数字化表示.

在集合 Z_q, Z_q^n 中, 它们具有并、交、余的运算, 这些运算是在数字布尔代数中的数字运算.

因此对任何多命题向量 p^m 和 (15.1.4) 式中的混合运算 O_m, 它们的运算结果 $O_m(p^m)$ 是一个关于数字向量之间的运算.

3. 关于命题单元和命题关系图的定义

性质讨论一个多命题向量 $(p^m, q) = (p_1, p_2, \cdots, p_m, q)$.

定义 16.2.5 (命题单元的定义)　　如果 (p^m, q) 是一个多命题向量. 如果存在一个混合运算 O_m 使 $O_m(p^m) = q$ 成立, 那么称 (p^m, O_m, q) 是一个命题单元.

定义 16.2.6 (命题的逻辑关系图的定义)　　如果 $\mathcal{P}$ 是一个命题系统. 称 $G = \{E, V\}$ 是一个关于命题系统 $\mathcal{P}$ 的一个命题关系图, 如果 $E = \mathcal{P}$ 是该图中点集合. V 是该图中全体弧的集合, 它满足以下条件.

(1) 对任何 $q \in \mathcal{P}$, 记 $p_{q,1}, p_{q,2}, \cdots, p_{q,m_q}$ 是 q 点全体先导点.

(2) 这时 $(p^{m_q}, q) = (p_{q,1}, p_{q,2}, \cdots, p_{q,m_q}, q)$ 是一个命题单元. 这就是存在一个混合运算 O_m, 使关系式 $O_m(p^m) = q$ 成立.

4. 不同命题的关系问题

在命题系统中, 除了它们之间存在的逻辑关系外, 由赋值的确定, 可以产生一系列新的关系. 如

关联性的命题, 这就是对命题 $p, q \in \mathcal{P}$, 它们的赋值是相关的.

我们已经给出命题、命题系统、命题的赋值系统的定义和性质. 现在继续对这些问题进行讨论.

命题赋值系统我们把它们分为不定系统, 内在关联系统, 主、客观系统等类型. 现在对它们讨论如下.

我们已经给出命题、命题系统、命题的赋值系统的定义和性质. 命题赋值系统还可进一步分为不定系统、内在关联系统、主客观系统等类型. 我们在此不再展开讨论.

16.2.4　知识、知识系统和认知系统

我们已经给出命题、命题系统、命题的赋值系统的一系列定义和性质的讨论. 由这些讨论可以确定, 在这些系统的内部还存在**布尔代数的运算和结构**、**逻辑关系的图表示结构**, 并由此形成命题的关联性、公理体系等一系列定义和性质. 在此基础上我们就可讨论知识、认知、知识系统中的有关问题.

为了简单起见, 我们只对某一固定的学科分支来说明其中的这些关系问题.

1. 学科中的命题系统

我们这里所讨论的学科可以作广义的理解, 它可以是一种学科, 也可以是一种专门的技术、信息系统.

(1) 这时记 $\mathcal{P}$ 是一固定学科中的命题系统. 这个系统包括该学科的所有公理、命题、引理、定理和推论, 也包括其中的计算公式、数据的观察结果等. 因此, 系统 $\mathcal{P}$ 的范围是十分广泛的.

(2) 学科的命题系统具有明显的层次结构, 这就是它们可以从基本的公理和运算规则出发, 由此导出其他的命题、引理、定理和推论、其他的计算公式、数据结构.

我们已经说明, 试图建立一种大学科 (如数学学科) 公理体系是不可能的, 但是针对大学科中的一个固定的分支学科建立这种公理体系是可能的.

但当学科固定后, 它的命题系统的内容也就确定了, 但在该系统中仍可能存在已经赋值和还未赋值的命题.

(3) 我们已经说明, 在命题系统 $\mathcal{P}$ 中存在布尔代数的运算和结构关系、命题之间逻辑关联关系和命题的赋值关系.

在这些关系中, 我们把命题之间的运算、结构、逻辑关系看作该命题系统中的固有关系, 而在其中的赋值关系中, 还有主观和客观的区分.

对命题的主、客观赋值的概念, 在上一小节中, 我们已有详细说明. 对此不再重复.

2. 知识系统

在命题的赋值系统中, 我们已经把**学科中的命题**确定为一种主观的赋值系统. 因此我们把它们看作是**人类的知识系统** (简称**知识系统**).

因此知识系统的类型有多种, 如

(1) **主、客观一致的系统**, 这就是主、客观命题赋值相一致的系统. 这个系统是人类对客观世界的知识、认知的所在.

(2) 主观向客观接近的系统, 在这种系统中命题的客观赋值已经确定, 但主观的赋值没有得到.

(3) **客观中的命题赋值**还没有得到, 这是需求要素的问题.

智能化的逻辑系统的目标是讨论并解决 (2), (3) 中的问题. 智能逻辑学的目标就是要扩大 $\mathcal{P}_M$ 和 $F(\mathcal{P})$ 的范围, 这里 $F(\mathcal{P}) = \{P \in \mathcal{P}, F(P) \in U\}$.

第 17 章　神经网络型的逻辑系统

在第 16 章中, 我们已经讨论了命题、命题系统、符号逻辑系统中的一系列问题. 现在就可建立智能化的逻辑系统, 为此目的, 需要解决以下问题.

(1) 建立逻辑系统的 NNS 模型, 如布尔格的 NNS 表达等理论.

(2) 对该智能化的逻辑系统, 讨论它在逻辑推理中的运动过程. 在本章中, 我们以几何定理的机器证明为例, 来讨论这些问题.

17.1　布尔逻辑系统在 NNS 中的表达

我们已经给出布尔代数、布尔格和布尔逻辑系统的一系列定义和性质. 它们的 NNS 表达是指把这些逻辑系统建立和 NNS 运算的等价关系.

为此目的, 我们首先要建立逻辑系统中各命题和神经元状态向量之间的 1-1 对应关系. 由这些神经元状态向量形成一个多层次、多输出的复杂 NNS.

在这种命题系统和神经元向量的对应关系中, 要求命题系统中的逻辑关系和神经元向量系统中的运算关系保持一致. 我们称这种具有命题系统中的逻辑关系的神经元向量系统是一种具有命题逻辑关系的神经元向量系统.

在本节中, 我们先建立这种理论体系.

17.1.1　命题逻辑系统的 NNS 表达

我们已经给出命题系统和命题系统中的逻辑关系的定义. 这种逻辑关系可以通过图和格的理论进行表达. 在本小节中, 我们要把这种图像格的模型转换成 NNS 的模型. 这种 NNS 的模型是一种多层次、多输出感知器的模型. 它们运算规则和命题系统中图和格对应规则相同, 而且在感知器中的运算规则可以通过学习训练的算法实现.

1. 命题逻辑系统概述

在第 16 章中, 我们已对命题系统、命题赋值系统、命题逻辑系统进行了说明和定义, 对此概述如下.

一个命题系统就是由若干命题组成的系统, 我们记为 $\mathcal{P}$, $p, q \in \mathcal{P}$ 是该系统中的命题.

命题赋值系统是指命题可能产生的赋值. 这时记集合 U 是命题可能形成的赋值的集合. 该集合可以有多种不同的定义, 如 (16.3.2) 式定义.

关于命题的赋值系统有主观、客观赋值的区别, 它们如 (16.3.2) 式的定义和说明. 其中的客观命题赋值系统记为 $F(\mathcal{P}) = \{f(P), P \in \mathcal{P}\}$.

命题的逻辑系统是指在一个命题的赋值系统中, 一些命题赋值是由另外一些命题的赋值确定的.

记 $p_1, p_2, \cdots, p_n, q \in \mathcal{P}$ 是该系统中的命题. 如果它们的赋值满足关系式

$$f(q) = F[f(p_1), f(p_2), \cdots, f(p_n)], \tag{17.1.1}$$

那么称 $PQ = \{p_1, p_2, \cdots, p_n, q\}$ 是命题赋值系统 $F(\mathcal{P})$ 中的一个知识单元.

在命题系统 $\mathcal{P}$ 中, 对不同的命题 $p, q \in \mathcal{P}$, 在图 16.3.2 中, 我们给出了不同命题之间的半序关系的定义, 使命题系统具有格的结构. 由此形成一个命题逻辑系统.

2. 命题逻辑系统的 NNS 的表达的定义

对一个命题逻辑系统 $\mathcal{P}$, 如果对不同的命题 $P, Q \in \mathcal{P}$, 存在半序的关系, 那么这个命题逻辑系统就可用 NNS 来进行表达. 我们对此讨论如下.

记一个命题逻辑系统为 $G(\mathcal{P})$, 这时 $G(\mathcal{P})$ 是一个格.

定义 17.1.1 (命题逻辑系统的 NNS 的表达的定义) 记 $G(\mathcal{P})$ 是一个命题逻辑系统, 称 $N(\mathcal{P})$ 是它的一个 NNS 的表达, 如果它满足以下条件.

(1) 记 $N(\mathcal{P})$ 是一个二进制向量的集合. 这就是任何 $p^{n_p} \in N(\mathcal{P})$ 是一个二进制的向量. 这时

$$p^{n_p} = (p_1, p_2, \cdots, p_{n_p}), \quad p_i \in X \tag{17.1.2}$$

是一个二进制的向量, 其中 $X = \{0, 1\}$ 或 $X = \{-1, 1\}$ 是一个二进制的集合.

(2) 集合 $N(\mathcal{P})$ 和 $G(\mathcal{P})$ 之间存在 1-1 对应关系. 这就是对任何 $P \in G(\mathcal{P})$, 在 $N(\mathcal{P})$ 中存在 $p^n \in N(\mathcal{P})$ 与之对应. 而且这种对应关系是 1-1 对应的.

(3) 在集合 $N(\mathcal{P})$ 和 $G(\mathcal{P})$ 之间存在的 1-1 对应关系中, 它们的半序关系保持一致. 这就是对任何 $P, Q \in G(\mathcal{P})$, 如果它们之间存在关系式 $P \leqslant Q$, 那么在 $N(\mathcal{P})$ 中存在向量 $p^{n_p}, q^{n_q} \in \mathcal{P}$, 使 $p^{n_p} \leqslant q^{n_q}$ 成立.

其中 p^{n_p}, q^{n_q} 分别是 P, Q 所对应的向量, 而且 $p^{n_p} \leqslant q^{n_q}$ 是二进制向量之间的半序关系.

3. 命题逻辑系统的图表示

为了实现命题逻辑系统的 NNS 的表达, 我们先讨论它的图表示理论.

一个命题逻辑系统, 我们把它记为 $G(\mathcal{P})$, 这时 $G(\mathcal{P})$ 不仅是一个格, 而且是一个图.

一个命题逻辑系统 $G(\mathcal{P})$, 它的图是 $G(\mathcal{P})\{\mathcal{P}, \mathcal{V}\}$. 其中 $\mathcal{P}$ 是该系统中的所有命题, 而 $\mathcal{V}$ 是该系统中的所有的弧.

$V = (P, Q) \in \mathcal{V}$ 的定义如下. 这时 $P, Q \in \mathcal{P}$, 而且 $P < Q$, 而且不存在其他的命题 $R \in \mathcal{P}$, 使关系式 $P < R < Q$ 成立.

因为命题逻辑系统 $G(\mathcal{P})$ 是一个格, 所以在该系统中存在一组原始命题 $\bar{P} = \{P_1, P_2, \cdots, P_m\}$.

在这组原始命题 $\bar{P} = \{P_1, P_2, \cdots, P_m\}$ 中, 每个命题 P_i 是一个极小命题, 这就是对命题 P_i, 不存在命题 $Q \in \mathcal{P}$, 使关系 $Q < P_i$ 成立.

对原始命题 $P_i \in \bar{P}$, 可形成一条路

$$T_i = \{P_{i,1}, P_{i,2}, \cdots, P_{i,n_i}\}, \tag{17.1.3}$$

其中 $P_{i,1} = P_i$, 而且 $P_{i,j} < P_{i,j+1}, j = 1, 2, \cdots, m_i - 1$.

这时称路 T_i 是命题逻辑系统图 $G(\mathcal{P})$ 中的一个枝, 有 $\mathcal{P} = \bigcup_{i=1}^{m} T_i$ 成立.

因此, 命题逻辑系统图 $G(\mathcal{P})$ 是一个有 m 个枝组成的树丛图.

4. 命题逻辑系统的 NNS 的表达

我们已经给出命题逻辑系统的图表示 $G(\mathcal{P})$, 这是一个具有 m 个枝组成的树丛图. 我们现在继续讨论命题逻辑系统图的性质和它的 NNS 的表达问题.

因为有关系式 $\mathcal{P} = \bigcup_{i=1}^{m} T_i$ 成立, 所以对每个 $Q \in \mathcal{P}$, 总有一个 $i \in M = \{1, 2, \cdots, m\}$, 使 $Q \in T_i$ 成立. 这时称 P_i 是一个与 Q 关联的原始命题.

在命题逻辑系统图 $G(\mathcal{P})$ 中, 对任何命题 $Q \in \mathcal{P}$, 记它的关联原始命题组为

$$\bar{i}_q = \{i_{q,1}, i_{q,2}, \cdots, i_{q,k_q}\}, \tag{17.1.4}$$

其中每个

$$P_{i_j} \in \bar{P}, \quad j = 1, 2, \cdots, k_q$$

是 Q 的关联的原始命题. 这时必有 $P_{i_j} < Q$ 成立.

17.1.2 命题逻辑系统的 NNS 表达 (续)

我们已经给出命题逻辑系统的图和格的表示, 这时的 $G(\mathcal{P})$ 是一个具有图和格的命题逻辑系统. 我们现在给出它的 NNS 的结构表示.

1. $G(\mathcal{P})$ 的 NNS 的结构表示

如果 $G(\mathcal{P})$ 是一个具有图和格的命题逻辑系统, 它的 NNS 的结构表示记为 $N(\mathcal{P})$, 关于 $N(\mathcal{P})$ 的构造如下.

记 $G(\mathcal{P})$ 中的原始命题组为 $\bar{P} = \{P_1, P_2, \cdots, P_m\}$, 那么记 $N(\mathcal{P}) \subset X^m$ 是一个 m 维、二进制向量空间中的集合.

这时 $G(\mathcal{P})$ 中的原始命题组 $\bar{P} = \{P_1, P_2, \cdots, P_m\}$ 和 $N(\mathcal{P})$ 中的向量 $p_i^m = (p_{i,1}, p_{i,2}, \cdots, p_{i,m})$ 所对应, 这时取 $p_{i,j} = \begin{cases} 1, & j = i, \\ -1, & \text{否则}. \end{cases}$

如果记 $Q \in \mathcal{P}$, 它的关联的原始命题组为 $\bar{i}_q$, 如 (17.1.4) 式所示. 由此和 $N(\mathcal{P})$ 中的向量 $p_q^m = (p_{q,1}, p_{q,2}, \cdots, p_{q,m})$ 所对应, 这时取

$$p_{q,j} = \begin{cases} 1, & j \in \bar{i}_q, \\ -1, & \text{否则}. \end{cases}$$

由此得到 $G(\mathcal{P})$ 和 $N(\mathcal{P})$ 之间的对应关系.

2. $G(\mathcal{P})$ 和 $N(\mathcal{P})$ 之间的运算关系

如果 $Q \in \mathcal{P}$ 的关联的原始命题组为 $\bar{i}_q$, 那么它们之间有运算关系 $Q = \bigvee_{i \in \bar{i}_q} P_i$.

这时 Q 在 $N(\mathcal{P})$ 中所对应的向量 p_q^m 有关系式

$$p_q^m = \bigvee_{i \in \bar{i}_q} p_i^m \tag{17.1.5}$$

成立.

这时在 X^m 空间中, 向量 $a^m = (a_1, a_2, \cdots, a_m), b^m = (b_1, b_2, \cdots, b_m) \in X^m$ 中的逻辑运算是

$$\begin{cases} a^m \vee b^m = (a_1 \vee b_1, a_2 \vee b_2, \cdots, a_m \vee b_m), \\ a^m \wedge b^m = (a_1 \wedge b_1, a_2 \wedge b_2, \cdots, a_m \wedge b_m), \\ (a^m)^c = (a_1^c, a_2^c, \cdots, a_m^c). \end{cases} \tag{17.1.6}$$

其中 $\vee, \wedge, a^c$ 是二元集合 X 中的基本逻辑运算并、交、余.

这时 $G(\mathcal{P})$ 和 $N(\mathcal{P})$ 之间的逻辑运算关系保持一致.

而在 [6] 中, 我们已经给出, 在二进制向量空间中, 关于逻辑运算、基本逻辑运算在感知器、多层感知器中的运算关系表达.

由这些讨论我们得到了对任何命题逻辑系统, 它们可以通过 NNS 的运算关系进行表达, 由此建立它们之间的同构关系.

17.2 逻辑系统中的运算规则

在本书的 16.2 节中, 我们已经介绍了符号逻辑系统, 并且指出, 该系统的内容可以同时包括数值计算系统和命题逻辑系统.

在 17.1 节中, 我们已经给出命题逻辑系统给出了 NNS 的表达. 在此基础上, 就可对该命题逻辑系统作智能化运算的讨论, 我们还要讨论逻辑系统中的运算规则, 我们把这些规则归结为基本规则、和集合论相关的规则、和 NNS 运算相关的规则. 这些规则都和逻辑推理自动化理论密切相关.

在本节中, 我们介绍并讨论这些理论和方法、给出它们的表达方法、讨论它们的意义和应用.

17.2.1　基本方法

在这基本方法中, 我们先讨论归纳法和反证法, 它们都是在数学或其他科学中常用的方法.

1. 归纳法的基本形式

记 $Z_+ = \{1, 2, 3, \cdots\}$ 是一个正整数的集合, $P(n), n \in Z_+$ 是一个与参数 n 有关的命题.

归纳法的目标是要证明命题 $P(n)$ 的赋值 $f[P(n)] = 1$, 对全体 $n \in Z_+$ 成立. 为实现归纳法的这个命题的证明目标, 需要进行以下证明步骤.

(1) 证明在 $n = 1$ 时, 命题 $P(n)$ 的赋值 $f[P(n)] = 1$ 成立.

(2) 如果已知在 n 时, 命题的赋值 $f[P(n)] = 1$ 成立, 那么可以证明命题的赋值在 $f[P(n+1)] = 1$ 成立.

(3) 由此就可得到, 命题的赋值对任何 $f[P(n)] = 1, z \in Z_+$ 成立.

2. 归纳法的推广形式

对于该归纳法的基本形式可以进行一系列的推广, 如

(1) 关于相空间的推广, 这就是关于命题的赋值 $f[P(n)]$ 的取值类型 $f[P(n+1)] \in U$ 可以推广成一般形式.

(2) 关于定义域的推广, 在归纳法的基本形式中, 称集合 Z_+ 是该命题系统的定义域.

归纳法关于定义域的推广是指对定义域的集合 Z_+ 可以推广到一般离散格的情形. 对它们的表述方式在此不再详细说明.

3. 关于反证法的基本定义

反证法的目标是要证明命题 $P(n)$ 的赋值 $f[P(n)] = 1$, 对全体 $n \in Z_+$ 不成立. 反证法的基本方法是只要证明有一个 $n \in Z_+$ 使得赋值 $f[P(n)] \neq 1$ 就可.

反证法同样可推广到一般相空间和一般定义域的情形, 对此我们不再详细说明.

17.2.2 由集合论产生的逻辑关系

关于逻辑系统, 我们已经给出了命题系统、命题赋值系统、命题逻辑系统等一系列的定义和性质. 这些系统可以有多种不同的产生和形成的方法. 在这些方法中, 最典型、最基础的方法是集合论的方法.

集合论是对各种不同事物关系的抽象表达和研究, 因此和命题逻辑系统有密切关系. 其中的逻辑关系的规则就是集合论中的运算规则.

关于集合论的理论, 我们在第 11 章中有介绍和讨论. 现在继续这些讨论.

1. 关于集合论的讨论和说明

关于集合论, 我们已在第 11 章中有介绍和讨论, 现在继续这些讨论. 在第 11 章中已经给出的概念、记号和性质如下.

(1) 我们把集合看作一个事物的研究对象, 因此, 它们有总体、局部 (子集合) 和个体的区分. 在第 11 章中, 对它们的记号分别采用 Ω (总体), A, B, C, D (局部或子集合), a, b, c, d, x, y, z (个体或元素).

(2) 在集合论中, 总体、局部 (子集合) 和个体之间, 除了记号的区分外. 还有相互关系的表示. 这些表示式在表 11.1.1 中给出.

(3) 在集合论中, 总体、局部 (子集合) 和个体之间, 还存在运算关系. 这些运算关系在表 11.1.2 中给出.

集合论中运算关系又和逻辑学中的运算关系相对应, 这种对应关系也在表 11.1.2 中给出.

在集合论和逻辑学中, 它们的运算关系也相互对应, 而且满足相应的交换律、结合律和分配律. 这些规律也在 11.1 节中给出.

(4) 在集合的运算中, 还有无穷多个集合的极限运算、这些极限运算的性质、由此形成的布尔代数、布尔逻辑、布尔格的一系列结构的定义和运算. 这些结构和运算也在本书的第 11 章中给出. 对此不再重复.

2. 命题逻辑系统的集合论表示

我们已经说明, 集合论和逻辑学之间存在等价关系, 对此说明如下.

(1) 在逻辑学中, 我们以命题逻辑系统为对象, 建立它和集合论的等价关系.

(2) 记一个命题系统为 $\mathcal{P}$, $P, Q \in \mathcal{P}$ 为其中的命题. 在命题之间存在并、交、余运算 $P \vee Q, P \wedge Q, P^c$, 它们分别表示命题 P, Q 之间的或、与、余的运算.

(3) 如果把 P, Q 看作集合 Ω 中的子集合, 那么在它们之间存在并、交、余运算, 在集合论中, 它们的记号分别是 $P \cup Q, P \cap Q, P^c$. 它们的含义分别是子集合 P, Q 之间的或、与、余的运算.

由此可见, 在命题系统中的 $P \vee Q, P \wedge Q, P^c$ 和集合论中的 $P \cup Q, P \cap Q, P^c$ 存在对应的等价关系.

(4) 这时, 集合论中的包含、属于等关系也是命题系统中的逻辑关系.

这就是命题逻辑系统的集合论表示.

3. 命题逻辑系统的 NNS 的表达

我们已经给出命题逻辑系统的集合论表示, 现在讨论它的 NNS 表达的问题.

为了简单起见, 我们假定总体集合 Ω 是一个有限集合, 它的元素集合记为 $\Omega = \{a_1, a_2, \cdots, a_m\}$.

和该集合所对应的命题系统 $\mathcal{P}$ 就是该集合 Ω 的子集合系统, 它们是 $A, B, C \subset \Omega$.

该子集合系统可以通过 NNS 的模型进行表达. 这时集合 Ω 中的元素 a_1, $a_2, \cdots, a_m$ 可以看作一个 NNS 中的神经元.

如果每个神经元 a_i 的状态在一个二进制的集合 $X = \{0, 1\}$ 或 $X = \{-1, 1\}$ 中取值, 那么这个 NNS 的状态是一个二进制向量

$$x^m = (x_1, x_2, \cdots, x_m), \quad x_i \in X.$$

Ω 中的子集合 A 和向量空间 X^m 中的向量 $x_A^m(x_{A,1}, x_{A,2}, \cdots, x_{A,m})$ 所对应, 其中 $x_{A,i} = \begin{cases} 1, & i \in A, \\ -1, & \text{否则}. \end{cases}$

集合 Ω 中子集合 A, B 的并、交、余运算就和向量空间 X^m 中向量的并、交、余运算所对应.

因此, 命题系统、命题逻辑系统中的并、交、余运算就可以和向量空间 X^m 向量 (或 NNS 中神经元的状态向量) 中的并、交、余运算所对应.

这就是命题系统、命题逻辑系统在 NNS 中的表达.

17.3　逻辑系统中的动力学问题

我们已经给出了命题逻辑系统在 NNS 表达, 因此, 逻辑系统中的动力学问题就是 NNS 动力学问题.

首先从生物学的意义来讲, 对神经系统的驱动是需要能量的. 另外, 人的思维或思考过程也是需要能量的. 正是这种能量的驱动, 可以产生不同神经元或不同子系统之间的刺激而使它们的状态发生改变. 这种状态的改变正是神经系统的运动.

因此, NNS 动力学问题, 首先应从生物学、医学的角度来进行讨论. 但其中的情况十分复杂, 我们对其中的情况又了解很少. 因此, 我们现在还无法从这个角度来讨论这个问题.

在本书中, 我们试图从 HNNS 的角度来讨论这个问题. 并给出有关问题的计算过程. 对这种讨论的合理性我们作了初步论证, 但这种理论能否成立还要由生物学、医学的研究结果来确认.

关于逻辑系统动力学问题的讨论

我们已经说明, 在命题逻辑系统中所存在的动力学问题及我们对该问题的考虑思路, 现在对这些问题作进一步的讨论.

在本小节中, 我们从生物学、NNS 等不同角度来讨论这个问题.

1. 从生物学、医学的角度来看这个动力学问题

我们在前言的讨论中已经涉及生命科学中的问题, 现在继续讨论如下.

首先, 人体或生物体的 NNS(神经网络系统) 由神经元及许多子系统组成. 这些神经元与子系统之间存在相互作用. 这种相互作用通过不同神经元、子系统之间的电荷、电势、电流的变化发生.

这些电荷、电势、电流的变化和运动使生物体或人体的神经系统中的神经元和子系统的状态出现兴奋和抑制的调整, 并由此驱动这些系统状态的变化. 在人的 NNS 中形成思维或逻辑推断的过程.

但是, 在人或生物体中, 这种神经元、子系统的结构和运动十分复杂, 它们关系到各种分子、生物赋值、生物大分子的结构、运动和各种功能的实现问题. 我们对它们的了解, 尤其是定量化的了解还是很少.

因此, 从生物学、医学的角度来讨论这个动力学问题、建立它们的定量化的运算模型还不成熟. 我们只能从生物学、医学的角度来提供思路和考虑方向, 还未能为这种动力学建立运算模型.

2. 从 AI 理论来看这个动力学问题

除了从生物学、医学的角度来讨论这个动力学问题, 从 AI 理论出发同样也存在逻辑系统中的动力学问题. 对此讨论如下.

在 1982 年由 Hopfield 提出的 HNNS 模型的论文 [3] 中, 一个重要的贡献是给出一个能量函数的定义, 即 (3.1.8) 式的定义.

关于 HNNS 模型和理论的讨论, 在近 30 年来虽然一直存在, 我们在 [6] 中, 也给出了讨论. 该文的观点是 HNNS 是一种已经多神经元的理论, 这种理论本身是必要的、有意义的. HNNS 理论出现的问题是它在应用方向出现了问题. 详见 [6] 中的讨论.

在本书中, 我们关于逻辑系统动力学问题的讨论就在 HNNS 模型和理论的基础上进行. 也就是, 我们把 HNNS 模型中, 系统的能量公式作为系统动力学问题的基本公式, 并在此基础上讨论其他动力学问题.

第 18 章　若干应用问题的分析

在本书的前几章和 [6] 的讨论中, 我们已经给出多种应用问题, 现在继续对这些问题进行讨论.

在本书的第 3 章中, 我们还给出了 AM-AT 码的定义及和 HNNS 模型和理论的关系问题. 我们将利用这些理论来讨论 AI 领域中的应用问题.

18.1　一般条件下的信息处理问题

我们已经给出在 AI 理论中的多种应用问题. 我们可以把这些应用问题看作一个统一的信息处理问题.

在此信息处理问题中, 首先是对它们数据结构的统一描述问题. 在此我们采用统一的图像处理模型进行描述. 这就是把所有的信息看作一个图像或数据系统, 再对它们作统一的数据处理.

在此数据处理中, 我们已经给出多种编码理论, 如系统树码、AM-AT 编码和 NNS 运算码等. 现在对这些问题作综合性的讨论.

18.1.1　AM-AT 码理论

在本书的前言中, 我们已经给出并说明第五原理的内容和意义. 在本章中, 我们继续讨论该原理和它的应用问题.

第五原理是讨论 AM 理论和系统的结构问题. 其中 AM 问题是联想记忆的简称, 而系统结构是指在 NNS 中, 不同神经细胞的时空结构.

对这种时空结构, 我们在本书的第 3 章中, 提出 AM-AT 码的理论, 并试图用这种理论来讨论 AI 理论中的应用问题.

在本节中. 我们先讨论 AM-AT 码的构造和理论, 该理论我们已经在第 3 章中有初步讨论. 现在继续对这种码进行讨论.

1. AT 码的构造类型

对 AM-AT 码的定义、构造、记号和性质说明介绍如下.

记 X^n 是一个二进制的向量空间. 其中的向量为 $x^n \in X^n$.

一般 AT 码 (A, T) 的定义已在定义 3.4.1 中给出, 其中集合 $A \subset X^n$ 是一个二进制的向量的集合, 而 T 是一个 $X^n \to X^n$ 的单值映射.

一般 AT 码 (A, T) 的结构有多种类型, 如线性码、卷积码, 在 (3.4.12) 式中, 我们给出了它的分解式 $\begin{cases} A_{i,+} = \{x^n \in A, y_i(x^n) = 1\}, \\ A_{i,-} = \{x^n \in A, y_i(x^n) = -1\}, \end{cases}$ 由此形成它的分解序列

$$\tilde{A} = \{(A_{i,+}, A_{i,-}), i = 1, 2, \cdots, n\}. \tag{18.1.1}$$

对 AT 码 (A, T) 可以产生多种不同的类型. 如线性可分和 δ-模糊可分的定义, 它们分别在定义 3.4.3 中给出.

2. AT 码的性质

AT 码的性质之一是产生 AT 码的点、线图 $G = \{A, V\}$, 其中称 $v = (a, b)$ 是图中的弧, 这里 $a, b \in A \subset X^n$, 而且 $b = T(a)$,

对 AT 码的图 G 可作如下分解, 即 $A = A_1 + A_2 + \cdots + A_m$, 其中 $A_1, A_2, \cdots, A_m$ 互不相交, 而且关于映射 T 是闭合的.

在集合 $A_1, A_2, \cdots, A_m$ 中, 存在一组 $C_1, C_2, \cdots, C_m$, 其中 $C_i \subset A_i, i = 1, 2, \cdots, m$. 而且每个 C_i 是关于 T 映射的循环集合.

这时称集合组 $A_1, A_2, \cdots, A_m$ 是关于集合 A 的分割分解. 如果在集合组 $C_1, C_2, \cdots, C_m$ 中, 每个 C_i 是一个单点集合. 那么称 AT 码是稳定的, 这时图 $G = \{A, V\}$ 是一个树丛图.

3. AM-AT 码的理论

在 AT 码的性质中, 除了它的图表示结构外, 还有它的 AM-AT 码的理论.

AT 码的 AM-AT 码理论是指 AT 码的运算在 HNNS 中的表达问题, 对此在本书的第 3 章中有一系列的讨论.

对 AT 码的结构, 我们已经给出线性可分和 δ-模糊可分的定义.

定理 3.5.1 给出了关于 AT 码在不同的线性可分和 δ-模糊可分条件下和 HNNS 的关系定理.

这就是当 AT 码是线性可分或 δ-模糊可分时, 一定存在参数张量 (W, h^n), 使 (A, T) 的运算子 $T(x^n)$ 和 HNNS 的运算子 $T_{W, h^n}(x^n)$ 一致.

这时称该 AT 码和 HNNS 的运算构成一个 (A, T, δ, W, h^n)-型的 AM-AT 码.

定理 3.5.2 给出了关于 AT 码更一般性的性质. 这时对任何 AT 码总是存在一个多重 HNNS, 使它们的运算保持一致.

我们称这个性质是关于 AM-AT 码和多重 HNNS 的基本定理.

18.1.2 自联想的模型和理论

我们已经说明, AM 理论是讨论关于神经元和神经胶质细胞关系的理论, 因此十分复杂. 对这种 AM 模型, 我们把它作自联想和互联想的区分, 它们可以看作

子系统内部或之间的 AM 的相互作用. 我们先讨论这些模型的表达和对它们的理论分析.

1. 自联想的模型和理论

AM 模型的概念是指在 HNNS 中, 它的权矩阵 $W = (w_{i,j})_{i,j=1,2,\cdots,n}$ 的生成过程. 在本书的第 3 章中, 我们已经给出它的几种不同的类型, 它们类型和记号如下.

自联想的模型. 这时记

$$Z_m = \{z_k^n, k = 1, 2, \cdots, m\} \tag{18.1.2}$$

是一个在 R^n 空间中的实数向量组, 其中 $z_k^n = (z_{k,1}, z_{k,2}, \cdots, z_{k,n})$. 这时记

$$\begin{cases} W(\alpha^m, Z_m) = [w_{i,j}(\alpha^m, Z_m)]_{i,j=1,2,\cdots,n}, \\ w_{i,j} = w_{i,j}(\alpha^m, Z_m) = \sum_{k=1}^{m} \alpha_k z_{k,i} z_{k,j}, \quad i, j = 1, 2, \cdots, n \end{cases} \tag{18.1.3}$$

是一个关于 (α^m, Z_m) 的自联想矩阵, 其中 $\alpha^m = (\alpha_1, \alpha_2, \cdots, \alpha_m)$ 是一个正数向量.

在此自联想矩阵中, 如果 $m = 1$, 那么称这个自联想矩阵是一个简单自联想矩阵.

如果 $m > 1$, 那么称这个自联想矩阵是一个复合自联想矩阵.

在此复合自联想矩阵中, 如果 $\alpha_1 + \alpha_2 + \cdots + \alpha_m = 1$, 那么称这个自联想矩阵是一个随机复合自联想矩阵.

2. 自联想模型的性质

在以上给出的几种自联想的模型中, 有以下性质成立.

(1) 相应的权矩阵 W 都是对称、正定的, 因此, 所对应的 HNNS 一定是稳定的.

(2) 该 HNNS 所对应的 AT 码也一定是稳定的, 这时图 $G_T = \{A, V\}$ 中的每个 C_i 集合是一个单点集合.

3. 对自联想模型中吸引点的讨论

我们已经说明, 由自联想模型产生的 HNNS 一定是稳定的. 但这种模型存在的最大问题是存在大量吸引点的问题. 对此讨论如下.

如果 $z^n \in R^n, x^n \in X^n$ 分别是二个实数和二进制的向量, 一个简单自联想矩阵是 $w_{i,j} = \lambda z_i z_j$, 其中 $\lambda > 0$ 是一个固定的常数.

由 $W(Z) = [w_{i,j}(Z)]$ 产生的 HNNS 算子记为 T_{W,h^n}, 它在 AT 码中是一个稳定算子, 其中 h^n 是一个适当的实向量.

$x^n \in X^n$ 是该 HNNS 吸引点的条件是 $x^n = T_{W,h^n}(x^n)$ 成立, 或有

$$x_i = \text{Sgn}\left[\sum_{j=1}^n w_{i,j}x_j - h_i\right], \quad i = 1, 2, \cdots, n \tag{18.1.4}$$

成立. 这时 (18.1.4) 式等价于

$$x_i\left[\sum_{j=1}^n w_{i,j}x_j - h_i\right] \geqslant 0, \quad i = 1, 2, \cdots, n \tag{18.1.5}$$

成立. 如果权矩阵 W 是个简单联想矩阵, 那么 (18.1.5) 式是

$$x_i\left[\lambda\sum_{j=1}^n z_iz_jx_j - h_i\right] = \lambda x_iz_i\langle z^n, x^n\rangle - h_ix_i \geqslant 0, \quad i = 1, 2, \cdots, n \tag{18.1.6}$$

成立.

由此, $x^n \in X^n$ 是该 HNNS 吸引点的等价条件是关系式 (18.1.6) 式成立, 该关系式成立即满足不等式组.

为了简单起见, 这里取 $h_1 = h_2 = \cdots = h_n = h > 0$ 是个固定的常数, 如果取 $z^n \in X^n$ 是个二进制的向量, 那么记 γ 是向量 x^n, z^n 之间具有相同分量的个数, 那么 (18.1.6) 式可以写成

$$z_i\langle z^n, x^n\rangle - h/\lambda = z_i(2\gamma - n) - h' \begin{cases} \geqslant 0, & x_i = 1, \\ < 0, & x_i = -1, \end{cases} \quad i = 1, 2, \cdots, n, \tag{18.1.7}$$

其中 $h' = h/\lambda$. 这就是 x^n 是吸引点的条件.

如果 $x^n = z^n$, 那么 $\gamma = n$, 这时 (18.1.7) 式变成 $n \geqslant \pm h' = \pm h/\lambda$ 成立.

这就是 x^n 是吸引点的条件. 这种吸引点可以大量存在.

一般情况是 x^n 是吸引点的充要条件是 (18.1.7) 成立. 这样的吸引点可能大量存在.

4. 对复合自联想模型中吸引点的讨论

复合自联想模型产生的 HNNS 也一定是稳定的. 对该系统中的吸引点的问题讨论如下.

这时记 $Z_m = \{z_k^n, k = 1, 2, \cdots, m\}$ 是 R^n 中的一个向量的集合, 其中 $z_k^n = (z_{k,1}, z_{k,2}, \cdots, z_{k,n})$.

这时一个复合自联想矩阵的定义是

$$\begin{cases} W(Z_m, \alpha^m) = [w_{i,j}(Z_m, \alpha^m)]_{i,j=1,2,\cdots,n}, \\ w_{i,j}(Z_m, \alpha^m) = \sum_{k=1}^m \alpha_k z_{k,i}z_{k,j}, \quad i, j = 1, 2, \cdots, n, \end{cases} \tag{18.1.8}$$

其中 $\alpha^n = (\alpha_1, \alpha_2, \cdots, \alpha_m)$ 是个固定的正值向量.

在 (18.1.8) 式中, 如果 $\alpha_1 + \alpha_2 + \cdots + \alpha_m = 1$, 那么这个复合自联想矩阵又可称为一个随机复合自联想矩阵.

这个复合自联想矩阵 $W(Z_m, \alpha^m)$ 显然也是对称、正定的. 因此由 $W(Z_m, \alpha^m)$ 产生的 HNNS 算子 T_{W,h^n}, 是一个稳定算子. 其中 h^n 是一个任意的实向量.

$x^n \in X^n$ 在 HNNS 中是吸引点的条件是

$$x_i = \mathrm{Sgn}\left[\sum_{j=1}^{n} w_{i,j}(Z_m, \alpha^m) x_j - h_i \right], \quad i = 1, 2, \cdots, n \tag{18.1.9}$$

成立. 该方程组等价于不等式组

$$x_i \left[\sum_{j=1}^{n} w_{i,j}(Z_m, \alpha^m) x_j - h_i \right] \geqslant 0, \quad i = 1, 2, \cdots, n \tag{18.1.10}$$

成立. 如果权矩阵 W 是个复合联想矩阵, 那么 (18.1.10) 式是

$$x_i \left[\sum_{j=1}^{n} \left(\sum_{k=1}^{m} \alpha_k z_{k,i} z_{k,j} \right) x_j - h_i \right]$$
$$= \sum_{k=1}^{m} \alpha_k x_i \left[z_{k,i} \langle z_k^n, x^n \rangle - h_i x_i \right] \geqslant 0, \quad i = 1, 2, \cdots, n \tag{18.1.11}$$

成立.

由此, $x^n \in X^n$ 是该 HNNS 吸引点的等价条件是关系式 (18.1.11) 式成立, 该关系式是个不等式组

$$\sum_{k=1}^{m} \alpha_k [x_i z_{k,i} \langle z_k^n, x^n \rangle - h_i x_i] \geqslant 0, \quad i = 1, 2, \cdots, n \tag{18.1.12}$$

成立.

同样, 如果取 $Z_m \subset X^n, h_1 = h_2 = \cdots = h_n = h > 0$ 是个固定的常数, 这时记 γ_k 是向量 x^n, z_k^n 之间具有相同分量的个数, 那么 (18.1.12) 式可以写成

$$x_i \left\{ \sum_{k=1}^{m} \alpha_k [z_{k,i}(2\gamma_k - n) - h] \right\} \geqslant 0, \quad i = 1, 2, \cdots, n, \tag{18.1.13}$$

因此, (18.1.13) 式可以写成

$$\begin{cases} \sum_{k=1}^{m} \alpha_k [z_{k,i}(2\gamma_k - n)] \geqslant h, & x_i = 1, \\ \sum_{k=1}^{m} \alpha_k [z_{k,i}(2\gamma_k - n)] < h, & x_i = -1 \end{cases} \tag{18.1.14}$$

对任何 $i = 1, 2, \cdots, n$ 成立, 其中 α^m, z_i^n, n, h 都是固定的向量或常数. 因此, 在此复合联想系统中, 向量 x^n 是吸引点的充要条件是向量 x^n 的参数向量 $\gamma^m = (\gamma_1, \gamma_2, \cdots, \gamma_m)$ 满足方程组 (18.1.14).

18.1.3 关于简单互联想模型的讨论

我们已经对自联想的模型和理论作了一系列的讨论. 现在讨论互联想的模型和理论问题.

1. 简单互联想的模型和性质

记 $\begin{cases} u^n = (u_1, u_2, \cdots, u_n), \\ v^n = (v_1, v_2, \cdots, v_n) \end{cases}$ 是 R^n 空间中的二个向量, 由此可以产生多种不同类型的简单互联想模型如下.

$$\begin{cases} \text{简单互联想模型} & w_{i,j}(1) = u_i v_j, \\ \text{简单对称互联想模型} & w_{i,j}(2) = u_i v_j + u_j v_i, \\ \text{简单对称、正定互联想模型} & w_{i,j}(3) = u_i u_j + u_i v_j + u_j v_i + v_i v_j. \end{cases} \quad (18.1.15)$$

对这些不同类型的权矩阵, 它们的二次型公式是

$$B_\tau(x^n) = \sum_{i,j=1}^n w_{i,j}(\tau) x_i x_j, \quad \tau = 1, 2, 3. \quad (18.1.16)$$

由 (18.1.15), (18.1.16) 可以得到, 这些二次型的结果是

$$\begin{cases} B_1(x^n) = \langle x^n, u^n \rangle \langle x^n, v^n \rangle, \\ B_2(x^n) = \langle x^n, u^n \rangle \langle x^n, v^n \rangle + \langle x^n, v^n \rangle \langle x^n, u^n \rangle = 2\langle x^n, v^n \rangle \langle x^n, u^n \rangle. \end{cases} \quad (18.1.17)$$

而

$$B_3(x^n) = \langle x^n, u^n \rangle^2 + 2\langle x^n, u^n \rangle \langle x^n, v^n \rangle + \langle x^n, v^n \rangle^2 = [\langle x^n, u^n \rangle + \langle x^n, v^n \rangle]^2 \geqslant 0, \quad (18.1.18)$$

其中等号成立的充要条件是向量 x^n 和向量 u^n, v^n 正交.

因此, 权矩阵 $W(3)$ 是对称、非负定的.

2. 简单互联想模型的运动问题

简单互联想模型的运动问题是指它们的 HNSS 模型的运动问题. 这时记它们的 HNNS 的运动方程是

$$\begin{cases} [x'(\tau)]^n = \text{HNNS}[x^n | W(\tau), h^n], \\ \qquad = [x_1'(\tau), x_2'(\tau), \cdots, x_n'(\tau)], \quad \tau = 1, 2, 3, \\ x_i'(\tau) = \text{Sgn}\left[\sum_{j=1}^n w_{i,j}(\tau) x_j - h_i\right], \quad i = 1, 2, \cdots, n, \end{cases} \quad (18.1.19)$$

其中 HNNS $[x^n|W(\tau), h^n]$ 是在参数张量 $W(\tau), h^n$ 下的 HNNS 的运算子.

这时 $[x'(\tau)]^n$ 的运动方程是

$$x'_i(\tau) = \begin{cases} \text{Sgn}\left[u_i\langle x^n, v^n\rangle - h_i\right], & \tau = 1, \\ \text{Sgn}\left[u_i\langle x^n, v^n\rangle + v_i\langle x^n, u^n\rangle - h_i\right], & \tau = 2, \\ \text{Sgn}\left[(u_i + v_i)\langle x^n, (u^n + v^n)\rangle - h_i\right], & \tau = 3, \end{cases} \tag{18.1.20}$$

这时 x^n 是吸引点的等价条件是对任何 $i = 1, 2, \cdots, n$, 有

$$\begin{cases} x_i\left[u_i\langle x^n, v^n\rangle - h_i\right] \geqslant 0, & \tau = 1, \\ x_i\left[u_i\langle x^n, v^n\rangle + v_i\langle x^n, u^n\rangle - h_i\right] \geqslant 0, & \tau = 2, \\ x_i\left[(u_i + v_i)\langle x^n, (u^n + v^n)\rangle - h_i\right] \geqslant 0, & \tau = 3 \end{cases} \tag{18.1.21}$$

成立. 这就是 x^n 在不同的互联想系统下是吸引点的条件.

18.2　一般条件下的信息 (或图像) 的处理问题

我们已经说明, 一个一般的信息处理问题都可以看作一个图像的处理问题. 它们可以作相同的数据表达和处理方式.

在此系统的处理过程中, 它们的数据结构可以用 AT 码、系统码和 NNS 理论结构来进行表达, 这时一个图像系统可以形成多个子系统, 这些子系统可用多重感知器或 HNNS 模型来进行表达.

这时所有的图像可以通过系统树和多重感知器理论作信息的存储和处理. 而这些图像又可通过 HNNS 的计算成为它的吸引点, 最后可以通过 AT 码的理论进行搜索、判定、存储等信息的处理.

由此可知, 一个图像系统的信息处理过程是这些码的综合运算和处理的过程.

这种图像处理的过程和方法, 同样适用于其他一般信息处理中的问题及其中的应用问题. 对此我们不作一一的说明和讨论.

18.2.1　图像系统的信息处理方法

讨论一个图像系统, 首先要确定它的数据结构系统. 对此讨论如下.

1. 关于图像系统的描述

一个图像系统可以通过数据集合

$$\begin{cases} \mathcal{Y} = \{\mathbf{Y}_{\tau,\theta}, \tau = 1, 2, \cdots, \tau_0, \gamma = 1, 2, \cdots, \gamma_\tau\}, \\ \mathbf{Y}_{\tau,\theta} = \{Y_{\tau,\theta,i}, i = 1, 2, \cdots, m_{\tau,\theta}\}, \\ Y_{\tau,\theta,i} = y_{\tau,\theta,i}^{n_{\tau,\theta,i}} = (y_{\tau,\theta,i,1}, y_{\tau,\theta,i,2}, \cdots, y_{\tau,\theta,i,n_{\tau,\theta,i}}) \end{cases} \tag{18.2.1}$$

来描述, 其中 $\mathcal{Y}$ 是指整个图像系统, 而 $\mathbf{Y}_{\tau,\theta}$ 是图像系统中的子系统, $Y_{\tau,\theta,i} = y_{\tau,\theta,i}^n$ 是图像子系统中不同的图像.

这里 τ,θ,i 分别表示子系统的指标和子系统中不同图像的指标. 这时 $n_{\tau,\theta,i}$ 是图像的像素数, τ,θ,i,j 是不同子系统中、不同图像中不同的像素的指标数.

由此可知, 该图像系统包含的图像数有

$$
\begin{cases}
\text{图像数} M = \sum_{\tau=1}^{\tau_0} \sum_{\gamma=1}^{\gamma_0} \sum_{i=1}^{m_{\tau,\gamma}} m_{\tau,\theta}, \\[2mm]
\text{像素数} MI = \sum_{\tau=1}^{\tau_0} \sum_{\gamma=1}^{\gamma_0} \sum_{i=1}^{m_{\tau,\gamma}} \sum_{j=1}^{m_{\tau,\gamma}} n_{\tau,\theta,i}, \\[2mm]
\text{总规模} MX = \sum_{\tau=1}^{\tau_0} \sum_{\gamma=1}^{\gamma_0} \sum_{i=1}^{m_{\tau,\gamma}} \sum_{j=1}^{m_{\tau,\gamma}} k_{\tau,\theta,i} n_{\tau,\theta,i},
\end{cases}
\tag{18.2.2}
$$

其中 $k_{\tau,\theta,i}$ 是在图像 (τ,θ,i) 中, 每个像素取值的比特数.

因此, 图像系统的总规模 MX 是指该系统包含的所有像素的比特数, 我们称之为相空间的特征数.

如在黑白图像中相空间的特征数是 1(1 比特)、在灰度为 258 D 的图像中相空间的特征数是 8(8 比特成的灰度)、在彩色图像中它的相空间的特征数是 24(3 个 8 比特成的彩色图像).

2. 图像处理的目标、内容和方法

图像处理是信息处理中的重要组成部分. 对它的目标和内容说明如下.

关于图像的概念, 我们把它们作广义的理解. 这就是, 图像产生的不仅是视觉图像, 其他的声、化、生信号也都可看作的图像的信号. 人脑的一个重要特征是把这些不同类型的图像作统一、协调的处理.

在信息处理理论中, 图像处理的目标和内容有多种. 如数据的压缩和特征的提取、图像的识别和分类、图像的关联和匹配等.

一个图像系统可以通过数据集合系统 $\mathcal{Y}$ 来进行表示, 该系统又由许多子系统组成, 对此我们在下文中还有详细说明.

对这些不同的图像处理的目标和内容中, 它们的处理方法也有多种. 如信息论、信号处理、统计理论和 AI 的理论和方法. 我们的重点是讨论 AI 和 NNS 中的理论和方法.

3. 图像处理的一般方法

关于图像处理的一般方法我们已经在本书的第 13 章中有讨论说明, 包括如下内容.

(1) 信息处理的方法. 如数据压缩的方法, 其中包括无失真、有失真的理论和算法.

(2) 随机分析法. 如在随机序列或随机过程中的一系列极限计算和分析理论.

(3) 统计计算法. 如统计计算中的聚类分析、主成分分析法等.

(4) 信号处理的方法. 如正交函数的展开和逼近理论、分层和采样理论等.

(5) AI 的理论和方法. 如感知器、多层感知器、模糊感知器分类的理论和算法等.

对这些理论和方法我们不再一一讨论和说明.

18.2.2　图像系统的编码理论

1. 图像系统的信息存储和它的编码算法

这个图像子系统记为 $A = \mathcal{Y} \in F_2^n$ 或它的子系统

$$A = \mathbf{Y}_{\tau,\gamma}, \quad \gamma = 1, 2, \cdots, \gamma_\tau, \tau = 1, 2, \cdots, \tau_0. \tag{18.2.3}$$

我们首先要考虑的问题是对它的信息或数据的存储问题.

在本书的 3.4 节中, 我们已经给出对一般集合 A 的系统树分解 (或系统码结构).

由此得到, 该图像集合 A 的系统树分解 (或系统码结构). 该系统树在 (3.4.5) 式中给出, 并记为

$$\tilde{A} = \{A[Y_1], A[Y_1^2], \cdots, A[Y_1^k]\}, \tag{18.2.4}$$

它们满足关系式为

$$A \supset A[Y_1] \supset A[Y_1^2] \supset A[Y_1^3] \supset \cdots. \tag{18.2.5}$$

利用这种系统树的结构显然可以大大减少对这种图像信息或数据的存储量.

2. 对图像系统的信息处理问题

对图像系统的信息处理问题中, 除了信息存储问题外, 还有对图像的分类和识别.

关于图像的分类和识别问题就是对一个向量 $y^n \in X^n$, 要判定该向量和 $A \subset X^n$ 中的哪个向量最为接近.

这种问题的判断最常用的方法是计算汉明距离 $d_H(y^n, x^n) x^n \in A$, 由此就可对向量 y^n 进行判定.

所谓图像的判定问题就是在向量 $x^n \in A$ 中, 哪些向量和 y^n 最为接近 (图像最为相似).

一个最为简单的办法是计算它们之间的汉明距离 $d_H(y^n, x^n) x^n \in A$, 这时把其中距离的最小者作为最相似的图像.

但在实际上关于把向量之间的汉明距离作为图像相似性的判断依据有时并不合理.

例如对向量 $\begin{cases} X = (0101010101), \\ Y = (1010101010), \end{cases}$ 它们的汉明距离, $d_H(X,Y) = 10$, 是比较大的, 但这两个向量是比较相似的.

这时如果我们记向量 $\begin{cases} X' = (01010101012), \\ Y' = (21010101010), \end{cases}$ 那么可以得到向量 X, Y 之间的距离为

$$d_A(X,Y) = d_H(X',Y') = 2, \tag{18.2.6}$$

其中 $d_A(X,Y)$ 是向量之间的 Alignment 距离, 这种距离就比较小, 用这种距离来分析这两个向量的相似性似乎比较合理.

由此可见, 对图像系统作信息处理时, 对它们之间的距离的概念就有不同的讨论.

3. 对图像系统的 AT 码的信息处理分析

在图像系统的信息处理中, 还需考虑其他的相似性的分析准则. 在此, 我们对图像信息系统问题给出一个 AM-AT 码处理方法. 对其中的有关的要点分析、讨论如下.

在图像的分析系统中, 首先要对所有的图像集合 $A \subset X^n$, 进行数据信息的存储.

如果我们记该图像信息系统为 $\mathcal{E}_A A!!$, 那么这个信息系统首先要变化它的图像集合 A.

为了把图像集合 A 在信息系统 $\mathcal{E}_A$ 中进行存储, 这时需要尽量减少它们的存储空间. 对此我们采用系统树的数据结构理论进行存储.

这时记图像系统 A 的系统树结构为 $\tilde{A}$, 该系统树的结构在 (18.2.4) 式中给出.

由此形成该图像系统是一个具有系统树结构的图像系统 $\mathcal{E}_A = \{A, \tilde{A}\}$. 该系统中, 关于系统树的结构可以通过 NNS 中的运算来实现, 由此形成一个具有 NNS 的运算法, 我们记该运算法为 $\text{NNS}_1(A)$.

由此形成该图像系统是一个具有系统树结构和 NNS 运算法的图像系统, 我们记之为 $\mathcal{E}_A = \{A, \tilde{A}, \text{NNS}_1(A)\}$.

4. 图像系统的 AM-AT 码的信息处理

关于图像系统 A 的 AM-AT 码的定义我们已在定义 3.5.2 中给出.

由该定义得到一组 HNNS 的参数 (W, h^n) 使关系式 (3.5.1) 成立.

关于 AM-AT 码的存在和构造在定理 3.5.1 中给出. 其中相应的算法步骤如算法步骤 3.5.1—算法步骤 3.5.2 所给.

因此, 一个 AT 码的运算一定可以通过多重 HNNS 的运算实现.

　　这种图像系统的 AT-AM 码和形成系统树算法不同, 为了区别起见, 我们记这种算法为 $\text{NNS}_2(A)$. 由此得到, 该图像系统及其运算算法记为 $\mathcal{E}_A = \{A, \tilde{A},$ $\text{NNS}_1(A), \text{NNS}_2(A)\}$.

　　显然, 关于算法 $\text{NNS}_1(A)$ 和 $\text{NNS}_2(A)$ 的含义是不同的, 前者是实现图像系统 $\mathcal{E}_A$ 中的数据存储, 而后者是实现图像系统 $\mathcal{E}_A$ 中关于数据的搜索和运算.

　　对 $\text{NNS}_1(A)$ 和 $\text{NNS}_1(A)$ 的综合运算可以产生 AT 码的运算算法 (A, T), 其中算法 T 实现了方程组 (3.4.13) 的运算结果, 有关系式 $\begin{cases} T(x^n) = x^n, & x^n \in A, \\ T(x^n) \neq x^n, & \text{否则}. \end{cases}$

　　由此实现算法 T 关于图像系统 A 的识别和分类. 这就是对向量空间 X^n 中的任何向量 y^n, 经过运算子 T 的多次运算, 最终收敛于图像系统 A 中的某一个图像 $x^n \in A$. 由此实现图像系统的信息处理问题.

　　定理 18.2.1(关于图像识别系统的基本定理)　　对一个图像系统 A, 一定存在一个 AT 码的编码算法 $T, X^n \to X^n$, 它满足关系式 $\begin{cases} T(x^n) = x^n, & x^n \in A, \\ T(x^n) \neq x^n, & \text{否则}. \end{cases}$

　　关于算法 T, 由运算子 $\text{NNS}_1(A)$ 和运算子 $\text{NNS}_2(A)$ 确定, 它们的算法步骤如算法步骤 3.4.1—算法步骤 3.4.4 所给, 对此不再重复.

　　由此讨论, 我们已经给出有关图像处理中的一系列运算问题, 这种运算把系统树、HNNS 中的 AT-AM 码运算结合起来, 使图像处理中的各种运算在 NNS 运算下得到实现. 因此我们称这种计算方法为图像处理的 AI 方法.

　　这种 AI 方法有普遍意义, 这就是对一般信息处理或其他应用问题都可使用, 我们不再一一说明.

　　在本书中, 我们只给出了其中的运算方法, 其中还涉及各种应用问题中的一系列数据处理和具体计算问题. 对这些问题, 我们在此不再展开讨论.

18.3　人工脑 (或 NNS 计算机) 的讨论

　　除了图像系统、图像处理问题外, 其他应用问题还有多种. 例如数值计算系统、函数逼近和运算问题和智能化的逻辑系统等. 对这些问题我们在本书的第 14—16 章中有详细讨论, 在此不再重复.

　　人工脑 (或 NNS 计算机) 是指用 NNS 的计算算法取代现有计算机中的逻辑学的算法. 本书的四位一体原理说明了这种计算机实现的可能性.

　　这种计算机的主要特点是具有 NNS 或第三层次的智能计算中的特点 (如具有学习、训练等的特点等), 并具有多种应用问题综合实现的功能、能力.

　　这种人工脑可以通过硬件或软件来实现. 其中硬件的实现途径是构造适合 NNS 型计算的集成电路或芯片. 而软件的实现途径是在现有计算机、超级计算机和网络条件下, 通过算法或软件来实现 AI 中的各种功能和应用.

在本节中, 我们简单介绍人工脑 (或 NNS 计算机) 和智能化工程系统中的有关模型和理论.

18.3.1 计算机的发展和构造

1. 概说

计算机的基本特征是用电子线路中信号的运行来实现有关数值计算、逻辑推理的运算过程. 由此, 它是电子计算机的简称, 它与数学、逻辑学、电子学有密切关系, 是这些学科综合发展和研究的结果. 对它的发展过程和构造原理说明如下.

(1) 计算机的研究和发展可以说是从它的基本元件开始的. 所谓基本元件是由它的存储器和运算器组成. 其中的运算器就是基本逻辑运算中的并、交、余运算.

(2) 计算机的发展已经历了一系列的发展过程. 经历了真空管、晶体管、集成电路、大规模集成电路四个发展阶段.

它们的发展过程大体可以从 1946—1958, 1958—1964, 1964—1970, 1970 年至今来划分. 由这些元器件的组合构成集成电路、芯片和处理器 (CPU).

(3) 计算机发展到今天已形成由大量 CPU 组合而形成的超级计算机. 目前的发展方向是和 NNS 结合的 NNS 计算机、量子计算机、生物计算机等.

2. 计算机的发展和构造特色

自 20 世纪 40 年代计算机诞生以来, 对它的研究和发展已成为最为活跃的学科之一, 它不仅是多学科结合的产物, 而且又是变化、升级、应用发展最为迅速的学科之一.

它的应用不仅是第三次工业革命中的主要动力之一, 而且它在思想、理论和技术上的发展、创新层出不穷, 它的性能、价格比, 几乎以每年 10—100 倍的速度在增加.

自计算机的诞生 70 多年来, 它的研究和发展已经历了多次升级换代, 它的计算规模不仅已有超级计算机产生, 而且与移动通信、手机结合, 走进千家万户, 成为拥有大量用户的产品.

在本书中, 我们考虑的问题是和 AI 理论和技术的结合问题. 讨论它和人工脑结合的问题.

3. 形成人工脑的几个关键问题

实现或形成人工脑的几个关键问题如下.

对计算机的结构、原理的理解, 其中包括关于硬件、软件、算法和语言的理解. 对此在 [76] 等著作中有详细讨论, 在本书中我们采用其中的一些观点或结果.

和 NNS 的结合问题, 我们的四位一体原理给出了这种结合的可能性. 这就是用 NNS 运算来取代逻辑运算的可能性.

　　因为逻辑运算是计算机中的理论基础, 用 NNS 运算来取代逻辑运算就是实现人工脑或 NNS 计算机的过程.

　　由此可知, 在实现人工脑或 NNS 计算机的过程中, 存在两种不同的途径. 这就是硬件和软件的途径. 其中软件的途径就是在现有计算机环境不变的条件下, 用软件、算法来实现这种人工脑或 NNS 计算机的过程问题.

18.3.2　计算机的发展和构造中的一些基本概念

　　无论是从硬件还是软件的途径来实现这种人工脑或 NNS 计算机的问题, 都涉及计算机的发展和构造中的一些基本概念, 我们对此说明如下.

　　1. *存储器*

　　计算机中的五个基本部件是输入、输出、存储、通信和控制. 其中后两个部件又称为处理器.

　　其中的存储器分动态随机访问存储器、内存和硬盘, 它们分别是:

　　动态随机访问存储器 (dynamic random access memory, DRAM), 它是存储数据或指令电路. 它由大量存储单元 (或地址) 组成, DRAM 可以随时、随机地访问其中的任何地址.

　　内存是程序运行所需的存储空间, 它由多个 DRAM 组成.

　　磁盘 (或硬盘 (hard disk)). 这是用磁介质材料构成的非易失的二级存储器.

　　2. *处理器*

　　处理器的功能包括通信和控制这两方面的功能. 其中包括

　　(1) 指令集合的体系结构 (简称为体系结构). 这是计算机中所有指令的集合, 其中包括程序员正在编写的指令.

　　(2) 指令集合的二进制编码. 这就是计算机中的所有指令都是以二进制编码的形式在计算机中进行存取.

　　(3) 操作系统. 这是若干指令的组合, 它可以实现计算机中的多种功能. 因此, 操作系统是一种计算机的语言, 它是实现计算机多种功能的指令的语言.

　　(4) I/O 设备是指输入、输出设备, 是数据处理系统的关键外部设备之一, 它的类型有多种, 如键盘、写字板、麦克风、音响、显示器等. 因此也是人、机进行联系的设备.

　　(5) 数据通信是实现算术操作、运算的部分, 而控制器是通过指令, 对其他设备 (如存储器、数据通信、I/O 设备) 的运行进行控制的设备.

　　(6) 中央处理单元 (central process unit, CPU). 在有的文献中又称为微处理器. 这是计算机中的核心部件. 它负责处理计算机内部的所有数据、运算, 控制其中的数据交换、操作系统和多种相应的软件.

3. 计算机的发展

这就是存储器、控制器的发展和变化, 其中包括真空管和晶体管.

真空管又称电子管, 是一种在封闭容器 (一般为玻璃管) 中产生电流传导, 并利用电场对其中的电流信号产生放大或振荡的电子器件.

晶体管是一种由电路控制的开关的器件.

集成电路、大规模集成电路 (very large-scale integraled cireuit, VISI) 是的把大批晶体管的电子线路通过半导体进行集成.

半导体是一种导电性能不好的物质. 如果对它们的导电性能进行控制就可产生集成电路或大规模集成电路. 其中最早使用的半导体就是硅 (silicon).

由硅元素产生硅锭、硅片, 最后形成芯片.

计算机中有关产品或技术发展的情况如表 18.3.1 所示.

表 18.3.1　计算机中有关产品或技术的发展情况表

发生年份	产品或技术名称	性能、价格比
1951	真空管	1
1965	晶体管	35
1975	集成电路 (IC)	900
1995	超大规模集成电路	$2400000 = 2.4 \times 10^6$
2013	甚大规模集成电路	2.5×10^{11}

注: 来源于 [76] 中的图 1.10.

4. 计算机或芯片发展的其他性能指标

一个计算机或芯片或器件, 它们的性能可以用定量化的指标来进行描述, 这些指标有如

(1) 容量 (或集成度). 这是指在单位面积 (如 cm^2) 或单片 DRAM 中包含集成电路的数目.

在近 20 年中, 每隔 3 年增长 4 倍, 近几年, 增长速度有所放慢, 但仍可达到 2 至 3 年翻一番的速度.

至 2012 年, 在单片 DRAM 上集成电路的数目是 4G.

(2) 响应时间 (或执行时间). 这是指不同器件在执行某项工作时所需要的时间.

器件的类型有多种, 如硬盘访问、内存访问、I/O 活动、操作系统开销、CPU 执行时间等.

在这种响应时间 (或执行时间) 中, 还包含数据的消失时间.

由计算机或器件的执行时间可以得到它们的性能比. 这时的性能比和执行时间成反比.

(3) 时钟周期数. 几乎所有的计算机 (或器件) 都用时间来驱动它们的运行. 这时称某种事件发生所需要的时间就是时钟周期数.

时钟周期时间就是该周期所需要的时间. 而时钟周期数的倒数就是该事件发生的频率. 由此得到

$$\text{一个程序的 CPU 时间} = \text{它的 CPU 时钟周期数} \times \text{时钟周期时间}$$
$$= \text{它的 CPU 时钟周期数/时钟周期频率.} \quad (18.3.1)$$

(4) CPI (clock cycle per instruction 的简称), 是执行指令所需要时钟周期数的平均值, 它的计算公式是

$$\text{CPU 时间} = \text{指令数} \times \text{CPI} \times \text{时钟周期时间}$$
$$= \text{指令数} \times \text{CPI/时钟周期频率.} \quad (18.3.2)$$

在 (18.3.2) 式中, 如果对不同的指令数, 它们的 CPI 数, 以及相应的时钟周期时间不相同, 那么它们的计算公式应是

$$\text{CPU 的时钟周期数} = \sum_{i=1}^{n}(\text{CPI}_i \times C_i), \quad (18.3.3)$$

其中 i, n, C_i 分别是 CPI 的编号、数量和时间.

5. 计算机或芯片的能耗和功耗问题

在晶体管开关电路中, 它们的状态在 $X' = \{0, 1\}$ 间发生转换时所需要的能量和功耗是指它们完成这种转换所需要的能量和功率.

(1) 能耗是指在实现逻辑运算 $0 \to 1 \to 0$ 或 $1 \to 0 \to 1$ 时所需要的能量. 晶体管的能耗计算公式是能耗 $\sim$ 负载电容 $\times$ 电压^2, 或能耗 $\sim \frac{1}{2}$/负载电容 $\times$ 电压^2.

(2) 功耗是指能耗和开关频率之积. 这就是
$$\text{功耗} = \text{能耗} \times \text{开关频率} \sim \text{负载电容} \times \text{电压}^2 \times \text{开关频率.}$$

(3) 在 1982—2012 年这 30 年中, Inter 微处理器经历了 8 代变化、升级, 它们的时钟频率和功耗的变化分别是 12.5 $\to$ 3400 MHz, 33 $\to$ 77 W. 这些微处理器的名称、产生的时间在 [76] 等著作中有详细说明, 在此不再重复.

(4) MIPS 指标. 这是执行速率的一种指标. 这就是
$$\text{MIPS} = \text{指令数/(执行时间} \times 10^6).$$

18.3.3　关于 NNS 计算机的讨论

我们已经说明, 人工脑的另一发展途径可以从硬件和软件的不同研究角度进行. 对此我们先从硬件的角度考虑. 对此讨论的基本思考如下.

在现有计算机的发展过程中, 表 18.3.1 已经说明, 大规模集成电路的集成是对开关电路的集成.

另一方面, 在本书的 C.2 节中, 我们介绍了开关电路和它的设计理论. 因此这是在逻辑学和电子线路中的一种成熟理论.

另外, 在 NNS 的模型和理论中, 尤其是在 HNNS 的模型和理论中, 其中的神经元状态在二进制集合中取值, 因此我们可以把它们看作一个开关电路的模型.

因此, 在本小节中, 我们把集成电路、开关电路和 NNS 的模型和理论作综合的讨论. 讨论它们之间的关系问题.

1. 开关电路和 NNS

我们已经说明, 集成电路就是开关电路的集成. 所谓开关电路就是每个元件的取值都是在二进制集合 $X = F_2$ 中取值的元件.

开关电路存在一系列的构造和设计问题, 对这些问题我们已在本书的附录 C.2 中详细讨论和说明.

在 NNS 中, 所有神经元的状态都在二进制集合中取值, 因此有关集成电路的理论同样适用于 NNS 型的计算算法.

我们已经说明, NNS 计算机就是用 NNS 型的计算算法来取代现有计算机中的逻辑算法. 而这种 NNS 型的存储和运算结构, 在原则上都可采用集成电路来实现.

2. CPU, GPU 和 TPU, FPDA[①]

我们已经说明, 这种 NNS 型的存储和运算, 在原则上都可采用集成电路来实现. 但其中的实现过程涉及一些工程和技术的问题. 它们的实现过程也不相同.

对 CPU, GPU 和 TPU, FPDA 的说明如下.

CPU 是计算机的运算核心 (core)、控制核心 (control unit) 和存储器, 是计算机、笔记本电脑、手机中的核心部件.

GPU, TPU 和 FPDA 都是 AI 或 NNS 计算机中的基本元件.

3. 早期 NNS 计算机中的一些处理器元件

早在 20 世纪 90 年代就有多种 NNS 型计算机的元件问世, 对其中的一些名称和类型列表说明如表 18.3.2 所示.

4. 关于计算机、NNS 计算机中有关处理器、元件情况的说明

关于一般逻辑运算和 NNS 中的运算关系如本书的表 14.2.1, 表 C.1.1 所示.

---

① (1) CPU(ceyral processing unit, 中央处理单元的简称).

(2) GPU(graphice processing unit, 图像处理单元的简称).

(3) TPU(tensor processing unit, 张量处理单元的简称).

(4) FPDA(field processing gate array, 可编程门阵列的简称).

表 18.3.2 NNS 型计算机中有关元件的信息表

厂家机	产品名称	处理单元容量	互联数	训练速度	调用速度
Hecht-Nielsen	ANZA	30 k	480 k	25 k	45 k
神经计算机	ANZA Plus	1 M	1.5 M	1.5 M	6 M
Human Devices	Parallon-2	10 k	52 k	15 k	30 k
	Parallon-2X	91 k	300 k	15 k	30 k
Science Applicat					30 k
Int. Corp	SIGMA	1 M	1 M	1 M	11 M
Iexas Instruments	ODYSSEY	8 k	250 k	2 M	
TRW	Mark III	65 k	1 M	300 k	
	Mark IV	236 k	6.5 M	5 M	

有关计算机中的逻辑运算除了在表 14.2.1、表 C.1.1 说明外, 还有 (C.2.11)—(C.2.13) 等关系式的说明.

还有 ASCII 码表如本书的表 C.4.1 所示.

关于 CPU, GPU 和 TPU, FPDA 的运算和表 14.2.1 中的这些运算分别在 [104] 中给出. 这时称这些运算元件就是 NNS 或 AI 中的运算元件.

由这些基本逻辑运算元件产生的自动机、移位寄存器、图灵机的构造在本书的附录 C 中详细说明,

如果把计算机中的这些逻辑运算元件用 NNS 中的运算元件代替, 那么所形成的计算机就是人工脑 (或 NNS 型计算机).

18.3.4 人工脑的软件发展问题

我们已经说明, 人工脑的另一发展途径就是软件的途径. 这就是在现有的计算机结构不变的条件下所形成的人工脑 (或 NNS 计算机).

如果这种计算机和大数据、云计算及有关的信息系统结合, 就形成或产生智能化的工程系统或区块链等概念或理论.

因此这种智能化工程系统的内容十分广泛, 其中的信息系统泛指各种专业系统, 包括其中的知识、命题、数据、技术参数和性能指标.

18.4 智能化工程系统

我们已经说明, 智能化工程系统是一种人工脑的结构形式, 但它们的区别是存在的形式的不同, 前者是大规模、分布式的结构系统, 因此是一种区块链的表现形式. 后者虽也有大规模、分布式结构的结构特征, 但具有独立存在、独立工作的特征. 因此, 我们把它们看作 AI 理论和技术应用的三个不同的类型和方面.

在本小节中, 我们主要针对智能化的工程系统进行说明和讨论, 说明它们的构造特征、系统类型区分发展的意义和涉及范围. 这些讨论和分析对区块链、人工脑理论同样适用.

18.4.1 智能化工程系统中的要素和类型

1. 基本要素

我们已经说明, 智能化工程系统 (以下简称工程系统) 是由

$$智能计算 + 大数据 + 云网络 + 各种专业信息系统 \qquad (18.4.1)$$

构成. 我们称之为智能化工程系统中的四个基本要素. 对它们作进一步的说明如下.

关于智能计算中的算法在 [6] 中有详细说明, 也是本书讨论的重点. 这些算法不仅包括智能计算中的算法, 也包括其他各学科领域中的各种规律、规则和算法.

这些算法必须和具体的数据结合, 形成一个完整的运算体系. 这个运算体系还必须和计算机结合, 形成一个专门的运算系统.

在这些算法中, 还必须包括数据或信息的安全问题, 因此必须和密码学结合, 由此形成的系统又称为区块链.

这个专门的运算系统和云网络结合, 可以形成一个独立、可移动的系统单元.

其中的各种专业信息系统是指各学科、各领域、各工程技术和各行各业所形成系统中的信息、数据和知识.

因此这种信息系统的内容十分广泛, 其中包括各种专业知识中的各种命题、规则、规律、性质数据、图形图像、产品性能、工艺过程、适用效果等方方面面.

由这种信息系统的特征和类型产生各种不同类型的智能化工程系统.

2. 系统分类

信息系统的特征、类型的不同, 由此产生各种不同类型的智能化工程系统, 对它们进行的分类如下.

(1) 按应用的范围来分类, 如政府系统、科学技术研究系统、日常生活系统、青少年学习系统、医疗卫生系统等.

(2) 按系统的结构类型来分类, 如数据库型、学科体系型、工程技术型、特殊系统 (如物流、金融、医疗卫生、不同的工程项目、产业或行业等).

在这些系统中, 每个系统又有多项子系统、子子系统组成, 它们可以相互交叉或部分重叠.

3. 系统的描述

按照系统的分类情况, 用复合张量的数据结构进行描述.

张量指标有如 $\begin{cases} \tau \in \bar{\tau} = \{1, 2, \cdots, \tau_0\}, \\ \gamma \in \bar{\gamma} = \{1, 2, \cdots, \gamma_0\}, \\ \theta \in \bar{\theta} = \{1, 2, \cdots, \theta_0\} \end{cases}$ 等.

其中 (τ, γ, θ) 表示不同类型的子系统, 在每个中, 又有不同的数据结构, 我们同样用张量指标 i, j, k 等进行描述.

由此得到, 一个工程系统中的数据结构张量可以表示为

$$Z = [z_{\tau,\gamma,\theta,i,j,k}]_{\tau \in \bar{\tau}, \gamma \in \bar{\gamma}, \theta \in \bar{\theta}, i \in \bar{i}, j \in \bar{j}, k \in \bar{k}},\qquad(18.4.2)$$

这是一个多阶张量.

4. 系统描述的实例分析

我们以政府部门作工程系统描述的实例分析. 这是一种多层次、立体化、相互交叉、动态系统. 对它们作张量指标分解如下.

(1) 部门指标, 如行政、治安、交通、工业、商业、医疗、卫生、居民等不同部门, 它们的职责功能是不同的. 它们的张量指标是 $\bar{\tau} = \{1, 2, \cdots, \tau_0\}$.

(2) 职能指标, 如监控、预测、预防、处理等不同责任分工. 它们的张量指标是 $\bar{\gamma} = \{1, 2, \cdots, \gamma_0\}$.

(3) 区块指标, 如大区、小区、街道、楼盘、用户等不同层次的居民、商店或其他用户. 它们的张量指标是 $\bar{\theta} = \{1, 2, \cdots, \theta_0\}$.

(4) 时间指标, 它们的张量指标用 $\bar{t} = \{1, 2, \cdots, n, \cdots\}$ 来表示.

对这些不同的时间又可划分成 $t_1 < t_2 < t_3 < \cdots$ 等不同的时段.

由此可知, 就政府部门而言, 它的工程系统就十分复杂. 这是一种多层次、立体化、相互交叉、动态系统, 其中的各子系统的数据结构, 它们的张量指标也不相同.

对其他类型的系统, 如科学技术系统、青少年学习系统等也有类似的系统结构、数据指标等描述. 我们不一一列举.

5. 数据库型的智能化工程系统

在这些工程系统中, 除了按使用者的类型区分外, 还有按数据结构的形式进行区分. 如数据库型的智能化工程系统.

这种系统是把大量的命题、公式、计算结果、测量数据汇总成一种知识型的数据库, 这种系统除了数据库的特征外, 还具有智能化的特征.

这就是它具有知识的搜索、关联分析、结果提取等功能. 例如关于初等数学的智能化工程系统, 它的实施过程和其中要点如下.

例如, 初等数学系统是初等代数、三角函数、初等几何等学科的汇总, 因此具有确定的内容和范围可以形成一个独立的知识系统, 并实施这种智能化的工程.

在此知识系统中, 可以通过公理化的方法确定其中的基本变量和基本规则, 由此产生一系列的结果. 这些结果又可作为变量或规则进行存储, 并可在以后命题的推导或计算中直接引用.

由此可见, 在初等数学的智能化工程中, 可以把大量定义、公理、命题 (引理、定理、推论)、例题、习题进行汇总、融合, 这种融合不是简单的聚合, 而是具有智能化特征的汇合.

这种定义、公理、命题 (引理、定理、推论)、例题、习题的汇总不仅是一种简单的聚合, 而且可以形成相应的逻辑关系图和命题的扩大系统.

因此这种系统可以提供命题、公式的推导过程和其他信息. 进而可以提供新命题的搜索、发现和论证, 大量命题、公式的演习、评分、评价等功能.

因此这种系统必然是教育、学习、青少年智力发展和其他知识学习的好帮手.

6. 跟踪、检测型的智能化工程系统

这是一种动态的、数据库型的系统, 它的研究对象不再是的命题和公式, 而是一些对一些具体的图像或指标进行跟踪、检测、监督和分析.

因此这种系统可以在多种不同类型的安全系统 (如医药、食品、信息、交通等安全系统) 中应用.

这时针对各种不同的要求, 需要建立它们各自的指标体系. 如在交通等安全系统中, 主要指标是图像中各种指标.

如在食品安全系统中, 它有如类型、品种、产地、厂家、责任人 (生产、监督、审批等责任人) 及不同环节 (如上市、销售、检测、应该和实际执行的时间流程表等) 一系列指标等.

这种系统要实现的目标是能尽快地发现问题、跟踪问题的发生原因并能得到及时的纠正. 对出现的一些重大安全事故有明确的责任问责制度等.

7. 关于智慧开发型的智能化工程系统

它们的基本特征是具有知识自动推理的过程, 这种推理过程可以在逻辑规则条件下实现, 也可在 NNS 的条件下通过学习、训练等方法实现.

其中的智能的研究内容包含具有知识判定和命题的搜索或发现这两种智能化的功能.

8. 一些特殊产业或工程问题中的智能化系统

如无人化产业中的智能化系统. 如其中的机器人、无人驾驶等不同领域.

这种系统涉及识别、控制中的许多问题, 也涉及许多理论问题 (如刚体运动的动力学问题、内燃机或其他电力系统中的动力学) 和其他各种指标问题, 它们都是很大的理论或工程中的课题.

18.4.2 智能化的医学工程系统概述

结合医学、医疗、卫生等领域, 建立它们的智能化工程体系. 这是一个巨大的工程体系, 我们把它统称为智能化的医学、医疗工程体系.

我们把它看作人工脑、智能化工程系统、区块链中的重要组成部分, 也是第四次科技和工业革命中的重要内容.

这种系统的建立, 对普及知识、提高它的总体水平和降低社会成本都有重要意义. 因此是一项利国、利民、提高人类医疗、卫生水平的工程体系.

在本小节中, 我们概要说明其中的内容、类型和应注意的问题.

1. 类型分析

我们已经说明, 这是一个巨大的工程体系. 因此可以有多种不同形式的类型和版本产生.

(1) **普通版**   这是一种普及型的医学、医疗、卫生知识的版本, 相当于家庭日用医学、卫生百科全书方面的内容, 但在此系统中可以增加多种功能. 如搜索、查询、记忆、记录、个人医疗保健状况等内容. 也可具有网络连接、对个人医疗情况的监督、预报、预警和远程通报等功能.

因此这种智能工程系统是日用医学百科全书的升级版. 在大数据、网络化、个性化方面的升级.

(2) **专业版**   这相当于具有基层医院所具有的功能. 它具有不同的科、室、类的分工, 因此对医学、医疗和卫生中的各种情况有比较深入的了解和说明, 这种系统中的一个重要功能是具有网络连接的功能.

它不仅具有对一般知识搜索、查询和记录, 而且对个人的医疗、健康、发生的问题, 可以通过一定的渠道进行网络连接和处理.

(3) **高级和超高级专业版**   这相当于医院中的专家会诊系统. 这时可以对一些比较疑难的病征或现象, 在此工程系统中进行查询、咨询和讨论. 而且存在固定的网络渠道进行网络连接、讨论和会诊.

其中的超高级专业版和大规模医学数据库连接. 这种连接实现不同医院的数据共享. 对有关诊断的讨论、分析和监督、检验.

(4) **学术版**   这是医学、医疗、卫生中的学术讨论平台. 该平台能和重要的学术论著、期刊连接、讨论和发表.

2. 类型分析 (续)

我们已经给出智能化医学工程系统中的多种不同的类型, 除了这些类型外, 还可以有多种不同的类型存在. 如

开放式的数据库. 这就是各医院、实验室之间建立开放式的数据库, 在这些医院、实验室之间实现数据共享、共用, 对诊断的过程和结果建立公开、透明的信息系统. 这是一种理想化的医学、医疗模式.

多样化的工程系统. 这就是各医院、实验室乃至不同专家、专家团队, 针对不同的课题、疾病, 在一定的条件下之间建立它们的开放式的、多样化、智能化的工

程系统, 这种系统的早期可作为学术讨论的平台, 在条件成熟时可进入临床应用阶段.

多样化的工程系统可以形成一些特殊的平台, 如中医、中药、中西结合的专门平台, 民间有效的处方、偏方平台, 不同国家、民族的医学、医疗平台等.

多样化的工程系统平台的存在形式也可以多样化, 如形成封闭式、开放式、半封闭半开放式的不同类型. 对此我们不再详细说明.

3. 需要注意的问题

建立这种智能化的医学工程系统是人类文明发展中的大事. 也是从来没有经历的大事. 因此一定会有各种问题的产生和出现. 如

(1) 知识产权的保护和使用问题.

(2) 信息的安全、监督、管理和控制的问题.

(3) 流程的合理、合法性问题, 其中包括系统建立的专利管理、标准化问题.

这些问题已不仅是个技术问题, 也涉及法律法规、安全中的一系列问题. 我们在此不再展开讨论.

除了这种医学、医疗的智能化系统外, 其他的系统还有多种, 我们把它们统称为一些特殊系统.

18.4.3 区块链概说

区块链一种特殊的智能化工程系统. 它的意义是实现数据的共享, 实现数据、信息、知识向财富的转化.

由此, 区块链与数字经济、数字金融、数字货币有密切关系. 它在物联网、智能制造、供应链管理、数字资产交易、智能制造、供应链管理等方面也有许多应用.

我们把人工脑、智能化工程系统大规模的实现和应用看作第四次科技和工业革命的标志和关键. 但在此不再详细说明.

1. 什么是区块链

我们已经说明, 区块链是一种特殊的智能化工程系统. 对它的特征和意义说明如下.

区块链是一种分布式的数据共享体制, 因此它有大量用户, 它们实现数据共享.

实现区块链的条件是具有快速移动通信网络 (如 5G 网络). 由此实现大量人、物之间的互联、互通.

实现区块链的另一个条件是拥有大量的信息资源. 在实现人、物之间的互联、互通的过程中, 它们都携带大量的信息.

这里的信息是个广泛的概念. 所有的数据、知识、产品、过程 (生产、流通、使用过程) 都可看作信息.

实现区块链的另一个重要条件是数据的安全. 这就是信息、数据在存储、交换和各种处理过程中的安全. 因此区块链必须和密码学、数据安全系统相结合.

因此区块链是一种**通信 + 密码 + 信息系统**相结合的网络平台.

2. 实现区块链的意义

因为区块链是数据共享, 具有公开、透明、去中心化的特点. 所以任何差错、篡改能够随时发现.

实现区块链的根本意义就在于**所有的数据、信息、知识都可以转化成财富**.

例如, 关于医疗数据的共享. 这就是许多医院之间的数据共享. 其中包括各种检查、诊断、治疗数据共享.

就检查而言, 就存在大量化验、图像 (如 CT、X-光、磁共振、超声波等各种图像).

有人估计, 世界的医疗数据的价值达数万亿美元.

这些数据的共享不仅极大地方便患者, 而一定可以大大提高诊断和治疗的水平.

3. 关于数字货币开发的进展情况

数字货币是区块链应用的重要方面, 对它的进展情况说明如下.

(1) 最早提出数字货币的是比特币, 由中本聪提出.

(2) 脸书 Fecebook 开发的天秤币 Libra.

(3) 中央银行设计了 3.0 版人民币 (或 DCEP).

3.0 版人民币 (或 DCEP) 是 Digital Currency Electornic Payment 的简称.

(4) 在 2019 年 10 月份结束的金砖峰会上提出的数字货币是 BRIC 5.

4. 数字货币的基本特征

我们以人民币为例来说明数字货币的特征如下.

人们把人民币的不同版本用 1.0, 2.0 和 3.0 来区别. 它们分别是纸币、移动支付和数字货币的简称.

把 1.0 和 3.0 人民币进行比较, 它们的共同点都是客观存在、不会消失、能够流通、交换. 而不同点是产生过程和流通方式不同.

其中纸币的产生过程是造币厂 (印币工厂和铸造厂), 而数字货币是通过计算机、软件程序、协议规则产生.

把 2.0 和 3.0 人民币进行比较, 它们的共同点都是移动支付, 而不同点是有、无中介中心.

3.0 版人民币直接由中央银行发行, 不设其他中介中心. 因此使用更加方便.

5. 区块链的其他应用

区块链的应用已经延伸到金融、物联网、智能制造、供应链管理、数字资产交易等多个领域. 全球都在加快布局和步骤.

它和数字经济、数字金融、数字货币关系密切. 其中存在的主要问题是密码学中的安全性.

另外, 数字化的人民币还涉及和美元的地位关系问题的讨论. DCEP, BRIC 5 这两种数字货币势必会对美元的国际地位形成挑战, 它们何时推出、如何推出是一个事关国际经济的战略问题.

6. 我们已经说明, 区块链的意义是把数据、信息转化成财富

因此, 各行各业都要考虑: 如何利用好这些财富, 使它们保值、增值.

其中首要任务是数据的安全问题. 这是实现区块链的根本保证.

在区块链互联、共享的过程中, 与区块链结合的各种产品将成为大众需求的产品, 这一过程也是财富实现的过程.

提高数据的质量, 发挥或提高这种大众需求的效果, 才能使这种财富实现增值.

只有通过这些过程, 才能实现从数据、信息到财富的转换. 研究和发展 AI 理论是实现这种过程的关键.

18.4.4 密码学和数据安全系统

在第 7 章中, 我们已对密码学及密码体制作了初步介绍, 现在继续对此问题进行讨论. 在第 7 的讨论中, 我们把密码学分为古典密码学和近代密码学两大组成部分. 其中古典密码学是指 "二战" 和 "二战" 以前的密码学.

而近代密码学是指密码的标准化 (以 DES 体制为代表的密码体制) 及公钥体制的产生和建立. 在第 7 章中, 我们介绍了公钥体制构造的基本思想. 现在对此体制作进一步的讨论和介绍. 其中包括对它们的构造和应用的讨论.

1. 有关近代密码学的几个基本思想

关于密码学的通信模型如图 7.4.1 所示, 我们对此模型作进一步的说明如下.

(1) 图 7.4.1 是一个通信系统的模型, 在该系统中存在多种信息或数据的安全问题. 因此密码学和数据安全问题是和通信系统密切关联的.

(2) 图 7.4.1 告诉我们, 在一个通信系统中, 关于数据的安全问题存在不同的类型. 这就是干扰和窃听的类型.

其中干扰是试图对通信系统中的数据进行改变, 使通信方不能正常获取信息.

而窃听是试图获取通信系统中的数据和信息. 因此它们的目的不同, 因此所需要采取的措施也是不同的.

(3) 在密码学和数据安全系统中, 已形成了一系列的名称和概念, 如明文、密文、密码、密钥体制、用户、对手、干扰者、窃听者等, 这些名称在本书的第 7 章中都已说明, 在此不再重复.

(4) 我们已经说明, 近代密码学的基本特征是密码学体制的标准化和公钥体制的出现, 它们的产生和发展和应用就是近代密码学的发展和应用.

(5) 我们也已说明, 密码学的理论和应用是区块链中的重要组成部分. 因此我们需要了解有关密码学的最新发展.

2. 标准密码学中的几种算法

我们已经说明, 近代密码学的内容包括标准密码算法和公钥体制理论, 对这些内容我们已在第 7 章中有初步介绍. 现在对它们作继续讨论.

标准密码体制采用分组密码的算法. 在第 7 章中我们已经介绍了 DES 体制. 这是 1977 年美国国家标准局正式公布实施数据加密标准体制, 它的主要特点是采用 64 比特的消息数据, 56 比特加密密钥的对称加密体制.

该体制采取了一系列的加密置换运算将明文变为密文. 因此 DES 体制是一种典型的分组密码体制.

因为 DES 体制的明文和密钥的数据量分别是 64, 58 比特, 所以这是一种 (64, 58) 比特的分组密码体制.

随着密码学应用的发展, DES 体制的安全性受到怀疑, 之后就有多种升级版的分组密码体制产生. 之后美国、欧洲和日本都有各自的分组密码加密标准算法.

如美国的 AES-Rijndael 算法. 其中 AES 是 Advanced Encryption Standards 的简称, Rijndael 是由比利时学者 Joan Daemen 和 Vincent Rijndael 提出的算法.

欧洲的 NESSIE (New European Schermes for Signature, Integrity, and Encryption) 是欧洲的加密标准算法.

Camellia 是日本一些公司联合设计的分组加密体制算法.

这些密码算法分别将 (64, 58) 比特的分组和密钥长度进行扩大, 如 128, 256 比特等, 所采用的置换运算更加复杂. 对这些算法我们不再一一说明, 详见 [75, 76] 等的说明.

3. RSA 公钥体制

关于公钥体制的基本概念和使用方法我们已经在第 7 章中说明, RSA 是其中的典型算法体制. 我们对此作简单说明如下.

(1) RSA 的全称是 Rivest-Shamir-Adleman 体制, 这是由 R. L. Rivest, A. Shamir, L. Adleman 提出的一种密码体制.

(2) 产生 RSA 的数学原理是由数学中的一系列的性质.

(i) 如数学中的 Fermat 定理. 这时的任何素数 p 和任何非零整数 x, 总有 $x^{p-1} \equiv 1(\bmod\ p)$ 成立.

(ii) 如果 n 是正整数, 记 $\varphi(n)$ 是小于 n, 而且和 n 互素的正整数的个数, 那么有欧拉函数的分解定理如下.

如果 p, q 是两个素数, $n = pq$, 那么 $\varphi(n) = (p-1)(q-1)$.

(iii) 对 (ii) 中的 n, p, q, 以及对任何非零整数 x, 总有关系式

$$x^{\varphi(n)} \equiv 1(\bmod\ p), \quad x^{\varphi(n)} \equiv 1(\bmod\ q)$$

成立.

(iv) 对任何正整数 n, e, x, 定义函数 $E_{n,e}(x) = x^e(\bmod\ n)$. 现在定义 p, q 是两个素数, $n = pq$, 如果 e, d 是两个正整数, 而且满足条件 $e \cdot d \equiv 1(\bmod\ \varphi(n))$, 那么 $E_{n,e}(x), E_{n,d}(x)$ 是 Z_n 中的 1-1 映射, 而且是互逆函数.

这些性质在 [75,76] 等文中有详细证明. 在此不再重复.

4. RSA 公钥体制的建立

我们已经给出有关数论中的一系列性质 (i)—(iv), 由此就可建立 RSA 公钥体制, 它步骤如下.

(1) 选择一组素数对 $(p_i, q_i), i = 1, 2, \cdots, m$, 并取 $n_i = p_i \cdot q_i, i = 1, 2, \cdots, m$.

(2) 选择一组密钥对 $(e_i, d_i), i = 1, 2, \cdots, m$, 它们满足关系式

$$e_i \cdot d_i \equiv 1(\bmod\ \varphi(n_i)), \quad i = 1, 2, \cdots, m.$$

(3) 对每个用户 i, 把 (e_i, n_i) 作为加密密钥公布, 而把 (d_i, p_i) 作为解密密钥保留 (秘密保留).

(4) 如果其他任何用户要对用户 i 发送信息 x, 那么就可利用个用户 i 的加密密钥 (e_i, n_i) 产生密文数据 $y = E_{e_i, n_i}(x)$.

(5) 对该密文数据 y, 其他人都无法读懂, 而只有掌握解密密钥 (d_i, p_i) 的用户, 利用关系式

$$E_{d_i, p_i}(y) = E_{d_i, p_i}[E_{e_i, n_i}(x)] = x$$

才能了解这个信息 x.

这就是 RSA 公钥体制. 它的基本思想是把加密密钥和解密密钥进行区分, 这时把加密密钥公开, 但把解密密钥作为秘密保留.

这时, 其他任何人都可利用这个加密密钥进行数据加密, 把明文 x 变成密文 y. 这时其他人不能从此密文 y 中获取有关明文 x 的信息.

只有掌握解密密钥 (d_i, p_i) 的人, 才有可能把密文 y 还原成明文 x.

5. 对密码学的回顾和小结

密码学、密码体制关系到每个人、每个企业乃至国家的各个部门的数据和信息的安全问题, 因此关系重大. 在理论上, 它已形成一个完整的学科体系. 所涉及的内容很多.

其中最关键的问题还是算法问题. 在公钥体制中, 除了我们介绍过的 DES, RSA 体制外, 还有其他多种体制产生, 在这些体制的构造中, 大量采用了数学工具. 除了数论工具外, 还有代数几何、代数几何码理论等. 这些数学工具和理论是密码学发展的基础.

由于多种不同类型的密码学算法的产生, 这些算法又有它们各自的特点, 所以需要对它们作综合讨论和使用. 因此产生各种不同类型的密码协议. 这种协议不仅算法不同, 而且它们的应用特征不同.

在密码学中, 不仅存在关于算法的构造和设计问题, 还存在密码学的一系列理论问题. 如什么是体制的安全性、可靠性, 对密码体制的攻击问题等. 这些理论问题涉及多种信息、统计的分析和处理问题.

对这些密码学、密码体制存在大量的应用问题. 如数据的共享、密钥的管理等, 其中还可以产生多种不同的类型. 由这些不同的类型就会产生相应的密码体制和协议. 对这些问题, 我们不再一一讨论说明. 在文献 [75, 76] 中, 有许多详细的讨论.

18.5　人工脑中的数据处理分析

无论是人工脑还是智能化的工程系统, 无论是它们的硬件还是软件系统, 都存在数据处理分析问题.

我们以图像系统为例, 来说明它的数据结构的特征的要点如下.

一个图像系统是由大量图像组成的, 每个图像系统又可看作一个数据系统. 这使我们可以用等价的方式考虑它们的处理问题.

关于图像系统, 它们是具有许多不同类型的子系统, 依据这些不同类型的子系统, 我们用参数 τ, γ, θ 等来进行区别.

在这些子系统中, 除了有类型、功能、数据结构的区别外, 还有存储和运算的区别. 这就是在这些子系统中, 关于数据的类型有记忆和指令型的区别, 其中记忆型的数据只是存储的数据, 而指令型的数据还有产生数据的运动和变换的功能.

在这些数据的类型中, 还有高、中、低的不同类型, 其中较高层次中的数据对较低层次中的数据存在管理、控制的作用. 因此在这种子系统之间, 它们的数据存在立体、交叉、网络式的结构关系.

依据人工脑或智能化工程系统的不同类型, 对它们的层次设计要求是不同的, 如在机器人和数据库的人工脑中, 它们最终所实现的功能是不同的.

在本节中, 我们只讨论这些数据结构的一般特征, 并以图像处理系统为例, 来说明它们数据结构的构造和运算的特征.

18.5.1　图像系统中的数据结构

我们用图像系统中的数据结构来说明在人工脑中的数据结构表示. 我们只要把图像的概念变成相应的数据集合的概念就可.

1. 关于数据或图像系统的描述

在本书的第 2 章、第 7 章、第 13 章中, 我们已经对图像系统进行了描述和讨论. 这些描述对一般数据系统同样适用, 对其中的有关记号表示如下.

一个数据系统是由大批数据的集合组成的系统, 在 (13.1.1) 式中, 我们用张量的方式给出了它们的表示.

这时对数据系统、子系统、子系统中的图像 (或数据集合) 的描述如下.

$$
\begin{cases}
\mathcal{Y} = \{\mathcal{Y}_\tau, \tau = 1, 2, \cdots, \tau_0\}, \text{具有} \tau_0 \text{个不同类别的数据集合中的子系统}, \\
\mathcal{Y}_\tau = \{\mathbf{y}_{\tau,\gamma,\theta}, \gamma = 1, 2 \cdots, \gamma_\tau, \theta = 1, 2, \cdots, \theta_{\tau,\gamma}\}, \text{子系统中不同的子子系统}, \\
\mathcal{Y}_{\tau,\gamma,\theta} = \{\mathbf{y}_{\tau,\gamma,\theta,i}, i = 1, 2 \cdots, i_{\tau,\gamma,\theta}\}, \text{固定子子系统中不同的图像}, \\
\mathbf{y}_{\tau,\gamma,\theta,i} = \{y_{\tau,\gamma,\theta,i,j}, j = 1, 2, \cdots, n_{\tau,\gamma,\theta,i}\}, \\
\qquad \text{固定图像 (或数据集合) 中不同的像素 (或位点)}.
\end{cases}
$$

$$(18.5.1)$$

因此, 在此数据系统中存在不同的子系统、子子系统、数据集合和数据的位点. 在 (18.5.1) 式中, 这些不同的类型分别用指标 $\tau, \gamma, \theta, i, j$ 来进行区别.

在数据集合 $\mathbf{Y}$ 中, 每个数据 y_j 表示在位点 i 上的数据取值.

它们的数据取值空间记为 $\mathbf{Y}$, 我们称之为数据取值的相空间. 在图像系统中, 该相空间就是图像的灰度空间.

常见的灰度空间有如 $Y = \{0, 1\}$, 这时的图像系统就是一个黑白图像系统.

如取 $Y = F_{256} = \{0, 1, \cdots, 255\}$, 那么这时的图像系统就是一个具有图像的灰度的图像系统.

关于图像灰度的类型我们已在第 13 章中讨论, 对此不再重复.

2. 数据系统在人工脑中的无失真处理

现在讨论数据系统在人工脑中的存储问题. 所谓无失真存储就是数据系统中的所有信息没有损失的存储. 它的存储类型和方式如下.

(1) 无变化的存储. 这就是把数据系统 (或集合)$A = \mathcal{Y}$ 中的全部数据作无变化的存储.

　　这种存储方式的存储空间较大, 但读写方式比较简单, 把数据直接从数据库存入或提取, 不必进行运算.

　　(2) 按系统树 (或码) 的方式存储. 这时把数据系统 (或集合)$A = \mathcal{Y}$ 中的全部数据作系统树的编码. 它的编码结构或运算方式在本书的 14.4 节中已经给出. 在此不再重复说明.

　　这种系统树 (或码) 的存储方式的存储空间可以大大减少, 但需要同时给出它的编、译码的算法. 这时的数据库是一种具有系统树结构的数据库.

　　(3) 无失真数据压缩存储. 这是信息论中的基本方法, 也是计算机中常用的数据或信息的存储方法. 在本书的 7.3 节中已经介绍了其中的一些算法, 并在 [65,133,143] 等文献中详细讨论了这些算法. 在此不再重复说明.

　　这种数据压缩的存储方式, 对存储空间的压缩比例大约是 8:1, 对于不同的数据压缩算法都存在它们的编、译码的算法.

　　这时的数据库是一种不稳定结构的数据库. 这就是这种数据压缩型的数据库中的部分或个别数据发生变异可能会影响全部数据的存储.

3. 数据系统在人工脑中的有失真处理

　　我们已经给出数据系统在人工脑中作无失真的多种方法, 现在讨论有失真的处理问题.

　　信息论的方法. 在信息论中, 关于有失真的数据存储问题的讨论, 首先的关于允许误差的定义, 这就是在图像或数据的处理时并不要求这些数据百分之百的正确, 其中可以允许一定的误差. 由于这种允许误差的存在, 就可大大降低数据的存储量.

　　在信息论中, 由于这种允许误差的存在, 就可直接给出这种降低数据存储量的比例关系, 并给出率失真函数的定义.

　　该函数对不同类型的信源给出了它们的数据压缩率的计算公式. 在 [65,133,143] 等文献中, 给出了这种率失真函数的定义、计算公式和数据压缩的标准算法.

　　例如, 在多媒体中经常采用的, 对动态、彩色图像系统的数据压缩比例可以达到 60:1, 这种比例可大体实现多媒体技术的实用化要求.

　　信号处理的方法. 在信号处理的理论和应用中, 遇到主要问题是把连续型的信号作离散化的处理问题, 所采用的理论和方法是分层和采样理论, 它们分别是对连续型的空间和时间作离散化处理的理论和算法.

　　统计计算算法. 这是在统计学中关于数据处理的计算方法, 主要方法如聚类算法和主成分分析法. 对这些算法我们在本书的附录 B 中有介绍讨论, 在此不再重复.

　　AI 中的算法. 这就是关于模糊感知器和多输出、层次模糊感知器中的算法. 对其中的计算目标、算法、收敛性定理我们已有一系列的讨论. 在此不再重复.

4. 数据系统在人工脑中的综合处理问题

我们已经给出数据系统在人工脑中作无失真、有失真处理的多种算法, 对这些数据系统还存在综合性的处理问题.

这些综合性处理问题中, 有关要点如下.

特征的提取问题. 在这些综合性处理问题中, 最基础性的问题是特征的提取问题.

所谓的特征的提取问题, 是指一个数据 (或图像) 系统中的特征分类问题. 这种特征分类就是用少量的信息把系统中不同的个体进行区分.

因此, 这种特征的提取就使得系统中的数据作有失真的压缩处理, 其中最基础性的问题是特征的提取问题. 例如, 在聚类分析中, 我们把大批图像 $\mathcal{Y}$ 聚类成若干类

$$\mathcal{Y} = \{(\mathcal{Y}_1, y_1^n), (\mathcal{Y}_2, y_2^n), \cdots, (\mathcal{Y}_m, y_m^n)\}, \tag{18.5.2}$$

其中 $\begin{cases} \mathcal{Y}_i \subset \mathcal{Y}, \\ y_i^n \in \mathcal{Y}_i, \end{cases}$ 而且 $\mathcal{Y}_i, i = 1, 2, \cdots, m$ 互不相交, $\mathcal{Y}_1 + \mathcal{Y}_2 + \cdots + \mathcal{Y}_m = \mathcal{Y}$.

这时称 $\mathcal{Y}_i$ 是 $\mathcal{Y}$ 中的聚类集合, 而 y_i^n 是 $\mathcal{Y}_i$ 中的聚类中心.

这时, 通过聚类分析法就可把聚类中心 y_i^n 看作聚类集合 $\mathcal{Y}_i$ 中的特征数据. 相应的聚类分析算法就是特征的提取算法.

在其他的数据压缩算法中, 同样存在特征数据和特征的提取算法, 我们不再一一说明.

5. 关于运算算法的讨论和分析

在计算机中, 对数据的存储和计算是功能实现的两大部分. 关于数据的计算是通过逻辑运算实现. 四位一体原理给出了逻辑运算和 NNS 运算的等价性关系.

因此, 在人工脑中不仅存在数据的存储处理问题, 还存在数据的运算处理问题.

这时, 人工脑中的运算处理就是要用 NNS 的运算算法来取代计算机中的逻辑运算算法.

在计算机或 AI 理论中, 关于运算算法存在三种不同的类型, 这就是数值计算、逻辑运算和 NNS 中的运算. 它们的定义和记号如表 14.2.1 所给.

在 14.2 节中, 对表 14.2.1 中的各种运算给出了说明, 其中要点如下.

(1) 基本逻辑运算类型有并、交、补、位移、对称差这 5 种, 它们的记号分别是: $\vee, \wedge, \bar{a}, T^{\pm}, \delta$.

(2) 一般逻辑运算是二进制向量上的并、交、补、位移、对称差这 5 种, 它们的记号分别是 $\vee, \wedge, \bar{A}, T^{\gamma}, \Delta$.

(3) 这些二进制序列或子集合中的逻辑运算都可用 NNS 中的运算表示. 它们所对应的 NNS 运算子是 $g_1, g_2, g_3, g_4, g_{2,\gamma}$. 它们是 NNS 的运算子, 分别在关系式

(14.2.1), (14.2.2) 中给出.

(4) 关于向量空间 X^n 中的运算子还有 OC 和 $T^{\pm\tau} = (T^{\pm 1})^\tau$, 它们分别是混合逻辑运算子和位移算子. 它们分别在关系式 (14.2.4), (14.2.5) 中定义.

6. 计算机中指令系统的 NNS 表示

计算机中的指令系统是关于逻辑运算的组合. 这就是 OC 运算和 $T^{\pm\tau}$ 运算的组合.

建立这种混合和位移逻辑运算、NNS 运算、计算机中的 CPU 体系和语言体系是实现人工脑、智能化工程系统中的理论关键问题之一.

我们称这种关系是人工脑或 AI 理论中的新四位一体理论.

18.5.2　关于复合网络的讨论

在 NNS 中, 我们已经给出复合网络的定义, 现在结合 NNS 的具体模型, 讨论它们的复合网络问题. 为了简单起见, 我们这里只讨论多输出感知器和 HNNS 的组合问题. 由此讨论它们的组合结构和数据处理中的问题.

1. 关于网络模型的描述

为了简单起见, 我们只讨论只有两个子系统组成的复合网络系统. 有关的模型和记号的描述和定义如下.

两个子系统的网络模型分别记为 $\mathcal{E}_\tau, \tau = 1, 2$.

由此产生的系统、子系统中的神经元、状态、权张量如 (10.2.2) 式所示, 它们分别是

$$
\begin{pmatrix}
\text{神经元张量} & \text{电势张量} & \text{状态张量} & \text{阈值张量} & \text{权张量} \\
C = [C_\tau] & U = [U_\tau] & X = [X_\tau] & H = [H_\tau] & W = [W_\tau^{\tau'}] \\
= [c_{\tau,i}] & = [u_{\tau,i}] & = [x_{\tau,i}] & = [h_{\tau,i}] & = [w_{\tau,i}^{\tau',i'}]
\end{pmatrix},
\tag{18.5.3}
$$

其中 $\tau, \tau' = 1, 2, i = 1, 2, \cdots, n_1, i' = 1, 2, \cdots, n_2$.

由此说明, 该系统有两个子系统组成, 它们的神经元分别有 n_1, n_2 个, 它们的状态向量、阈值向量、权矩阵分别在 (18.5.3) 式给定.

这时记 $\mathcal{E} = \{\mathcal{E}_\tau, \tau = 1, 2\}$ 是由两个子系统所组成的复合 NNS .

2. 网络系统中的类型

在 (18.5.3) 式的记号中, 对它的网络系统中的类型说明如下.

(1) 如果 $\tau = \tau' = 1, 2$ 那么 $[W_\tau^{\tau'}] = [w_{\tau,i}^{\tau',i'}]_{i,i'=1,2,\cdots,n=n_\tau}$ 分别是 $\mathcal{E}_\tau, \tau = 1, 2$ 系统中的自相关的权矩阵. 这时

$$
\mathcal{E}_\tau = \{[C_\tau], [U_\tau], [X_\tau], [H_\tau], [W_\tau^{\tau'}], \tau = 1, 2\},
$$

它们分别是两个不同的 HNNS 模型.

(2) 如果 $\tau \neq \tau' \in \{1, 2\}$, 这时

$$
\begin{cases}
W = [W_\tau^{\tau'}]_{\tau=1,2,\cdots,\tau_0, \tau'=1,2,\cdots,\tau_0'}, \\
[W_\tau^{\tau'}] = [w_{\tau,i}^{\tau',i'}]_{i=1,2,\cdots,ni'=1,2,\cdots,n=n_{\tau'}}
\end{cases}
$$

分别是 $\mathcal{E}_\tau, \tau = 1, 2$ 系统中的互自相关权矩阵.

这时所形成的 NNS 就是多输出的感知器. 其中 $C_\tau, C_{\tau'}$ 分别是它们的输入、输出神经元, 而 $X_\tau, H_\tau, [W_\tau^\tau]$ 分别是它们的状态向量、阈值向量和互相关的权矩阵.

3. 复合网络系统的相互作用和控制

在此复合网络系统中, 存在它们的相互作用或控制. 如果系统 $\mathcal{E}_1$ 的输出结果会影响系统 $\mathcal{E}_2$ 的输入状态向量或它的权矩阵的取值, 那么这两个系统存在相互作用或相互控制的关系.

这种复合网络系统还可推广到多子系统的情形. 在不同子系统之间存在不同类型的相互作用或控制, 由此形成更加复杂的网络系统.

这些问题是人工脑结构的组成部分, 但在本书中, 我们不再展开讨论.

18.5.3 关于逻辑运算的讨论

在 $\mathcal{E}_2$ 系统中, 给出的运算系统是逻辑运算, 其中所给出的运算是基本逻辑运算.

1. 关于逻辑运算, 它们有多种不同的类型, 在 [6] 中的运算规则有多种

这些运算的类型、名称、记号和运算对象, 我们把它们归结的类型如表 18.5.1 所示.

表 18.5.1　不同类型的运算子的名称、记号和运算对象说明表

类型	名称	记号	对象
四则运算	加、减、乘、除	$+, -, \times, /$	实数、复数
基本逻辑运算	并、交、补 (或余)、位移、对称差	$\vee, \wedge, \bar{a}, T^\pm, \delta$	二进制整数
一般逻辑运算	并、交、补 (或余)、位移、对称差	$\vee, \wedge, \bar{A}, T^\gamma, \Delta$	二进制向量或子集合
NNS 运算	NNS 中的等价运算子	$g_1, g_2, g_3, g_4, g_{2,\gamma}$	二进制向量

其中基本逻辑运算和一般逻辑运算都有并、交、补 (或余)、位移、对称差的名称和记号, 它们分别是关于二进制整数和二进制向量的运算.

2. 复杂逻辑运算和它们的表达式

在向量空间 X^n 中, 可以产生更复杂的这种逻辑运算, 这就是在向量的部分子向量中并运算, 而在另一部分子向量中是并交运算. 它们的一般定义如下.

记 $\begin{cases} o^n = (o_1, o_2, \cdots, o_n), \\ c^n = (c_1, c_2, \cdots, c_n) \end{cases}$ 是两个算子向量, 其中 $o_i \in \{\vee, \wedge\}$ 是并或交的

运算子, 而 $c_i \in \{1, c\}$ 是补的运算子.

这时对任何 $x_i \in X$, 有 $x_i^{c_i} = \begin{cases} x_i, & c_i = 1, \\ \bar{x}_i, & c_i = c. \end{cases}$

由此产生复合逻辑运算子

$$O^n = (o^n, c^n) = [(o_1, c_1), (o_2, c_2), \cdots, (o_n, c_n)]. \tag{18.5.4}$$

这时对任何向量 $x^n, y^n \in X^n$, 它们之间的复合逻辑运算定义如下

$$O^n(x^n, y^n) = [(x_1 o_1 y_1)^{c_1}, (x_2 o_2 y_2)^{c_2}, \cdots, (x_n o_n y_n)^{c_n}]. \tag{18.5.5}$$

有时记 $x^n O^n, y^n = O^n(x^n, y^n O^n(x^n, y^n))$.

称由 (18.5.5) 式对向量空间 X^n 中的向量产生的这种混合的并、交、补 (或余) 逻辑运算是向量空间中的复合逻辑运算.

我们称由这种复合逻辑运算产生的空间运算是一种复合逻辑系统.

对图 18.5.1 的说明如下.

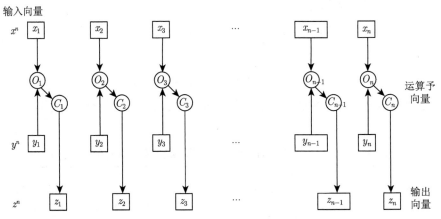

输入向量

图 18.5.1　二进制向量的复合逻辑运算算法结构示意图

(1) 该图是二进制向量 $z^n = O^n(x^n, y^n)$ 运算是示意图其中运算子 O^n 的定义如 (18.5.5) 式所示.

(2) 在运算子 $O^n = (o^n, c^n)$ 中, 它们的定义如 (18.5.4) 式所示, 这是二个基本逻辑向量.

(3) 因为 $o_i \in \{\vee, \wedge\}, c_i \in \{1, c\}$, 所以它们的运算可以用 NNS 的运算子进行表达.

这时, $o_i \in \{g_1, g_2\}, c_i \in \{1, g_3\}$, 其中 g_1, g_2, g_3 是感知器 NNS 的运算子进行表达. 并分别在关系式 (14.2.1), (14.2.2) 式中定义.

混合逻辑运算子和位移算子. 它们在 NNS 的运算子分别在关系式 (14.2.4), (14.2.5) 式中定义.

18.6 有关集成电路的讨论

在人工脑中, 我们已经给出了它们的数据存储系统和运算系统. 这些系统在计算机中, 都是通过集成电路来实现的. 由此讨论它们的组合结构和数据处理中的问题.

我们已经说明, 在计算机中存储器、通信和控制是它的基本部件, 它们合称为处理器.

关于处理器的功能可以通过电子线路来实现. 这种实现过程在 1951—2013 年经历了多次技术的发展和进步, 从真空管一直发展到超大规模集成电路. 性能、价格比提高了 2.5×10^{11} 倍.

处理器中的电子线路包括存储器和控制器. 它们通过半导体元件来实现其中的数据处理功能, 超大规模集成电路就是大批元件的集成. 其中集成度就是单位面积上集成电子元件的数目.

集成电路关于电子线路的集成, 最后可以归结为开关电路的集成. 控制器通过半导体元件来实现其中的数据处理功能, 超大规模集成电路就是大批元件的集成. 其中集成度就是单位面积上集成电子元件的数目.

附　　录

关于附录内容的说明

本附录的内容是对数学中的一些基本知识、概念、定义和记号作简单的表达和说明. 这些概念、定义和记号在文中已有介绍, 在此作简单的补充和说明.

首先, 附录 A 是对数学符号的统一说明, 因为本书涉及多学科的内容, 它们所采用的记号一般都是不同的, 因此要对它们作统一的表达和说明.

在这些内容和记号中, 重点是对一些名称和记号的简写与缩写的说明, 就中、英文的字体而言, 它们的写法就有多种, 如花体、黑体、大写、楷体、宋体和斜体, 在不同场合有不同的使用, 因此需要注意它们的区别.

另外, 在这些字体的使用中, 对同一含义经常采用不同的记号, 例如, 关于向量、张量等记号有多种不同的表示法, 因此要注意它们的关系与区别.

在应用数学方面, 重点介绍和讨论了与人工智能理论有关的基础数学的内容, 如图论、函数的运算、变换、随机分析、微分方程等理论, 还重点介绍了有关积分变换、正交变换等理论, 这些理论和智能计算的关系密切, 在正文中有详细讨论, 在此附录中只介绍其中的一些基本理论.

在应用数学的内容中, 重点介绍了与信息科学、信息处理有关的内容, 如信息论和通信工程、系统论和控制论、编码和密码等.

其中有关计算机科学中的内容, 如自动机、人工语言、复杂度理论、逻辑学基础等, 在人工脑中有特殊的意义, 因此我们重点介绍和讨论.

对以上内容的介绍和讨论, 采用正文和附录交叉叙述的方式进行, 即把这些内容进行分解, 分别在正文和附录中作交叉的介绍或讨论, 因此需要读者作综合、交叉性的阅读. 另外, 对文献 [6] 中已出现过的内容, 作了简化叙述, 需要作详细了解的读者可阅读、参考该文献.

和本书有关的概念、内容和记号, 补充说明如下.

(1) 有关的符号、公式和一些数据在文献 [6] 的附录 A、附录 B 中说明.

(2) 有关空间结构的理论, 其中包括集合论、拓扑空间, 有限、无限线性空间的理论、张量运算和分析的理论在文献 [6] 的附录 C、附录 D 中说明.

(3) 有关图论的内容在文献 [6] 的附录 E 中说明.

对这些相同的内容, 本书不再重复说明.

在本书的附录中, 针对一些比较特殊或复杂的数学基础进行说明和讨论, 其中有些内容在文献 [6] 中可见, 在此并未说明和讨论.

附录 A 函数的变换和运算

在通信系统中, 经常出现各种不同的信号函数和函数间的多种运算关系, 它们是通信过程也是人工脑的理论基础. 在本附录中, 将对不同的信号函数作统一的介绍和说明.

A.1 信号的表达

在通信系统中, 所涉及的基本概念就是信息和信号的表达和关系, 它们相互依存而又有区别. 其中信号是信息的一种表达方式, 对它们的表达涉及一系列函数论中的问题.

A.1.1 信号和信号的表达

从数学的观点来看, 信号在本质上是一种函数, 其中的许多问题在函数论中都有讨论.

1. 信号的类型

在通信系统中, 所涉及的信号有四种类型和多种表达的方式, 这四种类型就是信源和信道的发、收信号和噪声信号, 先对它们说明如下.

(1) **信源的信号**. 我们已经说明, 信源的概念就是信息的来源, 为了区别起见, 在信息论中, 又把它称为消息.

(2) 对信源的信号, 主要有电话和电报的区别. 其中电话是一种语音的信号, 它是由相应的语音波组成的信号; 而电报则是一种数字化的信号, 它通过脉冲信号编码来确定其中的文字.

(3) 关于信道的输入信号是对信源信号的一种调制信号, 这就是把信源的信号作为包络, 该包络内部的信号则是一种电磁振荡的信号.

(4) 信道的输入 (或发送) 信号是一种电磁振荡信号, 信道中还存在干扰信号和输出 (或接收) 信号, 这些信号在数学中都有统一的表达方式.

2. 信号的基本类型

信号的表达也有多种类型, 包括基本类型、运算、变换型和随机型等.

(1) 信号的基本类型又可分成离散型和连续型, 其中的离散和连续又可在时间和相空间上加以区分.

(2) 一个关于时间是离散或连续的信号可以记为 $S_T = \{s(t), t \in T\}$. 其中 T 是时间的取值范围. 它的取值是表 A.1.1 中的集合和类型, 如

$$\begin{cases} T = F_+ = \{1, 2, \cdots\}, & \text{那么这个信号就是时间离散型的信号}, \\ T = R_+ = (0, \infty), & \text{那么这个信号就是时间连续型的信号}. \end{cases}$$

表 A.1.1　几种常见信号的类型、名称、记号和函数表达关系表

编号	名称	函数记号	计算公式	编号	名称	函数记号	计算公式
1	矩形函数	$\text{rect}(x) =$	$\begin{cases} 1, & \lvert x \rvert < 1/2, \\ 0, & \text{否则} \end{cases}$	2	三角形函数	$\text{tri}(x) =$	$\begin{cases} 1 - \lvert x \rvert, & \lvert x \rvert < 1, \\ 0, & \text{否则} \end{cases}$
3	冲激函数	$\delta(x) =$	$\begin{cases} \infty, & x = 0, \\ 0, & \text{否则} \end{cases}$	4	符号函数	$\text{Sgn}(x) =$	$\begin{cases} 1, & x \geqslant 0, \\ -1, & \text{否则} \end{cases}$
5	冲激函数序列	$g(x) =$	$\sum\limits_{n=-\infty}^{\infty} \delta(x-n)$	6	单位跃迁函数	$u(x) =$	$\begin{cases} 1, & x > 0, \\ 0, & \text{否则} \end{cases}$
7	抽样函数	$Sa(x) =$	$\dfrac{\sin(\pi x)}{\pi x}$				

(3) 相空间是指 $s(t)$ 函数的取值空间 S, 它同样也有离散或连续等不同类型的区别.

(4) 在信号处理的过程中, 离散或连续的关系是可以相互转化的, 在数学中有许多方法, 对此不再详细说明.

3. 信号的表达

信号的表达就是关于函数 S_T 的表达, 它的类型有简单脉冲型 ($s(t)$ 只取 $0, 1$ 值)、多值脉冲型 ($s(t)$ 在 F_q 中取值)、周期型 ($s(t)$ 是周期函数)、语音信号型 ($s(t)$ 是一种语音振荡的函数图形) 和一般函数型等, 对此不一一说明.

几种常见的信号函数有如表 A.1.1 所示

在信号的类型中, 经常使用的是 δ 函数 $\delta(t - a)$, 是一种广义函数, 它的定义是

$$\int_\Delta s(t)\delta(t-a) = \begin{cases} s(a), & \text{如果} a \in \Delta, \\ 0, & \text{否则}, \end{cases} \tag{A.1.1}$$

其中 Δ 是 R 中的一个区间.

这时的 δ 函数可以看作一种特殊的脉冲信号.

A.1.2　信号的运算

信号的运算本质上是函数的运算, 现在介绍其中的几种主要类型的运算.

1. 叠加运算

关于信号函数 S_T 的运算可以通过以下几种类型的运算实现.

(1) **一般复合运算**, 即对信号函数 S_T 作复合函数的运算, 如取 $F_T = \{f[s(t)], t \in T\}$ 等.

(2) 除了这种复合运算外, 其他运算的类型还很多, 如

$$
\begin{cases}
\textbf{叠加运算}, & R_T = S_T + N_T \text{时}, \text{取} r(t) = s(t) + n(t), t \in T, \\
\textbf{乘积运算}, & R_T = C_T \cdot S_T \text{时}, \text{取} r(t) = c(t)s(t), t \in T, \\
\textbf{卷积运算}, & R_T = C_T * S_T = \displaystyle\int_{-\infty}^{\infty} c(\tau)s(t-\tau)d\tau.
\end{cases}
\tag{A.1.2}
$$

由此可以看到乘积和卷积运算 "$\cdot, *$" 之间的差别.

(3) 如果 S_T 是信道的输入信号函数, 那么 $n(t)$ 是信道的噪声信号, 这种运算构成具有可加噪声的信道运算.

2. 滤波运算

在工程中, 把信号的这种乘积运算、卷积运算都归结为滤波运算, 这时称 (A.1.2) 式中的 $R_T = C_T \cdot S_T$ 或 $R_T = C_T * S_T$ 分别构成信号 S_T 的乘积滤波或卷积滤波.

(1) 这些信号的滤波运算噪声信号的叠加构成具有滤波和可加噪声的信道运算.

在此**线性滤波运算或卷积滤波运算**中, 称其中的 $c(t)$ 函数是**运算的脉冲响应函数**.

(2) 滤波运算的类型有很多, 如线性、非线性、时变、时不变等.

(3) **时变的线性滤波运算**. 在此线性滤波运算中, 如果它的脉冲响应函数 C 是 τ, t 的函数, $C = \{c(\tau, t), \tau, t \in R\}$, 由此形成的运算为

$$
r(t) = c(\tau, t) * s(\tau) = \int_{-\infty}^{\infty} c(\tau, t)s(t-\tau)d\tau.
\tag{A.1.3}
$$

这时称 $R_T = \{r(t), t \in R\} = \{c(\tau, t) * s(\tau), t \in R\}$ 是一个**时变线性滤波运算**.

(4) 如果 (A.1.3) 式中的脉冲响应函数是

$$
c(\tau, t) = \sum_{i=1}^{k} a_i(t)\delta(\tau - \tau_i),
\tag{A.1.4}
$$

其中 $\delta(t - \tau_i)$ 是一个 δ 函数 (如 (A.1.1) 式定义). 把该函数代入 (A.1.3) 式, 就可得到

$$
r(t) = c(\tau, t) * s(t) = \sum_{i=1}^{k} a_i(t)s(t - \tau_i).
\tag{A.1.5}
$$

称这种滤波函数为时延叠加滤波. 其中的 $a_i(t), \tau_i$ 分别是该滤波的衰变函数和时延值.

这种滤波具有**时延、乘积、叠加**的特性, 在卫星通信、移动通信中有许多应用.

A.2　信号的变换运算理论

我们已经给出信号的滤波运算, 它只是信号运算中的一种运算, 下面从更广义的角度来讨论这些运算.

A.2.1　积分变换和级数变换

关于信号的变换运算理论可以从连续或离散的角度来进行讨论, 这就是关于积分变换和级数变换的理论.

1. 积分变换

积分变换的形式有多种, 其中的傅氏变换是大家所熟悉的.

(1) **积分变换的一般形式**. 记 $\Delta = [a,b], \Delta' = [a',b']$ 是 R 空间中的两个区间, 这时记

$$\Delta \times \Delta' = \{(x,y), x \in \Delta, y \in \Delta'\} \tag{A.2.1}$$

是 R^2 空间中的一个矩形.

(2) 记 $f(x), K(\tau,t)$ 分别是定义在区域 $\Delta, \Delta \times \Delta'$ 上的两个平方可积函数, 那么关于 $f(x)$ 的积分变换运算是

$$T[f(x)] = \int_a^b f(x)K(\tau,t)dt = F(\tau), \quad \tau \in \Delta, \tag{A.2.2}$$

这时分别称 $K(\tau,t), F(\tau)$ 是 $f(x)$ 在该积分变换中的核函数和变换函数.

在此积分变换运算的定义中, 涉及平方可积函数和 (A.2.2) 式的可积性等问题的讨论, 对此不再详细说明.

(3) 当核函数 $K(\tau,t)$ 取不同类型函数时产生不同类型的积分变换, 如

$$\begin{cases} \text{傅里叶 (Fourier) 变换 (简称傅氏变换)} & K(\tau,t) = e^{ix\tau}, \\ \text{拉普拉斯 (Laplace) 变换 (简称拉氏变换)} & K(\tau,t) = e^{-x\tau}, \\ \text{傅里叶正弦变换 (简称正弦变换)} & K(\tau,t) = \sin(x\tau), \\ \text{傅里叶余弦变换 (简称余弦变换)} & K(\tau,t) = \cos(x\tau), \\ \text{梅林 (Mellin) 变换} & K(\tau,t) = x^{\tau-1}, \\ \text{汉克尔 (Hankel) 变换} & K(\tau,t) = xJ_n(x\tau), \\ \text{勒让德 (Legendre) 变换 (简称勒氏变换)} & K(\tau,t) = P_n(x), \tau = n, \end{cases} \tag{A.2.3}$$

其中 $J_n(x\tau), P_n(x)$ 分别是 n 阶的贝塞尔函数和勒让德函数 (或勒让德多项式), 对这两种函数说明如下.

(i) 贝塞尔函数是贝塞尔方程

$$\frac{d^2 y}{dx^2} + \frac{1}{x}\frac{dy}{dx} + \left(1 - \frac{n^2}{x^2}\right) y = 0 \tag{A.2.4}$$

的解, 其中 n 是该方程的阶.

(ii) 球函数的定义是方程

$$(1 - z^2)\frac{d^2 u}{dz^2} - 2z\frac{du}{dz} + \left[p(p+1) - \frac{q^2}{1-z^2}\right] u = 0 \tag{A.2.5}$$

的解, 其中 p, q 是任意复数.

(iii) 勒让德多项式 $P_n(x)$ 是满足球函数方程的多项式, 其中 $q = 0$, 而 $p = n$ 是正整数.

所以勒让德函数是一种球函数, 它的解的一般形式是

$$P_n(x) = \frac{1}{2^n(n!)}\frac{d^2}{dz^n}(z^2 - 1)^n. \tag{A.2.6}$$

因此勒让德变换函数是 $F(n)$ 的函数.

2. 级数变换 (或称离散变换)

如果 $f(n)$ 是 $n \in N = \{0, 1, \cdots, n_0\}$ 的函数, 那么它的级数变换运算是

$$T[f(n)] = \sum_{k=0}^{n_0} f(x)K(k,t)dt = F(k), \quad k \in N, \tag{A.2.7}$$

其中 $K(k,n)$ 是定义在 $N \times N$ 的函数. 这时称 $K(k,n), F(k)$ 分别是 $f(n)$ 在级数变换中的核函数和变换函数.

级数变换的类型有离散傅氏变换和 Z 变换.

(1) **离散傅氏变换**

$$F(k) = \sum_{n=0}^{n_0} f(n)\exp\left[-\frac{2\pi}{n_0}nk\right], \quad k \in N. \tag{A.2.8}$$

(2) Z **变换**

$$F(z) = \sum_{n=0}^{n_0} f(n)z^{-z}, \quad z \in N. \tag{A.2.9}$$

A.2.2 函数变换的性质

我们已经给出了函数变换的几种类型, 如积分变换和级数变换, 现在讨论其中的有关性质.

1. 有关傅氏变换的性质

(1) 周期函数的傅氏变换.

记 $f(x)$ 是 R 上是的周期、平方可积函数, 如果它的周期为 T, 那么 $[-T/2, T/2]$ 是它的一个周期区间.

该函数在它的连续点或间断点上的傅氏变换函数值是

$$\frac{a_0}{2} + \sum_{n=1}^{\infty} [a_n \sin(n\omega x) + b_n \cos(n\omega x)] = \frac{f(x_-) + f(x_+)}{2}, \tag{A.2.10}$$

其中 $\omega = \dfrac{2\pi}{T}$ 是该傅氏变换中的角频率, 而 $f(x_-), f(x_+)$ 分别是该函数在 x 点的左、右极限.

如果 x 是该函数的一连续点, 那么有 $\dfrac{f(x_+) + f(x_-)}{2} = f(x)$ 成立.

(2) 该展开式中的系数是

$$\begin{cases} a_0 = \dfrac{2}{T} \displaystyle\int_{-T/2}^{T/2} f(t)dt, \\ a_n = \dfrac{2}{T} \displaystyle\int_{-T/2}^{T/2} f(t)\cos(n\omega t)dt, \\ b_n = \dfrac{2}{T} \displaystyle\int_{-T/2}^{T/2} f(t)\sin(n\omega t)dt. \end{cases} \tag{A.2.11}$$

(3) 该函数在傅氏变换中还有其他的展开式表示, 这里不一一列举.

(4) 另外, 对函数 $f(x)$ 可以是 R 上的一般平方可积函数 (不要求满足周期性), 那么 (A.2.10) 式可以看作该函数在区间 $[-T/2, T/2]$ 上的展开式.

2. 傅氏变换的性质

如果 $f(x)$ 是定义在 R 上的平方可积函数, 那么它的傅氏变换, 如 (A.2.2) 式、(A.2.3) 式所示, 其中 $(a, b, \tau) = (-\infty, \infty, \omega)$. 它的变换和逆变换公式分别是

$$\begin{cases} F(\omega) = \displaystyle\int_{-\infty}^{\infty} f(x)e^{-i\omega x}dx, & \omega \in R, \\ f(x) = \displaystyle\int_{-\infty}^{\infty} F(\omega)e^{i\omega x}d\omega, & x \in R. \end{cases} \tag{A.2.12}$$

记 $F(\omega) = \mathcal{F}[f(x)], f(x) = \mathcal{F}^{-1}[F(\omega)]$ 分别是它的傅氏变换、傅氏逆变换, 它们有以下性质成立.

(1) **线性**. 这时对任何常数 α_1, α_2 有

$$\mathcal{F}[\alpha_1 f_1(x) + \alpha_2 f_2(x)] = \alpha_1 \mathcal{F}[f_1(x)] + \alpha_2 \mathcal{F}[f_2(x)]. \tag{A.2.13}$$

(2) **对称性**. 如果 $F(\omega) = \mathcal{F}[f(x)]$, 那么 $\mathcal{F}^{-1}[F(x)] = 2\pi f f(\omega)$.

(3) **位移性质**. 如果 $\mathcal{F}[f(x)] = F(\omega)$, 那么

$$\mathcal{F}[f(x \pm x_0)] = e^{\pm \omega x_0} \mathcal{F}[f(x)] = e^{\pm \omega x_0} F(\omega). \tag{A.2.14}$$

(4) **微分性质**. 如果当 $|x| \to \infty$ 时, $f(x) \to 0$, 那么

$$\mathcal{F}[f'(x)] = i\omega \mathcal{F}[f(x)], \tag{A.2.15}$$

其中 $f'(x)$ 是 $f(x)$ 函数的导数.

(5) **积分性质**. 如果当 $x \to +\infty$ 时, $\displaystyle\int_{-\infty}^{-x} f(u) du \to 0$. 这时记 $F(x) = \displaystyle\int_{-\infty}^{x} f(u) du$, 那么有

$$\mathcal{F}[F(x)] = \frac{1}{i\omega} \mathcal{F}[f(x)]. \tag{A.2.16}$$

(6) **乘积定理** (Parseval 定理). 如果 $f_\gamma(x), \gamma = 1, 2$ 平方可积, 而且 $F_\gamma = \mathcal{F}[f_\gamma(x)]$, 那么

$$\int_{-\infty}^{\infty} f_1(x) f_2(x) dx = \begin{cases} \displaystyle\int_{-\infty}^{\infty} F_1(\omega) \overline{F_2(\omega)} d\omega, \\ \displaystyle\int_{-\infty}^{\infty} \overline{F_1(\omega)} F_2(\omega) d\omega. \end{cases} \tag{A.2.17}$$

特别地, 如果 $f(x)$ 平方可积, 而且 $F(\omega) = \mathcal{F}[f(x)]$, 那么

$$\int_{-\infty}^{\infty} |f_1(x)|^2 dx = \frac{1}{2\pi} \int_{-\infty}^{\infty} |F_1(\omega)|^2 d\omega. \tag{A.2.18}$$

(7) **其他公式**. 在 $f(x) \longrightarrow F(\omega)$ 之间还有其他公式, 如表 A.2.1 所示.

表 **A.2.1** 傅氏变换中的其他公式表

函数	时反公式	共轭函数	f 面积	F 面积	比例	对偶
信号函数	$f(-x)$	$f^*(x)$	$\displaystyle\int_R f(x) dx$	$f(0)$	$f(\alpha x)$	$F(t)$
变换函数	$F(-\omega)$	$F^*(-\omega)$	$F(0)$	$\displaystyle\int_R F(\omega) d\omega$	$\dfrac{1}{|\alpha|} F\left(\dfrac{\omega}{\alpha}\right)$	$2\pi f(-\omega)$

3. 有关卷积的性质

我们已经给出卷积的定义 $f_1(x) * f_2(x) = \displaystyle\int_{-\infty}^{\infty} f(\tau) f(t - \tau) d\tau$. 那么它有以下性质成立.

卷积的基本性质如下:

$$
\begin{cases}
\textbf{交换律} & f_1(x) * f_2(x) = f_2(x) * f_1(x), \\
\textbf{结合律} & [f_1(x) * f_2(x)] * f_3(x) = f_2(x) * [f_1(x) * f_3(x)], \\
\textbf{分配律} & [f_1(x) + f_2(x)] * f_3(x) = f_1(x) * f_3(x) + f_2(x) * f_3(x), \\
\textbf{数乘算} & a[f_1(x) * f_2(x)] = [af_1(x)] * f_2(x) = f_1(x) * [af_2(x)].
\end{cases}
\tag{A.2.19}
$$

定理 A.2.1 (卷积定理) 如果 $F(\omega) = \mathcal{F}[f(x)], G(\omega) = \mathcal{F}[g(x)]$, 分别是 f, g 函数的傅氏变换, 那么有以下关系式成立:

$$
\begin{cases}
\mathcal{F}[f_1(x) * f_2(x)] = F_1(\omega)F_2(\omega), \\
\mathcal{F}[f_1(x) \cdot f_2(x)] = \dfrac{1}{2\pi}F_1(\omega) * F_2(\omega), \\
\mathcal{F}^{-1}[F_1(\omega) * F_2(\omega)] = f_1(x) * f_2(x),
\end{cases}
\tag{A.2.20}
$$

4. 有关相关函数的性质

定义 A.2.1 如果 $f(x), g(x)$ 的傅氏变换分别是 $F(\omega) = \mathcal{F}[f(x)], G(\omega) = \mathcal{F}[g(x)]$, 那么有以下定义:

(1) 称 $\begin{cases} R_{f,f}(\tau) = \displaystyle\int_{-\infty}^{\infty} f(x)\overline{f(x+\tau)}dx, \\ R_{f,g}(\tau) = \displaystyle\int_{-\infty}^{\infty} f(x)\overline{g(x+\tau)}dx \end{cases}$ 分别是 $f(x), g(x)$ 的**自相关函数**和**互相关函数**;

(2) 称 $\begin{cases} S_{f,f}(\omega) = \mathcal{F}[R_{f,f}(\tau)], \\ S_{f,g}(\omega) = \mathcal{F}[R_{f,g}(\tau)] \end{cases}$ 分别是 $f(x), g(x)$ 的自相关函数和互相关函数的能量谱密度函数, 简称为**自能量谱**和**互能量谱**.

定理 A.2.2 (相关函数、相关函数谱的性质定理) 在定义 A.2.1 的规定记号下, 有以下性质成立:

(1) $R_{f,g}(\tau) = R_{f,g}^*(-\tau), \quad \tau \in R$, 其中 R^* 是 R 的共轭复数;

(2) $\begin{cases} S_{f,g}(\omega) = S_{g,f}(\omega), \\ R_{f,g}(\tau) = \dfrac{1}{2\pi}\displaystyle\int_{-\infty}^{\infty} S_{g,f}(\omega)e^{i\omega\tau}d\omega. \end{cases}$

5. 其他说明

(1) 关于离散变换也有相应的一系列性质.

(2) 对一些重要函数 (如表 A.2.1 中的函数) 都有它们的一系列积分变换、离散变换公式, 在此不一一说明.

对这些性质和公式在许多数学用表 (如 [144] 等文献) 中都有说明, 对此不再赘述.

附录 B 随机数学和随机分析

随机就是有多种情况可能发生. 许多自然现象都具有这种随机性的特征, 由此产生或形成随机数学或随机分析的理论.

B.1 随机数学的理论基础

随机数学的内容包括随机变量、随机过程和统计分析等理论. 对它们的描述主要通过它们的特征数 (如平均值、方差、标准差、熵) 和分布函数等特性来说明.

随机变量的观察结果是统计样本, 它们也有相应的特征数 (或统计量). 统计学就是对这种统计样本或统计量的研究分析, 它们都是随机数学或随机分析中的组成部分.

在本节中, 我们先讨论随机数学的理论基础. 有关可测空间和概率空间的理论, 由这些理论和方法可使随机数学、随机分析建立在十分严格的数学基础之上.

B.1.1 可测空间和概率空间

我们已经说明, 概率空间是构建随机数学的理论基础, 现在对概率空间的基本内容作概要讨论和说明. 在本章中, 我们采用相关教材中的语言与记号.

1. 可测空间

记 Ω 是一个集合, 它的元和子集合分别是 $\omega \in \Omega, A \subset \Omega$. 记 $\mathcal{F}$ 是 Ω 的一个子集系.

定义 B.1.1 (可测空间的定义) 称 $(\Omega, \mathcal{F})$ 是一个可测空间, 如果它满足以下条件:

(1°) $\Omega \in \mathcal{F}$;

(2°) 如果 $A \in \mathcal{F}$, 那么它的余集合 $A^c = \Omega - A \in \mathcal{F}$. 有时记 A^c 为 $\bar{A}$.

(3°) 如果 $A_i \in \mathcal{F}, i = 1, 2, \cdots$, 那么 $\bigcup A_i \in \mathcal{F}$.

在此定义中, 称 $\mathcal{F}$ 为该可测空间中的σ-**代数** (又称 σ-域), 称 $\mathcal{F}$ 中的集合为可测集合.

这时称该定义中的条件 (3°) 中的集合的并为 σ-并. 因此定义中的条件 (3°) 是 $\mathcal{F}$ 关于集合的 σ-并运算闭合.

性质 B.1.1 (可测空间的性质) 如果 $(\Omega, \mathcal{F})$ 是一个可测空间, 那么以下性质成立:

(1) 空集合 $\Phi = \Omega - \Omega = \Omega^c \in \mathcal{F}$;

(2) 如果 $A_i \in \mathcal{F}, i = 1, 2, \cdots$, 那么

$$\bigcap A_i = \overline{\bigcup \bar{A}_i} \in \mathcal{F},$$

这就是说, 如果 $(\Omega, \mathcal{F})$ 是一个可测空间, 那么必有 $\Omega, \Phi \in \mathcal{F}$, 而且在 $\mathcal{F}$ 中, 关于可数个集合的余、并和交的运算闭合.

定义 B.1.2 (可测空间中的测度的定义)　如果 $(\Omega, \mathcal{F})$ 是一个可测空间, P 是定义在 $\mathcal{F} \to R$ 上的函数, 而且满足以下条件:

(4°) $P(\varnothing) = 0$.

(5°) **σ-可加性成立**. 这就是 $A_i \in \mathcal{F}, i = 1, 2, \cdots$ 是一列互不相交的集合, 那么有

$$P\left(\bigcup_{i=1}^{\infty} A_i\right) = \sum_{i=1}^{\infty} P(A_i)$$

成立, 则称 P 是可测空间 $(\Omega, \mathcal{F})$ 上的一个广义测度.

(6°) 如果 P 是可测空间 $(\Omega, \mathcal{F})$ 上的一个广义测度, 而且 P 的取值非负, 那么称 P 是 $(\Omega, \mathcal{F})$ 空间上的一个测度.

(7°) 如果 P 是 $(\Omega, \mathcal{F})$ 上的一个测度, 而且 $P(\Omega) = 1$ 或 $P(\Omega)$ 只取有限值, 那么分别称 P 是 $(\Omega, \mathcal{F})$ 空间上的一个概率测度或有穷测度. 这时称 $(\Omega, \mathcal{F}, P)$ 是一个概率空间或有穷测度空间.

2. 关于概率空间或有穷测度空间的性质

由此概率空间或有穷测度空间的定义可以进一步得到它们的一系列性质.

定理 B.1.1 (连续性定理)　在 σ-代数 $\mathcal{F}$ 上的非负、有穷函数 $P(A)$ 是 σ-可加的充分和必要条件是:

(1) **可加性成立**, 在 (5°) 的 σ-可加性条件中, 值对有限个集合 $A_i \in \mathcal{F}, i = 1, 2, \cdots, n$ 的可加性成立;

(2) **连续性成立**, 对任何一列集合 $A_i \in \mathcal{F}, i = 1, 2, \cdots$, 它们满足关系式 $A_{i+1} \subset A_i$, 如果 $\bigcap_{i=1}^{\infty} A_i = \varnothing$, 那么必有 $\lim_{n \to \infty} P(A_n) = 0$ 成立.

这时又称定理 B.1.1 中的条件 (1), (2) 分别是有限可加公理 (简称可加公理) 和连续性公理.

在概率空间或有穷测度空间的性质中, 除了连续性定理外, 还有扩张定理.

定义 B.1.3 (最小 σ-代数的定义)　(1) 如果 $\mathcal{A}$ 是 Ω 集合中的一个子集系, 它对定义 B.1.1-(3°) 中的有限集合的并运算闭合, 那么就称 $(\Omega, \mathcal{A})$ 是一个 Ω 的**代数**.

(2) 如果 $(\Omega, \mathcal{A})$ 是一个 Ω 的**代数**, $\mathcal{F}_0$ 是 Ω 的一个 σ-代数. 对任何一个包含 $\mathcal{A}$ 的 σ-代数 $\mathcal{F}$, 必有 $\mathcal{F}_0 \subset \mathcal{F}$, 那么称 $\mathcal{F}_0$ 是一个包含 $\mathcal{A}$ 的最小 σ-代数.

如果 $\mathcal{F}_0$ 是一个包含 $\mathcal{A}$ 的最小 σ-代数, 那么又称 $\mathcal{F}_0$ 是一个由 $\mathcal{A}$ 生成的 σ-代数, 由此记为 $\mathcal{F}_0 = \mathcal{F}(\mathcal{A})$.

定理 B.1.2 (测度的扩张定理) 如果 $\mathcal{A}$ 是 Ω 集合的一个代数, P 是定义在 $\mathcal{A}$ 上的有穷测度, $\mathcal{F}(\mathcal{A})$ 是由 $\mathcal{A}$ 生成的最小 σ-代数, 那么必存在, 而且唯一存在一个定义在 $\mathcal{F}(\mathcal{A})$ 上的有穷测度 P', 对任何 $A \in \mathcal{A}$, 有 $P'(A) = P(A)$ 成立.

这时称有穷测度 P' 是有穷测度 P 的扩张测度, P, P' 分别是定义在 $\mathcal{A}, \mathcal{F}(\mathcal{A})$ 上的有穷测度, 由 P 的取值可以唯一确定 P 的取值.

定理 B.1.3 (测度的完全化定理) 如果 $(\Omega, \mathcal{F})$ 是一个可测空间, μ 是一个定义 $\mathcal{F}$ 上的有穷测度, 记

$$\begin{cases} \mathcal{N} = \{A \subset \Omega, \text{有一个} B \in \mathcal{F}, \text{使} \mu(B) = 0, \text{且} A \subset B\}, \\ \tilde{\mathcal{F}} = \{A \cup \Delta, A \in \mathcal{F}, \Delta \in \mathcal{N}\}. \end{cases} \tag{B.1.1}$$

这时显然有 $\tilde{\mathcal{F}}$ 是一个 σ-代数.

那么由 $(\Omega, \mathcal{F})$ 上的有限测度 μ 可以定义 $(\Omega, \tilde{\mathcal{F}})$ 上的 $\bar{\mu}$, 使 $\bar{\mu}(A \cup \Delta) = \mu(A)$ 对任何 $A \in \mathcal{F}$ 成立. 这时 $\bar{\mu}$ 是一个定义在 $\tilde{\mathcal{F}}$ 上的有限测度.

定理 B.1.3 是关于测度的定义从 $\mathcal{F}$ 扩展到 σ-代数 $\tilde{\mathcal{F}}$ 的情形.

3. Borel 空间 (或 Borel 域) 和 Borel 测度

我们已经给出了测度空间、测度的定义, 现在讨论 Borel 空间和 Borel 测度的构造.

(1) 记 R^d 是 d 维实数空间, 它的元是 d 维向量 $x^d = (x_1, x_2, \cdots, x_d)$.

(2) 在 R^d 中可以产生多种不同类型的子集系, 如

$$\begin{cases} \mathcal{F}_1 = \{\text{全体闭集合}\}, \\ \mathcal{F}_2 = \{\text{全体}d\text{维闭 (或开) 区域}\}, \\ \mathcal{F}_3 = \left\{\text{全体}d\text{维、(上) 半无穷闭区域} \prod_{j=1}^{n}(-\infty, \mu_j]\right\}, \\ \mathcal{F}_4 = \left\{\text{全体}d\text{维、(下) 半无穷闭区域} \prod_{j=1}^{n}[\mu_j, -\infty)\right\}, \\ \mathcal{F}_5 = \left\{\text{全体}d\text{维、有穷闭区域} \prod_{j=1}^{n}[\lambda_i, \mu_j], -\infty < \lambda_j < \mu_j < \infty\right\}, \\ \mathcal{F}_6 = \left\{\text{全体}d\text{维、有穷开区域} \prod_{j=1}^{n}(\lambda_i, \mu_j), -\infty < \lambda_j < \mu_j < \infty\right\}, \end{cases} \tag{B.1.2}$$

其中 $\begin{cases} \mu^d = (\mu_1, \mu_2, \cdots, \mu_d), \\ \lambda^d = (\lambda_1, \lambda_2, \cdots, \lambda_d) \end{cases}$ 是两个 d 维、有穷向量. 而

$$\begin{cases} \prod_{j=1}^{n} [\lambda_i, \mu_i] = \{x^d, \lambda_i \leqslant x_i \leqslant \mu_i, i = 1, 2, \cdots, d\}, \\ \prod_{j=1}^{n} (\lambda_i, \mu_i) = \{x^d, \lambda_i < x_i < \mu_i, i = 1, 2, \cdots, d\}. \end{cases} \tag{B.1.3}$$

(3) 记 $\mathcal{B}^d = \mathcal{F}(\mathcal{F}_\tau), \tau = 1, 2, \cdots, 6$, 其中 $\mathcal{F}(\mathcal{F}_\tau)$ 是包含 $\mathcal{F}_\tau$ 的最小 σ-代数. 这时, 对不同的 $\tau = 1, 2, \cdots, 6$ 所得的 $\mathcal{B}^d$ 是相同的.

(4) 这时称 $(R^d, \mathcal{B}^d)$ 是一个 Borel 空间, 并称 $\mathcal{B}^d$ 中的集合是 Borel 可测集.

(5) 在此 Borel 空间中, 定义

$$P\left(\prod_{j=1}^{n} [\lambda_i, \mu_i]\right) = \prod_{j=1}^{n} (\mu_i - \lambda_i). \tag{B.1.4}$$

这时的 P 是定义在 $\mathcal{F}_4$ 集合上的有穷测度, 对该测度可以唯一扩张到 Borel 空间 $(R^d, \mathcal{B}^d)$ 中.

这时的 P 是定义在 Borel 空间 $(R^d, \mathcal{B}^d)$ 中的 σ-可加、σ-有穷测度, 或称之为 Borel 测度.

4. 可测变换 (或映射)

记 $(\Omega, \mathcal{F}), (\mathcal{X}, \mathcal{B}_\mathcal{X})$ 是两个不同的可测空间.

定义 B.1.4 (可测变换的定义)　如果 f 是一个 $\Omega \to \mathcal{X}$ 的变换 (或映射), 称 f 是一个 $\Omega \to \mathcal{X}$ 的可测变换 (或映射), 如果对任何 $B \in \mathcal{B}_\mathcal{X}$, 都有

$$f^{-1}(B) = \{\omega, f(\omega) \in B\} \in \mathcal{F} \tag{B.1.5}$$

成立. 其中 f^{-1} 是 f 的逆映射.

B.1.2　随机变量和随机系统

随机数学的内容包括随机变量、随机过程和统计分析等理论. 对它们的描述主要通过它们的特征数 (如平均值、方差、标准差、熵) 和分布函数等特性来说明.

随机变量的观察结果是统计样本, 它们也有相应的特征数 (或统计量). 统计学就是对这种统计样本或统计量的研究分析. 它们都是随机数学或随机分析中的组成部分.

B.1.3　随机变量及其概率分布

我们已经说明, 随机是指有多种情况可能发生. 在随机数学或随机分析理论中, 通过随机变量等理论和记号进行描述.

1. 类型和记号

随机现象是一种很复杂的现象, 它们有许多不同的类型和描述方法.

(1) 有关的简写记号为随机变量或随机向量 (random variable, r.v.)、随机系统 (randonm system, r.s.)、随机序列 (stochastic sequence, s.s.)、随机过程 (stochastic process, s.p.).

它们的概率分布 (probability distribution, p.d.) 或概率分布密度函数 (p.d. density function, 简记为 p.d.f.).

(2) 对 r.v. 和 s.p. 的严格数学理论描述需通过概率空间、可测映射等概念和理论来进行说明, 其要点如下:

(i) 记 $(\Omega, \mathcal{F}, P)$ 是一个概率空间, $(\mathcal{X}, \mathcal{B}_{\mathcal{X}})$ 是一个可测空间 (一般取 Borel 域);

(ii) 如果 ξ 是一个 $\Omega \to \mathcal{X}$ 的可测映射, 那么称 ξ 是一个 $\Omega \to \mathcal{X}$ 的 r.v., 因此 ξ 是一个定义在 Ω 集合上, 在 $\mathcal{X}$ 中取值的可测函数;

(iii) 这时称 $\mathcal{X}$ 是该 r.v. 的**相空间**, 这是指该 r.v. 的取值范围.

不同类型的 r.v. 有不同的相空间, 它们的集合类型在之前的文中已有说明.

(3) r.v. 的其他记号有 $\xi, \eta, \zeta, \theta^*, \xi^{(d)} = (\xi_1, \xi_2, \cdots, \xi_d), \theta^{*(m)} = (\theta_1^*, \theta_2^*, \cdots, \theta_m^*)$ 等.

2. 若干基本概念

在随机数学中, 涉及的基本概念如下.

(1) 我们已经给出 ξ 的概念是 $(\Omega, \mathcal{F}, P) \to (\mathcal{X}, \mathcal{B}_{\mathcal{X}})$ 的一个可测映射, 这时称

$$P(\xi^{-1}(B)) = P_r\{\xi(\omega) \in B\}, \quad \text{对任何} B \in \mathcal{B}_{\mathcal{X}} \tag{B.1.6}$$

是 r.v. ξ 的 p.d..

(2) 如果 $(\mathcal{X}, \mathcal{B}_{\mathcal{X}}) = (R^d, \mathcal{B}^d)$ 是一个 d 维 Borel 空间, 那么所产生的 r.v. 是一个 d 维随机向量, 由此记为 $\xi^d = (\xi_1, \xi_2, \cdots, \xi_d)$.

(3) 如果记 $B(x^d) = \prod_{j=1}^{d}(-\infty, x_j] \in \mathcal{B}_{\mathcal{X}}$, 那么记

$$F(x^d) = P_r\{\xi^d \in B(x^d)\}, \quad \text{对任何} x^d \in R^d \tag{B.1.7}$$

是一个 d 维 r.v. 的 p.d. 函数.

(4) 对这些 r.v. 它们的相空间、分布函数有不同的类型, 它们的类型分别为

$$\begin{cases} \text{离散 r.v.} & p_\xi(x) = P_r\{\xi = x\}, \\ \text{一维 r.v.} & F_\xi(x) = P_r\{\xi \leqslant x\}, \\ \text{多维 r.v.} & F_\xi(x^{(d)}) = P_r\{\xi_1 \leqslant x_1, \cdots, \xi_d \leqslant x_d\}, \end{cases}$$

$$\begin{cases} \text{一维 r.v.} \quad f_\xi(x) = \dfrac{dF_\xi(x)}{dx}, \\[3mm] \text{多维 r.v.} \quad f_\xi(x^{(d)}) = \dfrac{d^d F_\xi(x^{(d)})}{dx^{(d)}}, \end{cases} \tag{B.1.8}$$

其中 $x \in \mathcal{X}$, $dx^{(d)} = dx_1 dx_2 \cdots dx_d$, 该式左边是 p.d., 右边是 p.d.f. . 这时有

$$f_\xi(x), p_\xi(x) \geqslant 0, \quad \int_{\mathcal{X}} f_\xi(x)dx = 1 \quad \text{或} \quad p_\xi(x) \geqslant 0, \sum_{x \in \mathcal{X}} p_\xi(x) = 1 \tag{B.1.9}$$

成立. 为了简单起见, 有时省略下标 ξ.

(5) 对 r.v. 特性的描述, 除了它们的 p.d. 或 p.d.f. 外, 还有**特征数**的描述, 特征数的名称、类型、记号和计算公式如表 B.1.1 所示.

表 B.1.1　随机向量的主要特征数表

名称	平均值	方差	标准差	协方差矩阵	相关矩阵
记号	$\mu = E\{\xi\}$	$\sigma^2 = E\{(\xi - \mu)^2\}$	σ	$\Sigma = (\sigma_{i,j})_{i,j=1,\cdots,d}$	$(\rho_{i,j})_{i,j=1,\cdots,d}$
计算公式 I	$\displaystyle\int_{\mathcal{X}} x f(x)dx$	$\displaystyle\int_{\mathcal{X}} (x-\mu)^2 f(x)dx$	$\sqrt{\sigma^2}$	$\displaystyle\int_{\mathcal{X}^{(2)}} (x_i - \mu_i)(x_j - \mu_j) \times f_{i,j}(x_i, x_j)dx_i dx_j$	$\rho_{i,j} = \dfrac{\sigma_{i,j}}{\sqrt{\sigma_{i,i}}}$
计算公式 II	$\displaystyle\sum_{x \in \mathcal{X}} x p(x)$	$\displaystyle\sum_{x \in \mathcal{X}} (x-\mu)^2 p(x)$	$\sqrt{\sigma^2}$	$\displaystyle\sum_{x_i, x_j \in \mathcal{X}} (x_i - \mu_i) \times (x_j - \mu_j) p_{i,j}(x_i, x_j)$	$\rho_{i,j} = \dfrac{\sigma_{i,j}}{\sqrt{\sigma_{i,i}}}$

注: 计算公式 I 和计算公式 II 分别是连续型和离散型 r.v. 的计算公式. $f_{i,j}, p_{i,j}$ 分别是 (ξ_i, ξ_j) 在连续型或离散型条件下的联合 p.d. 密度或联合分布.

本书中经常使用的特征数还有**相对标准差**, 它的记号和计算公式是 $w = \sigma/|\mu|$.

3. 随机向量的观察样本

在统计中随机向量 $\theta^{*(d)} = (\theta_1^*, \theta_2^*, \cdots, \theta_d^*)$ 的观察数据为它们的样本值 (观察结果), 记此为

$$\Theta = (\theta_{i,j})_{i=1,2,\cdots,n, j=1,2,\cdots,d}. \tag{B.1.10}$$

这是一个 $n \times d$ 的数据阵列, 其中 n, d 分别是该数据阵列的行、列的数目, 它们分别表示观察次数和参数数目. 它们的特征数为

$$\begin{cases} \text{列平均值向量} \quad \mu^{(d)} = (\mu_1, \mu_2, \cdots, \mu_d), \\[2mm] \text{列协方差矩阵} \quad \Sigma = (\sigma_{s,t})_{s,t=1,2,\cdots,d}, \\[2mm] \text{列相关矩阵} \quad \tilde{\rho} = (\rho_{s,t})_{s,t=1,2,\cdots,d}, \end{cases}$$

其中

$$
\begin{cases}
\mu_j = \dfrac{1}{n} \sum_{i=1}^{n} \theta_{i,j}, \quad j = 1, 2, \cdots, d, \\[2mm]
\sigma_{j,j'} = \dfrac{1}{n} \sum_{i=1}^{n} (\theta_{i,j} - \mu_j)(\theta_{i,j'} - \mu_{j'}), \\[2mm]
\rho_{j,j'} = \dfrac{\sigma_{j,j'}}{\sqrt{\sigma_{j,j}}}, \quad j, j' = 1, 2, \cdots, d.
\end{cases}
\tag{B.1.11}
$$

(B.1.11) 式中的特征数又称为统计量, 它们的相对标准差记号和 r.v. 相同.

在 r.v. 的特征数中, 还有一类特殊的特征数, 是关于 r.v. 的信息度量函数, 对此我们在下文中有专门的讨论.

4. 一些常用的 r.v. 和它们的分布函数、特征数列如表 B.1.2 所示

表 B.1.2　一些常用的 p.d. 函数和它们的特征数列表

离散型分布名称	分布记号	相空间 $\mathcal{X}$	分布函数 $p_k, k \in \mathcal{X}$	均值 μ	方差 σ^2	Shannon 熵 $S()$
均匀分布		F_n	$p(x) = \dfrac{1}{n}$	$(n+1)/2$		$\log n$
伯努利分布	B	$\{0,1\}$	$p_0 = p, p_1 = q = 1-p$	p	pq	$-p \log p - q \log q$
二项式分布	$B(n,p)$	F_n	$p_k = C_k^n p^k q^{n-k}$	np	npq	
几何分布	$P(p)$	F_0	$p_k = pq^k$	pq^{-1}	qp^{-2}	$-\log p - \dfrac{1}{p} \log q$
泊松分布	$P(\lambda)$	F_0	$p_k = \dfrac{\lambda^k}{k!} e^{-\lambda}$	λ	λ	∞

连续型分布名称	分布记号	相空间 $\mathcal{X}$	分布密度函数 $f(x), x \in \mathcal{X}$	均值 μ	方差 σ^2	Shannon 熵 $S()$
均匀分布		$(a,b), a < b$	$f(x) = \dfrac{1}{b-a}$	$\dfrac{a+b}{2}$	$\dfrac{(a+b)^2}{12} - \dfrac{ab}{3}$	$\log(b-a)$
指数分布		R_0	$f(x) = \dfrac{1}{\lambda} e^{-\frac{x}{\lambda}}$	λ	λ	$1 + \log(\lambda)$
正态分布	$N(\mu, \sigma^2)$	R	$f(x) = \dfrac{1}{\sqrt{(2\pi)\sigma^2}} e^{-\frac{(x-\mu)^2}{2\sigma^2}}$	μ	σ^2	$\dfrac{1}{2} \log(2e\pi\sigma^2)$
d 维正态	$N(\mu^{(d)}, \Sigma)$	R^d	$f(x^{(d)})$	$\mu^{(d)}$	Σ	$\dfrac{d}{2} \log(2e\pi)|\Sigma|$

对表中有关记号说明如下.

(1) $0 < p < 1, q = 1 - p, \lambda > 0$ 都是固定参数, $C_k^n = \dfrac{n!}{k!(n-k)!}$ 是 n 个元中取 k 个元的组合数.

(2) 有关特征数的定义和计算公式已在表 B.1.2 中给出.

(3) 正态分布又名高斯分布[①], d 维正态 $N(\mu^{(d)}, \Sigma)$ 的分布密度函数是

[①] 约翰·卡尔·弗里德里希·高斯 (Johann Carl Friedrich Gauss, 1777–1855), 德国著名数学家、物理学家、天文学家、大地测量学家.

$$f(x^{(d)}) = \frac{1}{\sqrt{(2\pi)^d|\Sigma|}}\exp\{-(x^{(d)} - \mu^{(d)})\Sigma^{-1}(x^{(d)} - \mu^{(d)})'\}, \qquad (\text{B.1.12})$$

其中 $x^{(d)}, \mu^{(d)}, \Sigma$ 已分别在表 B.1.1 中定义, $\Sigma^{-1}, |\Sigma|$ 分别是 Σ 的逆矩阵和行列式, $0^{(d)}$ 是个零向量, Σ_1 是幺矩阵, $N(0^{(d)}, \Sigma_1)$ 是一个 d 维标准正态分布.

(4) $x^{(d)} - \mu^{(d)} = (x_1 - \mu_1, x_2 - \mu_2, \cdots, x_d - \mu_d), (x^{(d)} - \mu^{(d)})'$ 是 $(x^{(d)} - \mu^{(d)})$ 的转置向量 (是列向量), $(x^{(d)} - \mu^{(d)})\Sigma^{-1}(x^{(d)} - \mu^{(d)})'$ 是矩阵积.

(5) 各 r.v. 名称就是所对应 p.d. 的名称. 如称具有伯努利分布的 r.v. 为伯努利 r.v. (或伯努利试验), 其他分布也有类似的名称.

(6) 除了表 B.1.2 中的几种最基本分布外, 在概率、统计中还有多种其他类型的分布, 如 t-分布、F-分布等, 它们的来源、函数表示、特征数和香农熵等见文献 [65].

(7) **高斯系**. 正态分布族又称高斯系, 即任何 r.v. 的联合 p.d. 都是多维正态分布, 且满足定义 7.2.1 的相容性条件.

高斯系中任何 r.v. 的线性组合仍然是高斯分布, 因此在随机微分方程中的随机运动主要是高斯族分布的随机运动.

B.1.4　r.v. 的极限性质

r.v. 的极限性质包括大数定律和中心极限定理, 它们是随机分析中的重要组成部分.

1. r.v. 的收敛性

r.v. 的收敛性或它们的极限性质有多种不同类型和定义.

定义 B.1.5 (收敛性的定义)　s.s. ξ_{F_0} 收敛于 r.v. ξ 的定义中有多种不同类型定义.

(1) **几乎处处收敛** (a.e.). 使关系式 $\lim\limits_{n\to\infty}\xi_n = \xi$ 成立的概率为 1.

(2) **以概率收敛**. 对任何 $\epsilon > 0$, 在 $n \to \infty$ 时总有 $P_r\{|\xi_n - \xi| > \epsilon\} \to 0$ 成立.

(3) **按分布收敛**. 如果记 $f_n(x), f(x)$ 分别是 ξ_n, ξ 的 p.d., 当 $n \to \infty$ 时, 对任何 $x \in \mathcal{X}$, 有 $f_n(x) \to f(x)$ 成立.

(4) **均方收敛或绝对平均收敛**. 在 $n \to \infty$ 时分别有 $E\{|\xi_n - \xi|^2\} \to 0$ 或 $E\{|\xi_n - \xi|\} \to 0$ 成立, 这种收敛又称矩收敛.

这几种不同类型的收敛性经常在随机分析的不同场合下使用.

2. 大数定律

大数定律和中心极限定理都是讨论在大量 r.v. 求和时的极限性质. 记 ξ_{F_+} 是一个满足一定条件 (如 i.i.d.(independently identically distribution, 独立同分布) 等条件) 的 s.s., 其中每个 ξ_i 的均值和方差分别为 μ, σ^2.

定理 B.1.4 (大数定律)　s.s. ξ_{F_+} 在一定条件下, 具有极限性质如下:

$$\lim_{n\to\infty} \frac{1}{n}\sum_{i=1}^{n}\xi_i = \mu, \quad (\text{a.e.}), \tag{B.1.13}$$

其中 (a.e.) 表示几乎处处收敛.

3. 中心极限定理

大数定律给出了 r.v. 求和的平均值性质, 中心极限定理较大数定律有更精确的极限性质.

定理 B.1.5 (中心极限定理)　对于定理 B.1.4 中的 s.s. ξ_{F_+}, 具有极限性质

$$\lim_{n\to\infty} P_r\left\{ \frac{1}{\sigma\sqrt{n}}\sum_{i=1}^{n}(\xi_i - \mu) > x \right\} = \Phi(x), \tag{B.1.14}$$

其中 $\Phi(x) = \dfrac{1}{\sqrt{2\pi}\sigma} \displaystyle\int_x^\infty \exp\left(-\frac{u^2}{2}\right) du$ 是标准正态 p.d. $N(0,1)$. 因此 (B.1.14) 式可简化为

$$\frac{1}{\sigma\sqrt{n}}\sum_{i=1}^{n}(\xi_i - \mu) \sim N(0,1) \quad \text{或} \quad \sum_{i=1}^{n}\xi_i \sim N(\mu, n\sigma^2). \tag{B.1.15}$$

4. 大数定律和中心极限定理的推广和应用

定理 B.1.4. 和定理 B.1.5 中极限性质成立的条件是比较高的, 实际上这些定理可在很大范围内推广, 对此在下文中还有详细说明.

大数定律和中心极限定理是随机分析理论中的基本定理, 当大量随机数的叠加时, 它们会形成某种稳定的运动趋向. 这种现象在自然界的生命演变过程中有重要作用.

定理 B.1.4 和定理 B.1.5 还可在很大范围内推广, 因此它们可在很广泛的意义下成立.

B.1.5　概率空间中的积分理论

我们仍然记 $(\Omega, \mathcal{F}, \mu)$ 是一个测度空间, 记 $\xi = \xi(\omega)$ 是一个 r.v., 它的相空间是实数空间 R. 现在讨论它的积分问题.

1. 简单函数的积分

在测度空间 $(\Omega, \mathcal{F}, \mu)$ 中关于 r.v. 的积分的定义从简单函数开始.

(1) 如果 $A \in \mathcal{F}$ 是一个可测集合, 那么称 $\chi_A(\omega) = \begin{cases} 1, & \text{如果}\,\omega \in A, \\ 0, & \text{否则} \end{cases}$ 是一个关于集合 A 的示性函数.

(2) 如果 $A_1, A_2, \cdots, A_n \in \mathcal{F}$ 是一组可测集合, 那么称 $f(\omega) = \sum_{i=1}^{n} a_i \chi_{A_i}(\omega)$ 是一个关于在可测空间 $(\Omega, \mathcal{F})$ 上的简单函数.

(3) 如果 $f(\omega) = \sum_{i=1}^{n} a_i \chi_{A_i}(\omega)$ 是一个在测度空间 $(\Omega, \mathcal{F}, \mu)$ 上的简单函数, 那么定义该函数在该测度空间中的积分为

$$\int_{\Omega} f(\omega) d\mu(\omega) = \sum_{i=1}^{n} a_i \mu(A_i). \tag{B.1.16}$$

因此, 对任何简单函数, 它的积分存在且唯一确定.

命题 B.1.1 (可测函数的基本性质) $f(\omega)$ 在测度空间 $(\Omega, \mathcal{F}, \mu)$ 上是一可测函数的充分和必要条件, 存在一列简单函数 $f_n(\omega)$, 使 $f_n(\omega) \to f(\omega)$(a.s. 收敛).

2. 可测函数积分的定义

定义 B.1.6 (非负、可测函数积分的定义) 如果 $f(\omega)$ 是一个非负、有穷、可测函数, 那么它的积分的定义是

$$\int_{\Omega} f(\omega) d\mu(\omega) = \lim_{n \to \infty} \int_{\Omega} f_n(\omega) d\mu(\omega), \tag{B.1.17}$$

其中 f_n 是一列非降、简单函数, 而且收敛于 $f(\omega)$.

3. 关于可测函数积分的性质

对**可测函数的积分**有一系列的性质, 如积分的存在性理论、积分的运算性质、积分的收敛性定理等, 这里不一一列举.

B.2 信息和信息的度量

信息、信息的度量问题是信息论、信息科学中的理论基础, 也是随机分析中的重要内容. 与物理量相同, 信息和信息的度量也有多种形式, 其中最基本的定义是香农熵, 另外还有联合熵、条件熵、互信息和互熵等多种定义.

信息量的引进从根本上解释了在通信理论中的一系列问题, 因此人们把信息论的产生归功于香农在 1948 年发表的奠基性论文.

在本节中, 我们先讨论和介绍有关信息、信息的度量中的一些基本概念, 其中包括它们的含义、产生过程和这些度量的意义.

B.2.1 有关信息度量的一些基本概念

1. 信息的度量的形成过程和意义

为了了解信息的度量的意义, 我们先对它的形成过程说明如下.

(1) 信息的度量问题是个经典问题, 早在 20 世纪 20 年代, 奈奎斯特 (H. Nyquist) 与哈特莱 (L. Hartley) 就有一系列的讨论, 如提出信息传递的速率与

带宽成正比, 信息的度量与信号的概率分布及对数函数有关等观点. 这些思想为以后香农信息论的建立打下了基础.

(2) 至 20 世纪 40 年代, 控制论的奠基人维纳 (N. Wiener) 和美国统计学家费希尔 (E. Fisher) 与香农几乎同时提出关于信息的度量的公式.

(3) 信息论的产生应该归功于香农和他在 1948 年的论文 (见 [64] 文), 该论文不仅给出了信息的度量问题, 而且应用这些度量说明了在通信理论中的一系列问题. 因此该文被认为是信息论的奠基性的著作.

2. 熵或香农熵

熵或香农熵是产生信息量的基本概念. 它是定义在随机变量的基础上的. 我们以离散随机变量为例介绍熵的概念.

(1) 离散随机变量的不肯定性. 离散随机变量是大家所熟悉的, 我们仍用 ξ, η 等记号表示, 记 ξ 的取值空间为 $X = F_q = \{1, 2, \cdots, q\}$, 那么由此形成的概率分布为

$$p_i = P_r\{\xi = i\}, \quad i = 1, 2, \cdots, q. \tag{B.2.1}$$

因此, 在概率论中把随机变量 ξ 和它的概率分布表表示为

$$\xi \sim \bar{P} = \begin{pmatrix} 1 & 2 & \cdots & q \\ p_1 & p_2 & \cdots & p_q \end{pmatrix}, \tag{B.2.2}$$

这时称 $\bar{p} = (p_1, p_2, \cdots, p_q)$ 是随机变量 ξ 的概率分布函数, 其中的概率 p_i 满足关系式

$$p_i \geqslant 0, \quad i = 1, 2, \cdots, q, \quad \sum_{i=1}^{a} p_i = 1$$

成立.

(2) 离散随机变量的香农熵 (简称为熵) 的定义为

$$H(\xi) = H(\bar{p}) = -\sum_{i=1}^{q} p_i \log_a p_i, \tag{B.2.3}$$

其中 $\log_a$ 是以 a 为底的对数函数.

因为这个定义和热力学中熵的定义相似, 但为了区别起见, 在信息论中称之为香农熵.

(3) (B.2.3) 式中, 当对数底 a 取不同值时, 该熵的单位也不同. 当 $a = 2, e, 3, 10$ 时, 熵的单位分别是 "比特"、"奈特"、"铁特" 和 "笛特" (相应的英文记号为 bit, nat, tet, det).

(4) 各个单位之间由换底公式是 $\log_a x = \dfrac{\log_b x}{\log_b c}$ 进行换算.

如无特别说明均取 $a = 2$, 且记 $\log_2 x = \log x$. 当 $a = e$ 时, 简记 $\log_e x = \ln x$.

3. 熵的概念 (或含义) 的理解

首先，熵是一个关于随机变量或相应的概率分布的函数，因此我们称 $H(\xi) = H(\bar{p})$ 是关于随机变量 ξ 或概率分布 $\bar{p}$ 的熵函数.

其次，熵是一个关于随机变量 (或相应概率分布) 的不肯定性的度量.

(i) 这就是当随机变量 $\xi = c$ (是个常数时)，它的不肯定性为零 $H(\xi) = 0$.

(ii) 当随机变量 ξ 在 $X = F_q$ 上去均匀分布时，它的不肯定性为最大 $H(\xi) = \log q$.

(iii) 当随机变量 ξ 的相空间 $X = F_q$ 中的 q 增大时，它的不肯定性 $H(\xi) = \log q$ 就变大.

4. 熵函数的性质

性质 B.2.1　对任何一个向量 $\bar{p} = (p_1, p_2, \cdots, p_q)$ 是一个概率分布向量，如果 $p_i \geqslant 0, i = 1, 2, \cdots, q$，且 $\sum_{i=1}^{q} p_i = 1$．这时熵函数是一个关于概率分布向量的函数.

性质 B.2.2　$H(\bar{p})$ 是关于概率分布向量的一个非负连续函数.

性质 B.2.3　对任何正整数 q，若 $\bar{p}_q = (1/q, 1/q, \cdots, 1/q)$ 均匀分布. 这时必有 $H(\bar{p}_q) < H(\bar{p}_{q+1})$ 成立.

$$H\left(\frac{1}{q}, \frac{1}{q}, \ldots, \frac{1}{q}\right) < H\left(\frac{1}{q+1}, \frac{1}{q+1}, \ldots, \frac{1}{q+1}\right). \tag{B.2.4}$$

性质 B.2.4　对任意正整数 $b_i, i = 1, 2, \cdots, k$，如果 $\sum_{i=1}^{k} b_i = a$，那么记

$$\begin{cases} b_i' = b_i/a, & i = 1, 2, \cdots, k, \\ \bar{b}' = (b_1', b_2', \cdots, b_k'). \end{cases}$$

这时 $\bar{b}'$ 是一个概率分布，且必有

$$H(\bar{p}_a) = H(\bar{b}') + \sum_{i-1}^{k} H(\bar{p}_{b_i}). \tag{B.2.5}$$

定理 B.2.1 (熵函数的性质定理)　(1) 如果 $H(\bar{p})$ 是一个关于概率分布 $\bar{p}$ 的函数，那么它满足性质 B.2.1—性质 B.2.4.

(2) 反之，如果 $H(\bar{p})$ 是一个关于概率分布向量的函数，它满足性质 B.2.1—性质 B.2.4，那么它一定是一个由 (B.2.3) 式表示的函数，而且这种表示在相差一个比例常数的条件下唯一确定.

该定理的证明在许多信息论的书籍中都已给出 (如文献 [30])，对此不再重复. 对于一些常用的随机变量或概率分布的熵函数已在附录的表 B.1.2 中给出.

B.2.2 信息度量的推广

计算公式 (B.2.3) 是信息度量计算的基本公式, 对它有一系列的推广计算.

1. 关于连续型 r.v. 的计算公式

关系式 (B.2.3) 是离散型 r.v. 熵的计算公式, 因此对它的推广首先是关于连续型 r.v. 熵的计算问题.

(1) 关于连续型 r.v. 熵的计算推广问题是一个比较复杂的问题, 其中涉及概率测度空间中的一系列问题, 此处不作详细讨论.

(2) 为了简单起见, 我们只讨论 r.v. ξ 具有 p.d.f. $f_\xi(x), x \in \mathcal{X}$ 的情形, 关于香农熵的计算公式是

$$
\begin{cases}
H(\xi) = -\displaystyle\int_{\mathcal{X}} f_\xi(x) \log f_\xi(x) dx, & \text{当 } \xi \text{ 是连续型 r.v. 时,} \\
H(\xi) = -\displaystyle\sum_{x \in \mathcal{X}} p_\xi(x) \log p_\xi(x), & \text{当 } \xi \text{ 是离散型 r.v. 时.}
\end{cases}
\tag{B.2.6}
$$

(3) 关于连续型 r.v. 香农熵是离散型 r.v. 香农熵的一种形式推广, 因此有些性质不能做简单的理解.

2. 关于信息度量的其他类型

我们已经说明, **香农熵** $H(\xi)$ 是反映 r.v. **不肯定性或变化的复杂度**的一种特征, 它的推广有多种不同的类型, 如联合熵、条件熵、互信息、Kullback-Leibler 互熵 (又称 Kullback-Leibler 散度, KL-熵) 等, 对此讨论如下.

1) 联合熵和条件熵

我们已经给出了随机变量熵的定义, 这个定义可推广到多随机变量的情形.

记 (ξ, η) 是两个不同的离散随机变量, 它们的相空间是 $X \times Y$, 那么它们的联合概率分布是

$$
p_{x,y} = p_{\xi,\eta}(x, y) = P_r\{(\xi, \eta) = (x, y)\}, \quad x \in X, y \in Y.
\tag{B.2.7}
$$

这时简记 $\bar{p}_{\xi,\eta} = \{p_{x,y}, x \in X, y \in Y\}$.

因此关于熵函数的定义即可推广到多维随机变量的情形, 这时记

$$
H(\xi, \eta) = H(\bar{p}_{\xi,\eta}) = -\sum_{x \in X, y \in Y} p(x, y) \log p(x, y).
\tag{B.2.8}
$$

我们称 $H(\xi, \eta) = H(\bar{p}_{\xi,\eta})$ 是随机变量 (ξ, η) 的**联合熵**.

随机变量 ξ, η 的概率分布 $p_{x,y}$ 的条件概率分布为

$$
p_{\eta|\xi}(y|x) = P_r\{\eta = y | \xi = x\} = \frac{p_{\xi,\eta}(x, y)}{p_\xi(x)}, \quad x \in X, y \in Y,
\tag{B.2.9}
$$

其中 $p_\xi(x) = P_r\{\xi = x\} = \sum_{y \in Y} p_{\xi,\eta}(x, y)$. 简记 $\bar{p}_{\eta|\xi} = \{p_{\eta|\xi}(y|x), x \in X, y \in Y\}$ 是随机变量 η 关于 ξ 的条件概率分布.

由此形成随机变量 η 关于 ξ 的条件熵:

$$H(\eta|\xi) = H(\bar{p}_{\eta/\xi}) = - \sum_{x \in X, y \in Y} p_{y|x} \log_2 p_{y|x}. \tag{B.2.10}$$

由联合熵、条件熵的定义, 在它们之间显然满足关系式:

$$H(\xi, \eta) = H(\xi) + H(\eta|\xi) = H(\eta) + H(\xi|\eta). \tag{B.2.11}$$

这就是关于熵、联合熵和条件熵之间的可加性公式.

随机变量 ξ, η 之间的互信息, 它们的定义关系式是

$$I(\xi, \eta) = H(\xi) + H(\eta) = \sum_{x \in X, y \in Y} p_{\xi,\eta}(x, y) \log \frac{p_{\xi,\eta}(x, y)}{p_\xi(x) p_\eta(y)}. \tag{B.2.12}$$

随机变量之间的联合熵和条件熵都是它们之间关于信息的度量, 它们都有不同的含义.

如条件熵 $H(\eta|\xi)$ 就是随机变量 η 在 ξ 固定条件下的不肯定性, 而互信息 $I(\xi, \eta)$ 就是随机变量 ξ, η 之间关联性的度量. 这时 $I(\xi, \eta) = 0$ 的充分和必要条件就是随机变量 ξ, η 之间相互独立.

2) 互熵

互熵又称为 Kullback-Leibler 互熵 (或 Kullback-Leibler 散度), 本书简称为 KL-互熵, 它的定义如下.

(1) 记 $P = \bar{p} = (p_1, p_2, \cdots, p_n), Q = \bar{q} = (q_1, q_2, \cdots, q_n)$ 分别是两个不同的概率分布, 这时概率分布 P 关于 Q 的互熵——KL-互熵的定义是

$$\mathrm{KL}(Q|P) = \sum_{i=1}^{q} p_i \log \frac{p_i}{q_i}. \tag{B.2.13}$$

(2) KL-互熵具有 $K(Q|P) \geqslant 0$ 的性质, 而且等号成立的充要条件是 $\bar{p} = \bar{q}$ 成立. 因此 KL-互熵可作为概率分布 P, Q 之间的差异度.

3. 关于连续型随机变量的信息度量

随机变量 (ξ, η) 的相空间如果是 R, R^d(实数或多维实数空间), 那么这些随机变量是连续型随机变量.

一般 d 维的随机变量记为 $\bar{\xi} = \xi^d = (\xi_1, \xi_2, \cdots, \xi_d)$ 或 $\bar{\xi} = \xi^n = (\xi_1, \xi_2, \cdots, \xi_n)$, 其中 d, n 是正整数.

连续型随机变量的概率分布函数或概率分布密度函数表示为

$$
\begin{cases}
F_{\bar{\xi}}(x^n) = F_{\bar{\xi}}(x_1, x_2, \cdots, x_n) = P_r\{\xi_i \leqslant x_i, i = 1, 2, \cdots, n\}, \\
f_{\bar{\xi}}(x^n) = \dfrac{d^n F_{\bar{\xi}}(x^n)}{dx^n}.
\end{cases}
\tag{B.2.14}
$$

这时称 $f_{\bar{\xi}}(x^n)$ 是概率分布函数 $F_{\bar{\xi}}(x^n)$ 的密度函数.

因此连续型随机变量的熵、联合熵和条件熵、互信息、互熵分别是

$$
\begin{cases}
H(\xi) = -\displaystyle\int_R f_\xi(x) \log f_\xi(x) dx, \\
H(\xi, \eta) = -\displaystyle\int_{R^2} f_{\xi,\eta}(x, y) \log f_{\xi,\eta}(x, y) dxdy, \\
H(\eta|\xi) = -\displaystyle\int_{R^2} f_{\eta|xi}(y|x) \log f_{\eta|\xi}(y|x) dxdy, \\
H(\xi^n) = -\displaystyle\int_{R^n} f_{\xi^n}(x^n) \log f_{\xi^n}(x^n) dx^n, \\
I(\xi, \eta) = H(\xi) + H(\eta) - H(\xi, \eta) \\
\qquad\quad = -\displaystyle\int_{R^2} f_{\xi,\eta}(x, y) \log \dfrac{f_{\xi,\eta}(x, y)}{f_\xi(x) f_\eta(y)} dxdy, \\
\mathrm{KL}(Q|P) = \displaystyle\int_R p(x) \log \dfrac{q(x)}{p(x)} dx.
\end{cases}
\tag{B.2.15}
$$

这些信息量的相互关系如图 B.2.1 所示.

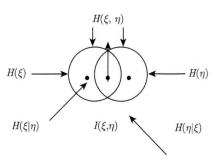

图 B.2.1　各种不同信息量的关系图

4. 关于对数函数的性质

在信息的度量中, 反复使用对数函数, 该函数具有凸性, 因此信息度量的性质和对数函数的性质有关.

定理 B.2.2 (对数函数的性质)

(1) 对任意实数 $x > 0$, 总有不等式 $1 - \dfrac{1}{x} \leqslant \ln x \leqslant x - 1$ 成立, 且其中等号成立的充要条件是 $x = 1$.

(2) 如果 $p_1, q_i \geqslant 0, i = 1, 2 \cdots, n$, 且 $\sum_{i=1}^{n} p_i = \sum_{i=1}^{n} q_i = 1$, 那么必有不等式

$$-\sum_{i=1}^{n} p_i \log p_i \geqslant -\sum_{i=1}^{n} p_i \log q_i \qquad (B.2.16)$$

成立或 $\mathrm{KL}(Q|P) = \sum_{i=1}^{n} p_i \log \dfrac{q_i}{p_i} \leqslant 0$ 成立, 而且其中等号成立的充要条件是 $P = Q$.

(3) 如果 $u_i, v_i \geqslant 0, i = 1, 2 \cdots, n$, 且 $u = \sum_{i=1}^{n} u_i, v = \sum_{i=1}^{n} v_i$, 那么必有不等式

$$\sum_{i=1}^{n} u_i \log \frac{u_i}{v_i} \geqslant u \log \frac{u}{v} \qquad (B.2.17)$$

成立, 而且其中等号成立的充要条件是 $\dfrac{u_i}{v_i} \dfrac{u}{v}$ 对任何 $i = 1, 2, \cdots, n$ 成立.

该定理在一般信息论的著作中都有证明, 如见文献 [36].

定理 B.2.2 的推论 (关于熵的最大值) 如果 ξ 是在 $X = F_q$ 中取值的随机变量, 那么必有 $H(\xi) \leqslant \log q$ 成立.

该推论由 (B.2.17) 式即可推出.

5. 重要不等式

在信息论中, 除了定理 B.2.2 中的不等式外, 还有一些重要不等式.

(1) Fano **不等式**. 该不等式给出了两个随机变量的条件熵与误差之间的关系, 这就是

$$H(\xi|\eta) \leqslant H(p_e) + p_e \log(\|X\| - 1), \qquad (B.2.18)$$

其中 $p_e = P_r\{\xi \neq \eta\}$ 是随机变量 ξ, η 不相同的概率.

$$H(p_e) = -p_e \log(p_e) - (1 - p_e) \log(1 - p_e).$$

(2) Jensen **不等式**. 如果 g 是一个上凸函数而 ξ 是一个随机变量, 则有

$$E\{g(\xi)\} \geqslant g[E(\xi)] \qquad (B.2.19)$$

成立, 其中 $E\{\xi\}$ 是关于随机变量 ξ 的数学期望 (或均值), 这时

$$\begin{cases} E\{\xi\} = \displaystyle\int_{\mathcal{X}} x dF_\xi(x), \\ E\{g(\xi)\} = \displaystyle\int_{\mathcal{X}} g(x) dF_\xi(x), \end{cases}$$

其中 $\mathcal{X}$ 是随机变量 ξ 的相空间.

如果 g 是严格上凸的, 那么等号成立的充要条件是 ξ "以概率 1 为常数".

(3) **熵函数的可加性**. 如果

$$\begin{cases} Q = \{q_{ij}, j = 1, 2, \cdots, k_i, i = 1, 2, \cdots, a\}, \\ P = \{p_1, p_2, \cdots, p_a\} \end{cases}$$

是两组非负数, 它们满足条件 $q_{ij} \geqslant 0, p_i = \sum_{j=1}^{k_i} q_{ij}, \sum_{i=1}^{a} p_i = 1$ 对任何 $j = 1, 2, \cdots, k_i, i = 1, 2, \cdots, a$ 成立, 那么

$$H(Q) = H(P) + \sum_{i=1}^{a} p_i H(Q_i'), \tag{B.2.20}$$

其中 $Q_i' = (q_{i1}', q_{i2}', \cdots, q_{ik_i}') = (q_{i1}/p_i, q_{i2}/p_i, \cdots, q_{ik_i}/p_i)$.

(4) 由这个关系式即可推出关于熵、联合熵和条件熵的关系式:

$$H(\xi, \eta) = H(\xi) + H(\eta/\xi), \quad H(\xi, \eta) \geqslant H(\xi) \tag{B.2.21}$$

成立. 它们的相互关系如图 B.2.1 所示.

B.2.3 最大熵原理

所谓最大熵问题就是概率分布在一定的约束条件下, 求什么样的概率分布, 它的熵可达到最大, 这个最大值是多少的问题.

1. 最大熵的类型

对于离散情形, 已在定理 B.2.2 的推论中解决, 如果随机变量 ξ 在相空间 $X = F_q$ 中取值, 那么它的最大熵是 $\log q$, 且只有当 ξ 在 X 上取均匀分布 $p_i = 1/q$, 对任何 $i \in X$ 时, 它的熵达到最大值, 所以我们只讨论连续型随机变量的最大熵问题. 这时随机变量 ξ 的概率分布密度函数为 $f(x), x \in X$, 那么在不同的条件下产生不同的最大熵.

(1) 如果 ξ 的相空间是**有限区间** $X = (a, b)$, 那么它的最大熵是 $H_0 = \log b - a$, 达到这个最大值是 $f(x) = \begin{cases} \dfrac{1}{b - a}, & \text{当 } x \in X \text{ 时}, \\ 0, & \text{否则}. \end{cases}$

(2) 如果 ξ 的相空间是**半区间** $X = (0, \infty)$, 且它的期望与方差分别固定为 $\mu > 0$ 时, 那么它的最大熵是 $H_0 = 1 + \log \mu$, 相应的概率分布密度函数是

$$p(x) = \begin{cases} \dfrac{1}{\mu} e^{-x/\mu}, & \text{当 } x > 0 \text{ 时}, \\ 0, & \text{否则}. \end{cases}$$

(3) 如果 ξ 的相空间是**全直线情形** $X = R = (-\infty, \infty)$, 且它的期望和方差值

分别固定为 μ, σ^2 时, 那么它的最大熵为 $H_0 = \dfrac{1}{2}\log(2e\pi\sigma^2)$, 相应的概率分布密度函数 $p(x) \sim N(\mu, \sigma^2)$ 是一个正态分布.

(4) 如果 ξ 的相空间是一个**多维欧氏空间** $X = R^n$, 且它的协方差矩阵固定为 $\Sigma = [\sigma_{i,j}]_{i,j=1,2,\cdots,n}$, 那么它的最大熵为 $H_0 = \dfrac{1}{2}\log[(2\pi e)^n|\Sigma|]$, 其中 $|\Sigma|$ 是矩阵 Σ 的行列式. 这时相应的概率分布密度函数 $p(x^n) \sim N(\mu^n, \Sigma)$ 是一个多维正态分布, 其中 $\mu^n = (\mu_1, \mu_2, \cdots, \mu_n)$ 是一个均值向量, H_0 的取值与它无关.

2. 香农熵的最大化原理

香农熵的最大化原理是指 p.d. f_ξ(或 p_ξ) 在一定的约束条件下, 使熵 $S(\xi)$ 达到最大. 在不同的约束条件下, $S(\xi)$ 有不同的最大值和相应的 p.d..

有关相空间和分布函数的名称和记号在表 B.2.1 已有说明. 麦–玻分布即麦克斯韦–玻尔兹曼分布.

表 B.2.1   不同约束条件下的最大香农熵和相应的 p.d. 函数表

相空间	约束条件	香农熵 $S(\xi)$ 的取值	p.d. 的名称和函数
有限集合 F_n	无	$\log n$	离散均匀分布
能级 $\epsilon^{(m)}$ 固定	粒子数、总能量固定		麦–玻分布
有限区间 (a, b)	无	$\log(b - a)$	连续均匀分布
有限集合 F_n	无	$\log n$	离散均匀分布
半无限区间 R_+	均值固定为 λ	$1 + \log(\lambda)$	指数分布 $p_\lambda(x)$
无限区间 R	均值和方差固定为 μ, σ^2	$\dfrac{1}{2}\log(2e\pi\sigma^2)$	正态分布 $N(\mu, \sigma)$
$R^{(d)}$	协方差矩阵固定为 Σ	$\dfrac{d}{2}\log(2e\pi)|\Sigma|$	d 维正态 $N(\mu^{(d)}, \Sigma)$

B.2.4   主成分分析法和随机控制

在随机数学理论中, 统计分析是其中的一个重要组成部分, 但本节不详细讨论, 主要介绍并讨论其中的主成分分析法.

该分析法是对随机分析理论的一种简化, 在大量、复杂的数据面前, 如何简化并有效地利用其中的这些数据, 就是主成分分析法. 因此, 这种方法不仅在人工脑的理论中有用, 而且在其他大数据理论中也十分有用.

1. 随机模型的简化

在研究 r.v. (或数据阵列) 时, 不同 r.v. 的变化具有相关性, 主成分分析法的目的是讨论如何对这些随机模型进行简化的处理.

(1) 随机模型的简化目标是在不损失 (或少损失) 原有数据信息的条件下消除不同 r.v. 的相关性, 使它们尽可能保持独立.

(2) 随机模型的简化的另一个目标是尽量减少 r.v. 的波动性, 使其中的部分 r.v. 尽可能接近参数.

(3) 对这种模型的简化的主要方法是采用主成分分析法和随机控制理论.

2. 特征根、特征向量和矩阵

主成分分析法和随机控制理论的方法主要依赖特征根、特征向量和矩阵的概念.

(1) 一个随机系统可以通过一组随机参数 $\theta_A^{(m)}$ 来描述, 对这个参数系的观察样本可用一个数据阵列 Θ_A 来表示.

(2) 数据阵列中的协方差阵 Σ_A 是一个 $m \times m$ 矩阵.

(3) 如果存在一个常数 λ 和向量 $c^{(m)} = (c_1, c_2, \cdots, c_m)$, 使 $c^{(m)}\Sigma = \lambda c^{(m)}$ 成立, 那么分别称 $\lambda, c^{(m)}$ 是矩阵 Σ 的特征根和特征向量, 这时称方程组 $c^{(m)}\Sigma = \lambda c^{(m)}$ 是 Σ 的特征方程组.

(4) 使 Σ 的特征方程组有解的条件是它的系数行列式 $|\Sigma - \lambda I_m| = 0$, 其中 I_m 是 $m \times m$ 阶幺矩阵, $|B|$ 是矩阵 B 的行列式.

这时行列式 $|\Sigma - \lambda E|$ 是 λ 的一个 m 阶多项式, 因此它的特征方程有 m 个根, 如把它们记为 $\lambda^{(m)} = (\lambda_1, \lambda_2, \cdots, \lambda_m)$, 这就是特征根向量. 因为协方差矩阵 Σ 是对称正定的, 所以这些特征根是正实数.

(5) 如果把每个 $\lambda_1, \lambda_2, \cdots, \lambda_m$ 代入该特征方程, 就可得到一个向量 $c_k^{(m)} = (c_{k,1}, c_{k,2}, \cdots, c_{k,m})$ 使方程组

$$c_k^{(m)}\Sigma = \lambda_k c_k^{(m)}, \quad k = 1, 2, \cdots, m \tag{B.2.22}$$

成立. 这时称 $c_k^{(m)}$ 是特征根 λ_k 所对应的特征向量. 由此称 $C = \begin{pmatrix} c_1^{(k)} \\ \vdots \\ c_m^{(m)} \end{pmatrix}$ 是协方差矩阵 Σ 的一个特征矩阵.

(6) 特征矩阵 C 是一个正交矩阵, 它的转置矩阵 C' 就是它的逆矩阵, 因此有 $CC' = C'C = I_m$(幺矩阵) 成立, C 也是一个正交变换矩阵.

特征矩阵 C 还有一个性质, 即它对协方差矩阵 Σ 作相似变换时是一个对角矩阵, $C\Sigma C' = E_{\lambda^{(m)}}$, 其中 $E_{\lambda^{(m)}}$ 是对角矩阵. 如果记 $E_{\lambda^{(m)}} = (e_{i,j})_{i,j=1,2,\cdots,m}$, 那么有 $\begin{cases} e_{i,j} = \lambda_i, & \text{如果} i = j, \\ 0, & \text{否则.} \end{cases}$

3. 主因子和次因子

(1) 如果 $\lambda^{(m)}$ 是特征根向量, 记 $\lambda_0 = \lambda_1 + \lambda_2 + \cdots + \lambda_m$, 这时称 $w_j = \dfrac{\lambda_j}{\lambda_0}$ 为特征根 λ_j 的贡献率.

(2) 其中贡献率为最大的特征根 (一个或几个) 为主因子, 也可以选择几个特征根, 如果它们的贡献率超过 85%, 那么这几个特征根也可称为主因子, 其他的特征根为次因子.

4. 主成分分析法的运算

由此得到主成分分析法的运算步骤如下.

(1) 对一个固定的数据阵列 $\Theta = (\theta_{i,j})_{i=1,2,\cdots,n,j=1,2,\cdots,m}$, 可以得到它们的均值向量 $\mu^{(m)}$, 协方差矩阵 Σ 及该协方差矩阵的特征根 $\lambda^{(m)}$、特征矩阵 C 及该特征根向量中的主、次因子.

(2) 按 (B.2.22) 式可得到数据阵列 Θ 的正交矩阵 C, 该矩阵可对数据阵列 Θ 作正交变换:

$$\mathcal{V} = \Theta C' = (v_1^{(n)}, v_2^{(n)}, \cdots, v_m^{(n)}), \tag{B.2.23}$$

由此得到数据阵列 $\mathcal{V}$.

(3) 数据阵列 $\mathcal{V}$ 和 Θ 的运算是可逆的, 即 $\Theta = \mathcal{V}C$ 成立, 因此, 在此也是过程中没有丢失信息.

(4) 数据阵列 $\mathcal{V}$ 有以下性质.

(i) 对 $\mathcal{V}$ 中的列向量作内积运算, 可以得到

$$\mathcal{V}' \otimes \mathcal{V} = (\Theta C')' \otimes (\Theta C') = (C\Theta') \otimes (\Theta C') = C(\Theta' \otimes \Theta)C' = C\Sigma_\theta C = E_{\lambda^{(m)}}. \tag{B.2.24}$$

(ii) 由此可见, 在数据阵列 $\mathcal{V}$ 中, 列向量之间的内积有关系式

$$\langle v_j^{(n)}, v_{j'}^{(n)} \rangle = \sum_{i=1}^{n} v_{i,j} v_{i,j'} = \begin{cases} \lambda_j, & \text{如果} j = j' \text{时}, \\ 0, & \text{否则} \end{cases} \tag{B.2.25}$$

成立. 这表示在数据阵列 $\mathcal{V}$ 中, 不同列向量之间相互正交.

(iii) 在 $\mathcal{V}$ 中, 主因子列有一定的波动性, 而次因子的列波动性很小 (接近常数). 因此 $\mathcal{V}$ 大大简化了 Θ 的数据结构.

5. 随机控制

主成分分析法使数据阵列 Θ 被较简单的 $\mathcal{V}$ 控制, 这种关系就是随机控制关系.

随机控制又分线性和非线性等不同类型, 主成分分析法是一种线性控制法. 在生命现象中有许多是非线性控制, 如神经系统中的各种信号处理问题、基因分析等.

主成分分析法是在一个由诸多因素控制的随机系统中, 经变换选择若干主因子 (关键因素), 这些主因子相互独立, 对其他因素实现随机控制. 主因子可通过相关矩阵的特征根、特征向量和特征矩阵的计算得到. 这样可以大大减少对一个随机系统描述和分析的复杂度.

B.3 随机过程理论

在随机分析理论中, 我们已经介绍了几种重要的 r.v. 和一些统计分析问题. 有关 s.p. 的理论是其中的重要组成部分. 在本节中, 我们介绍其中的一些基本概念和一些重要的过程. 这些随机过程都有它们的形成、结构和运动的特征, 以及在不同情况下的应用.

B.3.1 s.p. 概论

s.p. 的类型很多, 它们在不同情况下有不同的应用, 这里主要考虑和生物学、信息科学有关的类型.

1. s.p. 的有关记号和分类

s.p. 是随机向量的推广, 包含有无限多个 r.v..

(1) s.p. 的一般记号为 $\xi_T = \{\xi_t, t \in T\}$, 其中 T 是该 s.p. 的一个下标 (或时间) 集合. 记 $\mathcal{X}$ 是 r.v. ξ_t 的取值范围 (又称为相空间或状态空间).

(2) s.p. 的类型由它们的相 (状态) 空间 $\mathcal{X}$ 和下标 (时间) 集合 $T = Z$ 或 $T = R$ 的类型确定, 由此形成 ξ_T 的时间–状态为离散或连续的不同类型 (由此形成随机序列或随机过程).

(3) s.p. 也有一维和多维的区别, 当相空间是一个多维集合 $\mathcal{X}^{(d)}$ 时, 相应的 s.p. 就是一个 d 维 s.p..

2. s.p. 的构造理论

为描述一个 s.p., 主要通过它的联合 p.d. (联合 p.d. 密度) 函数来说明.

(1) 该问题包含正反两方面的问题, 即一个 s.p., 它的联合 p.d. 族应满足什么样的条件, 或什么样的联合 p.d. 族可以产生 s.p..

(2) 在一个 s.p. ξ_T 的时间集合 T 中, 它的任何一个子集合为 $t^n = (t_1, t_2, \cdots, t_n) \subset T$, 其中 $0 \leqslant t_1 < t_2 < \cdots < t_n < \infty$, 那么记 $\xi_{t^n} = (\xi_{t_1}, \xi_{t_2}, \cdots, \xi_{t_n})$ 是 s.p. ξ_T 中的一个随机向量.

记 ξ_{t^n} 的概率分布或分布密度函数为

$$p_\xi(x^n|t^n) = P_r\{\xi_{t^n} = x^n\}, \quad f_\xi(x^n|t^n) = f_\xi(x_{t_1}, x_{t_2}, \cdots, x_{t_n}). \tag{B.3.1}$$

(3) 对 s.p. ξ_T, 记

$$\mathcal{F}_T = \{f(x_{t^n}) : t^n \text{是集合} T \text{中可能存在的有限集合}\}. \tag{B.3.2}$$

称 $\mathcal{F}_T$ 是由 ξ_T 产生的概率密度分布函数族.

(4) 如果 $t^{(n+1)} = (t_1, t_2, \cdots, t_n, t_{n+1})$, 这时 t^n 是 $t^{(n+1)}$ 的一个子向量. 相应的 p.d. 密度为 $f_\xi(x_{t^{(n+1)}}) = f_\xi(x_{t_1}, x_{t_2}, \cdots, x_{t_n}, x_{n+1})$. 称 $f_\xi(x_{t^n})$ 和 $f_\xi(x_{t^{(n+1)}})$ 满足**相容性条件**, 有

$$f_\xi(x_{t^n}) = \int_\mathcal{X} f_\xi(x_{t^{(n+1)}}) dx_{t_{n+1}} = \int_\mathcal{X} f_\xi(x_{t_1}, x_{t_2}, \cdots, x_{t_n}, x_{t_{n+1}}) dx_{t_{n+1}} \qquad \text{(B.3.3)}$$

成立.

定义 B.3.1　对 (B.3.3) 式的 p.d. 密度族, 如果对任何子集合 $t^n \subset t^{(n+1)} \subset T$, 它们的 p.d. 密度 (或 p.d.) 函数都满足相容性条件, 那么称概率密度分布函数族 $\mathcal{F}_T$ 满足相容性条件.

定理 B.3.1　(1) 如果 ξ_T 是一个 s.p., 那么由 (B.3.3) 式所产生的概率密度分布族 $\mathcal{F}_T$ 一定满足相容性条件.

(2) 反之, 如果一个分布函数族 $\mathcal{F}_T$ 满足相容性条件, 那么必有一个 s.p. ξ_T 使它的 p.d. 密度族为 $\mathcal{F}_T$.

这就是著名的**柯尔莫哥洛夫**[①] **定理**, 它是 s.p. 理论的基础. 依据这个定理就可构造各种不同类型的 s.p..

一些常见的 s.p. 及它们的名称、记号、分布特性表的构造如表 B.3.1 所示.

表 B.3.1　一些常见的 s.p. 的名称、记号、分布特性表

过程名称	伯努利序列	泊松流	泊松对偶过程	独立 s.s.	均匀分布序列	平稳 s.p.
过程记号	ζ_{F_+}	$v_{R_0}^*$	$t_{F_+}^*$	$\ell_{F_+}^*$	$a_{F_+}^*$	ξ_T
分布特征	伯努利分布	泊松过程分布	泊松位点分布	几何或指数分布	V_4 空间	$= \{\xi_t, t \in T\}$
过程的含义	信号发生与否的表示	在 $(0, t)$ 时间内信号发生次数	信号发生的位点	信号或信号发生后的延续时间	信号发生后的特征	有强、弱等类型信号处理应用

对这些 s.p. 的构造理论在 [111] 文中有详细叙述, 在此不再重复. 在本书中, 我们只对平稳过程 (或序列) 作补充讨论如下.

B.3.2　强 (或严格) 平稳随机过程

平稳过程的遍历性定理如下.

(1) 保测变换的不变性集合的定义和性质.

在概率空间 $(\Omega, \mathcal{F}, P)$ 上的保测变换的不变性集合定义如下.

定义 B.3.2 (保测变换的不变性集合的定义)　如果 S 是一个 $\Omega \to \Omega$ 的保测映射, 由此定义集合系

$$\mathcal{U}_S = \{A \in \mathcal{F}, S(A) \sim A\} \qquad \text{(B.3.4)}$$

[①] 安德列·柯尔莫哥洛夫 (Andrey Nikolaevich Kolmogorov, 1903—1987), 20 世纪苏联最杰出的数学家, 也是 20 世纪世界上为数极少的几个最有影响的数学家之一.

是一个由 S 确定的不变性集合系, 其中 $S(A) \sim A$ 表示 $P[S(A)\Delta A] = 0$, 而 $A\Delta B = A \cup B - A \cap B$.

定理 B.3.2 (不变性集合系的性质定理) 如果 $\mathcal{U}_S$ 是由 (B.3.4) 式定义的集合系, 那么 $\mathcal{U}_S$ 是一个 σ-代数 (在 $\mathcal{F}$ 中的一个子 σ-代数).

(2) 保测变换半群的不变性集合的定义和性质.

关于定义 B.3.2 和定理 B.3.2 中关于保测变换的不变性集合系的定义和性质推广到保测变换半群中即我们可以把定义 B.3.2 和定理 B.3.2 中有关保测变换、不变性集合系、由不变性集合系产生的 σ-代数的定义、语言和性质推广到保测变换半群的情形, 对此不再重复说明.

(3) 关于**平稳过程的遍历性定理** (或基本定理) 的说明如下.

定理 B.3.3 (平稳过程的遍历性定理) 如果 ξ_T 是一个平稳序列 (或过程), 那么有以下记号和性质:

(i) ξ_0 的均值存在且有限, 并记为 $E\{\xi_0\}$;

(ii) 记 S(或 S_T) 是由该平稳序列 (或过程) 产生的保测变换 (或保测变换半群);

(iii) 记 $\mathcal{U}_S$ 是由该保测变换 S (或保测变换半群 S_T) 所形成的、由不变性集合系组成的、在 $\mathcal{F}$ 中的子 σ-代数;

(iv) 由此得到该平稳序列 (或过程) 的**遍历性定理** (或基本定理) 为以下关系式成立

$$\begin{cases} \text{平稳序列的情形} \quad \lim_{n\to\infty} \frac{1}{n} \sum_{t=1}^{n} (\xi_t - E\{\xi_0\}) = E\{\xi_0|\mathcal{U}_S\}, \\ \\ \text{平稳过程的情形} \quad \lim_{t\to\infty} \frac{1}{T} \int_0^T (\xi_t - E\{\xi_0\})\, dt = E\{\xi_0|\mathcal{U}_S\}, \end{cases} \tag{B.3.5}$$

以上极限的收敛是 a.s. 收敛 (几乎处处收敛).

(4) 在 (B.3.5) 式中的 $E\{\xi_0|\mathcal{U}_S\}$ 是关于 σ-代数的条件数学期望, 对它的定义和性质在其他教材中有详细讨论和说明, 尤其是对各种不同类型的平稳过程有它们的计算公式, 在此不再重复列出.

B.3.3 弱 (或宽) 平稳随机过程

我们已经给出强 (或严格) 平稳随机过程的定义和性质, 现在讨论弱 (或宽) 平稳随机过程的性质和理论. 关于弱平稳过程理论也有多种不同的方法来进行讨论. 在本节中我们采用希氏空间[①] 的方法来进行讨论, 它的核心内容是相关函数的谱理论.

---

① 希氏空间, 希尔伯特 (Hilbert) 空间的简称.

1. 弱 (或宽) 平稳随机过程的定义和记号

同样记 $\xi_T = \{\xi_t, t \in T\}$ 是在概率空间 $(\Omega, \mathcal{F}, P)$ 上定义的随机过程, 这时 $T = Z$ 或 R, 由此产生相应的随机序列 (或过程).

$\xi_T = \{\xi_t, t \in T\}$ 的相空间是实数空间 R 或复数空间 C. 这时记 ξ_t^* 是 ξ_t 的共轭复数.

(1) 对任何 $-\infty < s < t < \infty$, 定义函数

$$B(s,t) = E\{\xi_s \xi_t^*\} = E\{\xi_s \xi_t^*\}, \quad s < t \in T \tag{B.3.6}$$

是 ξ_T 的自相关函数.

(2) 称 ξ_T 是一个宽平稳随机过程, 如果对任何 $s < t \in T$, 有 $B(s,t) = B(t-s)$ 成立.

(3) 在此宽平稳随机过程中, 总有 $[E\{\xi_s \xi_t^*\}]^2 \leqslant [E\{\xi_s\}]^2 [E\{\xi_t^*\}]^2 < \infty$ 成立. 因此 (B.3.6) 式中的 $B(s,t)$ 总是有意义的.

另外, 取 $E\{\xi_t\} = \mu$ 是一个与时间 t 无关的函数, 不失一般性, 我们只是取 $\mu = 0$.

2. 关于宽平稳随机过程的性质

(1) 总有 $B(0) \geqslant 0$ 成立, 而且等号成立的充要条件是 $\xi_0 = 0$ (a.s.).

(2) 对任何 $\tau \in T$, 有 $B(-\tau) = B^*(\tau)$ 成立, 而且 $|B(\tau)| \leqslant B(0)$ 成立.

(3) 非负定性成立, 这就是对任何 T, R 中的向量 $t^n = (t_1, t_2, \cdots, t_n), a^n = (a_1, a_2, \cdots, a_n)$, 总有

$$\sum_{i,j=1}^n B(t_i - t_j) a_i a_j^* \geqslant 0 \tag{B.3.7}$$

成立.

定理 B.3.4 (弱平稳过程的构造性定理)　如果 $B(\tau), \tau \in T$ 是一个满足本小节 2 中性质 (1)—(3) 的函数, 那么一定存在一个弱平稳过程序列 ξ_t, 使它的自相关函数为 $B(\tau), \tau \in T$.

3. 宽平稳随机过程的均方连续性

定义 B.3.3 (弱平稳过程的均方连续性条件)　(1) 如果 $\xi_T, T = R$ 是一个随机过程, $s, t \in T$, 有关系式

$$\lim_{s \to t} E\{|\xi_s - \xi_t|^2\} = 0 \tag{B.3.8}$$

成立, 那么称该弱平稳过程 ξ_T 在 $t \in T$ 点是均方连续的.

(2) 如果 $\xi_T, T = R$ 对任何点 $t \in T$ 是均方连续的, 那么称该弱平稳过程是均方连续的.

定理 B.3.5 (弱平稳过程的均方连续性定理) 弱平稳随机过程 ξ_T 的以下条件相互等价:

(1) ξ_T 是均方连续的;

(2) ξ_T 在 $t \in T$ 点是均方连续的;

(3) ξ_T 的相关函数 $B(\tau)$ 是连续的;

(4) $B(\tau)$ 在 $\tau = 0$ 点是连续的.

4. 相关函数的谱表示

定理 B.3.6 (弱平稳过程相关函数的谱表示定理) (1) 使 $B(\tau), \tau \in T = R$ 是均方连续弱平稳随机过程 ξ_T 的自相关函数的充要条件是在 Borel 域 $(R, \mathcal{B})$ 上存在有穷测度 $F(A), \in A \in \mathcal{B}$, 使关系式

$$B(\tau) = \int_R e^{i\lambda\tau} F(d\lambda), \quad \tau \in R \tag{B.3.9}$$

成立.

(2) 这时称 $F(A), A \in \mathcal{B}$ 是相关函数 $B(\tau)$ 的谱测度. 相关函数和谱测度相互唯一确定, 这时关系式 (B.3.9) 的逆表示式是

$$\begin{cases} F(A) = \displaystyle\int_A f(\lambda)d\lambda, \\ f(\lambda) = \dfrac{1}{2\pi} \displaystyle\int_R e^{-i\lambda\tau} B(\tau)d\tau, \end{cases} \tag{B.3.10}$$

其中 $F(A), f(\lambda)$ 是谱测度的谱密度函数.

5. 弱平稳过程的说明

对弱平稳过程有一系列具体的构造类型、相应的相关函数和它们的谱测度 (或谱密度) 函数的表示关系. 对此我们不一一列举, 详见 [111] 等文的讨论.

(1) 在此需要说明的是弱平稳过程可以推广到多维的情形, 这时记

$$\xi_T^d = \{\xi_t^d = (\xi_{t,1}, \xi_{t,2}, \cdots, \xi_{t,d}), \, t \in T\} \tag{B.3.11}$$

是在概率空间 $(\Omega, \mathcal{F}, P)$ 上定义的一个多维随机过程, 同样在 $T = Z$ 或 R 时, 由此产生相应的多维随机序列 (或过程). 称

$$\xi_{\tau,T} = \{\xi_{\tau,t}, \, t \in T\}, \quad \tau = 1, 2, \cdots, d$$

是其中的第 τ 个随机过程.

(2) 关于多维随机过程同样可以定义它们的相关函数矩阵, 这时对任何 $-\infty < s < t < \infty$, 定义函数矩阵

$$
\begin{cases}
\boldsymbol{B}(s,t) = [B_{\tau,\tau'}(s,t)]_{\tau,\tau'=1,2,\cdots,d}, \\
B_{\tau,\tau'}(s,t) = E\{\xi_{\tau,s}\xi_{\tau',t}^*\}, \quad \tau,\tau' = 1,2,\cdots,d, s < t \in T.
\end{cases}
\tag{B.3.12}
$$

它们是 ξ_T^d 的相关函数矩阵, 在 $\tau = \tau'$ 或 $\tau \neq \tau'$ 时分别是自相关函数或互相关函数.

(3) 在此多维随机过程中, 如果对任何 $s < t \in T$, 总有 $\boldsymbol{B}(s,t) = \boldsymbol{B}(t-s)$ 成立, 那么称 ξ_T^d 是一个多维宽平稳随机过程.

(4) 关于弱平稳随机过程中的许多性质都可推广到多维的情形, 如构造性定理、均方连续性定理、谱表示定理等, 对此不一一列举.

B.3.4　希氏空间中的弱 (或宽) 平稳随机过程理论

关于弱平稳随机过程的理论有多种不同的叙述和讨论方法, 这里采用希氏空间的语言来进行叙述和讨论.

1. 两种不同类型的希氏空间

对于一般的 r.v. 的表示, 可以分别通过它们的定义域或相空间进行表示, 有关的概念和记号如下.

(1) 同样记 $(\Omega,\mathcal{F},P),(R,\mathcal{B},F)$ 分别是在 Ω,R 上定义的概率空间和 Borel 测度空间.

(2) 记 $L^2(\Omega,\mathcal{F},P),L^2(R,\mathcal{B},F)$ 分别是 $(\Omega,\mathcal{F},P),(R,\mathcal{B},F)$ 空间中全体平方可积函数 (或平方可积的 r̊.v.). 这时记 $L^2(\Omega,\mathcal{F},P),L^2(R,\mathcal{B},F)$ 分别是两个不同的希氏空间, 将其简记为 $L^2(\Omega),L^2(R)$.

(3) 一些平方可积的函数 (或平方可积的 r̊.v.) 可分别是 $L^2(\Omega),L^2(R)$ 中的元, 我们可分别用 ξ,η,Z 等记号进行表示, 现在讨论它们的关系.

2. 希氏空间中的算子理论

我们已经给出 $L^2(\Omega,\mathcal{F},P),L^2(R,\mathcal{B},F)$(以下简记为 L^2 空间) 等不同类型的希氏空间. $L^2(\Omega,\mathcal{F},P)$ 空间中的元 $\xi = \xi(\omega),\eta = \eta(\omega)$ 是平方可积的 r̊.v..

1) 记 T 是 $L^2 \to L^2$ 的算子, 记 $T\xi = \eta$ 是该算子的变换运算

定义 B.3.4 (保距算子的定义)　如果 U 是一个 $L^2 \to L^2$ 的算子, 对任何 $\xi,\eta \in L^2$ 总有

$$
\langle U\xi, U\eta \rangle = \langle \xi, \eta \rangle
\tag{B.3.13}
$$

成立, 那么称算子 U 是一个 $L^2 \to L^2$ 的保距算子.

定义 B.3.5 (由随机集合扩张的定义) 如果 M 是一个在 L^2 中的集合, 称 $H(M)$ 是一个由 M 扩张产生的一个希氏空间, 它满足以下条件:

(1) $H(M)$ 是一个 L^2 中的子希氏空间, 而且包含 M 中的全体元素;

(2) 如果 H 是一个 L^2 中的子空间, 而且包含 M, 那么 $H(M)$ 一定是 H 中子空间;

(3) 如果 $M = \xi_T$ 是一个随机过程, 那么 $H(M)$ 就是由该随机过程扩张所产生的希氏空间.

定理 B.3.7 (保距算子的扩张定理) 如果 M 是 L^2 中的一个集合, U 是 $M \to M$ 的保距算子, 那么该算子一定可以唯一确定地扩张到 $H(M)$ 空间, 一定存在一个 $H(M) \to H(M)$ 的算子 U', 该算子满足以下条件:

(1) U' 是一个 $H(M) \to H(M)$ 的算子, 这时对任何 $\xi \in M$, 总是有 $U'(\xi) = U(\xi)$ 成立;

(2) U' 是一个 $H(M) \to H(M)$ 的保距算子, 而且由算子 U 唯一确定.

定义 B.3.6 (由平稳随机过程产生的保距算子) (1) 如果 $M = \xi_T, T = Z$ 是一个平稳随机序列, 那么定义集合 M 上的算子 U 是 $U(\xi_t) = \xi_{t+1}$, 则算子 U 是集合 M 上的保距算子.

由定理 B.3.7, 该算子可以扩张到希氏空间 $H(M)$. 因此算子 U 可以扩张到希氏空间 $H(M)$, 算子 U 就是由该平稳序列所确定的希氏空间 $H(M)$ 中的保距算子.

2) 该保距算子的定义在平稳随机过程中同样成立, 对此说明如下

如果 $M = \xi_T, T = R$ 是一个平稳随机过程, 那么定义集合 M 上的算子群 $U_T = \{U_t, t \in R\}$ 使 $U_t(\xi_s) = \xi_{t+s}$, 对任何 $s, t \in R$ 成立, 则算子群 U_T 是集合 M 上的保距算子群.

由定理 B.3.7, 该算子群可以扩张到希氏空间 $H(M)$. 因此算子群 U_T 是希氏空间 $H(M)$ 中的算子群, 即由该平稳过程 ξ_R 所确定的希氏空间 $H(M)$ 中的保距算子群.

3. 正交测度的定义

我们先讨论有关 $L^2(R, \mathcal{B}, F)$ 中的理论, 这时记在 $L^2(R, \mathcal{B}, F)$ 中取值的函数为 $Z(A), A \in \mathcal{B}$.

定义 B.3.7 (关于正交测度的定义) 如果 $Z(A), A \in \mathcal{B}$ 是定义在 σ-域上、在 $L^2(R, \mathcal{B}, F)$ 中取值的函数, 这时称 $Z(A), A \in \mathcal{B}$ 是一个 $L^2(R)$ 上的正交测度, 则对任何 $A_1, A_2 \in \mathcal{B}$, 总有

$$\langle Z(A_1), Z(A_2) \rangle = F(A_1 A_2) \tag{B.3.14}$$

成立.

定理 B.3.8 (关于正交测度的构造定理) $Z(A), A \in \mathcal{B}$ 是 $L^2(R)$ 上正交测度的充要条件是:

(1) 对任何 $A \in \mathcal{B}$, 有 $||Z(A)||^2 = F(A)$ 成立;

(2) 如果 $A_1, A_2 \in \mathcal{B}$, 且 $A_1 A_2 = \varnothing$(空集), 那么 $\langle A_1, A_2 \rangle = 0$;

(3) 如果 $A_i \in \mathcal{B}, i = 1, 2, \cdots$, 它们互不相交, 且 $F(A_i) < \infty$, 那么有关系式

$$Z\left(\bigcup_{i=1}^{\infty} A_i\right) = \sum_{i=1}^{\infty} Z(A_i) \tag{B.3.15}$$

成立. 其中右边求和的收敛性是在 $L^2(R)$ 空间中的收敛性.

4. 关于正交测度的积分的定义和性质

我们已经给出正交测度 $Z(A)$ 的定义, 如果 $f(x)$ 是 $(R, \mathcal{B}, F)$ 空间中的可测、而且平方可积函数, 这时 $\int_R |f(x)|^2 F(dx) < \infty$. 由此可以引进 $f(x)$ 在测度空间 $(R, \mathcal{B}, F)$ 中的关于正交测度的积分的定义.

关于一般概率空间 $(\Omega, \mathcal{F}, P)$ 中的积分定义已在定义 B.3.2 中给出, 对此定义即可推广到一般测度空间 $(R, \mathcal{B}, F)$, 这种积分的定义也可推广到正交测度的情形.

(1) 我们给一个例子, 简单函数 $f(x) = \sum_{i=1}^{n} a_i \chi_{A_i}(x)$ 的定义, 其中 $\chi_A(x) = \begin{cases} 1, & \text{如果 } x \in A, \\ 0, & \text{否则} \end{cases}$ 是一个关于集合 A 的示性函数.

(2) 关于简单函数 $f(x) = \sum_{i=1}^{n} a_i \chi_{A_i}(x)$ 的正交测度的积分的定义为

$$I(f) = \sum_{i=1}^{n} a_i Z(A_i), \tag{B.3.16}$$

它是 $L^2(R)$ 中的元.

(3) 这时称 (B.3.16) 式中的 $I(f)$ 是关于简单函数 $f(x)$ 的正交测度积分. 关于这种积分显然满足线性运算和内积关系的性质, 即对任何复数 α, β 和简单函数 f, g, 有关系式

$$\begin{cases} \text{线性运算成立} & I(\alpha f + \beta g) = \alpha I(f) + \beta I(g), \\ \text{内积关系} & \langle I(f), I(g) \rangle = \langle f, g \rangle, \end{cases} \tag{B.3.17}$$

其中的 $\langle I(f), I(g) \rangle$ 和 $\langle f, g \rangle$ 分别是 $L^2(R)$ 空间中的内积和测度空间 $(R, \mathcal{B}, F)$ 中函数的内积.

(4) 如果 f 是测度空间 $(R, \mathcal{B}, F)$ 中的可测函数, 那么存在简单函数序列 $f_n, n = 1, 2, \cdots$, 使 $f_n \to f$(在均方误差意义下收敛). 由此定义

$$I(f) = \lim_{n \to \infty} I(f_n) \tag{B.3.18}$$

是 f 关于正交测度 $Z(A), A \in \mathcal{B}$ 的积分 $I(f)$ 的定义.

(5) 对此定义关于简单函数的 (B.3.17) 式中的性质同样成立.

5. 关于正交随机测度的定义

我们已经给出 $\mathcal{B} \to L^2(R)$ 正交测度和它的积分的定义和性质, 对此理论可推广到正交随机测度的情形.

(1) 记 $(\Omega, \mathcal{F}, P)$ 是一概率空间. $L^2(\Omega) = L^2(\Omega, \mathcal{F}, P)$ 是在此概率空间中形成的、由全体平方可积 r.v. 组成的集合, 这时的 $L^2(\Omega)$ 是一个希氏空间, 记全体平方可积函数 (或平方可积的 r̀.v.) 为 $L^2(\Omega)$, 有时记为 $\mathcal{H}(\Omega)$.

因此, $L^2 = L^2(\Omega, \mathcal{F}, P)$ 是一个希氏空间, 如果 $\xi, \eta \in L^2$ 它们的内积为

$$\langle \xi, \eta \rangle = \int_\Omega \xi(\omega)\eta^*(\omega)P(d\omega). \tag{B.3.19}$$

由此得到, 关于正交测度的定义可以推广到正交随机测度的情形.

(2) 在 $\mathcal{B} \to L^2$ 的正交测度的定义中, 如果 L^2 是 $L^2(\Omega)$ 的一个子空间, 其中的元是 r.v.. 这时记正交测度中的 $Z(A), A \in \mathcal{B}$ 是 r.v., 我们记之为 $\zeta(A), A \in \mathcal{B}$, 其中 $\zeta(A)$, 它们同样满足关系式 (B.3.19), 这时的 $\zeta(A), A \in \mathcal{B}$ 就是一个正交随机测度族.

(3) $L^2(\Omega, \mathcal{F}, P)$ 中平方可积函数的相空间是 Borel 域 $(R, \mathcal{B})$ (或 $(R^d, \mathcal{B}^d)$), 它所对应的 Borel 测度空间是 $(R, \mathcal{B}, F)$ 正交随机测度.

(4) 关于正交随机测度, 同样可以定义关于可测函数 $f(x)$ 的积分 $I(f)$ 及关于这种积分的一系列性质, 对此不再一一说明.

B.4 关于弱平稳过程的其他理论和性质

关于弱平稳过程存在其他的一系列性质, 如谱分解性质、弱平稳过程的多种类型和它们的谱函数理论、弱平稳过程的各种信息处理问题, 这些信息处理问题的内容包括预测、内插、分解、滤波等运算. 在本节中, 我们介绍和讨论这些问题.

在这些问题的讨论中, 因为涉及许多其他学科的问题 (如复分析理论等), 在此只介绍其中的有关结论.

B.4.1 关于弱平稳过程空间结构的关系分析

在弱平稳过程的理论分析中, 涉及有多种空间结构、算子理论和希氏空间中的模型和理论, 它们的结构关系如图 B.4.1 所示.

1. 空间结构的关系图

我们把和弱平稳过程理论分析有关的空间、算子、模型和理论汇总成的图 B.4.1.

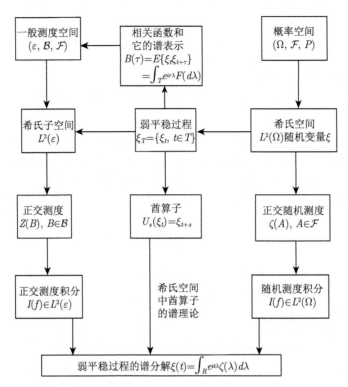

图 B.4.1　希氏空间中平稳过程谱分解和空间结构关系示意图

2. 对图 B.4.1 的说明如下

(1) 图中的概率空间 $(\Omega, \mathcal{F}, P)$ 和相空间 (或 Borel 空间) $(\mathcal{E}, \mathcal{B}, \mathcal{F})$ 是理论的出发点, 这时的 r.v. 是 $(\Omega, \mathcal{F}, P) \to (\mathcal{E}, \mathcal{B}, \mathcal{F})$ 的可测映射.

(2) 由概率空间 $(\Omega, \mathcal{F}, P)$ 和相空间 $(\mathcal{E}, \mathcal{B}, \mathcal{F})$ 中的平方可积的 r.v. 产生不同类型的希氏空间 $L^2(\Omega), L^2(\mathcal{E})$.

(3) 由这些希氏空间产生它们的正交测度或正交随机测度, 它们分别是 $Z(B)$, $B \in \mathcal{B}, \zeta(A), A \in \mathcal{F}$, 由这些测度可以产生相应的测度积分.

(4) 如果这些测度积分和平稳过程相对应就产生相应的投影算子、酉算子 (或保距算子).

在希氏空间中, 投影算子和酉算子之间存在一般的谱分解理论, 由此形成平稳过程的多种谱分解理论.

B.4.2　几种典型的弱平稳过程 (或序列) 及其性质

我们已经给出弱平稳过程 (或序列) ξ_T 及由 ξ_T 产生的希氏空间 $\mathcal{H}_\xi$ 的定义, 现在讨论其中的一些典型或特殊的过程 (或序列). 为了简单起见, 我们先讨论离散的情形, 这时 T 是一个全体整数的集合, 并简称弱平稳过程 (或序列) 为平稳序列, 对此说明、讨论如下.

1. 基本序列及滑动和序列

在平稳序列中, 最典型的序列是基本序列及滑动和序列, 它们的定义如下.

定义 B.4.1 (关于基本序列及滑动和序列的定义) 记 $\zeta_T = \{\zeta(t), t \in T\}, \xi_T = \{\xi(t), t \in T\}$, 它们都是平稳序列, 由此定义:

(1) 称 ζ_T 是一个基本序列, 如果它的相关函数 $B_\zeta(t) = \begin{cases} 1, & \text{如果 } t = 0, \\ 0, & \text{否则}. \end{cases}$

(2) 称 ξ_T 是由 ζ_T 产生的一个**滑动和序列**, 如果存在一常数序列 $A_T = \{a_t, t \in T\}$, 使

$$\xi(t) = \sum_{n=-\infty}^{\infty} a_n \zeta(t-n), \quad t \in T \tag{B.4.1}$$

成立, 其中 $A_T \in \ell^2$ 是一个平方和收敛的序列.

(3) 由 ζ_T, ξ_T 产生的希氏空间分别是 $\mathcal{H}_\zeta, \mathcal{H}_\xi$, 这时显然有 $\mathcal{H}_\xi \subset \mathcal{H}_\zeta$ 成立. 而且有

$$\mathcal{H}_\zeta = \left\{ \eta = \sum_{n=-\infty}^{\infty} a_n \zeta(n), \ A_T \in \ell^2 \right\}. \tag{B.4.2}$$

为了简单起见, 有时记 ζ_T, ξ_T 为 $U_T = \{u(t), t \in T\}, X_T = \{x(t), t \in T\}$.

定理 B.4.1 (关于基本序列及滑动和序列的谱结构性质定理) 如果 ζ_T, ξ_T 分别是基本序列和弱平稳序列, $\mathcal{H}_\zeta$ 是由 (B.4.2) 式定义的希氏空间, 那么有以下性质成立.

(1) ξ_T 是由 ζ_T 产生的滑动和序列的必要条件是 ξ_T 从属于 ζ_T 序列 (ξ_T 中的向量包含在 $\mathcal{H}_\zeta$ 空间中).

(2) 这时 ξ_T 有唯一的分解式 (B.4.1) 成立, 其中

$$a_n = B_{\xi,\zeta}(n) = \langle \xi(t+n), \zeta(t) \rangle, \tag{B.4.3}$$

且有 $\sum_{n=-\infty}^{\infty} |B_{\xi,\zeta}(n)|^2 = \| \xi(t) \|^2 = B_{\xi,\xi}(0)$ 成立.

(3) 它们的谱分布函数 $F_Z(\lambda), \lambda \in (-\pi, \pi)$ 分别是

$$F_Z(\lambda) = \begin{cases} \dfrac{\lambda + \pi}{2\pi}, & \text{如果} Z = (\zeta, \zeta), \\[3mm] \dfrac{1}{2\pi} \displaystyle\int_{-\infty}^{\lambda} \phi_\zeta^\xi(\tau) d\tau, & \text{如果} Z = (\zeta, \xi), \\[3mm] \dfrac{1}{2\pi} \displaystyle\int_{-\infty}^{\lambda} |\phi_\zeta^\xi(\tau)|^2 d\tau, & \text{如果} Z = (\xi, \xi), \end{cases} \tag{B.4.4}$$

其中 $F_{\zeta,\zeta}, F_{\zeta,\xi}, F_{\xi,\xi}$ 分别是 ζ_T, ξ_T 的自相关谱函数和互相关谱函数. 而

$$\phi_\zeta^\xi(\lambda) = \sum_{n=-\infty}^{\infty} a_n e^{-jn\lambda}. \tag{B.4.5}$$

定理 B.4.2 (关于基本序列和它的滑动序列的构造定理)　关于定理 B.4.1 的逆命题成立.

如果 F_Z 是 (B.4.4) 式中的函数, 那么一定存在满足基本序列和它的滑动序列条件的平稳序列 ζ_T, ξ_T, 它们的谱函数定义如式 (B.4.4) 所示.

2. 平稳序列的 Wold 分解和正则序列

在弱平稳过程 (或序列) 中, 除了基本序列及滑动和序列外, 还有其他多种不同类型的序列, 对此讨论如下.

(1) **奇异的平稳序列**. 记 $\xi_T = \{x_t, t \in T\}$ 是一个平稳序列, 其中 $T = Z$ 是全体整数的集合. 由此定义

$$\begin{cases} \mathcal{H}_\xi = \text{由} \xi_T = \{\xi_t, t \in T\} \text{产生的希氏空间}, \\ \mathcal{H}_\xi(t) = \text{由} \{\xi_s, s \leqslant t, s \in T\} \text{产生的希氏空间}, \\ \mathcal{S}_\xi = \bigcap_{t \in T} \mathcal{H}_\xi(t). \end{cases} \tag{B.4.6}$$

它们都是希氏空间, 显然满足关系式 $\mathcal{S}_\xi \subset \mathcal{H}_\xi(t) \subset \mathcal{H}_\xi$, 其中对任何 $t \in T$ 成立. 由此产生一系列的子希氏空间.

(2) 在 $\mathcal{S}_\xi \subset \mathcal{H}_\xi(t) \subset \mathcal{H}_\xi$ 的子希氏空间中, 它们一般是不相同的. 如果有 $\mathcal{S}_\xi = \mathcal{H}_\xi$ 成立, 那么称 ξ_T 是一个**奇异的平稳序列**.

(3) 如果 ξ_T 是一个非奇异的平稳序列, 那么对任何 $\xi(t) \in \xi_T$, 总有一个分解式 $\xi(t) = \xi_r(t) + \Delta(t)$, 其中 $\xi_r(t) \in \mathcal{H}_\xi(t-1), \Delta(t) \perp \mathcal{H}_\xi(t-1)$.

这个分解具有唯一性, 这就是**平稳序列的 Wold 分解**; 对此分解式又可写为

$$\xi(t) = \xi_r(t) + \xi_s(t) = \sum_{n=-\infty}^{\infty} C_n \zeta(t-n) + \xi_s(t), \tag{B.4.7}$$

其中 $\xi_{\theta,T} = \{\xi_\theta(t), t \in T\}$, 而 $\theta = r, s$ 分别是 $\xi(t)$ 在 $\mathcal{S}_\xi^\perp, \mathcal{S}_\xi$ 空间中的投影向量, $\mathcal{S}_\xi^\perp$ 是 $\mathcal{S}_\xi$ 的正交空间.

在此分解式中, $\xi_{s,T} = \{\xi_s(t), t \in T\}$ 是一个奇异序列, 且从属于 ξ_T 序列. $\xi_{s,T}$ 和 ξ_T 是平稳相关的, 且对任何 $t \in T$, 有 $\xi_s(t) \in \mathcal{H}_\xi$ 成立.

(4) 在分解式 (B.4.7) 中, 如果 $\xi_s(t) = 0$ 是零向量, 那么称 ξ_T 是一个平稳正则序列 (简称正则序列), 这时分解式 (B.4.7) 右边第二项是零向量.

定理 B.4.3 (关于正则序列的性质定理)　(1) 如果 $\xi(t) = \sum_{n=-\infty}^{\infty} C_n \zeta(t-n)$ 是基本序列 ζ_T 的滑动和序列, 其中 $C_T \in \ell^2$ 是一平方可积向量, 那么 ξ_T 是 ζ_T 的

从属序列. 这时记

$$
\begin{cases}
\phi_x^u(\lambda) = \displaystyle\sum_{n=-\infty}^{\infty} C_n e^{-jn\lambda}, \\[2mm]
\Gamma_x^u(\theta) = \displaystyle\sum_{n=-\infty}^{\infty} C_n \theta^n.
\end{cases}
\tag{B.4.8}
$$

$\phi_x^u(\lambda) = \gamma_x^u(e^{j\lambda})$ 是 $\Gamma_x^u(\theta)$ 在边界圆 $\theta = e^{-jn\lambda}$ 上的函数, 那么 $\Gamma_x^u(\theta)$ 是在该边界圆 $\theta = e^{-jn\lambda}$ 内无零点的解析函数, 这时

$$
\Gamma_x^u(\theta) = \frac{1}{2\pi} \int_{|\xi|=1} \frac{\gamma_x^u(\xi)}{\xi - \theta} d\xi.
\tag{B.4.9}
$$

(2) 该定理的命题 (1) 的逆命题成立, 即如果 $\xi_T = \{\xi(t), t \in T\}$ 是一个平稳序列, 它的谱函数记为 $\phi_x^u(\lambda)$. 如果该谱函数是解析函数 $\Gamma_x^u(\theta)$ 在 $|\theta| = 1$ 时的边界值, 那么 ξ_T 就是基本序列 ζ_T 的滑动和序列, 且在 (B.4.8) 式的展开式中的系数 C_n 就是该谱函数, 记为 $\phi_x^u(\lambda)$ 的傅氏变换的展开系数.

关于正则序列, 它的谱函数还有其他不同的表达方式, 对此不一一列举.

3. 平稳序列的最小序列

如果 ξ_T 是一平稳序列, 由它产生的希氏空间为 $\mathcal{H}_\xi$, 记 $\hat{\mathcal{H}}_\xi(t)$ 是由向量集合 $\xi_T(t) = \{\xi(s), s \in T, s \neq t\}$ 产生的希氏空间. 这时显然有 $\hat{\mathcal{H}}_\xi(t) \subset \mathcal{H}_\xi$, 且 $U^k(\hat{\mathcal{H}}_\xi(t)) = \hat{\mathcal{H}}_\xi(t+k)$, 其中 U^k 是 $\mathcal{H}_\xi$ 空间中的保距算子.

定义 B.4.2 (关于最小序列的定义)　对平稳序列 ξ_T 有以下定义:

(1) 如果 $\hat{\mathcal{H}}_\xi(t) \neq \mathcal{H}_\xi$, 那么称 ξ_T 是一个最小序列;

(2) 如果 ξ_T 是一个最小序列, 那么有分解式 $\xi_t = \nu_t + \delta_t$, 其中 $\nu_t \in \mathcal{H}_\xi(t), \delta_t \perp \mathcal{H}_\xi(t)$;

(3) 这个分解式是唯一确定的, 且记 $d_\xi = \| \delta_t \|$.

这时 d_ξ 和 t 无关, 且 ξ_T 是最小序列的充要条件是 $d_\xi > 0$.

定理 B.4.4 (关于最小序列的性质定理)　(1) 平稳序列 ξ_T 是最小序列的充要条件是它的谱密度函数 $f_\xi(\lambda)$ 几乎处处大于零, 而且积分 $\displaystyle\int_{-\pi}^{\pi} \frac{d\lambda}{f_\xi(\lambda)}$ 有限.

(2) 这时有关系式 $d_\xi^2 = \dfrac{(2\pi)^2}{\displaystyle\int_{-\pi}^{\pi} \frac{d\lambda}{f_\xi(\lambda)}}$ 成立.

(3) 这个 d_ξ^2 也是由数据序列

$$
\tilde{\xi}_t = \{\cdots, \xi_{t-n}, \xi_{t-n+1}, \cdots, \xi_{t-1}, \xi_{t+1}, \cdots, \xi_{t+n}, \cdots\}
$$

预测 ξ_t 时的误差 (在此数据序列 $\tilde{\xi}_t$ 中, 缺失数据 ξ_t).

B.4.3   一些重要的弱平稳过程 (或序列) 和它们的谱函数

除了以上给出的基本序列、滑动和序列、正则序列等序列外, 其他重要的平稳随机序列还有多种.

1. 弱平稳序列的几种模型

记 ζ_T 是基本序列, ξ_T 是平稳序列, 由此产生的平稳序列模型如下.

(1) **自回归模型** (auto regression 模型, 简记为 **AR(p)** 模型). 这时

$$\xi_t = \alpha_1 \xi_{t-1} + \alpha_2 \xi_{t-2} + \cdots + \alpha_p \xi_{t-p} + \zeta_t, \quad t \in T. \tag{B.4.10}$$

称 $\alpha^p = (\alpha_1, \alpha_2, \cdots, \alpha_p)$ 是 AR(p) 模型中的回归系数.

(2) **滑动平均模型** (moving average 模型, 简记为 **MA(q)** 模型). 这时

$$\xi_t = \zeta_t - \beta_1 \zeta_{t-1} - \beta_2 \zeta_{t-2} + \cdots + \beta_q \zeta_{t-q}. \tag{B.4.11}$$

称 $\beta^q = (\beta_1, \beta_2, \cdots, \beta_q)$ 是 MA(q) 模型中的回归系数.

(3) **自回归、滑动平均模型** (auto regression moving average 模型, 简记为 **ARMA(p, q)** 模型). 这时

$$\xi_t = \alpha_1 \xi_{t-1} + \alpha_2 \xi_{t-2} + \cdots + \alpha_p \xi_{t-p} - \beta_1 \zeta_{t-1} - \beta_2 \zeta_{t-2} + \cdots + \beta_q \zeta_{t-q}. \tag{B.4.12}$$

称 (α^p, β^q) 是 ARMA(p, q) 模型中的回归系数.

2. ARMA(p, p) 模型中的谱函数

如果 ξ_T 是由 (B.4.12) 给定的 ARMA(p, p) 模型中的平稳序列, 那么它的谱函数表示如下.

(1) 定义函数 $\begin{cases} \varphi(u) = 1 - \alpha_1 u - \alpha_2 u^2 - \cdots - \alpha_p u^p, \\ \theta(u) = 1 - \beta_1 u - \beta_2 u^2 - \cdots - \beta_q u^q. \end{cases}$

(2) (B.4.12) 式的 ARMA(p, p) 模型可简写为

$$\varphi(B)\xi_t = \theta(B)\zeta_t, \tag{B.4.13}$$

其中 B 是推移算子 $B(\xi_t) = \xi_{t-1}, B(\zeta_t) = \zeta_{t-1}$.

(3) 如果 ξ_T 是一个由 (B.4.12) 式 (或在 ARMA(p, p) 模型下) 产生的平稳序列, 那么 ξ_T 的谱密度函数是

$$f_\xi(\lambda) = \frac{\sigma^2 |\theta(e^{j\lambda})|^2}{2\pi |\varphi(e^{j\lambda})|^2}, \tag{B.4.14}$$

其中 σ^2 是一个适当的常数, 这时称 (B.4.14) 中的谱密度函数是一个有理谱密度函数.

B.4.4 弱平稳过程 (或序列) 的预测问题

1. 预测问题的一般提法

如果 ξ_T 是一个平稳过程, $A \subset \xi_T$ 是该平稳过程中的 r.v. 的集合, 那么它的预测问题就是由 A 中 r.v. 的取值来估计其他 r.v. 取值.

2. 预测问题类型和记号

(1) 预测问题类型分线性和非线性预测. 我们先讨论线性预测问题, 然后在讨论非线性预测问题.

(2) 在线性预测问题中, 记 $\mathcal{H}_A$ 是由集合 A 中 r.v. 所产生的希氏空间. 如果 $\xi \in \mathcal{H}_\xi$, 那么由 A 对 ξ 的预测就是等 r.v. ξ 构建分解式 $\xi = \xi_r + \xi_s$, 其中 $\xi_r \in \mathcal{H}_A, \xi_s \perp \mathcal{H}_A$.

(3) 这时, $\xi_r \in \mathcal{H}_A$, 就是 ξ_r 可以由 A 中 r.v. 的线性组合而产生的预测, ξ_r 是 $\mathcal{H}_A$ 中和 ξ 距离最近的向量, $d^2 = \| \xi_s \|$ 就是该线性预测中的预测误差.

3. 线性预测的类型和误差估计公式

在集合 A (或希氏空间 $\mathcal{H}_A$) 取不同类型的集合时, 产生不同的预测类型和误差公式. 常见的预测类型有:

(1) 外推, 由 $\mathcal{H}_t = \mathcal{H}_{A_t}$ 预测 r.v. $\xi(t+1)$, 其中 $A_t = \{\xi_s, s \leqslant t\}$;

(2) 内插, 由 $\hat{\mathcal{H}}(t)$ 预测 r.v. $\xi(t)$, 其中 $\hat{\mathcal{H}}(t) = \mathcal{H}\{\xi_s, s \neq t\}$;

(3) ARMA(p,q) 的预测, ξ_T 是一个 ARMA(p,q) 模型, 由此产生的预测问题.

4. 非线性预测问题

由集合 A 中 r.v. 的非线性映射对 r.v. $\xi \in \mathcal{H}_\xi$ 的预测, 对此引进的有关记号如下.

(1) 记 $A = \{\xi_a, a \in A\} \subset \xi_T$ 的一个集合.

(2) 记 $\mathcal{F}_A = \sigma\{\xi_a^{-1}(B), B \in \mathcal{B}_\xi, a \in A\}$ 是一个由 A 中 r.v. 产生的 σ-域.

(3) 由 A 对 ξ 的预测, 就是构造条件期望 $\eta = E\{\xi | \mathcal{F}_A\}$, 使 η 成为 r.v. ξ 的预测函数.

5. 几点补充说明

(1) 无论是 r.v. 条件期望, 还是多种不同类型的预测问题, 其中包括它们的预测和误差计算公式, 在平稳序列的模型和理论中, 都有许多详细讨论, 如见 [111] 等文献, 在此不再一一介绍和讨论.

(2) 在此弱平稳过程的理论中, 我们主要是在序列的模型下进行讨论, 相应的结果都可推广到连续型的情形. 详见 [111] 等文献的讨论, 在此不再一一介绍.

附录 C 计算机原理

计算机科学是一个庞大的理论和应用体系, 其中主要包括硬件、软件、算法三大部分. 这三部分内容都有各自的理论基础.

本章主要介绍其中的有关原理, 其中包括布尔代数、计算机构造和语言中的有关内容.

C.1 布尔代数和布尔函数

研究计算机可以有多种不同的出发点, 如集合论、逻辑学、逻辑元件等. 这里选择布尔代数和布尔函数. 它们的一个共同点就是从公理化体系出发, 并由此引发其他一系列性质和计算机构造中的一系列特征. 选择布尔理论切入的优点是可以直接和 NNS 理论结合.

C.1.1 布尔代数

布尔代数是指一个具有**并**、**积 (或交) 运算**, 满足以下**亨廷顿 (Huntington) 公理**的集合 B.

1. 布尔代数的亨廷顿公理体系

记集合 B 中的任意元素 a, b, c 之间定义并 "$\vee$"、积 "$\cdot$" 运算, 并满足以下公理.

(C-1-1) **元素数量公理** 在集合 B 中, 至少有两个元素.

(C-1-2) **并、积运算闭合** 如果 $a, b \in B$, 那么 $a \vee b, a \cdot b \in B$.

(C-1-3) **零元、幺元存在** 即存在 $O, I \in B$, 总有 $a \vee O = a, a \cdot I = a$ 成立.

如果零元、幺元存在, 那么它们一定是唯一确定的.

(C-1-4) **交换律成立** 有 $\begin{cases} \text{并交换律} & a \vee b = b \vee a, \\ \text{积交换律} & a \cdot b = b \cdot a. \end{cases}$

(C-1-5) **分配律成立** 有 $\begin{cases} \text{并、积分配律} & a \vee (b \cdot c) = (a \vee b) \cdot (a \vee c), \\ \text{积、并分配律} & a \cdot (b \vee c) = (a \cdot b) \vee (a \cdot c). \end{cases}$

(C-1-6) **逆元存在** 如果零元 O、幺元 I 存在, 而且是唯一确定的, 那么对任何 $a \in B$, 它的逆元总是存在的.

总有 $\bar{a} \in B$ 存在, 使 $a \cdot \bar{a} = O, a \vee \bar{a} = I$ 成立.

称 $\bar{a}$ 是 a 的**补元**.

零元、幺元存在, 即存在 $o, I \in B$, 那么总有 $a \vee 0 = a, a \cdot I = a$ 成立.

2. 布尔代数中公理的等价性质

这 6 条布尔代数的亨廷顿公理直接推出或相互等价的性质如下.

(C-1-7) **零元、幺元存在的唯一性** 如果零元、幺元存在, 那么它们一定是唯一确定的.

(C-1-8) **等率** $a \vee a = a, a \cdot a = a$ 成立.

(C-1-9) **零元、幺元的性质** $a \vee I = I, a \cdot O = O$.

(C-1-10) **吸收率** 对任何 $a, b \in B$, 总有 $a \vee (a \cdot b) = a, a \cdot (a \vee b) = a$ 成立.

(C-1-11) **补元的唯一性** 对任何 $a \in B$, 它的补元 $\bar{a} \in B$ 唯一确定.

(C-1-12) **对合律** 对任何 $a \in B$, 总有 $\overline{(\bar{a})} = a$. 这就是补元的补, 即它自己.

(C-1-13) **并、交的补** $\overline{(a \vee b)} = \bar{a} \cdot \bar{b}, \overline{(a \cdot b)} = \bar{a} \vee \bar{b}$.

(C-1-14) **并、交的结合律** $(a \vee b) \vee c = a \vee (b \vee c), (a \cdot b) \cdot c = a \cdot (b \cdot c)$.

(C-1-15) **并、交、补的混合运算性质** $a \vee (\bar{a} \cdot b) = a \vee b, \quad a \cdot (\bar{a} \vee b) = a \cdot b$.

(C-1-16) **并、交、补的混合运算性质** $\begin{cases} (a \cdot b) \vee (a \cdot c) \vee (b \cdot c) = (a \cdot b) \vee (a \cdot c), \\ (a \vee b) \cdot (a \vee c) \cdot (b \vee c) = (a \vee b) \cdot (a \vee c). \end{cases}$

(C-1-17) **并、补运算性质** 如果 $a \vee b = I, a \cdot b = O$, 那么 $b = \bar{a}$.

(C-1-18) **并、积运算性质** 运算关系 $a = a \vee b$ 和 $a \cdot b = O$ 等价.

3. 布尔代数中的一些关系定理

布尔代数中, 除了公理 (C-1-1)—(C-1-6)、性质 (C-1-7)—(C-1-18) 外, 还有以下关系定理.

定理 C.1.1 (替换定理) 在布尔代数 B 中, 如果它的元素为 $a, b, c, \cdots$, 其中的运算为 $\vee, \cdot$, 如果把所有的元素变为 $\bar{a}, \bar{b}, \bar{c}, \cdots$, 而把运算 $\vee, \cdot$ 进行互换, 那么所形成的集合 $\bar{B}$ 仍然是一个布尔代数.

定理 C.1.2 (对偶原理) 在定理 C.1.1 的替换关系下, 布尔代数 B 中的所有关系式仍然成立 (在替换关系的表示下).

例 C.1.1 (二值布尔代数) 如果取 $X = \{-1, 1\}$, 对其中的元 a, b 定义

$$a \vee b = \max\{a, b\}, \quad a \cdot b = a \wedge b = \min\{a, b\}, \tag{C.1.1}$$

那么 X 构成布尔代数 (二值布尔代数).

在此定义下, 运算符号 $\cdot$ 和 $\wedge$ 等价.

C.1.2 布尔格

如果集合 B 是一个布尔代数, 在它的任意元素 a, b, c 之间定义大小比较关系 $\leqslant, \geqslant$, 由此形成一个格 (或半序) 的结构.

1. 布尔格的定义

在布尔代数 B 中, 它的任意元素为 a, b, c.

(1) 如果 $a = a \vee b$, 那么称 $b \leqslant a$ 或 $a \geqslant b$, 这时称 a 覆盖 b.

(2) 在一个集合 B 中, 如果存在这种覆盖 (或半序) 关系, 而且满足关系式, 那么称集合 B 是一个布尔格:

自反律 $a \leqslant a$;

最大、最小律 $O \leqslant a \leqslant I$;

递推律 如果 $a \leqslant b, b \leqslant c$, 那么必有 $a \leqslant c$.

2. 布尔格的性质

(1) 在布尔格 B 中, 它的任意元素 a, b 的最大、最小元是 $a \cdot b \leqslant a, b \leqslant a \vee b$.

(2) 在布尔代数 B 中, 对其中的元素 $a \neq O$, 如果对任何 $x \in B$, 总有 $x \cdot a = a$ 或 O, 那么称 a 是该布尔代数中的一个原子.

(3) 如果 B 是一个有限布尔代数, 那么它的元素 x 总有一个原子 $a \in B$, 而且使 $a \leqslant x$ 成立.

(4) 如果 B 是一个有限布尔代数, 记 C 是其中所有原子的集合, 那么对任何 $x \in B$, 总有若干个原子 $a_1, a_2, \cdots, a_n \in B$, 使 $x = a_1 \vee a_2 \vee \cdots \vee a_n$ 成立.

(5) 如果 B 是一个有限布尔代数, $\| C \| = m$, 那么 $\| B \| = 2^m$.

(6) 由此任何有限布尔代数 B 一定和一个有限集合 Ω 同构, 只要 C 和 Ω 中的元素个数相同. 在此同构关系中, 运算关系 $\vee, \cdot$ 和 $\cup, \cap$ 对应.

C.1.3 布尔函数

1. 布尔函数的定义

(1) 如果 X 是二值布尔代数 (见例 C.1.1), X^n 是二进制向量空间, f 是 $X^n \to X$ 的映射, 那么称 f 是一个 n 阶的布尔函数.

(2) 如果 A 是 X^n 空间中的一个子集和, 记 $f_A(x^n) = \begin{cases} 1, & x^n \in A, \\ -1, & 否则, \end{cases}$ 那么 f_A 是一个布尔函数. 称集合 A 是该布尔函数的定义集合, 或布尔集合.

(3) 如果 f 是一个 n 阶布尔函数, 那么必有一个集合 $A \subset X^n$, 使 $f(x^n) = f_A(x^n)$ 成立.

2. 布尔函数的等价表示

如果记 F_n 是所有 n 阶布尔函数的集合, 那么以下性质成立.

(1) F_n 中包含布尔函数的数目有 2^n 个.

(2) 如果 $f, g \in F_n$ 是不同的布尔函数, 定义

$$f \vee g = \max\{f, g\}, \quad f \cdot g = f \wedge g = \min\{f, g\}, \tag{C.1.2}$$

那么 F_n 是一个布尔代数, 其中

$$f \vee g = \max\{f, g\} = \max\{f(x^n), g(x^n)\}, \quad \text{对任何 } x^n \in X^n.$$

(3) 如果 $f, g \in F_n$, 那么必有 $A, B \subset X^n$, 使 $f(x^n) = f_A(x^n), g(x^n) = f_B(x^n)$, 对任何 $x^n \in X^n$ 成立. 而且在此对应关系中有

$$f_A \vee f_B = f_{A \cup B}, \quad f_A \cdot f_B = f_A \wedge f_B = f_{A \cap B} \tag{C.1.3}$$

成立.

由此可以建立布尔代数、集合论、布尔函数之间的同构关系.

3. 布尔函数的性质

(1) 单点集的布尔函数. 如果 $A = \{x^n\}, x^n \in X^n$ 是一个单点集合, 这时它的布尔函数 $f_A(z^n) = \begin{cases} 1, & z^n = x^n, \\ -1, & \text{否则}. \end{cases}$

(2) 如果记 $x_i, z_i \in \{-1, 1\}$ 是二进制集合中的数据, 那么有关系式

$$f_{x^n}(z^n) = \bigwedge_{i=1}^n f_{x_i}(x_i) = \prod_{i=1}^n f_{x_i}(x_i) = \begin{cases} 1, & z^n = x^n, \\ -1, & \text{否则}. \end{cases} \tag{C.1.4}$$

(3) 对一般布尔集合的表达函数是

$$f_A(z^n) = \bigvee_{x^n \in A} f_{x^n}(z^n) = \bigvee_{x^n \in A} \bigwedge_{i=1}^n f_{x_i}(z_i) = \begin{cases} 1, & z^n \in A, \\ -1, & \text{否则}. \end{cases} \tag{C.1.5}$$

(4) 如果 $A \subset X^{n_1}, B \subset X^{n_2}$, 而

$$A \otimes B = \{(x^{n_1}, y^{n_2}) : x^{n_1} \in A, y^{n_2} \in B\} \subset X^n, \tag{C.1.6}$$

其中 $n = n_1 + n_2$. 这时

$$f_{A \otimes B}(z^n) = f_A(z^{n_1}) f_B(z^{n_2}) = \left(\bigvee_{x^{n_1} \in A} \bigwedge_{i=1}^{n_1} f_{x_i}(z_i) \right) \left(\bigvee_{y^{n_2} \in B} \bigwedge_{i=1}^{n_2} f_{y_i}(z_{n_1+i}) \right), \tag{C.1.7}$$

其中 $x^n = (x^{n_1}, y^{n_2}), z^n = (z^{n_1}, z^{n_2})$.

4. 一些基本关系

有关布尔代数、集合论、布尔函数之间的等价对应关系以及名称、定义和记号如表 C.1.1 所示.

表 C.1.1　布尔代数、集合论、布尔函数之间的结构关系表

结构名称	空间	基本变量	基本关系	基本运算	运算规则	导出结构
布尔代数	B	a, b, c 等	$\in, \leqslant$	并、积 $\vee, \cdot$	公理 (C-1-1)—(C-1-6)	布尔格
集合论	Ω	子集合 A, B, C	包含关系 $\subset$	交、并、余 $\cap, \cup, {}^{c}$	集合论公理体系	
二进制向量	X^n	向量 x^n 等	$\leqslant, \geqslant$	交、并、余 $\vee, \wedge, {}^{c}$	逻辑运算公理体系	产生四则运算
布尔函数	F_n	函数 f 等	$X^n \to X$ 的映射	并、积、余 $\vee, \cdot, {}^{c}$	和 f_A 的等价关系	子集合的等价关系

这时把 $+, \vee, \cup$ 看作等价运算, 把 $\cdot, \wedge, \cap$ 看作等价运算.

有关这些结构 (如布尔函数等) 还有其他一系列性质, 我们在以后会陆续涉及.

C.2　自动机理论

自动机是一种抽象的计算机, 它以布尔代数、布尔函数等数学工具来讨论计算、识别、生成等一系列信息处理的可能性. 因此自动机不仅是计算机的理论基础, 在信息处理中, 它还是和其他学科联系的基础和桥梁.

我们已经说明, 人和生物神经系统是一个复杂的、由多种不同类型的自动机和 NNS 组成的系统, 因此, 我们对它的状况应该有更多的了解.

自动机有多种不同的类型, 如有限自动机、逻辑自动机、图灵机、组合电路等. 在本节中先介绍它的一般构造原理和运算规则, 再介绍这些不同类型自动机的特征、区别和意义, 重点讨论有关自动机的功能实现问题.

C.2.1　概论

在本小节中, 先介绍其中有关的一些基本情况.

1. 图灵机的产生和工作过程

(1) 早在 1936 年, 艾伦·图灵[①] 提出了一种抽象的计算模型——图灵机 (Turing machine).

(2) 图灵机设计的基本思想是将人们使用纸笔进行数学运算的过程进行抽象表达, 用一个虚拟的机器来替代人的数学运算.

图灵机的构造见本书 C.2.5 节中 "图灵机的构造和工作原理".

(3) 艾伦·图灵设计的这种计算过程称为图灵机, 该模型为现代计算机的逻辑工作方式奠定了基础.

(4) 艾伦·图灵的工作除了发现图灵机外, 在可计算理论、发展人工智能等领域还有诸多贡献. 如图灵机的可计算性、机器是否具有智能的判定试验方法等, 这些模型和理论已成为现代计算机、逻辑学中的基本理论.

[①] 艾伦·麦席森·图灵 (Alan Mathison Turing, 1912—1954), 英国数学家、逻辑学家, 被称为计算机科学之父、人工智能之父.

2. 自动机的产生和形成

人们一般把自动机的产生归结于 1956 年由普林斯顿大学出版社出版的一本名为《自动机研究》(*Automata Studies*) 的文集.

(1) 该文集由著名的信息论创始人香农和人工智能研究者 J. McCarthy 主编, 收集了有关的论文.

(2) 在该文集中, 有关论文的内容较杂, 其中有 W. S. McCulloch, W. Pitts 关于神经网络的研究, 也有 G. H. Mealy 关于时序机的研究等.

时序机的理论后来发展成图论机. 因此关于神经网络的研究和自动机的研究在一开始就有密切关系. 这也说明了该文集所追求的目标是希望建立一种新的目标 (现在看来, 这是一种智能化的目标).

3. 自动机的发展

(1) 早在 20 世纪 50 年代就有存储式的自动机问世, 这种自动机虽有数据存储和计算的功能, 但没有把逻辑运算原理引入它的基本结构中, 因此还不能成为真正意义上的自动机.

(2) 至 1959 年, 自动机理论有了重要进展, M. O. Rabin, D. Scott 提出了有限自动机的理论, 该理论把逻辑语言统一在这种自动机的理论中. 该理论的出现, 说明自动机和逻辑语言密切相关, 也促进了对自动机的结构和能力的研究. 由此出现了多种自动机模型, 如逻辑自动机、概率自动机等模型和理论.

与此同时, 电子计算机、集成电路、大规模集成电路等电子技术也得以实现, 使计算机科学的理论、技术和应用得到迅速发展.

4. 自动机中的语言理论

自动机中的语言理论在下文中还有介绍, 现在只说明自动机理论和它的语言理论的发展相辅相成、相互促进推动. 由此产生了一大批学术论文, 其中的重要观点是把数学中的逻辑学、代数学、拓扑学的一系列理论引入自动机理论的研究中, 但是对这种计算机能做什么却没有得到讨论.

C.2.2 自动机构造的基本特征和类型

自动机的构造模型很多, 它们的名称也不相同, 将来和智能计算都有密切关系. 先介绍其中的一些基本概念.

1. 自动机构造的基本结构和特征

自动机的类型很多, 如有限自动机、逻辑自动机、概率自动机、图灵机等, 可把它们看作一个系统, 具有以下共同的特征.

(1) 它们的基本结构特征就是对这些数据的结构、表达方式及相应运算规则的描述.

(2) 系统具有输入、输出的数据 (或信号), 并且在这些数据之间存在相互运算的变换关系或规则.

在这些结构中, 可以用统一的名称、记号来进行表达, 如对数据的描述名称有

$$
\left\{
\begin{array}{llll}
\text{名称} & \text{名称的含义} & \text{记号} & \text{等价名称} \\
\text{字母} & \text{在信号中可能使用的符号或数字} & a,b,c,x,y\text{等} & \text{符号或数字} \\
\text{字母表} & \text{可能使用的所有字母的集合} & A,B,C,X,Y\text{等} & \text{符号或数字的集合} \\
\text{字母串} & \text{若干相连的字母} & a^n=(a_1,a_2,\cdots,a_n) & \text{符号或数字的向量} \\
\text{字母序列} & \text{可以不断延长的字母串} & a^\infty=(a_1,a_2,\cdots) & \text{符号或数字的序列}
\end{array}
\right.
$$

$$(C.2.1)$$

(3) 在系统中, 字母、字母表又有输入、输出、状态、状态运行的字母和字母表, 它们在对系统进行描述时给予区别.

(4) 在系统中, 这些字母、字母表一般都以多维、动态等方式出现, 如

$$
\left\{
\begin{array}{lll}
\textbf{系统的输入向量} & x^n=(x_1,x_2,\cdots,x_n), & x_i\in X, \\
\textbf{系统的输出向量} & y^n=(y_1,y_2,\cdots,y_n), & y_i\in Y, \\
\textbf{系统的状态向量} & s^m=(s_1,s_2,\cdots,s_m), & s_j\in S,
\end{array}
\right.
$$

$$(C.2.2)$$

其中 X,Y,S 分别是系统中的输入、输出、状态字母表.

在系统的输入 (或输出) 向量中, 如果它们的维数 n 无限延长, 那么该系统就是一个动态系统, 相应的输入 (或输出) 向量就成为输入 (或输出) 序列.

2. 运算规则的表达

在这种由自动机所形成的系统中, 各种数据都处在不断的运动和变化中, 这种变化按一定的规则进行.

(1) 所谓规则就是映射, 这就是在输入状态向量、输出状态向量和系统的状态向量之间的映射.

(2) 如用 δ,λ 来表示这种映射, 其中

$$\delta: S\times X\to S, \quad \lambda: S\times X\to Y \qquad (C.2.3)$$

分别是关于系统的状态和输入、输出字母表的映射.

3. 时序和记忆

这是自动机、计算机中的两个重要概念, 在图灵机、自动机开始形成时就存在, 并起重要作用.

时序的概念就是自动机的输入、输出和状态变量在固定的时间中出现, 因此时序是一个时间序列函数, 记为

$$[x(i),y(i),s(i)]=[x(t_i),y(t_i),s(t_i)], \quad i=0,1,2,\cdots. \qquad (C.2.4)$$

对这些无穷序列记为 (x^*, y^*, s^*). 由此产生一个运动的自动机, 记为

$$M^* = \{X^*, Y^*, S^*, \delta, \lambda\}, \quad \text{其中} \begin{cases} Z^* = Z(0) \times Z(1) \times Z(2) \times \cdots, \\ Z = X, Y, S, \end{cases} \quad \text{(C.2.5)}$$

而 δ, λ 是固定的映射 $\begin{cases} \delta: S(i) \times X(i) \to S(i+1), \\ \lambda: S(i) \times X(i) \to Y(i). \end{cases}$

C.2.3 自动机的一般模型和定义

自动机定义为

$$\begin{cases} M = \{X, Y, S, \delta, \lambda, S_0, F\}, \\ M^* = \{X^*, Y^*, S^*, \delta, \lambda, S_0, F\}. \end{cases} \quad \text{(C.2.6)}$$

对该自动机中的记号说明如下.

(1) 其中 $\begin{cases} X, Y, S & \text{分别是输入、输出和状态字母表,} \\ S_0 \subset S, F \subset X \times Y \times S & \text{分别是起始和终止规则,} \\ \delta, \lambda & \text{是固定的映射.} \end{cases}$

当 $s_0 \in S_0$ 出现时, 自动机开始启动 (实现式 (C.2.6) 中的运算); 当 $f \in F$ 出现时, 自动机停止工作.

(2) 其中 δ, λ 是映射, 它们的定义是

$$\begin{cases} \delta: S(i) \times X(i) \to S(i+1), \\ \lambda: S(i) \times X(i) \to Y(i). \end{cases}$$

(3) 由此形成一个动态的自动机, 这时 M^* 是 M 的动态的自动机, 其中 $Z^* = Z(0) \times Z(1) \times Z(2) \times \cdots, Z = X, Y, S$.

这些变量的运动规则由映射 δ, λ 确定.

自动机的运动过程

由此可知, 当自动机 M 确定之后, 它的运动过程也就确定.

(1) 当自动机的初始状态 $s(0)$ 和输入序列 $x^* = (x(0), x(1), \cdots)$ 给定后, 它的其他数据 (自动机的状态序列和输出序列) 也就确定, 它们的变换关系是

$$\begin{cases} s(i+1) = \delta[x(i), s(i)], & i = 0, 1, 2, \cdots, \\ y(i) = \lambda[x(i), s(i)], & i = 0, 1, 2, \cdots, \end{cases} \quad \text{(C.2.7)}$$

其中 δ, λ 是自动机 M 中的固定映射.

(2) **自动机的运动状态变化的点线图**   记为 $G_M = \{E_M, V_M\}$, 其中 $E_M = S_M = \{X, Y, S\}$ 是 M 的输入、输出、状态字母表, V_M 是 E 中的点偶集合.

(3) 记 $e = (x, y, s) \in E = (X, Y, S)$ 是图 G_M 中的点.

(4) 如果记 $(e, e') = [(x, y, s), (x', y', s')] \in V_M$ 是图中的弧, 那么它们满足关系式 $\begin{cases} s' = \delta(x, s), \\ y = \lambda(x, s). \end{cases}$

因此当自动机的初始状态 $s(0)$ 和输入序列 x^* 给定后, 它的输出序列 y^* 和状态序列 s^* 也就确定.

C.2.4 移位寄存器

我们已经给出**有限自动机**的定义, 它可以通过 $M = \{X, Y, S, \delta, \lambda, S_0, F\}$ 或 $M^* = \{X^*, Y^*, S^*, \delta, \lambda, S_0, F\}$ 确定, 移位寄存器是一种特殊的自动机, 对它的结构和运行规则说明如下.

1. 移位寄存器的结构特征

移位寄存器是由若干存储单元、一个运算器和一些驱动 (位移) 运算组成的自动机, 对此说明如下.

(1) 存储单元是指可以存储数据的单元, 这里存储的数据是有限域 F_q 中的数据.

如果存储单元的数量是 n, 它们依次排列, 那么存储的数据是一个在有限域 F_q 中取值的向量 $x^n \in F_q^n$. 这时称向量 $s^n = x^n \in F_q^n$ 是该寄存器的状态向量.

(2) 运算器是指一个 $F_q^n \to F_q$ 的映射, 这种映射可以是线性的, 也可以是非线性的, 由此产生的移位寄存器也有线性和非线性的区分.

(3) 驱动 (位移) 运算是指数据在存储单元中移动, 即第 i 个单元中的数据 x_i 可以向前一个单元移动, 因此存储单元中的数据在不断变化, 变化的规则是向量 x^n 依次移动的规则.

(4) 存储单元中的数据不仅具有前后移动的特征, 而且还有输出、输入的功能, 这就是最前一个单元中的数据, 它的下一个移动位置就是系统的输出变量. 而最后一个单元中的数据在向前移动后, 该单元的状态出现空缺, 这个空缺位置的数据由其他数据来补充, 这就是寄存器的输入变量.

(5) 寄存器的输入变量由它的状态向量 x^n 和运算函数 f 确定, 这时记 $x_{n+1} = f(x^n)$ 是最后一个存储单元在下一个时刻的存储数据.

因此 $x_{n+1} = f(x^n)$ 是该寄存器的输入变量, 并称这种输入方式是反馈式的输入 (由前面发生的数据, 经运算后形成的新输入数据).

故得到的移位寄存器是一个 n 阶 (有 n 个存储单元)、q 元 (在 F_q 域中取值)、线性或非线性 (由映射函数 f 确定) 的反馈式的移位寄存器.

(6) 由此得到, 该移位寄存器在初始状态 $s_0 = x_0^n = (x_0, x_1, \cdots, x_{n-1})$ 和映射函数 f 确定后就可产生一个无穷序列

$$x^* = (x_0, x_1, x_2, \cdots), \quad x_i \in F_q, \tag{C.2.8}$$

而且它们满足关系式 $x_{t+n} = f(x_t^n)$ 对任何 $t \geqslant 0$ 成立, 其中 $x_t^n = (x_t, x_{t+1}, \cdots, x_{t+n-1})$.

2. 移位寄存器的示意图

移位寄存器的结构和运算示意图如图 C.2.1.

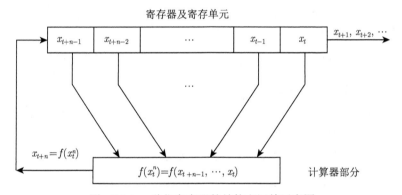

图 C.2.1 移位寄存器的结构和运算示意图

对图 C.2.1 的有关记号说明如下.

(1) 移位寄存器的结构由存储单元、运算函数、输出变量三部分组成, 其中存储单元是可以保存数据的单元, 如果该寄存器有 n 个存储单元, 那么称该寄存器是一个 n 阶寄存器.

(2) 该移位寄存器的存储数据是一个 n 阶向量 $x^n = (x_1, x_2, \cdots, x_n), x_i \in F_q$ 是有限域 F_q 中的数据.

(3) 移位寄存器的运算函数是对存储数据 x^n 的计算, $f(x^n)$ 是 $X^n \to X$ 的映射.

函数 f 可以是线性的, 也可以是非线性的, 由此形成的移位寄存器就是线性的或非线性的移位寄存器. 如果 $f \equiv 0$, 那么称这时的运算是一个纯位移运算.

(4) 由移位寄存器可产生一个数据序列 X^* 如式 (C.2.8) 所示.

3. 移位寄存器的应用

移位寄存器是一种重要的自动机, 它在编码、密码和数值计算等理论中有重要应用, 对此下文中还有详细讨论.

C.2.5 图灵机和逻辑网络

现在计算机构造的图灵机, 也是一种自动机. 它的构造和工作原理如下.

1. 图灵机的构造和工作原理

图灵提出的艾伦·图灵机, 其构造和工作特征如下.

(1) 图灵机的构造是通过一条 (或多条) 无限长的格子带, 可以在该格子带上存储信息. 这时还有个控制读写头, 在此带子上移动, 并在带上读写信息.

(2) 此控制头可左、右移动, 并称为读写头.

(3) 图灵机处在不停的工作状态 (读写头在不停地读写和移动) 中, 只有当它进入预先设计好的状态 (输入和输出状态) 时, 才会停机.

(4) 图灵机的这种构造过程可用记号 $M = \{Q, \Sigma, \Gamma, \delta, q_0, q_a, q_r\}$ 来进行表达. 这时在图灵机 M 中包含 7 个要素, 它们分别是

$$\begin{cases} Q, \Sigma & \text{分别是状态和输入字母表, 在} \Sigma \text{中不包括空格} \sqcup \text{符号,} \\ \Gamma & \text{是带字母表} \{\sqcup, \Sigma\}, \\ \delta & \text{是} Q \times \Gamma \to Q \times \Gamma \times \{R, L\} \text{的映射, 其中} L, R \text{分别是读头向左、} \\ & \text{右移动的记号,} \\ q_0, q_a, q_r & \text{分别是} Q \text{中的起始、拒绝、接受状态, 且} q_a \neq q_r. \end{cases} \tag{C.2.9}$$

2. 图灵机的工作过程

图灵机的工作过程通过以下算法步骤实现.

(1) **初始状态**   这时在格子带上输入向量 $\omega = \{\omega_1, \omega_2, \cdots\}$, 其中

$$\begin{cases} \omega_i \in \Sigma, & i = 1, 2, \cdots, n \text{是输入字母,} \\ \omega_i = \sqcup & \text{是空格}, i > n, \end{cases} \tag{C.2.10}$$

其中 n 是一个固定的正整数.

因为 Σ 不包含空格 $\sqcup$, 所以当空格出现时表示输入结束.

(2) 图灵机 M 的读写头在格子带上进行读写, 从第 0 号格子开始, 按照转移函数 δ 所确定的规则运动.

(3) $\delta(q, x) = (q', x', L/R)$ 表示由当前的状态和格子中的符号 q, x 变为新的状态 $(q', x', L/R)$, 其中 L/R 是读写头左右移动的记号.

这时的读写头将输入符号写入格子带. 由此在格子带上形成一条二进制的序列, 这个序列通过 ASCII 码, 将带上的信息转化成计算机的一系列操作、计算.

3. 逻辑网络的定义

逻辑网络是以图论为基础的逻辑结构, 有关图论的一些基本知识在附录 I 中给出, 这里只讨论其中的逻辑关系.

以下记 $F_q = \{1, 2, \cdots, q\}$ 是一个有限集合, 其中 $q \geqslant 2$ 是正整数. 记 $G_q = \{E, V\}, E = F_q$ 是一个有向点线图.

定义 C.2.1(逻辑网络的定义) 一个图 G_q 如果满足以下条件, 那么称该图是一个 q-值逻辑网络图.

(1) 对图中每个节点 $b \in E$, 如果有 $k \geqslant 0$ 条入弧, 这时

$$a_1, a_2, \cdots, a_k \in E, \quad (a_1, b), (a_2, b), \cdots, (a_k, b) \in V,$$

当 $k > 0$ 时存在负值, 否则可有可无.

(2) 当 b 点同时具有入弧和出弧时, 称 b 是集合 E 中的节点. 称只有入弧、没有出弧的点是该图的根点. 称只有出弧、没有入弧的点是该图的梢点.

(3) 在一般情况下, 如果点 $e \in E$ 在图 $G = \{E, V\}$ 中, 有 p 条入弧、q 条出弧, 那么称该点是图 G 中的一个 (p, q) 阶的点.

(4) 在逻辑网络的定义中, 除了输入、输出字母外, 还包括系统的状态 s 及状态的集合 S. 它们分别表示系统的输入、输出数据及这些数据之间的相互运算的规则.

C.2.6 组合电路的结构和设计

组合电路是由若干逻辑元件组成的电路, 在逻辑元件中有基本逻辑元件和一些标准逻辑元件的区分. 这里讨论的组合电路结构是讨论它们和布尔函数的关系问题, 而讨论的组合电路的设计是讨论这种布尔函数的表达的优化问题.

1. 布尔函数的元件

我们已经说明, 布尔函数是 $X^n \to X$ 的映射, 由此形成的电路是组合电路.

(1) 组合电路中的基本元件是布尔代数 X 的基本运算, 它们表示的基本元件如下:

$$\begin{cases} \text{AND 元件}: & x_1 \wedge x_2 \wedge \cdots \wedge x_n, \\ \text{OR 元件}: & x_1 \vee x_2 \vee \cdots \vee x_n, \\ \text{NAND 元件}: & \overline{x_1 \wedge x_2 \wedge \cdots \wedge x_n}, \\ \text{NOR 元件}: & \overline{x_1 \vee x_2 \vee \cdots \vee x_n}. \end{cases} \tag{C.2.11}$$

这些元件具有输入 $x^n = (x_1, x_2, \cdots, x_n)$, 它们的输出为 $y = f(x^n)$, 其中 f 是相应的布尔函数.

(2) (C.2.11) 式中的元件所对应的布尔函数如下式所示.

$$\begin{cases} \text{AND 元件：} & f(x^n) = \min\{x_1, x_2, \cdots, x_n\}, \\ \text{OR 元件：} & f(x^n) = \max\{x_1, x_2, \cdots, x_n\}, \\ \text{NAND 元件：} & f(x^n) = \max\{x_1, x_2, \cdots, x_n\}, \\ \text{NOR 元件：} & f(x^n) = \min\{x_1, x_2, \cdots, x_n\}. \end{cases} \tag{C.2.12}$$

(3) 在 (C.2.12) 式中, 布尔函数 $f = f_A$ 所对应的集合 A 如下式所示.

$$\begin{cases} \text{AND 元件中布尔函数} f_A(x^n) \text{所对应的集合} A = \{\phi^n\} \text{是个零向量,} \\ \text{OR 元件中布尔函数} f_A(x^n) \text{所对应的集合} A = \{I^n\} \text{是个幺向量,} \\ \text{NAND 元件中布尔函数} f_A(x^n) \text{所对应的集合} A = \{I^n\} \text{是个幺向量,} \\ \text{NOR 元件中布尔函数} f_A(x^n) \text{所对应的集合} A = \{\phi^n\} \text{是个零向量,} \end{cases} \tag{C.2.13}$$

其中 $I^n = (1, 1, \cdots, 1)$ 是个幺向量.

如果记该式中的逻辑元件为 Z, 那么它所对应的布尔函数是 f_{A_z}, 称其中的 A_z 是布尔集合. (C.2.13) 给出了它们之间的对应关系.

2. 布尔函数的一般表示

一般布尔函数的结构描述如下.

(1) 在式 (C.2.10)—(C.2.12) 中, 每个函数是 X^n 空间中的一个小片段, 参数 τ 是这些片段的长度, 或元件的长度.

(2) 记 Z^n 是这些元件的记号, 其中 $Z = $ AND, OR, NAND, NOR, 而 τ 是这些元件的长度.

(3) 元件的排列是指由一列元件 $F_1, F_2, \cdots$ 所排列的序列, 其中 $F_i = F_i^{\tau_i}$ 是一个长度为 τ_i 的元件, 而 $Z = $ AND, OR, NAND, NOR 是这些元件的类型.

(4) 在这些元件的排列中还存在连接关系, 也就是在序列 $F_1, F_2, \cdots$ 中还存在与、或、非的连接关系. 称这种连接为逻辑元件的连接.

如 $F_1 \vee \overline{F_2 \wedge F_3} \wedge F_4$, 表示在 F_1, F_2, F_3, F_4 中, 这 4 个元件在排列过程中的逻辑运算关系.

C.2.7 组合电路的表达

组合电路就是由逻辑单元所组成的电路, 它们的计算问题就是讨论一般布尔函数组合电路的关系问题.

1. 逻辑元件的性质

在 (C.2.11) 式给出的逻辑元件中, 实际上只有 3 种运算, 即 AND, OR 和 NOR 运算.

(1) 有关系式 NAND=OR, NOR=AND 成立.

(2) 因此这些逻辑元件的取值只有 $Z = $ AND, OR 及 $\bar{Z}$ (或 Z^c).

(3) 每个逻辑元件具有长度 τ, 故逻辑元件 Z 所对应的布尔集合 $A = \{\phi^\tau\}$ 或 $A = \{I^\tau\}$, 都是单点集合.

2. 基本逻辑单元和逻辑元件的连接

分别用 $z \in \{-1, 1\}$, $Z \in \{\phi^\tau, I^\tau\}$ 表示基本逻辑单元和逻辑元件, 那么有以下性质成立.

$$\begin{cases} f(z^n) = z_1^{c_1} o_1 z_2^{c_2} o_2 \cdots o_{n-2} z_{n-1}^{c_{n-1}} o_{n-1} z_n^{c_n}, \\ F(Z^k) = Z_1^{c_1} o_1 Z_2^{c_2} o_2 \cdots o_{k-2} Z_{k-1}^{c_{k-1}} o_{k-1} Z_k^{c_k}. \end{cases} \quad (C.2.14)$$

对该式中的有关记号说明如下.

(1) 式中 f, F 分别是关于基本逻辑符号和逻辑元件符号 z_i, F_i 的运算, 其中 $z_i \in \{-1, 1\}, F_i \in \{\text{AND,OR}\}$.

(2) 每个元件 F_i 包含基本逻辑单元的长度是 τ_i. 因此 Z^k 包含基本逻辑单元的总长度 $n = \sum_{i=1}^{k} \tau_i$.

(3) 其中 c_i 是补运算的记号, $c_i = 1$ 或 c. 如果 $c_i = 1$, 那么 $z_i^{c_i} = z_i$; 如果 $c_i = c$, 那么 $z_i^{c_i}$ 是 z_i 的非运算.

对逻辑元件 $F_i^{c_i}$ 也有类似定义.

(4) 其中 o_i 是变量连接运算中的运算符号. $o_i = \vee$ 或 $\cdot$, 表示不同变量在连接过程时的运算符号.

(5) 由此可见, 该式中 f, F 不仅和其中的状态向量 z^n, Z^k 有关, 而且和其中的运算向量

$$\begin{cases} c^n = (c_1, c_2, \cdots, c_n), \\ c^k = (c_1, c_2, \cdots, c_k), \end{cases} \quad \begin{cases} o^n = (o_1, o_2, \cdots, o_n), \\ o^k = (o_1, o_2, \cdots, o_k) \end{cases}$$

有关. 因此 $f(z^n) = f[z^n|(c^n, o^n)], F(Z^k) = F[Z^k|(c^k, o^k)]$.

3. 布尔函数的表达

我们已经说明, 布尔函数是 $X^n \to X$ 的映射, 每一个布尔函数 f 和一个布尔集合 $A \subset X^n$ 对应, 使 $f(x^n) = f_A(x^n)$ 对任何 $x^n \in X^n$ 成立.

布尔函数的电子线路表达就是把该函数的运算用逻辑元件的运算进行表达.

C.2.8 组合电路的设计

一般布尔函数的组合电路表达在 (C.1.5) 式中给出, 利用并、交运算的分配律可以作同类项的合并, 由此达到简化运算式的目标.

1. 实例分析

例 C.2.1   为了说明这种组合电路设计的特征, 用以下实例说明它们的计算过程.

(1) 取 $n = 3, A = \{(0,0,0),(0,0,1),(1,0,0),(1,0,1),(1,1,0)\}$ 是一个 5 点的集合.

(2) 由 (C.2.3) 式得到相应的布尔函数, 并利用分配律做同类项的合并, 由此得到

$$
f_A(z^3) = \left\{ \begin{array}{c} f_{(0,0,0)}(z^3) \\ \vee \quad f_{(0,0,1)}(z^3) \\ \vee \quad f_{(1,0,0)}(z^3) \\ \vee \quad f_{(1,0,1)}(z^3) \\ \vee \quad f_{(1,1,0)}(z^3) \end{array} \right. = \left\{ \begin{array}{c} f_{(0,0)}(z_1, z_2) \\ \vee \quad f_{(1,0)}(z_1, z_2) \\ \vee \quad f_{(1,1,0)}(z, z_2, z_3) \end{array} \right. = f_0(x_2) \vee f_{(1,1,0)}(z^3).
$$

$$(C.2.15)$$

这表示在 $x_2 = 0$ 或 $x^3 = (1,1,0)$ 时, $f_A(x^3) = 1$.

(3) 在 (C.2.15) 的表达式中, 最右边的关系式显然比前几式简单. 由此实现布尔函数的逻辑电路的设计.

2. 组合电路设计的优化标准

一个布尔函数的组合电路表达是通过若干逻辑运算构成的, 逻辑设计的目的是尽量简化这种运算的表达式. 由此产生组合电路设计的优化标准问题.

(1) 一个布尔函数的逻辑电路表达成若干项的并, 其中每一项中的变量数就是该项的长度.

(2) 如果一个布尔函数的逻辑电路表达可分解成 m 项的并, 而其中每一项的变量长度是 $\tau_i, i = 1, 2, \cdots, m$.

(3) 这时该布尔函数的逻辑电路表达的复杂度就是 $M_f = \sum_{i=1} \tau_i$. 要使它的逻辑电路简单, 就要使 M_f 的取值尽可能小.

在例 C.2.1 中, (C.2.15) 式左边的第一式的 $M_f = 15$, 而右边最后一式的 $M_f = 4$. 显然右边最后一式要比左边第一式简单.

关于组合电路设计有多种优化算法, 我们在此不再讨论.

C.3   自动机的其他问题的讨论

自动机理论的研究是一个重大课题, 它不仅包括对各种不同类型的自动机的研究, 还包括对这些自动机中的一些理论问题的研究. 在自动机的模型中, 除了已讨论过的有限自动机、图灵机等这些模型外, 还有其他多种模型和理论, 如树自动机、概率自动机、细胞自动机、线性有界自动机、时序机等不同类型的模型和理论.

本节继续介绍并讨论这些自动机的特征和性质.

自动机理论中还存在一系列的理论问题, 如其中的代数、拓扑学的结构问题, 字母表的选择和变换等问题. 在本节中我们进一步介绍和讨论这些问题.

C.3.1 有关自动机的其他模型

除了我们已介绍过的有限自动机、图灵机这些自动机模型外, 还有其他多种自动机的模型存在, 我们继续讨论如下.

1. 概率自动机

在 (C.2.6) 式中, 已给出有限自动机的定义, 它的记号是 $M = \{X, Y, S, \delta, \lambda, S_0, F\}$ 或 $M^* = \{X^*, Y^*, S^*, \delta, \lambda, S_0, F\}$.

(1) 概率自动机的定义是在有限自动机 M 的定义中增加一个转移概率矩阵

$$\begin{cases} \mathcal{P} = \{P(x), x \in X\}, \\ P(x) = \{p_{i,j}(x), x \in X, s_i, s_j \in S\}, \end{cases} \tag{C.3.1}$$

其中 $P(x)$ 表示在输入变量 $x \in X$ 固定时, 系统的状态从 s_i 转移到 $s_j \in S$ 的概率.

记这样的概率自动机为 M_p, 其中 $\mathcal{P}$ 是一个转移概率矩阵族.

(2) 由此可见, 概率自动机 M_p 是用转移概率矩阵族 $\mathcal{P}$ 来取代有限自动机 M 中的状态转移映射 δ (见 (C.2.3) 式的定义) 的.

2. 概率自动机的状态移动过程

概率自动机 M_p 的状态的变化是一个随机运动过程, 对此描述如下.

(1) 用随机序列 $\begin{cases} \xi_t, & \text{自动机在时刻 } t \text{ 时的输入变量}, \\ \eta_t, & \text{自动机在时刻 } t \text{ 时的状态变量}, \end{cases}$ 其中 ξ_t, η_t 分别是在字母表 X, S 中取值的随机变量.

(2) 记自动机在不同时刻的输入和状态变量为 $\begin{cases} \xi_T = \{\xi_0, \xi_1, \xi_2, \cdots\}, \\ \eta_T = \{\eta_0, \eta_1, \eta_2, \cdots\}, \end{cases}$ 其中 ξ_T 是一个输入序列 (可以是随机的, 也可以是确定的序列), 而且这个 η_T 是按照概率自动机规则产生的随机序列.

(3) 这时 η_T 的运动是一个随机运动, 它的概率分布为

$$P_r\{\eta_{t+1} = s_j | \eta_t = s_i, \xi_t = x\} = p_{i,j}(x). \tag{C.3.2}$$

在时刻 t, 自动机的输入变量和状态变量分别是 x, s_i; 在时刻 $t+1$, 它的状态变化可以通过转移概率来进行描述

(4) 因此 η_T 的运动是一个随机过程, 在随机过程理论中, 对它的运动情况有一系列讨论, 我们在此不再展开.

3. 时序网络机

我们已经给出移位寄存器的定义. 它是一种自动机, 它的状态在不断变化, 而且这种变化是一种简单的位移变化. 时序网络机就是这种模型的推广. 我们以多重移位寄存器模型说明这种推广.

多重移位寄存器是移位寄存器模型和理论的推广, 对此说明如下.

(1) 把图 C.2.1 中的变量 x_i 看作一个列向量 $\bar{x}_i = \begin{pmatrix} x_{i,1} \\ \vdots \\ x_{i,m} \end{pmatrix}$.

(2) 图 C.2.1 中的寄存单元、输出序列都是相应的存储阵列和输出阵列.

(3) 图 C.2.1 中的运算函数 $f = \bar{f} = \begin{pmatrix} f_1 \\ \vdots \\ f_m \end{pmatrix}$ 也是个列向量,

$$f_i(x_{i,t}^n) = f_i(x_{i,t+n-1}, x_{i,t+n-2}, \cdots, x_{i,t}), \quad i = 1, 2, \cdots, m. \tag{C.3.3}$$

(4) 图 C.2.1 中的运算函数

$$\bar{x}_{t+n} = \bar{f} = \begin{pmatrix} f_1(x_{1,t}^n) \\ \vdots \\ f_m(x_{m,t}^n) \end{pmatrix} \tag{C.3.4}$$

也是个列向量. 该列向量就是多重移位寄存器的多重输入向量.

该多重移位寄存器的推广, 是一种时序网络机.

(5) 在时序网络机的定义中, 关于数据的驱动 (位移) 方向、运算函数的类型都可有不同的选择, 由此产生不同类型的时序网络机, 对此我们不再一一说明.

C.3.2　自动机理论中的数学结构

如果在自动机的理论中, 可以对其中的变量引入数学结构, 如 q 进制的运算结构、代数、拓扑结构, 由此形成不同类型的自动机.

1. 数字的 q 进制

在 q 进制中, 最常见的是二进制. 各种不同类型数的表达在 9.3 节中已详细说明.

(1) 二进制数据的表达采用集合 $Z_2' = \{0, 1\}$ 或集合 $F_2 = \{-1, 1\}$, 它们 1-1 对应, 等价使用.

我们在数字转换时用集合 $Z_2' = \{0, 1\}$, 而在逻辑运算、NNS 运算时用集合 $F_2 = \{-1, 1\}$.

(2) 计算机中常用的 ASCII 码表就是一种信息交换标准代码, 它们是 8 比特的二进制数字.

因此, 计算机中的运算是这种 ASCII 码表的运算.

2. 数字二进制表示的四则运算

在 9.3 节中已给出这种二进制数字的四则运算. 这种四则运算可以通过基本逻辑运算或一般逻辑运算实现. 基本逻辑运算是并、交、补和位移运算. 它们都可以在自动机中实现.

(1) 数字在二进制表示时的四则运算, 如果用逻辑运算中的并、交、补和位移运算来表达, 那么要进行数据集 F_2 和 Z_2' 的转换.

(2) 在 9.3 节中已给出这种二进制数字的四则运算. 对加、减、乘、除这四种运算可以通过基本逻辑运算或一般逻辑运算来实现. 在此不再重复.

C.3.3　关于移位寄存器的讨论

移位寄存器的定义和构造已在图 C.2.1 中给出, 在该图中, 对它的构造和运算有初步说明. 现在对它作继续讨论和说明如下.

1. 移位寄存器的构造

由图 C.2.1 可以看到, 该移位寄存器的构造由三部分内容组成, 即

(1) **第一部分结构**　是 n 个存储单元, 这些存储单元分前后、从右到左的次序排列, 由此形成一个存储器.

在这些存储单元中, 存储有限域 F_q 中的数据

$$x_t^n = (x_t, x_{t+1}, \cdots, x_{t+n-1}), \quad x_s \in F_q, \quad s \leqslant t < t+n.$$

称向量 x_t^n 是该移位寄存器在时刻 t 的**状态向量**.

(2) **第二部分结构**　是运算器. 即对状态向量 x_t^n 的运算.

对此运算用运算函数 f 表示. 该运算函数是一个 $F_q^n \to F_q$ 的映射, 它可能是线性的, 也可能是非线性的, 由此产生的移位寄存器就是线性或非线性移位寄存器.

线性移位寄存器的构造是

$$x_{t+n} = f(x_t^n) = c_1 x_t + c_2 x_{t+1} + \cdots + c_n x_{t+n-1}, \tag{C.3.5}$$

其中 $c^n = (c_1, c_2, \cdots, c_n) \in F_q^n$ 是该线性函数的系数向量.

(3) **第三部分结构**　是反馈输入和推移运算. 在 (C.3.5) 式运算结果 x_{t+n} 反馈输入存储器中最左边的存储单元. 存储器中的数据同时从右到左向前推移, 这时最右边的数据 x_t 成为该线性移位寄存器的输出单元.

2. 移位寄存器的输出序列

(1) 称向量 $x_0^n = (x_0, x_1, \cdots, x_{n-1})$ 是该移位寄存器的初始状态.

(2) 当该移位寄存器的初始状态 x_0^n 和运算函数 f 给定时, 该移位寄存器的输出序列

$$x_T = \{x_0, x_1, \cdots, x_{n-1}, \cdots\}, \quad x_t \in F_q. \tag{C.3.6}$$

称该移位寄存器的输出序列 x_T 是一个由 (x_0^n, f) 确定的序列, 记为 $x_T = x_T(x_0^n, f)$.

(3) 称 (C.3.6) 的序列是该移位寄存器的输出序列, 该输出序列一定是一个周期序列.

对序列 x_T 总是存在两个正整数 t_0, s, 使关系式 $x_{t+s} = x_t$ 对任何 $t \geqslant t_0$ 成立.

称正整数 s 是该 x_T 序列的周期. 该周期总有 $s \leqslant q^n$ 成立.

如果该周期有 $s = q^n$ 成立, 那么称 x_T 是一个伪随机序列. 伪随机序列具有和随机序列相似的一些性质.

(4) 在密码学中, 称由线性或非线性移位寄存器所产生的伪随机序列分别是 m-序列或 M-序列.

(5) 关于 m-序列或 M-序列的生产函数 f, 在密码学中有固定的计算法, 这里不作详细讨论.

3. 关于移位寄存器和编码理论的讨论

我们已经说明了移位寄存器、移位寄存器序列和密码学的一些关系. 它和编码理论、正交函数系理论也存在密切关系.

在和编码理论的关系中, 移位寄存器、移位寄存器序列可以构造或生成卷积码. 它们的关系如下.

(1) 在线性移位寄存器中, 如果它的系数向量 $c^n = (c_1, c_2, \cdots, c_n) \in F_q^n$ 固定.

(2) 当移位寄存器的初始状态向量 $x_0^n = (x_0, x_1, \cdots, x_{n-1})$ 在 F_q^n 中变化时, 这时移位寄存器的输出序列 x_T 也在随 (x_0^n, f) 变化.

(3) 记

$$X_T = \{x_T = x_T(x_0^n, f), \ x_0^n \in F_q^n\} \tag{C.3.7}$$

是一个卷积码, 在此集合 X_T 中, 产生的不同码元有 q^n 个. 它的生成元是该线性移位寄存器中运算函数的系数向量 $\bar{g} = c^n$.

(4) 对于这种卷积码和线性移位寄存器的关系理论, 在正文中有详细讨论, 对此不再重复.

C.4 语言学概论

在计算机科学中存在一种特殊的语言 (有人把它称为**人工语言**), 这种语言与人们经常使用的自然语言不同, 它们之间主要的区别是人工语言是一种能为计算机、自动机读懂, 并能执行其中命令的语言. 因此人工语言是计算机科学中的重要组成部分. 另一种特殊的语言是生物信息中的语言, 它是由不同类型的生物分子形成的生物大分子 (最常见的如由核酸组成的基因组序列、由氨基酸组成的蛋白质序列, 还有糖、脂等其他生物大分子).

这些语言的研究和应用对象是不同的, 但其中存在许多共同点, 如它们的结构都是由字母、字母表、字母串构成的, 在自动机的理论中, 这些语言要素和自动机的结构要素一致, 而且它们的运行规则也必须一致. 也就是在计算机理论中, 它的运行规则、语言规则必须一致, 而且都是以逻辑学中的规则相一致. 因此逻辑学是它们的共同基础, 逻辑学的规则也是它们共同的规则.

C.4.1 语言学中的一些共同的结构和运动规则的特征

为此先讨论有关语言的一些公共的结构特征.

1. 语言结构中的基本要素

在分析语言结构和其中规律时, 首先要确定其中的基本要素, 语言结构中的基本要素如下.

(1) **字母和字母表**. 这是语言结构中的第一要素. 所有的语言都有它们可能使用的基本单位或基本符号, 把它们统称为字 (或字母).

在自动机理论中, 我们已经说明, 字母和字母表是它们结构的基本特征, 因此在人工语言中, 它们必须一致.

(2) 对某种固定的语言, 它所可能使用字母的集合为**字母表**.

字母表可用一个有限集合 $V = V_q = \{1, 2, \cdots, q\}$ 表示, 其中 q 是该字母表中可能使用字母的总数.

现在的计算机所使用的字母表是 ASCII 码表, 这种码表有 128 个字符, 可以通过 8 比特 (1 字节) 的数字进行表达. 此码表在下文中给出.

在有的语言中, 对字母或字母表也可以进行组合或分解, 例如, 汉字字母表可以以字为单位, 也可以以笔画为基本单位.

对一种固定的语言, 如果它的字母表确定, 那么该字母表就是该语言中的又一基本要素.

(3) 若干相连的字母构成**字母串 (或向量)**, 用 $b^{(\ell)} = (b_1, b_2, \cdots, b_\ell), b_j \in V$ 表示, 其中 V 为字母表, ℓ 是该字母串的长度或阶. 全体 $b^{(\ell)}$ 的集合称为向量空间, 并记为 $V_q^{(\ell)}$.

(4) 语言的文库. 如果把语言中的字母给予一些具体的含义, 那么这个字母串就成为**词**或**句**.

各种语言由大量的词和句组成, 由此形成这些语言中的词典、文库等概念.

一个文库用 $\Omega = \{A_1, A_2, \cdots, A_m\} = \{a_1, a_2, \cdots, a_{n_0}\}$ 表示, 其中

$$A_i = (a_{i,1}, a_{i,2}, \cdots, a_{i,n_i}), \quad i = 1, 2, \cdots, m \tag{C.4.1}$$

是该词典 (或文库) 中可能出现的词 (或句), $a_{i,j} \in V$ 是该语言中的字母, 它在字母表 V 上取值. n_i 是词 (或句) A_i 的长度, m 是该词典 (或文库) 中出现的词 (或句) 的数目.

如果 $\Omega = \{A_1, A_2, \cdots, A_m\} = \{a_1, a_2, \cdots, a_{n_0}\}$ 是一个在字母表 V 上取值、带句号的固定语言, 其中 m 是该语言包含句的数目, 而 n_0 是该文库中包含文字 (包括标点符号) 的总长度.

由此可见, **字母**、**字母表**、**字母串**、**词典**、**文库**是构成一种语言结构的基本要素, 当字母串包含一定含义时就是**词**或**句**, 它们是在字母表中取值的向量.

语言中的字母、字母表有更广泛的含义. 它还可以是各种人类的自然语言甚至是生物大分子结构语言中的特征. 但在这里只讨论自动机、计算机中的人工语言.

2. 语言结构中的运动 (或变化) 特征 (或规则)

在所有语言的结构运动 (或变化) 中, 普遍存在两大基本特征 (或规则), 这就是**逻辑学的特征和统计学的特征**.

(1) 所谓逻辑学的特征就是逻辑学中的运算规则, 它们可以用有限集合 $V = V_q$ 上的布尔代数来进行表达.

(2) 所谓统计学的特征就是在文库 Ω 中, 有关字符串的统计特征, 对一个固定的向量 $b^{(\ell)}$, 分别记语言中出现的次数为频数, 出现的比例数为频率, 由此得到它们的计算公式为

$$\begin{cases} \text{频数计算公式} \quad \nu(b^{(\ell)}) = \| \{i : a_i^{(\ell)} = b^{(\ell)}, i = 0, 1, \cdots, n_0 - \ell\} \|, \\ \text{频率计算公式} \quad p(b^{(\ell)}) = \nu(b^{(\ell)})/(n_0 - m\ell). \end{cases} \tag{C.4.2}$$

(3) 当 ℓ 固定时, 称 $P^{(\ell)}(\Omega) = \{p(b^{(\ell)}), b^{(\ell)} \in V^{(\ell)}\}$ 为该语言的 ℓ 阶频率分布. 对任何 $b^{(\ell)} \in V^{(\ell)}$, 总有 $p(b^{(\ell)}) \geqslant 0$ 和 $\sum_{b^{(\ell)} \in V^{(\ell)}} p(b^{(\ell)}) = 1$ 成立.

(4) 对同一类型的语言, 因为它在不断更新, 所以它的规模在不断变化, 因此各字符串的频数和频率分布也在不断地变化和更新中. 但对规模较大的语言, 其中的频率分布相对比较稳定.

3. 语言结构中的统计特征数

我们可以把语言中的序列看作一个统计样本, 因此称函数 $f(b^{(\ell)})$ 是该字符串的统计量. 记

$$\begin{cases} f\text{的均值} = \mu(f) = \sum_{b^{(\ell)} \in V^{(\ell)}} p(b^{(\ell)}) f(b^{(\ell)}), \\ f\text{的方差} = \sigma^2(f) = \sum_{b^{(\ell)} \in V^{(\ell)}} p(b^{(\ell)})[f(b^{(\ell)}) - \mu(f)]^2, \\ f\text{的标准差} = \sigma(f) = [\sigma^2(f)]^{1/2}, \\ f\text{的相对标准差} = w(f) = \frac{\sigma(f)}{|\mu(f)|}, \end{cases} \tag{C.4.3}$$

其他协方差矩阵、相关矩阵等统计量也类似定义. 这些统计量也是语言中的基本要素.

由此可知, 语言结构和运动特征是由它的逻辑规则和统计特性组成的. 其中逻辑规则在人工语言中有十分确切的定义, 它们是自动机的运行规则. 而在自然语言、生物信息语言中, 这种逻辑关系并不十分清晰, 它们之间的相互关系是一种统计特征数的关系. 我们曾试图用信息动力学的观点来分析它们之间的相互关系[①].

在本章中, 我们讨论的重点是人工语言中的逻辑学规则, 并讨论它们和 NNS 理论的关系.

C.4.2　逻辑语言结构和计算机语言结构

1. 人类自然语言的结构特征

为了讨论人工语言结构特征, 先对人类自然的结构特征进行分析说明.

虽然人类自然的类型有多种, 但它们的结构特征有许多相似之处. 如

(1) 结构层次相同. 它们的层次都可分为

$$\left(\begin{array}{c} \text{字 (或字母)} \\ \text{在字母表中取值} \end{array} \right) \Rightarrow \left(\begin{array}{c} \text{字母串} \\ \text{形成词} \end{array} \right) \Rightarrow \left(\begin{array}{c} \text{词的组合} \\ \text{形成句} \end{array} \right) \Rightarrow \left(\begin{array}{c} \text{句的组合} \\ \text{形成文} \end{array} \right).$$
$$\tag{C.4.4}$$

对它们的分析形成词法、句法、文法 (或语法).

---

① 所谓信息动力学的方法是利用字母串在语言中的频数和频率分布, 以及信息论中的 Kullback-Leibler 互熵 (以下简称 KL-互熵) 密度, 构造它们的**信息动力函数** (information dynamic function, IDF), 并由此讨论这些语言的统计特征.

由生物信息数据库所形成的生物信息语言及它们的结构特征在 [138-140] 中已有讨论, 但在本章中我们不作重点问题的讨论.

(2) 词法分析.

在 (C.4.4) 式中已经说明, 当字母串有了具体的含义时, 就成为词. 词法分析的内容包括: 词的类型和它们的变化, 不同类型的词有不同的变化方式, 它们的变化方式有

$$\begin{pmatrix} \text{词的类型} & \text{名词} & \text{动词} & \text{形容词} & \text{副词} & \text{代词} & \text{冠词} & \text{联结词} \\ \text{变化类型} & \text{单数、复数} & \text{时式} & \text{比较格} & \text{比较格} & & & \end{pmatrix}.$$

$$(C.4.5)$$

词典是对这些词的类型和它们的变化情况的说明, 因此也是词法分析的组成部分.

(3) 句法分析.

不同类型词的组合形成句, 句法分析的内容包括: 句的类型和它们的变化模式.

句的类型分为基本结构、结构扩张、复合句等. 其中基本结构的成分: 主语、谓语. 扩张句的成分: 主语、谓语、宾语. 扩张句的组合形成复合句, 它们通过关联词连接.

(4) 句法分析和词法分析的结合.

句法分析必须和词法分析结合. 在不同类型词的组合中, 这些词有不同的类型和变化, 这些词的变化也是句法的组成部分. 如主语由名词、代词组成, 它们有数的变化, 还有形容词、副词、冠词的修饰. 而谓语由动词、直接宾语组成, 它们有时式 (正在进行式、过去式、将来式) 的变化.

(5) 在句法分析和词法分析的结合中, 所涉及的词都是一个词的集合, 如主语所涉及的名词、代词、形容词、副词、冠词都是由许多词组成的集合, 因此这种结构可以表示为

$$\text{基本结构句的集合} = \text{主语的集合} \times \text{谓语的集合}$$

$$= \begin{pmatrix} \text{形容词、副词的集合} \\ \text{代词、冠词的集合} \end{pmatrix}$$

$$\times \text{动词或直接宾语的集合}, \qquad (C.4.6)$$

它们是一种复杂的树状结构, 我们不再一一说明.

2. 人工语言结构的起源和特征

我们已经说明, 人工语言是一种能为自动机读懂, 而且可以执行的语言, 它的起源和结构特征如下.

(1) 人们把人工语言结构的产生归结于 1965 年, N. Chomsky 的一系列研究工作的结果.

N. Chomsky 的工作最初是把数学方法引入语言结构. 之后有 Y. Har Hillel, K. Samuelson, L. Bauer 等发现, Chomsky 的这些语言结构的理论可以和自动机结合, 由此形成后来的这种人工语言结构.

(2) 人工语言结构的主要特征是一种**字母串**的运行规则. 我们已经说明, 在各种语言中存在字母、字母表、字母串, 而字母串就是在字母表中取值的向量或序列.

(3) 人工语言的结构是指: 在字母串形成时, 需遵守一定的规则, 这些规则就是**语法** (或**文法**).

定义 C.4.1(人工语言语法的定义) 人工语言的语法记为 $G = \{V_N, V_T, P, S\}$, 它们的含义分别满足以下条件:

(1) V_N, V_T 分别是非终止后终止字母表, 它们互不相交.

(2) P, S 分别是运算规则 $(V_N \cup V_T)^* \to (V_N \cup V_T)^*$ 的映射, 其中 $V^* = (V_N \cup V_T)^*$ 是由字母表 V 产生的不等长的字母串的集合.

(3) 运算规则 P, S 的区别是在映射 $P = P(\alpha), \alpha \in (V_N \cup V_T)^*$ 中, 字母串 α 总是存在 V_N 集合中的字母.

定义 C.4.2(语法规则的定义) (1) 在人工语言语法的定义 C.4.1 中, 称映射 P 为**语法规则**.

(2) 在映射 P(语法规则) 中, 如果 $\alpha, \beta \in V^*, \beta = P(\alpha), \gamma, \delta \in V^*$, 那么由此产生

$$v = \gamma\alpha\sigma, \quad \omega = \gamma\beta\sigma = \gamma P(\alpha)\sigma, \tag{C.4.7}$$

称 v 是由 γ, σ 和语法规则 P(即 $V^* \to V^*$ 的映射) 产生的 ω.

这时的 $v \to \omega$ 是一个 $V^* \to V^*$ 的映射, 称这种映射是**直接推导** (或归约)**映射**.

3. 人工语言结构的结构特征

按 Chomsky 的分类法, 将人工语言结构分为**正规、左线性、右线性文法**, 它们都称为正规文法, 其中采用**正规**这个名词是因为这种语言结构可以用一种固定的模式 (后来被称为**正规模式**) 来描述. 我们对此作概要说明.

(1) 我们已经给出自动机的构造和运动原理, 它由输入、输出信号、状态集合组成, 按一定规则运动的机器 (电子设备).

(2) 关于正规语言的定义可以理解为: 一种可以被有穷自动机识别的语言.

在这种语言中具有与自动机相同的字母表和相同的运算规则, 这样自动机就可以按照这种语言来进行工作 (运算).

(3) 在自动机中, 如果把字母、字母表、字母串看作特定的字和词 (词是词的组合), 那么这些词就要与名称、动词、形容词等区别.

例如, 在计算机的 ASCII 码表的 128 个码字中就有数字、英文字母 (大小写)、标点符号、计算机的操作命令. 这些构成了计算机中的基本语言要素.

(4) 计算机中的基本语言并不等于它的全部语言, 由这些基本语言的组合产生其他多种高级语言, 如汇编语言、C-语言等.

4. 正规语言的性质

因为正规语言是按照自动机的运动规则而产生的语言, 所以它也有一系列的性质.

(1) 如封闭性. 在正规操作条件下所变换产生的语言仍然是正规语言.

正规操作是指符合数量逻辑的运算, 如逻辑中的交、并、差、补运算等. 经这些操作所得到的语言仍然是正规语言.

(2) 可判定性. 对此在该语言中有固定的判定方法, 如迈希尔–尼罗德定理给出了判定正规语言的充要条件.

由于这些语言和自动机、计算机的这一系列关系和性质, 因此产生一门新的数学学科——数理逻辑. 对该学科的有关内容在下文中我们要进一步的介绍.

5. ASCII 码表

ASCII 码的全称是美国信息交换标准代码 (American Standard Code for Information Interchange). 这是一种基于拉丁字母的电脑编码系统, 主要用于显示现代英语和其他西欧语言结构的代码. 它是现今最通用的单字节编码系统, 等同于国际标准 ISO/IEC 646, 其中 Ⅱ 是 Information Interchange 的缩写, 而不是罗马数字 2 (Ⅱ).

6. 对 ASCII 码表的说明

(1) 表 C.4.1 中 Bin, Oct, Dec, Hex 分别是: 二进制、八进制、十进制、十六进制的记号, 而缩写是缩写/字符的简称, 其他英文缩写字母如表 C.4.2 所示.

(2) 由此可见, 任何一个命题总可以通过若干变量和逻辑符号来进行表达. 这些变量和逻辑符号又可通过 ASCII 等编码将它们变成一个二进制的向量 $x^n \in X^n$, 其中 $X' = \{0, 1\}$ 或 $X = \{-1, 1\}$.

对这两种二进制的集合 X, X' 可以相互转换, 我们把它们等价使用.

所有这些命题的集合就是一个二进制向量的集合, 用 $\mathcal{P} \subset X^*$ 表示, 其中 X^* 是一个关于不等长、二进制向量的集合.

表 C.4.1 ASCII 码表

Bin	Oct	Dec	Hex	缩写	解释	Bin	Oct	Dec	Hex	缩写	解释
0000 0000	0	0	00	NUL	空字符	0001 1101	35	29	1D	GS	分组符
0000 0001	1	1	01	H	标题开始	0001 1110	36	30	1E	RS	记录分隔符
0000 0010	2	2	02	STX	正文开始	0001 1111	37	31	1F	US	单元分隔符
0000 0011	3	3	03	ETX	正文结束	0010 0000	40	32	20	(space)	空格
0000 0100	4	4	04	EOT	传输结束	0010 0001	41	33	21	!	叹号
0000 0101	5	5	05	ENQ	请求	0010 0010	42	34	22	"	双引号
0000 0110	6	6	06	ACK	收到通知	0010 0011	43	35	23	#	井号
0000 0111	7	7	07	BEL	响铃	0010 0100	44	36	24	$	美元符
0000 1000	10	8	08	BS	退格	0010 0101	45	37	25	%	百分号
0000 1001	11	9	09	HT	水平制表符	0010 0110	46	38	26	&	和号
0000 1010	12	10	0A	LF	换行键	0010 0111	47	39	27	'	闭单引号
0000 1011	13	11	0B	VT	垂直制表符	0010 1001	51	41	29	)	闭括号
0000 1100	14	12	0C	FF	换页键	0010 1010	52	42	2A	*	星号
0000 1101	15	13	0D	CR	回车键	0010 1000	50	40	28	(	开括号
0000 1110	16	14	0E	SO	不用切换	0010 1011	53	43	2B	+	加号
0000 1111	17	15	0F	SI	启用切换	0010 1100	54	44	2C	,	逗号
0001 0000	20	16	10	DLE	数据链路转义	0010 1101	55	45	2D	—	减号/破折号
0001 0001	21	17	11	DC1	设备控制1	0010 1110	56	46	2E	.	句号
0001 0010	22	18	12	DC2	设备控制2	0010 1111	57	47	2F	/	斜杠
0001 0011	23	19	13	DC3	设备控制3	0011 0000	60	48	30	0	数字0
0001 0100	24	20	14	DC4	设备控制4	0011 0001	61	49	31	1	数字1
0001 0101	25	21	15	NAK	拒绝接收	0011 0010	62	50	32	2	数字2
0001 0110	26	22	16	SYN	同步空闲	0011 0011	63	51	33	3	数字3
0001 0111	27	23	17	ETB	结束传输块	0011 0100	64	52	34	4	数字4
0001 1000	30	24	18	CAN	取消	0011 0101	65	53	35	5	数字5
0001 1001	31	25	19	EM	媒介结束	0011 0110	66	54	36	6	数字6
0001 1010	32	26	1A	SUB	代替	0011 0111	67	55	37	7	数字7
0001 1011	33	27	1B	ESC	换码(溢出)	0011 1000	70	56	38	8	数字8
0001 1100	34	28	1C	FS	文件分隔符	0011 1001	71	57	39	9	数字9

Bin	Oct	Dec	Hex	缩写	解释	Bin	Oct	Dec	Hex	缩写	解释
0011 1010	72	58	3A	:	冒号	0101 1101	135	93	5D	]	闭方括号
0011 1011	73	59	3B	;	分号	0101 1110	136	94	5E	^	脱字符
0011 1100	74	60	3C	<=	小于等于	0101 1111	137	95	5F	_	下划线
0011 1101	75	61	3D	=	等号	0110 0000	140	96	60	'	开单引号
0011 1110	76	62	3E	>=	大于等于	0110 0001	141	97	61	a	小写字母 a
0011 1111	77	63	3F	?	问号	0110 0010	142	98	62	b	小写字母 b
0100 0000	100	64	40	@	电子邮件符号	0110 0011	143	99	63	c	小写字母 c
0100 0001	101	65	41	A	大写字母 A	0110 0100	144	100	64	d	小写字母 d
0100 0010	102	66	42	B	大写字母 B	0110 0101	145	101	65	e	小写字母 e
0100 0011	103	67	43	C	大写字母 C	0110 0110	146	102	66	f	小写字母 f
0100 0100	104	68	44	D	大写字母 D	0110 0111	147	103	67	g	小写字母 g
0100 0101	105	69	45	E	大写字母 E	0110 1000	150	104	68	h	小写字母 h
0100 0110	106	70	46	F	大写字母 F	0110 1001	151	105	69	i	小写字母 i
0100 0111	107	71	47	G	大写字母 G	0110 1010	152	106	6A	j	小写字母 j
0100 1000	110	72	48	H	大写字母 H	0110 1011	153	107	6B	k	小写字母 k
0100 1001	111	73	49	I	大写字母 I	0110 1100	154	108	6C	l	小写字母 l
0100 1010	112	74	4A	J	大写字母 J	0110 1101	155	109	6D	m	小写字母 m
0100 1011	113	75	4B	K	大写字母 K	0110 1110	156	110	6E	n	小写字母 n
0100 1100	114	76	4C	L	大写字母 L	0110 1111	157	111	6F	o	小写字母 o
0100 1101	115	77	4D	M	大写字母 M	0111 0000	160	112	70	p	小写字母 p
0100 1110	116	78	4E	N	大写字母 N	0111 0001	161	113	71	q	小写字母 q
0100 1111	117	79	4F	O	大写字母 O	0111 0010	162	114	72	r	小写字母 r
0101 0000	120	80	50	P	大写字母 P	0111 0011	163	115	73	s	小写字母 s
0101 0001	121	81	51	Q	大写字母 Q	0111 0100	164	116	74	t	小写字母 t
0101 0010	122	82	52	R	大写字母 R	0111 0101	165	117	75	u	小写字母 u
0101 0011	123	83	53	S	大写字母 S	0111 0110	166	118	76	v	小写字母 v
0101 0100	124	84	54	T	大写字母 T	0111 0111	167	119	77	w	小写字母 w
0101 0101	125	85	55	U	大写字母 U	0111 1000	170	120	78	x	小写字母 x
0101 0110	126	86	56	V	大写字母 V	0111 1001	171	121	79	y	小写字母 y
0101 0111	127	87	57	W	大写字母 W	0111 1010	172	122	7A	z	小写字母 z
0101 1000	130	88	58	X	大写字母 X	0111 1011	173	123	7B	{	开花括号
0101 1001	131	89	59	Y	大写字母 Y	0111 1100	174	124	7C			垂线
0101 1010	132	90	5A	Z	大写字母 Z	0111 1101	175	125	7D	}	闭花括号
0101 1011	133	91	5B	[	开方括号	0111 1110	176	126	7E	~	波浪号
0101 1100	134	92	5C	\	反斜杠	0111 1111	177	127	7F	DEL	删除

表 C.4.2 对表 C.4.1 中有关字母的简写记号说明表

简写名	英文名	简写名	英文名	简写名	英文名
NUL	null	EOT	end of transmission	ENQ	enquiry
ETX	end of text	BEL	bell	BS	backspace
ACK	acknowledge	LF	NL line feed, new line	VT	vertical tab
HT	horizontal tab	CR	carriage return	SO	shift out
FF	NP form feed, new page	DLE	data link escape	DC1	device control 1
SI	shift in	DC3	device control 3	DC4	device control 4
DC2	device control 2	SYN	synchronous idle	ETB	end of trans. block
NAK	negative acknowledge	EM	end of medium	SUB	substitute
CAN	cancel	FS	file separator	GS	group separator
ESC	escape	US	unit separator	DEL	delete
RS	record separator	STX	start of text		

C.4.3 ASCII 码表的意义

1. ASCII 码表是形成计算机语言的基础

表 C.4.1 给出了 128 个不同符号的 ASCII 码表, 这是计算机语言中的字母表, 对它的意义说明如下.

(1) 凡是在计算机上可以表达的语言、逻辑命题、计算公式等都可通过 ASCII 码表把它们转化成一个二进制的序列.

(2) 由此通过人工语言 (或数理逻辑理论), 把这些不同类型的语言、命题、公式, 通过这些二进制序列实现它们的运算 (如语言、命题的判定, 公式的计算等).

(3) 在人工语言 (或逻辑语言) 中, 这些运算通过基本逻辑运算或一般逻辑运算, 实现二进制序列的运算.

(4) 对这些基本逻辑运算、一般逻辑运算, 都可用 NNS 的运算来取代. 在 NNS 的运算中, 可以通过学习、训练的方法实现逻辑学中的推导规则或实现人的高级思维, 此为本书写作的根本目的, 也是我们作理论探讨的根本目的.

2. 汉字在计算机中的表达

既然 ASCII 码表已是计算机语言中的字母表, 因此它可以产生一系列其他的应用. 其中汉字在计算机中的表达是它的重要应用.

(1) 1980 年, 我国颁布了汉字编码的国家标准: 信息交换用汉字编码字符集. **基本集** (GB 2312—1980), 这个字符集是我国中文信息处理技术的发展基础, 也是目前国内所有汉字系统的统一标准.

(2) 该标准简称**国标码**和**区位码**. 它们分别是一个四位的十六进制数、一个四位的十进制数, 其中每个码都对应着一个唯一的汉字或符号.

因为十六进制数很少用到, 所以大家常用的是区位码, 它的前两位叫做区码, 后两位叫做位码.

(3) 该码所包含的汉字分: 一、二、三级和自定义汉字四个区域, 所定义的区号分别是: 16—55, 56—87, 1—9, 10—15 区.

(4) 汉字的编码方式是

$$汉字 \to 区位码 \to ASCII\ 码 \to 二进制序列. \tag{C.4.8}$$

3. 计算机高级语言的产生

在计算机的运算中, 存在多种不同类型的语言, 如

(1) **汇编语言**. 这是直接由 ASCII 码产生的语言, 它是计算机语言中的基础.

(2) **高级语言**. 为针对各种不同类型的应用问题, 在汇编语言的基础上形成多种不同类型的语言, 如 C 语言、C++ 语言等, 它们都被称为**高级语言**.

(3) **脚本语言**. 它们的类型和应用范围很广, 而且在不断地更新、发展. 对此我们不再详细讨论说明.

附录 D　形式逻辑和数理逻辑

逻辑学是哲学的重要组成部分, 由多个门类组成. 因此逻辑学是一个庞大的理论体系. 在本章中我们不打算全面讨论这些问题, 而只讨论在人类的自然语言和计算机的人工语言中, 有关思维和推理的过程和规则. 因此涉及这些逻辑学中的经典论述和近代理论. 在本章中, 我们对这些问题作简单讨论和介绍.

D.1　逻辑学简介

我们已经说明, 逻辑学是个**经典、古老的哲学理论**, 它由多个分支、门类组成, 由此形成一个庞大的理论体系. 在逻辑学中的著名学者往往也是人类思想发展史中的著名学者. 逻辑学中所形成的思维、推理过程和规则也是我们发展智能计算中的理论基础. 因此我们先介绍其中的基本内容和概念, 尤其是具有**经典性的、里程碑意义**的论述.

D.1.1　逻辑学中的基本概念和发展历史

1. 基本概念

逻辑学中存在 (或出现) 的基本概念或名词列表 D.1.1 说明如下.

表 D.1.1　逻辑学中有关概念、名词的说明

名词名称	对名词的说明	名词名称	对名词的说明	名词名称	对名词的说明
逻辑或逻辑学	评价或论证的科学	否命题	前提否定下的命题	说项	对陈述的说明
陈述	可能是真或假的句	因果	前提和结论	例解	用实例说明命题
命题	是真或假的陈述句	蕴涵	由前提确定结论	演绎	系列命题的前后推导
结论	关于结果的陈述	充分条件	前提 (条件) 蕴涵结论	归纳	系列命题的类比推导
前提	关于原因的陈述	必要条件	结论蕴涵前提 (条件)	矛盾	前提和结论互不相容
条件	结论成立的前提	充要条件	前提和结论相互蕴涵	比较	确定对象的异同点
前条	由如果产生的结论	判定	确定命题的真伪	归类	根据异同点, 确定对象的类别
后条	由结论产生的那么	论证	对判定过程的说明		
真值	陈述的一种结果	推导	蕴涵关系的论证	概括	把本质、规律的特征, 进行推广的方法
逆命题	由结论确定前提的陈述	论证 (或证明)	对命题真伪的判定		
矛盾	不能同时成立的命题	常元	取值固定不变的量	变元	不同情形下取不同值的量
映射	集合间的对应关系	函数	变元间的相互关系	复合函数	函数的函数
谓词	命题	客体	谓词中的主语词	元数	谓词中客体的数目

如: "猫是一种动物." 是个命题, 也是个谓词, 其中 "猫" 是客体, 因此该命题是一个一元谓词.

又如: "3 大于 2." 是个命题, 也是个谓词, 其中 "3, 2" 是客体, 因此该命题是一个二元谓词.

2. 主要内容和发展历史

逻辑学的主要内容有形式逻辑和辩证逻辑之分, 对它们的主要内容和发展历史说明如下.

(1) 形式逻辑的创始人是被称为逻辑学之父的、古希腊哲学家亚里士多德 (Aristotle, 公元前 384—前 322), 他为逻辑学提出**逻辑学三段论**.

三段论由**大前提**、**小前提**、**结论**这三个部分组成, 它们是演绎、推理中的一种简单推理判断. 其中大前提是一般性的原则, 而小前提是附属于大前提的特殊化陈述, 由此引申出特殊化的、符合这些前提的结论. 这种大、小前提和结论相一致的思维和判定就是可靠而正确的判定, 由此形成的思维过程就是正确的思维过程. 这种逻辑学的术语就是**三段论的推理**.

(2) 麦加拉学派 (Megaric School), 又称小苏格拉底学派和斯多阿学派, 古希腊–罗马时期 (约公元前 300 年) 的逻辑学学派. 创立者是麦加拉人欧几里得, 代表人物还有欧布里得、斯底尔波等.

他们在逻辑学、自然哲学 (物理学)、伦理学中有许多讨论和贡献. 他们在逻辑学中发现了若干与命题相关的联结词, 由此建立了有关的推理形式和规律, 发展了演绎逻辑.

(3) 古希腊的另一位哲学家伊壁鸠鲁 (Epicureanism, 公元前 341—前 270 年) 创立的**伊壁鸠鲁学派**, 代表人物有伊壁鸠鲁、菲拉德谟、卢克莱修, 代表著作有《准则学》《物性论》.

伊壁鸠鲁提出的准则学相当于认识论中的准则和真理的关系, 其中的标准有感觉、前定观念和感情这三条. 其中前定观念是指名称最初所依赖的基础, 是知识的先决条件, 前定观念并不是先于感觉而存在的天赋观念, 相反, 它们是在感觉的基础上, 经过重复和记忆的过程而获得的. 伊壁鸠鲁还有原子学说等唯物主义思想.

(4) 在中国, 形式逻辑产生的时间与欧洲基本相同. 代表学派有墨家与名家、儒家. 墨家对于逻辑的认识集中在《墨经》中, 该书对于逻辑已有了系统地论述. 例如, 提出区分充分条件与必要条件等逻辑学的概念.

墨子、荀子之后又有名家的公孙龙、惠施等提出了有关诡辩论的命题.

(5) 中世纪的著名逻辑学家有如罗杰·培根 (Roger Bacon, 约 1214—1293), 英国哲学家和自然科学家, 在逻辑学中进一步发展了归纳法. 该理论发展和丰富了形式逻辑理论.

D.1.2 归纳推理和演绎推理

一些逻辑学家认为**归纳法是科学研究中的唯一方法**. 这种说法是否正确暂且不论, 但由此可见归纳法的重要性. 因此我们对它作专门研究和讨论.

1. 逻辑学的推理方法

逻辑学的推理方法就是归纳推理和演绎推理的方法, 它们既有区别、又有联系.

(1) **归纳推理**是归纳法中的重要组成部分, 这是一种由**个别到一般的推理**.

(2) 演绎推理的思维进程不是从个别到一般, 而是一个必然地得出的思维进程.

演绎推理不仅是从一般到个别的推理. 演绎推理还可以是从个别到个别、一般到一般的推理.

(3) 它们对推理前提真实性的要求不同. 演绎推理要求大前提、小前提必须为真. 而归纳推理则没有这个要求.

2. 归纳法

归纳法是对个别事物进行观察, 总结其中的特征和规律, 再把这些结果过渡到范围较大的其他事物中. 也就是由特殊的、具体的事例推导出一般原理、原则的解释方法, 使它们在更多的范围内实现或确定. 即通过对个别事物的观察、了解、认识和总结, 概括出带有一般性的原理或规则, 在更大范围内实现或确定.

这种从个别到一般的认识、推理过程就是归纳法的方法.

3. 演绎法

演绎推理是由一般到特殊的推理方法, 它的推论前提与结论之间的联系是必然的, 因此是一种确定性的推理.

演绎推理是严格的逻辑推理, 因此必须符合逻辑推理的条件 (如三段论模式等规则). 因为演绎推理是严格的逻辑推理, 所以这种推理结果具有递推性. 这就是由演绎推理所得到的结果可以作为新推理中的前提, 在其他演绎推理中使用.

在实际上使用的归纳推理、演绎推理的方法还很多, 如在数学中, 用归纳法来证明定理已成为一种特殊逻辑推理的方法.

自从出现概率论的概念和理论后, 还出现随机推理、随机归纳、随机演绎等方法. 由随机演绎又产生 Markov 随机过程理论, 对这些问题我们就不再展开讨论.

D.1.3 辩证逻辑概述

辩证逻辑和形式逻辑是逻辑学中的两大分支, 它们都是人们认识世界的重要理论.

1. 发展历史

(1) 辩证逻辑的产生由人类的辩证思维方式而来, 人的这种辩证思维在古代就已自发产生. 我国古代, 先秦时期的哲学家就有这种辩证的思维方式. 如老子的正反说, 就包含着对立、统一的思想. 惠施、公孙龙、荀子对这种观点又有进一步的讨论, 提出它们在一定程度上具有分析、综合的统一、归纳与演绎的意义.

(2) 古印度哲学在生与灭、断与常、有与无、一与异等概念及它们之间的相互关系讨论中, 已形成辩证法的认识和研究过程.

(3) 古希腊对辩证思维的认识, 主要表现在论辩中. 一些哲学家通过辩论发现其中的矛盾, 由此探求真理. 辩证法名称由此而来.

(4) 古希腊哲学家的辩证法是从爱利亚学派开始的. 古希腊在亚里士多德达到逻辑学的高峰时, 就有后人开始研究辩证逻辑的方法. 但由于当时的科学发展和人们的认识水平限制, 它们对辩证思维的本质规律还不能给出系统的说明. 形式逻辑仍然在思维形式研究中占主导地位, 并发展为比较成熟的学科理论.

(5) 到 15 世纪下半叶, 近代自然科学逐渐兴起, 人们在对自然现象的研究中发现, 形而上学的思维方式妨碍了对辩证思维的研究. 这不符合科学发展中的研究, 尤其是不同科学、各种现象综合联系、综合考察的研究.

(6) 辩证思维、辩证法理论由此产生. 德国古典哲学家开始了对这种理论的探讨, 其中康德[①], 尤其是黑格尔[②], 他们是辩证法的奠基人和创造者.

2. 基本原理

辩证逻辑的三条原则是: 对立统一原理、否定之否定原理、质量互变原理.

另外, 辩证逻辑还有五个维度说, 即

(1) 原因维度: 内因外因、根本原因—主要原因—次要原因维度.

(2) 主次维度: 主次矛盾、主次方面的维度.

(3) 一般—特殊、相对—绝对、整体—局部的维度.

这三原则与五个维度理论集中体现了辩证逻辑中的基本原理和思考方式. 辩证逻辑要求用全面的、发展的、联系的、矛盾的观点看待问题和事物. 对这些理论在哲学中有许多讨论. 在此不再展开.

D.1.4　序、格和布尔代数

我们已经说明, 逻辑学是一种对语言中有关规则的研究和讨论, 因此对这些规则的描述和表达需要有一定的、定量化的理论、工具和方法, 这就是数学中的序、格、代数结构等数学理论. 它们都是数学中常见的名称和基本知识, 在本节中, 我们先介绍这些预备知识.

---

① 伊曼努尔·康德 (Immanuel Kant, 1724—1804), 德国作家、哲学家.

② 格奥尔格·威廉·弗里德里希·黑格尔 (Georg Wilhelm Friedrich Hegel, 1770—1831), 德国哲学家.

1. 序

记 A, B 是集合, 其中的元记为 $a, b, c \in A$ 等, 有关定义如下.

(1) **序的定义**. 如果对集合 A 中的元定义关系 $a \leqslant b$ (或 $b \geqslant a$), 它们满足以下性质

$$
\begin{cases}
\textbf{自反性} & \text{如果 } a \leqslant b, b \leqslant a, \text{那么必有} a = b \text{ 成立}, \\
\textbf{递推性} & \text{如果 } a \leqslant b, b \leqslant c, \text{那么必有} a \leqslant c \text{ 成立}.
\end{cases}
\tag{D.1.1}
$$

(2) 一个集合 A, 如果对它定义这种 $a \leqslant b$ 的关系, 它们满足这种自反性和递推性, 那么称这种 $a \leqslant b$ 的关系是集合 A 的**半序关系**.

(3) 一个具有半序关系的集合是**半序集合**.

半序的概念可以理解为**大小比较关系**的概念. n 维实数空间 R^n 中的向量 x^n 之间的关系就是这种半序关系.

(4) 在 n 维实数空间 R^n 中, 其中向量 x^n, y^n 之间不一定都有这种 "$\leqslant$" 的关系, 因此是一种半序关系.

在集合 A 中, 如果对其中不同的元 $a \neq b$, 它们之间一定存在大小比较关系, $a < b$ 或 $b > a$, 那么称这种集合为**全序集合**.

全体整数集合、一维实数集合都是全序集合.

(5) 如果 A 是一个半序集合, 对任何 $a, b \in A$, 称 $\mathrm{Sup}(a, b)$ 是 a, b 的上确界; 如果 $\mathrm{Sup}(a, b) \geqslant a, b$, 而且对任何 $a, b \leqslant c \in A$, 那么都有 $\mathrm{Sup}(a, b) \leqslant c$ 成立.

类似定义 a, b 的下确界 $\mathrm{Inf}(a, b)$.

2. 格

(1) 如果 L 是一个半序集合, 对任何 $a, b \in L$, 它们的上、下确界 $\mathrm{Sup}(a, b)$, $\mathrm{Inf}(a, b)$ 一定存在, 那么称半序集合 L 是一个**格**.

(2) 在格 L 中, 分别记 $a \vee b = \mathrm{Sup}(a, b), a \wedge b = \mathrm{Inf}(a, b)$ 是**格中的并和交运算**.

(3) 如果 L 是一个格, 对任何子集合 A, B, 它的上、下确界 $\mathrm{Sup}A, \mathrm{Inf}B$ 一定存在, 那么称 L 是一个**完备格**.

(4) 如果 L 是一个格, 对它的运算 $\vee, \wedge$, 对任何 $a, b, c \in L$ 有关系式

$$
\begin{cases}
c \wedge (a \vee b) = (c \wedge a) \vee (c \wedge b), \\
c \vee (a \wedge b) = (c \vee a) \wedge (c \vee b)
\end{cases}
\tag{D.1.2}
$$

成立, 那么称 L 是一个**分配格**. 称式 (D.1.2) 是格中的**分配律**.

(5) 如果 L 是一个完备格, 那么它的运算 $\vee, \wedge$ 的分配律对任何子集合 $A \subset L$ 成立, 称 L 是一个满足**无限分配律的完备格**.

3. 格的结构和性质

(1) 如果 F 是格 L 的子集合, 由此产生的定义有

格的上 (下) 子集　如果 $a \in F$, 且 $a \leqslant b$ (或 $a \geqslant b$), 那么必有 $b \in F$,
这时称 F 是格 L 的上 (或下) **子集合**.

格的下定向集　如果 F 是格的下子集, $a, b \in F$, 那么总有 $c \in F$, 使 $c \leqslant a, b$
成立, 这时称 F 是格 L 的**定向集**或**下滤子**.

格的真滤子　如果 F 是格的滤子, 而且 $F \neq L$, 那么称 F 是格 L 的**真滤子**.

$$\text{(D.1.3)}$$

(2) 如果 I 是格 L 的非空子集, 由此产生的定义有

格的界　如果 L 是格, $a, b \in L$, 对任何 $c \in L$ 都有 $a \leqslant c \leqslant b$,
这时称 L 是一个有界格, a, b 分别是 L 的下、上界.

格的下理想　如果 I 是格 L 的下集, 而且是下定向集, 那么称 I 是格 L 的**下理想**.

格的真理想　如果 I 是格 L 的理想, 而且 $I \neq L$, 那么称 I 是格 L 的**真理想**.

格的素理想　如果 I 是格 L 的真理想, 而且当 $a \wedge b \in I$ 时, 必有 $a \in I$ 或 $b \in I$,
这时称 I 是格 L 的**素理想**.

主理想　如果 $a \in I$, 使 $I_a = \{b \in L, b \geqslant a\}$, 那么称 $I_a I$ 是格 L 的**主理想**,
这时称 a 是主理想 I_a 的**生成元**.

$$\text{(D.1.4)}$$

在格中, 对这些结构有一系列的性质, 在此不一一说明.

4. 布尔代数 (Boole 代数)

定义 D.1.1(布尔代数的定义)　(1) 如果 L 是一个有界分配格, 记它的上、下界分别为 1, 0, 对每个 $a \in L$, 总有 $a' \in L$ 存在, 使 $a \vee a' = 1, a \wedge a' = 0$, 那么称 L 是一个**布尔代数** (Boole 代数).

(2) 这时称 a' 是 $a \in L$ 的余 (或补), 有时记 $a' = a^c$.

由此可见, Boole 代数是一种具有两种关系 (序和余) 的集合, 这些关系满足相应的价格性质.

定义 D.1.2 布尔代数中等价关系 ($\approx$) **的定义**　(1) 在布尔代数中关于并、与、补运算保持一致的元素或集合.

如果 $a \approx b$, 对任何 $c \in L$, 都有

$$a \vee c = b \vee c, \quad a \wedge c = b \wedge c, \quad a^c = b^c$$

成立.

(2) 如果 $a \approx b$, 那么称 a, b 在布尔代数 L 中是**等价关系**或**同余关系**.

定义 D.1.3 布尔代数 L 中的同余类的定义 (1) 在布尔代数中, 如果集合 A 中所有的元都等价, 而且 L 和 A 中等价的元都在 A 中, 那么称 A 是 L 中的一个同余类.

(2) 如果 A 是 L 中的一个同余类, 而且 $a \in A$, 那么 A 中的元都和 a 等价. 这时记 $A = [a]$, 并称 A 是由 a 生成的同余类.

(3) 在生成的同余类 $[a], [b]$ 中, 称 $[a] \leqslant [b]$, 如果 $a \leqslant b$. 这时对任何 $a' \in [a]$, $b' \in [b]$ 一定有 $a' \leqslant b'$ 成立.

D.2 数理逻辑和一阶语言

一阶语言是数理逻辑中关于语言的一种主要描述方式, 它有确切的定义和确切的数学表达方式. 在本节中我们介绍它的结构和性质.

D.2.1 语言学概述

语言、语言学是大家所熟悉的. 语言学和逻辑学发生关系也是个经典的话题, 两千多年前的古代哲人对此就有许多论述. 由计算机、自动机的产生而产生的人工语言是近百年之事.

由于智能计算的发展, 人们对语言问题又有了新的思考. 有关要点如下.

(1) 关于语言问题不仅是语言学中的问题. 我们把它看作人类的思维、智能发展的过程, 最后, 乃至于和计算机构造、人工语言的产生和发展都有密切关系.

(2) 语言的类型有很多, 从广义而言, 我们把它分为三大类型, 即人类的自然语言, 由计算机、自动机而产生的人工语言, 由生物大分子所形成的生物信息语言. 在这些不同的语言中, 又有多种不同的语言. 如在人的自然语言中, 不同地区、民族又有各自的语言.

(3) 在分析这些不同类型语言的结构特征时首先要了解它们之间的异同点. 它们之间存在的这个共同点就是逻辑学中的理论基础和其中的运行规则, 这是这些语言都必须具有的特征和规则. 而它们的区别是表现形式的不同.

(4) 对这个共同点的讨论是神秘而又有趣的, 它关系到人、生物神经系统的结构和运行特征问题. 这是一个生命现象和生物分子中的问题, 即这种分子运动是如何与逻辑学的形成和发展发生这种必然联系的, 它们又如何在计算机、自动机的语言中形成. 这种关系的讨论是神秘而又有趣的, 其中涉及生物学、逻辑学、语言学中的一系列问题.

数理逻辑及其中的一阶语言体现了这种三位一体 (语言学、逻辑学、生物学) 的重要特征, 它们的结合是发展智能计算的根本. 我们将从这个角度和观点来研究这些问题.

1. 人类自然语言的结构特征

人的自然语言是大家所熟悉的, 为说明人工语言的结构特征, 我们先对人的自然语言作讨论和说明.

(1) 每一种固定自然语言都有各自的**字母**、**字母表**, 对它们的定义我们已经说明.

(2) 自然语言中的词即**字母串**, 当字母串具有一定的含义时就成为**词**.

因此词有多种不同的类型, 如**名词**、**动词**、**代词**、**形容词**、**副词**、**联结词**、**冠词**等.

这些不同类型的词又有它们的结构特征, 对这种结构特征的说明就是**词法**.

不同类型词的汇总, 并对它们做进一步的说明就是**词典**.

(3) 不同类型词的组合就是句, 因此不同类型的词就是句中的结构成分, 即不同类型的词在句中代表不同的成分.

如句中的成分一般包含**主语**、**谓语**、**补语**等.

2. 语法分析和句法分析

我们已经说明, 不同类型词的组合就是句. 因此在句子中, 词与词之间有一定的组合关系, 对这种关系的分析就是句法分析.

不同类型和含义的句的组合就是**文**. 大量文的组合就是**文库**.

关于词、句、文、文库中的结构和关系就是**语法分析**. 对于这些语法分析都有各自的内容和要求.

(1) 词法分析的主要内容是确定词的类型, 如有名词、动词、代词、形容词、副词、联结词、冠词等.

在词的类型中, 不同类型的词还有各自的格. 如名词有单数、重数, 动词有过去、将来、现在, 形容词、副词有比较级, 联结词、冠词、代词也有它们的不同类型.

在这些词法的分析中, 对这些不同的类型都有各自确定的含义和表达方式.

(2) 句法分析的主要内容是句的结构成分和它们的变化形式, 也就是句是词的组合, 在此组合过程中, 不同类型的词按一定的次序排列、按一定的规则变化, 并由此产生各种不同类型的句.

我们已经说明, 句的类型有如陈述句、命令句、疑问句、感叹句等不同类型. 这些类型通过句的结构和一些特征确定.

(3) 句的组合就是**文**, 文是某种情形的叙述. 文的内容可以是对文学、科技、社会等各种现象的讨论和说明.

词、句、文的产生和形成与它们的结构特征都是人的思维反映, 这就是各种外部信息在人的思维 (神经系统结构) 中的反映. 即使是不同的民族, 他们的语言形式不同, 但是语言的结构相同. 这种相同的逻辑结构关系是人类神经系统中神经细胞运动规律的反应.

　　在不同的生物体中, 它们的神经系统会有很大的差别, 但也有许多共同点. 智能计算是用电子器件的运动和工作来模拟人或其他生物神经系统的运动和功能的这种特征. 了解这种细胞功能、逻辑学和语言学的关系对我们发展智能计算有重要意义.

　　3. 一阶语言的定义

　　定义 D.2.1 (一阶语言的定义)　　一阶语言是由两类符号组成的语言, 也就是由**逻辑符号**和**非逻辑符号**组成的语言.

　　对此定义我们补充说明如下.

　　(1) **逻辑符号**的类型和记号如下.

$$\left\{ \begin{array}{ll} \textbf{变元符号集合}V & \text{变元符号和它的字母表为}V = \{x_1, x_2, \cdots\}, V\text{是一个有限} \\ & \text{或可数集合.} \\ \textbf{联结词符号集合}C & \text{如表 D.2.1 所给的联结词, 其中 } \forall, \exists \text{ 又称量词符号.} \\ \textbf{等于符号和括号} & \text{等于符号}(=)\text{和大、中、小括号.} \end{array} \right.$$

(D.2.1)

　　(2) **非逻辑符号** 的类型和记号如下.

$$\left\{ \begin{array}{ll} \textbf{常元符号集合} & \mathcal{L}_c = \{c_1, c_2, \cdots\}, \\ \textbf{函数符号集合} & \mathcal{L}_f = \{f_1, f_2, \cdots\}, \\ \textbf{谓词符号集合} & \mathcal{L}_P = \{P_1, P_2, \cdots\}. \end{array} \right.$$

(D.2.2)

　　谓词, 这里把命题都看作谓词. 如: "2 大于 1" 中的 "大于" 是一个谓词.

　　在现代汉语中, 把有关的名词、数词、量词、动词和形容词都作为谓词.

　　4. 一阶语言的结构

　　我们已经说明, 一个一阶语言可以看作一个**句**. 如果其中包含 m 个逻辑符号, n 个非逻辑符号, 那么这个句记为 $P(m, n)$, 并称之为一个 n 元的句. 对它的结构说明如下.

　　(1) 一阶语言的一般记号是 $\mathcal{L}$, 其中的结构单元是**项**.

　　定义 D.2.2 (项的定义)　　在一阶语言 $\mathcal{L}$ 中, 符合以下条件的符号是**项**.

　　(i) $\mathcal{L}$ 中常元、变元是项.

　　(ii) $\mathcal{L}$ 中, 由常元、变元产生的函数是项.

　　(iii) $\mathcal{L}$ 中, 由项产生的函数也是项.

　　因此在一阶语言 $\mathcal{L}$ 中, 函数的记号可以重复使用, 这就是**复合函数**.

　　(2) 逻辑公式.

　　定义 D.2.3 (逻辑公式的定义)　　(1) 在一阶语言 $\mathcal{L}$ 中, 符合以下类型的规则为**公式**.

(i) 如果 t_1, t_2 是项, 那么 $t_1 = t_2$ 是公式 (**相等公式**).

(ii) 如果 $t_1, t_2, \cdots, t_n$ 是项, P_n 是个 n 元的谓词, 那么 $P_n(t_1, t_2, \cdots, t_n)$ 是公式 (**谓词公式**).

(iii) 如果 A 是公式, 那么 $\neg A$ 是公式 (**否定句公式**).

(iv) 如果 A, B 是公式, 那么

$$A \vee B, \quad A \wedge B, \quad A \to B, \quad A \longleftrightarrow B$$

是公式 (**由逻辑符号产生的公式**).

(v) 如果 A 是公式, x 是变元, 那么 $\forall x A, \exists x A$ 是公式 (**约束关系公式**).

(2) 在这些公式的定义中, 称其中的 (i),(ii) 为**原子公式**, (iii),(iv),(v) 为**复合公式**. 这些公式统称为 **F-规则**.

(3) 项和公式中的变元.

如果记 t 是语言 $\mathcal{L}$ 中的一个项, $FV(t)$ 是该项中变元的集合, 关于 $FV(t)$ 的语法结构规定如下.

$$\begin{cases} FV(x) = \{x\}, & x \text{ 是一个变元}, \\ FV(c) = \varnothing, & c \text{ 是一个常元}, \\ FV(f_{t_1, t_2, \cdots, t_n}) = FV(t_1) \cup FV(t_2) \cup \cdots \cup FV(t_n). \end{cases} \tag{D.2.3}$$

定义 D.2.4 (项中自由变元的定义)   (1) 如果 t 是一阶语言 $\mathcal{L}$ 中的项, 称 $FV(t)$ 是 $\mathcal{L}$ 中的语法结构规定, 如果它满足关系式 (D.2.3).

(2) 如果 $x \in FV(t)$, 那么称 x 是 t 中的自由变元.

(3) 如果 $FV(t) = \varnothing$, 那么称 t 是一个基项或闭项.

定义 D.2.5 (公式中自由变元的定义)   如果 A 是 $\mathcal{L}$ 中的公式, 这时有定义

(1) 称 $FV(A)$ 是 $\mathcal{L}$ 中关于公式 A 的语法结构, 如果它满足以下关系式

$$\begin{cases} V(t_1 = t_2) = FV(t_1) \cup FV(t_2), \\ V(\neg A) = FV(A), \\ V(A * B) = FV(A) \cup FV(B), \end{cases} \quad \begin{cases} V(\forall x A) = FV(A) - \{x\}, \\ V(\exists x A) = FV(A) - \{x\}, \\ V(P_{t_1, t_2, \cdots, t_n}) = FV(t_1) \cup \cdots \cup FV(t_n), \end{cases} \tag{D.2.4}$$

其中运算 $*$ 是 $\vee, \wedge, \to, \longleftrightarrow$ 运算.

(2) 如果 $x \in FV(A)$, 那么称 x 是 A 中的自由变元.

(3) 如果 $FV(A) = \varnothing$, 那么称 A 是一个语句.

因此语句是一个不含自由变元的公式.

D.2.2   命题和命题的判定

我们已经说明, 命题在不同的学科中有不同的表达方式, 对它的概念讨论、说明如下.

1. 命题的含义

(1) 它是指一个具有判断的陈述句, 命题是一种语句或是一种可以实际表达的概念, 这个概念可以被定义、观察或论证.

(2) 命题在逻辑学中是一个非真即假 (不可兼) 的陈述句. 这种陈述句和命令句、疑问句或感叹句都不同, 因此这也是一种语言学中的表达, 即在语言学中如何通过语法 (词法、句法等) 结构, 对这种不同的句型进行区分.

(3) 在有的逻辑学中把论证作为它的主要研究对象. 论证较命题有更多的含义, 其中还包括命题真伪的判定、分析过程.

这种非真即假的命题, 在逻辑学中称为二值逻辑. 在逻辑学中还有多值逻辑的理论, 在此不展开讨论.

因此, 关于命题的概念在逻辑学、语言学、哲学和数学中都有讨论, 这里采用数理逻辑的语言进行讨论.

2. 命题的结构和分类

命题的基本结构由三部分组成, 即

$$前提 \ (或条件) + 联结词 \ (推导词) + 结论.$$

(1) 如果分别记前提 (或条件) 为 A, 推导词为 $\rightarrow$, 结论为 B, 那么一个命题就是 $P = A \rightarrow B$.

(2) 在命题的基本结构 $P = A \rightarrow B$ 中, 分别称前提 (或条件)A 和结论 B 为命题中的客体, 推导词 $\rightarrow$ 为命题 P 中的谓词.

(3) 这时记 $\mathcal{P}$ 是关于命题的集合, 其中 $P \in \mathcal{P}$(或 $p_i \in \mathcal{P}$) 是命题.

3. 命题的分类

命题的概念是个古典哲学的概念, 早在 2300 年前的亚里士多德就研究了命题的不同形式及其相互关系, 并进行分类. 当命题中的成分出现不同的情况时产生不同类型的命题.

最早, 亚里士多德把命题分为简单的和复合的两类. 他把简单命题的属性又分为肯定、否定的、全称、特称和不定的类型. 这种分类法说明命题具有多重属性, 亚里士多德以后的哲学家在此基础上作了更多的讨论. 如中世纪著名哲学家康德从质 (肯定、否定、无限)、量 (全称、特称、单称)、关系和模等不同方面的分类.

所谓命题的关系分类是指主、谓项之间的关系, 它的四种相互关系是原命题、逆命题、否命题和逆否命题.

4. 命题的判定

命题的判定就是对一个命题是否成立的判定. 给出一个映射 $\mathcal{P} \to X = \{0,1\}$, 即给出一个关于命题集合 $\mathcal{P}$ 的函数 $F(\mathcal{P}) = \{F(P), P \in \mathcal{P}\}$, 其中 $F(P) \in F_2 = \{0,1\}$ 表示对命题 P 是否成立的判定.

(1) 关于命题的判定是一个在命题集合 $\mathcal{P}$ 上确定一个布尔函数 F.

(2) 逻辑学的基本内容, 除了关于命题的定义、分类外, 一个重要内容就是关于命题的判定问题, 这时要求命题判定的布尔函数满足布尔代数的一系列性质.

(3) 这种关于命题的定义、结构的讨论和关于布尔代数性质的规定是产生数理逻辑的基础. 但数理逻辑是相对更复杂的讨论.

D.2.3   命题在数理逻辑学中的表达

我们现在讨论命题在数理逻辑学中的表达问题.

1. 有关符号的定义

我们已经说明, 数理逻辑学的特点是把命题、命题之间的关系符号化, 即用符号来表达命题、命题之间的关系.

(1) 在数理逻辑中, 首先把命题分为**原子命题**和**复合命题**两种不同的类型. 其中原子命题是只有是或非的命题, 因此这种命题不可再作分解. 而复合命题由多个不同的原子命题组成, 因此会有多种不同的情况发生.

(2) 一个逻辑系统, 它由若干原子命题组成, 记 $S = \{p_1, p_2, \cdots\}$ 是一个可数集合. 由这些原子命题可以产生复合命题和递推命题. 如果 $A, B \subset S$ 是子集合, 那么 A, B 就是一些复合命题. 这时命题的记号一般是 P.

(3) 在命题之间存在一些联结词, 如果在原子命题之间存在联结词连接就产生递推命题. 常见的联结词和它们的记号如表 D.2.1 所示.

表 D.2.1   命题中的逻辑联结词和它们的记号表

联结词构名称	否定	并且	或者	蕴涵	当且仅当	所有 (或任何)	存在	递推
记号	¬	∨	∧	→	⟷	∀	∃	$T^{\pm\tau}$

其中 $T^{\pm\tau}$ 是对序列变量作前后移动 (移动 $\pm\tau$ 个位置) 的运算.

有时把 $+, \vee, \cup$ 看作等价运算, 把 $\cdot, \wedge, \cap$ 看作等价运算.

2. 公式与赋值

如果把命题记号 P 和联结词记号连接起来就是句.

(1) 例如, 一个逻辑句

$$\forall x \forall y \forall z, \ (P(x,y) \wedge P(y,z)) \to P(x,z), \tag{D.2.5}$$

那么它的解读就是: 对任何 x, y, z, 如果命题 $P(x, y), P(y, z)$ 成立, 那么命题 $P(x, z)$ 成立.

(2) 在 (D.2.5) 中, 对命题 P 可以进行赋值, 即把该式中的三个 P 改成 p_1, p_2, p_3, 那么该句就解读成: 对任何 x, y, z, 如果命题 $p_1(x, y), p_2(y, z)$ 成立, 那么命题 $p_3(x, z)$ 成立.

这时的 p_1, p_2, p_3 就是具有具体赋值的逻辑句. 各种计算公式、定理、引理等都是具有具体赋值的逻辑句. 这就是它们的赋值.

关于命题的定义、性质和判定是数理逻辑中关于**一阶语言**的定义和判定, 这时关于一阶语言的判定就是在集合 $\mathcal{L}$ 上定义布尔函数 $F(\mathcal{L})$.

数理逻辑的语言对命题具有确切的表达方式, 而且可以在计算机的运算中得到实现, 因此可以避免陷入大量的概念或符号的说明中.

D.2.4 一阶语言的判定

我们已经给出一阶语言的定义, 如果记 $\mathcal{L}$ 是一个一阶语言的集合, 那么它的判定问题就是一个 $\mathcal{L} \to F_2$ 的映射 (是或非的判定). 记这个映射为 $F(\mathcal{L})$, 由此形成一个关于一阶语言的判定规则. 该规则由一系列逻辑运算规则确定.

在本节中, 我们介绍这些判定规则, 即它们的表示、表达、运行方式和有关概念的定义、记号, 它们是数理逻辑的重要组成部分.

D.2.5 一阶语言中的推理方法

现在给出有关命题证明的几种典型方法.

1. 归纳法

一个与 n 有关的命题 $P(n)$, 为证明对任何 $n \in Z_+ = \{1, 2, 3, \cdots\}$, 该命题成立, 为此只需证明:

(i) 命题 $p(1)$ 为真.

(ii) 如果命题 $p(n)$(或命题 $p(n'), n' \leqslant n$) 为真, 那么命题 $p(n+1)$ 为真.

这就是归纳法. 这里 Z_+ 是归纳法中的变元集合, 对此集合可以有多种推广, 对此不再一一说明.

2. 反证法

(1) 如果 A 是前提, B 是结论, 请用反证法证明命题 $A \to B$.

(2) 反证法: 只需要证明 A 与 $\neg B$ 矛盾即可, 即 $A \to B$ 成立.

3. 等价命题

(1) 我们给出四种不同类型的命题, 即

$$\begin{pmatrix} \text{命题类型} & \text{命题} & \text{逆命题} & \text{否命题} & \text{逆否命题} \\ \text{记号} & A \to B & B \to A & A^c \to B^c & B^c \to A^c \end{pmatrix}, \tag{D.2.6}$$

其中 A^c, 即 $\neg A$.

(2) 等价关系是

$$\begin{cases} 命题(A \to B) \longleftrightarrow 逆否命题(B^c \to A^c), \\ 逆命题(B \to A) \longleftrightarrow 否命题(A^c \to B^c). \end{cases} \tag{D.2.7}$$

利用数理逻辑中有关变量、逻辑符号, 这些关系式在数理逻辑中都有更一般的表示式, 我们在此不一一说明.

附录 E 变分法和微分方程

变分法是一种优化问题的求解理论, 这种优化问题是一种关于函数的微分和积分运算, 较其他优化问题复杂. 因此需要采用变分法的理论才能解决.

微分方程理论是研究系统、控制理论中的重要基础和工具.

E.1 函数空间和变分问题

在泛函空间中, 经常出现的是无穷维向量的概念. 泛函空间中的向量也可看作关于函数的空间. 这种空间中的函数, 除了满足线性可加性的性质外, 还有其他微分的性质. 由此产生变分、变分法等理论.

E.1.1 函数空间和变分问题的概念

在泛函空间中, 我们已经给出一般线性空间、希氏空间等定义. 在泛函空间中经常出现的还有连续函数空间或连续可微函数空间的定义.

1. 连续可微函数空间

如果记 $T = (a, b)$ 是实数空间 R 中的一个区间, 记 $x_T = \{x_t, t \in T\}$ 是 $T \to R$ 的一个映射, 这时 x_T 又是一个定义域为 T, 值域为 R 的函数.

分别记 $C(T), C^{(k)}(T)$ 是定义域为 T、值域为 R 的全体连续、有界函数或全体连续、有界且 k 阶导数连续的函数.

因此 $C(T), C^{(k)}(T)$ 都是关于函数类的集合. 它们的元记为 $x_T = \{x_t, t \in T\}, y_T = \{y_t, t \in T\}$ 等.

显然, $C(T), C^{(k)}(T)$ 是线性空间, 它的微分、积分算子定义为

$$D[x(t)] = \frac{dx(t)}{dt}, \quad I[x(t)] = \int_a^x x(s)ds. \tag{E.1.1}$$

在积分算子的定义中, $T = (a, b)$ 是 R 中的区间函数.

记 $[C(T)]^m \to R$ 的映射是多重复合函数, 其中 $[C(T)]^m$ 中的元是 $x_T^m = (x_{1,T}, x_{2,T}, \cdots, x_{m,T}), x_{i,T} = \{x_{i,t}, t \in T\}$.

这样的多重复合函数记为

$$f(x_T^m) = f[x_1(t), x_2(t), \cdots, x_m(t)], \quad t \in T. \tag{E.1.2}$$

它的微分算子通过偏微分来定义.

2. 变分问题

一个变分问题关于这种多重复合函数的运算举例说明如下.

例 E.1.1 最速降线问题.

问题 空间中 $P_0 = (x_0, y_0) = (0, 0), P_1 = (x_1, y_1)$ 两点, 求在重力作用下, 从 $P_0 \to P_1$ 的最短时间的曲线.

解的分析 求曲线 $C \in C^{(1)}[x_0, x_1]$ 在重力作用下, 使它的运动时间为最短. 这时记曲线函数 $C : y = y(x)$, 其中 x, y 分别是水平位置和高度.

在重力作用下的运动方程是 $\begin{cases} \dfrac{1}{2}mv^2 = mgy, \\ v = \dfrac{ds}{dt} = \sqrt{2gy}, \end{cases}$ 其中 v, g 分别是速度和重

力加速度. 因此 $dt = \dfrac{ds}{v} = \dfrac{ds}{\sqrt{2gy}}$.

从 P_0 到 P_1 点所需要的时间是

$$J(y) = \int_{P_0}^{P_1} \frac{ds}{\sqrt{2gy}} = \frac{1}{\sqrt{2g}} \int_{x_0}^{x_1} \sqrt{\frac{1 + [y'(x)]^2}{y(x)}} dx, \tag{E.1.3}$$

其中在 $[x, y(x)]$ 中

$$ds = d\sqrt{x^2 + y^2(x)} = \frac{1}{\sqrt{x^2 + y^2(x)}}(2x + 2y\dot{y}),$$

因此有 (E.1.3) 式成立.

这时从 P_0 到 P_1 点所有可能的运动曲线的集合是 $C^{(1)}[x_0, x_1]$. 因此该问题的解是求

$$J(y^*) = \min \{J(y), C \in C^{(1)}[x_0, x_1]\}. \tag{E.1.4}$$

这是一个在函数集合 $C^{(1)}[x_0, x_1]$ 中, 求 $J(y)$ 的最小值的问题.

例 E.1.2 最短曲线问题.

问题 $\varphi(x, y, z) = 0$ 是 R^3 空间中一固定的光滑曲面, $P_1 = (x_1, y_1, z_1), P_2 = (x_2, y_2, z_2)$ 是该曲面上的两点, 求从 $P_1 \to P_2$ 的长度为最短的曲线.

解的分析 曲面上的曲线可以写为 $\begin{cases} y = y(x), \\ z = z(x), \end{cases}$ $x_1 \leqslant x \leqslant x_2.$

由此可以得到, 该曲线的长度为

$$J(y, z) = \int_{x_1}^{x_2} \{1 + [\dot{y}(x)]^2 + [\dot{z}(x)]^2\}^{1/2} dx. \tag{E.1.5}$$

对固定的 P_1, P_2 点, 记 $C^{(1)}[x_1, x_2]$ 是以 x_1, x_2 为端点的所有一阶导数连续的曲线, 那么取

$$D(x_1, x_2) = \{(y, z) \in C^{(1)}[x_1, x_2]^2, \varphi(x, y, z) = 0, (y(x_\tau), z(x_\tau))过P_1, P_2点\},$$
$$(\text{E.1.6})$$

其中 $C^{(1)}[x_1, x_2]^2 = C^{(1)}[x_1, x_2] \times C^{(1)}[x_1, x_2]$, 而过 P_1, P_2 点满足关系式

$$(y_\tau(x_\tau), z_\tau(x_\tau)) = (y_\tau, z_\tau), \quad \tau = 1, 2.$$

该问题的解是求

$$J(y^*, z^*) = \min\{J(y, z), (y, z) \in D(x_1, x_2)\}. \qquad (\text{E.1.7})$$

这是一个在函数集合 $D(x_1, x_2)$ 中, 求 $J(y, z)$ 的最小值的问题.

例 E.1.3 等周问题.

问题 求平面上具有固定弧长 ℓ 的封闭曲线, 使该曲线所围的面积为最大.

解的分析 记该曲线为 $L = L(x, y)$ 的参数方程为 $\begin{cases} x = x(t), \\ y = y(t), \end{cases} t_1 \leqslant t \leqslant t_2.$

该曲线的长度计算公式是

$$\ell(L) = \int_{t_1}^{t_2} \{[\dot{x}(t)]^2 + [\dot{y}(t)]^2\}^{1/2} dt = \ell. \qquad (\text{E.1.8})$$

该曲线所围面积的计算公式是

$$J(x, y) = \int_{t_1}^{t_2} [x(t)\dot{y}(t) - y(t)\dot{x}(t)] dt. \qquad (\text{E.1.9})$$

对固定的 t_1, t_2, 记 $C^{(1)}[t_1, t_2]$ 是以 t_1, t_2 为端点的所有一阶导数连续的曲线, 那么取

$$D(t_1, t_2) = \{(x, y) \in C^{(1)}[t_1, t_2]^2, \ell(L) = \ell\}, \qquad (\text{E.1.10})$$

其中 $C^{(1)}[t_1, t_2]^2 = C^{(1)}[t_1, t_2] \times C^{(1)}[t_1, t_2]$.

该问题的解是求

$$J(x^*, y^*) = \max\{J(x, y), (x, y) \in D(t_1, t_2)\}. \qquad (\text{E.1.11})$$

这是一个在函数集合 $D(t_1, t_2)$ 中, 求 $J(y, z)$ 的最大值的问题.

由这些例子可以看到, 它们的讨论对象都是对一个函数集合 D, 对其中的每个函数 $C \in D$, 都有一个指标值 $J(C), C \in D$. 最后归结为求该指标值 $J(C)$ 的最大或最小值的问题.

在数学中, 把这类问题称为变分问题.

E.1.2　变分的求解问题

现在讨论这些变分的求解问题. 对此问题先引进以下几种概念和定义.

1. 函数空间中的极值的定义

函数空间　一个在区间 (a, b) 上定义的二阶可微的函数集合记为 $C^{(2)}(a, b)$.

它的元就是在区间 (a, b) 上定义的函数 y, 如果 y_a, y_b 是两个固定的值, $y(a) = y_a, y(b) = y_b$, 那么这个函数就是一个端点确定的函数.

由此定义集合 $\mathcal{D}$ 是一个端点确定, 在 $C^{(2)}(a, b)$ 中的函数集合.

记 $J(y)$ 是一个 $\mathcal{D} \to R$ 的映射, 这是一个关于函数的函数 (泛函). 由此称函数 $J(y)$ 是一个 $\mathcal{D}$ 中的指标函数.

关于集合 $\mathcal{D}$ 中函数之间距离的定义. 对任何 $y_1, y_2 \in \mathcal{D}$ 定义它们之间的距离为

$$\rho(y_1, y_2) = \max \left\{ \left| y_1^{(k)}(x) - y_2^{(k)}(x) \right|, k = 0, 1, 2, a \leqslant x \leqslant b \right\}, \tag{E.1.12}$$

其中 $y^{(k)}(x)$ 是该函数的 k 阶导数.

关于集合 $\mathcal{D}$ 中函数邻域的定义. 如果 $y^* \in \mathcal{D}, \epsilon > 0$, 那么定义

$$B(y^*, \epsilon) = \{ y \in \mathcal{D}, \rho(y^*, y) \leqslant \epsilon \} \tag{E.1.13}$$

是关于函数 $y^* \in \mathcal{D}$ 的 ϵ 邻域.

关于函数极值的定义. 如果 $y^* \in \mathcal{D}$, 存在 $\epsilon > 0$, 使关系式

$$J(y^*) \leqslant J(y) \quad 对任何 \quad y \in B(y^*, \epsilon) \quad 成立. \tag{E.1.14}$$

那么称函数 $y^* \in \mathcal{D}$ 是一个**极大值点** (或**函数**). 关于**极小值点** (或**函数**) 类似定义. 极小、极大值点合称为**极值点** (或**函数**).

2. 关于变分的一般定义和表达

我们已经给出在区间 (a, b) 上二阶可微而且端点固定的函数集合 $\mathcal{D}$ 的定义. 现在讨论它的变分问题.

如果 $y, y_1 \in \mathcal{D}$, 记 $\delta = y - y_1$ 是函数 y 的变分.

泛函数的广义增量　如果 $y = f(x) \in \mathcal{D}$, 那么记

$$\Delta f = f'(x) \Delta x = \left. \frac{\partial}{\partial \alpha} f(x + \alpha \Delta x) \right|_{\alpha = 0} \tag{E.1.15}$$

是函数 y 的增量. 关于泛函 $J(y)$ 同样可以定义它的广义增量为

$$\Delta J = \left. \frac{\partial}{\partial \alpha} J(y + \alpha \Delta y) \right|_{\alpha = 0}, \tag{E.1.16}$$

如果该式右边的微分存在, 那么它就是关于泛函 J 的变分.

由此得到, 关于**变分的基本定理**.

定理 E.1.1 (关于极值点的一个必要条件) 如果泛函 $J \in \mathcal{D}$ 的变分存在, y^* 是一个极值点, 那么必有

$$\Delta J = \frac{\partial}{\partial \alpha} J(y^* + \alpha \Delta y)\Big|_{\alpha=0} = 0 \qquad (E.1.17)$$

成立.

该定理在一般含有变分法理论的著作中都有证明.

3. 变分理论的推广

以上关于变分、极值的定义、基本定理都可推广到一般多元函数的情形.
(1) 这时的函数 y 可以用函数向量 $y^n = (y_1, y_2, \cdots, y_m)$ 取代.
(2) 相应的变分、基本定理中的导数记号都可用偏导数取代.

E.1.3 变分问题的求解

定理 E.1.1 已经给出关于极值点的一个必要条件. 由此就可对一些具体的变分问题作它们的求解计算.

1. 关于 $J(y) = \int_a^b F(x, y, \dot{y}) dx$ 型变分问题的求解

y 是一个极值点的条件是

$$
\begin{aligned}
\Delta J &= \frac{\partial}{\partial \alpha} J(y + \alpha \Delta y)\Big|_{\alpha=0} \\
&= \frac{\partial}{\partial \alpha} \int_a^b F(x, y + \alpha \Delta y, y' + \alpha \Delta y') dx\Big|_{\alpha=0} \\
&= \int_a^b \left[\frac{\partial F(x, y, y')}{\partial y} \Delta y + \frac{\partial F(x, y, y')}{\partial y'} \Delta y' \right] dx\Big|_{\alpha=0} = 0. \qquad (E.1.18)
\end{aligned}
$$

对此利用分部积分法可以得到

$$\Delta J = \int_a^b \left[\frac{\partial F}{\partial y} - \frac{d}{dx}\left(\frac{\partial F}{\partial y'}\right) \right] \Delta y \, dx\Big|_{\alpha=0} = 0. \qquad (E.1.19)$$

在此推导过程中利用性质 $\Delta y|_{x=a} = y(a) - y_1(a) = 0, \Delta y|_{x=b} = y(b) - y_1(b) = 0$.

这时 $\Delta y = y - y_1 \in C_0^{(2)}[a, b]$ 对任何 $y \in \mathcal{D}$ 成立. 因此 (E.1.19) 式可写为

$$\frac{\partial F}{\partial y} - \frac{d}{dx}\left(\frac{\partial F}{\partial y'}\right) = 0 \tag{E.1.20}$$

或

$$F_{y',y'}y'' + F_{y,y'}y' + F_{x,y'} - F_y = 0, \tag{E.1.21}$$

其中 $F_{y',y'}, F_{y,y'}, F_{x,y'}, F_y$ 分别是函数 F 关于下标变量的偏导数.

称关系式 (E.1.21) 是该变分问题的**欧拉方程**.

2. 在此欧拉方程中, 对有关解的讨论

它的初始条件是 $y(a) = y_a, y(b) = y_b$, 其中 y_a, y_b 是固定的数.

该欧拉方程一般是不容易解的, 但在一些特殊的情况下能得到它的解. 如在 F 中不显含 y 时, 由 (E.1.20) 可以得到 $F_{y'} = C$ 是常数.

同样在 F 中不显含 x 时, 由 (E.1.21) 可以得到

$$F_{y',y'}y'' + F_{y,y'}y' - F_y = 0 \tag{E.1.22}$$

成立. 这时有

$$\frac{d}{dx}(y'F_{y'} - F) = y'(F_{y',y}y'' + F_{y,y'} - F_y) = 0. \tag{E.1.23}$$

对 (E.1.23) 求积分就可得到 $y'F_{y'} - F = C$ 是积分常数.

利用这些理论, 同样可以得到例 E.1.2、例 E.1.3 中有关问题的解.

关于变分法的理论和方法还有许多内容. 对此不再详细讨论.

E.2　微分方程理论概述

在系统、系统的控制理论中, 常用的表示方法是微分方程的理论和方法. 该理论和方法是数学学科中的一个重要分支, 其中包含许多内容. 在此我们只介绍其中的一些基本内容, 即它的基本理论、类型、方法和意义.

E.2.1　线性微分方程理论

我们已经说明, 微分方程理论是数学学科中的一个重要分支, 内容十分丰富. 为了简单起见, 先介绍线性微分方程中的有关理论.

1. 高阶常微分方程

一个 n 阶常微分方程的表示式是

$$a_n(t)y^{(n)}(t) + a_{n-1}(t)y^{(n-1)}(t) + \cdots + a_1(t)y'(t) + a_0(t)y(t) = b(t), \tag{E.2.1}$$

其中 $t \in T$ 是自变量, $T = [a, b]$ 是 R 空间中的一个区间, 而

$$a^{n+1}(t) = [a_n(t), a_{n-1}(t), \cdots, a_1(t), a_0(t)]$$

是一个向量函数, 称为该 n 阶常微分方程的系数向量函数. 其中 $y^{(k)}(t)$ 是 $y(t)$ 函数的 k 阶导数. $b(t)$ 是已固定的函数, 如果 $b(t) \equiv 0$, 那么称这个微分方程是一个齐次方程, 否则是非齐次方程.

方程式 (E.2.1) 右边的运算记为

$$L = a_n(t)\frac{d^n}{dt^n} + a_{n-1}(t)\frac{d^{n-1}}{dt^{n-1}} + \cdots + a_1(t)\frac{d}{dt} + a_0(t), \qquad (\text{E.2.2})$$

它是一个 n 阶的微分算子. 这时 (E.2.1) 的方程式为 $L[y(t)] = b(t)$.

2. 该微分方程的性质

(1) 微分算子 L 是一个线性算子.

$$L[\alpha f(t) + \beta g(t)] = \alpha L[f(t)] + \beta L[g(t)]$$

对任何可微函数 f, g 及任何实数 α, β 成立.

(2) 齐次方程的通解. 如果方程 (E.2.1) 是一个齐次方程. 记 $y^m(t) = \{y_1(t), y_2(t), \cdots, y_m(t)\}$ 是一组线性无关的函数,

$$y(t) = c_1 y_1(t) + c_2 y_2(t) + \cdots + c_m y_m(t), \quad t \in T$$

是函数组 $y^m(t)$ 的线性组合, 那么由 $y(t)$ 的解可以得到函数组 $y^m(t)$ 中所有函数的解. 因此称 $y(t)$ 是函数组 $y^m(t)$ 中所有函数的通解.

(3) 方程的特解. 对一个一般的方程 (E.2.1), 它的解 $y(t)$ 总可以有分解式 $y(t) = y_c(t) + y_p(t)$, 其中 $y_c(t), y_p(t)$ 分别是方程式

$$L[y_c(t)] = 0, \quad L[y_p(t)] = b(t), \quad t \in T \qquad (\text{E.2.3})$$

的解. 称函数 $y_p(t)$ 是该方程式的**特解**.

这时的函数 $y_c(t)$ 是一个齐次方程的解. 它可以由一个函数组 $y^m(t)$ 的线性组合 (通解) 得到.

(4) 在解的分解式 $y(t) = y_c(t) + y_p(t)$ 中, 称 $y_c(t)$ 是 $y(t)$ 的余函数, $y_p(t)$ 是该方程的一个特解.

这时称分解式 $y(t) = y_c(t) + y_p(t)$ 是方程 (E.2.1) 的一个完备分解.

3. 微分方程的实例分析

对这样的常微分方程, 有实例分析如下.

例 E.2.1　　一个二阶方程 $d^2y/dx^2 + y = \sin x$, 它的通解和特解如下

$$
\begin{cases}
y_c(x) = c_1 \sin x + c_2 \cos x, \\
y_p(x) = -\dfrac{1}{2} x \cos x.
\end{cases}
\tag{E.2.4}
$$

例 E.2.2　　如果方程式的通解是

$$
y(t) = c_1 e^{-t} + c_2 e^{-2t} + 3,
\tag{E.2.5}
$$

它的方程式是

$$
\frac{d^3 y}{dt^3} + \frac{dy}{dt} + 2y(t) = 6.
\tag{E.2.6}
$$

E.2.2　　线性微分方程求解的因子分解法

在线性微分方程理论中, 存在一些经典的求解方法, 对其中的一些方法介绍如下.

1. 一阶线性微分方程的求解

一阶线性微分方程的一般形式是

$$
\frac{dy}{dt} + \alpha(t)y(t) = b(t).
\tag{E.2.7}
$$

为讨论方程 (E.2.7) 的解, 对函数 y 作变换运算, 取 $y(t) = w(t)u(t)$, 其中 $w(t), u(t)$ 是两个待定函数, 这时方程 (E.2.7) 变为

$$
\frac{d(wu)}{dt} + \alpha(t)w(t)u(t) = b(t)
$$

或

$$
w\frac{du}{dt} + u\frac{dw}{dt} + \alpha(t)w(t)u(t) = b(t).
\tag{E.2.8}
$$

如果取 u 是方程 $\dfrac{du}{dt} = u\alpha$ 的解, 那么得到

$$
\ln u = \int \alpha(t)dt \quad \text{或} \quad u(t) = \exp\left[\int \alpha(t)dt\right].
\tag{E.2.9}
$$

将这个解代入式 (E.2.8) 得到

$$
\left[\frac{du}{dt} + \alpha(t)w(t)\right] \exp\left[\int \alpha(t)dt\right] = b(t) \exp\left[\int \alpha(t)dt\right]
$$

或

$$\frac{d}{dt}\left[w(t)\exp\left[\int \alpha(t)dt\right]\right] = b(t)\exp\left[\int \alpha(t)dt\right],$$

对该式两边求积分, 就可得到

$$w(t) = \frac{1}{u\left[\int budt + C\right]}. \tag{E.2.10}$$

这就是方程 (E.2.7) 的解的公式.

如果采用 $y = y_c + y_p$ 的分解式, 那么得到

$$\begin{cases} y_c = \dfrac{c}{u}, & u = \exp\left[\int \alpha(t)dt\right], \\[3mm] y_p = \dfrac{1}{u}\int ub(t)dt, & u = \exp\left[\int \alpha(t)dt\right]. \end{cases} \tag{E.2.11}$$

2. 常系数线性微分方程的求解

在方程 (E.2.1) 中, 系数向量 $a^{n+1}(t)$ 是与 t 无关的向量, 现在讨论它的求解问题. 其中的因子分解求解法如下.

记 $D = \dfrac{d}{dt}$ 是个微分算子, $D^k = \dfrac{d^k}{dt^k}$ 是 k 阶微分算子, 那么有以下性质成立.

$$\begin{cases} \textbf{加法交换律} & (D^m + D^n)y = D^m y + D^n y, \\[1mm] \textbf{加法结合律} & [D^k + (D^m + D^n)]y = [(D^k + D^m) + D^n]y, \\[1mm] \textbf{乘法交换律} & (D^m \cdot D^n)y = (D^n \cdot D^m)y, \\[1mm] \textbf{乘法结合律} & [D^k \cdot (D^m \cdot D^n)]y = [(D^k \cdot D^m) \cdot D^n]y, \\[1mm] \textbf{乘法分配律} & [D^k \cdot (D^m + D^n)]y = (D^{k+m} + D^{k+n})y. \end{cases} \tag{E.2.12}$$

对一阶方程 $(D + \alpha)y = b$ 的解如 (E.2.11) 式所给, 这时有

$$\begin{cases} \textbf{解的积分因子} & u = \exp\left[\int \alpha(t)dt\right] = e^{\alpha t}, \\[2mm] \textbf{解的余函数} & y_c = \dfrac{c}{u} = ce^{\alpha t}, \\[2mm] \textbf{特解函数} & y_p = e^{-\alpha t}\int e^{\alpha t}b(t)dt. \end{cases} \tag{E.2.13}$$

对二阶方程 $(D^2 + \alpha D + \beta)y = b$, 这里的 α, β 都是固定常数, 它的齐次方程是 $(D^2 + \alpha D + \beta)y = 0$, 左边的分解式为

$$(D - s_1)(D - s_2)y = 0, \tag{E.2.14}$$

其中 $s_{1,2} = \dfrac{1}{2}\left(\alpha \pm \sqrt{\alpha^2 - 4\beta}\right)$.

由此得到方程 (E.2.14) 的解是

$$
\begin{cases}
(D - s_1)y_{c_1} = 0, \\
(D - s_2)y_{c_2} = 0,
\end{cases}
\qquad
\begin{cases}
y_{c_1} = c_1 e^{s_1 t}, \\
y_{c_2} = c_2 e^{s_2 t}.
\end{cases}
\tag{E.2.15}
$$

由此得到方程 (E.2.14) 的通解是

$$
y_c = y_{c_1} + y_{c_2} = c_1 e^{s_1 t} + c_2 e^{s_2 t}.
\tag{E.2.16}
$$

3. 求二阶方程 $(D^2 + \alpha D + \beta)y = b$ 的特解

这时的特解方程是 $(D - s_1)(D - s_2)y = b$. 因此

$$
y_p = \frac{b}{(D - s_1)(D - s_2)} = \frac{1}{D - s_1}\left[\frac{b}{D - s_2}\right].
\tag{E.2.17}
$$

由一阶方程的解可以得到

$$
\frac{b(t)}{D - s_2} = e^{s_2 t}\int e^{-s_1 t}b(t)dt.
\tag{E.2.18}
$$

因此有

$$
y_p = \frac{1}{D - s_1}\left[e^{s_2 t}\int e^{-s_1 t}b(t)dt\right] = e^{s_1 t}\int e^{-s_1 t}\left[e^{s_2 t}\int e^{-s_1 t}b(t)dt\right]dt
$$

$$
= e^{s_1 t}\int e^{(s_2 - s_1)t}\int e^{-s_2 t}b(t)dt^2.
\tag{E.2.19}
$$

这就是该二阶方程的特解. 这时

$$
y = y_c + y_p = y_{c_1} + y_{c_2} + y_p
$$

$$
= c_1 e^{s_1 t} + c_2 e^{s_2 t} + e^{s_1 t}\int e^{(s_2 - s_1)t}\int e^{-s_2 t}b(t)dt^2
\tag{E.2.20}
$$

就是所求的解.

这就是二阶方程求解的因子分解法. 这种方法可以推广到高阶方程的情形, 对此不再详细讨论.

E.2.3 待定系数法和重根方程

在一个一般的 n 阶常微分方程中, (E.2.1) 式中的 $b(t)$ 是方程的激励函数. 对这种激励函数经常有一些固定的函数类型, 如常数、幂函数、指数函数、正弦、余弦函数. 我们仍以二阶方程为例, 分别讨论它们的求解问题.

1. **激励函数是常数的情形**

这时的二阶方程为 $(D^2 + \alpha D + \beta)y = K$.

(1) 它的特解取为 $y_p = A$(常数).

(2) 这时 $D^2 y_p = D y_p = 0$, 因此有 $\beta A = K, y_p = A = K/\beta$ 成立.

2. **激励函数是幂函数的情形**

$b(t) = t^k$(k 是正整数).

(1) 取它的特解是个多项式函数 $y_p = A_0 + A_1 t + A_2 t^2 + \cdots + A_k t^k$. 因此得到

$$\begin{cases} b_0 y_p = b_0 A_0 + b_0 A_1 t + b_0 A_2 t^2 + \cdots + b_0 A_k t^k, \\ b_1 D y_p = b_1 A_1 + 2 b_1 A_2 t + 3 b_1 A_3 t^2 + \cdots + k b_1 A_k t^{k-1}, \\ D^2 y_p = 2 A_2 + 6 A_2 t + \cdots + k(k-1) A_k t^{k-2}. \end{cases} \tag{E.2.21}$$

(2) 把 (E.2.21) 式相加, 由此得到

$$(D^2 + \alpha D + \beta)y_p = B_0 + B_1 t + \cdots + B_k t^k = t^k, \tag{E.2.22}$$

其中 $\begin{cases} B_0 = b_0 A_0 + b_1 A_1 + 2 A_2, \\ B_1 = b_0 A_1 + 2 b_1 A_2 + 6 A_3, \\ \qquad \cdots\cdots \\ B_{k-1} = b_0 A_{k-1} + k b_1 A_k, \\ B_k = b_0 A_k. \end{cases}$ 这时 $B_0 = B_1 = \cdots = B_{k-1} = 0, B_k = 1$. 由

此解出系数 $A_0 = A_1 = \cdots = A_k$ 得到该方程的特解 y_p.

3. **激励函数是指数函数的情形**

$b(t) = e^{\gamma t}$ 的情形. 这时的二阶方程为 $(D^2 + \alpha D + \beta)y = e^{\gamma t}$. 取它的特解是 $y_p = A e^{\gamma t}$. 由此得到

$$A(\gamma^2 + \alpha \gamma + \beta) = 1, \tag{E.2.23}$$

因此 $A = \dfrac{1}{\gamma^2 + \alpha \gamma + \beta}$.

如果激励函数是三角函数时, 它的特解取为 $y_p = A e^{j \gamma t}$ 是复指数. 它的特解可以通过复指数转变成三角函数.

4. **重根方程**

这是指在二次方程 (E.2.14) 中, 如果 $\alpha^2 - 4\beta = 0$, 那么它的两个根

$$s_{1,2} = \frac{1}{2}\left(\alpha \pm \sqrt{\alpha^2 - 4\beta}\right) = \frac{\alpha}{2}$$

相同. 这时 $s_1 = s_2 = \dfrac{\alpha}{2} = s$. 由此得到它的解为

$$y_c = y_{c_1} + y_{c_2} = c_1 e^{s_1 t} + c_2 e^{s_2 t} = c e^{st}.$$

可将方程写为 $\begin{cases} (D - s)y = r, \\ (D - s)r = 0. \end{cases}$ 　如果取 $r = c_1 e^{s_1 t}$, 那么 $(D - s_1)y = c_1 e^{s_1 t}$.
由此得到它的通解和特解分别是

$$\begin{cases} y_c = c_1 e^{s_1 t}, \\ y_p = e^{s_1 t} \displaystyle\int e^{-s_1 t}(c_2 e^{s_1 t})dt = c_2 t e^{s_1 t}, \end{cases} \tag{E.2.24}$$

得到该方程的解是

$$y = y_c + y_p = (c_1 + c_2 t)e^{s_1 t}. \tag{E.2.25}$$

以此类推, 如果一个 k 阶方程, 它有 k 个重根 (s_1), 那么该方程的解是

$$y = (c_1 + c_2 t + \cdots + c_k t^k)e^{s_1 t}. \tag{E.2.26}$$

5. 联立方程及其求解问题

一个联立方程指有多个未知函数和多个方程的情形, 如一个二元联立方程为

$$\begin{cases} f_1(D)x + g_1(D)y = b_1, \\ f_2(D)x + g_2(D)y = b_2, \end{cases} \tag{E.2.27}$$

其中 f_1, f_2, g_1, g_2 分别是微分算子 D 的多项式函数.

这种联立方程的求解问题可用消去法化成一元方程, 如消去变量 y 得到

$$[f_1(D)g_2(D) - f_2(D)g_1(D)]x = g_2(D)b_1 - g_1(D)b_2. \tag{E.2.28}$$

这是一个一元方程, 因此就可用一元方程的理论去求解.

在此一元方程中, 记 $\Delta(D) = f_1(D)g_2(D) - f_2(D)g_1(D)$ 为系数多项式微分算子, 对这种算子同样会出现多种不同的情形, 对此不再详细讨论.

E.3　机、电网络系统

在微分方程的理论系统中, 最常见的是机、电网络系统. 它们是机械和电子网络系统, 是实现机、电一体化的理论基础, 也是微分方程理论的应用方向之一, 还是我们人工脑理论所需要重点考虑的一个重要方向.

E.3.1 电子元件和电子线路

为构建电子线路的网络系统, 先讨论电子元件的构造和它们的工作原理.

1. 电子元件的类型和它们的工作特征

电子元件包括电源、电阻、电容、电感, 它们的功能和记号如下.

(1) 电源分电流源和电压源, 它们分别产生电势差或电流, 它们的动态函数分别记为 $v(t), i(t)$.

(2) 电流是电子的流动, 因为电子是带负电荷的粒子, 所以电流的方向是从电势差的低处向高处流动.

(3) 电阻是决定电流和电压关系的比例系数, 在电子线路中, 电流的大小和电压成固定的比例关系, 这个比例系数就是电阻. 如果记 R 是电阻值, 那么 $v(t) = Ri(t)$ 或 $i(t) = v(t)/R$.

(4) 电感是决定电流变化和电压关系的比例系数, 电流变化的大小和电压成固定的比例关系. 如果记 L 是电感值, 那么有 $v(t) = L\dfrac{di(t)}{dt}$ 或 $i(t) = \dfrac{1}{L}\int v(t)dt$.

(5) 电容是决定电流和电压变化关系的比例系数, 电流的大小和电压变化的大小成固定的比例关系. 如果记 C 是电容值, 那么 $i(t) = C\dfrac{dv(t)}{dt}$ 或 $v(t) = \dfrac{1}{C}\left[\int i(t)dt + q(0)\right]$, 其中 $q(0)$ 是线路的初始电荷量.

(6) 由此得到, 电源、电阻、电容、电感的计量名称、记号和单位表见表 E.3.1.

表 E.3.1　有关电子元件的名称、记号和单位表

元件名称	电源	电阻	电容	电感
记号	V	R	C	L
度量单位	伏特 (V)	欧姆 (Ω)	亨利 (H)	法拉 (F)

(7) 有关电源、电阻、电容、电感之间的关系方程如表 E.3.2 所示.

表 E.3.2　有关电子元件之间的关系方程表

电压-电阻-电流关系方程	$v(t) = Ri(t)$	$i(t) = v(t)/R$
电压-电感-电流关系方程	$v(t) = L\dfrac{di}{dt}$	$i(t) = \dfrac{1}{L}\int v(t)dt$
电压-电容-电流关系方程	$i(t) = C\dfrac{dv}{dt}$	$v(t) = \dfrac{1}{C}\left[\int i(t)dt + q(0)\right]$

2. 电子线路

不同电子元件的连接、组合, 形成电子线路.

(1) 如果按电流的方向讨论, 每个电子元件的电流都有输入和输出的区别.

(2) 不同电子元件的连接、组合存在并联和串联的区别. 一个电子元件的输出是另一个元件的输入时, 这两个元件就是串联关系, 否则就是并联关系.

(3) 如果有若干电子元件, 它们通过导体线路相互连接, 由此形成一个电子网络线路. 在电子线路中, 如果其中的任何两点都是连通的 (总是有导线把它们连接), 那么称这个电子线路是一个回路.

(4) 当电流通过电子元件时, 存在功率和能量的消耗问题. 记 P, W 分别是它们的功率和能量, 计算公式分别是

$$
\begin{cases}
P_R = i_R^2 R = v_R i_R = \dfrac{v_R^2}{R}, \\[2mm]
W_L = \dfrac{1}{2} L i_L^2 = \dfrac{1}{2} \phi_L i_L = \dfrac{\phi_L^2}{2L}, \\[2mm]
W_C = \dfrac{1}{2} C v_C^2 = \dfrac{1}{2} q_C v_C = \dfrac{q_C^2}{2C}.
\end{cases}
\tag{E.3.1}
$$

3. 磁耦合电路

磁耦合电路由两个磁感应器组成, 它们绕一个磁铁相互感应, 它们又有各自的电源或负载形成磁耦合电路.

(1) 两个磁感应器分别记为 L_1, L_2, 它们的磁感应量由它们绕磁铁的圈数确定. 由此产生的互感量为 $M = k\sqrt{L_1 L_2}$, 其中 k 是互感系数.

(2) 如果 L_1, L_2 分别是直接连接电源和负载的磁感应器, 那么它们的磁感应电动势由方程式

$$
\begin{cases}
\dfrac{dv_1}{dt} = L_1 \dfrac{di_1}{dt} - M \dfrac{di_2}{dt}, \\[2mm]
\dfrac{dv_2}{dt} = M \dfrac{di_1}{dt} - L_2 \dfrac{di_2}{dt}
\end{cases}
\tag{E.3.2}
$$

表示.

(3) 一个理想变压器的互感系数 $k = 1$, 这时该变压器没有漏磁现象. 它们的磁感应电动势成比例关系

$$
\frac{v_1}{v_2} = \frac{N_2}{N_1} = \alpha,
\tag{E.3.3}
$$

其中 N_1, N_2 分别是变压器磁铁两端的线圈数目. 这时 α 是固定的比例系数.

(4) 由此得到, 该变压器的电流强度关系是

$$
\frac{i_1}{i_2} = \frac{N_1}{N_2} = \frac{1}{\alpha}.
\tag{E.3.4}
$$

4. 基尔霍夫定律

在电子线路中, 存在两个基本定律, **基尔霍夫电压定律**和**基尔霍夫电流定律**.

(1) 在一个电子网络线路中, 如果 $a_k(k=1,2,\cdots,m)$ 是该线路中的若干点, $v_k(k=1,2,\cdots,m)$ 分别是这些点上的电势值, 那么有**基尔霍夫电压定律**成立.

如果 $a_k(k=1,2,\cdots,m)$ 形成一个回路, 那么有关系式 $\sum_{k=1}^{m} v_k = 0$ 成立.

(2) 在一个电子网络线路中, 如果 $i_k(k=1,2,\cdots,m)$ 是在任何一个节点上流入该点的电流值. 那么有**基尔霍夫电流定律** 成立. 如果 $i_k(k=1,2,\cdots,m)$ 是电路中某固定点上的电流值, 那么就有关系式 $\sum_{k=1}^{m} i_k = 0$ 成立.

5. 由基尔霍夫定律产生的节点分析法理论

在电子线路中, 已经给出了它们的回路和节点的定义, 以及相应的基尔霍夫定律. 由此可以讨论它们的运动问题.

6. 对图 E.3.1 的说明

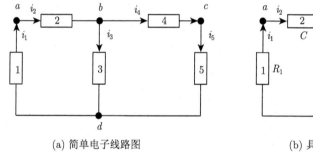

(a) 简单电子线路图　　　　　　　(b) 具有确定元件的电子线路图

图 E.3.1

(1) 该图由 (a), (b) 两个子图组成, 其中 (a) 图是一个简单电子线路图. (b) 图是一个具有确定元件的电子线路图.

(2) 在 (a) 图中, 它有 4 个节点 a,b,c,d; 5 个元件 1, 2, 3, 4, 5. 这 5 个元件可以是不同的电子元件. 如在图 E.3.1(b) 中, 它们可分别取为 R_1, C, R_2, L, R_3.

(3) 由基尔霍夫定律产生的节点分析法理论, 可以建立它们的电流方程是

$$\begin{cases} 节点a: i_1 - i_2 = 0, \\ 节点b: i_2 - i_3 - i_4 = 0, \\ 节点c: i_4 - i_5 = 0, \\ 节点d: i_3 + i_5 - i_1 = 0. \end{cases} \tag{E.3.5}$$

(4) 如果在图 E.3.1 中, 对每个元件给出它们的类型, 就可得到它们的方程组.

7. 关于节点分析法的讨论

(1) 图 E.3.1 是一个 4 节点、5 元件的网络. 每个元件有一个电流值, 它们是 $i_1, \cdots, i_5$.

(2) 这 5 个电流值满足 4 个节点的基尔霍夫电流定律. 因此, 在这 5 个电流值中, 只有一个电流变量是独立的. 这个独立的电流变量控制整个线路中所有点的电流状况.

(3) 独立电流变量的计算公式是 $N_n = N_j - N_b$, 其中 N_n, N_j, N_b 分别是线路中的独立变量数、所有电流变量数和回路中的节点数. 在有多回路的网络中, 对这些变量数有一定的计算方法, 我们在此不作详细讨论.

E.3.2　对偶电路

对于电子线路, 我们已经给出了它们的点、线网络关系图及有关电子学中的一些基本规则, 如基尔霍夫定律等. 现在就可讨论这些电路中的性质.

对偶元件和对偶电路

基尔霍夫定律给出了电流和电压的关系方程, 因此在电流和电压之间存在相似的对偶关系. 故先讨论有关这种具有相似的对偶关系电路.

规则 E.3.1(对偶电路中的线路和元件分布的对偶规则)　在对偶电路中, 首先是要确定其中的对偶元件, 对此可以列表说明如表 E.3.3 所示.

表 E.3.3　对偶元件表

系统类型	回路和节点	元件 1	元件 2	元件 3	元件 4
回路系统	包含几个元件的回路	电压源	电感	电阻	电容
节点系统	连接几个元件的节点	电流源	电容	电导	电感

在两个不同的电子线路中, 如果它们的电子元件都是对偶元件, 那么称这两个图是对偶线路图.

这里关于回路和节点的对偶关系是并联和串联的关系.

在一个回路系统中, 如果它所包含的几个元件呈串联关系时, 那么相应节点系统中的几个元件呈并联关系. 这个回路线路和这个串联线路呈对偶关系.

如果一个回路线路和另一个串联线路呈对偶关系, 而且其中相应的元件是对偶元件, 那么这两个电子线路呈对偶线路.

E.3.3　等效系统和相似系统

在网络系统中, 存在**等效系统**和**相似系统**的概念. 例如, 在电子线路中存在等效性或相似性等关系, 这些特性的存在使我们对电子线路的研究和分析进行简化或替代, 对电子线路的研究作统一的表述或运行.

在本小节中, 对这些系统进行说明和讨论.

1. 等效系统

以电子线路为例, 讨论这种等效系统的理论.

(1) 分别记 $\bar{A} = \{A_1, A_2, \cdots, A_m\}$, $\bar{B} = \{B_1, B_2, \cdots, B_n\}$ 是两个电子元件, 记 $\mathcal{L}_A = \mathcal{L}(\bar{A}), \mathcal{L}_B = \mathcal{L}(\bar{B})$ 是由这些元件形成的电子线路.

(2) 称 $\mathcal{L}_A, \mathcal{L}_B$ 是两个等效线路, 如果当这两个电子线路具有相同输入信号时, 就具有相同输出信号.

电子线路的输入信号和输出信号可以作广义的理解, 如多重的电流或电压函数等.

(3) 在等效的电子线路中, 最典型的例子是等效电阻线路.

关于电阻元件的记号分别是 $R_1, R_2, \cdots, R_m$, 它们在形成电子线路时, 有串联或并联等区分.

如果记 $\mathcal{L}_c$ 是这些电阻的一个串联线路, $\mathcal{L}_c = \{R_1 - R_2 - \cdots - A_m\}$, 那么该线路所形成的电阻值是 $R_c = R_1 + R_2 + \cdots + R_m$.

如果记 $\mathcal{L}'_c$ 是一个具有电阻 R_c 的电子线路, 那么 $\mathcal{L}'_c$ 和 $\mathcal{L}_c$ 是两个等效电路.

(4) 对这些电阻元件, 同样可以构造它们的并联电子线路, 并同样可以构造它们的等效线路.

2. 等效线路的作图法

对这些电阻元件, 同样可以构造它们的串联和并联的混合电子线路, 并同样可以构造它们的等效线路.

(1) 称这种串联和并联的混合电阻电子线路的等效线路为混合电阻电子等效线路.

(2) 混合电阻电子等效线路可以通过相应的作图法来形成混合电阻的等效线路. 这种作图法可以通过串联和并联的等效线路, 将它们进行合并和简化最后形成混合电阻电子等效线路.

(3) 同样的办法, 可对其他电子元件, 如电容、电感、电源等进行等效线路的简化. 由此形成多元件的、串联并联混合的综合性的电子等效线路.

等效线路最终所要达到的目的是在保持输入、输出关系不变的条件下简化电子线路.

等效线路的理论和方法同样可以推广到一般的网络系统, 对此我们不再详细讨论.

3. 相似系统

一个网络系统一般具有输入、输出和运算三大要素.

(1) 输入、输出信号一般可以通过向量函数进行表示,

$$\begin{cases} x^m(t) = [x_1(t), x_2(t), \cdots, x_m(t)], \\ y^n(t) = [y_1(t), y_2(t), \cdots, y_n(t)], \end{cases} \quad t \in T. \quad \text{(E.3.6)}$$

它们所在的相空间分别是 X^m, Y^n 或 X_T^m, Y_T^n.

(2) 系统中的运算就是输入、输出信号之间的变换运算, 即 $X^m \to Y^n$ 或 $X_T^m \to Y_T^n$ 之间的映射.

(3) 记这种映射为 $y_T^n = A(x_T^m)$, 其中 A 是函数空间之间的运算子. 它们可以是简单的变换运算, 也可以是微分或积分的变换运算.

(4) 相似系统的概念是指在不同的网络系统中, 输入、输出信号具有相同的结构形式 (X^m, Y^n 空间同构), 但它们的物理含义可以不同.

相似系统中的运算子 A 具有相同的表达方式.

E.3.4 机、电相似系统

在机械、电子系统中存在多种相似系统. 如机、电系统中的相似系统.

在机、电系统中, 一些物理量具有相似的运动关系. 由此形成不同类型的相似系统. 见表 E.3.4.

表 E.3.4   平移和旋转运动, 机、电相似系统中对应的物理量表

平移 (机械) 运动	旋转运动	电子运动
力, f	力矩, r	电压, v
加速度, a	角加速度, α	
速度, u	角速度, ω	电流, i
位移, x	角位移, θ	电荷, q
质量, m	惯性矩, J_θ	电感, L
阻尼系数, D	旋转阻尼系数, D_θ	电阻, R
弹性系数, K	扭转弹性系数, K_θ	电容, C

在这些物理量之间存在对应的运动方程, 由此形成相应的相似系统, 对此我们不再详细说明.

附录 F　正交变换理论

我们已经说明, 正交变换理论是数学、数据科学中的重要组成部分, 它是对数据进行简化、分类和范化处理的理论基础, 因此它已归成一个巨大的理论体系和许多应用的内容, 在本书的附录 A 中, 我们已给出一些关于积分变换的理论和性质, 现在继续对这些问题进行讨论和介绍.

F.1　正交变换理论概述

我们已经说明, 将在积分变换理论的基础上, 继续对其中的问题进行讨论, 所涉及问题如正交函数系的理论基础, 其中包括它们的形成过程、重要的正交函数系、它们的应用特征和范围等. 我们先对这些理论和性质作初步的讨论和介绍.

F.1.1　形成正交变换函数系的理论基础

正交变换函数系的理论基础是希氏空间理论, 对该空间的内容和记号我们讨论如下.

1. 希氏空间的定义和记号

关于希氏空间的概述如下.

希氏空间的一般记号用 $\mathcal{H}$ 表示, 其中的常用空间

$$
\begin{cases}
L^2(a,b) & \text{是区间 } (a,b) \text{ 上的全体平方、可积函数, 它的元是 } f(x), x \in (a,b), \\
\ell^2(F_0) & \text{是集合 } F_0 \text{ 上的全体平方收敛序列, 它的元是 } x_{F_0} = \{x_0, x_1, \cdots\}.
\end{cases}
\tag{F.1.1}
$$

在 $L^2(a,b), \ell^2(F_0)$ 空间中, 它们的内积定义为

$$
\begin{cases}
\langle f, g \rangle = \displaystyle\int_a^b f(x)g(x)dx, \\
\langle x_F, y_F \rangle = \displaystyle\sum_{i \in F} x_i y_i.
\end{cases}
\tag{F.1.2}
$$

为了简单起见, 以下都在 $L^2(a,b)$ 空间中讨论, 有关结论和记号在其他希氏空间中同样适用.

以下记 $f, g, r, e_0, e_1, e_2, \cdots$ 分别是 $L^2(a,b)$ 空间中的函数, 由此定义如下.

定义 F.1.1 (正交函数系的定义)　　如果 $e^\infty = \{e_0, e_1, e_2, \cdots\}$ 是 $L^2(a,b)$ 空间中的一函数序列, 由此定义

(1) 称 e^∞ 是一正交系, 如果对任何 $i \neq j \in F_0$, 有 $\langle e_i, e_j \rangle = 0$ 成立.

(2) 称 e^∞ 是一标准正交系 (或基), 如果 e^∞ 是一正交系, 而且对任何 $i \in F_0$, 有 $\langle e_i, e_i \rangle = 1$ 成立.

(3) 称 e^∞ 是一完备标准正交系 (或完备基), 如果 e^∞ 是一标准正交系, 而且对任何 $f \in L^2(a,b), \langle f, e_i \rangle = 0$, 对任何 $i \in F_0$ 成立, 那么必有 $f(x) = 0, x \in (a,b)$ 成立.

在任何希氏空间中, 完备标准正交系总存在, 而且由投影算子理论构造出它们的完备标准正交系. 对此我们在下文中做简单的说明.

2. 正交函数系的产生

对一个希氏空间 $\mathcal{H}$, 产生它的正交函数系如下.

算法步骤 F.1.1　　正交函数系产生的初始步骤

(1) 对函数 f, g, 记 $\| f \| = \langle f, f \rangle^{1/2}$ 为 f 的模.

(2) 如果 $f_1 \in \mathcal{H}, \| f_1 \| \neq 0$, 那么记 $e_1 = f_1 / \| f_1 \|$, 而且记

$$\mathcal{H}_1 = \{\alpha f_1, \alpha \in R\}.$$

这时 $\mathcal{H}_1$ 是 $\mathcal{H}$ 的一个希氏子空间.

算法步骤 F.1.2　　正交函数系产生的递推构造步骤.

如果 $\mathcal{H}_n$ 是 $\mathcal{H}$ 的一个希氏子空间, $e^n = \{e_1, e_2, \cdots, e_n\}$ 是 $\mathcal{H}_n$ 中的一组完备、标准、正交系. 那么有以下情况发生.

如果 $\mathcal{H}_n = \mathcal{H}$, 那么 $\mathcal{H}_n$ 中的 e^n 就是 $\mathcal{H}$ 的一个完备基.

如果 $\mathcal{H}_n \neq \mathcal{H}$, 那么必有一个 $f \in \mathcal{H} - \mathcal{H}_n$, 这时记 $f = f^\| + f^\perp$, 其中 $f^\| \| \mathcal{H}_n, f^\perp \perp \mathcal{H}_n$.

由此构造 $e_{n+1} = \dfrac{f^\perp}{\| f^\perp \|}$. 这时

$$e^{n+1} = \{e^n, e_{n+1}\} = \{e_1, e_2, \cdots, e_n, e_{n+1}\}$$

是一组正交基.

以此类推, 可以构造一系列的 $e^n, n = 1, 2, \cdots$, 其中每个 e^n 是 $\mathcal{H}$ 的一组正交基. 而且由希氏空间中完备标准正交基的存在性定理, 就可得到 $\mathcal{H}$ 空间的一个完备基.

这个算法就是著名的希氏空间的 Gram-Schmidt 正交化运算步骤.

3. 正交函数系产生的运算公式

在希氏空间中, 由函数的线性无关组产生正交基的运算过程. Gram-Schmidt 运算给出了它们的正交化的运算步骤, 现在用统一的运算公式进行计算.

记 $\phi^n(x) = \{\phi_0(x), \phi_2(x), \cdots, \phi_{n-1}(x)\}$ 是一 $\mathcal{H}$ 空间中线性无关的函数组. 我们也可把它看作一个函数向量.

如果 $\phi_i(x), \phi_j(x) \in \phi^n(x)$, 那么记 $B_{i,j} = B_{i,j}(x) = \langle \phi_i(x), \phi_j(x) \rangle$ 是这两个函数的内积.

记 $\psi_0(x) = \phi_0(x)$, 而当 $j > 0$ 时, 取

$$\psi_j(x) = \begin{vmatrix} B_{0,0} & B_{0,1} & \cdots & B_{0,j-1} & \phi_0(x) \\ B_{1,0} & B_{1,1} & \cdots & B_{1,j-1} & \phi_1(x) \\ B_{2,0} & B_{2,1} & \cdots & B_{2,j-1} & \phi_2(x) \\ \vdots & \vdots & & \vdots & \vdots \\ B_{j,0} & B_{j,1} & \cdots & B_{j,j-1} & \phi_j(x) \end{vmatrix}. \tag{F.1.3}$$

如果用 $\psi_k(x)$ 乘 (F.1.3) 式的两端, 并作积分运算, 就可得到关系式

$$\langle \psi_j, \phi_k \rangle = \begin{cases} 0, & j \neq k, \\ G_j, & \text{否则}, \end{cases} \tag{F.1.4}$$

其中 G_j 就是 (F.1.3) 式右边行列式的值.

这时把 (F.1.3) 式展开就得到关系式

$$\psi_j(x) = \alpha_0 \phi_0 + \alpha_1 \phi_1 + \cdots + \alpha_{j-1} \phi_{j-1} + G_{j-1} \phi_j. \tag{F.1.5}$$

因此有 $\langle \psi_j, \psi_k \rangle = \begin{cases} 0, & j \neq k, \\ G_{j-1} G_j, & \text{否则}. \end{cases}$

由此得到函数系 $\psi^n(x) = \{\psi_0(x), \psi_2(x), \cdots, \psi_{n-1}(x)\}$ 是一个正交函数系, 通过归一化运算就可成为基.

F.1.2 若干重要的正交变换函数系

我们现在对若干重要的正交变换函数系进行讨论, 在本书的附录 A 中, 我们已经给出几种典型的函数变换理论, 现在继续对这些变换进行讨论.

1. 正交多项式理论

在正交变换理论中, 正交多项式理论是其中的经典理论和方法, 一些典型的正交变换函数有

$$\begin{cases} \text{拉格朗日 (Lagrange) 多项式} \quad \text{简称拉氏多项式,} \\ \text{切比雪夫 (Chebyshev) 多项式} \quad \text{简称切氏多项式,} \\ \text{拉盖尔 (Laguerre) 多项式} \qquad \text{简称拉盖氏多项式,} \\ \text{埃尔米特 (Hermite) 多项式} \qquad \text{简称埃氏多项式,} \\ \text{雅可比 (Jacobi) 多项式} \qquad \text{简称雅氏多项式.} \end{cases} \tag{F.1.6}$$

这些多项式在微分方程、函数逼近等理论中都十分有用, 我们概述它们的构造定义和性质.

2. 拉氏多项式

Lagrange 多项式是由 Lagrange 于 1785 年提出的, 该函数系的定义是

$$1, x, x^2, \cdots, x^n, \cdots, \quad x \in [-1, 1]. \tag{F.1.7}$$

对该函数系采用希氏空间的 Gram-Schmidt 正交化的运算步骤得到多项式

$$P_0(x) = 1, \quad P_n(x) = \frac{1}{2^n n!} \frac{d^n}{dx^n} (x^2 - 1)^n, \quad n = 1, 2, \cdots, \tag{F.1.8}$$

其中 $\dfrac{d^n}{dx^n}$ 是 n 阶导数的运算. 因此有

$$P_n(x) = \frac{1}{2^n n!} (2n)(2n-1) \cdots (n+1) x^n + Q_{n-1}(x), \tag{F.1.9}$$

其中 $Q_{n-1}(x)$ 是一个 $n-1$ 次多项式.

由此得到, Lagrange 多项式的函数系为

$$\begin{cases} P_2(x) = \dfrac{1}{2}(3x^2 - 1), \\ P_3(x) = \dfrac{1}{2}(5x^3 - 3x), \\ P_4(x) = \dfrac{1}{8}(35x^4 - 30x^2 + 3), \end{cases} \qquad \begin{cases} P_5(x) = \dfrac{1}{8}(63x^5 - 70x^3 + 15x), \\ P_6(x) = \dfrac{1}{16}(231x^6 - 315x^4 + 105x^2 - 5), \\ \qquad \cdots\cdots \end{cases}$$
$$\tag{F.1.10}$$

函数系的正交关系为

$$\langle P_n(x), P_m(x) \rangle = \begin{cases} 0, & n \neq m, \\ \dfrac{2}{2n+1}, & n = m. \end{cases} \tag{F.1.11}$$

奇偶性和递推关系中, 奇偶性是

$$P_n(-x) = (-1)^n P_n(x), \quad n = 0, 1, 2, \cdots. \tag{F.1.12}$$

递推关系是 $p_0(x) = 1, P_1(x) = x$, 而

$$(k+1)P_{k+1}(x) = (2k+1)xP_k(x) - kP_{k-1}(x), \quad n = 1, 2, \cdots. \tag{F.1.13}$$

3. 第一类切比雪夫多项式

俄国数学家切比雪夫给出的多项式序列是

$$T_n(x) = \cos(n\arccos x), \quad n = 0, 1, 2, \cdots, \quad x \in [-1, 1]. \tag{F.1.14}$$

在此函数序列中, 如取 $\cos\theta = x$, 那么该多项式序列是

$$T_n(x) = \cos(n\theta), \quad n = 0, 1, 2, \cdots, \quad \theta \in [0, \pi]. \tag{F.1.15}$$

由此得到, 第一类切比雪夫多项式有

$$\begin{cases} T_0(x) = \cos 0 = 1, \\ T_1(x) = \cos\theta = x, \\ T_2(x) = \cos 2\theta = 2x^2 - 1, \\ T_3(x) = \cos 3\theta = 4x^3 - 3x, \end{cases} \begin{cases} T_4(x) = \cos 4\theta = 8x^4 - 8x^2 + 1, \\ T_5(x) = \cos 5\theta = 16x^5 - 20x^3 + 5x, \\ T_6(x) = \cos 6\theta = 32x^6 - 48x^4 + 12x^2, \\ \cdots\cdots \end{cases} \tag{F.1.16}$$

第一类切比雪夫多项式的重要性质有

(1) **正交性**　第一类切比雪夫多项式是带权函数 $\rho(x) = \dfrac{1}{\sqrt{1-x^2}}$ 的正交序列, 即

$$\int_1^1 T_m(x)T_n(x)\rho(x)dx = \begin{cases} \pi, & m = n = 0, \\ \pi/2, & m = n \neq 0, \\ 0, & m \neq n. \end{cases} \tag{F.1.17}$$

(2) **奇偶性**

$$T_n(-x) = (-1)^n T_n(x), \quad n = 0, 1, 2, \cdots, \quad \theta \in [0, \pi]. \tag{F.1.18}$$

(3) **递推关系**

$$T_0(x) = 1, \quad T_1(x) = x$$

及

$$T_{k+1}(x) = 2xT_k(x) - T_{k-1}(x), \quad k = 1, 2, \cdots. \tag{F.1.19}$$

(4) **零点性质** $T_n(x)$ 在 $[-1, 1]$ 中有 n 个不同的零点, 它们分别是

$$x_k = \cos\frac{(2k-1)\pi}{2n}, \quad k = 1, 2, \cdots, n. \tag{F.1.20}$$

(5) **交叉点数目** 相邻的两个点, 它们分别取 $T_n(x)$ 的最大值 1 和最小值 -1, 那么称这两个点是交叉点.

$T_n(x)$ 在 $[-1, 1]$ 中有 $n+1$ 个不同的交叉零点, 它们分别是

$$x_k^* = \cos\frac{k\pi}{n}, \quad k = 0, 1, 2, \cdots, n. \tag{F.1.21}$$

4. 第二类切比雪夫多项式

第二类切比雪夫多项式的定义是

$$U_n(x) = \frac{\sin[(n+1)\arccos x]}{\sqrt{1-x^2}}, \quad n = 0, 1, 2, \cdots, \quad x \in [-1, 1]. \tag{F.1.22}$$

第二类切比雪夫多项式的重要性质有

(1) **正交性** 第二类切比雪夫多项式是带权函数 $\rho(x) = \dfrac{1}{\sqrt{1-x^2}}$ 的正交序列, 即

$$\int_1^1 U_m(x)U_n(x)\rho(x)dx = \begin{cases} \pi/2, & m = n, \\ 0, & m \neq n. \end{cases} \tag{F.1.23}$$

(2) **递推关系** $U_0(x) = 1, U_1(x) = 2x$ 及

$$U_{k+1}(x) = 2xU_k(x) - U_{k-1}(x), \quad k = 1, 2, \cdots. \tag{F.1.24}$$

5. 拉盖尔多项式

拉盖尔多项式的定义是

$$L_n(x) = e^x \frac{d^n(x^n e^{-x})}{dx^n}, \quad n = 0, 1, 2, \cdots, \quad x \in R_0 = [0, \infty). \tag{F.1.25}$$

它的重要性质有

(1) **正交性** 拉盖尔多项式是带权函数 $\rho(x) = \dfrac{1}{\sqrt{1-x^2}}$ 的正交序列, 即

$$\int_1^1 L_m(x)L_n(x)\rho(x)dx = \begin{cases} \pi/2, & m = n, \\ 0, & m \neq n. \end{cases} \tag{F.1.26}$$

(2) **递推关系** $L_0(x) = 1, L_1(x) = 1 - x$ 及

$$L_{k+1}(x) = (1 + 2k - x)L_k(x) - k^2 L_{k-1}(x), \quad k = 1, 2, \cdots. \tag{F.1.27}$$

6. 埃尔米特多项式

埃尔米特多项式的定义是

$$H_n(x) = (-1)^n e^{x^2} \frac{d^n(e^{-x^2})}{dx^n}, \quad n = 0, 1, 2, \cdots, \quad x \in R = (-\infty, \infty). \tag{F.1.28}$$

它的重要性质有

(1) **正交性** 埃尔米特多项式是带权函数 $\rho(x) = e^{-x^2}$ 的正交序列, 即

$$\int_R H_m(x)H_n(x)\rho(x)dx = \begin{cases} 2^n n! \sqrt{\pi}, & m = n, \\ 0, & m \neq n. \end{cases} \tag{F.1.29}$$

(2) **递推关系** $H_0(x) = 1, H_1(x) = 2x$ 及

$$H_{k+1}(x) = 2xH_k(x) - 2kL_{k-1}(x), \quad k = 1, 2, \cdots. \tag{F.1.30}$$

7. 雅可比多项式

雅可比多项式的定义是

$$P_n^{\alpha,\beta}(x) = 2^{-n} \sum_{j=1}^n \binom{n+\alpha}{j} \binom{n+\beta}{n-j} (x-1)^{n-j}(x+1)^j,$$

$$n = 0, 1, 2, \cdots, \quad x \in [-1, 1], \tag{F.1.31}$$

其中 $\alpha, \beta > -1$. 这是带权函数 $\rho(x) = (1-x)^{\alpha(1+x)^\beta}$ 的正交序列.

关于雅可比多项式还有其他许多重要性质, 如在 $\alpha = \beta = 0$ 时, 它就是拉格朗日多项式.

在 $\alpha = \beta = -1/2$ 时, 它就是第一类切比雪夫多项式.

在 $\alpha = \beta = 1/2$ 时, 它就是第二类切比雪夫多项式.

对这些性质我们不再详细讨论.

F.2 傅氏变换理论和性质的补充

在本书的附录 A 中, 我们已经给出了傅氏变换的多种理论和性质, 因为这种变换在图像和信号处理的理论和应用中有重要意义, 因此我们在此作进一步的补充讨论和介绍.

F.2.1 傅氏级数

简称傅氏变换的几种不同形式我们已在本书的附录 A 中给出, 它们都可以写成级数的形式.

1. 傅氏级数的形式和关系

记 $f(t)$ 是一个周期为 T 的周期函数, 那么记正交系、标准正交系、完备标准正交系的定义, 对此有以下推广.

(1) 关于定义域 $D = (a, b)$ 的推广. 如果把 (A.2.3) 式中的傅氏变换写成级数的形式, 那么它们是

$$
\begin{cases}
f(t) = A_0 + \sum_{n=0}^{\infty} A_n \sin(n\omega t + \theta_n), \\
f(t) = \dfrac{a_0}{2} + \sum_{n=0}^{\infty} [a_n \cos(n\omega t) + b_n \sin(n\omega t + \theta_n)], \\
f(t) = \sum_{n=-\infty}^{\infty} C_n e^{jn\omega t}.
\end{cases}
\tag{F.2.1}
$$

这时称 (F.2.1) 式中的三种级数分别是傅氏正弦级数、傅氏三角级数和傅氏指数级数.

(2) 在 (F.2.1) 式中的 A_n, a_n, b_n, C_n 都是傅氏级数中的展开系数, 它们的公式分别是

$$
\begin{cases}
a_n = \dfrac{2}{T} \int_{-T/2}^{T/2} f(t) \cos(n\omega t) dt, \\
b_n = \dfrac{2}{T} \int_{-T/2}^{T/2} f(t) \sin(n\omega t) dt, \\
C_n = \dfrac{1}{T} \int_{-T/2}^{T/2} f(t) e^{-jn\omega t} dt.
\end{cases}
\tag{F.2.2}
$$

(3) 由此得到, 在 (F.2.2) 式中的这些展开系数可以相互转换, 它们的转换计算公式如表 F.2.1 所示.

表 F.2.1　傅氏级数中有关系数的关系表

$A_0 = \dfrac{a_0}{2}$	$a_0 = 2A_0$	$A_n = \sqrt{a_n^2 + b_n^2}$	$\tan\theta_n = \dfrac{a_n}{b_n}$
$b_n = A_n\cos(\theta_n)$	$a_n = A_n\sin(\theta_n)$	$C_0 = \dfrac{a_0}{2}$	$a_0 = 2C_0$
$C_n = \dfrac{1}{2}(a_n - jb_n)$	$C_{-n} = C_n^* = \dfrac{1}{2}(a_n + jb_n)$	$a_n = C_n + C_{-n}$	$b_n = j(C_n - C_{-n})$

注: C^* 是 C 的共轭复数, $|C|$ 是复数 C 的模.

(4) 在复数的记号中, 如果记 $C_n = |C_n|e^{j\varphi}$, 那么这些系数就有关系式

$$A_0 = C_0, \quad A_n = 2|C_n|, \quad \theta_n = -\cot\varphi_n, \tag{F.2.3}$$

其中 $n = 1, 2, 3, \cdots$.

2. 周期信号的频谱分析

我们已经给出周期函数 $f(t)$ 中的周期 T 和它所对应的基频 $\omega = \dfrac{2\pi}{T}$ 的定义.

所谓频谱分析就是讨论周期函数 $f(t)$ 和它的傅氏级数的关系分析. 以 (F.2.1) 中的傅氏指数级数为例讨论这种频谱分析.

(1) 如果 $f(t)$ 是一个周期为 T 的周期函数, 那么它的傅氏变换函数为

$$\begin{cases} F(\omega_n) = \displaystyle\int_{-T/2}^{T/2} f(t)e^{-j\omega_n t}dt, \\[2mm] \omega_n = n\omega = \dfrac{2n\pi}{T}, \quad n = 0, \pm1, \pm2, \cdots. \end{cases} \tag{F.2.4}$$

这时称 $F(\omega_n)$ 为 $f(t)$ 的振幅频谱密度函数 (简称振幅频谱).

(2) 当 $n = 1$ 时, 该振幅频谱为 $F(\omega)$, 这就是 $f(t)$ 的傅氏变换.

如果 $f(t)$ 是一个非周期函数, 那么它的傅氏变换仍可用 (F.2.4) 式表示, 这时取 $T = \infty$.

(3) 记 $F(\omega) = \mathcal{F}[f(t)]$ 就是它的傅氏变换运算. 关于傅氏变换运算的性质已经在公式 (A.2.13)—(A.2.18) 及表 A.2.1 给出, 在此不再重复.

F.2.2　傅氏变换的其他重要性质

关于傅氏变换, 除了本书附录 A 中的性质外, 还有其他重要性质如下.

1. 线性滤波系统

在信号处理中, 经常出现线性滤波系统的模型, 它们经常通过傅氏变换的形式给以表达.

(1) 在信号处理系统中, 经常出现的函数是 $f(t), g(t), h(t)$, 它们分别是系统中的输入、输出和脉冲响应函数.

(2) 在线性系统中, 它们的关系经常用卷积运算给以表示, 也就是 $g(t) = h * f(t) = \int_{-\infty}^{\infty} h(\tau)f(t-\tau)d\tau$.

(3) 这三种函数的傅氏变换函数分别是 $F(\omega), G(\omega), H(\omega)$. 它们之间满足关系式 $G(\omega) = H(\omega)F(\omega)$.

因此, 在线性的信号处理系统中, 由 $f(t), h(t)$ 确定它们的傅氏变换 $F(\omega), H(\omega)$ 和 $G(\omega) = H(\omega)F(\omega)$. 由此确定系统的输入信号函数 $g(t)$.

2. 采样定理

在信号处理系统中, 经常要把一个时间连续的函数 $f(t)(t \in R)$ 变成一个时间离散的序列, 这时可以由采样定理确定.

(1) 记 $f(t)$ 的傅氏变换函数为 $F(\omega)$, 称 ω_0 是该函数的截止角频率 (或限频), 也就是在 $|\omega| > \omega_0$ 时, $F(\omega) = 0$ 成立.

(2) 取 $\Delta t \leqslant \dfrac{2\pi}{\omega_0}$ 为抽样时间间隔.

(3) 由此确定 $f(t)$ 的抽样函数序列为 $\bar{f}_{\Delta t} = f(n\Delta t), n = 0, \pm 1, \pm 2, \cdots$.

(4) 如果 $f(t)$ 的抽样函数序列 $\bar{f}_{\Delta t}$ 中的值确定, 那么就可确定 $f(t)$ 中其他点的值, 它们的计算公式是

$$f(t) = \sum_{n=-\infty}^{\infty} f(n\Delta t) \frac{\sin\left[\dfrac{\pi}{\Delta t}(t-n\Delta t)\right]}{\dfrac{\pi}{\Delta t}(t-n\Delta t)}. \tag{F.2.5}$$

F.2.3   离散 (或有限) 傅氏变换理论

我们已经给出了函数 $f(t)$ 在限频条件下的采样定理, 即这个时间连续的函数可以通过一个离散的序列 $\bar{f}_{\Delta t}$ 确定.

这种离散化的方法还有另一种途径——取样理论.

1. 周期函数的取样定理

记 $f(t)$ 是一个周期为 T 的周期函数. 它的傅氏系数为

$$C_n = \int_{-T/2}^{T/2} f(t) \exp\left[-jn\frac{2\pi}{T}\right] dt, \quad n = 0, \pm 1, \pm 2, \cdots. \tag{F.2.6}$$

如果存在一个正整数 N, 使 $C_n = 0$ 对任何 $n \geqslant N$ 成立. 这时称 f 是一个限项函数.

如果 $f(t)$ 是一个限项函数, 那么有以下关系式

$$f(t) = \sum_{k=-N+1}^{N-1} f\left(\frac{kT}{2N-1}\right) \frac{\sin\left[(2N-1)\dfrac{2\pi}{T}\left(t-\dfrac{kT}{2N-1}\right)\right]}{(2N-1)\sin\dfrac{\pi}{T}\left(t-\dfrac{kT}{2N-1}\right)}. \tag{F.2.7}$$

式 (F.2.7) 又可写成

$$
\begin{cases}
f\left(t - \dfrac{kT}{2N-1}\right) = \displaystyle\sum_{n=-N+1}^{N-1} C_n \exp\left(j\dfrac{2\pi kn}{2N-1}\right), \\[3mm]
C_n = \dfrac{1}{2N-1}\displaystyle\sum_{n=-N+1}^{N-1} f\left(t - \dfrac{kT}{2N-1}\right)\exp\left(-j\dfrac{2\pi kn}{2N-1}\right), \\[3mm]
k, n = 0, \pm1, \pm2, \cdots, \pm(n-1).
\end{cases} \tag{F.2.8}
$$

即 $f(t)$ 在满足限项条件下的取样函数. 在 $T = 2\pi$ 时, 式 (F.2.7) 还可简化为

$$
f(t) = \sum_{k=-N+1}^{N-1} f\left(\frac{kT}{2N-1}\right) \frac{\sin\left[\dfrac{1}{2}(2N-1)\left(t - \dfrac{2kT}{2N-1}\right)\right]}{(2N-1)\sin\left[\dfrac{1}{2}\left(t - \dfrac{2k\pi}{2N-1}\right)\right]}. \tag{F.2.9}
$$

2. 离散 (或有限) 傅氏变换

在采样定理中, 我们已经把一个时间连续的函数 $f(t)$ 变成一个时间离散的序列 $\bar{f}_{\Delta t}$. 式 (F.2.5) 给出了由这个离散序列确定 $f(t)$ 中其他点的值的计算公式.

(1) 记 $f(k) = f(k\Delta t), k = 0, 1, \cdots, N-1$ 是一个有限维向量. 取

$$
\begin{cases}
W_N = e^{-j\frac{2\pi}{N}}, \\[2mm]
F(l) = \displaystyle\sum_{k=0}^{N-1} f(k) W_N^{kl}, \quad l = 0, 1, \cdots, N-1,
\end{cases} \tag{F.2.10}
$$

称 $\bar{F} = \{F(l), l = 0, 1, \cdots, N-1\}$ 是一个 **离散傅氏变换** (简写为 DFT).

(2) DFT 的性质.

首先由 W_N 的定义可以得到 $\sum_{l=0}^{N-1} W_N^{lr} = \begin{cases} N, & r \text{ 是 } N \text{ 的整数倍}, \\ 0, & \text{否则}. \end{cases}$

(3) 由此得到

$$
\sum_{l=0}^{N-1} F(l) W_N^{-kl} = \sum_{l=0}^{N-1}\left[\frac{1}{N}\sum_{m=0}^{N-1} f(m) W_N^{lm}\right] W_N^{-kl}
$$

$$
= \sum_{m=0}^{N-1} f(m)\left[\frac{1}{N}\sum_{l=0}^{N-1} W_N^{lm}\right] W_N^{l(m-k)} = f(k). \tag{F.2.11}
$$

因此得到

$$
f(k) = \sum_{l=0}^{N-1} F(l) W_N^{-kl}, \quad k = 0, 1, \cdots, N-1 \tag{F.2.12}
$$

成立. 这就是**逆离散傅氏变换** (简写为 IDFT). 这时 F, f 是周期序列, 有关系式

$$F(mN + l) = F(l), \quad f(mN + k) = f(k) \tag{F.2.13}$$

对任何 $m = 0, \pm 1, \pm 2, \cdots$ 成立.

记 F_Z, f_Z 是两个周期序列, 它们分别是

$$\begin{cases} F_Z = F(l), & l \in T, \\ f_Z = f(k), & k \in T, \end{cases} \tag{F.2.14}$$

其中 $Z = \{0, \pm 1, \pm 2, \cdots\}$ 是全体整数的集合.

3. 离散 (或有限) 傅氏变换的表示

在周期序列 F_Z, f_Z 中, 它们的单周期向量可分别写为

$$f_N = \begin{bmatrix} f(0) \\ f(1) \\ \vdots \\ f(N-1) \end{bmatrix}, \quad F_N = \begin{bmatrix} F(0) \\ F(1) \\ \vdots \\ F(N-1) \end{bmatrix}. \tag{F.2.15}$$

记

$$\Lambda_N = \begin{bmatrix} 1 & 1 & 1 & \cdots & 1 \\ 1 & W_N & W_N^2 & \cdots & W_N^{N-1} \\ \vdots & \vdots & \vdots & & \vdots \\ 1 & W_N^{N-1} & W_N^{2(N-1)} & \cdots & W_N^{(N-1)^2} \end{bmatrix}, \tag{F.2.16}$$

称 Λ_N 是**离散** (或有限) **傅氏变换的变换矩阵**.

4. 离散 (或有限) 傅氏变换的性质

我们已经给出 f_N, F_N, Λ_N 的定义, 现在就可讨论它们的性质.

(1) 变换关系. 这就是离散 (或有限) 傅氏变换的变换关系, 对此有

$$F_N = \frac{1}{N} \Lambda_N f_N, \quad f_N = \Lambda_N F_N \tag{F.2.17}$$

成立.

(2) 记 Λ_N^* 是 Λ_N 的共轭矩阵, 那么以下性质成立.

(i) Λ_N, Λ_N^* 都是对称矩阵.

(ii) $\Lambda_N \Lambda_N^* = \Lambda_N^* \Lambda_N = N I_N$, 其中 I_N 是 N 阶幺矩阵.

(iii) $\Lambda_N^{-1} = \frac{1}{B} \Lambda_N^*$ 是 Λ_N 的逆矩阵.

(iv) $\frac{1}{B} \Lambda_N, \frac{1}{B} \Lambda_N^*$ 都是酉矩阵.

F.2.4 重要定理

在离散 (或有限) 傅氏变换中, 有重要定理如下.

我们同样记周期序列为 $f_Z = \{f(k), k \in X\}$, 它们的离散傅氏变换为 $F_Z = \mathcal{F}(f_Z)$, 这时 $\mathcal{F}$ 是离散傅氏变换的运算子. 那么有以下定理成立.

1. 线性定理和平移定理

$F_Z = \mathcal{F}(f_Z)$ 是一个线性运算.

关于平移定理是指, 如果 $G_{Z,l} = \{d(k) = f(k+l), k \in X\}$, 其中 l 是一个固定的整数, 它的离散傅氏变换 $G_{Z,l} = \mathcal{F}(G_{Z,l})$. 那么它们满足关系式 $G_{Z,l} = W_N^{-l} F(l), l \in Z$.

2. 复共轭定理

有关系式 $F\left(\dfrac{N}{2} + l\right) = F^*\left(\dfrac{N}{2} - l\right)$ 成立.

3. 卷积定理

如果记 f_T, g_T, h_T 是三个周期为 N 的周期序列. g_T 是 h_T, f_T 的卷积, 这时

$$g(k) = h * f(k) = \frac{1}{N} \sum_{m=0}^{N-1} h(m) f(k-m), \quad k \in Z.$$

如果记 f_T, g_T, h_T 的离散傅氏变换分别是 F_T, G_T, H_T, 那么有关系式 $G(l) = h(l)f(l), l \in Z$ 成立.

4. 相关定理

如果记 f_T, g_T 是两个周期为 N 的周期序列.
取

$$b(k) = \frac{1}{N} \sum_{m=0}^{N-1} f^*(m) g(k+m) \quad (k \in Z) \tag{F.2.18}$$

是 f_T, g_T 的相关序列. 当 f_T, g_T 是相同或不同的序列时, 相应的相关序列又分别称为自相关序列和互相关序列.

这些序列的 DFT 分别记为 F_T, G_T, R_T. 那么它们满足关系式 $B(l) = F^*(l) G(l), l \in Z$.

如果 $f_T = g_T$, 那么它们的相关序列是自相关序列. 这时 $B(l) = F^*(l)G(l) = |F(l)|, l \in Z$.

这就是自相关序列的帕塞瓦尔等式, 有关系式 $R(l) = F^*(l)G(l) = |F(l)|$, $l \in Z$.

5. 谱序列

如果记 f_T 是周期为 N 的周期序列, 它的 DFT 是 F_T, 那么产生序列有

$$
\begin{cases}
F(l) = R(i) + jI(l), \\
P(l) = |F(i)|^2 = R^2(l) + I^2(l), \\
A(l) = |F(i)|, \\
\psi(l) = \arctan \dfrac{I(l)}{R(l)},
\end{cases} \tag{F.2.19}
$$

它们分别是 f_T 的 DFT、功率谱、幅度谱和相位谱.

F.2.5　二维离散傅氏变换 (二维 DFT)

1. 二维序列的 DFT

一个二维序列可用二维向量

$$
f_{T_1,T_2} = \{f(k_1, k_2), k_1 \in T_1, k_2 \in T_2\} \tag{F.2.20}
$$

表示, 其中 $T_\tau = \{0, 1, \cdots, N_\tau\}, \tau = 1, 2$.

由此产生谱函数 $W_\tau = \exp\left(-j\dfrac{2\pi}{N}\right), \tau = 1, 2$.

由此产生二维 DFT 为

$$
F(l_1, l_2) = \frac{1}{N_1 N_2} \sum_{k_1=1}^{N_1-1} \sum_{k_2=1}^{N_2-1} f(k_1, k_2) W_{N_1}^{k_1 l_1} W_{N_2}^{k_2 l_2}, \tag{F.2.21}
$$

$$
l_1 = 0, 1, 2, \cdots, N_1 - 1, \quad l_2 = 0, 1, 2, \cdots, N_2 - 1.
$$

记这个二维函数为 F_{T_1,T_2}, 它是 f_{T_1,T_2} 的二维 DFT.

和一维 DFT 相似, 它们的逆变换是

$$
f(k_1, k_2) = \sum_{l_1=1}^{N_1-1} \sum_{l_2=1}^{N_2-1} F(l_1, l_2) W_{N_1}^{-k_1 l_1} W_{N_2}^{-k_2 l_2}, \tag{F.2.22}
$$

$$
k_1 = 0, 1, 2, \cdots, N_1 - 1, \quad k_2 = 0, 1, 2, \cdots, N_2 - 1.
$$

称这个变换是二维函数 f_{T_1,T_2} 的逆二维 DFT (二维 IDFT).

2. 二维序列 DFT 的矩阵表示

对 (F.2.21), (F.2.22) 的变换式可用矩阵表示如下.

一个二维周期序列可用二维向量 $f(k_1, k_2)$ 表示, 它的 DFT $F(l_1, l_2)$ 也是一个二维向量 (或矩阵), 把它们记为

$$\begin{cases} f_{N_1, N_2} = [f(k_1, k_2)]_{N_1, N_2} = [f(k_1, k_2)]_{k_1=0,1,\cdots,N_1-1; k_2=0,1,\cdots,N_2-1}, \\ F_{N_1, N_2} = [F(l_1, l_2)]_{N_1, N_2} = [F(l_1, l_2)]_{l_1=0,1,\cdots,N_1-1; l_2=0,1,\cdots,N_2-1}. \end{cases} \quad \text{(F.2.23)}$$

离散傅氏变换的变换矩阵 Λ_N 如式 (F.2.16) 所记. 这时, 它们的变换关系是

$$\begin{cases} F_{N_1, N_2} = \dfrac{1}{N-1N_2} \Lambda_N f_{N_1, N_2} \Lambda_N, \\ f_{N_1, N_2} = \Lambda_N^* F_{N_1, N_2} \Lambda_N^*, \end{cases} \quad \text{(F.2.24)}$$

其中 Λ_N^* 是 Λ_N 的共轭矩阵. (F.2.24) 中的运算都是矩阵的运算.

记 $F_{N_1, N_2} = \mathcal{F}[f_{N_1, N_2}], f_{N_1, N_2} = \mathcal{F}^{-1}[F_{N_1, N_2}]$ 是相应的离散傅氏变换运算和离散傅氏变换的逆运算.

3. 二维序列 DFT 的性质

关于一维序列 DFT 的性质可以推广到二维情形, 如

(1) 线性定理. $\mathcal{F}(f_{N_1, N_2})$ 是一个线性运算.

(2) 平移定理. 如果记 $g_{j_1, j_2}(k_1, k_2) = f(k_1 + j_1, k_2 + j_2)$, 那么

$$G_{j_1, j_2}(l_1, l_2) = W_{N_1}^{j_1 l_1} W_{N_2}^{j_2 l_2} F(l_1, l_2), \quad \text{(F.2.25)}$$

其中 $G_{j_1, j_2}(l_1, l_2), F(l_1, l_2)$ 分别是 $g_{j_1, j_2}(l_1, l_2), f(l_1, l_2)$ 的二维 DFT.

(3) 复共轭定理. 如果 N_1, N_2 都是偶数, $f(k_1, k_2)$ 是实数, 那么

$$F_{N_1, N_2}(l_1, l_2) = F_{N_1, N_2}^*(N_1 - l_1, N_2 - l_2). \quad \text{(F.2.26)}$$

(4) 卷积定理. 称 $g_{N_1, N_2}(k_1, k_2)$ 是 $h_{N_1, N_2}(k_1, k_2), f_{N_1, N_2}(k_1, k_2)$ 的卷积, 如果有

$$g_{N_1, N_2}(k_1, k_2) = \frac{1}{N_1 N_2} \sum_{m_1=0}^{N_1-1} \sum_{m_2=0}^{N_2-1} h_{N_1, N_2}(m_1, m_2), f_{N_1, N_2}(m_1 k_1, m_2 k_2). \quad \text{(F.2.27)}$$

(5) 相关定理. 如果记 $f_{N_1, N_2}, g_{N_1, N_2}$ 是两个二维周期序列. 这时记

$$b(k_1, k_2) = \frac{1}{N_1 N_2} \sum_{m_1=0}^{N_1-1} \sum_{m_2=0}^{N_2-1} f^*(m_1, m_2) g(k_1 + m_1, k_2 + m_2) \ (k_1, k_2 \in Z) \quad \text{(F.2.28)}$$

是 $f_{N_1, N_2}, g_{N_1, N_2}$ 的相关序列. 当 $f_{N_1, N_2}, g_{N_1, N_2}$ 是相同或不同的序列时, 相应的相关序列又分别称为自相关序列和互相关序列.

(6) 二维的自相关序列的帕塞瓦尔等式是

$$\frac{1}{N_1 N_2} \sum_{m_1=0}^{N_1-1} \sum_{m_2=0}^{N_2-1} |f(m_1, m_2)|^2 = \sum_{l_1=0}^{N_1-1} \sum_{l_2=0}^{N_2-1} |F(l_1, l_2)|^2. \quad \text{(F.2.29)}$$

4. 二维序列的谱序列

如果 f_{N_1, N_2} 是周期为 (N_1, N_2) 的周期序列, 它的 DFT 是 F_{N_1, N_2}, 那么它的谱序列有

$$\begin{cases} F(l_1, l_2) = R(l_1, l_2) + jI(l_1, l_2), \\ P(l_1, l_2) = |F(l_1, l_2)|^2 = R^2(l_1, l_2) + I^2(l_1, l_2), \\ A(l_1, l_2) = |F(l_1, l_2)|, \\ \psi(l_1, l_2) = \arctan \dfrac{I(l_1, l_2)}{R(l_1, l_2)}, \end{cases} \tag{F.2.30}$$

它们分别是 f_{N_1, N_2} 的 DFT、功率谱、幅度谱和相位谱.

F.2.6   快速傅氏变换理论

快速傅氏变换是 DFT 的一种快速算法, 它的简称是 FFT. 它的算法类型有多种.

1. 对 FFT 的分析

为了简单起见, 在 DFT 模型下, 取 $N = 2^n$. 这时的 DFT 是计算

$$\tilde{F}(l) = \sum_{k=0}^{N-1} f(k) W_N^{kl}, \quad F(l) = \frac{1}{N} \tilde{F}(l) \quad (l = 0, 1, 2, \cdots, N-1) \tag{F.2.31}$$

的值.

式 (F.2.31) 的计算是对 $N - 1 = 2^n - 1$ 项的求和运算, 因此它的计算复杂度随 n 指数增长.

关于 FFT 采用递推算法, 使它的计算复杂度随 n 线性增长.

2. 时序型的 FFT

FFT 的算法类型有多种, 这里介绍时序型的 FFT 算法, 由此可以知道 FFT 的基本特征. 该算法步骤如下.

把向量 $f^N = (f_0^{N/2}, f_1^{N/2})$ 等分成前后两个向量, 相应的 DFT 分别记为

$$\tilde{F}_0(l), \tilde{F}_1(l), F_0(l), F_1(l), \quad l = 0, 1, 2, \cdots, N/2 - 1,$$

如果取 $\tau = 0, 1$, 那么

$$\begin{cases} \tilde{F}_\tau(l) = \displaystyle\sum_{k=0}^{N/2-1} f_\tau(k) W_{N/2}^{kl}, \\ F_\tau(l) = \dfrac{2}{N} \tilde{F}_\tau(l), \quad l = 0, 1, 2, \cdots, N/2 - 1. \end{cases} \tag{F.2.32}$$

这时 $\tilde{F}, \tilde{F}_\tau, \tau = 0, 1$ 之间存在关系式

$$\tilde{F}(l) = \sum_{m=0}^{N-1} f(m) W_N^{ml} = \sum_{m=0}^{N/2-1} f(m) W_N^{ml} + \sum_{m=N/2}^{N-1} f(m) W_N^{ml}$$

$$= \sum_{m=0}^{N/2-1} f_0(m) W_N^{ml} + \sum_{m=0}^{N/2-1} f_1(m) W_N^{(m+N/2)l}$$

$$= \sum_{m=0}^{N/2-1} f_0(m) W_N^{ml} + W_N^{Nl/2} \sum_{m=0}^{N/2-1} f_1(m) W_N^{ml}$$

$$= \tilde{F}_0(l) + W_N^l \tilde{F}_1(l), \quad l = 0, 1, 2, \cdots, N/2 - 1. \tag{F.2.33}$$

因为 $\tilde{F}_\tau(l), \tau = 0, 1$ 的周期都是 $N/2$, 所以得到

$$\tilde{F}(l) = \tilde{F}_0(l) + W_N^l \tilde{F}_1(l), \quad \tilde{F}(l + N/2) = \tilde{F}_0(l) - W_N^l \tilde{F}_1(l), \tag{F.2.34}$$

其中 $l = 0, 1, 2, \cdots, N/2 - 1$.

利用这种关系, 可以继续对 $\tilde{F}_\tau(l), \tau = 0, 1$ 进行计算, 由此得到

$$\begin{cases} \tilde{F}_\tau(l) = \tilde{F}_{\tau,0}(l) + W_{N/2}^l \tilde{F}_{\tau,1}(l), \\ \tilde{F}_\tau(l + N/4) = \tilde{F}_{\tau,0}(l) - W_{N/2}^l \tilde{F}_{\tau,1}(l), \end{cases} \tag{F.2.35}$$

其中 $\tau = 0, 1, l = 0, 1, 2, \cdots, N/4 - 1$.

由此可以知道, 该 FFT 算法可以分解成关于向量长度中信息位 n 的递推运算, 使它的计算复杂度降低成随 n 线性增长. 这就是 FFT 算法的核心思想.

关于 FFT 的算法类型还有多种, 对此我们不一一列举.

F.3 沃尔什正交函数系

我们已经给出了函数的积分变换、正交函数系和傅氏变换等系列理论, 在此基础上就可讨论有关离散正交函数系列的理论, 这些函数系同样具有正交性, 但它们的取值是离散的, 或是阶梯形的函数. 它们是正交函数理论中的重要组成部分.

在本节中, 先重点介绍沃尔什 (Walsh) 函数及和它有关的函数系列.

F.3.1 沃尔什函数系列

对离散正交变换函数, 先讨论沃尔什函数系列. 这是一种在二进制空间中取值的函数, 它们具有周期性、正交性等一系列性质. 这类函数结构十分简单, 它们在信号处理理论、NNS 计算理论中有特殊的意义.

在本小节中, 给出它的有关定义、概念、记号和性质.

1. 拉德马赫 (Rademacher) 函数系

对沃尔什函数系列的研究从拉德马赫函数系开始. 这是一类正交但不完备的函数系. 它的定义如下.

(1) 基本函数. $\phi_0(x) = \begin{cases} 1, & 0 \leqslant x < 1/2, \\ -1, & 1/2 \leqslant x < 1. \end{cases}$

(2) 函数的扩张. 由基本函数 ϕ_0 产生它的扩张系列函数

$$\begin{cases} \phi(x) = \phi_0(x), & 0 \leqslant x \leqslant 1, \\ \phi(x+1) = \phi(x), & \text{周期函数}, \\ \phi_n(x) = \phi_0(2^n x), & n = 1, 2, 3, \cdots. \end{cases} \tag{F.3.1}$$

因此 $\phi_n(x)$ 在整个 $R = (-\infty, \infty)$ 上有定义, 而且具有周期 $p = 1/2^n$. 称

$$\Phi = \{\phi_n(x), n = 1, 2, 3, \cdots\} \tag{F.3.2}$$

是一个拉德马赫函数系 (简称拉氏函数系).

2. 拉氏函数系的性质

(1) 基本性质. 对任何 $n = 1, 2, 3, \cdots$, 有以下关系式成立.

$$\begin{cases} \textbf{一致有界性} & |\phi_n(x)| \leqslant 1, \\ \textbf{周期性} & \phi_n(x + 2^{-n}) = \phi_n(x), \\ \textbf{可积性} & \displaystyle\int_0^1 \phi_n(x)dx < \infty, \\ \textbf{正交性} & \displaystyle\int_0^1 \phi_m(x)\phi_n(x)dx = 1 \text{ 或 } 0, \quad m = n, m \neq n. \end{cases} \tag{F.3.3}$$

(2) 我们已经给出数和小数表示式. 记 $0 \leqslant x < 1$, 那么它的表示式有广义序列、二元二进制序列的表示式, 而且已经定义它们的四则运算, 对此不再重复说明.

(3) 一致有界性是指 $\phi_n(x) = \pm 1$.

它的周期性是指 $\phi_n(x)$ 的周期是 2^{-n}. 因此 $\phi_n(x)$ 在 $[0,1]$ 上有 2^n 个周期 (这就是频率).

可积性是指具有关系式 $\begin{cases} \displaystyle\int_0^1 \phi_n(x)dx = 0, \\ \displaystyle\int_0^1 \phi_n^2(x)dx = 1 \end{cases}$ 对任何 $n = 1, 2, 3, \cdots$ 成立.

(4) $\phi_n(x)$ 是一个在区间 $[0,1]$ 内, 发生上下振荡的函数, 振荡的周期是 2^{-n}, 或振荡的频率是 2^n 次, 或在单位区间中, 发生振荡的次数是 2^n 次.

由此得到, 拉氏函数系的构造特征如下.

(1) $\phi_0(x)$ 函数在单位区间 $[0,1]$ 中发生一次振荡, 分别取值是 ± 1, 取值的长度是 $1/2$.

(2) $\phi_0(x)$ 函数可以扩张, 形成函数 $\phi(x)$, 该函数在这个 R 中有定义, 由此形成一个周期为单位长度的、振荡的取值是 ± 1、取值的长度是 $1/2$ 的函数.

(3) 由 $\phi(x)$ 函数产生函数 $\phi_n(x)$, 该函数在这个 R 中有定义, 由此形成一个周期为 2^{-n} 的、振荡的取值是 ± 1、取值的长度是 2^{-n-1} 的函数.

(4) 因此有 $\phi_{n+1}(x) = \phi_n(2x), x \in R$ 的函数. 这时 $\phi_{n+1}(x)$ 是 $\phi_n(x)$ 按比例缩紧的函数.

(5) 小数表示式. 记 $0 \leqslant x < 1$, 它的二进制小数表示式为

$$x = \sum_{\ell=1}^{\infty} \frac{x_\ell}{2^\ell}. \tag{F.3.4}$$

x 的二进制小数表示式又可写为 $x = 0.x_1 x_2 \cdots x_\ell \cdots$, 有关系式

$$\phi_n(x) = (-1)^{x_{n+1}}, \quad n = 0, 1, 2, \cdots \tag{F.3.5}$$

成立.

(6) 按位的加法公式. 如果 $0 \leqslant x, y < 1$, 那么有

(i) 它们的二进制小数表示式分别为 $\begin{cases} x = 0.x_1 x_2 \cdots x_\ell \cdots, \\ y = 0.y_1 y_2 \cdots y_\ell \cdots, \\ z = z_0.z_1 z_2 \cdots z_\ell \cdots. \end{cases}$

(ii) 记 $x \oplus y = z$, 它们的二进制按位的加法有 $z_i = x_i + y_i \pmod 2$.

(iii) $x \oplus y = z = 0.y_1 y_2 \cdots y_\ell \cdots$.

3. 沃尔什函数系的产生

容易验证, 拉德马赫函数系是不完备的, 如 $f(x) \equiv 1, 0 \leqslant x < 1, \int_0^1 \phi_n(x) dx = 0$ 对任何 $n = 1, 2, 3, \cdots$ 成立. 但 $f(x)$ 不是一个零值函数.

如果 $\int_0^1 \phi_n(x) dx = 0$ 对任何 $n = 1, 2, 3, \cdots$ 成立, 但 $f(x)$ 不是一个零值函数. 那么把这个函数 $f(x)$ 补充进去, 产生一组新的函数系. 如果它们形成一完备系时, 这就是沃尔什函数系.

F.3.2 沃尔什函数系的佩利排列

为了把沃尔什函数系按一定的规则排列出来, 可以将拉德马赫函数系重新组合运算、排列, 如佩利 (Paley) 排列.

1. 佩利函数系的表示

基本函数为
$$\begin{cases} \psi_0(x) = \phi_0^2(x) \equiv 1, \\ \psi_\tau(x) = \phi_\tau(x), \quad \tau = 0, 1, \\ \psi_3(x) = \phi_0(x)\phi_1(x). \end{cases}$$

讨论一般函数的佩利表示, 对任何正整数和它的二进制表示式为

$$n = a_0 + a_1 2 + a_2 2^2 + \cdots + a_k 2^k, \quad a^{(k+1)} = (a_0, a_1, a_2, \cdots, a_k) \in \{0, 1\}^{k+1}. \quad \text{(F.3.6)}$$

一般函数的佩利表示为

$$\psi_n(x) = [\phi_0(x)]^{a_0} [\phi_1(x)]^{a_1} \cdots [\phi_k(x)]^{a_k}. \quad \text{(F.3.7)}$$

在此一般函数的佩利表示式中, 有的 a_i 可能是零, 这时记

$$\begin{cases} n = 2^{n_1} + 2^{n_2} + \cdots + 2^{n_\ell}, \\ n_1 < n_2 < n_3 < \cdots < n_\ell. \end{cases} \quad \text{(F.3.8)}$$

式 (F.3.7) 中的 $\psi_n(x)$ 可以表示成

$$\psi_n(x) = \phi_{n_1}(x)\phi_{n_2}(x) \cdots \phi_{n_\ell}(x), \quad n = 1, 2, 3, \cdots. \quad \text{(F.3.9)}$$

记 $\Psi(x) = \{\psi_n(x), n = 1, 2, 3, \cdots\}$ 是一个佩利函数系.

2. 佩利函数系的性质

对任何 $n = 1, 2, 3, \cdots$, 有以下关系式成立.

$$\begin{cases} \text{一致有界性} \quad |\psi_n(x)| \leqslant 1, \\ \text{周期性} \quad \psi_n(x+1) = \psi_n(x), \\ \text{按位加法的性质} \quad \psi_n(x)\psi_n(y) = \psi_n(x \oplus y). \end{cases} \quad \text{(F.3.10)}$$

可积性是指有关系式
$$\begin{cases} \displaystyle\int_0^1 \psi_0(x)dx = 1, \\ \displaystyle\int_0^1 \psi_n(x)dx = 0, n \geqslant 1, \quad \text{成立.} \\ \displaystyle\int_0^1 \psi_n^2(x)dx = 1 \end{cases}$$

正交性是指有关系式 $\int_0^1 \psi_m(x)\psi_n(x)dx = 1$ 或 0 分别在 $m = n, m \neq n$ 时成立.

完备性　对任何 $f \in L[0, 1)$(可积函数), $n = 1, 2, 3, \cdots$, 有关系式 $\int_0^1 f(x) \cdot \psi_n(x)dx = 0$ 成立, 那么必有 $f(x) \equiv 0$ 成立.

利用这个完备性, 就可对任何可积函数作沃尔什函数系的分解运算.

F.3.3 沃尔什函数系的按列率排列

沃尔什函数系除了采用佩利函数系列的排列外, 还有其他的排列方式.

1. 列率

列率的概念是指信号函数在单位时间内, 符号发生改变的数量的一半. 例如, 正弦函数, 列率的概念就是函数的频率.

(1) 如果信号函数是一个连续函数, 那么列率的概念就是信号函数出现零点信号数的一半.

(2) 如果信号函数不是连续函数, 那么零点的概念就是一个虚拟数, 它就是信号函数的符号改变数. 这种计数方法简称为 Z.P.S. 数.

ϕ_n 和 ψ_n 的 Z.P.S. 数和列率数分别是 $2 \times 2^n, 2^n$.

2. 沃尔什函数系的按列率排列

沃尔什函数系按列率排列的记号为 $W_n(x)$, 对此定义如下.

(1) 取 $W_{-1}(x) \equiv W_0(x) \equiv 1$.

(2) 对一般 n 的二进制表示如式 (F.3.6) 所示. 取

$$W_n(x) = \prod_{r=0}^{k} [\phi_r(x)\phi_{r-1}(x)]^{a_r}. \tag{F.3.11}$$

(3) 如果 n 是式 (F.3.8) 的表示, 那么

$$W_n(x) = \prod_{r=1}^{k} [\phi_{n_r}(x)\phi_{n_r-1}(x)]. \tag{F.3.12}$$

3. 沃尔什函数系的 Gray 码表示

我们已经给出沃尔什函数系的按列率排列表示, 相应的函数 $W_n(x)$ 如式 (F.3.11) 所示.

在式 (F.3.11) 的表示式中, n 的二进制码是

$$\begin{cases} n = a_0 + a_1 2 + a_2 2^2 + \cdots + a_k 2^k, \\ a^{(k+1)} = (a_0, a_1, \cdots, a_k), \end{cases} \tag{F.3.13}$$

其中 $a^{(k+1)}$ 是 n 的二进制码.

由 (F.3.13) 式构造 n 的 $G(n) = g_0 + g_1 2 + g_2 2^2 + \cdots + g_k 2^k$ 如下.

$$\begin{cases} g_k = a_k, g_r = a_r \oplus a_{r+1}, \quad 0 \leqslant r < k, \\ g^{(k+1)} = (g_0, g_1, \cdots, g_k). \end{cases} \tag{F.3.14}$$

称 $g^{(k+1)}$ 是 $a^{(k+1)}$ 的 Gray 码, 称 $G(n)$ 是 $a^{(k+1)}$ 的 Gray 函数.

由 Gray 函数的定义可知, Gray 函数 $G(n)$ 是在整数中取值, 而且是个 1-1 映射.

由 Gray 函数、逆 Gray 函数的定义, 以及式 (F.3.12) 即可得到关系式

$$W_n(x) = \prod_{r=0}^{k}[\phi_r(x)]^{g_r}. \tag{F.3.15}$$

由此得到, 它们的关系式是

$$\psi_{G(n)}(x) = W_n(x), \quad \psi_n(x) = W_{G^{-1}(n)}(x).$$

由此得到 Gray 码.

F.3.4　有限沃尔什变换和快速沃尔什变换

1. 有限沃尔什变换的定义

如果记 $N = 2^n$, 而且记

$$W_f^N = \begin{bmatrix} W_f(0) \\ W_f(1) \\ \vdots \\ W_f(N-1) \end{bmatrix}, \quad f^N = \begin{bmatrix} f(0) \\ f(1) \\ \vdots \\ f(N-1) \end{bmatrix}. \tag{F.3.16}$$

这时记 $W_f^N = \dfrac{1}{N} H_W(n) f^N$ 是一个**有限沃尔什变换** (简记为 $(WHT)_W$), 其中

$$H_W(n) = \begin{bmatrix} h_{0,0} & h_{0,1} & \cdots & h_{0,N-1} \\ h_{1,0} & h_{1,1} & \cdots & h_{1,N-1} \\ \vdots & \vdots & & \vdots \\ h_{N-1,0} & h_{N-1,1} & \cdots & h_{N-1,N-1} \end{bmatrix}. \tag{F.3.17}$$

这里

$$h_{j,k} = W_j\left(\frac{k}{N}\right) = W_k\left(\frac{j}{N}\right) = h_{k,j}. \tag{F.3.18}$$

由此 $H_W(n)$ 是一个 $N \times N$ 的对称矩阵.

2. 有限沃尔什变换的性质

矩阵 $H_W(n)$ 是一个阿达马矩阵, 它满足关系式 $H_W^{-1}(n) = H_W(n)$ 或 $H_W(n) \otimes H_W(n) = N \cdot I(n)$, 其中 $I(n)$ 是 n 阶幺矩阵.

这时有 $f^N = H_W(n)W_f^N$, 即有限沃尔什变换的逆变换.

记 $\begin{cases} k = k_{n-1}2^{n-1} + k_{n-2}2^{n-2} + \cdots + k_1 2 + k_0, \\ j = j_{n-1}2^{n-1} + j_{n-2}2^{n-2} + \cdots + j_1 2 + j_0, \end{cases} \quad 0 \leqslant k, j \leqslant N - 1.$

有限沃尔什变换的另一种表示是 $R^N = \begin{bmatrix} R_f(0) \\ R_f(1) \\ \vdots \\ R_f(N-1) \end{bmatrix}$, 相应的有限沃尔什

变换是 $R^N = \dfrac{1}{N}H_h(n)f^N$, 其中

$$H_h(1) = \begin{bmatrix} 1 & 1 \\ 1 & -1 \end{bmatrix}, \quad H_h(n+1) = \begin{bmatrix} H_h(n) & H_h(n) \\ H_h(n) & -H_h(n) \end{bmatrix}. \tag{F.3.19}$$

关于 $H_h(n)$ 矩阵, 我们容易证明, 它是对称矩阵, 而且

$$H_h(n)H_h(n) = NI(n). \tag{F.3.20}$$

因此, 矩阵 $H_h(n)$ 也是一个阿达马矩阵, 称相应的变换式 $R_f^N = \dfrac{1}{N}H_h(n)f^N$ 也是一种有限沃尔什变换, 并简记为 $(\mathrm{WHT})_h$.

F.4 哈尔变换 (或函数) 系统

哈尔 (Haar) 变换系统是 1920 年由荷兰数学家哈尔提出的一种正交变换理论, 在通信、图像处理、滤波的领域有重要应用.

F.4.1 哈尔函数系的构造

同样记 $\Delta = (a, b) = (0, 1)$, 由此定义的哈尔函数系为 $\mathrm{Har}(n, t), t \in \Delta$ 如下.

1. 哈尔函数系的定义公式

$\mathrm{Har}(n, t) = \mathrm{har}(r, m, t), t \in \Delta$, 其中

$$\mathrm{Har}(0, t) = \mathrm{har}(0, 0, t) = 1, \quad t \in \Delta.$$

$$\mathrm{Har}(1, t) = \mathrm{har}(0, 1, t) = \begin{cases} 1, & 0 \leqslant t < 1/2, \\ -1, & 1/2 \leqslant t < 1. \end{cases}$$

$$\mathrm{Har}(2, t) = \mathrm{har}(1, 0, t) = \begin{cases} \sqrt{2}, & 0 \leqslant t < 1/4, \\ -\sqrt{2}, & 1/4 \leqslant t < 1/2, \\ 0, & 1/2 \leqslant t < 1. \end{cases}$$

$$\mathrm{Har}(3,t) = \mathrm{har}(1,1,t) = \begin{cases} 0, & 0 \leqslant t < 1/2, \\ \sqrt{2}, & 1/2 \leqslant t < 3/4, \\ -\sqrt{2}, & 3/4 \leqslant t < 1. \end{cases}$$

由此得到, 它们的一般表示式是

$$\mathrm{har}(r,m,t) = \begin{cases} 2^{r/2}, & \dfrac{m}{2^r} \leqslant t < \dfrac{m+1/2}{2^r}, \\ -2^{r/2}, & \dfrac{m+1/2}{2^r} \leqslant t < \dfrac{m+1}{2^r}, \\ 0, & \text{否则}, \end{cases} \tag{F.4.1}$$

其中 $r \geqslant 0, 0 \leqslant m \leqslant 2^r - 1$ 是整数.

$$\begin{cases} \mathrm{har}(r,0,t) = \mathrm{Har}(2^r,t), \\ \mathrm{har}(r,1,t) = \mathrm{Har}(2^r+1,t), \\ \qquad\cdots\cdots \\ \mathrm{har}(r,2^r-1,t) = \mathrm{Har}(2^{r+1}-1,t). \end{cases} \tag{F.4.2}$$

2. 哈尔函数的性质

对这些不同的哈尔函数, 它们有性质如下.

(1) **正交性**. $\displaystyle\int_0^1 \mathrm{Har}(n_1,t)\mathrm{Har}(n_2,t)dt = \begin{cases} 1, & n_1 = n_2, \\ 0, & \text{否则}. \end{cases}$

(2) **展开式**. 如果 $f(t)(t \in \Delta)$ 是连续函数, 那么它的展开式是

$$f(t) = \sum_{n=0}^{\infty} C_n \mathrm{Har}(2^r,t), \quad t \in \Delta, \tag{F.4.3}$$

其中 $C_n = \displaystyle\int_0^1 f(t)\mathrm{Har}(n,t)dt$.

(3) Parseval 等式 $\displaystyle\int_0^1 f^2(t)dt = \sum_{n=0}^{\infty} C_n^2$ 成立.

3. 有限哈尔函数

如果记 $N = 2^n$, 而且记

$$A_f^N = \begin{bmatrix} A_f(0) \\ A_f(1) \\ \vdots \\ A_f(N-1) \end{bmatrix}, \quad f^N = \begin{bmatrix} f(0) \\ f(1) \\ \vdots \\ f(N-1) \end{bmatrix}. \tag{F.4.4}$$

这时记 $A_f^n = \dfrac{1}{N} H^*(n) f^N$, 其中

$$H^*(2) = \begin{bmatrix} 1 & 1 \\ 1 & -1 \end{bmatrix}, \quad H^*(3) = \begin{bmatrix} 1 & 1 & 1 & 1 \\ 1 & 1 & -1 & -1 \\ \sqrt{2} & -\sqrt{2} & 0 & 0 \\ 0 & 0 & \sqrt{2} & -\sqrt{2} \end{bmatrix}. \tag{F.4.5}$$

关于 $H^*(n)$ 的一般表示式是

$$H^*(n) = [h_{k,\ell}], \quad k,\ell = 0,1,\cdots,N-1,$$

其中

$$h_{k,\ell} = \mathrm{Har}\left(k, \frac{1}{2^n}\right), \quad k,\ell = 0,1,\cdots,N-1. \tag{F.4.6}$$

4. 其他离散变换函数系

如离散余弦函数变换系 (DCT)、KL (Kullback-Leibler) 函数变换系等我们不再一一说明.

F.4.2　数据压缩变换和滤波变换

关于随机信号中数据处理的问题, 通过数据压缩, 在不损失数据的信息含量的条件下, 减少实际数据的使用量, 而滤波变换则是通过这些变换, 改变信号的性能特征 (如消除信号中的噪声等).

数据压缩理论上是信号处理的重要组成部分, 其中的处理方法也有多种, 其中包括信息论中的数据压缩理论和统计学中的主成分分析. 对这些内容已在本书的其他章节中有详细说明和讨论. 在此我们只介绍其中的有关结论.

1. 数据压缩问题

对此我们已在本书的第 7 章中有详细讨论, 在此作概要说明如下.

信息论中的数据压缩理论分为无失真和有失真压缩两种不同的类型. 而统计学中的数据压缩理论主要是采用主成分分析法, 对该内容已在本书附录 B.2.4 中有详细的说明和讨论.

2. 数据压缩理论

(1) 信息论中的数据压缩理论由许多算法组成, 其中无失真数据压缩编码算法有如霍夫曼 (Huffman) 码、算术码、LZW (Lampel-Ziv-Welch) 码与 KY(Kieffer-Yang) 码. 这些码的构造和算法已在 5.2 节、8.3 节中有详细讨论.

(2) 信息论中的有失真数据压缩编码理论是多种方法的综合.

附录 G　数值计算的理论与方法

我们已经给出了多种不同类型的正交变换函数系, 建立这种函数系的目的是实现数值计算.

数值计算的根本目的是实现各种数学问题的计算. 这些计算在大多数情形下是一种近似计算.

实现近似计算的基本方法是正交逼近和插入逼近. 正交变换是正交逼近的理论基础, 而插入逼近又是另外一种方法.

G.1　多项式的拟合和逼近

拟合和逼近的概念是用结构比较简单的函数去接近和描述比较复杂的函数. 多项式是一种比较简单和规范的函数, 用它来逼近其他函数已形成系统的理论和方法.

由多项式形成的拟合和逼近方法有多种. 我们把它们归结为两大类型: 距离逼近和插入逼近, 其中每种类型又由许多方法组成, 如正交法、插入法、插入正交法、统计拟合法等, 最后又形成多重迭代、样条运算等系列理论.

在本节中, 我们介绍并讨论这些方法和类型, 给出由此形成的算法、效果的分析、计算.

G.1.1　函数的逼近问题

我们已经说明, 把函数的逼近问题归结为两大类型: 距离逼近和插入逼近. 在这些类型中, 又有许多方法. 我们现在讨论这些类型和方法.

1. 函数的表达

记 $f(x), x \in [a,b]$ 是固定的函数, 不同类型的函数产生不同的函数空间.

记 $\mathcal{C}^{(k)}(a,b)$ 是 $[a,b]$ 区间上全体 k 阶导数连续的函数, 这时 $\mathcal{C}[a,b] = \mathcal{C}^{(0)}(a,b)$ 是 $[a,b]$ 区间上全体连续的函数.

一般多项式函数为

$$g(x) = g(x|a^{k+1}) = a_0 + a_1 x + a_2 x^2 + \cdots + a_k x^k, \quad x \in [a,b], \tag{G.1.1}$$

其中 $a^{k+1} = (a_0, a_1, \cdots, a_k)$ 是该多项式的系数向量, 如果 $a_k \neq 0$, 那么这个多项式就是一个 k 阶多项式.

利用这些多项式就可以去拟合、逼近其他函数. 这种拟合逼近的方法、类型有多种.

2. 逼近问题

记 $\mathcal{C}[a,b]$ 是一个函数的距离空间, 这时对任何 $f, g \in \mathcal{C}[a,b]$, 它们的距离定义为 $d_c(f,g)$.

如果 $\epsilon > 0$ 是一个正数, $f, g \in \mathcal{C}[a,b]$, 而且 $d_c(f,g) < \epsilon$, 那么就称 $f, g \in \mathcal{C}[a,b]$ 是 ϵ-距离逼近.

如果 $g(x)$ 是一个 (G.1.1) 定义的多项式, $f \in \mathcal{C}[a,b]$ 固定, 那么

$$d_c(f,g) = d_c[f, g(\cdot|a^{k+1})] = d_f(a^{k+1}) \tag{G.1.2}$$

是一个关于系数向量 a^{k+1} 的函数.

多项式的最佳距离逼近. 对固定的 $f \in \mathcal{C}[a,b]$, 如果多项式的阶 k 固定, 那么它们的最佳逼近距离是

$$d_c[f, g(\cdot|a^*)] = \text{Min}\{d_c[f, g(\cdot|a^{k+1})], a^{k+1} \in R^{k+1}\}, \tag{G.1.3}$$

其中 $a^* = (a^{k+1})^* = (a_0^*, a_1^*, \cdots, a_k^*)$ 是一个多项式中的待求系数向量.

3. 函数距离的类型题

如果 $\mathcal{C}[a,b]$ 是一个函数空间, 那么其中的距离的定义域有多种.

绝对距离. 对任何 $f, g \in \mathcal{C}[a,b]$, 它们的绝对距离定义为

$$d_\infty(f,g) = ||f,g||_\infty = \text{Max}\{|g(x) - f(x)|, x \in [a,b]\}. \tag{G.1.4}$$

希氏距离. 如果 $\mathcal{C}[a,b] = L^2[a,b]$ 是一个希氏空间, 那么 $f, g \in \mathcal{C}[a,b]$ 的希氏距离定义为

$$d_L(f,g) = ||f,g||_L = \int_a^b |g(x) - f(x)|^2 dx. \tag{G.1.5}$$

子空间的距离. 如果 $\mathcal{C}[a,b] = L^2[a,b]$ 是一个希氏空间, $\mathcal{H} \subset \mathcal{C}[a,b]$ 是一个希氏子空间, 那么定义

$$d_H(f,g) = ||f,g||_H = \text{Min}\{d_L(f,g), x \in \mathcal{H}\}. \tag{G.1.6}$$

如果 $G_m = \{g_1, g_2, \cdots, g_m\}$ 是 $\mathcal{H} \subset L^2[a,b]$ 中的一组正交基, 那么

$$\hat{g}(x) = \sum_{i=1}^m c_i g_i(x) \tag{G.1.7}$$

是向量 $f \in \mathcal{H}$ 关于正交基 G_m 的组合向量, 称

$$d_H(f, \hat{g}) = ||f, \hat{g}||_H = \text{Min}\{||f(x) - \hat{g}(x)||, c^m \in R^m\} \tag{G.1.8}$$

是 f 关于基 G_m 的组合距离.

4. 距离空间中多项式的最佳逼近

如果 $\mathcal{C}[a,b]$ 是一个函数的距离空间, $g = g(\cdot|a^{k+1})$ 是一个具有系数向量 a^{k+1} 的多项式函数, 那么对任何函数 $f \in \mathcal{C}[a,b]$,

$$d_c(f,g) = d_c[f, g(\cdot|a^{k+1})] = d(a^{k+1})$$

是一个关于向量 a^{k+1} 的函数. 如果有关系式

$$d_c[f, g(\cdot|a^*)] = \text{Min}\{d_c[f, g(\cdot|a^{k+1})], a^{k+1} \in R^{k+1}\}, \tag{G.1.9}$$

那么称 $g^* = g(\cdot|a^*)$ 是 $f \in \mathcal{C}[a,b]$ 的一个最佳距离逼近. 这时

$$a^* = (a^{k+1})^* = (a_0^*, a_1^*, \cdots, a_k^*)$$

是一个待求向量.

在 f 关于基向量组 G_m 的组合正交距离逼近中, 同样有最佳距离逼近的定义和类似的计算公式.

5. 关于多项式拟合的 Weierstrass 逼近定理

我们已经给出了 4 种不同类型的距离逼近拟合的类型, 它们的类型是由距离的不同定义得到的.

(1) 关于距离的不同定义分别是绝对距离、关于多项式系数向量的均方距离和关于正交基组合系数向量的均方距离.

(2) 如果一个固定函数 $f \in C[a,b]$, 那么关于多项式 $g = g(\cdot|a^{k+1})$ 的距离是一个关于系数向量 a^{k+1} 的函数, 而且有以下定理成立.

定理 G.1.1　如果 $f \in C[a,b]$, 那么对任何 $\epsilon > 0$, 总是存在适当的多项式函数 $g(x), x \in [a,b]$, 使关系式 $\|f - g\|_\infty < \epsilon$ 成立.

该定理的证明略.

定理 G.1.2　如果 $f \in L^2[a,b]$ 是连续可微函数, $g(x), x \in [a,b]$ 是多项式函数, 如 (G.1.1) 式所示, 则

$$D(a^{(k+1)}) = D(a_0, a_1, \cdots, a_k) = \|f - g\|_L \tag{G.1.10}$$

是连续可微函数. 这时 $g(x|a^{(k+1)})$ 是 f 的一个最佳逼近的必要条件是满足方程式

$$\frac{\partial D}{\partial a_i} = 0, \quad i = 0, 1, \cdots, k. \tag{G.1.11}$$

关于正交基的最佳拟合也有和 (G.1.10) 相似的方程式. 对此不再重复.

G.1.2 函数的插入逼近拟合问题

我们已经说明, 在函数的逼近、拟合计算中, 除了**最佳距离逼近**理论外, 还有**固定点的插入拟合逼近理论**, 对此讨论如下.

1. 固定点的插入拟合问题

对固定的区间 $[a, b], a < b$, 插入有限个分点 $x^{n+1} = (x_0, x_1, x_2, \cdots, x_n)$, 其中

$$a = x_0 < x_1 < x_2 < \cdots < x_{n-1} < x_n = b. \tag{G.1.12}$$

对固定的函数 $f(x), x \in [a, b]$, 记

$$y^n = (y_1, y_2, \cdots, y_n) = [f(x_1), f(x_2), \cdots, f(x_n)]. \tag{G.1.13}$$

一个**固定点的插入拟合问题**是指构造 (G.1.1) 的多项式函数 $g(x), x \in [a, b]$, 使它满足条件

$$g(x_i) = y^i, \quad i = 0, 1, \cdots, n. \tag{G.1.14}$$

这时称多项式函数 g 是对函数 f 在插入点 x^{n+1} 处的拟合.

定理 G.1.3 如果 f, g 满足定理 G.1.2 中的条件, 向量 $x^{n+1} = (x_0, x_1, x_2, \cdots, x_n)$ 是 (G.1.14) 所给的插入点向量, 那么多项式函数 g 是 f 在插入点 x^{n+1} 处的拟合多项式且它的系数满足条件

$$\sum_{j=0}^{k} a_j(x_i)^j = y_i, \quad i = 0, 1, \cdots, n. \tag{G.1.15}$$

如果 $n = k$, 则 (G.1.11) 式的解是唯一确定的.

方程组 (G.1.11) 的解是唯一的. 事实上, 因为该方程组是一个关于未知数向量 α^n 的线性方程组, 它的系数行列式是一个范德蒙德 (Vandermonde) 行列式

$$\begin{vmatrix} x_0^n & x_0^{n-1} & \cdots & x_0 & 1 \\ x_1^n & x_1^{n-1} & \cdots & x_1 & 1 \\ \vdots & \vdots & & \vdots & \vdots \\ x_n^n & x_n^{n-1} & \cdots & x_n & 1 \end{vmatrix} = \prod_{1 \leqslant i < j \leqslant n} (x_j - x_i) \neq 0. \tag{G.1.16}$$

因此方程组 (G.1.15) 的解是唯一确定的.

2. 对方程组 (G.1.15) 的讨论

我们已经在 $n = k$ 时讨论了方程组 (G.1.15) 的求解问题. 这时该方程组的解是唯一确定的. 现在讨论 $n \neq k$ 时的情形.

(1) 当 $n < k$ 时, 方程组 (G.1.15) 中变量的数目小于方程组的数目, 方程组 (G.1.15) 的全体解是一个线性子空间. 那么这时的最佳距离拟合是一个关于子空间或正交基的最佳组合拟合.

(2) 当 $n > k$ 时, 方程组 (G.1.15) 中变量的数目大于方程组的数目, 这时方程组 (G.1.15) 在一般情况下是无解的.

这时多项式关于函数的拟合问题是个统计拟合问题. 此时

$$(x^n, y^n) = [(x_1, y_1), (x_2, y_2), \cdots, (x_n, y_n)]$$

是平面中的一组点, $g(x) = a_0 + a_1 x + \cdots + a_k x^k$ 是一平面曲线, 这时的统计拟合问题就是用平面曲线 $g(x)$ 去拟合平面点的集合 (x^n, y^n).

对这种统计拟合问题, 在统计中已形成一系列的算法、误差分析等理论, 对此不再详细说明.

(3) 关于插入法的拟合公式中, 除了定理 G.1.3 和 (G.1.10) 的方程组外, 还有一些更具体的公式.

3. 有关一阶插入的公式和性质

这时的插入函数是线性函数, 如果插入点向量 x^{n+1} 如 (G.1.14) 式所示.

(1) 相应地, **一阶插入公式**是

$$\begin{cases} \ell_{1,i}(x) = \left(y_i \dfrac{x - x_i}{x_i - x_{i+1}} + y_{i+1} \dfrac{x - x_{i+1}}{x_{i+1} - x_i} \right) \chi_{\delta_i}(x), \\ L_{1,n}(x) = \displaystyle\sum_{i=0}^{n-1} \ell_{1,i}(x), \end{cases} \tag{G.1.17}$$

其中取 $\dfrac{0}{0} = 1$, 而 $\chi_{\delta_i}(x) = \begin{cases} 1, & x \in \delta_i, \\ 0, & \text{否则}. \end{cases}$

(2) 关于 $\ell_{1,i}(x)$ 函数的性质讨论如下:

(i) $\ell_{1,i}(x) = \begin{cases} y_i, & x = x_i, \\ y_{i+1}, & x = x_{i+1}; \end{cases}$

(ii) 如果 $x \in \delta_i$, 那么记 $x - x_i = \lambda_x(x_{i+1} - x_i)$, 这时 $0 \leqslant \lambda_x = \dfrac{x - x_i}{x_{i+1} - x_i} \leqslant 1$;

(iii) 因为 $\dfrac{x - x_{i+1}}{x_{i+1} - x_i} = \dfrac{x - x_i + x_i - x_{i+1}}{x_{i+1} - x_i} = \lambda_x - 1$, 所以有

$$\ell_{1,i}(x) = [-\lambda_x y_i + y_{i+1}(1 - \lambda_x)]\chi_{\delta_i}(x); \tag{G.1.18}$$

(iv) 在 $x = (x_i + x_{i+1})/2$ 时, 有 $\begin{cases} \lambda_x = 1/2, \\ \ell_{1,i} = \dfrac{1}{2}(y_{i+1} - y_i)\chi_{\delta_i}(x). \end{cases}$

(3) 定义 $\ell_{1,i}(x)$ 函数的余项由中值定理得到

$$r_{1,i}(x) = f(x_{i+1}) - f(x_i) = \frac{1}{2}f'(\xi)(x - x_i)(x - x_{i+1}), \tag{G.1.19}$$

其中 f' 是 f 的导函数, ξ 是 δ_i 区间中的点.

(4) 在 $x \in \delta_i$ 时, 该余项的最大值是

$$|r_{1,i}(x)| \leqslant \frac{(x_{i+1} - x_i)^2}{8}\mathrm{Max}\{|f'(x)|, x \in \delta_i\}. \tag{G.1.20}$$

4. 有关二阶 (抛物线) 插入的公式和性质

(1) 相应地, 在 $\Delta_i = \delta_i^2$ 区间上的**二阶插入公式**是

$$\ell_{2,i}(x) = \left[y_i \frac{(x - x_{i+1})(x - x_{i+2})}{(x_i - x_{i+1})(x_i - x_{i+2})} + y_{i+1}\frac{(x - x_i)(x - x_{i+2})}{(x_{i+1} - x_i)(x_{i+1} - x_{i+2})} \right.$$
$$\left. + y_{i+2}\frac{(x - x_i)(x - x_{i+1})}{(x_{i+2} - x_i)(x_{i+2} - x_{i+1})} \right] \chi_{\Delta_i}(x). \tag{G.1.21}$$

(2) 在 $\Delta = [a, b]$ 区间上的**二阶插入公式**是 $L_{2,n}(x) = \sum_{i=0}^{n-2} \ell_{2,i}(x)$.

(3) 同样可以得到 $\ell_{2,i}(x)$ 函数的余项公式, 由中值定理得到

$$r_{2,i}(x) = \frac{1}{6}f''(\xi)(x - x_i)(x - x_{i+1})(x - x_{i+2}), \tag{G.1.22}$$

其中 f'' 是 f 的二阶导函数, ξ 是 Δ_i 区间中的点.

(4) 在 $x \in \delta_i$ 时, 该余项的最大值是

$$|r_{2,i}(x)| \leqslant \frac{(x_{i+1} - x_i)^2}{8}\max\{|f''(x)|, x \in \delta_i\}. \tag{G.1.23}$$

由此就可控制二阶插入的误差结果.

5. 有关一般多项式插入的公式和性质

由此可以得到, 有关一般多项式插入的公式和它的性质如下.

(1) 如果在 $\Delta = [a, b]$ 区间上给出的**插入点向量** x^{n+1} 如 (G.1.16) 式所给, 取

$$\ell_{n,j}(x) = \frac{\displaystyle\prod_{i \neq j}(x - x_i)}{\displaystyle\prod_{i \neq j}(x_j - x_i)}. \tag{G.1.24}$$

(2) 取

$$L_n(x) = \sum_{i=0}^{n} y_i \ell_{n,i}(x) \tag{G.1.25}$$

是函数 f 在区间 $\Delta = [a, b]$ 关于插入点向量 x^{n+1} 的一般多项式的插入函数.

(3) 它的余项是

$$R_n(x) = f(x) - L_n(x) = \frac{f^{(n+1)}(\xi)}{(n+1)!} \prod_{i=0}^{n} (x - x_i), \qquad \text{(G.1.26)}$$

其中 $f^{(n+1)}$ 是函数 f 的 $n+1$ 阶导数, $\xi \in [a, b]$.

由此就可得到关于一般插入函数的误差估计结果. 对此不再说明.

G.2   三次插入的几何分析

我们已分别给出一、二和一般高次多项式的插入运算, 三次插入函数和运算由美国波音公司弗格森[①]工程师于 1963 年提出, 并在飞机设计中得到应用.

这种三次曲线插入法简称 PC[②]曲线法, 具有一系列几何特征和性质, 并且很容易推广到空间曲面的拟合计算. 因此是几何计算中的理论基础.

G.2.1   曲线的表示和性质

一个三次函数和它的导函数记为

$$\begin{cases} p(t) = a_0 + a_1 t + a_2 t^2 + a_3 t^3, \quad t \in [0, 1], \\[2mm] \dot{p}(t) = \dfrac{dp}{dt} = a_1 + 2a_2 t + 3a_3 t^2, \\[2mm] \ddot{p}(t) = \dfrac{d^2 p}{dt^2} = 2a_2 + 6a_3. \end{cases} \qquad \text{(G.2.1)}$$

有时为了简单起见, 以下取 $a_3 = 1$.

1. 基本方程

为实现三次函数的拟合问题, 首先需要建立确定这些曲线的基本方程. 所谓基本方程, 就是要确定 $p(t)$ 所需要满足的条件.

为了简单起见, 我们记 $\Delta = [0, 1]$ 是个单位区间, 该区间上的 3 个点分别是 $t^3 = (t_1, t_2, t_3) = (0, 1, 1/2)$.

记多项式 $p(t)$ 在 t^3 的这 3 个点上的取值分别是 $p^3 = (p_1, p_2, p_3)$.

记多项式 $p(t)$ 在 $t_3 = 1$ 的这个端点上的取值是 $p_4 = \dot{p}(t_3)$. 这个条件使不同的三次函数在相互连接时接点上的曲线具有光滑性.

---

① 弗格森 (Fergusion), 有关三次插入函数和运算的理论在论文 *Multivariable curve interpolation* (Repxort D2 - 22504, The Boeing Co. Seattle, Washington, 1963) 中发表、提出.

② PC 是 Parametric 的简写.

因此, 建立多项式 $p(t)$ 的基本方程① 是

$$
p(t) = \begin{cases} p_1, & \text{在 } t = 0 \text{ 时}, \\ p_2, & \text{在 } t = 1/2 \text{ 时}, \\ p_3, & \text{在 } t = 1 \text{ 时}, \\ p_4 = \dot{p}(t), & \text{在 } t = 1 \text{ 时}, \end{cases} \quad \text{或} \quad \begin{cases} a_0 = p_1, \\ a_0 + a_1/2 + a_2/4 + a_3/8 = p_2, \\ a_0 + a_1 + a_2 + a_3 = p_3, \\ a_1 + 2a_2 + 3a_3 = p_4, \end{cases}
$$

$$(G.2.2)$$

2. 基本方程求解

如果我们把 p^4 看作已知参数, 把 a^4 看作待求参数, 那么在方程式 (G.2.2) 中已经解出 $a_0 = p_1$. 其他参数的方程式是

$$
\begin{cases} a_1 + a_2/2 + a_3/4 = 2(p_2 - p_1) = p_5, \\ a_1 + a_2 + a_3 = p_3 - p_1 = p_6, \\ a_1 + 2a_2 + 3a_3 = p_4, \end{cases} \tag{G.2.3}
$$

因此得到

$$
\begin{cases} a_2 + 2a_3 = p_4 - p_6 = p_7, \\ 2a_2 + 3a_3 = 4(p_6 - p_5) = p_8, \end{cases} \tag{G.2.4}
$$

所以, $\begin{cases} a_3 = 2p_7 - p_8 = p_9, \\ a_2 = p_7 - 2p_9 = p_{10}. \end{cases}$ 因此 $a_1 = p_6 - a_2 - a_3 = p_6 - p_9 - p_{10}$. 这里

$$
\begin{cases} p_5 = 2(p_2 - p_1), \\ p_6 = p_3 - p_1, \end{cases} \quad \begin{cases} p_7 = p_4 - p_6, \\ p_8 = 4(p_6 - p_5), \end{cases} \quad \begin{cases} p_9 = 2p_7 - p_8, \\ p_{10} = p_7 - 2p_9. \end{cases} \tag{G.2.5}
$$

这时 $\begin{cases} p_7 = p_1 - p_3 + p_4, \\ p_8 = 4[p_3 - p_1 - 2(p_2 - p_1)] = 4(p_1 - 2p_2 + p_3), \end{cases}$ 而

$$
\begin{cases} p_9 = 2(p_4 - p_3 + p_1) - 4(p_3 + p_1 - 2p_2) = -2p_1 + 8p_2 - 6p_3 + 2p_4, \\ p_{10} = p_4 - p_3 + p_1 - 2(-2p_1 + 8p_2 - 6p_3 + 2p_4) = 5p_1 - 16p_2 + 11p_3 - 3p_4. \end{cases}
$$

因此基本方程组的解是

$$
\begin{cases} a_0 = p_1, \\ a_1 = p_6 - a_2 - a_3 = p_3 - p_1 - a_2 - a_3 = -4p_1 + 8p_2 - 4p_3 + p_4, \\ a_2 = p_{10} = 5p_1 - 16p_2 + 11p_3 - 3p_4, \\ a_3 = p_9 = -2p_1 + 8p_2 - 6p_3 + 2p_4. \end{cases} \tag{G.2.6}
$$

---

① 在插入拟合中, 如有函数的导数参与的理论为埃尔米特 (Hermite) 理论.

因此得到**基本方程组的解**是 $a^4 = p^4 A$, 其中

$$A = \begin{bmatrix} 1 & -4 & -4 & -2 \\ 0 & 8 & 8 & 8 \\ 0 & -4 & -4 & -6 \\ 0 & 1 & 1 & 2 \end{bmatrix}. \tag{G.2.7}$$

由此得到, 三次曲线中的系数向量 a^4 拟合值是关于 p^4 的表达式.

G.2.2　迭代插入计算

我们已分别给出多项式的多种插入运算, 在这些运算中存在插入点和插入函数的选择问题, 以及如何提高函数逼近的精度 (或减少函数逼近的误差) 和减少逼近运算的复杂度. 迭代运算就是在这种意义下产生的计算算法.

迭代插入的基本思想就是在插入向量 t^{n+1} 中, 对其中的插入区间可以进行从粗到细的分解. 并且在运用这些迭代计算方法时, 对它们的计算结果进行相互利用. 由此实现提高逼近精度和减少计算复杂度的目标.

迭代算法的类型有多种. 在本节中, 我们介绍并讨论其基本内容和方法.

迭代插入是一种多重插入, 而且在不同层次的插入计算中存在相互依赖的关系. 对它的基本思想和记号说明如下.

1. 插入区间

我们以二重插入为例来说明迭代插入的计算过程.

(1) 对 $y(t), t \in \Delta = [a, b]$ 函数进行拟合运算. 对区间 $\Delta = [a, b]$ 插入点向量 t^n, 这些点由 (G.1.16) 式定义.

(2) 为了实现二重插入, 我们取 $n = km$, 其中 k, m 都是正整数. 由此产生插入区间

$$\begin{cases} \delta_i = [t_i, t_{i+1}], i = 0, 1, \cdots, n - 1, \\ \Delta_j = \delta_j^m = \{\delta_{jm}, \delta_{jm+1}, \cdots, \delta_{jm+m-1}\}, \\ \qquad j = 0, 1, \cdots, k - 1. \end{cases} \tag{G.2.8}$$

2. 插入函数

我们以三阶多项式函数为例说明这种迭代插入的构造. 其基本思想:

记 $\delta_i, \Delta_j = \delta_j^m$ 分别是 (G.2.8) 式给出的插入点、小区间和小区间的片段. 取 $m = 2$.

记 p_j 是 $\Delta_j = (\delta_{2j}, \delta_{2j+1}) = (t_{2j}, t_{2j+1}, t_{2j+2})$ 上的拟合函数. 取

$$\begin{cases} p_j(t) = (a_0 + a_1 + a_2 t^2 + a_3 t^3)\chi_{\Delta_j}(t), t \in R, \\ p^4 = (p_1, p_2, p_3, p_4) = [y(t_{2j}), y(t_{2j+1}), y(t_{2j+2}), \dot{p}(t_{2j+2})], \\ a^4 = (a_0, a_1, a_2, a_3) = p^4 A, \end{cases} \tag{G.2.9}$$

其中 $\dot{p}(t_{2j+2})$ 是函数 $p(t)$ 在 t_{2j+2} 点处的导数.

而 $\chi_{\Delta_j}(t) = \begin{cases} 1, & t \in \Delta_j, \\ 0, & \text{否则}. \end{cases}$

因此得到

$$P(t) = \sum_{j=0}^{k-1} p_j(t), \quad t \in \Delta = [a, b] \tag{G.2.10}$$

是函数 f 关于插入点向量 t^n 的三阶多项式函数的迭代拟合插入.

3. 插入函数的性质

(G.2.5) 式给出了函数 f 关于插入点向量 t^n 的三阶多项式函数的插入函数, 对此函数有以下性质.

(1) 函数 $P(t), t \in \Delta = [a, b]$ 由一系列平淡函数 $p_j(x), x \in \delta_j, j = 0, 1, \cdots, k-1$ 连接而成.

(2) 这些相邻的平淡函数 $p_j p_{j+1}$ 在区间 Δ_j, Δ_{j+1} 的接点 $x_{j,m+n}$ 处是光滑的 (即一阶导数相同).

(3) 每个 $p_j(x)$ 在 1 区间 Δ_j 中的取值是一个三阶多项式的取值.

由此产生的拟合误差在 (G.1.23) 式中给出, 其中 $x_{i+1} - x_i = h = \dfrac{b-a}{n}$.

G.3　曲线和曲面构造的几何特征

我们已经给出多种函数的逼近和拟合的理论和方法, 其中主要的内容分距离逼近法和插入逼近法两大类型. 这些方法都可推广到多元函数的情形.

在本节中, 我们主要讨论曲面的插入拟合问题. 该问题涉及有关曲面的几何理论及由此形成的曲面插入拟合计算问题.

G.3.1　曲线和曲线方程

我们已经给出一元函数 $f(x), x \in \Delta = [a, b]$ 的逼近和拟合问题, 这种一元函数是一种平面曲线.

1. 一般空间曲线

一般空间曲线用向量函数 $\boldsymbol{f}(t), t \in \Delta$ 表示, 其中 $\boldsymbol{f}$ 是个向量, 如 $\boldsymbol{f} = (f_1, f_2)$, 或 $\boldsymbol{f} = (f_1, f_2, f_3)$. 这时的 $\boldsymbol{f}$ 就是平面或空间的曲线.

因此对一个空间曲线 C, 我们用向量函数表示:

$$\boldsymbol{r}(t) = [r_1(t), r_2(t), r_3(t)] = [x(t), y(t), z(t)], \quad t \in \Delta = [a, b]. \tag{G.3.1}$$

对这两种记号我们等价使用.

有关曲线所导出的有关函数, 如

$$
\begin{cases}
\text{曲线的矢导} = \dot{\boldsymbol{r}} = [\dot{r}_1, \dot{r}_2, \dot{r}_3] = [\dot{x}, \dot{y}, \dot{z}], \\
\text{曲线的微分} = d\boldsymbol{r} = [dr_1, dr_2, dr_3] = [dx, dy, dz], \\
\text{弧长的微分 } ds^2 = \boldsymbol{r}^2 = dr_1^2 + dr_2^2 + dr_3^2 = dx^2 + dy^2 + dz^2, \\
\qquad\qquad s = |\dot{\boldsymbol{r}}|, \quad ds = |\dot{\boldsymbol{r}}| ds, \\
\text{弧长公式 } s(t) = \displaystyle\int_{t_0}^{t} |\dot{\boldsymbol{r}}| dt.
\end{cases}
\tag{G.3.2}
$$

2. 空间曲线中的重要参数

在一般空间曲线中, 一些重要的参数如下.

(1) 若两条曲线 C_1, C_2 有一公共点 $\boldsymbol{r}$, 那么称该点是这两条曲线的切触点.

(2) 如果 C_1, C_2 是可微曲线, 那么在该点附近的弧长的微分分别记为 ds_1, ds_2.

(3) 这时 $ds_1, ds_2 ds_1 ds_2$ 是无穷小量, 称 $ds_1 - ds_2$ 的阶 (无穷小量大阶) 是这两条曲线在切触点 $\boldsymbol{r}$ 处的切触阶.

3. 由空间曲线产生的活动坐标系

现在考察空间曲线 $C : \boldsymbol{r}(t)$ 的形态性质.

我们已经给出该曲线的弧长微分记号: $ds^2 = d\boldsymbol{r}^2$. 由此定义

$$
\vec{\alpha} = \boldsymbol{r}'(s) = \frac{d\boldsymbol{r}}{ds}, \quad \vec{\beta} = \frac{\vec{\alpha}}{\alpha}, \quad \vec{\gamma} = \vec{\alpha} \times \vec{\beta},
\tag{G.3.3}
$$

其中 $\alpha = |\vec{\alpha}|$, 而 ds 是弧长的微分.

这时分别称 $\vec{\alpha}, \vec{\beta}, \vec{\gamma}$ 是曲线的**切线向量、主法矢和副法矢** (或次法矢).

这三个向量都是单位向量, 它们相互垂直, 因此是直角坐标系中的三个基.

对一固定的曲线 C, 如果 $\vec{o}$ 是曲线上的一固定对, 那么称

$$
\mathcal{E}_o = \{\vec{o}, \vec{\alpha}_o, \vec{\beta}_o, \vec{\gamma}_o\}
\tag{G.3.4}
$$

是固定的曲线 C 在固定点 $\vec{o}$ 上的一个活动坐标系, 其中 $\vec{\alpha}, \vec{\beta}, \vec{\gamma}$ 如 (G.3.3) 式定义.

在直角坐标系 $\mathcal{E}_o$ 中, 由它的基向量 $\vec{\alpha}_o, \vec{\beta}_o, \vec{\gamma}_o$ 构成的**坐标轴**分别是**切线轴、主法线和副法线轴**.

该坐标系中的坐标平面分别称为**密切面、从切面和法平面**. 它们所对应的平面分别是

$$
\Pi(\vec{\alpha}, \vec{\beta}), \quad \Pi(\vec{\alpha}, \vec{\gamma}), \quad \Pi(\vec{\beta}, \vec{\gamma}),
\tag{G.3.5}
$$

其中 $\Pi(\vec{\alpha}, \vec{\beta})$ 表示由向量 $\vec{\alpha}, \vec{\beta}$ 确定的平面.

4. 空间曲线的基本公式

向量 $\vec{\alpha}, \vec{\beta}, \vec{\gamma}$ 关于参数 t 的变化导数记为 $\vec{\alpha}', \vec{\beta}', \vec{\gamma}'$, 它们的变化关系式如下:

$$
\begin{bmatrix} \vec{\alpha}' \\ \vec{\beta}' \\ \vec{\gamma}' \end{bmatrix} = \begin{bmatrix} & \kappa & \\ -\kappa & & \tau \\ & \tau & \end{bmatrix} \begin{bmatrix} \vec{\alpha} \\ \vec{\beta} \\ \vec{\gamma} \end{bmatrix}, \tag{G.3.6}
$$

其中 κ, τ 为式子中的参数.

这就是**空间曲线运动的基本方程**:

$$
\begin{cases} \dot{\boldsymbol{r}}(t)d = \dfrac{d\boldsymbol{r}}{dt} = [\dot{x}(t), \dot{y}(t), \dot{z}(t)], \\[2mm] \ddot{\boldsymbol{r}}(t) = \dfrac{d^2\boldsymbol{r}}{dt^2} = [\ddot{x}(t), \ddot{y}(t), \ddot{z}(t)], \end{cases} \tag{G.3.7}
$$

那么它们之间满足关系式

$$
\ddot{\boldsymbol{r}}(t) = \ddot{s}\vec{\alpha} + \dot{s}^2\vec{\beta}, \quad \kappa = \frac{\ddot{\boldsymbol{r}}\vec{\beta}}{\dot{s}^2} = \frac{|\dot{\boldsymbol{r}} \times \ddot{\boldsymbol{r}}|}{|\dot{\boldsymbol{r}}|^2}, \quad \tau = \frac{(\dot{\boldsymbol{r}}, \ddot{\boldsymbol{r}}, \boldsymbol{r}^{(3)})}{(\dot{\boldsymbol{r}} \times \ddot{\boldsymbol{r}})^2}, \tag{G.3.8}
$$

其中 $\boldsymbol{r}^{(3)}$ 是 $\boldsymbol{r}$ 的三阶导数, $(\dot{\boldsymbol{r}}, \ddot{\boldsymbol{r}}, \boldsymbol{r}^{(3)})$ 是三向量的混合积.

G.3.2 曲面的结构和描述

我们仍然采用参数方程来对曲面的结构进行描述.

1. 曲面的参数方程

我们用双参数 $(u, v), u \in \Delta_1 = [a, b], v \in \Delta_2 = [c, d]$ 来描述曲面.
记

$$
C = C(\Delta^2) = \{\boldsymbol{r}(u, v), (u, v) \in \Delta^2 = [a, b] \times [c, d]\}, \tag{G.3.9}
$$

其中 $\boldsymbol{r} = (r_1, r_2, r_3) = (x, y, z)$ 是一个向量函数. 由此得到一个空间曲面.

当参数 $u = u_0 \in \Delta_1$, 或参数 $v = v_0 \in \Delta_2$ 时, 对应的曲线函数为

$$
\begin{cases} C_{u_0} = \{\boldsymbol{r}(u_0, v), v \in \Delta_2\}, \\ C_{v_0} = \{\boldsymbol{r}(u, v_0), u \in \Delta_1\}. \end{cases} \tag{G.3.10}
$$

当参数 u_0 在 Δ_1 或参数 v_0 在 Δ_2 中变化时, 就得到曲线族

$$
\begin{cases} C_{\Delta_1} = \{C_{u_0}, u_0 \in \Delta_1\}, \\ C_{\Delta_2} = \{C_{v_0}, v_0 \in \Delta_2\}. \end{cases} \tag{G.3.11}
$$

曲线 C_{u_0}, C_{v_0} 分别是以参数 $u \in \Delta_1, v \in \Delta_2$ 为自变量的曲线. 我们分别称它们为 u-线和 v-线. 而分别称 $C_{\Delta_1}, C_{\Delta_2}$ 为 u-线族和 v-线族.

2. 曲面参数方程的微分函数

对一个曲面的描述, 除了 (G.3.1) 的函数表示式, 以及由此产生的 (G.3.11) 的曲线族的分解式外, 还有它们的微分式

$$
\begin{cases}
\boldsymbol{r}'_u = \dfrac{\partial \boldsymbol{r}}{\partial u} = \left(\dfrac{\partial r_1}{\partial u}, \dfrac{\partial r_2}{\partial u}, \dfrac{\partial r_3}{\partial u} \right), \\[2mm]
\boldsymbol{r}'_v = \dfrac{\partial \boldsymbol{r}}{\partial v} = \left(\dfrac{\partial r_1}{\partial v}, \dfrac{\partial r_2}{\partial v}, \dfrac{\partial r_3}{\partial v} \right),
\end{cases}
\begin{cases}
\boldsymbol{r}''_{u^2} = \dfrac{\partial^2 \boldsymbol{r}}{\partial u^2} = \left(\dfrac{\partial^2 r_1^2}{\partial u^2}, \dfrac{\partial^2 r_2}{\partial u^2}, \dfrac{\partial r_3^2}{\partial u^2} \right), \\[2mm]
\boldsymbol{r}''_{uv} = \dfrac{\partial^2 \boldsymbol{r}}{\partial u \partial v} = \left(\dfrac{\partial r_1^2}{\partial u \partial v}, \dfrac{\partial^2 r_2}{\partial u \partial v}, \dfrac{\partial r_3^2}{\partial u \partial v} \right), \\[2mm]
\boldsymbol{r}''_{v^2} = \dfrac{\partial^2 \boldsymbol{r}}{\partial v^2} = \left(\dfrac{\partial r_1^2}{\partial v^2}, \dfrac{\partial^2 r_2}{\partial v^2}, \dfrac{\partial r_3^2}{\partial v^2} \right).
\end{cases}
\tag{G.3.12}
$$

它的高阶微分式记为

$$
\boldsymbol{r}^{(k)}_{k_1, k_2} = \frac{\partial^k \boldsymbol{r}}{\partial u^{k_1} \partial v^{k_2}}, \quad k = 3, 4, \cdots,
\tag{G.3.13}
$$

其中 k_1, k_2 都是非负整数, 而且 $k_1 + k_2 = k$.

3. 直纹曲面

在曲面的 (G.3.1) 式的定义中, 可产生一些特殊的曲面, 如果 C_{Δ_1}(或 C_{Δ_2}) 中的曲面都是直线, 那么这个曲面就是一个**直纹曲面**. 可展曲面是直纹曲面的推广, 我们在下文中说明.

如果 $C_{\Delta_1}, C_{\Delta_2}$ 中的曲面都是直线, 那么这个曲面就是一个平面.

(1) 如果 C_{Δ_1} 是直纹曲面, 那么对任何 $u \in \Delta_1$, 函数 $C_u = \boldsymbol{r}(u, v), v \in \Delta_2$ 是直线段. 这些直线段在空间运动.

(2) 在直纹曲面中, 对这些运动的直线段进行描述, 这时称这些运动的空间直线段为**母线**.

(3) 在直纹曲面中, 如果这些母线具有不同类型的特征就可产生不同类型的直纹曲面.

如果这些母线相互平行, 那么所形成的直纹曲面就是柱面.

如果这些母线具有相同的端点, 那么所形成的直纹曲面就是锥面.

(4) 在直纹曲面 C_{Δ_1} 中, 如果存在一条曲线 $C_0 = \{\vec{\rho}(u), u \in \Delta_1\}$, 曲线 C_0 和 C_{Δ_1} 中的所有的母线相交, 那么称曲线 C_0 是该直纹曲面 C_{Δ_1} 中的一条**准线**.

(5) 如果 C_{Δ_1} 是一直纹曲面, $C_0 = \{\rho(u), u \in \Delta_0 = \Delta_1\}$ 是该直纹曲面中的一条准线, 那么该直纹曲面的表达式为

$$
\boldsymbol{r}(u, v) = \vec{\rho}(u) + v\vec{\tau}(u),
\tag{G.3.14}
$$

其中 $\vec{\tau}(u)$ 是空间的单位向量, 它是不同母线的方向向量, 因此 (G.3.14) 式是母线的点斜表示式.

(6) 对该准线函数 C_0 的一般参数表示式是

$$\vec{\rho}(u,v) = \vec{\rho}[u(t), v(t)], \quad t \in \Delta_0 = [t_0, t_1], \quad t_0 < t_1. \tag{G.3.15}$$

4. 可展曲面

一般可展曲面可以看作直纹曲面的推广.

(1) 这时同样定义曲面的准线 $C_0 = \{\vec{\rho}(u), u \in \Delta_1\}$, 是曲面 C_{Δ^2} 中的曲线.

(2) 记 C_{Δ_1} 是由曲面 C_{Δ^2} 产生的曲线族, 如 (G.3.11) 式定义.

(3) 这时对任何 $u_1, u_1' \in C_{\Delta_1}$, 产生曲线 $C_{u_1}, C_{u_1'} \in C_{\Delta_1}$, 它们是两条在曲面 C_{Δ^2} 中的曲线.

(4) 如果对任何 $u_1 \neq u_1' \in C_{\Delta_1}$, 它们所产生的两条曲线 $C_{u_1}, C_{u_1'}$ 互不相交, 那么称 C_{Δ^2} 是一个**可展曲面**.

由此可知, 一个可展曲面是由一族曲线按一定的规则排列而成的. 这就是, 在直纹曲面中, 如果其中母线的直线变成一般的曲线, 那么这个直纹曲面就变成可展曲面.

G.3.3 曲面中的重要参数向量

在曲面的结构中, 除了直纹曲面和可展曲面的描述外, 还有更一般的参数向量.

1. 曲面的法向量

一个空间曲面如 (G.3.9) 式定义, $(u_0, v_0) \in \Delta^2$ 是一固定点, 由此定义该曲面在 $\boldsymbol{r}(u_0, v_0)$ 点处的法向量是

$$\boldsymbol{n} = \boldsymbol{n}(u_0, v_0) = \frac{\boldsymbol{r}_u'(u_0, v_0) \times \boldsymbol{r}_v'(u_0, v_0)}{|\boldsymbol{r}_u'(u_0, v_0) \times \boldsymbol{r}_v'(u_0, v_0)|}. \tag{G.3.16}$$

如果 $C = C(\Delta^2) = \{\boldsymbol{r}(u,v), (u,v) \in \Delta^2\}$ 是一固定曲面, $u(t), v(t)$ 是 t 的两个函数, 那么

$$C_{\Delta_0} = \{\boldsymbol{r}[u(t), v(t)], t \in \Delta_0\} \tag{G.3.17}$$

是在曲面 $C(\Delta^2)$ 内运动的曲线.

因此曲线 C_{Δ_0} 是一复合函数 $\boldsymbol{r}[u(t), v(t)], t \in \Delta_0$, 它的导数就是

$$\dot{\boldsymbol{r}} = \frac{d\boldsymbol{r}}{dt} = \boldsymbol{r}_u'\dot{u} + \boldsymbol{r}_v'\dot{v}. \tag{G.3.18}$$

这时弧长的微分公式是

$$ds^2 = d\boldsymbol{r}^2 = \boldsymbol{r}_u^2 du^2 + \boldsymbol{r}_u\boldsymbol{r}_v dudv + \boldsymbol{r}_v^2 dv^2. \tag{G.3.19}$$

2. 曲面的第一基本形式

在曲面的结构中, 经常采用记号

$$E = \dot{r}_u^2, \quad F = \dot{r}_u\dot{r}_v, \quad G = \dot{r}_v^2. \tag{G.3.20}$$

这时

$$\begin{cases} I = ds^2 = dr^2 = Edu^2 + 2Fdudv + Gdv^2, \\ \dot{s}^2 = \left(\dfrac{ds}{dt}\right)^2 = \dot{r}^2 = E\dot{u}^2 + 2F\dot{u}\dot{v} + G\dot{v}^2, \end{cases} \tag{G.3.21}$$

这就是**曲面的第一基本形式**.

曲面中, 有关弧长、曲面面积的计算公式有

(i) 当 $t \in [t_0, t_1]$ 时的弧长公式: $s = \displaystyle\int_{t_0}^{t_1} \sqrt{\dot{r}}dt$.

(ii) 面积的微分公式: $dA = |\dot{r}_u \times \dot{r}_v|dudv$.

(iii) 在区域 $B \subset \Delta^2$ 中的面积公式: $A = \displaystyle\int_B \sqrt{EG - F^2}dudv$.

3. 曲面的曲率等参数

我们已经给出了曲面的法向量、曲面面积、第一基本形式等定义, 现在继续讨论其中的参数和性质.

(1) 在曲面 $C(\Delta^2) = \{r(u, v), (u, v) \in \Delta^2\}$ 中, 如果 (u, v) 是参数 $t \in \Delta_0$ 的函数, 则产生曲面曲线 $C_{\Delta_0} = \{r[u(t), v(t)], t \in \Delta_0\}$. 该曲线的导数是

$$\begin{cases} r_t' = r_u'u' + r_v'v', \\ r_t'' = r_{u^2}''(u')^2 + 2r_{u,v}''u'v' + r''(v')^2, \end{cases} \tag{G.3.22}$$

其中 $r' = r_t', r'' = r_t''$ 分别是 r 关于 t 的一、二阶导数, r_u', r_v' 分别是 r 关于 u, v 的偏导数, 而 u', v' 分别是 u, v 关于 t 的导数.

这时有关系式 $r_t'' \perp r_t'$ 成立.

(2) 在曲面曲线 C_{Δ_0} 的 $r[u(t), v(t)]$ 点处, r_t'' 在法向量 n 的投影

$$\kappa_n = nr'' = nr_{u^2}''(u')^2 + 2nr_{u,v}''u'v' + nr''(v')^2 \tag{G.3.23}$$

是曲面在 r 点、沿切向量 n' 方向的法曲率.

(3) 现在讨论法曲率的基本性质.

记 $r = r[u(t), v(t)], r_1 = r[u(t + \Delta t), v(t + \Delta t)]$ 是曲面上的两个点, 记

$$\delta = (r_1 - r)n = \{r[u(t + \Delta t), v(t + \Delta t)] - r[u(t), v(t)]\}n, \tag{G.3.24}$$

那么由泰勒公式可以得到

$$r_1 - r = r'\Delta t + \frac{1}{2}(r''\Delta^2 t + \epsilon), \tag{G.3.25}$$

其中 ϵ 是个无穷小量, 因此得到

$$\delta = \frac{1}{2}(\boldsymbol{r}''\boldsymbol{n} + \epsilon)\Delta^2 t. \tag{G.3.26}$$

这时称 $II = (\boldsymbol{r}''\boldsymbol{n})\Delta^2 t$ 是曲面 $C(\Delta^2)$ 在 $\boldsymbol{r}$ 的第二基本式, 定义

$$\kappa_n = \frac{II}{I} = \frac{Ldu^2 + 2Mdudv + Ndv^2}{Edu^2 + 2Fdudv + Gdv^2}, \tag{G.3.27}$$

其中的 E, F, G 在 (G.3.20) 式中定义, $L = \boldsymbol{r}_{uu}, M = \boldsymbol{r}_{uv}, N = \boldsymbol{r}_{vv}$.

该式表示曲面在沿 du, dv 的切线的法方向.

关于曲面的几何结构性质还有许多讨论, 我们在此不详细展开.

关于曲面的理论内容十分丰富, 主要涉及内容有微分几何、几何计算、信息几何等. 我们不打算全面展开这些理论的讨论. 在本节中我们只讨论其中的插入拟合逼近问题.

G.4 曲面的插入拟合逼近

关于曲面的插入拟合逼近问题是曲线理论的推广, 我们已经给出曲面结构的曲线分解. 因此, 关于曲面的插入拟合逼近就看对这些分解后的曲线进行插入拟合逼近即可. 为了简单起见, 我们只采用三阶多项式的插入拟合逼近的方法进行讨论、说明.

我们现在把曲线的插入拟合逼近理论推广到曲面的插入拟合逼近的情形, 为此先给出它们的描述记号.

1. 曲面的插入点张量

记 $\boldsymbol{r}(u,v), u \in \Delta_1 = [a,b], v \in \Delta_2 = [c,d]$ 是一个空间曲面, 其中 $\boldsymbol{r} = (r_1, r_2, r_3)$ 是一个向量函数.

记 $\Delta^2 = [a,b] \times [c,d], a < b, c < d$ 是一个平面区域. 它的**插入点张量**记为

$$\begin{cases} u^{n_1+1} = (u_0, u_1, \cdots, u_{n_1}), \\ v^{n_2+1} = (v_0, v_1, \cdots, v_{n_2}), \end{cases} \tag{G.4.1}$$

它们分别是在区间 $\Delta_1 = [a,b], \Delta_2 = [c,d]$ 上的插入点向量, 其中

$$\begin{cases} a = u_0 < u_1 < \cdots < u_{n_1-1} < u_{n_1} = b, \\ c = v_0 < v_1 < \cdots < v_{n_2-1} < v_{n_2} = d. \end{cases} \tag{G.4.2}$$

这里记 $\delta_{u,i_1} = [u_{i_1}, u_{i_1+1}], \delta_{v,i_2} = [v_{i_2}, v_{i_2+1}]$, 而

$$\delta_{i_1,i_2} = \delta_1 u, \quad i_1 \times \delta_{u,i_2} = [u_{i_1}, u_{i_1+1}] \times [v_{i_2}, v_{i_2+1}], \quad i_1 \in I_1, \quad i_2 \in I_2, \tag{G.4.3}$$

其中 $\begin{cases} I_1 = \{0, 1, \cdots, n_1 - 1\}, \\ I_2 = \{0, 1, \cdots, n_2 - 1\}. \end{cases}$

我们称由向量 (u^{n_1+1}, v^{n_2+1}) 或区域

$$\delta_{i_1, i_2} = \delta_1 u, \quad i_1 \times \delta_{u, i_2}, \quad i_1 \in I_1, \quad i_2 \in I_2$$

产生的数据是曲面自变量参数的插入数据的小区域网格.

现在由小区间集合 $\delta_{x, i_1}, \delta_{y, i_2}$ 得到

$$\begin{cases} \Delta_{x, j_1} = \delta_{x, j_1}^{m_1} = \{\delta_{x, m_1 j_1}, \delta_{x, m_1 j_1 + 1}, \cdots, \delta_{x, m_1 j_1 + m_1 - 1}\}, \\ \Delta_{y, j_2} = \delta_{y, j_2}^{m_2} = \{\delta_{x, m_2 j_2}, \delta_{x, m_2 j_2 + 1}, \cdots, \delta_{x, m_2 j_2 + m_2 - 1}\}, \\ \qquad\qquad j_\tau = 0, 1, \cdots, k_\tau, \quad \tau = 1, 2, \end{cases} \tag{G.4.4}$$

其中 $m_\tau, k_\tau, \tau = 1, 2$ 都是非负整数, 而 $m_\tau, k_\tau = n_\tau$. 同样可以定义

$$\Delta_{j_1, j_2} = \Delta_{x, j_1} \times \Delta_{y, j_2}, \quad j_1 \in J_1, \quad j_2 \in J_2, \tag{G.4.5}$$

其中 $\begin{cases} J_1 = \{0, 1, \cdots, k_1 - 1\}, \\ J_2 = \{0, 1, \cdots, k_2 - 1\}. \end{cases}$

这时称 $\Delta_{j_1, j_2} = \Delta_{u, j_1} \times \Delta_{u, j_2}, j_1 \in J_1, j_2 \in J_2$ 是曲面自变量参数的插入数据的区域分块网格.

2. 曲面结构的曲线展开

对于曲面, 我们已经通过曲线族的展开进行描述.

(1) 如在可展曲面中, 我们已经给出准线 $C_0 = \{\vec{\rho}(u), u \in \Delta_1\}$ 的定义.

(2) 记 C_{Δ_1} 是由曲面 C_{Δ_2} 产生的曲线族, 如 (G.3.11) 式定义.

3. 曲面插入拟合的算法步骤

如果 $r(u, v), (u, v) \in \Delta^2 = [a, b] \times [c, d], a < b, c < d$ 是一个空间曲面的参数表达. 对该曲面作插入拟合的运算算法步骤如下.

算法步骤 G.4.1(拟合数据的产生)　　(1) 对区域 Δ^2 作自变量的插入数据的大小区域网格.

$$\begin{cases} \delta_{i_1, i_2} = \delta_{u, j_1} \times \delta_{u, j_2}, & i_1 \in I_1, i_2 \in I_2, \\ \Delta_{j_1, j_2} = \Delta_{u, j_1} \times \Delta_{u, j_2}, & j_1 \in J_1, j_2 \in J_2. \end{cases} \tag{G.4.6}$$

(2) 拟合数据的产生过程就是自变量的插入数据的大小区域网格上产生曲面数据的网格值.

(G.4.7) 式就是由 (u^{n_1+1}, v^{n_2+1}) 张量产生的空间曲面数据的网格张量值.

$$\boldsymbol{r}(u_{i_1}, v_{i_2}) = [r_1(u_{i_1}, v_{i_2}), r_2(u_{i_1}, v_{i_2}), r_3(u_{i_1}, v_{i_2})], \quad i_1 \in I_1, \quad i_2 \in I_2. \tag{G.4.7}$$

(3) 为了简单起见, 我们记 (G.4.7) 式中的

$$\boldsymbol{r}(u_{i_1}, v_{i_2}) = [r_1, r_2, r_3](u_{i_1}, v_{i_2}) = [x(u_{i_1}, v_{i_2}), y(u_{i_1}, v_{i_2}), z(u_{i_1}, v_{i_2})],$$

称

$$\theta^{n_1+1, n_2+1} = \{\theta(u_{i_1}, v_{i_2}), i_1 \in I_1, i_2 \in I_2\}, \quad \theta = x, y, z \tag{G.4.8}$$

或 $(x^{n_1+1, n_2+1}, y^{n_1+1, n_2+1}, z^{n_1+1, n_2+1})$ 是空间曲面数据的网格的拟合张量值.

算法步骤 G.4.2(关于准曲线的拟合参数)　(1) 对 (G.3.9) 式给出的曲面 $C = C(\Delta^2)$, 它的准线函数为 C_0, 我们采用 (G.3.5) 式的单参数表示式

$$\vec{\rho}(u, v) = \vec{\rho}[u(t), v(t)], \quad t \in \Delta_0 = [t_0, t_n], \quad t_0 < t_n. \tag{G.4.9}$$

(2) 对曲线 C_0 的参数区间 Δ_0 给出它的插入点向量 t^{n+1},

$$t_0 < t_1 < \cdots < t_{n-1} < t_n. \tag{G.4.10}$$

(3) 由此产生的曲面参数的拟合张量是

$$\theta^{n+1} = (\theta_0, \theta_1, \cdots, \theta_n) = [\theta(t_0), \theta(t_1), \cdots, \theta(t_n)]. \tag{G.4.11}$$

其中 $\theta = u, v, x, y, z$.

算法步骤 G.4.3(关于准曲线的拟合)　(1) 我们已经得到关于准线函数 C_0 和它的单参数 $t \in \Delta_0$ 的插入点向量 t^{n+1}, 它们满足关系式 (G.4.9).

(2) 由 Δ_0 的插入点向量 t^{n+1} 确定的拟合参数张量是

$$\begin{cases} \theta^{n+1} = (\theta_0, \theta_1, \cdots, \theta_n) \\ \quad = [\theta(t_0), \theta(t_1), \cdots, \theta(t_n)], \quad \theta = u, v, x, y, z. \end{cases} \tag{G.4.12}$$

(3) 曲线的拟合方程和 (G.2.2) 式相同, 这时

$$\boldsymbol{r}(t) = \boldsymbol{r}[u(t), v(t)] = \begin{cases} \boldsymbol{p}_1, & \boldsymbol{r}(t)在 t = 0 \text{ 时,} \\ \boldsymbol{p}_2, & \boldsymbol{r}(t)在 t = 1/2 \text{ 时,} \\ \boldsymbol{p}_3, & \boldsymbol{r}(t)在 t = 1 \text{ 时,} \\ \boldsymbol{p}_4, & = \dot{p}(t)在 t = 1 \text{ 时,} \end{cases} \tag{G.4.13}$$

其中

$$\boldsymbol{p}_\tau = (p_{\tau,1}, p_{\tau,2}, p_{\tau,3}), \quad \tau = 1, 2, 3, 4,$$

或 $\boldsymbol{p}_\tau = (x_\tau, y_\tau, z_\tau), \tau = 1, 2, 3, 4$.

(4) 空间三阶多项式曲线的函数方程是

$$\boldsymbol{r}(t) = \boldsymbol{a}_0 + \boldsymbol{a}_2 t + \boldsymbol{a}_2 t^2 + \boldsymbol{a}_3 t^3, \tag{G.4.14}$$

其中 $\boldsymbol{a}_\tau = (a_{\tau,1}, a_{\tau,2}, a_{\tau,3}), \tau = 1, 2, 3, 4.$

(5) 曲线的拟合方程 (G.2.2) 同样可以写成向量的形式, 这时

$$
\begin{cases}
\boldsymbol{a}_0 = \boldsymbol{p}_1, \\
\boldsymbol{a}_0 + \boldsymbol{a}_1/2 + \boldsymbol{a}_2/4 + \boldsymbol{a}_3/8 = \boldsymbol{p}_2, \\
\boldsymbol{a}_0 + \boldsymbol{a}_1 + \boldsymbol{a}_2 + \boldsymbol{a}_3 = \boldsymbol{p}_3, \\
\boldsymbol{a}_1 + 2\boldsymbol{a}_2 + 3\boldsymbol{a}_3 = \boldsymbol{p}_4.
\end{cases}
\tag{G.4.15}
$$

(6) 由上可知, 关于向量 $\boldsymbol{a}_\tau, \boldsymbol{p}_\tau, \tau = 1, 2, 3, 4$ 的关系方程和 (G.2.2) 式右边的方程组相同. 因此, 关于曲面拟合的基本方程组是

$$
\boldsymbol{a}^4 = \boldsymbol{p}^4 A, \tag{G.4.16}
$$

其中 A 矩阵由 (G.2.7) 定义, 而

$$
\begin{cases}
\boldsymbol{a}^4 = (\boldsymbol{a}_1, \boldsymbol{a}_2, \boldsymbol{a}_3, \boldsymbol{a}_4), \\
\boldsymbol{p}^4 = (\boldsymbol{p}_1, \boldsymbol{p}_2, \boldsymbol{p}_3, \boldsymbol{p}_4).
\end{cases}
\tag{G.4.17}
$$

(7) 于是, 准线 C_0 在插入点 t^{n+1} 关于变量 $[u(t), v(t)]$ 的拟合函数为

$$
\begin{cases}
\boldsymbol{u}^{n+1} = [\boldsymbol{u}(t_1), \boldsymbol{u}(t_2), \cdots, \boldsymbol{u}(t_n)], \\
\boldsymbol{v}^{n+1} = [\boldsymbol{v}(t_1), \boldsymbol{v}(t_2), \cdots, \boldsymbol{v}(t_n)].
\end{cases}
\tag{G.4.18}
$$

算法步骤 G.4.4(关于曲线族的拟合)　我们已经得到关于准线函数 C_0 的拟合计算, 关于参数 (u, v) 的拟合张量 $(\boldsymbol{u}^{n+1}, \boldsymbol{v}^{n+1})$ 如 (G.4.18) 式所给.

(1) 记

$$
C^{n+1}(\Delta_2) = \{C_0(\Delta_2), C_1(\Delta_2), \cdots, C_n(\Delta_2)\} \tag{G.4.19}
$$

是一组在曲面 $C(\Delta^2)$ 上的曲线.

(2) 每条曲线

$$
C_i(\Delta_2) = \{\boldsymbol{r}(u_i, v), v \in \Delta_2\}, \quad i = 0, 1, \cdots, n, \tag{G.4.20}
$$

其中每条曲线在插入点 $\boldsymbol{r}_0[u(t_i), v(t_i)]$ 通过准线 C_0.

这就是曲面中每条曲线 $C_i(\Delta_2)$ 的 $\boldsymbol{r}(u_i, v_i) = \boldsymbol{r}_0(u_i, v_i)$, 其中 $\boldsymbol{r}_0(u_i, v_i)$ 是准线 C_0 中关于插入点 $\boldsymbol{r}_0(u_i, v_i)$ 的取值.

(3) 在曲面 $C(\Delta^2)$ 中, 对每个固定的 $i \in I_0 = \{t_0, t_1, \cdots, t_n\}$, 关于曲线

$$
C_i(\Delta_2) = \{\boldsymbol{r}[u(t_i), v], v \in \Delta_2\} \tag{G.4.21}
$$

就存在和插入点 $v^{n+1} = [v(t_0), v(t_1), \cdots, v(t_n)]$ 的拟合问题. 这就是 (G.4.20) 中的 $C_i(\Delta_2)$ 的曲线函数和向量函数

$$C_i(v^{n+1}) = \{r[u(t_i), v], v = v_i, i = 0, 1, \cdots, n\} \tag{G.4.22}$$

的拟合问题.

(4) 关于 $C_i(\Delta_2)$ 和 $C_i(v^{n+1})$ 的拟合问题, 就是一般曲线的插入拟合, 对它们的插入运算算法我们已经给出.

由此得到关于曲面的插入拟合运算算法.

G.5 样条函数理论

我们已经给出曲线和曲面的插入拟合理论, 其中的基本思想是通过小区间或小区域及其中的多项式函数进行拟合和逼近. 在许多物理物体中, 对这种拟合和逼近还要求具有光滑性和弹性等物理性能.

因此, 样条理论是一种插入拟合的理论, 在此拟合过程中, 对小区间或小区域的分段、分片计算还要求它们在连接过程中具有光滑性、弹性的性质. 这就是样条函数的基本思路和思想.

在样条函数的构造中, 存在多种不同的理论和方法, 如 B-样条理论等.

G.5.1 样条函数概论

在力学和物理学中, 样条函数理论的产生相当于对均匀、细长、具有弹性物体的力学系统的分析.

1. 系统的分析

这就是对一个具有均匀、细长、具有弹性的物体系统做它的力学分析, 该系统的特点如下.

对该系统我们用一个空间曲线 $C = \{r(t), t \in \Delta = [a, b]\}$ 进行描述.

如果记 κ, s 分别是该曲线的曲率和弧长, 那么该曲线的应变能记为 $E = B \displaystyle\int_a^b \kappa^2 ds.$

关于曲率 κ 有多种不同的计算方法, 如

$$\kappa = \frac{\dfrac{d^2 y}{dx^2}}{\left[1 + \left(\dfrac{dy}{dx}\right)^2\right]^{3/2}}, \quad \vec{\kappa} = \frac{|\dot{r} \times \ddot{r}|}{|\dot{r}|^2}. \tag{G.5.1}$$

它们分别是平面曲线或一般空间曲线中的曲率函数.

因此, 对这种系统的分析首先就是对它的应力分析, 这就是在不同曲率函数条件下的应力计算和在不同条件下的最小化问题.

2. 三切矢方程

在一般情况下, 关于应力 $E = B \int_a^b \kappa^2 ds$ 的计算是困难的, 对此需要采用插入、拟合、逼近的方法.

(1) 对空间曲线 $C = \{r(t), t \in \Delta = [a, b]\}$, 同样可以给出它的插入向量 $t^{n+1} = (t_0, t_1, t_2, \cdots, t_n)$, 它们满足关系式 (G.1.12).

(2) 由这些插入点向量产生小区间、区间 $\delta_i, \Delta_j = \delta_j^m$, 如 (G.2.8) 式所给.

(3) 对该固定的曲线和插入向量 t^{n+1}, 我们采用三次多项式的埃尔米特插入拟合法进行计算.

(4) 该三次多项式的埃尔米特插入拟合法我们已经在 G.2 节中详细讨论, 其中的**基本方程组的解**是 $a^4 = p^4 A$, 矩阵 A 如 (G.2.7) 式所给, 而 a^4, p^4 向量分别在 (G.2.1), (G.2.2) 式中定义.

(5) 针对各种不同的应用问题, 可以设计曲线或曲面的边界条件和物体内部的动力学方程, 并由此对它们作拟合计算. 对此我们不再详细介绍和说明.

3. 样条函数的几种基本类型

在插入函数的选择时可以有几种不同的类型.

(1) **埃尔米特形式**.

在拟合多项式和曲线或曲面拟合时同时考虑曲线或曲面中的微分性质. 如在方程组 (G.2.2) 中, 多项式的拟合参数包含曲线的导数的取值.

(2) **幂基形式**.

在 (F.1.7), (F.1.10) 式中, 我们已经给出基本的拉格朗日多项式和由它产生的正交基

$$P_n(x), \quad n = 1, 1, 2, \cdots, \quad x \in [0, 1], \tag{G.5.2}$$

这时在作插入拟合计算时采用由这些正交基所组成的函数进行拟合.

如对多项式函数 $r(x) = a_0 + a_1 x + a_2 x^2 + \cdots + a_k x^k$, 可以用它的幂基函数取代, 这时取

$$r(x) = \vec{\alpha}_0 + \vec{\alpha}_1 P_1(x) + \vec{\alpha}_2 P_2(x) + \cdots + \vec{\alpha}_k P_k(x). \tag{G.5.3}$$

在 (G.5.3) 中的系数向量 $a^{k+1}, \vec{\alpha}_{k+1}$ 可以用正交变换的关系式对它们进行相互转换.

用 (G.5.3) 的多项式函数取代 (G.5.2) 的多项式来进行函数的拟合, 这就是**幂基法**.

4. B-样条理论

B-样条的英文名称是 Basic spline. 这里讨论区间 $\Delta = [a, b], a < b$ 上的函数, 该区间中的插入向量 t^{n+1} 仍然由关系式 (G.1.12) 确定, 由此产生小区间、区间 $\delta_i, \Delta_j = \delta_j^m$, 如 (G.2.8) 式所示.

定义 G.5.1(B-样条理论定义) 记 $S(t)$ 是区间 $\Delta = [a, b], a < b$ 上的函数, 如果它满足条件

(1) 记 $S \in C^{(k-1)}[a, b]$ 是一个 $k - 1$ 阶连续、可导函数;

(2) 记 S 在每个 δ_i 区间中是一个次数 $\leqslant k$ 的多项式.

这时称 S 是一个在区间 $\Delta = [a, b]$ 上关于插入点向量 t^{n+1} 的 k 次样条函数.

定义 G.5.2(函数的样条拟合的定义) 记 $f(t)$ 是区间 $\Delta = [a, b]$ 上的函数, S 是一个在区间 Δ 上关于插入点向量 t^{n+1} 的 k **次样条函数**, 如果它们满足关系式

$$f_i = f(x_i) = S(x_i), \quad i = 0, 1, \cdots, n, \tag{G.5.4}$$

那么就称 S 是函数 f 在区间 Δ 上关于插入点向量 t^{n+1} 的 k **次样条拟合函数**.

G.5.2 B-样条函数的构造

我们已经给出关于 f 函数的 k **次样条拟合函数**的定义, 现在讨论它们的构造问题.

这里 f 是区间的函数, 给定区间 Δ 的插入点向量 t^{n+1}, 那么它的 k 次样条拟合函数构造如下.

相应的**算法步骤**如下.

(1) 对固定的小区间 $\delta_i = [t_i, t_{i+1}]$, 定义

$$h_i = t_{i+1} - t_i, \quad f_{i,i+1} = \frac{f_{i+1} - f_i}{h_i},$$

其中 $f_i = f(t_i)$.

(2) 函数 S 在小区间 $\delta_i = [t_i, t_{i+1}]$ 上的取值是

$$\begin{cases} S(t) = f_{i-1} + f_{i-1,i}(t - t_{i-1}) + [a_i(t - t_{i-1}) + b_i(t - t_i)](t - t_{i-1})(t - t_i), \\ S''(t) = N_i, \quad i = 0, 1, \cdots, n. \end{cases} \tag{G.5.5}$$

(3) 由 (G.5.5) 式可以计算 $S(t)$ 的一、二阶导数为

$$\begin{cases} S'(t) = f_{i-1,i} + a_i[(t - t_{i-1}) + 2(t - t_i)](t - t_{i-1}) \\ \qquad\quad + b_i[2(t - t_{i-1}) + (t - t_i)](t - t_i), \\ S''(t) = a_i[4(t - t_{i-1}) + 2(t - t_i)] + b_i[2(t - t_{i-1}) + 4(t - t_i)]. \end{cases} \tag{G.5.6}$$

(4) 在 (G.5.6) 式中, 如果取 $t = t_i$ 或 $t = t_{i-1}$, 就可得到

$$\begin{cases} M_{i-1} = -2h_{i-1}a_i - 4h_{i-1}b_i, \\ M_i = 4h_{i-1}a_i + 2h_{i-1}b_i, \end{cases} \tag{G.5.7}$$

其中 $h_i = t_i - t_{i-1}$, 由此解得

$$a_i = \frac{M_{i-1} + 2M_i}{6h_{i-1}}, \quad b_i = -\frac{2M_{i-1} + M_i}{6h_{i-1}}. \tag{G.5.8}$$

这里 $S(t)$ 函数在 t_i 点左右连续, 而且是二阶导数连续的函数.

因此, 该样条函数的**拟合误差**如下:

$$\|f^{(k)} - S^{(k)}\|_\infty \leqslant c_k \|f^{(k)}\|_\infty h^{4-k}, \quad k = 0, 1, 2, 3, \tag{G.5.9}$$

其中 $\begin{cases} \|f\|_\infty = \mathrm{Max}\{|f(t)|, t \in \Delta\}, \\ h = \mathrm{Max}\{h_i = t_{i+1} - t_i, i = 0, 1, \cdots, n\}, \quad \text{而} \\ h' = \mathrm{Min}\{h_i = t_{i+1} - t_i, i = 0, 1, \cdots, n\}, \end{cases}$

$$c_0 = 5/384, \quad c_1 = 1/24, \quad c_2 = 1/8, \quad c_3 = (\beta + \beta^{-1})/2,$$

其中 $\beta = h/h'$.

附录 H 数值计算的有关应用问题

我们已经给出有关数值计算中的基本理论和方法, 现在就可利用这些理论和方法来讨论有关的应用问题.

这些应用问题内容很多, 我们在此只介绍其中有关的典型问题.

H.1 数 值 积 分

微分和积分计算是数学或计算数学中最基本的运算, 许多函数的积分计算是困难的或是不可能的, 因此需要用数值计算的方法做它们的近似计算.

H.1.1 数值积分中的基本方法

数值积分中的基本方法, 除了有典型的逼近、插入逼近法外, 还有一些特殊的方法, 如外推法、复合逼近和插入法、自适应算法等.

1. 数值积分中的一些常用记号

数值积分是讨论一个函数 $f = f(x), x \in \Delta$ 的积分运算, 它的积分值记为

$$I(f) = \int_a^b f(x)dx. \tag{H.1.1}$$

(1) 一个函数 $f_n = f_n(x), x \in \Delta$ 和 f 接近, 它的积分值是 $I(f_n)$, 这时记

$$e_n = |I(f) - I(f_n)| = \left| \int_a^b [f(x)f_n(x)]dx \right| \tag{H.1.2}$$

是函数 f_n, f 之间的积分误差.

(2) 数值积分的核心问题是对一个函数 f, 利用函数 f_n 求它的近似值 $I(f_n) \sim I(f)$.

当函数 f_n 作不同的选择时就产生不同的积分法.

这时在 $\Delta = [a,b]$ 区间上给出的插入点向量仍然记为 $x^{n_1} = (x_0, x_1, \cdots, x_n)$, 其中 $a = x_0 < x_1 < \cdots < x_{n-1} < x_n = b$.

2. 阶梯函数积分法

现在讨论**几种常用的积分法**, 其中最基本的是阶梯函数积分法.

称 f_n 是 Δ 的阶梯函数, 如果它满足关系式

$$f_n(x) = \sum_{i=0}^{n-1} a_i \chi_{\delta_i}(x), \quad \chi_{\delta_i}(x) = \begin{cases} 1, & x \in \delta_i, \\ 0, & \text{否则}. \end{cases} \tag{H.1.3}$$

这里的积分值是 $I(f_n) = \sum_{i=0}^{n-1} a_i h_i$, 其中 $k_i = x_{i+1} - x_i$.

如果取 $a_i = \dfrac{f(x_i) + f(x_{i+1})}{2}$, 那么

$$I(f_n) = \sum_{i=0}^{n-1} \frac{1}{2}[f(x_i) + f(x_{i+1})]. \tag{H.1.4}$$

3. 梯形函数积分法

阶梯函数是一种常数函数, 梯形函数是一种线性函数. 在 $\delta_i = [x_i, x_{i+1}]$ 区间内定义的局部梯形函数 $f_i(x), x \in \Delta$ 为

$$f_i(x) = \begin{cases} \dfrac{x_{i+1} - x}{x_{i+1} - x_i} f(x_i) + \dfrac{x - x_i}{x_{i+1} - x_i} f(x_{i+1}), & x \in \delta_i, \\ 0, & \text{否则}. \end{cases} \tag{H.1.5}$$

函数 f_i 的积分值是

$$\begin{aligned} I(f_i) &= \int_a^b f_i(x)dx = \int_{x_i}^{x_i+1} f_i(x)dx \\ &= \frac{f(x_i) + f(x_{i+1})}{2}(x_{i+1} - x_i) \\ &= \frac{h_i}{2}[f(x_i) + f(x_{i+1})]. \end{aligned} \tag{H.1.6}$$

由此定义 $F_n(x) = \sum_{i=0}^{n-1} f_i(x)$, 它的积分值是

$$\begin{aligned} I(F_n) &= I\left[\sum_{i=0}^{n-1} f_i(x)\right] = \sum_{i=0}^{n-1} I[f_i(x)] \\ &= \sum_{i=0}^{n-1} \frac{f(x_i) + f(x_{i+1})}{2}(x_{i+1} - x_i) = \frac{h_i}{2}[f(x_i) + f(x_{i+1})]. \end{aligned} \tag{H.1.7}$$

4. 辛普森 (Simpson) 积分公式 (又称抛物线积分公式)

这是一种二阶多项式函数积分近似公式.

在 $\Delta_j = \delta_{2j}^2 = [x_{2j}, x_{2j+1}, x_{2j+2}]$ 区间中, 取 $x_{2j+1} = (x_{2j} + x_{2j+2})/2$.

由此定义局部抛物线函数是 $f_j(x), x \in \Delta$, 如果 $x \in \Delta_j$, 那么取

$$f_j(x) = \frac{(x - x_{2j+2})(x - x_{2j+1})}{(x_{2j} - x_{2j+2})(x_{2j} - x_{2j+1})} f(x_{2j}) + \frac{(x - x_{2j})(x - x_{2j+1})}{(x_{2j+2} - x_{2j})(x_{2j+2} - x_{2j+1})} f(x_{2j+2})$$

$$+ \frac{(x - x_{2j})(x - x_{2j+2})}{(x_{2j+1} - x_{2j})(x_{2j+1} - x_{2j+2})} f(x_{2j+1}). \tag{H.1.8}$$

如果 x 不在 Δ_j 中, 那么 $f_j(x) = 0$.

函数 f_i 的积分值是

$$I(f_j) = \int_a^b f_j(x) dx$$

$$= \frac{x_{2j+2} - x_{2j}}{6} [f(x_{2j}) + 4f(x_{2j+2}) + f(x_{2j+1})]. \tag{H.1.9}$$

由此定义 $F_k(x) = \sum_{j=0}^{k-1} f_j(x)$, 它的积分值是

$$I(F_k) = I\left[\sum_{j=0}^{k-1} f_j(x)\right] = \sum_{j=0}^{k-1} I[f_j(x)]$$

$$= \sum_{i=0}^{n-1} \frac{x_{2j+2} - x_{2j}}{6} [f(x_{2j}) + 4f(x_{2j+2}) + f(x_{2j+1})]. \tag{H.1.10}$$

5. 积分值的误差估计

我们已经给出了关于积分值的多种近似计算方法, 现在就可对它们的逼近误差进行估计.

我们已经给出的积分公式分别是 0, 1, 2 级的函数 (也就是常数、线性和抛物型的函数). 我们分别把这些函数记为 f_0, f_I, f_{II}. 这些函数的计算公式已在 (H.1.4), (H.1.6), (H.1.8) 式中给出.

这些函数的积分值分别是 $I(f_0), I(f_I), I(f_{II})$. 由此产生的积分误差是

$$e_\tau = |I(f) - I(f_\tau)|, \quad \tau = 0, I, II. \tag{H.1.11}$$

如果 $f \in C^k(\Delta)$, 那么对这些函数的积分误差的估计式分别是

$$e_\tau = \left| \int_a^b [f(x) - f_\tau(x)] dx \right|, \quad \tau = 0, I, II. \tag{H.1.12}$$

由此得到

$$e_0 \leqslant \frac{b-a}{2} K_I, \quad e_I \leqslant \frac{(b-a)^2}{12} K_2, \quad e_{II} \leqslant \frac{(b-a)^3}{2880} K_3, \tag{H.1.13}$$

其中 K_1, K_2, K_3 分别是 $|f'(x)|, |f''(x)|, |f^{(4)}(x)|$ 在区间 Δ 中的最大值.

H.1.2   数值积分中的其他方法

我们已经给出了一些关于数值积分中的基本方法, 除此之外还有多种其他的方法.

1. 等距插入时的数值积分

等距插入时的数值积分就是插入的向量 $x^{(n+1)}$ 在 $h_i = x_{i+1} - x_i = \dfrac{b-a}{n}$ 时的积分计算.

(1) **闭牛顿-科茨法**. 这里取

$$\begin{cases} \ell_{n,i}(x) = \prod_{j \neq i} \dfrac{x - x_j}{x_i - x_j}, \\ L_n(x) = \sum_{i=0}^{n} f(x_i)\ell_{n,i}(x). \end{cases} \tag{H.1.14}$$

(2) **开牛顿-科茨法**. 在 (H.1.14) 式中, 我们已经给出 $\ell_{n,i}(x)$ 函数的定义, 这里取

$$\begin{cases} A_i^{(n)} = \displaystyle\int_a^b \ell_{n,i}(x)dx, \\ I(\hat{f}) = \sum_{i=0}^{n} A_i^{(n)} f(x_i). \end{cases} \tag{H.1.15}$$

这时称 $I(\hat{f})$ 就是 f 的**开牛顿-科茨积分**.

(3) 对于**闭、开牛顿-科茨积分**, 都有它们的积分值和误差公式. 对此在文献 [56] 中给出. 在此不再详细讨论.

2. 复合数值积分

我们已经给出多种数值积分的计算方法, 如梯形函数积分法、辛普森积分公式. 现在继续讨论这些算法.

这两种算法分别是一、二阶多项式的积分计算, 它们的积分值和积分误差分别在 (H.1.12) 式中给出, 利用复合积分理论可以得到更精确的近似结果.

如在梯形函数积分法中, 我们采用如下计算关系

$$I(f) = \int_a^b f(x)dx = \sum_{i=0}^{n-1} \int_{\delta_i} f(x)dx \sum_{i=0}^{n-1} \left\{ h/2 + [f(x_i) + f(x_{i+1})] - \frac{h^3}{12} f''(\xi_i) \right\}, \tag{H.1.16}$$

其中 $\xi \in \delta_i$. 这时 (H.1.16) 可写为

$$I(f) = I(f_{\mathrm{II}}) + E(f_{\mathrm{II}}), \tag{H.1.17}$$

其中 f_{II} 就是 f 的梯形积分函数.

如果采用

$$I_{\text{II}}(f) = \frac{h}{2}\left[f(x_0) + 2\sum_{i=1}^{n} f(x_i) + f(x_n)\right],\qquad(\text{H.1.18})$$

这就是 f 的复合梯形积分函数. 由此得到它的积分误差值是

$$e_{\text{II}} = -\frac{h^3}{12}\sum_{i=1}^{n} f''(\xi_i) = -\frac{(b-a)h^2}{12}\sum_{i=1}^{n} f''(\xi),\qquad(\text{H.1.19})$$

其中 $\xi \in \delta_i, \xi \in \Delta$.

这时的 e_{II} 是一个关于 h 的二阶无穷小量. 由此这种复合梯形积分函数关于积分值是收敛的 (或积分误差值趋向于零).

对于辛普森积分公式, 我们同样可以采用复合辛普森积分公式, 对此在文献 [86] 中给出, 在此不再详细讨论.

3. 外推积分法

外推积分法的基本思路是指在作积分近似计算时, 如果插入点向量发生变化, 相应的积分近似值可以递推进行, 而不必从头计算.

对固定的函数 $f(x), x \in \Delta = [a,b]$, 给出其中的插入向量 $x^{n_1} = (x_0, x_1, \cdots, x_n)$, 其中 $a = x_0 < x_1 < \cdots < x_{n-1} < x_n = b$.

这时取 $h_i = x_{i+1} - x_i = h = \dfrac{b-a}{n}$ 是一个固定的正数.

如果采用复合梯形积分法, 复合梯形积分值可以写为

$$T(h) = \frac{h}{2}\left[f(a) + \sum_{i=1}^{n-1} f(a + ih) + f(b)\right].\qquad(\text{H.1.20})$$

而相应的积分误差是 $e_n = -(b-a)h^2 f''(\xi)$, 其中 $\xi \in \Delta$.

在复合梯形积分法的计算中, 如果 n 的取值加大, 或 h 的取值变小, 那么有

$$T(h/2) = \frac{h}{2}\left[f(a) + \sum_{i=1}^{2n-1} f(a + ih/2) + f(b)\right].\qquad(\text{H.1.21})$$

在此计算式中, 对 i 的取值有奇偶值的区别, 这时 (H.1.21) 式可写为

$$T(h/2) = \frac{1}{2}t(h) + \frac{h}{2}\left\{\sum_{i=1}^{n} f[a + (2i-1)h/2]\right\}.\qquad(\text{H.1.22})$$

在此节点的计算中, 采用

$$a, a+h/2, a+h, a+3h/2, a+2h, \cdots, a+(2n-1)h/2, \quad a+nh = b,$$

这正是复合辛普森积分公式中的插入点. 这时它的积分值为

$$S(h/2) = \frac{h}{6}\{f(a) + 2[f(a+h) + f(a+2h) + \cdots + f(b-h)]$$

$$+ 4[f(a+h/2) + f(a+3h/2) + \cdots + f(b-h/2)] + f(b)\}. \quad \text{(H.1.23)}$$

由此得到外推积分法的一般表示

$$S(h/2) = \frac{1}{3}\left[4T(h/2) - T(h)\right]. \quad \text{(H.1.24)}$$

这就是梯形函数和复合辛普森积分公式的外推积分公式.

我们同样可对 $S(h/2), \cdots, S(h/4)$ 函数进行组合运算, 得到关于函数的 S 外推积分公式.

4. 外推积分法的一般表示

由上我们得到外推积分法的一般表示如下. 如果 $f \in C^{(2m+1)}(\Delta), h = (b-a)/n$, 这时记 $\tau_0 = \int_a^b f(x)dx$, 那么它的**复合梯形外推积分公式**是

$$T(h) = \tau_0 + \tau_1 h^2 + \cdots + \tau_m h^{2m} + \alpha_{m+1}(h)h^{2m+2}, \quad \text{(H.1.25)}$$

其中

$$\begin{cases} \tau_k = \dfrac{B_{2k}}{(2k)!}[f^{(2k-1)}(b) - f^{(2k-1)}(a)], \quad k = 1, 2, \cdots, m, \\[3mm] \alpha_{m+1}(h) = \dfrac{B_{2m+2}}{(2m+2)!}(b-a)f^{(2m+2)}(\xi), \end{cases} \quad \text{(H.1.26)}$$

其中 $\xi = \xi(h) \in \Delta$ 是与 B_{2k} 无关的常数. 而 B_{2k} 是伯努利数, 这时

$$B_2 = 1/6, B_4 = -1/30, B_6 = 1/42, B_8 = -1/3, \cdots.$$

这些性质在 [86] 中给出证明, 我们不再详细说明.

同样对外推积分法还有多种算法, 这些算法在 [86] 中给出, 我们不再详细说明.

H.2　数值代数计算法

关于线性空间、线性变换等理论, 我们已在附录 B 中给出了它们的介绍和讨论. 这部分内容也是数学理论中的基本内容, 其中的一些计算方法也是计算数学中的重要内容.

对这类计算问题, 我们统称为数值代数的计算理论. 在这些计算理论中, 除了存在多种常规的计算法外, 还有一些特殊的计算法. 这些计算法具有智能计算的一些特征, 如具有一些学习、收敛的特征.

在本节中, 我们介绍并讨论这些算法.

H.2.1 矩阵运算

1. 矩阵基本运算

记 R 是一个实数域 (或复数域 C), 一个在 $R(C)$ 域上定义的 $m \times n$ 矩阵记为

$$
A = \begin{bmatrix}
a_{1,1} & a_{1,2} & \cdots & a_{1,n} \\
a_{2,1} & a_{2,2} & \cdots & a_{2,n} \\
\vdots & \vdots & & \vdots \\
a_{m,1} & a_{m,2} & \cdots & a_{m,n}
\end{bmatrix}, \quad
B = \begin{bmatrix}
b_{1,1} & b_{1,2} & \cdots & b_{1,n} \\
b_{2,1} & b_{2,2} & \cdots & b_{2,n} \\
\vdots & \vdots & & \vdots \\
b_{m,1} & b_{m,2} & \cdots & b_{m,n}
\end{bmatrix},
$$

$$
C = \begin{bmatrix}
c_{1,1} & c_{1,2} & \cdots & c_{1,n} \\
c_{2,1} & c_{2,2} & \cdots & c_{2,n} \\
\vdots & \vdots & & \vdots \\
c_{m,1} & c_{m,2} & \cdots & c_{m,n}
\end{bmatrix}, \tag{H.2.1}
$$

其中 $a_{i,j}, b_{i,j}, c_{i,j} \in R$. 如果 $m = n$, 那么称矩阵 A 是一个 n 阶方阵.

对固定的 m, n, 记 R 中的全体 $m \times n$ 矩阵为 $\mathcal{L}_{m,n}$.

(1) 这时 $\mathcal{L}_{m,n}$ 是一个 R 上的线性空间, 这就是对任何 $A, B \in \mathcal{L}_{m,n}$, 任何 $\alpha, \beta \in R$, 总有 $\alpha A + \beta B \in \mathcal{L}_{m,n}$ 成立.

(2) 矩阵的积运算. 如果 A, B 分别是 $m \times n, n \times p$ 矩阵, 那么它们的积运算记为 $C = A \otimes B$, 这里的 C 矩阵是一个 $m \times p$ 矩阵, 其中

$$
c_{i,j} = \sum_{k=1}^{n} a_{i,k} b_{n,j}, \quad i = 1, 2, \cdots, m, \quad j = 1, 2, \cdots, p. \tag{H.2.2}
$$

(3) 矩阵的转置运算. 如果 A 是一个 $m \times n$ 矩阵, 那么它的转置运算记为 $B = A^{\mathrm{T}}$, 这里的 B 矩阵是一个 $n \times m$ 矩阵, 其中

$$
b_{i,j} = a_{j,i}, \quad i = 1, 2, \cdots, m, \quad j = 1, 2, \cdots, m. \tag{H.2.3}
$$

(4) 矩阵的共轭运算. 如果 A 是一个在 C 域中取值的 $m \times n$ 矩阵, 那么它的共轭运算记为 $B = A^*$, 这里的 B 矩阵是一个 $m \times n$ 矩阵, 其中 $b_{i,j} = a_{j,i}^*$ 是共轭复数.

(5) $1 \times n$ 或 $m \times 1$ 矩阵向量分别记为

$$
\boldsymbol{a} = a^n = (a_1, a_2, \cdots, a_n), \quad \boldsymbol{a}^{\mathrm{T}} = \begin{pmatrix} a_1 \\ a_2 \\ \vdots \\ a_n \end{pmatrix} \tag{H.2.4}
$$

矩阵 A 的行和列向量分别记为

$$\boldsymbol{a}_{i,\cdot} = a_i^n = (a_{i,1}, a_{i,2}, \cdots, a_{i,n}), \quad \boldsymbol{a}_{\cdot,j} = \begin{pmatrix} a_{1,j} \\ a_{2,j} \\ \vdots \\ a_{j,m} \end{pmatrix}. \tag{H.2.5}$$

因此有

$$A = a^{m \times n} = (\boldsymbol{a}_{\cdot,1}, \boldsymbol{a}_{\cdot,2}, \cdots, \boldsymbol{a}_{\cdot,n}) = \begin{pmatrix} \boldsymbol{a}_{1,\cdot} \\ \boldsymbol{a}_{2,\cdot} \\ \vdots \\ \boldsymbol{a}_{m,\cdot} \end{pmatrix}. \tag{H.2.6}$$

称 (H.2.6) 式是矩阵的行、列向量的分解表示.

2. 矩阵组合运算

由矩阵的基本运算组合产生矩阵组合运算. 矩阵的组合运算类型很多, 而且存在一系列的关系性质. 我们对此不一一说明.

3. 矩阵的行列式的定义

如果 A 是一个 n 阶方阵, 那么称 $\det(A)$ 或

$$\det(A) = \begin{vmatrix} a_{1,1} & a_{1,2} & \cdots & a_{1,n} \\ a_{2,1} & a_{2,2} & \cdots & a_{2,n} \\ \vdots & \vdots & & \vdots \\ a_{m,1} & a_{n,2} & \cdots & a_{m,n} \end{vmatrix} \tag{H.2.7}$$

是矩阵 A 的行列式. 关于行列式的计算式这样确定.

(1) 记 $N = \{1, 2, \cdots, n\}$ 是一个正整数的集合, $\sigma(N) = \{\sigma_1, \sigma_2, \cdots, \sigma_n\}$ 是一个关于集合 N 的置换运算, 这里 $\sigma_1, \sigma_2, \cdots, \sigma_n \in N$, 而且它们互不相同.

记集合 N 的全体置换运算为 Σ_n. 这时 Σ_n 中不同置换的数目有 $n!$ 个.

(2) 在集合 N 的置换运算中, 如果只有两个数 $i \neq j \in N$ 的位置发生对换, 那么这个置换运算就是一个对换运算.

(3) 任何置换运算总可分解成若干对换运算的积, 如果一个置换运算可分解成奇数个对换运算的积, 那么称这个置换运算是奇置换运算, 否则是偶置换,

(4) 任何置换运算的对换运算的分解式可以不同, 但它的奇偶性固定不变. 这时记 $s(\tau) = 1, 0$ 是置换 τ 的奇、偶特征数.

(5) 由此得到矩阵 A 的行列式的计算式是

$$\det A = \sum_{\sigma \in \Sigma_n} (-1)^{s(\sigma)} a_{2,\sigma_2}, \cdots a_{n,\sigma_n}, \tag{H.2.8}$$

其中 $s(\sigma)$ 是置换 σ 的奇、偶特征数.

4. 行列式的性质

由矩阵的结构和运算可以得到相应行列式的一系列性质.

(1) **关于数乘性质**. 如果 $\lambda \in R$, 那么记 $\begin{cases} \Lambda_i(A) = (\boldsymbol{b}_m^n), \\ \Lambda'_j(A) = (\boldsymbol{c}_m^n) \end{cases}$ 分别是矩阵 A 关于

行、列的数乘运算, 其中

$$b_{k,\cdot} = \begin{cases} \lambda a_{k,\cdot}, & k = i, \\ a_{k,\cdot}, & \text{否则}, \end{cases} \quad k = 1, 2, \cdots, m,$$

$$c_{\cdot,k} = \begin{cases} \lambda a_{\cdot,k}, & k = j, \\ a_{\cdot,k}, & \text{否则}, \end{cases} \quad k = 1, 2, \cdots, n, \tag{H.2.9}$$

这时 $\det[\Lambda_i(A)] = \det[\Lambda'_j(A)] = \lambda \det(A)$ 对任何 $i, j = 1, 2, \cdots, n$ 成立.

由此得到, $\det(\lambda A) = \lambda^n \det(A)$.

(2) 行列式为零的矩阵. 如果在矩阵 A 中, 有一行 (或列) 向量是零向量, 那么 $\det(A) = 0$.

如果在矩阵 A 中, 有不同的两行 (或列) 向量相同 (或成比例), 那么 $\det(A) = 0$.

(3) 行列式不变的矩阵运算. 矩阵 A 作以下运算, 它的行列式的取值不变.

转置矩阵的行列式的值不变.

矩阵中的行 (或列) 的位置交换运算.

矩阵中一行 (或一列) 和其他行 (或列) 相加的运算.

(4) A, B 是两个不同的 n 阶方阵, 如果它们只有一行 (或列) 不同, 其他的行 (或列) 都相同, 那么 $\det(A + B) = \det(A) + \det(B)$.

(5) A, B 是两个不同的 n 阶方阵, 那么 $\det(A \otimes B) = \det(A) \cdot \det(B)$.

5. 矩阵的代数余子式理论

(1) 一个 n 阶方阵 A 如 (H.2.1) 式所示, 在该方阵中除去第 i 行、第 j 列后, 得到一个 $n - 1$ 阶方阵, 记为 $A_{i,j}$.

(2) 方阵 $A_{i,j}$ 的行列式记为 $m_{i,j} = \det(A_{i,j})$, 为矩阵 A 的一个**余子式**.

称方阵 $b_{i,j} = (-1)^{i+j} m_{i,j}$ 是矩阵 A 的一个**代数余子式**.

(3) 由代数余子式产生的矩阵运算关系:

(i) 行列式的计算. $\det(A) = \sum_{j=1}^{n} a_{i,j} b_{i,j}$, 对任何 $i = 1, 2, \cdots, n$ 成立.

(ii) 逆矩阵计算. 如果 $\det(A) \neq 0$, 那么称方阵 A 是满秩的. 满秩矩阵的逆矩阵存在, 而且

$$A^{-1} = \frac{1}{\det(A)} \begin{bmatrix} b_{1,1} & b_{2,1} & \cdots & b_{n,1} \\ b_{1,2} & b_{2,2} & \cdots & b_{n,2} \\ \vdots & \vdots & & \vdots \\ b_{1,n} & b_{2,n} & \cdots & b_{n,n} \end{bmatrix} \tag{H.2.10}$$

是 A 的逆矩阵. 这时 $A \otimes A^{-1} = A^{-1} \otimes A = I$ 是幺矩阵.

(4) 线性方程组的求解. 一个线性方程组记为 $A\boldsymbol{x} = \boldsymbol{c}$, 对它的解讨论如下.

(i) 如果 $d = \det(A) \neq 0$, 那么称矩阵 A 是非退化的 (或非奇异的). 它的解由 Cramer 法则确定为

$$x_j = d_j/d, \quad j = 1, 2, \cdots, n, \tag{H.2.11}$$

其中 $d_j = \det(A_j)$, 而 A_j 是矩阵 A 中的第 j 列向量 $a_{\cdot,j}$ 被向量 $\boldsymbol{b}^{\mathrm{T}}$ 取代后的矩阵.

(ii) 如果矩阵 A 是非退化的, 那么它的解 (H.2.11) 是唯一确定的. 而且当 $\boldsymbol{b} = \boldsymbol{0}$ 时的解 $\boldsymbol{x} = \boldsymbol{0}$ 是唯一确定的.

H.2.2　矩阵的分块理论

为实现线性空间、矩阵代数中的一系列计算问题, 对矩阵的结构进行分析是关键. 矩阵的分块理论是矩阵结构中的重要组成部分.

矩阵分块的形式有多种, 这些分块结构反映了矩阵的结构特征, 也可以大大简化矩阵计算中的许多问题.

1. 分块矩阵的记号

关于矩阵 A, B, C 的记号我们已经在 (H.2.1) 式中给出, 现在讨论它们的分块问题.

(1) 记矩阵 A, B 分别是 $m \times n, p \times q$ 的矩阵, 为了简单起见, 我们先讨论矩阵 A 的分块问题.

(2) 记 $s \leqslant m, t \leqslant n$ 是两个正整数. 记 $\begin{cases} m^s = (m_1, m_2, \cdots, m_s), \\ n^s = (n_1, n_2, \cdots, n_s) \end{cases}$ 是两个正整数的向量. $m_1, m_2, \cdots, m_s, n_1, n_2, \cdots, n_t$ 都是正整数, 而且有关系式

$$m_1 + m_2 + \cdots + m_s = m, \quad n_1 + n_2 + \cdots + n_t = n \tag{H.2.12}$$

成立. 记

$$A = [A_{i,j}]_{i \in M, j \in N} = \begin{bmatrix} A_{1,1} & A_{1,2} & \cdots & A_{1,t} \\ A_{2,1} & A_{2,2} & \cdots & A_{2,t} \\ \vdots & \vdots & & \vdots \\ A_{s,1} & A_{s,2} & \cdots & A_{s,t} \end{bmatrix} \tag{H.2.13}$$

是一个 $s \times t$ 的分块矩阵, 第 s 行第 t 列子块是一个 $m^s \times n^t$ 的矩阵, 其中 $M = \{1, 2, \cdots, m\}, N = \{1, 2, \cdots, n\}$, 这些 (m, n, s, t, m^s, n^t) 是该分块矩阵中的参数指标, 它们的含义在 (H.2.13) 式中说明, 每个 $A_{i,j}$ 是一个 $m_i \times n_j$ 的矩阵.

称 (H.2.13) 式是矩阵 A 的一个 $m^s \times n^t$ 的**分块分解**.

(3) 对于矩阵 B 可以有它的 $p^k \times q^l$ 分解, 其中

$$\begin{cases} p^k = (p_1, p_2, \cdots, p_k), \\ q^l = (q_1, q_2, \cdots, q_l), \end{cases} \quad \begin{cases} p = p_1 + p_2 + \cdots + p_k, \\ q = q_1 + q_2 + \cdots + q_l. \end{cases} \tag{H.2.14}$$

(4) 两个分块矩阵 A, B 称为是同阶的, 如果在 (H.2.13), (H.2.14) 的表示式中, 有关系式

$$(s, t) = (k, l), \quad m^s = p^k, \quad n^t = q^l$$

成立.

两个分块矩阵 A, B 的同阶性, 不仅要求它们的分块矩阵的阶相同, 而且还要求每个子块矩阵的阶相同,

2. 分块矩阵的运算

关于矩阵的基本运算都可推广到分块矩阵的情形, 但条件和计算过程不同.

(1) 线性运算. 如果 $A = [A_{i,j}]_{i \in M, j \in N}, B = [B_{i,j}]_{i \in M, j \in N}$ 是两个阶数相同的分块矩阵, 那么它们之间存在线性运算

$$\alpha A + \beta B = [\alpha A_{i,j} + \beta B_{i,j}]_{i \in M, j \in N}, \tag{H.2.15}$$

其中 $\alpha A_{i,j} + \beta B_{i,j}$ 是普通的矩阵运算, 这些矩阵是 $m_i \times n_j$ 的.

(2) 对固定的参数指标 (m, n, s, t, m^s, n^t), 记 $\mathcal{L}(m, n, s, t, m^s, n^t)$ 是全体在 R 空间取值的, 具有指标 (m, n, s, t, m^s, n^t) 的分块矩阵. 那么 $\mathcal{L}(m, n, s, t, m^s, n^t)$ 是一个在 R 域上取值的线性空间.

(3) 转置运算、共轭运算. 矩阵的转置、共轭运算都可推广到分块矩阵的情形. 如 A 的共轭矩阵 $A^* = [A_{i,j}^*]_{i \in M, j \in N}$, 其中 $A_{i,j}^*$ 是 $A_{i,j}$ 的共轭矩阵.

矩阵的转置运算可仿 (H.2.3) 式定义, 由

$$A = A^n = (A_1, A_2, \cdots, A_n), \quad A^{\mathrm{T}} = \begin{pmatrix} A_1 \\ A_2 \\ \vdots \\ A_n \end{pmatrix} \tag{H.2.16}$$

产生分块行向量和分块列向量.

3. 分块矩阵的积运算

我们可以同样定义分块矩阵的积运算, 但有关记号比较复杂.

分别记 $A(m, n, s, t, m^s, n^t), B(m', n', s', t', (m')^{s'}, (n')^{t'})$ 是两个分块矩阵, 它们的指标不一定相同.

在分块矩阵 A, B 中, 如果它们的指标满足关系式

$$n = m', \quad t = s', \quad n^t = (m')^{s'}. \tag{H.2.17}$$

那么就可定义分块矩阵的积运算 $C = A \otimes B$. 这时的 C 是一个指标为 $(m, n', s, t',$ $m^s, (n')^{t'})$ 的分块矩阵, 记

$$C = [C_{i,j'}]_{i \in S, j' \in T'}, \quad S = \{1, 2, \cdots, s\}, \quad T' = \{1, 2, \cdots, t'\}. \tag{H.2.18}$$

其中 $C_{i,j}$ 是一个 $m_i \times n'_{j'}$ 的矩阵. 这时

$$C_{i,j'} = \sum_{j \in T} A_{i,j} \otimes B_{j,j'}, \quad i \in S, j' \in T'. \tag{H.2.19}$$

H.2.3 几种特殊的矩阵

在矩阵的构造中, 存在多种具有特殊结构的矩阵, 如对称、正定矩阵, 对角线和三角形矩阵, 正交矩阵或酉矩阵等. 它们在矩阵的构造和运算中有许多特殊的意义.

1. 对称、正定矩阵

矩阵 A 的定义和记号如 (H.2.1) 式所给. 当 $n = m$ 时, A 是一个方阵.

在方阵 A 中, 如果 $a_{i,j} = a_{j,i}$ 对任何 $i, j \in N$ 成立, 那么称 A 是一个对称矩阵.

记 $\boldsymbol{x}$ 是 R^n 中的非零向量, 如果总有关系式

$$\boldsymbol{x} A \boldsymbol{x}^{\mathrm{T}} = \sum_{i,j=1}^{n} a_{i,j} a_i a_j \geqslant 0 \tag{H.2.20}$$

成立, 那么称 A 是一个非负定矩阵.

对任何非零向量, 在 (H.2.20) 式中, 如果总有 $>$ 号成立, 那么称 A 是一个正定矩阵.

在第 3 章中, 我们已经给出由联想记忆产生的多种非负定矩阵, 对此不再重复说明.

2. 正定矩阵的判定

对固定的 n 阶方阵 A, 称 $A_k = [a_{i,j}]_{i,j=1,2,\cdots,k}$ 是 A 的一个 k 阶子主矩阵.

定理 H.2.1 (正定矩阵的判定定理) n 阶方阵 A 是正定 (或非负定) 的充要条件是对任何 $k = 1, 2, \cdots, n$, 总有 $\det(A) > 0$(或 $\geqslant 0$) 成立.

3. 正交矩阵、厄米矩阵和酉矩阵

对一个 n 阶的方阵 A, 我们已经定义它的逆矩阵和转置矩阵分别是 A^{-1}, A^{T}. 在此基础上定义如下概念:

(1) **正交矩阵**, 如果 $A^{-1} = A^{\mathrm{T}}$.

如果 A 是一个正交矩阵, 那么 $A \otimes = A^{\mathrm{T}} = A^{\mathrm{T}} \otimes = A = I$ 是一个幺矩阵.

(2) **酉矩阵**. 如果 A 是在复数域 C 中取值的矩阵, 这时记 $A^H = (A^*)^{\mathrm{T}}$ 为共轭、转置矩阵. 称 A 是一个酉矩阵, 如果 $A^{-1} = A^H$.

(3) **厄米矩阵**. 记 $A^H = (A^*)^{\mathrm{T}}$ 是 A 的共轭、转置矩阵. 这时称 A 是一个厄米矩阵, 如果 $A = A^H$. 因此厄米矩阵又称为自伴矩阵.

(4) **联想矩阵**. 记 $Z = [z_{s,t}]_{s=1,2,\cdots,m,t=1,2,\cdots,n}$ 是 R 空间中的一个 $m \times n$ 矩阵, 它的行向量为

$$\boldsymbol{z}_i = (z_{i,1}, z_{i,2}, \cdots, z_{i,n}), \quad i = 1, 2, \cdots, m.$$

这时取

$$a_{i,j} = \langle \boldsymbol{z}_i, \boldsymbol{z}_j \rangle = \sum_{k=1}^{n} z_{i,k} z_{j,k}, \quad i.j = 1, 2, \cdots, m, \tag{H.2.21}$$

那么称 $A = [a_{i,j}]_{i,j \in M}$ 是一个由矩阵 Z 产生的联想矩阵.

如果 A 是一个由矩阵 Z 产生的联想矩阵, 那么对任何 $\boldsymbol{b} = (b_1, b_2, \cdots, b_m) \in R^m$, 总有

$$\boldsymbol{b} A \boldsymbol{b}^{\mathrm{T}} = \sum_{i,j=1}^{m} a_{i,j} b_i b_j = \sum_{i,j=1}^{m} \left[\sum_{k=1}^{n} z_{i,k} z_{j,k} \right] b_i b_j$$

$$= \sum_{k=1}^{n} \left(\sum_{i,j=1}^{m} z_{i,k} z_{j,k} b_i b_j \right) = \sum_{k=1}^{n} \left(\sum_{i=1}^{m} z_{ik} b_i \right)^2 \geqslant 0 \tag{H.2.22}$$

成立. 因此任何一个由矩阵 Z 产生的联想矩阵 A 总是非负定的.

(5) **旋转矩阵**. 记 A 是一个 n 阶的方阵, 如果存在 $p < q \in N$, 使

$$a_{i,j} = \begin{cases} c, & i = j = p或i = j = q, \\ s, & i = p, j = q或i = q, j = p, \\ 1, & i = j \neq p或i = j = q, \\ 0, & 否则, \end{cases} \tag{H.2.23}$$

那么称 $P_{p,q} = [a_{i,j}]_{i,j \in N}$ 是一个初等旋转矩阵.

这时 $P_{p,q}^{\mathrm{T}} \otimes P_{q,p} = I$ 是幺矩阵, 因此 $P_{p,q}$ 是正交矩阵.

4. 有关正交矩阵的性质

(1) 关于正定矩阵的判定, 有以下定理成立.

定理 H.2.2 (正定矩阵的判定定理)　n 阶方阵 A 是正定 (或非负定) 的充要条件是 $\det(A_k) \geqslant 0$ (或 > 0), 对任何 $k = 1, 2, \cdots, n$ 成立.

(2) 关于正交矩阵, 有以下性质成立.

(i) 幺矩阵是正交矩阵.

(ii) 如果 A 是正交矩阵, 那么 A^{-1}, A^{T} 都是正交矩阵.

(iii) 如果 A 是正交矩阵, 那么 A 是非退化的, 而且 $\det(A) = 1$.

(iv) 如果 A, B 是同阶的正交矩阵, 那么 $A \otimes B$ 也是正交矩阵.

5. 有关酉矩阵的性质

(i) 幺矩阵是酉矩阵.

(ii) 如果 A 是正交矩阵, 那么 $A^{-1} = A^H$ 都是正交矩阵.

(iii) 如果 A 是正交矩阵, 那么 A 是非退化的, 而且行列式的模 $\|\det(A^H)\| = 1$.

(iv) 如果 A, B 是同阶的酉矩阵, 那么 $A \otimes B$ 也是酉矩阵.

6. 对角矩阵和三角矩阵

如果 A 是一个 n 阶的方阵, 则可以产生多种不同类型的矩阵.

(1) 对角矩阵. $a_{i,j} = \begin{cases} \lambda_i, & i = j, \\ 0, & 否则. \end{cases}$

在对角矩阵 A 中, 如果 $\lambda_1 = \lambda_2 = \cdots = \lambda_n = 1$, 那么 A 是一个幺矩阵.

(2) 上三角形矩阵. 如果 $i \geqslant j \in N$, 那么 $a_{i,j} = 0$.

(3) 下三角形矩阵. 如果 $i \leqslant j \in N$, 那么 $a_{i,j} = 0$.

(4) 对角占优矩阵. 如果 A 是 C 域中的方阵, 对任何 $i \in N$, 都有

$$|a_{i,i}| \geqslant \sum_{j \neq 1 \in N} |a_{i,j}|, \tag{H.2.24}$$

那么称矩阵 A 是一个对角占优矩阵.

如果在 (H.2.24) 式的不等式中, 存在严格的不等号成立, 那么称矩阵 A 是一个对角严格占优矩阵.

如果矩阵 A 是一个对角严格占优矩阵, 那么它一定是非退化的.

H.2.4 矩阵的变换理论

我们已经给出矩阵的一般构造和一些特殊矩阵的表示和性质. 现在进一步讨论它们的相互关系问题. 这些相互关系可以通过矩阵的变换进行表达. 而且通过这些关系的讨论可以确定这些矩阵的结构, 实现计算的简化.

1. 初等变换或初等矩阵

矩阵的变换可以通过相应的矩阵来表示, 因此我们把变换和矩阵作等同处理. 我们把变换矩阵统一记为 $E[e_{i,j}]_{i,j\in N}$, 其中有

(1) **行、列的交换运算**. 在矩阵 A 中, 第 i_0 行 (或列) 和第 $j_0(i_0 < j_0)$ 行 (或零) 中的数据发生交换运算. 这种运算的矩阵表示是

$$E(i_0, j_0): \quad e_{i,j} = \begin{cases} 1, & i = j \neq i_0, j_0, \\ 1, & i = i_0, j = j_0 \text{ 或 } i = j_0, j = i_0, \\ 0 & \text{否则.} \end{cases} \quad (\text{H.2.25})$$

(2) **行、列的数乘运算**. 在矩阵 A 中, 第 i_0 行 (或列) 中的数据和固定常数 α 相乘的运算. 这种运算的矩阵表示是

$$E[i_0(\alpha)]: \quad e_{i,j} = \begin{cases} 1, & i = j \neq i_0, \\ \alpha, & i = j = i_0, \\ 0 & \text{否则,} \end{cases} \quad (\text{H.2.26})$$

这时称 $E(i_0, j_0), E[i_0(\alpha)]$ 是矩阵 A 的初等变换. 它们都是非退化的.

2. 有关初等变换的性质

关于初等变换 (或初等矩阵) 存在一系列的性质如下.

(1) 矩阵变换的一般记号是 $E^k = (E_1, E_2, \cdots, E_k)$, 记

$$E(k) = (E_1 \otimes E_2 \otimes \cdots \otimes E_k).$$

如果在 E^k 中, 每个 E_i 是非退化的, 那么 $E(k)$ 是非退化的.

(2) 如果矩阵 A 是非退化的或是可逆的, 那么存在一组初等变换 $E^k = (E_1, E_2, \cdots, E_k)$, 使 $A = E(k)$.

(3) 如果 $A\boldsymbol{x} = \boldsymbol{b}$ 是一线性方程组, 那么对任何初等变换组 $E^k = (E_1, E_2, \cdots, E_k)$, 方程组 $A\boldsymbol{x} = \boldsymbol{b}$ 和方程组 $E(k)A\boldsymbol{x} = E(k)\boldsymbol{b}$ 有相同的解.

3. 相似变换或相似矩阵

如果 A, B 是两个 n 阶方阵, 存在一个奇异的 n 阶方阵 S, 使 $A = S^{-1}BS$ 成立, 那么称 A, B 是两个相似的矩阵 (或变换). 这时记 $A \sim B$.

关系式 $A \sim B$ 的以下性质成立.

(1) **自反性**. 即 $A \sim A$ 成立.

(2) **对称性**. 如果 $A \sim B$ 成立, 那么必有 $B \sim A$ 成立.

(3) **递推性**. 如果 $A \sim B, B \sim C$ 成立, 那么必有 $A \sim C$ 成立.

(4) **正交相似**. 在 $A = S^{-1}BS$ 的相似性定义中, 如果 $S = P$ 是个正交矩阵, 那么称矩阵 A, B 是**正交相似** (或**正交等价**) **矩阵**.

酉相似. 在 $A = S^{-1}BS$ 中, 如果 $S = U$ 是个酉矩阵, 那么称矩阵 A, B 是**酉相似** (或**酉等价**) **矩阵**.

4. 相似变换或相似矩阵

如果 A, B 是两个 n 阶方阵, 存在一个奇异的 n 阶方阵 S, 使 $A = S^{-1}BS$ 成立, 那么称 A, B 是两个相似的矩阵 (或变换). 这时记 $A \sim B$.

关系式 $A \sim B$ 的以下性质成立.

(1) **自反性**. 即 $A \sim A$ 成立.

(2) **对称性**. 如果 $A \sim B$ 成立, 那么必有 $B \sim A$ 成立.

(3) **递推性**. 如果 $A \sim B, B \sim C$ 成立, 那么必有 $A \sim C$ 成立.

(4) **正交相似**. 在 $A = S^{-1}BS$ 的相似性定义中, 如果 $S = P$ 是个正交矩阵, 那么称矩阵 A, B 是**正交相似** (或**正交等价**) **矩阵**.

5. 特征矩阵

如果 A 是一个 n 阶方阵,

(1) 称多项式 $p_A(\lambda) = \det(\lambda I - A)$ 是矩阵 A 的**特征多项式**.

(2) 在矩阵 A 的特征多项式 $p_A(\lambda)$ 中, 方程式 $p_A(\lambda) = 0$ 是矩阵 A 的特征方程式.

(3) 如果 A 是一个 n 阶方阵, 那么, 它的特征多项式 $p_A(\lambda) = 0$ 有 n 个根, 我们记特征向量:

$$\lambda^n = (\lambda_1, \lambda_2, \cdots, \lambda_n) \tag{H.2.27}$$

其中每个 λ_i 是矩阵 A 的**特征根**.

H.2.5　矩阵的特征变换理论

我们已经给出矩阵的特征多项式、特征方程和特征根, 由此即可产生它的特征矩阵.

1. 特征矩阵

对固定的 n 阶方阵 A, 它的特征向量 λ^n 在 (H.2.27) 式中定义.

(1) 对每个特征根 $\lambda_i \in \lambda^n$, 方程组 $Ax = \lambda_i x$ 有解.

(2) 如果向量 p_i 是特征根 λ_i 的特征向量, 而且取 $||p_i|| = 1$, 那么称由这些特征向量组成的矩阵是一个**特征矩阵**.

这时记矩阵 A 的特征矩阵为 $P = \begin{pmatrix} p_1 \\ p_2 \\ \vdots \\ p_n \end{pmatrix}$.

2. 特征矩阵的性质

(1) 对任何矩阵 A, 可以适当选择它的特征矩阵 P, 使该矩阵是一个正交基矩阵. 这就是关系式

$$\langle p_i, p_j \rangle = \begin{cases} 1, & i = j, \\ 0, & 否则. \end{cases}$$

(2) 如果 A 是一个实对称矩阵或复厄米矩阵, 那么它的特征向量 λ^n 是一个实数向量.

(3) 如果 A 是一个实对称矩阵或复厄米矩阵, 那么它的特征向量 λ^n 是一个实数向量.

(4) 如果 A 是一个实对称矩阵或复厄米矩阵, 那么存在正交矩阵或酉矩阵 P 或 U, 使关系式 $P^{-1}AP$ (或 $U^{-1}AU, U^H AU$) 是对角矩阵.

3. 有关特征矩阵的性质定理

我们已经给出**特征矩阵**的一些性质, 对此还有一些重要定理如下.

定理 H.2.3 (哈密顿-凯莱 (Hamilton-Cayley) 定理)   如果 A 是一个 n 阶的、在复数域 C 中取值的矩阵, 它的特征方程为 $p(\lambda)$, 记

$$p(\lambda) = \det(\lambda I - A) = \lambda^n - \left(\sum_{i=1}^n a_{i,1} \right) \lambda^{n-1} + \cdots + (-1)^n \det(A), \quad (\text{H.2.28})$$

那么有关系式

$$p(A) = A^n - \left(\sum_{i=1}^n a_{i,1} \right) A^{n-1} + \cdots + (-1)^n \det A \cdot I = \phi^n \quad (\text{H.2.29})$$

成立, 其中 ϕ^n 是 n 阶零方阵. 由此得到, 特征多项式的特征根的表示式为

$$p(\lambda) = (\lambda - \lambda_1)(\lambda - \lambda_2) \cdots (\lambda - \lambda_n) = \lambda^n - \left(\sum_{i=1}^n \lambda_i \right) \lambda^{n-1} + \cdots + (-1)^n \lambda_1 \lambda_1 \cdots \lambda_n.$$

$$(\text{H.2.30})$$

定理 H.2.4 (关于特征根的关系定理)　如果 $\lambda^n = (\lambda_1, \lambda_2, \cdots, \lambda_n)$ 是矩阵 A 的特征根, 那么以下关系式成立:

(1) $\sum_{i=1}^{n} \lambda_i = \sum_{i=1}^{n} a_{i,i} = \mathrm{tr}(A)$ (**矩阵的迹**).

(2) $\det(A) = \lambda_1 \lambda_1 \cdots \lambda_n$.

4. 矩阵若尔当标准形

若尔当 (Jordan) 标准形是一种特殊的分块矩阵, 它的定义如下.

$$J = \begin{bmatrix} J_1 & & \\ & \ddots & \\ & & J_r \end{bmatrix}, \quad J_i = \begin{bmatrix} \lambda_1 & & & \\ 1 & \lambda_2 & & \\ & \ddots & \ddots & \\ & & 1 & \lambda_i \end{bmatrix}, \quad (\text{H.2.31})$$

其中矩阵 J 是一个分块对角矩阵, 在对角线上的矩阵是 $J_1, J_2, \cdots, J_r$, 其中每个 J_i 是一个双对角线矩阵, 如 (H.2.31) 式所示.

定理 H.2.5 (矩阵的相似性定理)　任何矩阵 A 都和一个若尔当标准形相似. 这就是总有一个可逆矩阵 S, 使 $S^{-1}AS = J_A$ 成立, 其中 J_A 是一个若尔当标准形, 它的每个 J_i 中对角线上的 λ_i 的取值就是 A 的特征根的值.

5. 矩阵的范数理论

定义 H.2.1 (矩阵的范数的定义)　矩阵的范数的定义是指 $R^{n \times n} \to R$ 的映射 $||A|| \in R, A \in R^{n \times n}$, 它满足条件:

(1) $||A|| \geqslant 0$ 成立, 其中等号成立的条件是 $A = \mathbf{0}$ 是零矩阵.

(2) 对任何 $\alpha \in R, A \in R^{n \times n}$, 总有 $||\alpha A|| = \alpha ||A||$ 成立.

(3) 对任何 $A, B \in R^{n \times n}$, 总有 $||A + B|| \leqslant ||A|| + ||B||, ||AB|| \leqslant ||A|| \, ||B||$ 成立.

定义 H.2.2 (矩阵距离的定义)　如果 $A, B \in R^{n \times n}$, 那么称 $||A - B||$ 是 A, B 矩阵的距离.

定义 H.2.3 (常用矩阵范数的定义)　如果 R^n 是一个赋范向量空间, 其中向量的范数是 $||\boldsymbol{x}||$, 那么矩阵 (或变换) 的范数是

$$||A|| = \mathrm{Max}\left\{ \frac{||A\boldsymbol{x}||}{||\boldsymbol{x}||}, ||\boldsymbol{x}|| > 0 \right\} = \mathrm{Max}\{||A\boldsymbol{x}||, ||\boldsymbol{x}|| = 1\}. \quad (\text{H.2.32})$$

容易证明, 由 (H.2.32) 定义的 $||A||$ 符合矩阵范数的定义条件.

矩阵范数具有一系列的性质, 如连续性、收敛性等. 我们不再一一说明. 这时记

$$||A||_p = \mathrm{Max}\left\{ \frac{||A\boldsymbol{x}||_p}{||\boldsymbol{x}||_p}, ||\boldsymbol{x}||_p > 0 \right\} = \mathrm{Max}\{||A\boldsymbol{x}||_p, ||\boldsymbol{x}||_p = 1\}, \quad (\text{H.2.33})$$

其中 $p = 1, 2, 3, \cdots$, 而 $||\boldsymbol{x}||_p$ 是向量 $\boldsymbol{x}$ 的 p 范数.

H.3 线性方程组的求解理论

现在讨论线性方程组的求解理论, 这种求解方法有多种, 如消去法、矩阵变换理论等. 这些算法理论和矩阵的变换理论密切相关. 在本节中, 我们介绍其中的几种典型方法.

H.3.1 线性方程组的求解问题和高斯消去法

1. 线性方程组的求解

一个线性方程组记为 $A\boldsymbol{x} = \boldsymbol{b}$, 其中 $\begin{cases} A = [a_{i,j}]_{i,j \in N}, \\ \boldsymbol{x} = (x_1, x_2, \cdots, x_n), \\ \boldsymbol{b} = (b_1, b_2, \cdots, b_n). \end{cases}$ 现在讨论它的

求解问题.

高斯 (Gauss) 消去法. 在该线性方程组中, 可以通过消去法简化该方程组.

一个线性方程组 $A\boldsymbol{x} = \boldsymbol{b}$, 称和它具有相同解的线性方程组为等价线性方程组.

通过一些变换运算可以产生等价的线性方程组, 如对其中的任何一个方程乘一个非零数. 又如, 对其中的任何两个方程相加, 由此产生的新的方程组都是等价线性方程组.

高斯消去法就是在该线性方程组中, 对其中不同的方程进行数乘或加、减运算, 使方程组中每一列只保留一个非零系数.

由此得到一个线性方程组 $A'\boldsymbol{x} = \boldsymbol{b}'$, 它和线性方程组 $A\boldsymbol{x} = \boldsymbol{b}$ 是等价线性方程组.

而且在线性方程组 $A'\boldsymbol{x} = \boldsymbol{b}'$ 中, 矩阵 A' 每一行只有一个 $a'_{i,j_i} = 1$, 其余分量都为 0, 这时方程组的解释为 $x_{j_i} = b'_i$.

利用高斯消去法可以对矩阵 A 作三角分解. 如果 A 是一个非退化矩阵, 那么存在唯一的分解式 $A = LU$, 其中 L, U 分别是下、上三角形矩阵, 对其中不同的方程进行数乘或加、减运算, 使方程组中每一列只保留一个非零系数.

其他算法

除了高斯消去法外, 线性方程组还有多种其他算法, 如行列式求解法、主元素消去法、迭代法等, 我们不再一一列举.

2. 矩阵特征根的计算算法

记 A 是复数域 C 中的 n 阶方阵. 它的特征根是方程组 $A\boldsymbol{x} = \lambda\boldsymbol{x}$ 的解. 下面讨论 λ 的求解问题.

(1) **圆盘定理**, 又称盖尔 (Gerschgorin) 圆盘定理.

定理 H.3.1　　(1) 记 A 是一 n 阶复方阵, 它的特征根的取值范围是 $\lambda \in \bigcup_{i=1}^{n} D_I$, 其中

$$D_i = \left\{ z \in C, |z - a_{i,i}| \leqslant \sum_{j \neq i} |a_{j,j}| \right\}, \quad i \in N \tag{H.3.1}$$

是复平面中的圆.

(2) 在关系式 (H.3.1) 定义的圆盘 $D_i, i \in N$ 中, 如果记 S 是其中 $m \leqslant n$ 个圆盘的连通区域, 那么在区域 S 中包含 m 个特征根.

3. 特征根的扰动定理 (Bauer-Fike 定理)

(1) 在特征根的计算中, 如果 P 是 A 的特征矩阵, 那么有关系式

$$P^{-1}AP = D = \text{diag}(\lambda^n)$$

成立, 其中 $\text{diag}(\lambda^n) = \text{diag}(\lambda_1, \lambda_2, \cdots, \lambda_n)$ 是以 λ^n 向量为对角线的对角矩阵.

(2) 如果对矩阵 A 进行一个扰动, 记 μ 是矩阵 $A + E$ 的一个特征根, 那么以下定理成立.

定理 H.3.2 (Bauer-Fike 定理)　　如果记 μ 是矩阵 $A + E$ 的一个特征根, 那么有以下关系式成立:

$$\text{Min}\{|\lambda_i - \mu|\} \leqslant ||P^{-1}||_p ||P||_p ||E||_p = K_p(A)||R||_p, \tag{H.3.2}$$

其中 $||P^{-1}||_p ||P||_p = K_p(A)$ 是矩阵 A 的 p-条件数, 而 $||E||_p$ 是矩阵 E 的 p-范数.

由定理 H.3.2 可以得到以下推论.

推论 H.3.1　　如果 A 是一个 n 阶的实对称方阵, 它的特征根向量是 λ^n, 而 μ 是矩阵 $A + E$ 的一个特征根, 那么有关系式

$$\text{Min}\{|\lambda_i - \mu|\} \leqslant ||E||_2 \tag{H.3.3}$$

成立.

4. 矩阵的豪斯霍尔德变换

如果 $\boldsymbol{w} = (w_1, w_2, \cdots, w_n) \in R^n, ||\boldsymbol{w}||_2 = 1$. 由此定义矩阵

$$P_w = I - 2\boldsymbol{w}\boldsymbol{w}^{\mathrm{T}} \tag{H.3.4}$$

为豪斯霍尔德 (Householder) 矩阵或豪斯霍尔德变换, 简称 H-**变换**, 它的性质如下.

(1) 对称性. $P_w^{\mathrm{T}} = (I - 2\boldsymbol{w}\boldsymbol{w}^{\mathrm{T}})^{\mathrm{T}} = P_w$.

(2) 正交性. 这时有关系式

$$P_w^{\mathrm{T}} P_w = P_w P_w = (I - 2ww^{\mathrm{T}})(I - 2ww^{\mathrm{T}})$$
$$= I - 2ww^{\mathrm{T}} - 2ww^{\mathrm{T}} + 4w[w^{\mathrm{T}}w]w^{\mathrm{T}} = I$$

成立.

(3) 反射分解. 我们在 $n = 3$ 时, 说明该变换的几何性质.

记 S 是 w 的法平面. 对任何向量 $v \in R^3$, 有分解式 $v = v_1 + v_2$, 其中 v_1, v_2 分别是 v 在 S 和 w 中的投影向量.

容易验证, 关系式 $\begin{cases} P_w v_1 = v_1, \\ P_w v_2 = -v_2 \end{cases}$ 成立.

因此有 $P_w v = v_1 - v_2$ 成立. 这就是该变换对 S 平面中的向量保持不变, 而对 w 向量中的投影向量取相反方向的值.

对任何一般的 R^n 空间也有类似的情形, 因此称这种变换为**反射分解变换**.

称相应的矩阵 P_w 为**初等反射矩阵**.

(4) 反射分解的性质. 如果 P_w 是一反射分解变换. 对任何 $x \in R^n$, 记 $y = P_w x$, 有

$$\begin{cases} y = x - 2ww^{\mathrm{T}}x = x - 2(w^{\mathrm{T}}x)w, \\ y^{\mathrm{T}}y = x^{\mathrm{T}}P_w^{\mathrm{T}}P_w x = x^{\mathrm{T}}x. \end{cases} \tag{H.3.5}$$

由此得到 $\|y\|_2 = \|x\|_2$ 成立. 这只是性质 (3) 中有关反射分解的特征.

(5) 利用 H-变换, 对向量作正交分解的计算. 对任何 $x \in R^n$, 可以选择 $w \in R^n, \|w\|_2 = 1$. 而且可以确定 H-变换 P_w, 使 $P_w x = k e_1$ 成立, 其中 $k = \|x\|_2, e_1 = (1, 0, 0, \cdots, 0)^{\mathrm{T}}$.

这时的 w 满足关系式 $x - 2(w^{\mathrm{T}}x)w = k e_1$. 因此

$$w = (x - k e_1)/\|x - e_1\|_2. \tag{H.3.6}$$

H.3.2 矩阵的其他变换理论

在矩阵变换理论中, 除了 H-变换外, 其他的变换理论还有多种, 其中包括吉文斯 (Givens) 变换.

1. 吉文斯变换的定义

由吉文斯变换定义的变换矩阵是吉文斯矩阵. 一个 $J(i_0, k_0, \theta) = [j_{i,k}]_{i,k \in N}$, $i_0 < k_0$ 矩阵的定义如下:

$$j_{i,k} = \begin{cases} 1, & i = k \neq i_0, k_0, \\ c, & i = j = i_0, k_0, \\ s, & i = i_0, k = k_0, \end{cases} \qquad j_{i,k} = \begin{cases} -s, & i = k_0, k = i_0, \\ 0, & \text{否则}, \end{cases} \tag{H.3.7}$$

其中 $c = \cos\theta, s = \sin\theta$.

这时 $J(i_0, k_k, \theta)$ 是一个正交矩阵, 而且在 $n = 2$ 时, 有矩阵

$$J(1, 2, \theta) = \begin{bmatrix} c & s \\ -s & c \end{bmatrix}, \quad H = \begin{bmatrix} c & s \\ s & -c \end{bmatrix}.$$

它们都是 2 阶正交矩阵. 这种变换都是旋转变换, 因此又称为吉文斯旋转变换或吉文斯旋转矩阵.

2. 矩阵的 QR 分解算法

QR 分解是关于矩阵 A 的三角形矩阵的分解算法. 我们已经给出了矩阵的豪斯霍尔德变换的定义和它的投影性质. 在此基础上可以构造一系列的 H-变换 P_i 或它们的算法步骤如下.

(1) 关于矩阵 A, 我们作一系列的变换运算, 得到

$$A = A(0), A(1), \cdots, A(n), \tag{H.3.8}$$

其中 $A(t + 1) = P_i[A(t)]$, 而 P_i 是一个矩阵的豪斯霍尔德变换, 我们在下文中给出它们的定义.

(2) 对每个阵 $A(t) = [\boldsymbol{a}_1(t), \boldsymbol{a}_2(t), \cdots, \boldsymbol{a}_n(t)]$, 其中每个 $\boldsymbol{a}_i(t) = \begin{pmatrix} a_{1,i}(t) \\ a_{2,i}(t) \\ \vdots \\ a_{n,i}(t) \end{pmatrix}$

是矩阵 $A(t)$ 的列向量.

当 $t = 0$ 时, $A(0) = A$ 就是它们的初始矩阵. 由此构造 H-变换 P_1 如下:

P_1 变换使得

$$P_1[\boldsymbol{a}_1(0)] = k_1 \boldsymbol{e}_1 = k_1(1, 0, 0, \cdots, 0)^{\mathrm{T}} \tag{H.3.9}$$

成立.

由此得到矩阵 $A(1)$ 如 (H.3.8) 式所示. 这时在 $A(1)$ 矩阵的第一列的向量中, 除了 $a_{1,1}(1)$ 外, 其余分量都为 0.

由此, 在 $A(t), 1 \leqslant t \leqslant n - 1$ 矩阵已知的条件下, 计算 $A(t), 2 \leqslant t \leqslant n$ 的矩阵, 这时的 $A(t)$ 矩阵可以写成 4 个分块 $A(t) = \begin{pmatrix} A_{11}(t) & A_{12}(t) \\ A_{21}(t) & A_{22}(t) \end{pmatrix}$.

在 $A(t)$ 矩阵的 4 个分块 $A_{11}(t), A_{12}(t), A_{21}(t), A_{22}(t)$ 中, 它们分别是 $t \times t, t \times (n - t), (n - t) \times t, (n - t) \times (n - t)$ 的, 其中的 $A_{21}(t)$ 是零矩阵. 而

$$A_{22}(t) = [\boldsymbol{a}_1(t), \boldsymbol{a}_2(t), \cdots, \boldsymbol{a}_{n-t}(t)], \tag{H.3.10}$$

其中 $\boldsymbol{a}_i(t) = \begin{bmatrix} a_{t+1,i}(t) \\ a_{t+2,i}(t) \\ \vdots \\ a_{n,i}(t) \end{bmatrix}$ 是 $n-t$ 阶的列向量.

由此构造一个 $n-t$ 阶的 H-变换 $\tilde{P}_t$, 使它满足关系式

$$\tilde{P}_t[\boldsymbol{a}_{t+1}(t)] = k_1\boldsymbol{e}_1 = k_t(1,0,0,\cdots,0)^{\mathrm{T}}, \tag{H.3.11}$$

其中 $(1,0,0,\cdots,0)$ 是个 $n-t$ 阶的向量.

由此构造 H-变换矩阵为 $P_t = \begin{bmatrix} I_t & \Phi_1 \\ \Phi_2 & \tilde{P}_t \end{bmatrix}$, 其中 I_t, Φ_1, Φ_2 分别是 t 阶幺矩阵, $t \times (n-t), (n-t) \times t$ 的零矩阵. $\tilde{P}_t$ 由 (H.3.11) 式定义.

最后我们得到变换运算子 $P = P_{n-1}P_{n-2}\cdots P_1$ 是由 $n-1$ 个正交矩阵相乘得到的, 而且使 $PA = R$ 是一个三角形矩阵.

由此得到 $A = P^{-1}R = QR$, 其中 $Q = P^{-1}$ 是一个正交矩阵.

这时称 $A = QR$ 为矩阵 A 的 Q, R 分解, 其中 Q, R 分别是正交矩阵和上三角形矩阵.

可以证明, 这种分解式是唯一确定的.

H.3.3 特征根的计算方法

我们已经给出有关特征根变换的多种性质, 现在继续讨论它的计算算法.

1. 幂法原理

幂法是一种经典的特征根计算法, 有关原理和算法如下.

(1) 记 A 是 n 阶方阵, 它的特征根和特征向量分别是 $\begin{cases} \lambda^n = (\lambda_1, \lambda_2, \cdots, \lambda_n), \\ \boldsymbol{x}^n = (\boldsymbol{x}_1, \boldsymbol{x}_2, \cdots, \boldsymbol{x}_n), \end{cases}$

不失一般性, 我们取 $\lambda_1 > \lambda_2 \geqslant \cdots \geqslant \lambda_n$. 并取 λ_i 的特征向量为 $\boldsymbol{x}_i$.

(2) 取 $\boldsymbol{v}^{(0)} = \alpha_1\boldsymbol{x}_1 + \alpha_2\boldsymbol{x}_2 + \cdots + \alpha_n\boldsymbol{x}_n$, 其中 $\alpha_1 \neq 0$. 这时

$$A^k\boldsymbol{v}^{(0)} = \sum_{i=1}^n \alpha_i A^k\boldsymbol{x}_i = \sum_{i=1}^n \alpha_i\lambda_i^k\boldsymbol{x}_i$$

$$= \alpha_1\lambda_1^k\left[\boldsymbol{x}_1 + \sum_{i=2}^n \frac{\alpha_i}{\alpha_1}\left(\frac{\lambda_i}{\lambda_1}\right)^k\boldsymbol{x}_i\right]. \tag{H.3.12}$$

(3) 当 $k \to \infty$ 时, $\left(\dfrac{\lambda_i}{\lambda_1}\right)^k \to 0$.

(4) 对向量 $\boldsymbol{z} = (z_1, z_2, \cdots, z_n)$, 记 $\max(\boldsymbol{z}) = \max\{z_1, z_2, \cdots, z_n\}$. 这时 $\max(\boldsymbol{z}) = ||\boldsymbol{z}||_\infty$.

2. 幂法的算法步骤如下

对 $k = 1, 2, 3, \cdots$, 按此顺序递推计算.
对不同的 k, 依此顺序递推计算以下变量.

$$\boldsymbol{z}^{(k)} = A(\boldsymbol{v}^{(k-1)}), \quad m^{(k)} = \max \boldsymbol{z}^{(k)}, \quad \boldsymbol{v}^{(k)} = \boldsymbol{z}^{(k)}/m^{(k)}. \tag{H.3.13}$$

由此得到

$$\boldsymbol{v}^{(k)} = A\boldsymbol{v}^{(k-1)}/m^{(k)} = \cdots = A^k\boldsymbol{v}^{(0)}/[m^{(k)}m^{(k-1)}\cdots m^{(1)}]. \tag{H.3.14}$$

因为这时 $\max(\boldsymbol{v}^{(k)}) = 1$, 所以有

$$\boldsymbol{v}^{(k)} = A^k\boldsymbol{v}^{(0)}/\max[A^k(\boldsymbol{v}^{(0)})] \to \frac{\boldsymbol{x}_1}{\max(\boldsymbol{x}_1)}, \tag{H.3.15}$$

其中

$$A^k\boldsymbol{v}^{(0)} = \alpha_1\boldsymbol{x}_1 + \sum_{i=2}^n \alpha_i \left(\frac{\lambda_i}{\lambda_1}\right)^k \boldsymbol{x}_i \to \alpha_1\boldsymbol{x}_1.$$

另外, 在 (H.3.13) 的定义式中, 有

$$\boldsymbol{z}^{(k)} = A\boldsymbol{v}^{(k-1)} = AA^{k-1}\boldsymbol{v}^{(0)}/\max[A^{k-1}(\boldsymbol{v}^{(0)})],$$

$$m^{(k)} = \max(\boldsymbol{z}^{(k)}) = \frac{\max[A^k(\boldsymbol{v}^{(0)})]}{\max[A^{k-1}(\boldsymbol{v}^{(0)})]} \to \lambda_1, \tag{H.3.16}$$

其中

$$\max[A^k(\boldsymbol{v}^{(0)})] = \max \left(\alpha_1\lambda_1^k\boldsymbol{x}_1 + \sum_{i=2}^n \alpha_i\lambda_i^k\boldsymbol{x}_i\right).$$

所以有 (H.3.16) 式中的极限关系成立.

3. 幂法中的算法改进

在 (H.3.16) 式的极限关系式中, 所得到的极限式是

$$m^{(k)} = \lambda_1 \left[1 + O\left(\left|\frac{\lambda_2}{\lambda_1}\right|^k\right)\right] \to \lambda_1, \tag{H.3.17}$$

或 $|m^{(k)} - \lambda_1| \sim K\left|\dfrac{\lambda_2}{\lambda_1}\right|^k$, $m^{(k)} \to \lambda_1$ 的速度由 $\left|\dfrac{\lambda_2}{\lambda_1}\right|^k$ 确定. 这样就可得到提高了收敛速度的幂法计算算法.

在 (H.3.17) 式中, 我们已经得到 $m^{(k)} - \lambda_1 \sim Kr^k$, 其中 $r = \lambda_2/\lambda_1$. 由此得到 $\dfrac{m^{(k+1)} - \lambda_1}{m^{(k)} - \lambda_1} \sim \dfrac{m^{(k+2)} - \lambda_1}{m^{(k+1)} - \lambda_1}$. 因此

$$\lambda_1 \sim \tilde{\lambda}^{(k)} = \frac{m^{(k+2)}m^{(k)} - (m^{(k+1)})^2}{m^{(k+2)} - 2m^{(k+1)} + m^{(k)}} = m^{(k)} - \frac{(m^{(k+1)} - m^{(k)})^2}{m^{(k+2)} - 2m^{(k+1)} + m^{(k)}}.$$
$$(\text{H.3.18})$$

于是得到关于特征根 λ_1 的另一种估计式, 这种估计式具有更快的收敛性.

4. 反幂算法

在幂法的计算中, 我们给出了最大特征根 λ_1 的计算算法. 现在讨论其他特征根的计算问题.

在特征根的向量中, 我们取 $\lambda_1 \geqslant \lambda_2 \geqslant \cdots \geqslant \lambda_n$, 那么有

$$1/\lambda_1 \leqslant 1/\lambda_2 \leqslant \cdots \leqslant 1/\lambda_n.$$

这时 $1/\lambda_1, 1/\lambda_2, \cdots, 1/\lambda_n$ 就是矩阵 A^{-1} 中的特征根.

由此我们就可用类似的方法求出 $1/\lambda_n$. 这就是反幂算法.

对反幂算法同样有它的一系列计算公式, 我们不再一一说明.

在这些矩阵的计算中, 除了我们已给的 QR 分解法、幂法、反幂法外, 其他的类型还有很多, 如移动幂法、雅可比法等, 对这些算法我们不再一一列举.

附录 I 网络图论及其应用

在人工脑的讨论中, 涉及一个重要理论基础问题, 即网络图论及其应用问题.

图论是一门经典的数学理论, 它的基本内容我们在文献 [6] 中已有详细说明和介绍. 现在继续这些讨论, 并概述其中的一些内容和结果.

图论的一个重要应用是对网络结构的研究和分析. 我们继续这些讨论.

I.1 点线图理论概述

关于图论或点线图, 我们已在文献 [6] 中有详细讨论, 现在概述其中的有关要点.

I.1.1 点线图的一般定义和记号

我们这里的图就是点线图, 对其中的定义、名词和记号概述如下.

1. 图中的点和弧

点线图的一般记号为 $G = \{E, V\}$, 其中 E 为图中的全体点的集合, $e \in E$ 是图中的点. 而 V 是一个 E 中的点偶集合, 称 V 中的元 $v = (a, b), a, b \in E$ 为图中的弧.

(1) 关于图的类型有**有限图和无限图** (E 是有限或无限集合)、**有向图和无向图** (对 V 中的点偶, 有或无前后次序) 之分.

无向图中的弧 (a, b) 可以看作同时具有双向的弧 $a \Longleftrightarrow b$, 因此**无向图是一种特殊的有向图**. 从而, 我们可以用有向图的语言进行叙述.

如无特别声明, 本书讨论的图都是有限图, 这时记 $E = \{1, 2, \cdots, q\}$. 而把一般的无向图看作具有双向弧的有向图.

(2) 如果 $v = (a, b)$ 是图中的弧, 那么在 v, a, b 之间有**入弧、出弧、前端、后端 (首、尾端, 先导和后继)** 等名称和关系的定义, 对此不再一一说明.

(3) 点和弧都有阶的概念.

(i) 在无向图中, 点的阶就是和该点连接弧的数目, 因此点 e 的阶数可用正整数 p 表示. 没有弧连接的点为孤立点, 一阶点是图中的**根**或**梢点**, 二阶点是图中的**节点**. 如果点的阶大于或等于三时就称该点**具有分叉**.

(ii) 在超图中, 弧的概念可推广为**高阶弧**, 它由该弧和多个 (三个或三个以上) 点所组成.

(iii) 在有向图中, 和点连接的弧有入弧和出弧的区别, 因此需用两个正整数 (p, q) 表示, 它们分别是点 e 的入弧数和出弧数.

2. 图中的路

在点线图 $G = \{E, V\}$ 中, 它们有有向、无向的区别, 因此路的概念也有有向、无向的区别.

定义 I.1.1 (和路有关的定义)   在点线图 $G = \{E, V\}$ 中, 有以下定义:

(1) (相连弧的定义) 如果 $v = (a, b), v' = (a', b') \in V$ 是两条不同的弧, 称它们相连, 如果有其中一个端点相同 (无向图中), 其中一个弧的起点和另一个弧的终点相同 (有向图中).

(2) (路的定义) 若干相连的弧是**路**. 关于路, 可以产生一系列的名称和定义. 例如,

起点和终点	只有出弧、没有入弧的点是起点, 只有入弧、没有出弧的点是终点;
节点和孤立点	同时有入弧和出弧的点是节点, 没有入弧也没有出弧的点是孤立点;
起弧点和终弧	由起点引导的弧是起弧, 到达终点的弧是终弧;
内点 (或节点)	路中除了起点和终点以外的点为内点 (或节点);
内点 (或节点) 的节	节点中, 入弧和出弧的数目是该节点的节;
聚点、分叉点	有多条入弧的点是聚点, 有多条出弧的点是分叉点;
简单节点	不是聚点也不是分叉点的节点是简单节点;
全点 (或全弧) 路	经过图中所有点 (或弧) 的路是全点路 (或全弧路);
初等全点 (或全弧) 路	对每个点 (或弧) 只经过一次的全点路 (或全弧路), 是初等全点 (或全弧) 路;
干路	只有起点、终点和简单节点的路是干路;
回路	称起弧和终点相同的路为回路, 所有点都不相同的回路为圈.

$$(\text{I.1.1})$$

因此在干路和回路中有相应的全点路、全弧路、初等全点路或初等全弧路等定义. 初等全点路和初等全弧路又分别称为欧拉回路和哈密顿圈.

(3) (由起点和终点产生的路) 在点线图 G 中, 如果 $a, b \in E$, 那么有以下定义.

这时称 a, b 点在该图中是**连通的**, 如果在 G 中存在若干弧, 把 a, b 点连接. 另

外还有路族的定义, 如

$$\begin{cases} L_{a,b} : G \text{ 图中以 } a,b \text{ 为起点和终点, 而且不存在圈的路;} \\ \mathcal{L}_{a,b} : G \text{ 图中, 所有 } L_{a,b} \text{ 路 (所有以 } a,b \text{ 为起点、终点的路) 的集合;} \\ \mathcal{L}'_{a,b} : \mathcal{L}_{a,b} \text{ 中, 所有无公共内点的路 } L_{a,b} \text{ 的集合;} \\ \mathcal{L}''_{a,b} : \mathcal{L}_{a,b} \text{ 中, 所有无公共弧的路 } L_{a,b} \text{ 的集合.} \end{cases} \tag{I.1.2}$$

显然, 对固定的 $a,b \in E$, 有关系式 $\mathcal{L}'_{a,b} \subset \mathcal{L}''_{a,b}$ 成立, 它们可以从 $\mathcal{L}_{a,b}$ 中筛选得到, 因此可能是不唯一确定的.

这时称集合 $\mathcal{L}'_{a,b}$ 中的路是分离的, 而且称集合 $\mathcal{L}'_{a,b}, \mathcal{L}''_{a,b}$ 中路的最小数目是点 a,b 在 G 图中的**连通度**, 并记为 $\kappa_1(G,a,b), \kappa_2(G,a,b)$.

3. 网络系统容错性的概念

在网络系统中, 如果有若干元件出现故障, 这就是网络系统容错性的概念.

该容错性的概念在点线图 G 中可以通过点集合 E 的编码结构来实现. 这就是在集合 $E = \{e_1, e_2, \cdots, e_n\}$ 中, 它们的状态可以表示为状态向量 x^n, 这种状态向量的数据结构具有容错的能力, 它们可以通过编码的方式来实现.

4. 点、弧、图的阶

定义 I.1.2 (点和图的阶定义)　　在点线图 $G = \{E, V\}$ 中, $e \in E, v \in V$ 分别为图中的点和弧, 那么有以下定义.

(1) 如果 G 是无向图, 那么定义点的阶就是和它连接的弧的数目.

(2) 在无向图 G 中, 如果 $\Delta_G = \delta_G = p$, 那么称图 G 的阶是 p. 如果 $v = (a, b)$, 那么有关系式 $d_v = d_a + d_b - 2$ 成立, 其中 dv 是弧 v 的阶.

(3) 如果 G 是有向图, 那么定义 $\begin{cases} p_e \text{ 是以 } e \text{ 为终点的入弧的数目,} \\ q_e \text{ 是以 } e \text{ 为起点的出弧的数目,} \end{cases}$ 这时称

(p_e, q_e) 是点 e 的阶. 如果 $p_e = q_e = p$, 那么称点 e 的阶为 p.

(4) 对有向图 G, 可定义

$$\begin{cases} \Delta_{G,p} = \max\{p_e, e \in E\} \text{ 为该图最大的入弧阶,} \\ \delta_{G,p} = \min\{q_e, e \in E\} \text{ 为该图最小的出弧阶,} \\ \Delta_{G,q} = \max\{p_e, e \in E\} \text{ 为该图最大的入弧阶,} \\ \delta_{G,q} = \min\{q_e, e \in E\} \text{ 为该图最小的出弧阶.} \end{cases} \tag{I.1.3}$$

(5) 如果 $\Delta_{G,p} = \delta_{G,p} = p, \Delta_{G,q} = \delta_{G,q} = q$, 那么称 G 是一个 (p, q) 阶的图.

I.1.2　图的类型

1. 图的不同类型

记 $G = \{E, V\}, G' = \{E', V'\}$ 是两个不同的点线图, 由此产生不同类型图的定义如下.

(1) 全图、子图、倍图的定义.

$\left\{\begin{array}{ll} \textbf{全图} & \text{如果对任何 } a, b \in E, \text{ 都有 } (a, b) \in V \text{ 成立的图为全图;} \\ \textbf{子图} & \text{如果 } E' \subset E, V' \subset V \text{ 成立, 那么称 } G' \text{ 是 } G \text{ 的子图;} \\ \textbf{子全图} & \text{如果 } E' \subset E, V' \text{ 是 } E' \text{ 中全体点偶的集合, 那么称 } G' \text{ 是 } G \text{ 的子全图;} \\ \textbf{倍图} & \text{如果 } V = E' \text{ 成立, 那么 } G' \text{ 是 } G \text{ 的倍图,} \end{array}\right.$

$$(\text{I.1.4})$$

在子图的定义中, 还有真子图、补图等定义, 这就是说, 如果 G 是 G' 的子图, 而且 V 是 V' 的一个真子集合, 那么 G 是 G' 的真子图.

如果 G 是 G' 的子图, 而且 $E = E'$, 那么称 G 是 G' 的生成子图.

如果 G 是 G' 的生成子图, $G^* = \{E, V' - V\}$, 那么称 G^* 是 G 的补图.

(2) 关于子图类型的定义.

如果 $G_\tau = \{E_\tau, V_\tau\}, \tau = 1, 2$, 分别是 $G = \{E, V\}$ 的两个子图, $E_1 \cap E_2 = \varnothing$ 是空集, 而且 $E_1 + E_2 = E$, 那么称 G_1, G_2 是 G 的关于点集合分解的子图.

(3) 如果 G_1, G_2 是 G 的关于点集合分解的子图, 那么 $G' = \{E', V'\} = \{E_1 + E_2, V_1 + V_2\}$ 也是 G 的子图.

这时记 $V_3 = V - V_1 - V_2$, 记

$$E_3 = \{e \in E, \text{存在一个} v \in V_3, \text{使 } e \text{ 点是 } v \text{ 的端点}\},$$

这时 $G_3 = \{E_3, V_3\}$ 也是 G 的子图.

(4) 这时有关系式

$$G_1 \cup G_2 \cup G_3 = \{E_1 \cup E_2 \cup E_3, V_1 \cup V_2 \cup V_3\} = \{E, V\} = G$$

成立, 我们称子图 G_1, G_2, G_3 是图 G 的一个分解.

2. 树图、树丛图、干树图和干枝树图的定义

(1) 有关子图、树图的有关定义.

$\left\{\begin{array}{ll}\textbf{连通图} & \text{对于图中任何两点 } a,b \in E, \text{ 总是存在一条路 } L \text{ 将它们连接;} \\ \textbf{树丛图} & \text{不存在回路的图为\textbf{树丛图}, 因此它是一种特殊的图;} \\ \textbf{梢点和根} & \text{树图中, 没有入弧的点是\textbf{梢点}, 没有出弧的点是\textbf{根};} \\ \textbf{节点} & \text{树图中, 不是梢点或根的点是\textbf{节点};} \\ \textbf{树和树丛图} & \text{只有一个根的树丛图为\textbf{树图}, 否则是树丛图.} \end{array}\right.$

$$(\text{I}.1.5)$$

如果 G 是一个树图, 那么记 $G = T$. 在 (I.1.5) 式的定义中, 有关定义都是有向图中的定义, 在无向图中可类似定义.

(2) 连通片和连通分解的定义.

$\left\{\begin{array}{ll}\textbf{连通片} & \text{如果 } G' \text{ 是 } G \text{ 中的一个连通子图}, G' \text{ 和 } G \text{ 中的 } E - E' \text{ 都不连} \\ & \text{通, 那么称 } G' \text{ 是 } G \text{ 中的一个连通片;} \\ \textbf{连通片分解} & \text{如果 } G_1, G_2 \text{ 是 } G \text{ 中的两个连通子图, 它们之间的点互不连通,} \\ & \text{那么称 } G_1, G_2 \text{ 是 } G \text{ 中的一个连通分解.} \end{array}\right.$

$$(\text{I}.1.6)$$

(3) 割点和桥的定义.

如果 G 是连通图, e, v 分别是 G 中的点或弧, 从 G 中删除该点 e(也包括删除相关的弧) 或弧 v 后, 变成一个新图 G'.

如果在 G 中删除该点 e(或弧 v) 后, 新图 G' 变为不连通图, 那么称 e 就是 G 图中的一个割点 (或 v 就是 G 图中的一个桥).

3. 有关树图中的一些名称、定义和性质

性质 I.1.1　　G 图是树的等价条件是 G 中任意两点之间有而且只有一条路把它们连接.

定理 I.1.1　　以下条件相互等价.

(1) T 是树图.

(2) T 是连通图, 而且 $q(T) = p(T) - 1$, 其中 $q(T), p(T)$ 分别是图 T 中弧和点的数目.

(3) T 中无回路, 而且 $q(T) = p(T) - 1$.

(4) T 连通, 而且 T 中的每条弧都是桥.

(5) T 无回路, 而且对 T 中任何不相邻的两点 $a, b \in E$, 使 $T + (a, b)$ 有而且只有一条回路.

性质 I.1.2　　如果 T 是一个有限、有向树图 (或树丛图), 那么有一些性质成立.

(1) 在图 T 中, 至少有一个根, 它的全体根的集合记为 $E_0 = \{e_1, e_2, \cdots, e_m\}$, $m \geqslant 1$.

如果 $m = 1$, 那么 T 就是一个树图, 否则就是树丛图.

(2) 在有向树丛图 T 中, 它的每个点 $a \in E$, 它总可通过若干弧的连接达到一个根 $e_a \in E_0$, 这个根由点 a 唯一确定.

(3) 由此定义如下.

$$
\begin{cases}
\textbf{点 } a \textbf{ 的层次数} & a \text{ 到 } e| \text{ 的弧长}; \\
\textbf{树的高} & \text{树 (或树丛图) 中的最大层次数}; \\
\textbf{树 } T \textbf{ 的枝} & T_a \text{是树图中所有可以达到点 } a \text{ 的点和弧}.
\end{cases}
\tag{I.1.7}
$$

这时枝 T_a 是 T 的一个以 a 为根的子树图, 该子树图的高度就是该枝的高度.

(4) 这时该树根的层次树为零, 其他点 a 的层次就是该点到根的最长的路长. 在树图中, 从梢点到根的最大层次数是该树的高度.

在有向树图 T 中, 所有可以达到节点 $a \in E$ 的点和弧记为 T_a, 这时 T_a 是 T 的以 a 为根的子树图. 在子树图 T_a 中, 它的高度就是该枝的高度. 另外, 在有向树图中, 还有干树图和干枝树图的定义.

$$
\begin{cases}
\textbf{干树图} & \text{树图中除了根和梢点, 其他的点都是 } (1,1) \text{ 阶的点}; \\
\textbf{干枝树图} & \text{树图中每个节点所产生枝的长度不超过 } 2.
\end{cases}
\tag{I.1.8}
$$

4. 不同类型树图的结构 (图 I.1.1)

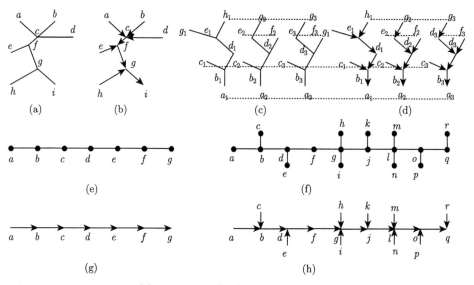

图 I.1.1　不同类型树图的结构示意图

对图 I.1.1 说明如下.

(1) 该图由 (a), (b), $\cdots$, (h) 这 8 个子图组成:

(a), (b) 分别是无向图和有向图, (c), (d) 分别是无向丛树图、有向丛树图, (e), (f), (g), (h) 分别是无向干树、无向干枝图、有向干树、有向干枝图.

(2) 从这些图中可以看到这些不同类型树图结构的基本特征, 如

(i) 图 (a) 是一个无向连通树图, 其中 a, b, d, e, h, i 是梢点 (阶数为 1), c, f, g 是节点, 它们的分叉数分别是 4, 3, 3. 在该图中任意取一点都可为根.

(ii) 图 (b) 是一个有向树图, 其中 a, b, d, e, h 是梢点, i 是根, c, f, g 是节点, 它们的分叉数分别是 $(3, 1), (2, 1), (2, 1)$.

(iii) 图 (c), (d) 分别是无向树丛图和有向树丛图, 其中每个树丛图由三个子树图组成, 每个子树图可以有不同的点和弧, 因此相应的梢点、根、节点和节点的分叉数也可不同.

(iv) 图 (e), (g) 分别是无向干树图和有向干树图, 它们共由 $a, b, \cdots, g$ 七个点组成. 在 (e) 图中, a, g 是梢点. 在 (g) 图中, a 是梢点, g 是根. 图 (f), (h) 分别是无向和有向干枝树图, 它们的定义已在定义 I.1.1 中说明.

(v) 图 (b), (d), (e), (h) 都是有向树图, 如果把它们弧的前后方向改变就是有向反树图.

5. 带环的图

在图的结构中, 经常出现环的结构, 因此需要对它们的结构进行考虑.

定义 I.1.3   在一般点线图中, 如果有一条路的起点和终点相同, 那么这条路形成一个环 (或回路). 环的结构有许多类型.

(1) 由干树图形成的环为单环, 这时环中的每个点 b 有而且只有两条弧和它连接 (两个分叉), 形成环中的一个 $a - b - c$ 结构. 这时称 a, c 是 b 相邻点. 在单环中, 每个点 b 除了两个相邻点 a, c 外, 其他的任何点都不可能和点 b 成弧.

(2) 单环可以按它的长度 (弧的条数) 来进行分类, 因此可以产生三、四、五阶的环, 它们相应的图形是三角形、四边形和其他多边形.

(3) 由干枝树图形成的环为单枝环, 它的干树图中的两个端点重合, 形成一个单环. 这时该单环中的每个点 b 可能有多个分叉, 如形成一个 $a-\overset{\displaystyle d}{\underset{|}{b}}-c$ 的结构. 这时称 a, b, c 是单环中的点, 而 d 是干枝树图中的端点 (或梢点).

(4) 在两个单环中, 如果存在公共点 a, 那么称这样的环为连通的环, a 是它们的连接点. 在连通的两个环中, 如果存在公共的弧, 那么称这两个环为具有重叠弧的环.

一般情形下, 干枝树图和环图是可以混合的, 如果干枝树图中有些点被环所取代, 那么这个干枝树图被称为带环的干枝图.

6. 不同类型的干枝树图

由此可见, 干枝树图有三种不同的类型, 即干树图、干枝树图和带环的干枝图. 它们的结构如图 I.1.2 所示.

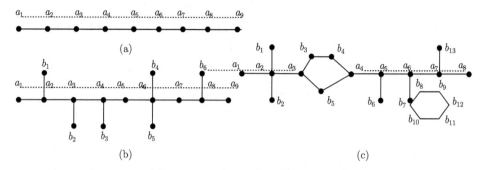

图 I.1.2   三种不同类型的干枝树图

对该图的类型和变化说明如下.

(1) 图 I.1.2(a) 是干树图, (b) 是干枝树图, (c) 是环和干枝树的混合结构, 其中 a_i 点是主干树图中的点, b_j 点是分叉弧上的端点.

(2) 在图 I.1.2(a) 中, 如果 a_1 和 a_9 点相同, 那么就形成一个单环, 它的长度是 8.

(3) 在图 I.1.2(b) 中, 如果 a_1 和 a_9 点相同, 那么就形成一个单枝环, 它的长度也是 8. 而 $b_1, b_2, \cdots, b_6$ 这些点是该干枝树图中的端点 (或梢点).

(4) 在图 I.1.2(c) 中, 如果 a_1 和 a_8 点相同, 那么就形成一个多环结构. 由此形成三个环, 在一个大环中包含两个小环.

在本书中, 我们用点线图来表达 NNS 的结构图, 对此在前面有详细讨论.

I.1.3   点线图的运算

点线图的结构可以通过它们的子图的关系进行分析.

1. 子图的并、交、差运算

定义 I.1.4 (子图的并、交、差运算)   如果 $G_1 = \{E_1, V_1\}, G_2 = \{E_2, V_2\}$ 是 G 的子图, 由此定义

(1) 称 G_1, G_2 是点 (或弧) 不交的, 如果它们之间没有公共的点 (或弧).

如果 G_1, G_2 是点不交的, 那么它们一定是弧不交的. 因此称点不交为不交的.

(2) 称 $G = G_1 \cup G_2$ 是图 G_1, G_2 的并, 如果 $G = \{E_1 \cup E_2, V_1 \cup V_2\}$.

如果 G_1, G_2 是不交的, 那么记 $G_1 \cup G_2$ 为 $G_1 + G_2$.

(3) 如果 $V_1 \cap V_2$ 是非空的, 那么 $E_1 \cap E_2$ 一定是非空的, 由此定义 $G = G_1 \cap G_2 = \{E_1 \cap E_2, V_1 \cap V_2\}$ 是图 G_1, G_2 的交.

2. 图的扩张和收缩

图的扩张 (或收缩) 是指在图 G 的基础上增加 (或删除) 一些点和弧的运算.

定义 I.1.5 (图的联)   如果图 G_1, G_2 是不交的, 那么在集合 E_1, E_2 之间的弧就是它们的联, 联也是一种图, 我们把它记为 $G_1 \vee G_2 = \{E_{1,2}, V_{1,2}\}$, 其中 $E_{1,2}$ 是 $E_1 \cup E_2$ 的子集合, 而 $V_{1,2}$ 中的弧 $v = (e_1, e_2)$, 其中 $e_1 \in E_1, e_2 \in E_2$.

由图的联可以产生图的一系列扩张运算, 如

(1) 不同图的**组合运算**. 如果图 G_1, G_2 是不交的, 这时通过联可以把它们组合成一个图, 这时 $G = G_1 + G_2 + G_1 \vee G_2$,

当图 G_1, G_2 固定时, 它们的联可以有多种不同的类型, 因此图 G_1, G_2 的组合有多种不同的结果.

(2) **弧的细化**. 在图 $G = \{E, V\}$ 中, 如果 $v = (a, b) \in V, c \notin E$, 这时用弧 $v_1 = (a, c), v_2 = (c, b)$ 来取代弧 v, 由此产生的图 $G' = \{E', V'\}$ 就是图 G 在弧 v 上的细化, 其中 $E' = E + c, V' = V - v + v_1 + v_2$.

因此弧的细化是图 G 和点 c 的联, 而且还包括弧 v 的删除运算.

定义 I.1.6 (图的删除运算)   如果在图 G 中删除和 G_1 有关的点和弧, 那么由此产生的子图记为 $G_2 = G - G_1$.

称 $\Delta(G_1, G_2) = G_1 \cup G_2 - G_1 \cap G_2$ 是 G_1, G_2 图的对称差.

定义 I.1.7 (图的分解定义)   (1) 如果 $G = G_1 \cup G_2 \cup \cdots \cup G_n$, 那么称图 G 是图 $G_1, G_2, \cdots, G_n$ 的组合, 或图 $G_1, G_2, \cdots, G_n$ 是图 G 的分解.

(2) 如果图 $G_1, G_2, \cdots, G_n$ 是不交的, 图 G 是它们的组合, 那么称这种组合是直和组合, 并记为 $G = G_1 + G_2 + \cdots + G_n$.

3. 树图的分解定理

利用点线图可以对分子结构进行描述和研究, 通过对树图的分解可以简化图结构的表达.

定理 I.1.2 (无向树图的分解定理)   一个无向树图 G 总可分解成若干干枝图的组合, 其中包括一个主干枝树图和其他若干次干枝子图, 在这些不同的干枝树图之间最多只有一个公共点, 该公共点一定是干枝树图的端点.

我们结合以下实例 (图 I.1.3) 对定理 I.1.2 作证明的实例分析.

该图共有 54 个点, 我们可先选择 1 和 11 作主干树图的两个端点, 由此得到一个主干树图:

$$T_0' = \{1 - 2 - 3 - 4 - 5 - 6 - 7 - 8 - 9 - 10 - 11\}. \tag{I.1.9}$$

T_0' 中的数字是图 I.1.3 中的点.

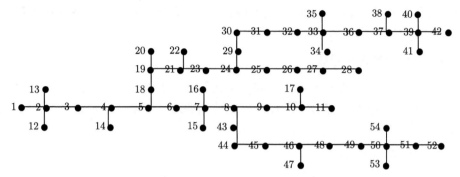

图 I.1.3　点线图组合和分解结构示意图

从 T_0' 中的点出发, 计算其中各点可能产生的新的分叉点、分叉数和分叉长度, 它们是

$$\left\{\begin{array}{l} \text{主干树图中的点 } T_0' \quad 1 \quad 2 \quad 3 \quad 4 \quad 5 \quad 6 \quad 7 \quad 8 \quad 9 \quad 10 \quad 11 \\ \text{每个点的分叉数} \quad 1 \quad 4 \quad 2 \quad 3 \quad 3 \quad 2 \quad 4 \quad 3 \quad 2 \quad 3 \quad 3 \\ \text{由分叉延伸的长度} \quad 0 \quad 1 \quad 0 \quad 1 \quad >1 \quad 0 \quad 1 \quad >1 \quad 0 \quad 1 \quad 0 \end{array}\right\}. \quad (\text{I.1.10})$$

在该主干树图 T_0' 中, 分叉延伸长度 $\leqslant 1$ 的点扩张称主干枝树图 T_0, 该图除了原来 T_0' 外, 再增加点 12, 13, 14, 15, 16, 17, 它们都是梢点, 而且和 T_0' 相连.

在该主干树图 T_0' 中, 分叉延伸长度 > 1 的点是 5 和 8, 由它们延伸产生的主干枝树图是 T_1', T_2', 它们分别是

$$\left\{\begin{array}{l} T_1' = \{5 - 18 - 19 - 21 - 23 - 24 - 28\}, \\ T_2' = \{8 - 43 - 44 - 45 - 46 - 48 - 49 - 50 - 51 - 52\}. \end{array}\right. \quad (\text{I.1.11})$$

对主干树图 T_1', T_2' 继续作扩张、延伸. 其中主干枝树图 T_2' 扩张成主干枝树图 T_2, 这就是在该图的点 46, 50 处有分叉点 47, 53, 54. 但这些分叉点没有继续延伸. 因此 T_2 构成一主干枝树图.

对主干树图 T_1' 继续作扩张、延伸. 由此产生主干树图 $T_1 = \{T_1' + 20, 22.$ 但在主干树图 T_1' 的点 24 上又产生主干树图 $T_3' = \{24 - 29 - 30 - 31 - 32 - 33 - 30 - 36 - 37 - 39 - 42\}$.

再将主干树图 T_3' 扩张、延伸, 由此产生主干树图 $T_3 = \{T_3' + 34, 35, 40, 41\}$.

由此将树图 G 分解成 T_0, T_2, T_1, T_3 这四条干枝树图的组合.

I.2　图理论的推广

图论是一种研究不同事物之间相互关系的理论, 因此有许多应用. 在本书中, 我们主要讨论它在网络结构中的应用. 在近代图论中, 对该理论中的概念和性质有许多推广.

在本章中我们介绍其中的一些新概念和它们的推广理论. 如图的**着色函数理论**、**超图**、**复合图论**等, 并讨论它们在网络结构中的应用.

I.2.1 点线图的着色函数

我们已经说明, 图论是研究不同事物之间相互关系的理论, 在不同的系统中, 它们的研究对象和相互关系是不同的, 因此需要进一步地描述和说明. 这就是**着色函数**的概念.

1. 点线图的着色函数

点线图的着色函数就是对点和弧的一些特性进行描述或表达.

$$f = f(e),\ e \in E, \quad g = g(v),\ v \in V$$

分别是集合 E, V 上的函数, 由此说明图中一个点和弧的特性.

在点线着色函数图 $G = \{E, V, (f, g)\}$ 中, 弧着色函数 $g = g(v) = g(e, e'), v = (e, e') \in V$ 是 $E \times E$ 的矩阵.

在点线图 G 中, 如果用 $A(G) = (a_{e,v})_{e \in E, v \in V}$ 表示图中点和弧的关系指标, 那么 A 就是图 G 的关联矩阵.

这时关联矩阵 A 是 $E \times V$ 的矩阵.

对不同类型的点线图, 它们的关联矩阵 A 有不同的表示法.

(i) 如在无向图 G 中, $a_{e,v} = \begin{cases} 0, & \text{如果 } e \text{ 不是 } v \text{ 的端点}, \\ 1, & \text{如果 } e \text{ 不是 } v \text{ 的一个端点}, \\ 2, & \text{如果 } e \text{ 是 } v \text{ 的两个端点}. \end{cases}$

(ii) 如在有向图 G 中, $a_{e,v} = \begin{cases} 0, & \text{如果 } e \text{ 不是 } v \text{ 的端点}, \\ 1, & \text{如果 } v \text{ 是 } a \text{ 的入弧}, \\ -1, & \text{如果 } v \text{ 是 } a \text{ 的出弧}. \end{cases}$

这时又称 $a_{e,v}$ 是图中点 e 和弧 v 的关系指标.

而关联矩阵 A 是图中点和弧的混合着色函数.

又如取 $g(e, e') = w_{e,e'}$ 是点 e, e' 之间连接的强度. 这也是 NNS 中的权系数.

2. 点线图的着色函数在多输出感知器中的表达

我们再以多输出感知器为例说明点线图的着色函数对 NNS 的描述或表达.

多输出感知器的点集合记为 $E = \{A, B\}$, 其中 $\begin{cases} A = \{a_1, a_2, \cdots, a_n\}, \\ B = \{b_1, b_2, \cdots, b_k\}, \end{cases}$

$a_1, a_2, \cdots, a_n, b_1, b_2, \cdots, b_k$ 是不同层次中的神经元.

记 $V = A \times B = \{(a_i, b_j), a_i \in A, b_j \in B\}$ 是多输出感知器全体弧的集合. 这时 $G = \{E, V\}$ 是多输出感知器 NNS(n, k) 的点线图.

多输出感知器 NNS(n,k) 的着色点线图记号为 $G = \{E, V, (f, g)\}$, 其中 $f = f(a), a \in E, g = g(v), v \in V$ 分别是点和弧着色函数. 它们分别是点集合 E, V 上的函数.

3. 多输出感知器

在 NNS(n,k) 的着色点线图 $G = \{E, V, (f, g)\}$ 中, 相应的点线着色函数定义如下:

$$\begin{cases} \text{输入状态向量 } x^n = (x_1, x_2, \cdots, x_n), \quad x_i \in X = \{-1, 1\}, \\ \text{神经元的阈值向量} = h^k = (h_1, h_2, \cdots, h_k), \\ \text{神经元的电势向量} = u^k = (u_1, u_2, \cdots, u_k), \\ \text{神经元的状态向量} = y^k = (y_1, y_2, \cdots, y_k), \end{cases} \quad (\text{I}.2.1)$$

其中 $E = \{A, B\}$ 是 G 图中点的集合, 而 x^n 是集合 A 中的着色函数, 且

$$(h^k, u^k, y^k) = ((h_1, u_1, y_1), (h_2, u_2, y_2), \cdots, (h_k, u_k, y_k))$$

是集合 B 中点 (或神经元 b_j) 的着色函数.

在 NNS(n,k) 中, 弧着色函数 $g(v) = w_{a_i, b_j} = w_{i,j}$ 是一个权矩阵函数.

由该着色函数 G_A, 可以得到 (I.2.1) 式中不同变量的相互关系, 这时

$$\begin{cases} \text{电势整合函数 } u_j = \sum_{i=1} w_{i,j} x_i, \\ \text{状态运动函数 } y_j = \text{Sgn}(u_j - h_j) = \text{Sgn}\left(\sum_{i=1} w_{i,j} x_i - h_j \right). \end{cases} \quad (\text{I}.2.2)$$

4. 对 HNNS 同样可以构造它们的着色点线图, 对此说明如下

仿 (I.2.1) 式, 对 HNNS 的点线着色图同样可以用 $G = \{E, V, (f, g)\}$ 表示, 其中 $E = \{e_1, e_1, \cdots, e_n\}$ 是一组固定的神经元, 而 $v = (e_i, e_j)$ 是由任意两个神经元所形成的弧.

在 HNNS 和它的神经元集合 E 中, 由此形成的状态向量、阈值向量、电势向量、状态运动向量的定义和 (I.2.1), (I.2.2) 式中的定义相同, 其中向量 $y^n = (y_1, y_2, \cdots, y_n)$ 是该系统中神经元的状态变化向量.

由此可知, 多输出的感知器和 HNNS 模型的运动特征是不同的, 前者是不同 NNS 的相互作用, 由此形成一个系统对另一个系统的作用, 而后者是系统内部神经元之间的相互作用, 因此形成该系统状态的运动会变化.

I.2.2 超图

超图的概念是点线图的推广, 它把弧的概念推广成一个多点集合, 该理论在多维空间图论中有一系列应用.

1. 超图的定义

定义 I.2.1 (超图的定义)　　称 $G = G^k = \{V^1, V^2, \cdots, V^k\}$ 是 R^n 空间中的一个 k 阶超图, 如果它满足以下条件.

k 是一个正整数, $V^\tau, \tau = 1, 2, \cdots, k$ 是一个 R^n 空间中的子集合的集合, 对它们的定义如下.

$V^1 = \{x_1^n, x_2^n, \cdots, x_{m_1}^n\}$ 是 R^n 空间中的向量的集合, 这时称 V^1 是超图 G 中点 (向量) 的集合, m_1 是这个超图中包含点的数目.

这时又记这个点 (向量) 的集合为 $A = V^1 = \{a_1, a_2, \cdots, a_{m_1}\} (a_i = x_i^n$ 是向量).

记 $A_{\tau,i} \subset A$ 是 A 的一个子集合, 它的元素数目是 $\tau = \| A_{\tau,i} \|$.

这时记 $V^\tau = \{A_{\tau.1}, A_{\tau.2}, \cdots, A_{\tau.m_\tau}\}$ 是不同的子集合 $A_{\tau,i} \subset A$ 的集合.

在集合 $V^\tau, \tau = 1, 2, \cdots, k$ 之间满足条件:

对任何 $1 \leqslant \tau < k, i \in \{1, 2, \cdots, m_\tau\}$, 在 $\tau' = \tau + 1$ 中总有一个 $j_i \in \{1, 2, \cdots, m_{\tau+1}\}$, 使 $A_{\tau,i} \subset A_{\tau+1, j_i}$ 成立.

2. 关于超图的说明

超图的背景是 R^n 空间中的多面体, 对其中的有关记号说明如下.

(1) R^n 空间中的多面体, 我们把它记为 Σ^n.

(2) 关于多面体, 在拓扑学中有内点和边界点的区别, 而边界点又有顶点、棱、边界三角形、边界多面体等一系列定义, 我们不再一一说明.

(3) 超图中的弧集合 $V^1, V^2, V^3, \cdots$ 中的弧就是多面体中顶点、棱、边界三角形 $\cdots\cdots$ 的集合.

(4) 在多面体 Σ^n 中, 一个较低阶的边界多面体 $A_{\tau,i}$, 一定是该多面体中由其中较高阶的边界多面体 $A_{\tau+1,j}$ 的交形成的.

3. 超图的意义

我们已经说明, 超图的背景是 R^n 空间中的多面体, 因此研究超图的目的之一就是研究 R^n 空间中有关多面体的结构, 它们是几何计算理论中的组成部分, 在此不再详细展开讨论.

I.2.3　复合图论

复合图论的概念是指图中的图, 有关定义和记号如下.

1. 母图 (或初始图)

这就是一个普通的点线图 $G = \{A, V\}$, 如果其中的点和弧具有更复杂的含义, 可以产生复合图, 称点线图 $G = \{A, V\}$ 是复合图的一个母图.

最简单的复合图就是图中的图, 它的表示、定义和记号如下.

在点线图 $G = \{E, V\}$ 中, 如果每个点 $a \in E$, 它代表一个图 $G_a = \{E_a, V_a\}$, 而弧 $v = (a, b) \in V$, 它代表图 G_a, G_b 之间的关系, 如图的联 $g_v = G_a \vee G_b$.

由此得到的复合图记为 $GG = \{(G_a, G_v), a \in E, v \in V\}$.

对此复合图也可用图着色函数表示, 这时 $GG = \{E, V, (f, g)\}$, 其中

$$
\begin{cases}
f(a) = G_a = \{E_a, V_a\}, & a \in E, \\
g(v) = G_v = G_a \vee G_b, & v = (a, b) \in V.
\end{cases}
\tag{I.2.3}
$$

这时称图 GG 是一个由母图 $G = \{E, V\}$ 产生 (或扩展) 的复合图, 其中的 G_a 是复合图 GG 中的子图, 而 G_v 是子图 G_a, G_b 之间的关联图.

2. 复合图的应用

我们已经说明, 图论是描述网络结构的有力工具. 在 (I.2.1) 式中, 我们已经给出多输出感知器 $NNS(n, k)$ 的点线着色图 $G = \{E, V, (f, g)\}$ 中的有关模型和记号的表示式. 现在利用复合图可以表示更复杂的 HNNS 模型.

我们已经说明, 在 NNS 中存在两类不同的 NNS 模型, 即多输出的感知器模型和 HNNS 模型, 它们的运动特征和相互作用是不同的, 它们的混合可以产生一个复杂的 NNS.

所谓复杂 NNS 是指在一个 NNS 中, 有许多神经元组成, 这些神经元构成多个不同的子系统, 在这些子系统中, 存在不同的子系统之间的相互作用, 也存在同一子系统内部神经元之间的相互作用.

对这种复杂 NNS 的结构需要通过复合图的方法进行描述.

3. 多重 HNNS 的表达

我们已经说明, 在人或生物的 NNS 中包含多个 HNNS, 因此是个多重自动机的模型, 所以是一个复杂的 NNS, 对这种系统需要通过复合图来进行描述.

为了简单起见, 我们只讨论一个三重 HNNS 的结构, 对此描述如下.

对这三个 HNNS, 它们的神经元集合分别记为 A, B, C, 其中的神经元分别记为 a, b, c, 它们所包含的神经元的数目分别是 n_a, n_b, n_c.

这些神经元所对应的阈值分别记为 h_a, h_b, h_c, 而这些神经元之间相互作用的权矩阵分别是

$$
W_{\tau, \tau'} = (w_{\gamma, \gamma'})_{\gamma \in \tau, \gamma' \in \tau'}, \quad \gamma, \gamma' = a, b, c, \quad \tau, \tau' = A, B, C,
\tag{I.2.4}
$$

这里 $W_{\tau, \tau'}$(或 $w_{\gamma, \gamma'}$) 是 A, B, C(或 a, b, c) 中各神经元相互作用的权矩阵函数.

由此得到, 这些神经元的电势整合和状态值分别是

$$
\begin{cases}
u_{\gamma'} = \sum_{\gamma \in \tau_0} x_\gamma w_{\gamma, \gamma'}, \\
x_{\gamma'} = \text{Sgn}(u_{\gamma'} - h_{\gamma'}), \quad \gamma' = a, b, c,
\end{cases}
\tag{I.2.5}
$$

其中 $\tau_0 = A \cup B \cup C$.

这就是在这三个 HNNS 中, 每个系统中的神经元同时受到这三个系统中的各神经元的作用, 它们的表达形式相同, 但是它们的信息处理过程不同.

4. 对应这种多重 HNNS, 可以用一个复合图来进行表达, 其中的要点如下

该复合图的初始图是 $G = \{E, V\}$, 其中 $E = \{A, B, C\}$, 而 V 是 E 中点偶的集合.

对每个 $\tau \in E$, 所对应的 G_τ 是一个 HNNS, 它们所对应的点着色图我们已在 (I.2.1), (I.2.2) 式中给出.

对任何 $v = (\tau, \tau') \in V$, 这时的弧着色函数是一种关联图, 它们的相互作用如 (I.2.4), (I.2.5) 式定义.

当权矩阵 $W_{\tau, \tau'}$ 作不同选择时, 产生不同类型的自动机, 关于自动机的相互作用等问题我们在下文中还有讨论.

I.3　几种特殊类型的图

无论在数学、物理学和化学中, 都存在一些具有特殊结构的图. 在本节中, 我们介绍其中的一些图, 如数学中的二分图、立方图等, 在物理学中我们介绍电子线路图、开关线路图等, 此外还有化学中的分子结构图、化学反应图, 运筹学中的物流管理图等, 我们不在此赘述, 总之, 可以看到图论在多种不同情况下的应用.

I.3.1　在数学定义中的一些图

利用数学结构的定义可以形成一些特殊的图. 图的一般记号仍是 $G = \{E, V\}$, $G' = \{E', V'\}$, 或 $G_i = \{E_i, V_i\}, i = 1, 2, \cdots$.

下面介绍一些图的数字定义, 我们已经给出有关**树图**、**Euler 回路**、**Hamilton 回路**等特殊图, 下面介绍一些新概念.

(1) **二分图**. 在 G 图中, 如果 $E = A + B$ 是两个不同集合的并, 而集合 V 是形为

$$v = (a, b), (b, a), \quad a \in A, \quad b \in B$$

的点偶集合, 这时称 G 是一个二分图.

(2) **超立方体网络图**. 在 G 图中, 如果 $E = X^n$ 是一个 n 维向量空间, 其中 $X = \{0, 1\}$(或 $X = \{-1, 1\}$) 是一个二进制的集合. 它的点是向量 $x^n = (x_1, x_2, \cdots, x_n), y^n = (y_1, y_2, \cdots, y_n)$.

这时在 G 图中弧的集合取为

$$V = \{v = (x^n, y^n), d_H(x^n, y^n) = 1\}, \tag{I.3.1}$$

其中 $d_H(x^n, y^n)$ 是向量 x^n, y^n 之间的 Hamming 距离.

(3) **广义超立方体网络图**. 对超立方体网络图可以有许多推广, 如

(i) 把定义式 (I.3.1) 的约束条件 $d_H(x^n, y^n) = 1$ 改为 $d_H(x^n, y^n) \leqslant d$, 其中 d 是一个适当的正整数.

(ii) **交叉超立方体网络图**. 如果 G_1, G_2 分别是 n 维向量空间 X^n 中的两个超立方体网络图, 其中 E_1, E_2 是 X^n 中的两个超立方体网络图, 由此产生 G_1, G_2 的交叉超立方体网络图

$$G = \{E, V\}, \quad \begin{cases} E = E_1 \cup E_2, \\ V = V_1 \cup V_2 V_{1,2}, \end{cases} \tag{I.3.2}$$

其中 $V_{1,2} = \{(x^n, y^n), x^n \in E_1, y^n \in E_2, d_H(x^n, y^n) \leqslant d\}$, d 是一个适当的正整数.

交叉超立方体网络图实际上是两个超立方体网络图的联结.

(iii) 关于超立方体网络图还有许多推广, 如 Möbius 超立方体图、折叠超立方体图等, 我们不作讨论、说明.

(4) **De Brujin 网络图** $B(d, b)$. 其中的点集合取 $E = F_d^n$ 是一个 n 维向量空间, 其中 $F_d = \{0, 1, \cdots, d-1\}$, 而 d 是一个正整数.

现在对一个固定的向量 $x^n = (x_1, x_2, \cdots, x_n) \in F_d^n$ 和向量 $y^n = (x_2, x_3, \cdots, y_n, \alpha), \alpha \in F_d$ 构成弧. 因此 $B(d, b)$ 图中的全体弧的定义集合是

$$V = \{(x^n, y^n), y^n = (x_2, x_3, \cdots, y_n, \alpha), \alpha \in F_d, x^n \in Z_d^b\}. \tag{I.3.3}$$

因此, De Brujin 网络图 $B(d, b)$ 是一个在 F_d 集合中取值的、n 阶移位寄存器序列的生成图. 对移位寄存器序列的定义我们在下文中有详细说明.

(5) **Kautz 网络图** $K(d, n)$. Kautz 网络图是附加一些条件的 De Bruijn 网络图, 它的定义如下.

(i) $K(d, n)$ 中点的集合 $E \subset F_d^n$, 其中的向量 $x^n = (x_1, x_2, \cdots, x_n) \in F_d^n$ 需满足条件

$$E = \{x^n \in F_d^n, x_i \neq x_{i+1}, i = 1, 2, \cdots, n-1\}. \tag{I.3.4}$$

(ii) $K(d, n)$ 中弧的定义和 (I.3.3) 相同, 其中要求 $\alpha \neq x_n$.

(6) **双环网络图**. 双环网络图是单环网络图结构的推广, 有关定义如下.

(i) 单环网络图记为 $C_n = \{F_n, V_n\}$, 其中 $F_n = \{0, 1, \cdots, n-1\}$.

(ii) 在此双环网络图中弧的集合定义为

$$V_n = \{(j, j) : i, j \in F_n, j - i \equiv 1 \pmod{n}\}.$$

(7) Kautz 网络、De Brujin 网络、双环网络图等都是不同类型的自动机、移位寄存器的不同结构形式, 它们有许多推广、变异形式和等价的数学表示方法. 对此我们不作一一说明.

I.3.2　电子线路和开关电路网络图

在物理学中也有一些网络结构图, 它们有许多应用, 在本小节中, 我们介绍几种网络结构图, 如**电子线路图、开关电路图**等, 它们的产生和发展 (有关性能的研究) 和计算机科学的发展有密切关系. 我们这里先介绍这些图的结构和表达特征.

由不同电子元件连接构成的电子线路图一般都是网络图, 对它们的描述和定义如下.

节点. 这是指电子线路中一些固定的点. 它们在点线图 $G = \{E, V\}$ 中, 就是集合 E 中的点.

电子线路中的弧就是连接不同节点之间的弧. 这时弧 $v = (a, b) \in V$ 一般需通过电子元器件连接.

电子元器件的类型有电阻、电感、电容、电源, 它们分别用 R, L, C, E 表示. 这些电子元器件都有各自的物理量、相应的量纲和基本单位.

这些物理量、量纲和基本单位在物理学中都已标准化. 在许多物理学用表中都有说明.

当电流通过这些电子元件, 电流的变量是电流强度 I、电压 V 时, 它们的变化关系可以通过微分方程来进行描述.

这些电子元件的组合产生的电子网络线路图, 在电子学中把它们称为 LCR 线路或 LCR 网络图.

由此可见. 电子线路图可以用点线图 $G = \{E, V\}$ 表示, 其中集合 E 中的点就是节点, 而弧的特征可以用弧着色函数 $g(v), v \in V$ 表示.

这时点线图 $G = \{E, V\}$ 中的点着色函数就是它们的状态值, 如电流强度、电势值等.

因此在每个节点 $e \in E$ 上的物理量, 如 I_e, V_v 分别是在点和弧 e, v 上的电流强度和电势差.

I.3.3　关于开关电路的定义和表示

开关元件是一种特殊的电子器件, 它由两个节点组成, 在这两个节点之间只有两个状态, 这就是连通与否. 若干开关元件的组合形成开关线路或开关网络. 但在开关网络中, 它们的运算规则可能是不同的. 这就是在这些开关之间可以采用二元域中的四则运算, 也可以采用逻辑学中的逻辑运算规则. 由此形成的开关电路的结构、功能和特征就不同.

在本小节中, 我们首先要确定这些区别. 并在此基础上讨论这些系统的作用和意义.

1. 开关电路的记号

关于开关、开关电路的记号如下.

一个开关元件的记号我们用 $c_k = \{i_k, j_k, x_k\}$ 来表示, 其中 c_k, i_k, j_k, x_k 分别表示该元件的记号, 以及输入、输出、状态的记号.

其中的 x_k 是该元件 c_k 的状态函数.

关于状态函数 x_k 的取值可以有两种类型. 它们分别是二元域 $X' = F_2$, 以及二进制状态 $X = \{-1, 1\}$.

在其中的状态集合 X', X 中, 存在 1-1 对应关系. 我们把它们做等价处理.

由此形成不同类型的开关网络系统, 我们分别记为 $\mathcal{E}_{\mathrm{I}}, \mathcal{E}_{\mathrm{II}}$.

2. 开关电路中的运算规则

在开关网络系统 $\mathcal{E}_{\mathrm{I}}, \mathcal{E}_{\mathrm{II}}$ 中, 它们的运算规则是不同的. 对此有:

在 $\mathcal{E}_{\mathrm{I}}$ 中, 状态值 x 在 $X' = F_2$ 域中取值, 因此这些状态值的运算是二元域中的四则运算, 其中的加、乘运算记为 $+, \cdot$.

在 $\mathcal{E}_{\mathrm{II}}$ 中, 状态值 x 在 $X = \{-1, 1\}$ 中取值, 那么这些状态值的运算是二进制集合中的逻辑运算. 这些运算的记号分别是 $\vee, \wedge, x^c$.

这两种运算规则的取值情况如表 I.3.1 所示.

表 I.3.1　几种运算的运算结果关系表

数据记号 x, y	域加 $\oplus$	域乘 $\odot$	并 $\vee$	交 $\wedge$	余 x^c	四则加 $+$	四则乘 $\cdot$
0, 0	0	0	-1	-1	1	0	0
0, 1	1	0	1	-1	1	1	0
1, 0	1	0	1	-1	-1	1	0
1, 1	0	1	1	1	-1	1,0	1

对表 I.3.1 的说明:

加、乘运算是指二元域 $X' = F_2$ 中的运算, 并、交、余运算是二元集合 $X = \{-1, 1\}$ 中的逻辑运算. 四则加、乘运算是指整数环 Z_0 中的加、乘运算.

余运算是逻辑运算, 它可以通过四则运算进行表达.

由表 I.3.1 可知, 四则乘法运算和逻辑交运算一致, 而四则加法运算和逻辑并运算并不一致.

四则加法运算 $1 + 1 = 2 = (1, 0)$ 是一种进位运算. 因此, 我们也可以把

$$四则运算　+　进位 (或退位) 运算$$

看作一种逻辑并运算. 那么由这种运算产生运算系统 $\mathcal{E}_{\mathrm{III}}$. 这种运算系统同时具有 $\mathcal{E}_{\mathrm{I}}, \mathcal{E}_{\mathrm{II}}$ 的特征, 但它们并不完全一致.

3. 开关电路 $\mathcal{E}_{\mathrm{I}}$ 的图表示理论

由于在 $\mathcal{E}_{\mathrm{I}}, \mathcal{E}_{\mathrm{II}}, \mathcal{E}_{\mathrm{III}}$ 中的运算关系不同, 所以对它们讨论的理论体系不同.

对于系统 $\mathcal{E}_I$, 我们采用点线图的理论进行讨论.

我们已经对开关元件的定义给出说明, 这是一个有两个节点 (输入和输出)、节点之间有一个二进制状态的元件.

由若干开关元件所组成的电子线路称为开关网络线路, 因为它们的运算方式不同, 所以开关网络线路也有 I, II, III 型的区分.

无论是哪种线路它们都可通过点线着色图 $G = \{E, V, g(v)\}$ 表示, 其中 $E = \{e_1, e_2, \cdots, e_n\}$ 是电路中的节点, 而 V 是 E 中的一个点偶 (或弧) 的集合.

对任何 $v \in V$, 定义函数 $x_v = g(v) \in F_2, v \in V$ 是弧着色函数, 其中 $x_v = g(v)$ 是弧 $v \in V$ 上的状态或开关函数, 它表示弧 v 上的开关处在关闭或连通状态.

因为在 $\mathcal{E}_{\mathrm{I}}, \mathcal{E}_{\mathrm{II}}, \mathcal{E}_{\mathrm{III}}$ 中, 它们的运算规则不同, 因此, $\mathcal{E}_{\mathrm{I}}, \mathcal{E}_{\mathrm{II}}, \mathcal{E}_{\mathrm{III}}$ 是三个不同的运算系统.

I.3.4 开关电路的运算和设计问题

我们已经给出了开关网络的一部分定义, 它们可以用统一的点线图来进行表示. 但是, 它们的运算方式可以不同, 这就是在 $\mathcal{E}_{\mathrm{I}}, \mathcal{E}_{\mathrm{II}}, \mathcal{E}_{\mathrm{III}}$ 系统中可以产生三种不同类型的运算规则. 这些运算规则的不同, 使这些开关网络形成不同的功能系统.

在本节中, 我们先讨论它们的运算规则问题. 还要讨论它们的设计问题.

1. 开关网络系统中的运算类型

我们现在讨论二元集合 $X' = F_2 = \{0, 1\}, X = \{-1, 1\}$ 中的运算问题, 因为这两个集合是同构的, 因此在不同集合中的运算是可以换算的. 所以在不同集合中定义的运算在另一个集合中同样适用, 但需要作一定的换算.

基本运算类型. 首先在二进制的四则运算和逻辑运算中, 它们的积运算是等价的, 即 aa^* 运算与 $\wedge$ 运算是等价的, 因此, 我们把它们作等价运算考虑.

在 $\mathcal{E}_{\mathrm{I}}, \mathcal{E}_{\mathrm{II}}, \mathcal{E}_{\mathrm{III}}$ (以下简记为 $\mathcal{E}_2, \mathcal{E}_2, \mathcal{E}_3$).

系统中, 三种加法的结果是不同的, 因此我们对它们作不同的标记和运算的定义.

$$\begin{cases} \mathcal{E}_1 \text{中的加法运算 } \oplus: & \text{二元域 } X' = F_2 \text{ 中的加法运算;} \\ \mathcal{E}_2 \text{中的加法运算 } \vee: & \text{二元集合 } X = \{-1, 1\} \text{ 中的逻辑并;} \\ \mathcal{E}_3 \text{中的加法运算 } +: & \text{二元域 } X = F_2 \text{ 中带进位的加法运算.} \end{cases} \quad (\mathrm{I.3.5})$$

对这些运算我们作统一编号, 分别是 $\oplus_1 = \oplus, \oplus_2 = \vee \oplus_3 = +$, 它们是带进位的加法运算.

在 $\mathcal{E}_2, \mathcal{E}_2, \mathcal{E}_3$ 系统中, 如果要讨论它们的运算规则就把它们记为

$$\mathcal{E}_\tau = \{G = [E, V], \oplus_\tau\}, \quad \tau = 1, 2, 3. \quad (\mathrm{I.3.6})$$

在这些系统中, 它们的积运算 $\cdot$ 是相同的.

2. $\mathcal{E}_2$ 系统中, 关于开关电路的设计问题

在 $\mathcal{E}_2$ 系统中, 它的开关电路的设计问题如下:

对一个固定的开关电路网络 $\mathcal{E}_2$, 它所对应的点线着色图是 $G = \{E, V, g(v)\}$, 其中 $x_v = g(v)$ 是弧着色函数.

关于弧着色函数 $x_v = g(v)$, 它们的运算是 $\mathcal{E}_2$ 系统中的运算.

在开关电路网络 $\mathcal{E}_2$ 的点线着色图 $G = \{E, V, g(v)\}$ 中, 记 $L = \{v_1 \to v_2 \to \cdots \to v_m\}$ 是一条由若干相连 (串联) 弧所形成的路, 那么该路的状态函数是

$$x(L) = x_1 x_2 \cdots x_m, \tag{I.3.7}$$

其中 $x_i = g(v_i)$ 是弧 v_i 的开关状态函数.

如果图中任意两个节点 $a, b \in E$, 记 $L_{a,b}, \mathcal{L}_{a,b}$ 分别是图中连接 $a, b \in E$ 这两点的一条路或所有路的集合. 那么定义

$$\begin{cases} G(a,b) = \sum_{L \in \mathcal{L}_{a,b}}^{2} x(L), \\ G(E^2) = \{G(a,b), a, b \in E\}, \end{cases} \tag{I.3.8}$$

分别是 $a, b \in E$ 这两点的状态 (是否连通) 函数, 以及 E 集合中任意两点之间的状态函数.

其中 $\sum^{2}$ 是 $\mathcal{E}_2$ 中二元集合域中的加法或并运算.

这时记

$$F(E^2) = \{F(a,b), a, b \in E\} \tag{I.3.9}$$

是图 G 中关于所有节点之间的关系函数, $F(a,b) \in F_2$ 表示在图 G 中任意两点 $a, b \in E$ 之间的状态函数.

3. 在 $\mathcal{E}_2$ 系统中, 关于开关电路的设计问题

$F(E^2)$ 是一个关于图 G 中, 所有节点之间的关系函数, 如 (I.3.9) 式所示.

在图 $G = \{E, V\}$ 中, 设计 (或构造) 它的弧着色函数 $g(v)$, 由此产生的该系统中任意两点之间的状态函数 $G(E^2)$ 如 (I.3.8) 所示.

开关电路的设计问题是指设计函数 $g(v), v \in V$, 使关系式 $G(a,b) = F(a,b)$ 对于任何 $a, b \in E$ 成立.

4. 这样的开关电路的设计问题就存在可能性 (或存在性) 和复杂性 (或设计的优化) 问题

其中可能性 (或存在性) 就是存在什么样的关系函数 $F(E^2)$ 以及相应的开关函数 $g(v) v \in V$, 使关系式 $G(a,b) = F(a,b), a, b \in E$ 成立.

而优化问题就是使图中的开关函数尽可能少, 使关系式 $G(a, b) = F(a, b), a,$ $b \in E$ 成立.

对这些理论问题, 在开关网络的理论设计和优化中有一系列的讨论, 我们对此不再展开.

参 考 文 献

[1] LeCun Y, Bengio Y, Hinton G. Deep learning. Nature, 2015, 521: 436-444.

[2] Goodfellow I, Bengio Y, Courville A. 深度学习. 赵申剑, 黎彧君, 符天凡, 李凯, 译. 北京: 人民邮电出版社, 2017.

[3] Hopfield J J. Neural networks and physical systems with emergemt collective computational abilities. Proc. Natl. Aead. Seci. U. S. A., 1982, 79: 2554-2558.

[4] Shwartz S S, David S B. 深入理解机器学习: 从原理的算法. 张文生, 等, 译. 北京: 机械工业出版社, 2017.

[5] EMC 教育服务团队. 数据科学和大数据分析. 曹逾, 刘文苗, 李枫林, 译. 北京: 人民邮电出版社, 2016.

[6] 沈世镒. 智能计算中的算法、原理和应用. 北京: 科学出版社, 2020.

[7] 吴文俊. 数学机械化. 北京: 科学出版社, 2003.

[8] 高小山, 王定康, 裘宗燕, 杨宏. 方程求解与机器证明——基于 MMP 的问题求解. 北京: 科学出版社, 2016.

[9] 冯超. 深度学习轻松学: 核心算法与视觉实践. 北京: 电子工业出版社, 2017.

[10] 吴岸城. 神经网络与深度学习. 北京: 电子工业出版社, 2016.

[11] 钟义信. 高等人工智能原理——观念·方法·模型·理论. 北京: 科学出版社, 2014.

[12] 钟义信, 等. 智能科学技术导论. 北京: 北京邮电大学出版社, 2006.

[13] 钟义信. 机器知行学原理: 信息、知识、智能的转换与统一理论. 北京: 科学出版社, 2007.

[14] 黄德双. 神经网络模式识别系统理论. 北京: 电子工业出版社, 1996.

[15] 徐科. 神经生物学纲要. 北京: 科学出版社, 2000.

[16] 布雷特·兰茨. 机器学习与 R 语言 (原书第 2 版). 李洪成, 许金炜, 李舰, 译. 北京: 机械工业出版社, 2017.

[17] 李士勇, 陈永强, 李研. 蚁群算法及其应用. 哈尔滨: 哈尔滨工业大学出版社, 2004.

[18] 曲英杰. 人体功能学. 2 版. 北京: 中国医药科技出版社, 2012.

[19] 史忠植. 神经计算. 北京: 电子工业出版社, 1993.

[20] 戴维 A. 帕特森, 约翰 L. 亨尼斯. 计算机组成与设计: 硬件/软件接口. 王党辉, 康继昌, 安建峰, 译. 北京: 机械工业出版社, 2017.

[21] 李建会, 张江. 数学创世纪: 人工生命的新科学. 北京: 科学出版社, 2006.

[22] 徐宗本, 张讲社, 郑亚林. 计算智能中的仿生学: 理论与算法. 北京: 科学出版社, 2003.

[23] 焦李成. 神经网络计算. 西安: 西安电子科技大学出版社, 1993.

[24] 周志华. 机器学习. 北京: 清华大学出版社, 2016.

[25] 梁培基, 陈爱华. 神经元活动的多电极同步记录及神经信息处理. 北京: 工业大学出版社, 2004.

[26] 刘光远, 温万惠, 陈通, 赖祥伟. 人体生理信号的情感计算方法. 北京: 科学出版社, 2014.

[27] 张文修, 梁怡, 吴伟志. 信息系统与知识发现. 北京: 科学出版社, 2003.

[28] 黄立宏, 李雪梅. 细胞神经网络动力学. 北京: 科学出版社, 2007.

[29] 黄席樾, 张著洪, 何传江, 胡小兵, 马笑潇. 现代智能算法理论及应用. 北京: 科学出版社. 2005.

[30] 叶中行. 信息论基础. 北京: 高等教育出版社, 2003.

[31] 焦李成, 赵进, 杨淑媛, 刘芳. 深度学习、优化与识别. 北京: 清华大学出版社, 2017.

[32] Haykin S. 神经网络原理 (原书第 2 版). 叶世伟, 史忠植, 译. 北京: 机械工业出版社, 2004.

[33] Xu L. BYY harmony learning, structural RPCL, and topological self-organizing on mixture models. Neur. Networks, 2002, 15 (8-9): 1125-1151.

[34] Xu L. Best harmony unified RPCL and automated model selection for unsupervised and supervised learning on Gaussian mixtures, three-layer nets and ME-RBF-SVM models. Internat. J. Neur. Syst., 2001, 11: 43-69.

[35] Arbib M A. The Handbook of Brain Theory and Neural Networks. 2nd ed. Cambridge, London: The MIT Press, 2002: 1231-1237.

[36] Li L, Ma J. A BYY scale-incremental EM algorithm for Gaussian mixture learning. Applied Mathematics and Computation, 2008, 205: 832-840.

[37] Wang H, Li L, Ma J. The competitive EM algorithm for Gaussian mixtures with BYY harmony criterion. Lecture Notes in Computer Science, 2008, 5226: 552-560.

[38] Li L, Ma J. A BYY split-and-merge EM algorithm for Gaussian mixture learning. Lecture Notes in Computer Science, 2008, 5263: 600-609.

[39] Shen S Y, Yang J, Yao A, Hwang P I. Super pairwise alignment (SPA): An efficient approach to global alignment for homologous sequences. J. Comput. Biol., 2002, 9: 477-486.

[40] Pearson W R, Wood T, Zhang Z, Miller W. Comparison of DNA sequences with protein sequences. Genomics, 1997, 46(1): 24-36.

[41] Sellers P H. On the theory and computation of evolutionary distances. SIAM J. Appl. Math., 1974, 26(4): 787-793.

[42] Amari S. Mathematical foundations of neurocomputing. Proceedings of the IEEE, 1990, 78 (9): 1443-1463.

[43] 曾溢滔. 人类血红蛋白. 北京: 科学出版社, 2002.

[44] 莱维坦 I B, 卡茨玛克 L K. 神经元: 细胞和分子生物学. 舒斯云, 包新民, 译. 北京: 科学出版社, 2001.

[45] 赵国屏, 等. 生物信息学. 北京: 科学出版社, 2002.

[46] 闫剑群, 赵晏. 神经生物学概论. 西安: 西安交通大学出版社, 2007.

[47] 张成岗, 贺福初. 生物信息学方法与实践. 北京: 科学出版社, 2002.

[48] Lcvy J A. HIV and the Pathogenesis of AIDS. Washington: ASM Press, 2009.

[49] 万选才, 杨天祝, 徐承焘. 现代生物学. 北京: 北京医科大学, 中国协和医科大学联合出版社, 1999.

[50] 张今, 施维, 李桂英, 盛永杰, 姜大志, 孙研红, 李全额. 合成生物学与合成酶学. 北京: 科学出版社, 2012.

[51] 尤启冬. 药物化学. 3 版. 北京: 化学工业出版社, 2016.

[52] 袁勤生. 现代酶学. 上海: 华东理工大学出版社, 2001.

[53] 孙啸, 陆祖宏, 谢建明. 生物信息学基础. 清华大学出版社, 2005.

[54] 孙久荣. 脑科学导论. 北京: 北京大学出版社, 2001.

[55] 左明雪. 细胞和分子神经生物学. 北京: 高等教育出版社, 2000.

[56] 郝柏林, 张淑誉. 生物信息学手册. 2 版. 上海: 上海科学技术出版社, 2002.

[57] 郝柏林, 刘寄星. 理论物理与生命科学. 上海: 上海科学技术出版社, 1997.

[58] 王勇献, 王正华. 生物信息学导论——面向高性能计算的算法与应用. 北京: 清华大学出版社, 2011.

[59] 寿天德. 神经生物学. 北京: 高等教育出版社, 2001.

[60] 胡松年, 薛庆中. 基因组数据分析手册. 杭州: 浙江大学出版社, 2003.

[61] 陈石根, 周润琦. 酶学. 上海: 复旦大学出版社, 2001.

[62] 宋凯. 合成生物学导论. 北京: 科学出版社, 2010.

[63] 陈宜张, 路长林. 神经发育分子生物学. 武汉: 湖北科学技术出版社, 2003.

[64] Shannon C E. A mathematical theory of communication. Bell Sys. Tech. Journal., 1948, 27: 379-423.

[65] Cover T M, Thomas J A. Elements of Information Theory. New York: John Wiley and Sons Inc, 1991.

[66] 桑杰夫·阿罗拉, 博阿兹·巴拉克. 计算复杂性: 现代方法. 骆吉洲, 译. 北京: 机械工业出版社, 2015.

[67] 陈树柏. 网络图论及其应用. 北京: 科学出版社, 1984.

[68] 迈克尔·西普塞. 计算理论导引. 段磊, 等, 译. 北京: 科学出版社, 2015.

[69] 祝跃飞, 张亚娟. 椭圆曲线公钥密码导引. 北京: 科学出版社, 2006.

[70] 黄文奇, 许如初. 近世计算理论导引 ——NP 难度问题的背景、前景及其求解算法研究. 北京: 科学出版社, 2004.

[71] 陈凯. 极化编码理论与实用方案研究. 北京: 北京邮电大学, 2014.

[72] 陈国莹. 极化码的编码与译码. 南京: 南京理工大学, 2014.

[73] Arikan E. Channel polarization : A method for constructing capacity - achieving codes for symmetric binary - input memoryless channels. IEEE Trans IT, 2009, 55: 3051-3073.

[74] 王育民, 刘建伟. 通信网的安全——理论与技术. 西安: 西安电子科技大学出版社, 1999.

[75] 王育民, 何大可. 保密学——基础与应用. 西安: 西安电子科技大学出版社, 1990.

[76] 章照止. 现代密码学基础. 北京: 北京邮电大学出版社, 2004.

[77] 杨义先, 钮心忻. 安全简史: 从隐私保护到量子密码. 北京: 电子工业出版社, 2017.

[78] 杨义先, 钮心忻. 安全通论: 刷新网络空间安全观. 北京: 电子工业出版社, 2018.

[79] 陆志平, 徐宗本. 计算机数学: 计算复杂性理论与 NPC、NP 难问题的求解. 北京: 科学出版社, 2001.

[80] 张晓丹. 应用计算方法教程. 北京: 机械工业出版社, 2008.

[81] 陈国良. 并行计算——结构·算法·编程. 北京: 高等教育出版社, 2003.

[82] 张文修, 梁怡. 遗传算法的数学基础. 2 版. 西安: 西安交通大学出版社, 2003.

[83] 徐宗本. 计算智能 (第一册)——模拟进化计算. 北京: 高等教育出版社, 2004.

[84] Paun G, Rozenberg G, Salomaa A. DNA 计算: 一种新的计算模式. 许进, 等, 译. 北京: 清华大学出版社, 2004.

[85] 王小平, 曹立明. 遗传算法——理论、应用与软件实现. 西安: 西安交通大学出版社, 2002.

[86] 藤野精一. 计算数学手册. 饶生忠, 等, 译. 成都: 四川教育出版社, 1987.

[87] 沈美明, 温冬婵. IBM-PC 汇编语言程序设计. 北京: 清华大学出版社, 1991.

[88] Endres D M, Schindelin J E. A new metric for probability distributions. IEEE-IT, 2003, 49(7): 1858-1860.

[89] 张顺燕. 数学的思想、方法和应用. 2 版. 北京: 北京大学出版社, 2003.

[90] 黄克智, 薛明德, 陆明万. 张量分析. 北京: 清华大学出版社, 2003.

[91] 李开泰, 黄艾香. 张量分析及其应用. 北京: 科学出版社, 2004.

[92] 王国俊. 数理逻辑引论与归结原理. 北京: 科学出版社, 2003.

[93] 冯琦. 数理逻辑导引. 北京: 科学出版社, 2017.

[94] 李未. 数理逻辑: 基本原理与形式演算. 北京: 科学出版社, 2008.

[95] Hurley P J. 逻辑学基础. 郑伟平, 刘新文, 译. 北京: 中国轻工业出版社, 2017.

[96] 徐俊明. 组合网络理论. 北京: 科学出版社, 2007.

[97] 莫绍揆. 递归论. 北京: 科学出版社, 1987.

[98] 管纪文. 线性自动机. 北京: 科学出版社, 1984.

[99] 陈希孺. 数理统计引论. 北京: 科学出版社, 1981.

[100] 费勒 W. 概率论及其应用 (第二卷). 李志阐, 郑元禄, 译. 北京: 科学出版社, 1997.

[101] 吴喜之. 复杂数据统计方法: 基于 R 的应用. 北京: 中国人民大学出版社, 2012.

[102] 马振华. 数学逻辑引论. 北京: 清华大学出版社, 1982.

[103] 茆诗松, 王静龙, 濮晓龙. 高等数理统计. 北京: 高等教育出版社, 1998.

[104] 梁晓峣. 昇腾 AI 处理器架构与编程: 深入理解 CANN 技术原理及应用. 北京: 清华大学出版社, 2019.

[105] 徐明. 符号逻辑讲义. 武汉: 武汉大学出版社, 2008.

[106] 王静龙. 多元统计分析. 北京: 科学出版社, 2008.

[107] 齐东旭, 宋瑞霞, 李坚. 非连续正交函数——U-系统、V-系统、多小波及其应用. 北京: 科学出版社, 2018.

[108] 万哲先. 线性移位寄存器. 北京: 科学出版社, 1978.

[109] 万哲先, 代宗铎, 刘木兰, 冯绪宁. 非线性移位寄存器. 北京: 科学出版社, 1978.

[110] 王坤. 随机过程. 北京: 科学出版社, 1978.

[111] 刘嘉焜. 应用随机过程. 北京: 科学出版社, 1990.

[112] Huang J Y. Brutlag D L. The EMOTIF database. Nucleic Acids Res., 2001, 29(1): 202-204.

[113] Sadiku M N O, Musa S H M, Alexander C K. 应用电路分析. 苏育挺, 等, 译. 北京: 机械工业出版社, 2014.

[114] 鲍际刚, 夏树涛, 刘鑫吉, 王朝, 江敬文. 信息·熵·经济学: 人类发展之路. 北京: 经济科学出版社, 2013.

[115] 夏树涛, 鲍际刚, 解宏, 刘鑫吉, 王朝, 江敬文. 熵控网络: 信息论经济学. 北京: 经济科学出版社, 2015.

[116] 赵凯华. 定性与半定量物理学. 2 版. 北京: 高等教育出版社, 2008.

[117] 赵南明, 周海梦. 生物物理学. 北京: 高等教育出版社; 海德堡: 施普林格出版社, 2000.

[118] 朱传征, 高剑南. 现代化学基础. 上海: 华东师范大学出版社, 1998.

[119] 郑久仁, 周子舫. 热学 热力学 统计物理学. 北京: 科学出版社, 2007.

[120] 朱传征, 高剑南. 现代化学基础. 上海: 华东师范大学出版社, 1998.

[121] 菲利普·纳尔逊. 生物物理学: 能量、信息、生命. 黎明, 等, 译. 上海: 上海科学技术出版社, 2006.

[122] 布赖恩·格林. 宇宙的结构. 刘茗引, 译. 长沙: 湖南科学技术出版社, 2016.

[123] 格林 B. 宇宙的琴弦. 李泳, 译. 长沙: 湖南科学技术出版社, 2007.

[124] 邱关源. 电路. 罗先觉修订. 北京: 高等教育出版社, 1979.

[125] 谢识予. 经济博弈论. 4 版. 上海: 复旦大学出版社, 2017.

[126] 徐光宪, 王祥云. 物质结构. 2 版. 北京: 科学出版社, 2010.

[127] 叶秀林. 立体化学. 北京: 北京大学出版社, 1999.

[128] 孙学军. 氢分子生物学. 上海: 第二军医大学出版社, 2013.

[129] 沈同, 王镜岩. 生物化学 (上、下册). 北京: 高等教育出版社, 1998.

[130] 高月英, 戴乐蓉, 程虎民. 物理化学. 北京: 北京大学出版社, 2000.

[131] 霍尔特, 等. 新实在论. 伍仁益, 译. 北京: 商务印书馆, 2013.

[132] 沈世镒. 神经网络系统理论及其应用. 北京: 科学出版社, 1998.

[133] 沈世镒, 吴忠华. 信息论基础与应用. 北京: 高等教育出版社, 2004.

[134] 沈世镒. 生物序列突变与比对的结构分析. 北京: 科学出版社, 2004.

[135] 沈世镒. 多重序列比对 Alignment 的信息度量准则. 工程数学学报, 2002, 19: 1-10.

[136] 沈世镒. 组合密码学. 杭州: 浙江科学技术出版社, 1992.

[137] 沈世镒. 近代密码学. 桂林: 广西师范大学出版社, 1998.

[138] 沈世镒. 生物大分子的动力学分析和应用——生命科学在定量化和信息化研究中的理论核心问题. 北京: 科学出版社, 2018.

[139] 沈世镒, 胡刚, 王奎, 高建召. 信息动力学与生物信息学——蛋白质与蛋白质组的结构分析. 北京: 科学出版社, 2011.

[140] 沈世镒, 胡刚, 王奎, 高建召, 张拓. 蛋白质分析与数学——生物、医学与医药卫生中的定量化研究 (上、下册). 北京: 科学出版社, 2014.

[141] 杨晶, 胡刚, 王奎, 沈世镒. 生物计算——生物序列的分析方法与应用. 北京: 科学出版社, 2010.

[142] 沈世镒. Shannon 定理中信息准则成立的充要条件. 数学学报, 1962, (4): 389-407.

[143] 沈世镒, 陈鲁生. 信息论与编码理论. 北京: 科学出版社, 2002.

[144] Oppenheim A V, Willsky A S, Nawab S H. 信号与系统. 2 版. 刘树棠, 译. 北京：电子工业出版社, 2020.